SMART

스스로 마스터하는 트렌디한 수험서

PART	CHAPTER	1회		
제1편 용접 일반	01. 용접 일반	1일	2일	3일
	02. 피복아크용접	2~3일		
	03. 가스용접	4~5일	3일	
	04. 절단 및 가공	6일	5일	
	05. 특수용접 및 기타 용접	7~9일		
	■ 예상문제	10~11일	6일	
제2편 용접 시공	01. 용접 설계	12일	8일	5일
	02. 용접 시공	13일		
	03. 용접의 자동화	14일		
	04. 파괴, 비파괴 및 기타 검사	15일	9일	
	■ 예상문제	16일		
제3편 작업안전	01. 작업 및 용접안전	17일	10일	6일
	PART 3. 예상문제	18일		
제4편 용접 재료	01. 용접 재료 및 가공 금속의 용접	19~20일		
	02. 용접 재료 열처리	21일	11일	
	■ 예상문제	22일		
제5편 기계 제도 (비절삭 부분)	01. 제도통칙 등	23~24일	12일	7일
	02. 도면해독	25일		
	■ 예상문제	26일		
부록 1, 2 과년도 출제문제	용접기능사 15회	27~29일	13일	8일
	특수용접기능사 15회		14일	9일
부록 3 모의고사	용접기능사 2회	30일	15일	10일
	특수용접기능사 2회			
		20일 완성!	10일 완성!	5일 완성!

"수험생 여러분을 성안당이 응원합니다!"

스스로 체크하는 3회독 플래너

SMART

스스로 마스터하는 트렌디한 수험서

PART	CHAPTER	1회독	2회독	3회독
제1편 **용접 일반**	01. 용접 일반			
	02. 피복아크용접			
	03. 가스용접			
	04. 절단 및 가공			
	05. 특수용접 및 기타 용접			
	■ 예상문제			
제2편 **용접 시공**	01. 용접 설계			
	02. 용접 시공			
	03. 용접의 자동화			
	04. 파괴, 비파괴 및 기타 검사			
	■ 예상문제			
제3편 **작업안전**	01. 작업 및 용접안전			
	PART 3. 예상문제			
제4편 **용접 재료**	01. 용접 재료 및 가공 금속의 용접			
	02. 용접 재료 열처리			
	■ 예상문제			
제5편 **기계 제도 (비절삭 부분)**	01. 제도통칙 등			
	02. 도면해독			
	■ 예상문제			
부록 1, 2 **과년도 출제문제**	용접기능사 15회			
	특수용접기능사 15회			
부록 3 **모의고사**	용접기능사 2회			
	특수용접기능사 2회			

"수험생 여러분을 성안당이 응원합니다!"

NCS 기반 출제기준 반영 / CBT 대비서

용접기능사 | 특수용접기능사 포함

Craftsman Welding

지정민 지음

“수험생 여러분을 성안당이 응원합니다.”

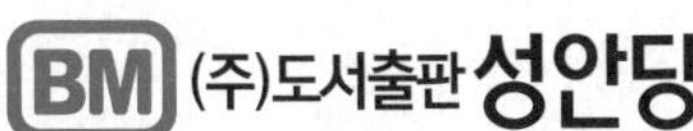

독자 여러분께 알려드립니다

용접기능사 필기시험을 본 후 그 문제 가운데 10여 문제를 재구성해서 성안당 출판사로 보내주시면, 채택된 문제에 대해서 성안당 기계분야 도서 중 희망하시는 도서를 1부 증정해 드립니다. 독자 여러분이 보내주시는 기출문제는 더 나은 책을 만드는 데 큰 도움이 됩니다. 감사합니다.

e-mail coh@cyber.co.kr(최옥현)

★ 메일을 보내주실 때 성명, 연락처, 주소를 기재해 주시기 바랍니다.
★ 보내주신 기출문제는 집필자가 검토한 후에 도서를 증정해 드립니다.

도서 A/S 안내

성안당에서 발행하는 모든 도서는 저자와 출판사, 그리고 독자가 함께 만들어 나갑니다.

좋은 책을 펴내기 위해 많은 노력을 기울이고 있습니다. 혹시라도 내용상의 오류나 오탈자 등이 발견되면 "좋은 책은 나라의 보배"로서 우리 모두가 함께 만들어 간다는 마음으로 연락주시기 바랍니다. 수정 보완하여 더 나은 책이 되도록 최선을 다하겠습니다.

성안당은 늘 독자 여러분들의 소중한 의견을 기다리고 있습니다. 좋은 의견을 보내주시는 분께는 성안당 쇼핑몰의 포인트(3,000포인트)를 적립해 드립니다.

잘못 만들어진 책이나 부록 등이 파손된 경우에는 교환해 드립니다.

저자 문의 : jjm1058@korea.kr(지정민)
본서 기획자 e-mail : coh@cyber.co.kr(최옥현)
홈페이지 : http://www.cyber.co.kr 전화 : 031) 950-6300

머리말

용접은 각종 기계나 철골구조물 및 압력용기 등을 제작하기 위하여 전기·가스 등의 열원을 이용하거나 기계적 힘을 이용하여 접합하는 방법입니다. 이러한 용접은 뿌리산업의 한 직종이라고 할 수 있는데, 뿌리산업은 나무의 뿌리처럼 겉으로 드러나지 않으나 최종 제품에 내재되어 있어 제조업 경쟁력의 근간을 이루는 산업을 의미합니다. 이렇듯 용접기술은 중화학공업에서 중요한 기반기술, 뿌리기술 중 하나입니다. 바꾸어 말하면 기초부터 잘 배워야 한다는 의미가 내포되어 있습니다.

용접기능사는 다양한 용접장비 및 기기를 조작하여 금속과 비금속 재료를 필요한 형태로 융접, 압접, 납땜을 수행합니다. 용접의 활용범위가 광범위해지고, 기술개발을 통한 고용착 및 고속 용접기법이 개발되고 있어 현장적용능력을 갖춘 숙련기능인력에 대한 많은 수요가 예상되고 있습니다.

이에 본 교재는 국가기술자격 종목 중 용접기능사, 특수용접기능사의 자격취득을 목표로 하는 수험자가 쉽게 이해하고 스마트하게 한 번에 합격할 수 있도록 다음과 같이 내용을 구성하였습니다.

1. 최근 개정된 출제 경향에 맞추어 본문 내용을 간결하게 구성하였으며, 중요한 핵심 부분은 색글씨로 강조하였습니다.
2. 각 장 뒤에 수록한 예상문제와 과년도 출제문제는 빠짐없이 자세한 해설을 달았으며, 자주 출제되는 중요한 문제에는 별표를 달아서 강조했습니다. 이 별표가 달린 문제는 마무리 학습할 때 한 번 더 풀어보기를 권합니다.
3. 별책부록으로 핵심 요점노트를 수록하여 휴대하고 다니면서 암기할 수 있도록 하였습니다. 이 요점노트는 시험 직전 마무리학습을 할 때도 많은 도움이 될 것입니다.
4. 30일, 15일, 10일, 따라만 하면 3회독 마스터가 가능한 합격 플래너를 첨부하였습니다. 스스로 체크하는 플래너도 함께 첨부하여 스스로도 학습 플랜을 세울 수 있도록 하였습니다.
5. 실전에 대비할 수 있도록 성안당 문제은행 서비스(exam.cyber.co.kr)에서 CBT 모의고사를 응시할 수 있는 무료 응시권을 제공합니다.
6. 기능경기대회 심사위원이자 법무부 훈련교사인 저자의 강의 노하우가 녹아 있는 저자직강 동영상과 함께하면 학습에 많은 도움이 될 것입니다.

아무쪼록 본 교재가 용접기술을 처음 접하는 분들에게는 길잡이가 되기를 바라고, 국가기술자격 취득을 목표로 하는 분들에게는 유의미한 성과를 얻는 데 도움이 되었으면 합니다.

본 교재가 나오기까지 여러 면에서 도와주신 도서출판 성안당의 임직원 여러분께 감사의 마음을 전합니다.

지정민

❋ NCS(국가직무능력표준) 안내

1 국가직무능력표준(NCS)이란?

국가직무능력표준(NCS, National Competency Standards)은 산업현장에서 직무를 수행하기 위해 요구되는 지식 · 기술 · 태도 등의 내용을 국가가 산업부문별, 수준별로 체계화한 것이다.

(1) 국가직무능력표준(NCS) 개념도

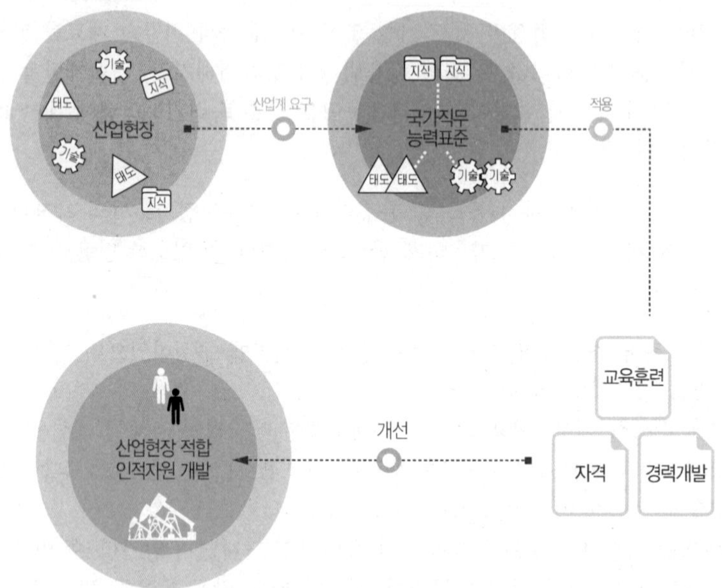

직무능력 : 일을 할 수 있는 On – spec인 능력

① 직업인으로서 기본적으로 갖추어야 할 공통 능력 → 직업기초능력
② 해당 직무를 수행하는 데 필요한 역량(지식, 기술, 태도) → 직무수행능력

보다 효율적이고 현실적인 대안 마련

① 실무 중심의 교육 · 훈련 과정 개편
② 국가자격의 종목 신설 및 재설계
③ 산업현장 직무에 맞게 자격시험 전면 개편
④ NCS 채용을 통한 기업의 능력 중심 인사관리 및 근로자의 평생경력 개발 관리 지원

(2) 국가직무능력표준(NCS) 학습모듈

국가직무능력표준(NCS)이 현장의 '**직무요구서**'라고 한다면, NCS **학습모듈**은 NCS **능력단위를 교육훈련에서 학습할 수 있도록 구성한 '교수 · 학습자료'**이다.

NCS 학습모듈은 구체적 직무를 학습할 수 있도록 이론 및 실습과 관련된 내용을 상세하게 제시하고 있다.

2 국가직무능력표준(NCS)이 왜 필요한가?

능력 있는 인재를 개발해 핵심 인프라를 구축하고, 나아가 국가경쟁력을 향상시키기 위해 국가직무능력표준이 필요하다.

(1) 국가직무능력표준(NCS) 적용 전/후

지금은

- 직업 교육 · 훈련 및 자격제도가 산업현장과 불일치
- 인적자원의 비효율적 관리 운용

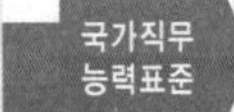

이렇게 바뀝니다.

- 각각 따로 운영되었던 교육 · 훈련, 국가직무능력표준 중심 시스템으로 전환 (일-교육 · 훈련-자격 연계)
- 산업현장 직무 중심의 인적자원 개발
- 능력중심사회 구현을 위한 핵심 인프라 구축
- 고용과 평생직업능력개발 연계를 통한 국가경쟁력 향상

(2) 국가직무능력표준(NCS) 활용범위

- 현장 수요 기반의 인력채용 및 인사관리 기준
- 근로자 경력개발
- 직무기술서

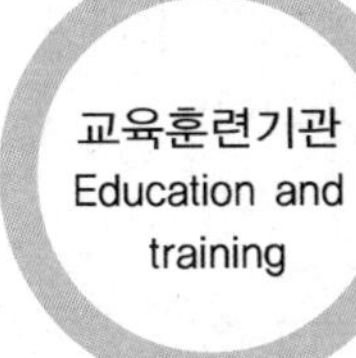

- 직업교육훈련과정 개발
- 교수계획 및 매체, 교재 개발
- 훈련기준 개발

- 자격종목의 신설 · 통합 · 폐지
- 출제기준 개발 및 개정
- 시험문항 및 평가방법

3 NCS 분류체계

① 국가직무능력표준의 분류는 직무의 유형(Type)을 중심으로 국가직무능력표준의 단계적 구성을 나타내는 것으로, 국가직무능력표준 개발의 전체적인 로드맵을 제시한다.

② 한국고용직업분류(KECO : Korean Employment Classification of Occupations)를 중심으로, 한국표준직업분류, 한국표준산업분류 등을 참고하여 분류하였으며, '대분류(24개) → 중분류(80개) → 소분류(238개) → 세분류(887개)'의 순으로 구성한다.

③ **직무정의** : 공간정보구축은 국토공간의 효율적 관리와 개발을 위하여 지상 · 지하 · 해양을 측량하고, 정사영상 · 수치지도 · 주제도 등을 제작하여 공간정보 인프라를 구축하는 일이다.

④ **용접 NCS 분류체계**

대분류	중분류	소분류	세분류
재료	금속재료	용접	1. 피복아크용접 2. CO_2용접 3. 가스텅스텐아크용접 4. 가스메탈아크용접 5. 서브머지드아크용접 6. 로봇용접

4 과정평가형 자격취득

(1) 개념

과정평가형 자격은 국가직무능력표준(NCS)으로 설계된 교육 · 훈련과정을 체계적으로 이수하고 내 · 외부평가를 거쳐 취득하는 국가기술자격이다.

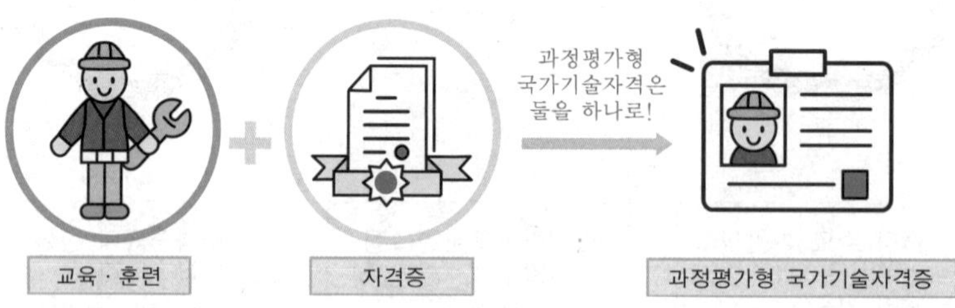

(2) 기존 자격제도와 차이점

구분	검정형	과정형
응시자격	학력, 경력요건 등 응시요건을 충족한 자	해당 과정을 이수한 누구나
평가방법	지필평가, 실무평가	내부평가, 외부평가
합격기준	• 필기 : 평균 60점 이상 • 실기 : 60점 이상	내부평가와 외부평가의 결과를 1:1로 반영하여 평균 80점 이상
자격증 기재내용	자격종목, 인적사항	자격종목, 인적사항, 교육·훈련기관명, 교육·훈련기간 및 이수시간, NCS 능력단위명

(3) 대상종목(2020년 1월 '기능사' 기준 총 90종목)

3D프린터운용기능사	생산자동화기능사	자동차보수도장기능사
건설기계정비기능사	수산양식기능사	자동차정비기능사
건설재료시험기능사	승강기기능사	자동차차체수리기능사
건축목공기능사	식품가공기능사	잠수기능사
공유압기능사	신발류제조기능사	전산응용건축제도기능사
공조냉동기계기능사	실내건축기능사	전산응용기계제도기능사
귀금속가공기능사	압연기능사	전산응용토목제도기능사
금속도장기능사	양식조리기능사	전자계산기기능사
금속재료시험기능사	양장기능사	전자기기기능사
금형기능사	에너지관리기능사	전자출판기능사
기계가공조립기능사	연삭기능사	전자캐드기능사
농기계정비기능사	열처리기능사	정밀측정기능사
도자공예기능사	염색기능사(날염)	정보기기운용기능사
도자기공예기능사	염색기능사(침염)	정보처리기능사
미용사(네일)	용접기능사	제강기능사
미용사(메이크업)	원예기능사	제과기능사
미용사(일반)	웹디자인기능사	제빵기능사
미용사(피부)	위험물기능사	제선기능사
배관기능사	유기농업기능사	제품응용모델링기능사
복어조리기능사	의료전자기능사	조경기능사
사진기능사	이용사	조주기능사
산림기능사	일식조리기능사	종자기능사

주조기능사
중식조리기능사
천장크레인운전기능사
축로기능사
축산기능사
측량기능사
컴퓨터그래픽스운용기능사
컴퓨터응용밀링기능사
컴퓨터응용선반기능사
콘크리트기능사
타워크레인설치 · 해체기능사
타워크레인운전기능사
특수용접기능사
표면처리기능사
한복기능사
한식조리기능사
항공관정비기능사
항공기관정비기능사
항공기체정비기능사
항공장비정비기능사
항공전자정비기능사
화학분석기능사
화훼장식기능사
환경기능사

(4) 취득방법

① 산업계의 의견수렴절차를 거쳐 한국산업인력공단은 다음연도의 과정평가형 국가기술자격 시행종목을 선정한다.
② 한국산업인력공단은 종목별 편성기준(시설 · 장비, 교육 · 훈련기관, NCS 능력단위 등)을 공고하고, 엄격한 심사를 거쳐 과정평가형 국가기술자격을 운영할 교육 · 훈련기관을 선정한다.
③ 교육 · 훈련생은 각 교육 · 훈련기관에서 600시간 이상의 교육 · 훈련을 받고 능력단위별 내부평가에 참여한다.
④ 이수기준(출석률 75%, 모든 내부평가 응시)을 충족한 교육 · 훈련생은 외부평가에 참여한다.
⑤ 교육 · 훈련생은 80점 이상(내부평가 50+외부평가 50)의 점수를 받으면 해당 자격을 취득하게 된다.

(5) 교육 · 훈련생의 평가방법

① 내부평가(지정 교육 · 훈련기관)

㉠ 과정평가형 자격 지정 교육 · 훈련기관에서 능력단위별 75% 이상 출석 시 내부평가 시행
㉡ 내부평가

시기	NCS 능력단위별 교육 · 훈련 종료 후 실시(교육 · 훈련시간에 포함됨)
출제 · 평가	지필평가, 실무평가
성적관리	능력단위별 100점 만점으로 환산
이수자 결정	능력단위별 출석률 75% 이상, 모든 내부평가에 참여
출석관리	교육 · 훈련기관 자체 규정 적용(다만, 훈련기관의 경우 근로자직업능력개발법 적용)

㉢ 모니터링

시행시기	내부평가 시
확인사항	과정 지정 시 인정받은 필수기준 및 세부 평가기준 충족 여부, 내부평가의 적정성, 출석관리 및 시설장비의 보유 및 활용사항 등
시행횟수	분기별 1회 이상(교육·훈련기관의 부적절한 운영상황에 대한 문제제기 등 필요 시 수시확인)
시행방법	종목별 외부전문가의 서류 또는 현장조사
위반사항 적발	주무부처 장관에게 통보, 국가기술자격법에 따라 위반내용 및 횟수에 따라 시정명령, 지정취소 등 행정처분(국가기술자격법 제24조의5)

② 외부평가(한국산업인력공단)

내부평가 이수자에 대한 외부평가 실시

시행시기	해당 교육·훈련과정 종료 후 외부평가 실시
출제·평가	과정 지정 시 인정받은 필수기준 및 세부평가기준 충족 여부, 내부평가의 적정성, 출석관리 및 시설장비의 보유 및 활용사항 등 ※ 외부평가 응시 시 발생되는 응시수수료 한시적으로 면제

★ NCS에 대한 자세한 사항은 N 국가직무능력표준 National Competency Standards 홈페이지(www.ncs.go.kr)에서 확인하시기 바랍니다.★

★ 과정평가형 자격에 대한 자세한 사항은 CQ-Net 홈페이지(c.q-net.or.kr)에서 확인하시기 바랍니다. ★

❋ CBT [Computer Based Test] 안내

1 CBT란?

CBT란 Computer Based Test의 약자로, 컴퓨터 기반 시험을 의미한다.
정보기기운용기능사, 정보처리기능사, 굴삭기운전기능사, 지게차운전기능사, 제과기능사, 제빵기능사, 한식조리기능사, 양식조리기능사, 일식조리기능사, 중식조리기능사, 미용사(일반), 미용사(피부) 등 12종목은 이미 오래 전부터 CBT 시험을 시행하고 있으며, **측량기능사는 2016년 5회 시험부터 CBT 시험이 시행**되고 있다.
CBT 필기시험은 컴퓨터로 보는 만큼 수험자가 답안을 제출함과 동시에 합격 여부를 확인할 수 있다.

2 CBT 시험과정

한국산업인력공단에서 운영하는 홈페이지 **큐넷(Q-net)**에서는 누구나 쉽게 **CBT 시험**을 볼 수 있도록 실제 자격시험 환경과 동일하게 구성한 **가상 웹 체험 서비스를 제공**하고 있으며, 그 과정을 요약한 내용은 아래와 같다.

(1) 시험시작 전 신분 확인절차

수험자가 자신에게 배정된 좌석에 앉아 있으면 신분 확인절차가 진행된다.
이것은 시험장 감독위원이 컴퓨터에 나온 수험자 정보와 신분증이 일치하는지를 확인하는 단계이다.

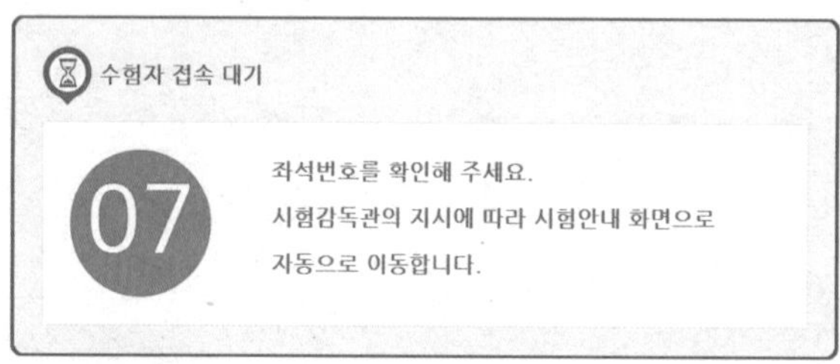

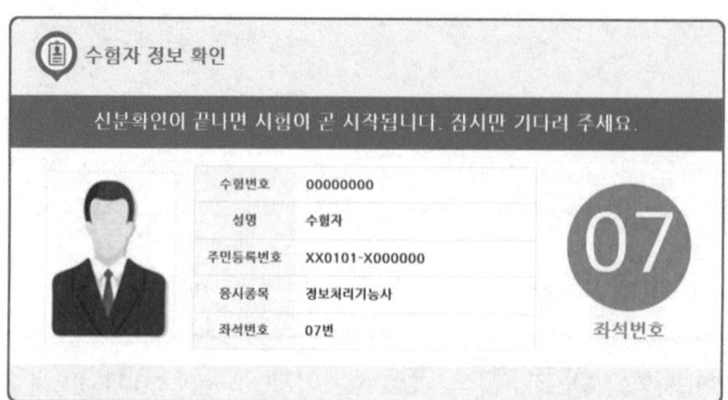

(2) CBT 시험안내 진행

신분 확인이 끝난 후 시험시작 전 CBT 시험안내가 진행된다.

안내사항 > 유의사항 > 메뉴 설명 > 문제풀이 연습 > 시험준비 완료

① 시험 [안내사항]을 확인한다.

- 시험은 총 5문제로 구성되어 있으며, 5분간 진행된다. (자격종목별로 시험문제 수와 시험시간은 다를 수 있다. (측량기능사 필기－60문제/1시간))
- 시험 도중 수험자의 PC에 장애가 발생할 경우 손을 들어 시험감독관에게 알리면 긴급장애조치 또는 자리이동을 할 수 있다.
- 시험이 끝나면 합격 여부를 바로 확인할 수 있다.

② 시험 [유의사항]을 확인한다.

시험 중 금지되는 행위 및 저작권 보호에 관한 유의사항이 제시된다.

③ 문제풀이 [메뉴 설명]을 확인한다.

문제풀이 기능 설명을 유의해서 읽고 기능을 숙지해야 한다.

④ 자격검정 CBT [문제풀이 연습]을 진행한다.

실제 시험과 동일한 방식의 문제풀이 연습을 통해 CBT 시험을 준비한다.

- CBT 시험문제 화면의 기본 글자크기는 150%이다. 글자가 크거나 작을 경우 크기를 변경할 수 있다.
- 화면배치는 1단 배치가 기본 설정이다. 더 많은 문제를 볼 수 있는 2단 배치와 한 문제씩 보기 설정이 가능하다.

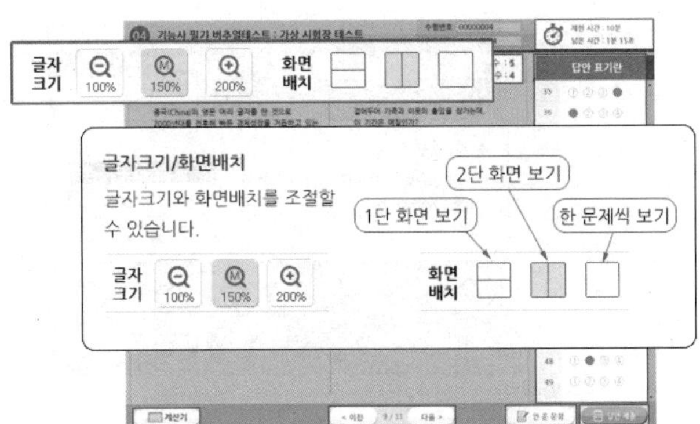

- 답안은 문제의 보기번호를 클릭하거나 답안표기 칸의 번호를 클릭하여 입력할 수 있다.
- 입력된 답안은 문제화면 또는 답안표기 칸의 보기번호를 클릭하여 변경할 수 있다.

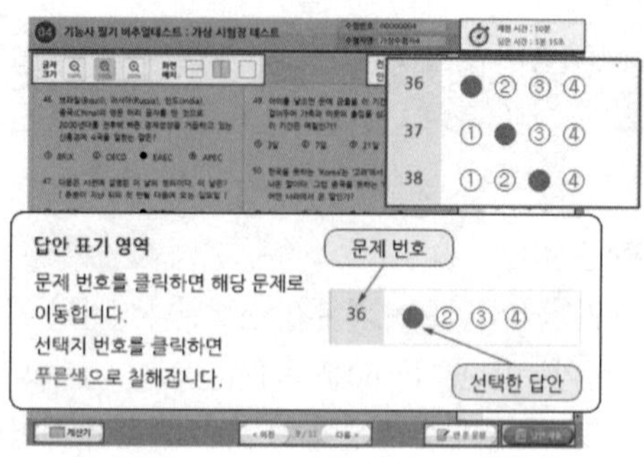

- 페이지 이동은 아래의 페이지 이동 버튼 또는 답안표기 칸의 문제번호를 클릭하여 이동할 수 있다.

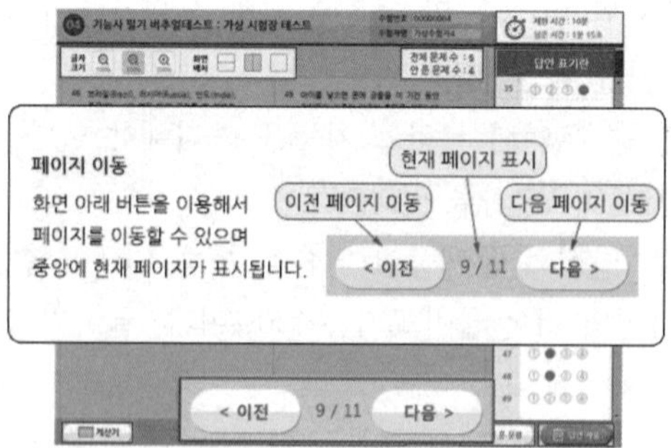

- 응시종목에 계산문제가 있을 경우 좌측 하단의 계산기 기능을 이용할 수 있다.

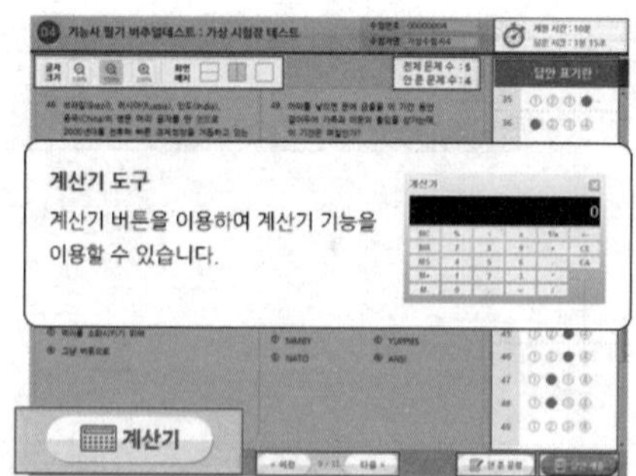

- 안 푼 문제 확인은 답안 표기란 좌측에 안 푼 문제 수를 확인하거나 답안 표기란 하단 [안 푼 문제] 버튼을 클릭하여 확인할 수 있다. 안 푼 문제번호 보기 팝업창에 안 푼 문제번호가 표시된다. 번호를 클릭하면 해당 문제로 이동한다.

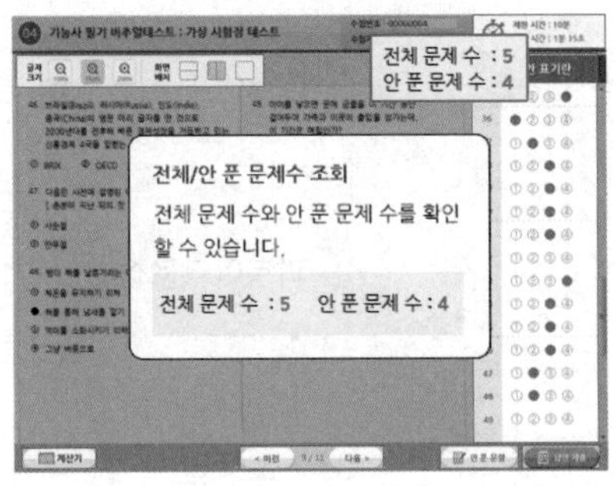

- 시험문제를 다 푼 후 답안 제출을 하거나 시험시간이 모두 경과되었을 경우 시험이 종료되며 시험결과를 바로 확인할 수 있다.
- [답안 제출] 버튼을 클릭하면 답안 제출 승인 알림창이 나온다. 시험을 마치려면 [예] 버튼을 클릭하고 시험을 계속 진행하려면 [아니오] 버튼을 클릭하면 된다. 답안 제출은 실수 방지를 위해 두 번의 확인 과정을 거친다. 이상이 없으면 [예] 버튼을 한 번 더 클릭하면 된다.

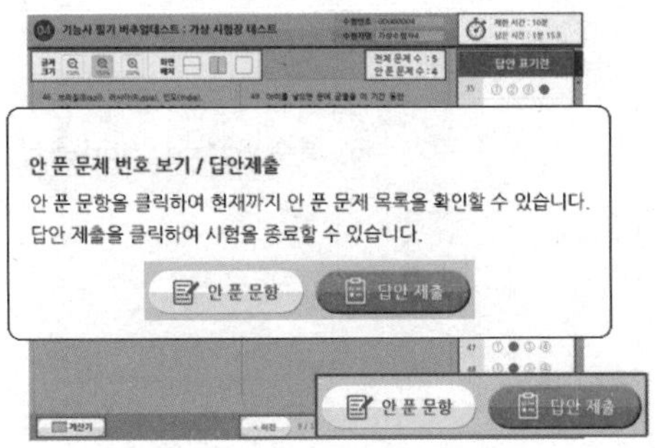

⑤ [시험준비 완료]를 한다.

시험 안내사항 및 문제풀이 연습까지 모두 마친 수험자는 [시험준비 완료] 버튼을 클릭한 후 잠시 대기한다.

(3) CBT 시험 시행

(4) 답안 제출 및 합격 여부 확인

★ 좀 더 자세한 내용은 Q-Net 홈페이지(www.q-net.or.kr)를 방문하여 참고하시기 바랍니다. ★

※ 출제기준

용접기능사 필기

• **적용 기간** : 2021. 1. 1. ~ 2022. 12. 31.

과목명	문제 수	주요 항목	세부항목	세세항목
용접일반, 용접재료, 기계제도 (비절삭 부분)	60	1. 용접일반	1. 용접개요	1. 용접의 원리 2. 용접의 장 · 단점 3. 용접의 종류 및 용도
			2. 피복아크용접	1. 피복아크용접기기 2. 피복아크용접용 설비 3. 피복아크용접봉 4. 피복아크용접기법
			3. 가스용접	1. 가스 및 불꽃 2. 가스용접 설비 및 기구 3. 산소, 아세틸렌 용접기법
			4. 절단 및 가공	1. 가스절단 장치 및 방법 2. 플라스마, 레이저 절단 3. 특수가스절단 및 아크절단 4. 스카핑 및 가우징
			5. 특수용접 및 기타 용접	1. 서브머지드 용접 2. TIG 용접, MIG 용접 3. 이산화탄소가스 아크용접 4. 플럭스 코어드 용접 5. 플라스마 용접 6. 일렉트로슬래그, 테르밋 용접 7. 전자빔 용접 8. 레이저용접 9. 저항 용접 10. 기타 용접
		2. 용접 시공 및 검사	1. 용접시공	1. 용접 시공계획 2. 용접 준비 3. 본 용접 4. 열영향부 조직의 특징과 기계적 성질 5. 용접 전 · 후처리(예열, 후열 등) 6. 용접 결함, 변형 및 방지대책
			2. 용접의 자동화	1. 자동화 절단 및 용접 2. 로봇 용접

과목명	문제 수	주요 항목	세부항목	세세항목
			3. 파괴, 비파괴 및 기타 검사(시험)	1. 인장시험 2. 굽힘시험 3. 충격시험 4. 경도시험 5. 방사선투과시험 6. 초음파탐상시험 7. 자분탐상시험 및 침투탐상시험 8. 현미경조직시험 및 기타 시험
		3. 작업안전	1. 작업 및 용접안전	1. 작업안전, 용접 안전관리 및 위생 2. 용접 화재방지 1) 연소이론 2) 용접 화재방지 및 안전
		4. 용접재료	1. 용접재료 및 각종 금속 용접	1. 탄소강 · 저합금강의 용접 및 재료 2. 주철 · 주강의 용접 및 재료 3. 스테인리스강의 용접 및 재료 4. 알루미늄과 그 합금의 용접 및 재료 5. 구리와 그 합금의 용접 및 재료 6. 기타 철금속, 비철금속과 그 합금의 용접 및 재료
			2. 용접재료 열처리 등	1. 열처리 2. 표면경화 및 처리법
		5. 기계제도 (비절삭 부분)	1. 제도통칙 등	1. 일반사항(양식, 척도, 문자 등) 2. 선의 종류 및 도형의 표시법 3. 투상법 및 도형의 표시방법 4. 치수의 표시방법 5. 부품번호, 도면의 변경 등 6. 체결용 기계요소 표시방법
			2. 도면해독	1. 재료기호 2. 용접기호 3. 투상도면해독 4. 용접도면

특수용접기능사 필기

• **적용 기간** : 2021. 1. 1. ~ 2022. 12. 31.

과목명	문제 수	주요 항목	세부항목	세세항목
용접일반, 용접재료, 기계제도 (비절삭 부분)	60	1. 용접일반	1. 용접개요	1. 용접의 원리 2. 용접의 장·단점 3. 용접의 종류 및 용도
			2. 피복아크용접	1. 피복아크용접기기 2. 피복아크용접용 설비 3. 피복아크용접봉 4. 피복아크용접기법
			3. 가스용접	1. 가스 및 불꽃 2. 가스용접 설비 및 기구 3. 산소, 아세틸렌 용접기법
			4. 절단 및 가공	1. 가스절단 장치 및 방법 2. 플라스마, 레이저 절단 3. 특수가스절단 및 아크절단 4. 스카핑 및 가우징
			5. 특수용접 및 기타 용접	1. 서브머지드 용접 2. TIG 용접, MIG 용접 3. 이산화탄소가스 아크용접 4. 플럭스 코어드 용접 5. 플라스마 용접 6. 일렉트로슬래그, 테르밋 용접 7. 전자빔 용접 8. 레이저용접 9. 저항 용접 10. 기타 용접
		2. 용접 시공 및 검사	1. 용접시공	1. 용접 시공계획 2. 용접 준비 3. 본 용접 4. 열영향부 조직의 특징과 기계적 성질 5. 용접 전·후처리(예열, 후열 등) 6. 용접 결함, 변형 및 방지대책
			2. 용접의 자동화	1. 자동화 절단 및 용접 2. 로봇 용접

과목명	문제 수	주요 항목	세부항목	세세항목
			3. 파괴, 비파괴 및 기타 검사(시험)	1. 인장시험 2. 굽힘시험 3. 충격시험 4. 경도시험 5. 방사선투과시험 6. 초음파탐상시험 7. 자분탐상시험 및 침투탐상시험 8. 현미경조직시험 및 기타 시험
		3. 작업안전	1. 작업 및 용접안전	1. 작업안전, 용접 안전관리 및 위생 2. 용접 화재방지 1) 연소이론 2) 용접 화재방지 및 안전
		4. 용접재료	1. 용접재료 및 각종 금속 용접	1. 탄소강 · 저합금강의 용접 및 재료 2. 주철 · 주강의 용접 및 재료 3. 스테인리스강의 용접 및 재료 4. 알루미늄과 그 합금의 용접 및 재료 5. 구리와 그 합금의 용접 및 재료 6. 기타 철금속, 비철금속과 그 합금의 용접 및 재료
			2. 용접재료 열처리 등	1. 열처리 2. 표면경화 및 처리법
		5. 기계제도 (비절삭 부분)	1. 제도통칙 등	1. 일반사항(도면, 척도, 문자 등) 2. 선의 종류 및 용도와 표시법 3. 투상법 및 도형의 표시방법
			2. KS 도시기호	1. 재료기호 2. 용접기호
			3. 도면해독	1. 투상도면해독 2. 투상 및 배관, 용접도면 해독 3. 제관(철골구조물)도면 해독 4. 판금도면해독 5. 기타 관련도면

차례

제1편 용접 일반

제3편 작업안전

제4편 용접 재료

제 5 편 기계제도(비절삭 부분)

부록 1 용접기능사 과년도 출제문제

부록 2 특수용접기능사 과년도 출제문제

부록 3 모의고사

Craftsman Welding

제 1 편

용접 일반

Craftsman Welding

Chapter 01

용접 개요

1-1 용접의 원리

(1) 광의의 원리

만유인력의 법칙에 따라서 주로 금속 원자 간의 인력에 의해 접합되는 것으로, 이때 원자 간의 인력이 작용하는 거리는 약 1Å[옹스트롬](10^{-8}cm, 1억분의 1cm)이다.

(2) 협의의 원리

접합하고자 하는 두 개 이상의 재료를 용융, 반용융 또는 고상상태에서 압력이나 용접재료를 첨가하여 그 틈새나 간격을 메우는 것이다.

1-2 용접의 장단점

(1) 장점

① 재료 절약
② 공정 수 감소
③ 제품의 성능과 수명 향상
④ 이음효율 우수

참고 리벳과 비교했을 때의 장점

① 구조 간단
② 재료 절약, 공정 수 감소
③ 제작원가 절감
④ 수밀, 기밀, 유밀성 우수
⑤ 자동화 용이
⑥ 이음효율 우수
⑦ 두께의 제한을 받지 않음

(2) 단점

① 용접부 재질의 변화
② 수축변형과 잔류응력 발생
③ 품질검사 곤란
④ 용접부 응력집중
⑤ 용접사의 기술에 따라 이음부의 강도 좌우
⑥ 취성 및 균열에 주의

1-3 용접의 종류와 용도

(1) 용접법의 분류[그림 1-1]

① **융접** : 용융용접이라 부르며, 접합하고자 하는 두 금속의 부재, 즉 모재의 접합부를 국부적으로 가열 · 용융시키고 이것에 제3의 금속인 용가재를 용융 · 첨가시켜 융합하는 방법이다.

② **압접** : 가압용접이라 부르며, 접합부를 적당한 온도로 반용융상태 또는 냉간상태로 하고 이것에 기계적인 압력을 가하여 접합하는 방법이다.

③ **납땜** : 접합하고자 하는 모재보다 융점이 낮은 삽입금속(땜납, 용가재)을 접합부에 용융 · 첨가하여 이 용융 땜납의 응고 시에 일어나는 분자 간의 흡입력을 이용하여 접합하는 방법이다. **땜납의 용융점이 450℃ 이상인 경우를 경납땜**(brazing), **450℃ 이하인 경우를 연납땜**(soldering)이라고 한다.

(2) 용접의 용도

① **제품면** : 구조물, 운송기, 기계 및 장치, 가정용품 제작 등

② **재료면** : 철강 및 비철금속 위주에 적용, 열가소성 수지와 세라믹 재료 등에도 적용 가능

1-4 용접자세

용접자세는 평판의 경우와 파이프의 경우 등으로 구분할 수 있으며, 기본적으로 4가지 자세로 구분된다.

(1) 아래보기자세(flat position : F)

모재를 수평면에 놓고 용접봉이 위에서 아래를 향하도록 하여 용접하는 자세[그림 1-2(a)]

(2) 수직자세(vertical position : V)

모재를 수평면에 수직 또는 45° 이하의 경사면에 두고 용접선이 수직방향이나 수직면에 대하여 45° 이하의 경사를 가지는 자세[그림 1-2(b)]

(3) 수평자세(horizontal position : H)

모재를 수평면에 수직 또는 45° 이하의 경사면에 두고 용접선이 수평방향이 되도록 하여 용접하는 자세[그림 1-2(c)]

(4) 위보기자세[over head position : O(H)]

모재가 수평면에 있으되 용접선이 머리 위에 있어 용접을 위쪽으로 향하도록 하여 용접하는 자세[그림 1-2(d)]

(5) 전자세(all position : AP)

아래보기, 수직, 수평 및 위보기 등의 용접자세로 용접하는 응용자세의 일종[그림 1-3]

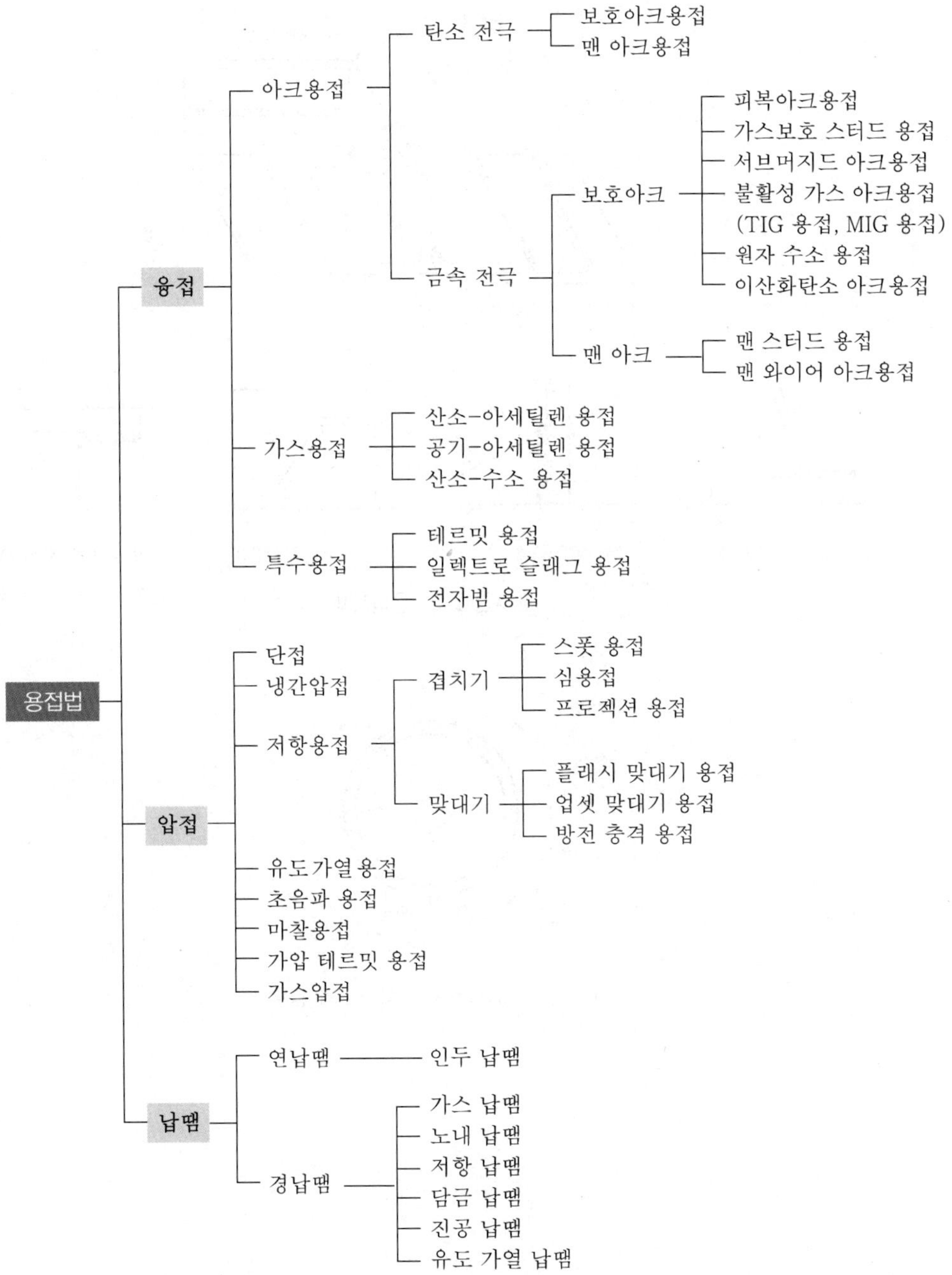

- 용접법
  - **용접**
    - 아크용접
      - 탄소 전극
        - 보호아크용접
        - 맨 아크용접
      - 금속 전극
        - 보호아크
          - 피복아크용접
          - 가스보호 스터드 용접
          - 서브머지드 아크용접
          - 불활성 가스 아크용접 (TIG 용접, MIG 용접)
          - 원자 수소 용접
          - 이산화탄소 아크용접
        - 맨 아크
          - 맨 스터드 용접
          - 맨 와이어 아크용접
    - 가스용접
      - 산소-아세틸렌 용접
      - 공기-아세틸렌 용접
      - 산소-수소 용접
    - 특수용접
      - 테르밋 용접
      - 일렉트로 슬래그 용접
      - 전자빔 용접
  - **압접**
    - 단접
    - 냉간압접
    - 저항용접
      - 겹치기
        - 스폿 용접
        - 심용접
        - 프로젝션 용접
      - 맞대기
        - 플래시 맞대기 용접
        - 업셋 맞대기 용접
        - 방전 충격 용접
    - 유도가열용접
    - 초음파 용접
    - 마찰용접
    - 가압 테르밋 용접
    - 가스압접
  - **납땜**
    - 연납땜
      - 인두 납땜
    - 경납땜
      - 가스 납땜
      - 노내 납땜
      - 저항 납땜
      - 담금 납땜
      - 진공 납땜
      - 유도 가열 납땜

[그림 1-1] 용접법의 분류

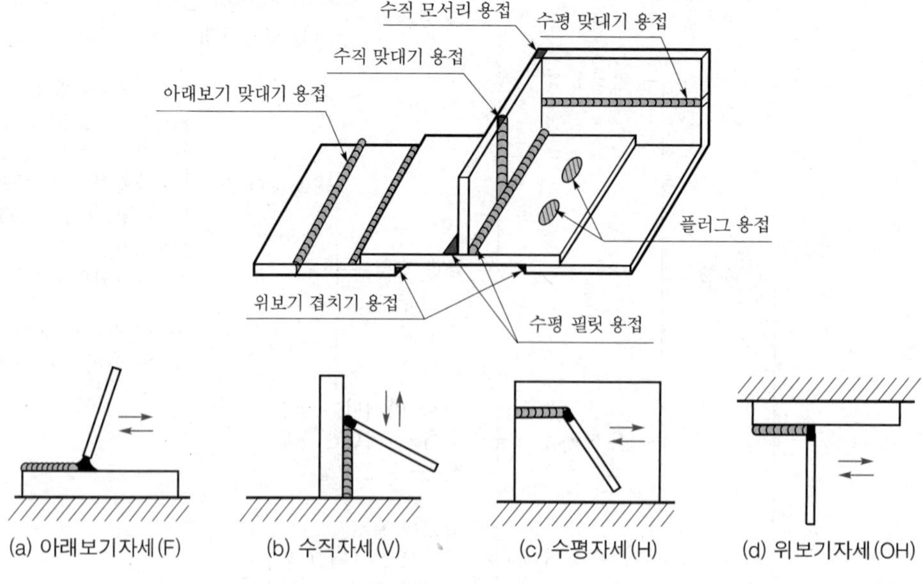

[그림 1-2] 용접자세

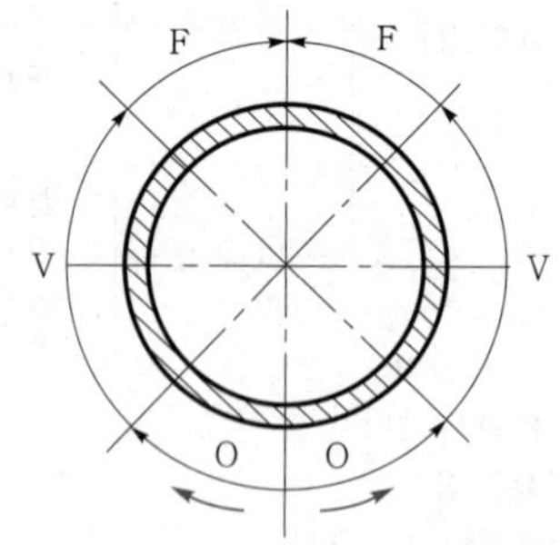

[그림 1-3] 응용자세(파이프의 경우)

참고 산업 현장에서 사용되는 용접자세(AWS code 기준)

① 판(plate)의 홈(groove) 용접의 경우

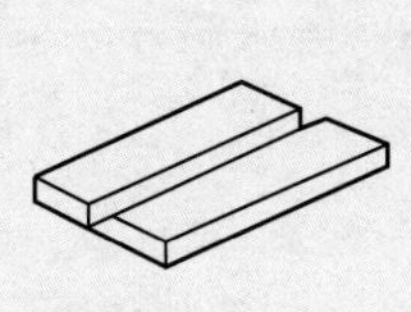

(a) 1G 아래보기자세

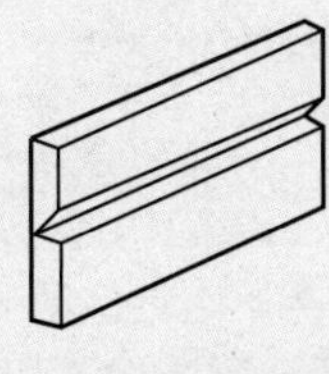

(b) 2G 수평자세

(c) 3G 수직자세

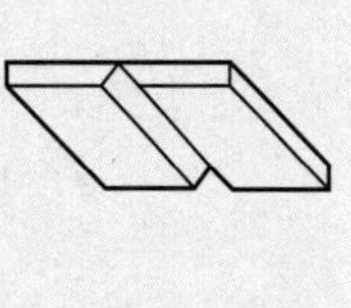

(d) 4G 오버 헤드

② 파이프(pipe)의 홈(groove) 용접의 경우

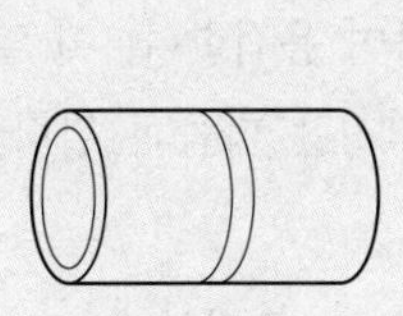

(a) 1G Rotated

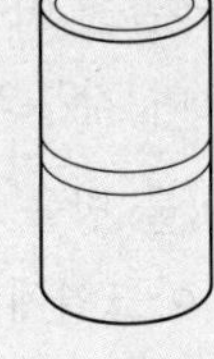

(b) 2G

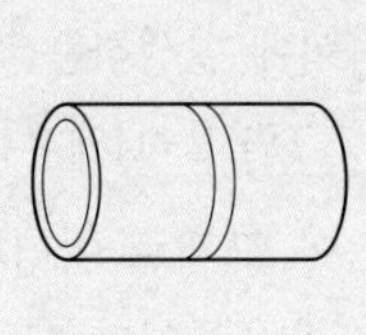

(c) 5G 수평고정관(현장)

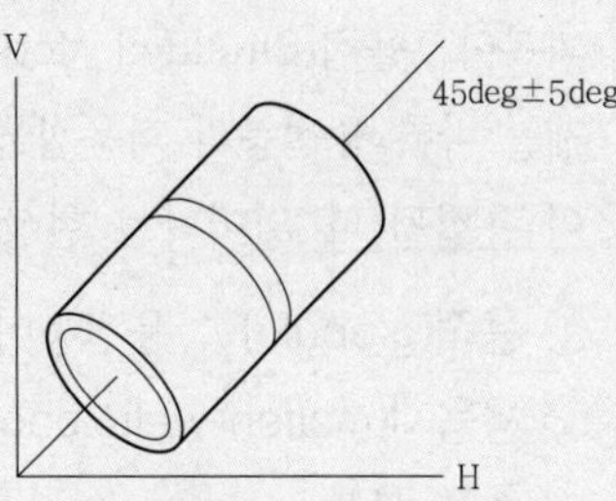

(d) 6G 경사고정관

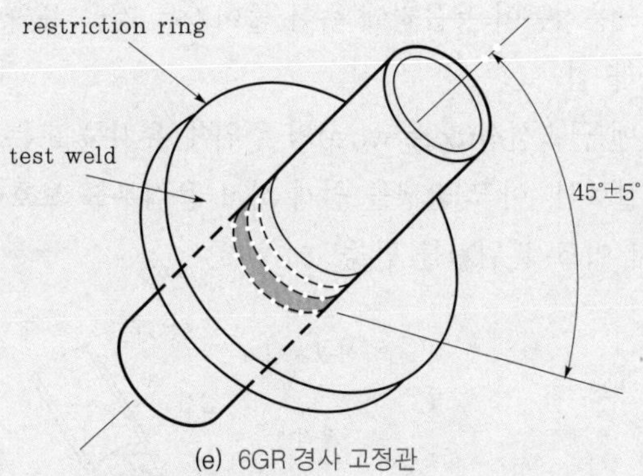

(e) 6GR 경사 고정관

③ 필릿(fillet) 용접의 경우

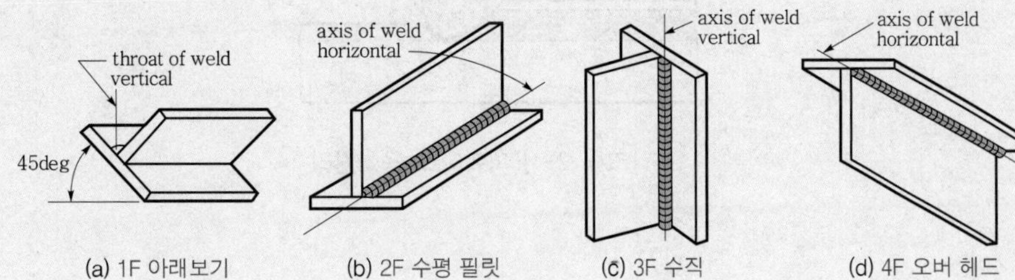

(a) 1F 아래보기 (b) 2F 수평 필릿 (c) 3F 수직 (d) 4F 오버 헤드

Chapter 02

피복아크용접

2-1 피복아크용접의 개요

1 피복아크용접의 원리

피복아크용접(Shielded Metal Arc Welding ; SMAW)은 흔히 전기용접법이라고도 하며, 피복제를 바른 용접봉과 피용접물 사이에 발생하는 전기아크열을 이용하여 용접한다. 이 열에 의하여 용접될 때 일어나는 현상을 [그림 2-1]에 나타냈으며 각부의 명칭은 다음과 같다.

① **용적**(globule) : 용접봉이 녹아 모재로 이행되는 쇳물 방울

② **용융지**(molten weld pool) : 용융풀이라고도 하며 아크열에 의하여 용접봉과 모재가 녹은 쇳물 부분

③ **용입**(penetration) : 아크열에 의하여 모재가 녹은 깊이

④ **용착**(deposit) : 용접봉이 용융지에 녹아 들어가는 것을 용착이라 하고, 이것이 이루어진 것을 용착금속이라 함

⑤ **피복제**(flux) : 맨 금속심선(core wire)의 주위에 유기물 또는 두 가지 이상의 혼합물로 만들어진 비금속물질로서, 아크 발생을 쉽게 하고 용접부를 보호하며 녹아서 슬래그(slag)가 되고 일부는 타서 아크 분위기를 만듦

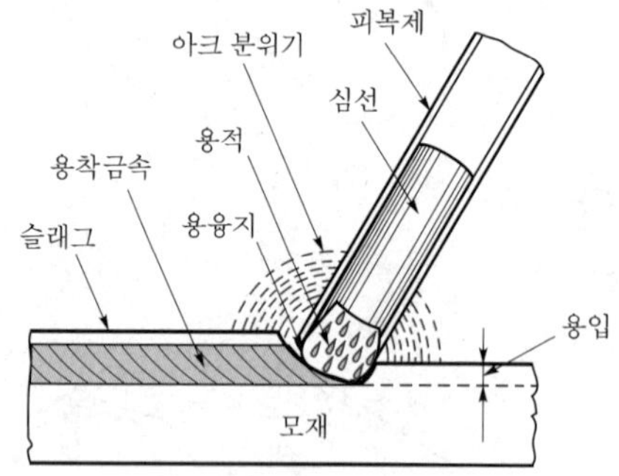

[그림 2-1] 피복아크 용접원리

2 용접회로

[그림 2-2]와 같이 용접기에서 공급된 전류가 전극 케이블, 홀더, 피복아크 용접봉, 아크, 모재, 접지 케이블을 지나서 다시 용접기로 되돌아오는 것을 용접회로라 한다.

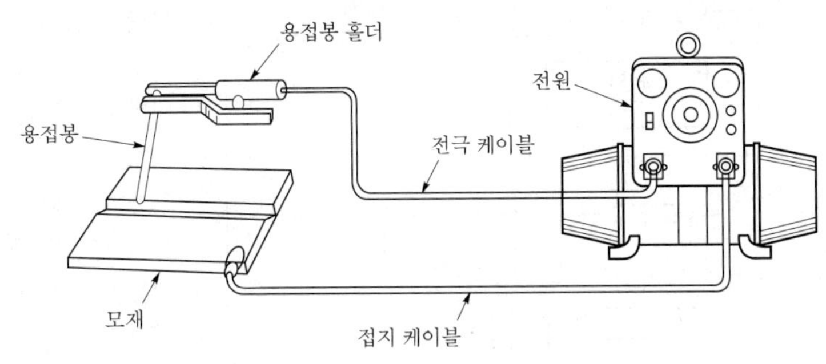

[그림 2-2] 용접회로

3 아크

아크용접의 경우 **용접봉과 모재 간의 전기적 방전에 의하여 활 모양(弧狀)의 청백색 불꽃방전**이 일어나게 되는데 이 **불꽃방전을** '아크'라 한다.

① 전기적으로 중성이며 이온화된 기체로 구성된 플라스마이다.

② 저전압 대전류의 방전에 의해 발생하며, 고온이고 강한 빛을 발생하게 되므로 용접용 전원으로 많이 이용된다.

③ 이때 발생하는 열은 최고 약 6,000℃ 정도이고, 실제 용접에 이용하는 열의 온도는 약 3,500~5,000℃ 정도이다.

④ 아크 발생 시 방출되는 유해광선(자외방사, 가시선, 적외방사 등)으로 인하여 적절한 차광유리를 통하지 않으면 육안으로 관찰하기 어렵다.

4 극성 효과(polarity effect)

직류 전원을 사용하는 경우 **모재에 (+)극을, 용접봉에 (-)극을 연결하는 것을 직류정극성**(Direct Current Straight Polarity ; DCSP 또는 D.C. Electrode Negative ; DCEP)이라 하고, 이와 반대로 **모재에 (-)극을, 용접봉에 (+)극을 연결하는 것을 직류역극성**(D.C. Reverse Polarity ; DCRP 또는 D.C. Electrode Positive ; DCEP)이라 한다. 전자는 (-)극에서 (+)극 방향으로 흐르게 되는데 질량이 작은 전자가 양극에 충돌하면 전자는 보유한 에너지를 양극에 방출하게 되므로 양극에서 발생하는 열량은 음극에 비해 훨씬 높게 된다.

[표 2-1] 직류정극성과 직류역극성의 비교

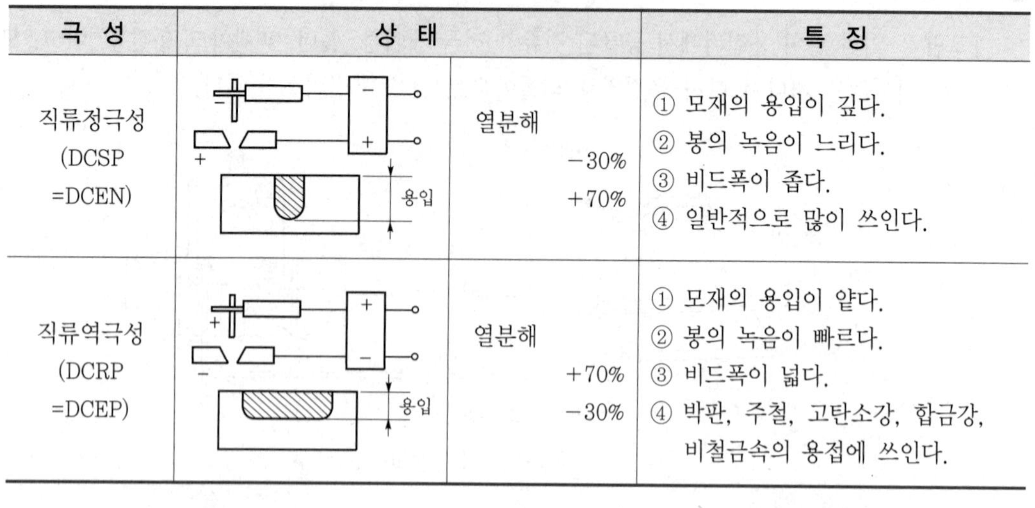

극 성	상 태		특 징
직류정극성 (DCSP =DCEN)	− + 용입	열분해 −30% +70%	① 모재의 용입이 깊다. ② 봉의 녹음이 느리다. ③ 비드폭이 좁다. ④ 일반적으로 많이 쓰인다.
직류역극성 (DCRP =DCEP)	+ − 용입	열분해 +70% −30%	① 모재의 용입이 얕다. ② 봉의 녹음이 빠르다. ③ 비드폭이 넓다. ④ 박판, 주철, 고탄소강, 합금강, 비철금속의 용접에 쓰인다.

직류정극성(DCSP)

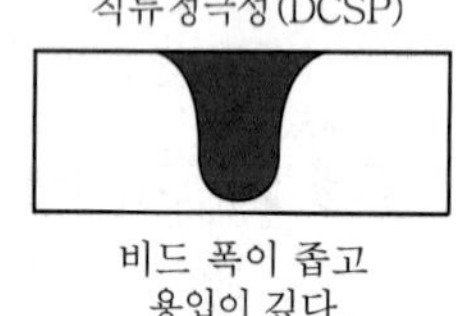

비드 폭이 좁고
용입이 깊다.

교류(AC)

정극성과
역극성의 중간이다.

직류역극성(DCRP)

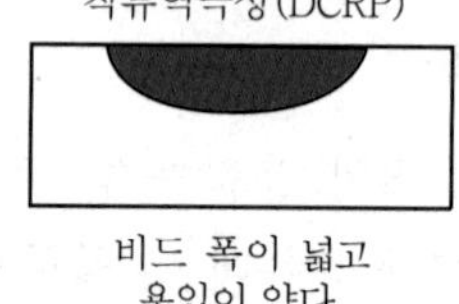

비드 폭이 넓고
용입이 얕다.

[그림 2-3] 각 극성별 용입 깊이

5 용접입열

용접 시 외부로부터 용접부에 가해지는 열량을 용접입열이라고 한다. 아크용접에서 아크가 용접 비드 단위길이(1cm)당 발생하는 전기적인 열에너지를 H(Joule/cm)로 나타낼 수 있으며, 아래의 공식으로 구할 수 있다.

$$H = \frac{60EI}{V}\ [\text{Joule/cm}]$$

여기서, E : 아크전압[V], I : 아크전류[A], V : 용접속도[cpm(cm/min)]

일반적으로 모재에 흡수되는 열량은 전체 입열량의 75~85% 정도다.

6 용접봉의 용융속도

용접봉의 용융속도는 단위시간당 소비되는 용접봉의 길이 또는 무게로써 나타내는데, 실험 결과에 따르면 아크전압과는 관계가 없으며, (아크전류 × 용접봉 쪽 전압강하)로 결정된다. 또 용접봉의 지름이 다르다 할지라도 같은 용접봉인 경우에는 심선의 용융속도는 아크전류에만 비례하고 용접봉의 지름과는 관계가 없다.

7 용적 이행

용적 이행이란 아크 공간을 통하여 용접봉 또는 용접 와이어의 선단으로부터 모재 측으로 용융 금속이 옮겨 이행하는 것을 말한다. 이행형식은 보호가스나 전류에 의하여 달라지며 크게 단락형, 스프레이형, 글로뷸러형 등 세 가지 형식으로 나눌 수 있다.

(1) 단락형

[그림 2-4(a)]에서와 같이 전극 선단의 용적이 용융지에 접촉하여 단락되고 표면장력의 작용으로 모재 쪽으로 이행하는 형식으로, 주로 저전류로 아크길이가 짧은 경우 발생하기 쉽다. 저수소계 용접봉이나 비피복 용접봉 사용 시 흔히 볼 수 있다.

(2) 스프레이형

[그림 2-4(b)]에서와 같이 피복제의 일부가 가스화하여 가스를 뿜어냄으로써 용적의 크기가 와이어 직경보다 작게 되어 스프레이와 같이 날려서 모재 쪽으로 옮겨 가는 방식이다. Ar에 CO_2 가스 또는 소량의 산소 등을 혼합한 보호가스 분위기 또는 중·고전류 밀도에서 발생하기 쉽다.

(3) 글로뷸러형

[그림 2-4(c)]에서와 같이 용적이 와이어의 직경보다 큰 덩어리로 되어 단락되지 않고 이행하는 형식으로 CO_2 가스 분위기에서 중·고전류 밀도 및 아크길이가 긴 경우에 발생하기 쉽다. 서브머지드 용접(SAW)에서도 볼 수 있으며, 입상이행형식, 핀치효과형이라고도 한다.

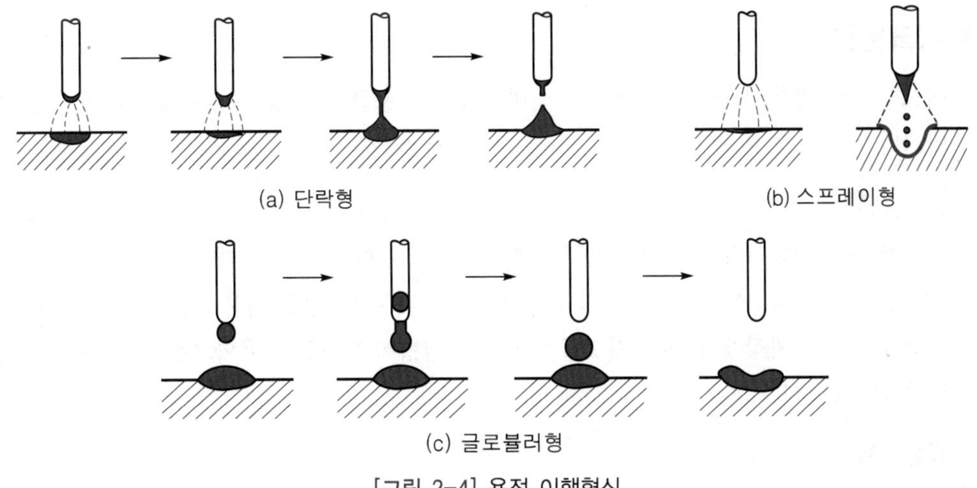

[그림 2-4] 용적 이행형식

8 아크의 특성

(1) 부(저항)특성

일반적인 전기회로는 옴의 법칙(Ohm's law)에 의해 동일한 저항에 흐르는 전류는 그 전압에 비례하는 것이 일반적이지만, 아크의 경우 옴의 법칙과는 반대로 **전류가 커지면** 저항이 작아져서 전압도 낮아지는 현상을 보인다. 이러한 현상을 아크의 부특성 또는 부저항 특성이라 한다.

(2) 절연회복 특성

보호가스에 의해 순간적으로 꺼졌던 아크가 다시 회복되는 특성을 말한다. 교류에서는 1사이클에 2회씩 전압 및 전류가 0(zero)이 되고 절연되며, 이때 보호가스가 용접봉과 모재 간의 순간 절연을 회복하여 전기가 잘 통하게 해준다.

(3) 전압회복 특성

아크가 꺼진 후에는 용접기의 전압이 매우 높아지고 용접 중에는 전압이 매우 낮아진다. 아크용접 전원은 아크가 중단된 순간에 아크회로의 과도전압을 급속히 상승 회복시키는데 이 특성은 아크의 재발생을 쉽게 한다.

(4) 아크길이 자기제어 특성

아크전류가 일정할 때 아크전압이 높아지면 용접봉의 용융속도가 늦어지고 아크전압이 낮아지면 용융속도가 빨라져 아크길이를 제어한다.

9 아크쏠림

아크쏠림은 일명 자기불림이라고도 하며, 아크가 용접봉 방향에서 한쪽으로 쏠리는 현상을 말한다.

(1) 발생 원인

용접전류에 의해 아크 주위에 발생하는 자장이 용접봉에 대해서 비대칭으로 되어 아크가 한 방향으로 강하게 쏠리는 현상으로, 직류용접에서 비피복 용접봉을 사용했을 때에 특히 심하다. 아크전류에 의한 **자장에 원인**이 있으므로 전류의 방향이 바뀌는 **교류아크용접에서는 이런 현상이 발생하지 않는다.**

(2) 발생 현상

① 아크 불안정
② 용착금속 재질 변화
③ 슬래그 섞임, 기공 발생

(3) 방지책

① 직류 대신 교류 사용
② 모재와 같은 재료 조각(엔드탭)을 용접선에 연장하여 가용접할 것

③ 접지점을 용접부보다 멀리할 것
④ 긴 용접에는 후퇴법으로 용접할 것
⑤ 짧은 아크를 사용할 것

2-2 피복아크 용접기기

1 피복아크 용접기기의 개요

아크 용접기는 용접아크에 전력을 공급해 주는 장치이며, 용접에 적합하도록 낮은 전압에서 큰 전류를 흐를 수 있도록 제작되어 있는 변압기의 일종이다. 아크 용접기는 2차측(출력측) 전원 특성(전류의 방향)에 따라 직류아크 용접기와 교류아크 용접기로 분류할 수 있다.

2 용접기의 구비 조건

① 구조 및 취급이 간단해야 한다.
② 전류조정이 용이하고 일정한 전류가 흘러야 한다.
③ 아크 발생이 잘 되도록 적당한 무부하 전압이 유지되어야 한다(교류 70~90V, 직류 40~60V).
④ 아크 발생 및 유지가 용이하고 아크가 안정되어야 한다.
⑤ 사용 중 온도 상승이 적어야 한다.
⑥ 가격이 저렴하고 사용 유지비가 적게 들어야 한다.
⑦ 역률 및 효율이 좋아야 한다.

3 용접기의 특성

(1) 수하 특성(drooping characteristic)

부하전류가 증가하면 단자전압이 저하되는 특성으로서, 피복아크용접(SMAW)에 필요한 특성이다.

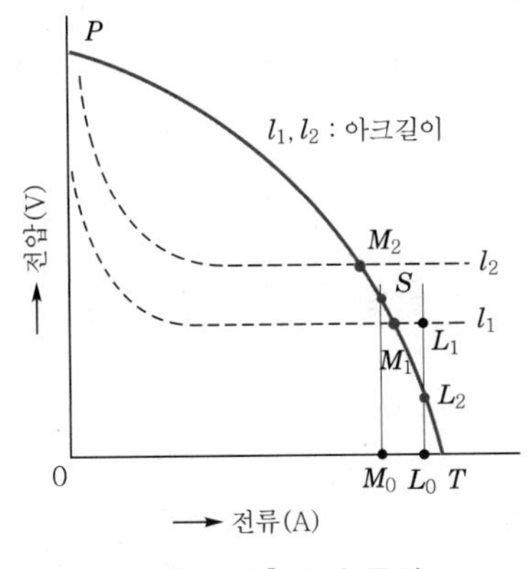

[그림 2-5] 수하 특성

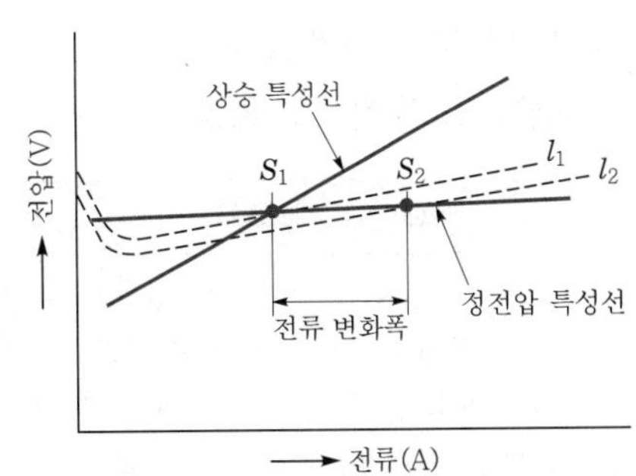

[그림 2-6] 정전압 및 상승 특성

(2) 정전압 특성(constant voltage(potential) characteristic)

부하전류가 다소 변하더라도 단자전압은 거의 변동이 일어나지 않는 특성으로 CP 특성이라고도 한다.

이 정전압 특성은 SAW, GMAW, FCAW, CO_2 용접 등 자동, 반자동 용접기에 필요한 특성이다.

(3) 정전류 특성(constant current characteristic)

용접 중 작업자 미숙으로 아크길이(아크전압)가 다소간 변하더라도 용접전류 변동값이 적어 입열의 변동이 작게 되는 특성이다. 그래서 용입불량이나 슬래그 혼입 등의 방지에 좋을 뿐만 아니라 용접봉의 용융속도가 일정해져서 균일한 용접비드를 얻을 수 있다.

4 피복아크 용접기기의 분류

일반적으로 사용하는 전류와 내부 구조에 따라 다음과 같이 분류한다.

(1) 직류아크 용접기(DC arc welding machine)

직류아크 용접기는 3상 교류 전동기로서 직류 발전기를 구동하여 발전시키는 전동 발전형, 엔진을 가동시켜 직류를 얻어내는 엔진 구동형, 교류를 셀렌 정류기나 실리콘 정류기 등을 사용하여 정류된 직류를 얻는 정류형 등이 있다.

① **전동 발전형**(motor-generator arc welder) : 3상 교류 전동기로 직류 발전기를 회전시켜 발전하는 것으로, 교류 전원이 없는 곳에서는 사용할 수 없다.

② **엔진 구동형**(engine driven arc welder) : 가솔린이나 디젤 엔진으로 발전기를 구동시켜 직류 전원을 얻는 것이며 전원의 연결이 없는 곳, 출장 공사장에서 많이 사용한다. 엔진 발전식 용접기에는 대개 DC 또는 AC 110V 내지 220V의 보조 전력을 끌어내어 쓸 수 있게 콘센트가 마련되어 있다.

③ **정류형**(rectifier type arc welder) : 기본적인 구조는 3상 AC 변압기식 용접기에 정류기를 덧붙여 교류를 직류로 정류한 DC 용접기이다. 정류자로는 셀렌, 실리콘 및 게르마늄 등이 있으나 셀렌이 가장 많이 이용되고 있다. 셀렌 정류기는 80℃ 이상, 실리콘은 150℃에서 폭발할 염려가 있다.

④ **직류아크 용접기의 특성**

종류	특성
발전형 (모터형, 엔진 발전형)	• 완전한 직류를 얻는다. • 교류 전원이 없는 장소에서 사용한다. • 회전하므로 고장나기가 쉽고 소음을 낸다. • 구동부와 발전부로 되어 있어 고가이다. • 보수와 점검이 어렵다.

종류	특성
정류기형	• 소음이 나지 않는다. • 취급이 간단하고 발전형과 비교하면 저가이다. • 교류를 정류하므로 완전한 직류를 얻지 못한다. • 정류기 파손(셀렌 80℃, 실리콘 150℃ 이상에서 파손에 주의)해야 한다. • 보수 점검이 간단하다.

(2) 교류아크 용접기(AC arc welding machine)

용접기 중 교류아크 용접기가 가장 많이 사용되는데, 보통 1차 측은 200V, 380V의 동력 전원에 접속하고, 2차 측은 무부하 전압이 70~80V가 되도록 만들어져 있다. 교류아크 용접기의 구조는 일종의 변압기이지만 보통의 전력용 변압기와는 다르다. 즉 자기누설변압기를 써서 아크를 안정시키기 위하여 수하 특성으로 하고 있다.

교류아크 용접기는 용접전류의 조정방법에 따라 다음과 같이 분류한다.

① **가동 철심형(moving core arc welder)** : 가동 철심을 움직여 그로 인하여 발생하는 누설 자속을 변동시켜 전류를 조절한다.

② **가동 코일형(moving coil arc welder)** : 1차 코일과 2차 코일이 같은 철심에 감겨져 있고, 대개 2차 코일을 고정하고 1차 코일을 이동하여 두 코일 간의 거리를 조절하여 누설 자속의 양을 변화시킴으로써 전류를 조정한다.

③ **탭 전환형(tap bend arc welder)** : 2차 측 탭을 사용하여 코일의 감긴 수에 따라 전류를 조정한다. 미세조정이 어렵고 탭을 수시로 전환하므로 탭의 고장이 일어나기 쉽다.

④ **가포화 리액터형(saturable reactor arc welder)** : 직류 여자 코일을 가포화 리액터에 감고 직류 여자 전류를 조정하여 가변저항의 변화로 용접전류를 조정한다. 전류 조정은 원격 제어가 된다.

⑤ **교류아크 용접기의 특성**

용접기의 종류	특성
가동 철심형	• 가동 철심으로 누설 자속을 가감하여 전류를 조정한다. • 광범위한 전류 조정이 어렵다. • 미세한 전류 조정이 가능하다. • 현재 가장 많이 사용된다. • 중간 이상 가동 철심을 빼내면 누설 자속의 영향으로 아크가 불안정하게 되기 쉽다(가동 부분의 마멸로 철심에 진동이 생김).
가동 코일형	• 1차, 2차 코일 중의 하나를 이동, 누설 자속을 변화하여 전류를 조정한다. • 아크 안정도가 높고 소음이 없다. • 가격이 비싸며 현재 사용이 거의 없다.

용접기의 종류	특성
탭 전환형	• 코일의 감긴 수에 따라 전류를 조정한다. • 적은 전류 조정 시 무부하 전압이 높아 전격의 위험이 있다. • 탭 전환부의 소손이 심하다. • 넓은 범위는 전류 조정이 어렵다. • 주로 소형에 많다.
가포화 리액터형	• 가변 저항의 변화로 용접전류를 조정한다. • 전기적 전류 조정으로 소음이 없고 기계 수명이 길다. • 원격 조작이 간단하고 원격 제어가 된다.

(3) 직류아크 용접기와 교류아크 용접기의 비교

비교 항목	직류아크 용접기	교류아크 용접기
① 아크의 안정	우수	약간 떨어짐
② 비피복봉 사용	가능	불가능
③ 극성 변화	가능	불가능
④ 자기 쏠림 방지	불가능	가능(거의 없다)
⑤ 무부하 전압	약간 낮음(40~60V)	높음(70~90V)
⑥ 전격의 위험	적음	많음
⑦ 구조	복잡	간단
⑧ 유지	약간 어려움	용이
⑨ 고장	회전기에 많음	적음
⑩ 역률	매우 양호	불량
⑪ 소음	회전기에 크고 정류형은 조용함	조용함(구동부가 없으므로)
⑫ 가격	고가(교류의 몇 배)	저렴

(4) 교류아크 용접기의 규격

<table>
<tr><th rowspan="2">종류</th><th rowspan="2">정격출력
전류
(A)</th><th rowspan="2">정격
사용률
(%)</th><th rowspan="2">정격부하
전압
(V)</th><th rowspan="2">최고 무부하
전압
(V)</th><th colspan="2">출력전류
(A)</th><th rowspan="2">사용 가능한
피복아크
용접봉의 지름(mm)</th></tr>
<tr><th>최댓값</th><th>최솟값</th></tr>
<tr><td>AWL-130</td><td>130</td><td rowspan="4">30</td><td>25.2</td><td rowspan="4">80 이하</td><td rowspan="8">정격 출력
전류의
100% 이상
110% 이하</td><td>40 이하</td><td>2.0~3.2</td></tr>
<tr><td>AWL-150</td><td>150</td><td>26.0</td><td>45 이하</td><td>2.0~4.0</td></tr>
<tr><td>AWL-180</td><td>180</td><td>27.2</td><td>55 이하</td><td>2.6~4.0</td></tr>
<tr><td>AWL-250</td><td>250</td><td>30.0</td><td>75 이하</td><td>3.2~5.0</td></tr>
<tr><td>AWL-200</td><td>200</td><td rowspan="3">40</td><td>28</td><td rowspan="3">85 이하</td><td rowspan="4">정격 출력
전류의
20% 이하</td><td>2.0~4.0</td></tr>
<tr><td>AWL-300</td><td>300</td><td>32</td><td>2.6~6.0</td></tr>
<tr><td>AWL-400</td><td>400</td><td>36</td><td>3.2~8.0</td></tr>
<tr><td>AWL-500</td><td>500</td><td>60</td><td>40</td><td>95 이하</td><td>4.0~8.0</td></tr>
</table>

비고 : AW, AWL : 교류아크 용접기
AW, AWL 다음의 수치는 정격출력전류

(5) 용접기의 사용률

용접기가 아크를 발생하여 용접하는 시간을 아크시간이라 하고 발생하지 않는 쉬는 시간을 휴식시간이라 하는데, 용접기의 사용률은 다음과 같다.

$$\text{사용률}[\%] = \frac{\text{아크시간}}{\text{아크시간} + \text{휴식시간}} \times 100$$

일반적으로 사용률(정격사용률)이 40%라 함은 용접기의 소손을 방지하기 위해 정격전류로 용접했을 때 10분 중에서 4분만 용접하고 6분은 휴식한다라는 의미이다. 그러나 실제 용접의 경우 정격전류보다는 적은 전류로 용접하는 경우가 많은데, 이때의 사용률을 허용사용률이라 하며 다음과 같은 식으로 구해진다.

$$\text{허용사용률}[\%] = \frac{(\text{정격2차전류})^2}{(\text{실제사용전류})^2} \times \text{정격사용률}$$

(6) 용접기의 역률과 효율

용접기로서 입력, 즉 전원입력(2차 무부하전압×아크전류)에 대한 아크출력(아크전압×아크전류)과 2차측 내부 손실의 합(소비전력)의 비를 역률이라고 한다. 또 아크출력과 내부 손실과의 합(소비전력)에 대한 아크출력의 비율을 효율이라고 한다. 역률과 효율의 계산은 다음과 같다.

$$\text{역률}[\%] = \frac{\text{소비전력}[\text{kW}]}{\text{전원입력}[\text{kVA}]} \times 100, \quad \text{효율}[\%] = \frac{\text{아크출력}[\text{kW}]}{\text{소비전력}[\text{kW}]} \times 100$$

여기서, 소비전력 = 아크출력 + 내부손실
전원입력 = 2차 무부하전압 × 아크 전류
아크출력 = 아크 전압 × 아크 출력

일반적으로 역률이 높으면 효율이 좋은 것으로 생각되나 역률이 낮을수록 좋은 용접기이며, ' 역률이 높다'라는 의미는 '효율이 낮다'라는 의미로 여긴다.

5 피복아크 용접용 부속장치

(1) 고주파 발생장치

교류아크 용접기에서 안정된 아크를 얻기 위하여 아크전류에 고전압의 고주파를 중첩시키는 것으로 다음과 같은 장점이 있다.

① 아크 손실이 적어 용접작업이 쉽다.
② 아크 발생 시에 용접봉이 모재에 접촉하지 않아도 아크가 발생된다.
③ 무부하전압을 낮게 할 수 있다.
④ 전격 위험이 적으며, 전원입력을 적게 할 수 있으므로 용접기의 역률이 개선된다.

(2) 전격 방지장치

교류 용접기는 무부하전압이 70~80V 정도로 비교적 높아 감전의 위험이 있으므로 용접사를 보호하기 위하여 전격 방지장치를 부착해야 한다. 이는 용접을 하지 않을 경우 보조변압기에 의해 용접기의 2차 무부하전압을 20~30V 이하로 유지하고, 아크가 발생되는 순간 아크전압으로 회복시키며, 아크가 끊어지면 다시 20~30V 이하로 유지하는 장치이다.

(3) 핫 스타트장치

아크가 발생하는 초기에는 용접봉과 모재가 냉각되어 있어 용접입열이 부족하여 아크가 불안정하기 때문에 아크 초기만 용접전류를 특별히 높게 하는 것으로 다음과 같은 장점이 있다.

① 아크 발생을 쉽게 한다.
② 기공 등 결함 발생을 방지한다.
③ 시작부에 비드 모양을 개선한다.
④ 아크 발생 초기의 용입을 양호하게 한다.

(4) 원격 제어장치

용접기에서 떨어져 작업을 할 때 작업 위치에서 전류를 조정할 수 있는 장치를 원격 제어장치라 하며, 현재 주로 사용되고 있는 대표적인 것에는 가포화 리액터형이 있고 전동기 조작형도 가능하다.

2-3 피복아크 용접용 기구 및 설비

1 용접 홀더

용접봉의 피복이 없는 부분을 고정하여 용접전류를 용접 케이블을 통하여 용접봉과 모재 쪽으로 전달하는 기구이다. 홀더의 종류로는 A형(안전홀더, 용접봉을 집는 부분을 제외한 모든 부분 절연)과 B형(손잡이 부분만 절연)으로 구분한다.

종류	정격용접 전류(A)	홀더로 잡을 수 있는 용접봉 지름(mm)	접속할 수 있는 홀더용 케이블 도체 공칭 단면적(mm^2)	비고
125호	125	1.6~3.2	22	(　) 안의 수치는 KS D 7004(연강용 피복아크 용접봉) 및 KS C 3321(용접용 케이블)에 규정되어 있지 않은 것이다.
160호	160	3.2~4.0	(30)	
200호	200	3.2~5.0	38	
250호	250	4.0~6.0	(50)	
300호	300	4.0~6.0	(50)	
400호	400	5.0~8.0	60	
500호	500	6.4~(10.0)	(80)	

2 용접용 기구

(1) 용접용 케이블

일반적으로 옴의 법칙(Ohm's law)에 의하면 전류는 전압과는 비례하며, 저항에는 반비례한다. 또한 저항은 케이블 선의 길이에는 비례하며, 케이블의 단면적에는 반비례한다.

$$I \propto \frac{V}{R}, \quad R \propto \frac{L}{A}$$

여기서, I : 전류, V : 전압, R : 저항, L : 케이블 선의 길이,
A : 케이블 선의 단면적

용접기는 1차 측(입력측) 전원의 고전압 · 저전류에서 전압을 변화시켜 저전압 · 고전류의 2차 측(출력측) 전원 특성으로 변화시켜 케이블로 하여금 전달되게 한다. 이때 고전류를 흘려 보내려면 위 식에 의하여 저항값이 작아야 한다. 그러기 위해서는 케이블 선의 길이를 짧게 하든지, 단면적, 즉 케이블의 지름이 커야 함을 알 수 있다.

홀더용 2차 측 케이블은 유연성이 좋은 캡타이어 전선을 사용한다. 캡타이어 전선은 지름이 0.2~0.5mm의 가는 구리선을 수백~수천선을 꼬아서 튼튼한 종이로 감싸고 그 위에 고무로 피복한 것이다.

[표 2-2] 용접 케이블의 규격

용접 출력 전류(A)	200A	300A	400A
1차 측 케이블(지름)	5.5mm	8mm	14mm
2차 측 케이블(단면적)	$38mm^2$	$50mm^2$	$60mm^2$

(2) 케이블 커넥터와 러그

용접용 케이블을 접속하려고 할 때 케이블 커넥터와 러그를 사용한다.

(3) 접지 클램프

모재와 용접기를 케이블로 연결할 때 모재에 접속하는 것이다.

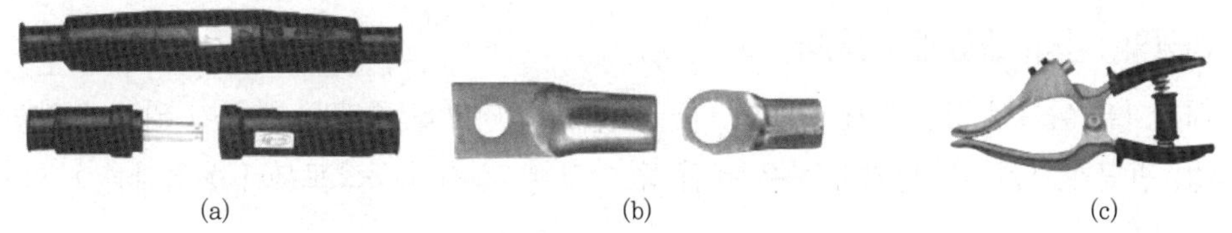

(a) (b) (c)

[그림 2-7] 케이블 커넥터(a), 러그(b), 접지 클램프(c)

(4) 퓨즈

용접기 회로의 과전류로부터 용접기를 보호하기 위해 사용되는 부품이다. 용접기 1차 측에는 용접기 근처에 퓨즈를 붙인 나이프 스위치(knife switch)를 설치한다. 퓨즈의 용량은 1차 입력

[kVA]을 전원 전압(200V)으로 나누어 1차 전류값을 구하여 결정하도록 한다. 예를 들어 1차 입력 전원 용량이 24kVA인 용접기에서는 다음과 같이 구하면 된다.

$$\frac{24\text{kVA}}{200\text{V}} = \frac{24,000\text{VA}}{200\text{V}} = 120\text{A}$$

3 용접용 보호기구

(1) 용접 헬멧과 핸드 실드

용접작업 시 아크에서 나오는 유해 광선인 자외선 및 적외선과 스패터(spatter)로부터 작업자의 눈이나 얼굴, 머리 등을 보호하기 위하여 사용하는 기구로는 머리에 쓰고 작업하는 용접 헬멧과 손잡이가 달려 손에 들고 작업하는 핸드 실드가 있다.

(2) 차광유리(필터렌즈)

용접 중 발생하는 유해한 광선을 차폐하여 용접작업자의 눈을 보호함은 물론 용접부를 명확하게 볼 수 있도록 착색 또는 특정 파장을 흡수한 유리이다. 필터렌즈의 크기는 50.8mm×108mm의 직사각형이 일반적이며, 차광 능력의 등급은 용접봉의 지름 및 용접전류와 관계가 있다([표 2-3] 참고).

[표 2-3] 필터렌즈 규격

용접 종류	용접전류(A)	용접봉 지름(mm)	차광도 번호
금속아크	30 이하	0.8~1.2	6
금속아크	30~45	1.0~1.6	7
금속아크	45~75	1.2~2.0	8
헬리아크(TIG)	75~130	1.6~2.6	9
금속아크	100~200	2.6~3.2	10
금속아크	150~250	3.2~4.0	11
금속아크	200~400	4.8~6.4	12
금속아크	300~400	4.4~9.0	13
탄소아크	400 이상	9.0~9.6	14

(3) 차광막, 장갑, 팔덮개, 앞치마

차광막은 아크의 강한 유해 광선이 다른 사람에게 영향을 주지 않게 하기 위하여 필요하고, 장갑, 팔덮개, 앞치마, 발커버 등은 용접 중 아크열, 스패터 등으로부터 용접사를 보호하기 위한 것이다.

(4) 용접용 공구 및 측정기

용접작업에 필요한 공구로는 슬래그를 제거하는 치핑 해머, 용접 후의 비드 표면의 스케일이나 솔질 등에 필요한 와이어 브러시가 있으며, 용접부의 치수를 측정하는 용접 게이지, 버어니어

켈리퍼스 등과 아크전류를 측정하는 전류계, 치수 측정과 직각 측정에 필요한 컴비네이션 스퀘어, 플라이어, 정 등이 있다.

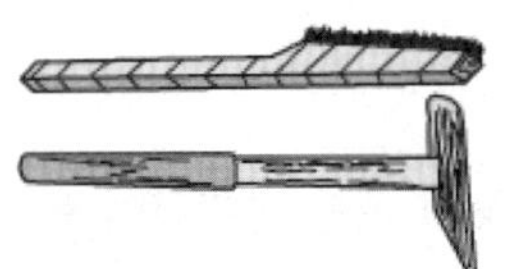

(a) 슬래그 해머와 와이어 브러시 (b) 용접용 기타 공구

[그림 2-8] 용접용 공구

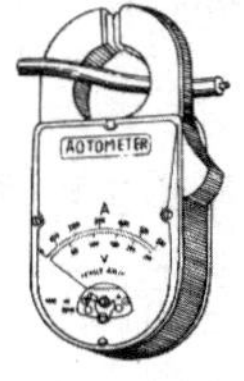

[그림 2-9] 전류계

2-4 피복아크 용접봉

1 개요

아크용접에서 용접봉(용가재, 전극봉 등)은 용접할 모재 사이의 틈을 메워 주며, 용접부의 품질을 좌우하는 주요한 소재이다. 피복아크 용접봉은 수동아크용접에 사용되는데 용접할 금속의 재질에 따라 다양한 종류의 용접봉이 만들어지고 있다. 피복아크 용접봉은 금속 심선의 표면에 피복제를 발라서 건조시킨 것으로 한쪽 끝은 홀더에 물려 전류를 통할 수 있도록 약 25mm 정도는 피복이 입혀 있지 않다. 심선의 지름은 1.0~10.0mm까지 있으며 길이는 250~900mm까지 있다.

2 용접봉의 분류

① 용접부 보호방식에 따라 : 가스 생성식, 반가스 생성식, 슬래그 생성식
② 용융금속의 이행형식에 따라 : 단락형, 스프레이형, 글로뷸러형
③ 용접재료의 재질에 따라 : 연강용, 고장력강(저합금강)용, 스테인리스강용, 합금강용 등

3 피복아크 용접봉의 심선

심선은 용접을 하는 데 있어서 중요한 역할을 하므로 용접봉 선택 시에는 우선 심선의 성분을 알아야 한다. 심선은 대체로 모재와 동일한 재질을 쓰며, 용접의 최종 결과는 피복제와 심선과의 상호 화학작용에 의하여 형성된 용착금속의 성질이 좋고 나쁜 데에 따라 판정되는 것이므로 불순물이 적은 성분이 좋은 것을 사용해야 한다. 연강용 피복아크 용접봉 심선은 용접금속의 균열을 방지하기 위하여 주로 **저탄소 림드강**이 사용되며, KS 기호로 SWR(W)로 표기된다.

4 피복제

교류아크 용접은 비피복 용접봉으로 용접할 경우 아크가 불안정하며, 용착금속이 대기로부터 오염되고 급랭되므로 용접이 곤란하거나 매우 어렵다. 이를 시정하기 위해 피복제를 도포하는 방법이 제안되었으며, 많은 연구 노력으로 피복 배합제의 적정한 배합으로 현재에는 모든 금속의

용접이 가능하여졌고, 이것의 발달은 직류아크 용접의 대안으로 발달되게 되었다. 피복제의 무게는 피복아크 용접봉 무게의 약 10% 이상이다.

(1) 피복제의 역할

① 아크를 안정시킨다.

② 중성 또는 환원성 분위기로 대기 중으로부터 산화, 질화 등의 해를 방지하여 용착금속을 보호한다.

③ 용융금속의 용적을 미세화하여 용착 효율을 높인다.

④ 용착금속의 냉각속도를 느리게 하여 급랭을 방지한다.

⑤ 용착금속의 탈산정련작용을 하며, 용융점이 낮은 적당한 점성의 가벼운 슬래그를 만든다.

⑥ 슬래그를 제거하기 쉽게 하고, 파형이 고운 비드를 만든다.

⑦ 모재 표면의 산화물을 제거하고, 양호한 용접부를 만든다.

⑧ 스패터의 발생을 적게 한다.

⑨ 용착금속에 필요한 합금원소를 첨가시킨다.

⑩ 전기 절연작용을 한다.

(2) 피복 배합제

① **아크 안정제** : 규산칼륨, 규산나트륨, 산화티탄, 석회석 등

② **가스 발생제** : 셀룰로오스, 탄산바륨, 녹말 등

③ **슬래그 생성제** : 일미나이트, 산화티탄, 이산화망간, 석회석, 규사, 장석 등

④ **탈산제** : 페로망간(Fe-Mn), 페로실리콘(Fe-Si), 알루미늄 등

⑤ **고착제** : 규산나트륨(물유리), 규산칼륨, 아교 등

⑥ **합금 첨가제** : 망간, 실리콘, 니켈, 몰리브덴, 크롬, 구리 등

5 연강용 피복아크 용접봉

(1) 연강용 피복아크 용접봉의 규격

용접봉의 기호는 다음과 같은 의미를 가진다. 또한 용접봉의 표시기호는 각 나라마다 사용하는 단위가 다르기 때문에 표시방법이 약간씩 다른데 일본의 경우는 우리와 같은 미터법을 사용하여 N/mm^{2}의 단위로 인장강도를 표시한다. 미국의 경우는 lbs/in^{2}로 표시하고 있는데 43kgf/mm^{2}는 60,000lbs/in^{2}이므로 E43×× 대신에 E60××로 표시하고 있다.

E 43 △□
- △□ : 피복제의 계통 표시
- 43 : 용착금속의 최저 인장강도
- E : 피복아크 용접봉

한국	일본	미국
E4301	D4301	E6001
E4316	D4316	E7016

(2) 제품의 호칭방법

제품의 호칭방법은 용접봉의 종류, 전류의 종류, 봉 지름 및 길이에 따른다.

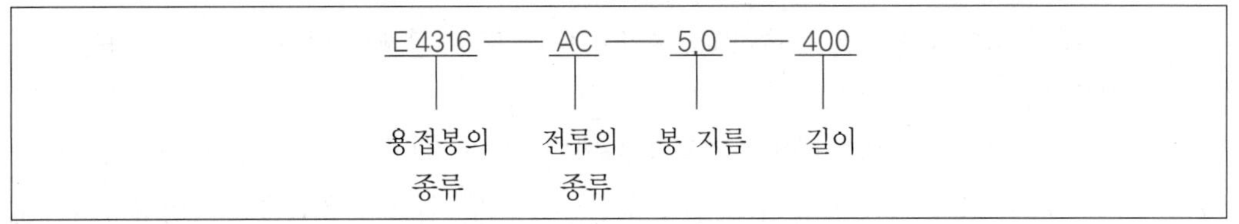

(3) 연강용 피복아크 용접봉의 종류와 특성

종류	피복제 계통	용접자세	사용전류의 종류
E4301	일미나이트계	F, V, H, OH	AC 또는 DC(±)
E4303	라임티타니아계	F, V, H, OH	AC 또는 DC(±)
E4311	고셀룰로오스계	F, V, H, OH	AC 또는 DC(+)
E4313	고산화티탄계	F, V, H, OH	AC 또는 DC(−)
E4316	저수소계	F, V, H, OH	AC 또는 DC(+)
E4324	철분 산화티탄계	F, H	AC 또는 DC(±)
E4326	철분 저수소계	F, H	AC 또는 DC(+)
E4327	철분 산화철계	F, H	F : AC 또는 DC(+) H : AC 또는 DC(-)
E4340	특수계	F, V, H, OH, H 또는 어느 한 자세	AC 또는 DC(±)

비고 : 1. 용접자세에 쓰인 기호의 뜻은 다음과 같다.
F : 아래보기자세(flat position), V : 수직자세(vertical position)
O : 위보기자세(overhead position), H : 수평자세(horizontal position)
E4324, E4326 및 E4327의 용접자세는 주로 수평필릿 용접으로 한다.
2. 사용전류 종류에 쓰인 기호의 뜻은 다음과 같다.
AC : 교류
DC(±) : 직류정극성 및 역극성(봉 플러스 및 봉 마이너스)
DC(-) : 직류, 용접봉 음극
DC(+) : 직류, 용접봉 양극

(4) 연강용 피복아크 용접봉의 특징

① 일미나이트계 : E4301

㉠ 피복제의 주성분으로 30% 이상의 일미나이트와 광석, 사철 등을 함유한 슬래그 생성계

㉡ 작업성, 용접성이 우수하고 값이 싸서 조선, 철도 차량 및 일반 구조물, 압력 용기 등에 사용

㉢ 흡습 시 약 70~100℃에서 1시간 정도 재건조하여 사용하는 것이 좋음

② 라임티타니아계 : E4303

㉠ 산화티탄을 약 30% 이상 함유한 슬래그 생성계로 피복이 다른 용접봉에 비하여 두꺼움

㉡ 슬래그는 유동성이 좋으며 용접 시 슬래그의 제거가 용이

㉢ 용접 비드의 외관은 우수하고, 용입이 약간 적은 관계로 박판의 용접에 적용

③ 고셀룰로오스계 : E4311

㉠ 가스 실드계의 대표적인 용접봉으로 셀룰로오스(유기물)를 20~30% 정도 포함

㉡ 피복이 얇고 슬래그가 적어 수직 상진 · 하진 및 위보기 용접에서 작업성이 우수함

㉢ 비드 표면이 거칠고 스패터의 발생이 많은 것이 결점

㉣ 사용전류는 타 용접봉에 비해 10~15% 낮게 사용하고, 사용 전에 70~100℃에 30분~1시간 정도 건조해서 사용하며, 건축 현장이나 파이프 등의 용접에 주로 이용됨

④ 고산화티탄계 : E4313

㉠ 산화티탄(TiO_2)을 약 35% 정도 포함한 용접봉으로서 슬래그 생성계

㉡ 아크는 안정되고 스패터가 적으며 슬래그의 박리성이 우수하고, 비드의 표면이 고우며 작업성이 우수한 것이 특징

㉢ 일반 경구조물의 용접에 적합하며, 기계적 성질이 다른 용접봉에 비하여 낮은 편이고, 고온 균열을 일으키기 쉬운 결점이 있음

⑤ 저수소계 : E4316

㉠ 탄산칼슘(석회석)이나 불화칼슘(형석) 등을 주성분으로 사용한 것

㉡ 용착금속 중의 수소 함유량이 다른 용접봉에 비해 약 1/10 정도로 현저하게 적고, 용착 금속은 강인성이 풍부하고 기계적 성질과 내균열성이 우수하며, 작업성은 다소 떨어져 시공상 주의를 요함

㉢ 용접성은 다른 연강 용접봉보다 우수하기 때문에 중요 부재의 용접, 중 · 후판 구조물, 구속이 큰 용접, 유황 함유량이 높은 강 등의 용접에 결함이 없는 양호한 용접부를 얻을 수 있음

㉣ 피복제는 흡습하기 쉽기 때문에 사용하기 전에 300~350℃에서 1~2시간 정도 건조시켜 사용해야 함

⑥ 철분 산화티탄계 : E4324

㉠ 고산화티탄계 용접봉(E4313)의 피복제에 철분을 첨가한 것

㉡ 작업성이 좋고 스패터가 적으나 용입이 얕으며, 기계적 성질은 고산화티탄계와 거의 같음

㉢ 아래보기자세와 수평필릿 자세의 전용 용접봉

⑦ 철분 저수소계 : E4326

㉠ 저수소계 용접봉(E4316)의 피복제에 30~50% 정도의 철분을 첨가한 것

㉡ 용착금속의 기계적 성질이 양호하고, 아래보기 및 수평필릿 용접자세에서만 사용

⑧ 철분 산화철계 : E4327

㉠ 주성분인 산화철에 철분을 첨가하여 만든 것

ⓛ 아크는 분무상이고 스패터가 적고 용입도 철분 산화티탄계보다 깊으며, 비드 표면이 곱고 슬래그의 박리성이 좋아 접촉 용접을 할 수 있고, 아래보기 및 수평필릿용접에 많이 사용됨

⑨ **특수계** : E4340

㉠ 특수계 용접봉은 피복제의 계통이 특별히 규정되어 있지 않으며 사용 특성이나 용접결과가 특수한 것

ⓛ 용접자세는 제조회사가 권장하는 방법을 쓰도록 되어 있음

(5) 연강용 피복아크 용접봉의 선택 및 보관

① **용접봉의 작업성**

㉠ 직접 작업성 : 아크 상태, 아크 발생, 용접봉의 용융상태, 슬래그 상태, 스패터 등

ⓛ 간접 작업성 : 부착 슬래그의 박리성, 스패터 제거의 난이도, 기타 용접작업의 난이도 등

② **용접봉의 용접성**

내균열성의 정도는 [그림 2-10]에 표시한 것과 같이 **피복제의 염기도가 높을수록 양호**하나 **작업성이 저하됨**을 고려하여 선택한다. 내균열성의 정도, 용접 후에 변형이 생기는 정도, 내부의 용접 결함, 용착금속의 기계적 성질 등을 용접성이라 하는데, 용접봉을 선택할 때는 되도록 용접성이 좋은 것을 선택해야 한다.

③ **용접봉의 보관**

㉠ 용접봉은 용접 중 피복제가 떨어지는 일이 없도록 작업 중에도 휴대용 건조로에 보관하여야 한다.

ⓛ 용접전류, 모재의 준비, 용접자세 및 건조 등 용접 사용조건에 대하여는 WPS나 용접봉 메이커 측의 권장사항을 숙지하여 작업토록 관리되어야 한다.

㉢ 용접봉, 특히 피복제는 습기에 민감하므로 흡수된 용접봉을 사용 시 기공이나 균열이 발생할 우려가 있으므로 1회에 한하여 재건조(re-baking)하여 사용토록 제한하는 경우가 일반적이며, 건조하고 습기가 없는 장소에서 보관하여야 한다.

㉣ 용접봉은 구입한 겉포장을 개봉한 후 **70~100℃에서 30분~1시간 정도 건조시킨 후 사용**하며, 특히 **저수소계 용접봉은 그 온도와 유지시간을 300~350℃에서 2시간 정도**로 규정하여 관리에 신중을 기하도록 한다.

㉤ 용접봉은 심선과 피복제의 편심 상태를 보고 **편심률이 3% 이내**의 것을 사용토록 해야 한다. 편심률에 대한 계산식은 다음과 같다.

$$편심률 = \frac{D' - D}{D} \times 100[\%]$$

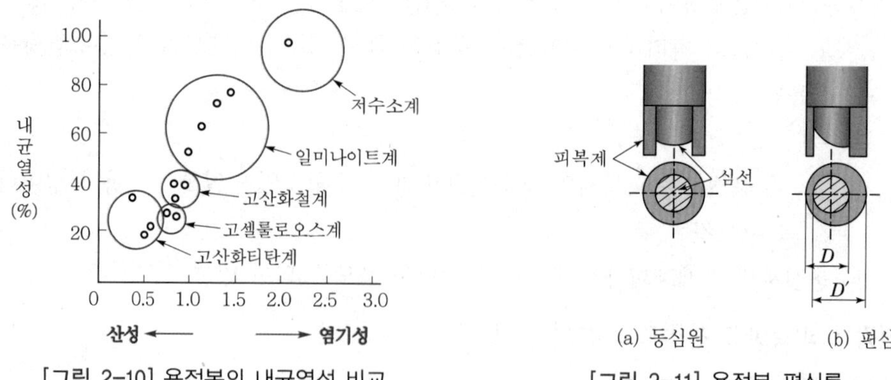

[그림 2-10] 용접봉의 내균열성 비교

[그림 2-11] 용접봉 편심률

6 그 밖의 피복아크 용접봉

사용되는 모재의 종류에 따라 다음과 같이 구분된다.

(1) 고장력강 피복아크 용접봉

모재의 인장강도가 490N/mm^2(50kgf/mm^2) 이상인 것으로 50, 53, 58kgf/mm^{2}의 고장력강의 용접봉을 사용한다. 고장력강 사용의 장점은 다음과 같다.

① 판의 두께를 얇게 할 수 있다.

② 판의 두께가 감소하므로 재료의 취급이 간단하고 가공이 용이하다.

③ 구조물 제작 시 하중을 경감시킬 수 있어 기초공사가 용이하다.

④ 소요 강재의 중량이 감소된다.

(2) 스테인리스강 피복아크 용접봉

스테인리스강은 탄소강에 비하여 현저히 좋은 내식성과 내열성을 가지며, 기계적 성질이나 가공성도 우수한 합금강이다. 스테인리스강용 용접봉의 피복제는 라임계와 티탄계가 있으며, 주로 사용되는 티탄계는 아크가 안정되고 스패터가 적으며 슬래그의 제거성도 양호하다. 수직, 위보기 용접작업 시 용적이 아래로 떨어지기 쉬우므로 운봉기술이 필요하고 용입이 얕으므로 얇은 판의 용접에 주로 사용된다.

(3) 주철용 피복아크 용접봉

주철의 용접은 주로 주물제품의 결함을 보수할 때나 파손된 주물제품의 수리에 이용되며, 연강 및 탄소강에 비해 용접이 어렵기 때문에 용접 전후의 처리 및 봉의 선택과 작업방법에 신경을 써야 한다. 주철용 피복아크 용접봉으로는 니켈계 용접봉, 모넬메탈봉, 연강용 용접봉 등이 있다.

2-5 피복아크 용접기법

1 용접작업 준비

(1) 용접도면 및 용접작업시방서(W.P.S) 숙지

용접도면을 점검 숙지하고 도면에서 요구하는 것을 정확하게 인식하여 적용하며, 도면에 따른 공구나 지그 등을 준비하여 효율적인 용접작업이 될 수 있도록 한다. 용접작업 및 관리 또한 용접작업시방서에 의하여 시공 및 관리되어야 한다.

(2) 용접봉 건조

용접 후 나타날 수 있는 결함을 예방하는 것으로, 용접봉은 반드시 적정 온도와 유지시간으로 건조하며 사용 후 회수된 것도 1회에 한하여 재건조 후 사용한다.

(3) 보호구 착용

용접 도중 화상 및 아크 빛으로 인한 재해로부터 용접작업자를 보호하는 보호구를 반드시 착용토록 한다.

(4) 모재 준비 및 청소

양호한 용접 결과를 얻기 위해 용접모재를 가공(홈 가공, 소성 가공 등 기타 가공)하고 용접부를 깨끗하게 청소해야 한다. 특히 녹, 페인트, 그리이스 등 유지류, 먼지, 기타 오물이 제거되지 않으면 용접 후 균열, 기공 등의 발생 원인이 된다. 다층 용접의 경우 전층 용접 후 슬래그나 스패터 제거도 필수적이다.

(5) 설비 점검 및 전류 조정

① 용접기의 1차, 2차측 접속상태를 확인한다. 불량 시 과열, 화재의 원인이 되기도 한다.
② 결선부의 나사결속 상태의 확인과 케이블의 훼손 부위 등을 살펴 확인하여 필요시 보수나 교체토록 한다.
③ 용접기의 케이스에 접지가 되어 있는지 확인한다.
④ 회전부나 마찰부에 적당하게 주유되어 있는지 확인한다.

이상의 점검을 확인한 후 이상이 없을 경우 용접준비를 한다. 모재의 이상 여부 확인 후 적정한 전류 등 용접조건을 용접작업시방서에 의거하여 확인한다. 용접전류는 모재의 재질, 두께, 용접봉의 종류 및 크기, 용접자세, 이음의 종류 등에 따라 알맞게 선정하게 되는데, 일반적으로는 용접봉(심선) 단면적 1mm^{2}당 10~13A 정도로 선정한다.

2 본 용접작업

(1) 용접봉 각도

① **진행각** : 용접봉과 용접선이 이루는 각도로서 용접봉과 수직선 사이의 각도[그림 2-12(a)]

② 작업각 : 용접봉과 용접선과 직교되는 선이 이루는 각도[그림 2-12(b)]

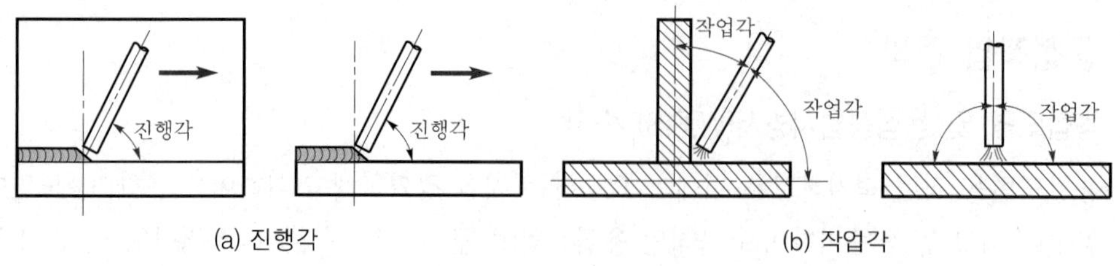

[그림 2-12] 용접봉 각도

(2) 아크길이와 아크전압

양호한 품질의 용접금속을 얻으려면 아크길이를 짧게 유지하여야 한다. 적정한 아크길이는 사용하는 용접봉 심선의 지름의 1배 이하 정도(대략 1.5~4mm)이며, 이때의 아크전압은 아크길이와 비례한다.

① 아크길이가 길 경우

㉠ 아크가 불안정하고 비드 외관이 불량하다.

㉡ 용입이 얕아진다.

㉢ 스패터가 심하다.

㉣ 대기로부터의 보호 불량, 질소 및 산소의 영향으로 용착금속의 질화 · 산화를 초래하고 기공 · 균열 등의 원인이 된다.

② 아크길이가 짧은 경우

㉠ 용적이 모재와 단락되어 용접봉이 모재에 달라붙는다.

㉡ 용접입열이 적어 용입이 불충분하다.

㉢ 슬래그나 불순물 혼입이 우려된다.

③ **용접속도** : 모재에 대한 용접선 방향의 아크속도로서 운봉속도(travel speed) 또는 아크속도라고 한다. 아크속도는 8~30cm/min이 적당하다.

④ 아크 발생법

㉠ 긁기법 : 용접봉을 쥔 손목을 오른쪽으로(또는 왼쪽으로) 긁는 기분으로 운봉하여 아크를 발생시키는 방법으로 초보자에게 적합하다.

㉡ 점찍기법 : 용접봉 끝으로 모재면에 점을 찍듯이 대었다가 재빨리 떼어 일정 간격(3~4mm)을 유지하여 아크를 발생시키는 방법이다.

⑤ 여러 가지 운봉법

용접 자세	운봉법	비고
아래보기 용접	직선	
	소파형	
	대파형	
	원형	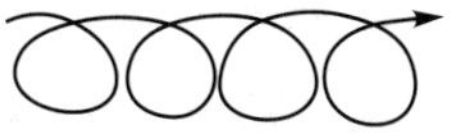
	삼각형	
	각형	
	대파형	
	선전형	
	삼각형	
	부채형	
	지그재그형	30~40°
경사관 용접	대파형	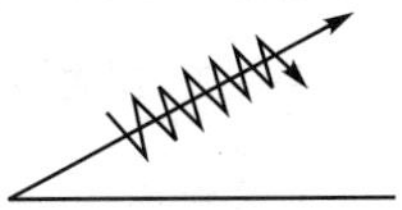
	삼각형	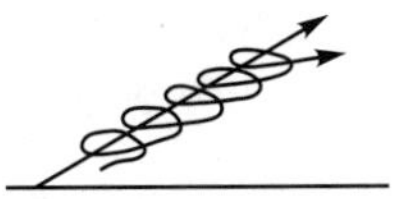
수평 용접	대파형	
	원형	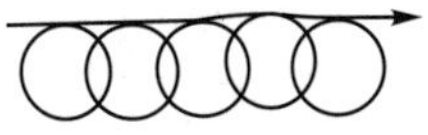
	타원형	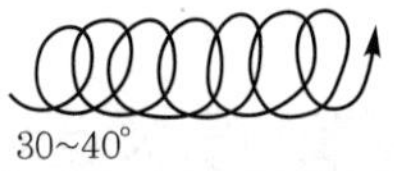 30~40°
	삼각형	60°
위보기 용접	반월형	
	8자형	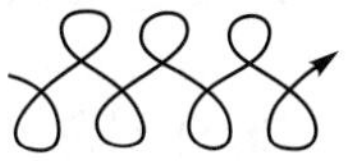
	지그재그형	
	대파형	
	각형	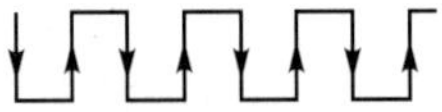
수직 용접	파형	
	삼각형	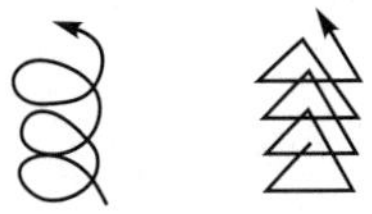
	지그재그형	

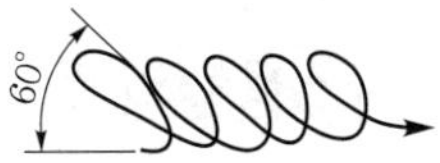

Chapter 03

가스용접

3-1 가스용접의 개요

1 가스용접의 원리

① **가연성 가스** : 자기 스스로 연소가 가능한 가스(아세틸렌 가스, 수소가스, 도시가스, LP 가스 등)

② **지(조)연성 가스** : 가연성 가스가 연소하는 것을 도와주는 가스(공기, 산소 등)

가스용접은 가연성 가스와 산소의 혼합 가스의 연소열을 이용하여 용접하는 방법으로, 산소-아세틸렌 가스용접을 간단히 가스용접이라고도 한다. [그림 3-1]은 산소-아세틸렌 가스용접을 나타낸 것이다.

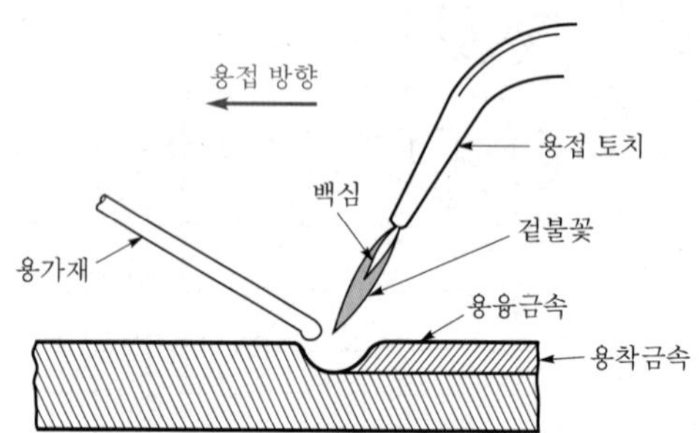

[그림 3-1] 산소-아세틸렌 가스용접

2 가스용접의 특징

(1) 장점

① 응용범위가 넓다.

② 운반이 편리하다.

③ 아크용접에 비해서 유해 광선의 발생이 적다.

④ 가열, 조절이 비교적 자유롭다(박판용접에 적당하다).

⑤ 설비비가 싸고, 어느 곳에서나 설비가 쉽다.

⑥ 전기가 필요 없다.

(2) 단점

① 아크용접에 비해서 불꽃의 온도가 낮다(약 절반 정도).
② 열 효율이 낮다.
③ 열 집중성이 나빠서 효율적인 용접이 어렵다.
④ 폭발의 위험성이 크다.
⑤ 아크용접에 비해 가열 범위가 커서 용접응력이 크고, 가열시간이 오래 걸린다.
⑥ 아크용접에 비해 일반적으로 신뢰성이 적다.
⑦ 금속의 탄화 및 산화될 가능성이 많다.

3 가스용접의 종류

가스용접의 종류와 혼합비 및 최고 온도 관계를 [표 3-1]에 나타내었다.

[표 3-1] 각종 가스 불꽃의 최고 온도

불꽃(용접) 종류	혼합비(산소/연료)	최고 온도[℃]
산소-아세틸렌	1.1~1.8	3,430
산소-수소	0.5	2,900
산소-프로판	3.75~3.85	2,820
산소-메탄	1.8~2.25	2,700

3-2 가스 및 불꽃

1 용접용 가스의 종류와 특징

(1) 아세틸렌 가스

① 성질

㉠ 순수한 것은 무색무취, 비중은 0.906(15℃ 1기압에서 1L의 무게는 1.176g)이다.
㉡ 실제 사용 가스는 인화수소, 유화수소, 암모니아 등이 1% 정도 포함되어 있어 악취가 난다.
㉢ 산소와 적당히 혼합하면 연소 시에 높은 열(3,000~3,400℃)을 낸다.

$$2C_2H_2 + 5O_2 \Rightarrow 4CO_2 + 2H_2O$$

↳ 3,400℃ 발열

㉣ 여러 가지 물질에 용해된다(4℃ 1기압).

물질	물	석유	벤젠	알코올	아세톤
용해도	1배	2배	4배	6배	25배

이 용해 성질을 이용하여 용해 아세틸렌 가스로 만들어 사용한다(15기압에서 25×15 = 375배 용해).

② 아세틸렌 가스 제법 : 카바이드에 의한 방법, 탄화수소의 열 분해법, 천연가스의 부분산화법이 있다.
  ㉠ 카바이드에 의한 방법 : 아세틸렌 가스는 카바이드와 물이 반응하여 발생
  ㉡ 아세틸렌 1kg → 348L의 아세틸렌 가스 발생

③ 카바이드
  ㉠ 비중 2.2~2.3 정도의 회흑색, 회갈색의 굳은 고체이다.
  ㉡ 카바이드 1kg과 물이 작용 시에 475kcal의 열이 발생한다. 이것은 47.5L의 물이 온도를 10℃ 상승시키는 열량이다.

참고 카바이드 취급 시 주의사항

① 카바이드는 일정한 장소에 저장한다.
② 아세틸렌 가스 발생기 밖에서는 물이나 습기와 접촉시켜서는 안 된다.
③ 저장소 가까이에 스파크나 인화가 가능한 불씨를 가까이 해서는 안 된다.
④ 카바이드 통을 따거나 들어낼 때 불꽃(스파크)을 일으키는 공구를 사용해서는 안 된다(목재나 모넬 메탈(monel metal) 사용).

④ 아세틸렌 가스의 폭발성
  ㉠ 온도
    • 406~408℃에 달하면 자연 발화
    • 505~515℃에 달하면 폭발
    • 산소가 없어도 780℃ 이상 되면 자연 폭발
  ㉡ **압력** : 150℃에서 2기압 이상 압력을 가하면 폭발의 위험이 있고, 1.5기압 이상이면 위험
  ㉢ **혼합가스**
    • 공기나 산소와 혼합(공기 2.5% 이상, 산소 2.3% 이상 포함)되면 폭발성 혼합가스
    • **아세틸렌 : 산소와의 비가 15 : 85일 때 가장 폭발의 위험이 큼**
  ㉣ **화합물 생성** : 아세틸렌 가스는 **구리 또는 구리합금(62% 이상 구리 함유)**, 은(Ag), 수은(Hg) 등과 접촉하면 폭발성 화합물을 생성
  ㉤ 외력 : 압력이 가해져 있는 아세틸렌 가스에 마찰, 진동, 충격 등의 외력이 가해지면 폭발할 위험이 있음

⑤ 아세틸렌 가스의 청정방법
  ㉠ 물리적인 청정방법 : 수세법, 여과법
  ㉡ 화학적인 청정방법 : 페라톨, 카타리졸, 프랭클린, 아카린

⑥ 아세틸렌 가스의 이점
  ㉠ 가스 발생장치가 간단

㉡ 연소 시에 고온의 열 생성

㉢ 불꽃 조정이 용이

㉣ 발열량이 대단히 큼

㉤ 아세톤에 용해된 것은 순도가 대단히 높고 대단히 안전

(2) 산소

① 성질

㉠ **비중은 1.105이고 공기보다 무거우며**, 무색 · 무취로 액체산소는 연한 청색

㉡ 다른 물질이 연소하는 것을 도와주는 지연성 또는 조연성 가스

㉢ 모든 원소와 화합 시 산화물을 만듦

② 만드는 법(공업적 제법)

㉠ 물의 전기분해법(물속에 약 88.89%의 산소 존재)

㉡ 공기에서 산소를 채취(공기 중의 약 21%의 산소 존재)

㉢ 화학약품에 의한 방법 : $2KClO_3 \Rightarrow 2KCl + 3O_2$

③ 용도

㉠ 용접, 가스 절단 외에 응급환자(가스 중독 환자)나 고산 등산 시 또는 잠수부 등이 사용

㉡ 액체산소는 대량으로 용접과 절단하는 곳에 사용하면 편리

(3) 프로판 가스(LPG)

LPG는 액체석유가스(Liquefied Petroleum Gas)로서 주로 프로판, 부탄 등으로 되어 있다.

① 성질

㉠ **액화하기 쉽고, 용기에 넣어 수송이 편리**

㉡ 쉽게 폭발하며 **발열량이 높음**

㉢ 폭발 한계가 좁아 안전도가 높고 관리가 쉬움

㉣ 열 효율이 높은 연소기구의 제작이 쉬움

② 용도

㉠ 가스 절단용으로 산소-프로판 가스 절단으로 많이 사용하며 경제적

㉡ 가정에서 취사용 등으로 많이 사용

㉢ 열간 굽힘, 예열 등의 부분적 가열에는 프로판 가스가 유리

③ **산소 대 프로판의 가스 혼합비** : 산소 대 아세틸렌의 혼합비 1 : 1에 비하면, **프로판 대 산소의 비율이 1 : 4.5로 산소가 많이 소모된다.**

(4) 수소

산소 – 수소 불꽃은 산소 – 아세틸렌 불꽃과는 달리 백심이 뚜렷한 불꽃을 얻을 수가 없고, 청색의 겉불꽃에 싸인 무광의 불꽃이므로 육안으로는 불꽃을 조절하기 어렵다. 현재는 납(Pb)의 용접, **수중용접**에만 사용한다.

2 산소 - 아세틸렌 불꽃

(1) 불꽃의 구성과 종류

불꽃은 불꽃심 또는 백심, 속불꽃, 겉불꽃으로 구분하며, 불꽃의 온도 분포는 [그림 3-2]와 같다. 불꽃의 온도는 백심 끝에서 2~3mm 부분이 가장 높아 약 3,200~3,500℃ 정도이며, 이 부분으로 용접을 한다.

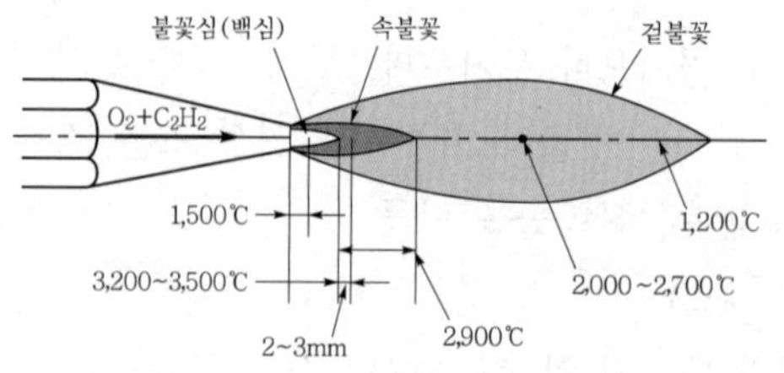

[그림 3-2] 산소-아세틸렌 불꽃의 온도

① **탄화 불꽃($C_2H_2 > O_2$)** : 산소보다 아세틸렌 가스의 분출량이 많은 상태의 불꽃으로 백심 주위에 연한 제3의 불꽃(아세틸렌 깃)이 있는 불꽃이다[그림 3-3(b)].

② **중성 불꽃(표준 불꽃 $C_2H_2 = O_2$)** : 중성 불꽃은 표준염이라고 하며, 산소와 아세틸렌 가스의 용적비가 1 : 1로 혼합할 때의 불꽃이다[그림 3-3(c)]. 용접작업은 백심에서 2~3mm 간격을 두어 작업하므로 백심이 용융금속에 닿지 않도록 하기 때문에 용착금속에 화학적 영향을 주지 않는다.

③ **산화 불꽃($C_2H_2 < O_2$)** : 중성 불꽃에서 산소의 양이 많을 때 생기는 불꽃으로 구리나 황동용접에 적용한다[그림 3-3(d)].

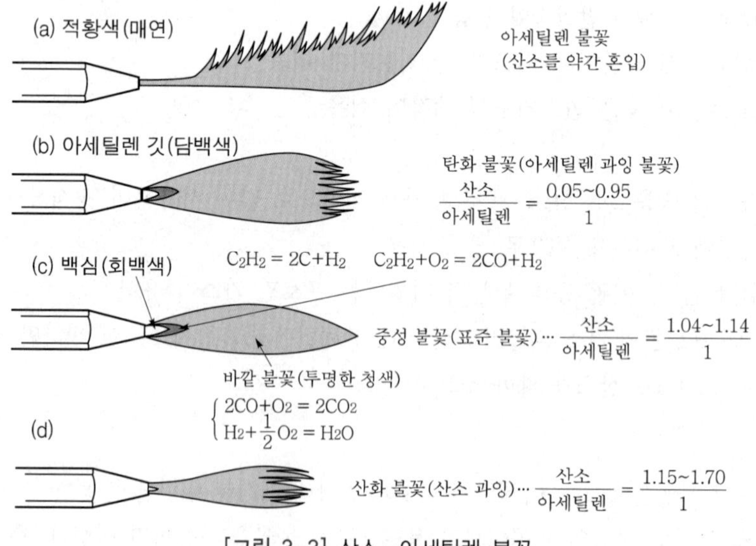

[그림 3-3] 산소-아세틸렌 불꽃

(2) 산소 – 아세틸렌 불꽃의 용도

금속의 종류	녹는점(℃)	불꽃	두께 1mm에 대한 토치 능력(L/h)
연 강	약 1,500	중성	100
경 강	약 1,450	아세틸렌 약간 과잉	100
스테인리스강	1,400~1,450	아세틸렌 약간 과잉	50~75
주 철	1,100~1,200	중성	125~150
구 리	약 1,083	중성	125~150
알 루 미 늄	약 660	중성, 아세틸렌 약간 과잉	50
황 동	880~930	산소 과잉	100~120

3-3 가스용접 설비 및 기구

1 산소 – 아세틸렌 장치

산소 – 아세틸렌 용접장치는 [그림 3-4]와 같다. 산소는 보통 용기에 넣어 두고, 아세틸렌 가스 발생기를 사용하거나 용해 아세틸렌 용기에 넣어 압력조정기로 압력을 조정하여 사용한다.

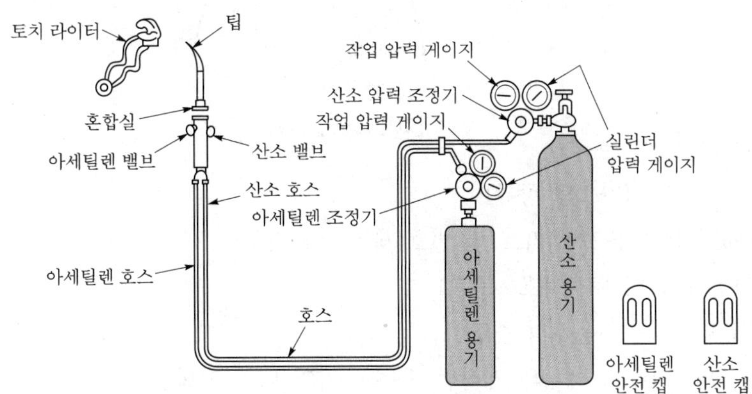

[그림 3-4] 산소–아세틸렌 용접장치

(1) 산소용기

이음매가 없는 강관 제관법(만네스만법)으로 제작하며, 가스의 충전은 35℃에서 150기압으로 충전시켜 사용한다.

① 가스용기의 취급방법

㉠ 이동상의 주의

- 산소 밸브는 반드시 잠그고 캡을 씌운다.
- 용기는 뉘어두거나 굴리는 등 충돌, 충격을 주지 않아야 한다.
- 손으로 이동 시 넘어지지 않게 주의하고, 가능한 전용 운반구를 이용한다.

㉡ 사용상의 주의

- 기름이 묻은 손이나 장갑을 끼고 취급하지 않는다.
- 각종 불씨로부터 멀리 하고 화기로부터 5m 이상 떨어져 사용한다.
- 사용이 끝난 용기는 '빈병'이라 표시하고 새 병과 구분하여 보관한다.
- 밸브를 개폐할 시에는 조용히 한다.
- 반드시 사용 전에 안전검사(비눗물 검사 등)를 한다.

㉢ 보관장소

- 전기 용접기 배전반, 전기회로 등 스파크 발생이 우려되는 곳은 보관을 피한다.
- 통풍이 잘되고 직사광선이 없는 곳에 보관한다(항상 40℃ 이하 유지).

② 용기의 각인

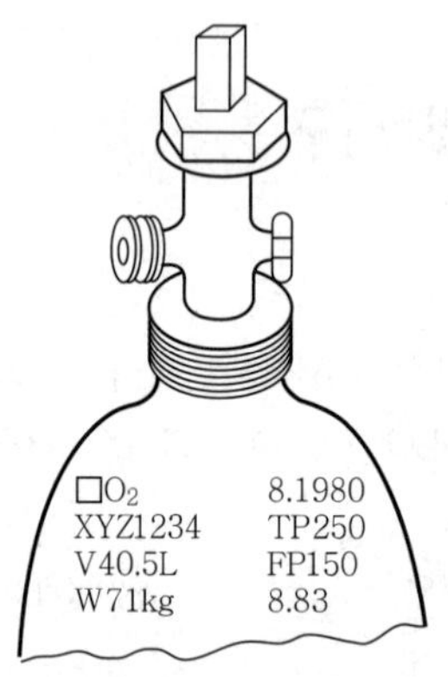

[그림 3-5] 용기의 각인

㉠ □O_2 : 산소(가스의 종류)

㉡ XYZ1234 : 용기의 기호 및 번호(제조업자 기호)

㉢ V40.5L : 내용적 기호(40.5L)

㉣ W71kg : 순수 용기의 중량

㉤ 8.1980(8.83) : 용기의 제작일 또는 용기의 내압 시험년월

㉥ TP : 내압시험 압력기호(kg/cm^2)

㉦ FP : 최고충전 압력기호(kg/cm^2)

(2) 아세틸렌 용기(용해 아세틸렌)

① 용기 제조

㉠ 아세틸렌 용기는 고압으로 사용하지 않으므로 용접하여 제작한다.

㉡ 용기 내의 내용물과 구조 : 아세틸렌은 기체상태로의 압축은 위험하므로 아세톤을 흡수시킨 다공성 물질(목탄+규조토)을 넣고 아세틸렌을 용해 압축시킨다. 용해 아세틸렌 병의 구조는 [그림 3-6]과 같다.

㉢ 용기 크기는 15, 30, 40, 50L가 있으며 30L가 가장 많이 사용된다.

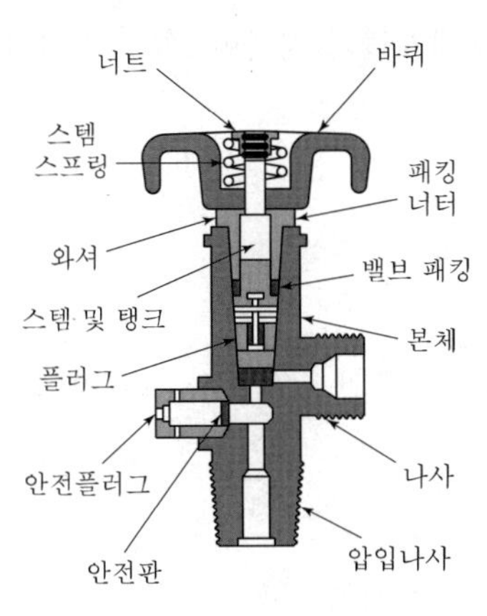

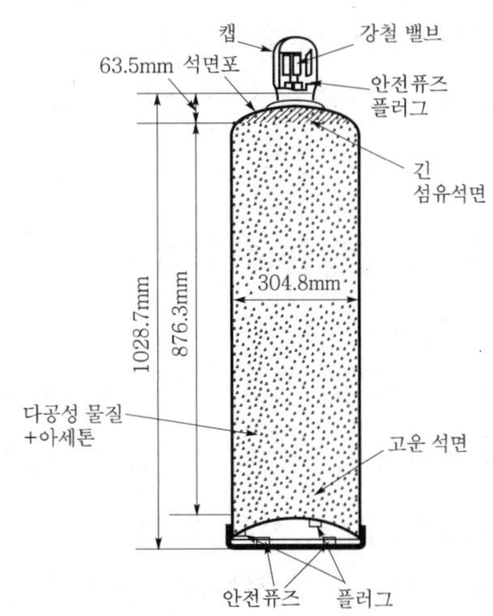

[그림 3-6] 용해 아세틸렌 병의 구조와 밸브의 단면

② 아세틸렌 충전

㉠ 용해 아세틸렌 용기는 15℃에서 15.5기압으로 충전하여 사용한다. 용해 아세틸렌 1kg이 기화하면 905~910L의 아세틸렌 가스가 된다(15℃, 1기압하에서).

㉡ 아세틸렌가스의 양 계산

$C = 905(B - A)$[L]

여기서, A : 빈병 무게, B : 병 전체의 무게(충전된 병), C : 용적[L]

③ 용해 아세틸렌의 이점

㉠ 아세틸렌을 발생시키는 발생기와 부속기구가 필요하지 않다.

㉡ 운반이 용이하며, 어떠한 장소에서도 간단히 작업할 수 있다.

㉢ 발생기를 사용하지 않으므로 폭발할 위험성이 적다(안전성이 높다).

㉣ 아세틸렌의 순도가 높으므로 불순물에 의해 용접부의 강도가 저하되는 일이 없다.

㉤ 카바이드 처리가 필요하지 않다.

(3) 아세틸렌 발생기

카바이드와 물의 조합으로 아세틸렌 가스를 발생시킨다.

① 투입식 : 많은 물에 카바이드를 조금씩 투입하는 방식

② 주수식 : 발생기에 들어있는 카바이드에 필요한 양의 물을 주수하는 방식

③ 침지식 : 카바이드 덩어리를 물에 닿게 하여 가스를 발생시키는 방식

(4) 청정기와 안전기

① 청정기 : 발생기 가스의 불순물을 제거하는 장치로, 가스를 물속으로 지나게 하여 세정하고 목탄, 코크스, 톱밥 등으로 여과한 후 헤라톨, 아카린, 카탈리졸, 프랭클린 등의 청정제를 사용하는 청정기를 가스 출구에 위치한다.

② 안전기 : 토치로부터 발생되는 역류, 역화, 인화 시의 불꽃과 가스 흐름을 차단하여 발생기에 도달하지 못하게 하는 장치로, 토치 1개당 안전기는 1개를 설치하며, 형식에 따라 중압식 또는 저압식 수봉식 안전기를 사용한다.

2 산소 – 아세틸렌 용접기구

(1) 압력조정기

감압조정기라고도 하며, 용기 내의 공급 압력은 작업에 필요한 압력보다 고압이므로 재료와 토치 능력에 따라 감압할 수 있는 기기이다.

① 압력조정기 취급 시 주의사항

㉠ 조정기 설치 시에는 조정기 설치구에 있는 먼지를 불어내고 설치한다.

㉡ 조정기 설치구 나사부나 조정기의 각부에 기름이나 그리스를 바르지 않는다.

㉢ 설치 후 반드시 가스의 누설 여부를 비눗물로 확인한다.

㉣ 취급 시 기름이 묻은 장갑 등은 사용하지 않는다.

㉤ 조정기를 견고하게 설치한 후 용기의 밸브를 천천히 열고 감압밸브를 사용압력으로 조정한다.

㉥ 압력 지시계가 잘 보이도록 설치하고 유리가 파손되지 않도록 취급한다.

② 압력 전달순서 : 부르동관 → 링크 → 섹터기어 → 피니언 → 눈금판 순으로 전달된다.

(2) 용접 토치

가스용접용 토치는 아세틸렌 가스와 산소를 일정한 혼합가스로 만들고 이 혼합가스를 연소시켜 불꽃을 형성하여 용접작업에 사용하는 기구이다. 토치는 손잡이, 혼합실, 팁으로 구성되어 있다.

① 토치의 종류(구조와 팁의 능력에 따라)

㉠ 독일식(A형, 불변압식)[그림 3-7]

- 니들 밸브가 없는 것으로 압력 변화가 적으며, 역화 시 인화 가능성이 적다.
- 팁이 길고 무거우며, 팁의 능력은 팁 번호가 용접 가능한 모재 두께를 나타낸다. 즉 두께가 1mm인 연강판 용접에 적당한 팁의 크기를 1번이라고 한다.

㉡ 프랑스식(B형, 가변압식)[그림 3-8]

- 니들 밸브가 있어 압력 유량 조절이 쉽다.
- 팁을 갈아 끼우기가 쉬우며, 팁 번호는 표준 불꽃으로 1시간당 용접할 경우 소비되는 아세틸렌 양을 [L]로 표시한다. 즉 100번 팁은 1시간 동안 100L의 아세틸렌이 소비된다.

(3) 사용 압력에 따른 종류

① 저압식 토치 : 이 방식은 저압 아세틸렌 가스를 사용하는 데 적합하며, 고압의 산소로 저압($0.07kg/cm^2$ 이하)의 아세틸렌 가스를 빨아내는 인젝터(injector) 장치를 가지고 있으므로 인젝터식이라고도 한다.

② 중압식 토치 : 아세틸렌 가스의 압력이 $0.07 \sim 1.3kg/cm^2$ 범위에서 사용되는 토치이다.

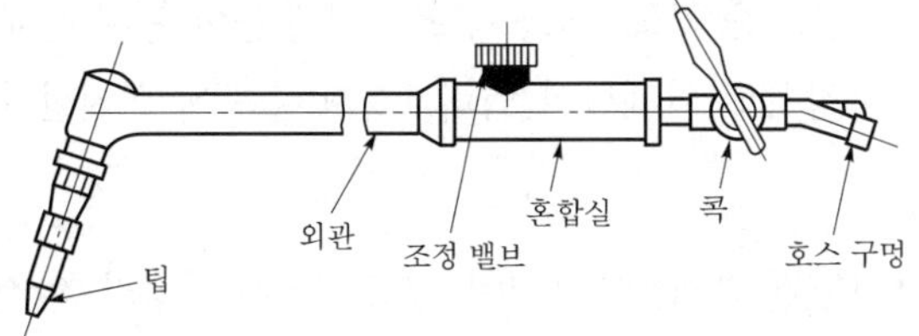

[그림 3-7] A형(독일식) 용접 토치

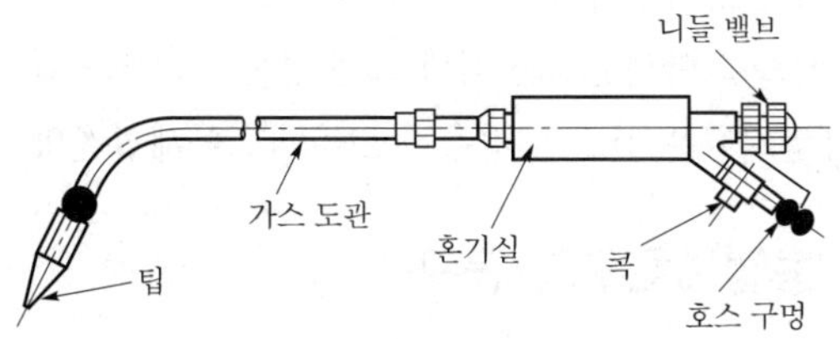

[그림 3-8] B형(프랑스식) 용접 토치

③ **고압식 토치** : 아세틸렌 가스의 압력이 1.3kg/cm^2 이상으로 용해 아세틸렌 또는 고압 아세틸렌 발생기용으로 사용되는 것으로서 잘 사용되지 않는다.

(4) 토치 취급 시 주의점

① 팁 및 토치를 작업장 바닥이나 흙 속에 방치하지 않는다.
② 점화되어 있는 토치는 함부로 방치하지 않는다.
③ 팁 구멍은 반드시 팁 클리너(또는 유연한 황동, 구리 바늘을 사용)로 청소한다.
④ 토치에 기름이 묻지 않도록 한다(모래나 먼지 위에 놓지 말 것).
⑤ 팁이 과열되었을 때는 산소만 다소 분출시키면서 물속에 넣어 냉각시킨다.

(5) 역류, 역화 및 인화

① **역류** : 토치 내부의 청소가 불량할 때 보다 높은 압력의 산소가 아세틸렌 호스 쪽으로 흘러 들어가는 경우가 있는데 이것을 역류라 한다.
② **역화** : 불꽃이 순간적으로 팁 끝에 흡인되고 '빵빵'하면서 꺼졌다가 다시 나타났다가 하는 현상을 역화라 한다.
③ **인화** : 팁 끝이 순간적으로 가스의 분출이 나빠지고 혼합실까지 불꽃이 들어가는 경우가 있는데 이 현상을 인화(flash back 또는 back fire)라 한다.
④ 역류, 역화의 원인과 대책
㉠ 토치 팁이 과열되었을 때(토치 취급 불량 시)
㉡ 가스 압력과 유량이 부적당할 때(아세틸렌 가스의 공급압 부족)
㉢ 팁, 토치 연결부의 조임이 불확실할 때
㉣ 토치 성능이 불비할 때(팁에 석회가루나 기타 잡물질이 막혔을 때)
㉤ 대책으로는 물에 냉각하거나, 팁의 청소, 유량 조절, 체결을 단단히 하면 됨

⑤ 역화방지기 : 가스용접 중 역화, 인화 등으로 인해 불이 용해 아세틸렌 용기 쪽으로 역화되는 것을 방지해 주는 장치로 아세틸렌 압력조정기 출구에 설치한다.

(6) 용접용 호스(도관)

도관은 산소 또는 아세틸렌 가스를 용기 또는 발생기에서 청정기, 안전기를 통하여 토치로 송급할 수 있게 연결한 관을 말하며, 도관에는 강관과 고무호스의 2가지가 있다. 산소 및 아세틸렌 가스의 혼용을 막기 위해 아세틸렌용은 적색, 산소용은 녹색을 띤 고무호스를 사용하고 있으며, 도관으로 강을 사용할 때는 페인트로 아세틸렌은 적색(또는 황색), 산소는 검정색(또는 녹색)을 칠해서 구별하고 있다. 도관의 내압시험은 산소의 경우 90kg/cm^2, 아세틸렌의 경우 10kg/cm^{2}에서 실시한다.

3 산소 – 아세틸렌 용접보호구와 공구

(1) 보호구

① 보안경

㉠ 가스용접 중의 강한 불빛으로부터 눈을 보호하기 위하여 적당한 차광도를 가진 안경을 착용해야 한다.

㉡ 차광번호 : 납땜은 2~4번, 가스용접은 4~6번, 가스절단의 경우 3~4번(판 두께 t25 이하)이나 4~6번(판 두께 t25 이상)을 사용하면 적당하다.

[표 3-2] 차광유리의 용도와 차광번호

용도	토치	차광번호
납땜		
연납땜	공기–아세틸렌	2
경납땜	산소–아세틸렌	3~4
가스 용접		
3.2mm 두께 이하	산소–아세틸렌	4~5
3.2~12.7mm	산소–아세틸렌	5~6
12.7mm 이상	산소–아세틸렌	6~8
산소 절단		
25.4mm 두께 이하	산소–아세틸렌	3~4
25.4~152.4mm	산소–아세틸렌	4~5
152.4mm 이상	산소–아세틸렌	5~6

② 앞치마 : 스패터나 고열물의 낙하로 인한 화상을 방지하기 위해 가죽이나 석면, 기타 내화성 재질로 만든 것을 사용한다.

(2) 공구

① 팁 클리너와 점화용 라이터 : 토치에 점화할 때에는 성냥이나 종이에 불을 붙여 사용하지 않고 토치 점화용 라이터를 사용해야 안전하다. 팁의 구멍이 그을음이나 슬래그(slag) 등으

로 막혀 정상적인 불꽃을 형성하지 못할 경우 팁 클리너를 사용하여 청소해야 한다. 이때 주의할 점은 구멍이 커지지 않도록 하기 위해서 팁 구멍보다 지름이 약간 작은 팁 클리너를 사용하도록 한다.

② **기타 공구** : 집게, 와이어 브러쉬, 해머, 스패너, 조정 렌치 등이 필요하다.

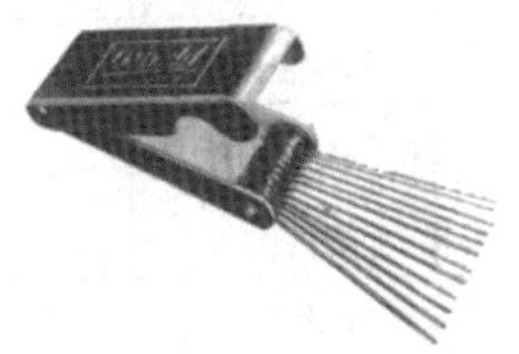

[그림 3-9] 팁 클리너

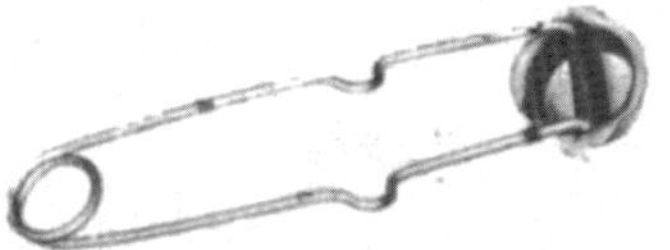

[그림 3-10] 토치 라이터

3-4 가스용접 재료

1 가스 용접봉

(1) 개요

연강용 가스 용접봉에 관한 규격은 KS D 7005에 규정되어 있으며, 보통 맨 용접봉이지만 아크 용접봉과 같이 피복된 용접봉도 있고 때로는 용제(flux)를 관의 내부에 넣은 복합 심선을 사용할 때도 있다. 용접봉을 선택할 때에는 다음 조건에 알맞은 재료를 선택해야 한다.

① 가능한 한 모재와 같은 재질이어야 하며 모재에 충분한 강도를 줄 수 있을 것

② 기계적 성질에 나쁜 영향을 주지 않고, 용융온도가 모재와 동일할 것

③ 용접봉의 재질 중에 불순물을 포함하고 있지 않을 것

(2) 용접봉의 종류와 특성

① **연강 용접봉** : 연강용 가스 용접봉의 규격은 [표 3-3]과 같다. 규격 중의 GA46, GB43 등의 숫자는 용착금속의 인장강도가 46kg/mm^2, 43kg/mm^2 이상이라는 것을 의미하고, NSR은 용접한 그대로의 응력을 제거하지 않은 것을, SR은 625±25℃로써 응력을 제거한 것, 즉 풀림(annealing)한 것을 뜻한다.

[표 3-3] 연강용 가스 용접봉의 종류와 기계적 성질(KS D 7005)

용접봉의 종류	시험편의 처리	인장강도(kg/mm^2)	연신율(%)
GA46	SR(P)	46 이상	20 이상
	NSR(A)	51 이상	17 이상
GA43	SR(P)	43 이상	25 이상
	NSR(A)	44 이상	20 이상

용접봉의 종류	시험편의 처리	인장강도(kg/mm^2)	연신율(%)
GA35	SR(P)	35 이상	28 이상
	NSR(A)	37 이상	23 이상
GB46	SR(P)	46 이상	18 이상
	NSR(A)	51 이상	15 이상
GB43	SR(P)	43 이상	20 이상
	NSR(A)	44 이상	15 이상
GB35	SR(P)	35 이상	20 이상
	NSR(A)	37 이상	15 이상
GB32	NSR(A)	32 이상	15 이상

② 연강 용접봉 이외에 주철용, 구리와 그 합금용, 알루미늄과 그 합금용 등 모재의 종류에 따라서 알맞게 선택하여 사용한다.

2 용제

연강 이외의 모든 합금이나 주철, 알루미늄 등의 가스용접에는 용제를 사용해야 한다. 그것은 모재 표면에 형성된 산화 피막의 용융온도가 모재의 용융온도보다 높기 때문이다. [표 3-4]는 가스 용접용 용제를 나타낸 것이다.

[표 3-4] 가스 용접용 용제

금속	용제	금속	용제
연강	사용하지 않는다	알루미늄	염화리튬 15% 염화칼륨 45% 염화나트륨 30% 플루오르화칼륨 7% 황산칼륨 3%
반경강	중탄산소다 + 탄산소다		
주철	붕사 + 중탄산소다 + 탄산소다		
동합금	붕사		

3 가스 용접봉과 모재와의 관계

가스용접 시 용접봉과 모재 두께는 다음과 같은 관계가 있다.

$$D = \frac{T}{2} + 1$$

여기서, D : 용접봉의 지름, T : 모재의 두께

3-5 산소 - 아세틸렌 용접기법

1 용접순서

① 모재의 재질과 두께에 따라 적당한 토치와 공구, 용접봉 재질, 용접봉 굵기를 택한다.
② 필요한 경우 용제를 준비한다.
③ 두꺼운 판은 홈(groove) 가공을 한다.
④ 산소와 아세틸렌의 압력(보통 산소는 2~5kg/cm^2, 아세틸렌은 0.2~0.5kg/cm^2 정도로)을 조정한다.
⑤ 불꽃을 조절한다(불꽃의 종류, 불꽃의 세기 등).
⑥ 용접선에 따라 용접(필요에 따라 전진법 또는 후진법 선택)한다.
⑦ 용접작업이 완료되면 소화 후 호스 내의 잔류가스를 배출시킨 후 호스를 작업 전 상태로 정리한다.

2 전진법과 후진법

산소 - 아세틸렌 용접법은 용접 진행방향과 토치의 팁이 향하는 방향에 따라 전진법과 후진법으로 나누어진다.

(1) 전진법

전진법은 [그림 3-11]과 같이 토치를 오른손에, 용접봉을 왼손에 잡고 오른쪽에서 왼쪽으로 용접해 나가는 방법으로 좌진법이라고도 한다. 이 방법은 비드와 용접봉 사이에 팁이 있어 불꽃이 용융풀의 앞쪽을 가열하기 때문에 용접부가 과열되기 쉽고, 보통 변형이 많으며, 기계적 성질도 떨어진다. 판 두께 5mm 이하에서 맞대기 용접이나 변두리 용접에 쓰인다.

(2) 후진법

후진법은 [그림 3-12]와 같이 토치와 용접봉을 오른쪽으로 용접해 나가는 방법으로 우진법이라고도 한다. 이 방법은 용접봉을 팁과 비드 사이에서 녹이므로 용접봉의 용해에 많은 열이 빼앗기게 되며 용접봉이 녹아떨어짐에 따라 팁을 진행시켜야 하므로 용융풀을 가열하는 시간이 짧아져 과열되지 않는 장점이 있다. 또한 용접 변형이 적고 용접속도가 빠르며 가스 소비량도 적다.

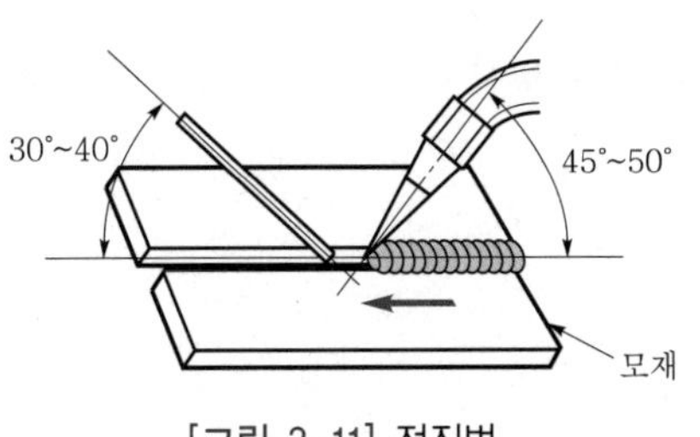

[그림 3-11] 전진법

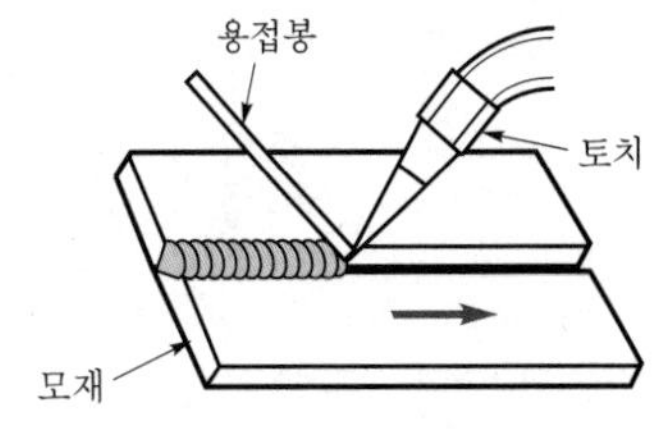

[그림 3-12] 후진법

(3) 전진법과 후진법의 비교

항목	전진법(좌진법)	후진법(우진법)
열 이용률	나쁘다	좋다
용접속도	느리다	빠르다
비드 모양	매끈하다	매끈하지 못하다
홈 각도	크다(80°)	작다(60°)
용접 변형	크다	작다
용접모재 두께	얇다(5mm까지)	두껍다
산화 정도	심하다	약하다
용착금속의 냉각속도	급랭된다	서냉된다
용착금속 조직	거칠다	미세하다

Chapter 04

절단 및 가공

4-1 가스절단 장치 및 방법

1 원리

가스절단은 산소와 금속과의 산화반응을 이용하여 절단하는 방법이고, 아크절단은 아크열을 이용하여 절단하는 방법을 말한다. 또한 열에너지에 의해 금속을 국부적으로 용융하여 절단하는 것을 열절단이라 하며, 이것을 융단작업이라 한다.

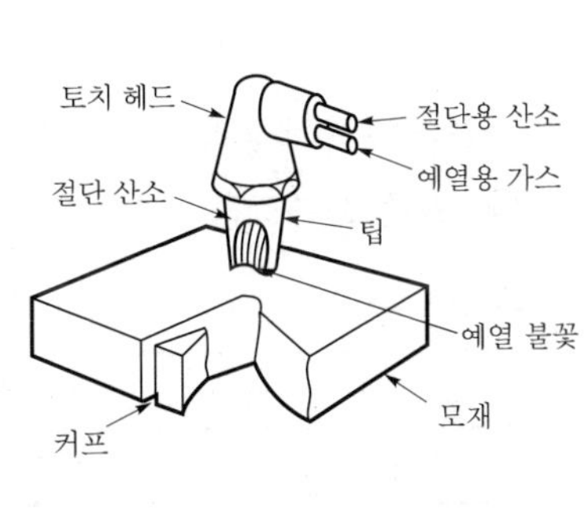

[그림 4-1] 가스절단

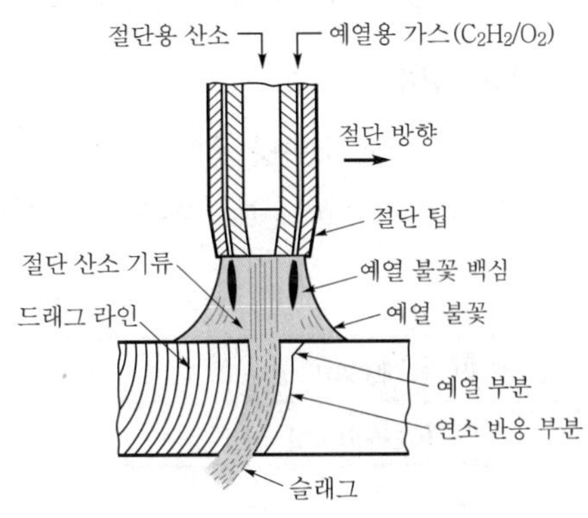

[그림 4-2] 가스절단의 원리

2 드래그와 드래그 라인 및 커프

(1) 드래그

가스절단에서 절단가스의 입구(절단재의 표면)와 출구(절단재의 이면) 사이의 수평거리를 드래그라고 한다. 예열가스와 절단산소를 이용하여 절단하는 경우 절단팁과 인접한 절단재의 표면에서의 산소량과 이면에서의 산소량이 동일하지 않기 때문에 드래그가 생긴다.

(2) 드래그 라인

절단 팁에서 먼 위치의 하부로 갈수록 산소압의 저하, 슬래그와 용융물에 의한 절단 생성물 배출의 곤란, 산소의 오염, 산소불출 속도의 저하 등에 의해 산화작용이 지연된다. 그 결과 절단면에는 거의 일정한 간격으로 평행된 곡선이 나타나는데 그것을 드래그 라인이라 한다.

또한 하나의 드래그 라인의 상부와 하부 간의 직선 길이의 수평 길이를 드래그라고 한다.

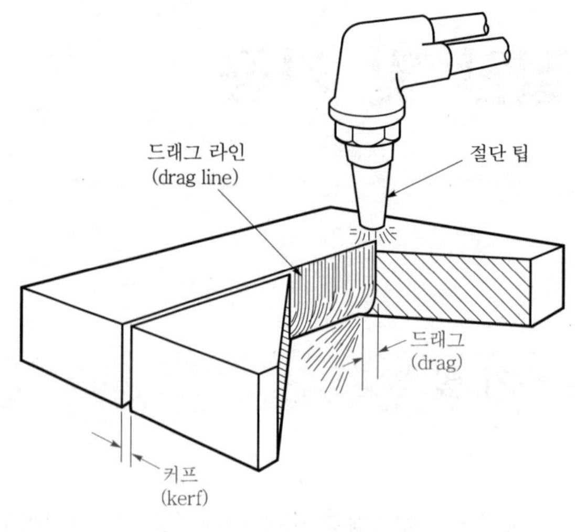

[그림 4-3] 드래그와 커프

(3) 커프

절단용 고압산소에 의해 불려나간 절단 홈을 커프라 한다.

(4) 드래그 길이

절단속도, 산소 소비량 등에 의하여 변화하며 절단면 말단부가 남지 않을 정도의 드래그를 표준 드래그 길이라고 하는데, 보통 판 두께의 1/5 정도이다. 표준 드래그값은 [표 4-1]과 같다.

[표 4-1] 표준 드래그 길이

판 두께(mm)	12.7	25.4	51~152
드래그 길이(mm)	2.4	5.2	6.4

3 드로스

드로스란 [그림 4-4]와 같이 가스절단에서 절단폭을 통하여 완전히 배출되지 않은 용융금속이 절단부 밑 부분에 매달려 응고된 것을 말한다. 적정한 절단용 고압산소의 양과 적정한 절단속도 등 적정 절단 조건으로 드로스가 없고 커프가 적은 양호한 절단 품질을 얻을 수 있다.

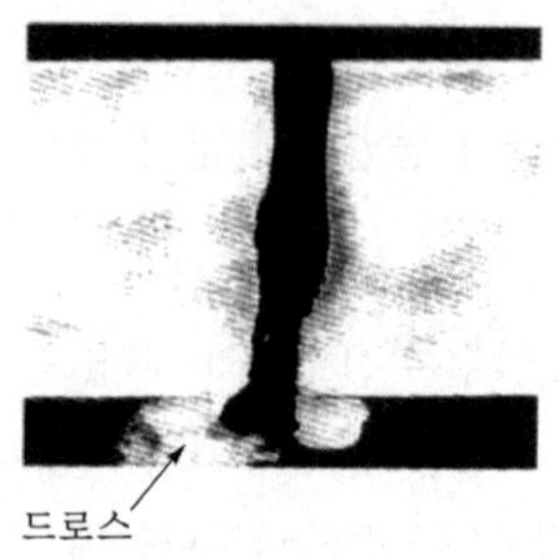

[그림 4-4] 드로스

4 가스절단의 종류

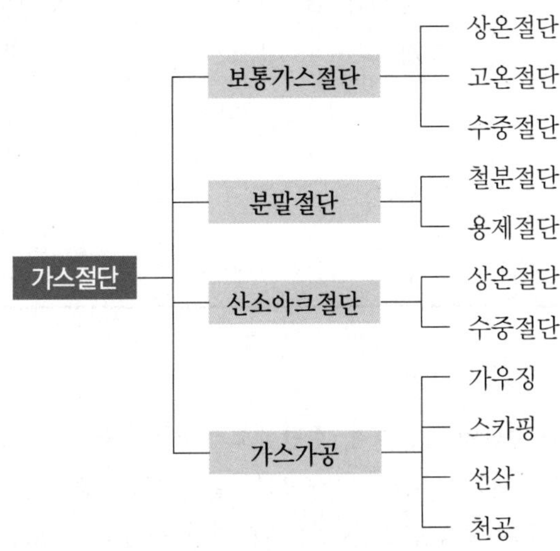

5 가스절단에 영향을 미치는 인자

(1) 절단의 조건

① 드래그(drag)가 가능한 한 작을 것
② 절단면이 평활하며 드래그의 홈이 낮고 노치(notch) 등이 없을 것
③ 절단면이 표면각이 예리할 것
④ 슬래그 이탈이 양호할 것
⑤ 경제적인 절단이 이루어질 것

(2) 절단용 산소

절단용 산소는 절단부를 연소시켜서 그 산화물을 깨끗이 밀어내는 역할을 하므로 산소의 압력과 순도가 절단속도에 큰 영향을 미치게 된다. 절단 시의 절단속도는 산소의 압력과 소비량에 따라 거의 비례한다. 즉 산소의 순도(99.5% 이상)가 높으면 절단속도가 빠르고 절단면이 매우 깨끗하다. 반대로 순도가 낮으면 절단속도가 느리고 절단면이 거칠게 된다.

(3) 예열용 가스

예열용 가스로는 아세틸렌 가스, 프로판 가스, 수소가스, 천연가스 등 여러 종류가 있으나, 아세틸렌 가스가 많이 이용되고, 최근에는 프로판 가스가 발열량이 높고 값이 싸므로 많이 이용되고 있다. 수소가스는 고압에서도 액화하지 않고 완전히 연소하므로 수중절단 예열용 가스로 사용된다. [표 4-2]는 여러 가지 예열용 가스의 성질을 나타낸 것이다.

[표 4-2] 여러 가지 예열용 가스의 성질

가스의 종류	발열량 (Kcal/m^3)	혼합비(연료 : 산소)		최고 불꽃온도 (℃)
		저	고	
아세틸렌	12,690	1 : 1.1	1 : 1.8	3,430
수소	2,420	1 : 0.5	1 : 0.5	2,900
프로판	20,780	1 : 3.75	1 : 4.75	2,820
메탄	8,080	1 : 1.8	1 : 2.25	2,700
일산화탄소	2,865	1 : 0.5	1 : 0.5	2,820

(4) 절단속도

절단속도는 모재의 온도가 높을수록 고속 절단이 가능하며, 절단산소의 압력이 높고 산소소비량이 많을수록 거의 정비례하여 증가한다. 산소 절단할 때의 절단속도는 절단속도의 분출상태와 속도에 따라 크게 좌우된다. 다이버전트 노즐은 고속 분출을 얻는 데 가장 적합하고, 보통의 팁에 비하여 산소소비량이 같을 때 절단속도를 20~25% 증가시킬 수 있다.

(5) 절단 팁

모재와 절단 팁 간의 거리, 팁의 오염, 절단산소, 구멍의 형상 등도 절단 결과에 많은 영향을 준다. 절단 팁을 주의해서 취급하지 않거나 스패터가 부착되면 팁의 성능이 저하된다. 팁 끝에서 모재 표면까지의 간격, 즉 팁 거리는 예열 불꽃의 백심 끝이 모재 표면에서 약 1.5~2.0mm 위에 있는 정도면 좋으나, 팁 거리가 너무 가까우면 절단면의 위쪽 모서리가 용융하고, 또 그 부분이 심하게 타는 현상이 일어나게 된다.

6 가스절단에 영향을 주는 요소

① 절단의 재질 : 절단 재질에 따라 연강은 절단이 잘 되나 주철, 비철금속은 곤란하다.
② 절단재의 두께 : 두께가 두꺼우면 절단속도가 느리며, 얇으면 절단속도가 빨라지게 된다.
③ 절단 팁(화구)의 크기와 형상 : 팁 구멍이 크면 두꺼운 판 절단이 쉽다.
④ 산소의 압력 : 압력이 높을수록 절단속도가 빠르다.
⑤ 절단속도 : 산소 압력, 모재 온도, 산소 순도, 팁의 모양 등에 따라 다르다.
⑥ 절단재의 예열 온도 : 절단재가 예열되면 절단속도가 빨라진다.
⑦ 예열 화염의 강도 : 예열 불꽃이 세면 절단면의 위 모서리가 녹게 되며, 너무 약하면 절단이 잘 안되거나 매우 느리게 된다.
⑧ 절단 팁(화구)의 거리와 각도 : 모재와 팁 끝 백심과의 거리가 1.5~2mm로 적당해야 한다.
⑨ 산소의 순도 : 산소 순도가 저하되면 절단속도가 저하된다.

7 가스절단의 구비조건

① 금속 산화 연소온도가 금속의 **용융온도보다** 낮을 것(산화반응이 격렬하고 다량의 열을 발생할 것)

② 재료의 성분 중 연소를 방해하는 성분이 적을 것

③ 연소되어 생긴 산화물 **용융온도**가 금속 **용융온도보다** 낮고 유동성이 있을 것

8 가스 절단법

(1) 절단 준비(예열 불꽃 조정)

① 1차 예열 불꽃 조정 : 가스용접의 불꽃 조정과 같은 방법으로 조정한다.

② 2차 예열 불꽃 조정 : 고압산소(절단산소)를 분출시키면 다시 아세틸렌 깃이 약간 나타나므로 예열산소의 밸브를 약간 더 열어 중성 불꽃으로 조절한다. 이때는 약간 산화 불꽃이 되나 절단하면 다시 중성 불꽃이 된다.

(2) 절단 조건

① 예열 불꽃이 너무 세면 절단면의 위 모서리가 녹아 둥글게 되므로 절단 불꽃 세기는 절단 가능한 최소로 하는 것이 좋다.

② 산소 압력이 너무 낮고 절단속도가 느리면 절단 윗면 가장자리가 녹는다.

③ 산소 압력이 높으면 기류가 흔들려 절단면이 불규칙하며 드래그 선이 복잡하다.

④ **절단속도가 빠르면 드래그 선이 곡선이 되고 느리면 드로스의 부착이 많다.**

⑤ 팁의 위치가 높으면 가장자리가 둥글게 된다.

9 산소 - 프로판 가스(LP) 절단

(1) LP 가스의 성질

① 액화하기 쉽고, 용기에 넣어 수송이 편리(가스 부피의 1/250 정도 압축 가능)하다.

$\left(\text{프로판 } 1\text{g} \rightarrow 0.509\text{L},\ \frac{22.4}{44} = 0.509\text{L/g}\right)$

② 상온에서는 기체상태이며 무색 투명하고 약간의 냄새가 난다.

③ 온도 변화에 따른 팽창률이 크고 물에 잘 녹지 않는다.

④ 증발잠열이 크다(프로판 101.8kcal/kg).

⑤ **쉽게 기화하며 발열량이 높다**(프로판 12,000kcal/kg).

⑥ 폭발 한계가 좁아 안전도가 높고 관리가 쉽다.

⑦ 열효율이 높은 연소기구의 제작이 쉽다.

⑧ 연소할 때 필요한 산소의 양은 1 : 4.5 정도이다.

(2) 혼합비는 산소 - 프로판 가스 사용 시 산소 4.5배가 필요하다. 즉 아세틸렌 사용 시보다 약간 더 필요하다.

(3) 프로판 가스 불꽃의 절단속도는 아세틸렌 가스 불꽃 절단속도에 비하여 절단할 때까지 예열시간이 더 길다.

[표 4-3] 아세틸렌과 프로판 가스의 비교

아세틸렌	프로판
① 점화하기 쉽다. ② 중성 불꽃을 만들기 쉽다. ③ 절단 개시까지 시간이 빠르다. ④ 표면 영향이 적다. ⑤ 박판 절단 시는 빠르다.	① 절단 상부 기슭이 녹는 것이 적다. ② 절단면이 미세하며 깨끗하다. ③ 슬래그 제거가 쉽다. ④ 포갬 절단속도가 아세틸렌보다 빠르다. ⑤ 후판 절단 시는 아세틸렌보다 빠르다.

4-2 가스절단 장치

1 수동절단 장치의 구성

가스절단 장치는 절단토치와 팁, 산소 및 연소가스용 호스, 압력조정기 및 가스용기로 구성되어 있다. 절단 토치의 팁(tip)은 절단하는 판의 두께에 따라 임의의 크기의 것으로 교환할 수 있게 되어 있다.

절단 토치는 그 선단에 부착되어 있는 절단 팁으로부터 분출하는 가스 유량을 조절하는 기구이다. 또 용접 토치에서와 같이 아세틸렌의 사용 압력에 따라 저압식(0.07kg/cm^2 이하)과 중압식(0.07~0.4kg/cm^2)으로 나누어진다.

토치의 구조는 [그림 4-5]와 같이 산소와 아세틸렌을 혼합하여 예열용 가스를 만드는 부분과 고압산소 분출만 하는 부분, 예열용 가스와 고압산소를 분출할 수 있는 절단용 팁으로 되어 있다. 프랑스식 절단 토치의 팁은 [그림 4-6(a,b)]와 같이 혼합가스를 이중으로 된 동심원의 구멍에서 분출시키는 동심형이며, 전후좌우 및 직선 절단을 자유롭게 할 수 있으므로 많이 사용되고 있다. 독일식 절단 토치의 팁은 [그림 4-6(c)]와 같이 혼합가스의 분출구와 고압산소의 분출구가 다른 이심형이다. 이는 직선 절단에는 효과적이나 원형 또는 자유곡선에는 적합하지 않다.

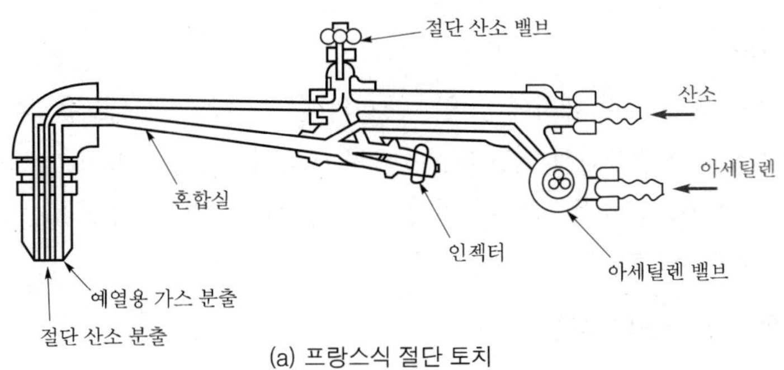

(a) 프랑스식 절단 토치

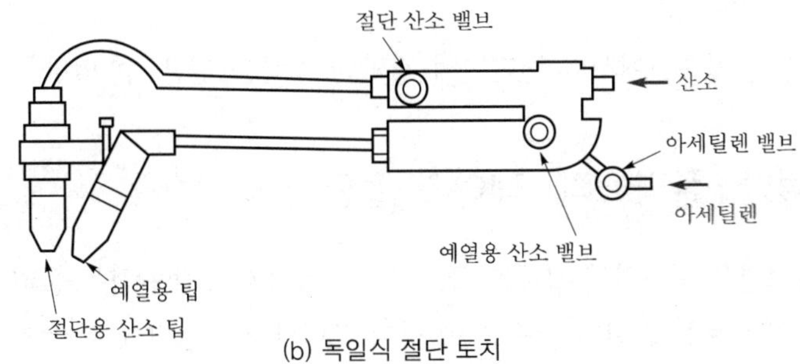

(b) 독일식 절단 토치

[그림 4-5] 절단 토치

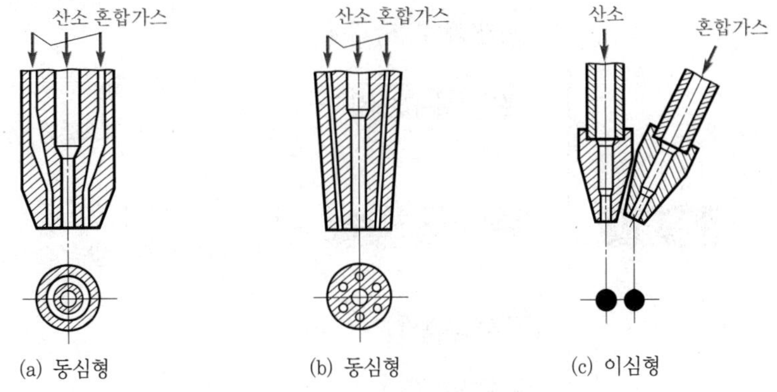

[그림 4-6] 팁의 모양

[표 4-4] 동심형 팁과 이심형 팁 비교

내용	동심형 팁	이심형 팁
곡선 절단	자유롭게 절단할 수 있다.	곤란하다.
직선 절단	잘된다.	능률적이다.
절단면	좋다(보통).	아주 곱다.

2 자동절단 장치

자동 가스 절단기는 기계나 대차에 의해서 모터와 감속기어의 힘으로 움직이며, 경우에 따라서 조작을 자동적으로 진행하면서 절단하는 것으로 표면거칠기 1/100mm 정도까지 얻을 수 있다(수동절단의 경우 1/10mm 정도인 데 비해 10배 정밀도를 얻음). 종류로는 형 절단기, 파이프 절단기 등 다양한 용도가 있다.

(1) 자동 가스 절단기 사용의 장점

① 작업성, 경제성의 면에서 대단히 우수하다.
② 작업자의 피로가 적다.
③ 정밀도에 있어 치수면에서나 절단면에 정확한 직선을 얻을 수 있다.

4-3 아크절단, 플라스마, 레이저 절단

아크절단은 아크열을 이용하여 모재를 국부적으로 용융시켜 절단하는 물리적인 방법이다. 이것은 보통 가스절단으로는 곤란한 금속 등에 많이 쓰이나 가스절단에 비해 절단면이 곱지 못하다. 그러나 최근에는 불활성가스 아크절단, 플라스마 아크절단 등의 실용화로 절단 품질이 크게 향상되었다.

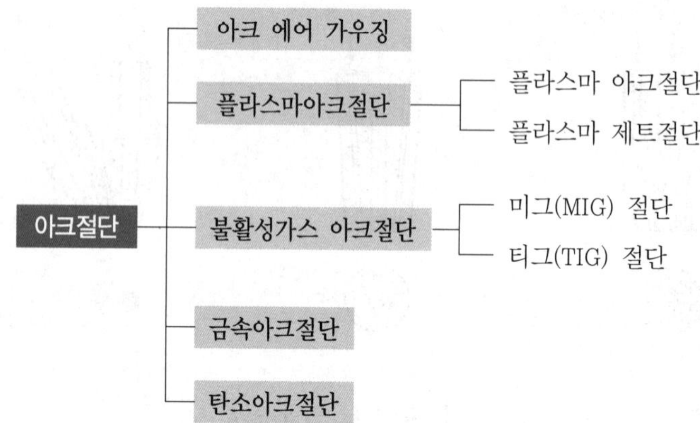

1 탄소아크절단

탄소아크 절단법은 탄소 또는 흑연 전극과 모재 사이에 아크를 일으켜 절단하는 방법으로, 전원은 직류·교류 모두 사용되지만 보통은 직류정극성이 사용된다. 절단은 용접과 달리 대전류를 사용하고 있으므로 전도성 향상을 목적으로 전극봉 표면에 구리 도금을 한 것도 있다. 주철 및 고탄소강의 절단에서는 절단면에 약간의 탈탄층이 생기게 되므로 절단면은 가스 절단면에 비해서 대단히 거칠며 절단속도가 매우 느리기 때문에 다른 절단방법이 어려울 때 주로 이용된다.

2 금속아크절단

탄소 전극봉 대신 절단 전용의 특수 피복을 입힌 피복봉을 사용하여 절단하는 방법이다. 피복봉은 절단 중에 3~5mm 정도 보호통을 만들어 모재와의 단락(short)을 방지함과 동시에 아크의 집중을 좋게 하며 피복제에서 다량의 가스를 발생시켜 절단을 촉진한다. 전원은 직류정극성이 적합하나 교류도 사용 가능하다. 절단 조작 원리는 탄소 아크 절단의 경우와 같으며, 절단면은 가스 절단면에 비해 매우 거칠다.

3 불활성가스 아크절단

(1) MIG 아크절단

MIG 아크절단은 고전류 밀도의 MIG 아크가 보통 아크용접에 비하면 상당히 깊은 용접이 되는 것을 이용하여 모재와의 사이에서 아크를 발생시켜 용융절단을 하는 것이다. 전류는 MIG 아크용접과 같이 직류역극성(DCRP)이 쓰인다.

(2) TIG 아크절단

이 방법은 전극으로 비소모성의 텅스텐봉을 쓰며 직류정극성으로 대전류를 통하여 전극과 모재 사이에 아크를 발생시켜 불활성가스를 공급하면서 절단하는 방법이다. 이것은 아크를 냉각하고 열 핀치 효과에 의해 고온 · 고속의 제트상의 아크 플라스마를 발생시켜 모재를 불어내는 방법으로 금속재료의 절단에만 이용된다. 열효율이 좋고 능률이 높아서 주로 Al, Mg, Cu 및 구리 합금, 스테인리스강 등의 절단에 이용된다.

4 산소아크절단

중공의 피복 용접봉과 모재 사이에 아크를 발생시켜, 이 아크열을 이용한 가스 절단법이다. 이 아크열로 예열된 모재 절단부에 중공으로 된 전극 구멍에 고압산소를 분출하여 그 산화열로 절단된다. 전원은 보통 직류정극성이 사용되나 교류도 사용된다. 그리고 절단면은 가스 절단면에 비하여 거칠지만 절단속도가 크므로 철강구조물의 해체, 특히 수중 해체작업에 널리 이용된다.

5 플라스마 아크절단

(1) 원리

아크 플라스마의 바깥 둘레를 강제로 냉각하여 발생하는 고온 · 고속의 플라스마를 이용한 절단법을 플라스마 절단이라 한다. 기체를 가열하여 온도가 상승되면 기체원자의 운동은 대단히 활발하게 되어 마침내는 기체원자가 원자핵과 전자로 분리되어 (+), (-)의 이온상태로 된 것을 플라스마라 부르며, 이것은 고체, 액체, 기체 이외의 제4의 물리상태로 알려지고 있다. 아크의 방전에 있어 양극 사이에서 강한 빛을 발하는 부분을 아크 플라스마라고 하는데, 아크 플라스마는 종래의 아크보다 고온도(10,000~30,000℃)로 높은 열에너지를 가지는 열원이다. [그림 4-7(a)]와 같이 텅스텐 전극과 모재 사이에서 아크 플라스마를 발생시키는 것을 이행형 아크절단이라 하며, 이에 대하여 [그림 4-7(b)]와 같이 텅스텐 전극과 수냉 노즐과의 사이에서 아크를 발생시켜 절단하는 것을 비이행형 아크절단이라 한다. 이행형 플라스마 아크절단은 수냉식 단면 수축 노즐을 써서 국부적으로 대단히 높은 전류 밀도의 아크 플라스마를 형성시키고, 이 플라스마를 이용하여 모재를 용융 · 절단한다.

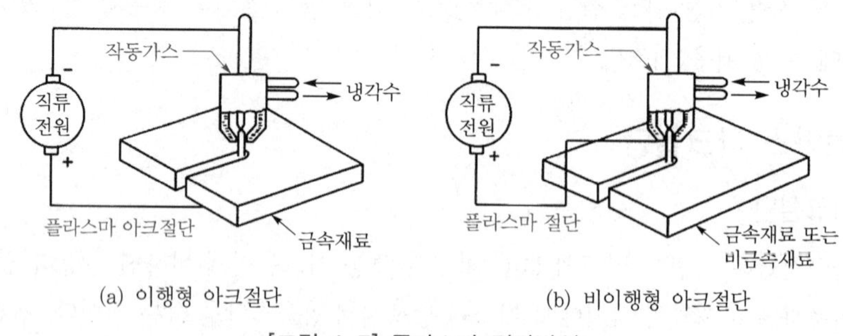

(a) 이행형 아크절단 (b) 비이행형 아크절단

[그림 4-7] 플라스마 절단방식

(2) 플라스마 절단장치

① 전극에는 비소모식의 텅스텐봉을 쓰며 직류정극성이 쓰인다.

② 아크를 구속하므로 아크전압은 60~160V로 용접아크에 비하여 높아 무부하전압이 높은 직류 용접기를 써야 한다.

③ 절단장치는 아크 시동을 고주파로 하므로 고주파 발생장치가 사용된다.

6 레이저 절단

(1) 개요

레이저는 '유도 방출에 의한 빛의 증폭'이라는 뜻이며, 레이저 절단은 레이저 광을 미소부분에 집광시켜 재료를 급격히 가열 · 용융시켜 절단하는 방법이다. 일반적으로 CO_2 레이저가 대출력용으로 많이 활용된다.

(2) 장점

① 소음, 열변형, 절단 폭 최소

② 절단속도가 빠름

③ 절단재에 비접촉이 가능하여 공구 마모가 없음

④ 박판, 정밀 절단 가능

(3) 단점

① 초기 투자비가 고가

② 장치가 큼

③ 후판에 적용시 에너지 출력이 커져야 함

4-4 특수가스절단

1 분말절단

철분 또는 연속적으로 절단용 산소에 혼합 공급함으로써 그 산화열 또는 용제의 화학작용을 이용하여 절단하는 방법으로 철, 비철 등의 금속뿐만 아니라 콘크리트 절단에도 이용된다. 그러나 절단면은 가스절단면에 비하여 아름답지 못하다.

2 수중절단

물에 잠겨 있는 침몰선의 해체, 교량의 교각 개조, 댐 · 항만 · 방파제 등의 공사에 사용되는 절단으로서 절단 팁의 외측에 압축공기를 보내서 물을 배제하고, 이 공간에서 절단이 행해지도록 커버가 붙어 있다. 또 물속에서는 점화할 수 없기 때문에 토치를 물속에 넣기 전에 점화용 보조 팁에 점화하며, 연료가스로는 수소가 가장 많이 사용된다. 물속에서는 절단부가 계속 냉각되므로 육지에서보다 예열 불꽃을 크게, 가스의 양은 공기 중에서의 4~8배로 하고, 절단산소의 분출구는 1.5~2배로 한다.

3 산소창절단

가늘고 긴 강관(산소창, 안지름 3.2~6mm, 길이 1.5~3mm)을 사용하여 절단산소를 보내서 그 산소창이 산화반응할 때의 반응열로 절단하는 방법이다. 주로 강괴의 절단이나 두꺼운 판의 절단 또는 암석의 천공 등에 많이 이용된다.

4 포갬절단

얇은 판(6mm) 이하의 강판 절단 시 가스소비량 등 경제성, 작업 능률을 고려하여 여러 장의 판을 단단히 겹쳐(틈새 0.08mm 이하) 절단하는 가스가공법이다.

4-5 스카핑 및 가우징

1 스카핑

스카핑은 강재 표면의 흠이나 개재물, 탈탄층 등을 제거하기 위하여 될 수 있는 대로 얇게, 그리고 타원형 모양으로 표면을 깎아 내는 가공법으로, 주로 제강공장에서 많이 이용되고 있다. 팁은 슬로 다이버전트를 주로 사용하며, 수동용 토치는 서서 작업을 할 수 있도록 긴 것이 많다. 스카핑 속도는 가스절단에 비해서 대단히 빠르며, 그 속도는 냉간재의 경우 5~7m/min, 열간재의 경우 20m/min 정도이다.

2 가우징

(1) 가스 가우징

용접부분의 뒷면을 따내거나 U형, H형의 용접 홈을 가공하기 위하여 깊은 홈을 파내는 가공법이다. 장치는 가스용접 또는 가스 절단용의 장치를 그대로 이용할 수 있으나, 단지 팁은 비교적 저압으로 대용량의 산소를 방출할 수 있도록 슬로 다이버전트로 설계되어 있다. 또 작업이 쉽도록 팁의 끝이 구부러져 있는 것이 많다. 가우징은 스카핑에 비해서 나비가 좁은 홈을 가공하며, 홈의 깊이와 나비의 비는 1 : 2~3 정도이다.

(2) 아크 에어 가우징

탄소아크절단에 압축공기를 병용한 방법으로서 용융부에 전극 홀더 구멍에서 탄소 진극봉에 나란히 분출하는 고속의 공기 제트를 불어서 용융금속을 불어내어 홈을 파는 방법이며 때로는 절단을 하는 수도 있다.

아크 에어 가우징의 특징은 다음과 같다.

① 작업 능률이 가스 가우징에 비해 2~3배 높다.
② 용융금속을 순간적으로 불어내므로 모재에 악영향을 주지 않는다.
③ 용접 결함부를 그대로 밀어붙이지 않으므로 발견이 쉽다.
④ 소음이 적고 조작이 간단하다.
⑤ 경비가 저렴하며 응용 범위가 넓다.
⑥ 철, 비철 금속에도 사용된다.

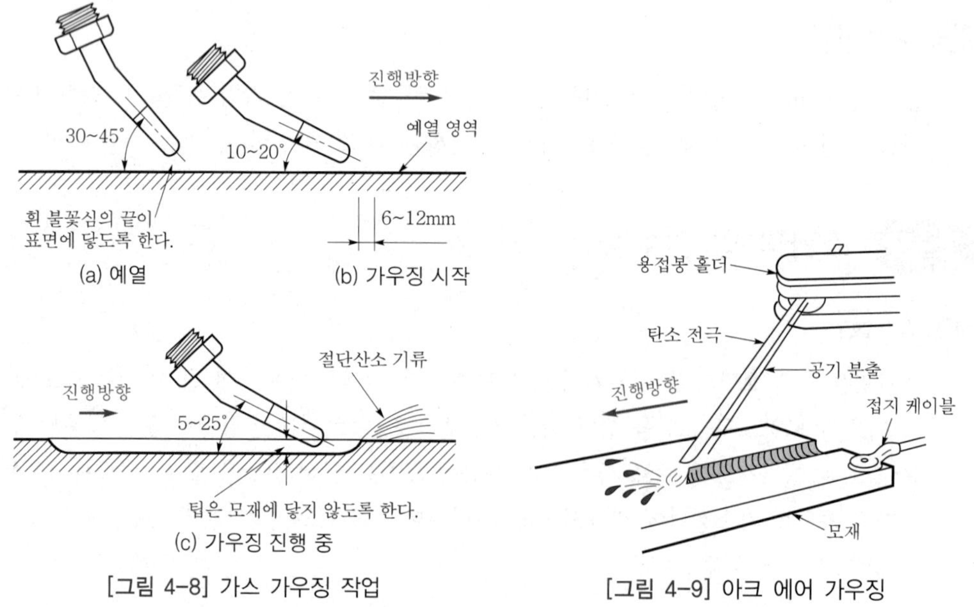

[그림 4-8] 가스 가우징 작업

[그림 4-9] 아크 에어 가우징

Chapter 05

특수용접 및 기타 용접

5-1 서브머지드 용접

1 원리

서브머지드 아크 용접법(Submerged Arc Welding ; SAW)은 자동 금속 아크 용접법으로서 [그림 5-1]과 같이 모재의 이음 표면에 미세한 입상의 용제를 공급관을 통하여 공급하고, 그 용제 속에 연속적으로 전극 와이어를 송급하고, 용접봉 끝과 모재 사이에 아크를 발생시켜 용접한다. 이때 와이어의 이송속도를 조정함으로써 일정한 아크길이를 유지하면서 연속적으로 용접한다. 이 용접법은 아크나 발생가스가 다 같이 용제 속에 잠겨 있어서 보이지 않으므로 불가시 아크 용접법 또는 잠호 용접법이라고도 한다. 또한 상품명으로 유니언 멜트 용접법, 링컨 용접법 등이라고 한다.

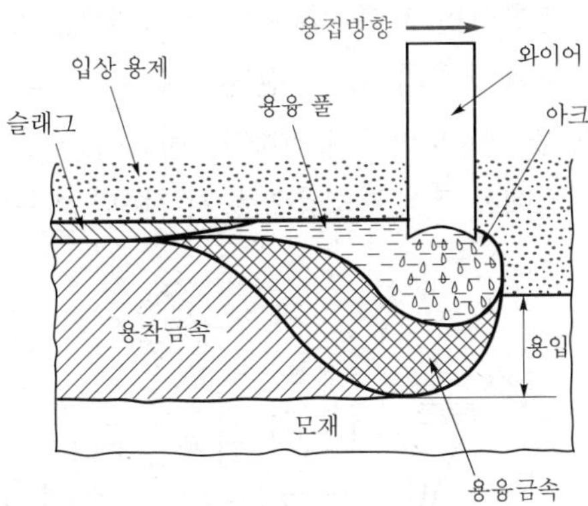

[그림 5-1] 서브머지드 아크 용접법의 원리

2 용접법의 특징

(1) 장점

① 용접 중 대기와 차폐가 확실해서 용착금속이 산화, 질화 등의 해가 적다.

② 대전류 사용이 가능하여 고능률적이며, 용입이 깊다.

③ 용융속도 및 용착속도가 빠르다.

④ 작업능률이 수동에 비하여 판 두께 12mm에서 2~3배, 25mm에서 5~6배, 50mm에서 8~12배 정도로 높다.

⑤ 개선각을 작게 하여 용접 패스 수를 줄일 수 있다.

⑥ 기계적 성질(강도, 연신, 충격치, 균일성 등)이 우수하다.
⑦ 유해광선이나 흄 등이 적게 발생되어 작업환경이 깨끗하다.
⑧ 비드 외관이 매우 아름답다.

(2) 단점

① 장비의 설비비가 높다.
② 용접선이 짧거나 복잡한 경우 수동에 비하여 비능률적이다.
③ 개선 홈의 정밀을 요한다(백킹재 미사용 시 루트 간격 0.8mm 이하 유지 필요).
④ 용접 진행상태의 양·부를 육안으로 확인할 수 없다.
⑤ 적용자세에 제약을 받는다(대부분 아래보기자세).
⑥ 적용재료의 제약을 받는다(탄소강, 저합금강, 스테인리스강 등에 사용).
⑦ 용접입열이 크므로 모재에 변형을 가져올 우려가 있고 열영향부가 넓다.
⑧ 입열량이 크므로 용접금속의 결정립이 조대화하여 충격값이 낮아지기 쉽다.

3 용접장치

서브머지드 아크 용접장치는 [그림 5-2]와 같이 심선을 송급하는 장치, 전압 제어장치, 접촉 팁, 대차로 구성되었으며, 와이어 송급장치, 접촉 팁, 용제 호퍼를 일괄하여 용접 헤드라고 한다. 용접기를 전류용량으로 분류하면 최대 전류 4,000A(대형), 2,000A(표준 만능형), 1,200A(경량형), 900A(반자동형) 등의 종류가 있다. 전원으로는 교류와 직류가 쓰이고 있으며, 교류 쪽 설비비가 적고, 또 자기 불림이 없어서 유리하다. 비교적 낮은 전류를 쓰는 얇은 판의 고속도 용접에서는 약 400A 이하에서 직류역극성으로 시공하면 아름다운 비드를 얻을 수 있다.

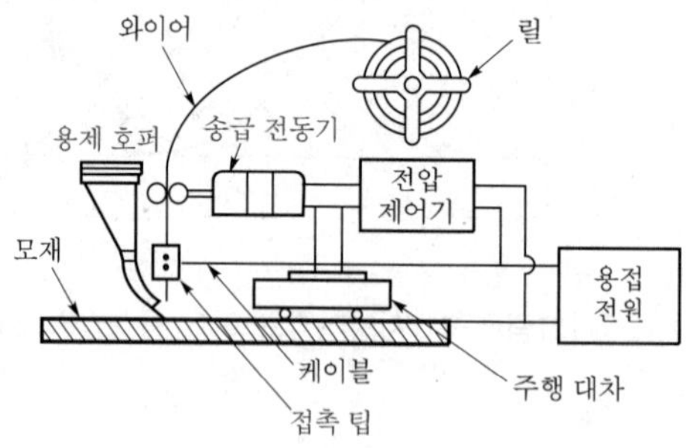

[그림 5-2] 서브머지드 아크 용접장치

4 다전극식 서브머지드 용접

(1) 탠덤식

두 개의 전극 와이어를 독립된 전원(교류 또는 직류)에 접속하여 용접선에 따라 전극의 간격을 10~30mm 정도로 하여 2개의 전극 와이어를 동시에 녹게 함으로써 한꺼번에 많은 양의 용착금속을 얻을 수 있는 용접법이다.

(2) 횡 병렬식

한 종류의 전원에(직류와 직류, 교류와 교류) 접속하여 용접하는 방법으로 비드 폭이 넓고 용입이 깊은 용접부가 얻어진다. 두 개의 와이어에 하나의 용접기로부터 같은 콘택트 팁을 통하여 전류가 공급되므로 용착속도를 증대시킬 수 있다. 또한 이 방법은 비교적 홈이 크거나 아래보기자세로 큰 필릿용접을 할 경우에 사용되고 용접속도는 단전극 사용 시보다 약 5% 증가된다.

(3) 횡 직렬식

두 개의 와이어에 전류를 직렬로 연결하여 한쪽 전극 와이어에서 다른 쪽 전극 와이어로 전류가 흐르면 두 전극에서 아크가 발생되고 그 복사열에 의해 용접이 이루어지므로 비교적 용입이 얕아 스테인리스강 등의 덧붙이 용접에 흔히 사용된다.

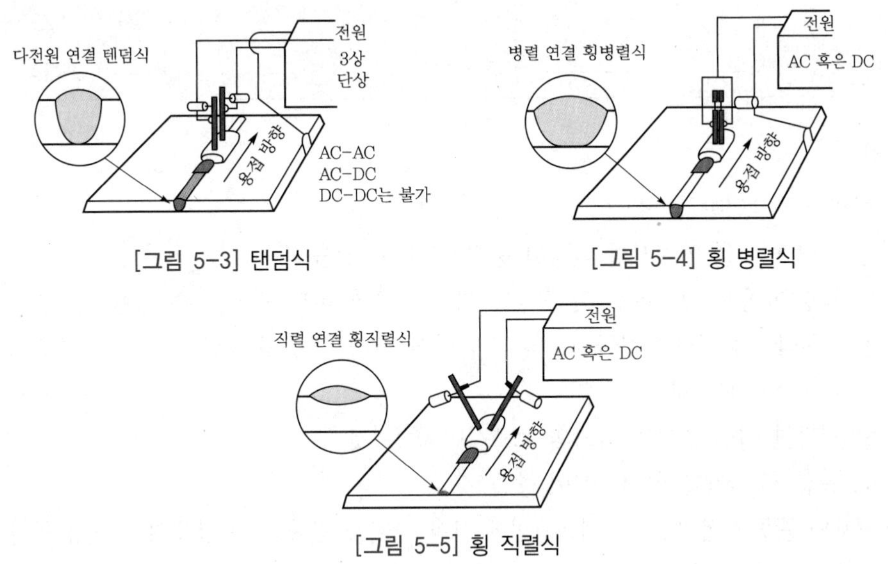

[그림 5-3] 탠덤식

[그림 5-4] 횡 병렬식

직렬 연결 횡직렬식

전원

AC 혹은 DC

용접 방향

[그림 5-5] 횡 직렬식

5 서브머지드 아크 용접장치의 종류

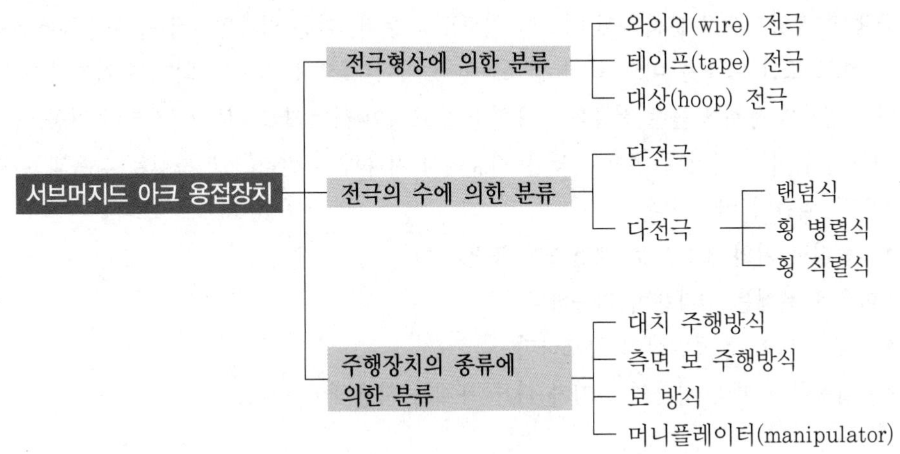

6 서브머지드 용접용 재료

(1) 와이어

와이어는 비피복선으로 코일 모양으로 감겨져 있으며 이것을 용접기의 와이어 릴에 끼워서 바깥쪽에서부터 풀리게 하여 사용한다. **와이어는 콘택트 팁과 전기적 접촉을 좋게 하며 녹이 스는 것을 방지하기 위하여 표면에 구리 도금을** 한다. 코일의 표준 무게는 작은 코일(S) 12.5kg, 중간 코일(M) 25kg, 큰 코일(L) 75kg, 초대형 코일(XL) 100kg으로 구분된다.

서브머지드 용접용 와이어의 표기방법은 다음과 같다.

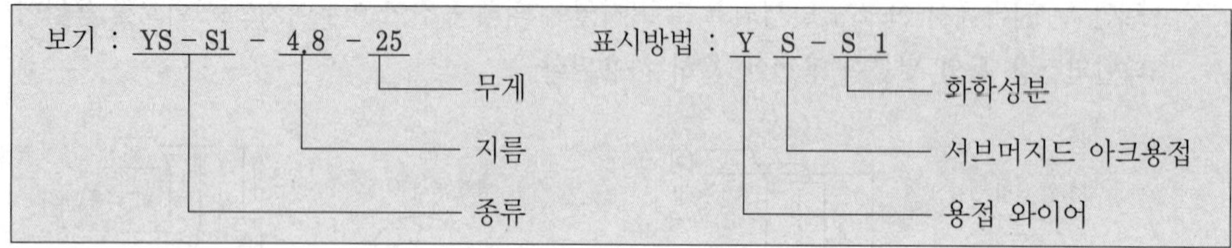

(2) 용제

① 용제가 갖추어야 할 조건

㉠ 아크 발생을 안정시켜 안정된 용접을 할 수 있을 것

㉡ 적당한 용융온도 특성 및 점성을 가져 양호한 비드를 얻을 수 있을 것

㉢ 용착금속에 적당한 합금원소의 첨가 및 탈산, 탈황 등의 정련작용으로 양호한 용착금속을 얻을 수 있을 것

㉣ 적당한 입도를 가져 아크의 보호성이 좋을 것

㉤ 용접 후 슬래그의 이탈성이 좋을 것

② **용제의 종류** : 용제는 그 제조방법에 따라 차이가 있다. 입자상태의 광물성 물질로 용융형 용제, 소결형 용제로 나누고, 소결형 용제는 제조온도에 따라 고온 소결형 용제, 저온 소결형 용제 그리고 혼성형 용제로 구분된다.

㉠ 용융형 용제 : 원재료를 배합하여 전기로 등에서 **약 1,200℃ 이상의 고온으로 용융**시키고, **급랭 후 분말상태로 분쇄**하여 적당한 입도로 만든다. **가는 입자일수록 높은 전류에 사용**해야 하고 또한 이것은 비드 폭이 넓으면서 용입이 얕으나 비드의 외형은 아름답게 된다. **거친 입자의 용제에 높은 전류를 사용**하면 보호성이 나빠지고 비드가 거칠며 기공, 언더컷 등의 결함이 생기기 쉬우므로 **낮은 전류에서 사용**해야 한다. 그 특징은 다음과 같다.

- 비드 외관이 아름답다.
- **흡습성이 거의 없으므로 재건조가 불필요하다.**
- **미용융 용제는 재사용이 가능하다.**
- 용제의 화학적 균일성이 양호하다.
- **용접전류에 따라 입자의 크기가 다른 용제를 사용해야** 한다.

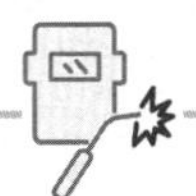

- 용융 시 분해되거나 산화되는 원소를 첨가할 수 없다.
- 흡습이 심한 경우 사용하기 전 150℃에서 1시간 정도 건조가 필요하다.

㉡ 소결형 용제 : 고온 소결형 용제는 분말원료를 800~1,000℃의 고온에서 가열하여 고체화시킨 분말모양의 용제이고, 저온 소결형 용제는 광물성 원료 및 합금분말을 규산나트륨과 같은 점결제를 원료가 용융되지 않을 정도로 비교적 저온상태인 400~550℃에서 소정의 입도로 소결한 것이다. 그 특징으로는 다음과 같다.

- 고전류에서의 용접작업성이 좋고, 후판의 고능률 용접에 적합하다.
- 용접금속의 성질이 우수하며 특히 절연성이 우수하다.
- 합금원소의 첨가가 용이하고, 와이어 1종류로서 연강 및 저합금강까지 용제만 변경하면 용접이 가능하다.
- 용융형 용제에 비하여 용제의 소모량이 적다.
- 낮은 전류에서 높은 전류까지 동일 입도의 용제로 용접이 가능하다.
- 흡습성이 높으므로 사용 전에 200~300℃에서 1시간 정도 건조하여야 한다.

7 서브머지드 용접기법

여타 용접조건은 동일하고 다음의 조건이 변화되는 경우 다음과 같은 현상이 일어난다.

① 전류 증가 : 용입의 증가
② 전압(아크길이) 증가 : 비드 폭의 증가
③ 용접속도 증가 : 비드 폭과 용입 감소
④ 와이어 지름 증가 : 용입 감소

8 서브머지드 용접작업

(1) 이음 가공 및 맞춤

자동용접에서 이 작업은 정밀도가 중요하다.

① 홈 각도 : ±5°
② 루트 간격 : 0.8mm 이하(받침쇠가 없을 때), 루트 간격이 0.8mm 이상이면 누설 방지 비드를 쌓거나 받침쇠를 사용해야 한다.
③ 루트면 : ±1mm

(2) 받침쇠

① 구리는 열전도가 매우 양호하므로 모재 일부가 용락하여도 구리 자신은 녹지 않고 즉시 응고한다.
② 구리판에는 홈 깊이 0.5~1.5mm, 폭 6~20mm 정도로 만든다(판 두께 3mm 이상일 때).
③ 용접열량이 많을 때는 수냉식 받침판으로 한다.
④ 구리판 대신 모재와 동일 재료로 받쳐 완전 용접하는 경우도 있다.

(3) 용접부 청소

서브머지드 아크용접은 기포, 균열 발생에 민감하므로 용접부나 와이어 표면에 불순물, 수분 등을 제거해야 한다. 용접 전에 60~80℃ 정도로 예열하는 것이 습기 제거에 유효하다.

5-2 불활성 가스 아크용접

1 개요

보호가스로 불활성 가스를 사용하는 아크용접에는 가스 실드 아크용접이라 하여 TIG(Tungsten Inert Gas, GTAW)인 불활성 가스 텅스텐아크용접과 MIG(Metal Inert Gas, GMAW)라고 하는 불활성 가스 금속아크용접이 있다. 용접봉이 전극이 되어 아크를 일으켜 그 발생 열로 용접하는 방식의 용극식(MIG, GMAW)과 아크를 일으키는 전극과 용접을 위한 용접봉이 별도로 공급되는 비 용극식 용접(TIG, GTAW) 방법으로, 용극식이나 비용극식 모두 보호가스가 공급되는 분위기에서 용접을 하게 되며, 용접부가 대기와 차단된 상태에서 용접이 이루어진다.

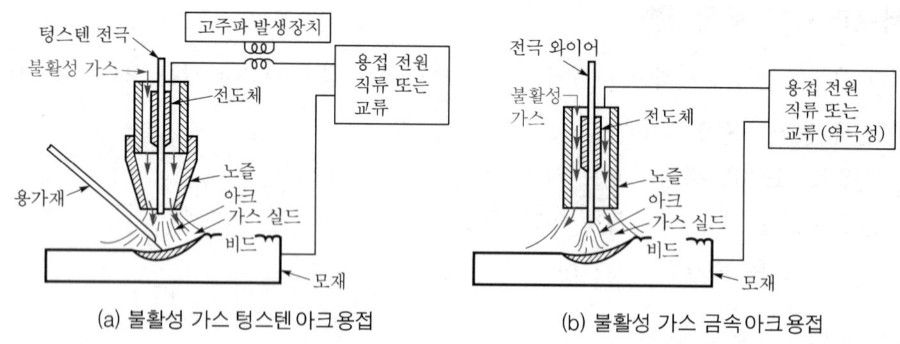

[그림 5-6] 불활성 가스 아크용접의 원리

2 특징

(1) 장점

① 용접 시 대기와의 접촉에서 발생될 수 있는 산화, 질화를 불활성 가스로 보호할 수 있어 우수한 이음을 얻을 수 있다.
② 용제가 불필요하여 깨끗하고 아름다운 비드를 얻을 수 있다.
③ 보호가스가 투명하여 작업자가 용접 상황을 보면서 용접할 수 있다.
④ 가열범위가 적어 용접으로 인한 변형이 적다.
⑤ 우수한 용착금속을 얻을 수 있고, 전자세 용접이 가능하다.
⑥ 열의 집중 효과가 양호하다.
⑦ 저전류에서도 아크가 안정되어 박판용접에 적당하고, 용가재 없이도 용접이 가능하다.
⑧ 거의 모든 철 및 비철금속을 용접할 수 있다.

⑨ 피복금속아크 용접에 비해 용접부가 연성, 강도, 내부식성이 우수하다.

(2) 단점

① 후판용접에서는 소모성 전극방식보다 능률이 떨어진다.

② 불활성 가스와 텅스텐 전극봉 가격은 일반 피복금속아크용접에 비해 비용 상승에 영향을 미친다.

③ 옥외 용접 시 바람의 영향을 많이 받아 방풍대책이 필요하다.

④ 용융점이 낮은 금속(Pb, Sn 등)은 용접이 곤란하다.

⑤ 용접 시 텅스텐 전극봉의 일부가 용접부에 녹아 들어가 오염될 경우 용접부에 결함이 발생한다.

⑥ 용접하고자 하는 장소가 협소하여 토치의 접근이 어려운 용접부는 용접이 어렵다.

⑦ 부적당한 용접기술로 용가재의 끝부분이 용접 중 공기에 노출되면 용접부의 금속이 오염된다.

3 종류

(1) 불활성 가스 텅스텐아크 용접법(TIG, GTAW)

① 개요 : 불활성 가스 텅스텐아크용접은 텅스텐봉을 전극으로 써서 가스용접과 비슷한 조작방법으로 용가재를 아크로 융해하면서 용접한다. 이 용접법은 텅스텐을 거의 소모하지 않으므로 비용극식 또는 비소모식 불활성 가스 아크용접법이라고도 한다. 또한 헬륨-아크 용접법, 아르곤 아크 용접법 등의 상품명으로도 불린다.

불활성 가스 텅스텐 아크용접법에는 직류나 교류가 사용되며, 직류에서의 극성은 용접 결과에 큰 영향을 미친다. 직류역극성에서는 텅스텐 전극이 전자의 충격을 받아서 과열되므로 정극성일 때보다 지름이 큰 전극(약 4배)을 사용해야 한다. 또 아르곤 가스를 사용한 역극성에서는 가스 이온이 모재 표면에 충돌하여 산화막을 제거하는 청정작용이 있어 알루미늄과 마그네슘의 용접에 적합하다.

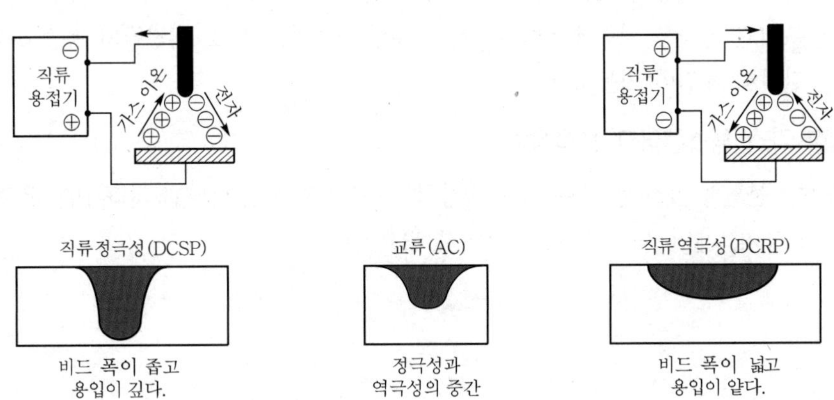

[그림 5-7] 불활성 가스 텅스텐아크용접의 극성

② 극성

구분	직류정극성(DCSP, DCEN)	직류역극성(DCRP, DCEP)
용입	깊다.	얕다.
비드폭	좁다.	넓다.
전극의 크기	크지 않다.	정극성에 비해 약 4배 커야 한다.
전극의 소모	소모량이 적다.	소모량이 많다.
청정효과	없다.	있다.

③ 교류용접일 때의 특성

㉠ 직류정극성과 역극성의 중간 정도의 용입이 있다.

㉡ 아크가 불안정하므로 고주파 발생장치 부착이 필요하다.

㉢ 용접전류가 부분적 정류되어 불평형하므로 용접기가 탈 염려가 있다.

㉣ 정류작용을 막기 위해 콘덴서, 축전지, 리액터 등을 삽입한다.

참고 전극의 정류작용

교류용접에서는 용접 시 전원이 반파는 정극이고 반파는 역극이 되는데, 실제로 역극 방향에서는 모재 표면의 수분, 녹, 산화막 등의 불순물로 인하여 모재가 (-)가 될 때는 전자방출이 어렵고 전류의 흐름도 방해한다. 그러나 모재가 (+)일 때는 전극봉에서 전자가 방출되는데 전자가 다량으로 방출되어 전류가 흐르기 쉽고 양도 증가한다. 이와 같이 전류 흐름이 정류되어 전류가 불평형하게 되는 이 현상을 전극의 정류작용이라 한다.

④ 고주파 병용 교류(AC High Frequency ; ACHF) 사용 장점

㉠ 텅스텐 전극봉을 모재에 접촉하지 않아도 아크가 발생되므로 용착금속에 텅스텐이 오염되지 않는다.

㉡ 아크가 안정되어 작업 중 아크가 약간 길어져도 끊어지지 않는다.

㉢ 텅스텐 전극의 수명이 길어진다.

㉣ 텅스텐 전극봉이 많은 열을 받지 않는다.

㉤ 주어진 전극봉 지름에 비하여 전류 사용 범위가 크므로 저전류의 용접이 가능하다.

㉥ 전자세 용접이 가능하다.

(2) 불활성 가스 텅스텐아크 용접장치

① **구성** : 불활성 가스 텅스텐아크 용접장치는 [그림 5-8]에 나타낸 것과 같이 용접기와 불활성 가스 용기, 제어 장치 및 용접 토치가 필요하다.

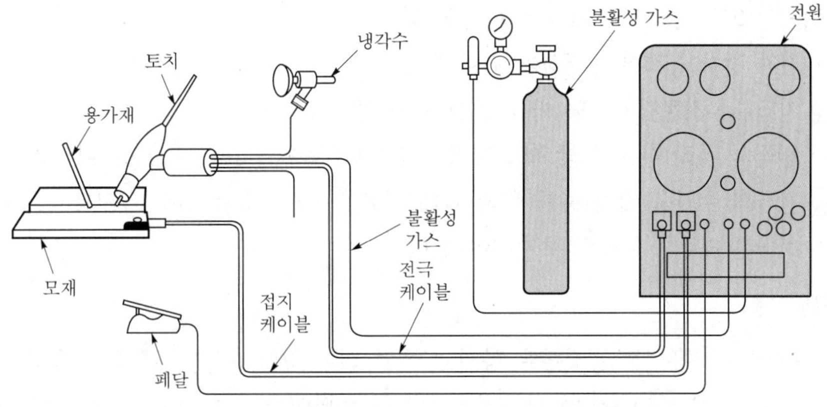

[그림 5-8] 불활성 가스 텅스텐아크 용접장치

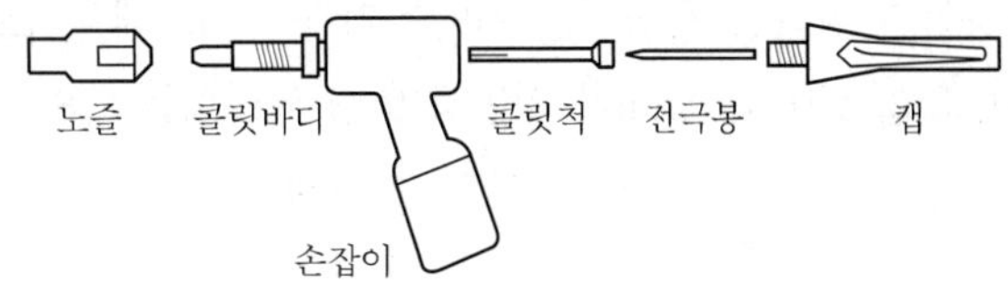

[그림 5-9] TIG 용접 토치의 구조

② **용접 토치** : 용접 토치에는 텅스텐 전극봉을 고정시킬 수 있는 장치가 되어 있으며, 2차 케이블과 불활성 가스 호스 및 토치를 냉각하기 위한 냉각수 호스가 접속되어 있다. 불활성 가스는 아크가 발생할 때만 흐를 수 있게 제어장치로 조정한다. 또 불활성 가스 텅스텐 아크 용접법에는 수동식과 와이어의 송급을 자동적으로 하는 반자동식, 와이어의 송급과 토치의 이동을 자동적으로 하는 자동식이 있다. 용접 토치는 **사용 전류에 따라서 200A 이하는 공랭식, 200A 이상은 수냉식 토치**를 사용한다.

토치는 형태에 따라 T형 토치(일반적으로 가장 많이 사용), 직선형(협소한 용접위치나 토치를 구부리기 어려운 장소 사용), 플렉시블 토치(T형 또는 직선형으로 하기 어려운 장소 사용) 등이 있다.

③ **텅스텐 전극봉** : TIG 용접에서 사용되는 전극봉은 비소모성 전극으로 전극은 아크 발생과 아크 유지를 목적으로 한다.

텅스텐(W)은 용융점이 3,387℃, 비중은 19.3이며 상온에서는 물과 반응하지 않고 고온에서 증발현상이 없어 고온강도를 유지한다. 전자 방출 능력이 높으며 열팽창계수가 금속 중 가장 낮아 전극봉으로 가장 적합하다. 종류로는 순텅스텐 봉과 토륨 1~2% 함유한 토륨 텅스텐, 지르코늄 텅스텐, 란탄 텅스텐 봉 등이 있다.

토륨 텅스텐 전극봉의 특성은 다음과 같다.

㉠ 전자 방사 능력이 현저하게 뛰어나다.

㉡ 저전류 · 저전압에서도 아크 발생이 용이하다.

㉢ 전극의 동작 온도가 낮으므로 접촉에 의한 오손(contamination)이 적다.

㉣ 전극의 수명을 길게 하기 위해 과대 전류, 과소 전류를 피하고 모재의 접촉에 주의하며 전극은 300℃ 이하로 유지해야 한다.

(3) 용가재

TIG 용접에서 사용되는 용접봉은 봉과 선으로 되어 있다. 봉은 수동으로 용접할 때 사용하는 용접봉이고, 선은 반자동이나 자동에서 사용하는 와이어로 스풀(spool)에 감겨 있으며 무게에 따라 여러 가지가 있다. 재질로는 연강에서부터 스테인리스강, 알루미늄과 알루미늄 합금, 구리와 구리 합금, 티타늄과 티타늄 합금 등 여러 가지가 있다. 대체적으로 용접봉의 지름은 1.0, 1.2, 1.6, 2.0, 2.4, 3.2, 4.0, 5.0mm가 일반적이며, 와이어는 0.8, 1.0, 1.2, 1.6, 2.0, 2.4mm가 사용되고 있다.

(4) 보호가스

용접은 대기와 차단이 가능한 진공상태로 용접하는 것이 가장 이상적이나 구조물의 크기나 여러 가지 용접 조건에 제한을 받아 현실적으로는 아주 어렵다. 일반적으로 TIG 용접의 보호가스로는 아르곤과 헬륨가스를 사용한다.

참고 퍼징 WELDING

이면 비드(back bead)를 보호하여 산화를 방지할 목적으로 이면 비드 방향으로 보호가스를 흘려 이면을 보호하는 것

(5) 불활성 가스 금속아크 용접법(MIG, GMAW)

① 개요 : 불활성 가스 금속아크 용접법은 용가재인 전극 와이어를 연속적으로 보내서 아크를 발생시키는 방법으로서, 용극 또는 소모식 불활성 가스 아크 용접법이라고도 한다. 또한 에어코매틱 용접법, 시그마 용접법, 필러아크 용접법, 아르고노트 용접법 등의 상품명으로 불린다. 불활성 가스 금속아크 용접장치는 [그림 5-10]에 나타낸 것과 같이 용접기와 아르곤 가스 및 냉각수 공급장치, 금속 와이어를 일정한 속도로 송급하는 장치 및 제어장치 등으로 구성되어 있으며, 반자동과 전자동식의 두 종류가 있다.

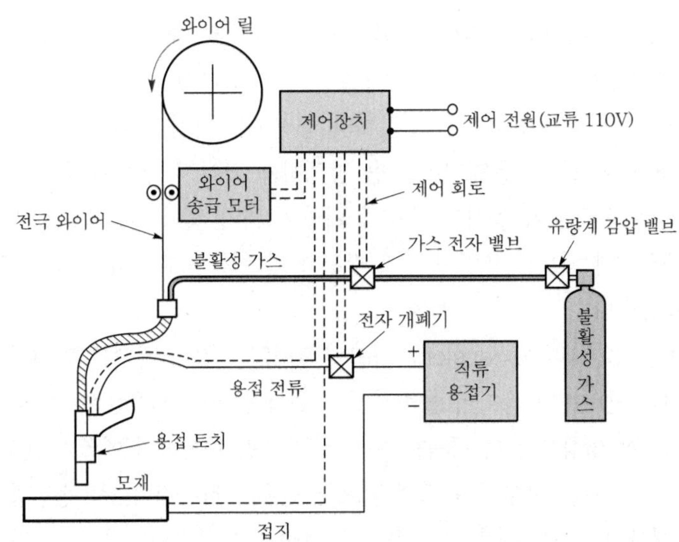

[그림 5-10] 반자동 MIG 용접장치

② **장단점**

㉠ **용접 전원은 직류역극성을 채용하며 용접용 전원은 정전압 특성의 직류아크 용접기이다.**

㉡ 모재 표면의 산화막(Al, Mg 등의 경합금 용접)에 대한 클리닝 작용이 있다.

㉢ 전류 밀도가 매우 높고 고능률적이다(아크용접의 4~6배, TIG 용접의 2배 정도).

㉣ 3mm 이상의 Al에 사용하고 스테인리스강, 구리 합금, 연강 등에도 사용된다.

㉤ 아크의 자기제어 특성이 있다. 같은 전류일 때 아크전압이 커지면 용융속도가 낮아진다(MIG 용접에서는 아크전압의 영향을 받는다).

㉥ 용접봉을 교체하지 않아 중단 시 발생하는 결함 발생이 적고 용접속도가 빠르다.

㉦ 용접봉의 손실이 작기 때문에 용접봉에 소요되는 가격이 피복금속아크용접보다 저렴한 편이다. 피복금속아크 용접봉 실제 용착효율은 약 60%인 반면 MIG 용접에서는 손실이 적어 용착효율이 95% 정도이다.

㉧ 후판에 적합하고 각종 금속용접에 다양하게 적용할 수 있다.

㉨ 연강용접에서는 보호가스가 고가이므로 적용하기 부적당하다.

㉩ 용접 토치가 용접부에 접근하기 곤란한 경우는 용접하기가 어렵다.

㉪ **바람이 부는 옥외에서는 보호가스가 제대로 역할을 하지 못하므로 필요한 경우 방풍대책이 필요하다.**

㉫ 용착금속 위에 슬래그가 없기 때문에 용착금속의 냉각속도가 빨라서 대부분의 금속에서는 용접부의 금속 조직과 기계적 성질이 변화하는 경우가 있다.

③ **전원 특성** : MIG 용접의 용입은 극성에 따라 [그림 5-11]과 같은 용입을 얻게 되는데 TIG 용접법과 반대의 현상이 일어난다. 역극성은 스프레이 금속 이행형태를 이루고, 양전하를 가진 용융금속의 입자가 음전하를 가진 모재에 격렬히 충돌하여 좁고 깊은 용입을 얻게 된다.

장점으로는 안정된 아크를 얻게 되고, 적은 스패터와 좁고 깊은 용입으로 양호한 용접 비드를 얻을 수 있다.

반면에 정극성은 용융금속인 양전하와 양전하를 가진 모재가 충돌하여 용적을 들어 올리게 되어 용적이 모재에 용입되는 것을 방해하게 되어 전극의 선단이 평평한 머리부가 되며, 이 부분의 온도가 점차 높아져 중력에 의하여 큰 용적이 간헐적으로 낙하하게 되어 금속이 입적 이행형태가 되므로 용입이 얇고 평평한 비드를 얻게 된다. 그러므로 MIG 용접은 직류역극성을 사용한다.

④ 와이어 돌출길이(wire extension) : [그림 5-12]와 같이 콘텍트 팁에서 돌출된 와이어 끝까지의 길이를 말하는데 와이어 돌출길이는 주어진 와이어 공급속도에서 와이어를 녹이는 데 필요한 전류에 영향을 준다. 돌출길이가 증가하면 와이어의 예열이 많아져서 일정한 와이어 송급속도에서 전원으로부터 용접에 필요한 전류가 작아진다. 즉 정전압 특성 전원의 자기제어 특성 때문에 용접전류가 감소된다. 용접전류가 감소되면 물론 용입이 얕아진다. 반대로 돌출길이가 감소되면 와이어의 예열량이 적어지므로 일정한 공급속도의 와이어를 녹이기 위해 보다 많은 전류를 공급해야 하므로 용입이 깊어진다. 와이어 돌출길이와 아크길이를 포함한 길이를 CTWD(Contact Tip to Work piece Distance)라 한다.

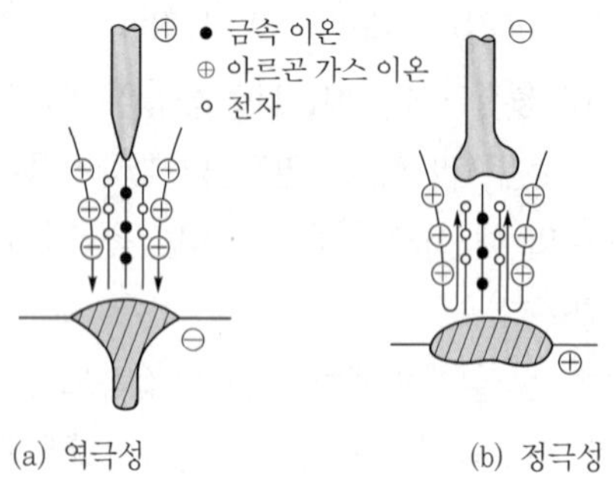

[그림 5-11] MIG 용접의 극성 현상

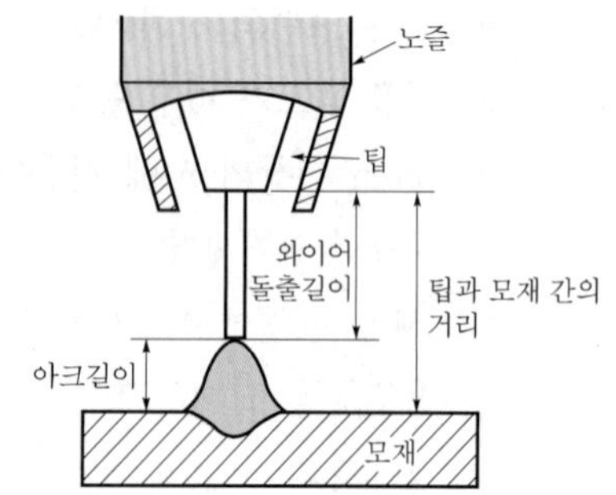

[그림 5-12] 노즐과 모재 사이의 명칭

(6) 불활성 가스 금속아크 용접장치

용접장치로는 전자동식과 반자동식이 있으며 전자동식은 용접기, Ar 가스 및 냉각수를 송급하는 송급장치, 토치 주행장치, 제어장치로 구성되어 있다. [그림 5-13]과 같이 반자동식은 주행장치만 수동으로 한다.

(7) 와이어 송급장치

와이어 송급방식에는 송급장치의 위치에 따라 [그림 5-14]와 같이 4종류가 있으며, 반자동 용접기에는 주로 푸시방식이 사용되고 자동 용접기에는 풀방식이 사용된다.

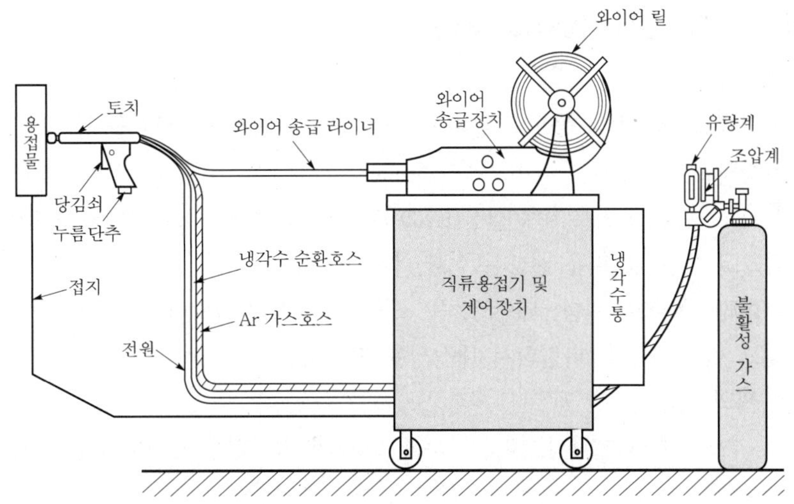

[그림 5-13] 반자동 MIG 용접기

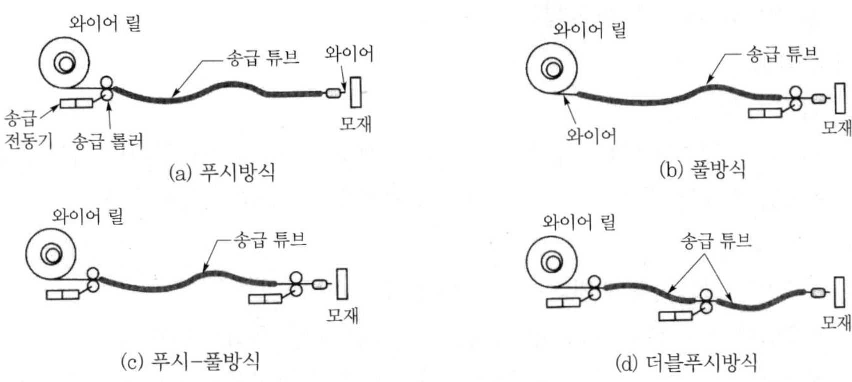

[그림 5-14] 와이어 송급장치

(8) MIG 용접용 토치

형태에 따라 [그림 5-15]와 같이 커브형(구스넥형)과 피스톨형(건형) 등이 있다. 커브형은 주로 단단한 와이어를 사용하는 CO_2 용접에 사용되며, 피스톨형은 연한 비철금속 와이어를 사용하는 MIG 용접에 적합하다. 특히 알루미늄 MIG 용접에는 와이어가 연하므로 구부러지는 것을 방지하기 위해 송급 튜브가 직선인 피스톨형이 유리하다.

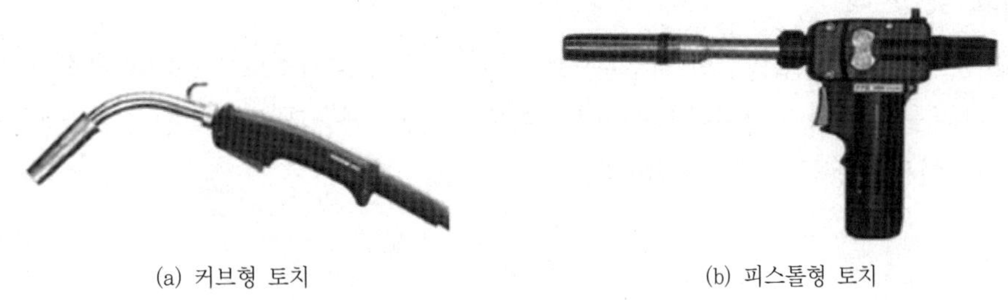

(a) 커브형 토치　　(b) 피스톨형 토치

[그림 5-15] MIG 용접 토치

(9) 불활성 가스 아크용접 작업(TIG, MIG)

① 모재의 청정

㉠ 에틸렌, 벤젠, 시너 등으로 탈지한 후에 와이어 브러시, 스틸 울 등으로 표면을 문질러서 산화막을 제거한다.

㉡ Al과 그 합금의 경우 10% 질산(HNO_3)과 0.25% 불화수소산(HF)의 혼합액(상온)에 5분간 담그고 씻은 후 더운 물(3분 이내)에서 또 씻는다.

㉢ 산화막, 스케일, 기름, 페인트, 녹, 오물 등 청정이 불량하면 기포나 균열 발생의 원인이 되고 비드 표면을 더럽혀서 내식성을 저하시킨다.

② 작업 전의 점검

㉠ Ar 가스의 유출과 정지, 냉각수 순환, MIG 용접의 경우 와이어 송급 대차 주행 등을 점검한다.

㉡ 전압전류 조정은 Ar의 유량, 냉각수와 와이어의 송급속도, 대차의 진행방향 및 속도 등을 잘 확인한 후 스위치를 넣는다.

③ 아크 발생

㉠ TIG 용접

- 교류용접은 고주파가 겹쳐 있으므로 모재에 3~4mm 접근시키면 아크가 발생한다.
- 용접 중에는 전극 끝과 모재 사이의 간격을 4~5mm로 유지한다.

㉡ MIG 용접

- 토치의 방아쇠를 당겨 아크를 발생한다.
- 용입이 깊어(10~12mm 정도) 6mm 정도는 소형 용접으로 한다.
- 아크길이는 6~8mm가 적당하며, 가스 노즐의 단면과 모재의 간격은 12mm가 좋다.

④ 토치 각도

㉠ TIG 용접 : 원칙적으로 전진법을 쓴다. 용접봉은 연직 10~20°, 토치각은 70~90°가 적당하다.

㉡ MIG 용접 : 수직에 대해 5~15°(수평선에 대해 75~85°)가 적당하다.

5-3 이산화탄소가스 아크용접

1 개요 및 원리

GMAW에 속하는 용접방법의 일부분으로 CO_2 가스를 보호가스로 사용하여 용접을 하는 방식이다. 이는 불활성 가스 금속아크용접에 쓰이는 아르곤, 헬륨과 같은 불활성 가스 대신에 이산화탄소를 이용한 용극식 용접방법이다.

2 종류

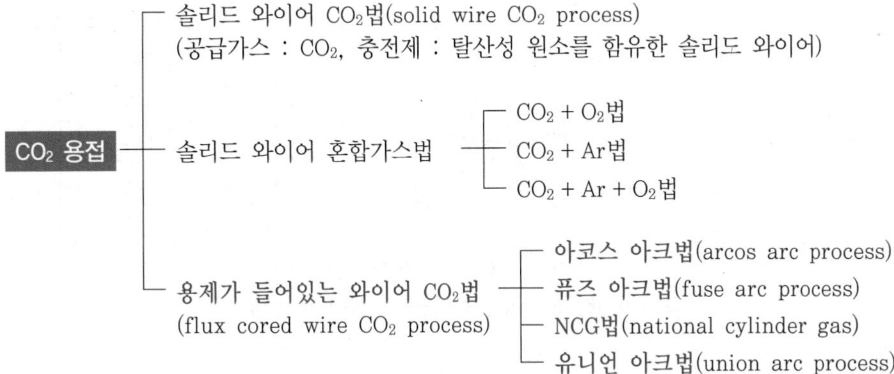

3 특징

(1) 장점

① 전류밀도가 대단히 높으므로 용입이 깊고, 용접속도를 빠르게 할 수 있다.

② 용착금속의 기계적 성질 및 금속학적 성질이 우수하다. 용착금속에 포함된 수소량이 피복아크 용접봉보다 적어 우수한 용접 품질을 얻을 수 있다.

③ 박판(약 0.8mm까지)용접은 단락이행 용접법에 의해 가능하며, 전자세 용접도 가능하다.

④ 용접봉을 교체하지 않으므로 아크시간, 즉 용접 작업시간을 길게 할 수 있다.

⑤ 용제를 사용할 필요가 없으므로 용접부에 슬래그 섞임이 없고, 용접 후의 처리가 간단하다.

⑥ 가스아크이므로 용접진행의 양 · 부 판단이 가능하고 시공이 편리하다.

⑦ 저렴한 탄산가스 사용으로 다른 용접법에 비해 비용이 적게 든다.

(2) 단점

① CO_2 가스 아크용접에서는 바람의 영향을 크게 받으므로 풍속 2m/sec 이상이면 방풍장치가 필요하다.

② 비드 외관은 피복아크용접이나 서브머지드 아크용접에 비해 약간 거칠다(복합 와이어 방식을 선택하면 좋은 비드를 얻을 수 있다).

③ 적용 재질이 철 계통으로 한정되어 있다.

4 용접장치의 구성

이산화탄소 아크 용접용 전원은 직류정전압 특성이라야 한다. 용접장치는 [그림 5-16]에서와 같이 와이어를 송급하는 장치와 와이어 릴(wire reel), 제어장치, 그 밖의 사용 목적에 따라 여러 가지 부속품 등이 있다. 그리고 이산화탄소, 산소, 아르곤 등의 유량계가 붙은 조정기 등이 필요하다. 용접 토치에는 수냉식(200A 이상)과 공랭식(200A 이하)이 있다.

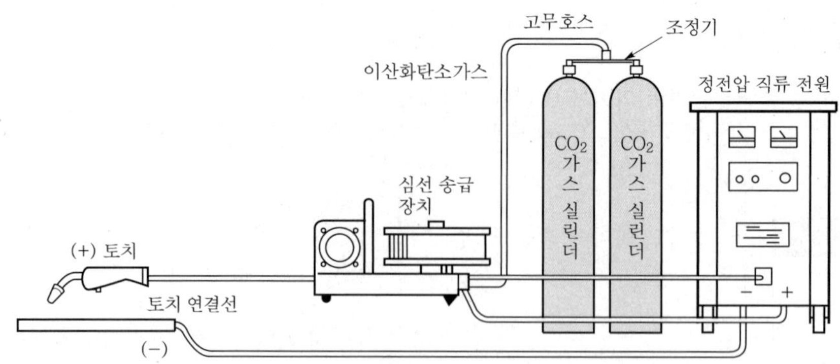

[그림 5-16] 반자동 이산화탄소가스 아크 용접기

5 압력 조정기

CO_2 가스 압력은 실린더 내부 압력으로부터 조정기를 통해 나오면서 배출 압력으로 낮아진다. 이때 상당한 열을 주위로부터 흡수하여 조정기와 유량계가 얼어버리므로 이를 방지하기 위하여 대개 CO_2 유량계는 히터가 부착되어 있다.

6 이산화탄소가스

CO_2 가스는 대기 중에서 기체로 존재하며 비중은 1.53으로 공기보다 무겁다. 무색 · 무취 · 무미이나 공기 중의 농도가 높아지면 눈, 코, 입 등에 자극을 느끼게 된다. 상온에서도 쉽게 액화되므로 저장, 운반이 용이하며 비교적 값이 저렴하다. 액체 이산화탄소 25kg들이 용기는 대기 중에서 이산화탄소 1kg이 완전히 기화되면 1기압하에서 약 510L가 되므로 가스량이 약 12,750L로 계산된다. 이를 20L/min의 유량으로 연속 사용할 경우 약 10.6시간 사용이 가능하다. 또한 작업 시 이산화탄소의 농도가 3~4%이면 두통이나 뇌빈혈을 일으키고 15% 이상이면 위험 상태가 되며, 30% 이상이면 치사량이 되므로 주의해야 한다.

7 CTWD(팁과 모재 간의 거리)

[그림 5-17]은 CTWD와 와이어 돌출길이, 아크길이를 나타낸다. 돌출길이는 보호 효과 및 용접 작업성을 결정하는 것으로 돌출길이가 길어짐에 따라 용접 와이어의 예열이 많아지고 따라서 용착속도와 용착효율이 커지며 보호 효과가 나빠지고 용접전류는 낮아진다. 거리가 짧아지면 가스 보호는 좋으나 노즐에 스패터가 부착되기 쉽고, 용접부의 외관도 나쁘며, 작업성이 떨어진다.

CTWD는 저전류 영역(약 200A 미만)에서는 10~15mm 정도, 고전류 영역(약 200A 이상)에서는 15~25mm 정도가 적당하다. 일반적으로 용접작업에서의 거리는 10~15mm 정도로 한다.

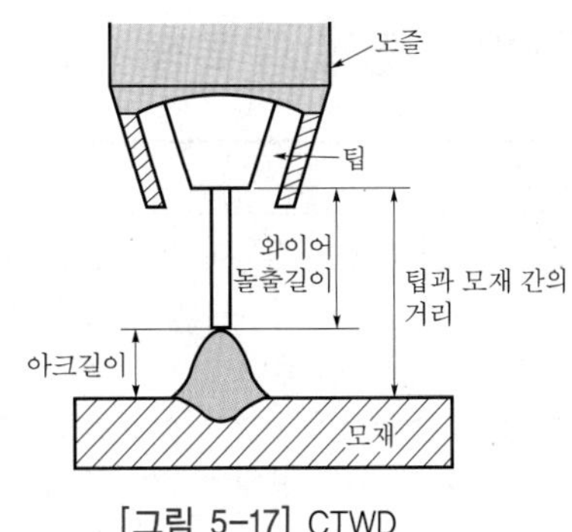

[그림 5-17] CTWD

8 솔리드 와이어(solid wire)

솔리드 와이어는 단면 전체가 균일한 강으로 되어 있다. 즉 피복제가 없다.

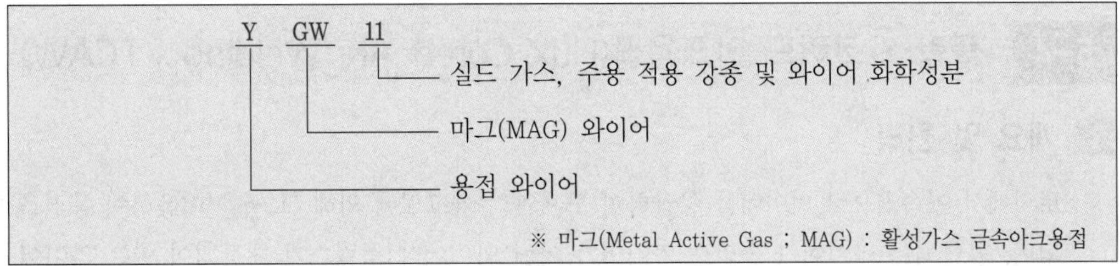

9 복합 와이어(flux cored wire)

박판의 철판을 절곡해서 그 속에 탈산제, 합금원소 및 용제를 말아 넣은 것으로서 [그림 5-18]과 같이 구조상 NCG 와이어, 아코스 와이어, Y관상 와이어, S관상 와이어 등이 있다.

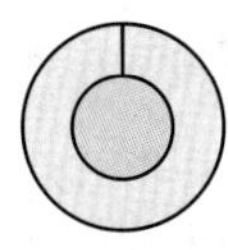

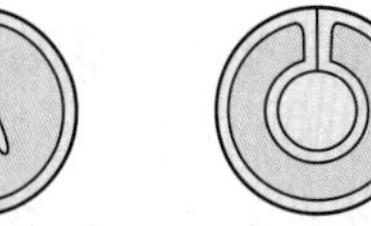

(a) NCG 와이어 (b) 아코스 와이어 (c) Y관상 와이어 (d) S관상 와이어

[그림 5-18] 복합 와이어 구조

10 아크전압

① 박판의 아크전압 : $V_0 = 0.04 \times I + 15.5 \pm 1.5$

② 후판의 아크전압 : $V_0 = 0.04 \times I + 20 \pm 2.0$

여기서, I는 사용용접전류의 값

11 전진법(좌진법)과 후진법(우진법)의 특징

전진법	후진법
① 용접 시 용접선을 잘 볼 수 있어 운봉을 정확하게 할 수 있다. ② 비드 높이가 낮아 평탄한 비드가 형성된다. ③ 스패터 많고 진행방향으로 흩어진다. ④ 용착금속이 진행방향으로 앞서기 쉬워 용입이 얕다.	① 용접 시 용접선이 노즐에 가려 잘 보이지 않아 용접 진행방향으로 운봉을 정확히 하기가 어렵다. ② 비드 높이가 높고 폭이 좁은 비드를 얻을 수 있다. ③ 스패터 발생이 전진법보다 적게 발생한다. ④ 용융금속이 진행방향에 직접적인 영향이 적어 깊은 용입을 얻을 수 있다. ⑤ 용접을 하면서 비드 모양을 볼 수 있어 비드의 폭과 높이를 제어하면서 용접할 수 있다.

5-4 플럭스 코어드 아크용접(Flux Cored Arc Welding ; FCAW)

1 개요 및 원리

토치에서 연속적으로 와이어를 공급하여 모재와의 아크열에 의해 그 열을 이용하여 용접을 하게 되며, 공급되는 와이어가 솔리드 와이어가 아닌 와이어에 플럭스가 내장되어 있는 와이어를 사용한다는 것이 일반 가스메탈 아크용접(GMAW)과 원리는 비슷하지만 전극봉으로 사용되는 와이어가 다르다.

2 특징 및 분류

(1) 장점

① 전류 밀도가 높아 필릿 용접에서 솔리드 와이어에 비해 10% 이상 용착속도가 빠르고, 수직이나 위보기자세에서는 탁월한 성능을 보인다.

② FCAW는 솔리드 와이어에서는 박판 외에는 용융금속이 흘러내려 어려운 수직 하진 용접도 우수한 용착 성능을 나타내고 있어 전자세 용접이 가능하다.

③ 비드 표면이 고르고 표면 결함 발생이 적어 양호한 용접 비드를 얻을 수 있다.

④ 솔리드 와이어에 비하여 스패터 발생량이 적다.

⑤ 아크가 부드럽고 안정되어 처음 용접을 하여도 쉽게 용접이 가능하다.

⑥ 용접 대상물의 두께에 제한이 없다.

⑦ FCAW는 와이어 지름과 자세에 따른 전류의 변화가 적어 적정 전류로 설정해 놓으면 특별한 경우가 아니면 전자세 용접이 가능하다.

⑧ 전자세 용접에서 용융금속의 처짐이 적어 자동화하기 쉽다.

(2) 단점

① 일부 금속에 제한적(연강, 고장력강, 저온강, 내열강, 내후성강, 스테인리스강 등)으로 적용되고 있다.

② 용접 후에 슬래그 층이 형성되어 있어 항상 제거해야 한다.

③ 용접 중 흄 발생량이 많다.

④ 같은 재료의 와이어에서 복합 와이어가 가격이 비싸다.

⑤ 와이어 송급장치가 대상물과 인접해 있어야 용접이 가능하므로 장소에 제한적이다.

(3) 보호방식에 따른 분류

가스보호 플럭스 코어드 아크용접과 자체보호 플럭스 코어드 아크용접으로 구분한다.

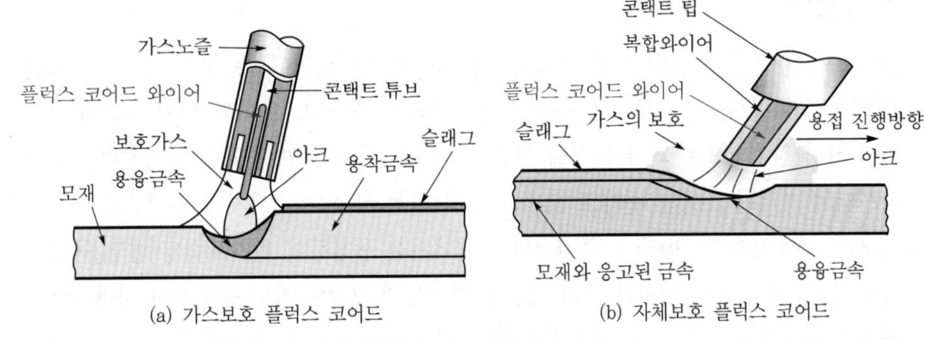

(a) 가스보호 플럭스 코어드　　(b) 자체보호 플럭스 코어드

[그림 5-19] 플럭스 코어드 와이어

(4) 와이어 표시방법

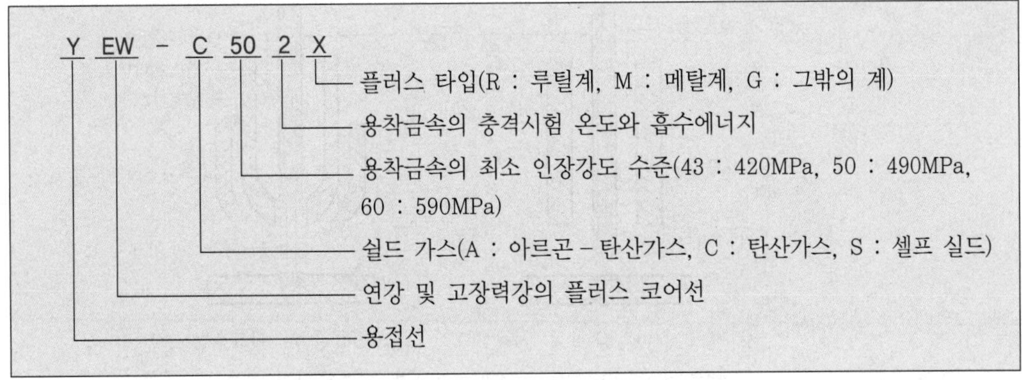

5-5 플라스마 용접

1 개요

물질은 3가지의 상, 즉 고체, 액체, 기체로 이루어져 있으며 온도가 증가함에 따라 상의 상태가 변화한다. 만약 가스상태의 물질에 에너지, 즉 열이 가해지면 가스의 온도가 급격히 증가하고 여기에 충분한 에너지가 가해지면 온도가 더욱 증가하여 가스는 각자의 분자상태로 존재할 수 없게 되어 물질의 기본 구성요소인 원자로 분해된다. 이와 같이 고체나 액체, 기체상태의 물질에 온도를 가하면 초고온에서 음전하를 가진 전자와 양전하를 띤 이온으로 분리된 기체상태가 된다. **이처럼 가스가 충분히 이온화되어 전류가 통할 수 있는 상태를 플라스마라 한다.**

2 작동원리

플라스마 용접은 파일럿 아크 스타팅 장치와 컨스트릭팅(구속 또는 수축) 노즐을 제외하고는 TIG 용접과 같다. **TIG 용접의 전극봉은 토치의 노즐 밖으로 나와 있기 때문에 아크가 집중되지 않고 거의 원추형으로 되어 모재에 열을 가하는 부위가 넓고 용입이 얕아진다.** 또한 모재에서 노즐까지의 거리가 조금만 변해도 모재의 열을 받는 부위가 넓어져 단위면적당 용접입열의 변화가 상당히 크게 변한다. 반대로 **플라스마 용접에서는 용접봉이 컨스트릭팅(일명 구속 노즐이라 불리기도 함) 노즐 안으로 들어가 있기 때문에 아크는 원추형이 아닌 원통형이 되어 컨스트릭팅 노즐에** 의해 모재의 비교적 좁은 부위에 집중된다. 플라스마 아크용접에서는 5,500~8,900℃ 영역의 아크온도가 집중되어 모재로 이행되므로 **용입이 깊고 용접속도가 빠르며 변형이 적은 용접 결과를** 얻을 수 있다.

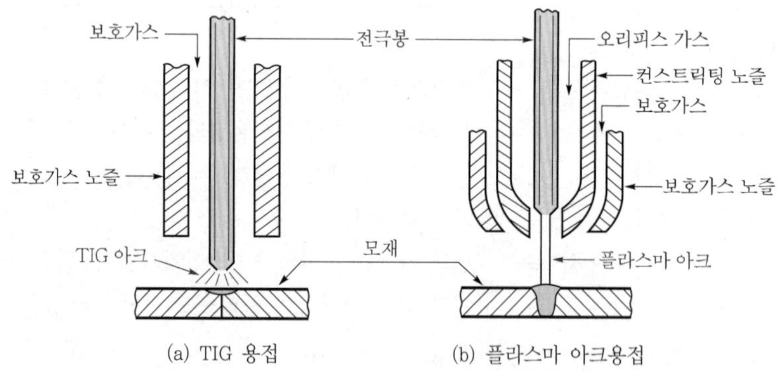

[그림 5-20] TIG 용접과 플라스마 아크용접의 비교

3 플라스마 아크의 종류

(1) 이행형 아크

플라스마 아크방식이라고도 하며, 텅스텐 전극과 수냉 구속 노즐 사이에 작동가스를 보내고 고

주파 발생장치에 의해 텅스텐 전극과 컨스트릭팅 노즐에 이온화된 전류 통로가 만들어져 파일럿 아크가 지속적으로 흐르고 이 아크열에 의해 플라스마가 발생한다. 텅스텐 전극과 모재 사이에 발생된 아크는 핀치효과를 일으켜 고온의 플라스마 아크가 발생하여 용접하게 된다. 이 방식은 **모재가 전도성 물질이어야 하며**, 열효율이 좋아 일반용접은 물론 덧살용접에도 적용되고 있다.

(2) 비이행형 아크

플라스마 제트 방식이라고도 하며, 모재를 한쪽 전극으로 하지 않고 아크 전극이 토치 내에 있으므로 아크는 텅스텐 전극과 컨스트릭팅 노즐 사이에서 발생되어 오리피스를 통하여 나오는 가열된 고온의 플라스마 가스열을 이용한다. 따라서 아크전류가 모재에 흐르지 않아 저온용접이 요구되는 특수한 경우의 용접 또는 **부전도체 물질의 용접이나 절단, 용사에도 사용된다.**

(3) 중간형 아크

이행형 아크방식과 비이행형 아크방식의 병용한 방식으로, 파일럿 아크는 용접 중 계속적으로 통전되어 전력 손실이 발생한다. 자동용접 라인에서 반복적으로 하는 용접은 주 아크의 재점호성이 좋은 장점이 있고, 0.1mm의 박판에도 사용된다.

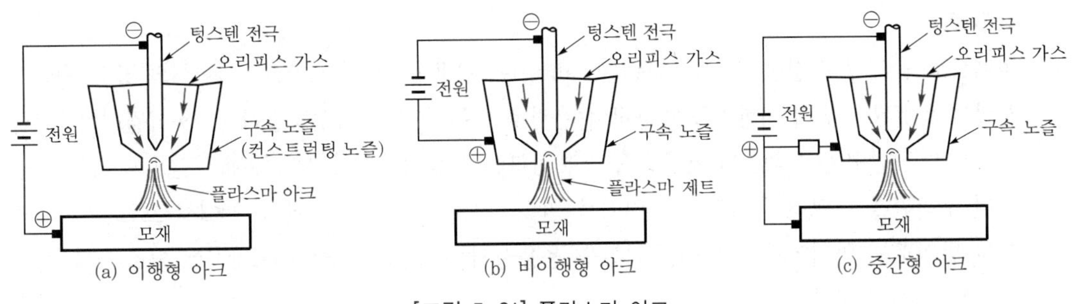

[그림 5-21] 플라스마 아크

4 장점

① 아크 형태가 원통형이고 직진도가 좋으며 아크길이의 변화에 거의 영향을 받지 않는다.
② 용접봉이 토치 내의 노즐 안쪽으로 들어가 있어 용접봉과 접촉하지 않으므로 용접부에 텅스텐이 오염될 염려가 없다.
③ **빠른 플라스마 가스 흐름에 의해 거의 모든 금속의 I형 맞대기 용접에서 키홀 현상**이 나타나는데 이것은 **완전한 용입과 균일한 용접부를 얻을 수 있다.**
④ **비드의 폭과 깊이의 비는 플라스마 용접이 1 : 1인 반면, TIG 용접은 3 : 1이다.**
⑤ 용가재를 사용한 용접보다는 키홀 용접을 하므로 기공 발생의 염려가 적다.
⑥ **키홀 현상에 의해 V 또는 U형 대신 I형 맞대기 용접이 가능하기 때문에 가공비가 절약된다.**
⑦ 높은 에너지 밀도를 얻을 수 있다.
⑧ 용접 변수의 조절에 따라 다양한 용입을 얻을 수 있다.
⑨ 아크의 방향성과 집중성이 좋다.

⑩ 용접부의 기계적 성질이 좋고 변형이 적다.
⑪ 용접속도가 빠르고 품질이 우수하다.

5 단점

① 맞대기 용접에서 모재 두께가 25mm 이하로 제한된다.
② 수동용접은 전자세 용접이 가능하지만, 자동용접에서는 아래보기와 수평자세에 제한된다.
③ 토치가 복잡하며, 용접봉 끝 형상 및 위치의 정확한 선정, 용도에 맞는 오리피스 크기의 선택, 오리피스 가스와 보호가스의 유량 결정 등을 해야 하므로 TIG 용접과는 달리 작업자의 보다 많은 지식이 필요하다.
④ 무부하 전압이 높다(일반 아크용접기의 2~5배).

5-6 일렉트로 슬래그 용접, 일렉트로 가스 아크용접, 테르밋 용접

1 일렉트로 슬래그 용접

(1) 원리

일렉트로 슬래그 용접법(electro slag welding)은 용융용접의 일종으로, 와이어와 용융 슬래그 사이에 통전된 전류의 저항열을 이용하여 용접을 하는 특수한 용접방법이다. 용접원리는 [그림 5-22]와 같이 용융 슬래그와 용융금속이 용접부에서 흘러나오지 않도록 용접진행과 더불어 수냉된 구리판을 미끄러 올리면서 와이어를 연속적으로 공급하여 슬래그 안에서 흐르는 전류의 저항 발열로써 와이어와 모재 맞대기부를 용융시키는 것으로, 연속주조방식에 의한 단층 상진 용접을 하는 것이다.

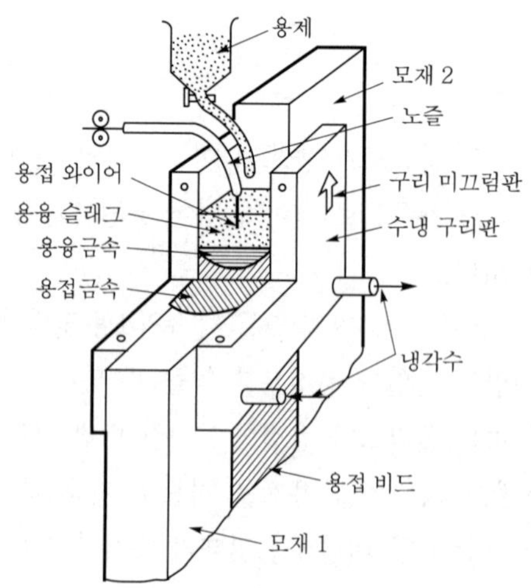

[그림 5-22] 일렉트로 슬래그 용접법의 원리

(2) 적용과 특징

일렉트로 슬래그 용접법은 매우 두꺼운 판과 두꺼운 판의 용접에 있어서 다른 용접에 비하여 대단히 경제적이다. 즉 수력발전소의 터빈 축, 두꺼운 판으로 만든 보일러 드럼, 대형 프레스, 대형 구형 고압탱크, 대형 공작기계류의 베드 및 차량 관계에 많이 적용되고 있다.

(3) 특징

① 대형 물체의 용접에 있어서 아래보기자세 서브머지드 용접에 비하여 용접시간, 개선 가공비, 용접봉비, 준비시간 등을 1/3~1/5 정도로 감소시킬 수 있다.
② 정밀을 요하는 복잡한 홈 가공이 필요 없으며, 가스 절단 그대로의 I형 홈으로 가능하다.
③ 후판에 단일층으로 한번에 용접할 수 있으며, 다전극을 이용하면 더욱 능률을 높일 수 있다.
④ 최소한의 변형과 최단시간 용접이 가능하며, 아크가 눈에 보이지 않고, 스패터가 거의 없어 용착효율이 100%가 된다. 용접자세는 수직자세로 한정되고 구조가 복잡한 형상은 적용하기 어렵다.

2 일렉트로 가스 아크용접

일렉트로 슬래그 용접은 용제를 사용하여 용융 슬래그 속에서 전기 저항열을 이용하고 있는데 비해, 일렉트로 가스 아크용접은 주로 이산화탄소가스를 보호가스로 사용하여 CO_2 가스 분위기 속에서 아크를 발생시키고 그 아크열로 모재를 용융시켜 접합하는 수직자동용접의 일종이다.

(1) 적용

① 중후판물(40~50mm)의 모재에 적용되는 것이 능률적이고 효과적이다.
② 조선, 고압탱크, 원유탱크 등에 널리 이용된다.

(2) 특징

① 판 두께와 관계없이 단층으로 상진용접이 가능하다.
② 용접홈 가공 없이 절단 후 용접이 가능하다.
③ 용접장치가 간단하고 숙련을 요하지 않는다.
④ 용접속도가 매우 빠르고 고능률적이다.
⑤ 용접변형이 거의 없고 작업성도 양호하다.
⑥ 용접강의 인성이 약간 저하되고, 용접 흄, 스패터가 많으며, 바람의 영향을 받는다.

3 테르밋 용접

(1) 원리

테르밋 용접은 용접 열원을 외부로부터 가하는 것이 아니라, 테르밋 반응에 의해 생성되는 열을 이용하여 금속을 용접하는 방법이다. 테르밋 반응은 금속 산화물이 알루미늄에 의하여 산소를 빼앗기는 반응을 총칭하는 것으로서, 테르밋제는 알루미늄과 산화철의 분말을 1 : 3~4의 비율로 다음과 같은 반응을 일으킨다.

$$3FeO + 2Al \rightarrow 3Fe + Al_2O_3 + 187.1kcal$$
$$Fe_2O_3 + 2Al \rightarrow 2Fe + Al_2O_3 + 181.5kcal$$
$$3Fe_3O_4 + 8Al \rightarrow 9Fe + 4Al_2O_3 + 719.3kcal$$

여기에 과산화바륨과 알루미늄(또는 마그네슘)의 혼합 분말로 된 점화제를 넣고 이것을 성냥불 등으로 점화하면 점화제의 화학반응에 의하여 테르밋제의 화학반응이 시작하는데, 약 1,100℃ 이상의 고온이 얻어지고 이 고온에 의해 강렬한 발열을 일으키는 테르밋 반응이 되어 약 2,800℃에 달하게 된다.

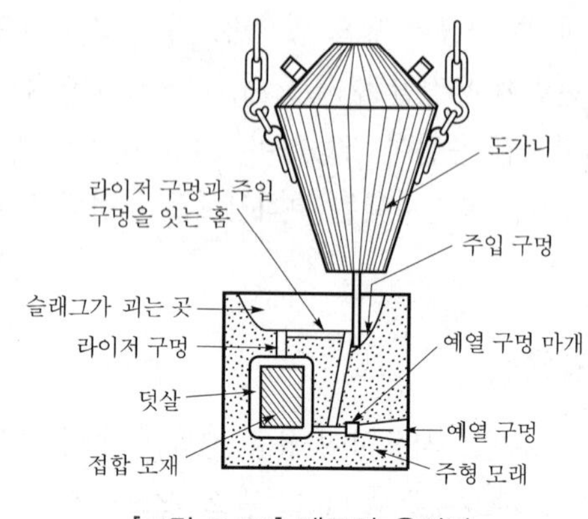

[그림 5-23] 테르밋 용접법

(2) 종류

① 용융 테르밋 용접법 : 모재를 800~900℃로 예열한 후 도가니에 테르밋 반응에 의하여 녹은 금속을 주형에 주입시켜 용착시키는 용접법이다.

② 가압 테르밋 용접법 : 모재의 단면을 맞대어 놓고, 그 주위에 테르밋 반응에서 생긴 슬래그 및 용융금속을 주입하여 가열시킨 다음 강한 압력을 주어 용접하는 것으로 일종의 압접이다.

(3) 적용과 특징

① 용접작업이 단순하고 용접 결과의 재현성이 높다.

② 용접용 기구가 간단하고 설비비가 싸다. 또한 작업장소의 이동이 쉽다.

③ 용접시간이 짧고 용접작업 후의 변형이 적다.

④ 전력이 불필요하다.

5-7 전자빔 용접

1 원리

높은 진공(10^{-4}~10^{-6} torr) 속에서 적열된 필라멘트로부터 전자빔을 접합부에 조사하여 그 충격열을 이용하여 용융하는 방법으로, 높은 전위차를 이용하여 가속시킨 전자를 모재에 집중시키면 모재에 충돌한 전자가 열에너지로 변화되면서 모재를 가열하여 용융을 시켜 용접하게 된다. 전자

빔 용접은 대기와 반응하기 쉬운 재료도 용이하게 용접할 수 있으며, 렌즈에 의하여 가늘게 에너지를 집중시킬 수 있으므로 높은 용융점을 가지는 재료의 용접이 가능하다.

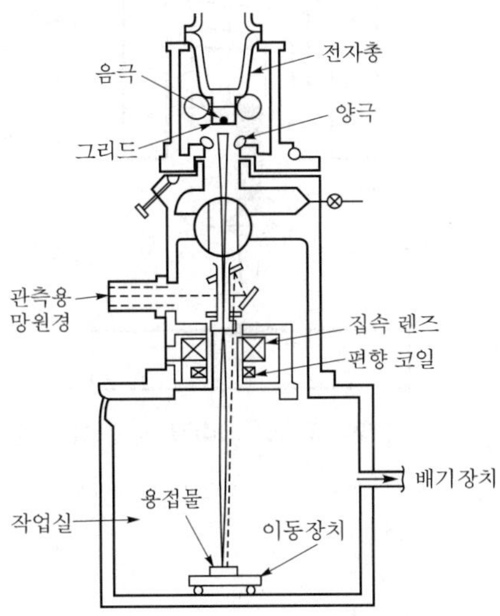

[그림 5-24] 전자빔 용접법의 원리

2 특징

① 높은 진공 중에서 용접하므로 대기에 의한 오염은 고려할 필요 없다.

② 빔 압력을 정확하게 제어하면 박판에서 후판까지 가능하며, 박판에서는 정밀한 용접이 가능하다.

③ 용입이 깊어 후판에도 일층으로 용접을 완성하는 게 가능하다.

④ 용융점이 높은 텅스텐, 몰리브덴 등의 용접이 가능하며 이종 금속 사이의 용접이 가능하다.

⑤ 입열이 적어 잔류응력 및 변형이 적다.

⑥ 합금성분 증발과 용접 중 발생 가스로 인한 결함의 발생이 우려되며, 배기장치가 필요하다.

⑦ 시설비가 많이 들며, 진공 챔버 안에서 작업하므로 구조물의 크기에 제한이 있을 수 있다.

⑧ X선이 많이 누출되므로 X선 방호장비를 착용해야 한다.

5-8 레이저 용접

1 원리

레이저 유니트에서 렌즈를 통해 발진을 하게 되어 그 열로 모재가 용융되어 용접되는 원리이다. [그림 5-25]에 나타낸 것과 같이 레이저 빔 용접의 원리를 보면 레이저 용접은 일반적으로 용접봉을 사용하지 않고 모재를 I형 맞대기를 한 상태에서 레이저 빔을 열원으로 하여 모재를 용융시켜 접합을 하게 된다. 모재가 용융이 되면 키홀이 생기게 되고 키홀의 크기에 따라 용입량을 조절하여 용접할 수 있다.

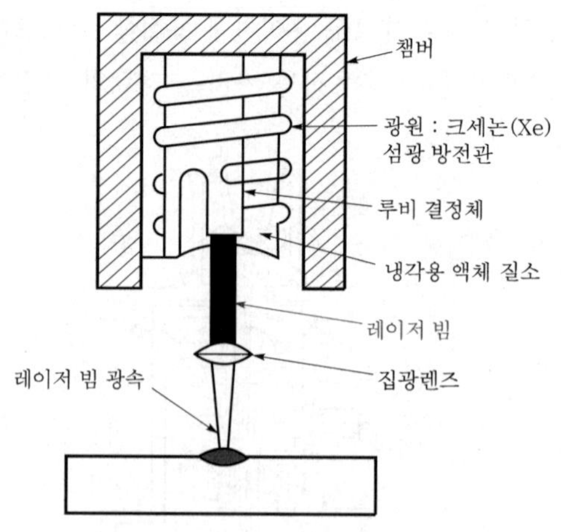

[그림 5-25] 레이저 빔 용접의 원리

2 장점

① 용입 깊이가 깊고, 비드 폭이 좁다.
② 용입량이 작고, 가공물의 열 변형이 적다.
③ 이종 금속의 용접 작업이 가능하다.
④ 생산성이 높고, 가공의 유연성이 좋다.
⑤ 여러 작업을 하나의 레이저로 동시에 할 수 있다.
⑥ 로봇에 연결하여 자동화가 가능하다.
⑦ 용접속도가 빠르다.
⑧ 응용범위가 넓다.
⑨ 자성재료 등도 용접이 가능하다.

3 단점

① 정밀 용접을 하기 위한 정밀한 피딩(feeding)이 요구되어 클램프 장치가 필요하다.
② 정밀한 레이저 빔 조절이 요구되어 숙련의 기술이 필요하다.
③ 용접부가 좁아 용접이 잘못될 수 있다.
④ 기계가동 시 안전차단막이 필요하다.
⑤ 장비의 가격이 고가이다.

5-9 저항용접

1 개요

저항용접이란 압력을 가한 상태에서 대전류를 흘려주면 양 모재 사이 접촉면에서의 접촉저항과 금속 고유저항에 의한 저항발열(줄열, Joule's heat)을 얻고 이 줄열로 인하여 모재를 가열 또는

용융시키고 가해진 압력에 의해 접합하는 방법으로, 이때의 저항발열 Q는 다음 식으로 구해질 수 있다.

$$Q = I^2Rt[\text{Joule}] = 0.238I^2Rt[\text{cal}] \approx 0.24I^2Rt[\text{cal}],$$

여기서, I : 용접전류[A], R : 용접저항[Ω], t : 통전시간[sec]

$$1\text{cal} = 4.2\text{J} \Rightarrow 1\text{J} \approx 0.24\text{cal}$$

2 저항용접의 3요소

(1) 용접전류

주로 교류(AC)를 사용한다. 전류는 판 두께에 비례하여 조정하며, 재질에 따라 Al, Cu 등 열전도도가 큰 재료일수록 더 많은 용접전류를 필요한다. **용접전류**는 저항용접 조건 중 가장 중요하다고 할 수 있는데 이는 **발열량(Q)이 전류의 제곱에 비례하기 때문**이다. 전류가 너무 낮을 경우 너깃 형성이 작고 용접강도도 작아진다. 반대로 전류가 너무 높을 경우에는 모재를 과열시키고 압흔을 남기게 되며, 심한 경우 날림이 발생되기도 하고, 너깃 내부에 기공 또는 균열이 발생하기도 한다.

(2) 통전시간

동일한 전류로 통전시간을 2배로 하면 발열량과 열 손실도 같은 양으로 증가하게 된다. Al, Cu 등의 재질에는 대전류로 통전시간을 짧게 해야 하며, 강판의 경우 보통 전류에 통전시간을 길게 하는 것이 일반적이다. 통전시간이 짧을 경우 모재에 열전도 여유가 없어 용접부는 원통형 너깃이 되고 용융금속의 날림과 기포 등이 생기기 쉽다. 반대로 통전시간이 길 경우 너깃 직경은 증가하지만, 필요 이상으로 길 경우 더 이상 너깃 직경은 커지지 않고 단순히 오목자국만 커지게 되고 코로나 본드가 커져 오히려 용접부 강도는 감소된다. 또한 전극 팁의 수명도 짧아질 뿐 아니라 전기적인 비용 문제도 증가하게 된다.

(3) 가압력

전류값이 크고 통전시간이 길수록 유효 발열량은 증가하나, 가압력이 클수록 유효 발열량은 오히려 떨어지게 되며 전극과 모재, 모재와 모재 사이의 접촉저항은 작아진다. 가압력이 낮으면 너깃 내부에 기공 또는 균열 발생이 우려되며 용접강도 저하의 원인이 된다. 가압력이 너무 높으면 접촉저항이 감소하여 발열량이 떨어져 강도부족을 초래하기도 한다.

3 저항용접의 종류

이음 형상에 따라 크게 아래와 같이 구분한다.

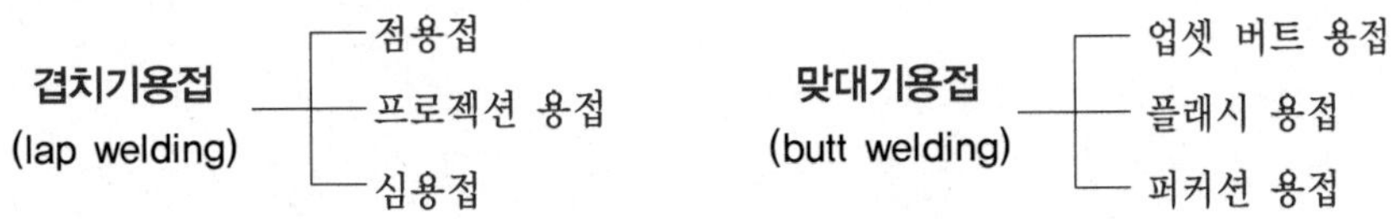

4 저항용접의 특징

(1) 장점

① 작업속도가 빠르고 대량 생산에 적합하다.
② 용접봉, 용제 등이 불필요하다.
③ 열손실이 적고, 용접부에 집중열을 가할 수 있다(용접변형, 잔류응력이 적다).
④ 산화 및 변질 부분이 적다.
⑤ 접합강도가 비교적 크다.
⑥ 작업자의 숙련을 필요로 하지 않는다.

(2) 단점

① 대전류를 필요로 하고 설비가 복잡하고 값이 비싸다.
② 적당한 비파괴검사가 어렵다.
③ 용접기의 용량에 비해 용접 능력이 한정되며, 재질, 판 두께 등 용접재료에 대한 영향이 크다.
④ 이종 금속의 접합은 곤란하다.

(3) 점용접

① 원리 및 특징

㉠ 원리 : 용접하려는 재료를 2개의 전극 사이에 끼워 놓고 가압상태에서 전류를 통하면 접촉면의 전기저항이 크기 때문에 발열하게 되고, 이 저항열을 이용하여 접합부를 가열 융합한다. 이때 전류를 통하는 통전시간은 모재의 재질에 따라 1/1,000초부터 수 초 동안으로 하며, 저항용접의 3요소인 용접전류, 통전시간과 가압력 등을 적절히 하면 용접 중 접합면의 일부가 녹아 바둑알 모양의 너깃이 형성되면서 용접된다.

㉡ 특징

- 재료의 가열시간이 극히 짧아 용접 후 변형과 잔류응력이 그다지 문제되지 않는다.
- 용융금속의 산화, 질화가 적다.
- 비교적 균일한 품질을 유지할 수 있다.
- 조작이 간단하여 숙련도에 좌우되지 않는다.
- 재료가 절약된다.
- 공정 수가 적게 되어 시간이 단축된다(구멍뚫기 공정의 불필요).
- 작업속도가 빠르다.
- 점용접은 저전압(1~15V 이내), 대전류(100~수십만A)를 사용한다(주로 3mm 이하의 박판에 주로 적용).

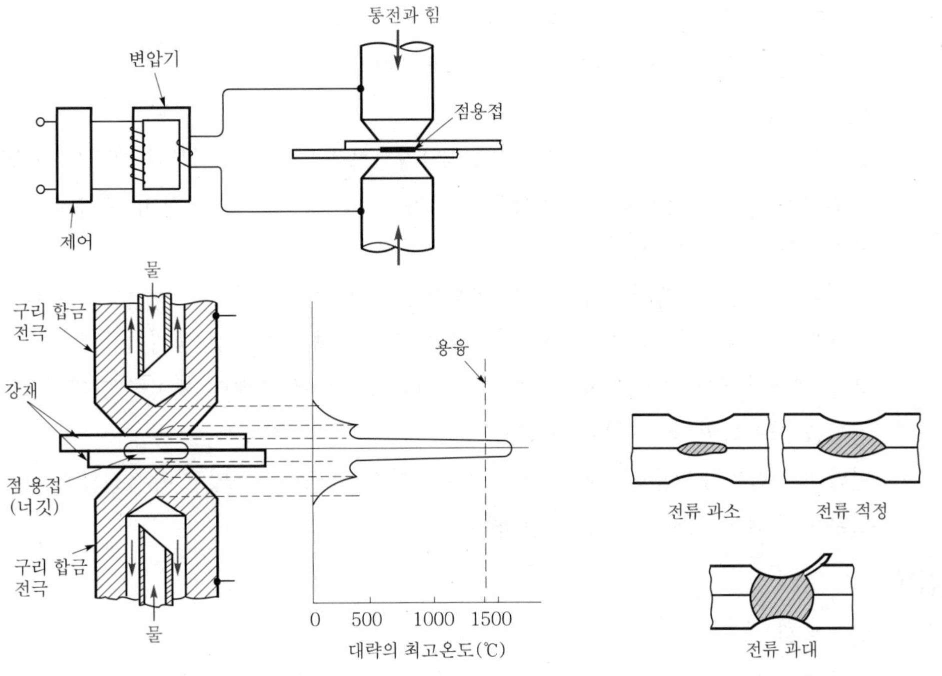

[그림 5-26] 점용접의 원리와 온도 분포

[그림 5-27] 용접전류와 너깃 형상의 관계

② 전극

㉠ 전극의 역할 : 통전, 가압, 냉각, 모재를 고정

㉡ 점용접 전극으로서 갖추어야 할 기본적인 요구조건

- 전기전도도가 높을 것
- 기계적 강도가 크고, 특히 고온에서 경도가 높을 것
- 열전도율이 높을 것
- 가능한 모재와 합금화가 어려울 것
- 연속 사용에 의한 마모와 변형이 적을 것

㉢ 전극의 종류

- R형 팁 : 전극 선단이 50~200mm 반경 구면으로 용접부 품질이 우수하고, 전극 수명이 길다.
- P형 팁 : 많이 사용하기는 하나, R형 팁보다는 용접부 품질과 수명이 다소 떨어진다.
- C형 팁 : 원추형의 모따기한 것으로 많이 사용하며 성능도 좋다.

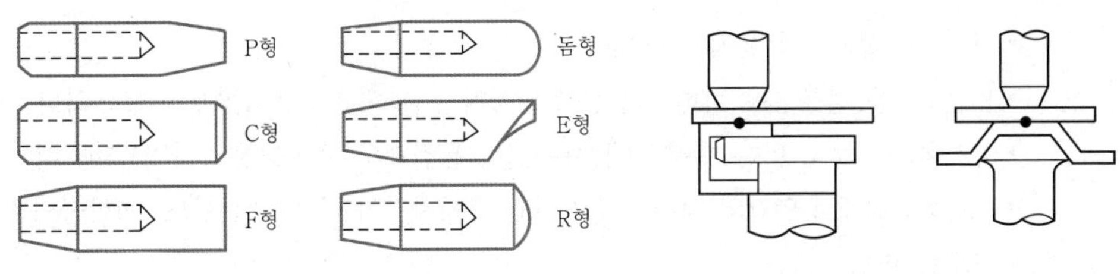

[그림 5-28] 전극의 형상

[그림 5-29] 전극의 사용처

• E형 팁 : 앵글 등 용접 위치가 나쁠 때 사용한다.
• F형 팁 : 표면이 평평하여 압입 흔적이 거의 없다.

③ 점용접법의 종류

㉠ 단극식 점용접 : 점용접의 기본으로 전극 1쌍으로 1개의 점 용접부를 만드는 용접법이다.

㉡ 다전극 점용접 : 전극을 2개 이상으로 하여 2점 이상의 용접을 하며, 용접속도 향상 및 용접변형 방지에 좋다.

㉢ 직렬식 점용접 : 1개의 전류회로에 2개 이상의 용접법을 만드는 방법으로, 전류 손실이 많으므로 전류를 증가시켜야 하며 용접 표면이 불량하여 용접 결과가 균일하지 못하다.

㉣ 맥동 점용접 : 모재 두께가 다른 경우에 전극의 과열을 피하여 싸이클 단위를 몇 번이고 전류를 단속하여 용접하는 것이다.

㉤ 인터랙트 점용접 : 용접점 부분에 직접 2개의 전극으로 물지 않고 용접전류가 피용접물의 일부를 통하여 다른 곳으로 전달하는 방식이다.

(4) 심용접

① 원리와 특징

㉠ 원리 : 심용접법은 [그림 5-30]과 같이 원판형 전극 사이에 용접물을 끼워 전극에 압력을 주면서 전극을 회전시켜 모재를 이동하면서 점용접을 반복하는 방법이다. 그러므로 회전 롤러 전극부를 없애면 점용접기의 원리와 구조가 같으며, 주로 기밀 · 유밀을 필요로 하는 이음부에 적용된다. 용접전류의 통전방법에는 단속통전법, 연속통전법, 맥동통전법이 있으며, 단속통전법이 가장 일반적으로 사용된다.

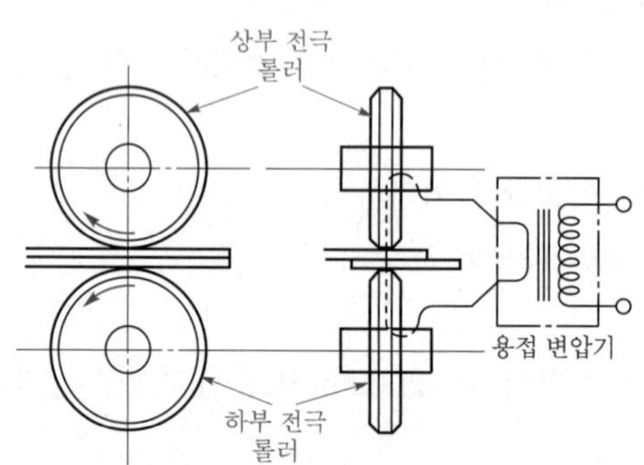

[그림 5-30] 심용접의 원리

㉡ 특징

• 기밀 · 수밀 · 유밀 유지가 쉽다.
• 용접조건은 점용접에 비해 전류는 1.5~2배, 가압력은 1.2~1.6배가 필요하다.
• 0.2~4mm 정도 얇은 판용접에 사용된다(용접속도는 아크용접의 3~5배 빠르다).
• 단속통전법에서 연강의 경우 통전시간과 휴지시간의 비를 1 : 1 정도, 경합금의 경우 1 : 3 정도로 한다.

- 점용접이나 프로젝션 용접에 비해 겹침이 적다.
- 보통의 심용접은 직선이나 일정한 곡선에 제한된다.

② 심용접의 종류

㉠ 매시 심용접 : 일반적인 겹치기 이음보다 겹치는 부분이 비교적 적어 이음부의 겹침을 판 두께 정도로 하고 겹쳐진 전폭을 가압하는 방법[그림 5-31]

㉠ 포일 심용접 : 모재를 맞대고 이음부에 같은 종류의 얇은 판을 대고 가압하는 방법[그림 5-32]

㉢ 맞대기 심용접 : 심 파이프 제조 시 등판의 끝을 맞대어 놓고 가압하여 두 개의 롤러로 맞댄 면에 통전하여 접합하는 방법[그림 5-33]

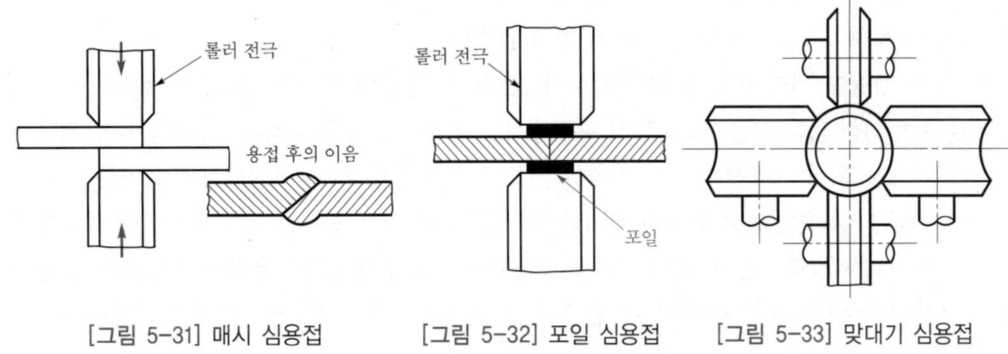

[그림 5-31] 매시 심용접 [그림 5-32] 포일 심용접 [그림 5-33] 맞대기 심용접

(5) 프로젝션 용접

① 원리 : 프로젝션 용접법은 스폿 용접과 유사한 방법으로 [그림 5-34]와 같이 모재의 한쪽 또는 양쪽에 작은 돌기(projection)를 만들어 모재의 형상에 의해 전류밀도를 크게 한 후 압력을 가해 압접하는 방법이다.

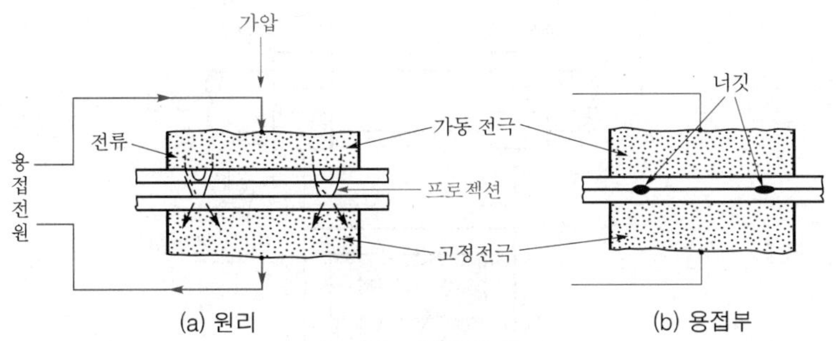

[그림 5-34] 프로젝션 용접법의 원리

② 특징

㉠ 작은 지름의 점용접을 짧은 피치로서 동시에 많은 점용접이 가능하다.

㉡ 열 용량이 다르거나 두께가 다른 모재를 조합하는 경우에는 열전도도와 용융점이 높은 쪽 혹은 두꺼운 판 쪽에 돌기를 만들면 쉽게 열평형을 얻을 수 있다.

㉢ 비교적 넓은 면적의 판형 전극을 사용함으로써 기계적 강도나 열 전도면에서 유리하며, 전극의 소모가 적다.

㉣ 전류와 압력이 균일하게 가해지므로 신뢰도가 높다.

㉤ 작업속도가 빠르며 작업능률도 높다.

㉥ 돌기의 정밀도가 높아야 정확한 용접이 된다.

㉦ 돌기의 가공, 전극의 크기 또는 용접기의 용량 등으로 볼 때 전기 기구, 자동차 등 소형 부품류의 대량 생산에 적합하다.

③ **프로젝션 용접 요구조건**

㉠ 프로젝션은 전류가 통하기 전의 가압력(예압)에 견딜 수 있어야 한다.

㉡ 상대 판이 충분히 가열될 때까지 녹지 않아야 한다.

㉢ 성형 시 일부에 전단 부분이 없어야 한다.

㉣ 성형에 의한 변형이 없어야 하며, 용접 후 양면의 밀착이 양호해야 한다.

④ **프로젝션 용접 시공** : 프로젝션 용접에서는 판 두께보다도 오히려 프로젝션의 크기와 형상이 문제가 되며 프로젝션의 수에 따라 전류를 증가시켜 준다. 용접과정을 설명하면 최초 통전 전의 가압력(예압)에 의하여 돌기를 약간 눌러 준 다음 전류를 통하면 발열에 의하여 돌기는 완전히 찌그러지며, 압접의 상태를 경과하여 너깃이 생성되고 용접이 완료된다. 용접 가능한 판 두께는 특별히 제한하지는 않으나, 일반적으로 0.5~0.6mm 정도가 보통이다.

(6) 업셋 용접

① **원리** : 업셋 용접법은 [그림 5-35]와 같이 용접재를 세게 맞대고 여기에 대전류를 통하여 이음부 부근에서 발생하는 접촉저항에 의해 발열되어 용접부가 적당한 온도에 도달했을 때 축방향으로 큰 압력을 주어 용접하는 방법이다. 와이어 생산공정에서 연속 생산공정을 위해 와이어 연결작업에 주로 적용된다.

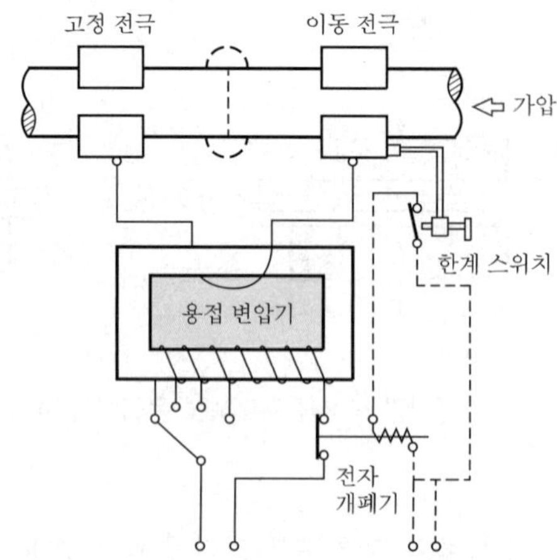

[그림 5-35] 업셋 용접법의 원리

② 특징

㉠ 전류 조정은 1차 권선수를 변화시켜 2차 전류를 조정한다(2차 권선수가 대부분 단권이므로).

㉡ 단접온도는 1,100~1,200℃이며 불꽃 비산이 없다.

㉢ 업셋이 매끈하다.

㉣ 용접기가 간단하고 가격이 싸다.

㉤ 비대칭인 것에는 사용이 곤란하다.

㉥ 단면이 큰 경우는 접합면이 산화되기 쉽다(10mm 이내의 가는 봉재의 사용이 적합).

㉦ 용접부의 기계적 성질도 일반적으로 낮다.

㉧ **기공 발생이 우려되므로 접합면을 완전히 청소해야 한다.**

㉨ **플래시 용접에 비해 열영향부가 넓어지며 가열시간이 길다.**

(7) 플래시 용접

① **원리** : [그림 5-36]과 같이 업셋 용접과 비슷한 용접방법으로 용접할 2개의 금속 단면을 가볍게 접촉시켜 대전류를 통하여 집중적으로 접촉점을 가열한다. 접촉점은 과열 용융되어 불꽃으로 흩어지나 그 접촉점이 끊어지면 다시 용접재를 내보내어 항상 접촉과 불꽃 비산을 반복시키면서 용접면을 고르게 가열하여 적당한 온도에 도달하였을 때 강한 압력을 주어 압접하는 방법으로 예열 과정, 플래시 과정, 업셋 과정의 3단계로 구분된다.

② 특징

㉠ **가열 범위와 열영향부가 좁다.**

㉡ 신뢰도가 높고 이음의 강도가 좋다.

㉢ 플래시 과정에서 산화물 등을 플래시로 비산시키므로 용접면에 산화물의 개입이 적게 된다.

㉣ **용접면을 아주 정확하게 가공할 필요가 없다.**

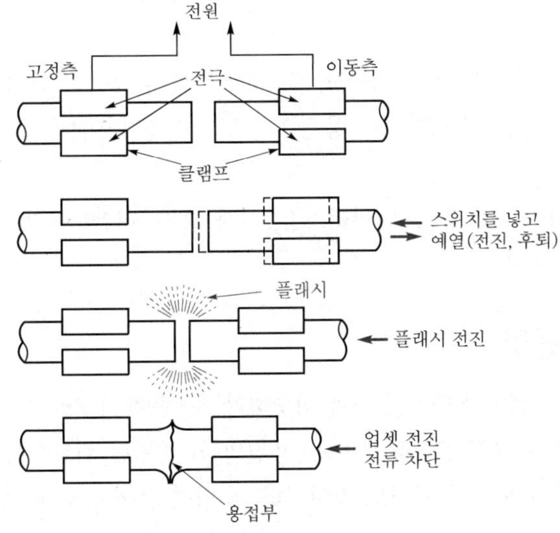

[그림 5-36] 플래시 용접법의 원리

㉤ 동일한 전기 용량에 큰 물건의 용접이 가능하다.
㉥ 종류가 다른 재료도 용접이 가능하다.
㉦ 용접시간이 짧고 업셋 용접보다 전력소비가 적다.
㉧ 비산되는 플래시로부터 작업자의 안전조치가 필요하다.

(8) 퍼커션 용접

퍼커션 용접은 극히 짧은 지름의 용접물을 접합하는 데 사용하며 전원은 축전된 직류를 사용한다. 피용접물을 두 전극 사이에 끼운 후에 전류를 통하면 고속도로 피용접물이 충돌하게 되며 퍼커션 용접에 사용되는 콘덴서는 변압기를 거치지 않고 직접 피용접물에 단락시키게 되어 있다. 피용접물이 상호 충돌되는 상태에서 용접되므로 일명 충돌용접이라 한다.

5-10 기타 용접

1 원자수소 아크용접

(1) 원리

2개의 텅스텐 전극 사이에 아크를 발생시키고 홀더 노즐에서 수소가스 유출 시 열 해리를 일으켜 발생되는 발생열(3,000~4,000℃)로 용접하는 방법이다.

$$\underset{\text{분자상태}}{H_2} \xrightarrow{(\text{흡열})} \underset{\text{원자상태}}{2H} \xrightarrow{(\text{발열})} \underset{\text{분자상태}}{H_2}$$

(2) 특징 및 용도

① 용융온도가 높은 금속 및 비금속 재료 용접에 사용된다.
② 니켈이나 모넬 메탈, 황동과 같은 비철 금속과 주강이나 청동 주물의 홈을 메울 때의 용접에 사용된다.
③ 탄소강에서는 1.25% 탄소 함량까지, Cr 40%까지 용접이 가능하다.
④ 고도의 기밀 · 유밀을 필요로 하는 용접 또는 고속도강 바이트, 절삭 공구의 제조용도로 활용된다.
⑤ 일반 공구 및 다이스 수리, 스테인리스강, 기타 크롬, 니켈, 몰리브덴 등을 함유한 특수 금속의 용접이 가능하다.

2 단락옮김 아크용접

이 용접법은 MIG 용접이나 CO_2 용접과 비슷하나, 큰 용적이 와이어와 모재 사이를 주기적으로 단락을 일으키도록 아크길이를 짧게 하는 용접법이다. 단락 회로수는 100회/sec 이상이며 아크 발생시간이 짧아지고 모재의 입열도 적어진다. 용입이 얕아 0.8mm 정도의 얇은 판용접이 가능하다.

3 아크 스터드 용접

(1) 원리

스터드 용접은 볼트, 환봉, 핀 등의 금속 고정구를 철판이나 기존 금속면에 모재와 스터드 끝면을 용융시켜 스터드를 모재에 눌러 융합시켜 용접을 하는 자동아크 용접법이다. 용접 토치의 스터드 척에 스터드를 끼우고 스터드 끝에 페룰을 붙인다. 통전용 스위치를 당기면 전자석에 의해 스터드가 약간 들어 올려지면서 모재와 스터드 사이에 아크가 발생하고 아크가 끊어지면 스터드가 용융부에 눌려지면서 용접이 되고 이후 페룰을 제거한다.

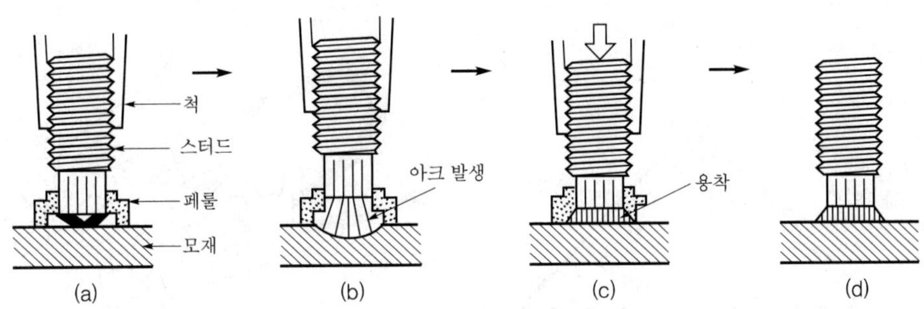

[그림 5-37] 스터드 용접법의 원리

(2) 특징

① 아크열을 이용하여 단시간에 가열 용융하므로 용접 변형이 극히 적다.
② 냉각속도가 빠르므로 용착 금속부 또는 열영향부가 경화되기도 한다.
③ 통전시간, 용접전류, 스터드를 누르는 힘 등 용접조건에 영향을 받는다.
④ 철강 이외에도 구리, 황동, 알루미늄, 스테인리스강 등에도 적용이 가능하다.

(3) 페룰

내열성 도기로 제작하며 아크를 보호한다. 또한 모재와 접촉하는 부분은 홈이 있어 페룰 내부에 발생되는 열과 가스를 방출할 수 있도록 되어 있다. 페룰의 역할은 다음과 같다.

① 용접이 진행되는 동안 아크 열을 집중시켜 준다.
② 용융금속의 산화를 방지한다.
③ 용융금속의 유출을 방지한다.
④ 용착부 오염을 방지한다.
⑤ 아크로부터 용접사의 눈을 보호한다.

4 그래비티 용접 및 오토콘 용접

(1) 원리

그래비티 용접이나 오토콘 용접은 일종의 피복아크 용접법으로 피더에 철분계 용접봉(E4324,

E4326, E4327)을 장착하여 수평 필릿 용접을 전용으로 하는 일봉의 반자동 용접장치이다. 한 명이 여러 대(최소 3~4대)의 용접기를 관리할 수 있으므로 고능률 용접방법 중의 하나이다.

(2) 특징

① 용접작업을 반자동화함으로써 한 사람이 2~7대 정도의 장비를 조작할 수 있다.

② 그래비티 용접은 운봉비를 조절(일반적으로 1.2~1.6 정도)할 수 있어 필요한 각장 및 목 두께를 얻을 수 있다.

③ 오토콘 용접의 경우 용접장치가 가볍고 크기가 작아 취급이 용이하다.

④ 반자동화함으로써 용접기량을 크게 요구하지 않는다.

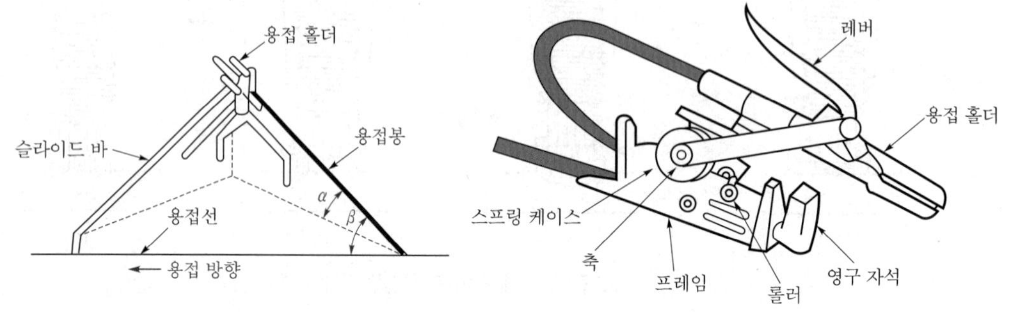

[그림 5-38] 그래비티 용접기 구조

[그림 5-39] 오토콘 용접장치

[표 5-1] 그래비티 용접과 오토콘 용접의 비교

항목 \ 구분		그래비티 용접	오토콘 용접
장치	구조	약간 복잡	간단
	형상	큰 부피	작은 부피
	중량	다소 무거움	가벼움
적용성	사용법	약간 어려움	쉬움
	운봉속도	조절 가능(운봉비는 0.8~1.8mm)	조절 불가
	용접자세	맞대기(아래보기), 필릿(수평)	맞대기(아래보기), 필릿(수평)
	모재두께	제한 없음	제한 없음
	모재종류	연강 및 고장력강	연강 및 고장력강
작업성	스패터	보통	다소 많음
	용입	보통	다소 얕음
	비드외관	양호	양호

5 횡치식 용접(E-H 용접)

(1) 원리

[그림 5-40]과 같이 모재 대신 구리로 제작된 금형으로써 용접봉을 눌러 전류 통과 시 저항열에 의해 용접되는 방법이다.

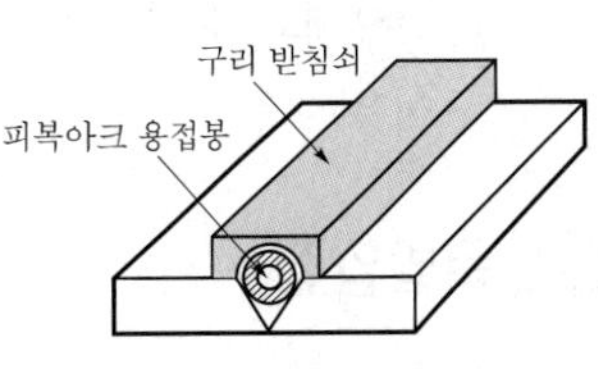

[그림 5-40] E-H 용접

(2) 특징

① 매우 능률적이다.
② 숙련을 필요로 하지 않는다.
③ 한꺼번에 여러 개의 용접을 동시에 병행할 수 있다.

6 가스압접법

(1) 원리

가스압접법은 접합부를 그 재료의 재결정 온도 이상으로 가열하여 축방향으로 압축력을 가하여 압접하는 방법이다. 재료의 가열 가스 불꽃으로는 산소 – 아세틸렌 불꽃이나 산소 – 프로판 불꽃 등이 사용되지만, 보통 전자가 많이 사용된다. 종류로는 밀착 맞대기법, 개방 맞대기법의 두 종류가 있으나, 일반적으로 산화작용이 적고 겉모양이 아름다운 밀착 맞대기법이 많이 이용된다.

(2) 특징

① 이음부에 탈탄층이 없다.
② 원리적으로 전력이 필요 없다.
③ 장치가 간단하고 시설비나 수리비가 싸다.
④ 압접시간이 짧고 용접봉이나 용제가 필요 없다.
⑤ 압접작용이 거의 기계적이어서 작업자의 숙련도가 큰 문제가 되지 않는다
⑥ 압접하기 전 이음 단면부의 깨끗한 정도에 따라 압접 결과에 큰 영향을 끼친다.

7 냉간압접법

(1) 원리

깨끗한 2개의 금속면의 원자들을 Å(1Å = 10^{-8}cm) 단위의 거리로 밀착시키면 자유전자가 공동화되고 결정 격자 간의 양이온의 인력으로 인해 2개의 금속이 결합된다. 외부로부터 열이나 전류를 가하지 않고 실내 온도에서 가압의 조작으로 금속 상호 간의 확산을 일으키는 방법이다.

(2) 특징

① 압접 공구가 간단하다.
② 결합부에 열 영향이 없다.
③ 숙련이 필요치 않다.
④ 접합부의 전기저항은 모재와 거의 같다.

⑤ 용접부가 가공 경화한다.
⑥ 겹치기 압접은 눌린 흔적이 남는다(판압차가 생긴다).
⑦ 철강재료의 접합은 부적당하다(전기공업에 사용되는 도전재료인 알루미늄, 구리 등의 접합에 이용).

8 폭발압접

(1) 원리

2장의 금속판을 화약의 폭발에 의한 순간적인 큰 압력을 이용하여 금속을 압접하는 방법이다. 모재와 접촉면은 평면이 아니고 파형상이며, 이것은 재료의 유동을 막고 표면층의 소성 변형에 의한 발열로 용착함과 동시에 가압한다.

(2) 특징

① 용접작업이 견고하므로 성형이나 용접 등의 가공성이 양호하다.
② 특수한 설비가 필요 없어 경제적이다.
③ 이종 금속의 접합이 가능하다.
④ 고용융점 재료의 접합이 가능하다.
⑤ 용접작업이 비교적 간단하다.
⑥ 화약을 사용하므로 위험하다.
⑦ 압접 시 큰 폭음을 낸다.

9 단접

단접은 적당히 가열한 2개의 금속을 접촉시켜 압력을 주어 접합하는 방법이다. 가열은 금속의 점성이 가장 큰 온도까지 하며, 가열할 때 산화가 되지 않는 금속이 단접에 좋다. 강의 단접온도는 1,200~1,300℃가 좋다. 주철과 황동은 용융점이 다 되어도 경도가 변화하지 않다가 갑자기 용융되므로 단접할 수 없다. 단접에는 맞대기 단접, 겹치기 단접, 형 단접이 있다.

10 용사

(1) 원리 및 용도

금속 및 금속 화합물의 재료를 가열하여 녹이거나 반 용융상태를 미립자상태로 만들어 공작물의 표면에 충돌시켜 입자를 응고, 퇴적시킴으로써 피막을 형성하는 방법을 말한다. 용사는 내식, 내열, 내마모 혹은 취성용 피복으로서 넓은 용도를 가지고 있으며 기계부품, 항공기, 로켓 등의 내열 피복용으로 사용되고 있다.

(2) 용사의 종류

용사재의 형상에는 심선식과 분말식이 있으며, 용사재의 가열방법은 가스 불꽃 혹은 아크 불꽃을 이용하는 방법과 플라스마를 이용하는 방법이 있다.

11 초음파용접

(1) 원리

용접물을 겹쳐서 상하 앤빌(anvil) 사이에 끼워 놓고 압력을 가하면서 초음파(18KHz 이상) 주파수로 횡진동시켜 용접하는 방법이다. 압착된 용접물의 접촉면 사이의 압력과 진동에너지의 작용으로 청정작용(용접면의 산화 피막 제거)과 응력 발열 및 마찰열에 의하여 온도 상승과 접촉면 사이에서 원자 간 인력이 작용하여 용접된다. 용접 가능 온도는 재료의 재결정 온도 이상이 되어야 한다.

(2) 특징

① 용접물의 표면 처리가 간단하고 압연한 그대로의 재료도 용접이 쉽다.
② 냉간압접에 비하여 주어지는 압력이 작으므로 용접물의 변형률도 작다.
③ 특별히 두 금속의 경도가 크게 다르지 않는 한 이종 금속의 용접도 가능하다.
④ 극히 얇은 판, 즉 필름(film)도 쉽게 용접된다.
⑤ 판의 두께에 따라 용접 강도가 현저하게 변화한다.

12 고주파용접

(1) 원리

고주파 전류는 도체의 표면에 집중적으로 흐르는 성질인 표피 효과와 전류의 방향이 반대인 경우 서로 접근해서 흐르는 성질인 근접 효과를 이용하여 용접부를 가열 용접한다.

(2) 종류

고주파유도용접과 고주파저항용접으로 구분된다.

(3) 용도

중공 단면의 고속도 맞대기 용접(압접)에 유리하다. 다량의 파이프 접합, 화학 기계의 조립 등에 효과적이다.

13 마찰용접

(1) 원리

마찰용접은 [그림 5-41]과 같이 이용하려는 2개의 모재에 압력을 가해 접촉시킨 다음, 접촉면에 상대 운동을 발생시켜 접촉면에서 발생하는 마찰열을 이용하여 이음면 부근이 압접 온도에 도달했을 때 강한 압력을 가하여 업셋시키고, 동시에 상대 운동을 정지해서 압접을 완료하는 용접법이다. 현재 실용되고 있는 마찰용접법에는 컨벤셔널형과 플라이 휠형의 용접법이 있다.

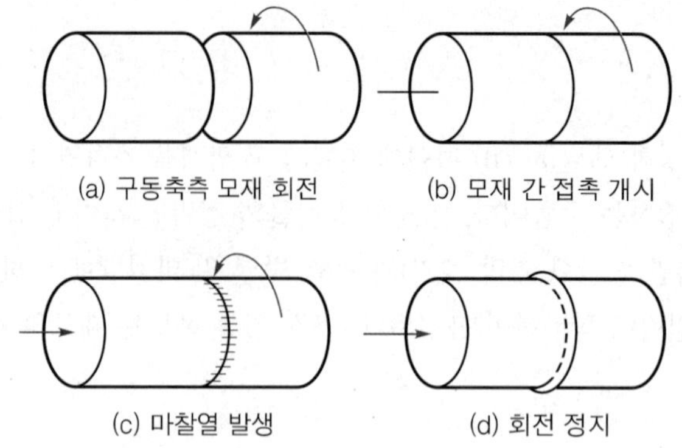

[그림 5-41] 마찰용접의 과정

(2) 특징

① 장점

㉠ 같은 재료나 다른 재료는 물론, 금속과 비금속 간에도 용접이 가능하다.

㉡ 용접작업이 쉽고 자동화되어 취급에 있어 숙련을 필요로 하지 않으며 조작이 쉽다.

㉢ 용접 작업시간이 짧으므로 작업 능률이 높다.

㉣ 용제나 용접봉이 필요 없으며, 이음면의 청정이나 특별한 다듬질이 필요 없다.

㉤ 유해가스의 발생이나 불꽃의 비산이 거의 없으므로 위험성이 적다.

㉥ 용접물의 치수정밀도가 높고 재료가 절약된다.

㉦ 철강재의 접합에서는 탈탄층이 생기지 않는다.

㉧ 용접면 사이를 직접 마찰에 의해 가열하므로 전력소비가 플래시 용접에 비해서 약 1/5~1/10 정도이다.

② 단점

㉠ 회전축의 재료는 비교적 고속도로 회전시키기 때문에 **형상 치수에 제한을 받고 주로 원형 단면에 적용**되며, 특히 긴 물건, 무게가 무거운 것, 큰 지름의 것 등은 용접이 곤란하다.

㉡ 상대 각도를 필요로 하는 것은 용접이 곤란하다.

14 마찰교반(friction stir) 용접

(1) 원리

돌기가 있는 나사산 형태의 비소모성 공구를 고속으로 회전시키면서 접합하고자 하는 모재에 삽입하면 고속으로 회전하는 공구와 모재에서 열이 발생하며, 이 마찰열에 의해 공구의 주변에 있는 모재가 연화되어 접합되는 과정이 공구를 이동하면서 계속적으로 일어나 용접이 이루어진다.

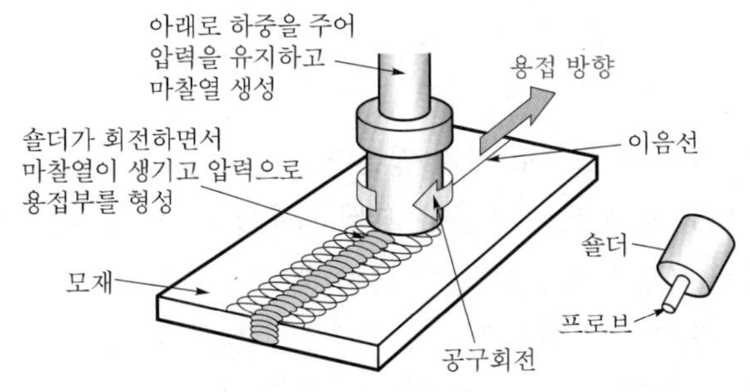

[그림 5-42] 마찰교반용접의 원리

(2) 특징

① 장점

㉠ **용융용접이 아닌 고상용접**으로 용접부에 입열량이 적어 잔류응력이 적고 변형이 최소화 된다.

㉡ 기존 용접기술로 적응이 어려운 알루미늄 합금, 마그네슘 합금 등 용접하기 어려운 부분의 용접이 가능하고 이종 재료의 용접에도 쓰이고 있다.

㉢ 별도의 열원이 필요 없고 용접부의 전처리가 필요 없다.

㉣ 기공 균열 등의 용접 결함이 거의 발생하지 않고 용접부의 기계적 강도가 우수하다.

㉤ **용접으로 인한 유해 광선이나 흄 발생이 없어 친환경적이다.**

㉥ 작업자의 숙련도에 관계없이 자동화가 가능하다.

② 단점

㉠ **용접이 끝나고 나면 마찰교반용접 시 사용하는 공구의 프로브 구멍이 남는다.**

㉡ 3차원의 곡면 형상의 접합은 어려움이 많다.

㉢ 용접부 이면에 마찰 압력에 견딜 수 있는 백업 재료가 필요하다.

㉣ 피 접합재료가 경금속 및 저용점 금속에 한정적으로 사용되고 있다.

15 논가스 아크용접

(1) 원리

논가스 아크용접은 보호가스의 공급 없이 와이어 자체에서 발생하는 가스에 의해 아크 분위기를 보호하는 용접방법으로 탈산제, 탈질제를 적당히 첨가한 솔리드 와이어를 전극으로 하는 논가스 논용제 아크법과 탈산제, 슬래그 생성제, 아크 안정제, 탈질제를 섞은 용제를 넣은 복합 와이어를 쓰는 논가스 아크법의 두 가지 방법이 있다. 용접전원으로는 교류, 직류 어느 것이나 사용할 수 있으며, 직류를 사용하면 비교적 낮은 용접전류로 안정된 아크가 얻어지므로 얇은 판의 용접에 적합하다. 또 비교적 높은 전류로 중후판의 용접에도 사용된다. 이 용접법은 CO_2 아크용접보다는 다소 용접성이 떨어지나 옥외작업이 가능하다는 장점이 있다.

(2) 특징

① 장점

㉠ 보호가스나 용제를 필요로 하지 않는다.

㉡ 용접 전원으로 교류 또는 직류를 모두 사용할 수 있고, 전자세 용접이 가능하다.

㉢ 바람이 있는 옥외에서도 작업이 가능하다.

㉣ 피복아크 용접봉의 저수소계와 같이 수소의 발생이 적다.

㉤ 용접 비드가 아름답고 슬래그의 박리성이 좋다.

㉥ 용접장치가 간단하며 운반이 편리하다.

㉦ 용접길이가 긴 용접물에 아크를 중단하지 않고 연속 용접을 할 수 있다.

② 단점

㉠ 용착금속의 기계적 성질은 다른 용접법에 비하여 다소 떨어진다.

㉡ 전극 와이어의 가격이 비싸다.

㉢ 보호가스의 발생이 많아서 용접선이 잘 보이지 않는다.

㉣ 아크 빛과 열이 강렬하다.

16 플라스틱 용접

(1) 원리

플라스틱 용접법은 사용되는 열원에 의하여 열풍용접, 열기구용접, 마찰용접, 고주파용접으로 분류한다. 열풍용접은 [그림 5-43]과 같이 전열에 의해 기체를 가열하여 고온으로 되면 그 가스를 용접부와 용접봉에 분출하면서 용접하는 방법이다.

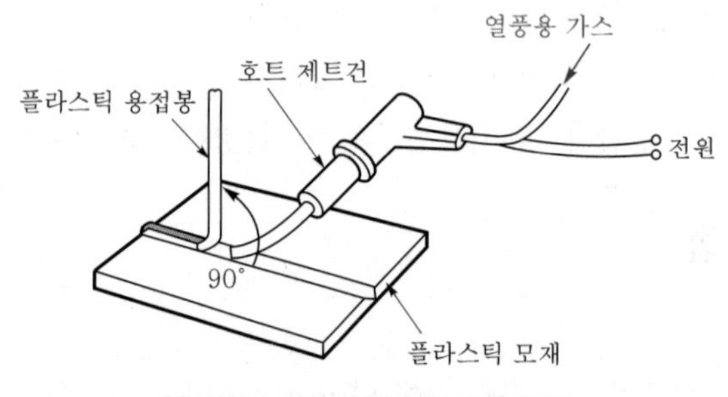

[그림 5-43] 플라스틱 열풍용접

(2) 플라스틱의 종류

플라스틱은 용접용 플라스틱인 열가소성 플라스틱과 비용접용 플라스틱인 열경화성 플라스틱으로 나눈다.

① **열가소성 플라스틱** : 열가소성 플라스틱이란 열을 가하면 연화하고 더욱 가열하면 유동하는 것으로, 열을 제거하면 처음 상태의 고체로 변한다. 폴리염화비닐, 폴리프로필렌, 폴리에틸렌, 폴리아미드, 메타아크릴, 플루오르 수지 등이 있으며, 용접이 가능한 것이다.

② **열경화성 플라스틱** : 열경화성 플라스틱이란 **열을 가해도 연화되지 않으며 더욱 열을 가하면 유도하지 않고 분해되는 것으로**, 열을 제거해도 고체로 변하지 않는다. 폴리에스터, 멜라민, 페놀 수지 등이 있으며, 용접이 불가능한 것이다.

③ **플라스틱의 특징**

㉠ 산, 알칼리 등의 약품에 강하다.

㉡ 성형하기 쉽다.

㉢ 가벼우며 전기의 절연성이 좋다.

㉣ 색깔을 자유롭게 만들 수 있다.

㉤ 열 및 표면 경도가 약하다.

5-11 납땜법

1 납땜의 개요

(1) 원리

납땜이란 같은 종류의 두 금속 또는 종류가 다른 두 금속을 접합할 때 이들 용접 모재보다 융점이 낮은 금속 또는 그들의 합금을 용가재로 사용하여 용가재만을 용융·첨가시켜 두 금속을 이음하는 방법을 말한다. 납땜은 고체인 두 금속 사이에 그보다 융점이 낮은 금속을 용융 첨가시키는 것이므로 한쪽은 고체, 다른 쪽은 액체가 서로 접착하여 납땜이 이루어진다.

(2) 납땜의 종류

납땜에 사용하는 땜납의 융점에 따라 2가지가 있다.

① **연납땜(soldering)** : **땜납의 융점이** 450℃(800° F) **이하에서 납땜**을 행하는 것을 말한다.

② **경납땜(brazing)** : **땜납의 융점이** 450℃ **이상에서 납땜**을 행하는 것을 말한다.

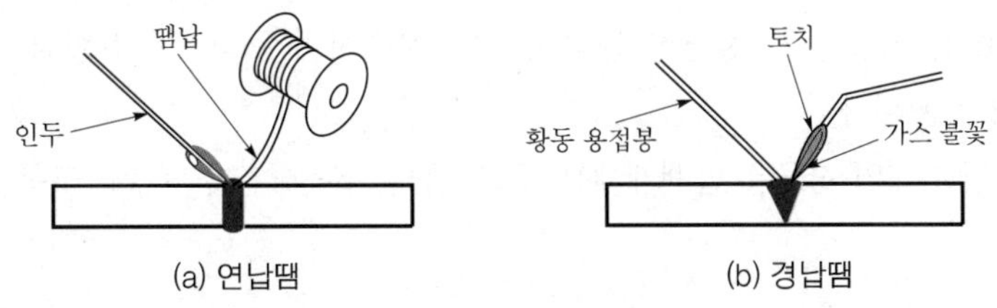

[그림 5-44] 납땜의 종류

(3) 땜납의 종류 및 선택

땜납은 용접 모재와 성질이 비슷한 것을 선택·사용하는 것이 좋다. 따라서 다음 사항을 만족하는 땜납을 선택하는 것이 좋다.

① 모재와의 친화력이 좋을 것(모재 표면에 잘 퍼져야 한다)

② 적당한 용융온도와 유동성을 가질 것(모재보다 용융점이 낮아야 한다)

③ 용융상태에서도 안정하고, 가능한 증발성분을 포함하지 않을 것
④ 납땜할 때에 용융상태에서도 가능한 한 용분을 일으키지 않을 것
⑤ 모재와의 전위차가 가능한 한 적을 것
⑥ 접합부에 요구되는 기계적 · 물리적 성질을 만족시킬 수 있을 것(강인성, 내식성, 내마멸성, 전기 전도도)
⑦ 금, 은, 공예품 등 납땜에는 색조가 같을 것

(4) 땜납(납땜재)

납땜재는 이음하기 쉬운 것을 선택함과 더불어 납땜부에 요구되는 강도, 내열성, 내식성, 열 및 전기 전도성이나 색깔 등을 가능한 한 충족시키는 것이 바람직하다. 특히 식기류의 납땜에는 위생상 해롭지 않은 납땜재를 선택해야 한다.

① **연납 : 연납에는 주석-납을 가장 많이 사용**하며 이외에 납-카드뮴납, 납-은납 등이 있다. 기계적 강도가 낮으므로 강도를 필요로 하는 부분에는 적당하지 않으며, 용융점이 낮고 솔더링이 용이하기 때문에 전기적인 접합이나 기밀, 수밀을 필요로 하는 장소에 사용된다.
② **경납** : 경납땜에 사용되는 용가재를 말하며 은납, 구리납, 알루미늄납 등이 있으며, 모재의 종류, 납땜 방법, 용도에 의하여 여러 가지의 것이 이용된다.
③ 경납의 종류
㉠ 구리납 또는 황동납 : 구리납(86.5% 이상) 또는 황동납은 철강이나 비철 금속의 납땜에 사용된다. 황동납은 구리와 아연을 주성분으로 한 합금이며, 납땜재의 융점은 820~935℃ 정도이다.
㉡ 인동납 : 인동납은 구리가 주성분이며, 소량의 은, 인을 포함한 합금으로 되어 있다. 이 납땜재는 유동성이 좋고 전기 및 열전도성이 뛰어나므로 구리나 구리 합금의 납땜에 적합하다. 구리의 납땜에는 용제를 사용하지 않아도 좋다.
㉢ 은납 : 은납은 은, 구리, 아연이 주성분으로 된 합금이며, 융점은 황동납보다 낮고 유동성이 좋다. 인장강도, 전연성 등의 성질이 우수하여 구리, 구리 합금, 철강, 스테인리스강 등에 사용된다.
㉣ 내열납 : 내열 합금용 납땜재에는 구리-은납, 은-망간납, 니켈-크롬계 납 등이 사용된다.

(5) 용제

① 용제의 구비 조건
㉠ 모재의 산화 피막과 같은 불순물을 제거하고 유동성이 좋을 것
㉡ 청정한 금속면의 산화를 방지할 것
㉢ 땜납의 표면 장력을 맞추어서 모재와의 친화도를 높일 것
㉣ 용제의 유효 온도 범위와 납땜 온도가 일치할 것
㉤ 납땜의 시간이 긴 것에는 용제의 유효온도 범위가 넓고 용제의 탄화가 일어나기 어려울 것
㉥ 납땜 후 슬래그 제거가 용이할 것

ⓢ 모재나 땜납에 대한 부식작용이 최소한일 것

ⓞ 전기저항 납땜에 사용되는 것은 전도체일 것

ⓩ 침지땜에 사용되는 것은 수분을 함유하지 않을 것

ⓒ 인체에 해가 없을 것

② **연납용 용제** : 송진, 염화아연, 염화암모늄, 인산, 염산 등

③ **경납용 용제** : 붕사, 붕산, 붕산염, 불화물, 염화물 등

④ **경금속용 용제** : 염화리튬, 염화나트륨, 염화칼륨, 플루오르화리튬, 염화아연 등

2 납땜법의 종류

① **인두 납땜** : 주로 연납땜을 하는 경우에 쓰이며, 구리 제품의 인두가 사용된다.

② **가스 납땜** : 기체나 액체 연료를 토치나 버너로 연소시켜 그 불꽃을 이용하여 납땜하는 방법이다.

③ **담금 납땜** : 납땜부를 용해된 땜납 중에 접합할 금속을 담가 납땜하는 방법과 이음 부분에 납재를 고정시켜 납땜 온도로 가열 · 용융시켜 화학약품에 담가 침투시키는 방법이 있다.

④ **저항 납땜** : 이음부에 납땜재와 용제를 발라 저항열로 가열하는 방법이다.

⑤ **노내 납땜** : 가스 불꽃이나 전열 등으로 가열시켜 노내에서 납땜하는 방법이다.

⑥ **유도가열 납땜** : 고주파 유도전류를 이용하여 가열하는 납땜법이다.

PART 01

적중 예상문제

[자주 출제되는 중요한 문제는 별표(★)로 강조함]

01 용접 일반

01 다음 중 나머지 셋과 다른 하나는?

① 볼트 너트 체결 ② 리벳팅
③ 시밍 ④ 용접

해설 용접은 야금적인 접합법으로 분류되며, 보기 ①, ②, ③은 기계적인 접합법의 종류이다.

02 금속 간의 원자가 접합하는 인력 범위는?

① 10^{-4}cm ② 10^{-6}cm
③ 10^{-8}cm ④ 10^{-10}cm

해설 1Å(옹스트롬) : 10^{-8}cm로 원자 간의 인력이 작용하는 거리이다.

★
03 다음 (　) 안에 알맞은 용어는?

> 용접의 원리는 금속과 금속을 서로 충분히 접근시키면 금속 원자 간의 (　)이 작용하여 스스로 결합하게 된다.

① 인력 ② 기력
③ 자력 ④ 응력

해설 금속과 금속을 1Å(10^{-8}cm)거리 만큼 충분히 접근시키면 원자 간의 인력이 작용하여 접합이 가능하다.

04 용접에 의한 이음을 리벳 이음과 비교했을 때 용접 이음의 장점이 아닌 것은?

① 이음 구조가 간단하다.
② 판 두께의 제한을 거의 받지 않는다.
③ 용접 모재의 재질에 대한 영향이 적다.
④ 기밀성과 수밀성을 얻을 수 있다.

해설 용접은 급열과 급랭의 작용으로 변형, 잔류응력 발생 그리고 재질 변화가 우려된다.

★
05 다음은 기계적 이음과 비교한 아크용접의 단점을 든 것이다. 틀린 것은?

① 검사법이 불편하다.
② 재질의 변화가 심하다.
③ 제작비를 절감할 수 없다.
④ 용접사의 기능에 의존하는 비중이 높다.

해설 아크용접은 리벳 등 기계적인 접합법에 비해 재료를 겹치지 않아도 되므로 제작비를 절감할 수 있다.

06 다음 중 기계적 접합법에 비해 야금적 접합법의 장점이 될 수 없는 것은?

① 제품의 중량 감소
② 자재의 절약
③ 기술 습득이 용이
④ 기밀, 수밀, 유밀성이 우수

해설 용접의 경우 기술 습득이 용이하지 않다.

★
07 다음 중 아크 에너지열을 이용한 용접법이 아닌 것은?

① 피복아크용접
② 일렉트로 슬래그 용접
③ 탄산가스 아크용접
④ 불활성 가스 아크용접

해설 일렉트로 슬래그 용접은 용융용접의 일종이나 와이어와 용융슬래그 사이의 통전된 전류의 저항열을 열원으로 하는 것이 일반 용융용접과 다른 점이다.

정답 01. ④ 02. ③ 03. ① 04. ③ 05. ③ 06. ③ 07. ②

08 다음 중 에너지원으로 화학에너지를 사용하지 않는 용접방법은?

① 테르밋용접 ② 아크용접
③ 가스용접 ④ 폭발 압접

해설 아크용접은 전기 아크열을 열원으로 하며, 전기적 에너지를 이용한다.

09 전원을 사용하지 않고 화학반응에 의한 발열작용을 이용한 용접법은?

① 테르밋 용접
② 일렉트로 슬래그 용접
③ CO_2 아크용접
④ 불활성 가스용접

해설 테르밋 용접에 대한 내용이다.

10 AWS 규정에 따른 용접자세 중 파이프를 45° 고정한 후 용접부 옆에 링(restriction ring)을 두어 제약 조건을 만든 상태의 용접자세를 무엇이라 하는가?

① 4G ② 5G
③ 6G ④ 6GR

해설 AWS Code에 의해 6GR의 자세에 관한 내용이다.

★
11 파이프를 수평으로 고정하는 경우 나타나지 않는 자세는?

① 아래보기 ② 수평
③ 수직 ④ 위보기

해설 파이프를 수평으로 고정하면 수평자세가 나타나지 않는다.

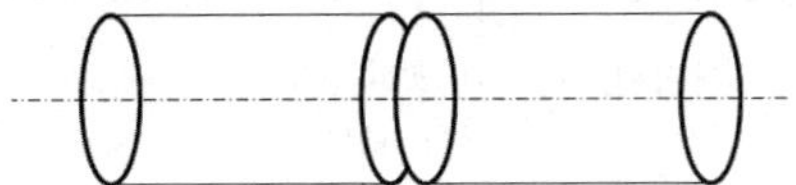

02 피복아크용접

01 다음 글의 ( ) 속에 들어갈 것으로 옳게 짝지어진 것은?

> 금속아크용접이란 전극(모재)과 전극(용접봉) 사이에 (1)를 발생시켜 그 (2)로써 모재와 용접봉을 용융시켜 용접 금속을 형성하는 것이다.

① 1－아크, 2－용접열
② 1－전압차, 2－전류
③ 1－저항차, 2－전류
④ 1－전류차, 2－용접열

해설 보기 ①에 대한 내용이다.

★
02 다음은 피복아크용접 원리이다. ( ) 속의 명칭은 무엇인가?

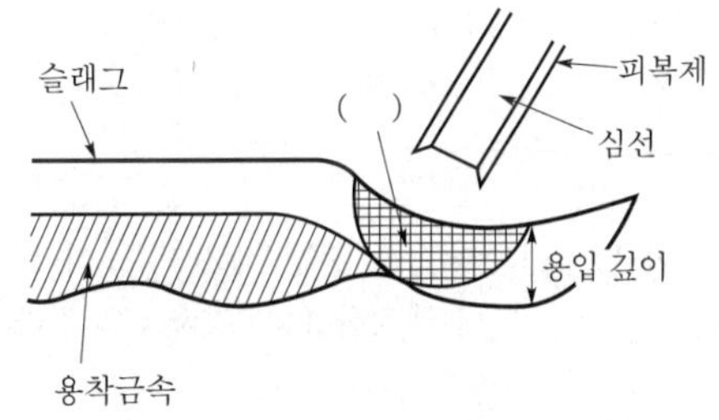

① 용접봉 ② 아크 분위기
③ 용융 풀 ④ 용착금속

해설 용융지(molten pool) 또는 용융풀은 아크 열에 의하여 용접봉과 모재가 녹은 쇳물 부분이다.

★
03 다음 용어의 설명 중 잘못된 것은?

① 용융지－모재와 용접봉이 녹은 쇳물 부분
② 용적－용접봉이 녹은 깊이
③ 용착－용접봉이 용융지에 녹아들어가는 것
④ 슬래그－피복제 등이 녹아서 용착금속을 보호해주는 유리와 비슷한 것

해설 용입 : 아크 열에 의해 모재가 녹은 깊이

정답 08. ② 09. ① 10. ④ 11. ② / 01. ① 02. ③ 03. ②

04 용접물과 용접기 사이를 연결하여 전류를 흐르게 하는 것을 무엇이라 하는가?

① 전극 케이블　② 용접봉 홀더
③ 접지 클램프　④ 접지 케이블

해설 접지(earth) 케이블에 대한 내용이다.

05 다음 그림은 피복아크용접의 아크 분포를 나타낸 것이다. 아크전압을 나타낸 것은?

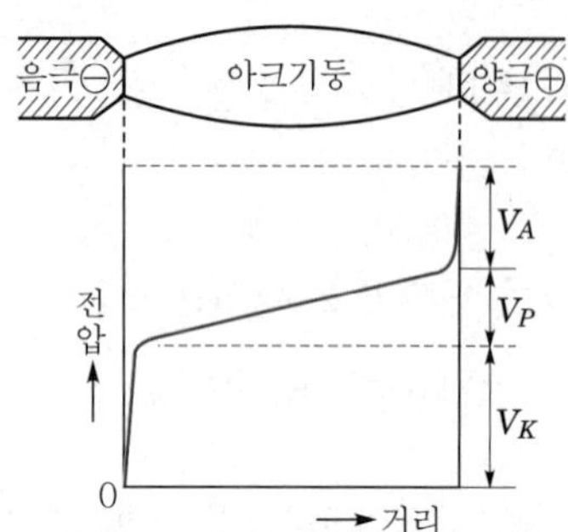

① $V_K + V_P - V_A$
② $V_K + V_P + V_A$
③ $V_K - V_A - V_P$
④ $V_K + V_A - V_P$

해설 아크전압(V_a) = 음극 전압 강하(V_K)+아크 기둥 전압 강하(V_P)+양극 전압 강하(V_A)

★
06 직류아크용접의 정극성과 역극성에 관한 다음 사항 중 옳은 것은?

① 정극성일 때는 용접봉의 용융이 늦고, 모재의 용입은 깊다.
② 얇은 판의 용접에는 용락을 피하기 위하여 정극성이 편리하다.
③ 모재에 음극(−), 용접봉에 양극(+)을 연결하는 방식을 정극성이라 한다.
④ 역극성은 일반적으로 두꺼운 모재의 용접에 적합하다.

해설 직류정극성(DCSP, DCEN)의 경우 모재에 (+)극을, 용접봉에 (−)극을 연결하므로 모재에 용입이 깊고 용접봉의 녹음이 적다.

07 다음은 교류용접과 직류의 정극성, 역극성의 용입의 깊이를 비교한 것이다. 옳은 것은?

① AC>DCSP>DCRP
② AC>DCRP>DCSP
③ DCSP>AC>DCRP
④ DCRP>AC>DCSP

해설 각 극성별 용입 깊이는 다음과 같다.

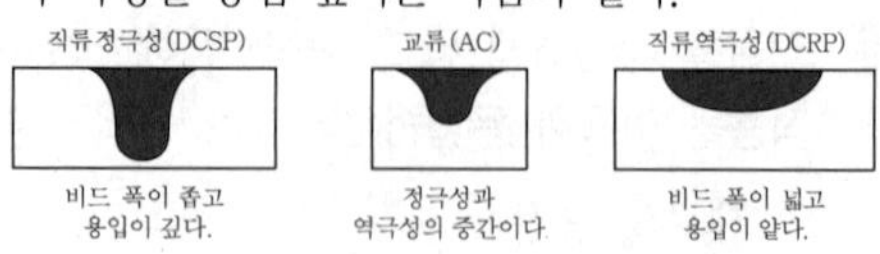

08 직류정극성으로 용접하였을 경우 나타나는 현상은?

① 용접봉의 용융속도는 늦고 모재의 용입은 직류역극성보다 깊어진다.
② 용접봉의 용융속도는 빠르고 모재의 용입은 직류역극성보다 얕아진다.
③ 용접봉의 용융속도에 관계없이 모재의 용입은 직류역극성과 같게 된다.
④ 용접봉의 용융속도와 모재의 용입은 극성에 관계없이 같은 양만큼 증가하거나 감소한다.

해설 직류정극성의 경우 보기 ①의 현상이 나타난다.

09 피복아크용접 시 좋은 품질을 얻으려면 일감의 열용량과 용접입열이 일치되야 한다. 아래 사항 중 용접입열에 반비례하는 사항은?

① 전력　② 전압
③ 전류　④ 용접속도

해설 용접입열$(H) = \frac{60EI}{V}$

여기서, E : 아크전압(V)
I : 아크전류(A)
V : 용접속도(cm/min)

아크전압, 아크전류는 용접입열에 비례하고 용접속도는 반비례한다.

정답 04. ④ 05. ② 06. ① 07. ③ 08. ① 09. ④

★
10 용접부에 주어지는 열량이 20,000J/cm, 아크 전압이 40V, 용접속도가 20cm/min으로 용접했을 때 아크전류는?

① 약 167A ② 약 180A
③ 약 192A ④ 약 200A

해설 $H=\frac{60EI}{V}$ 에서

$I=\frac{HV}{60E}=\frac{20,000\times20}{60\times40}\fallingdotseq 167\text{A}$

11 피복아크용접에서 용접속도 V(cm/min)를 구하는 식은? (단, 아크전압 E(V), 아크전류 I(A) 용접의 단위길이 1cm당 발생하는 전기적 에너지는 H(J/cm)임)

① $V=\frac{60EI}{H}$ ② $V=\frac{H}{60EI}$
③ $V=\frac{60E}{HI}$ ④ $V=\frac{HI}{60E}$

해설 용접입열을 구하는 공식은 $H=\frac{60EI}{V}$ 이다. 여기에서 V를 구하면 $V=\frac{60EI}{H}$ 이다.

12 용접봉 용융속도와 관계가 있는 것은?

① 아크전압 ② 아크전류
③ 용접봉 길이 ④ 용접속도

해설 용접봉의 용융속도는 단위시간당 소비되는 용접봉의 길이 또는 무게로 나타나며, 아크전압과는 관계가 없고 아크전류는 비례한다.

13 맨(bare) 용접봉이나 박피복 용접봉을 사용할 때 많이 볼 수 있으며, 표면장력의 작용으로 용접봉에서 모재로 용융금속이 옮겨가는 방식은?

① 단락형(short circuiting transfar)
② 글로뷸러형(globular transfer)
③ 스프레이형(spray transfer)
④ 리액턴스형(reactance transfer)

해설 단락형에 대한 내용이다.

14 아크전압이 낮아지면 용융속도가 빨라지며 전류밀도가 클 경우 가장 잘 나타나는 아크 특성은?

① 부특성
② 절연 회복 특성
③ 전압 회복 특성
④ 아크길이 자기제어 특성

해설 아크길이 자기제어 특성에 대한 내용이다.

15 용접봉에 아크가 한쪽으로 쏠리는 아크쏠림 방지책이 아닌 것은?

① 짧은 아크를 사용할 것
② 접지점을 용접부로부터 멀리할 것
③ 긴 용접에는 전진법으로 용접할 것
④ 직류용접을 하지 말고 교류용접을 사용할 것

해설 아크쏠림 방지책으로 용접선이 긴 경우 후퇴법으로 용접한다.

★
16 직류용접에서 발생되는 아크쏠림의 방지대책 중 틀린 것은?

① 큰 가접부 또는 이미 용접이 끝난 용착부를 향하여 용접할 것
② 용접부가 긴 경우 후퇴 용접법(back step welding)으로 할 것
③ 용접봉 끝을 아크가 쏠리는 방향으로 기울일 것
④ 되도록 아크를 짧게 하여 사용할 것

해설 아크쏠림 방지책으로 아크가 한 방향으로 쏠리는 경우에는 용접봉을 그 반대방향으로 향하도록 기울여야 한다.

17 다음은 용접기의 구비조건이다. 틀린 것은?

① 전류 조절 범위가 넓어야 한다.
② 아크 발생이 쉽고 전류 변동이 적어야 한다.
③ 절연이 완전하고 고온에도 견디어야 한다.
④ 사용 중에 온도 상승이 커야 한다.

해설 용접기의 경우 사용 중에 온도 상승이 적어야 한다.

정답 10. ① 11. ① 12. ② 13. ① 14. ④ 15. ③ 16. ③ 17. ④

18 아크 용접기에서 아크를 계속 일으키는 데 필요한 전압은?

① 20~40V ② 10~20V
③ 50~80V ④ 70~130V

해설 아크가 발생되어 그 아크를 유지하는 전압을 부하전압이라 하며 부하전압은 보통 20~40V 정도이다.

19 수동아크 용접기가 갖추어야 할 용접기의 특성은?

① 수하 특성과 상승 특성
② 정전류 특성과 상승 특성
③ 정전류 특성과 정전압 특성
④ 수하 특성과 정전류 특성

해설 수동 용접기의 경우 보기 ④의 용접기 특성을 요구한다.

★
20 아크 용접기의 특성에서 다음 그림과 같은 특성을 무엇이라 하는가?

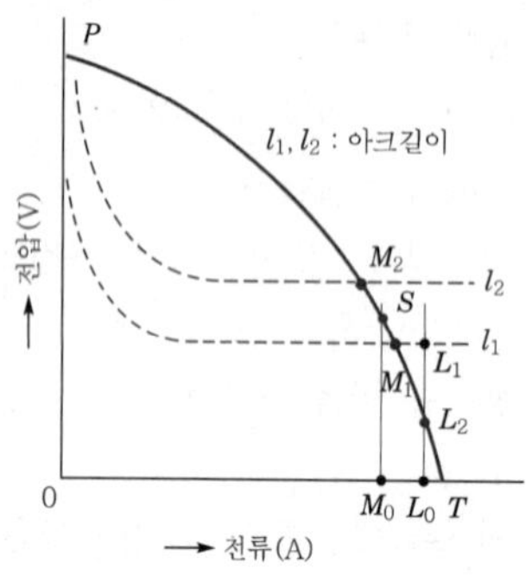

① 수하 특성 ② 정전압 특성
③ 정전류 특성 ④ 상승 특성

해설 그래프를 보면 전류가 증가함에 따라 단자 전압이 감소됨을 알 수 있으며 이를 수하 특성이라 한다.

21 수하 특성을 이용한 용접기의 특징을 바르게 나타낸 것은?

① 아크의 길이가 변해도 일정한 전류가 흐른다
② 아크의 길이가 변해도 전압은 일정하다.
③ 아크의 길이가 변하면 전류도 변한다.
④ 전류와 아크의 길이가 변하면 전압도 변한다.

해설 문 20의 그래프를 보면 아크길이의 변화($l_1 \leftrightarrow l_2$)는 단자전압의 변화에 비례하고 그에 따른 전류의 증가($M_1 \leftrightarrow M_2$) 또는 감소의 폭은 거의 미미하다. 이를 정전류 특성이라고 하며 이 그래프로 수하 특성과 정전류 특성을 같이 설명할 수 있다.

22 다음은 정전류 특성(constant current characteristic)에 대하여 나열한 것이다. 틀린 것은?

① 정전류 특성 용접기를 사용하면 아크길이가 변해도 아크전류는 변하지 않는다.
② 용입 불량이나 슬래그 잠입 등의 결함을 방지한다.
③ 수동아크 용접기는 수하 특성과 정전류 특성으로 설계되어 있다.
④ 용접 입열은 전류에 비례하며 일반적으로 전류의 변동이 심하다.

해설 정전류 특성은 전류가 일정해지려는 특성이다.

23 다음은 교류용접기의 개로 전압에 대한 실명이다. 맞지 않는 것은?

① 개로전압이 높으면 전격의 위험이 있다.
② 개로전압이 높으면 전력의 손실도 많다.
③ 개로전압이 높으면 용접기 용량이 커서 가격이 비싸진다.
④ 개로전압이 높으면 아크 발생열이 높다.

해설 개로 전압(무부하 전압)은 아크를 발생시키기 전의 전압이므로 아크 발생열과는 관계가 없다.

★
24 용접기 케이스 내에 1차 코일과 2차 코일이 있고 1차 코일을 이동시켜 누설 리액턴스의 값을 변화시켜 전류를 조정하는 용접기는?

① 가동 철심형 용접기
② 가포화 리액터형 용접기
③ 탭 전환형 용접기
④ 가동 코일형 용접기

해설 코일이 이동하므로 가동 코일형에 대한 내용이다.

정답 18. ① 19. ④ 20. ① 21. ① 22. ④ 23. ④ 24. ④

25 다음은 정류형 직류아크 용접기에 대한 설명이다. 틀린 것은?

① 이 용접기는 100% 교류를 정류하여 직류를 얻는 용접기이다.

② 정류기에는 셀레늄 정류기(selenium rectifier), 실리콘 정류기(silicon rectifier), 게르마늄 정류기(germanium rectifier) 등이 사용되며, 이 중 셀레늄 정류기와 실리콘 정류기가 가장 많이 사용된다.

③ 1차 측은 3상 200V 전원에 연결하고, 2차 측은 직류 40~60V 정도의 전압이 발생되도록 한다.

④ 이 용접기에는 가포화 리액터형, 탭 전환형, 가동 철심형 및 가동 코일형 용접기가 있으며, 가포화 리액터형이 가장 널리 사용된다.

해설 보기 ④는 교류아크 용접기에 대한 내용이다.

26 다음 중 원격 조정이 가능한 용접기는?

① 가동 철심형 용접기
② 가동 코일형 용접기
③ 가포화 리액터형 용접기
④ 탭 전환용 용접기

해설 원격 조정이 가능한 용접기는 가포화 리액터형 용접기이다.

27 가동 철심형 용접기는 철심의 움직임에 의하여 전류가 크고 작음이 결정되며 가동 철심이 1차 코일과 2차 코일 사이에서 완전히 빠져 있을 때 2차 전류는?

① 전류는 최소가 된다.
② 전류는 최대가 된다.
③ 전류와는 관계없다.
④ 전류는 중간치가 된다.

해설 철심이 1차 코일과 2차 코일 사이에 있는 경우 전류가 최소가 되고, 문제의 내용의 경우라면 전류가 최대로 된다.

28 다음 중 직류 용접기가 아닌 것은?

① 가동 철심형 ② 전동 발전형
③ 엔진 구동형 ④ 정류기형

해설 용접기의 경우 사용 중에 온도 상승이 적어야 한다. 교류아크 용접기의 종류로는 가동 철심형, 가동 코일형, 탭 전환형, 가포화 리액터형 등이 있다.

29 용접기에 AW-300이란 표시가 있다. 300은 무엇을 뜻하는 것인가?

① 2차 최대전류
② 정격2차전류
③ 최고 2차 무부하전압
④ 정격사용률

해설 AW-300에서 수치 300은 정격2차전류를 의미한다.

30 아크 용접기의 용량은 무엇으로 정하는가?

① 개로전압
② 정격2차전류
③ 정격사용률
④ 최고 2차 무부하전압

해설 아크 용접기 용량은 정격2차전류값으로 정해진다.

31 실제 용접 현장에서는 용접하기 전 준비작업으로서, 아크 발생 시간과 용접기 쉬는 시간이 많다. 이 쉬는 시간이 휴식 시간(off time)이라면 사용률의 공식은?

① 사용률(%) $= \dfrac{\text{휴식시간}}{\text{아크시간}} \times 100$

② 사용률(%) $= \dfrac{\text{아크시간}}{\text{아크시간} + \text{휴식시간}} \times 100$

③ 사용률(%) $= \dfrac{\text{아크시간}}{\text{휴식시간}} \times 100$

④ 사용률(%) $= \dfrac{\text{아크시간}}{\text{아크시간} \times \text{휴식시간}} \times 100$

해설 용접기의 사용률은 보기 ②의 공식으로 구할 수 있다.

정답 25. ④ 26. ③ 27. ② 28. ① 29. ② 30. ② 31. ②

32 다음 중 직류 용접기와 비교할 때 교류 용접기의 장점이 아닌 것은?

① 자기 쏠림이 거의 없다.
② 고장률이 적다.
③ 가격이 싸고 유지가 쉽다.
④ 전격의 위험이 적다.

해설 교류 용접기가 전격의 위험성이 더 높다.

33 교류아크 용접기와 직류아크 용접기를 비교했을 때 직류피복아크의 특성이 아닌 것은?

① 무부하전압이 교류보다 높아 감전의 위험이 크다.
② 교류보다 아크가 안정되나 아크 쏠림이 있다.
③ 발전기식 직류 용접기는 소음이 크다.
④ 용접기의 가격이 비싸다.

해설 일반적으로 무부하전압(개로전압)의 경우 교류 용접기가 70~90V, 직류 용접기가 40~60V로, 직류 용접기가 교류 용접기보다 전격의 위험이 적다고 볼 수 있다.

★
34 정격2차전류 200A, 정격사용률 40%의 아크 용접기로 150A의 용접전류를 사용하여 용접할 경우 허용사용률(%)은?

① 약 49%　　② 약 52%
③ 약 68%　　④ 약 71%

해설
$$\text{허용사용률} = \frac{(\text{정격2차전류})^2}{(\text{실제용접전류})^2} \times \text{정격사용률}(\%)$$
$$= \frac{200^2}{150^2} \times 40 = 71.1\%$$

★
35 아크전압 30V, 아크전류 300A, 1차전압 200V, 개로전압 80V일 때 교류 용접기의 역률은? (단, 내부 손실은 4kW이다.)

① 316.4%　　② 184.16%
③ 74.3%　　④ 54.17%

해설
$$\text{역률} = \frac{\text{소비전력}}{\text{전원입력}} \times 100$$
$$= \frac{(\text{아크전압} \times \text{아크전류}) + \text{내부 손실}}{\text{2차 무부하전압} \times \text{아크전류}}$$
$$= \frac{(30 \times 300) + 4\text{kW}}{80 \times 300} = 54.17\%$$

★
36 교류 용접기에서 무부하 전압 80V, 아크전압 30V, 아크전류 200A를 사용할 때 내부 손실 4kW라면 용접기의 효율은?

① 70%　　② 40%
③ 50%　　④ 60%

해설
$$\text{효율} = \frac{\text{아크 출력}}{\text{소비전력}} \times 100$$
$$= \frac{(\text{아크전압} \times \text{아크전류})}{(\text{아크전압} \times \text{아크전류}) + \text{내부 손실}}$$
$$= \frac{(30 \times 300)}{(30 \times 300) + 4\text{kW}} = 60\%$$

37 전격방지기의 2차 무부하 전압은 항시 얼마 정도로 유지하게 되는가?

① 25V 정도　　② 45V 정도
③ 35V 정도　　④ 40V 정도

해설 교류 용접기의 경우 70~90V이던 무부하 전압을 전격방지기를 사용하면 대략 25V 이하로 낮게 할 수 있다.

38 전기 용접기의 원격 제어장치에 대한 설명으로 옳은 것은?

① 전압을 조절할 수 있는 장치이다.
② 용접부의 크기를 조절하는 장치이다.
③ 전류를 조절하는 장치이다.
④ 전압과 전류를 조절하는 장치이다.

해설 원격 제어장치는 먼 거리에서 작업 위치의 전류를 조절하는 장치로 전동기 조작형과 가포화 리액터형이 있다.

39 2차 측 캡타이어 구리선 전선의 지름은?

① 0.2~0.5mm　　② 0.6~1mm
③ 1~1.5mm　　④ 1.5~2.0mm

정답 32. ④ 33. ① 34. ④ 35. ④ 36. ④ 37. ① 38. ③ 39. ①

해설 캡 타이어 전선은 지름이 0.2~0.5mm의 구리선을 수백 혹은 수천 가닥을 꼬아서 튼튼한 종이로 감고 그 위에 고무로 피복한 전선이다.

40 용접기 2차 케이블은 유연성이 좋은 캡타이어 전선을 사용하는데 이 캡타이어 전선에 관한 다음 사항 중 올바른 것은?

① 지름 0.2~0.5mm의 가는 구리선을 수백 선 내지 수천 선 꼬아서 만든 것
② 지름 0.5~1.0mm의 가는 구리선을 수백 선 내지 수천 선 꼬아서 만든 것
③ 지름 1.0~1.5mm의 가는 구리선을 수백 선 내지 수천 선 꼬아서 만든 것
④ 지름 1.5~2.0mm의 가는 구리선을 수백 선 내지 수천 선 꼬아서 만든 것

해설 보기 ①에 대한 내용이다.

41 아크용접에서 2차 케이블의 단면적은 얼마인가? (단, 용접전류 200A일 경우)

① $22mm^2$ ② $38mm^2$
③ $50mm^2$ ④ $60mm^2$

해설 용접 케이블의 규격에 의하면 용접기 용량이 200A의 경우 2차 측 케이블의 단면적은 $38mm^2$ 해당한다.

★
42 용접기의 결선에 관한 설명으로 옳은 것은?

① 1차 측의 용접 케이블이 2차 측보다 굵은 것을 사용한다.
② 어스의 케이블을 피용접물에 접속할 때 가볍게 접속한다.
③ 2차 케이블은 다소 긴 것을 사용하여 남은 부분은 코일 모양으로 감아두는 것이 좋다.
④ 2차 측의 케이블은 1차 측보다 굵은 것을 사용한다.

해설 용접기의 케이블은 1차 측보다 2차 측 케이블에 대 전류가 흘러야 한다. 그러기 위해서는 저항값을 적게 해야 하므로 2차 케이블의 지름은 굵은 것을 사용해야 한다.

43 용접용 케이블에서 용접기 용량이 300A일 때, 1차측 케이블의 지름은?

① 5.5mm ② 8mm
③ 14mm ④ 20mm

해설 용접 케이블의 규격에 의하면 용접기 용량이 300A의 경우 1차 측 케이블의 지름은 8mm 해당한다.

44 아크 용접기의 최대 출력이 30kVA, 1차전압이 200V일 때 퓨즈의 용량으로 적당한 것은?

① 50A ② 100A
③ 150A ④ 200A

해설 $퓨즈용량 = \frac{1차입력}{전원전압}$ 또는 $\frac{2차출력}{전원전압}$ 으로 구할 수 있다. 문제의 정보를 대입하면 $\frac{30,000}{200} = 150[A]$ 이상의 퓨즈를 사용하여야 한다.

45 다음 아크용접 기구 중 성질이 다른 것은?

① 헬멧 ② 용접용 장갑
③ 앞치마 ④ 용접봉 홀더

해설 헬멧, 용접용 장갑, 앞치마는 안전 보호구이고 용접봉 홀더는 작업기구에 해당한다.

46 아크용접 보호용 작업기구가 아닌 것은?

① 앞치마 ② 용접봉 홀더
③ 용접 장갑 ④ 발 커버

해설 용접봉 홀더는 용접용 작업기구에 해당한다.

47 다음은 용접봉에 대한 설명이다. 틀린 것은?

① 아크용접을 할 때 표준 이상의 전류를 사용하게 되면 용접봉이 붉게 가열되는 수가 있다.
② 연강용 아크 용접봉의 심선에는 저탄소강이 사용된다.
③ 고탄소강 용접에는 저수소계 용접봉이 쓰인다.
④ 습기가 많은 피복아크 용접봉을 사용하면 용접기를 손상시킨다.

해설 습기(H_2O)가 많은 용접봉을 사용하는 경우 용착금속에 좋지 않은 영향을 미친다.

정답 40. ① 41. ② 42. ④ 43. ② 44. ③ 45. ④ 46. ② 47. ④

48 피복 용접봉을 사용하는 이유는?

① 전력 소비를 적게 하기 위해서
② 용접봉의 소모량을 적게 하기 위해서
③ 용접기의 수명을 길게 하기 위해서
④ 용접금속을 양호하게 하기 위해서

해설 보기 ④의 이유로 피복 용접봉을 사용한다.

49 초기 아크용접은 직류용접이 교류용접보다 많이 사용되었다. 그 이유로 맞는 것은?

① 좋은 교류 용접기가 없었다.
② 교류 전기를 얻기가 힘들었다.
③ 좋은 피복 용접봉이 없었다.
④ 직류 용접기 가격이 싸기 때문이다.

해설 보기 ③에 대한 내용이다.

50 피복아크 용접봉에 대한 사항이다. 틀린 것은?

① 피복 용접봉은 피복제의 무게가 전체의 10% 이상인 용접봉이다.
② 심선 중 25mm 정도를 피복하지 않고, 다른 쪽은 아크 발생이 쉽도록 약 10mm 이상을 피복하지 않고 제작되었다.
③ 피복아크 용접봉의 심선의 지름은 1~10mm 정도이다.
④ 피복아크 용접봉의 길이는 대체로 350~900mm 정도이다.

해설 피복아크 용접용의 경우 아크 발생을 쉽게 하기 위해 약 3mm 정도 피복하지 않거나 카본 발화제를 바른다.

51 E4313에서 1은 무엇을 의미하는가?

① 피복제의 종류
② 용접자세
③ 최대 인장강도
④ 전기 용접봉 표시

해설 용접봉 표기기호 중 세 번째 숫자 '0'과 '1'은 전자세 용임을 나타낸다.

★
52 E4313-AC-5-400은 연강용 피복아크 용접봉의 규격을 설명한 것이다. 잘못 설명된 것은?

① E : 전기 용접봉
② 43 : 용착금속의 최저 인장강도
③ 13 : 피복제 계통
④ 400 : 용접전류

해설 보기 ④의 400은 용접봉의 길이를 나타낸다.

53 다음은 일미나이트계 피복 용접봉의 성질을 설명한 것이다. 잘못된 것은?

① 용입이 잘되고 기계적 성질이 우수하다.
② 슬래그의 유동성이 좋다.
③ 용착성이 좋아 내부 결함이 적다.
④ 스테인리스강 등 특수 금속의 용접에 쓰인다.

해설 일미나이트계 용접봉은 모재가 연강일 경우 적합한 용접봉이다.

54 박판용접에 가장 우수한 성질을 나타내는 용접봉은?

① 티탄계 ② 라임계
③ 저수소계 ④ 일미나이트계

해설 티탄계 용접봉의 특징이다.

55 저수소계 피복 용접봉의 피복제 주성분은?

① 탄산칼슘과 불화칼슘
② 규산나트륨과 탄산칼슘
③ 마그네사이트와 불화칼슘
④ 규산칼리와 마그네사이트

해설 저수소계는 유기물을 적게 하고 탄산칼슘이나 불화칼슘을 주성분으로 하여 아크 분위기 중에 수소량을 적게(타 용접봉의 1/10 정도)한 용접봉이다.

56 탄소나 유황의 함유량이 많은 강의 용접이나 후판 1층 용접에 알맞은 용접봉은?

① E4313 ② E4301
③ E4316 ④ E4303

해설 저수소계(E4316)에 대한 내용이다.

정답 48. ④ 49. ③ 50. ② 51. ② 52. ④ 53. ④ 54. ① 55. ① 56. ③

57 피복제 중에 철분이 많이 함유된 철분 함유형 용접봉을 사용한 장점 중 가장 옳은 것은?

① 용입이 깊게 된다.
② 비드가 아름답다.
③ 용접 작업속도가 매우 빠르다.
④ 슬래그 제거가 쉽다.

해설 철분 함유형 용접봉(E432□)의 경우 철분이 함유되어 용접속도가 빨라 고능률적이다.

58 다음은 용접봉을 저장 및 취급할 때의 주의사항이다. 틀린 것은?

① 용접봉은 종류별로 잘 구분하여 저장해 두어야 한다.
② 용접봉은 충분히 건조된 장소에 저장해야 한다.
③ 저수소계 용접봉은 건조가 중요하지 않아 바로 사용해야 한다.
④ 용접봉은 사용 중에 피복제가 떨어지는 일이 없도록 통에 넣어서 운반하여 사용하도록 한다.

해설 용접봉은 건조가 매우 중요하며, 특히 저수소계의 경우 더욱 건조가 중요하다. 300~350℃에서 약 2시간 정도 건조한 후 사용한다.

59 모재 두께 9mm, 용접봉 지름이 4.0mm일 때 표준 전류는?

① 40~60A ② 100~120A
③ 80~100A ④ 140~160A

해설 적정 전류값은 단면적 $1mm^2$당 10~11A 값으로 구할 수 있으며, 140~160A로 계산된다.

60 일감에 적합한 용접 전류값을 결정하는 데 고려해야 할 사항이 아닌 것은?

① 용접물 재질 ② 용접자세
③ 용접봉 굵기 ④ 아크길이

해설 적정 전류값을 결정하는 요인으로 보기 ①, ②, ③ 등이 있다.

61 용접속도를 결정하는 요소가 될 수 없는 것은?

① 용접봉의 종류 및 전류값
② 모재의 재질
③ 용접 이음의 모양 및 가공상태
④ 용접자세 및 무부하 전압

해설 보기 ④는 적정 용접속도를 결정하는 요인과 거리가 멀다.

62 아크용접에서 백비드 용접 시 열량 조절을 어떤 방법으로 하는가?

① 줌 ② 위핑
③ 위빙 ④ 후열

해설 아크용접에서 백비드 용접 시 계속적인 아크 발생이 아닌 열량조절을 위해 간헐적으로 위빙(운봉)을 끊었다가 이어주는 방법을 위핑(whipping)이라 한다.

63 다음은 용접기의 보수에 대한 사항이다. 틀린 것은?

① 전환 탭 및 전환 나이프 끝 등 전기적 접속부는 자주 샌드 페이퍼(sandpaper) 등으로 다듬어야 한다.
② 용접 케이블 등 파손된 부분은 즉시 절연 테이프로 감아야 한다.
③ 조정 손잡이, 미끄럼 부분, 냉각용 선풍기, 바퀴 등에는 절대로 주유해서는 안 된다.
④ 용접기 설치장소는 습기나 먼지 등이 많은 곳은 피하여 선택한다.

해설 회전부, 마찰부는 주유를 하여 원활한 구동이 되도록 한다.

64 다음 중 내 균열성이 가장 좋은 용접봉은?

① 고산화 티탄계 ② 저수소계
③ 고셀룰로오스계 ④ 철분 산화티탄계

해설 연강용 피복아크 용접봉의 피복제의 염기도가 높을수록 내 균열성이 높으며, 보기 중에서는 저수소계가 염기도, 즉 내 균열성이 가장 높다.

정답 57. ③ 58. ③ 59. ④ 60. ④ 61. ④ 62. ② 63. ③ 64. ②

65 피복금속아크 용접봉의 내 균열성이 좋은 정도는?

① 피복제의 염기성이 높을수록 양호하다.
② 피복제의 산성이 높을수록 양호하다.
③ 피복제의 산성이 낮을수록 양호하다.
④ 피복제의 염기성이 낮을수록 양호하다.

해설 연강용 피복아크 용접봉의 피복제의 염기도가 높을수록 내 균열성이 높다.

66 피복아크 용접봉은 사용하기 전에 편심상태를 확인한 후 사용하여야 한다. 이때 편심률은 몇 % 정도 되어야 하는가?

① 3% 이내 ② 5% 이내
③ 3% 이상 ④ 5% 이상

해설 연강용 피복아크 용접봉의 편심률은 3% 이내여야 한다.

67 고장력강에 주로 사용되는 피복아크 용접봉으로 가장 적합한 것은?

① 일미나이트계 ② 고셀룰로오스계
③ 고산화티탄계 ④ 저수소계

해설 고장력강의 경우 연강에 비해 탄소함유량이 다소 높고, 용접성이 다소 낮아 저수소계 용접봉이 적합하다.

03 가스 용접

★
01 다음 중 나머지 셋과 다른 하나는?

① 아세틸렌 ② LPG
③ 수소 ④ 산소

해설 보기 ①, ②, ③의 경우 산소(지연성 가스)와는 달리 가연성 가스로 구분된다.

★
02 가스용접의 장점으로 틀린 것은?

① 운반이 편리하고 어느 곳에서나 설치할 수 있다.
② 가열, 조절이 자유롭고 얇은 판에 적합하다.
③ 응용범위가 넓다.
④ 아크용접과 비교하여 가열범위가 커서 변형이 적다.

해설 가스용접의 경우 아크용접에 비해 가열범위가 커서 변형이 심하며, 이는 가스용접의 단점에 해당한다.

03 가스용접의 단점이 될 수 없는 것은?

① 불꽃의 온도가 낮아 두꺼운 판에 부적당하다.
② 열효율이 낮다.
③ 열 집중성이 낮다.
④ 가스 소모 비율이 나쁘다.

해설 가스용접의 단점으로 보기 ①, ②, ③ 등이 해당된다.

04 아세틸렌에 대한 설명 중 틀린 것은?

① 공기보다 무겁다.
② 무색, 무취이다.
③ 여러 가지 액체에 잘 용해된다.
④ 폭발 위험성이 있다.

해설 아세틸렌의 비중은 0.906으로 공기보다 가볍다.

★
05 다음은 아세틸렌에 대한 설명이다. 옳지 않은 것은?

① 분자식은 C_2H_2이다.
② 금속을 접합하는 데 사용한다.
③ 각종 액체에 잘 용해된다.
④ 산소와 화합하여 2,000℃의 열을 낸다.

해설 산소와 화합·연소하면 2,800~3,400℃의 열을 낸다.

정답 65. ① 66. ① 67. ④ / 01. ④ 02. ④ 03. ④ 04. ① 05. ④

06 아세틸렌 가스의 성질에 대한 설명이다. 옳은 것은?

① 수소와 산소가 화합된 매우 안정된 기체이다.
② 1리터의 무게는 1기압 15℃에서 1.176g이다.
③ 가스 용접용 연료 가스이며, 카바이드로부터 제조된다.
④ 공기를 1로 하였을 때의 비중은 1.91이다.

해설 ① 수소와 탄소의 화합물로 매우 불안정한 기체이다.
② 1기압 15℃에서 아세틸렌 1리터의 무게는 1.176g이다.
④ 아세틸렌의 비중은 0.906으로 공기보다 가볍다.

07 다음 중 어느 것에 아세틸렌이 가장 많이 용해되는가?

① 물 ② 석유
③ 벤젠 ④ 아세톤

해설

물	석유	벤젠	알코올	아세톤
같은 양	2배	4배	6배	25배

08 카바이드에 대한 설명 중 틀린 것은?

① 흰색을 띤다.
② 비중은 2.2~2.3이다.
③ 석회석과 석탄으로 만든다.
④ 물과 작용하면 아세틸렌가스가 발생

해설 카바이드는 일반적으로 회흑색, 회갈색을 띤다.

09 산소-아세틸렌 용접에서 사용되는 카바이드의 취급방법 중 틀린 것은?

① 산소 용기와 같이 저장한다.
② 물과 수증기와의 반응을 방지시킨다.
③ 개봉 후 완전히 밀폐하여 습기가 들어가지 않게 한다.
④ 통풍이 잘 되는 곳에 저장한다.

해설 카바이드는 아세틸렌을 만들 수 있으므로 산소와 함께 보관하지 않는다.

10 순수한 카바이드 1kg에서 약 몇 L의 아세틸렌 가스가 발생하는가?

① 696L ② 348L
③ 218L ④ 148L

해설 순수한 카바이드 1kg에서 아세틸렌 가스는 약 348L 발생한다.

★
11 아세틸렌은 공기 중에서 몇 ℃ 정도면 폭발하는가?

① 305~315℃ ② 406~408℃
③ 505~515℃ ④ 605~615℃

해설 아세틸렌의 폭발을 온도로 본다면 406~408℃에서는 자연발화되고, 505~515℃에 달하면 공기 중에 폭발하며, 780℃ 이상이 되면 산소가 없어도 자연폭발을 한다.

12 아세틸렌 용기 및 도관에 몇 % 정도의 동합금을 사용할 수 있는가?

① 62% 이하 ② 95% 이하
③ 50% 이하 ④ 사용할 수 없다.

해설 아세틸렌의 폭발성을 고려하면 62% 미만의 동합금의 경우 화합물을 생성하지 않아 도관으로 사용이 가능하다.

13 폭발 위험성이 큰 산소와 아세틸렌의 혼합 비율은?

① 50 : 50 ② 60 : 40
③ 30 : 70 ④ 85 : 15

해설 산소와 아세틸렌의 비가 85 : 15인 경우 가장 폭발의 위험이 크다.

14 다음 중 아세틸렌의 폭발과 관계없는 것은?

① 압력 ② 구리
③ 아세톤 ④ 온도

해설 아세톤은 아세틸렌의 폭발과 관계가 없으며, 아세틸렌 가스는 25배의 아세톤에 용해된다.

정답 06. ③ 07. ④ 08. ① 09. ① 10. ② 11. ③ 12. ① 13. ④ 14. ③

15 일반적으로 아세틸렌 청정제의 약품으로 사용되고 있는 것은?

① 헤라톨 ② 목탄 또는 톱밥
③ 중탄산 소다 ④ 소금

해설 헤라톨에 대한 내용이다.

16 순수한 기체 산소에 대한 것이다. 부적합한 것은?

① 냄새가 없다.
② 가연성 기체이다.
③ 색이 없다.
④ 공기보다 약간 무거운 기체이다.

해설 산소는 지연성(조연성) 기체로 가연성 기체가 연소하는 것을 돕는 역할을 한다.

17 LP 가스에 대한 이점을 설명한 것이다. 틀린 것은?

① 상온에서 액화하기 쉬워 운반이 쉽고, 안전한 기체이다.
② 폭발의 위험성이 아세틸렌보다 적다.
③ 응용 범위가 넓다.
④ 카바이드에서 제조되어 얻어진다.

해설 아세틸렌 가스가 카바이드에서 제조된다.

★
18 산소-프로판 가스용접 작업에서 산소와 프로판 가스의 최적 혼합비는?

① 프로판 1 : 산소 2.5
② 프로판 1 : 산소 4.5
③ 프로판 2.5 : 산소 1
④ 프로판 4.5 : 산소 1

해설 산소-프로판 조합의 경우 산소-아세틸렌 조합보다 산소가 일반적으로 4.5배 더 소모가 된다. 산소-프로판 최적비는 보기 ②이다.

19 가스 불꽃에서 팁 끝에 나타나는 흰색의 원뿔형 부분을 무엇이라 하는가?

① 보호통 ② 변
③ 백심 ④ 봉경

해설 백심에 대한 내용이다.

20 속불꽃과 겉불꽃 사이에 백색의 제3불꽃, 즉 아세틸렌 페더가 있는 불꽃은?

① 중성 불꽃 ② 산화 불꽃
③ 아세틸렌 불꽃 ④ 탄화 불꽃

해설 속불꽃과 아세틸렌 불꽃 사이에 아세틸렌 페더(깃)가 있다면 아세틸렌 과잉 불꽃이며, 이를 탄화 불꽃이라 한다.

21 산소는 35℃에서 몇 기압으로 충전되는가?

① 50 ② 150
③ 200 ④ 250

해설 일반적으로 산소는 35℃, 150기압으로 충전한다.

★
22 산소용기에 관한 설명 중 틀린 것은?

① 산소용기는 이음매 없는 강관으로 만든다.
② 인장강도 57kg/mm^2 이상, 연신율 18% 이상의 강재로 만든다.
③ 내압 시험 압력의 5/3배로 충전하여 쓴다.
④ 용기의 크기는 기체 환산 체적으로 5,000L, 6,000L, 7,000L 용이 있다.

해설 일반적으로 충전 압력은 내압 시험 압력의 3/5배로 충전한다.

23 산소(용기) 봄베는 고압 가스법에 따라 어떤 색으로 용기에 표시하는가?

① 주황색 ② 청색
③ 갈색 ④ 녹색

해설 공업용 산소의 용기는 녹색으로 구별한다. 단, 의료용 산소는 백색이다.

24 산소 용접기에 산소용기는 화기로부터 최소한 몇 m 이상 떨어져 있는 것이 좋은가?

① 2m 이상 ② 3m 이상
③ 4m 이상 ④ 5m 이상

정답 15. ① 16. ② 17. ④ 18. ② 19. ③ 20. ④ 21. ② 22. ③ 23. ④ 24. ④

해설 산소용기는 화기로부터 위험을 막기 위해 최소한 5m 이상 떨어져 있어야 한다.

★
25 산소용기(bombe) 상단에 F.P라고 각인이 찍혀 있는데 이것은 무엇을 뜻하는가?

① 용기 내압 시험압력
② 내용적
③ 최고 충전압력
④ 산소 충전압력

해설 F.P(Full Pressure), 즉 최고 충전압력을 의미한다.

26 산소병의 크기를 나타내는 것은 어느 것인가?

① 용기에 채워져 있는 산소의 대기환산용적(L)
② 액체 산소의 무게
③ $C = 905(B-A)$L
④ 산소병의 용적

해설 보기 ①에 대한 내용이다.

★
27 내용적 40L의 산소병에 110kgf/cm^{2}의 압력이 게이지로 표시되었다면 산소병에 들어 있는 산소량은 몇 리터인가?

① 2,400 ② 3,200
③ 4,400 ④ 5,800

해설 산소량(L) = 충전기압(P) × 내용적(V)으로 구할 수 있다.
$L = 110 \times 40 = 4,400$ 리터로 계산된다.

28 산소와 아세틸렌 용기 취급 시 주의할 사항 중 틀린 것은?

① 산소병 운반 시 충격을 주어서는 안된다.
② 아세틸렌 병은 안전하게 옆으로 뉘어서 사용한다.
③ 산소병 내에 다른 가스를 혼합하면 안된다.
④ 아세틸렌 병 가까이 불꽃을 튀어서는 안된다.

해설 용해 아세틸렌 병 내부에는 아세톤을 들어있다. 아세틸렌 병을 뉘어서 사용하면 아세톤이 흘러나오게 되므로 반드시 세워서 사용 · 보관하도록 한다.

★
29 아세틸렌이 충전되어 병의 무게가 64Kg이었고, 사용 후 공병의 무게가 61Kg이었다면 이때 사용된 아세틸렌의 양은 몇 리터인가? (단, 아세틸렌의 용적은 905리터임)

① 348 ② 450
③ 1,044 ④ 2,715

해설 아세틸렌 양은 $905(B-A)$로 구해진다. 여기에서 B는 실병 무게, A는 공병 무게이다. 사용된 아세틸렌 양(L)=905(64−61)=2,715L로 구해진다.

30 용해 아세틸렌 병 밑부분에 보통 2개의 퓨즈 플러그가 있다. 이 퓨즈 플러그 속에 퓨즈 금속은 몇 ℃에서 파괴되도록 되어 있는가?

① 105℃ ② 170℃
③ 80℃ ④ 500℃

해설 용해 아세틸렌 병 하단에 퓨즈 플러그는 105℃에 파괴되도록 되어 있다.

31 물에 카바이드를 적당히 공급하여 비교적 순수한 아세틸렌 가스를 발생시키는 것은?

① 주수식 ② 침지식
③ 침전식 ④ 투입식

해설 ① 주수식 : 카바이드에 물을 주입하는 방식
② 침지식 : 담겨있는 물에 카바이드를 닿게 하는 방식
④ 투입식 : 물에 카바이드를 투입하는 방식

32 아세틸렌 발생기를 사용하여 용접할 경우 아세틸렌 가스의 역류나 역화 또는 인화로 발생기가 폭발되는 위험을 방지하기 위해 사용하는 기구는?

① 청정기 ② 안전기
③ 조정기 ④ 차단기

해설 ① 청정기 : 아세틸렌 발생기에서 카바이드로부터 아세틸렌 가스를 발생시킬 때 석회분말, 황화수소, 인화수소 등의 불순물이 발생되는데 이것을 제거하는 장치
② 안전기 : 토치로부터 발생되는 역류, 역화, 인화시의 불꽃 및 가스의 흐름을 차단하는 장치
③ 조정기 : 산소, 아세틸렌 용기의 압력을 용접작업하는 데 적당하도록 조절하는 장치

정답 25. ③ 26. ① 27. ③ 28. ② 29. ④ 30. ① 31. ④ 32. ②

33 침지식 발생기의 설명이다. 틀린 것은?

① 발생기 속의 카바이드에 물을 주어 가스 발생을 한다.

② 구조가 간단하고 설치도 쉽다.

③ 발생기 중에 열의 발생이 가장 많다.

④ 이동식으로 사용할 수 있으나 자연 가스 발생, 중합 작용 등이 있어 취급에 주의를 요한다.

해설 보기 ①은 주수식 발생기의 특징이다.

34 가변식 토치의 설명 중 틀린 것은?

① 프랑스식이라고도 말한다.

② 팁의 번호는 1시간당 아세틸렌 소비량으로 표시한다.

③ 가벼우며 활동하기 쉬운 토치다.

④ 팁의 번호는 용접할 수 있는 철판의 두께로 표시한다.

해설 보기 ④는 불변압식, 또는 독일식 토치에 대한 설명이다.

35 다음은 압력 조정기(pressure regulator)에 대한 사항이다. 틀린 것은?

① 밸브가 1차 측 기밀실에 있는 스템형(stem type)과 밸브가 2차 측 기밀실에 있는 노즐형(nozzle type)의 두 종류가 있다.

② 보통 작업을 할 때에는 산소 압력을 5~6 kg/cm^2 이하 아세틸렌 가스 압력을 0.4~0.8kg/cm^2 정도로 한다.

③ 압력 조정기의 구조는 용기의 내압을 재는 압력계와 이것을 감압하여 용접하는 데 적당한 압력으로 낮은 용접압력을 지지하는 2개의 압력계로 되어 있다.

④ 압력 조정기 설치 기구나 조정기의 각 부분에는 그리스나 기름기 등을 묻혀서는 안된다.

해설 가스용접 시 산소압력을 2~4기압, 아세틸렌은 0.2~0.4기압으로 조정한다.

36 다음 중 압력 게이지의 작동순서는?

① 링크→기어→피니어→부르돈관→바늘

② 부르돈관→피니언→기어→링크→바늘

③ 피니언→기어→링크→부르돈관→바늘

④ 부르돈관→링크→기어→바늘

해설 보기 ④의 순서로 작동한다.

★ **37** 팁의 능력을 나타낸 것 중 맞는 것은?

① 구멍의 크기와 형상

② 산소와 아세틸렌의 압력

③ 아세틸렌의 소비량과 판의 두께

④ 팁의 재질

해설 가스용접에서 프랑스식은 1시간당 소모되는 아세틸렌의 양, 독일식은 용접 모재의 판 두께를 번호로 하여 용접 팁의 능력을 나타낸다.

38 불순 가스가 가장 많이 발생하는 발생기의 종류는?

① 침지식 ② 투입식
③ 침류식 ④ 주수식

해설 침지식 아세틸렌 가스 발생식이 가장 불순 가스가 많이 발생한다.

39 다음 토치의 팁 번호를 나타낸 것 중 맞는 것은?

① 가변압식은 1분간의 산소 소비량을 나타낸 것이다.

② 가변압식은 팁의 구조가 복잡하고 작업자가 무겁게 느낀다.

③ 불변압식이란 팁의 구멍 지름을 나타낸 것이다.

④ 불변압식은 그 팁이 용접할 수 있는 판 두께를 기준으로 표시한다.

해설 불변압식(독일식 : A형)의 팁의 번호는 용접할 수 있는 연강판의 두께로 표시하며 불꽃의 능력을 변화할 수 없다.

정답 33. ① 34. ④ 35. ② 36. ④ 37. ③ 38. ① 39. ④

40 다음 중 팁이 막혔을 때 소제하는 방법이 옳은 것은?

① 철판 위에 가볍게 문지른다.
② 줄칼로 부착물을 제거한다.
③ 팁 클리너로 제거한다.
④ 내화 벽돌 위에 가볍게 문지른다.

해설 팁 클리너 : 팁 구멍을 청소하는 기구로 황동, 연강 등을 사용하여 아주 둥근 줄 모양으로 만들며, 팁 청소하는 팁 구멍보다 작은 것을 사용한다.

41 다음은 토치에 점화할 때 폭음이 일어나는 원인이다. 틀린 것은?

① 안전기 기능의 불량
② 혼합 가스의 배출이 불완전
③ 산소 및 아세틸렌 압력 부족
④ 가스 분출 속도의 부족

해설 역류, 역화, 인화 등의 원인은 산소와 아세틸렌의 사용 압력이 다른 것에 있다.

42 도관(호스) 취급에 관한 주의사항 중 올바르지 않은 것은?

① 고무호스에 무리한 충격을 주지 말 것
② 호스 이음부에는 조임용 밴드를 설치할 것
③ 한랭시 호스가 얼면 더운 물로 녹일 것
④ 호스의 내부 청소는 고압 수소를 사용할 것

해설 호스의 내부 청소는 압축 공기를 사용한다.

43 가스 용접봉 시험편 처리방법에서 기호 SR은 무엇을 뜻하는가?

① 용접한 그대로 응력 제거하지 않는다.
② 625±25℃에서 응력 제거한다.
③ 직선으로 펴서 사용해야 한다.
④ 인장강도의 기호 표시

해설 SR(Stress Relief) : 응력제거 열처리를 하였다는 의미이다.

44 가스 용접봉에서 GA43-ϕ5라는 내용이 쓰여 있을 때 43은 무엇을 나타내는가?

① 용접봉의 재질
② 용접봉의 종류
③ 용착금속의 최저 인장강도
④ 용접봉의 길이

해설 보기 ③에 대한 내용이다.

45 가스용접에서 용제를 사용하지 않아도 되는 것은?

① 연강 ② 주철
③ 구리 ④ 알루미늄

해설 가스용접에서 모재가 연강인 경우 별도의 용제가 필요로 하지 않는다.

46 가스용접 시 모재의 재질에 따른 용제를 표시하였다. 잘못 짝지어진 것은?

① 반경강-중조+탄산소다
② 구리합금-붕사
③ 주철-붕사+중조+탄산소다
④ 알루미늄-붕사+중조

해설 알루미늄과 그 합금을 가스 용접하는 경우 염화리튬, 염화칼륨, 염화나트륨, 플루오르화 칼륨, 황산칼륨 등이 용제로 사용된다.

47 다음은 가스용접용 용제에 관한 사항이다. 틀린 것은?

① 산화물은 적합한 용제(flux)를 사용하여 제거해야 한다.
② 용제는 건조된 가루, 페이스트 또는 용접봉 표면에 피복하여 사용한다.
③ 연강의 가스용접에서는 용제를 필요로 하고 있다.
④ 금속의 산화물이 생기면 용착금속의 융합이 불량해진다.

해설 가스용접에서 모재가 연강인 경우 별도의 용제가 필요로 하지 않는다.

정답 40. ③ 41. ① 42. ④ 43. ② 44. ③ 45. ① 46. ④ 47. ③

48 가스용접에서 용접봉과 모재 두께와의 관계를 나타낸 것은? (단, D : 용접봉 지름, t : 모재 두께)

① $D=\frac{t}{2}$　　② $D=\frac{t}{2}+1$

③ $D=\frac{t}{2}-1$　　④ $D=\frac{t}{2}+2$

해설 보기 ②에 대한 내용이다.

★
49 가스용접 시 철판의 두께가 3.2mm일 때 용접봉의 지름은 얼마로 하는가?

① 1.2mm　　② 2.6mm

③ 3.5mm　　④ 4mm

해설 가스 용접봉의 지름과 판 두께와의 관계는 다음과 같이 구해진다.

$$D=\frac{t}{2}+1=\frac{3.2}{2}+1=2.6\text{mm}$$

★
50 가스용접에서 전진법과 비교한 후진법의 특징 설명에 해당되지 않는 것은?

① 두꺼운 판의 용접에 적합하다.
② 용접속도가 빠르다.
③ 용접변형이 크다.
④ 소요 홈의 각도가 작다.

해설 전진법과 후진법의 비교

항목	전진법(좌진법)	후진법(우진법)
열 이용률	나쁘다	좋다
용접속도	느리다	빠르다
비드 모양	보기 좋다	매끈하지 못하다
홈 각도	크다(80°)	작다(60°)
용접변형	크다	작다
용접 모재 두께	얇다(5mm까지)	두껍다
산화 정도	심하다	약하다
용착금속의 냉각속도	급랭된다	서냉된다
용착금속 조직	거칠다	미세하다

51 산소-아세틸렌 용접에서 전진법에 해당되지 않는 것은?

① 주로 5mm 이하의 박판 용접에 사용한다.
② 열변형이 적다.
③ 용접봉을 토치가 따라가며 행하는 용접법이다.
④ 토치의 전진 각도는 약 45~50° 이다.

해설 전진법과 후진법의 비교하면 전진법의 경우 열 이용률이 나빠 변형 정도가 크다.

52 가스용접 작업 중 불꽃에 산소의 양이 많으면 어떤 결과가 일어나는가?

① 용접부에 기공이 생긴다.
② 아세틸렌의 소비가 많아진다.
③ 용접봉의 소비가 많아진다.
④ 용제의 사용이 필요없게 된다.

해설 산소의 양이 많을 경우 용접부에 산소가 침투되며, 그로 인해 기공 등의 결함 발생이 우려된다.

53 판 두께가 다른 두 판을 가스용접할 경우 옳은 용접방법은?

① 두 모재의 중간 부분에 용접
② 얇은 판 쪽에 열을 많이 가게 한다.
③ 열용량이 큰 모재 쪽에 불꽃이 많이 가게 한다.
④ 용접속도를 느리게 한다.

해설 보기 ③이 옳은 시공방법이다.

04 절단 및 가공

★
01 가스 절단면에서 절단 기류의 입구점과 출구점 사이의 수평거리를 무엇이라 하는가?

① 노치(norch)　　② 엔드 탭(end tap)

③ 드래그(drag)　　④ 스캘럽(scallop)

해설 드래그(drag)에 대한 내용이다.

정답 48. ② 49. ② 50. ③ 51. ② 52. ① 53. ③ / 01. ③

02 다음 중 산소가스 절단원리를 가장 바르게 설명한 것은?

① 산소와 철의 산화 반응열을 이용하여 절단한다.
② 산소와 철의 탄화 반응열을 이용하여 절단한다.
③ 산소와 철의 산화 아크열을 이용하여 절단한다.
④ 산소와 철의 탄화 반응열을 이용하여 절단한다.

해설 가스 절단원리를 올바르게 설명한 것은 보기 ①이다.

03 가스절단에서 드래그(drag)에 대한 설명으로 틀린 것은?

① 드래그 길이는 절단속도, 산소소비량에 의해 변한다.
② 드래그 길이는 가능한 한 짧은 편이 좋다.
③ 표준 드래그 길이란 절단 밑 끝면의 절단부가 남지 않을 정도의 드래그를 말한다.
④ 진행방향으로 측정한 드래그 라인의 시점과 끝점 간의 거리를 말한다.

해설 드래그 길이는 절단속도에 많은 영향을 받으며 짧은 드래그 길이를 요구하기 보다 일정한 드래그 길이를 요구한다.

★
04 두께가 25.4mm인 강판을 가스절단하려 할 때 가장 적합한 표준 드래그의 길이는?

① 2.4mm ② 5.2mm
③ 6.6mm ④ 7.8mm

해설 절단 모재의 두께와 표준 드래그

모재의 두께(mm)	12.7	25.4	51~512
드래그 길이(mm)	2.4	5.2	6.4

05 절단면 끝단부가 남지 않을 정도의 드래그를 표준 드래그라고 하는데 이것은 보통 판 두께(t)의 몇 배인가?

① 1/3 ② 1/5
③ 1/7 ④ 1/10

해설 표준 드래그 길이는 보통 판 두께의 약 20%이다.

06 다음은 가스절단에 대하여 말한 것이다. 잘못된 것은?

① 예열 불꽃은 표준 불꽃을 사용한다.
② 불꽃과 모재와의 거리는 약 1.5~2.0mm로 한다.
③ 예열한 곳이 산화하기 시작하면 고압 산소를 뿜어서 절단한다.
④ 연강, 주철, 주강 이외에도 절단이 가능하다.

해설 가스절단은 연강, 주강 등에 적용하며 알루미늄, 구리 합금 등 비철금속의 경우 가스 절단이 곤란하여 분말 절단 등을 고려한다.

★
07 가스절단에서 양호한 절단면을 얻기 위한 조건으로 틀린 것은?

① 드래그(drag)가 가능한 한 클 것
② 경제적인 절단이 이루어질 것
③ 슬래그 이탈이 양호할 것
④ 절단면 표면의 각이 예리할 것

해설 양호한 절단의 조건으로 드래그가 가능한 적을 것이 맞다.

08 가스절단 작업에서 절단속도에 영향을 주는 요인과 제일 먼 것은?

① 아세틸렌의 압력 ② 산소의 압력
③ 산소의 순도 ④ 모재의 온도

해설 절단속도에 영향을 주는 요소 : 모재의 온도, 산소 압력, 산소의 순도, 팁의 모양

09 절단 불꽃에서 예열 불꽃이 지나치게 압력이 높아 불꽃이 세지면 어떤 결과가 생기는가?

① 절단면이 깨끗하다.
② 절단면이 아주 거칠다.
③ 절단모재 상부 기슭이 녹아 둥글게 된다.
④ 절단속도를 느리게 할 수 있다.

해설 예열 불꽃이 지나치게 세지면 절단모재 상부 기슭이 녹아 둥글게 되는 현상이 생긴다.

정답 02. ① 03. ② 04. ② 05. ② 06. ④ 07. ① 08. ① 09. ③

10 가스절단 작업 시 주의사항 중 적당하지 않은 것은?

① 절단속도가 빠르면 팁이 과열되고 모재 위가 용해되어 절단면이 더러워진다.
② 모재 표면이 적열 시 고압산소를 분출시켜 절단을 행한다.
③ 팁을 모재에서 멀리 하면 절단 홈이 넓어진다.
④ 박판 절단의 경우는 팁을 진행방향에 경사시켜 빨리 작업을 진행한다.

해설 보기 ①은 절단속도가 느릴 경우 나타나는 현상이다.

11 다음 가스절단에 대하여 설명한 것 중 잘못된 설명은?

① 팁 끝과 공작물과의 거리는 불꽃 백심 끝에서 3~5mm 정도가 제일 적합하다.
② 가스절단의 원리는 적열된 강과 산소 사이에서 일어나는 화학 작용, 즉 강의 연소를 이용하여 절단하는 것을 말한다.
③ 경강이나 합금강은 절단이 약간 곤란한 금속이다.
④ 곡선 절단에는 독일식 절단기보다 프랑스식 절단기가 유리하다.

해설 팁 끝과 모재와의 거리는 백심 끝에서 약 1.5~2.0mm가 적당하다.

12 다음 중 가스절단 팁의 거리에 알맞은 것은?

① 1~1.5mm ② 1.5~2.0mm
③ 2.5~4mm ④ 4~5mm

해설 절단 시 절단 팁과 모재와의 거리는 약 1.5~2mm 정도가 적당하다.

13 절단 시 예열 불꽃이 약하면 어떠한 현상이 생기는가?

① 슬래그 부착이 많다.
② 밑부분에 노치가 많이 발생한다.
③ 드래그 라인이 불규칙하다.
④ 윗 언저리가 녹는다.

해설 예열 불꽃이 약한 경우 밑부분에 노치가 많이 발생한다.

★
14 가스절단 시 갖추어야 할 조건이 아닌 것은?

① 금속의 산화 연소하는 온도가 그 금속의 용융온도보다 낮을 것
② 연소되어 생긴 산화물의 용융온도가 그 금속의 용융온도보다 낮을 것
③ 재료의 성분 중 연소를 방해하는 원소가 적을 것(불연성 불순물 함량)
④ 연소되어 생긴 산화물의 유동성이 나쁠 것

해설 절단 시 연소되어 생긴 산화물의 유동성이 좋아야 절단 후 드로스(dross)가 없는 양호한 절단 품질을 얻을 수 있다.

15 가스절단 중 절단면의 윗 모서리가 녹아 둥글게 되는 현상이 생기는 원인과 거리가 먼 것은?

① 팁과 강판의 사이의 거리가 가까울 때
② 절단 가스의 순도가 높을 때
③ 예열 불꽃이 너무 강할 때
④ 절단속도가 느릴때

해설 절단산소의 순도와 절단재의 윗 모서리와는 다소 거리가 있다.

16 가스절단에서 예열 불꽃의 역할이 아닌 것은?

① 절단 개시점을 발화온도로 가열한다.
② 절단 산소의 순도를 저하시킨다.
③ 절단 산소의 운동량을 유지한다.
④ 절단재의 표면 스케일 등을 박리시켜 절단 산소와의 반응을 용이하게 한다.

해설 예열 불꽃의 역할로 보기 ①, ③, ④ 등이 있다.

17 절단용 가스 중 발열량이 가장 높은 가스는?

① 아세틸렌 ② 프로판
③ 수소 ④ 메탄

해설 가스의 발열량[kcal/m^3]
① 아세틸렌 12,753 ② 프로판 20,550
③ 수소 2,448 ④ 메탄 8,132

정답 10. ① 11. ① 12. ② 13. ② 14. ④ 15. ② 16. ② 17. ②

18 가스절단 장치에 관한 설명이다 틀린 것은?

① 프랑스식 절단 토치의 팁은 동심형이다.
② 중압식 절단 토치는 아세틸렌 가스 압력이 보통 0.07kgf/cm^2 이하에서 사용한다.
③ 독일식 절단 토치의 팁은 이심형이다.
④ 산소나 아세틸렌 용기 내의 압력이 고압이므로 그 조정을 위해 압력조정기가 필요하다.

해설 중압식 절단 토치는 아세틸렌 가스 압력이 보통 0.07~0.4, 저압식이 0.07 kgf/cm^2 이하이다.

19 탄소아크절단에 관한 사항 중 틀린 것은?

① 탄소아크 절단법은 탄소 또는 흑연 전극봉과 모재와의 사이에 아크를 일으켜 절단하는 방법이다.
② 탄소아크절단을 실시할 때 전류가 300A 이상의 경우에는 수냉식 홀더를 사용하는 것이 좋다.
③ 직류정극성이 사용되나 교류라도 절단이 안 되는 것은 아니다.
④ 피복제는 발열량이 많고, 산화성이 풍부한 것으로 되어 있다.

해설 보기 ④는 금속아크절단의 용접봉에 대한 내용이다.

20 다음 수동절단 작업요령 중 틀리게 설명한 것은?

① 절단 토치의 밸브를 자유롭게 열고 닫을 수 있도록 가볍게 쥔다.
② 토치의 진행속도가 늦으면 절단면 윗 모서리가 녹아서 둥글게 되므로 적당한 속도로 진행한다.
③ 토치가 과열되었을 때는 아세틸렌 밸브를 열고 물에 식혀서 사용한다.
④ 절단 시 필요한 경우 지그나 가이드를 이용하는 것이 좋다.

해설 절단 토치가 과열되었을 때는 산소를 열고 물속에 담가 식힌다.

21 자동 가스 절단기의 사용상 이점이 아닌 것은?

① 작업자의 피로가 적다.
② 작업성, 경제성의 면에서 대단히 우수하다.
③ 정밀도에 있어 치수면에서 정확한 직선을 얻을 수 있다.
④ 정확한 곡선을 쉽게 얻을 수 있다.

해설 자동절단의 경우 레일을 따라 절단장치가 움직이므로 긴 물체의 직선 절단에 적합하며, 불규칙한 곡선의 절단은 곤란하다.

22 산소-아세틸렌 가스 절단과 산소-프로판 가스 절단의 특징이 아닌 것은?

① 절단면 윗 모서리가 잘 녹지 않는다.
② 슬래그 제거가 쉽다.
③ 포갬 절단 시 아세틸렌보다 절단속도가 느리다.
④ 후판 절단 시에는 아세틸렌보다 절단속도가 빠르다

해설 포갬 절단 시 프로판 조합이 아세틸렌 조합보다 절단속도가 빠르다.

23 탄소아크에서 이용되는 전원은?

① 직류역극성
② 직류정극성
③ 아무 전원이나 상관없다.
④ 교류

해설 탄소아크절단의 경우 직류정극성을 이용한다.

24 금속아크 절단법을 이용하여 절단하면 절단이 가장 잘 되는 금속은?

① 스테인리스강
② 탄소강
③ 주철
④ 알루미늄 합금

해설 금속아크절단에서 절단 효율면에서는 주철이 가장 좋지 않으며, 스테인리스강이 가장 우수하다.

정답 18. ② 19. ④ 20. ③ 21. ④ 22. ③ 23. ② 24. ①

25 보통 중공의 강 전극을 사용하여 전극과 모재 사이에 아크를 발생시키고 중심에서 산소를 분출시키면서 하는 절단법은?

① 탄소아크절단
② 아크 에어 가우징
③ 플라스마 제트 절단
④ 산소아크절단

해설 산소아크절단은 중공의 피복 용접봉과 모재 사이에 아크를 발생시키고 중공으로 고압 산소를 분출하여 절단하는 방법으로 철강 구조물의 해체, 특히 수중 해체 작업에 널리 쓰인다. 절단면은 거칠지만 절단 속도가 크다.

26 다음 중 비철금속 절단에 바람직한 절단은?

① 산소-아세틸렌 절단
② 산소-프로판 절단
③ 아크절단
④ 산소-수소 절단

해설 비철금속의 경우 가스절단보다 아크절단이 유용하다.

27 아크절단의 종류에 해당하는 것은?

① 철분절단 ② 수중절단
③ 스카핑 ④ 아크 에어 가우징

해설 보기 중 열원을 아크 에너지로 활용하는 것은 아크 에어 가우징이다.

28 산소 수중절단에 대한 설명 중 맞는 것은?

① 침몰선 해체, 교량의 개조 등에 사용된다.
② 지상에서 보조용 팁에 점화하여 수중에 들어간다.
③ 수심이 얕은 곳에서는 수소 또는 프로판을 사용하고, 깊은 곳에서는 아세틸렌 가스를 많이 사용한다.
④ 육지에서 보다 예열 불꽃을 크게 하고 절단 속도도 천천히 하여야 한다.

해설 수중절단의 경우 가연성 가스로 수소를 사용한다.

29 산소아크절단을 가스절단과 비교할 때 장점이 아닌 것은?

① 절단면이 정밀하다.
② 절단속도가 빠르다.
③ 수중 해체 작업에 이용된다.
④ 변형이 적다.

해설 산소아크 절단면은 가스절단면에 비하여 거칠다.

30 주철, 비철금속, 고합금강의 절단에 가장 적합한 절단법은?

① 산소창절단 ② 분말절단
③ TIG 절단 ④ MIG 절단

해설 분말절단의 사용처이다.

★
31 다음 절단법 중에서 직류역극성을 사용하여 주로 절단하는 방법은?

① MIG 절단 ② 탄소아크절단
③ 산소아크절단 ④ 금속아크절단

해설 MIG 절단의 경우 직류역극성을 사용하여 절단한다.

32 열적 핀치 효과를 가진 절단방법은?

① 금속아크절단
② 플라스마 제트절단
③ MIG 절단
④ 탄소아크절단

해설 플라스마 절단의 경우 열적 핀치 효과를 이용, 고전류와 고속의 절단을 수행할 수 있다.

33 플라스마 제트절단에 관한 설명으로 옳지 않은 것은?

① 금속 재료는 물론 콘크리트 등의 비금속 재료도 절단할 수 있다.
② 항상 열평형을 유지하며 열손실과 평형한 전력이 되면서 아크가 유지된다.
③ 아크 절단법의 일종이다.
④ 주로 자기적 핀치 효과를 이용하여 고온의 플라스마를 얻는다.

정답 25. ④ 26. ③ 27. ④ 28. ③ 29. ① 30. ② 31. ① 32. ② 33. ④

해설 플라스마 제트절단에서는 주로 열적 핀치 효과를 이용하여 고온의 플라스마를 얻고자 하는 것이지만 대전류 방전에서는 자기적 핀치 효과의 영향도 생각된다. 이와 같이 하여 얻은 아크 플라스마의 온도는 10,000℃ 이상의 고온에 달하여 노즐에서 고속의 플라스마 제트로 되어 분출된다. 플라스마 제트 절단은 이 에너지를 이용한 용단법의 일종이다. 이 절단법은 절단 토치의 모재와의 사이에 전기적인 접속을 필요로 하지 않으므로 금속 재료는 물론 콘크리트 등의 비금속 재료의 절단도 할 수 있다.

34 수중절단은 공기 중에서 보다 몇 배의 예열 가스가 필요한가?

① 4~8배 ② 10~15배
③ 15~20배 ④ 20~25배

해설 수중절단의 경우 물속에서 절단부가 계속 냉각되므로 육지에서보다 예열 불꽃을 크게 하고, 양은 공기 중에서 4~8배, 절단산소 분출구는 1.5~2배로 한다.

35 다음 중 산소창 절단에서 보통 사용하는 강관의 직경은?

① 3.2~12mm ② 2~6mm
③ 10~20mm ④ 15~25mm

해설 산소창의 강관을 렌즈라고도 한다. 일반적으로 3.2~12mm 정도이다.

36 강재 표면에 깊고 둥근 가스절단 토치와 비슷한 토치를 사용하여 홈을 파는 작업은?

① 가우징 ② 스카핑
③ 산소창 절단 ④ 분말절단

해설 홈을 파는 작업은 가우징의 핵심 키워드이다.

37 아크 에어 가우징 시 압축기는 용융금속이 잘 불려 나가기 위하여 얼마 이상의 압력이 필요한가?

① 4kg/cm^2 ② 2kg/cm^2
③ 8kg/cm^2 ④ 6kg/cm^2

해설 아크 에어 가우징 시 압축공기의 압력은 5~7kg/cm^{2}이 적당하지만 용융금속이 잘 불려 나가기 위한 최소압력은 4kg/cm^2 이상이다.

38 아크 에어 가우징 시 사용되는 전원은?

① 직류정극성 ② 직류역극성
③ 전원과 무관 ④ 교류

해설 아크에어 가우징 시에는 직류역극성을 이용한다.

★
39 가스절단에서 고속 분출을 얻는 데 가장 적합한 다이버전트 노즐은 보통의 팁에 비하여 산소 소비량이 같을 때 절단속도를 몇 % 정도 증가시킬 수 있는가?

① 5~10% ② 10~15%
③ 20~25% ④ 30~35%

해설 다이버전트 노즐을 사용할 경우 보통의 팁 사용 시에 비해 약 20~25% 정도 절단속도가 향상된다.

05 특수용접 및 기타 용접

01 이음의 표면에 쌓아 올린(용제 속에) 미세한 와이어를 집어넣고 모재와의 사이에 생기는 아크열로 용접하는 방법이며 피복제에는 용융형, 소결형 등이 있는 용접은?

① 서브머지드 아크용접
② 불활성 가스 아크용접
③ 원자 수소 용접
④ 아크 점용접

해설 서브머지드 아크용접의 원리는 모재의 용접부에 쌓아 올린 용제 속에 연속적으로 공급되는 와이어를 넣고 와이어 끝과 모재 사이에서 아크를 발생시켜 용접하는 방법으로 자동 아크 용접법이며 아크가 용제 속에서 발생되어 보이지 않아 잠호 용접법이라고도 한다.

정답 34. ① 35. ① 36. ① 37. ① 38. ② 39. ③ / 01. ①

02 용접의 자동화와 고속화를 가하기 위하여 입상의 용제를 사용하는 용접법은?

① 유동 용접
② 테르밋 용접
③ 불활성 가스용접
④ 서브머지드 아크용접

해설 서브머지드 아크용접에 대한 내용이다.

03 서브머지드 아크용접의 용접 헤드(welding head)에 속하지 않는 것은?

① 심선을 보내는 장치
② 모재
③ 전압제어상자
④ 접촉 팁(contact tip) 및 그의 부속품

해설 서브머지드 아크용접의 용접 헤드는 전압제어상자, 와이어 송급장치, 접촉 팁, 용제 호퍼 등을 일괄적으로 칭한다.

04 서브머지드 아크용접의 용접속도는 수동용접의 몇 배가 되는가? (판 두께 25mm의 경우)

① 2~3배 ② 3~4배
③ 5~6배 ④ 8~12배

해설 서브머지드 아크용접의 작업능률은 수동용접에 비해 판 두께 12mm에서 2~3배 정도, 25mm에서 5~6배, 50mm에서 8~12배 정도 높다.

★
05 다음은 서브머지드 아크용접의 와이어에 대한 설명이다. 틀린 것은?

① 와이어와 용제를 조립하여 사용한다.
② 모재가 연강재인 때에는 저탄소, 저망간 합금 강선이 적당하다.
③ 와이어와 용제의 조합은 용착금속의 기계적 성질, 비드의 외관 작업성 등에 큰 영향을 준다.
④ 와이어의 표면은 접촉 팁과의 전기적 접촉을 원활하게 하기 위하여, 또 녹을 방지하기 위하여 아연으로 도금하는 것이 보통이다.

해설 와이어 표면을 접촉 팁과의 전기적 접촉을 원활하게 하기 위해 또 녹을 방지하기 위해 구리로 도금을 하는 것이 보통이다.

06 다음 중 서브머지드 아크용접에 사용되는 용제의 종류가 아닌 것은?

① 용융형 ② 소결형
③ 혼성형 ④ 화합형

해설 용제의 종류에는 용융형, 소결형, 혼성형의 3종류가 있다.

07 서브머지드 아크용접용 용제의 구비조건은 다음과 같다. 틀린 것은?

① 안정한 용접과정을 얻을 것
② 합금 원소 첨가, 탈산 등 야금 반응의 결과로 양질의 용접금속이 얻어질 것
③ 적당한 용융온도 및 점성을 가지고 비드가 양호하게 형성될 것
④ 용제는 사용 전에 250~450℃에서 30~40분간 건조하여 사용한다.

해설 용제는 사용 전에 150~250℃에서 30~40분간 건조하여 사용한다.

08 다음은 서브머지드 아크용접의 용융형 용제(fusion type flux)에 대한 설명이다. 틀린 것은?

① 원료 광석을 용해하여 응고시킨 후 부수어 입자를 고르게 한 것이다.
② 입도는 12×150mesh 20×D 등이 잘 쓰인다.
③ 미국의 린데(Linde) 회사의 것이 유명하다.
④ 낮은 전류에서는 입도가 큰 것 20×D를 사용하면 기공 발생이 적다.

해설 입도가 큰 거친 입자의 용제에 높은 전류를 사용하면 보호성이 나쁘며, 비드가 거칠어지고 기공, 언더컷 등의 결함이 생기기 쉽다. 따라서 거친 입자에는 낮은 전류를 사용한다.

정답 02. ④ 03. ② 04. ③ 05. ④ 06. ④ 07. ④ 08. ④

09 서브머지드 아크용접에 사용되는 컴포지션의 입도를 표시할 때 8×200이라고 하는 것은?

① 8메시보다 거칠고, 200메시보다 가는 것을 표시한다.
② 8메시보다 가늘고, 200메시보다 거친 것을 말한다.
③ 1,600메시임을 표시한다.
④ 200메시 이상 가는 것을 표시한다.

해설 메시(mesh) : 입자의 크기(입도)를 나타내는 단위로 1인치(inch)의 가로 세로의 길이를 가진 정사각형의 면적에 한 변을 등분한 눈금의 수로 나타내며, 각변을 200등분한 채로 걸러낸 용제의 입도를 200mesh라 한다.

10 서브머지드 아크용접에서 용착금속의 화학성분이 변화하는 요인과 관계없는 것은?

① 용접 층수　② 용접전류
③ 용접속도　④ 용접봉의 건조

해설 용착금속의 화학 성분에 영향을 주는 요인
① 용접전류　② 아크전압
③ 용접속도　④ 용접 층수

11 다음은 서브머지드 용접에 대한 설명이다. 옳지 않은 것은?

① 아크전압은 낮은 편이 용입이 깊다.
② 용접속도가 느려지면 용입 깊이가 얕아진다.
③ 와이어 직경은 적은 편이 용입이 깊다.
④ 용제 살포 깊이가 너무 얕으면 아크 보호가 불충분하다.

해설 서브머지드 아크용접에서 용접속도가 느려지면 용접입열이 높아지므로 용입이 깊어진다.

12 불활성 가스의 아크용접에 사용하는 가스는?

① 산소　② 헬륨
③ 질소　④ 오존

해설 불활성 가스에는 Ar, He, Ne 등이 있으며 용접에서는 주로 Ar이나 He을 사용한다.

★
13 서브머지드 아크용접 작업에서 용접전류와 아크전압이 동일하고 와이어 지름만 작을 경우 용입과 비드 폭은 어떤 현상으로 나타나는가?

① 용입은 얕고, 비드 폭은 좁아진다.
② 용입은 깊고, 비드 폭은 좁아진다.
③ 용입은 깊고, 비드 폭은 넓어진다.
④ 용입은 얕고, 비드 폭은 넓어진다.

해설 동일한 전류에서 지름이 작아지면 전류밀도가 커지며, 용입은 깊어진다. 작은 지름으로 인해 비드 폭은 좁아진다.

14 서브머지드 아크 용접용 받침쇠에 대하여 적당하지 않은 것은?

① 구리판에는 홈 깊이 0.5~1.5mm, 폭 6~20mm 정도로 만든다.
② 구리판 대신 모재와 동일 재료로 받쳐 완전 용입하는 것도 좋다.
③ 용접 열량이 많을 때는 수냉식 받침판으로 한다.
④ Al판도 열전도도가 좋아 받침판으로 좋다.

해설 받침쇠는 열전도성이 좋아야 하므로 구리동판을 주로 사용한다. 모재의 일부가 용락되더라도 동판 자체는 녹지 않고 즉시 응고한다. 알루미늄판은 사용하지 않는다.

★
15 다음 중 전극봉으로 소모되는 금속봉을 사용하지 않는 것은?

① MIG 용접
② TIG 용접
③ 서브머지드 아크용접
④ 금속아크용접

해설 TIG : 전극을 텅스텐으로 사용한다. 텅스텐은 용융점이 매우 높아서 TIG 용접 시 소모가 거의 없다.

16 TIG 용접기의 전극 재료는?

① 연강봉　② 용접용 와이어
③ 텅스텐봉　④ 탄소봉

정답 09. ②　10. ④　11. ②　12. ②　13. ②　14. ④　15. ②　16. ③

해설 TIG(Tungsten Inert Gas)의 약자로 텅스텐을 전극으로 사용한다.

17 불활성 가스 텅스텐아크용접의 상품명으로 불리는 것은?

① 에어 코매틱(air comatic) 용접법
② 시그마(sigma) 용접법
③ 필러 아크(filler arc) 용접법
④ 헬륨 아크(helium arc) 용접법

해설 에어코메틱 용접법, 시그마 용접법, 필러아크 용접법, 아르고노트 용접법 등은 MIG 용접법의 상품명이다.

★
18 다음은 TIG 용접에 대한 설명이다. 틀린 것은?

① 비용극식, 비소모식 불활성 가스 아크용접법이라고도 한다.
② TIG 용접은 교류나 직류가 사용된다.
③ 아르곤 아크(argon arc) 용접법의 상품명으로 불리어진다.
④ TIG 용접은 용가재인 전극 와이어를 연속적으로 보내어 아크를 발생시켜 용접하는 방법이다.

해설 보기 ④는 MIG 용접법에 대한 내용이다.

19 불활성 가스 용접법의 장점이 아닌 것은?

① 산화하기 쉬운 금속의 용접이 쉽다.
② 모든 자세 용접이 용이하며 고능률이다.
③ 피복제와 플럭스가 필요없다.
④ 전극은 2개 이상이다.

해설 TIG, MIG 용접법은 기본적으로 전극이 하나이다.

20 TIG 용접의 극성에서 직류 성분을 없애기 위하여 2차 회로에 삽입이 불가능한 것은?

① 축전지
② 정류기
③ 초음파
④ 리액터 또는 직렬 콘덴서

해설 TIG에서 교류 전원을 채택하면 이론적으로 용입도 정극성, 역극성의 중간 형태이고, 청정작용도 있으며, 전극의 지름도 다소 가는 것을 사용할 수 있다. 실제로는 모재 표면의 수분, 산화막, 불순물의 영향으로 모재가 (−)극이 되면 전자방출이 어렵고, 전류의 흐름도 원활하지 못하게 된다. 이 결과 2차 전류는 불평형하게 된다. 이를 전극의 정류작용이라 하고 이 때 전류의 불평형 부분을 직류 성분이라 한다. 이것이 심하게 되면 용접기가 소손될 수 있다. 대책으로는 2차 회로에 축전지, 정류기와 리액터 또는 직류 콘덴서를 삽입하면 직류 성분을 제거할 수 있고 이것을 평형교류 용접기라 부른다.

21 TIG 용접 시 직류정극성과 직류역극성의 전극 굵기의 비는 얼마인가?

① 1 : 1　　② 1 : 2
③ 1 : 3　　④ 1 : 4

해설 TIG 용접에서 아크의 열은 전극이 음극의 경우(직류정극성)보다 전극이 양극의 경우(직류역극성)에 많은 열을 받는다. 따라서 전극의 굵기는 직류정극성을 1에 비해 직류역극성에서는 약 4배 더 굵은 지름의 전극이 필요하다.

22 불활성 가스 텅스텐 아크용접(TIG)의 직류정극성에는 좋으나 교류에는 좋지 않고 주로 강, 스테인리스강, 동합금강에 사용되는 토륨-텅스텐 전극봉의 토륨 함유량은?

① 0.15~0.5　　② 1~2
③ 3~4　　④ 5~6

해설 TIG에서 토륨-텅스텐 전극봉의 경우 토륨이 1~2% 정도 함유된 것을 사용한다.

23 TIG 용접의 전극봉에서 전극의 조건으로 잘못된 것은?

① 고 용융점의 금속
② 전자 방출이 잘되는 금속
③ 전기 저항율이 높은 금속
④ 열전도성이 좋은 금속

해설 TIG 용접의 전극봉에서 전극은 전기 저항율이 낮은 금속이어야 한다.

정답 17. ④　18. ④　19. ④　20. ③　21. ④　22. ②　23. ③

24 TIG 용접에서 청정작용이 가장 잘 발생하는 용접 전원은?

① 직류역극성일 때 ② 직류정극성일 때
③ 교류정극성일 때 ④ 극성에 관계없음

해설 (+)극의 가스이온이 모재 표면에 충돌하여 산화막을 제거하는 것을 청정작용이라 한다. 모재가 (-)극, 전극봉에 (+)극이 연결되는 직류역극성일 때 가장 효과가 좋다.

25 불활성 가스 텅스텐 아크용접의 직류정극성에 관한 설명이 맞는 것은?

① 직류역극성보다 청정작용의 효과가 크다.
② 직류역극성보다 용입이 깊다.
③ 직류역극성보다 비드 폭이 넓다.
④ 직류역극성에 비해 지름이 큰 전극이 필요하다.

해설 TIG에서 DCSP의 올바른 설명은 보기 ②이다.

26 TIG 용접에서 직류정극성으로 용접할 때 전극 선단의 각도로 가장 적합한 것은?

① 5~10° ② 10~20°
③ 30~50° ④ 60~70°

해설 TIG에서 직류정극성의 경우 보기 ③의 각도로 전극봉을 가공하여 사용한다.

27 TIG 용접에서 텅스텐 전극봉의 고정을 위한 부속장치는?

① 콜릿 척 ② 와이어 릴
③ 프레임 ④ 가스 세이버

해설 TIG 토치 부품 중 전극봉을 고정하는 장치를 콜릿 척이라고 한다.

28 MIG 용접에 주로 사용되는 전원은?

① 교류 ② 직류
③ 직류 교류 병용 ④ 상관없다.

해설 MIG 용접의 경우 주로 직류역극성 전원을 채택한다.

29 펄스 TIG 용접기의 특징 설명으로 틀린 것은?

① 저주파 펄스 용접기와 고주파 펄스 용접기가 있다.
② 직류 용접기에 펄스 발생 회로를 추가한다.
③ 전극봉의 소모가 많은 것이 단점이다.
④ 20A 이하의 저전류에서 아크 발생이 안정하다.

해설 전극봉의 소모가 적은 것이 펄스 TIG의 장점이다.

30 MIG 용접의 전류밀도는 아크용접 전류밀도의 몇 배 정도인가?

① 1~2 ② 2~4
③ 4~6 ④ 6~8

해설 MIG 용접의 전류밀도는 피복아크 용접법의 4~6배, TIG의 약 2배 정도 높다.

31 다음은 MIG 용접의 특성이다. 틀린 것은?

① 모재 표면의 산화막에 대한 클리닝 작용을 한다.
② 전류밀도가 매우 높고 고능률이다.
③ 아크의 자기제어 특성이 있다.
④ MIG 용접기는 수하 특성을 가진 용접기이다.

해설 반자동이나 자동 용접기는 정전압 특성과 상승 특성을 가진 용접기를 사용한다.

32 다음은 MIG 용접에 대한 설명이다. 틀린 것은?

① MIG 용접용 전원은 직류이다.
② MIG 용접법은 전원이 정전압 특성의 직류 아크 용접기이다.
③ 와이어는 가는 것을 사용하여 전류밀도를 높이며 일정한 속도로 보내주고 있다.
④ 링컨 용접법이라고 불리운다.

해설 링컨 용접법은 서브머지드 용접법의 상품명이다.

33 MIG 용접에서 용착률은 대략 얼마 정도인가?

① 50% ② 72%
③ 87% ④ 98%

정답 24. ① 25. ② 26. ③ 27. ① 28. ② 29. ③ 30. ③ 31. ④ 32. ④ 33. ④

해설 MIG 용접에서 일반적인 용착효율은 약 98% 정도이다.

★

34 불활성 금속 아크 용접법에서 장치별 기능 설명으로 틀린 것은?

① 와이어 송급장치는 직류 전동기, 감속 장치, 송급 롤러와 와이어 송급 속도 제어장치로 구성되어 있다.
② 용접전원은 정전류 특성 또는 상승 특성의 직류 용접기가 사용되고 있다.
③ 제어 장치의 기능으로 보호 가스 제어와 용접 전류 제어, 냉각수 순환 기능을 갖는다.
④ 토치는 형태, 냉각 방식, 와이어 송급 방식 또는 용접기의 종류에 따라 다양하다.

해설 CO_2 용접기의 전원 특성은 정전압 특성을 가진 직류 용접기이다.

35 불활성 금속 아크 용접의 용적 이행 방식 중 용융 이행 상태는 아크 기류 중에서 용가재가 고속으로 용융, 미립자의 용적으로 분사되어 모재에 용착되는 용적 이행은?

① 용락 이행 ② 단락 이행
③ 스프레이 이행 ④ 글로뷸러 이행

해설 스프레이 이행에 대한 내용이다.

36 다음 중 불활성 가스 금속아크용접에 관한 설명으로 틀린 것은?

① 아크 자기제어 특성이 있다.
② 직류역극성 사용 시 청정작용에 의해 알루미늄 등의 용접이 가능하다.
③ 용접 후 슬래그 또는 잔류 용제를 제거하기 위한 별도의 처리가 필요하다.
④ 전류밀도가 높아 3mm 이상 두꺼운 판의 용접에 능률적이다.

해설 MIG 용접의 경우 보호가스인 불활성 가스가 용제 역할을 하고 솔리드(solid) 와이어를 사용하므로 원칙적으로 슬래그가 없다. 따라서 슬래그 제거를 위한 후처리공정이 없다.

37 다음 중 MIG 용접 시 와이어 송급 방식의 종류가 아닌 것은?

① 풀(pull) 방식
② 푸시 오버(push-over) 방식
③ 푸시 풀(push-pull) 방식
④ 푸시(push) 방식

해설 MIG 용접의 와이어 송급 방식으로 보기 ①, ③, ④ 외 더블 푸시(double-push) 방식 등이 있다.

38 다음 중 MIG 용접에서 있어 와이어 속도가 급격하게 감소하면 아크전압이 높아져서 전극의 용융속도가 감소하므로 아크길이가 짧아져 다시 원래의 길이로 돌아오는 특성은?

① 부 저항 특성
② 자기제어 특성
③ 수하 특성
④ 정전류 특성

해설 (아크길이)자기제어 특성에 대한 내용이다.

39 MIG 용접에서 토치의 종류와 특성에 대한 연결이 잘못된 것은?

① 커브형 토치 – 공랭식 토치 사용
② 커브형 터치 – 단단한 와이어 사용
③ 피스톨형 토치 – 낮은 전류 사용
④ 피스톨형 토치 – 수냉식 토치 사용

해설 피스톨형 토치는 수냉식 토치 그리고 높은 전류 사용 시 적용된다.

40 MIG 용접 제어장치의 기능으로 아크가 처음 발생되기 전 보호가스를 흐르게 하여 아크를 안정되게 하여 결함 발생을 방지하기 위한 것은?

① 스타트 시간
② 가스 지연 유출시간
③ 버언 백 시간
④ 예비가스 유출시간

해설 예비가스 유출시간에 대한 내용이다.

정답 34. ② 35. ③ 36. ③ 37. ② 38. ② 39. ③ 40. ④

41 가스 메탈 아크용접(GMAW)에서 보호가스를 아르곤(Ar) 가스 또는 산소(O_2)를 소량 혼합하여 용접하는 방식을 무엇이라 하는가?

① MIG 용접 ② FCA 용접
③ TIG 용접 ④ MAG 용접

해설 MAG(Metal Active Gas) 용접에 대한 내용이다.

42 다음은 탄산가스 성질에 관한 사항이다. 틀린 것은?

① 무색 투명하다.
② 공기보다 2.55배, 아르곤보다 3.38배 무겁다.
③ 공기 중 농도가 크면 눈, 코, 입 등에 자극이 느껴진다.
④ 무미 · 무취이다.

해설 CO_2 가스는 공기보다 1.53배, 아르곤보다 1.38배 무겁다.

43 탄산가스 아크용접의 장점이 아닌 것은?

① 산화나 질화가 없다.
② 슬래그 섞임이 발생한다.
③ 수소 함유량이 적어 은점(fish eye)결함이 없다.
④ 용제 사용이 적다.

해설 CO_2 가스가 용접부를 보호하므로 피복제(flux)가 없다. 따라서 슬래그가 발생하지 않는다.

44 탄산가스 아크용접에서 일반적으로 이용되는 전원은?

① 직류역극성
② 직류정극성
③ 아무 전원이나 상관없다.
④ 교류

해설 MIG, CO_2 용접, 서브머지드 아크용접 등과 같이 정전압 특성의 소모성 전극을 사용하는 용접법의 경우 일반적으로 직류역극성을 채택한다.

45 탄산가스 아크용접은 어떤 금속의 용접에 가장 적합한가?

① 연강 ② 알루미늄
③ 스테인리스강 ④ 동과 그 합금

해설 CO_2 용접의 경우 적용 재질이 철계통에 한정된다.

46 다음 용접방법 중 특히 공기의 유통이 잘 안되는 장소에서 하면 안되는 용접은?

① 서브머지드 아크용접
② 프로젝션 용접
③ 탄산가스 아크용접
④ 원자 수소 용접

해설 작업장 공기 중에 CO_2 3~4% 포함 시에는 두통 및 호흡 곤란이 생기고, CO_2 15% 포함 시에는 위험, CO_2 30% 이상 포함 시에는 생명이 위험해진다.

47 다음 그림은 탄산가스 아크용접에서 용접 토치의 팁과 모재 부분을 나타낸 것이다. d부분의 명칭을 올바르게 설명한 것은?

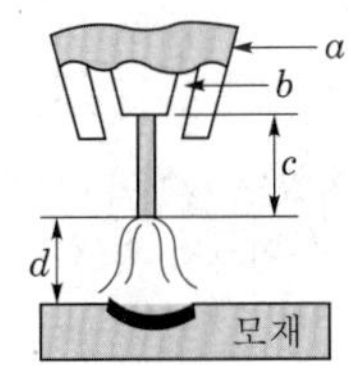

① 팁과 모재 간의 거리
② 가스 노즐과 팁 간 거리
③ 와이어 돌출길이
④ 아크길이

해설
• a : 노즐 • b : 팁
• c : 와이어 돌출길이 • d : 아크길이
• $c+d$: 팁과 모재 간의 거리

48 반자동 CO_2 가스 아크 편면(one side) 용접 시 뒷댐 재료로 가장 많이 사용되는 것은?

① 세라믹 제품 ② CO_2 가스
③ 테프론 테이프 ④ 알루미늄 판재

정답 41. ④ 42. ② 43. ② 44. ① 45. ① 46. ③ 47. ④ 48. ①

해설 이면 비드 쪽으로의 용락을 방지하기 위해 부착하는 뒷댐 재료로는 세라믹 제품이 많이 활용된다.

49 CO_2 용접용 와이어 중 탈산제, 아크안정제 등 합금원소가 포함되어 있어 양호한 용착금속을 얻을 수 있으며, 아크도 안정되어 스패터가 적고 비드 외관도 아름다운 것은?

① 혼합 솔리드 와이어
② 복합 와이어
③ 솔리드 와이어
④ 특수 와이어

해설 솔리드 와이어(wire) 중심(cored)에 용제(flux)가 들어 있는 와이어를 복합 와이어 또는 플럭스 코어드 와이어(flux cored wire)라 한다.

50 CO_2 용접의 종류 중 "용제가 들어있는 와이어 CO_2법"이 아닌 것은?

① NCG법
② 퓨즈(fuse) 아크법
③ 풀(pull)법
④ 아코스(arcos) 아크법

해설 용제가 들어있는 와이어 CO_2법의 종류로는 아코스 아크법, 퓨즈 아크법, NCG법, 유니언 아크법 등이 있다.

51 CO_2 가스 아크용접에서 솔리드 와이어에 비교한 복합 와이어의 특징을 설명한 것으로 틀린 것은?

① 양호한 용착금속을 얻을 수 있다.
② 스패터가 많다.
③ 아크가 안정된다.
④ 비드 외관이 깨끗하며 아름답다.

해설 플럭스 코어드 와이어 사용 시 솔리드 와이어에 비해 스패터 발생량이 적어지는 특징을 가진다.

★
52 와이어 돌출길이는 콘택트 팁에서 와이어 선단 부분까지의 길이를 의미한다. 와이어를 이용한 용접법에서 용접 결과에 미치는 영향으로 매우 중요한 인자이다. 다음 중 CO_2 용접에서 와이어 돌출길이(wire extend length)가 길어질 경우 설명으로 틀린 것은?

① 전기 저항열이 증가된다.
② 용착속도가 커진다.
③ 보호 효과가 나빠진다.
④ 용착 효율이 작아진다.

해설 일반적으로 용착 효율은 스패터와 관련이 있으며, 스패터는 아크길이와 관계가 있다. 와이어 돌출길이가 길어진다고 용착효율이 작아지지는 않는다.

53 CO_2 용접의 보호가스 설비에서 히터 장치가 필요한 가장 중요한 이유는?

① 액체 가스가 기체로 변하면서 열을 흡수하기 때문에 조정기의 동결을 막기 위하여
② 오버랩을 발생한다.
③ 용입이 깊어진다.
④ 비드가 좋아진다.

해설 보기 ①의 이유로 CO_2용 압력 조정기에는 히터가 부착되어 있다.

54 CO_2 가스 아크용접에서의 기공과 피트의 발생 원인으로 옳지 않는 것은?

① 탄산 가스가 공급되지 않는다.
② 노즐과 모재 사이의 거리가 작다.
③ 가스 노즐에 스패터가 부착되어 있다.
④ 모재의 오염, 녹, 페인트가 있다.

해설 기공과 피트 결함은 보기 ①, ③과 같이 보호가스의 보호능력이 부족한 경우 또는 보기 ④와 같이 용융금속으로 불순물이 혼입될 수 있는 환경에서 나타난다. 노즐과 모재 사이의 거리가 먼 경우 보호능력이 부족하여 기공, 피트의 결함 발생 우려가 있다.

정답 49. ② 50. ③ 51. ② 52. ④ 53. ① 54. ②

55 다음 중 FCAW의 특징으로 옳은 것은?

① 솔리드 와이어에 비해 30% 이상 용착속도가 빠르다.
② 솔리드 와이어에 비해 스패터 발생량이 많다.
③ 용접 중 흄 발생량이 현저히 적다.
④ 아크가 부드럽고 비드 표면이 양호하다.

해설 솔리드 와이어에 비해 10% 이상 용착속도가 빠르며, 스패터 발생량은 적고 용접 중 흄 발생량이 많다.

56 플럭스 코어드 아크용접에서 기공 발생의 원인으로 가장 거리가 먼 것은?

① 탄산가스가 공급되지 않을 때
② 아크길이가 길 때
③ 순도가 나쁜 가스를 사용할 때
④ 개선 각도가 적을 때

해설 기공 결함의 경우 보호가스의 보호 능력이 부족한 경우 주로 발생한다. 보기 ④는 보호 능력과는 거리가 있다.

57 기체를 수천 도의 높은 온도로 가열하면 가스 원자가 원자핵과 전자로 분리되어 양(+)과 음(−)이온 상태로 된 것을 무엇이라 하는가?

① 전자 빔 ② 레이저
③ 플라스마 ④ 테르밋

해설 플라스마(plasma)에 대한 내용이다.

58 플라스마 아크에 사용되는 가스가 아닌 것은?

① 헬륨 ② 수소
③ 알곤 ④ 암모니아

해설 플라스마 아크용접에 암모니아는 사용되지 않는다.

59 플라스마 아크용접에 적합한 모재로 짝지어진 것이 아닌 것은?

① 스테인리스강 – 탄소강
② 티탄 – 니켈 합금
③ 티탄 – 구리
④ 텅스텐 – 백금

해설 텅스텐(3,410℃), 백금 (1,770℃)의 조합은 플라스마 아크용접에 적용되지 않는다.

60 플라스마 아크용접에서 매우 적은 양의 수소(H_2)를 혼입하여도 용접부가 악화될 우려가 있는 재질은?

① 티탄 ② 연강
③ 니켈 합금 ④ 알루미늄

해설 보기 재료 중 티탄이 수소의 영향에 악화될 수 있다.

★
61 플라스마 아크용접 장치에서 아크 플라스마의 냉각 가스로 쓰이는 것은?

① 아르곤과 수소의 혼합 가스
② 아르곤과 산소의 혼합 가스
③ 아르곤과 메탄의 혼합 가스
④ 아르곤과 프로판의 혼합 가스

해설 플라스마 아크용접의 경우 냉각 가스로 아르곤과 소량의 수소의 조합이 활용된다.

62 플라스마 아크용접에서 아크의 종류가 아닌 것은?

① 관통형 아크 ② 반이행형 아크
③ 이행형 아크 ④ 비이행형 아크

해설 플라스마 아크용접에서 아크의 종류로는 보기 ②, ③, ④이다.

63 다음 중 플라스마 아크용접의 특징으로 옳지 않은 것은?

① 아크 형태가 원통형이고 직진도가 좋다.
② 키홀 현상에 의해 V 또는 U형 대신 I형으로 용접이 가능하다.
③ 용접속도가 빠르고 품질이 우수하다.
④ 모재에 텅스텐 전극이 접촉되어 오염에 주의하여야 한다.

해설 플라스마 아크용접의 경우 전극봉이 토치 내의 노즐 안쪽으로 들어가 있어 용접봉과 접촉하지 않으므로 용접부에 텅스텐이 오염될 염려가 없다.

정답 55. ④ 56. ④ 57. ③ 58. ④ 59. ④ 60. ① 61. ① 62. ① 63. ④

64 플라스마 아크용접에 관한 설명 중 틀린 것은?

① 전류 밀도가 크고 용접속도가 빠르다.
② 기계적 성질이 좋으며 변형이 적다.
③ 설비비가 적게 든다.
④ 1층으로 용접할 수 있으므로 능률적이다.

해설 플라스마 아크용접의 단점 중 하나는 설비비 등 초기 시설 투자비가 고가이인 점이다.

★
65 용융용접의 일종으로서 아크열이 아닌 와이어와 용융 슬래그 사이에 통전된 전류의 저항열을 이용하여 용접을 하는 용접법은?

① 이산화탄소 아크용접
② 불활성 가스 아크용접
③ 테르밋 아크용접
④ 일렉트로 슬래그 용접

해설 일렉트로 슬래그 용접 : 아크열이 아닌 와이어와 용융 슬래그 사이에 통전된 전류의 전기 저항열(줄의 열)을 주로 이용하여 모재와 전극 와이어를 용융시키면서 미끄럼판을 서서히 위쪽으로 이동시 연속 주조 방식에 의해 단층 상진 용접을 하는 것이다.

66 일렉트로 슬래그 용접으로 시공하는 것이 가장 적합한 것은?

① 후판 알루미늄 용접
② 박판의 겹침 이음 용접
③ 후판 드럼 및 압력 용기의 세로 이음과 원주 용접
④ 박판의 마그네슘 용접

해설 대입열 용접으로 분류되기 때문에 후판에 주로 적용된다.

67 일렉트로 슬래그 용접의 장점이 아닌 것은?

① 용접 능률과 용접 품질이 우수하므로 후판 용접 등에 적합하다.
② 용접 진행 중 용접부를 직접 관찰할 수 있다.
③ 최소한의 변형과 최단시간의 용접법이다.
④ 다전극을 이용하면 더욱 능률을 높일 수 있다.

해설 일렉트로 슬래그 용접의 경우 와이어와 용융 슬래그 사이에 통전된 전류의 저항열을 이용하므로 아크가 눈에 보이지 않는다.

68 수냉 동판을 용접부의 양면에 부착하고 용융된 슬래그 속에서 전극 와이어를 연속적으로 송급하여 용융 슬래그 내를 흐르는 저항열에 의하여 전극 와이어 및 모재를 용융 접합시키는 용접법은?

① 초음파 용접
② 플라스마 제트 용접
③ 일렉트로 가스 용접
④ 일렉트로 슬래그 용접

해설 일렉트로 슬래그 용접에 대한 내용이다.

69 일렉트로 슬래그 용접법의 장점이 아닌 것은?

① 용접시간이 단축되어 능률적이고 경제적이다.
② 후판 강재 용접에 적합하다.
③ 특별한 홈 가공이 필요로 하지 않는다.
④ 냉각속도가 빠르고 고온 균열이 발생한다.

해설 보기 ④의 내용은 장점이 아니다.

70 일렉트로 가스 용접은 일렉트로 슬래그 용접의 슬래그 대신 CO_2나 Ar 가스로 보호하는 용접이다. 이 방법의 특징이 아닌 것은?

① 중후판(40~50mm)의 모재에 적용된다.
② 용접속도가 빠르다.
③ 용접 변형이 크고 작업성이 좀 나쁘다.
④ 조선, 고압 탱크, 원유 탱크 등에 널리 쓰인다.

해설 일렉트로 가스용접의 특징으로 보기 ①, ②, ④ 이외에 변형이 비교적 적으며 작업성도 양호하다, 용접강의 인성이 다소 저하하는 단점이 있다 등이다.

71 일렉트로 가스 아크용접(electro gas arc welding)에 주로 사용되는 실드 가스는?

① 네온 가스　　② 탄산 가스
③ 헬륨 가스　　④ 산소-아세틸렌 가스

정답 64. ③ 65. ④ 66. ③ 67. ② 68. ④ 69. ④ 70. ③ 71. ②

해설 일렉트로 슬래그 용접의 슬래그 용제 대신 CO_2 또는 Ar 가스를 보호가스로 용접하는 수직 자동 용접이 일렉트로 가스 용접법이다.

72 일렉트로 가스 아크용접이 특징에 대한 설명으로 틀린 것은?

① 판 두께와 관계없이 단층으로 상진 용접하며 판 두께가 두꺼울수록 경제적이다.
② 용접 홈의 기계가공이 필요 없으며 가스 절단 그대로 용접할 수 있다.
③ 용접장치가 복잡하고 취급이 어려우며 고도의 숙련을 요구한다.
④ 정확한 조립이 요구되며 이동용 냉각 동판에 급수장치가 필요하다.

해설 일렉트로 가스용접의 경우 자동 용접법으로 고도의 숙련을 요구하지는 않는다.

★
73 다음 중 테르밋 용접에서 테르밋은 무엇의 혼합물인가?

① 붕사와 붕산의 분말
② 알루미늄과 산화철의 분말
③ 알루미늄과 마그네슘의 분말
④ 규소와 납의 분말

해설 테르밋제라고 하며 알루미늄과 산화철 분말의 사용된다.

74 테르밋 용접의 특징으로 틀린 것은?

① 용접작업이 단순하고 용접 결과의 재현성이 높다.
② 용접시간이 짧고 용접 후 변형이 적다.
③ 전기가 필요하고 설비비가 비싸다.
④ 용접기구가 간단하고 작업 장소의 이동이 쉽다.

해설 테르밋 용접은 전기를 필요로 하지 않으며, 설비비가 저렴하다.

75 전기적 에너지를 열원으로 하는 용접법이 아닌 것은?

① 피복 금속 아크 용접법
② 플라스마 제트 용접법
③ 테르밋 용접법
④ 일렉트로 슬래그 용접법

해설 테르밋 용접법의 경우 금속 분말의 화학 반응열을 이용한다.

76 전자빔 용접(EBW)의 장점으로 틀린 것은?

① 전기에너지를 직접 빔(beam) 형태의 에너지로 바꾸므로 에너지 효율이 높다.
② 용접부의 깊이 대 폭의 비율이 커서 후판의 경우에도 1pass로 용접이 가능하다.
③ 다른 용접법보다 용접 입열이 적어서 열영향부가 작고 잔류응력, 변형 등의 위험이 적다.
④ 초기 시설 투자비가 비교적 저렴하다.

해설 전자빔 용접은 진공장치, 전자총, 집속렌즈 등 용접장치 구성에 시설비가 많이 든다.

77 전자빔 용접의 적용으로 틀린 것은?

① 진공 중에서 용접하므로 불순 가스에 의한 오염이 적어 활성금속도 용접이 가능하다.
② 용융점이 높은 텅스텐(W), 몰리브덴(Mo) 등의 금속도 용접이 가능하다.
③ 용융점, 열전도율이 다른 이종 금속 간의 용접에는 부적당하다.
④ 진공용접에서 증발하기 쉬운 아연, 카드뮴 등은 용접이 부적당하다.

해설 전자빔 용접은 텅스텐(W), 몰리브덴(Mo) 등의 용접이 가능하며, 용융점, 열전도율이 다른 이종 금속의 용접도 가능하다.

정답 72. ③ 73. ② 74. ③ 75. ③ 76. ④ 77. ③

78 전자빔 용접에 관한 설명이다. 옳지 않은 것은?

① 용접은 가능하지만 절단이나 구멍 뚫기 작업은 불가능하다.
② 전자빔을 정확하게 제어할 수 있어 얇은 판에서부터 후판까지의 용접이 가능하다.
③ 용접봉을 사용하지 않으므로 슬래그 혼입의 결함 발생이 없다.
④ 용입이 깊어 후판의 경우에도 단층 용접이 가능하다.

해설 진공 중에 고속의 전자빔을 형성시켜 그 전자류가 가지고 있는 에너지를 용접 열원으로 이용하여 용접 및 천공작업이 가능하다.

79 전자빔 용접의 용접 장치에서 고전압 소전류형에 대한 설명 중 맞지 않는 것은?

① 전자빔을 가늘게 조절할 수 있다.
② 너비가 좁다.
③ 깊은 용접부를 얻을 수 있다.
④ 열이 너무 커서 정밀 용접에는 부적합하다.

해설 일반적인 전자빔 용접의 특징으로 용접 입열이 적어 열영향부가 적어 변형 또한 적다. 따라서 정밀 용접이 가능하다.

80 다음 중 전자빔 용접의 장점에 대한 설명으로 옳지 않은 것은?

① 고진공 속에서 용접을 하므로 대기와 반응하기 쉬운 활성 재료도 용이하게 용접된다.
② 두꺼운 판의 용접이 불가능하다.
③ 용접을 정밀하고 정확하게 할 수 있다.
④ 에너지 집중이 가능하기 때문에 고속으로 용접이 된다.

해설 집속렌즈를 통한 빔 포커싱(beam focusing)을 조절하면 두꺼운 판도 용접이 가능하다.

81 다음 중 단색광을 이용한 용접법은?

① plasma jet welding
② laser beam welding
③ ultrasonic welding
④ friction welding

해설 레이저빔 용접은 레이저에서 얻어진 강렬한 에너지를 가진 집속성이 강한 단색광선을 이용한 용접법이다.

★
82 다음의 장점을 가지는 용접 과정은 다음 중 어느 것인가?

- 좁고 깊은 용입을 얻을 수 있다.
- 고출력 장치 사용시 개선면 가공 없이 30mm 정도도 1pass로 용접이 가능하다.
- 비접촉 형태로 용접을 수행하므로 장비의 마모가 없다.
- 키-홀(key-hole) 용융 현상을 수반하다.

① 서브머지드 아크 용접
② 플라스마 용접
③ 초음파 용접
④ 레이저 빔 용접

해설 레이저빔 용접의 특징에 대한 내용이다.

83 레이저빔 용접(laser beam welding)의 특징으로 틀린 것은?

① 진공 중에서 용접이 된다.
② 미세 정밀 용접 및 전기가 통하지 않는 부도체 용접이 가능하다.
③ 접촉하기 어려운 부재의 용접이 가능하다.
④ 강력한 에너지를 가진 단색 광선을 이용한다.

해설 진공 중에서 용접이 되는 공법은 전자빔 용접법이다.

★
84 각각의 단독 용접 공정(each welding process)보다 훨씬 우수한 기능과 특성을 얻을 수 있도록 두 종류 이상의 용접 공정을 복합적으로 활용하여 서로의 장점을 살리고 단점을 보완하여 시너지 효과를 얻기 위한 용접법을 무엇이라 하는가?

① 하이브리드 용접
② 마찰 교반 용접
③ 천이 액상 확산 용접
④ 저온용 무연 솔더링 용접

해설 하이브리드 용접법에 대한 내용이다.

정답 78. ① 79. ④ 80. ② 81. ② 82. ④ 83. ① 84. ①

85 저항용접과 관계되는 법칙은?

① 줄의 법칙 ② 플레밍의 법칙
③ 뉴턴의 법칙 ④ 암페어의 법칙

해설 저항용접의 원리를 설명할 수 있는 것은 줄(Joule)의 법칙으로, 이때 저항발열 Q는 다음 식으로 구해질 수 있다.
$Q = I^2Rt\,(\text{Joule}) = 0.238I^2Rt\,(\text{cal}) \approx 0.24I^2Rt\,(\text{cal})$
여기서, I=용접전류(A), R=저항(Ω), t=통전시간(sec)
1cal=4.2J ⇒ 1J=0.24cal

86 다음 중 전기저항용접에 사용되는 줄의 법칙 $Q=0.24I^2Rt$에서 R은 다음 중 어느 것인가?

① 사용 용접기의 고유 저항
② 사용 모재의 고유 저항
③ 용접 시 발생하기 쉬운 인체에 대한 전격 위험의 저항
④ 용접상의 일반 저항

해설 문제의 식에서 R은 사용 모재의 고유 저항을 의미한다.

87 다음 중 저항용접과 관계가 있는 것은?

① 가스용접 ② 아크용접
③ 심용접 ④ 테르밋용접

해설 심용접은 저항용접의 일종이다.

88 저항용접의 특징이 아닌 것은?

① 줄의 법칙을 응용하였다.
② 후판 용접에 매우 좋다.
③ 용접봉 및 용제가 필요 없다.
④ 강한 전류가 사용되나 전압은 약간이면 된다.

해설 0.4~3.2mm 정도의 박판용접에 좋으며, 국부 가열이므로 변형이 없다.

★
89 저항용접의 3대 요소가 아닌 것은?

① 통전시간 ② 용접전류
③ 도전율 ④ 전극의 가압력

해설 저항용접의 3대 요소 : 용접전류, 통전시간, 가압력

90 다음은 저항용접의 장점을 열거한 것이다. 잘못 설명한 것은?

① 용접시간이 단축된다.
② 용접밀도가 높다.
③ 열에 의한 변형이 적다.
④ 가열시간이 많이 걸린다.

해설 저항용접은 순간적인 대전류에 의해 짧은 시간에 용접된다.

91 맞대기 저항용접이 아닌 것은?

① 업셋 용접 ② 플래시 용접
③ 퍼커션 용접 ④ 프로젝션 용접

해설 겹치기 저항용접으로 점용접, 심용접, 프로젝션 용접 등이 있다.

92 다음 사항 중 맞는 것은?

① 전류가 크면 통전시간은 길어진다.
② 전류가 크면 통전시간은 짧아진다.
③ 발생 열량과 통전시간은 직접 관계가 없다.
④ 가압력이 작을 경우 통전시간은 길어진다.

해설 전류 소모는 통전시간이 길 때 많아진다.

93 다음은 점용접의 통전시간에 관한 사항이다. 틀린 것은?

① 같은 전류로 통전시간을 배로 하면 발열량도 배가 된다.
② 알루미늄과 같이 열전도도가 좋은 재료는 대전류를 사용하지 않고 통전시간을 길게 하는 것이 좋다.
③ 대전류를 흐르게 하려면 전원과 용접기의 용량이 커야 한다.
④ 통전시간의 제어는 용접자가 하는 방법과 타이머(timer)에 의해 자동적으로 정지시키는 방법이 있다.

정답 85. ① 86. ② 87. ③ 88. ② 89. ③ 90. ④ 91. ④ 92. ② 93. ②

해설 알루미늄, 구리 등과 같이 열전도도가 좋은 재료의 경우 대전류로 통전시간을 짧게 한다.

94 다음 설명하는 것은 무엇인가?

너깃 주위에 존재하는 링(ring) 형상의 부분으로 실제로는 용융하지 않고 열과 가압력을 받아 고상으로 압접된 부분

① 용입 ② 오목 자국
③ 표면 날림 ④ 코로나 본드

해설 코로나 본드에 대한 내용이다.

95 다음 저항용접에서 전극 팁의 가압력으로 모재에 파고 들어가서 눌린 부분을 무엇이라 하는가?

① 용입 ② 오목 자국
③ 표면 날림 ④ 코로나 본드

해설 오목 자국에 대한 내용이다.

96 저항용접의 경우 통전시간을 크게 할 경우 틀린 것은?

① 너깃 직경이 증가한다.
② 오목 자국이 커진다.
③ 코로나 본드가 커진다.
④ 전극 수명이 길어진다.

해설 통전시간이 길어지면 전극 재질의 용융, 변형 등 수명이 짧아진다.

97 점용접(spot welding)의 전극으로서 갖추어야 할 기본적인 요구조건으로 틀린 것은?

① 전기 및 열전도도가 높을 것
② 기계적 강도가 크고 특히 고온에서 경도가 높을 것
③ 가능한 한 모재와 합금화가 용이할 것
④ 연속 사용에 의한 마모와 변형에 충분히 견딜 것

해설 전극 재질로는 가능한 모재와 합금화가 어려워야 하다.

★
98 저항용접 결과 너깃 내부에 기공 또는 균열이 발생하였다. 그 원인으로 맞는 것은?

① 용접전류 과대, 통전시간 과소, 가압력 과소
② 용접전류 과소, 통전시간 과소, 가압력 과소
③ 용접전류 과대, 통전시간 과대, 가압력 과대
④ 용접전류 과소, 통전시간 과소, 가압력 과소

해설 보기 ①의 원인이 된다.

99 끝면이 50~200mm의 반경 구면이며 점용접 팁으로 가장 널리 쓰이는 전극은?

① R형 팁(radius type)
② P형 팁(pointed type)
③ C형 팁(truncated cone type)
④ E형 팁(eccentric type)

해설 R형 전극 팁에 대한 내용이다.

100 용접 전류값이 클수록 너깃(nugget)은 어떻게 변화하는가?

① 작아진다.
② 커진다.
③ 전류에 관계없다.
④ 용락 현상이 일어나지 않는다.

해설 저항용접에서 발열량(Q)은 전류의 제곱에 비례하므로 전류값이 커지면 너깃(nugget)이 커지게 된다.

101 다음은 점용접(spot welding)의 장점이다. 틀린 것은?

① 구멍이 필요 없다.
② 작업속도가 빠르다.
③ 숙련이 필요하다.
④ 변형이 일어나지 않는다.

해설 점용접의 경우 조작이 비교적 간단하여 숙련도에 좌우되지 않는다.

정답 94. ④ 95. ② 96. ④ 97. ③ 98. ① 99. ① 100. ② 101. ③

102 2장 또는 3장의 금속판을 겹쳐 놓고 리벳 접합하듯이 접점으로 용접하는 용접방법은 어느 것인가?

① 프로젝션 용접 ② 스폿 용접
③ 심용접 ④ 업셋 버트 용접

해설 점(spot)용접에 대한 내용이다.

103 점용접 작업 시 녹은 금속이 밀려 나오는 결함 중 원인이 아닌 것은?

① 작업시간의 과대
② 용접부의 용착 불량
③ 전극 팁의 냉각 불충분
④ 가압력이 작다.

해설 전극 형상이 불량한 경우에도 원인이 된다.

104 다음 중 펄세이션 용접(pulsation welding)과 관계있는 용접법은?

① 퍼커션 용접 ② 점용접
③ 맥동 용접 ④ 업셋 용접

해설 맥동(pulsation) 용접에 대한 내용이다.

105 다음 전기저항 용접법 중 주로 기밀, 수밀, 유밀성을 필요로 하는 탱크의 용접 등에 가장 적합한 용접법은?

① 점용접법 ② 심용접법
③ 프로젝션 용접법 ④ 플래시 용접법

해설 심용접법은 주로 기밀, 유밀, 수밀성을 필요로 하는 곳에 사용되고, 용접이 가능한 판 두께는 대체로 0.2~4mm 정도 박판에 사용되며, 적용되는 재질은 탄소강, 알루미늄합금, 스테인리스강, 니켈 등이다.

106 심용접은 점용접보다 전류가 (A)배, 가압력이 (B)배 더 필요하다. ( ) 안에 맞는 것은?

① A : 1.5~2.0, B : 1.2~1.6
② A : 1.2~1.6, B : 1.5~2.0
③ A : 2.0~2.5, B : 1.5~2.0
④ A : 0.5~1.0, B : 2.0~2.5

해설 심용접의 경우 점용접에 비해 전류는 1.5~2배, 가압력은 1.2~1.6배가 더 필요하다.

107 심용접법의 종류가 아닌 것은?

① 매시 심용접(mash seam welding)
② 맞대기 심용접(butt seam welding)
③ 포일 심용접(foil seam welding)
④ 인터렉트 심용접(interact seam welding)

해설 인터렉트 점용접은 심용접의 종류로 분류되지 않는다.

108 전류를 통하는 방법에 뜀 통전법, 맥동 통전법, 연속 통전법 등이 있는 전기저항 용접법은?

① 심용접법
② 플래시 용접법
③ 업셋 용접법
④ 업셋 버트 용접법

해설 심용접법의 종류에 대한 내용이다.

109 심 용접에서 용접부에 홈이 파여지는 결함을 방지하기 위해 전류를 차단하여 용접부를 냉각한 다음 다시 용접하는 방법은 다음 중 어느 것인가?

① 냉각 용접법 ② 차단 용접법
③ 단속 용접법 ④ 정지 용접법

해설 문제의 내용은 전류 공급을 연속으로 하지 않는 방법으로 단속 또는 뜀 용접법이라 한다.

110 다음 중 매시 용접의 설명으로 옳은 것은?

① 이음부를 판 두께 정도로 포개진 모재 전체에 압력을 가하여 용접을 한다.
② 용접부를 접촉시켜 놓고 이음부에 동일 종류의 얇은 판을 대고 압력을 가하여 용접을 한다.
③ 통전을 두 개의 롤러 사이에 끼우고 용접을 한다.
④ 롤러 전극을 사용하며, 통전의 단속 간격을 길게 하여 용접을 한다.

정답 102. ② 103. ③ 104. ③ 105. ② 106. ① 107. ④ 108. ① 109. ③ 110. ①

해설 매시 용접은 1.2mm 이하의 박판에 사용되며 맞대기 이음에 비슷한 용접부를 얻는다.
보기 ②는 포일 심용접, 보기 ③은 맞대기 심용접, 보기 ④는 롤러 점용접에 대한 내용이다.

111 심용접과 용접속도는 아크용접(수동) 속도와 어떻게 다른가?

① 2~3배 느리다. ② 거의 같다.
③ 3~5배 빠르다. ④ 7~10배 빠르다

해설 심용접은 아크용접보다 3~5배 빠르다.

112 점용접과 유사한 방법으로 모재의 한쪽 또는 양쪽에 작은 돌기를 만들어 전류밀도를 크게 한 후 압력을 가하는 방식의 용접법은?

① 심용접 ② 플래시 버트 용접
③ 업셋 용접 ④ 프로젝션 용접

해설 프로젝션 용접에 대한 내용이다.

113 다음은 돌기 용접법의 특징이다. 틀린 것은?

① 용접된 양쪽의 열용량이 크게 다를 경우라도 양호한 열평형이 얻어진다.
② 전극의 수명이 길고 작업 능률도 높다.
③ 용접부의 거리가 작은 점용접이 가능하다.
④ 동일한 전기 용량에 큰 물건의 용접이 가능하다.

해설 돌기가 하나가 아닌 경우가 많아 동일한 전기 용량에서 각각의 돌기로 전류가 공급이 되므로 큰 물건의 용접이 가능한 것은 아니다.

114 프로젝션 용접의 특징이 아닌 것은?

① 전극의 수명이 짧고 작업 능률이 낮다.
② 용접부의 거리가 작은 점용접이 가능하다.
③ 작은 용접점이라도 높은 신뢰도를 얻는다.
④ 동시에 여러 점을 용접할 수 있다.

해설 프로젝션 용접의 특징
- 비교적 넓은 면적의 판(plate)형 전극을 사용함으로써 기계적 강도나 열 전도면에서 유리하다.
- 전극의 소모가 적다.
- 작업속도가 빠르며, 작업능률도 높다.

115 프로젝션 용접에서 프로젝션의 설명으로 틀린 것은?

① 프로젝션은 두 모재 중 얇은 판에 만든다.
② 프로젝션은 열전도도와 용융점이 높은 쪽에 만든다.
③ 프로젝션의 크기는 상대판과 열균형을 이루도록 한다.
④ 프로젝션의 직경 $D = 2t + 0.7$mm로 높이 $H = 0.4t + 0.25$mm로 한다(t는 모재 판 두께).

해설 프로젝션 용접에서 프로젝션(돌기)은 열용량이 다르거나 두께가 다른 모재를 조합하는 경우 열전도도와 용융점이 높은 쪽 혹은 두꺼운 판 쪽에 돌기를 만들어 열평형을 만들어 준다.

116 다음 중 프로젝션 용접의 단점이 아닌 것은?

① 용접 설비가 고가이다.
② 용접부에 돌기부가 확실하지 않으면 용접 결과가 나쁘다.
③ 모재 두께가 다른 용접은 할 수가 없다.
④ 특수한 전극을 설치할 수 있는 구조가 필요하다.

해설 서로 다른 금속 및 모재 두께가 다른 용접을 할 수 있다.

117 프로젝션(돌기)에 대한 요구 조건으로 틀린 것은?

① 돌기는 전류가 통하기 전의 가압력에 견딜 것
② 성형에 의해 변형이 없을 것
③ 상대판이 가열되기 전에 녹을 것
④ 성형시 일부에 전단 부분이 생기지 않을 것

해설 프로젝션의 경우 상대 판이 가열되기 전에 녹지 않아야 한다.

118 일명 버트 용접이라고 불리는 것은?

① 업셋 용접 ② 플래시 용접
③ 프로젝션 용접 ④ 스폿 용접

정답 111. ③ 112. ④ 113. ④ 114. ① 115. ① 116. ③ 117. ③ 118. ①

해설 업셋 용접을 버트 용접이라 하고, 플래시 용접은 불꽃 용접이라고도 부른다.

119 다음 중 와이어(wire) 생산공정에 와이어 연결 작업에 적용되는 용접법은?

① 점용접 ② 프로젝션 용접
③ 심용접 ④ 업셋 용접

해설 업셋 용접의 용도에 대한 내용이다.

120 다음은 업셋 용접(upset welding)의 장점이다. 틀린 것은?

① 불꽃의 비산이 없다.
② 업셋이 매끈하다.
③ 용접기가 간단하고 가격이 싸다.
④ 용접 전의 가공에 주의하지 않아도 된다.

해설 업셋 용접 중에 접합면이 산화되어 이음부에 산화물이나 기공이 남아 있기 쉬우므로 용접하기 전에 이음면을 깨끗이 청소해야 하며, 특히 끝맺음 가공이 중요하다, 보기 ④는 플래시 용접의 특징이다.

121 다음은 업셋 용접법(upset welding)에 대한 사항이다. 틀린 것은?

① 업셋 용접법의 압력은 스프링 가압식(spring pressure type)이 많이 쓰이고 있다.
② 전극은 전기 전도도가 좋은 순구리 또는 구리합금의 주물로써 만들어지고 있다.
③ 변압기는 보통 2차 권선수를 변화시켜 1차 전류를 조정한다.
④ 업셋 용접은 플래시 용접에 비하여 가열속도가 늦고 용접시간이 길다.

해설 업셋 용접기의 경우 전류 조정은 1차 권선수를 변화시켜 2차 전류를 조정한다.

122 다음 중 불꽃 용접이라고도 하는 용접법은?

① 업셋 용접 ② 프로젝션 용접
③ 플래시 용접 ④ 심용접

해설 플래시 용접에 대한 내용이다.

123 다음은 플래시 용접(flash welding)의 장점이다. 틀린 것은?

① 접합부에 삐져나옴이 없다.
② 용접 강도가 크다.
③ 전력이 적어도 된다.
④ 모재 가열이 적다.

해설 플래시 용접은 예열, 플래시, 업셋 과정 중 플래시 과정에서 산화물 등을 플래시로 비산시키므로 용접면에 산화물의 개입이 적게 되고, 비산되는 플래시로부터 작업자의 안전조치가 필요하다.

★
124 다음 중 플래시 용접의 특징이 아닌 것은?

① 가열 범위가 좁고 열 영향부가 좁다.
② 용접면에 산화물 개입이 많다.
③ 용접면의 끝맺음 가공을 정확하게 할 필요가 없다.
④ 종류가 다른 재료의 용접이 가능하다.

해설 플래시 용접의 특징
- 가열 범위가 좁고 열 영향부가 좁다.
- 용접면에 산화물의 개입이 적다.
- 용접면의 끝맺음 가공을 정확하게 할 필요가 없다.
- 신뢰도가 높고 이음 강도가 좋다.
- 동일한 전기 용량에 큰 물건의 용접이 가능하다.
- 종류가 다른 재료의 용접이 가능하다.
- 용접시간이 적고 소비전력도 적다.
- 능률이 극히 높고, 강재, 니켈, 니켈합금에서 좋은 용접 결과를 얻을 수 있다.

125 다음 중 플래시의 용접 3단계는?

① 예열, 플래시, 업셋
② 업셋, 플래시, 후열
③ 예열, 플래시, 검사
④ 업셋, 예열, 후열

해설 플래시 용접의 과정을 3단계로 구분하면 예열, 플래시, 업셋 등의 과정으로 요약된다.

정답 119. ④ 120. ④ 121. ③ 122. ③ 123. ① 124. ② 125. ①

126 다음 중 피용접물이 상호 충돌되는 상태에서 용접되며, 극히 짧은 용접물을 용접하는 데 사용하는 용접법은?

① 퍼커션 용접 ② 맥동 용접
③ EH 용접 ④ 레이저빔 용접

해설 퍼커션 용접에 대한 내용이다.

127 다음 중 퍼커션 용접이란?

① 방전 충격 용접 ② 레이저빔 용접
③ 맥동 용접 ④ 초음파 용접

해설 퍼커션 용접을 방전 충격 용접 또는 충돌용접이라고도 한다.

128 퍼커션 용접(percussion welding)에서 콘덴서(condenser)에 충전되어 있는 전기는 용접 시 매우 짧은 시간에 방전하여 용접한다. 옳은 것은?

① 1/1,000sec 이내 ② 1/100sec 이내
③ 1/500sec 이내 ④ 1/10sec 이내

해설 방전 충격 또는 충돌용접이라 하며 극히 짧은 시간, 즉 1/1,000sec 이내의 통전시간이 소요된다.

129 원자-수소 아크용접의 원리는?

① 수소의 열해리에 의한 열로 용접한다.
② 아크용접이다.
③ 피복제가 필요한 용접이다.
④ CO_2 가스에 의한 용접이다.

해설 보기 ①이 원자-수소 아크용접의 원리이다.

130 다음은 단락 옮김 아크 용접법의 원리이다. 틀린 것은?

① 용접의 아크 발생시간이 짧아진다.
② 모재의 열입력도 적어진다.
③ 용입이 얕아진다.
④ 2mm 이하 판 용접은 할 수 없다.

해설 단락 옮김 아크용접의 경우 단락 회로수가 100회/sec 이상으로 아크 발생시간이 적어 용입이 얕으므로 주로 0.8mm 정도 얇은 판에 적용한다.

131 단락 옮김 아크 용접법(short arc welding)의 1초 동안에 단락 횟수는?

① 10회 이상
② 20회 이상
③ 80회 이상
④ 100회 이상

해설 단락 옮김 아크 용접법은 초당 100회 이상 단락된다.

132 일명 심기 용접이라고도 하며 볼트(bolt)나 환봉 핀 등을 직접 강판이나 형강에 용접하는 방법은?

① 아크 점 용접법
② 아크 스터드 용접
③ 테르밋 용접
④ 원자-수소 아크 용접

해설 아크 스터드 용접에 대한 내용이다.

133 볼트나 환봉 등을 직접 강판이나 형강에 용접하는 방법으로 볼트나 환봉을 피스톤형의 홀더에 끼우고 모재와 볼트 사이에 순간적으로 아크를 발생시켜 용접하는 방법은?

① 테르밋 용접
② 스터드 용접
③ 서브머지드 아크 용접
④ 불활성 가스 용접

해설 스터드 용접에 대한 내용이다.

134 아크를 보호하기 위해 도기로 만든 페룰이라는 기구를 사용하는 용접은?

① 스터드 용접
② 테르밋 용접
③ 전자빔 용접
④ 플라스마 용접

해설 스터드 용접에 사용하는 기구에 대한 내용이다.

정답 126. ① 127. ① 128. ① 129. ① 130. ④ 131. ④ 132. ② 133. ② 134. ①

★
135 다음 설명의 내용에 적합한 용접법은?

> • 철분계 용접봉을 장착한 수평 필릿 전용 반자동 용접기
> • 반자동 용접화로 한사람이 2~7대 장비 조작 가능
> • 운봉비를 조절하여 필요한 각장 및 목 두께를 얻을 수 있다.

① 횡치식 용접
② 서브머지드 아크 용접
③ 전자빔 용접
④ 그래비티 용접

해설 그래비티 용접에 대한 내용이다.

136 다음은 냉간압접(cold pressure welding)의 장점이다. 틀린 것은?

① 접합부에 열 영향이 없다.
② 접합부의 전기 저항은 모재와 거의 같다.
③ 용접부가 가공 경화되지 않는다.
④ 숙련이 필요하지 않다.

해설 냉간압접 : 외부로부터 특별한 열원 공급 없이 가압의 조작으로 금속 상호 간의 확산을 일으키는 방법으로, 그 장점으로는 보기 ①, ②, ④ 이외에 압접공구가 간단하다, 겹치기 압접시 눌린 흔적(판압차)이 생긴다, 철강 재료의 접합에는 적용하지 않는다, 용접부가 가공경화가 발생한다 등이 있다.

137 맞대기 부분을 가스 불꽃으로 가열하여 적당한 온도가 되었을 때 압력을 주어 접합하는 용접법은?

① 가스용접　② 가스압접
③ 전자빔 용접　④ 초음파용접

해설 가스압접에 대한 내용이다.

138 다음은 가스압접법의 특징이다. 틀린 것은?

① 작업이 거의 기계적이다.
② 이음부에 첨가 금속 또는 용제가 불필요하다.
③ 원리적으로 전력이 필요하다.
④ 이음부에 탈탄층이 전혀 없다.

해설 압력을 주는 장치에는 전력이 필요하다.

139 단접의 3가지 방법이 아닌 것은?

① 형 단접　② 겹치기 단접
③ 맞대기 단접　④ 모서리 단접

해설 단접의 종류로는 맞대기 단접, 겹치기 단접, 형 단접 등이 있다.

140 다음은 폭발압접의 특징이다. 옳지 않은 것은?

① 특수한 설비가 필요 없어 경제적이다.
② 용접작업이 비교적 간단하다.
③ 같은 재료의 용접에 한정된다.
④ 고융점 재료의 접합이 가능하다.

해설 폭발압접법으로는 이종금속의 접합이 가능하다.

141 다음은 폭발압접의 장점이다. 틀린 것은?

① 이종 금속의 접합이 가능하다.
② 경제적이다.
③ 고융점 재료의 접합이 가능하다.
④ 압접 시 큰 폭발음을 낸다.

해설 폭발압접 시 화약의 폭발로 인해 큰 폭발음이 나는 것이 장점이 될 수 없다.

142 용사방법이 아닌 것은?

① 가스 불꽃 이용법
② 아크를 이용하는 방법
③ 플라스마 제트 용접
④ MIG 이용법

해설 용사방법으로는 일반적으로 보기 ①, ②, ③ 등이 있다.

143 용사(metallizing)에 쓰이는 용사 재료의 형상에서 분말상 용사재료가 아닌 것은?

① 금속 탄화물　② 금속 질화물
③ 금속 산화물　④ 금속 편석물

해설 용사재료 중 분말상의 종류는 보기 ①, ②, ③ 등이다.

정답 135. ④　136. ③　137. ②　138. ③　139. ④　140. ③　141. ④　142. ④　143. ④

144 다음 중 용접법의 분류에서 초음파용접은 어디에 속하는가?

① 융접 ② 아크용접
③ 납땜 ④ 압접

해설 용접은 크게 융접, 압접, 납땜으로 나뉘는데, 초음파용접의 경우 압접에 속한다.

145 다음은 초음파 용접법의 특징이다. 틀린 것은?

① 극히 얇은 판, 즉 필름(film)도 쉽게 용접한다.
② 판의 두께에 따라 강도가 현저하게 변화한다.
③ 이종 금속의 용접은 불가능하다.
④ 냉간압접에 비하여 주어지는 압력이 작으므로 용접물의 변형물의 변형률도 작다.

해설 초음파용접은 상하 엔빌 사이에 용접물을 겹쳐서 압력을 가하면서 초음파로 하여금 횡진동을 주는 방법으로 보기 ①, ②, ④ 이외에 특별히 두 금속의 경도가 크게 다르지 않으면 이종금속의 용접도 가능하다.

146 초음파용접에 대한 설명으로 잘못된 것은?

① 주어지는 압력이 작아서 용접물의 변형이 작다.
② 표면 처리가 간단하고 압연한 그대로의 재료도 용접이 가능하다.
③ 판의 두께에 따른 용접 강도의 변화가 없다.
④ 극히 얇은 판도 쉽게 용접이 된다.

해설 초음파 용접의 특징으로 판의 두께에 따라 용접 강도가 현저하게 변화한다.

147 다음 중 마찰용접의 특징으로 옳지 않은 것은?

① 용접작업이 쉽고 시간이 짧으며 숙련이 필요하지 않다.
② 용제나 용접봉이 필요 없으며, 이음부의 청정이나 특별한 다듬질이 필요 없다.
③ 유해가스 발생이나 불꽃 비산이 거의 없다.
④ 피 용접재의 크기나 형상에 제한이 없다.

해설 마찰용접의 경우 회전축에 비교적 고속으로 회전시키므로 주로 원형 단면이 대부분이며, 형상 치수에도 제한을 받는다.

148 다음은 마찰용접(friction welding)의 장점이다. 틀린 것은?

① 경제성이 높다.
② 압접면이 끝손질이 필요 없다.
③ 국부 가열이므로 열 영향부의 너비가 좁고 이음 성능이 좋다.
④ 피압접 재료는 원형이어야 한다.

해설 초기에는 주로 원형 단면의 것에 제한되었지만 근래에는 판형재도 마찰용접이 가능하다.

149 마찰용접의 장점이 아닌 것은?

① 경제성이 높다.
② 압접면의 끝손질이 필요 없다.
③ 열 영향부가 넓다.
④ 이음 성능이 좋다.

해설 마찰용접은 불꽃 비산도 없고 용접 작업시간이 짧아 열영향부가 좁다.

★
150 돌기가 있는 나사산의 형태의 비소모성 공구를 고속으로 회전시켜 접합하고자 하는 모재에 삽입하면 고속으로 회전하는 공구와 모재에 열이 발생한다. 이 발생열을 이용한 용접방법은?

① 업셋용접 ② 플래시용접
③ 마찰교반용접 ④ 유도가열용접

해설 마찰교반용접에 대한 내용이다.

151 논 가스 아크 용접법의 장점이 아닌 것은?

① 용접장치가 간단하며 운반이 편리하다.
② 길이가 긴 용접물에 아크를 중단하지 않고 연속 용접을 할 수 있다.
③ 용접 전원으로 교류, 직류를 모두 사용할 수 있고 전자세 용접이 가능하다.
④ 피복아크 용접봉 중 고산화티탄계와 같이 수소의 발생이 많다.

해설 피복아크 용접봉의 저수소계와 같이 수소의 발생이 적다.

정답 144. ④ 145. ③ 146. ③ 147. ④ 148. ④ 149. ③ 150. ③ 151. ④

152 논 가스 아크 용접법(non gas arc welding)의 장점에 대한 설명으로 틀린 것은?

① 아크의 빛과 열이 강렬하다.
② 용접장치가 간단하며 운반이 편리하다.
③ 바람이 있는 옥외에서도 작업이 가능하다.
④ 피복아크 용접봉 중 저수소계와 같이 수소의 발생이 적다.

해설 보기 ①은 장점이 아니다.

153 다음 중 전열에 의해 기체를 가열하여 고온으로 되면 그 가스를 용접부와 용접봉에 분출하면서 용접하는 방법은?

① 마찰용접　② 고상용접
③ 열풍용접　④ 유도가열용접

해설 열풍용접에 대한 내용이다.

154 땜납은 연납과 경납으로 구분된다. KS에서 이를 구분하는 온도는?

① 350℃　② 450℃
③ 550℃　④ 650℃

해설 연납과 경납의 구분되는 용융점은 450℃이다.

155 모재를 녹이지 않고 접합시키는 것은?

① 가스용접　② 전자빔용접
③ 납땜법　④ 심용접

해설 납땜법은 용가재만 녹여 접합시킨다.

156 다음은 납땜법의 원리이다. 틀린 것은?

① 납땜법은 접합해야 할 모재 금속을 용융시키지 않고 그들 금속의 이음면 틈에 모재보다 용융점이 낮은 금속을 용융 첨가하여 이음을 하는 방법이다.
② 땜납의 대부분은 합금으로 되어 있다.
③ 용접용 땜납으로는 연납을 사용한다.
④ 땜납은 모재보다 용융점이 낮아야 하고 표면장력이 적어 모재 표면에 잘 퍼져야 한다.

해설 용접용 땜납에는 연납재와 경납재 등이 있다.

157 납땜에 대한 설명 중 틀린 것은?

① 전기 부품의 납땜에는 주석 함량이 적은 땜납을 사용한다.
② 음식물 그릇 납땜에는 주석의 함량이 적을수록 좋다.
③ 납땜 인두의 가열온도는 높을수록 좋다.
④ 이음부 산화 방지에는 실납을 사용하는 것이 좋다.

해설 납땜 인두의 가열온도는 높을수록 땜납이 산화되며 색이 회색으로 변한다(약 300℃가 적당하다).

158 다음 연납에 대한 설명 중 틀린 것은?

① 연납은 인장강도 및 경도가 낮고, 용융점이 낮으므로 납땜작업이 쉽다.
② 연납의 흡착작용은 주로 아연의 함량에 의존하며 아연 100%의 것이 유효하다.
③ 연납땜의 용제로는 염화아연을 사용한다.
④ 페이스트라고 하는 것은 유지 염화아연 및 분말 연납땜재 등을 혼합하여 풀모양으로 한 것으로 표면에 발라서 쓴다.

해설 흡착력은 주로 주석의 함유량에 따라 관계되며 함유량이 증가할수록 흡착력이 증가한다.

159 연납 시 용제의 역할이 아닌 것은?

① 산화막을 제거함
② 산화의 발생을 방지함
③ 녹은 납은 모재끼리 접촉하게 함
④ 녹은 납은 모재끼리 결합되게 함

해설 용제의 역할은 용가재를 좁은 틈에 자유로이 유동시키며 녹은 납은 모재끼리 결합되게 한다.

160 다음 중 경납땜에 사용하는 용제는?

① 염화암모니아　② 염화아연
③ 염산　④ 붕사

해설 붕사의 경우 경납용으로 사용된다.

정답 152. ①　153. ③　154. ②　155. ③　156. ③　157. ③　158. ②　159. ③　160. ④

161 경납땜에 관한 설명 중 틀린 것은?

① 용융온도가 450℃ 이상의 납땜작업이다.
② 연납에 비해 높은 강도를 갖는다.
③ 가스 토치 및 램프가 필요하다.
④ 용제가 필요 없다.

해설 용제로는 알칼리, 붕사, 붕산 등이 있다.

162 염화아연을 사용하여 납땜을 하였더니 그 후에 그 부분이 부식되기 시작했다. 다음 중 그 이유는?

① 땜납과 금속판이 화학작용을 일으켰기 때문에
② 땜납과 납(pb)의 양이 많기 때문에
③ 인두의 가열온도가 높기 때문에
④ 납땜 후 염화아연을 닦아내지 않았기 때문에

해설 용제들은 거의가 부식성이 있으므로 납땜 후 물로 깨끗이 세척해야 한다.

163 다음 중 경납용 용제가 아닌 것은?

① 붕사 ② 붕산
③ 염산 ④ 알칼리

해설 경납에 쓰이는 용제는 붕사가 대표적이며 붕산, 식염, 산화제일구리 등이 쓰인다.

164 다음 중 경납땜에 해당되지 않는 것은?

① 은납 ② 주석납
③ 황동납 ④ 인동납

해설 주석납은 연납땜용 땜납이다.

165 경납 접합법에 해당하지 않는 것은?

① 접합부를 닦아서 깨끗이 한 뒤 용제 등으로 기름을 제거한다.
② 용제를 배합한 경납 가루를 가열 접합부에 바른다.
③ 가스 토치 또는 노속에서 가열하여 접합한다.
④ 용제를 접합면에 바르고 납인두로 경납을 녹여서 흘러들어가게 한다.

해설 납인두를 사용하는 것은 연납땜의 범주에 속한다.

166 경납땜의 용제로서 적합한 것은?

① 진한 염산 ② 묽은 염산
③ 붕사 ④ 염화아연

해설 보기 ①, ②, ④ 등은 연납용 용제이다.

★
167 다음은 납땜작업 시 납땜 작업법에 대한 설명이다. 틀린 것은?

① 비교적 낮은 온도에서 하는 연납땜과 높은 온도에서 하는 경납땜이 있다.
② 외력이 가해지는 경우 경납땜을 해야 한다.
③ 연납은 땜납이라고도 하며 크롬과 납의 합금이다.
④ 납땜의 인두 가열은 300℃ 내외가 적당하며 너무 가열하면 납이 인두에 붙지 않는다.

해설 연납은 주로 주석(Sn)과 납(Pb)의 합금이다.

168 이음부에 납땜재의 용제를 발라 가열하는 방법으로 저항용접이 곤란한 금속의 납땜이나 작은 이종 금속의 납땜에 적당한 방법은?

① 담금 납땜 ② 저항 납땜
③ 노내 납땜 ④ 유도 가열 납땜

해설 ① 담금 납땜(dip brazing) : 납땜부를 용해된 땜납 중에 적합할 금속을 담가 납땜하는 방법과 이음부분에 납재를 고정시켜 납땜 온도로 가열 용융시켜 화학 약품에 담가 침투시키는 방법이 있다.
② 저항 납땜(resistance brazing) : 이음부에 납땜재의 용제를 발라 저항열로 가열하는 방법이다. 이 방법은 저항용접이 곤란한 금속의 납땜이나 작은 이종 금속의 납땜에 적당하다.
③ 노내 납땜(furnace brazing) : 가스 불꽃이나 전열 등으로 가열시켜 노내에서 납땜하는 방법이다. 이 방법은 온도 조정이 정확해야 하고 비교적 작은 부품의 대량 생산에 적당하다.
④ 유도 가열 납땜(induction brazing) : 고주파 유도 전류를 이용하여 가열하는 납땜법이다. 이 납땜법은 가열시간이 짧고 작업이 용이하여 능률적이다.

정답 161. ④ 162. ④ 163. ④ 164. ② 165. ④ 166. ③ 167. ③ 168. ②

Craftsman Welding

제2편

용접 시공

Craftsman Welding

Chapter 01

용접 설계

WELDING

1-1 용접 이음의 종류

1 기본 이음형태[그림 1-1]

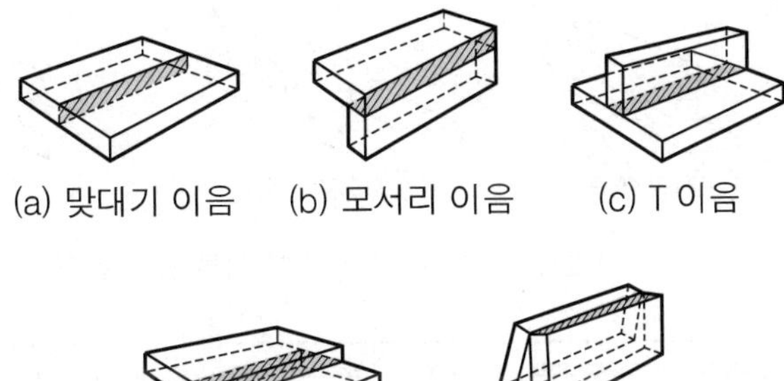

(a) 맞대기 이음 (b) 모서리 이음 (c) T 이음

(d) 겹치기 이음 (e) 변두리 이음

[그림 1-1] 이음의 종류

2 용접 홈의 형상[그림 1-2]

홈은 완전한 용접부를 얻기 위해 용접할 모재 사이의 맞대는 면 사이의 가공된 모양을 말하며, 모재의 판 두께, 용접법, 용접자세 등에 따라 홈의 형상이 구분된다.

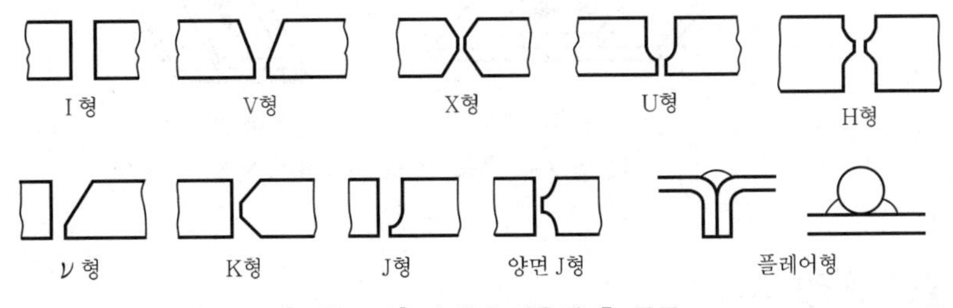

[그림 1-2] 맞대기 이음의 홈 종류

① 한면 홈 이음 : I형, V형, ν(베벨)형, U형, J형

② 양면 홈 이음 : 양면 I형, X형, K형, H형, 양면 J형

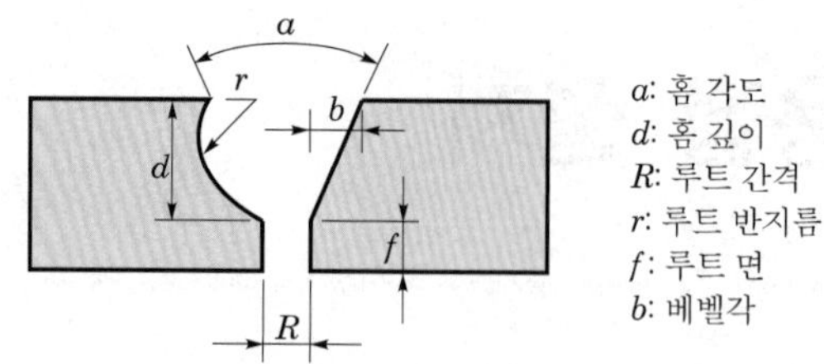

[그림 1-3] 맞대기 이음의 홈 형상과 명칭

3 필릿 용접의 종류[그림 1-4, 1-5]

① 용접선과 하중의 방향에 따라 : 전면 필릿, 측면 필릿, 경사 필릿

② 비드의 연속성에 따라 : 연속 필릿, 단속 필릿(병렬, 지그재그식)

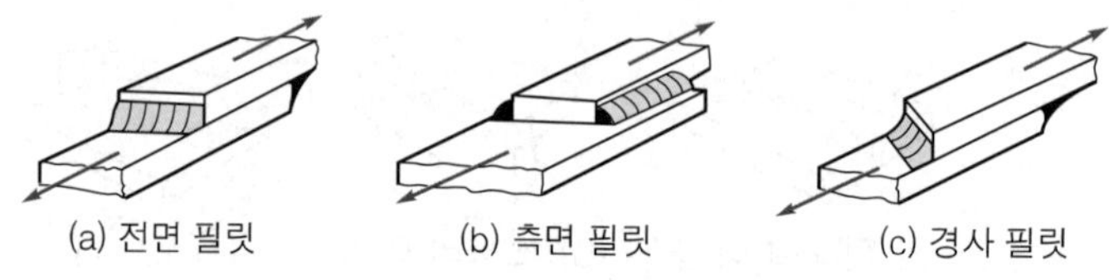

[그림 1-4] 하중의 방향에 따른 필릿 용접

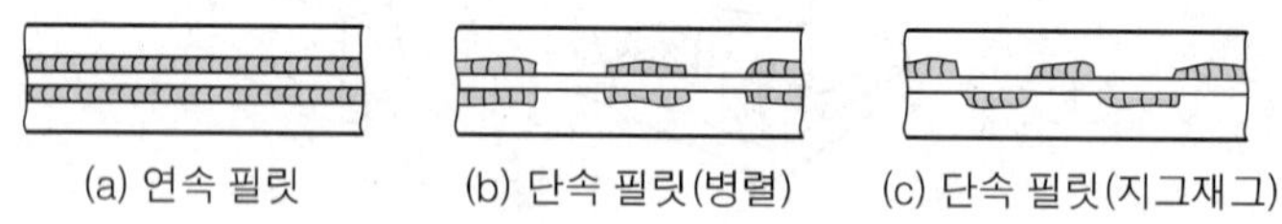

[그림 1-5] 연속 및 단속 필릿 용접

4 플러그, 슬롯 용접[그림 1-6]

포개진 두 부재의 한 쪽에 구멍을 뚫고 그 부분을 표면까지 용접하는 것으로 주로 얇은 판재에 적용이 된다. 구멍이 원형일 경우 플러그 용접, 구멍이 타원형일 경우 슬롯 용접이라고 한다.

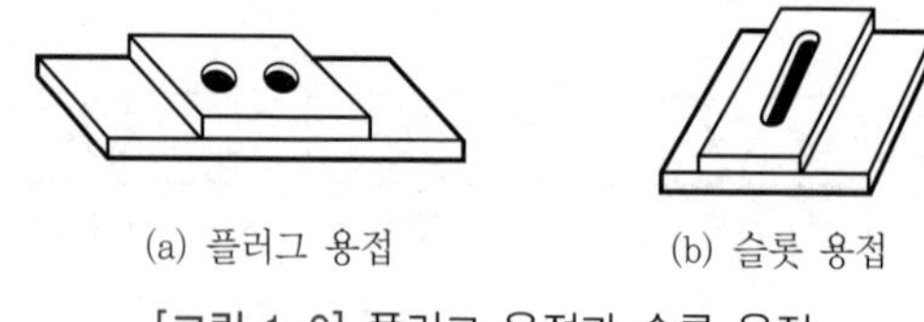

[그림 1-6] 플러그 용접과 슬롯 용접

5 덧살올림 용접[그림 1-7]

부재의 표면에 용도에 따라 용착금속을 입히는 것으로 주로 마모된 부재 보수, 내식성, 내마멸성이 요구될 때 이용한다.

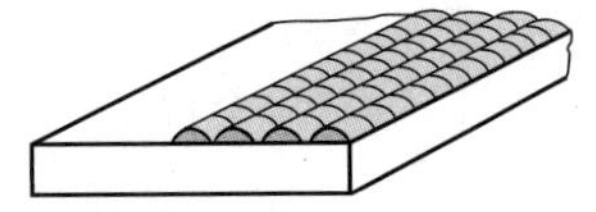

[그림 1-7] 덧살올림 용접

6 용접 이음부 설계 시 고려사항

이음부 설계 시 고려해야 할 사항은 다음과 같다.

① 아래보기 용접을 많이 하도록 한다. 수직, 수평, 위보기 등의 다른 자세보다 결함 발생이 적고 생산성이 높다.

② 용접작업에 충분한 공간을 확보한다([그림 1-8(a)]). 좁은 공간에서의 작업은 용접자세가 불량하여 결함 발생이 우려되고, 환기, 감전사고 등의 우려가 있다. 또한 용접선이 보이지 않거나 용접봉이 삽입되기 곤란한 설계는 피한다.

③ 용접 이음부가 국부적으로 집중되지 않도록 하고, 가능한 용접량이 최소가 되는 홈을 선택한다.

④ 맞대기 용접은 뒷면 용접을 가능하도록 하여 용입부족이 없도록 한다.

⑤ 필릿 용접은 되도록 피하고 맞대기 용접을 하도록 한다.

⑥ 판 두께가 다른 경우에 용접 이음은 [그림 1-8(c)]와 같이 단면의 변화를 주어 응력집중현상을 방지한다.

⑦ 용접선이 교차하는 경우에는 한쪽은 연속 비드를 만들고, 다른 한쪽은 부채꼴 모양으로 모재를 가공하여(스캘럽) 시공토록 설계한다([그림 1-8(d), (e)]).

참고 스캘럽(scallop) WELDING

용접선이 서로 교차하는 것을 피하기 위하여 한쪽의 모재에 가공한 부채꼴 모양의 노치

⑧ 내식성을 요하는 구조물은 이종 금속 간 용접설계는 피한다.

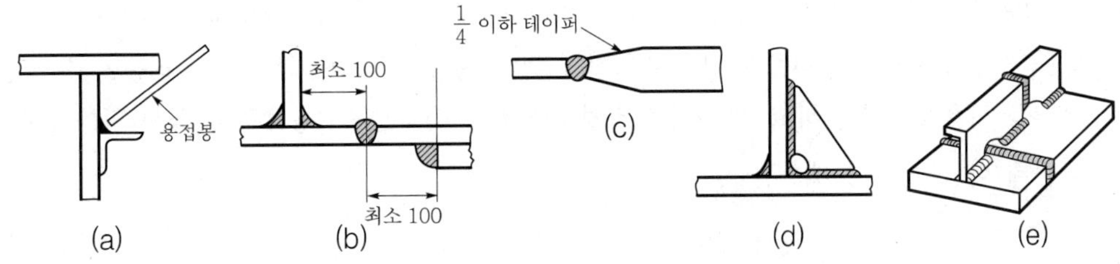

[그림 1-8] 이음 설계 시 주의사항

1-2 강도 계산

1 목 두께

용접부의 크기는 [그림 1-9]와 같이 목 두께, 사이즈, 다리 길이 등으로 표시하고 있지만 설계의 강도 계산에는 간편하게 하기 위하여 이론의 목 두께로 계산한다. 또 용접 이음은 크레이터 부분과 용접 개시점으로 부터 15~20mm까지를 제외하고 계산하도록 하고 있다.

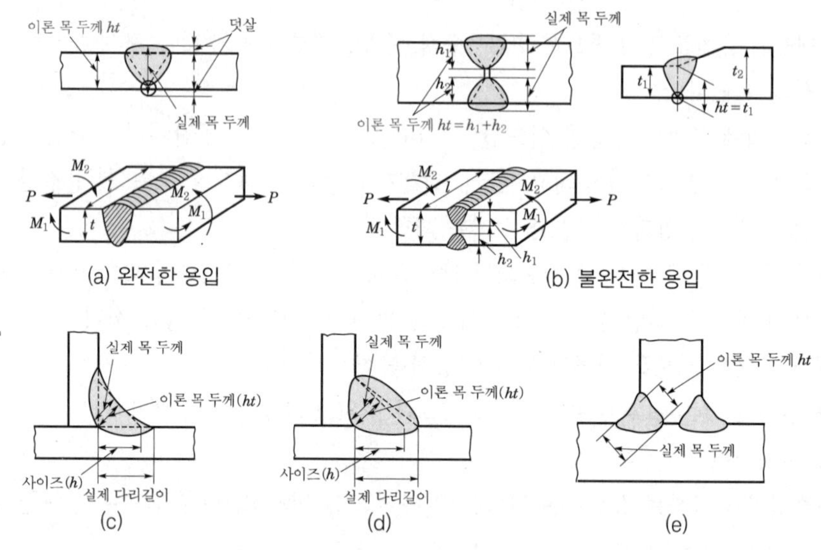

[그림 1-9] 이론 목 두께와 실제 목 두께

2 허용응력과 안전율

용접 설계상 강도 계산은 목 단면에 대하여 수직응력과 전단응력이 허용응력보다 낮도록 설계되어야 한다. 재료의 내부에 탄성한도를 넘으면 응력이 생기게 되고 영구 변형이 일어나 치수의 변화와 파괴를 일으킬 우려가 있다. 또 탄성한도를 넘지 않는 응력일지라도 오랫동안 반복해서 하중을 받으면 재료에 피로가 생겨 위험하게 된다. 탄성한도 이내의 안전상 허용할 수 있는 최대 응력을 허용응력이라 하고, 재료의 인장강도(극한강도) σ_u와 허용응력 σ_a와의 비를 안전율이라 하는데 다음과 같이 계산된다.

$$\text{안전율} = \frac{\text{극한강도}(\sigma_u)}{\text{허용응력}(\sigma_a)}$$

3 사용응력

기계나 구조물의 각 부분이 실제적으로 사용될 때 하중을 받아서 발생하는 응력을 말하며, 계산식은 $\sigma_w(\text{사용응력}) = \dfrac{\text{실제사용응력}(P_w)}{\text{단면적}(A)}$이다. 맞대기 이음의 경우 단면적($A$)은 목 두께($t$

또는 ht)와 용접선의 길이(l)의 곱으로 구한다. 극한강도, 허용응력, 사용응력과의 관계는 극한강도 > 허용응력 ≥ 사용응력으로 되어야 안전하다.

4 맞대기 이음의 강도 계산식

① 목 두께 ht는 보통 모재의 두께로 해도 된다.
② 불완전 용입 부재는 용입 부분의 h_1+h_2를 목 두께 ht로 한다([그림 1-10(b)]).
③ 판 두께가 다른 경우 얇은 쪽의 판 두께를 목 두께 ht로 한다.

[표 1-1] 맞대기 이음의 계산식

용접 조건 / 응력의 종류	완전한 용입	불완전한 용입
인장 또는 압축응력	$\sigma=\frac{P}{lt}$	$\sigma=\frac{P}{(h_1+h_2)l}$
용접선을 굽히는 응력	$\sigma=\frac{6M}{tl^2}$	$\sigma=\frac{6M_1}{(h_1+h_2)l^2}$
판을 굽히는 응력	$\sigma=\frac{6M}{tl^2}$	$\sigma=\frac{3tM_2}{hl(3t^2-6th+4h^2)}$ $(h_1=h_2=h)$

주) σ : 응력(kg/mm²)
P : 하중(kg)
t : 판의 두께(mm) = ht(목 두께),
h_1, h_2 : 용접 치수(mm)
M_1, M_2 : 굽힘 모멘트(kg · mm)
l : 용접선의 유효길이(mm)

5 필릿 이음의 강도 계산식

정하중에 대해서는 목 두께로 계산해서 쓰고 있다. 보통 필릿의 크기는 각장 h로 표시한다. 때문에 목 두께는 이론상의 목 두께 ht로 하여 $ht=t$(또는 h)$\cos 45° = h\sin 45° \approx 0.707h$로 계산한다.

(1) 전면 필릿 용접

하중에 대하여 수직으로 용접부가 작용하므로 수직응력이 발생하며 단면적은 양쪽에 있다는 것을 생각하여야 한다. 한쪽만 용접된 경우는 다음 식의 단면적의 1/2로 계산한다. 때문에 단면적이 $2htl$이 되면 다음과 같이 계산된다.

$$\sigma=\frac{P}{A}=\frac{P}{2htl}=\frac{P}{2\times 0.707hl}=\frac{0.707P}{hl}$$

(2) 측면 필릿 용접

하중에 대하여 용접부가 측면에서 작용하는 경우에는 전단응력이 발생하게 된다(양쪽 용접의 경우).

$$\tau = \frac{P}{A} = \frac{P}{2htl} = \frac{P}{2 \times 0.707hl} = \frac{0.707P}{hl}$$

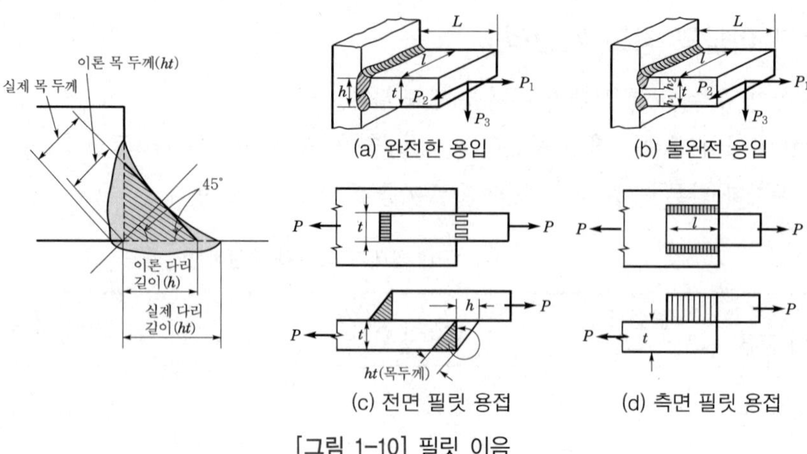

[그림 1-10] 필릿 이음

Chapter 02

용접 시공

2-1 용접 시공 계획

용접공사를 능률적으로 하여 양호한 용접 구조물을 얻기 위해서는 최적의 설계와 용접 시공이 이루어져야 한다. 용접 시공은 설계 및 작업사양서에 따라서 용접 구조물을 제작하는 방법이며, 제작상에 필요한 모든 수단이 포함되어야 한다.

1 공정 계획

용접 구조물 제작에 있어 제일 먼저 해야 할 일은 공정 계획이며 시작에서부터 끝날 때까지의 모든 공정을 한눈에 알아볼 수 있게 해야 한다. 이때 공사의 양과 기간에 따른 작업인원, 설비 등을 고려해야 하며, 이 계획에는 공정표 및 공사량 산적표, 작업 방법의 결정, 인원 배치표 및 가공표 작성 등의 계획을 포함하고 있다.

2 설비 계획

공정 계획은 장기 공정 계획이나 장래 공사량에 대한 공장설비를 입안 정비해야 하며, 공장설비는 공장 규모와 기계설비 작업환경에 따라 계획해야 한다.

2-2 용접 준비

용접 제품의 좋고 나쁨은 용접 전의 준비가 잘 되고 못 되는 것에 따라 크게 영향을 받게 된다. 용접에 있어서 일반적인 준비는 모재 재질의 확인, 용접기의 선택, 용접봉의 선택, 용접공의 선임, 지그 선택의 적정, 조립과 가용접, 홈의 가공과 청소작업 등이 있다(준비가 완료되면 용접은 90% 성공한 것으로 보아도 된다).

1 일반 준비

용접에 있어서 일반적으로 주의해야 할 사항은 모재의 재질 확인, 용접기기의 선택, 용접봉의 선택, 용접공의 기량, 용접 지그의 적절한 사용법, 홈 가공과 청소, 조립과 가용접 및 용접작업 시방서 등이 있다.

(1) 모재 재질의 확인

규격재인 경우에는 제강소에서 강재를 납품할 때 제품의 이력서가 첨부된다. 이 제조서(mill certificate 또는 mill sheet)는 강재의 제조번호, 해당규격, 재료치수, 화학성분, 기계적 성질 및 열처리 조건 등이 기재되어 있어 가공기준을 결정하는 데 중요하다. 또한 강재에도 제조번호, 해당규격 및 치수 등이 각인이나 페인팅되어 있으므로 강재의 입고 시에 제조서와 비교하여 납품받는 것이 꼭 필요하다.

(2) 가공 중의 모재 식별

재료의 제조서에 따라 적정한 강재가 납입되었어도 가공 중에 잘못하면 바뀌게 된다. 특히 두 종류 이상의 강재를 혼용하는 구조물에서는 혼동하지 않도록 방지책을 고려하지 않으면 안된다. 이 방지법으로는 작은 부재 전부에 그 강종의 기호를 마킹하여 두던가, 가공 중에 일차적인 방청 페인트를 강종에 따라 구분하여 칠하는 것이 좋은 방법이다. 이 경우 남은 재료에 대해서도 꼭 상기와 같은 식별방법으로 해두어야 나중에 사용할 때 잘못을 방지할 수 있다.

(3) 용접기기 및 용접방법의 선택

용접방법과 기기의 선택도 용접준비의 중요한 일의 하나이며 용접순서, 용접조건에 따라 그 특성을 파악하여 미리 정해 두어야 한다. 일반적으로 철강의 아크용접으로는 피복아크용접, 이산화탄소 아크용접, 논가스 아크용접, 및 서브머지드 아크용접을 생각할 수 있다. 피복아크용접은 전자세용이나 다른 방법에 비하면 용접속도가 느리고 용입도 얕다. 이산화탄소 아크용접은 용접부를 가스로 보호해야 하는 주의점이 있지만, 용접속도가 빠르고 용입도 깊은 것을 얻을 수 있다.

(4) 용접봉의 선택

용접봉을 선택할 때에는 모재의 용접성, 용접자세, 홈 모양, 용접봉의 작업성 등을 고려하여 적당한 것을 선택해야 한다. 홈 용접의 최초의 층은 작은 지름의 용접봉을 사용하고 각 층마다 용접봉의 지름을 단계적으로 크게 하는 것이 좋다. 수직 하진 용접, 수평 필릿 용접에는 작업 능률의 향상을 생각하여 전용 용접봉이 사용되고 있다. 피복아크 용접봉이나 서브머지드 아크용접의 용제는 대기 중에서는 흡수성이 강하므로 사용 전에 건조할 필요가 있다. 특히 저수소계 이외의 용접봉은 70~80℃에서 1시간 정도, 저수소계 용접봉은 300~350℃에서 1~2시간 정도 사용 전에 건조하여 사용한다.

(5) 용접사의 선임

용접사 선임은 용접사의 기량과 인품이 용접 결과에 크게 영향을 미치므로 일의 중요성에 따라서 기술자를 배치하는 것이 좋다.

(6) 지그 선택의 적정

재료의 준비가 끝나면 조립과 가용접을 한다. 물품을 정확한 치수로 완성시키려면 정반이나 적당한 용접작업대 위에서 조립 · 고정한다. 부품을 조립하는 데 사용하는 도구를 용접 지그라 하며,

이 중 부품을 눌러서 고정 역할을 하는 데 필요한 것을 용접 고정구라 한다. 형상이 복잡한 물품은 자유로이 회전시킬 수 있는 조작대 위에 놓고 아래보기자세로 용접을 하는 것이 가장 좋다([그림 2-2]참조). 이 목적에 사용되는 회전대를 용접 포지셔너 또는 용접 머니퓰레이터라 한다.

지그의 사용목적은 다음과 같다.

① 용접작업을 쉽게 하고 신뢰성과 작업 능률을 높인다.

② 제품의 수치를 정확하게 한다.

③ 대량 생산을 위하여 사용한다.

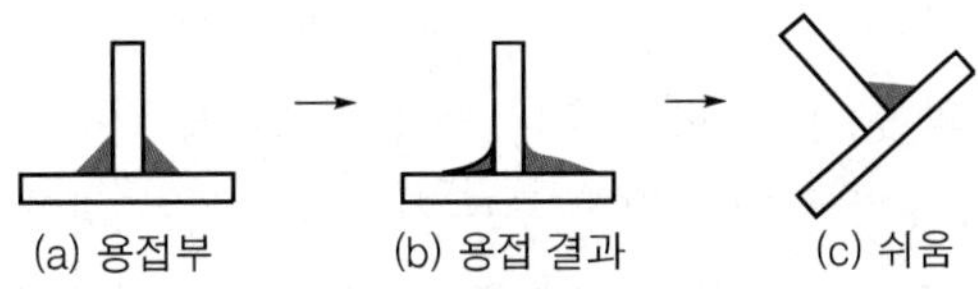

[그림 2-1] 용접하기 쉬운 자세

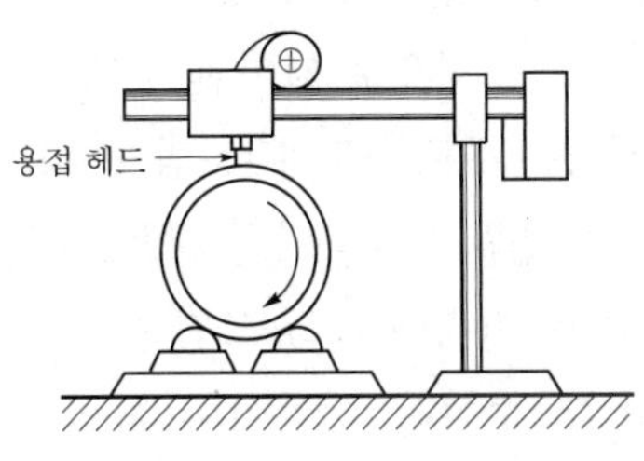

[그림 2-2] 회전 롤 용접대

2 이음 준비

(1) 홈 가공

시공 부분의 기술 정도와 용접방법, 용착량, 능률 등의 경제적인 면을 종합적으로 고려하여 결정한다. 좋은 용접 결과를 얻으려면 우선 좋은 홈 가공을 해야 하며, 경제적인 용접을 하기 위해서도 이에 적합한 홈을 선택하여 가공한다. 홈 모양의 선택이 좋고 나쁨은 피복아크용접의 경우에는 슬래그 섞임, 용입 불량, 루트 균열, 수축 과다 등의 원인이 되며, 자동용접이나 반자동용접의 경우에는 용락, 용입 불량 등의 원인이 되어 용접 결과에 직접적으로 관계되며 능률을 저하시킨다. 홈 가공에는 가스 가공과 기계 가공이 있다.

(2) 조립 및 가용접

용접 시공에 있어서 없어서는 안 되는 중요한 공정의 하나로서, 용접 결과에 직접 영향을 준다. 홈 가공을 끝낸 판은 제품으로 제작하기 위하여 조립, 가용접을 실시한다.

① **조립** : 용접순서 및 용접작업의 특성을 고려하여 계획하고 용접이 안 되는 곳이 없도록 하며, 또 변형 혹은 잔류응력을 될 수 있는 대로 적도록 미리 검토할 필요가 있다. 일반적으로 조립 순서는 수축이 큰 맞대기 이음을 먼저 용접하고, 다음에 필릿 용접을 하도록 배려한다. 또 큰

구조물에서는 구조물의 중앙에서 끝으로 향하여 용접을 실시하며, 또한 대칭으로 용접을 진행시키는 것도 생각해 볼 필요가 있다.

② **가용접** : 본용접을 실시하기 전에 좌우의 홈 부분을 잠정적으로 고정하기 위한 짧은 용접인데, 피복아크용접에서는 슬래그 섞임, 용입 불량, 루트 균열 등의 결함을 수반하기 쉬우므로 이음의 끝부분, 모서리 부분을 피해야 한다. 또한 가용접에는 본용접보다 지름이 약간 가는 용접봉을 사용하는 것이 일반적이다.

(3) 홈의 확인과 보수

홈이 완전하지 않으면 결함이 생기기 쉽고 완전한 이음 강도가 확보되지 않을 뿐 아니라, 용착량의 증가에 의한 공수의 증가, 변형의 증대 등을 일으키게 된다. 맞대기 용접 이음의 경우에는 홈 각도, 루트 면의 정도가 문제되지만, 루트 간격의 크기가 제일 문제가 된다. 이 루트 간격의 허용 한계는 서브머지드 아크용접과 피복아크용접에서 차이가 있게 된다.

① **루트 간격** : 용접에 따라 적당한 간격을 유지해야 한다. 만약 루트 간격이 너무 크게 될 경우에는 보수(한정된 판의 치수 조정으로 넓어진 루트 간격)해야 한다.

㉠ 서브머지드 아크용접에서는 루트 간격이 [그림 2-3]과 같이 0.8mm 이상 되면 용락이 생기고 용접 불능이 된다. 눈틀림이 허용량은 구조물에 따라서 틀리다.

㉡ 피복아크용접에서는 루트 간격이 너무 크면 다음과 같은 요령으로 보수한다. 즉 맞대기 이음에 있어서는 간격 6mm 이하, 간격 6~16mm, 간격 16mm 이상 등으로 분류하여 [그림 2-4]와 같이 보수한다.

- 간격 6mm 이하 : 한쪽 또는 양쪽에 덧붙이한 후 가공하여 맞춘다([그림 2-4(a)]).
- 간격 6~16mm : t6 정도의 받침쇠를 붙여 용접한다([그림 2-4(b)]).
- 간격 16mm 이상 : 판의 일부(길이 약 300mm) 또는 전부를 교환한다[그림 2-4(c)].

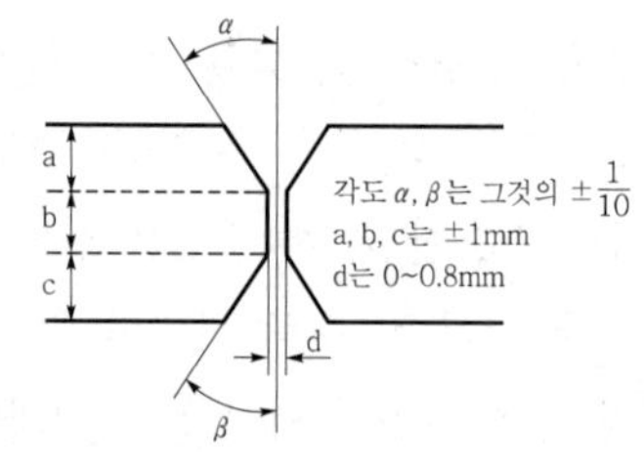

[그림 2-3] 서브머지드 아크용접 이음 홈

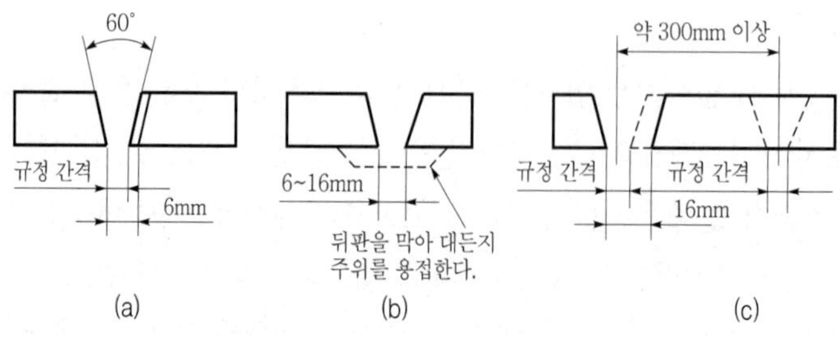

[그림 2-4] 맞대기 이음 홈의 보수 요령

② 필릿 용접의 경우에는 [그림 2-5]와 같이 루트 간격의 크기에 따라 보수방법이 다르다. 즉 [그림 2-5(a)]와 같이 간격이 1.5mm 이하일 때에는 규정대로의 다리길이로 용접한다. [그림 2-5(b)]와 같이 간격이 1.5~4.5mm일 때에는 그대로 용접해도 좋으나, 넓어진 만큼 다리길이를 증가시킬 필요가 있다. 그렇게 하지 않으면 실제의 폭 두께가 감소하고 소정의 이음 강도를 얻을 수 없기 때문이다. [그림 2-5(c)]와 같이 간격이 4.5mm 이상일 때에는 라이너를 넣든가, [그림 2-5(d)]와 같이 부족한 판을 300mm 이상 잘라 내어 교환한다.

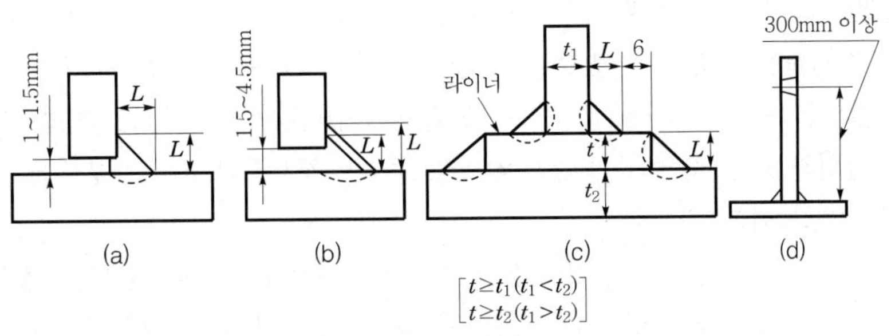

[그림 2-5] 필릿 용접 이음 홈의 보수 요령

(4) 이음부의 청정

가접 후는 물론 용접 각 층마다 깨끗한 상태로 청소하는 것은 매우 중요하다. 이음부에는 수분, 녹, 스케일, 페인트, 기름, 그리스, 먼지, 슬래그 등이 있으면 기공이나 균열의 원인이 되며 강도가 그만큼 부족하게 된다.

참고 이음부 청정 방법

① 와이어 브러시 사용
② 그라인더 사용
③ 쇼트 브라스트
④ 화학 약품 등에 의한 청소법

(5) 용접작업시방서(Welding Procedure Specification ; WPS)

용접 구조물을 제작하기 앞서 제작도면이 소정의 과정에 따라 만들어진다. 용접기술사나 관리자는 제작도면과 그 밖의 보충자료에 의거하여 제작과 검사를 시행하여야 한다. 올바른 시공과 검사를 위해서는 먼저 용접작업시방서(WPS)를 작성하여야 하며, 이에 따라 제작하도록 관리하는 것이 바람직하다.

2-3 본용접

1 용착법과 용접 순서

(1) 용착법

본용접에 있어서 용착법에는 용접하는 진행방향에 의하여 1층 용접의 경우 전진법, 후진법, 대칭법 등이 있고, 다층 용접에 있어서는 빌드업법, 캐스케이드법, 전진블록법 등이 있다.

① **전진법** : [그림 2-6(a)]와 같이 가장 간단한 방법으로서, 이음의 한쪽 끝에서 다른 쪽 끝으로 용접을 진행하는 방법이다. 얇은 판의 용접이나 용접 이음이 짧든지 변형 및 잔류응력이 별로 문제가 되지 않을 때, 1층 용접, 자동용접의 경우에 많이 사용된다. 고능률이지만 잔류응력이 비대칭으로 되어 가용접을 잘하지 않으면 큰 변형이 생길 때가 있다.

② **후진법** : [그림 2-6(b)]와 같이 용접 진행방향과 용착방법이 반대로 되는 방법이다. 두꺼운 판의 용접에 사용되며, 잔류응력을 균일하게 하여 변형을 적게 할 수 있으나 능률이 나쁘다.

③ **대칭법** : [그림 2-6(c)]와 같이 이음의 전 길이를 분할하여 이음 중앙에 대하여 대칭으로 용접을 실시하는 방법이다. 변형, 잔류응력을 대칭으로 유지할 경우에 많이 사용된다.

④ **비석법** : [그림 2-6(d)]와 같이 이음 전 길이를 뛰어넘어서 용접하는 방법이다. 변형, 잔류응력을 균일하게 하지만 능률이 좋지 않으며, 용접 시작부분과 끝나는 부분에 결함이 생길 때가 많다. 스킵법이라고도 한다.

⑤ **빌드업법** : [그림 2-6(e)]와 같이 용접 전 길이에 대해서 각 층을 연속하여 용접하는 방법이다. 능률은 좋지 않지만, 한랭 시나 구속이 클 때, 판 두께가 두꺼울 때에는 첫 층에 균열이 생길 우려가 있다. 덧살올림법이라고도 한다.

⑥ **캐스케이드법** : [그림 2-6(f)]와 같이 후진법과 병용하여 사용되며, 결함은 잘 생기지 않으나 특수한 경우 외에는 사용하지 않는다.

⑦ **(전진)블록법** : [그림 2-6(g)]와 같이 짧은 용접길이로 표면까지 용착하는 방법이며, 첫 층에 균열이 발생하기 쉬울 때 사용된다.

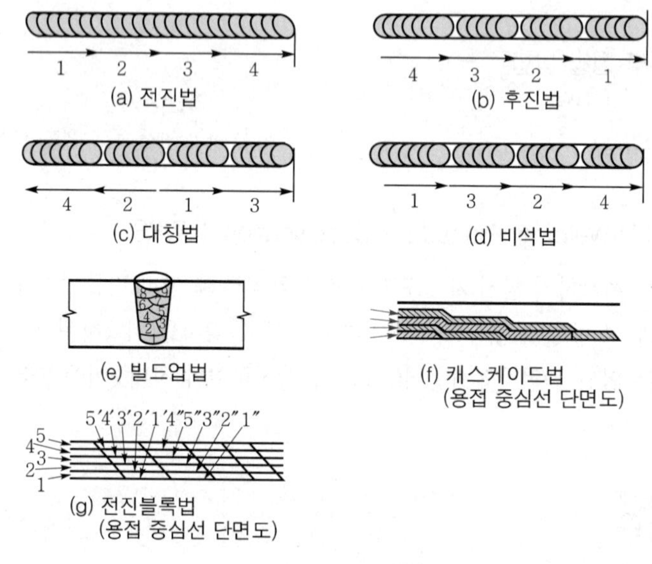

[그림 2-6] 용착법

(2) 용접 순서

용접 순서는 불필요한 변형이나 잔류응력의 발생을 될 수 있는 대로 억제하기 위해 하나의 용접선의 용접을 다음과 같은 기준에 의하여 용접 순서를 결정하면 좋다([그림 2-7]).

① 같은 평면 안에 많은 이음이 있을 때는 수축은 가능한 한 자유단으로 보낸다.

② 물건의 중심에 대하여 항상 대칭으로 용접을 진행한다.

③ 수축이 큰 이음을 먼저 하고 수축이 작은 이음을 뒤에 용접한다.

④ 용접물의 중립축을 생각하고 그 중립축에 대하여 용접으로 인한 수축력 모멘트의 합이 0이 되도록 한다(용접 방향에 대한 굴곡이 없어짐).

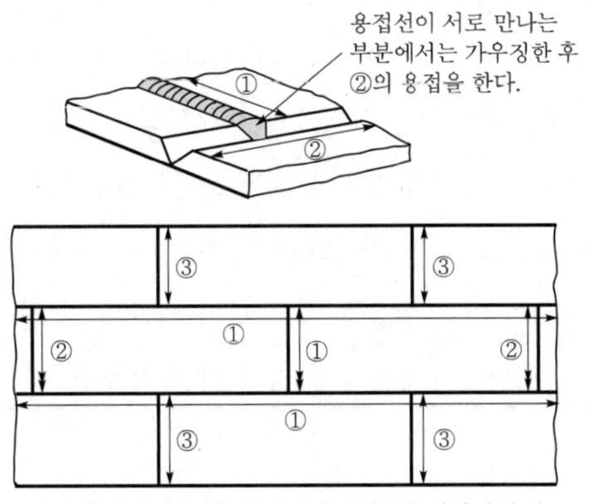

[그림 2-7] 용접 순서 보기

(3) 본용접의 일반적인 주의사항

① 비드의 시작점과 끝점이 구조물의 중요 부분이 되지 않도록 한다.

② 비드의 교차를 가능한 피한다([그림 2-8]).

③ 전류는 언제나 적정 전류를 택한다.

④ 아크길이는 가능한 짧게 한다.

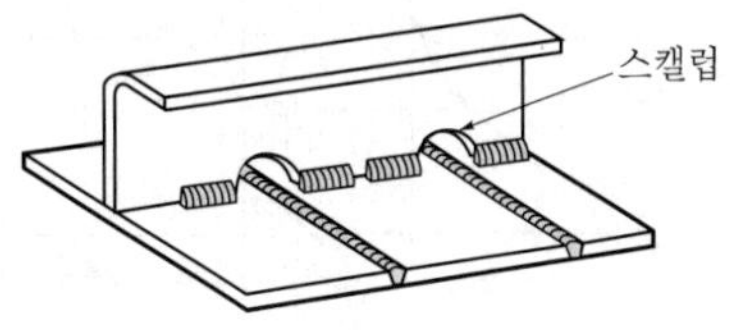

[그림 2-8] 용접선이 교차하는 경우의 스캘럽의 한 예

⑤ 적당한 운봉법과 비드 배치 순서를 채용한다(각도, 용접속도, 운봉법 등).

⑥ 적당한 예열을 한다(한랭 시는 30~40℃로 예열 후 용접).

⑦ 봉의 이음부에 결함이 생기기 쉬우므로 슬래그 청소를 잘하고 용입을 완전하게 한다.

⑧ 용접의 시점과 끝점에 결함의 우려가 많으며 중요한 경우 엔드 탭을 붙여 결함을 방지한다.

⑨ 필릿 용접은 언더컷이나 용입 불량이 생기기 쉬우므로 가능한 아래보기자세로 용접한다.

(4) 가우징 및 뒷면 용접

맞대기 이음에서 용입이 불충분하든가 강도가 요구될 때에 용접을 완료한 후, 뒷면을 따내어서 뒷면 용접을 한다. 뒷면 따내기는 가우징법이나 세이퍼로 따내는 법이 있는데 최근에는 능률적인 가우징법을 많이 쓰고 있다.

2-4 열영향부 조직의 특징과 기계적 성질

1 강의 열영향부 조직[그림 2-9]

명칭(구분)	온도 분포	내용
① 용융금속	1,500℃ 이상	용융, 응고한 구역 주조조직 또는 수지상 조직
② 조립역	1,250℃ 이상	결정립이 조대화되어 경화로 균열 발생 우려
③ 혼립역	1,250~1,100℃	조립역과 세립역의 중간 특성
④ 세립역	1,100~900℃	결정립이 재결정으로 인해 미세화되어 인성 등 기계적 성질 양호
⑤ 입상역	900~750℃	Fe만 변태 또는 구상화, 서냉 시 인성 양호, 급랭 시 인성 저하
⑥ 취화역	750~300℃	열응력 및 석출에 의한 취화 발생
⑦ 모재부	300℃ 이하	열영향을 받지 않은 모재부

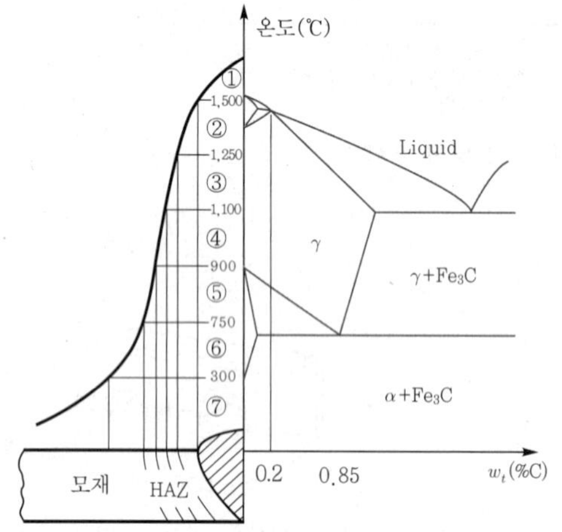

[그림 2-9] 용접 열영향부 온도 및 조직분포

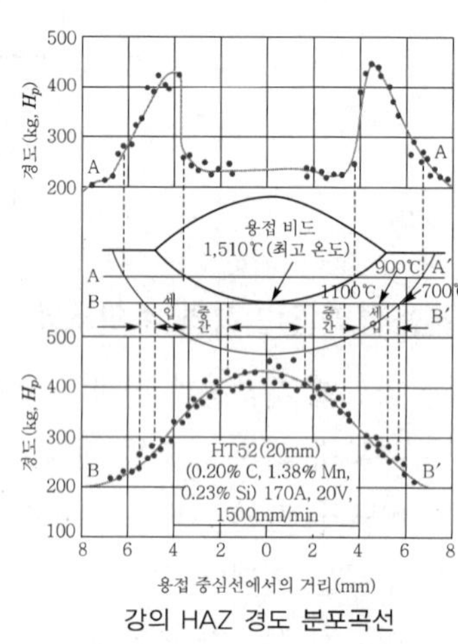

[그림 2-10] HAZ의 경도분포

2 열영향부 기계적 성질[그림 2-10]

(1) 경도

일반적으로 본드부(조립역)에 **인접한 조립역의 경도가 가장 높고 이 값을 최고 경도값이라 하며 용접난이도의 척도가 된다.** 최고 경도치는 일반적으로 냉각속도에 비례하며 냉각속도가 증가할수록 경도 역시 증가한다. 실제 용접에서 용접 시작부 및 종점부, 가용접부, 아크 스트라이크 등은 용접 냉각속도가 크며, 경화 정도가 커서 용접 균열 등 결함의 원인이 된다.

(2) 열영향부의 기계적 성질

조립역의 연신률이나 인성은 현저히 저하된다(마텐자이트의 생성원인).

2-5 용접 전·후처리(예열, 후열 등)

1 잔류응력제거법

가열과 냉각을 반복하면서 재료가 팽창·수축함에 따라 재료 내부에 생긴 응력이 그대로 남아 있는 응력을 잔류응력이라고 하며, 용접을 하면 잔류응력이 필연적으로 수반된다.

(1) 노내풀림법

응력제거열처리법 중에서 가장 널리 이용되며 또 효과가 큰 것으로, 제품 전체를 가열로 안에 넣고 적당한 온도에서 일정시간 유지한 다음, 노내에서 서냉하는 방법이다. **유지온도는 625±25℃, 판 두께 25mm에 대해 1시간 정도 유지하는 것**이 일반적이다. 이때 유지온도가 높고 유지시간이 길수록 효과적이다. 노내 출입 온도는 300℃를 넘지 않도록 한다.

(2) 국부풀림법

제품이 커서 노내에 넣을 수 없을 때 또는 설비, 용량 등으로 노내풀림을 바라지 못할 경우에는 용접부 근방만을 국부풀림할 때도 있다. 이 방법은 용접선의 좌우 양측을 각각 약 250mm의 범위 혹은 판 두께의 12배 이상의 범위를 가열한 후 서냉한다.

(3) 저온응력완화법

용접선의 양측을 가스 불꽃에 의하여 나비의 60~130mm에 걸쳐서 150~200℃ 정도의 비교적 낮은 온도로 가열한 다음 곧 수냉하는 방법으로서, 주로 용접선 방향의 잔류응력이 완화된다.

(4) 기계적응력완화법

잔류응력이 있는 제품에 하중을 주어 용접부에 약간의 소성변형을 일으킨 다음, 하중을 제거하는 방법이다.

(5) 피닝법

끝이 둥근 특수 해머를 이용하여 연속적으로 용접부를 타격하여 용접부에 소성변형을 주는 방법이다. 이 방법은 **잔류응력 제거, 변형교정, 용착금속의 균열 방지** 등의 효과가 있다.

2 변형 교정

용접할 때에 발생한 변형을 교정하는 것을 변형 교정이라고 한다. 특히 얇은 판의 경우 어느 정도 변형을 피할 수 없다.

(1) 용접 전 또는 용접 중 예방법

① **역변형법** : 용접에서 실제로 많이 사용되고 있다. 이 방법은 용접사의 경험과 통계에 의해 용접 후의 변형 각도만큼 용접 전에 반대 방향으로 굽혀 놓고 용접하면 원상태로 돌아오는 방법으로 보통 150mm×t9에서 2~3° 정도로 변형을 준다.

② **도열법** : 용접부에 구리로 된 덮개판을 두던지, 뒷면에서 용접부를 수냉 또는 용접부 근처에 물기가 있는 석면, 천 등을 두고 모재에 용접입열을 막음으로써 변형을 방지하는 방법이다.
③ **억제법** : 공작물을 가접 또는 지그 홀더 등으로 장착하고 변형의 발생을 억제하는 방법이다.
④ 용접 시공법에 의한 방법으로 대칭법, 후퇴법, 비석법 등의 비드 배치법을 사용한다.

(2) 용접 후 변형 교정하는 방법

① **박판에 대한 점 수축법** : 얇은 판에 대해 500~600℃로 약 30초 정도로 20~30mm 주위를 가열한 다음 곧 수냉한다.
② **형재에 대한 직선 수축법**
③ **가열 후 해머로 두드리는 방법**
④ **후판의 경우 가열 후 압력을 걸고 수냉하는 방법**
⑤ **롤링법**
⑥ **절단하여 정형 후 재 용접하는 방법**
⑦ **피닝법** : 비드가 고온(약 700℃ 이상)에서 피닝 해머로 두드리는 방법

3 예열

필수적으로 열원이 수반되는 용접의 경우 급격한 열 사이클 및 응고 수축을 방지하기 위해 냉각속도를 늦추는 시공을 예열이라 한다.

(1) 예열의 목적

① 열영향부와 용착금속의 경화 방지, 연성 증가
② 수소 방출을 용이하게 하여 저온 균열 · 기공생성 방지
③ 용접부 기계적 성질 향상, 경화조직 석출 방지
④ 냉각온도 구배를 완만하게 하여 변형 · 잔류응력 절감

4 후열

넓은 의미의 용접 후열처리(PWHT)에는 용접 후 급랭을 피하는 목적의 후열, 응력제거 풀림, 완전풀림, 불림, 고용화 열처리, 선상 가열 등이 있다.

(1) 후열의 효과

① 저온균열의 원인인 수소를 방출시킨다. 온도가 높고 시간이 길수록 수소 함량은 적어진다.
② 잔류응력 제거가 가능하다.

(2) 응력제거 풀림

보통 A_1 변태점 이상 가열 후 서냉하면 완전풀림, A_1 변태점 이하 가열 후 서냉하면 응력제거 풀림 또는 저온풀림

2-6 용접 결함, 변형 및 방지대책

1 용접 결함

① 치수상 결함 : 부분적으로 큰 온도구배를 가짐으로써 열에 의한 팽창과 수축이 원인이 되어 치수가 변하게 된다.

② 구조상 결함 : 용접의 안전성을 저해하는 요소로 비정상적인 형상을 가지게 된다.

③ 성질상 결함 : 가열과 냉각에 따라 용접부가 기계적 · 화학적 · 물리적 성질이 변화된다.

2 구조상 결함의 원인과 방지대책

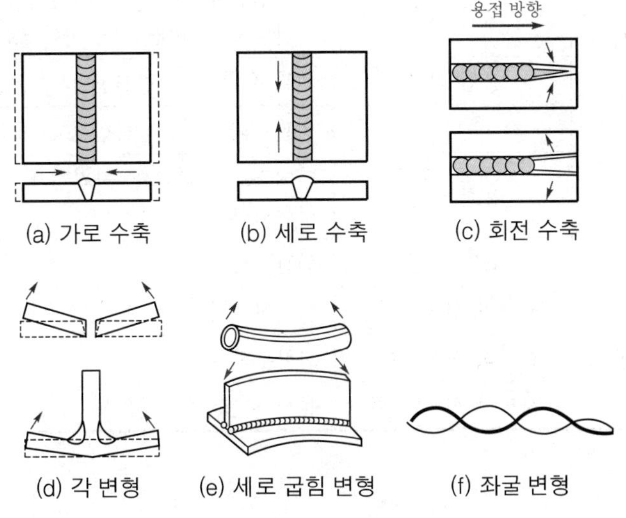

[그림 2-11] 수축과 변형의 종류

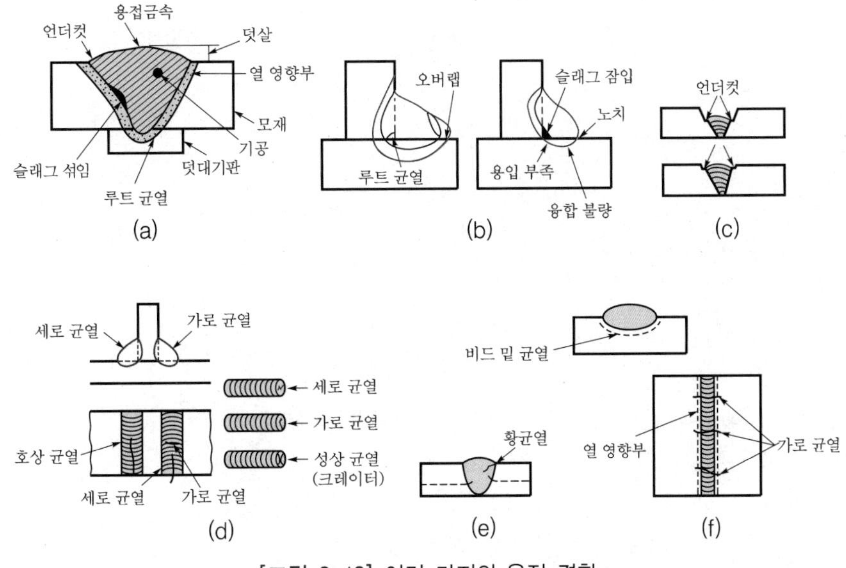

[그림 2-12] 여러 가지의 용접 결함

[표 2-1] 용접 결함에 대한 시험과 검사법

용접 결함	결함 종류	대표적인 시험과 검사
치수상 결함	변형	게이지를 사용하여 외관 육안검사
	치수 불량	게이지를 사용하여 외관 육안검사
	형상 불량	게이지를 사용하여 외관 육안검사
구조상 결함	기공	방사선검사, 자기검사, 맴돌이 전류검사, 초음파검사, 파단검사, 현미경검사, 마이크로 조직검사
	슬래그 섞임	방사선검사, 자기검사, 맴돌이 전류검사, 초음파검사, 파단검사, 현미경검사, 마이크로 조직검사
	융합 불량	방사선검사, 자기검사, 맴돌이 전류검사, 초음파검사, 파단검사, 현미경검사, 마이크로 조직검사
	용입 불량	외관 육안검사, 방사선검사, 굽힘시험
	언더컷	외관 육안검사, 방사선검사, 초음파검사, 현미경검사
	용접 균열	마이크로 조직검사, 자기검사, 침투검사, 형광검사, 굽힘시험
	표면 결함	외관검사
성질상 결함	기계적 성질 부족	기계적 시험
	화학적 성질 부족	화학분석시험
	물리적 성질 부족	물성 시험, 전자기특성시험

[표 2-2] 용접부 결함 및 그 방지대책

결함의 종류	결함의 모양	원인	방지대책
용입 불량		① 이음 설계의 결함 ② 용접속도가 너무 빠를 때 ③ 용접전류가 낮을 때 ④ 용접봉 선택 불량	① 루트 간격 및 치수를 크게 한다. ② 용접속도를 빠르지 않게 한다. ③ 슬래그가 벗겨지지 않는 한도 내로 전류를 높인다. ④ 용접봉을 잘 선택한다.
언더컷		① 전류가 너무 높을 때 ② 아크길이가 너무 길 때 ③ 용접봉을 부적당하게 사용했을 때 ④ 용접속도가 적당하지 않을 경우 ⑤ 용접봉 선택 불량	① 낮은 전류를 사용한다. ② 짧은 아크길이를 유지한다. ③ 유지 각도를 바꾼다. ④ 용접속도를 늦춘다. ⑤ 적정봉을 선택한다.
오버랩		① 용접전류가 너무 낮을 때 ② 운봉 및 봉의 유지 각도 불량 ③ 용접봉 선택 불량	① 적정 전류를 선택한다. ② 수평 필릿의 경우는 봉의 각도를 잘 선택한다. ③ 적정봉을 선택한다.
선상 조직		① 용착금속의 냉각속도가 빠를 때 ② 모재 재질 불량	① 급랭을 피한다. ② 모재의 재질에 맞는 적정봉을 선택한다.
균열		① 이음의 강성이 큰 경우 ② 부적당한 용접봉 사용 ③ 모재의 탄소, 망간 등의 합금원소 함량이 많을 때 ④ 과대 전류, 과대 속도 ⑤ 모재의 유황 함량이 많을 때	① 예열, 피닝작업을 하거나 용접비드 단면적을 넓힌다. ② 적정봉을 택한다. ③ 예열, 후열을 하고 저수소계봉을 쓴다. ④ 적정 전류속도로 운봉한다. ⑤ 저수소계 봉을 쓴다.
블로홀		① 용접 분위기 가운데 수소 또는 일산화탄소의 과잉 ② 용접부의 급속한 응고 ③ 모재 가운데 유황 함유량 과대 ④ 강재에 부착되어 있는 기름, 페인트, 녹 등 ⑤ 아크길이, 전류 또는 조작의 부적당 ⑥ 과대 전류의 사용 ⑦ 용접속도가 빠르다.	① 용접봉을 바꾼다. ② 위빙을 하여 열량을 늘리거나 예열한다. ③ 충분히 건조한 저수소계 용접봉을 사용한다. ④ 이음의 표면을 깨끗이 한다. ⑤ 정해진 범위 안의 전류로 좀 긴 아크를 사용하거나 용접법을 조절한다. ⑥ 전류를 조절한다. ⑦ 용접속도를 늦춘다.

Chapter

03 용접의 자동화

3-1 용접 자동화

인간이 도구나 기계를 사용하여 행하는 단순한 작업, 계속 반복되는 작업 또는 위험을 수반하는 작업 등은 인간의 능력과 생산 능률을 저하시킨다. 이러한 결과를 제거하기 위하여 인간을 대신하여 일해 줄 수 있는 것에 대한 필요성을 느끼게 되었고 그 결과가 자동화 기구 및 자동 기계이다. 이 자동화 기구와 자동 기계가 현재 용접산업분야에 가히 혁명적이라 할 정도로 활용되고 있으며, 로봇 용접기가 대표적이라 할 수 있다.

1 용접 자동화의 단계

적용방법 / 용접요소	수동 용접	반자동 용접	기계 용접	자동화 용접	적응제어용접	로봇용접
아크발생 유지	인간	기계	기계	기계	기계(센서 포함)	기계(로봇)
용접와이어 송급	인간	기계	기계	기계	기계(센서 포함)	기계
아크열 제어	인간	인간	기계	기계	기계(센서 포함)	기계(센서 갖춘 로봇)
토치의 이동	인간	인간	기계	기계	기계(센서 포함)	기계(로봇)
용접선 추적	인간	인간	인간	경로수정 후 기계	기계(센서 포함)	기계(센서 갖춘 로봇)
토치각도 조작	인간	인간	인간	기계	기계(센서 포함)	기계(로봇)
용접변형 제어	인간	인간	인간	제어불가능	기계(센서 포함)	기계(센서 갖춘 로봇)

수동용접은 작업자의 기능도에 따라 용접 제품의 품질이 크게 차이가 나고, 또한 숙련된 용접 인적 자원 확보 등의 어려움이 있으며, 이를 용접의 자동화가 일정 부분 해결했다고 볼 수 있다. 따라서 용접 자동화는 인적 자원의 대체와 생산성 및 용접 품질의 향상 등의 특징이 있으며, 더불어 자동화 생산공정을 용접과 동시에 실시간으로 모니터링하여 생산과 동시에 품질을 검사하여 용접 결함에 대한 피드백이 가능하다.

2 용접 자동화의 장점

① 생산성 증대
② 품질 향상
③ 원가절감
④ 용접사의 위험성 절감
⑤ 용접 조건의 실시간 제어 가능

3 아크용접 로봇 자동화 시스템

아크용접의 로봇에는 가스메탈 아크용접(CO_2, MIG, MAG, FCAW)과 가스텅스텐 아크용접 및 레이저빔 용접 등의 프로세스가 주로 이용되었다. 또한 아크용접과 로봇 자동화 시스템은 로봇, 제어부, 아크발생장치, 용접물 구동장치인 포지셔너, 적응을 위한 센서, 로봇 이동장치(갠트리, 컬럼, 트랙 등), 작업자를 위한 안전장치, 용접물 고정장치 등으로 구성되어 있다.

3-2 자동제어

1 제어

어떤 대상물의 현재 상태를 작동하는 이가 원하는 상태로 조절하는 것으로 어떤 목적의 상태 또는 결과를 얻기 위해 대상에 필요한 조작을 가하는 것을 의미한다.

2 자동제어의 장점

① 제품의 품질이 균일, 불량률 감소
② 적정한 작업 유지 가능
③ 원자재, 원료 등의 감소
④ 연속작업 가능
⑤ 인간에게는 불가능한 고속작업 가능
⑥ 인간 능력 이상의 정밀작업 가능
⑦ 인간이 할 수 없는 부적당한 작업환경에서 작업 수행 가능
⑧ 위험한 사고 방지
⑨ 투자 자본 절약

3 자동제어의 종류

자동제어	정성적 제어	시퀀스 제어	유접점 시퀀스 제어
			무접점 시퀀스 제어
		프로그램 제어	PLC 제어
	정량적 제어	개루프 제어	
		폐루프 제어	피드백 제어

3-3 자동화 절단

1 자동 가스절단 방법

절단에 앞서 먼저 레일을 강판의 절단선에 따라 평행하게 놓고, 팁이 똑바로 절단선 위로 주행할 수 있도록 하여, 팁과 강판과의 간격은 예열 불꽃의 백심으로부터 약 1.5~2.5mm 되게 유지시킨다. 이때 팁과의 간격이 너무 가까우면 위쪽 가장자기가 녹기 쉬우며, 간격이 너무 크면 절단 범위가 점차로 커진다.

절단속도는 전동기에 붙어 있는 눈금판에 의하여 알맞은 속도로 조정한다. 다음에 예열 불꽃을 점화하고, 중성 불꽃으로 조정하여 전동기의 스위치를 켜고 공전시켜 절단 개시 위치에 팁을 맞춰서 절단선에 따라 절단 부위 전체를 한두 번 예열한다. 이후 고압산소는 산화물을 밀어내듯 전달한다. 직선부는 각각 절단 안내 장치에 토치를 부착하여 절단한다.

(1) 자동 가스절단기 사용의 장점

① 작업성, 경제성의 면에서 대단히 우수하다.

② 작업자의 피로가 적다.

③ 정밀도에 있어 치수면에서나 절단면에 정확한 직선을 얻을 수 있다.

(2) 자동 가스절단기의 종류

① 반자동 가스절단기 : 절단기의 이동을 작업자가 하며 소형으로 직선, 곡선, 베벨각, 원형 등에 이용되고 준비된 레일에 따라 이동시킨다.

② 전자동 가스절단기 : 불꽃 조정과 절단속도 등을 맞추어 두고 절단선에 따라 자동으로 절단이 되도록 한 것이다. 절단속도는 100~1,000mm/min 정도가 보통이며, 토치를 여러 개 붙이면 V형, X형 홈 가공도 가능하다.

③ 자동 가스형 절단기 : 준비된 원형에 따라서 원형과 같은 형상을 절단하는 것이다.

④ 파이프형 자동절단기

⑤ 광전식형 자동절단기

3-4 용접용 로봇

1 로봇의 개요

산업용 로봇은 자동차, 의료, 항공, 우주 등 모든 산업 부분에서 사용되고 있으며 공장자동화의 주역이라 할 수 있다. 특히 용접 분야에서 로봇의 적용을 보면, 스폿 용접으로 주로 자동차 차체 생산공정에서 주로 적용되어 왔으며, 현재에는 플라스마 용접, 레이저 용접, GTAW, 용접검사 및 도장작업 등에 다양하게 이용되고 있다.

2 로봇의 종류

[표 3-1] 로봇의 종류(KS B 0067)

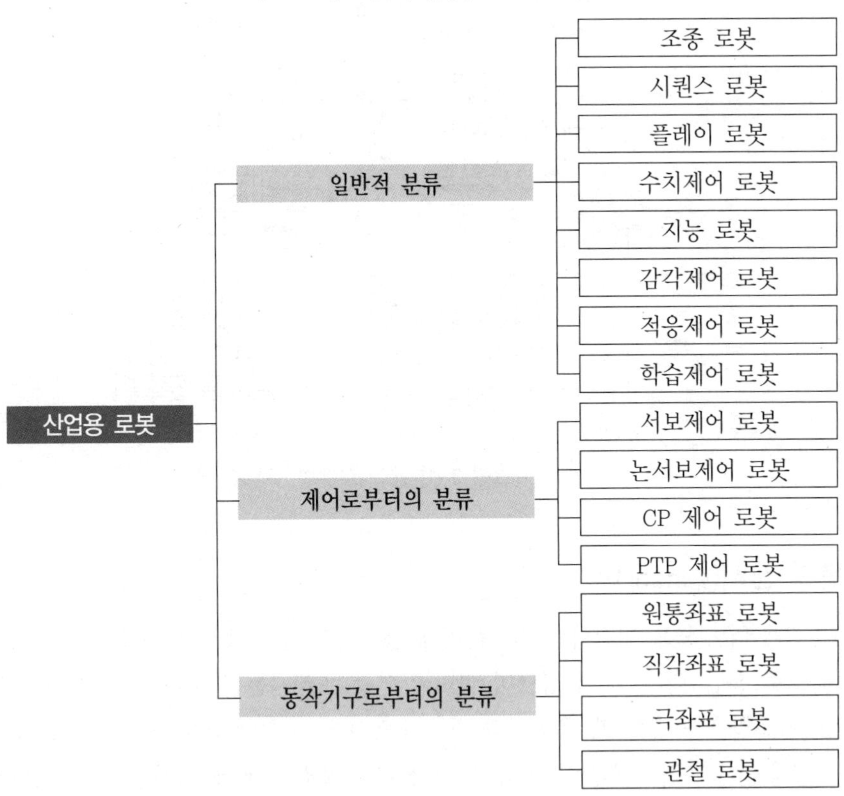

3 로봇의 구성

로봇의 작동부분은 손, 팔 등으로 되어 있고 필요한 동작을 할 수 있는 작업기능을 가지는데 이 부분을 구동부라 한다. 또한 동작을 하기 위해 구동부를 움직이게 하는 제어부가 있고, 이 제어부가 제어기능을 수행하기 위한 계측 인식 기능을 하는 검출부가 있다. 한편 구동부와 제어부를 가동시키지 위한 에너지를 동력원이라 하고, 에너지를 기계적인 움직임으로 변환하는 기기를 액

[표 3-2] 로봇의 구성

- 산업용 로봇
  - 작업기능
    - 동작기능
    - 구속기능
    - 이동기능
  - 제어기능
    - 동작제어기능
    - 교시기능
  - 계측인식기능
    - 계측기능
    - 인식기능

추에이터라 한다. 즉 로봇은 구동부, 제어부, 검출부, 동력원으로 구성되어 있으며 이들은 전선이나 파이프로 접속된다.

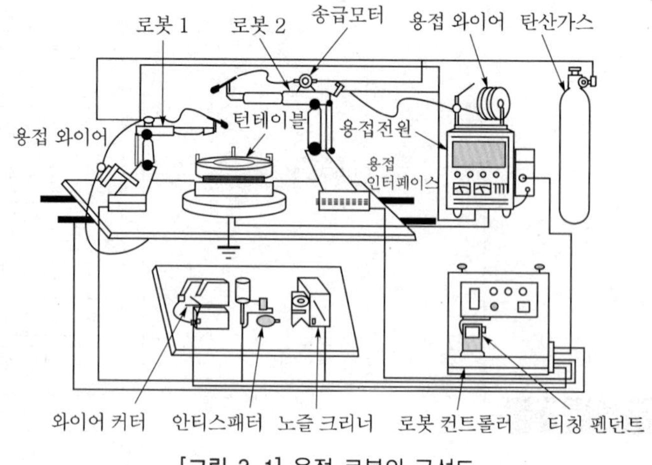

[그림 3-1] 용접 로봇의 구성도

4 로봇의 센서(sensor)

센서는 외부의 정보를 인식하여 컨트롤러에 전달한다. 용접에서는 용접 시 고열에 의한 변형이 발생하므로 용접선의 추적이 상당히 어려워 이를 위해서는 센서에 의한 제어방식이 필수적이다. 또 자동화를 도입할 때 용접물과 자동화 장비의 오차에 의한 가공 여유도 고려하여야 한다. 아크용접선 추적용 센서는 자동아크용접에서 용접 결과에 영향을 주는 내외적 상황을 검출 · 신호화하고 이 신호를 근거로 용접작업의 모니터링, 조작 및 제어하는 데 사용하는 센서를 말한다.

(1) 용접선 추적용 접촉식 센서

① 기계식
② 전기 접점식
③ potentiometer
④ wire 접촉식

(2) Arc 센서

다른 센서의 경우 통상 신호 감지 위치가 용접하는 위치보다 앞에 존재하여야 하므로 로봇에 적용할 경우 자유도의 하나를 센서 위치 조정에 사용하게 되어 용접자세에 제한이 있을 수 있지만 아크 센서의 경우 이를 고려하지 않아도 되는 장점이 있다. 또한 용접 와이어가 다소 휘어 있더라도 영향을 받지 않는다. 다만 토치가 위빙을 하여야만 센싱(sensing)이 된다. 따라서 박판 금속의 경우 적용에 제한이 있다.

(3) 터치 센서

접촉식 센서는 탐침으로 가스 노즐과 핑거를 사용하며 탐침과 용접물 사이에 전기적 접촉을 감지한다. 따라서 용접물의 유무 및 위치, 방위를 식별하며 용접선의 위치를 인식한다. 구조가 간단하고 저가이며 사용이 편리하다는 장점이 있으나 맞대기 용접과 얇은 겹치기 이음에는 적용하지 못하며, 접합면의 청결도에도 영향을 받는다.

(4) 광학 시스템을 이용한 용접선 추적 센서

용접선 전방에 광학 시스템으로 이음부의 체적 변화를 인식하여 V형 홈, 겹치기 이음, 필릿 이음, J형 홈 맞대기, 모서리 이음의 용접선 검출과 추적을 한다. 그러나 용접 토치의 주위에 장치가 있어야 하는 한계가 있다.

Chapter 04

파괴, 비파괴 및 기타 검사

4-1 용접부 시험

[표 4-1] 용접부의 검사법

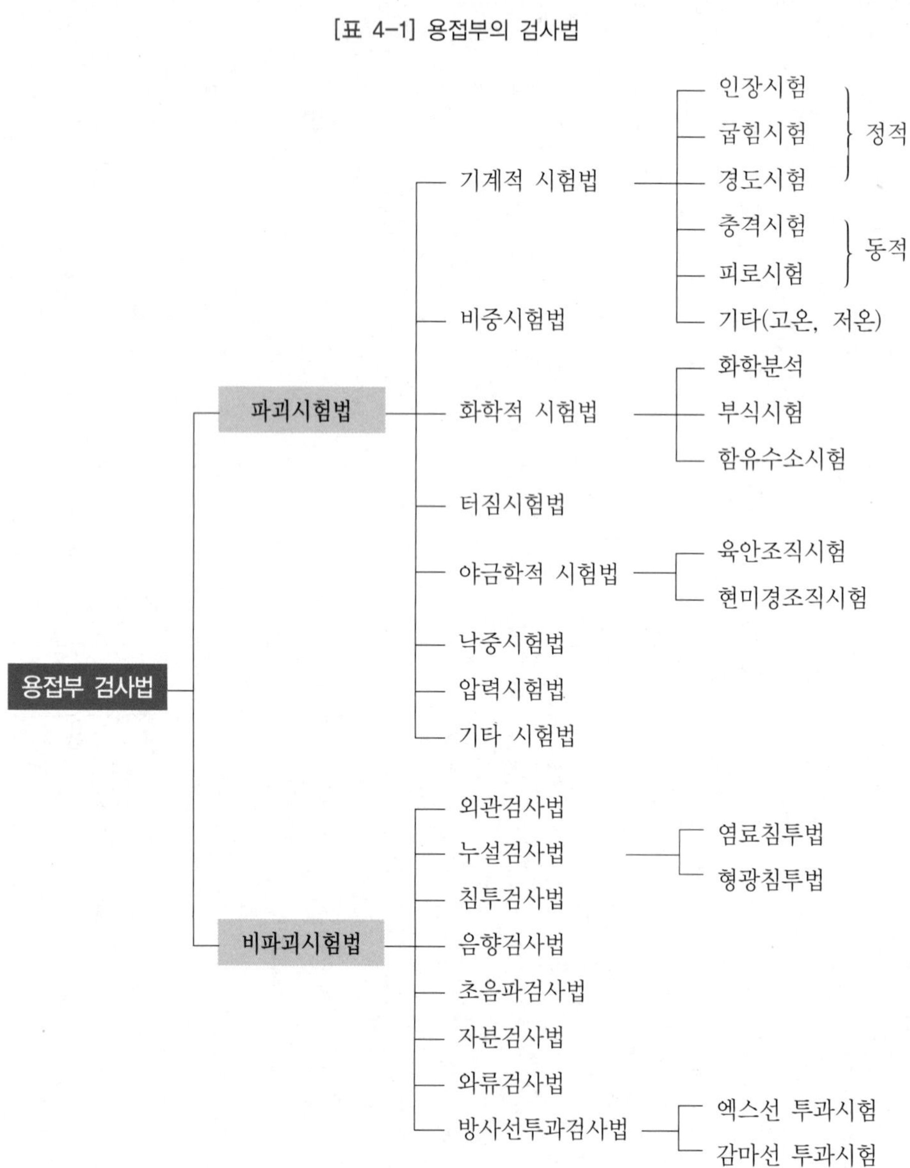

1 작업 검사

(1) 용접 전의 작업 검사

① 용접기기, 지그, 보호기구, 부속기구 및 고정구의 사용 성능 검사

② 모재의 시험성적서의 화학적 · 물리적 · 기계적 성질 등과 라미네이션, 표면 결함 등의 유무 검사

③ 용접 준비는 홈 각도, 루트 간격, 이음부 표면 가공 상황 등

④ 시공 조건으로 용접 조건, 예 · 후열 처리 유무, 보호가스 등 WPS 확인

⑤ 용접사 기량검사 등

(2) 용접 중 작업 검사

① 각 층마다의 융합상태, 층간 온도, 예열 상황, 슬래그 섞임 등 외관 검사

② 변형상태, 용접봉 건조상태, 용접전류, 용접순서, 용접자세 등의 검사

(3) 용접 후의 작업 검사

후열 처리, 변형교정작업 점검 등

(4) 완성 검사

용접부가 결함 없는 결과물이 되었고, 소정의 성능을 가지는지 구조물 전체에 결함이 없는지 검사하며, 파괴검사와 비파괴검사 등으로 구분된다.

4-2 파괴시험

파괴시험은 보통 인장시험, 굽힘시험, 경도시험 등 정적인 시험법과 충격 및 피로시험 등 동적인 시험법 등으로 구분된다.

1 인장시험

재료 및 용접부의 특성을 알기 위하여 가장 많이 쓰이는 시험으로 최대하중, 인장강도, 항복강도 및 내력(0.2% 연신율에 상응하는 응력), 연신율, 단면수축률 등의 측정이며, 정밀 측정으로는 비례한도, 탄성한도, 탄성계수 등이 측정된다.

① 인장강도(σ_{max}) : $\dfrac{\text{최대하중}}{\text{원단면적}} = \dfrac{P_{max}}{A_o}[\text{kg/cm}^2]$

② 항복강도(σ_y) : $\dfrac{\text{상부 항복하중}}{\text{원단면적}} = \dfrac{P_y}{A_o}[\text{kg/cm}^2]$

③ 연신율(ϵ) : $\dfrac{\text{연신된 거리}}{\text{표점거리}} \times 100 = \dfrac{L' - L_0}{L_0} \times 100[\%]$

④ 단면수축률(ψ) : $\dfrac{\text{원단면적} - \text{파단부 단면적}}{\text{원단면적}} \times 100 = \dfrac{A_0 - A'}{A_0} \times 100[\%]$

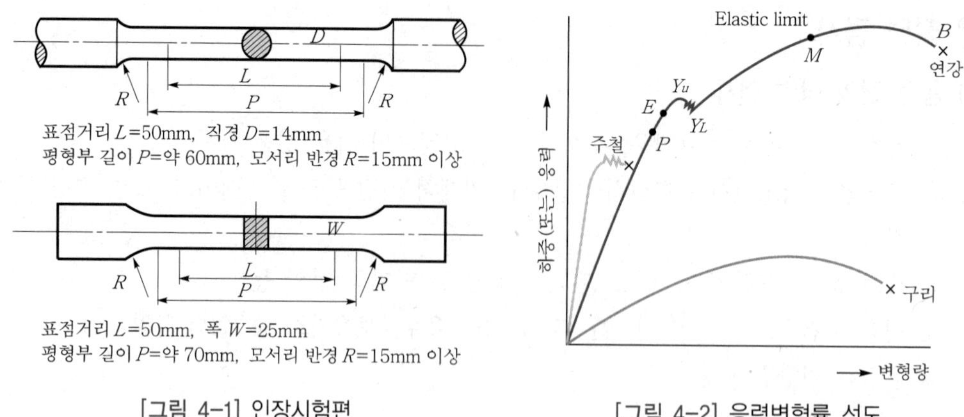

[그림 4-1] 인장시험편

[그림 4-2] 응력변형률 선도

2 굽힘시험

재료 및 용접부의 연성 유무를 확인하기 위한 시험으로 용접직종 국가기술자격 검정시험에도 활용된다. 굽힘방법으로 자유굽힘, 형틀굽힘 그리고 롤러굽힘 등이 있으며, 용접부의 경우 시험하는 상태에 따라 표면굽힘, 이면굽힘, 측면굽힘 등의 시험법으로 구분된다.

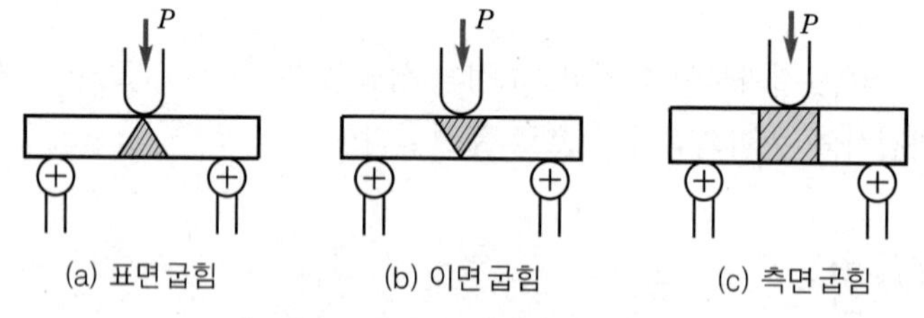

[그림 4-3] 용접 이음의 굽힘시험

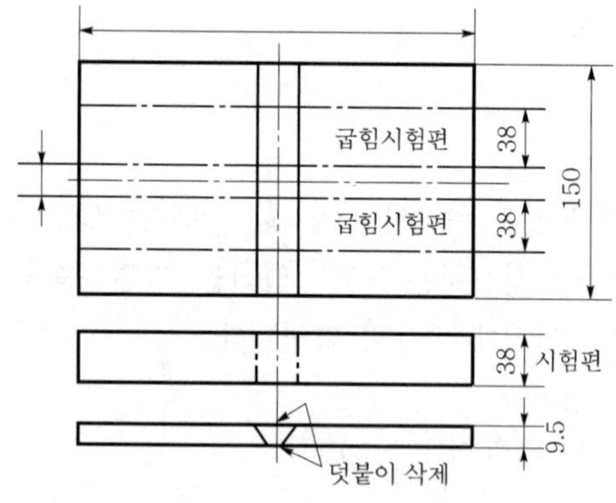

[그림 4-4] 형틀굽힘 시험편

3 경도시험

경도란 물체의 기계적 성질 중 단단함의 정도를 나타내는 수치이다. 브리넬, 로크웰, 비커즈 경도시험은 보통 일정한 하중 아래 다이아몬드 또는 강구를 시험물에 압입시켜 재료에 생기는 소

성변형에 대한 저항(압흔 면적, 또는 대각선 길이 등)으로써 경도를 나타내고, 쇼어 경도의 경우에는 일정한 높이에서 특수한 추를 낙하시켜 그 반발 높이를 측정하여 재료의 탄성변형에 대한 저항으로써 경도를 나타낸다.

4 충격시험

시험편에 V형 또는 U형 노치를 만들고 충격적인 하중을 주어서 파단시키는 시험법으로 금속의 충격하중에 대한 충격저항, 즉 점성강도를 측정하는 것으로 재료가 파괴될 때에 재료의 인성 또는 취성을 시험한다. [그림 4-5]와 같은 형식으로 샤르피(Charpy)식과 아이죠드(Izod)식이 있으며, 그 원리는 동일하다. 그리고 파단까지의 흡수에너지가 많을수록 금속은 인성이 커진다.
이때 시험편에 흡수된 에너지 $E = W(h_1 - h_2) = WR(\cos\beta - \cos\alpha)$[kgf·m]로 구해진다.

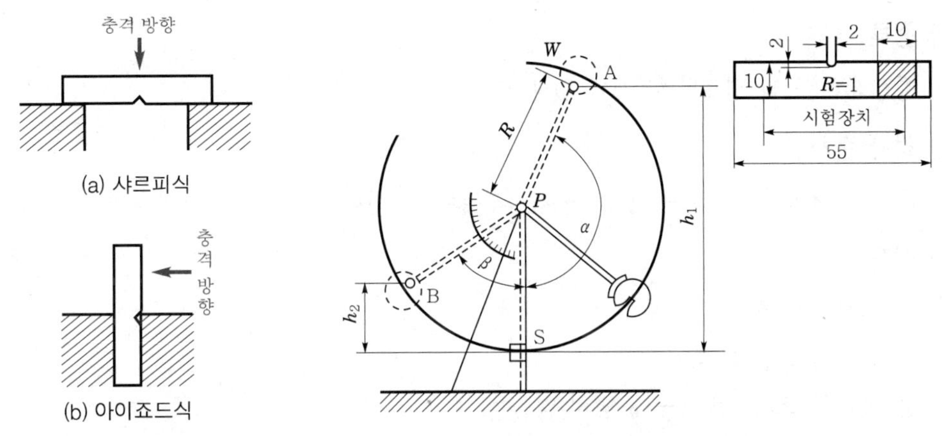

[그림 4-5] 충격시험의 형식

[그림 4-6] 펜듈럼 해머식의 원리

5 피로시험

재료가 인장강도나 항복점으로부터 계산한 안전하중상태라도 작은 힘이 수없이 반복하여 작용하면 파괴에 이른다. 이런 파괴를 피로파괴라 한다. 그러나 하중이 일정 값보다 무수히 작은 반복 하중이 작용하여도 재료는 파단되지 않는다. 이와 같이 영구히 파단되지 않는 응력상태에서 가장 큰 것을 피로한도라 한다. 용접시험편의 경우 대략 2×10^6~2×10^7회 정도까지 견디는 최고 하중을 구하는 방법으로 한다.

4-3 비파괴시험

1 외관검사(Visual Test ; VT)

외관검사란 외관이 좋고 나쁨을 판정하는 시험이다. 용접부 외관검사에는 비드의 외관, 비드의 폭과 나비 그리고 높이, 용입상태, 언더컷, 오버랩, 표면 균열 등 표면 결함의 존재 여부를 검사하며, 이 검사방법의 특징은 간편하고 신속하며 저렴하다는 점이다.

2 누(수)설검사(Leak Test ; LT)

누(수)설검사는 저장탱크, 압력용기 등의 용접부에 기밀, 수밀을 조사하는 목적으로 활용된다. 가장 일반적인 것은 정수압, 공기압의 누설 여부를 측정하는 것이며, 이 밖에도 화학지시약, 할로겐 가스, 헬륨 가스 등을 사용하는 방법도 있다.

3 침투검사(Penetration Test ; PT)

시험체 표면에 침투액을 적용시켜 침투제가 표면에 열려 있는 균열 등의 불연속부에 침투할 수 있는 충분한 시간이 경과한 후 표면에 남아 있는 과잉의 침투제를 제거하고 그 위에 현상제를 도포하여 불연속부에 들어 있는 침투제를 빨아올림으로써 불연속의 위치 크기 및 지시모양을 검출하는 비파괴검사 방법 중의 하나이다.

(1) 종류

형광침투검사와 염료침투검사가 있다.

(2) 검사 순서

세척 → 침투 → 세척 → 현상 → 검사의 순으로 한다.

(3) 장점

① 시험방법 간단
② 고도의 숙련 불필요
③ 제품의 크기, 형상 구애 받지 않음
④ 국부적 시험 가능
⑤ 비교적 가격 저렴
⑥ 다공성 물질 제외 거의 모든 재료 적용

(4) 단점

① 표면의 균열이 열려 있어야 함
② 시험재 표면 거칠기에 영향을 받음
③ 주변환경 특히 온도에 영향을 받음
④ 후처리가 요구됨

4 자분검사(Magnetic Test ; MT)

자성체인 재료를 자화시켜 자분을 살포하면 결함 부위에 자분의 형상이 교란되어 결함의 위치나 유무를 확인할 수 있다. 이 방법에서는 비교적 표면에 가까운 곳에 존재하는 균열, 개재물, 편석, 기공, 용입 불량 등을 검출할 수가 있으나, 작은 결함이 무수히 존재하는 경우는 검출이 곤란하다. 또한 오스테나이트계 스테인리스강과 같은 비자성체에는 사용할 수 없다.

(1) 종류

① 원형 자장 : 축 통전법, 관통법, 직각 통전법
② 길이 자화 : 코일법, 극간법

(2) 장점

① 표면균열검사에 적합
② 작업이 신속, 간단
③ 결함지시가 육안으로 관찰 가능
④ 시험편 크기 제한 없음
⑤ 정밀 전처리 불필요
⑥ 자동화 가능, 비용 저렴

(3) 단점

① 강자성체에 한함
② 내부 결함 검출 불가능
③ 불연속부 위치가 자속방향에 수직이어야 함
④ 후처리 필요

5 초음파검사(Ultrasonic Test ; UT)

물체 속에 전달되는 초음파는 그 물체 속에 불연속부가 존재하면 전파상태에 이상이 생기는데 이 원리를 이용하여 파장이 짧은 음파(0.5~15MHz)를 검사물의 내부에 침투시켜 내부의 결함 또는 불균일층의 존재를 검사한다.

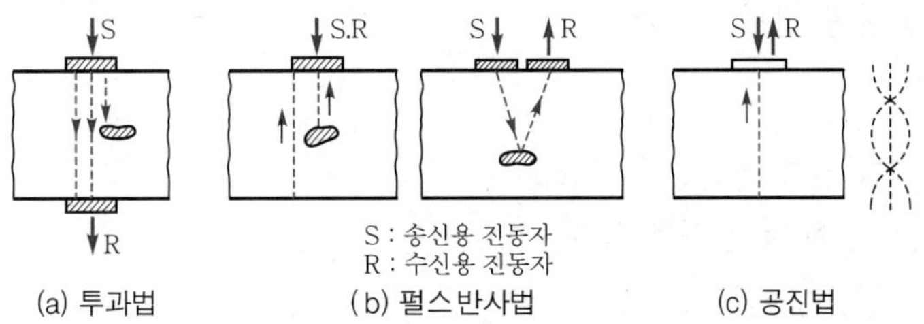

[그림 4-7] 초음파 탐상법의 종류

(1) 종류

① 투과법
② 펄스반사법(가장 많이 사용)
③ 공진법

(2) 검사방법

① 수직탐상법
② 사각탐상법

(3) 장점

① 감도 우수하고 미세한 결함 검출
② 큰 두께도 검출 가능
③ 결함 위치와 크기를 정확히 검출
④ 탐상결과 즉시 알 수 있으며 자동화 가능
⑤ 한 면에서도 검사 가능
⑥ 라미네이션 검출 가능

(4) 단점

① 표면 거칠기, 형상의 복잡함 등의 이유로 검사가 불가능한 경우 있음
② 검사체의 내부 조직 및 결정입자가 조대하거나 다공성인 경우 평가 곤란

6 방사선투과검사(Radiographic Test ; RT)

X선 또는 γ선을 이용하여 시험체의 두께와 밀도 차이에 의한 방사선 흡수량의 차이에 의해 결함의 유무를 조사하는 비파괴시험으로 현재 검사법 중에서 가장 높은 신뢰성을 갖고 있다.

(1) 장점

① 모든 재질 적용 가능
② 검사 결과 영구 기록 가능
③ 내부 결함 검출 용이

(2) 단점

① 미세한 균열 검출 곤란
② 라미네이션 결함 등은 검출 불가
③ 현상이나 필름을 판독해야 함
④ 인체에 유해

(3) X선으로는 투과하기 힘든 두꺼운 판에 대해서는 X선보다 더욱 투과력이 강한 γ선이 사용된다. γ선원으로서는 천연의 방사선 동위 원소(라듐 등)가 사용되는데, 최근에는 인공 방사선 동위 원소(코발트 60, 세슘 134 등)도 사용된다.

7 와류검사(Eddy current Test ; ET)

교류전류를 통한 코일을 검사물에 접근시키면, 그 교류 자장에 의하여 금속 내부에 환상의 맴돌이 전류(eddy current, 와류)가 유기된다. 이때 검사물의 표면 또는 표면 부근 내부에 불연속적인 결함이나 불균질부가 있으면 맴돌이 전류의 크기나 방향이 변화하게 되며, 결함이나 이질의 존재를 알 수 있게 된다. 이는 비자성체 금속결함검사가 가능하다.

4-4 기타 검사

1 화학적 시험

(1) 화학분석시험

용접봉 심선, 모재 및 용접금속의 화학조성 또는 불순물 함량을 조사하기 위하여 시험편에서 시료를 채취하여 화학분석을 한다.

(2) 부식시험

용접부가 해수, 유기산, 무기산, 알칼리 등에 접촉되었을 때 부식 여부를 조사하기 위하여 시험한다.

(3) 수소시험

용접부에 용해한 수소는 기공, 헤어크랙, 선상조직, 은점 등의 원인이 되므로 용접 시 용해되는 수소량을 측정하는 방법으로 시험한다. 종류로는 글리세린 치환법과 진공가열법 등이 있다.

2 야금학적 단면시험

(1) 파면육안시험

용접부를 굽힘 파단하여 그 파단면의 용입 부족, 결함, 결정의 조밀성, 선상조직, 은점 등을 육안으로 검사하는 방법이다.

(2) 매크로 조직시험

용접부 단면을 연삭기나 샌드 페이터로 연마하고 매크로 에칭시켜 육안 또는 저배율 현미경으로 관찰하는 방법으로 용입의 좋고 나쁨, 모양, 다층 용접의 경우 각 층의 양상, 열영향부의 범위, 결함의 유무 등을 알 수 있다.

(3) 현미경시험

파면육안시험의 경우보다 더욱 평활하게 연마하여 적당히 부식시키고 약 50~2,000배 확대하여 광학현미경으로 조직을 검사하는 방법이다. 현미경용 부식액으로는 재질에 따라 여러 가지가 있는데 철강 및 주철용은 5% 초산 또는 피크린산 알코올 용액, 탄화철용은 피크린산 가성소다 용액, 동 및 동합금용은 염화 제2철 용액, 알루미늄 및 합금용은 불화수소 용액 등이 있다.

PART 02

적중 예상문제

[자주 출제되는 중요한 문제는 별표(★)로 강조함]

01 용접 설계

★
01 다음은 용접 이음의 기본 형식이다. 이음의 기본 형식에 들지 않는 것은?

① 맞대기 이음 ② 변두리 이음
③ 모서리 이음 ④ K형 이음

해설 기본 이음의 형식으로는 보기 ①, ②, ③ 등이며, K형 이음은 후판이나 15~40mm정도의 필릿 이음에 드물게 적용된다.

02 다음은 I형 홈에 대한 설명이다. 틀린 것은?

① 홈 가공이 쉽다.
② 용착금속이 적게 들어 경제적이다.
③ 후판에서는 완전하게 이음부를 녹일 수 없다.
④ 손 용접에서는 판의 두께가 대략 3mm 이하의 경우에 사용한다.

해설 I형 홈용접의 경우 수동용접에서는 보통 6mm 이하에 적용한다.

★
03 다음 홈 맞대기 용접의 용접부의 명칭 중 틀린 것은?

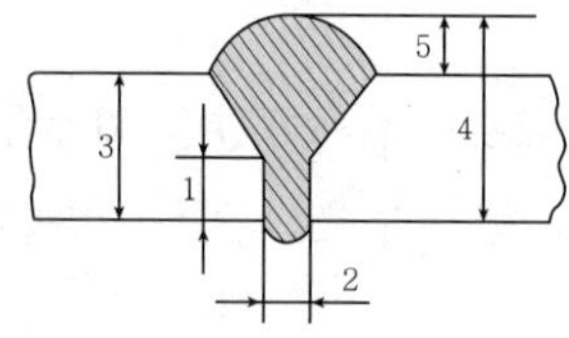

① 1-루트 면 ② 2-루트 간격
③ 3-판의 두께 ④ 4-살올림

해설 1 : 루트 면 2 : 루트 간격
3 : 판 두께 5 : 살올림(덧살 두께)

04 다음 그림은 어떤 용접 이음인가?

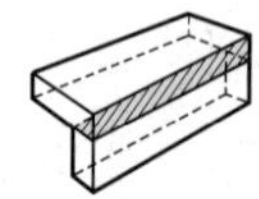

① 겹치기 이음 ② 맞대기 이음
③ 덮개판 이음 ④ 모서리 이음

해설 모서리 이음의 개략도이다.

05 표준 홈 중에서 V형 홈이음은 판 두께 몇 mm 용접에 적합한가?

① 판 두께 30mm 이상
② 판 두께 6mm 이하
③ 판 두께 6~20mm
④ 판 두께 20~30mm

해설 판 두께 6~20mm의 경우 V형 홈이 주로 사용된다.

06 맞대기 용접 이음에서 H형 이음에 해당되는 것은?

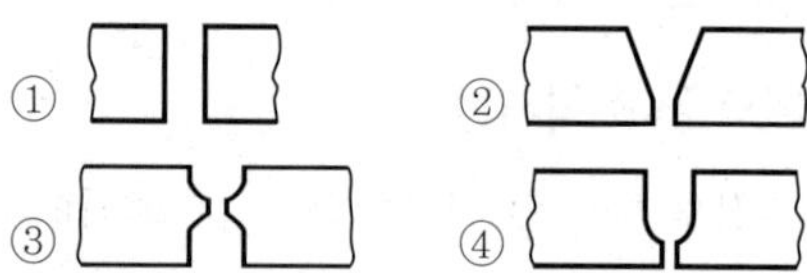

해설 ① I형 홈, ② V형 홈, ④ U형 홈

07 다음 중에서 T형 이음에 사용되지 않는 홈의 형상은?

① ⅼ⁄형 ② U형
③ K형 ④ J형

정답 01. ④ 02. ④ 03. ④ 04. ④ 05. ③ 06. ③ 07. ②

해설 U형 홈은 주로 두꺼운 판을 맞대기 이음으로 한쪽에서 용접에 의해 충분한 용입을 얻으려고 할 때 사용한다.

08 판 두께에 따라 적당한 용접 홈을 선택해야 한다. 홈에 따른 적당한 두께와의 연결이 틀린 것은?

① I형－6mm 이하
② V형－6~20mm
③ X형－12~16mm
④ U형, H형－20mm 이상

해설 X형 홈의 경우 16~40mm에 적용한다.

09 용접선과 하중의 방향이 평행한 필릿 용접을 무엇이라 하는가?

① 측면 필릿 용접　② 경사 필릿 용접
③ 전면 필릿 용접　④ 맞대기 필릿 용접

해설 측면 필릿 용접에 대한 내용이다.

10 플러그 용접에서 전단강도는 인장강도의 몇 % 정도이어야 하는가?

① 40%　② 60~70%
③ 80~90%　④ 90~100%

해설 플러그 용접의 전단강도는 인장강도의 약 50~70%이다.

11 다음 설명 중 (　)안에 들어갈 명칭으로 올바른 것은?

포개진 두 부재의 한쪽에 구멍을 뚫고 그 부분을 표면까지 용접하는 것으로 주로 얇은 판재에 적용되며, 구멍이 원형일 경우 (　) 용접, 구멍이 타원일 경우 (　) 용접이라고 한다.

① 아크 - 가스
② 전면 필릿 - 측면 필릿
③ 일렉트로 슬래그 - 일렉트로 가스
④ 플러그 - 슬롯

해설 보기 ④에 대한 내용이다.

12 그림과 같은 용접 도시 기호의 명칭은?

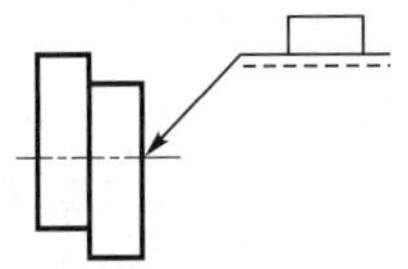

① 필릿 용접　② 플러그 용접
③ 스폿 용접　④ 프로젝션 용접

해설 플러그 용접의 도시 기호이다.

★
13 그림에서 필릿 이음이 아닌 것은?

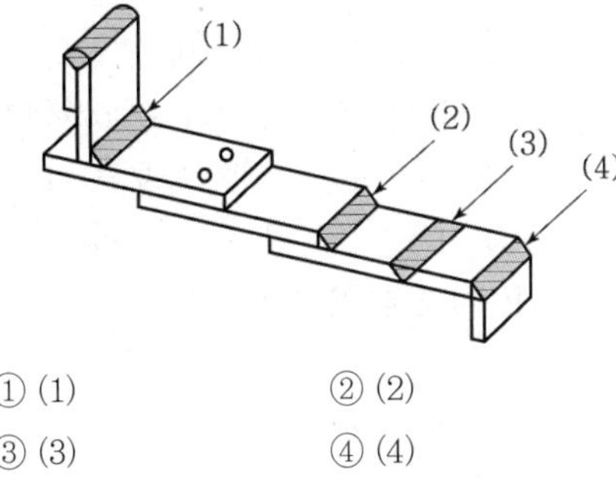

① (1)　② (2)
③ (3)　④ (4)

해설 그림에서 (3)은 맞대기 이음을 나타낸다.

★
14 용접 이음을 설계할 때의 주의사항으로서 틀린 것은?

① 아래보기 용접을 많이 하도록 할 것
② 용접작업에 지장을 주지 않도록 간격을 남길 것
③ 필릿 용접은 될 수 있는 대로 피하고 맞대기 용접을 하도록 할 것
④ 용접 이음부를 한 곳에 집중되도록 설계할 것

해설 보기 ④처럼 용접 이음부가 한 곳에 집중되면 열에 의한 재질 손상 또는 결함 집중 등 좋지 않은 결과를 초래할 수 있어 피해야 한다.

15 맞대기 용접의 강도 계산 부분은 어디에 정하는가?

① 다리 길이　② 루트 간격
③ 홈의 길이　④ 목의 두께

해설 강도 계산은 목 두께를 적용한다.

정답 08. ③　09. ①　10. ②　11. ④　12. ②　13. ③　14. ④　15. ④

16 용접 이음부의 형태를 설계할 때 고려해야 할 사항이 아닌 것은?

① 적당한 루트 간격의 선택
② 용접봉이 쉽게 닿도록 할 것
③ 용입이 깊은 용접법의 선택
④ 용착 금속량을 많게 할 것

해설 가능한 한 용접을 적게 하는 것이 바람직하다.

★
17 용접 설계상 주의사항으로 틀린 것은?

① 부재 및 이음은 될 수 있는 대로 조립 작업, 용접 및 검사를 하기 쉽도록 한다.
② 부재 및 이음은 단면적의 급격한 변화를 피하고 응력 집중을 받지 않도록 한다.
③ 용접 이음은 가능한 한 많게 하고 용접선을 집중시키며, 용착량도 많게 한다.
④ 용접은 될 수 있는 한 아래보기자세로 하도록 한다.

해설 가능한 한 용접을 적게 하는 것이 바람직하다. 용접선을 집중시킨다던지, 용착량이 많아지면 열에 의한 응력 발생 및 변형 측면에서도 좋지 않은 결과를 초래한다.

18 필릿 용접 시 목 두께는 대략 판 두께의 얼마 정도인가?

① 70% ② 60%
③ 80% ④ 90%

해설 필릿 용접에서 목 두께는 일반적으로 판 두께의 70%를 정해서 계산한다.

19 수평 필릿 용접 시 목 두께는 각장의 몇 % 정도가 적당한가?

① 약 50% ② 약 60%
③ 약 70% ④ 약 80%

해설 목 두께(h_t) = cos45° × 각장(다리길이, h)으로 구해진다.

$\cos 45^\circ = \frac{1}{\sqrt{2}} = 0.707$

20 필릿 용접에서 다리길이를 6mm로 용접할 경우 비드의 폭을 얼마로 해야 하는가?

① 약 10.2mm ② 약 8.5mm
③ 약 12mm ④ 약 6.5mm

해설 비드폭(b)=각장(h)× $\sqrt{2} = 6 \times 1.4142 = 8.5$

21 철골 구조물의 용접 설계를 하고자 할 때 안전율을 무시할 수가 없다. 안전율을 구하는 공식은 다음 중 어느 것인가?

① 안전율 = $\frac{\text{인장강도}}{\text{허용응력}}$
② 안전율 = $\frac{\text{허용응력}}{\text{최소한도}}$
③ 안전율 = $\frac{\text{허용응력}}{\text{인장강도}}$
④ 안전율 = $\frac{\text{최소한도}}{\text{허용응력}}$

해설 용접 이음의 안전율(연강) = $\frac{\text{인장강도}}{\text{허용응력}}$

22 용접 이음에서 안전율(연강)은 충격 하중일 때 얼마로 하는가?

① 3 ② 5
③ 8 ④ 12

해설 용접 이음의 안전율(연강) = $\frac{\text{인장강도}}{\text{허용응력}}$

하중의 종류	정하중	동하중		충격 하중
		단진 응력	교번 응력	
안전율	3	5	8	12

★
23 그림과 같은 맞대기 용접에서 P=3,000kg의 하중으로 당겼을 때 용접부의 인장응력은 얼마인가?

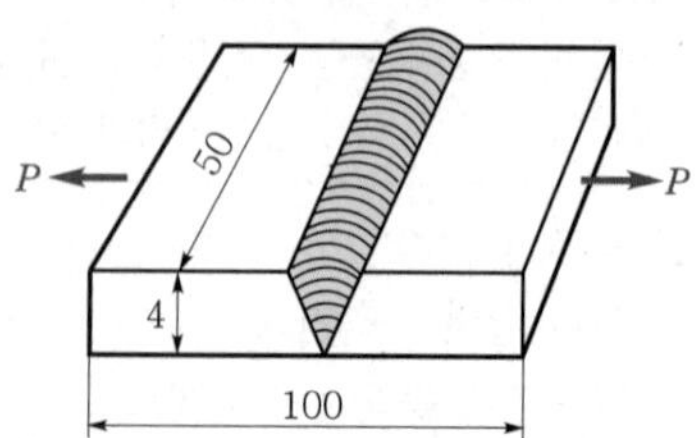

① 5kg/mm^2 ② 8kg/mm^2
③ 10kg/mm^2 ④ 15kg/mm^2

정답 16. ④ 17. ③ 18. ① 19. ③ 20. ② 21. ① 22. ④ 23. ④

해설 $\sigma = \frac{P}{tl} = \frac{3,000}{4 \times 50} = 15\text{kg/mm}^2$

24 판 두께가 12mm, 용접길이가 30cm인 판을 맞대기 용접했을 때 4,500kg의 인장하중이 작용한다면 인장응력은 몇 kg/cm²이겠는가?

① 125 ② 135
③ 145 ④ 155

해설 $\sigma = \frac{P}{tl} = \frac{4,500}{1.2 \times 30} = 125\text{kg/cm}^2$

25 그림과 같이 맞대기 용접 시 $P = 6,000\text{kgf}$의 하중으로 잡아당겼을 때 모재에 발생되는 인장응력은 몇 kgf/mm²인가?

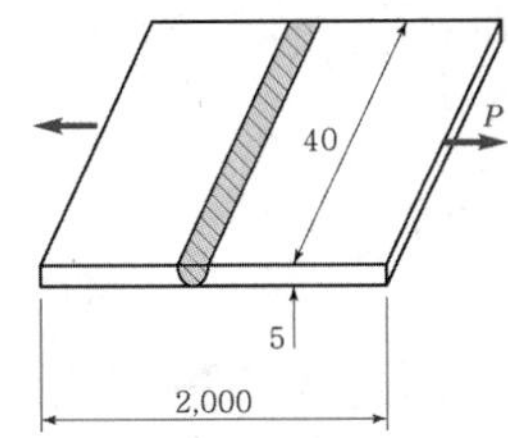

① 20 ② 30
③ 40 ④ 50

해설 용접부의 인장응력(σ)$= \frac{P}{A}$
(P는 하중, A는 단면적)
$\sigma = \frac{P}{A} = \frac{6000}{5 \times 40} = 30\,\text{kgf/mm}^2$

26 맞대기 이음에서 이음효율을 구하는 공식 중 맞는 것은?

① $\frac{\text{용접 시험편의 인장강도}}{\text{모재의 인장강도}} \times 100\%$

② $\frac{\text{모재의 인장강도}}{\text{용접 시험편의 인장강도}} \times 100\%$

③ $\frac{\text{용접 시험편의 인장강도}}{\text{모재의 전단강도}} \times 100\%$

④ $\frac{\text{모재의 전단강도}}{\text{용착금속의 인장강도}} \times 100\%$

해설 용접에서의 이음 효율 구하는 공식은 보기 ①이다.

★
27 다음 그림과 같은 측면 필릿 용접 이음에서 강도를 계산하라.

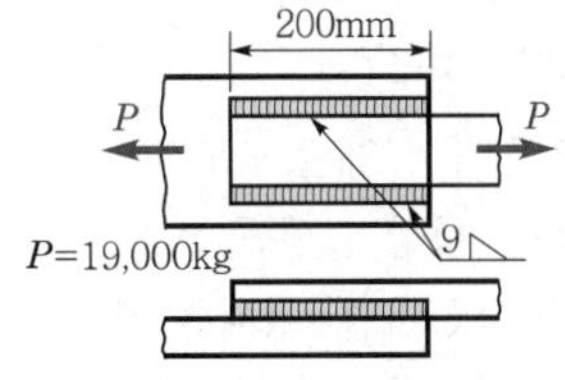

① 746.5kg/cm² ② 243.2kg/cm²
③ 584.7kg/cm² ④ 842.2kg/cm²

해설 $\sigma = \frac{p}{ht\,l} = \frac{19,000}{0.9 \times 0.707 \times 20} = 746.5\text{kg/cm}^2$

28 다리길이 f =10mm의 전면 필릿 용접에서 용접선에 직각인 방향으로 5,000kg의 힘을 가해 인장시킬 경우에 용접부에 발생하는 응력은 몇 kgf/mm²인가? (한면만 용접한 것임, 단, 용접 길이 100mm로 한다)

① 7.1 ② 12.3
③ 13.8 ④ 15.2

해설 양면 필릿 용접의 경우
$\sigma = \frac{P}{2htl} = \frac{0.707P}{hl}$
한면 필릿 용접의 경우
$\sigma = \frac{P}{htl} = \frac{P}{0.707hl} = \frac{5,000}{0.707 \times 10 \times 100}$
$= 7.1\text{kgf/mm}^2$

29 맞대기 용접 이음에서 모재의 인장강도는 45kgf/mm²이며, 용접 시험편의 인장강도가 47kgf/mm²일 때 이음 효율은 약 몇 %인가?

① 104 ② 96
③ 60 ④ 69

해설 용접에서 이음 효율을 구하는 공식은
$\frac{\text{용접 시험편의 인장 강도}}{\text{모재의 인장 강도}} \times 100\%$ 이므로
이음 효율은 $\frac{47}{15} \times 100 = 104.44$로 구해진다.

정답 24. ① 25. ② 26. ① 27. ① 28. ① 29. ①

02 용접 시공

01 다음은 용접 설비 계획에서 기계 설비의 배치를 계획성 있게 하는 목적을 든 것이다. 적당치 않은 것은?

① 작업자의 안전 도모
② 품질 향상과 생산 능률 향상
③ 작업의 지연, 정체 방지
④ 기계 설비의 최소 활용으로 기계 보호

해설 용접 설비 계획에서 기계 설비 등을 적절히 또는 자동화 방향으로 하는 것도 고려해 볼 만하다.

02 다음은 일반적인 용접 준비사항이다. 틀린 것은?

① 모재의 재질 확인
② 용접봉 선택
③ 용접공 선임
④ 용접 결함 보수

해설 용접 결함의 보수는 용접 전이 아닌 용접 후의 고려사항이다.

03 용접작업 및 관리함에 있어 일종의 절차서로서, 용접 관련 모든 조건 등의 데이터를 포함하는 것을 무엇이라 하나?

① drawing
② WPS
③ code
④ fabrication specification

해설 WPS(Welding Procedure Specification) : 용접작업 절차서 또는 용접작업 시방서를 말한다. WPS를 완성하기 위한 시험을 PQT(Procedure Qualification Test)라 하고, 그때의 용접 조건을 기록한 기록서를 PQR(PQ Record)이라 한다.

★
04 다음 중 강재 제조서(mill certificate, mill sheet)에 포함되지 않는 사항은?

① 재료 치수　② 화학 성분
③ 기계적 성질　④ 제조 공정

해설 강재 제조서에는 제조 공정이 포함되지 않는다.

05 용접 시공에서 용접 이음 준비에 해당되지 않는 것은?

① 홈 가공
② 조립
③ 모재 재질의 확인
④ 이음부의 청소

해설 1. 일반 준비
㉠ 모재 재질의 확인
㉡ 용접봉 및 용접기의 선택
㉢ 지그의 결정
㉣ 용접공의 선임
2. 이음 준비
㉠ 홈 가공
㉡ 가접
㉢ 조립
㉣ 이음부의 청소

06 용접 지그 선택의 기준이 아닌 것은?

① 물체를 튼튼하게 고정시킬 크기와 힘이 있어야 한다.
② 용접 위치를 유리한 용접자세로 쉽게 움직일 수 있어야 한다.
③ 물체의 고정과 분해가 용이해야 하며 청소에 편리해야 한다.
④ 변형이 쉽게 되는 구조로 제작되어야 한다.

해설 용접 지그 선택과 거리가 먼 것이 보기 ④이다

07 용접 지그 사용에 대한 설명으로 틀린 것은?

① 작업이 용이하고 능률을 높일 수 있다.
② 제품의 정밀도를 유지할 수 있다.
③ 구속력을 매우 크게 하여 잔류응력의 발생을 줄인다.
④ 같은 제품을 다량 생산할 수 있다.

해설 용접 지그 사용 목적은 보기 ①, ②, ④ 등이다.

정답 01. ④ 02. ④ 03. ② 04. ④ 05. ③ 06. ④ 07. ③

08 다음 중 홈 가공에 대한 설명으로 옳지 않은 것은?

① 능률적인 측면에서 용입이 허용되는 한 홈 각도는 작게 하고 용착 금속량도 적게 하는 것이 좋다.
② 용접 균열이라는 관점에서 루트 간격은 클수록 좋다.
③ 자동 용접의 홈 정도는 손 용접보다 정밀한 가공이 필요하다.
④ 홈 가공의 정밀도는 용접 능률과 이음의 성능에 큰 영향을 끼친다.

해설 루트 간격이 커지면 용접 입열이나 용착량도 비례하여 커지게 된다. 균열의 관점에서는 루트 간격이 적게 하는 것이 좋다.

09 용접부의 청소는 각층 용접이나 용접 시작에서 실시한다. 용접부 청정에 대한 설명으로 틀린 것은?

① 청소 상태가 나쁘면 슬래그, 기공 등의 원인이 된다.
② 청소 방법은 와이어 브러시, 그라인더를 사용하여 쇼트 브라스팅을 한다.
③ 청소 상태가 나쁠 때 가장 큰 결함이 슬래그 섞임이다.
④ 화학약품에 의한 청정은 특수 용접법 외에는 사용해서는 안된다.

해설 가접 후는 물론 용접 각 층마다 깨끗한 상태로 청소하는 것이 매우 중요하며 그 청소방법으로 와이어 브러시, 그라인더, 쇼트 블라스트, 화학약품 등에 의한 청소법 등이 있다.

10 가접방법의 설명이다. 옳지 못한 것은?

① 본 용접부에는 가능한 피한다.
② 가접에는 직경이 가는 용접봉이 좋다.
③ 불가피하게 본 용접부에 가접한 경우 본 용접 전 가공하여 본 용접한다.
④ 가접은 반드시 필요한 것이 아니므로 생략해도 된다.

해설 가접은 본 용접 실시 전 이음부 좌우의 홈 부분 또는 시점과 종점부를 잠정적으로 고정하기 위한 짧은 용접이다. 따라서 생략할 수 없다.

★
11 용접작업에서 가접의 일반적인 주의사항이 아닌 것은?

① 본 용접사와 동등한 기량을 갖는 용접사가 가접을 시행한다.
② 용접봉은 본 용접 작업 시에 사용하는 것보다 약간 가는 것을 사용한다.
③ 본 용접과 같은 온도에서 예열을 한다.
④ 가접 위치는 부품의 끝 모서리나 각 등과 같은 곳에 한다.

해설 보기 ④의 개소에는 가접하지 않아야 한다.

12 용접순서의 일반적인 설명으로 틀린 것은?

① 구조물의 중앙에서부터 용접을 시작한다.
② 대칭으로 용접을 진행한다.
③ 수축이 적은 이음부를 먼저 용접한다.
④ 수축은 가능한 자유단으로 보낸다.

해설 일반적인 용접순서는 수축이 큰 맞대기 이음을 먼저하고 수축이 적은 필릿 용접 이음을 나중에 한다.

13 용접 제품을 조립하다가 V홈 맞대기 이음 홈의 간격이 5mm 정도 벌어졌을 때 홈의 보수 및 용접방법으로 가장 적합한 것은?

① 그대로 용접한다.
② 뒷 판을 대고 용접한다.
③ 치수에 맞는 재료로 교환하여 루트 간격을 맞춘다.
④ 덧살올림 용접 후 가공하여 규정 간격을 맞춘다.

해설 ① 규정 간격인 경우
② 간격이 6~16mm 정도
③ 간격이 16mm 이상인 경우
④ 간격이 6mm 이하

정답 08. ② 09. ④ 10. ④ 11. ④ 12. ③ 13. ④

★
14 용접순서(조립순서)이다. 틀린 것은?

① 큰 구조물에서는 끝에서 중앙으로 향하여 용접을 실시한다.
② 대칭으로 용접을 진행시킨다.
③ 수축이 큰 맞대기 용접을 먼저 한다.
④ 맞대기 용접 후에 필릿 용접을 나중에 한다.

해설 올바른 용접순서로 큰 구조물에서는 중앙에서 끝으로 향하여 용접한다.

15 다음 용접에 관한 사항 중 옳지 않은 것은?

① 수축이 큰 이음을 먼저 용접하고 수축이 작은 이음은 나중에 한다.
② 용접선의 가로 방향 수축은 세로 방향 수축보다 적다.
③ 될 수 있는 한 대칭적으로 용접한다.
④ 조립을 위한 용접시 조립에 임하기 전 철저히 검토순서에 따라 용접한다.

해설 가로 방향의 수축은 세로 방향의 수축보다 크다.

16 용착법 중 한 부분이 몇 층을 용접하다가 이것을 다른 부분의 층으로 연속시켜 전체가 계단 형태의 단계를 이루도록 용착시켜 나가는 방법은?

① 전진법 ② 스킵법
③ 캐스케이드법 ④ 덧살올림법

해설 캐스케이드법에 대한 내용이다.

17 필릿 용접의 경우 루트 간격의 양에 따라 보수 방법이 다른데 간격이 4.5mm 이상일 때 보수하는 방법으로 옳은 것은?

① 각장(목 길이)대로 용접한다.
② 각장(목 길이)을 증가시킬 필요가 있다.
③ 루트 간격대로 용접한다.
④ 라이너를 넣는다.

해설 ① 규정 간격인 경우
② 간격이 1.5~4.5mm인 경우
④ 간격이 4.5mm 이상인 경우

18 비드를 쌓아 올리는 다층 용접법에 해당되지 않는 것은?

① 덧살올림법 ② 전진블록법
③ 캐스케이드법 ④ 스킵법

해설 스킵법(skip method)은 비석법이라고도 하는 1층 비드 배치법으로 변형이나 잔류응력 감소에 효과적인 비드 배치법이다.

19 다음 용착법 중 비석법은?

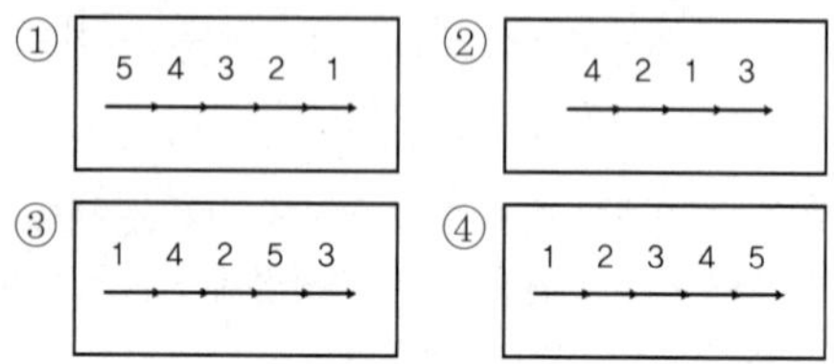

해설 ① : 후퇴법, ② : 대칭법, ④ : 전진법

20 비드 층을 쌓아 올리는 법으로 다층 살올림법에서 가장 많이 사용되는 방법은?

① 캐스케이드법(cascade sequence)
② 빌드업법(build-up sequence)
③ 전진블록법(block sequence)
④ 스킵법(skip method)

해설 빌드업법에 대한 내용이다.

21 서브머지드 아크용접에서 맞대기 이음 시 받침쇠가 없을 경우 루트 간격은 몇 mm 이하가 가장 적당한가?

① 0.8 ② 1.5
③ 2.0 ④ 2.5

해설 서브머지드 아크용접은 대입열 용접이므로 루트 간격이 0.8mm 이상인 경우 용락의 우려가 있어 관리에 주의를 요한다.

22 용접부에 생기는 잔류응력을 없애려면 어떻게 하면 되는가?

① 담금질을 한다. ② 풀림한다.
③ 불림을 한다. ④ 뜨임한다.

정답 14. ① 15. ② 16. ③ 17. ④ 18. ④ 19. ③ 20. ② 21. ① 22. ②

해설 용접부에 생긴 응력의 경우 풀림처리로 제거한다.

23 용접을 하면 주로 열 영향에 의해 모재가 변형되기 쉽다. 이러한 변형을 방지하기 위한 용착법 중 아래 그림과 같은 작업방법은?

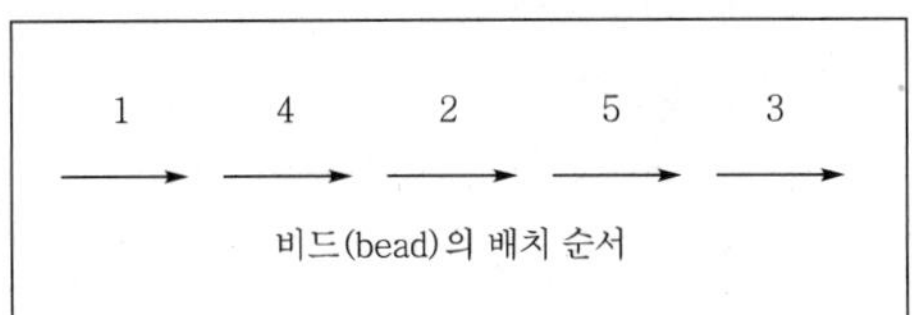

① 전진법 ② 후진법
③ 대칭법 ④ 스킵법

해설 비석법, 스킵법에 대한 그림이다.

24 잔류응력을 완화시켜주는 방법이 아닌 것은?

① 응력 제거 어닐링
② 저온 응력 완화법
③ 기계적 응력 완화법
④ 케이블 커넥터법

해설 잔류응력 제거하는 방법은 보기 ①, ②, ③ 등이다.

★
25 다음은 잔류응력(residual stress)의 경감에 대한 사항이다. 틀린 것은?

① 잔류응력의 경감법에는 여러 가지가 있으나 용접 후의 노내 풀림, 국부 풀림 및 기계적 처리법, 불꽃에 의한 저온 응력 제거법, 피닝(peening)법 등이 있다.
② 노내풀림법(furnace stress relief)은 응력 제거 열처리법 중에서 가장 널리 이용된다.
③ 국부풀림법(local stress relief)은 온도를 불균일하게 할 뿐만 아니라 도리어 잔류 응력이 발생될 염려가 있다.
④ 변형 방지를 위한 피닝(peening)은 한꺼번에 행하고 탄성 변형을 주는 방법이다.

해설 잔류응력 제거 목적의 피닝은 용착금속 부분뿐 아니라 그 좌우에 모재 부분에도 어느 정도(약 50mm) 점진적으로 하는 것이 좋다.

26 연강용 용접 판재를 노내풀림할 때 노내 출입을 금하여야 할 온도는?

① 100℃ ② 200℃ 이하
③ 300℃ ④ 400℃ 이상

해설 노내풀림의 경우 제품을 노내에서 넣고, 꺼내는 온도가 300℃를 넘어서는 안된다.

27 잔류응력 제거방법으로서 용접선의 양측을 가스불꽃으로 너비 약 150mm에 걸쳐서 150~200℃로 가열한 다음 곧 수냉하는 방법은?

① 기계적 응력 완화법
② 피닝법
③ 저온 응력 완화법
④ 타격법

해설 저온 응력 완화법에 대한 내용이다.

28 어떤 한계 내에서 잔류응력 제거는 어떻게 하는 것이 좋은가?

① 유지 온도가 높을수록 또 유지 시간이 짧을수록 효과가 크다.
② 유지 온도가 낮을수록 또 유지 시간이 짧을수록 효과가 크다.
③ 유지 온도가 높을수록 또 유지 시간이 길수록 효과가 크다.
④ 유지 온도가 낮을수록 또 유지 시간이 길수록 효과가 크다.

해설 잔류응력 제거를 위한 풀림방법의 경우 유지온도가 높고 유지시간이 길수록 그 효과가 크다.

29 용접할 때 발생한 변형을 교정하는 방법들 중 가열할 때 발생되는 열응력을 이용하여 소성변형을 일으켜 변형을 교정하는 방법은?

① 절단에 의한 성형과 재용접
② 롤러에 거는 방법
③ 박판에 대한 점 수축법
④ 피닝법

정답 23. ④ 24. ④ 25. ④ 26. ③ 27. ③ 28. ③ 29. ③

해설 박판에 대한 점 수축법에 대한 내용이다.

30 용접 변형 교정법으로 맞지 않는 것은?

① 얇은 판에 대한 점 수축법
② 형재에 대한 직선 수축법
③ 국부 템퍼링법
④ 가열한 후 해머링 하는 방법

해설 템퍼링은 열처리 방법 중 하나이다.

31 끝이 구면이 특수 해머를 사용하여 용접부를 연속적으로 때려 용접 표면상에 소성 변형을 주어 인장응력을 완화시키는 방법은?

① 도열법 ② 억제법
③ 피닝법 ④ 역변형법

해설 피닝법에 대한 내용이다.

32 다음 중 변형 방지법이 아닌 것은?

① 도열법 ② 구속법
③ 역변형법 ④ 전진법

해설 전진법의 경우 1층(다층이 아닌 단층)비드 배치방법이다.

33 얇은 판의 변형 교정법인 점 수축법에 대한 설명이다. 틀린 것은?

① 소형 변형을 일으키게 하여 변형을 교정한다.
② 가열온도는 500~600℃가 적당하다.
③ 가열시간은 약 30초로 한다.
④ 가열점의 지름은 200~300mm이며 가열 후 곧 수냉한다.

해설 얇은 판의 변형 교정법인 점 수축법은 500~600℃로 약 30초 정도 20~30mm 주위를 가열한 후 곧 수냉한다.

03 용접의 자동화

01 다음 중 용접 자동화의 장점으로 보기 어려운 것은?

① 생산성 증대
② 품질 향상
③ 용접 조건의 실시간 제어 가능
④ 용접 가공의 기계화

해설 용접 자동화의 장점은 보기 ①, ②, ③ 등이다.

02 다음 중 자동제어의 장점이 아닌 것은?

① 제품의 품질 균일, 불량률 감소
② 원자재 원료 등의 감소
③ 연속 작업의 불가능
④ 위험한 사고 방지

해설 자동제어의 장점은 보기 ①, ②, ④ 등이다.

03 다음 중 자동제어 종류 중 정성적 제어가 아닌 것은?

① 피드백 제어
② 유접점 시퀀스 제어
③ PLC 제어
④ 무접점 시퀀스 제어

해설 피드백 제어는 정량적 제어 범주에 속한다.

★
04 다음 중 용접 자동화의 장점을 설명한 것으로 틀린 것은?

① 생산성 증가 및 품질을 향상시킬 수 있다.
② 용접 조건에 따른 공정을 늘릴 수 있다.
③ 일정한 전류값을 유지할 수 있다.
④ 용접 와이어 손실을 줄일 수 있다.

해설 용접 공정을 늘린다면 장점이 되지 못한다.

정답 30. ③ 31. ③ 32. ④ 33. ④ / 01. ④ 02. ③ 03. ① 04. ②

05 용접을 로봇화할 때 그 특징의 설명으로 틀린 것은?

① 생산성이 저하된다.
② 용접봉 손실을 줄일 수 있다.
③ 비드 높이, 비드 폭, 용입 등을 정확히 제어할 수 있다.
④ 아크길이를 일정하게 유지할 수 있다.

해설 생산성이 저하된다면 로봇화의 특징이 될 수 없다.

06 관절좌표 로봇(articulated robot) 동작 기구의 장점에 대한 설명으로 틀린 것은?

① 3개의 회전 축을 가진다.
② 장애물의 상하에 접근이 가능하다.
③ 작은 설치 공간에 큰 작업 영역을 가진다.
④ 복잡한 머니퓰레이터 구조를 가진다.

해설 복잡한 머니퓰레이터 구조를 가진 것은 장점이 될 수 없다.

07 용접용 로봇 설치장소에 관한 설명으로 틀린 것은?

① 로봇 팔을 최소로 줄인 경로 장소를 선택한다.
② 로봇 움직임이 충분히 보이는 장소를 선택한다.
③ 로봇 케이블 등이 사람 발에 걸리지 않도록 설치한다.
④ 로봇 팔이 제어 판넬, 조작 판넬 등에 닿지 않는 장소를 선택한다.

해설 로봇 팔의 움직임을 최대로 할 수 있도록 공간을 확보한 곳에 설치한다.

08 일반적인 산업용 로봇의 분류에서 미리 설정된 정보의 순서, 조건 등에 따라 동작이 진행되는 로봇은?

① 플레이 백 로봇 ② 지능 로봇
③ 감각 제어 로봇 ④ 시퀀스 로봇

해설 시퀀스 로봇에 대한 내용이다.

09 용접 로봇의 장점에 관한 다음 설명 중 옳지 않는 것은?

① 작업의 표준화를 이룰 수 있다.
② 복잡한 형상의 구조물에 적용하기 쉽다.
③ 반복 작업이 가능하다.
④ 열악한 환경에서도 작업이 가능하다.

해설 자동화, 기계화 또는 로봇화의 경우 단순 반복적인 작업을 대량으로 할 수 있어야 한다. 복잡한 형상의 경우 오히려 로봇화하면 작업시간이 더 걸리는 경우도 있다.

04 파괴, 비파괴 및 기타 검사

01 용접부의 작업검사에 대한 사항 중 가장 올바른 것은?

① 각 층의 융합 상태, 슬래그 섞임, 균열 등은 용접중의 작업 검사이다.
② 용접봉의 건조상태, 용접전류, 용접순서 등은 용접 전의 작업검사이다.
③ 예열, 후열 등은 용접 후의 작업검사이다.
④ 비드의 겉모양, 크레이터 처리 등은 용접 후의 검사이다.

해설
- 용접 전의 작업 검사 : 용접 설비, 용접봉, 모재, 용접 시공과 용접공의 기능
- 용접 중의 작업 검사 : 용접봉의 건조 상태, 청정상 표면, 비드 형상, 융합 상태, 용입 부족, 슬래그 섞임, 균열, 비드의 리플, 크레이터의 처리
- 용접 후의 작업 검사 : 용접 후의 열처리, 변형 잡기

02 다음 용접부의 시험법 중 비파괴시험법에 해당되는 것은?

① 경도시험 ② 누설시험
③ 부식시험 ④ 피로시험

해설 보기 ①, ④는 기계적 시험, ③은 화학적 시험으로 구분한다.

정답 05. ① 06. ④ 07. ① 08. ④ 09. ② / 01. ① 02. ②

03 용접부의 시험 및 검사의 분류에서 크리프 시험은 무슨 시험에 속하는가?

① 물리적 시험 ② 기계적 시험
③ 금속학적 시험 ④ 화학적 시험

해설 크리프 시험은 고온에서 재료의 기계적 성질을 시험하는 방법이므로 기계적 시험의 범주에 속한다.

04 용접부의 표면이 좋고 나쁨을 검사하는 것으로 가장 많이 사용하며 간편하고 경제적인 검사 방법은?

① 자분검사 ② 외관검사
③ 초음파검사 ④ 침투검사

해설 외관검사(visual test ; VT)에 대한 내용이다.

05 인장 시험기를 통하여 측정할 수 없는 것은?

① 항복점 ② 연신률
③ 경도 ④ 인장강도

해설 경도의 경우 경도 시험기를 통해 얻어진다.

06 시험편에 V형 또는 U형 등의 노치(notch)를 만들고 충격적인 하중을 주어서 파단시키는 시험법은?

① 화학시험 ② 압력시험
③ 충격시험 ④ 피로시험

해설 충격시험 : 충격에 대한 재료의 저항, 즉 인성과 취성을 알 수 있는 시험으로 샤르피식과 아이조드식이 있다.
• 샤르피식 : 단순보 상태
• 아이조드식 : 내다지보 상태

★
07 다음 경도시험 방법 중 시험방법이 나머지 셋과 다른 하나는?

① 쇼어 경도시험 ② 비커즈 경도시험
③ 로크웰 경도시험 ④ 브리넬 경도시험

해설 다른 세 가지 경도시험은 압입자의 압흔 면적 또는 대각선 길이를 측정하여 경도 값으로 하지만 쇼어 경도시험은 낙하된 후의 반발높이를 측정하여 경도 값으로 한다.

08 용접 구조물의 연성과 결함의 유무를 조사하는 방법으로 가장 적합한 시험법은?

① 인장시험 ② 굽힘시험
③ 경도시험 ④ 충격시험

해설 굽힘시험에 대한 내용이다.

09 시험편을 인장 파단시켜 항복점(또는 내력), 인장강도, 연신율, 단면수축률 등을 조사하는 시험법은?

① 경도시험 ② 굽힘시험
③ 충격시험 ④ 인장시험

해설 인장시험에 대한 내용이다.

10 용접부 시험방법 중 충격시험에 이용되는 방식은?

① 브리넬식 ② 로크웰식
③ 샤르피식 ④ 비커즈식

해설 충격시험은 샤르피식과 아이조드식 등이 있다.

11 비파괴검사 중 형광침투검사 조작법에 속하지 않는 것은?

① 세정 ② 침투
③ 현상과 건조 ④ 펄스 반사

해설 형광침투검사의 일반적인 순서는 세척→침투→세척→현상→검사이다.

12 화학 지시약인 헬륨 가스, 할로겐 가스를 사용하여 탱크, 용기 등의 용접부의 기밀, 수밀을 검사하는 검사방법은?

① PT ② LT
③ ET ④ VT

해설 누설 검사(Leak Test ; LT)에 대한 내용이다.

13 용접부의 외관 검사 시 관찰 사항이 아닌 것은?

① 용입 ② 오버랩
③ 언더컷 ④ 경도

정답 03. ② 04. ② 05. ③ 06. ③ 07. ① 08. ② 09. ④ 10. ③ 11. ④ 12. ② 13. ④

해설 외관 검사(visual test) : 가장 간편하여 널리 쓰이는 방법으로서 용접부의 신뢰도를 외관에 나타나는 비드 형상에 의하여 육안으로 판단하는 것이다. 비드 파형과 균등성의 양부, 덧붙임의 형태, 용입 상태, 균열, 피트, 스패터 발생, 비드의 시점과 크레이터, 언더컷, 오버랩, 표면 균열, 형상 불량, 변형 등을 검사한다.

14 침투검사 중 전등불이나 햇빛 아래서 검사할 수 있는 특징을 갖는 검사법은?

① 자분침투검사　② 자기침투검사
③ 염료침투검사　④ 형광침투검사

해설 침투검사 중 염료침투검사에 대한 내용이다.

15 다음 중 자화 전류로서 표면 균열의 검출에 적합한 전류는?

① 교류　② 직류
③ 자력선　④ 고주파 전류

해설 자분탐상의 경우 자화 전류로서 교류를 사용하는 경우 교류는 표피효과(skin effect)에 의해서 시험체 표면 주위에만 자화시키므로 표면 결함 만 검출이 된다. 표면 결함 및 표면 주위, 내부결함용으로는 직류 또는 맥류를 선정하면 된다.

16 다음 중 용접부에 표면 균열의 검사법으로 적당한 것은?

① 자기탐상시험　② 천공시험
③ 초음파시험　④ 방사선투과시험

해설 보기 중 표면 결함 검출은 자기탐상시험이 가장 적합하다.

★
17 오스테나이트계 스테인리스강 등의 결함 검출에 검사법 중 적당하지 않는 것은?

① RT　② UT
③ MT　④ PT

해설 오스테나이트계 스테인리스강은 상온에서 비자성체이므로 MT(자분탐상시험)의 적용이 제한된다.

18 자기검사에서 피검사물의 자화 방법은 물체의 형상과 결함의 방향에 따라 여러 가지로 분류할 수 있는데 다음 중 이에 해당되지 않는 것은?

① 공진법　② 극간법
③ 축통전법　④ 코일법

해설 자기검사에서 자화 방법에는 극간법, 축통전법, 코일법이 있다. 교류는 표면 결함의 검출에, 직류는 내부 결함의 검출에 이용된다.

19 초음파탐사법 중 일반적으로 널리 사용하는 방법은?

① 펄스반사법　② 투과법
③ 공진법　④ 침투법

해설 초음파탐상법의 종류로는 보기 ①, ②, ③ 중 펄스반사법이 가장 많이 이용한다.

20 용접부의 결함 검사법에서 초음파탐상법의 종류에 해당되지 않는 것은?

① 스테레오법　② 투과법
③ 펄스반사법　④ 공진법

해설 초음파 탐상법의 종류로는 보기 ②, ③, ④ 등이다.

21 X선으로 투과하기 곤란한 후판에 대하여 사용하는 검사법으로 천연의 방사선 동위 원소(라듐 등)를 사용하며 구조가 간단하고 운반도 용이하며 취급도 간단한 비파괴 검사법은?

① γ 선 투과검사　② 자기검사
③ 초음파검사　④ 와류검사

해설 γ(감마)선 투과검사에 대한 내용이다.

22 기공(porosity)의 유무를 검사하는 시험법으로 가장 적합한 방법은?

① 현미경시험　② X선 투과시험
③ 굽힘시험　④ 인장시험

해설 기공 결함은 시험체 내부에 존재하는 결함으로 보기 중 비파괴검사인 X선 투과시험이 가장 적합하다.

정답 14. ③　15. ①　16. ①　17. ③　18. ①　19. ①　20. ①　21. ①　22. ②

★
23 RT 검사에 필름에 나타나는 결함상이 용접금속의 주변을 따라서 가늘고 긴 검은 선으로 나타나는 결함은?

① 용입 부족 ② 슬래그 혼입
③ 언더컷 ④ 기공

해설 결함의 위치가 문제속에서 용접금속 주변을 따라서 볼 수 있다면 표면 비드 외곽부에서 나타난다고 할 수 있으며 가늘고 긴 검은 선이라는 정보를 보면 결함은 언더컷에 해당한다고 볼 수 있다.

24 와류탐상검사의 특징 설명으로 맞지 않은 것은?

① 표면 결함의 검출 감도가 우수하다.
② 강자성 금속에 작용이 쉽고 검사의 숙련도가 필요 없다.
③ 표면 아래 깊은 곳에 있는 결함의 검출이 곤란하다.
④ 파이프, 환봉, 선 등에 대하여 고속 자동화가 가능하며 능률이 좋은 On-Line 생산의 전수 검사가 가능하다.

해설 와류 탐상 검사(ET)의 특징으로 보기 ①, ③, ④ 등이 있다.

25 용접부의 비파괴시험 방법의 기본 기호 중 'ET'에 해당하는 것은?

① 방사선투과시험 ② 침투탐상시험
③ 초음파탐상시험 ④ 와류탐상시험

해설 ① : RT, ② : PT, ③ : UT

26 부식시험은 다음 중 어느 시험법에 속하는가?

① 금속학적 시험 ② 화학적 시험
③ 기계적 시험 ④ 야금학적 시험

해설 부식시험은 화학적 시험 범주에 속한다.

27 알루미늄 표면에 산화물계 피막을 만들어 부식을 방지하는 알루미늄 방식법에 속하지 않는 것은?

① 염산법 ② 수산법
③ 황산법 ④ 크롬산법

해설 알루미늄 방식법으로 수산법, 황산법, 크롬산법 등이 있다.

28 다음 중 철강에 주로 사용되는 부식액으로 옳지 않은 것은?

① 염산 1 : 물 1의 액
② 염산 3.8 : 황산 1.2 : 물 5.0의 액
③ 수산 1 : 물 1.5의 액
④ 초산 1 : 물 3의 액

해설 철강의 현미경시험에 사용되는 부식액은 보기 ①, ②, ④ 등이 있다.

29 현미경시험을 하기 위해 사용되는 부식액 중 철강용에 해당되는 것은?

① 왕수
② 염화철액
③ 피크린 산
④ 플로오르화 수소액

해설 현미경시험의 철강용 부식액은 피크린 산이다.

30 금속 현미경 조직시험의 진행과정으로 맞는 것은?

① 시편의 채취 → 성형 → 연삭 → 광연마 → 물세척 및 건조 → 부식 → 알코올 세척 및 건조 → 현미경 검사
② 시편의 채취 → 광연마 → 연삭 → 성형 → 물세척 및 건조 → 부식 → 알코올 세척 및 건조 → 현미경 검사
③ 시편의 채취 → 성형 → 물세척 및 건조 → 광연마 → 연삭 → 부식 → 알코올 세척 및 건조 → 현미경 검사
④ 시편의 채취 → 알코올 세척 및 건조 → 성형 → 광연마 → 물세척 및 건조 → 연삭 → 부식 → 현미경 검사

해설 현미경 조직시험의 올바른 순서는 보기 ①이다.

정답 23. ③ 24. ② 25. ④ 26. ② 27. ① 28. ③ 29. ③ 30. ①

Craftsman Welding

제 3 편

작업안전

제1장 | 작업 및 용접안전

Craftsman Welding

Chapter 01

작업 및 용접안전

1-1 작업안전

1 안전의 개요

사고란 물적 또는 인적 위험에 의해 발생되므로 안전이란 사고의 위험이 없는 상태라 할 수 있다.

2 사고의 원인

(1) 선천적 원인

신체적 기능인 내장, 골격, 근육, 지속력, 운동력 등의 이상과 정신적 이상으로 안전하게 작업할 수 없는 경우를 말한다.

① 체력의 부적응
② 신체의 결함
③ 질병
④ 음주
⑤ 수면 부족

(2) 후천적 원인

기능적인 능력, 기량 부족, 사전 지식 부족 등으로 인해 위험에 대한 방호방법, 통제방법을 모르는 경우를 말한다.

① 무지
② 과실
③ 미숙련
④ 난폭, 흥분
⑤ 고의

3 물적 사고

시설물의 불안전한 상태가 주원인이 되며 안전기준 미흡, 안전장치 불량, 안전교육, 시설물 자체 강도, 조직, 구조 또는 작업장 협소 등이 불량한 관계로 발생하는 사고를 말한다.

4 경향

① **재해와 계절** : 1년 중 8월에 사고 빈도수가 높은데 이는 기온 상승, 식욕 감퇴, 수면 부족, 피로 누적 등이 원인이다.

② 작업시간 : 하루 중 오후 3시의 사고 빈도수가 높은데 이는 피로 누적 최대가 원인이다.
③ 휴일 다음 날은 사고빈도수가 높다.
④ 경험이 1년 미만 근로자의 재해빈도수가 높다.
⑤ 제조업 다음으로 건설업 분야가 재해 빈도수가 높다.

5 작업복과 안전모

(1) 작업복

① 작업 특성에 알맞아야 하고 신체에 맞고 가벼운 것이어야 한다.
② 실밥이 풀리거나 터진 것은 즉시 꿰매도록 한다.
③ 늘 깨끗이 하고 특히 기름이 묻은 작업복은 불이 붙기 쉬우므로 위험하다.
④ 더운 계절이나 고온 작업 시에도 절대로 작업복을 벗지 않는다.
⑤ 작업복의 단추는 반드시 채우고 반바지 착용은 금한다.

(2) 안전모

① 작업에 적합한 안전모를 사용한다.
② 머리 상부와 안전모 내부의 상단과의 간격은 25mm 이상 유지하도록 조절하여 쓴다.
③ 턱조리개는 반드시 졸라맨다.
④ 안전모는 각 개인 전용으로 한다.

6 감각온도와 불쾌지수

① 감각온도 : 피부에 느껴지는 온도만이 아닌 기온, 습도, 기류 등의 3가지를 종합해서 얻어지는 온도
② 불쾌지수 : 기온과 습도의 상승작용에 의하여 느껴지는 감각 정도를 측정하는 척도

[표 1-1] 작업 종류와 감각온도

작업 종류	감각온도(℃)
정신적 작업	60~65
가벼운 육체 작업	55~65
육체적 작업	50~62

[표 1-2] 불쾌지수

불쾌지수	느낌
70 이하	쾌적
70~75	약간 불쾌한 느낌
75~80	과반수 이상 불쾌한 느낌
80 이상	모두 불쾌한 느낌

7 안전표지 색채

① **적색** : 방화, 정지, 금지, 고도 위험
② **황적** : 위험, 항해, 항공의 보안시설
③ **노랑** : 주의(충돌, 추락, 걸려서 넘어지는 광고)
④ **녹색** : 안전, 피난, 위생, 진행, 구호, 구급
⑤ **청색** : 지시, 주의(보호구 착용 등 안전위생 지시)
⑥ **자주** : 방사능
⑦ **백색** : 통로, 정리, 정돈(보조용)
⑧ **검정** : 위험 표지 문자, 유도 표지의 화살표

8 하인리히의 법칙

1건의 대형사고가 나기 전에 그와 관련된 29건의 경미한 사고와 300건 이상의 징후들이 일어난다는 법칙으로 1 : 29 : 300 법칙이라고도 한다.

1-2 용접 안전관리 및 위생

1 아크용접작업의 안전

(1) 아크광선에 의한 재해

아크 발생 시 인체에 해로운 적외선, 자외선을 포함한 강한 광선이 발생하기 때문에 작업자는 아크광선을 보아서는 안된다. 자외선은 결막염, 및 안막염증을 일으키고 적외선은 망막을 상하게 할 우려가 있으며, 피부조직이 화상을 입을 수 있다. 아크용접작업 시에는 핸드실드나 헬멧 등 차광유리로 하여금 아크광선을 차단시키는 조치를 반드시 취해야 한다.

(2) 감전에 의한 재해

전격 재해는 작업자의 몸이 땀에 젖어 있거나 우기 또는 신체 노출이 많은 여름철에 특히 많이 발생하는 것으로 나타난다. 용접재해 중 사망률 또한 가장 높은 재해이다.

① 감전의 예방대책

㉠ 케이블의 파손 여부, 용접기의 절연상태, 접속상태, 접지상태 등을 작업 전 반드시 점검 확인한다.
㉡ 의복, 신체 등이 땀이나 습기에 젖지 않도록 하며, 안전보호구를 반드시 착용한다
㉢ 좁은 장소에서의 작업에서는 신체 노출은 피한다.
㉣ 개로전압이 필요 이상 높지 않도록 해야 하며, 전격방지기를 설치한다.
㉤ 작업을 중지하는 경우, 반드시 메인 전원 스위치를 내린다.
㉥ 절연이 완전한 홀더를 사용한다.

② 감전되었을 때의 처리 : 감전이 된 경우, 곧 전원 스위치를 내린 후 감전자를 감전부에서 이탈시켜야 한다. 만약 계속 전원이 공급된 상태에서 감전자와 접촉하면 똑같이 감전된다. 이후 신속히 병원으로 옮기고 전문의의 도움을 받도록 한다.

[표 1-3] 전류와 인체와의 영향 관계

전류값	인체의 영향
5mA	상당한 고통
10mA	견디기 힘들 정도의 심한 고통
20mA	근육 수축, 근육 지배력 상실
50mA	위험도 고조, 사망할 우려
100mA	치명적인 영향

(3) 가스 중독에 의한 재해

아연도금 강판, 황동 등의 용접 시에는 아연이 연소하면서 산화아연을 발생시켜 작업자로 하여금 가스 중독을 일으킬 염려가 있다. 또한 용접 시 발생하는 흄도 고려해야 한다. 따라서 강제배기장치 등의 조치를 취하고 장시간 작업을 피한다. 방지요령은 다음과 같다.

① 용접작업자의 통풍을 좋게 하거나 강제배기장치를 설치하여 중독을 예방한다.

② 부득이한 경우 방독마스크 등을 착용하며 구조물 제작 시 아연도금 강판 등이 사용되지 않도록 설계한다.

③ 탱크나 압력용기 속에서 작업을 할 경우 혼자서 작업하지 않도록 한다.

(4) 기타

그 밖에 스패터나 슬래그 제거 시 화상 및 화재 폭발 재해에도 주의한다.

2 가스용접작업의 안전

(1) 중독의 예방

① 연(납)이나 아연 합금 또는 도금 재료의 용접이나 절단 시에 납, 아연가스 중독의 우려가 있으므로 주의해야 한다.

② 알루미늄 용접 용제에는 불화물, 일산화탄소, 탄산가스 등 용접작업 시 해로운 가스가 발생하므로 통풍이 잘 되어야 한다.

③ 해로운 가스, 연기, 분진 등의 발생이 심한 작업에는 특별한 배기장치를 사용, 환기시켜야 한다.

(2) 산소병 및 아세틸렌 병 취급

① 산소병 밸브, 조정기, 도관 취구부는 기름 묻은 천으로 닦아서는 안된다.

② 산소병(봄베) 운반 시에는 충격을 주어서는 안된다.

③ 산소병(봄베)은 40℃ 이하의 온도에서 보관하고, 직사광선을 피해야 한다.

④ 산소병을 운반할 때에는 반드시 캡(cap)을 씌워 운반한다.
⑤ 산소병 내에 다른 가스를 혼합하지 않는다.
⑥ 아세틸렌 병은 세워서 보관하며, 병에 충격을 주어서는 안된다.
⑦ 아세틸렌 병 가까이에서 불똥이나 불꽃을 가까이 하지 않는다.
⑧ 가스 누설의 점검은 수시로 해야 하며, 점검은 비눗물로 한다.

(3) 가스용접장치의 안전

① 가스집중장치는 화기를 사용하는 설비에서 5m 이상 떨어진 곳에 설치해야 한다.
② 가스집중 용접장치의 콕 등의 접합부에는 패킹을 사용하여 접합면을 서로 밀착시켜 가스 누설이 되지 않아야 한다.
③ 아세틸렌 가스집중장치 시설 내에는 소화기를 준비한다.
④ 작업 종료 시 메인 밸브 및 콕 등을 완전히 잠궈야 한다.

(4) 가스절단 작업안전

① 호스가 꼬여 있는지, 혹은 막혀 있는지 확인한다.
② 가스절단에 알맞은 보호구를 착용한다.
③ 가스절단 토치의 불꽃 방향은 안전한 쪽을 향하고, 조심히 다루어야 한다.
④ 절단 진행 중 시선은 절단면을 떠나서는 안된다.
⑤ 절단부가 예리하고 날카로우므로 상처를 입지 않도록 주의한다.
⑥ 호스가 용융 금속이나 비산되는 산화물에 의해 손상되지 않도록 한다.

[표 1-4] 일반 용기

가스 종류	도색 구분	가스 종류	도색 구분
산소	녹색	아세틸렌	황색
수소	주황색	액화암모니아	백색
액화탄산가스	청색	액화염소	갈색
액화석유가스	회색	기타 가스	회색

1-3 용접 화재방지

1 연소 이론

연소는 물질이 산소와 급격한 화학반응을 일으켜 열과 빛을 내는 강력한 산화반응 현상이다. 연료(가연물),산소(공기), 열(발화원) 등 세 가지 요소가 동시에 있어야만 연소가 이루어질 수 있어 이를 연소의 3요소라고 한다. 여기에 반복해서 열과 가연물을 공급하는 연쇄반응을 포함하면 연소의 4요소라고 한다.

① **발화점** : 어떤 물질이 공기 중에서 화염이나 스파크와 같은 외부의 열원 없이 발화하는 최저 온도를 말한다.

② **인화점** : 가연성 고체 및 액체의 표면(또는 용기)에서 공기와 혼합된 가연성 증기(기체)가 착화하는 데 충분할 정도의 농도가 발생할 때의 최저온도를 인화점이라 한다.

③ **연소범위** : 가연성 가스는 조연성 가스와 적당히 혼합되어 일정 농도 범위에 도달하여야만 연소나 폭발을 일으킬 수 있다. 폭발범위라고도 한다.

[표 1-5] 가스별 연소범위

가스명	연소범위(용량[%])	
	하한	상한
프로판	2.1	9.5
부탄	1.8	8.4
수소	4	75
아세틸렌	2.5	81
암모니아	15	28

2 화재의 종류

① **일반 가연물 화재(A급 화재)** : 연소 후 재를 남기는 종류의 화재로 목재, 종이, 섬유, 플라스틱 등의 화재

② **유류 및 가스화재(B급 화재)** : 연소 후 아무것도 남기지 않는 화재로 휘발유, 경유, 알코올 등 인화성 액체, 기체 등의 화재

③ **전기화재(C급 화재)** : 전기기계, 기구 등에 전기가 공급되는 상태에서 발생되는 화재

④ **금속화재(D급 화재)** : 리튬, 나트륨, 마그네슘 같은 금속화재

3 소화기

[표 1-6] 소화기 종류와 용도

화재 종류 / 소화기	A급 보통화재	B급 유류 및 가스화재	C급 전기화재
포말 소화기	적합	적합	부적합
분말 소화기	양호	적합	양호
CO_2 소화기	양호	양호	적합

※ 금속화재(D급)의 경우 마른 모래, 팽창질석 등으로 소화한다.

1-4 화재 예방 안전

1 화재 및 폭발 예방

① 용접작업은 가연성 물질이 없는 안전한 장소를 택한다.
② 작업 중에는 소화기를 준비하여 만일의 사고에 대비한다.
③ 가연성 가스 또는 인화성 액체가 들어있는 용기, 탱크, 배관장치 등은 증기 열탕물로 완전히 청소한 후 통풍 구멍을 개방하고 작업한다.

2 화제 예방에 필요한 준수사항

① 작업 준비 및 작업 절차 수립
② 작업장 내 위험물 사용 · 보관 현황 수립
③ 화기 작업에 따른 인화성 물질에 대한 방호 조치 및 소화기구 비치
④ 용접 불티 비산 방지 덮개, 용접 방화포 등 불꽃, 불티 등 비상 방지장치
⑤ 인화성 액체의 증기가 남아 있지 않도록 환기 등의 조치
⑥ 작업근로자에 대한 화재예방 및 피난 교육 등 조치

3 화상

① 1단계 : 피부가 붉게 되고 따끔거리는 통증을 수반하는 화상으로, 피부 가장 바깥층인 표피의 손상
② 2단계 : 표피와 진피 모두 영향을 미치는 화상으로, 피부가 빨갛게 되며 통증과 부어오름
③ 3단계 : 표피와 진피, 하피까지 영향을 주어 피부가 검게 되거나 반투명 백색이 되고 피부 표면 아래 혈관을 응고시킴
④ 4단계 : 표피와 진피조직이 탄화되어 검게 변한 경우로 피하의 근육, 힘줄, 신경 또는 골조직까지 손상

4 응급구조의 4단계

기도 유지 → 지혈 → 쇼크 방지 → 상처 보호

PART 03

적중 예상문제

[자주 출제되는 중요한 문제는 별표(★)로 강조함]

01 작업 및 용접안전

01 용접 작업 시 안전 수칙에 관한 내용이다. 다음 중 틀린 것은?

① 용접 헬멧, 용접 보호구, 용접 장갑은 반드시 착용해야 한다.
② 심신에 이상이 있을 때에는 쉬지 않고 보다 더 집중해서 작업을 한다.
③ 미리 소화기를 준비하여 작업 중에는 만일의 사고에 대비한다.
④ 환기가 잘되게 한다.

해설 심신에 이상이 있는 경우 작업에 임하지 말고 전문의의 진단을 받도록 한다.

02 다음 중 귀마개를 해야 하는 작업은?

① 전기 용접 작업 ② 드릴 작업
③ 리벳팅 작업 ④ 선반 작업

해설 리벳팅 작업의 경우 코오킹 작업에서 해머를 사용하여 타격을 하므로 소음이 발생한다.

03 안전모의 착용에 대한 설명으로 틀린 것은?

① 턱 조리개는 반드시 조이도록 할 것
② 작업에 적합한 안전모를 사용할 것
③ 안전모는 작업자 공용으로 사용할 것
④ 머리 상부와 안전모 내부의 상단과의 간격 25mm 이상 유지하도록 조절하여 쓸 것

해설 안전모 등의 안전 보호구는 전용으로 사용한다.

04 용접작업에서 안전작업복장을 설명한 것 중 틀린 것은?

① 작업 특성에 맞아야 한다.
② 기름이 묻거나 더러워지면 세탁하여 착용한다.
③ 무더운 계절에는 반바지를 착용한다.
④ 고온 작업 시에는 작업복을 벗지 않는다.

해설 고온을 수반하는 용접작업에는 절대로 피부 노출은 하지 않는다. 따라서 반바지 착용은 하지 않아야 한다.

05 머리의 맨 윗부분과 안전모 내의 최저부 사이의 간격은?

① 최소 10mm 이상 ② 15mm 이상
③ 최소 20mm 이상 ④ 최소 25mm 이상

해설 보기 ④가 정답이다.

06 다음 작업 중 착용해서는 안되는 것은?

① 작업모 ② 안전모
③ 넥타이나 반지 ④ 작업화

해설 작업 중 넥타이와 반지 등은 거의 모든 작업에 방해 요소가 된다.

07 작업장의 온도로 가장 적합한 것은?

① 기계 작업 : 10~12℃
② 사무실 : 25~30℃
③ 조립 작업 : 25~30℃
④ 도장 작업 : 5~10℃

해설 작업장의 온도는 보기 ①이 가장 적합하다.

정답 01. ② 02. ③ 03. ③ 04. ③ 05. ④ 06. ③ 07. ①

08 다음 중 방화, 금지, 정지, 고도의 위험을 표시하는 안전색은?

① 적색　② 녹색
③ 청색　④ 백색

해설 문제의 내용을 표시하는 안전색은 적색이다.

09 KS 규격에 의한 안전 색채에 관한 각각의 표시 사항으로 옳은 것은?

① 적색 : 고도의 위험
② 황색 : 안전
③ 청색 : 방사능
④ 황적색 : 피난

해설 보기 ①의 내용이 옳다.

★
10 인체에 전류가 흐르면서 심한 고통을 느끼는 최소 전류값은 몇 mA인가?

① 5　② 10
③ 20　④ 50

해설

전류값	인체의 영향
5mA	상당한 고통
10mA	견디기 힘들 정도의 심한 고통
20mA	근육 수축, 근육 지배력 상실
50mA	위험도 고조, 사망할 우려
100mA	치명적인 영향

11 용접작업 시 전격 방지를 위한 주의사항으로 틀린 것은?

① 캡타이어 케이블의 피복 상태, 용접기의 접지 상태를 확실하게 점검할 것
② 기름기가 묻었거나 젖은 보호구과 복장은 입지 말 것
③ 좁은 장소의 작업에서는 신체를 노출시키지 말 것
④ 개로 전압이 높은 교류 용접기를 사용할 것

해설 개로 전압 또는 무부하 전압이 높은 교류 용접기는 전격의 위험이 있다.

12 피복아크용접 작업에 대한 안전사항으로 적합하지 않는 것은?

① 저압 전기는 어느 작업이던 안심할 수 있다.
② 퓨즈는 규정된 대로 알맞은 것을 끼운다.
③ 전선이나 코드의 접속부는 절연물로서 완전히 피복하여 둔다.
④ 용접기 내부에 함부로 손을 대지 않는다.

해설 저압의 전기라도 안심할 수 없다.

★
13 다음 전기용접의 안전수칙 중 옳지 않은 것은?

① 우천시에는 옥외작업을 금한다.
② 용접 작업장 주변에는 인화 물질을 두지 말아야 한다.
③ 용접 중 보안경은 수시로 벗었다 썼다 하며 맑은 공기를 쐬도록 한다.
④ 1차 및 2차 코드가 벗겨진 것은 사용치 말아야 한다.

해설 유해 광선으로부터 눈을 보호하기 위하여 보안경을 반드시 써야 한다.

14 용접 케이블 2차선의 굵기가 가늘 때 일어나는 현상은?

① 과열되며 용접기 소손이 가능하다.
② 아크가 안정된다.
③ 전류가 일정하게 흐른다.
④ 용량보다 과전류가 흐른다.

해설 일반적인 옴(Ohm)의 법칙을 보면 전류는 전압에 비례하고 저항에는 반비례한다. 또한 저항은 케이블 선의 길이에 비례하며, 케이블 굵기 또는 단면적에 반비례한다.

$I \propto \frac{V}{R}$, $R \propto \frac{V}{I}$ (V : 전압, I : 전류, R : 저항)

또 $R \propto \frac{L}{A}$

(R : 저항, L : 선의 길이, A : 선의 단면적)

문제에서 2차 측 선의 굵기가 가늘면 저항이 커지게 되어 용접기가 소손될 우려가 있다.

정답 08. ① 09. ① 10. ② 11. ④ 12. ① 13. ③ 14. ①

15 전격을 받아 기절한 용접공 발견 시 취할 사항 중 잘못된 것은?

① 전기 회사에 연락한다.
② 전원을 끊는다.
③ 응급처리 후 즉시 의사에게 연락한다.
④ 인공 호흡을 시키고 상처가 있으면 응급처치를 한다.

해설 보기 ②, ③, ④의 조치 이후 병원으로 후송한다.

16 아크용접 작업에 대한 설명 중 옳은 것은?

① 작업 중 용접기에서 소리가 나는 것은 용접기에 이상이 있는 것이 아니다.
② 교류 용접기를 사용할 때는 필히 비피복 용접봉을 사용한다.
③ 가죽장갑을 감전의 위험도가 크므로 면장갑을 착용한다.
④ 아크가 발생되는 도중에 용접 전류를 조정하지 않는다.

해설 아크용접 작업 중 전류 조정은 반드시 아크 발생을 중지한 후 시행하여야 한다.

17 용접작업을 할 때 해서는 안되는 것은?

① 수도 및 가스관에 어스한다.
② 비오는 날에는 옥외에서 용접을 하지 않는다.
③ 용접 작업시 소화기를 준비하여 용접한다.
④ 슬래그 제거시 화상에 유의한다.

해설 용접작업 시 접지(earth)는 수도 또는 가스관에 하여서는 안된다.

18 용접작업 중의 일상 점검 내용이다. 틀린 것은?

① 좁고 혼잡한 곳의 감전 방지 대책
② 차광막의 유효한 이용책
③ 용접기 내부의 먼지 제거
④ 용접기 및 접지물의 접지 상태

해설 용접기의 수명을 위한 수단으로 용접기 내부의 먼지를 제거하지만 일상 점검의 내용은 아니다.

19 아세틸렌(C_2H_2) 가스의 폭발성에 대한 사항이다. 옳지 않은 것은?

① 406~408℃가 되면 자연 발화한다.
② 마찰 · 진동 · 충격 등의 외력이 작용하면 폭발 위험이 있다.
③ 은 · 수은 등과 접촉하면 이들과 화합하여 120℃ 부근에서 폭발성이 있는 화합물을 생성한다.
④ 아세틸렌 85%, 산소 15% 부근에서 폭발 위험이 가장 크다.

해설 아세틸렌 15%, 산소 85%일 때 폭발 위험이 가장 크다.

★
20 아세틸렌 용기 사용상의 주의점 중 잘못 설명한 것은?

① 사용하지 않을 때는 밸브를 닫아준다.
② 용기를 놓은 곳은 화기 엄금을 표시한다.
③ 조정기 압력이 0일 때는 가스 용기 내에 아세틸렌은 없는 것이다.
④ 용기는 반드시 세워 놓고 사용한다.

해설 조정기에 표시된 압력은 대기압을 '0'으로 측정했을 때 절대압력(아세틸렌 압력)을 나타낸다. 즉, 조정기의 압력이 '0'이라면 용기 내부에는 대기압에 상응하는 아세틸렌이 남아 있다는 의미이다.

21 용해 아세틸렌 용기 취급 시 주의사항이다. 틀린 것은

① 옆으로 눕히면 아세톤이 아세틸렌과 같이 불출하게 되므로 반드시 세워서 사용해야 한다.
② 아세틸렌 가스의 누설시험은 비눗물로 해야 한다.
③ 용기 밸브를 열 때는 핸들을 1~2회전 정도 돌리고 핸들을 빼놓은 상태로 사용한다.
④ 저장실의 전기 스위치, 전등 등은 방폭 구조여야 한다.

해설 용기의 밸브는 천천히 열고 닫을 때는 과감히 한다. 밸브의 핸들은 비상 시 빨리 용기의 밸브를 잠가야 하므로 분리시키지 않는다.

정답 15. ① 16. ④ 17. ① 18. ③ 19. ④ 20. ③ 21. ③

22 가스 용접작업에서 일어날 수 있는 재해가 아닌 것은?

① 화상　② 화재
③ 전격　④ 가스 폭발

해설 전격의 경우 전기적인 충격이다. 가스 용접작업은 원칙적으로 전기를 사용하지 않는다.

23 산소용기 취급에 대한 설명이 잘못된 것은?

① 산소병 밸브, 조정기 등은 기름천으로 잘 닦는다.
② 산소병 운반 시에는 충격을 주어서는 안 된다.
③ 산소 밸브의 개폐는 천천히 해야 한다.
④ 가스 누설 점검을 수시로 한다.

해설 산소병의 밸브, 조정기 등은 기름이 묻게 되면 가스의 순도 저하 및 용착금속의 악영향 우려가 있다.

24 산소용기의 취급상 주의할 점이 아닌 것은?

① 운반 중에 충격을 주지 말 것
② 그늘진 곳을 피하여 직사광선이 드는 곳에 둘 것
③ 산소누설시험에는 비눗물을 사용할 것
④ 밸브의 개폐는 천천히 할 것

해설 산소용기의 보관은 직사광선을 피해야 한다.

25 용접작업 시 주의사항으로 틀린 것은?

① 화재를 진화하기 위하여 방화 설비를 설치할 것
② 용접 작업 부근에 점화원을 두지 않도록 할 것
③ 배관 및 기기에서 가스 누출이 되지 않도록 할 것
④ 가연성 가스는 항상 옆으로 뉘어서 보관할 것

해설 아세틸렌 등 가연성 가스 용기는 옆으로 눕히면 아세톤이 아세틸렌과 같이 분출하게 되므로 반드시 세워서 보관해야 한다.

26 다음 중 발생기의 안전 배기 밸브가 필요한 이유는 어느 것인가?

① 발생기 내의 혼합 가스를 배제한다.
② 발생기 내에 산소를 공급한다.
③ 발생기 내의 압력을 일정하게 유지한다.
④ 발생기 내의 과잉 발생 가스를 배제한다.

해설 보기 ④의 이유로 안전 배기 밸브가 필요하다.

27 화구가 가열되었을 때 어떻게 하면 좋은가?

① 아세틸렌 가스를 배출시키고 물에 냉각시킨다.
② 산소를 배출시키고 물에 냉각시킨다.
③ 가스가 전혀 나오지 않도록 한 후 물에 냉각시킨다.
④ 산소, 아세틸렌을 배출시킨 후 물에 냉각시킨다.

해설 화구(팁)가 과열되었을 때는 보기 ②처럼 하면 된다.

28 연소 범위가 가장 큰 가스는?

① 수소　② 메탄
③ 프로판　④ 아세틸렌

해설 가스별 연소 범위

가스명	연소 범위(용량[%])	
	하한	상향
프로판	2.1	9.5
부탄	1.8	8.4
수소	4	75
아세틸렌	2.5	81
암모니아	15	28

29 연소 한계의 설명을 가장 올바르게 정의한 것은?

① 착화 온도의 상한과 하한
② 물질이 탈 수 있는 최저 온도
③ 완전 연소가 될 때의 산소 공급 한계
④ 연소에 필요한 가연성 기체와 공기 또는 산소와의 혼합 가스 농도

정답 22. ③　23. ①　24. ②　25. ④　26. ④　27. ②　28. ④　29. ④

해설 보기 ④가 연소 한계에 대한 설명이다.

30 다음 중 확산 연소를 옳게 설명한 것은?

① 수소, 메탄, 프로판 등과 같은 가연성 가스가 버너 등에서 공기 중으로 유출해서 연소하는 경우이다.
② 알코올, 에테르 등 인화성 액체의 연소에서처럼 액체의 증발에 의해서 생긴 증기가 발화하여 화염을 발하는 경우이다.
③ 목재, 석탄, 종이 등의 고체 가연물 또는 지방유와 같은 고비점(高沸點)의 액체 가연물이 연소하는 경우이다.
④ 화약처럼 그 물질 자체의 분자 속에 산소를 함유하고 있어 연소 시 공기 중의 산소를 필요로 하지 않고 물질 자체의 산소를 소비해서 연소하는 경우이다.

해설 보기 ①이 확산 연소이다.

31 화재 및 폭발의 방지조치로 틀린 것은?

① 대기 중에 가연성 가스를 방출하지 말 것
② 필요한 곳에 화재 진화를 위한 방화 설비를 설치할 것
③ 용접작업 부근에 점화원을 둘 것
④ 배관에서 가연성 증기의 누출 여부를 철저히 점검할 것

해설 용접작업 장소 부근에는 점화원이 없어야 한다.

★
32 B급 화재는 어느 경우의 화재인가?

① 일반 화재 ② 유류 화재
③ 전기 화재 ④ 금속 화재

해설
- A급 화재 : 일반 화재
- B급 화재 : 유류 및 가스 화재
- C급 화재 : 전기 화재
- D급 화재 : 금속 화재

33 화재 발생 시 소화기에 대한 설명으로 틀린 것은?

① 전기로 인한 화재(C급)는 포말 소화기를 사용한다.
② 분말 소화기는 기름 화재(B급)에 적합하다.
③ CO_2 가스 소화기는 소규모의 인화성 액체 화재나 전기 설비 화재의 초기 진화에 좋다.
④ 보통 화재(A급)에는 포말, 분말, CO_2 가스 소화기를 사용한다.

해설 전기 화재(C급)의 경우 포말 소화기는 부적합하고 CO_2 소화기가 적합하다.

34 다음 중 유류화재 시 소화기로 부적합한 것은 무엇인가?

① 수조부 펌프 소화기
② 분말 소화기
③ CO_2 소화기
④ 포말 소화기

해설 유류화재의 경우 보기 ①이 부적합하다.

정답 30. ① 31. ③ 32. ② 33. ① 34. ①

제 4 편

Craftsman Welding

용접 재료

Craftsman Welding

Chapter 01

용접 재료 및 각종 금속의 용접

1-1 탄소강 · 저합금강의 재료

1 금속과 합금

(1) 금속의 일반적 성질

① 상온에서 고체이며 결정체이다[수은(Hg)은 예외].
② 빛을 반사하고 고유의 광택이 있다.
③ 강도가 크고 가공 변형이 쉽다(전성, 연성이 크다).
④ 열 및 전기의 좋은 전도체이다.
⑤ 비중, 경도가 크고 용융점이 높다.

(2) 합금의 특징

① 강도와 경도를 증가시킨다.
② 주조성이 좋아진다.
③ 내산성, 내열성이 증가한다.
④ 색이 아름다워진다.
⑤ 용융점, 전기 및 열전도율이 낮아진다.

(3) 금속의 결정 구조

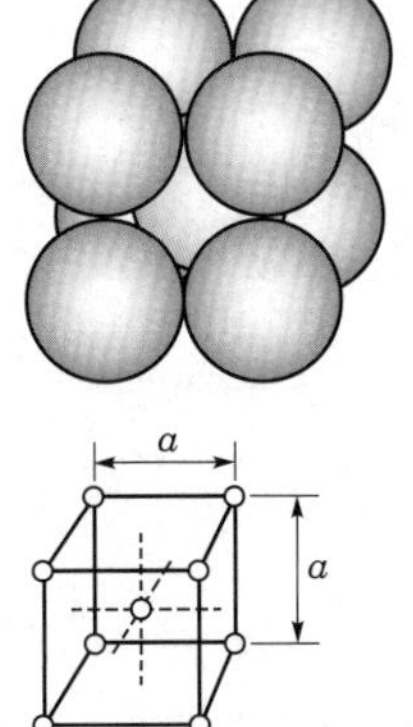

(a) 체심입방격자

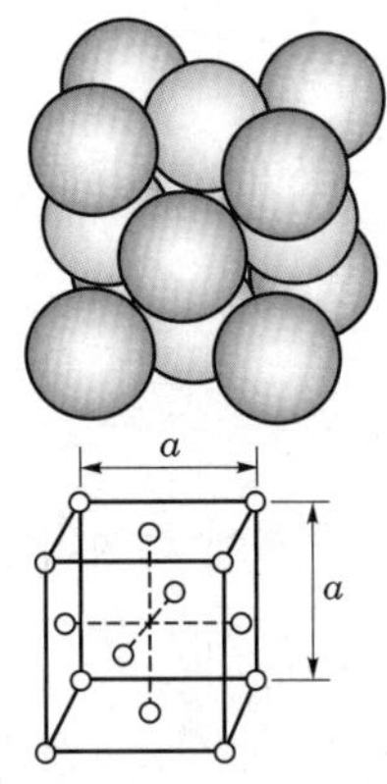

(b) 면심입방격자

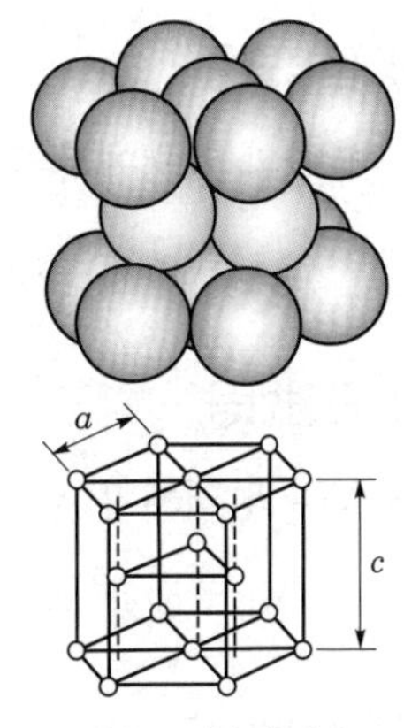

(c) 조밀육방격자

[그림 1-1] 금속의 결정 격자

격자	기호	원소
체심입방격자	BCC	Fe(α－Fe, δ－Fe), Cr, W, Mo, V, Li, Na 등
면심입방격자	FCC	Fe(γ－Fe), Al, Ag, Cu, Ni, Pb 등
조밀육방격자	HCP	Zn, Mg, Ti, Zr 등

2 합금의 상태도

(1) 고용체

한 금속에 다른 금속이나 비금속이 녹아들어가 응고 후 고배율의 현미경으로도 구별할 수 없는 1개의 상으로 되는 것을 고용체라고 한다. 고용체의 종류는 용매 원자에 용질 원자가 녹아 들어가는 상태에 따라 다음과 같이 구분한다.

① **침입형 고용체** : 용질 원자가 용매 원자 사이에 들어간 것

② **치환형 고용체** : 용매 원자 대신 용질 원자가 들어간 것

③ **규칙 격자형 고용체** : 두 성분이 일정한 규칙을 가지고 치환된 배열을 가지는 것

(2) 금속 간 화합물

두 개 이상의 금속이 화학적으로 결합해서 본래와 다른 새로운 성질을 가지게 되는 화합물을 금속 간 화합물이라고 한다(예 Fe_3C 등). 금속 간 화합물은 일반적으로 경도가 본래의 금속보다 훨씬 증가한다.

(3) 포정반응

하나의 고체에 다른 액체가 작용하여 다른 고체를 형성하는 반응

액체 + A 고용체 ⇆ B 고용체

(4) 편정반응

하나의 액체에서 고체와 액체를 동시에 형성하는 반응

액체 ⇆ 액체 + A 고용체

(5) 공정반응

하나의 액체가 두 개의 금속으로 동시에 형성되는 반응

액체 ⇆ A 고용체 + B 고용체

(6) 공석반응

하나의 고체가 두 개의 고체로 형성되는 반응

A 고용체 ⇆ B 고용체 + C 고용체

3 강의 제조

(1) 선철의 제조

선철은 철광석을 용광로에 넣고 코크스, 석회석 등을 장입시킨 후 용융된 철로, 탄소함유량은 규소량에 따라 다르나 보통 2.5~4.5% 정도이다.

① **백선철** : 선철 중의 탄소는 규소가 적으면 천천히 냉각시켜도 탄화철(Fe_3C)의 형태로 나타나며, 매우 단단하고 파면이 희다.

② **회선철** : 선철 중의 탄소는 규소가 많고, 망간이 적을 때는 탄화철의 일부가 철과 흑연으로 분해되어 연해지고, 파면은 짙은 회색이다.

(2) 제강법

선철에서 탈탄을 거쳐 강을 제조한다.

① 강괴(ingot) : 제강로에서 나온 용강을 금속 주형이나 사형에 넣어서 덩어리 모양으로 냉각시킨 것이다.

② 강의 구분

탈산 정도에 따라 다음의 세 가지로 구분한다.

㉠ 킬드강 : 노내에서 강탈산제인 페로실리콘(Fe-Si), 알루미늄(Al) 등으로 충분히 탈산시킨 강

㉡ 림드강 : 평로나 전로에서 정련된 용강을 페로망간(Fe-Mn)으로 가볍게 탈산시킨 강으로 피복아크 용접봉 심선 재료로 사용

㉢ 세미킬드강 : 탈산을 킬드강과 림드강의 중간 정도로 한 강으로 용접 구조물에 많이 사용

[표 1-1] 로의 종류 및 크기

로의 종류	로의 크기	비고
용광로	1일 생산된 선철의 양	
전로	1회에 용해할 수 있는 양	산성 전로 : 베세머법 염기성 전로 : 토마스법
평로	1회에 용해할 수 있는 양	
전기로	1회의 최대 용해량	저항식, 유도식, 아크식
도가니로	용해 가능한 구리의 중량	정련의 목적보다 고순도 목적

4 철강의 분류

(1) 철강의 5원소

철강의 5원소는 탄소(C), 규소(Si), 망간(Mn), 인(P), 황(S)이며, 이 중 탄소가 가장 큰 영향을 준다.

(2) 철강의 분류

① 순철 : 탄소함유량 0.03% 이하인 철

② 강

㉠ 탄소강 : 탄소함유량 0.03~1.7(2.1)%C 함유한 강

㉡ 아공석강 : 0.03~0.85%C 강

㉢ 공석강 : 0.85%C 강

㉣ 과공석강 : 0.85~1.7(2.1)%C 강

㉤ 합금강 : 탄소강에 하나 이상의 금속을 합금한 강

③ 주철 : 탄소함유량이 1.7(2.1)~6.67%C의 범위이며 보통 4.5%C 이하의 것이 사용된다.

㉠ 아공정 주철 : 1.7(2.1)~4.3%C 주철

㉡ 공정 주철 : 4.3%C 주철

㉢ 과공정 주철 : 4.3~6.67%C 주철

5 순철

(1) 일반적인 성질과 용도

① 탄소함유량은 0.03% 이하이다.

② 전연성이 풍부하여 기계재료로는 부적당하고, 전기재료에 사용된다.

③ 항장력이 낮고 투자율이 높기 때문에 변압기, 발전기용 박판에 사용된다.

④ 단접성 및 용접성이 양호하다.

⑤ 탄소강에 비해 내식성이 양호하다.

⑥ 유동성 및 열처리성이 불량하다.

⑦ 900℃ 이상에서 적열 취성을 갖는다.

⑧ 산화 부식이 잘되고 산에 약하나 알카리에는 강하다.

(2) 순철의 변태

순철은 α, γ, δ 철의 3개의 동소체가 있고 A_2, A_3, A_4 변태가 있다. 실제 작업상 가열 시에는 c를 첨자로 사용하여 A_{c3}, A_{c4}로 나타내고, 냉각 시에는 r을 첨자로 사용하여 A_{r3}, A_{r4}로 나타낸다.

[표 1-2] 변태의 변화

변태의 종류	명칭	변태과정	영향
A_0 변태	시멘타이트 자기변태	210℃ 강자성 ⇄ 상자성	자기적 강도 변화
A_1 변태	강의 특유변태	723℃ 펄라이트 ⇄ 오스테나이트	
A_2 변태	순철의 자기변태	768℃ 강자성 ⇄ 상자성	자기적 강도 변화

변태의 종류	명칭	변태과정	영향
A_3 변태	순철의 동소변태	910℃ α철 ⇄ γ철	원자 배열 변화, 성질 변화
A_4 변태	순철의 동소변태	1,400℃ γ철 ⇄ δ철	원자 배열 변화, 성질 변화

6 탄소강

탄소강은 철에 탄소를 넣은 합금으로 순철보다 인장강도, 경도 등이 좋아 기계재료로 많이 사용되며, 또 열처리(담금질, 뜨임, 풀림 등)에 의하여 기계적 성질을 광범위하게 변화시킬 수 있는 우수한 성질을 갖고 있다.

(1) Fe-C 평형상태도

① A : 순철의 용융점(1,538±2℃)

② ABCD : 액상선

③ D : 시멘타이트의 융해점(1,550℃)

④ C : 공정점(1,145℃)으로 4.3%C의 용액에서 γ고용체(오스테나이트)와 시멘타이트가 동시에 정출하는 점으로, 이때 조직은 레데뷰라이트(ledeburite)로 γ고용체와 시멘타이트의 공정 조직임

⑤ HJB : 포정선이며, 포정온도는 1,493℃이며, 이때 포정반응은 B점의 융체(L)+δ 고용체 ⇄ J점의 γ고용체 반응이 됨

⑥ G : 순철의 A_3변태점(910℃)으로 γ-Fe(오스테나이트) ⇄ α -Fe(페라이트)로 변함

⑦ JE : γ고용체의 고상선

⑧ ES : A_{cm}선으로 γ고용체에서 Fe_3C의 석출 완료선

⑨ GS : A_3선(A_3변태선)으로 γ고용체에서 페라이트를 석출하기 시작하는 선

⑩ 구역 NHESG : γ고용체 구역으로 γ고용체를 오스테나이트라고 함

⑪ 구역 GPS : α고용체와 γ고용체가 혼재하는 구역

⑫ 구역 GPQ : α고용체의 구역으로 α고용체를 페라이트(ferrite)라고 함

⑬ S : 공석점으로 γ고용체에서 α고용체와 Fe_3C(시멘타이트)가 동시에 석출되는 점으로, 이때의 조직은 공석정(펄라이트)이라고 함(723℃, 0.85%C)

⑭ PSK : 공석선(723℃)이며 A_1변태선

⑮ P : α고용체(페라이트)가 최대로 C를 고용하는 점(0.03%C)

⑯ PQ : 용해도 곡선으로 α고용체가 시멘타이트의 용해도를 나타내는 선

⑰ A_0 변태 : 시멘타이트의 자기변태선(215℃)

⑱ A_2 변태 : 철의 자기변태선(768℃)

⑲ Q : 0.001%C(상온)

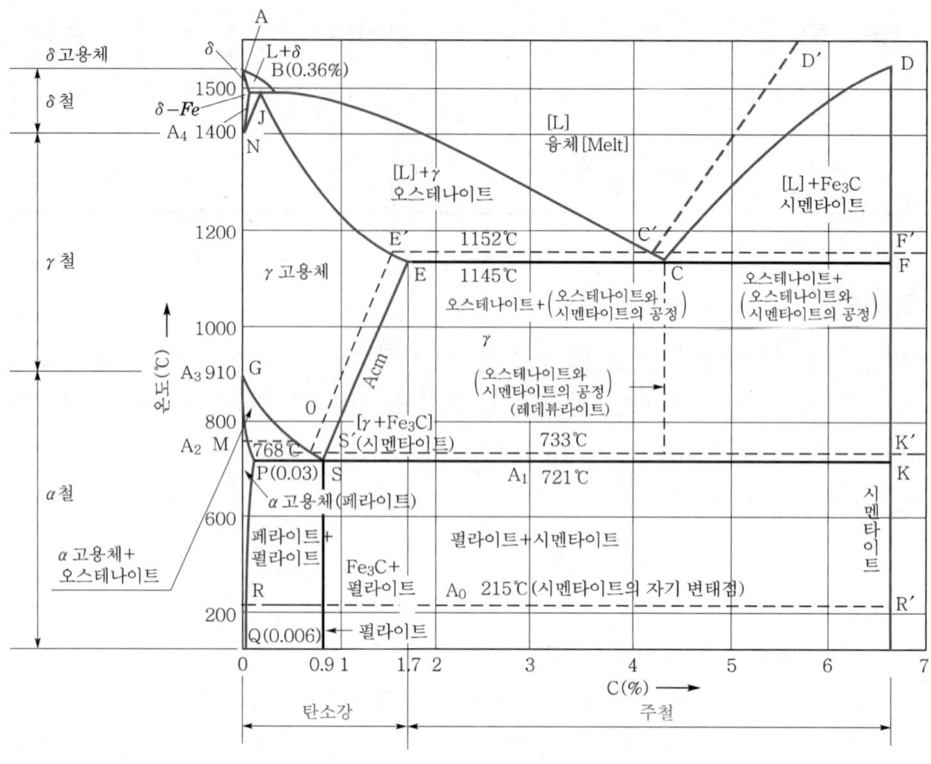

[그림 1-2] Fe-C 평형상태도

(2) 강의 조직

① **페라이트(Ferrite)** : 순철에 가까운 조직으로 $\alpha-Fe$(α고용체)조직이며, 극히 연하고 상온에서 강자성체인 체심입방격자이다. Fe-C 평형상태도상의 GPQ의 삼각형 구역이다.

② **펄라이트(Pearlite)** : 0.85%C, 723℃에서 공석반응($\gamma-Fe$(Austenite) ⇄ $\alpha-Fe$(Ferrite) +Fe_3C(Cementite))을 통해 얻어지는 공석강의 조직이다. Fe-C 평형 상태도상의 S포인트 구역이다.

③ **오스테나이트(Austenite)** : Fe-C 평형상태도상의 GSEJN 구역으로, $\gamma-Fe$(γ고용체)조직이고 면심입방격자를 가지며 상온에서는 볼 수 없고 비자성체의 특징을 가진다.

④ **시멘타이트(Cementite)** : 탄화철(Fe_3C)의 조직으로 주철의 조직이며, 경도가 높고 취성이 크며, 상온에서는 강자성체이다.

⑤ **레데뷰라이트(Ledeburite)** : 4.3%C, 1,140℃에서 공정반응(융체(L) ⇄ $\gamma-Fe$(Austenite)+ Fe_3C(Cementite))을 통해 얻어지는 공정주철의 조직이다. Fe-C 평형상태도상의 C포인트 구역이다.

(3) 탄소강의 성질

① 탄소함유량 증가에 따라 강도 · 경도 증가, 인성 · 충격값 감소, 연성 · 전성(가공성)이 감소한다.

② 온도 상승에 따라 강도 · 경도 감소, 인성 · 연성 · 전성(가공성, 단조성)이 증가한다.

③ 아공석강의 기계적 성질 : 평균 강도 $\sigma_E = 20 + 100 \times C\,\%$ [kg/mm^2], 경도 H_B=2.86σ_B이다.

(4) 탄소강의 취성

① 적열 취성 : 900~950℃에서 FeS가 파괴되어 균열을 발생시킨다(S가 원인).

② 청열 취성 : 200~300℃에서 강도, 경도 최대, 충격치, 연신률, 단면수축률 최소이다(P가 원인).

③ 상온 취성 : 냉간 취성이라고도 하며, Fe_3P가 상온에서 연신률, 충격치를 감소시킨다(P가 원인).

④ 저온 취성 : 상온보다 낮아지면 강도와 경도가 증가하고 연신률과 충격치는 감소되어 약해진다.

(5) 탄소강에 함유된 성분과 영향

[표 1-3] 탄소강의 합금 성분과 그 영향

성분	영향
규소(Si) (0.2~0.6%)	• 경도, 탄성 한도, 인장강도를 증가시킨다. • 연신율, 충격치를 감소시킨다(소성을 감소시킨다).
망간(Mn) (0.2~0.8%)	• 탈산제로 첨가된다(MnS화하여 황의 해를 제거). • 강도, 경도, 인성을 증가시킨다. • 담금질 효과를 크게 한다. • 점성을 증가시키고, 고온 가공을 쉽게 한다. • 고온에서 결정이 거칠어지는 것을 방지한다(적열 메짐 방지).
황(S) (0.06% 이하)	• 적열 상태에서 FeS화 되어 취성이 커진다(적열 취성). • 인장강도, 연신율, 충격치 등을 감소시킨다. • 강의 용접성, 유동성을 저하시킨다. • 강의 쾌삭성을 향상시킨다.
인(P) (0.06% 이하)	• 강의 결정립을 거칠게 한다. • 경도와 인장강도를 증가시키고, 연성을 감소시킨다. • 상온에서 충격치를 감소시킨다(상온 취성, 청열 취성의 원인). • 가공 시 균열을 일으키기 쉽다.
구리(Cu)	• 인장강도, 탄성 한도를 증가시킨다. • 내식성을 향상시킨다. • 압연 시 균열의 원인이 된다.
가스	• 산소 : 적열취성의 원인이 된다. • 질소 : 경도, 강도를 증가시킨다 • 수소 : 은점이나 헤어 크랙의 원인이 된다.

(6) 탄소강의 종류와 용도

① 일반 구조용강 : 0.6%C 이하의 강재로 공업용으로 사용된다.

㉠ 일반 구조용 압연강재(SB) : 특별히 기계적 성질을 요구하지 않는 곳에 사용된다.

㉡ 기계 구조용 탄소강(SM) : SB보다 중요한 부분에 사용되며, 보일러용, 용접구조용, 리벳용 압연강재 등이 있다.

② **탄소 공구강(STC)** : 0.6~1.5%C의 탄소강으로서 가공이 용이하고 간단히 담금질하여 높은 경도를 얻을 수 있으며 특별히 P와 S의 함유량이 적어야 한다.

③ **주강품(SC)** : 단조가 곤란하고 주철로서는 강도가 부족한 경우 주강품을 사용하게 되는데 수축률은 주철의 약 2배 정도이다.

[표 1-4] 탄소강의 종류와 용도

종별	C(%)	인장강도 (kg/mm^2)	연신율(%)	용도
극연강	<0.12	<38	25	철판, 철선, 못, 파이프, 와이어, 리벳
연강	0.13~0.20	38~44	22	판, 교량, 각종 강철봉, 파이프, 건축용 철골, 철교, 볼트, 리벳
반연강	0.20~0.30	44~50	20~18	기어, 레버, 강철판, 너트, 파이프
반경강	0.30~0.40	50~55	18~14	철골, 강철판, 차축
경강	0.40~0.50	55~60	14~10	차축, 기어, 캠, 레일
최경강	0.50~0.70	60~70	10~7	축, 기어, 레일, 스프링, 단조 공구, 피아노선
탄소공구강	0.70~1.50	70~50	7~2	각종 목공구, 석공구, 수공구, 절삭 공구, 게이지

(7) 합금강

탄소강에 다른 원소를 첨가하여 강의 기계적 성질을 개선한 강으로 특수한 성질을 개선하기 위해 Ni, Mn, W, Cr, Mo, Co, Al 등을 첨가한다.

[표 1-5] 합금강의 종류

분 류	종 류
구조용 합금강	강인강, 표면경화용(침탄, 질화) 강, 스프링강, 쾌삭강
공구용 합금강	합금 공구강, 고속도강, 기타 공구강
특수용도용 합금강	내식용 합금강, 내열용 합금강, 자석용 합금강, 베어링용 강, 불변강 등

① 구조용 합금강

㉠ 강인강

- 니켈강 : 인장강도, 항복점, 경도 등을 상승시키고, 연신율을 감소시키지 않으며 충격치를 증가시킨다.
- 크롬강 : 경화가 쉽고 경화층이 깊어 경도를 향상시키고, 자경성이 있어 내마모성, 내식성, 내열성이 크다.

참고 자경성과 수인법

① 자경성 : Cr, Ni, Mn, W, Mo 등을 첨가 가열 후 공랭하여도 경화되어 담금질 효과를 얻음
- 망간강 : **저망간강(1~2%Mn 듀콜강), 고망간강(10~14%Mn 하드필드강)**으로 내마멸성, 경도가 커서 광산기계 등 내마모 재료로 활용

② 수인법 : 고Mn강의 열처리로 1,000~1,100℃에서 수중 담금질로 완전 오스테나이트 조직으로 만드는 방법
- **Cr-M-Si 강(크로망실)** : 피로 한도가 높아 차축 등에 사용하며 가격이 쌈

㉡ 표면경화용 강
- 침탄강 : 표면 침탄이 잘 되게 하기 위해 Cr, Ni, Mo 등이 포함되어 있다.
- 질화강 : Cr, Mo, Al 등을 첨가한 강이다.

㉢ 스프링강 : 스프링은 급격한 충격을 완화시키며 에너지를 저축하기 위해 사용되므로 사용 중에 영구 변형이 생기지 않아야 한다. 따라서 탄성 한도가 높고 충격 저항이 크며 피로 저항이 커야 한다.

㉣ **쾌삭강** : 강에 S, Zr, Pb, Ce 등을 첨가 피삭성을 향상시킨 강이다.

② 공구용 합금강

공구강의 구비 조건은 다음과 같다.
- 경도가 크고 고온에서 경도가 떨어지지 않아야 한다.
- 내열성과 강인성이 커야 한다.
- 열처리 및 제조와 취급이 쉽고 가격이 저렴해야 한다.

㉠ 합금 공구강 : 탄소 공구강에 Cr, W, V, Mo, Mn, Ni 등을 1~2종 이상 첨가하여 담금질 효과를 양호하게 하고 결정입자를 미세하게 하며 경도, 내식성을 개선한 것이다.

㉡ **고속도강**[SKH, **일명 하이스(HSS)**] : 탄소량은 0.8%C이며, 600℃까지 고온경도가 보통강의 3~4배이고 고속 절삭 가능하다.
- **표준형 고속도강** : 18%W, 4%Cr, 1%V의 합금으로 마모 저항이 크고 600℃까지 경도가 저하되지 않아 고속 절삭 효율이 좋다.
- Co 고속도강 : 표준형 고속도강에 Co를 3% 이상 첨가하여 경도와 점성을 증가시킨 것이다.
- Mo 고속도강 : 5~8%Mo, 5~7%W를 첨가하여 담금질 성질을 향상하고 뜨임 메짐을 방지한다.

㉢ **주조경질합금**(Co-Cr-W-C 계) : 대표적인 것은 **스텔라이트**가 있다. 경도가 HRC 50~70이며, 고온 저항이 크고 내마모성이 우수하나 충격, 진동, 압력에 대한 내구력이 적다. 용도로는 각종 절삭 공구, 고온 다이스, 드릴, 끌, 의료용 기구 등에 사용된다.

㉣ 소결경질합금(초경 합금) : WC, TiC 등의 금속 탄화물 분말(900메시)을 Co 분말과 함께 혼합하여 형에 넣고 압축 성형한 후 제1차로 800~1,000℃에서 예비 소결하여 조형하고 제2차 소결은 1,400~1,450℃의 수소(H_2) 기류 중에서 소결한 합금으로 상품명으로 미디

아, 위디아, 카볼로이, 텅갈로이 등으로 불린다. 용도는 각종 바이트, 드릴, 커터, 다이스 등에 사용된다.

㉤ **비금속 초경 합금(세라믹) : Al_2O_3를 주성분으로 하는 산화물계를 1,600℃ 이상에서 소결하는 일종의 도자기인 세라믹 공구는 고온 경도가 크며 내마모성, 내열성이 우수하나 인성이 적고 충격에 약하다(초경 합금 1/2 정도). 또한 비자성, 비전도체이며 내부식성, 내산화성이 커서 고온 절삭, 고속 정밀 가공용, 강자성 재료의 가공용에 쓰인다.**

③ 특수용도용 합금강

㉠ 내식용 합금강

- 스테인리스강(STS) : **스테인리스강은 철에** Cr이 11.5% 이상 함유되면 금속 표면에 산화 크롬의 막이 형성되어 녹이 스는 것을 방지해 준다. stainless steel이란 부식되지 않는 강(내식강)이란 뜻으로 지어진 이름이다(내식강=불수강).

[표 1-6] 스테인리스강의 특징

분류	강종	담금질 경화성	내식성	용접성	용도
마텐자이트계	13Cr계, Cr<18	있음	가능	불가	터빈 날개, 밸브 등
페라이트계	18Cr계 11<Cr<27	없음	양호	약간 양호	자동차 장식품 등
오스테나이트계	18Cr-8Ni계	없음	우수	우수	화학기계 실린더, 파이프 공업용

참고 18-8강의 입계 부식

탄소량이 0.02% 이상에서 용접열에 의해 탄화크롬이 형성되어 카바이드 석출을 일으키며 내식성을 잃게 된다. 입계 부식을 방지하는 방법은 다음과 같다.

- **C%를 극히 적게 할 것(0.02% 이하)**
- **원소의 첨가(Ti, V, Zr 등)로 Cr_4C 대신에 TiC 등을 형성시켜 Cr의 감소를 막을 것(고용화 열처리)**

㉡ 내열용 합금강

- 내열강의 조건 : 고온에서 조직, 기계적 · 화학적 성질이 안정해야 한다.
- 내열성에 영향을 주는 원소 : Cr, Al, Si 등 첨가로 산화막(Al_2O_3, SiO_2 등)이 형성되어 내열성을 증가시킨다.
- 초내열합금 : 팀켄, 하스텔로이, 써멧, 인코넬 등이 있다.

㉢ 자석용 합금강

- 자석강은 잔류 자기, 항자력이 크고 온도, 진동 및 자성의 산란 등에 의한 자기 상실이 없어야 한다.
- 종류 : 쾨스터[köster(Fe-Co-Mn계)], Cunife(Fe-Ni-Co계), Alunico(Fe-Al-Ni-Co계), Vicalloy(Fe-Co-V) 및 KS 강, MK 강, Mn-Bi 합금 등 강력한 자석 재료 등이 있다.

㉣ 베어링용 강

- 베어링용 강의 조건 : 강도, 경도, 내구성이 필요하고 탄성 한도와 피로 한도가 높으며 마모 저항이 커야 한다.
- 1%C, 1.0~1.6%Cr의 고탄소 Cr 강이 많이 쓰이며 불순물, 편석, 큰 탄화물이 없는 것을 균일한 구상화 풀림 처리를 하여 소르바이트 조직으로 하고 담금질 후 반드시 뜨임하여 사용한다.

㉤ 불변강 : 온도의 변화에 따라 어떤 특정한 성질(열팽창 계수, 탄성 계수 등)이 변하지 않는 강이다.

- 인바 : 36%Ni-Fe 합금으로 길이가 불변하며, 줄자, 시계의 진자 등에 사용한다.
- 엘린바 : 36%Ni-12%Cr 합금으로 탄성률이 불변이며, 고급 시계, 다이얼 게이지 등에 사용한다.
- 플래티 나이트 : 42~48%Ni-Fe합금으로 열팽창계수가 불변이며, 전구, 진공관, 유리의 봉입선, 백금 대용으로 사용한다.
- 초인바 : 슈퍼인바라고도 하고, 인바의 개량 합금으로 열팽창계수가 불변이다.
- 코엘린바 : 엘린바의 개량 합금이다.

1-2 탄소강 · 저합금강의 용접

1 저탄소강의 용접

(1) 성분 및 특성

저탄소강은 구조용 강으로 가장 많이 쓰이고 있으며, 용접 구조용 강으로는 킬드강이나 세미킬드강이 쓰이고 있다. 보일러용 후판(t=25~100mm)에서는 강도를 내기 위해 탄소량이 상당히 많이 쓰이는데 용접에 의한 열적 경화의 우려가 있으므로 용접 후에 응력을 제거해야 한다.

(2) 저탄소강의 용접

① 저탄소강은 어떤 용접법으로도 용접이 가능하다.

② 용접성으로서 특히 문제가 되는 것은 노치 취성과 용접 터짐이다.

③ 연강의 용접에서는 판 두께가 25mm 이상에서는 급랭을 일으키는 경우가 있으므로 예열을 하거나 용접봉 선택에 주의해야 한다.

④ 연강을 피복아크용접으로 하는 경우 피복 용접봉으로서 저수소계(E4316)를 사용하면 좋으며 균열이 생기지 않는다. 이에 대해 일미나이트계(E4301)는 판 두께 25mm까지는 문제가 되지 않으나 두께가 30~47mm일 때는 온도 80~140℃ 정도로 예열해 줌으로써 균열을 방지할 수 있다.

2 고탄소강의 용접

고탄소강은 탄소함유량이 비교적 많은 것으로 보통 탄소가 0.5~1.3%인 강을 고탄소강이라 한다.

① 고탄소강의 용접에서 주의할 점은 일반적으로 탄소함유량의 증가와 더불어 급랭 경화가 심하므로 열 영향부의 경화 및 비드 밑 균열이나 모재에 균열이 생기기 쉽다.

② 단층 용접에서 예열을 하지 않았을 때에는 열 영향부가 담금질 조직인 마텐자이트 조직이 되며, 경도가 대단히 높아진다.

③ 2층 용접에서는 모재의 열 영향부가 풀림 효과를 받으므로 최고 경도는 매우 저하된다. 비드 위의 아크 균열은 고탄소일수록, 또한 용접속도가 빠를수록 생기기 쉬우므로 고탄소강의 용접 균열을 방지하려면 아크용접에서는 전류를 낮추고 용접속도를 느리게 해야 하며, 또 예열 및 후열을 하면 효과가 있다.

④ 고탄소강의 용접봉 : 저수소계의 모재와 같은 재질의 용접봉 또는 연강 용접봉, 오스테나이트계 스테인리스강 용접봉, 모넬 메탈 용접봉 등이 쓰이고 있다. 저수소계 용접봉을 사용하려면 100~150℃의 낮은 온도로 예열해도 되며, 오스테나이트계 스테인리스강 용접봉을 사용할 때에는 용접금속의 연성이 풍부하므로 잔류응력이 저하하고 수소로 인한 취성도 일어나지 않는다. 그리고 모재의 변태에 의한 응력은 가열 범위를 되도록 작게 하여 응력값을 낮추고 균열 발생을 방지한다.

⑤ 모재와 같은 재질의 봉(rod), 연강 및 일반 특수강 용접봉을 사용할 때에는 모재를 예열하여 냉각속도를 느리게 하고, 용접 후 신속한 풀림작업을 하도록 한다.

3 고장력강의 용접

(1) 고장력강의 개요

① 연강의 강도를 높이기 위하여 적당한 합금 원소를 소량 첨가한 것으로 HT(High Tensile)라 한다.

② 강도, 경량, 내식성, 내충격성, 내마모성이 요구되는 구조물에 적합하며 현재 군함, 교량, 차륜, 보일러 압력 용기 탱크, 병기 등에 쓰인다.

③ 기계적 성질이 우수하며 용접 터짐이나 취성이 없는 접합성(취성 파괴가 없는)이 있어야 한다.

④ 가공성이 우수해야 한다.

⑤ 내식성이 우수해야 한다.

⑥ 경제적으로 가격이 싸고 다량 생산에 적합한 것이어야 한다.

⑦ 대체로 인장강도 50kg/mm^2 이상인 것을 고장력강이라고 하며, HT60(인장강도 60~70 kg/mm^2) HT70, HT80(80~90kg/mm^2) 등이 있다. 망간강, 함동석출강, 몰리브덴 함유강, 몰리브덴-보론강 등이 있다.

(2) HT 50급 고장력강의 용접

① 연강에 Mn, Si 첨가로 강도를 높인 강으로 연강과 같이 용접이 가능하나 담금질 경화능이 크고 열 영향부의 연성이 저하된다.

② 용접봉은 저수소계를 사용하며 사용 전에 300~350℃로 2시간 정도 건조시킨다.

③ 용접 개시 전에 용접부 청소를 깨끗이 한다.

④ 아크길이는 가능한 한 짧게 유지하도록 한다. 위빙 폭은 봉 지름의 3배 이하로 한다. 위빙 폭이 너무 크면 인장강도가 저하하고 기공이 생기기 쉽다.

1-3 주철·주강의 재료

1 주철의 개요

주철은 넓은 의미에서 탄소가 1.7~6.67% 함유된 탄소-철 합금인데, 보통 사용되는 것은 탄소 2.0~3.5%, 규소 0.6~2.5%, 망간 0.2~1.2%의 범위에 있는 것이다. 주철은 강에 비해 용융점(1,150℃)이 낮고 유동성이 좋으며 가격이 싸기 때문에 각종 주물을 만드는 데 쓰이고 있다. 주물은 연성이 거의 없고 가단성이 없기 때문에 주철의 용접은 주로 결함의 보수나 파손된 주물의 수리에 옛날부터 사용되고 있으며, 또 열 영향을 받아 균열이 생기기 쉬우므로 용접이 곤란하다. 주철을 함유한 탄소의 상태와 파단면의 색에 따라 나누면 다음과 같다.

① **회주철** : 탄소가 흑연 상태로 존재하며, 파단면은 회색이다.

② **백주철** : 탄소가 Fe_3C의 화합 상태로 존재하므로 백색의 파면을 나타낸다.

③ **반주철** : 회주철과 백주철의 중간 상태이다. 이 외에 고급 주철, 합금 주철, 구상흑연 주철, 가단 주철, 칠드 주철이 있다.

2 주철의 장단점

(1) 장점

① 주조성이 우수하며, 크고 복잡한 것도 제작하기 쉽다.

② 금속 재료 중에서 단위 무게당 값이 싸다.

③ 주물의 표면은 굳고, 녹이 잘 슬지 않으며, 칠도 잘 된다.

④ 마찰저항이 우수하고, 절삭 가공이 쉽다.

⑤ 압축강도가 크다(인장강도의 3~4배).

(2) 단점

① 인장강도가 작다.

② 충격값이 작고 가공이 힘들다.

3 주철의 조직

① **주철의 전 탄소량** : 유리탄소(흑연)+화합탄소(Fe_3C)

② **바탕조직** : 펄라이트와 페라이트로 구성하고 흑연과 혼합조직이 된다.

③ **보통 주철** : 페라이트, 시멘타이트(Fe_3C), 흑연의 3상 조직이다.

④ 2.8~3.2%C와 1.5~2.0%Si 부근이 우수한 펄라이트 주철 조직이 된다.

⑤ **스테다이트** : Fe-Fe3C-Fe3P 3원 공정 조직(주철 중 P에 의한 조직)으로 취성이 크다.

4 주철 중 탄소의 형상

① 유리탄소(흑연) : Si가 많고 냉각속도가 느릴 때 → 회주철

② 화합탄소(Fe_3C) : Mn이 많고 냉각속도가 빠를 때 → 백주철

5 흑연화

Fe_3C가 안정한 상태인 3Fe와 C(흑연)으로 분리되어 용융점과 강도를 낮게 한다.

(1) 흑연화 촉진 원소

Si > A1 > Ti > Ni > P > Cu > Co 순으로 촉진한다.

(2) 흑연화 방해 원소(백선화 원소)

Mn > Cr > Mo > V 순으로 흑연화를 방해한다.

(3) 주철의 성장

고온에서 장시간 유지하거나 가열, 냉각을 반복하면 부치가 팽창하여 변형, 균열이 발생하는데, 이러한 현상을 성장이라 한다.

① 성장의 원인

㉠ 펄라이트 중 Fe_3C의 흑연화에 의한 팽창

㉡ A_1 변태에 따른 체적의 변화

㉢ 페라이트 중에 고용되어 있는 Si의 산화에 의한 팽창

㉣ 흡수된 가스의 팽창에 따른 부피 증가

② 성장 방지법

㉠ 흑연의 미세화로 조직을 치밀하게 한다.

㉡ C 및 Si의 양을 적게 한다.

㉢ 흑연화 방지제, 탄화물 안정제 등을 첨가하여 Fe_3C 분해를 막는다.

㉣ 편상 흑연을 구상 흑연화시킨다.

6 마우러 조직도

탄소와 규소의 양 및 냉각 속도에 따라 조직이 여러 가지로 변화하는데, 그 관계를 그림으로 나타낸 것이 마우러 조직도(Maurer's diagram)이다.

[그림 1-3]에서 Ⅰ구역은 펄라이트 + Fe_3C 조직의 백주철로서 경도가 높으며, Ⅱ구역은 펄라이트 + 흑연 조직의 강력한 회주철이고, Ⅲ구역은 페라이트 + 흑연 조직의 연질 회주철이다.

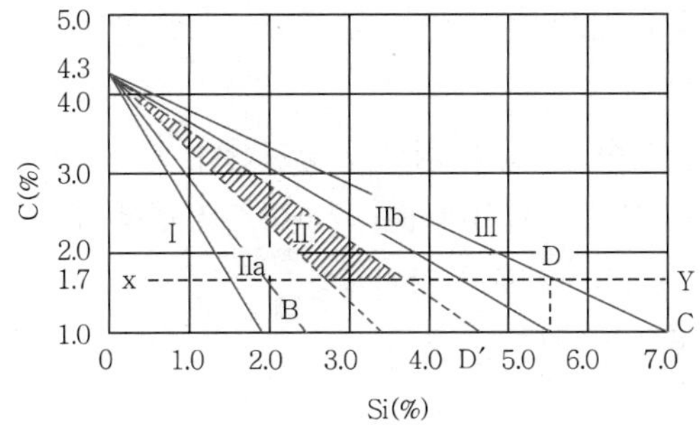

[그림 1-3] 마우러 조직도

7 주철의 종류

(1) 회주철(보통주철)

① 인장강도 : 10~25kg/mm^2, 98~196MPa

② 성분 : 3.2~3.8%C, 1.4~2.5%Si

③ 조직 : 페라이트+흑연

④ 용도 : 주물 및 일반기계부품(주조성이 좋고, 값이 싸다)

(2) 고급 주철

펄라이트 주철을 의미한다.

① 인장강도 : 25kg/mm^2 이상, 250MPa 이상

② 성분 : 주철의 기지를 펄라이트로 만들고 흑연을 미세화하여 인장강도, 내열성, 내마모성을 증가시킨 것으로, 레데부르에 의하면 1<Si<3일 때 C=4.2~4.4%가 되도록 하면 고급 주철이 된다고 한다.

③ 조직 : 펄라이트+흑연

④ 용도 : 강도를 요하는 곳으로 내연기관의 실린더, 라이너, 패킹 등

(3) 미하나이트 주철

저탄소, 저규소의 재료를 선택하고 화합탄소의 정출을 억제하여 흑연의 형상을 미세·균일하게 하기 위해 Fe-Si, Ca-Si 등을 첨가해서 흑연 핵의 생성을 촉진시켜(접종) 만든 고급 주철이다.

(4) 칠드(냉경) 주철

주조할 때 주물 표면에 금속형을 대어 주물 표면을 급랭, 백선화하여 경도를 높이고 내마멸성을 크게 한 주철로, 기차바퀴, 압연기의 롤러 등에 사용한다.

(5) 구상흑연 주철

용융상태에서 Mg, Ce, Mg-Ca 등을 첨가하여 편상된 흑연을 구상화시킨 것이다.

① 보통 주철보다 다소 굳고 내마멸성, 내열성이 좋다.

② 성장이 적고 표면이 산화되기 쉽다.

③ 가열 시 보통 주철에서 발생되는 산화 및 균열 성장을 방지한다.

④ **불즈 아이(bull's eye) 조직** : 펄라이트를 풀림처리하여 페라이트로 변할 때 구상 흑연 주위에 나타나는 조직으로 경도, 내마멸성, 압축강도가 증가한다.

⑤ 종류 : 시멘타이트형, 펄라이트형, 페라이트형 등

(6) 가단 주철

백주철을 풀림처리하여 탈탄 또는 흑연화에 의하여 가단성을 준 것이다.

① **백심가단주철(WMC)** : 탈탄이 주목적, 산화철을 가하여 950℃에서 70~100시간 가열 풀림

② **흑심가단주철(BMC)** : Fe_3C의 흑연화 목적

8 주강

주조할 수 있는 강을 주강이라고 하며, 저합금강, 고Mn강, 스테인리스강, 내열강 등을 만드는 데 사용된다. 단조강보다 가공 공정을 감소시킬 수 있으며 균일한 재질을 얻을 수 있다.

주강은 일반적으로 탄소함유량이 0.15~1.0% 정도로서 주철보다 적으며, 연신율과 인장강도는 높다. 기계 부품 등의 제조에서 단조가 어려우며 주철로는 강도와 인성의 확보가 곤란한 경우에 사용된다.

(1) 특성

① 대량 생산에 적합하다.

② 주철에 비하여 용융점이 높아 주조하기 어렵다.

(2) 종류

① 0.20%C 이하의 저탄소 주강

② 0.20~0.50%C의 중탄소 주강

③ 0.50%C 이상의 고탄소 주강

1-4 주철·주강의 용접

1 주철의 용접이 어려운 이유

① 주철은 연강에 비해 여리며 주철의 급랭에 의한 백선화로 기계 가공이 곤란할 뿐 아니라 수축이 많아 균열이 생기기 쉽다.

② 일산화탄소가스가 발생하여 용착금속에 블로홀이 생기기 쉽다.

③ 장시간 가열로 흑연이 조대화된 경우, 주철 속에 기름, 흙, 모래 등이 있는 경우에 용착이 불량하거나 모재의 친화력이 나쁘다.

④ 주철의 용접법으로는 모재 전체를 500~600℃의 고온에서 예열하며, 예열·후열의 설비를 필요로 한다.

2 주철의 용접

주철의 용접은 주로 주물의 보수 용접에 많이 쓰이는데 이때 주물의 상태, 결함의 위치, 크기와 특징, 겉모양 등에 대하여 고려해야 한다. 용접 준비는 표면 모양, 용접 홈, 제작 가공 방법 등을 충분히 유의해야 한다.

① 회주철의 보수 용접에는 가스용접, 피복아크용접 및 가스 납땜법 등이 주로 사용되고 있다. 가스용접은 예부터 사용되는 방법으로서 열원이 비교적 분산되는 경향이 있으므로, 예열 효과가 피복아크용접보다 큰 특징이 있다.

② 가스용접으로 시공할 때에는 대체로 주철 용접봉을 사용한다.

③ 회주물을 아크 용접으로 보수할 때에는 연강 용접봉 등이 사용되며, 예열하지 않아도 용접할 수 있다. 그러나 모넬 메탈, 니켈 용접봉을 쓰면 150~200℃ 정도의 예열이 적당하다. 이와 같은 용접을 저온 예열용접법이라 하는데, 이런 용접봉을 쓰면 용접금속의 연성이 풍부하므로 균열 같은 용접 결함이 생기지 않는다.

④ 토빈 청동 용접봉으로 용접할 때에는 예열은 필요하지 않으나, 모재의 온도가 낮아 용융금속이 잘 퍼지지 않고, 또 지나치게 높아지면 작은 구슬 모양으로 날아가게 되므로 알맞은 예열이 필요하다.

⑤ 가스 납땜의 경우에는 과열을 피하기 위하여 토치와 모재 사이의 각도를 작게 한다. 또 모재 표면의 흑연을 제거하는 것이 중요하므로, 산화 불꽃으로 하여 약 900℃ 정도로 가열하여 제거한다.

3 주철 용접 시 주의사항

① 보수 용접을 행하는 경우는 본 바닥이 나타날 때까지 잘 깎아낸 후 용접한다.

② 균열의 보수는 균열의 연장을 방지하기 위해 균열의 끝에 작은 구멍을 뚫는다(stop hole 가공).

③ 용접전류는 필요 이상 높이지 말고, 직선 비드를 배치하며, 지나치게 용입을 깊게 하지 않는다.

④ 될 수 있는 대로 가는 지름의 용접봉을 사용한다.

⑤ 비드의 배치는 짧게 해서 여러 번의 조작으로 완료한다.

⑥ 가열되어 있을 때 피닝 작업을 해 변형을 줄이는 것이 좋다.

⑦ 큰 물건이나 두께가 다른 것, 모양이 복잡한 형상의 용접에는 예열과 후열 후 서냉작업을 반드시 행한다.

⑧ 가스용접에 사용되는 불꽃은 중성 불꽃 또는 약한 탄화 불꽃을 사용하며 용제(flux)를 충분히 사용하고 용접부를 필요 이상 크게 하지 않는다.

4 주강의 용접

① 아크용접, 가스용접, 브레이징, 납땜 및 때로는 압접 등에서 용접성이 양호하다.
② 0.25%C 이상에서는 예열·후열이 필요하며 용접 후의 냉각이 빠르므로 예열 및 층간 온도의 유지가 중요하다.
③ 용접봉으로는 모재와 비슷한 화학 조성의 것이 좋다.
④ 대형 용접에는 일렉트로 슬래그 용접이 편리하다.

1-5 스테인리스강의 용접

1 개요

스테인리스강 용접은 용입이 얕으므로 베벨각을 크게 하거나 루트면을 작게 해야 한다. 용접 시 공법은 피복금속 아크용접, 불활성 가스 텅스텐 아크용접, MIG 용접, 서브머지드 용접 등이 있으며 문제는 용접부의 산화, 질화, 탄소의 혼입 등이다. 특히 산화크롬은 용융점이 높아 불활성 가스용접이 유리하다. 그러나 저항용접 시에는 가열시간이 짧으므로 그럴 필요는 없다.

(1) 피복아크용접

① 아크열의 집중이 좋고 고속도 용접이 가능하며 용접 후의 변형도 비교적 적다.
② 최근에는 용접봉의 발달로 0.8mm 판 두께까지 이용되고 있다.
③ 전류는 직류역극성이 사용되며 탄소강의 경우보다 10~20% 낮게 하면 좋은 결과를 얻을 수 있다(홈 가공, 가접 등에 주의).
④ 용접봉의 종류 선택은 모재의 재질 사용조건, 균열, 내식성, 열처리 여부 등을 고려하여 결정하며 탄소함유량이 적은 것이 좋다.

(2) 불활성 가스 텅스텐 아크용접(TIG 용접)

① TIG 용접은 3mm 이하의 얇은 판에 용접하며 전류는 직류정극성이 유리하다.
② 관용접에서는 인서트 링(insert ring)법이 좋다(크롬계 스테인리스강에는 좋지 않다).
③ 용접부 청정이 매우 중요하다(청정 불량 시 아크가 불안정하고 기공이 생길 우려가 있다).
④ 토륨 함유 전극은 아크 안정과 전극 소모가 적고 용접금속의 오염이 적다.

(3) 불활성 가스 금속 아크용접(MIG 용접)

① 0.8~1.6mm의 전극(와이어)을 사용하여 자동용접, 반자동용접으로 하여 직류역극성으로 한다.
② 아크의 열 집중성이 좋으므로 TIG 용접에 비해 두꺼운 판의 용접에 이용되며 용착률은 약 98% 이상으로 매우 높다.
③ 어떠한 자세용접도 가능하며 순수한 Ar 가스는 스패터가 비교적 많아 아크 안정을 위해 2~5%의 산소를 불어 주어 해소한다.

(4) 오스테나이트계(18 : 8) 스테인리스강 용접 시 주의사항

① 열팽창 계수가 크고(연강보다 50% 크다) 용접성 변동이 심하며 변형도 크다.
② 연강보다 낮은 전류로 작업하는 것이 좋다(과열은 좋지 않다).
③ 용접 후 680~480℃ 범위로 서냉되면 크롬 탄화물이 결정 입계에 석출되어 내식성을 떨어뜨린다(용체화 처리가 필요).
④ 용접 중에 고온 균열이 발생하기 쉽다.
⑤ 두꺼운 판을 제외하고는 예열을 실시하지 않는다.
⑥ 산소 아세틸렌 용접은 기계적 성질을 나쁘게 하므로 좋지 않다.
⑦ 용접봉은 될수록 지름이 가는 것을 사용하고, 짧은 아크로 용접한다. 아크길이가 길면 크롬 탄화크롬 석출이 생겨 부식저항이 저하된다.
⑧ 반드시 크레이터를 채우도록 한다(고온 균열 방지).
⑨ 용접봉 성분은 모재와 맞는 것, 또는 극저탄소 함유 용접봉을 쓴다.
⑩ 오스테나이트계 스테인리스강은 매우 낮은 온도까지도 취성이 발생하지 않으며, 기계적 성질도 좋다. 용접열에 의해서 탄화물이 석출된 부분은 내식성이 현저히 저하된다. 이와 같은 입계부식을 방지하기 위하여 용접 후 1,050~1,100℃로 용체화 처리를 하고 공랭하든지, 850℃ 이상으로 가열하여 급히 냉수 담금질(수인법, quenching) 등을 하면 개선된다.

1-6 알루미늄과 그 합금의 재료

1 알루미늄의 개요

① Al은 면심입방격자, 비중 2.7, 용융점 660℃, 열 및 전기의 양도체, 내식성 우수
② 전기 전도도는 구리의 약 65% 정도이며 상온에서 압연 가공을 하면 경도와 인장강도가 증가하고 연신률은 감소
③ 공기 중에서 산화막 형성으로 그 이상 산화가 되지 않으며 맑은 물에는 안전하나 황산, 염산, 알칼리성 수용액, 염수에는 부식됨
④ 용도 : 손전선, 전기 재료, 자동차, 항공기용 부품용

참고 WELDING

1. 자연 시효 : 기간의 경과와 더불어 성질(강도, 경도)이 변화하는 것으로 수십, 수백 시간이 필요
2. 인공 시효 : 과포화 고용체를 저온(160℃)에서 뜨임하여 시효 처리를 하는 것
3. 고용체화 처리 : 고용 한도 이상의 온도에서 균일하게 가열하고 일정시간 후에 냉각제 중에 급랭하여 고용체에 얻는 처리
4. 안정화 처리 : 과포화 고용체에서 일부의 용해물을 석출시켜 재료의 내부응력을 제거하여 안정화하는 것

5. 개량처리 : 공정점 부근의 융체에 특수 원소를 첨가하여 조직을 세밀화시키고 기계적 성질을 개선하는 방법
   가. 플루오르화 화합물을 쓰는 법 : 합금을 미리 도가니 로에서 약 950℃로 가열하고 여기에 불화물과 알칼리 토금속 1:1 혼합물의 용제를 1~3% 첨가하여 3~5분간 밀폐 후 탄소봉으로 젓는다.
   나. 금속 나트륨(Na)을 쓰는 법 : 0.05~0.1%Na, 0.05%Na + 0.05%K를 얇은 Al 캡슐에 넣어 철관 속에 장입, 용융합금 속에 담그면 철관의 위쪽 여러 개의 조그만 구멍 속으로 녹아 나와 위로 뜬다. 이 때 일부는 표면까지 떠올라 연소한다.

2 알루미늄 합금의 종류

(1) 주조용 Al 합금

① Al-Cu계 합금 : 주조성, 기계적 성질, 절삭성은 양호하나 메지며, 자동차 부품, 피스톤, 크랭크 케이스, 실린더, 기화기 등의 제작에 사용된다(Alcoa 195, Alcoa 12 등).

② **Al-Si계 합금** : 실루민이라 불리며, 개량처리 효과가 크고 주조성이 좋으나 절삭성이 불량하다.

③ Al-Zn계 합금 : 담금질, 시효 경화성이 높고 값이 매우 싸며 주조하기 쉬우나 기계적 성질, 내식성이 불량하다.

④ **Al-Mg계 합금** : 대표적인 내식성 Al 합금으로 **하이드로날륨 또는 마그날륨**이라 불리며 주조용에는 10%Mg 이하, 다이케스팅용으로는 7~8%Mg을 넣어 카메라 몸체 등에 쓰이며 내식성이 강하고 용접성이 양호하다.

⑤ **Al-Cu-Si계 합금(3~4%Cu, 5~6%Si)** : 라우탈이라고 불리며 실루민의 가공 표면이 거친 결점을 제거한 것이다. 강력한 것을 요구할 때는 Si 양을 증가하고 고운 표면을 요구할 때는 Cu 양을 증가하며, 용도는 압출재, 단조재 그리고 주조용으로 피스톤 기계 부속품 등에 쓰인다.

(2) 내열용 Al 합금

① **Y합금(4%Cu, 2%Ni, 1.5%Mg, Al 나머지)** : 고온 강도가 크며 300~450℃에서 단조가 가능하고 460~480℃에서 압연이 가능하다. 주로 피스톤에 쓰이며 그 외 실린더, 실린더 헤드 등에도 쓰인다.

② **Lo-Ex**(12~14%Si, 1.0%Cu, 1.0%Mg, 2~2.5%Ni) : 실루민(Al-Si 계)을 Na로 **개량 처리**한 것으로 내열성이 우수하여 열팽창이 적어 피스톤 재료에 쓰인다.

③ 코비타리움 : Y 합금의 일종으로 Ti과 Cu를 0.2% 정도씩 첨가한 것이다.

(3) 단련용 Al 합금

① **두랄루민(Al-Cu-Mg-Mn)** : 비중이 2.9로 단위 중량당 강도가 연강의 약 3배로 풀림한 상태에서 인장강도는 18~25kg/mm^2, 연신률은 10~14%, 브리넬 경도(HB) 90~60 정도이다. 시효 경화성을 증가하는 원소는 Cu, Mg, Si가 있으며, 항공기, 자동차, 운반 기계 등에 쓰인다.

② **초두랄루민** : 인장강도 50kg/mm^2 이상의 Al-Cu-Mg 합금으로 시효 경화성이 커서 항공기 구조재, 리벳 재료로 쓰인다.

③ **초강 두랄루민** : Al-Mg-Zn계 합금에 균열 방지 목적으로 Mn을 첨가하고, 8~10Zn, 2%Cu, 2~3%Mg의 첨가로 시효 경화에 의해 인장강도가 55kg/mm^2 정도이다. Zn에 의한 결정 입계 부식과 자연 균열을 방지하기 위해 1%Mn 이내, 0.4%Cr 이내를 첨가한다.

④ **단련용 라우탈(Al-Cu-Si)** : 6%Cu, 2~4%Si 정도로 인장강도는 35~40kg/mm^2, 연율 13~15%, 브리넬 경도(HB) 90 이상이다.

(4) 내식용 Al 합금

① 하이드로날륨(Al-Mg) : 주조용 Al 합금이다.

② 알민(Almin) : Al-Mn계로 내식성이 좋다.

③ 알드레이(Aldrey : Al-Mg-Si) : 강도와 인성이 있으며, 내식성이 우수하다.

④ 알크레드(Alcrad) : 강력 Al 합금 표면에 순 Al 또는 내식성 Al 합금을 피복하거나 접착(재료 두께의 5~10% 정도) 또는 샌드위치형으로 한 합판재로 내식성과 장도를 증가시키기 위한 것이다.

1-7 알루미늄과 그 합금의 용접

1 개요

알루미늄은 용접할 때 용접금속 내의 기공의 발생, 슬래그 섞임, 열 영향부의 연화와 내식성의 저하 등 여러 결함이 생기기 쉬우므로, 용접에는 특별한 주의가 필요하다. 알루미늄은 철강에 비하여 일반 용접봉으로는 용접이 극히 곤란한데, 그 이유는 다음과 같다.

① 비열 및 열전도도가 크므로 단시간에 용접온도를 높이는 데에는 높은 온도의 열원이 필요하다.

② 용융점이 비교적 낮고, 색채에 따라 가열온도의 판정이 곤란하여 지나치게 융해되기 쉽다.

③ 산화알루미늄의 용융점은 알루미늄의 용융점(660℃)에 비하여 매우 높아서 약 2,050℃나 되므로, 용융되지 않은 채로 유동성을 해치고 알루미늄 표면을 덮어 금속 사이의 융합을 방지하는 등 작업을 크게 해친다.

④ 산화알루미늄의 비중(4.0)은 보통 알루미늄의 비중(2.7)에 비해 크므로, 용융금속 표면에 떠오르기가 어렵고 용착금속 속에 남는다.

⑤ 강에 비해 팽창 계수가 약 2배, 응고 수축이 1.5배 크므로, 용접 변형이 클 뿐 아니라 합금에 따라서는 응고 균열이 생기기 쉽다.

⑥ 액상에 있어서의 수소 용해도가 고상 때보다 대단히 크므로, 수소가스를 흡수하여 응고할 때 기공으로 되어 용착금속 중에 남게 된다.

2 용접봉과 용제

(1) 용접봉

알루미늄 합금의 용접봉으로는 모재와 동일한 화학 조성을 사용하며 그 외에 규소 4~13%의 알루미늄 - 규소 합금선이 쓰인다.

(2) 용제

용제의 주성분은 염화칼륨 45%, 염화나트륨 30%, 염화리튬 15%이며 플루오르화칼륨 7%, 황산칼륨 3%로 되어 있다. 용제는 흡습성이 크므로 주의를 요한다.

3 알루미늄 및 알루미늄 합금의 용접

(1) 불활성 가스아크 용접법

① 용제를 사용할 필요가 없다.
② 슬래그를 제거할 필요가 없다.
③ 직류역극성을 사용할 때 청정작용이 있어 용접부가 깨끗하다(MIG 용접 시는 이 극성을 사용한다).
④ 아크 발생 시 텅스텐과 모재의 접촉을 피하기 위해 고주파 전류를 쓴다(아크 안정과 아크 스타트를 쉽게 할 목적).
⑤ 텅스텐 전극의 오염을 방지해야 하며 오염되면 용접부가 나빠지며 전극 소모가 크다.
⑥ 가스용접보다도 열이 집중적이고 능률적이므로 판의 예열은 필요치 않을 때가 많다.
⑦ MIG 용접에서는 와이어로 Al선을 사용하며 대전류를 사용한다.
⑧ 순수 Ar보다 2~3% 산소를 첨가하면 좋다.

(2) 가스용접법

① 불꽃은 탄화된 불꽃을 사용한다.
② 200~400℃로 예열한다.
③ 얇은 판의 용접에서는 변형을 막기 위하여 스킵법과 같은 용접 순서를 채택하도록 한다.

(3) 저항용접법

① 산화 피막을 제거하고 청소를 깨끗이 한다.
② 저항용접 중 Al은 점 용접법이 가장 많이 쓰인다.
③ 짧은 시간에 대전류의 사용이 필요하다.

(4) 알루미늄 용접부의 열간 균열 방지

① 용접 풀이 식으면서 생기는 수축 응력 때문에 열간 균열이 발생하는 것이 제일 염려가 된다. 특히 용착금속 성분으로 인한 열간 취화 때문에 용착부의 균열이 많이 생긴다.
② 열간 균열 방지법
㉠ 알루미늄 합금은 그 화학 성분이 열간 균열성을 크게 좌우한다. 용착금속은 모재와 용접봉의 성분이 혼합되면서 생기므로 균열의 위험이 높은 편이다. 이 때문에 용접 이음의 단면 설계를 잘 구상해서 용접봉과 모재의 혼합을 조절해 주는 것도 균열 방지의 한 요령이 된다.
㉡ 용접속도를 될수록 빠르게 해야 한다. 속도가 빠르면 용접부에 미치는 열 영향이 줄어들어 온도의 격차로 생기는 응력이 감소된다. 또 속도가 빠를수록 이미 용착된 부분이 열을 빨리 흡수해 줌으로써 열간 균열이 생길 여유를 주지 않는다.

㉢ 예열을 해주면 용접부와 모재 간의 온도 분포가 고르게 되어, 용착금속이 응고할 때의 응력을 덜어준다. 예열은 모재가 고정돼 있지 않은 상태에서 해주어야 하며, 너무 심하게 예열하면 모재가 약해진다.

㉣ 될수록 모재에 적합한 용접봉을 선택한다.

1-8 구리와 그 합금의 재료

1 구리의 성질

① **물리적 성질** : 구리의 비중 8.96, 용융점 1,083℃, 비자성체, 전기전도율 우수, 변태점이 없다.

② **화학적 성질** : 황산 · 염산에 용해되며, 습기 · 탄산가스 · 해수 등에 녹색의 녹을 발생한다.

③ **기계적 성질** : 전연성이 크고 인장강도는 가공율 70% 부근에서 최대가 되며, 가공 경화된 것은 600~700℃에서 30분 정도 풀림 또는 수냉하여 연화한다. 열간가공은 750~850℃에서 행한다.

참고

WELDING

1. 자연 균열 : 강한 상온 가공을 한 봉, 관 등이 사용 또는 보관 중 잔류응력에 의해 균열이 생기는 현상이다. 수은, 암모니아, 염류, 알칼리성 분위기 또는 용액 중에 있을 때 결정 입계가 부식되므로 내부 응력으로 인장력이 잔재하는 부분에 균열이 생기기 때문에 발생하며, 방지책으로는 200~250℃에서 풀림 또는 위의 분위기를 피하거나 도금을 한다.
2. 경년 변화 : 황동 스프링을 사용 중 시간의 경과와 더불어 스프링 특성이 저하되어 불량하게 되는 현상이다.
3. 탈아연 현상 : 해수에 접촉되면 황동 표면에서 아연이 가용하여 연차로 산화물이 많은 해면상의 동으로 되는 현상이다. 황동에 해수가 작용하여 염화아연이 생기고 이것이 해수 중에 아연이 용해되기 때문에 발생하며, 방지책은 아연판을 도선에 연결하든지 전류에 의한 방식법을 이용한다.

2 황동

(1) 개요

구리와 아연의 합금으로 가공성, 주조성, 내식성, 기계성 우수

(2) 아연의 함유량

① **7 · 3황동** : 30%Zn 연신율 최대, 상온 가공성 양호, 가공성 목적

② **6 · 4황동** : 40%Zn 인장강도 최대, 상온 가공성 불량, 강도 목적

(3) 황동의 종류

종류	성분	명칭	용도
톰백	95%Cu－5%Zn	gilding metal	동전, 메달용
	90%Cu－10%Zn	commercial brass	톰백의 대표적인 것으로 디프 드로잉용, 메달, 뺏지용
	85%Cu－15%Zn	red brass	내식성이 크므로 건축, 소켓용
	80%Cu－20%Zn	low brass	전연성이 좋고 색깔이 아름답다. 악기용
7 · 3황동	70%Cu－30%Zn	cartridge brass	가공용 구리 합금의 대표적인 것으로 판, 봉, 선용
6 · 4황동	60%Cu－40%Zn	muntz metal	인장강도가 가장 크며 열교환기, 연간 단조용

(4) 특수 황동의 종류

① **연황동** : 6 · 4황동+1.5~3%Pb, 절삭성 향상 함연황동, 쾌삭황동이라고도 함

② **함석황동** : 내식성 목적(Zn의 산화, 탈아연 방지)으로 주석(Sn) 1% 첨가

㉠ 애드미럴티 황동 : 7 · 3황동 + 1%Sn, 콘덴서, 콘덴서 튜브용

㉡ 네이벌 황동 : 6 · 4황동 + 1%Sn, 내해수성 우수, 선박 기계용

③ **철 황동** : 강도 내식성 우수, 광산, 선박, 화학 기계에 사용

㉠ 듀라나 메탈 : 7 · 3황동 +1%Fe

㉡ 델타 메탈 : 6 · 4황동 + 1%Fe

④ **알루미늄 황동**

㉠ 알브락 : 1.6~3.0%Al 첨가

㉡ 알루미 브라스 : 1.6~1.0%Al 첨가

⑤ **강력황동** : 6 · 4황동에 Mn, Al, Fe, Ni, Sn 등의 원소를 Zn 일부와 치환하여 강도 및 내식성을 개선한 것으로 선박 프로펠러, 광산용 기계 등에 사용

⑥ **양은** : 실버 니켈이라고도 하며 Cu-Zn-Ni계이고 부식 저항이 커서 각종 식기, 가정용품 등에 사용

3 청동

(1) 개요

구리와 주석의 합금 또는 구리와 특수 원소의 합금의 총칭으로 주조성, 강도, 내마멸성이 좋다.

(2) 주석의 성질

① 4%Sn : 연신율 최대

② 18%Sn : 인장강도 최대

③ 30%Sn : 경도 최대

(3) 청동의 종류

① **포금** : 8~12%Sn + 1~2%Zn, 쇳물의 유동성이 양호하고 절삭 가공이 용이, 대포의 포신 재료, 건 메탈

② **화폐용 청동** : 3~5%Sn + 1%Zn, 단조성이 좋으므로 프레스 가공 용이, 화폐 · 메달용

③ **인청동** : Cu + 9%Sn + 0.35%P, 내마멸성 우수 냉간가공으로 인장강도 · 탄성한계 크게 증가, 스프링제(경년 변화 없음), 베어링 · 밸브시트용

④ **베어링용 청동** : Cu + 13~15%Sn, 연성 감소, 경도 · 내마멸성 우수, 베어링 · 차축용

⑤ **납 청동** : 청동 + 4~16%Pb, 조직 중 Pb는 거의 고용되지 않고 입간에 존재하여 윤활성이 좋게 됨, 베어링 · 패킹용

> **참고 켈밋** WELDING
>
> Cu + 30~40%Pb, 내구력 · 압축강도 우수, 윤활작용, 열전도가 양호, 고속 하중 베어링용

⑥ **알루미늄 청동** : 8~12%Al 첨가, 내식성 · 내열성 · 내마모성 및 기계적 성질이 우수, 인장강도는 10%Al, 연율은 6%Al에서 가장 우수, 경도는 8%부터 급격히 증가, 용도로는 선박용 펌프, 축, 프로펠러 기어, 베어링 등에 사용

⑦ **니켈 청동**

- 베네딕트 메탈 : 15%Ni, 소총탄 피복, 급수 가열기, 증기기관의 콘덴서용
- 쿠프로닉 메탈(백동) : 20%Ni, 각종 식기 · 공예 포장품용
- 어드밴스 : 44%Ni + 54%Cu + 1%Mn, 전기기계의 저항선용
- 콘스탄탄 : 45%Ni, 열기전력, 전기 저항이 크고 온도 계수가 작아 열전대 재료, 저항선용
- 모넬메탈 : 60~70%Ni, 내식성 합금으로 주조성 및 단련성이 좋아 화학 공업용

⑧ **코슨합금(Cu-Ni-Si계)** : 인장강도가 105kg/mm^{2}이며 전선용

⑨ **베릴륨 합금(Be 2~3%)** : 인장강도가 133kg/mm^2, HB 410, 연신율 6%로 내식성 · 내피로성 · 내열성이 우수하여 고급 스프링, 전기 접점에 쓰임

⑩ **호이슬러 합금** : 70%Cu, 30%Mn에 Al, Si, Sb, Bi를 첨가한 합금으로 비자성 원소의 모임임에도 불구하고 자성을 갖음

⑪ **소결 베어링 합금(오일레스 베어링)** : Cu 분말에 Sn 분말 8~12%, 흑연 4~5%를 혼합하여 압축 성형하고 900℃에서 소결한 것으로 다공질이므로 윤활유를 체적 비율로 20~40%를 흡수하여 경하중이며 급유가 곤란한 부분의 무급유 베어링으로 사용

⑫ **에버듀르** : Cu + 2~3%Si, 규소청동의 일종으로 용접성이 좋고 청동보다 저렴, 화학용기용

1-9 구리와 그 합금의 용접

1 개요

구리의 용점은 1,083℃로서 알루미늄(660℃)과 강(약 1,538℃)의 중간 정도이다. 순구리의 열전도도는 연강의 8배 이상이고 알루미늄의 약 2배이다. 그러므로 열이 용접부에서 급격히 방산되기 때문에 가스용접과 아크용접에서 충분한 용입을 얻으려면 충분한 예열이 필요하다.

2 구리의 용접이 어려운 이유

① 열전도율이 높고 냉각속도가 크다.

② 구리 중의 산화구리를 함유한 부분이 순수한 구리에 비하여 용융점이 약간 낮으므로, 먼저 용융되어 균열이 발생하기 쉽다.

③ 열팽창 계수는 연강보다 약 50% 크므로 냉각에 의한 수축과 응력 집중을 일으켜 균열이 발생하기 쉽다.

④ 가스용접, 그 밖의 용접방법으로 환원성 분위기 속에서 용접을 하면 산화구리는 환원될 가능성이 커진다. 이때 용적은 감소하여 스펀지 모양의 구리가 되므로 더욱 강도를 약화시킨다.

⑤ 수소와 같이 확산성이 큰 가스를 석출하여 그 압력 때문에 더욱 약점이 조정된다.

⑥ 구리는 용융될 때 심한 산화를 일으키며, 가스를 흡수하기 쉬우므로 용접부에 기공 등이 발생하기 쉽다. 그러므로 용접용 구리 재료는 전해구리보다 탈산구리를 사용해야 하며, 또한 용접봉을 탈산구리 용접봉 또는 합금 용접봉을 사용해야 한다.

3 구리와 그 합금의 용접

주로 TIG 용접법이 사용되고, 서브머지드 아크용접도 가능하다.

(1) 피복아크용접

① 약 200~350℃ 정도의 충분한 예열이 필요하다.

② 니켈 청동에 사용된다.

③ 스패터, 슬래그 섞임, 용입 불량 등의 결함이 많이 생긴다.

(2) 가스용접법

① 황동용접에 이용하며, 약 산화불꽃을 이용한다.

② 발생된 기공은 피닝작업으로 없애면서 사용한다.

③ 용접 시 용제로는 붕사 또는 붕산, 플루오르화나트륨, 규산나트륨 등이 사용된다.

(3) 불활성 가스 텅스텐 아크용접

① 직류정극성을 사용한다.

② 용가재는 탈산된 구리봉을 사용한다.

③ 판 두께 6mm 이하에 대하여 많이 사용된다.
④ 토륨 텅스텐봉을 쓴다.
⑤ 합금의 경우 순 구리보다 예열 온도가 낮아도 좋다(약 500℃ 정도).
⑥ 합금의 경우 토빈 청동봉, 에버듀르 청동봉, 인 청동봉 등이 사용된다.

(4) 불활성 가스 금속 아크용접

① 판 두께 3.2mm 이상에 주로 사용한다.
② 구리, 규소청동, Al청동에 가장 적합하다.

(5) 납땜법

① 쉽게 이음이 되며 구리 합금은 은납땜이 쉽다.
② 땜납의 가격이 비싼 것이 결점이다.

1-10 기타 철금속, 비철금속과 그 합금의 재료

1 마그네슘과 그 합금

(1) 특징

조밀육방격자이며, 비중은 1.74, 용융점 650℃, 연신율 6%, 재결정 온도 150℃, 인장강도 17kg/mm^2, 알칼리에 강하고 건조한 공기 중에서 산화하지 않으나 해수에서는 수소를 방출하면서 용해하며 습한 공기에서는 표면이 산화마그네슘, 탄산마그네슘으로 되어 내부 부식을 방지한다.

(2) Mg합금

① **다우메탈(Dow Metal)** : Mg-Al계, 비중이 Mg 합금 중 가장 작고 용해 · 단조 · 주조가 쉽다. Al 4%에서 연율과 단면 수축률이 최고, Al 6%에서 인장강도는 최고치이다.
② **엘렉트론(Electron)** : Mg-Al-Zn계, 고온 내식성 향상을 위해 Al 증가, 내연기관 피스톤용으로 사용된다.

2 니켈과 그 합금

(1) 성질

비중 8.9, 용융점 1,455℃, 면심입방격자, 은백색, 전기저항이 크다. 상온에서 강자성체(360℃에서 자기변태로 자성을 잃음), 연성이 크고 냉간 및 열간가공이 쉽다. 내열성 · 내식성이 우수하다.

(2) 니켈 합금

① **니켈 구리계** : 콘스탄탄, 어드밴스, 모넬메탈(니켈 청동 편 참조)
② **니켈-철계** : 인바, 엘린바, 플래티나이트 등(불변강 편 참조)

③ 내식, 내열용 합금

㉠ 인코넬 : Ni-Cr-Fe계 내산, 내식성 우수

㉡ 하스텔로이 : Ni-Mo-Fe계 내식, 내열성 우수

㉢ 크로멜 : Ni-Cr계 전기저항선, 열전대 재료용

㉣ 알루멜 : Ni-2%Al, 열전대 재료

㉤ 니크롬 : Ni-15~20%Cr 내열성 우수, 전열선용

④ 열전대 선 : 최고 측정온도의 경우 백금(Pt)-백금로듐(Pt · Rh)은 1,600℃, 크로멜-알루멜은 1,200℃, 철-콘스탄탄은 900℃, 구리-콘스탄탄 600℃ 정도

⑤ 바이메탈 : 42~46%Ni, 각종 항온기의 온도 조절용

3 티탄과 그 합금

(1) 성질

비중 4.5, 용융점 1,670℃, 인장강도 490MPa, 비강도가 크며 스테인리스강보다 내식성 우수

(2) 특징

가볍고 강하며, 열에 잘 견디고, 내식성이 우수

(3) 용도

항공기, 로켓재료, 가스 터빈 재료, 화학공업용 기기류 등

4 아연과 그 합금

(1) 성질

비중 7.13, 용융점 419℃, 조밀육방격자, 표면에 염기성 탄산염 피막을 형성하여 내부를 보호

(2) 용도

황동, 도금용, 인쇄판, 다이캐스팅용

(3) 합금

자막(Zamak) : Zn+4%Al 첨가, 마작이라고도 함

5 주석과 그 합금

(1) 성질

비중 7.3, 용융점 232℃, 독성이 없어 식기용, 내식성 우수

(2) 용도

땜납(Pb-Sn)용, 청동, 철제 도금용 등

(3) 합금

① 베어링용 합금 : Pb, Sn을 주성분으로 하는 베어링 합금을 총칭하여 화이트 메탈이라 하며 베어링의 필요조건은 다음과 같다.

㉠ 비중이 크고 열전도율이 크며 상당한 경도와 내압력을 가져야 한다.

㉡ 주조성이 좋으며 충분한 점성과 인성이 있어야 한다.

㉢ 내식성이 있고 가격이 싸야 한다.

② 배빗 메탈(75~90%Sn, 3~15%Sb, 3~10%Cu) : Pb를 주로 하는 합금보다 경도가 크고 중하중에 견디며 인성이 있어 충격과 진동에도 잘 견딘다. 고온에서의 성능이 과히 나쁘지 않고 유동성, 주조성이 좋아 대하중의 기계용에 적합하다.

6 저용점 합금

가용 합금이라고도 하며, 융점이 주석(232℃)보다 적은 합금으로 퓨즈, 활자 등의 용도로 사용된다.

(1) 용도

전기 퓨즈, 방화전, 소화기 안전변, 치과용, 보일러의 가용 안전판, 염욕 등으로 사용된다.

(2) 종류

① 우드 메탈(wood metal) : Bi-Cd-Pb-Sn계, 용융점 68℃

② 비스무트 합금(bismuth alloy) : Bi-Pb-Sn계, 용융점 113℃

③ 로즈 메탈(rose s alloy) : Bi-Pb-Sn계, 용융점 100℃

1-11 기타 철금속, 비철금속과 그 합금의 용접

1 니켈과 그 합금의 용접

용접부의 청정이 가장 중요하다. 고니켈 합금은 연강과 같이 손쉽게 용접이 가능하고, 순 니켈과 모넬 메탈을 주성분으로 하는 용접봉은 주물용 피복아크 용접봉을 사용한다.

2 티탄과 그 합금

티타늄은 융점이 1,670℃ 정도로 매우 높고 고온에서는 산화성이 강하여 본래의 성질이 소멸되기 때문에 열간 가공이나 용접이 어려운 금속이다. TIG 용접, 플라스마 아크용접, 전자빔 용접 등이 적용된다.

Chapter 02

용접 재료 열처리

2-1 열처리

1 열처리의 목적

열처리란 금속을 목적하는 성질 및 상태로 만들기 위해 가열 후 냉각 등의 조작을 적당한 온도와 속도로 조절하여 재료의 특성을 개량하는 것을 말한다.

2 일반 열처리의 종류와 목적, 방법

열처리 방법	가열온도	냉각방법	목적
담금질 (퀜칭, 소입)	A_1, A_3 또는 A_{cm}선보다 30~50℃ 이상 가열	물, 기름 등에 수냉	재료를 경화시켜 경도와 강도 개선
뜨임 (템퍼링, 소려)	A_1 변태점 이하	서냉	인성 부여(담금질 후 뜨임), 내부응력 제거
풀림 (어니얼링, 소둔)	A_1 변태점 부근	극히 서냉(노냉)	가공경화된 재료의 연화, 잔류응력 제거, 강의 입도 미세화, 가공경화 현상 해소
불림 (노멀라이징, 소준)	A_1, A_3 또는 A_{cm}선보다 30~50℃ 이상 가열	공랭	결정 조직의 미세화(표준화 조직으로)

3 담금질(퀜칭, 소입)

(1) 담금질 조직

① **마텐자이트(martensite)** : 오스테나이트 조직을 가열한 후, 급랭시켜 C를 과포화상태로 고용한 α-철의 조직, 즉 마텐자이트 조직을 얻는 작업을 담금질이라 한다. 이 조직은 침상이고 내식성이 강하며 경도와 인장강도가 크다. 또한 여리고 전성이 작으며 강자성체이다.

② **트루스타이트(troostite)** : 강을 기름에 냉각시켰을 때 큰 강재의 경우 겉부분은 마텐자이트가 되지만 중앙부는 냉각속도가 완만하므로 마텐자이트의 일부는 펄라이트로 바뀐 조직이다. 산에 부식되기 쉽고 Fe_3C와 α-철의 혼합물로서 마텐자이트에 비해 경도는 낮으나 연성은 크다. 소르바이트보다는 경도가 크다.

③ 소르바이트(sorbite) : 큰 강재를 기름 속에서 트루스타이트보다 서서히 냉각시켰을 때의 조직이다. 강도는 트루스타이트 조직보다 연하고 거칠며, 경도는 트루스타이트보다 작고 펄라이트보다는 크고 강인하다. 경도 및 강도를 동시에 요구하는 부분에 적합하다(스프링, 와이어로프, 기계 부품).

(2) 열처리 조직의 경도 순서

마텐자이트 > 트루스타이트 > 소르바이트 > 오스테나이트순이다.

[표 2-1] 열처리 조직의 경도

순위	조직명	경도 H_B	H_RC	순위	조직명	경도 H_B	H_RC
1	시멘타이트	800~920	85~98	5	펄라이트	200~225	10~18
2	마텐자이트	600~720	62~74	6	오스테나이트	150~155	–
3	트루스타이트	400~500	43~52	7	페라이트	90~100	–
4	소르바이트	270~275	26~29	2, 3, 4번 조직이 열처리 조직이다.			

(3) 질량 효과

강을 급랭하면 냉각액이 접촉하는 면은 냉각속도가 커서 마텐자이트 조직이 되나, 내부로 갈수록 냉각속도가 느려서 트루스타이트 또는 소르바이트 조직으로 된다. 이와 같이 냉각속도에 따라 경도의 차이가 생기는 현상을 질량 효과라고 하며, 질량 효과가 작다는 것은 열처리가 잘 된다는 뜻이다.

(4) 자경성

담금질의 온도로 가열 후 공랭 또는 노냉에 의하여도 경화되는 성질이다.

(5) Ms점, Mf점

마텐자이트 변태가 일어나는 점을 Ms점, 끝나는 점을 Mf점이라 한다.

(6) 담금질 작업 시 냉각의 5원칙

① 긴 물건은 길이 방향을 액면에 대해 수직으로 냉각시킬 것
② 얇은 판은 긴 쪽을 수직으로 해서 담금질할 것
③ 막힌 구멍이나 오목한 부분을 위쪽으로 해서 냉각할 것
④ 두께가 다른 경우 두꺼운 부분부터 식힐 것
⑤ 냉각액에 넣은 후 넣은 방향으로 움직일 것

(7) 담금질액의 담금질 효과(능력)

소금물 > 물 > 기름의 순이다.

4 뜨임(템퍼링, 소려)

(1) 저온 뜨임

담금질에 의해 생긴 재료 내부의 잔류응력을 제거하고 주로 경도를 필요로 할 경우에 약 150℃ 부근에서 뜨임하는 것이다. 180℃~200℃ 범위에서 충격치가 저하되는데 250~300℃에서 충격치는 최저가 된다.

(2) 고온 뜨임

담금질한 강을 500~600℃ 부근에서 뜨임하는 것으로 강인성을 주기 위한 것이다.

(3) 뜨임 시 유의사항

① 경화시킨 강은 반드시 뜨임하는 것이 원칙이다.
② 뜨임은 담금질한 직후에 바로 해야 한다(부득이한 경우 예비 처리 후 재뜨임).
③ 뜨임 시 뜨임 취성에 주의한다.

(4) 뜨임 취성

① **저온 뜨임 취성** : 뜨임 온도가 200℃까지는 충격치가 증가하나 300~360℃ 정도에서 저하되는 현상이다.
② **뜨임 시효 취성** : 500℃ 부근에서 뜨임 후 시간이 경화함에 따라 충격치가 저하되는 현상으로 방지를 위해 Mo(몰리브덴)을 첨가한다.
③ **뜨임 서냉 취성** : 550~650℃에 뜨임 후 서냉한 것이 유냉 또는 수냉한 것보다 취성이 크게 나타나는 현상으로 저망간, Ni-Cr강 등에서 많이 나타난다.

5 풀림(어니얼링, 소둔)

(1) 완전 풀림

가공으로 생긴 섬유 조직과 내부 응력을 제거하며, 연화시키기 위하여 오스테나이트 범위로 가열한 후 서냉하는 방법을 말한다.

(2) 구상화 풀림

펄라이트 중의 층상 시멘타이트가 그대로 존재하면 절삭성이 나빠지므로, 이것을 구상화하기 위하여 A_{c1}점 아래(650~700℃)에서 일정 시간 가열 후 냉각시키는 방법을 말한다.

(3) 저온 풀림

연화시키거나 표준 조직으로 만들거나, 전연성을 향상시키기 위하여 600~650℃ 정도에서 가열하여 서냉(노냉, 공랭)하는 것이다.

(4) 연화 풀림

이미 열처리된 강재의 경화된 것을 기계 가공할 수 있도록 연화시키거나 냉간 가공으로 생긴 변형을 제거하기 위해 650℃ 이하에서 풀림한다. 저온 풀림도 일종의 연화 풀림이다.

(5) 항온 풀림

급속한 연화를 목적으로 한다.

6 불림(노멀라이징, 소준)

(1) 불림의 목적

① 결정 조직의 미세화(미세 펄라이트 조직화 : 표준 조직)
② 가공 재료의 내부응력 제거
③ 결정 조직, 기계적 성질, 물리적 성질을 고르게 함

7 서브제로 처리법

심랭처리 또는 영점하의 처리라고도 하며 이것은 잔류 오스테나이트를 가능한 적게 하기 위하여 0℃ 이하(드라이 아이스, 액체 산소 - 183℃ 등 사용)의 액 중에서 마텐자이트 변태를 완료할 때까지 진행하는 처리를 말한다.

8 항온 열처리

열처리하고자 하는 재료를 오스테나이트 상태로 가열하여 일정한 온도의 염욕, 연료 또는 200℃ 이하에서는 실린더유를 가열한 유조 중에서 담금과 뜨임하는 것을 항온 열처리라 한다. 이 방법은 온도(temperature), 시간(time), 변태(transformation)의 3가지 변화를 선도로 표시하는데 이것을 항온변태도, TTT곡선 또는 S곡선이라 한다.

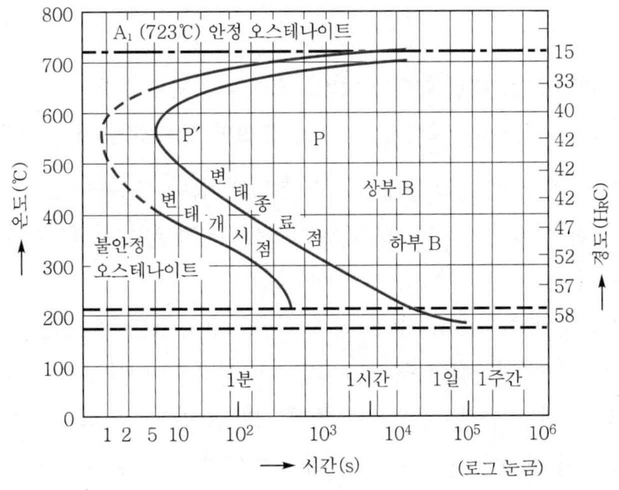

[그림 2-1] 항온변태곡선

(1) 항온 열처리의 종류

① **오스템퍼** : 재료를 오스테나이트 상태로 가열하고 Ar′과 Ar″의 중간의 염욕 중에서 항온변태를 시킨 후 상온까지 냉각하여 강인한 하부 베이나이트 조직을 얻는 방법이다.

② **마템퍼** : Ar″ 구역 중에서 Ms와 Mf 간의 항온 염욕 중에 담금질하고 항온변태 후 공랭하여 경도가 크고 충격치가 높은 마텐자이트와 베이나이트의 혼합 조직을 얻는다.

③ **마퀜칭** : 오스테나이트 구역 중에서 Ms 점보다 다소 높은 온도의 염욕 중에 담금질하여 강의 내부와 표면이 같은 온도가 되도록 항온을 유지하고 급랭한 오스테나이트가 항온 변태를 일으키기 전에 공기 중에서 Ar″ 변태가 서서히 진행되도록 조작한다.

④ **타임 퀀칭** : 수중 또는 유중 담금질한 물체가 300~400℃정도 냉각되었을 때 꺼내어 다시 수냉 또는 유냉하는 열처리를 말한다.

⑤ **항온 뜨임** : 베이나이트 템퍼링이라고도 하며 뜨임에 의해 2차 경화되는 고속도강 및 다이스 강등의 뜨임에 이용된다. 보통 뜨임으로 얻은 것보다 경도가 다소 저하되나 인성이 크고 절삭 능력이 좋다.

⑥ **항온 풀림** : S곡선의 nose 또는 그보다 약간 높은 온도(600~700℃)에서 항온 변태 후 공랭하여 연질의 펄라이트를 얻는다.

2-2 표면경화 및 처리법

1 개요

기어, 크랭크축, 캡 등은 내마멸성과 강인성이 있어야 한다. 이때 강인성이 있는 재료의 표면을 열처리하여 경도를 크게 하는 것을 표면경화법이라 한다.

2 침탄법과 질화법

(1) 침탄법

0.2%C 이하의 저탄소강을 침탄제(탄소 : C)와 침탄 촉진제를 소재와 함께 침탄상자에 넣은 후 침탄로에서 가열하면 0.5~2mm의 침탄층이 생겨 표면만 단단하게 하는 것을 표면경화법이라 한다.

① **고체침탄법** : 침탄제인 목탄이나 코크스 분말과 침탄 촉진제($BaCO_3$, 적혈염, 소금 등)를 소재와 함께 침탄 상자에서 900~950℃로 3~4시간 가열하여 표면에서 0.5~2mm의 침탄층을 얻는 방법이다.

② **액체침탄법** : 침탄제(NaCN, KCN)에 염화물(NaCl, KCl, $CaCl_2$ 등)과 탄화염(Na_2CO_3, K_2, CO_3 등)을 40~50% 첨가하고 600~900℃에서 용해하여 C와 N이 동시에 소재 표면에 침투하게 하여 표면을 경화시키는 방법으로 침탄 질화법이라고도 하며 침탄과 질화가 동시에 된다.

③ **가스침탄법** : 이 방법은 탄화 수소계 가스(메탄가스, 프로판가스 등)를 이용한 침탄법이다.

(2) 질화법

질화법은 암모니아 가스(NH_3)를 이용한 표면 경화법으로 520℃ 정도에서 50~100시간 질화하며, 질화용 합금강(Al, Cr, Mo 등을 함유한 강)을 사용해야 한다.

[표 2-2] 침탄법과 질화법의 비교

침탄법	질화법
경도가 질화법보다 낮다.	경도가 침탄법보다 높다.
침탄 후의 열처리가 필요하다.	질화 후의 열처리가 필요 없다.
경화에 의한 변형이 생긴다.	경화에 의한 변형이 적다.
침탄층은 질화층보다 여리지 않다.	질화층은 여리다.
침탄 후 수정이 가능하다.	질화 후 수정이 불가능하다.
고온으로 가열 시 뜨임되고 경도는 낮아진다.	고온으로 가열해도 경도는 낮아지지 않는다.

3 기타 표면경화법

(1) 화염경화법

0.4%C 전후의 탄소강을 산소-아세틸렌 화염으로 가열하여 물로 냉각시키면 표면만 단단해지는 표면경화법을 말한다.

(2) 고주파경화법

고주파에 의한 열로 표면을 가열한 후 물에 급랭시켜 표면을 경화시키는 방법으로, 중탄소강, 보통 주철, 합금철 등의 기계 부품(기어, 크랭크축, 전단기 날)과 베드 등에 사용하며 화염경화법보다 신속하고 변형이 적다.

(3) 도금법

내식성과 내마모성을 주기 위해 표면에 Cr 등을 도금하는 방법이다.

(4) 방전경화법

원리는 공기 중 또는 액 중에서 방전을 일으킨 부분이 수 1,000℃ 상승했다가 극히 단시간에 소멸하는 것을 이용한다.

(5) 금속침투법(cementation)

표면의 내식성과 내산성을 높이기 위해 강재의 표면에 다른 금속을 침투 확산시키는 방법이다.

[표 2-3] 금속침투법

종류	침투제	종류	침투제
세라다이징(sheradizing)	Zn	크로마이징(chromizing)	Cr
칼로라이징(calorizing)	Al	실리코나이징(siliconizing)	Si
보로나이징(boronizing)	B		

① **세라다이징** : 철강 부품에 Zn 분말을 침투시켜 주는 방법

② 칼로라이징 : 내화성이 요구되는 부품에 Fe-Al 합금층이 형성되게 Al을 침투시키는 방법

③ 크로마이징 : 저탄소강의 표면에 Cr 분말을 침투시켜 인성이 있게 하여 스테인리스강의 성질을 갖추는 방법

④ 실리코나이징 : 철강의 표면에 Si를 침투시켜 내식성을 향상시키는 방법

⑤ 보로나이징 : 철강에 붕소(B)를 확산 침투시키는 방법

(6) 쇼트 피닝

강철 볼을 소재 표면에 투사하여 가공 경화층을 형성하는 방법으로, 휨, 비틀림 응력을 개선하여 피로 한도가 크게 증가한다.

PART 04

적중 예상문제

[자주 출제되는 중요한 문제는 별표(★)로 강조함]

01 용접 재료 및 각종 금속의 용접

01 금속의 공통성이 아닌 것은?

① 상온에서 고체이며 결정체이다.
② 금속적 광택을 가지고 있다.
③ 일반적으로 비중이 작다.
④ 전기 및 열의 양도체이다.

해설 금속은 일반적으로 비중이 크다.
예 철(Fe)은 7.86 정도이다.

★
02 합금이 순금속보다 우수한 점은?

① 강도가 줄고 연신율이 증가된다.
② 열처리가 잘된다.
③ 용융점이 높아진다.
④ 열전도도가 높아진다.

해설 합금의 특성
- 열처리가 잘 된다.
- 강도, 경도가 증가된다.
- 내식성, 내마모가 증가된다.
- 용융점이 낮아진다.
- 연성, 전성 가단성이 나빠지고, 전기 및 열의 전도도가 떨어지기도 한다.

03 합금의 특성 중 틀린 것은?

① 강도, 경도가 증가 ② 내열, 내산성이 증가
③ 용융점이 높아짐 ④ 전기저항이 증가

해설 합금을 하게 되면 일반적으로 용융점이 낮아진다.
예 순철(Fe)은 용융점이 1,538℃이며, 탄소(6.67%C)의 경우 1,550℃ 정도인데 비해 Fe+C (4.3%) 합금의 용융점은 1,140℃ 정도이다.

04 대표적인 결정격자와 관계없는 것은?

① 체심입방격자 ② 면심입방격자
③ 조밀육방격자 ④ 결정입방격자

해설 대표적인 결정격자는 보기 ①, ②, ③ 등이다.

05 Fe의 결정격자는?

① 체심입방격자 ② 면심입방격자
③ 조밀육방격자 ④ 정방격자

해설 상온의 Fe는 α-Fe로서 체심입방격자이다.

06 결정격자가 조밀육방격자로 묶여진 것은?

① Fe, Cr, Mo ② Al, Ni, Cu
③ Au, Pt, Pb ④ Mg, Zn, Ti

해설 보기 ①은 체심입방격자, ②, ③은 면심입방격자, ④는 조밀육방격자로 구성되어 있다.

07 금속의 가공이 가장 좋은 격자는?

① 조밀육방격자 ② 체심입방격자
③ 면심육방격자 ④ 면심입방격자

해설 가공성이 좋은 순서는 면심입방격자>체심입방격자>조밀육방격자의 순이다.

08 단위포의 입체적인 3축 방향의 길이 a, b, c를 무엇이라 하는가?

① 격자상수 ② 단위포
③ 결정격자 ④ 결정경계

해설 ① 격자상수 : 결정격자의 각 모서리의 길이
③ 결정격자 : 결정입자의 배열
④ 결정경계 : 결정입자 사이의 경계

정답 01. ③ 02. ② 03. ③ 04. ④ 05. ① 06. ④ 07. ④ 08. ①

09 물질을 구성하고 있는 원자가 규칙적으로 배열되어 있는 것은?

① 결정체　　② 결정입자
③ 결정격자　　④ 결정경계

해설 결정 또는 결정체에 대한 내용이다.

10 기계적 성질과 관계없는 것은?

① 인장강도　　② 비중
③ 연신율　　④ 경도

해설 비중은 물리적 성질로 구분한다.

11 어떤 금속 1g을 1℃ 올리는 데 필요한 열량을 무엇이라 하는가?

① 비중　　② 용융점
③ 비열　　④ 열전도율

해설 비열에 대한 내용이다.

12 열전도율이 가장 좋은 것은?

① Ag　　② Cu
③ Au　　④ Al

해설 열전도도가 가장 좋은 금속의 순서는 Ag>Cu>Au>Al 등의 순서이다.

13 다음 금속 중 비중이 제일 큰 것은?

① Ir　　② Ce
③ Ca　　④ Li

해설 비중 : 물질의 단위 용적의 무게와 표준물질(4℃의 물)의 무게와의 비를 말한다.
Ir : 22.5, Ce : 6.9, Ca : 1.6, Li : 0.53

14 다음 중 강자성체에 해당되는 것은?

① Cu, Ag　　② Au, Hg
③ Sb, Bi　　④ Fe, Ni

해설 강자성체는 Fe, Ni, Co 등이다.

15 다음 설명 중 틀린 것은?

① 열전도율이란 길이 1cm에 대하여 1℃의 온도 차가 있을 때 $1cm^2$의 단면적을 통하여 1초간에 전해지는 열량을 말한다.
② 비중이란 어떤 물체와의 무게와 같은 체적의 4℃ 때의 물의 무게와의 비를 말한다.
③ 베어링 재료는 열전도율이 적은 것이 좋다.
④ 바이메탈이란 팽창계수가 다른 2개의 금속을 이용한 것이다.

해설 베어링 재료의 경우 마찰열 소산을 위해 열전도율이 좋아야 한다.

16 Fe의 비중은?

① 6.9　　② 7.9
③ 8.9　　④ 10.4

해설 Fe의 비중은 7.86이다.

17 금속의 응고 순서가 맞는 것은?

① 결정핵 발생→결정의 성장→결정경계 형성
② 결정핵 발생→결정경계 형성→결정의 성장
③ 결정경계 형성→결정핵 발생→결정의 성장
④ 결정의 성장→결정핵 발생→결정경계 형성

해설 올바른 금속의 응고 순서는 보기 ①이다.

18 슬립에 대한 설명이다. 관계가 없는 것은?

① 재료에 인장력이 작용할 때 미끄럼 변화를 일으킴
② 슬립면은 원자밀도가 조밀한 면 또는 그것에 가까운 면에서 일어나며 슬립방향은 원자 간격이 작은 방향
③ 재료에 인장력이 작용해서 변형 전과 변형 후의 위치가 어떤 면을 경계로 대칭적으로 변형한 것
④ 소성 변형이 진행되면 저항이 증가하고 강도, 경도 증가

정답 09. ① 10. ② 11. ③ 12. ① 13. ① 14. ④ 15. ③ 16. ② 17. ① 18. ③

해설 • 슬립(slip) : 외력이 작용하여 탄성한도를 초과하며 소성변형을 할 때, 금속이 갖고 있는 고유의 방향으로 결정 내부에서 미끄럼 이동이 생기는 현상을 말한다.
• 쌍정(twin) : 슬립 중의 한 개의 양상에 속하는 것으로 변형 후에 어떤 경계선을 기준으로 하여 대칭으로 놓이게 되는 현상을 말한다.

19 금속의 결정격자는 규칙적으로 배열되어 있는 것이 정상적이지만, 불완전한 것 또는 결함이 있을 때 외력이 작용하면 불완전한 곳 및 결함이 있는 곳에서부터 이동이 생기는 현상은?

① 쌍정 ② 전위
③ 슬립 ④ 가공

해설 ① 쌍정(twin) : 슬립 중의 한 개의 양상에 속하는 것으로 변형 후에 어떤 경계선을 기준으로 하여 대칭으로 놓이게 되는 현상을 말한다.
② 전위(dislocation) : 금속의 결정격자 중 결함이 있는 상태에서 외력을 가했을 때, 결함이 있는 곳으로부터 격자의 이동이 생기는 현상이다.
③ 슬립(slip) : 외력이 작용하여 탄성한도를 초과하며 소성변형을 할 때, 금속이 갖고 있는 고유의 방향으로 결정 내부에서 미끄럼 이동이 생기는 현상을 말한다.

20 전위에 관한 설명이다. 잘못된 것은?

① 금속의 결정격자가 불완전하거나 결함이 있을 때 외력에 작용하면 이곳으로부터 이동이 생기는 현상이다.
② 전위에 의해 소성 변형이 생긴다.
③ 전위에는 날끝 전위와 나사 전위가 있다.
④ 황동을 풀림 했을 때나 연강을 저온에서 변형시켰을 때 흔히 나타난다.

해설 보기 ①, ②, ③ 등이 전위(dislocation)에 관한 설명이다.

21 결정격자를 이루면서 나뭇가지 같은 형상으로 성장하는 것을 무엇이라고 하는가?

① 재결정 ② 수지상 결정
③ 결정경계 ④ 결정격자

해설 수지상(dendrite) 결정에 대한 내용이다.

22 주형에 쇳물을 주입할 때 나타나는 결정은?

① 주상결정 ② 수상결정
③ 결정체 ④ 결정경계

해설 쇳물을 주형에 주입 후 응고하면 주형의 벽면에서 중심방향으로 성장하는 나란하고 기둥 모양의 결정인 주상(columnar)결정으로 나타난다.

23 고용체의 결정격자의 종류와 관계가 없는 것은?

① 공정형 고용체 ② 침입형 고용체
③ 치환형 고용체 ④ 규칙 격자형 고용체

해설 고용체는 용매금속에 용질원자가 들어가는 방법에 따라 침입형, 치환형, 규칙격자형 고용체로 구분된다.

24 고용체를 형성하는 결정격자가 아닌 것은?

① 침입형 ② 치환형
③ 규칙격자형 ④ 배치형

해설 [문 23번] 해설 참고

25 금속과 금속 사이의 친화력이 큰 때에는 화학적으로 결합하여 성분 금속과는 다른 성질을 가지는 독립된 화합물을 만드는 것을 무엇이라 하는가?

① 공정 상태 ② 고용체 상태
③ 금속간 화합물 ④ 공석 상태

해설 금속간 화합물에 대한 내용이다.

26 금속간 화합물이 아닌 것은?

① 탄소강 ② 청동
③ 니켈 ④ 알루미늄 합금

해설 니켈은 순금속이다.

27 고용체로부터 고체가 나오는 것은?

① 석출 ② 정출
③ 공정 ④ 공석

정답 19. ② 20. ④ 21. ② 22. ① 23. ① 24. ④ 25. ③ 26. ③ 27. ①

해설 석출에 대한 내용이다.

28 액체로부터 고체의 결정이 생성되는 현상은?

① 포정　　② 석출
③ 응고　　④ 정출

해설 정출에 대한 내용이다.

★
29 포정반응이란?

① 하나의 고체에서 다른 액체가 작용하여 다른 고체를 형성하는 반응
② 2종 이상의 물질이 고체상태로 완전히 융합되는 것
③ 하나의 액체에서 고체와 다른 종류의 액체를 동시에 형성하는 반응
④ 하나의 액체를 어떤 온도로 냉각시키면서 동시에 2개 또는 그 이상의 종류의 고체를 생기게 하는 반응

해설 포정반응은 융체 + 고체 1 $\xrightarrow{(냉각)}$ 고체 2가 되는 반응으로 보기 ①의 설명과 같다.

★
30 고온에서 균일한 고용체로 된 것이 고체 내부에서 공정과 같은 조직으로 분리되는 경우를 무엇이라 하는가?

① 공정 반응　　② 포정 반응
③ 공석 반응　　④ 고용체

해설
- 공정 : 융체 $\xrightarrow{(냉각)}$ 고체 1 + 고체 2
- 공석 : 고체 1 $\xrightarrow{(냉각)}$ 고체 2 + 고체 3

고온에서 균일한 고용체로 된 것(고체)이 공정과 같이(두 개의 금속으로 되어가는 반응)으로 분리되는 것을 공석 반응이라고 한다.

31 다음 중 포정반응은?

① A 고용체 → 용융 A + 융액 B
② 융액 → 고용체 A + 고용체 B
③ 융액 + 고용체 A → 고용체 B
④ 융액 A + 고용체 B → 고용체 A

해설 보기 ③에 대한 내용이다. 보기 ②의 내용은 공정의 내용이다.

32 평로 제강에 사용되는 탈산제는?

① 암모니아수
② 코크스 · 석회석 · 규산
③ 산화철 · 석회석 · 철광석
④ 망간철 · 규산철 · 알루미늄

해설 Fe-Mn, Fe-Si, Al 등이 탈산제로 활용된다.

33 다음에서 선철을 만드는 로는?

① 용선로　　② 전기로
③ 전로　　④ 용광로

해설 선철을 만드는 로는 용광로이다.

34 도가니로의 규격(크기)를 바르게 설명한 것은?

① 1시간에 용해할 수 있는 구리의 무게(kg)
② 1시간에 용해할 수 있는 선철의 무게(kg)
③ 1회에 용해할 수 있는 구리의 무게(kg)
④ 1회에 용해할 수 있는 선철의 무게(kg)

해설 도가니로의 크기로는 보기 ③이 옳은 답이 된다.

35 용광로의 크기를 설명한 것은?

① 한번에 용해할 수 있는 철의 양을 ton으로 표시
② 한번에 용해할 수 있는 동의 양을 ton으로 표시
③ 24시간에 용해할 수 있는 철의 양을 ton으로 표시
④ 24시간에 용해할 수 있는 동의 양을 ton으로 표시

해설 보기 ③의 내용이 용광로의 크기를 나타낸다.

36 잉곳에서 탈산제로 사용하지 않는 것은?

① 페로니켈　　② 페로망간
③ 페로실리콘　　④ 알루미늄

정답 28. ④ 29. ① 30. ③ 31. ③ 32. ④ 33. ④ 34. ③ 35. ③ 36. ①

해설 제강 시 탈산제로는 보기 ②, ③, ④ 등이 사용된다.

37 노 안에서 충분히 탈산을 시킨 강으로 기포, 편석은 없으나 표면에 헤어 크랙(hair crack)과 수축관이 생기는 강괴는?

① 세미킬드강　② 림드강
③ 킬드강　④ 붕소강

해설 충분히 탈산된 강을 킬드강이라고 한다. 탈산 정도에 따라 킬드강 > 세미킬드강 > 림드강 순으로 분류한다.

38 정련된 용강을 페로망간(Fe-Mn)으로 가볍게 탈산하였다. 충분히 탈산하지 못한 강을 무엇이라 하는가?

① 세미킬드강　② 킬드강
③ 림드강　④ 반경강

해설 충분히 탈산하지 못한 강을 림드강이라 한다.

39 림드강에 대한 설명이다. 잘못 설명한 것은?

① 내부에 기공이 많다.
② 표면 부근의 순도가 높다.
③ 조성이 불균일하다.
④ 탈산제로 완전 탈산시킨 것이다.

해설 완전히 탈산시킨 강을 킬드강이라 한다.

40 철강의 분류는 무엇으로 하는가?

① 성질　② 탄소량
③ 조직　④ 제작방법

해설 철강을 탄소량에 따라 분류하면 순철, 강, 주철 등으로 구분된다.

41 아공석강 중에서 탄소가 0.4%의 압연된 탄소강의 경도는? (단, 공식에 의해서 구할 것)

① 148(kg/mm^2)(H_B)
② 168(kg/mm^2)(H_B)
③ 132(kg/mm^2)(H_B)
④ 102(kg/mm^2)(H_B)

해설 아공석강의 강도와 경도는 다음과 같이 구한다.
$\sigma = 20 + 100 \times C\% = 20 + (100 \times 0.4) = 60$
$H_B = 2.8\sigma = 60 \times 2.8 = 168$

42 다음 탄소강 중 아공석강의 조직을 옳게 표시한 것은?

① 페라이트 + 오스테나이트
② 펄라이트 + 레데뷰라이트
③ 페라이트 + 펄라이트
④ 펄라이트 + 시멘타이트

해설 공석강이 펄라이트(pearlite)이며, 아공석강은 공석강보다 탄소함유량이 적어 ferrite와 pearlite의 중간 형태의 조직을 보인다. 과공석강의 경우 공석강보다 탄소함유량이 다소 많아 pearlite와 cementite의 중간 형태 조직을 나타낸다.

43 탄소량이 0.85%C 이하인 강을 무슨 강이라고 하는가?

① 자석강　② 공석강
③ 아공석강　④ 과공석강

해설 0.85%C, 723℃에서 공석반응이 나타나며 이때의 조직을 펄라이트라 한다. 탄소량이 0.85%C 이하인 경우 아공석강이라 하고, 탄소량이 0.85%C 이상인 경우 과공석강이라 한다.

44 탄소량이 0.85%C 이상인 강을 무슨 강이라고 하는가?

① 자석강　② 공석강
③ 아공석강　④ 과공석강

해설 [문 43번] 해설 참고

★
45 강 중의 펄라이트(pearlite) 조직이란?

① α 고용체와 Fe_3C의 혼합물
② γ 고용체와 Fe_3C의 혼합물
③ α 고용체와 γ 고용체의 혼합물
④ δ 고용체와 α 고용체의 혼합물

정답 37. ③ 38. ③ 39. ④ 40. ② 41. ② 42. ③ 43. ③ 44. ④ 45. ①

해설 공석반응은 고체 1 $\xrightarrow{(냉각)}$ 고체 2 + 고체 3의 반응을 의미하며, Fe-C 평형상태도의 경우 $\gamma-Fe$ $\xrightarrow{(냉각)}$ $\alpha-Fe$ + cementite로 되는 반응이다.

46 순철에는 몇 개의 동소체가 있는가?

① 5개 ② 2개
③ 6개 ④ 3개

해설 순철의 동소체로는 α, γ, δ철이 있다.

47 다음 중 같은 물질이 다른 상(相)으로 되는 현상을 무엇이라 하는가?

① 쌍정 ② 변화
③ 재결정 ④ 변태

해설 변태에 대한 내용이다.

48 동소 변태에서 $\alpha-Fe \rightleftharpoons \gamma-Fe$일 때의 변태 온도는?

① 477℃ ② 910℃
③ 1,400℃ ④ 1,500℃

해설 A_3 변태를 나타내며 910℃에서 일어난다.

★
49 다음 중 순철의 동소 변태 온도를 바르게 나타낸 것은?

① 910℃와 1,400℃
② 723℃와 768℃
③ 1,400℃와 1,539℃
④ 768℃와 910℃

해설 순철의 동소 변태는 A_3 변태(910℃), A_4 변태(1,400℃)가 있다.

50 다음에 열거한 변태점 중에서 순철에 없는 것은?

① A_1 ② A_2
③ A_3 ④ A_4

해설 A_1 변태는 순철에는 없는 변태이나 강의 특유변태로 공석반응을 나타낸다.

51 cementite(Fe_3C)의 자기 변태점은?

① 150℃ ② 210℃
③ 768℃ ④ 910℃

해설 A_0 변태(210℃)라고도 한다.

52 순철의 자기변태 온도는 얼마인가?

① A_1 변태점(721℃)
② A_2 변태점(768℃)
③ A_3 변태점(913℃)
④ A_4 변태점(1,400℃)

해설 순철의 퀴리포인트(자기변태점)는 A_2 변태(768℃)를 의미한다.

53 순철의 변태점에서 알맞은 것은?

① 910℃ 이상 1,400℃ 사이에서 면심입방격자
② 910℃ 이상에서 체심입방격자
③ 910℃ 이하에서 면심입방격자
④ 1,400℃ 이상에서 면심입방격자

해설 순철의 경우 A_3 변태(910℃)와 A_4 변태(1,400℃) 사이는 $\gamma-Fe$, austenite 조직, 면심입방격자 상태이다.

54 순철의 기계적 성질을 가장 바르게 나타낸 것은?

① 인장강도 18~25kg/mm^2, 경도 60~70H_B
② 인장강도 25~40kg/mm^2, 경도 150~220H_B
③ 인장강도 40~50kg/mm^2, 경도 25~32H_B
④ 인장강도 60~75kg/mm^2, 경도 420~570H_B

해설 보기 ①이 순철의 기계적 성질을 올바르게 나타낸 것이다.

55 강의 A_1 변태점은?

① 1,401℃ ② 910℃
③ 723℃ ④ 210℃

해설 A_1 변태는 강의 특유 변태로 공석반응을 의미한다. 변태점은 0.85%C, 723℃이다.

정답 46. ④ 47. ④ 48. ② 49. ① 50. ① 51. ② 52. ② 53. ① 54. ① 55. ③

56 탄소강의 물리적 성질을 설명으로 올바른 것은?

① 탄소강의 비중, 열팽창 계수는 탄소량의 증가에 의해 증가한다.
② 비열, 전기저항, 항자력은 탄소량의 증가에 의해 감소한다.
③ 내식성은 탄소량의 증가에 따라 증가한다.
④ 탄소강에 소량의 구리(Cu)를 첨가하면 내식성은 증가한다.

해설 탄소강에서 탄소량의 증가에 따라 비중, 열팽창 계수, 내식성, 열전도도, 온도 계수는 감소하고 비열, 전기저항, 항자력은 증가한다.

57 다음 중 철-탄소 상태도에서 얻을 수 없는 정보는?

① 용융점 ② 경도값
③ 아공석강 ④ 공정점

해설 철-탄소 상태도에서 경도값은 알기 어렵다.

★
58 다음 중 Fe-C 상태도에서 공정점의 온도와 탄소함유량으로 옳게 연결 된 것은?

① 1,493℃, 0.13%C ② 1,140℃, 4.3%C
③ 723℃, 0.85%C ④ 1,550℃, 6.67%C

해설 철-탄소 상태도에서 보기 ②는 공정점, 보기 ③은 공석점이다.

59 다음 조직 중 가장 순철에 가까운 것은?

① 페라이트 ② 소르바이트
③ 펄라이트 ④ 마텐자이트

해설 가장 순철에 가까운 조직이 페라이트(ferrite) 조직이다.

60 다음 조직 중에서 가장 연성이 큰 것은?

① 페라이트 ② 레데뷰라이트
③ 펄라이트 ④ 시멘타이트

해설 탄소함유량이 가장 적은 순철조직, 즉 페라이트가 가장 연성이 크다.

61 다음 중 강의 표준 조직이 아닌 것은 어느 것인가?

① 트루스타이트 ② 페라이트
③ 시멘타이트 ④ 펄라이트

해설 ①은 열처리 조직이다.

62 탄소강에서 페라이트 조직의 특성을 나타낸 것이다. 틀린 것은?

① 극히 연하고 연성이 크다.
② 체심입방격자이다.
③ 탄소량이 0.03%C 이하이다.
④ 910℃ 이상에서 얻어진다.

해설 910℃ 이상 1,400℃ 사이에는 γ-Fe, 즉 austenite 조직으로 나타난다.

63 강중의 펄라이트(pearlite) 조직이란?

① α 고용체와 Fe_3C의 혼합물
② γ 고용체와 Fe_3C의 혼합물
③ α 고용체와 γ 고용체의 혼합물
④ δ 고용체와 α 고용체의 혼합물

해설 공석반응은 고체 1 $\xrightarrow{(냉각)}$ 고체 2 + 고체 3의 반응을 의미하며, Fe-C 평형상태도의 경우 γ-Fe $\xrightarrow{(냉각)}$ α-Fe + cementite로 되는 반응이다.

64 상온(常溫)에서 공석강의 현미경 조직은?

① 펄라이트(pearlite)
② 페라이트(ferrite) + 펄라이트(pearlite)
③ 시멘타이트(cementite) + 펄라이트(pearlite)
④ 오스테나이트(austenite) + 펄라이트(pearlite)

해설 0.85%C, 723℃에서 공석반응이 나타나며 이때의 조직을 펄라이트라 한다. 탄소량이 0.85%C 이하인 경우 아공석강이라 하고, 탄소량이 0.85%C 이상인 경우 과공석강이라 한다.

65 오스테나이트 조직의 자성은 어떠한가?

① 상자성체 ② 강자성체
③ 비자성체 ④ 약자성체

정답 56. ④ 57. ② 58. ② 59. ① 60. ① 61. ① 62. ④ 63. ① 64. ① 65. ③

해설 오스테나이트 조직은 비자성체 특성을 가진다.

66 탄소강 중 과공석강의 조직을 옳게 표시한 것은?

① ferrite, austenite
② pearlite, ledeburite
③ ferrite, pearlite
④ pearlite, cementite

해설 과공석강(0.86%C 이상)의 경우 보기 ④의 조직으로 나타난다.

67 강철의 조직 중에서 오스테나이트 조직은 어느 것인가?

① α 고용체 ② γ 고용체
③ Fe_3C ④ δ 고용체

해설 오스테나이트 조직은 $\gamma-Fe$을 의미하며 상온에서는 볼 수 없는 조직이다.

68 다음 탄소강 중 아공석강의 조직을 옳게 표시한 것은?

① 페라이트 + 오스테나이트
② 펄라이트 + 레데뷰라이트
③ 페라이트 + 펄라이트
④ 펄라이트 + 시멘타이트

해설 공석강이 펄라이트(Pearlite)이며, 아공석강은 공석강보다 탄소함유량이 적어 ferrite와 pearlite의 중간 형태의 조직을 보인다. 과공석강의 경우 공석강 보다 탄소함유량이 다소 많아 pearlite와 cementite의 중간 형태 조직을 나타낸다.

69 austenite는?

① 체심입방격자 ② 면심입방격자
③ 육방정격자 ④ 정방정격자

해설 오스테나이트는 $\gamma-Fe$, 910℃~1,400℃ 온도 구간의 조직으로 가열과정에서 A_3 변태점을 지나 체심입방격자에서 동소 변태하여 면심입방격자구조를 가진다.

70 시멘타이트(Cementite) 조직이란?

① Fe와 C의 화합물
② Fe와 S의 화합물
③ Fe와 P의 화합물
④ Fe와 O의 화합물

해설 3개의 철분자와 탄소분자의 금속간 화합물(Fe_3C)을 시멘타이트(cementite)라 한다.

★
71 순수한 시멘타이트는 210℃ 이상에서는 [A]이고, 이 온도 이하에서는 [B]이며, 이 온도에서의 자기 변태를 강에 있어서의 [C] 변태라 한다. 위의 내용 중 괄호 안의 A, B, C를 순서대로 올바르게 나열한 항은?

① 상자성체, 강자성체, A_1
② 강자성체, 상자성체, A_0
③ 상자성체, 강자성체, A_0
④ 강자성체, 상자성체, A_1

해설 보기 ③에 대한 내용이다.

72 레데뷰라이트(ledeburite)는 어느 것인가?

① 시멘타이트의 용해 및 응고점
② δ 고용체가 석출을 끝내는 고상선
③ γ 고용체로부터 α 고용체와 시멘타이트가 동시에 석출하는 점
④ 포화되고 있는 2.1% C의 γ 고용체와 6.67%C의 Fe_3C와의 공정

해설 공정반응을 보이는 주철의 조직을 레데뷰라이트(ledeburite)라 하며, 아공정주철의 경우 austenite + ledeburite, 과공정주철의 경우 ledeburite + cementite의 조합의 조직을 보인다.

73 시멘타이트는 철과 탄소가 어떠한 상태로 된 것인가?

① 공정 ② 공석점
③ 고용체 ④ 금속간 화합물

해설 시멘타이트 조직은 3개의 철(Fe) 분자와 탄소(C) 분자 간의 금속 간 화합물 상태이다.

정답 66. ④ 67. ② 68. ③ 69. ② 70. ① 71. ③ 72. ④ 73. ④

74 M ⇌ γ 고용체 + Fe_3C는?

① 공정반응 ② 포정반응
③ 편정반응 ④ 공석반응

해설 공정반응에 대한 내용이다.

75 철-탄소 합금에서 레데뷰라이트는 다음 어느 것과 관계가 있는가?

① $\alpha + Fe_3C$ ② α + 융액
③ $\gamma + Fe_3C$ ④ γ + 융액

해설 공정주철 조직을 레데뷰라이트라 하며, 이는 융체에서 4.3%C, 1,140℃의 공정점에서 냉각이 되면서 γ-Fe(austenite) + Fe_3C(cementite)의 중간 형태인 ledeburite조직이 된다.

76 아공석강의 경우 기계적 성질이 탄소함유량과 밀접한 관계가 있다. 다음 기계적 성질이 탄소함유량 증가에 따라 감소하는 성질로만 구성되어 있는 것은?

① 인장강도, 경도 ② 항복강도, 경도
③ 연신률, 인장강도 ④ 연신률, 충격치

해설 탄소함유량의 증가에 따라 감소되는 기계적 성질은 연신률, 단면수축률, 충격치 등이다.

★
77 강(steel)은 200~300℃에서 인장강도와 경도가 최대로 되며 연신율과 단면, 수축률은 최소로 된다. 이와 같이 상온에서 보다 단단한 한편, 여리고 약해지는 성질을 무엇이라고 하는가?

① 적열 취성(red shortness)
② 냉열 취성(cold brittleness)
③ 자경성(self-hardness)
④ 청열 취성(blue-shortness)

해설 청열 취성에 대한 내용이다.

78 상온에서 전성이 크기 때문에 소성 가공이 가장 용이한 것은 어느 것인가?

① 순철 ② 합금
③ 강철 ④ 주철

해설 순철이 연성, 전성이 크다.

79 탄소강이 가열되어 200~300℃ 부근에서 상온일 때보다 메지게 되는 현상을 무엇이라 하는가?

① 적열 메짐 ② 청열 메짐
③ 고온 메짐 ④ 상온 메짐

해설 청열 메짐, 청열 취성에 대한 내용이다.

★
80 탄소강에서 탄소량이 증가할 경우 알맞은 사항은?

① 경도 감소, 연성 감소
② 경도 감소, 연성 증가
③ 경도 증가, 연성 증가
④ 경도 증가, 연성 감소

해설 탄소량이 증가함에 따라 연성이 저하되어 강도, 경도 등이 증가하게 된다.

81 탄소강 중에서 고온 취성(high temperature shortness)을 갖게 하는, 즉 적열 취성(red-shortness)의 원인이 되는 원소는?

① Mn ② Si
③ S ④ P

해설 S의 영향이다.

82 강철에 유황이 많으면 고열 피해(적열 취성)을 준다. 이를 어느 정도 피하기 위하여 첨가하는 원소는?

① 규소 ② 망간
③ 산소 ④ 니켈

해설 Mn(망간)을 첨가하면 MnS를 만들어 황(S)의 해를 줄일 수 있다.

83 강에 포함되어 있는 인(P)이 미치는 영향은?

① 상온 여림(취성, 메짐)
② 고온 여림(취성, 메짐)
③ 유동성 증대
④ 강의 체적 수축

정답 74. ① 75. ③ 76. ④ 77. ④ 78. ① 79. ② 80. ④ 81. ③ 82. ② 83. ①

해설 냉간 메짐, 냉간 취성, 청열 취성 모두 같은 의미로 이들 취성의 원인은 인(P)이다.

84 적열 취성의 원인은 무엇인가?

① H_2 ② Mn
③ Si ④ S와 O_2

해설 적열취성의 원인 : 유황(S)과 산소(O_2) 등

85 탄소강에 함유된 성분 중 황에 대한 설명으로 옳지 않은 것은?

① 고온 가공성을 해치게 한다.
② 냉간 메짐을 일으킨다.
③ 망간을 첨가하여 황의 해를 제거할 수 있다.
④ 0.25%의 황이 함유된 강을 쾌삭강으로 한다.

해설 냉간 메짐, 냉간 취성, 청열 취성 모두 같은 의미로 이들 취성의 원인은 인(P)이다.

86 탄소강에 함유된 대표적인 5대 원소는?

① C, Si, Mn, Ni, P
② C, Si, Mn, P, S
③ P, Si, Mn, As, Co
④ P, Si, Ni, Cr, Mo

해설 탄소강의 5원소는 Fe를 제외하고 보기 ②와 같다.

87 용융금속의 유동성을 좋게 하므로 탄소강 중에는 보통 0.2~0.6% 정도 함유되어 있으며, 또한 이것이 함유되면 단접성 및 냉간 가공성을 해치고 충격치를 감소시키는 원소는?

① 망간(Mn) ② 인(P)
③ 규소(Si) ④ 황(S)

해설 규소(Si)에 대한 내용이다.

88 탄소강의 주성분 원소는?

① 철과 규소 ② 철과 망간
③ 철과 인 ④ 철과 탄소

해설 탄소강의 주 원소는 철(Fe)와 탄소(C)이다.

89 탄소강의 성질에 미치는 인(P)의 영향으로 적당하지 않은 것은?

① 결정 입자의 미세화
② 상온 취성의 원인
③ 편석으로 충격값 감소
④ 인장강도와 경도가 증가

해설 탄소강의 인(P)의 영향은 보기 ②, ③, ④ 등이다.

90 다음 원소와 철강재에 미치는 영향과 관계가 없는 것은 어느 것인가?

① S : 고온 가공성이 나쁘고 절삭성이 증가된다.
② Mn : 황의 해를 막는다.
③ H_2 : 유동성을 좋게 한다.
④ P : 편석을 일으키기 쉽다.

해설 탄소강 제조시 H_2(수소)는 핀홀, 헤어 크랙 등의 원인이 된다.

91 다음은 탄소강에서 Mn의 영향을 나타낸 것이다. 틀린 것은?

① 탈산제 ② 강도 경도 증가
③ 쾌삭성 향상 ④ 고온 가공성 증가

해설 쾌삭성의 경우 S의 역할이고, Mn은 MnS를 만들어 S의 해를 감소시켜 준다. 따라서 Mn의 첨가로 인해 S의 역할인 쾌삭성을 감소시켜 준다고 할 수 있다.

92 탄소강 중에 함유된 원소 중에서 절삭성을 좋게 할 수 있는 원소는?

① P ② S
③ Mn ④ Si

해설 절삭성을 좋게 하는 것을 쾌삭성이라 하며 S의 첨가로 인한 영향이다.

93 일반적으로 탄소강에 함유된 성분이 아닌 것은?

① 망간 ② 알루미늄
③ 규소 ④ 황

해설 일반적인 탄소강의 함유된 원소는 Fe, C, Mn, Si, P, S 등이다.

정답 84. ④ 85. ② 86. ② 87. ③ 88. ④ 89. ① 90. ③ 91. ③ 92. ② 93. ②

94 탄소강 중에 함유된 성분 중 규소에 관한 설명으로 틀린 것은?

① 용융금속의 유동성을 좋게 한다.
② 충격저항을 감소시킨다.
③ 전기 자기 재료에 사용하는 규소강에는 망간이 적은 편이 좋다.
④ 단접성을 향상시킨다.

해설 규소의 영향으로는 보기 ①, ②, ③ 등이다.

95 탄소강 중 탄소량이 적을수록 인성은?

① 작아진다. ② 변동이 없다.
③ 커진다. ④ 전혀 없다.

해설 탄소량이 적을 경우 인성은 커진다. 반대로 탄소량이 많을 경우 잘 깨지는 성질인 취성이 높아져서 인성이 저하된다.

96 연강의 탄소함유량은?

① 약 0.13~0.20C%
② 약 0.40~0.50C%
③ 약 0.20~0.30C%
④ 약 0.70~1.50C%

해설 연강의 탄소함유량 범위는 0.13%~0.2%C이다.

97 탄소량이 0.2~0.3%인 반연강의 용도로 틀린 것은?

① 기어 ② 파이프
③ 못 ④ 너트

해설 반연강의 용도는 기어, 파이프, 너트 등이며, 못, 철선, 와이어, 리벳 등은 극연강(0.12%C 이하)을 주로 사용한다.

98 레일을 만드는 탄소강으로서 탄소의 함유량은 어느 것이 적당한가?

① 0.40~0.50 ② 0.15~0.3
③ 0.85~0.95 ④ 0.15~2.15

해설 레일의 경우 내마모와 내마멸성 등을 요구하고 다소 강도를 확보해야 하므로 0.40~0.50%C의 경강이 적당하다.

99 기계 구조용 탄소강의 재료에는 기호 S30C, S45C라고 기입한 것이 있다. 이 기호 중 숫자는 무엇을 의미하는가?

① 탄소함유량 ② 항복점
③ 인장강도 ④ 경도

해설 S30C, S45C 등과 같이 마지막에 'C'는 탄소함유량을 의미하며, S30C의 경우 탄소함유량은 0.25~0.35%C, S45C의 경우 0.40~0.50%C로 탄소함유량의 평균치를 의미한다.

★
100 KS 규격에서 SM45C란 무엇을 의미하는가?

① 화학 성분에서 탄소함유량 0.40~0.50%인 구조용 탄소강을 말한다.
② 인장강도 45kg/mm^{2}의 탄소강을 말한다.
③ 40~50%Cr를 함유한 특수강을 말한다.
④ 인장강도 40~50kg/mm^{2}의 연강을 말한다.

해설 보기 ①에 대한 내용이다.

101 크랭크축, 차축, 캠, 레일 등에 이용되는 탄소강의 탄소함유량으로 바른 것은?

① 0.45% ② 0.98%
③ 1.3% ④ 2.5%

해설 경강에 해당되며 0.40~0.50%C 정도 범위의 탄소를 함유한 강이다.

102 탄소 공구강의 탄소함유량은?

① 0.3%C 이하 ② 0.3~0.6%C
③ 0.6~1.5%C ④ 1.5%C 이상

103 탄소 공구강에 첨가하는 특수 원소가 아닌 것은?

① Cr ② Mn
③ V ④ Mg

정답 94. ④ 95. ③ 96. ① 97. ③ 98. ① 99. ① 100. ① 101. ① 102. ③ 103. ④

해설 0.6~1.5%C를 함유한 탄소공구강은 상온에서 비교적 인성과 내마모성이 우수하다. 그 합금 성분으로는 탄소강의 5원소 이외에 Cr, V 등이다.

104 공구강에 대한 설명 중 맞지 않는 것은?

① 상온 및 고온에서 강도가 크다.
② 가열에 의해서도 경도의 변화가 적다.
③ 인성과 마멸저항이 작은 것이 요구된다.
④ 가공이 쉽고 열처리에 의한 변형이 적다.

해설 공구강의 경우 피 재료를 깎거나 하는 등 공구의 성질에 알맞아야 하므로 인성, 마멸저항 등은 높은 것을 요구한다.

105 다음은 공구강 및 스프링강에 대한 설명이다. 틀린 것은?

① 0.6~1.5% 탄소의 고탄소강이 쓰인다.
② 킬드강으로 만들어진다.
③ 목공 공구는 경도가 높고 내마멸성이 있어야 한다.
④ 교량, 선박, 자동차, 기차 및 일반 기계 부품에 널리 사용된다.

해설 보기 ④는 공구강 및 스프링의 일반적인 용도와 거리가 있다.

106 다음 중 틀리게 짝지어진 것은?

① W : 인장강도 증가, 경도 증가
② Si : 내열성 증가, 전자기적 특성
③ V : 결정 입도 조절
④ Mn : 탄화물 생성

해설 각 원소가 특수강에 미치는 영향 중 Mn의 경우 내마멸, 강도, 경도, 인성 등을 증가시키며, MnS를 만들어 S의 해를 줄일 수 있다.

107 특수강에서 자경성을 주는 원소는 무엇인가?

① Ni ② Mn
③ Cr ④ Si

해설 자경성 향상에 Cr이 영향을 준다.

108 다음은 게이지용 강이 구비해야 할 성질이다. 틀린 것은?

① HRC 55 이상의 경도를 가져야 한다.
② 산화되지 않고 팽창 계수가 보통강보다 높아야 한다.
③ 담금질에 의하여 변형이나 담금질 균열이 없어야 한다.
④ 시간이 지남에 따라서 치수 변화가 없어야 한다.

해설 게이지용 강으로는 팽창계수가 적어야 한다.

109 크로만실(chromansil)이라고도 하며 고온 단조, 용접, 열처리가 용이하여 철도용, 단조용 크랭크축, 차축 및 각종 자동차 부품 등에 널리 사용되는 구조용 강은?

① Ni-Cr-Mo강
② Cr-Mn-Si강
③ Mn-Cr강
④ Ni-Cr강

해설 보기 ②에 대한 내용이다.

110 다음 중 베어링 강의 구비 조건으로 옳은 것은?

① 높은 탄성 한도와 피로한도
② 낮은 탄성 한도와 피로 한도
③ 높은 취성 파괴와 연성 파괴
④ 낮은 내마모성과 내압성

해설 베어링강의 구비 조건으로 보기 ①이 적합하다.

111 규소가 2.5%~3% 함유되어 있는 규소 철판의 용도로 가장 적합한 것은?

① 연속적으로 사용하지 않는 전동기 철심
② 발전기의 모터
③ 변압기용 철심, 전화기용
④ 유도 전동기의 고정자용 철심

해설 보기 ④의 용도로 활용된다.

정답 104. ③ 105. ④ 106. ④ 107. ③ 108. ② 109. ② 110. ① 111. ④

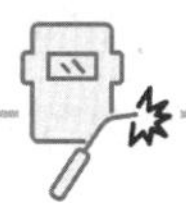

112 구조용 탄소강은 몇 % 정도의 탄소(C)를 함유하는가?

① 1.05~0.6 ② 1~1.5
③ 2~3 ④ 4~6

해설 구조용 탄소강의 탄소함유량으로 보기 ①이 맞다.

113 고망간강은 1,000~1,100℃에서 약 1시간 정도 가열하여 탄화물을 완전히 오스테나이트 중에 용해시킨 후 물에 급랭시켜 균일한 오스테나이트 조직이 되게 하는데 이 열처리법을 무엇이라 하는가?

① 풀림법 ② 뜨임법
③ 수인법 ④ 표면경화법

해설 오스테나이트 강 결정조직의 조성과 인성을 증가시키기 위해 적당한 고온에서 수냉하는 열처리 조작으로 고망간강이나 18-8 스테인리스강 등의 열처리에 이용하는 방법을 수인법(water toughening)이라 한다. 냉각액으로 기름을 사용하면 유인법(oil toughening)이라 한다.

114 탄소 약 1.2%, 망간 13%, 규소 0.1% 이하를 표준 성분으로 내마멸성이 우수하고 경도가 커 각종 광산 기계, 기차 레일의 교차점 등에 사용되는 강은 무엇인가?

① 침탄용 강
② 오스테나이트 망간강
③ 저망간강
④ 합금 공구강

해설 고 망간강, 오스테나이트 망간강, 하드필드강, 수인강 등에 대한 내용이다.

115 듀콜강이란?

① 고 망간강 ② 고 코발트강
③ 저 망간강 ④ 저 코발트강

해설 듀콜강, 저 망간강, 펄라이트 망간강 등에 대한 내용이다.

116 다음 중 쾌삭강에 첨가하여 메짐성을 막을 수 있는 원소는?

① 망간 ② 규소
③ 인 ④ 황

해설 Mn의 첨가로 인한 영향에 대한 내용이다.

117 18-4-1형 고속도강의 성분은?

① W-Cr-V ② Cr-Ni-V
③ W-Ni-Mo ④ Cr-Mo-Mn

118 고속도강의 표준 성분은 어느 것인가?

① 18%W, 4%Cr, 1%V
② 18%W, 14%V, 1%Cr
③ 85%Cr, 14%W, 1%V
④ 18%V, 14%W, 1%Cr

해설 18%W, 4%Cr, 1%V 등의 화학 조성을 가진다.

119 고온 강도가 보통강의 3~4배이며 600℃까지도 경도 저하가 생기지 않는 것은?

① 초경합금 ② 세라믹
③ 고속도강 ④ 스텔라이트

해설 고속도강(high speed steel)에 대한 내용이다.

120 현재 주조경질 절삭 공구의 대표적인 것은?

① 비디아 ② 세라믹
③ 스텔라이트 ④ 텅갈로이

해설 보기 ①, ②, ④ 등이 소결 경질합금의 상품명이다.

121 상품명으로 위디아(widia), 텅갈로이(tungaloy) 등으로 불리는 합금 공구강은?

① 5, 4, 8 합금
② 시효 경화 합금
③ 소결 초경 합금
④ 주조 경질 합금

해설 소결 경질합금, 초경 합금에 대한 내용이다.

정답 112. ① 113. ③ 114. ② 115. ③ 116. ① 117. ① 118. ① 119. ③ 120. ③ 121. ③

122 다음은 세라믹(ceramics) 공구의 장점에 대한 설명이다. 틀린 것은?

① 열을 흡수하지 않아 내열성이 극히 우수하다.
② 고온 경도, 내마모성이 우수하다.
③ 인성이 좋고 충격이 강하다.
④ 내부식성, 내산화성, 비자성, 비전도체이다.

해설 세라믹 공구의 경우 고온 경도가 크며, 내마모성, 내열성이 우수하나 인성이 적고 충격에 약하다(초경 합금의 약 1/2정도).

★
123 알루미나(Al_2O_3)를 주성분으로 하고 거의 결합제를 사용하지 않고 소결한 절삭 공구 재료로서, 고속도 및 고온 절삭에 사용되는 것은?

① 고속도강(high speed steel)
② 스텔라이트(stellite)
③ 텅갈로이(tungalloy)
④ 세라믹스(ceramices)

해설 세라믹스 공구강에 대한 내용이다.

124 다음은 시효 경화 합금에 대한 설명이다. 틀린 것은? (단, Fe-W-Co계 합금의 특징이다)

① 내열성이 우수하고 고속도강보다 수명이 길다.
② 담금질 후의 경도가 낮아 기계 가공이 쉽다.
③ 석출 경화성이 크므로 자석강으로 좋은 성질을 갖고 있다.
④ 뜨임 경도가 낮아 공구 제작에 편리하다

해설 시효 경화 합금의 경우 담금질 후에는 경도가 다소 낮아 600~650℃의 온도에서 뜨임을 하여 경도를 높여준다.

125 경도가 커서 연삭용 숫돌의 드레서(dresser), 인발 가공용 다이스, 조작용 공구 등으로 사용되는 절삭 공구는?

① 스텔라이트 ② 초경 합금
③ 세라믹 ④ 다이아몬드 공구

해설 다이아몬드 공구에 대한 내용이다.

126 세라믹(ceramics)은 무엇을 주성분으로 하는가?

① WC, TiC, TaC ② 알루미나(Al_2O_3)
③ 보크사이트 ④ 카보닐철

해설 Al_2O_3(산화 알루미나)를 주성분으로 하는 산화물계를 1,600℃ 이상에서 소결하는 일종의 도자기를 세라믹스라고 한다.

127 다음 중 스테인리스(stainless)강이란 일반적으로 Cr(크롬)의 함유량이 얼마 이상인 강을 말하는가?

① 8% ② 10%
③ 12% ④ 14%

해설 Cr을 12% 이상 함유하면 불수강이라 하며, 비로소 스테인리스강이라 한다.

128 스테인리스강에서 합금의 주성분은?

① Cr ② Mo
③ Co ④ Ti

해설 스테인리스강의 주성분은 Cr, Ni 등이다.

129 다음 중 스테인리스강의 종류에 해당되지 않는 것은?

① 페라이트계 스테인리스강
② 펄라이트계 스테인리스강
③ 오스테나이트계 스테인리스강
④ 마텐자이트계 스테인리스강

해설 스테인리스강의 종류는 보기 ①, ③, ④ 이외에 석출 경화계, 이상계 스테인리스강 등이 있다.

★
130 18-8형 스테인리스강의 합금 원소의 함유량이 옳은 것은?

① Ni : 18%, Cr : 8%
② Cr : 18%, Ni : 8%
③ Ni : 18%, Mo : 8%
④ Cr : 18%, Mo : 8%

해설 18%Cr-8%Ni의 오스테나이트계 스테인리스강에 대한 내용이다.

정답 122. ③ 123. ④ 124. ④ 125. ④ 126. ② 127. ③ 128. ① 129. ② 130. ②

131 18%Cr, 8%Ni 첨가된 18-8 스테인리스강의 상온(常溫)에서의 조직은?

① 펄라이트　② 오스테나이트
③ 페라이트　④ 시멘타이트

해설 18-8 스테인리스강의 대표적인 조직은 오스테나이트계이다.

132 비자성체이며 가공성이 우수하고 내산성, 내식성이 좋고 용접성이 좋은 스테인리스강은 어느 것인가?

① 페라이트계　② 마텐자이트계
③ 오스테나이트계　④ 펄라이트계

해설 기지조직이 오스테나이트계는 비자성체이다.

133 온도의 상승에도 강도를 잃지 않는 재료로서 복잡한 모양의 성형 가공도 용이하므로 항공기, 미사일 등의 기계 부품으로 사용되는 PH형 스테인리스강은?

① 페라이트계 스테인리스강
② 마텐자이트계 스테인리스강
③ 오스테나이트계 스테인리스강
④ 석출 경화형 스테인리스강

해설 석출 경화형 스테인리스강에 대한 내용이다.

134 다음 중 용접성이 가장 좋은 금속은?

① 주철　② 주강
③ 저탄소강　④ 고탄소강

해설 탄소함유량과 용접성은 반비례한다.

135 연강에 비해 고장력강의 장점이 아닌 것은?

① 소요 강재의 중량을 상당히 경감시킨다.
② 재료의 취급이 간단하고 가공이 용이하다.
③ 구조물의 하중을 경감시킬 수 있어 그 기초 공사가 단단해진다.
④ 동일한 강도에서 판의 두께를 두껍게 할 수 있다.

해설 보기 ④는 장점이라 보기 어렵다.

136 균열에 대한 감수성이 좋아서 두꺼운 판, 구조물의 첫 층 용접 혹은 구속도가 큰 구조물과 고장력강 및 탄소나 황의 함유량이 많은 강의 용접에 가장 적합한 용접봉은?

① 일미나이트계　② 고셀룰로오스계
③ 고산화티탄계　④ 저수소계

해설 저수소계의 사용처에 대한 내용이다.

137 고장력강 용접 시 주의사항 중 틀린 것은?

① 용접봉은 저수소계를 사용할 것
② 용접 개시 전에 이음부 내부 또는 용접 부분을 청소할 것
③ 아크길이는 가능한 길게 유지할 것
④ 위빙 폭을 크게 하지 말 것

해설 재료와 상관없이 아크길이는 가능한 한 짧게 하는 것이 좋다.

138 중탄소강의 용접에 대하여 설명한 것 중 맞지 않는 것은?

① 중탄소강을 용접할 경우 탄소량이 증가함에 따라 800~900℃ 정도 예열할 필요가 있다.
② 탄소량이 0.4% 이상인 중탄소강은 후열 처리를 고려하여야 한다.
③ 피복아크용접할 경우는 저수소계 용접봉을 선정하여 건조시켜 사용한다.
④ 서브머지드 아크용접할 경우는 와이어와 플럭스 선정 시 용접부 강도 수준을 충분히 고려하여야 한다.

해설 탄소량에 따른 예열 온도

탄소량(%)	예열 온도(℃)
0.20 이하	90 이하
0.20~0.30	90~150
0.30~0.45	150~260
0.45~0.80	260~420

정답 131. ② 132. ③ 133. ④ 134. ③ 135. ④ 136. ④ 137. ③ 138. ①

139 아크용접 시 고탄소강의 용접 균열을 방지하는 방법이 아닌 것은?

① 용접전류를 낮춘다.
② 용접속도를 느리게 한다.
③ 예열 및 후열을 한다.
④ 급랭 경화 처리를 한다.

해설 균열의 경우 냉각속도가 빠르면 발생한다.

140 고탄소강의 탄소함유량으로 가장 적당한 것은?

① 0.35~0.45% ② 0.25~0.35%
③ 0.45~1.7% ④ 1.7~2.5%

해설 보기 ③ 정도의 탄소함유량을 가진 강을 고탄소강이라 한다.

141 조질 고장력강 용접에 대한 설명 중 재료의 성질 및 용접법이 잘못된 것은?

① 조질 고장력강이란 일반 고장력강보다 높은 항복점, 인장강도를 얻기 위해 담금질, 뜨인 열처리 한 것이다.
② 얇은 판에 대하여는 저항용접도 가능하다.
③ 용접 균열을 피하기 위해 용접 입열을 최대한 적게 하는 것이 좋다.
④ 용접봉은 티탄을 주성분으로 망간, 크롬, 몰리브덴을 소량 첨가한 용접봉이 사용되고 있다.

해설 조질 고장력강 용접봉은 니켈 합금을 주성분으로 망간, 크롬, 몰리브덴 등을 소량 첨가한 봉을 사용한다.

142 용접 시 용접 균열이 발생할 위험성이 가장 높은 재료는?

① 저탄소강 ② 중탄소강
③ 고탄소강 ④ 순철

해설 탄소함유량이 높을수록 균열 발생 위험이 높다.

143 고장력강에 주로 사용되는 피복아크 용접봉으로 가장 적당한 것은?

① 일미나이트계 ② 고셀룰로오스계
③ 고산화티탄계 ④ 저수소계

해설 고장력강에는 저수소계가 적합하다.

144 일반 고장력강의 용접 시 주의사항이 아닌 것은?

① 용접봉은 저수소계를 사용한다.
② 아크길이는 가능한 짧게 유지한다.
③ 위빙 폭은 용접봉 지름의 3배 이상이 되게 한다.
④ 용접봉은 300~350℃ 정도에서 1~2시간 건조 후 사용한다.

해설 탄소함유량이 높을수록 위빙 폭(3배 이내), 아크길이 등을 줄여서 용접 입열을 적게 한다.

145 일반적인 주철의 장점이 아닌 것은?

① 압축 강도가 크다.
② 담금질성이 우수하다.
③ 내마모성이 우수하다.
④ 주조성이 우수하다.

해설 주철은 탄소함유량이 높다. 따라서 경도 역시 높으므로 굳이 담금질로 강도나 경도를 높일 이유가 없다.

146 펄라이트 바탕에 흑연이 미세하고 고르게 분포되어 내마멸성이 요구되는 피스톤 링 등 자동차 부품에 많이 쓰이는 주철은?

① 미하나이트 주철 ② 구상 흑연 주철
③ 고 합금 주철 ④ 가단 주철

해설 미하나이트 주철에 대한 내용이다.

147 보통 주철에 0.4~1% 정도 함유되며, 화학성분 중 흑연화를 방해하여 백주철화를 촉진하고, 황(S)의 해를 감소시키는 것은?

① 수소(H) ② 구리(Cu)
③ 알루미늄(Al) ④ 망간(Mn)

정답 139. ④ 140. ③ 141. ④ 142. ③ 143. ④ 144. ③ 145. ② 146. ① 147. ④

해설 망간을 첨가하여 MnS를 만들어 단독 S의 해를 감소시킬 수 있다.

148 일반적인 보통 주철은 어떤 형태인가?

① 칠드 주철 ② 가단 주철
③ 합금 주철 ④ 회 주철

해설 일반적인 주철이라 함은 회 주철(GC)를 의미한다.

149 주철에서 그 성분의 함유량이 많을수록 유동성을 나쁘게 하는 것은?

① 인 ② 황
③ 망간 ④ 탄소

해설 황(S)의 영향이며, 함유량이 많을 경우 유동성이 나빠진다.

150 조직에 따른 구상 흑연 주철의 분류가 아닌 것은?

① 페라이트형 ② 펄라이트형
③ 오스테나이트형 ④ 시멘타이트형

해설 구상 흑연 주철의 조직별 분류로 시멘타이트형, 펄라이트형, 페라이트형으로 구분된다.

151 고급 주철의 바탕은 어떤 조직으로 이루어졌는가?

① 펄라이트 ② 시멘타이트
③ 페라이트 ④ 오스테나이트

해설 고급 주철의 바탕조직은 펄라이트이다.

152 주철의 일반적인 특성 및 성질에 대한 설명으로 틀린 것은?

① 주조성이 우수하며 크고 복잡한 것도 제작할 수 있다.
② 인장강도, 휨 강도 및 충격값은 크나 압축강도는 작다.
③ 금속 재료 중에서 단위 무게당의 값이 싸다
④ 주물의 표면은 굳고 녹이 잘 슬지 않는다

해설 주철의 특징
- 인장강도, 충격값이 작다.
- 압축강도는 인장강도의 3~5배 정도 높다.
- 가공이 힘들다.

153 주철 중에 유황이 함유되어 있을 때 미치는 영향 중 틀린 것은?

① 유동성을 해치므로 주조를 곤란하게 하고 정밀한 주물을 만들기 어렵게 한다.
② 주조 시 수축률을 크게 하므로 기공을 만들기 쉽다.
③ 흑연의 생성을 방해하며 고온 취성을 일으킨다.
④ 주조 응력을 작게 하고 균열 발생을 저지한다.

해설 유황의 함유량의 영향은 보기 ①, ②, ③ 등이다.

154 보통 주철은 650~950℃ 사이에서 가열과 냉각을 반복하면 부피가 크게 되어 변형이나 균열이 발생하고 강도와 수명이 단축된다. 이런 현상을 무엇이라 하는가?

① 주철의 성장 ② 주철의 부식
③ 주철의 취성 ④ 주철의 퇴보

해설 주철의 성장에 대한 내용이다.

155 다음 중 용융상태의 주철에 마그네슘, 세륨, 칼슘 등을 첨가한 것은?

① 칠드 주철 ② 가단 주철
③ 구상 흑연 주철 ④ 고 크롬 주철

해설 회 주철에 Mg, Ce, Ca 등을 첨가하면 침상 또는 편상이었던 흑연이 구상화되어 구상 흑연 주철을 만든다.

★ **156** 주강에 대한 설명 중 틀린 것은?

① 주철로써 강도가 부족할 경우에 사용된다.
② 용접에 의한 보수가 용이하다.
③ 단조품이나 압연품에 비하여 방향성이 없다.
④ 주강은 주철에 비하여 용융점이 낮다.

해설 일반적으로 용융점 측면에서는 주강이 주철보다 높다.

정답 148. ④ 149. ② 150. ③ 151. ① 152. ② 153. ④ 154. ① 155. ③ 156. ④

157 접종(inoculation)에 대한 설명 중 가장 올바른 설명은?

① 주철에 내산성을 주기 위하여 Si를 첨가하는 조작
② 주철을 금형에 주입하여 주철의 표면을 경화시키는 조작
③ 용융선에 Ce이나 Mg을 첨가하여 흑연의 모양을 구상화시키는 조작
④ 흑연을 미세화시키기 위하여 규소 등을 첨가하여 흑연의 씨를 얻는 조작

해설 보기 ④에 대한 내용이다.

158 주강과 주철의 비교 설명으로 잘못된 것은?

① 주강은 주철에 비하여 수축률이 크다.
② 주강은 주철에 비해 용융점이 높다.
③ 주강은 주철에 비해 기계적 성질이 우수하다.
④ 주강은 주철보다 용접에 의한 보수가 어렵다.

해설 일반적으로 용접에 의한 보수는 주강보다 주철이 곤란하다.

159 주철 용접에 관한 설명으로 옳지 않은 것은?

① 주철 속에 기름, 흙, 모래 등이 있는 경우에 용착이 양호하고 모재와의 친화력이 좋다.
② 주철은 연강에 비하여 여리며, 수축이 많아 균열이 생기기 쉽다.
③ 주철은 급랭에 의한 백선화로 기계 가공이 곤란하다.
④ 일산화탄소가 발생하여 용착 금속에 기공이 생기기 쉽다.

해설 주철 속에 모래, 흙, 기름 등이 있다면 용착이 불량하고, 결함 발생 우려가 있다.

160 다음 중 합금 주강에 해당하지 않는 것은?

① 니켈 주강 ② 망간 주강
③ 크롬 주강 ④ 납 주강

해설 합금 주강의 종류로는 보기 ①, ②, ③ 등이다.

161 주철과 비교한 주강의 특징 설명으로 옳은 것은?

① 기계적 성질이 좋다.
② 강도가 주조성이 좋다.
③ 용융점이 낮다.
④ 수축률이 작다.

해설 주강의 특징
- 강도 우수 • 주조성 나쁨
- 용융점 높음 • 수축률 큼

162 주철과 비교한 주강의 장점으로 틀린 것은?

① 기계적 성질이 좋다.
② 강도가 크다.
③ 용접에 의한 보수가 용이하다.
④ 수축률이 낮다.

해설 일반적으로 주강은 주조 시의 수축률이 커서 균열 등의 발생 우려가 있다.

★
163 주철 용접에서 용접이 곤란하고 어려운 이유로 해당하지 않는 것은?

① 주철은 수축이 커서 균열이 생기기 쉽다.
② 일산화탄소가 발생하여 용착금속에 기공이 생기기 쉽다.
③ 용접물 전체를 500~600℃의 고온에서 예열 및 후열을 할 수 있는 설비가 필요하다.
④ 주철은 연강보다 연성이 많고 급랭으로 인한 백선화 되기 어렵다.

해설 주철은 연강에 비해 탄소함유량이 많으므로 연성이 부족하고 급랭으로 인한 백선화로 기계 가공이 어렵다.

164 주철 모재에 연강 용접봉을 사용하면 반드시 파열 및 균열이 생기는 이유 중 틀린 것은?

① 전류의 세기가 다르므로
② 강과 주철의 팽창 계수가 다르므로
③ 강과 주철의 용융점이 다르므로
④ 탄소의 함유량이 다르므로

해설 보기 ②, ③, ④의 이유로 균열 등이 발생한다.

정답 157. ④ 158. ④ 159. ① 160. ④ 161. ① 162. ④ 163. ④ 164. ①

165 다음은 주철 용접이 연강 용접에 비하여 곤란한 이유이다. 틀린 것은?

① 주철은 용융상태에서 급랭하면 백선화가 된다.
② 탄산가스가 발생되어 슬래그 섞임이 많아진다.
③ 주철 자신이 부스러지기 쉬우므로 주조시 잔류응력 때문에 모재에 균열이 발생되기 쉽다.
④ 장시간 가열하여 흑연 조대화된 경우 주철 속에 기름, 모래 등이 존재하는 경우 용착 불량이나 모재와의 친화력이 나쁘다.

해설 주철 용접은 보기 ①, ③, ④의 이유로 용접이 곤란하다. 또한 일산화탄소가 발생하여 용착금속에 기공이 생기기 쉽다.

166 다음은 스테인리스강 용접에 대한 사항이다. 틀린 것은?

① 용융점이 높은 산화크롬의 생성을 피해야 한다.
② 불활성 가스, 비산화성 가스 또는 용제 등으로 용융금속을 보호하여야 한다.
③ 저항용접을 할 때는 가열 시간을 매우 길게 해야 한다.
④ 열 팽창 계수의 차에서 오는 열응력에 의하여 균열을 발생시키므로 주의해야 한다.

해설 스테인리스강에는 일반적으로 저항용접은 적용하지 않는다.

167 다음은 스테인리스강의 피복금속아크용접에 관한 설명이다. 틀린 것은?

① 아크열의 집중이 좋고 고속도 용접이 가능하다.
② 직류의 경우는 역극성이 사용되며 용접전류는 일반적으로 탄소강의 경우보다 10~20% 낮게 한다.
③ 용접 후에 변형이 비교적 크기 때문에 연구되어야 한다.
④ 최근에는 용접봉의 발달로 0.8mm 판 두께까지 이용되고 있다.

해설 스테인리스강에 피복금속아크용접 적용 시 보기 ①, ②의 이유로 변형이 그리 크지 않다.

168 다음 중 주철의 보수 용접방법이 아닌 것은?

① 스터드법　② 비녀장법
③ 버터링법　④ 피닝법

해설 주철의 보수 용접방법으로 보기 ①, ②, ③ 등이다.

169 다음은 스테인리스강(stainless steel)의 종류이다. 이 중에서 용접에 의해 경화가 심하므로 특히 열처리를 필요로 하는 것은?

① 마텐자이트계(Cr 13 강)
② 오스테나이트계(Cr 18-Ni 8 강)
③ 페라이트계(Cr 16 이상의 강)
④ 불수강

해설 마텐자이트계 스테인리스강의 용접 시 주의사항에 대한 내용이다.

170 다음은 스테인리스강의 불활성 가스 텅스텐 아크 용접에 관한 설명이다. 틀린 것은?

① 관 용접에서는 인서트 링(insert ring)을 이용한다.
② 기름, 녹, 먼지 등을 완전히 제거한다.
③ 용접전류는 직류정극성이 좋다.
④ 20mm 이상 두꺼운 판의 용접에 주로 사용된다.

해설 스테인리스강에 TIG 용접을 하는 경우 3mm 이하의 얇은 판에 적용한다.

171 18-8 스테인리스강의 결점은 600~800℃에서 단시간 내에 탄화물이 결정립계에 석출되기 때문에 입계 부근의 내식성이 저하되어 점진적으로 부식되는데 이것을 무엇이라 하는가?

① 결정 부식　② 입계 부식
③ 탄화 부식　④ 부근 부식

해설 '입계 부근의 내식성이 저하되어 점진적으로 부식된다'라고 하는 것을 입계부식이라 한다.

정답 165. ② 166. ③ 167. ③ 168. ④ 169. ① 170. ④ 171. ②

172 다음 중 오스테나이트계 스테인리스강 용접 시 유의해야 할 사항이 아닌 것은?

① 층간 온도를 350℃ 이상으로 한다.
② 짧은 아크길이를 유지한다.
③ 낮은 전류로 용접하여 용접 입열을 억제한다.
④ 예열을 하지 말아야 한다.

해설 오스테나이트계 스테인리스강 용접 후 680~480℃ 범위로 서냉되면 크롬 탄화물 형성으로 내식성을 잃게 되어 부식을 일어난다. 따라서 예열은 하지 않으며 층간온도는 350℃ 이하의 온도를 유지하여야 한다.

173 오스테나이트계 스테인리스강의 용접 시 유의해야 할 사항이다. 잘못된 것은?

① 예열을 하지 말아야 한다.
② 짧은 아크길이를 유지한다.
③ 층간 온도가 320℃ 이상을 넘지 말아야 한다.
④ 탄소강보다 10~20% 높은 전류로 용접을 한다.

해설 오스테나이트계 스테인리스강 용접 시 사용 전류는 연강의 경우보다 10~20% 정도 낮은 전류로 용접한다.

174 스테인리스강을 용접하면 취약해지는 성질이 생기는 원인으로 가장 적합한 것은?

① 탄화물의 석출 ② 자경성
③ 적열 취성 ④ 산화에 의한 취성

해설 크롬 탄화물 형성에 의한 부식, 내부식성 저하로 인하여 취약해진다.

175 오스테나이트계 스테인리스강은 용접 시 냉각되면서 고온 균열이 발생하는데 그 원인이 아닌 것은?

① 크레이터 처리를 하지 않았을 때
② 아크길이를 짧게 했을 때
③ 모재가 오염되어 있을 때
④ 구속력이 가해진 상태에서 용접할 때

해설 고온 균열 생성 원인으로 보기 ①, ③, ④ 등이 있다.

176 오스테나이트계 스테인리스강을 용접하여 사용 중에 용접부에서 녹이 발생하였다. 이를 방지하기 위한 방법이 아닌 것은?

① Ti, V, Nb 등이 첨가된 재료를 사용한다.
② 저탄소의 재료를 선택한다.
③ 용체화 처리 후 사용한다.
④ 크롬 탄화물을 형성토록 시효 처리한다.

해설 스테인리스강에서 녹이 발생한 것은 내식성이 저하되어, 부식이 되었다는 의미이고 이는 크롬 탄화물이 형성되었기 때문이다. 따라서 크롬 탄화물 생성을 억제하기 위한 방법으로는 보기 ①, ②, ③ 등이다.

★
177 오스테나이트계 스테인리스강의 입계부식 방지 방법이 아닌 것은?

① 탄소량을 감소시켜 Cr_4C 탄화물의 발생을 저지시킨다.
② Ti, Nb 등의 안정화 원소를 첨가한다.
③ 고온으로 가열한 후 Cr 탄화물을 오스테나이트 조직 중에 용체화하여 급랭시킨다.
④ 풀림 처리와 같은 열처리를 한다.

해설 보기 ③과 같이 급랭을 하여 680~480℃ 구역에 머무르는 시간을 최소화해야 한다. 보기 ④의 풀림은 노냉으로 냉각속도가 극히 느려 탄화물 생성을 촉진시킨다.

178 알루미늄은 공기 중에서 산화하나 내부로 침투하지 못한다. 그 이유는?

① 내부에 산화알루미늄이 생성되기 때문
② 내부에 산화철이 생성되기 때문
③ 표면에 산화알루미늄이 생성되기 때문
④ 표면에 산화철이 생성되기 때문

해설 보기 ③의 이유에 대한 내용이다.

179 알루미늄 표면에 산화물계 피막을 만들어 부식을 방지하는 알루미늄 방식법에 속하지 않는 것은?

① 염산법 ② 수산법
③ 황산법 ④ 크롬산법

정답 172. ① 173. ④ 174. ① 175. ② 176. ④ 177. ④ 178. ③ 179. ①

해설 알루미늄의 방식법은 보기 ②, ③, ④ 등이다.

180 다음 중 알루미늄에 관한 설명으로 틀린 것은?

① 경금속에 속한다.
② 전기 및 열전도율이 매우 나쁘다.
③ 비중이 2.7 정도, 용융점은 660℃ 정도이다.
④ 산화 피막의 보호 작용 때문에 내식성이 좋다.

해설 알루미늄의 경우 전기 및 열전도율이 높다.

181 알루미늄이 철강에 비하여 용접이 어려운 이유로서 옳지 못한 것은?

① 비열 및 열전도도가 높다.
② 용융점이 높다.
③ 지나친 융해가 되기 쉽다.
④ 팽창 계수가 매우 크다.

해설 알루미늄의 용융점은 660℃, 철의 용융점은 1,538℃이다.

182 다음 중 알루미늄 용접에 사용되는 용제가 아닌 것은?

① 염화나트륨　② 염화칼륨
③ 황산칼륨　④ 탄산나트륨

해설 알루미늄의 용접용 용제로서 사용하지 않는 것은 보기 ④이다.

183 알루미늄 및 그 합금은 대체로 용접성이 불량하다. 그 이유로 틀린 것은?

① 비열과 열전도도가 대단히 커서 단시간 내에 용융 온도까지 이르기가 힘들다.
② 용융점이 660℃로서 낮은 편이고 색채에 따라 가열 온도의 판정이 곤란하여 지나치게 용융되기 쉽다.
③ 강에 비해 응고 수축이 적어 용접 후 변형이 적으나 균열이 생기기 쉽다.
④ 용융 응고 시에 수소가스를 흡수하여 기공이 발생되기 쉽다.

해설 비열과 열전도가 커서 수축이 커서 변형이 많다.

184 알루미늄 합금의 가스 용접법으로 틀린 것은?

① 용접 중에 사용되는 용제는 염화리튬 15%, 염화칼륨 45%, 염화나트륨 30%, 플루오르화 칼륨 7%, 황산칼륨 3%이다.
② 200~400℃의 예열을 한다.
③ 얇은 판의 용접 시에는 변형을 막기 위하여 스킵법과 같은 용접방법을 채택하도록 한다.
④ 용접을 느린 속도로 진행하는 것이 좋다.

해설 알루미늄 가스용접 시 용융점이 낮고 변형을 고려한다면 용접속도가 느리면 안된다.

185 산화하기 쉬운 알루미늄을 용접할 경우에 가장 적당한 용접법은?

① 서브머지드 아크용접
② 불활성 아크용접
③ CO_2 아크용접
④ 전기저항용접

해설 보호가스로 불활성 가스를 사용하는 용접법이 적합하다.

186 19mm 두께의 알루미늄 판을 양면으로 TIG 용접을 하고자 할 때 이용할 수 있는 이음 방식은?

① I형 맞대기 용접
② V형 맞대기 용접
③ X형 맞대기 용접
④ 겹치기 용접

해설 비교적 후판이므로 X형 맞대기 방식을 적용한다.

187 알루미늄 합금, 구리 합금 용접에서 예열 온도로 가장 적합한 것은?

① 200~400℃　② 100~200℃
③ 60~100℃　④ 20~50℃

해설 보기 ①의 방법으로 예열한다.

정답 180. ② 181. ② 182. ④ 183. ③ 184. ④ 185. ② 186. ③ 187. ①

188 가스용접에서 알루미늄을 용접하고자 할 때 일반적으로 어떤 용접봉을 사용하는가?

① Al에 소량의 C를 첨가한 용접봉
② Al에 소량의 Fe를 첨가한 용접봉
③ Al에 소량의 P를 첨가한 용접봉
④ Al에 소량의 S를 첨가한 용접봉

해설 보기 ③의 용접봉을 사용한다.

189 구리의 성질에 관한 설명으로 틀린 것은?

① 전기 및 열의 전도율이 높은 편이다.
② 전연성이 좋아 가공이 용이하다.
③ 화학적 저항력이 적어서 부식이 쉽다.
④ 아름다운 광택과 귀금속적 성질이 우수하다.

해설 구리는 화학적 저항력이 커서 부식되지 않는다.

190 황동에 생기는 자연균열의 방지법으로 가장 적합한 것은?

① 도료나 아연 도금을 실시한다.
② 황동판에 전기를 흐르게 한다.
③ 황동에 약간의 철을 합금시킨다.
④ 수증기를 제거시킨다.

191 황동의 탈아연 부식에 대한 설명으로 틀린 것은?

① 탈아연 부식은 60 : 40 황동보다 70 : 30 황동에서 많이 발생한다.
② 탈아연된 부분은 다공질로 되어 강도가 감소하는 경향이 있다.
③ 아연이 구리에 비하여 전기 화학적으로 이온화 경향이 크기 때문에 발생한다.
④ 불순물과 부식성 물질이 공존할 때 수용액의 작용에 의하여 생긴다.

해설 황동이 해수에 접촉되면 염화아연이 생기고 아연이 용해되는 현상을 탈아연 현상이라 하며, 아연이 상대적으로 많이 함유된 60 : 40 황동에서 많이 발생한다.

192 다음 중 황동의 자연 균열 방지책과 가장 거리가 먼 것은?

① Zn 도금을 한다.
② 표면에 도료를 칠한다.
③ 암모니아, 탄산가스 분위기에서 보관한다.
④ 180~260℃에서 응력 제거 풀림을 한다.

해설 황동 자연 균열의 방지책으로 암모니아, 탄산가스, 염류, 알칼리성 분위기를 피하거나 도료나 아연도금을 한다.

193 구리가 주성분이며 소량의 은, 인을 포함하여 전기 및 열전도도가 뛰어나므로 구리나 구리 합금의 납땜에 적합한 것은?

① 양은납　　② 인동납
③ 금납　　④ 내열납

해설 인동납에 대한 내용이다.

194 다음 중 구리 합금의 용접작업에 사용하는 용제는?

① 붕사　　② 염화칼륨
③ 불화칼륨　　④ 황산칼리

해설 보기 ②, ③, ④의 경우 알루미늄과 그 합금의 용접용 용제로 사용된다.

★ **195** 구리 및 구리 합금의 용접성에 대한 설명으로 맞는 것은?

① 순구리의 열전도는 연강에 8배 이상이므로 예열이 필요 없다.
② 구리의 열팽창계수는 연강보다 50% 이상 크므로 용접 후 응고 수축 시 변형이 생기지 않는다.
③ 순수 구리의 경우 구리, 산소 이외에 납이 불순물로 존재하면 균열 등의 용접 결함은 생기지 않는다.
④ 구리 합금의 경우 고열에 의한 아연 증발로 용접사가 중독을 일으키기 쉽다.

정답 188. ③ 189. ③ 190. ① 191. ① 192. ③ 193. ② 194. ① 195. ④

해설 ① 200~350℃ 예열을 한다.
② 응고 수축이 크므로 변형이 발생한다.
③ 불순물이 포함되어 있는 경우 결함 발생의 원인이 된다.

196 구리 합금의 용접에 대한 설명으로 잘못된 것은?

① 구리에 비해 예열온도가 낮아도 된다.
② 비교적 루트 간격과 홈 각도를 크게 한다.
③ 가접은 가능한 줄인다.
④ 용제 중 붕사는 황동, 알루미늄 청동, 규소 청동 등의 용접에 사용된다.

해설 열팽창 계수가 크기 때문에 냉각에 의한 수축이 크다. 따라서 가접을 많이 하여 변형과 균열 발생을 예방하는 것이 좋다.

197 다음은 구리 및 구리 합금의 용접성에 관한 설명이다. 틀린 것은?

① 용접 후 응고 수축 시 변형이 생기기 쉽다.
② 충분한 용입을 얻기 위해 예열을 해야 한다.
③ 구리는 연강에 비해 열전도와 열팽창계수가 낮다.
④ 구리 합금은 과열에 의한 아연 증발로 중독을 일으키기 쉽다.

해설 순구리는 연강에 비해 열전도는 8배, 열팽창계수는 50% 이상 크다.

198 마그네슘 성질에 대한 설명 중 잘못된 것은?

① 비중은 1.74이다.
② 비강도가 Al(알루미늄) 합금보다 우수하다.
③ 면심입방격자이며, 냉간 가공이 가능하다.
④ 구상 흑연 주철의 첨가제로 사용한다.

해설 마그네슘은 조밀육방격자이며, 냉간가공이 곤란하다.

199 마그네슘 합금에 속하지 않는 것은?

① 다우메탈 ② 엘렉트론
③ 미쉬메탈 ④ 화이트메탈

해설 보기 ①, ②, ③ 등은 마그네슘 합금이며, 화이트메탈은 베어링용 합금으로 납(Pb)과 주석(Sn)을 주성분으로 하는 합금이다.

200 마그네슘 합금의 성질과 특징을 나타낸 것으로 적당하지 않은 것은?

① 비강도가 크고 냉간 가공이 거의 불가능하다.
② 인장강도, 연신율, 충격값이 두랄루민보다 적다.
③ 순수 구리의 경우 구리, 산소 이외에 납이 불순물로 존재하면 균열 등의 용접 결함은 생기지 않는다. 피절삭성이 좋으며, 부품의 무게 경감에 큰 효과가 있다.
④ 바닷물에 접촉하여도 침식되지 않는다.

해설 마그네슘의 경우 알칼리에는 강하지만 해수에서는 수소를 방출하면서 용해한다. .

201 마그네슘 합금이 구조 재료로서 갖는 특성에 해당되지 않는 것은?

① 비강도(강도/중량)가 적어서 항공 우주용 재료로써 매우 유리하다.
② 기계 가공성이 좋고 아름다운 절삭면이 얻어진다.
③ 소성 가공성이 낮아서 상온 변형이 곤란하다.
④ 주조 시 생산성이 좋다.

해설 마그네슘의 경우 비중(1.74)이 낮은 반면, 기계적 성질이 좋아 일반적으로 비강도가 좋다.

202 다음 중 니켈에 성질에 관한 설명이다 틀린 것은?

① 내식성이 크다.
② 상온에서 강자성체이다.
③ 면심입방격자(FCC)의 구조를 갖는다.
④ 아황산가스를 품은 공기에도 부식되지 않는다.

해설 니켈의 화학적 성질은 대기 중에서 거의 부식되지 않으나, 아황산가스(SO_2)를 품은 공기에서는 심하게 부식된다.

정답 196. ③ 197. ③ 198. ③ 199. ④ 200. ④ 201. ① 202. ④

203 주로 전자기 재료로 사용되는 Ni-Fe 합금이 아닌 것은?

① 인바 ② 슈퍼 인바
③ 콘스탄탄 ④ 플래티나이트

해설 보기 ③의 콘스탄탄은 Ni-Cu계 합금이다.

204 다음 중 70~90%Ni, 10~30%Fe을 함유한 합금은 어느 것인가?

① 어드밴스(advance)
② 큐프로 니켈(cupro nickel)
③ 퍼멀로이(permalloy)
④ 콘스탄탄(constantan)

해설 보기 ①, ②, ④ 등은 Ni-Cu계 합금이다.

205 합금강에서 강에 티탄(Ti)을 약간 첨가하였을 때 얻는 효과로 가장 적합한 것은?

① 담금질 성질 개선
② 고온 강도 개선
③ 결정 입자 미세화
④ 경화능 향상

해설 보기 ③의 효과를 볼 수 있다.

★
206 비중이 4.5 정도이며 가볍고 강하며 열에 잘 견디고 내식성이 강한 특징을 가지고 있으며 융점이 1,670℃ 정도로 높고 스테인리스강보다도 우수한 내식성 때문에 600℃까지 고온 산화가 거의 없는 비철금속은?

① 티탄 ② 아연
③ 크롬 ④ 마그네슘

해설 티탄의 성질에 대한 내용이다.

207 비중이 1.74이고 비철 금속 중에서 알루미늄, 구리 다음으로 많이 생산되며, 황동과 다이캐스팅용 합금에 많이 이용되는 금속은?

① 은 ② 티탄
③ 아연 ④ 규소

해설 아연의 성질에 대한 내용이다.

208 아연과 그 합금에 대한 설명으로 틀린 것은?

① 조밀육방격자형이며 청백색으로 연한 금속이다.
② 아연 합금에는 Zn-Al계, Zn-Al-Cu계 및 Zn-Cu계 등이 있다.
③ 주조성이 나쁘므로 다이캐스팅용에 사용되지 않는다.
④ 주조한 상태의 아연은 인장강도나 연신율이 낮다.

해설 아연의 경우 황동과 다이캐스팅용 합금에 많이 이용된다.

209 주석(Sn)의 비중과 용융점을 가장 적당하게 나타낸 것은?

① 2.67, 660℃ ② 7.26, 232℃
③ 8.96, 1,083℃ ④ 7.87, 1,538℃

해설 ① 알루미늄, ③ 구리, ④ 철

210 주석(Sn)에 대한 설명 중 틀린 것은?

① 은백색의 연한 금속으로 용융점은 232℃ 정도이다.
② 독성이 없으므로 의약품, 식품 등의 튜브로 사용된다.
③ 고온에서 강도, 경도, 연신율이 증가한다.
④ 상온에서 연성이 충분하다.

해설 주석은 고온에서 강도, 경도, 연신율 등이 저하한다.

211 퓨즈, 활자, 정밀 모형 등에 사용되는 아연, 주석, 납계 저용융점 합금이 아닌 것은?

① 비스무트 땜납(bismuth solder)
② 리포위쯔 합금(Lipouitz alloy)
③ 다우 메탈(dow metal)
④ 우즈 메탈(Wood's metal)

해설 다우 메탈은 마그네슘 합금의 종류이다.

정답 203. ③ 204. ③ 205. ③ 206. ① 207. ③ 208. ③ 209. ② 210. ③ 211. ③

212 저용점 합금은 다음 중 어느 금속의 용융점보다 낮은 합금의 총칭인가?

① Cu ② Zn
③ Mg ④ Sn

해설 주석(Sn)의 용점 232℃보다 낮은 합금을 저용점 합금이라 한다.

213 실용 금속 중 밀도가 유연하며, 윤활성이 좋고 내식성이 우수하며 방사선의 투과도가 낮은 것이 특징인 금속은?

① 니켈 ② 아연
③ 구리 ④ 납

해설 납에 대한 내용이다.

214 열팽창 계수가 높으며 케이블의 피복, 활자 금속용, 방사선 물질의 보호재로 사용되는 것은?

① 니켈 ② 아연
③ 구리 ④ 납

해설 납에 대한 내용이다.

215 티탄 합금을 용접할 때 용접이 가장 잘되는 용접법은?

① 피복아크용접
② 불활성 가스 아크용접
③ 산소-아세틸렌 가스용접
④ 서브머지드 아크용접

해설 티탄 합금은 불활성 가스 아크 용접법을 적용한다.

02 용접 재료 열처리

01 강을 담금질(quenching)할 때 가장 냉각 효과가 빠른 냉각액은?

① 소금물 ② 기름
③ 비눗물 ④ 물

해설 보기 중에서 가장 냉각효과가 큰 것은 소금물이다. 물보다 냉각효과가 큰 것은 소금물, NaOH용액, 황산 등이며, 물보다 냉각효과가 작은 것은 기름 등이다.

02 담금질 효과와 관계없는 것은?

① 가열온도 ② 자성
③ 냉각속도 ④ 냉각제

해설 담금질 효과와 자성은 관계가 멀다.

03 담금질과 가장 관계가 깊은 것은 어느 것인가?

① 열전대 ② 고용체
③ 변태점 ④ 금속간 화합물

해설 담금질의 경우 가열온도가 A_2, A_3 또는 A_{cm}선 이상의 온도로 가열한다. 즉 강재를 $\gamma-Fe$로 변태시킨 후 급랭으로 인하여 경도 확보가 주목적이다.

04 오스테나이트 조직이 마텐자이트 조직으로 되게 하기 위한 일반적으로 사용하는 냉각법은?

① 노냉 ② 공랭
③ 유냉 ④ 서냉

해설 마텐자이트 조직은 담금질에서 수냉을 통한 급랭 시 얻어지나 보기 중 수냉만큼의 냉각효과가 있는 유냉 시에도 얻어질 수 있다.

05 열처리 방법 중 강을 오스테나이트 조직의 영역으로 가열한 후 급랭하는 것은?

① 풀림(annealing) ② 담금질(quenching)
③ 불림(normalizing) ④ 뜨임(tempering)

해설 담금질에 대한 내용이다.

06 스프링강을 830~860℃에서 담금질하고 450~570℃에서 뜨임 처리하였다. 이때 얻어지는 조직은?

① 마텐자이트 ② 투르스타이트
③ 소르바이트 ④ 시멘타이트

해설 담금질 후 뜨임처리하면 소르바이트 조직을 얻을 수 있다.

정답 212. ④ 213. ④ 214. ④ 215. ② / 01. ① 02. ② 03. ③ 04. ③ 05. ② 06. ③

07 다음 금속 재료 중에서 가장 용접하기 어려운 것은?

① 철 ② 알루미늄
③ 티탄 ④ 니켈 경합금

해설 보기 중에서는 니켈 경합금이 가장 용접하기 어렵다.

08 담금질 균열 방지책이 아닌 것은?

① 급격한 냉각을 위하여 빠른 속도로 냉각한다.
② 가능한 수냉을 피하고 유냉을 한다.
③ 설계 시 부품의 직각 부분을 적게 한다.
④ 부분적인 온도차를 적게 하기 위해 부분 단면을 적게 한다.

해설 보기 ②, ③, ④ 등이 냉각속도를 느리게 하는 방법이다.

09 담금질에 의한 변형 방지법 중 틀린 것은?

① 소재를 대칭되는 축방향으로 냉각액 속에 넣는다.
② 소재를 냉각액 속에 가라앉지 않도록 한다.
③ 가열된 소재를 냉각액 속에서 재빨리 흔들어 준다.
④ 중공의 소재는 냉각액 속에 오래 담가둔다.

해설 담금질에 의한 변형 방지법으로 보기 ①, ②, ③ 등이 있다.

★
10 강의 담금질 조직에서 경도 순서를 바르게 나타낸 것은?

① 마텐자이트 > 트루스타이트 > 솔바이트 > 오스테나이트
② 마텐자이트 > 솔바이트 > 오스테나이트 > 트루스타이트
③ 마텐자이트 > 트루스타이트 > 오스테나이트 > 솔바이트
④ 마텐자이트 > 솔바이트 > 트루스타이트 > 오스테나이트

해설 열처리 조직을 경도 순으로 나열하면 보기 ①과 같다.

11 탄소강의 담금질 중 고온의 오스테나이트 영역에서 소재를 냉각하면 냉각 속도의 차에 따라 마텐자이트, 트루스타이트, 솔바이트, 오스테나이트 등의 조직으로 변태되는데 이들 조직 중 강도와 경도가 가장 높은 것은?

① 마텐자이트 ② 투르스타이트
③ 소르바이트 ④ 오스테나이트

해설 열처리 조직 중 강도와 경도가 가장 높은 것은 마텐자이트 조직이다.

12 강의 담금질 조직을 냉각속도에 따라 구분할 때 속하지 않는 것은?

① 시멘타이트 ② 마텐자이트
③ 트루스타이트 ④ 오스테나이트

해설 시멘타이트 조직은 열처리 조직이 아니다.

13 큰 재료의 유냉 시 또는 공랭 시에 얻는 조직은?

① 마텐자이트 ② 시멘타이트
③ 솔바이트 ④ 펄라이트

해설 재료가 크게 되어 유냉 시 담금질 효과가 약해지면서 솔바이트 조직이 된다.

14 페라이트와 시멘타이트의 입상 혼합물로 고온 뜨임 시 생기는 조직은?

① 소르바이트 ② 펄라이트
③ 페라이트 ④ 오스테나이트

해설 소르바이트(sorbite) 조직에 대한 내용이다.

15 강을 동일한 조건에서 담금질할 경우 '질량 효과(mass effect)가 적다'의 가장 적합한 의미는?

① 냉간 처리가 잘된다.
② 담금질 효과가 적다.
③ 열처리 효과가 잘 된다.
④ 경화능이 적다.

해설 질량 효과가 적다는 담금질이 잘된다. 즉 열처리 효과가 좋다는 등의 의미이다.

정답 07. ④ 08. ① 09. ④ 10. ① 11. ① 12. ① 13. ③ 14. ① 15. ③

16 재료의 내 · 외부에 열처리 효과의 차이가 생기는 현상을 질량 효과라고 한다. 이것은 강의 담금질성에 의해 영향을 받는데 이 담금질 성을 개선시키는 효과가 있는 원소는?

① Pb ② Zn
③ C ④ B

해설 붕소(B)가 담금질 성을 개선시키는 효과가 있다.

17 질량의 대소에 따라 담금질 효과가 다른 현상을 질량 효과라고 한다. 탄소강에 니켈, 크롬, 망간 등을 첨가하면 질량 효과가 어떻게 변하는가?

① 질량 효과가 커진다.
② 질량 효과가 작아진다.
③ 질량 효과는 변하지 않는다.
④ 질량 효과가 작아지다가 커진다.

해설 보기 ②처럼 된다.

18 탄소강을 담금질할 때 내부와 외부에 담금질 효과가 다르게 나타나는 것을 무엇이라 하는가?

① 노치 효과 ② 담금질 효과
③ 질량 효과 ④ 비중 효과

해설 질량 효과에 대한 내용이다.

19 알루미늄 합금의 열처리에 이용되는 것은?

① 담금질 경화 ② 뜨임 경화
③ 석출 경화 ④ 자경성

해설 알루미늄 합금의 경우 일반 열처리(주로 강재에 적용)가 아닌 석출 경화 등을 적용한다.

★
20 기본 열처리 방법의 목적을 설명한 것으로 틀린 것은?

① 담금질 – 급랭시켜 재질을 경화시킨다.
② 풀림 – 재질을 연하고 균일화하게 한다.
③ 뜨임 – 담금질된 것에 취성을 부여한다.
④ 불림 – 소재를 일정 온도에서 가열 후 공랭시켜 표준화한다.

해설 뜨임은 담금질 한 재료는 취성이 커서 인성을 부여하기 위한 열처리 방법이다.

21 담금질 한 강에 뜨임을 하는 가장 주된 목적은?

① 재질에 인성을 가지게 하려고
② 조대화된 조직을 정상화하려고
③ 재질을 더 단단하게 하려고
④ 재질의 화학성분을 보충하기 위하여

해설 보기 ①이 뜨임의 목적이다.

22 풀림 시 냉각 방법은?

① 노냉
② 유냉
③ 수냉
④ 소금물에 의한 냉각

해설 풀림 시 가열로 안에서 아주 서서히 냉각시킨다.

23 풀림의 주목적은 어느 것인가?

① 연화 ② 마모성 증대
③ 부식성 증대 ④ 경화

해설 풀림은 강의 연화, 입도 미세화, 내부응력 제거 등의 목적으로 하는 열처리 방법이다.

24 구상화 풀림은 다음 무엇을 구상화하기 위하여 하는 것인가?

① γ−철 ② α−철
③ Fe_3C ④ 페라이트

해설 구상화 풀림은 펄라이트 중의 층상 시멘타이트가 그대로 존재하면 절삭성이 나빠지므로 이것을 구상화하기 위하여 A_{c1}점 아래(650~700℃)에서 일정시간 가열 후 냉각시키는 방법이다.

25 용접부에 잔류응력을 없애기 위한 열처리 방법은?

① 뜨임 ② 풀림
③ 불림 ④ 담금질

해설 풀림의 목적에 대한 내용이다.

정답 16. ④ 17. ② 18. ③ 19. ③ 20. ③ 21. ① 22. ① 23. ① 24. ③ 25. ②

26 풀림 열처리의 목적으로 틀린 것은?

① 내부의 응력 증가
② 조직의 균일화
③ 가스 및 불순물 방출
④ 조직의 미세화

해설 풀림 시 내부의 응력이 제거가 된다.

27 A_3 또는 Acm선 이상 30~50℃ 정도로 가열하여 균일한 오스테나이트 조직으로 한 후에 공냉시키는 열처리 작업은?

① 풀림(annealing)
② 담금질(quenching)
③ 불림(normalizing)
④ 뜨임(tempering)

해설 불림에 대한 내용이다.

28 S곡선에서 M_f점은 무엇을 표시하는가?

① 마텐자이트 변태가 시작하는 점
② 항온 변태가 시작하는 점
③ 마텐자이트 변태가 끝나는 점
④ 항온 변태가 끝나는 점

해설 • M_f : Martensite변태가 끝나는(finish)점
• M_s : 마텐자이트 변태가 시작되는 점

29 TTT(Time, Temperature, Transformation) 곡선과 관계있는 곡선은?

① Fe-C 곡선 ② 탄성 곡선
③ 항온 변태 곡선 ④ 인장 곡선

해설 열처리하고자 하는 재료를 오스테나이트 상태로 가열하여 일정한 온도의 염욕 또는 200℃ 이하의 실린더유를 가열한 유조 중에서 담금과 뜨임하는 것을 항온열처리라고 하고 이 방법은 온도(Temperature), 시간(Time), 변태(Transformation)의 3가지 변화를 선도로 표시하는데 이를 항온변태곡선, TTT곡선, S곡선이라 한다.

30 강재를 M_s점까지 급랭하고 강재가 그 온도로 되었을 때 이것을 공랭하는 방법은?

① 노치 효과 ② 마퀜칭
③ 질량 효과 ④ 심랭 처리

해설 마퀜칭(marquenching)에 대한 내용이다.

31 강철의 담금질에 있어서 잔류 오스테나이트를 소멸시키기 위하여 0℃ 이하의 냉각제 중에서 처리하는 담금질 작업은?

① 심랭 처리 ② 염욕 처리
③ 항온 변태 처리 ④ 오스템퍼링

해설 심랭 처리, 서브제로 처리에 대한 내용이다.

32 열처리를 분류할 때 항온 열처리에 해당되지 않는 것은?

① 오스템퍼링 ② 마템퍼링
③ 노멀라이징 ④ 마퀜칭

해설 불림(normalizing)은 기본 열처리에 해당한다.

33 강제품의 표면경화법이 속하지 않는 것은?

① 초음파 침투법 ② 질화법
③ 침탄법 ④ 방전경화법

해설 강의 표면경화법으로 보기 ②, ③, ④ 이외에 화염경화법, 방전경화법, 금속침투법 등이 있다.

34 표면경화법에 해당되지 않는 것은?

① 침탄법 ② 질화법
③ 화염경화법 ④ 풀림법

해설 풀림법은 일반 열처리 방법이다.

35 다음 중 침탄질화법에 사용되는 액체 침탄제는?

① 시안화나트륨(NaCN)
② 수산화나트륨(NaOH)
③ 탄산칼륨(K_2CO_3)
④ 염화칼륨(KCl)

정답 26. ① 27. ③ 28. ③ 29. ③ 30. ② 31. ① 32. ③ 33. ① 34. ④ 35. ①

해설 액체 침탄제는 시안화나트륨(NaCN), 시안화칼륨(KCN) 등이다.

36 시안화나트륨(NaCN)을 이용한 표면경화법은?

① 질화법 ② 침탄법
③ 화염담금질 ④ 액체침탄(청화법)

해설 액체 침탄법(청화법)에 대한 내용이다.

37 고체침탄에서 사용하는 침탄제는?

① NaCl ② 코크스
③ KCl ④ Na_2CO_3

해설 고체침탄제는 목탄이나 코크스 분말 등이다.

38 질화법에 사용되는 질화제는 어느 것인가?

① 청산칼리 ② 탄산소다
③ 염화칼슘 ④ 암모니아가스

해설 질화법에 주로 사용되는 질화제는 암모니아(NH_3) 가스이다.

39 강의 표면에 질소를 침투시켜 경화시키는 표면경화법은?

① 침탄법 ② 질화법
③ 고주파 담금질 ④ 방전경화법

해설 질화법에 대한 내용이다.

40 질화 처리의 특성에 관한 설명으로 틀린 것은?

① 침탄에 비해 높은 표면 경도를 얻을 수 있다.
② 고온에서 처리되어 변형이 크고 처리 시간이 짧다.
③ 내마모성이 커진다.
④ 내식성이 우수하고 피로 한도가 향상된다.

해설 침탄은 변형이 크게 생기는 반면 질화는 변형이 적다.

41 다음 부품 가운데 표면 경화를 하지 않는 것은?

① 기어 ② 바이트
③ 캠 ④ 선반 배드

해설 바이트는 재료 자체가 초경합금이다.

42 크랭크축과 같이 복잡하고 큰 재료의 표면을 경화시키는 데 사용되는 경화법은?

① 침탄법 ② 도금법
③ 질화법 ④ 화염경화법

해설 화염경화법을 적용하면 된다.

43 기어의 잇면, 크랭크축, 캠, 스핀들, 펌프, 축, 동력 전달용 체인 등의 표면 경화법으로 가장 적합한 것은?

① 질화법 ② 가스 침탄법
③ 화염경화법 ④ 청화법

해설 화염경화법은 일반적으로 0.4%C 전후의 강에 쓰이며 산소-아세틸렌 불꽃으로 표면만을 가열하고 물로 급랭하여 담금질하는 조작법으로 경화층의 깊이는 불꽃의 온도, 가열 시간, 불꽃 이동 속도로 조정한다. 크랭크축, 기어, 선반의 베드, 샤프트, 롤, 레일 등의 용도로 쓰인다.

44 산소-아세틸렌가스를 사용하여 담금질 성이 있는 강재의 표면만을 경화시키는 방법은?

① 화염경화법 ② 질화법
③ 고주파 경화법 ④ 가스침탄법

해설 화염경화법에 대한 내용이다.

★ **45** C 이외에 Al, Si, Cr, Zn, B, Ti 등을 강의 표면에 침투 확산시켜 표면에만 합금층 및 금속 피복을 만드는 방법은 무엇인가?

① 시멘테이션 ② 쇼트피닝
③ 메탈 스프레이 ④ 하드 페이싱

해설 금속침투법에 대한 내용이다.

46 강재 표면에 Cr을 침투시키는 경화법은?

① 세라다이징 ② 칼로라이징
③ 크로마이징 ④ 실리코나이징

정답 36. ④ 37. ② 38. ④ 39. ② 40. ② 41. ② 42. ④ 43. ③ 44. ① 45. ① 46. ③

47 금속 표면에(특히 강에) 타금속 또는 Si(규소) 등을 침투시켜 그 표면에 합금층을 형성하여 내식성, 내산성, 내마소성 등을 증가시킨다. 이 방법 중 칼로라이징이란 강의 표면에 어떤 원소를 침투시키는 것인가?

① 알루미늄　　② 크롬
③ 규소　　④ 붕소

해설 [문 48번] 해설 참고

48 금속 침투법의 종류와 침투 원소의 연결이 틀린 것은?

① 세라다이징 - Zn
② 크로마이징 - Cr
③ 칼로라이징 - Ca
④ 보로나이징 - B

해설 금속 침투법

종류	침투제	종류	침투제
세라다이징	Zn	크로마이징	Cr
칼로라이징	Al	실리코나이징	Si
보로나이징	B		

49 강재의 화학 조성을 변화시키지 않으며 행하는 경화법은?

① 금속침투법　　② 침탄질화법
③ 질화법　　④ 쇼트 피닝법

해설 쇼트 피닝은 강철 볼을 소재 표면에 투사하여 가공 경화층을 형성시키는 방법으로 화학 조성의 성분 변화가 없으며 휨, 비틀림 응력을 개선하여 피로한도가 크게 증가한다.

50 스프링의 휨, 비틀림 등의 반복 응력에서 피로 한도를 향상시키는 데 이용되는 방법은?

① 고주파 경화법　　② 쇼트 피닝법
③ 침탄법　　④ 오스템퍼법

해설 [문 49번] 해설 참고

51 강이나 주철제의 작은 볼을 고속 분사하는 방식으로 표면층을 가공 경화시키는 것은?

① 금속침투법　　② 쇼트 피닝법
③ 하드 페이싱　　④ 질화법

해설 쇼트 피닝법에 대한 내용이다.

정답 47. ① 48. ③ 49. ④ 50. ② 51. ②

Craftsman Welding

제 5 편

기계제도 (비절삭 부분)

Craftsman Welding

Chapter 01

제도통칙 등

1-1 일반사항

1 제도의 정의

설계자가 추구하는 의도를 기계(요소부품) 제작자에게 정확하게 전달하기 위하여 일정한 표준(KS, ISO 등)에 따라서 선과 문자 및 기호 등을 사용하여 생산품의 형상, 구조, 크기, 재료, 가공법 등을 기계제도 산업표준에 맞추어 정확하고 간단명료하게 컴퓨터를 활용하여 도면(CAD)을 작성하는 과정을 말한다.

2 제도의 필요성

기계 제도는 설계자의 의사를 정확하고 간단하게 표시한 도면이다. 이 도면은 세계 각국이 서로 통할 수 있는 공통된 표현으로 널리 사용되고 있다. 제도사는 기계를 제작하는 사람의 입장에서 제품의 형상, 크기, 재질, 가공법 등을 알기 쉽고 간단하고 정확하게 또한 일정한 규칙에 따라 제도하지 않으면 안된다.

3 제도의 규격

우리나라는 1966년에 공업표준화법이 제정되어 한국공업표준규격(KS : Korean Industrial Standards)이 제정되었다. [표 1-1]은 분류기호이고, [표 1-2]는 각국의 공업규격을 표시한 것이다.

[표 1-1] KS 분류

기호	부문	기호	부문	기호	부문
A	기 본	F	건 설	M	화 학
B	기 계	G	일용품	P	의 료
C	전 기	H	식료품	R	수동기계
D	금 속	K	섬 유	V	조 선
E	광 산	L	요 업	W	항 공

[표 1-2] 각국의 공업규격

제정연도	국명	기호
1966	한　국	KS(Korean Industrial Standards)
1901	영　국	BS(British Standards)
1917	독　일	DIN(Deutsch Industrie Normen)
1918	미　국	ASA(American Standard Association)
1947	국제표준	ISO(International Organization for Standardization)
1952	일　본	JIS(Japanese Industrial Standards)

1-2 도면

1 도면의 종류

① 도면의 용도에 의한 분류 : 계획도, 제작도, 주문도, 견적도, 승인도, 설명도 등

② 내용에 따른 분류 : 조립도, 부품도, 부분 조립도, 공정도, 공작 공정도, 제조 공정도, 플랜트 공정도, 결선도, 배선도, 배관도, 계통도, 기초도, 배치도, 장치도, 외형도, 구조선도, 곡면선도, 전개도 등

③ 성격에 따른 분류 : 원도, 사도, 청사진도, 스케치도 등

2 도면의 크기

(1) 도면의 치수

KS에서는 제도 용지의 폭과 길이의 비는 $1:\sqrt{2}$이고, A열의 A0~A5를 사용한다. A0의 면적은 $1m^2$이고, B0의 면적은 $1.5m^2$이다. 큰 도면은 접을 때 A4 크기로 접는 것이 원칙이다.

[표 1-3] 도면 크기의 종류 및 윤곽의 치수　　[단위 : mm]

크기의 호칭			A0	A1	A2	A3	A4
a×b			841×1189	594×841	420×594	297×420	210×297
도면의 윤곽	c(최소)		20	20	10	10	10
	d (최소)	철하지 않을 때	20	20	10	10	10
		철할 때	25	20	20	20	20

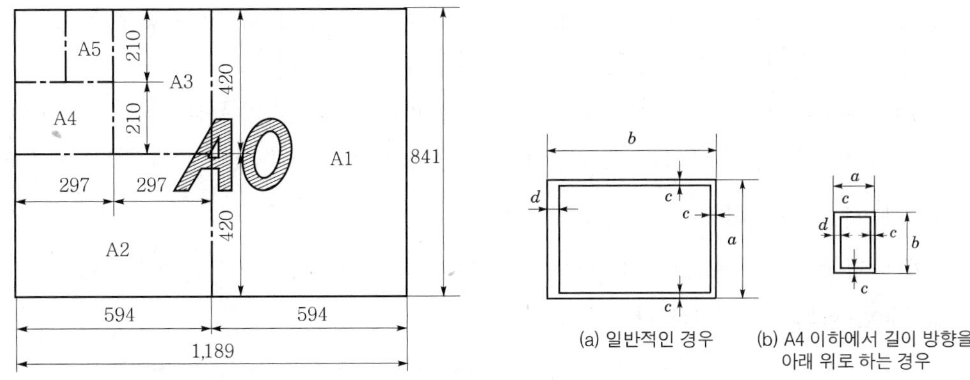

[그림 1-1] 도면의 크기 비교

(2) 도면의 양식

① **표제란** : 도면이 완성된 후 제도자의 성명, 도명, 각법 등을 나타내어 도면을 이름 짓는 것이라 할 수 있다. 표제란은 그 형식은 일정하지 않으며, 회사의 특성에 맞추어 크기, 형상, 위치 등이 달라지고 있다. 그러나 표제란의 위치는 도면의 우측 하단에 위치하는 것이 원칙이며 도면번호, 도명, 제도자 서명, 책임자 서명, 각법, 척도 등을 기입한다.

② **부품란** : 일반적으로 도면의 우측 상단 또는 표제란 바로 위에 위치하며, 부품번호, 재질, 규격, 수량, 공정 등이 기록된다. 부품번호는 부품란의 위치가 표제란 위에 있을 때는 아래에서 위로 기입하고, 부품란의 위치가 도면의 우측 상단에 있을 때는 위에서 아래로 기입한다.

③ **윤곽 및 윤곽선** : 재단된 용지의 가장자리와 그림을 그리는 영역을 한정하기 위하여 선으로 그어진 윤곽은 모든 크기의 도면에 설치해야 한다. 그림을 그리는 영역을 한정하기 위한 윤곽선은 최소 0.5mm 이상 두께의 실선으로 그리는 것이 좋다.

④ **중심 마크** : 도면을 다시 만들거나 마이크로필름으로 만들 때 도면의 위치를 자리잡기 위하여 4개의 중심 마크를 표시한다.

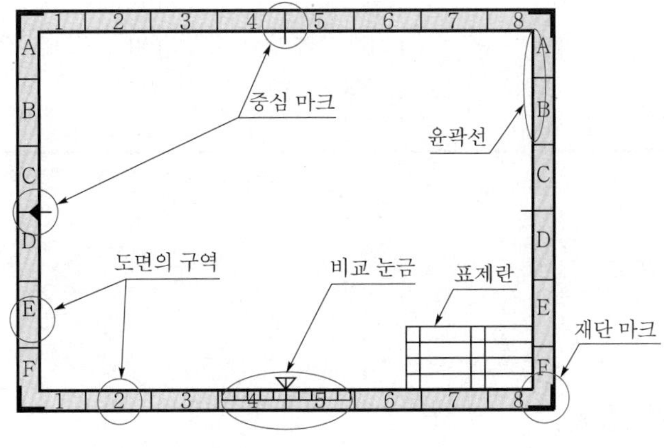

[그림 1-2] 도면의 양식

⑤ **재단 마크** : 복사도의 재단에 편리하도록 용지의 네 모서리에 재단 마크를 붙인다. 재단 마크는 두 변의 길이가 약 10mm의 직각이등변삼각형으로 한다.

⑥ **비교 눈금** : 모든 도면상에는 최소 100mm 길이에 10mm 간격의 눈금을 긋는다. 비교 눈금은 도면 용지의 가장자리에서 가능한 한 윤곽선에 겹쳐서 중심 마크에 대칭으로 표시한다.

(3) 도면에 사용되는 척도

물체의 형상을 도면에 그릴 때 도형의 크기와 실물의 크기와의 비율을 척도(scale)라 한다. 일반적인 척도의 표시법은 다음과 같다.

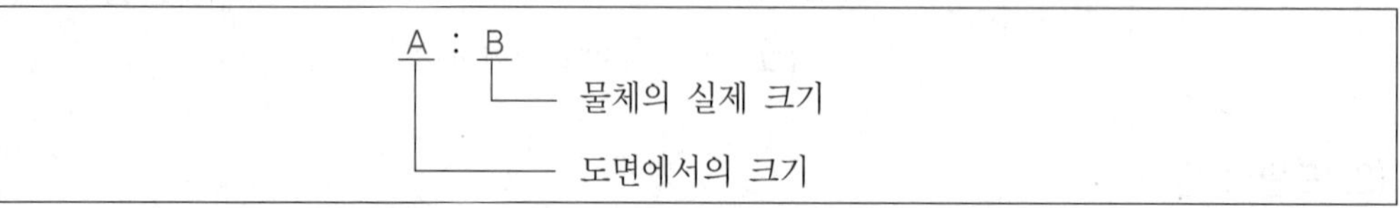

① 한 도면에서 2종류 이상의 다른 척도를 사용할 때는 주된 척도를 표제란에 기입하고 필요에 따라 각 도형의 위나 아래에 척도를 기입한다.

② 도면에 기입하는 각 부의 치수는 척도에 관계없이 실물의 치수로 현척의 경우와 같이 기입한다.

③ 도형의 형태가 치수와 비례하지 않을 때는 숫자 아래의 '-'를 긋거나 척도란에 '비례척이 아님' 또는 'NS'를 표시한다.

④ 사진으로 축소 확대하는 도면에는 그에 따른 척도에 의해 자의 눈금 일부를 기입한다. 척도는 KS 규정에 의한 척도로 도형을 그려야 하며 실척, 축척, 배척 등이 있다.

[표 1-4] 제도에 사용하는 척도

종류	척도					내용
배척	50 : 1	20 : 1	10 : 1	5 : 1	2 : 1	실물 크기보다 크게
현척	1 : 1					실물 크기와 같게
축척	1 : 2 1 : 20 1 : 200 1 : 2000	1 : 5 1 : 50 1 : 500 1 : 5000	1 : 10 1 : 100 1 : 1000 1 : 10000			실물 크기보다 작게

1-3 문자

1 문자

(1) 제도에 사용하는 문자

제도에 사용하는 문자에는 한자, 한글, 숫자, 영자 등이 있다. 한글 서체는 활자체에 준하는 것이 좋고 숫자는 주로 아라비아 숫자를 사용하며, 영자는 주로 로마자의 대문자를 사용한다. 숫

자, 영자의 서체는 J형 사체, B형 사체 또는 B형 입체 중 어느 한 가지를 사용하며 혼용하지 않는다.

(2) 글자와 문자 쓰는 방법

① 글자는 명확히 쓰고 글자체는 고딕체로 하여 수직 또는 15° 경사로 씀을 원칙으로 한다.
② 한글의 크기는 호칭 2.24, 3.15, 4.5, 6.3, 9mm의 5종류로 한다. 다만 필요한 경우 다른 치수를 사용하여도 좋다(12.5, 18mm 등).
③ 아라비아 숫자의 경우 호칭 2.24, 3.15, 4.5, 6.3, 9mm의 5종류로 한다.
④ 문장은 왼편에서 가로쓰기를 원칙으로 한다.

1-4 선의 종류

선은 길이의 굵기가 절반보다 길고 시작점과 끝점까지 끊김이 있거나 없는 직선 또는 곡선으로 연결된 기하학적인 표시이다. 선의 굵기는 0.13, 0.18, 0.25, 0.35, 0.5, 0.7, 1, 1.4, 2mm 등 9종이 있으며, 하나의 도면에서는 그 굵기가 동일하여야 한다.

1 선의 종류

① 모양에 따라 실선, 파선, 쇄선 등 3가지로 구분하며, 쇄선의 경우 1점 쇄선과 2점 쇄선으로 구분한다.

[표 1-5] 모양에 따른 선의 종류

종류	정의	모양
실선	연속된 선	————
파선	일정한 간격으로 짧은 선의 요소가 규칙적으로 되풀이되는 선	············
1점 쇄선	장·단 2종류 길이의 선의 요소가 번갈아가며 되풀이되는 선	—— - ——
2점 쇄선	장·단 2종류 길이의 선의 요소가 장·단·단·장·단·단의 순으로 되풀이되는 선	—— - - ——

② 굵기에 따라 가는 선, 굵은 선, 극히 굵은 선 등으로 구분하며, 그 굵기의 비율은 1:2:4로 한다.

③ 용도에 따른 분류([표 1-6] 참고)

[표 1-6] 선의 용도에 따른 분류

용도에 의한 명칭	선의 종류		선의 용도
외형선	굵은 실선	————	대상물이 보이는 부분의 모양을 표시하는 데 쓰인다.
치수선	가는 실선	————	치수를 기입하기 위하여 쓴다.
치수보조선			치수를 기입하기 위하여 도형으로부터 끌어내는 데 쓰인다.
지시선			기술 · 기호 등을 표시하기 위하여 끌어내는 데 쓰인다.
회전단면선			도형 내에 그 부분의 끊은 곳을 90° 회전하여 표시하는 데 쓰인다.
중심선			도형의 중심선을 간략하게 표시하는 데 쓰인다.
수준면선			수면, 유면 등의 위치를 표시하는 데 쓰인다.
숨은선	가는 파선 또는 굵은 파선	············	대상물의 보이지 않는 부분의 모양을 표시하는 데 쓰인다.
중심선	가는 일점 쇄선	—— - ——	① 도형의 중심을 표시하는 데 쓰인다. ② 중심이 이동한 중심 궤적을 표시하는 데 쓰인다.
기준선			특히 위치 결정의 근거가 된다는 것을 명시할 때 쓰인다.
피치선			되풀이하는 도형의 피치를 취하는 기준을 표시하는 데 쓰인다.
특수지정선	굵은 일점 쇄선	—— - ——	특수한 가공을 하는 부분 등 특별한 요구사항을 적용할 수 있는 범위를 표시하는 데 사용한다.
가상선	가는 이점 쇄선	—— - - ——	① 인접 부분을 참고로 표시하는 데 사용한다. ② 공구, 지그 등의 위치를 참고로 나타내는 데 사용한다. ③ 가동 부분을 이동 중의 특정한 위치 또는 이동 한계의 위치로 표시하는 데 사용한다. ④ 가공 전 또는 가공 후의 모양을 표시하는 데 사용한다. ⑤ 되풀이하는 것을 나타내는 데 사용한다. ⑥ 도시된 단면의 앞쪽에 있는 부분을 표시하는 데 사용한다.
무게중심선			단면의 무게중심을 연결한 선을 표시하는 데 사용한다.

용도에 의한 명칭	선의 종류		선의 용도
파단선	불규칙한 파형의 가는 실선 또는 지그재그선		대상물의 일부를 파단한 경계 또는 일부를 떼어 낸 경계를 표시하는 데 사용한다.
절단선	가는 일점 쇄선으로 끝부분 및 방향이 변하는 부분을 굵게 한 것		단면도를 그리는 경우, 그 절단 위치를 대응하는 경계를 표시하는 데 사용한다.
해칭	가는 실선으로 규칙적으로 줄을 늘어놓은 것		도형의 한정된 특정 부분을 다른 부분과 구별하는 데 사용한다. 보기를 들면 단면도의 절단된 부분을 나타낸다.
특수한 용도의 선	가는 실선		① 외형선 및 숨은 선의 연장을 표시하는 데 사용한다. ② 평면이란 것을 나타내는 데 사용한다. ③ 위치를 명시하는 데 사용한다.
	아주 굵은 실선		얇은 부분의 단면을 도시하는 데 사용한다.

2 선의 사용 우선순위

도면에서 2종류 이상의 선이 같은 장소에 겹치게 되는 경우에는 **외형선>숨은선>절단선>중심선>무게중심선>치수보조선** 등의 순위에 따라 그린다.

3 선 긋는 법

① **수평선** : 왼쪽에서 오른쪽으로 단 한번에 긋는다.

② **수직선** : 아래에서 위로 긋는다.

③ **사선** : 오른쪽 위를 향하는 경우 아래에서 위로, 왼쪽 위로 향하는 경우 위에서 아래로 긋는다.

1-5 투상법 및 도형의 표시방법

1 투상법

(1) 정투상도

기계 제도에서는 원칙적으로 정투상도법을 쓴다. 직교하는 3개의 화면 중간에 물체를 놓고 평행 광선에 의하여 투상된 자취를 그린 것으로 정면도, 평면도, 측면도 등으로 흔히 나타내며, 제1각법, 제3각법이 있다.

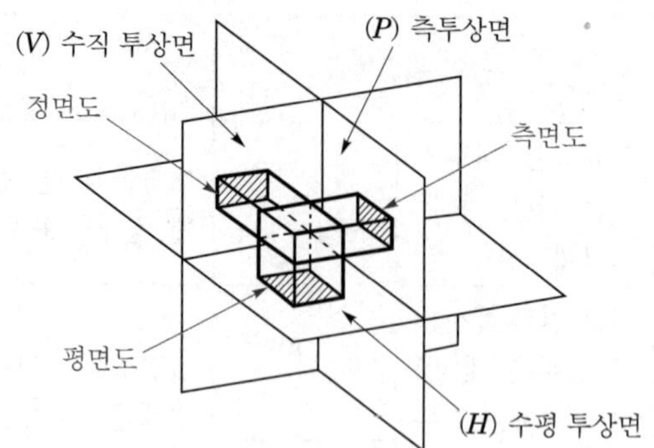

[그림 1-3] 정면도, 측면도, 평면도

(2) 제1각법과 제3각법의 투상방법

① **제1각법** : 물체를 제1각 안에 놓고 투상하며, 투상면의 앞쪽에 물체를 놓는다. [그림 1-4]와 같이 순서는 눈 → 물체 → 화면이다.

② **제3각법** : 물체를 제3각 안에 놓고 투상하는 방법으로, 투상면 뒤쪽에 물체를 놓는다. [그림 1-5]와 같이 눈 → 화면 → 물체의 순이다.

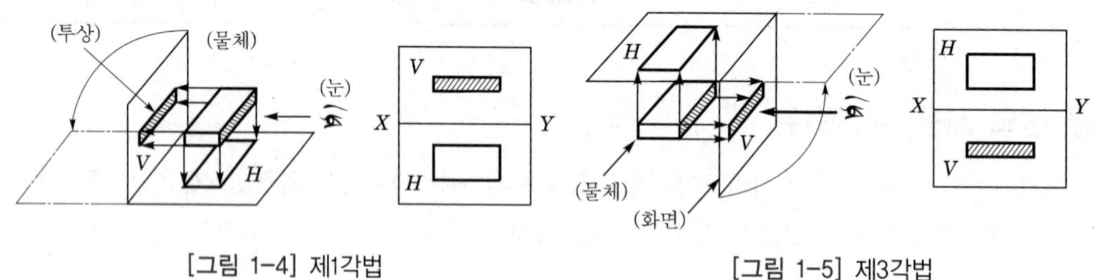

[그림 1-4] 제1각법

[그림 1-5] 제3각법

③ **제1각법과 제3각법의 도면 배치법** : [그림 1-6]은 제1각법과 제3각법에 따른 도면의 표준 배치 관계를 표시한 것이다. 그리고 제1각법과 제3각법의 표시를 필요로 하는 경우 도면의 적당한 위치에(일반적으로 표제란) 제1각법 또는 제3각법이라고 기입하거나, [그림 1-7]의 투영법 기호를 표시한다.

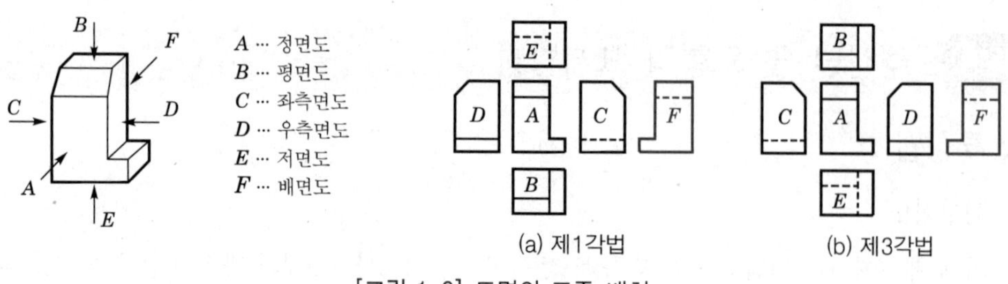

[그림 1-6] 도면의 표준 배치

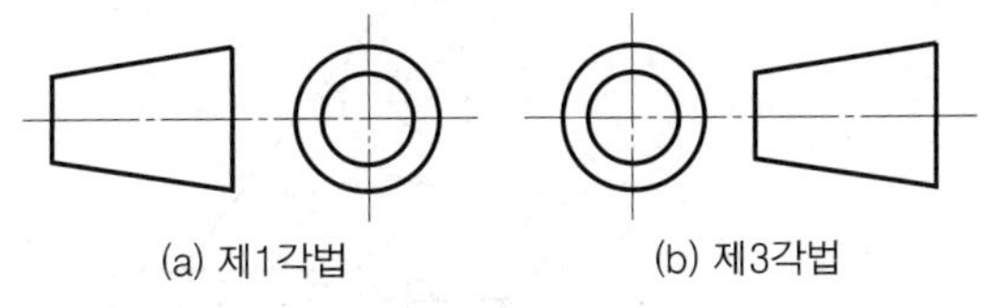

[그림 1-7] 투상법의 표시기호

(3) 도형의 표시방법

① 주투상도(정면도) : 대상물의 모양, 기능을 가장 명확하게 나타내는 면을 그린다. 또한 대상물을 도시하는 상태는 도면의 목적에 따라 다음의 어느 한 가지에 따른다.

㉠ 조립도 등 주로 기능을 나타내는 도면에서는 대상물을 사용하는 상태로 표시한다.

㉡ 부품도 등 가공하기 위한 도면에서는 가공에 있어서 도면을 가장 많이 이용하는 공정에서 대상물을 가공할 때 놓는 상태와 같은 방향에 주투상도를 배열한다.

② 특수투상도

㉠ 국부투상도 : 물체의 일부분을 표시한 부분 투상도로서 [그림 1-8]에서는 키(key) 홈 부분만 투상하는 방법이다.

㉡ 요점투상도 : 보조투상도에 보이는 부분 전체를 [그림 1-9(b)]와 같이 나타내면 오히려 알아보기가 어려워서, (c)와 같이 양쪽에 나타내 도면을 이해하기 쉽도록 한 것이다.

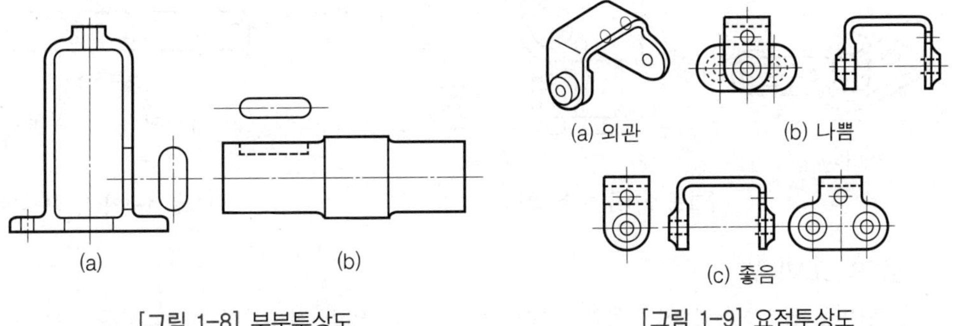

[그림 1-8] 부분투상도

[그림 1-9] 요점투상도

㉢ 가상투상도 : 이 도면은 상상을 암시하기 위해 그리는 것으로, 도시된 물품의 인접부, 어느 부품과 연결된 부품 또는 물품의 운동 범위, 가공 변화 등을 도면상에 표시할 필요가 있을 경우에 가상선을 사용하여 [그림 1-10]과 같이 표시한다. 가상선은 일점 쇄선을 사용하지만 중심선과 중복되든가 특별히 나타낼 필요가 있을 때는 이점 쇄선을 사용한다.

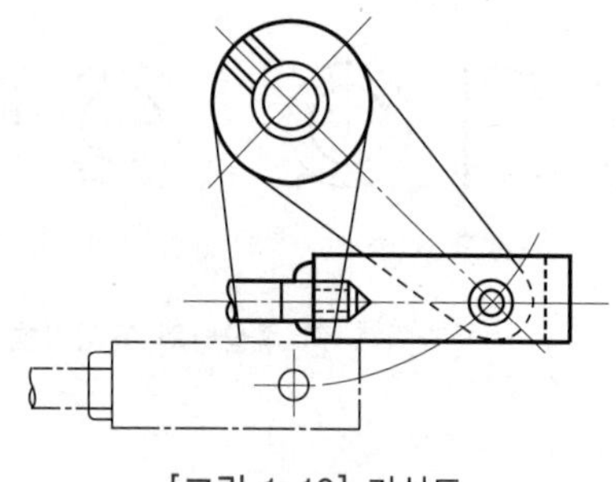

[그림 1-10] 가상도

㉣ 보조투상도 : 물체의 경사진 면을 정투상법에 의해 투상하면 경사진 면의 실제 모양이나 크기가 나타나지 않으며 이해하기 어려우므로 경사진 면과 나란히 각도에서 투상한 것을 말한다.

㉤ 회전투상도 : [그림 1-11]과 같이 각도를 갖는 암(arm)은 OB가 기울어졌기 때문에 그대로 투상하면 정면도에서는 실장이 나타나지 않으므로, O를 중심으로 OB를 회전시켜 투영하는 방법이다.

㉥ 전개투상도 : 구부러진 판재를 만들 때는 공작상 불편하므로, [그림 1-12]와 같이 실물을 정면도에 그리고 평면도에 가공 전 소재의 모양을 투영하여 그리는 것을 말한다.

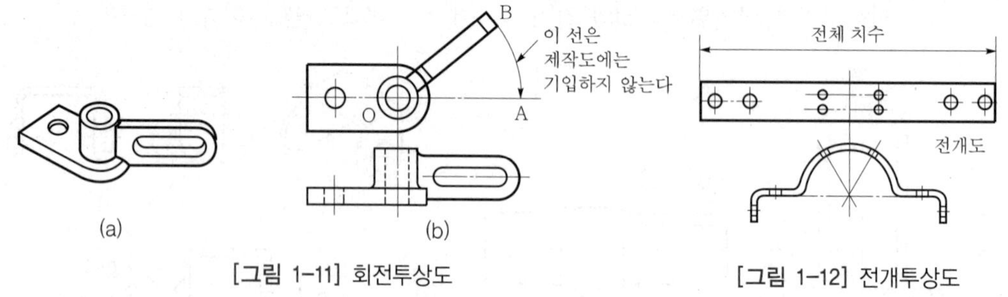

[그림 1-11] 회전투상도

[그림 1-12] 전개투상도

③ 단면의 표시방법

㉠ 단면을 도시하는 법칙 : 물체의 내부가 복잡하여 일반 정투상법으로 표시하면 물체 내부를 완전하고 충분하게 이해하지 못할 경우 물체의 내부를 명확히 도시할 필요가 있는 부분을 절단 또는 파단한 것으로 가정하고 내부가 보이도록 도시하는 경우가 있는데 이것을 단면도라 한다.

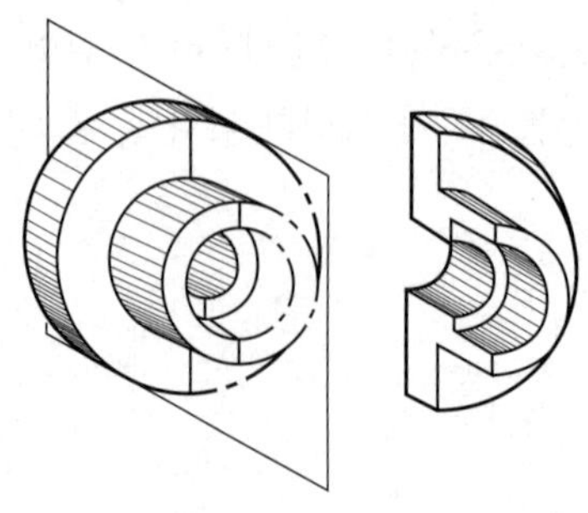

[그림 1-13] 단면도

단면도를 도시할 때는 다음과 같은 법칙을 지켜야 한다.

- **단면을 표시할 때는 해칭(hatching)이나 스머징(smudging)을 한다.**
- 단면도와 다른 도면과의 관계는 정투상법에 따른다.
- 투상도는 어느 것이나 전부 또는 일부를 단면으로 도시할 수 있다.
- 절단면은 기본 중심선을 지나고 투상면에 평행한 면을 선택하는 것을 원칙으로 한다.
- 절단면 뒤에 있는 은선 또는 세부에 기입된 은선은 그 물체의 모양을 나타내는 데 필요한 것만 긋는다.
- 단면을 그리기 위해 제거했다고 가상한 부분은 다른 도면에서는 생략하지 않고 그려야 한다.
- 단면에는 절단하지 않은 면과 구별하기 위하여 단면의 재료 표시를 나타낸다.
- 단면의 종류
  - **전단면** : 물체가 중심선을 기준으로 **대칭인 경우 물체를 2개로 절단하여 도면 전체를 단면으로 나타낸 것**으로 절단 평형이 물체를 완전히 절단하여 전체 투상도가 단면도로 표시되는 도법이다.
  - **반단면** : 물체가 상하 또는 좌우가 대칭인 물체에서 **물체의 1/4을 잘라내고 도면의 반쪽을 단면으로 나타내는 방법**이다.

㉡ 대칭 물체에 적용되는 것으로 절반은 단면도로 다른 절반은 외형도로 나타내는 단면법이다.

㉢ 단면 표시는 상하 대칭인 경우는 중심선 위에, 좌우 대칭인 경우는 우측에 단면을 표시하는 것을 원칙으로 한다.

㉣ 부분단면 : 단면은 필요한 곳 일부만 절단하여 나타내는데 이를 부분단면도라 한다. 이 파단 부분의 파단선은 프리핸드로 긋는다. 이 부분단면도는 다음과 같은 경우에 적용된다.

- 단면으로 나타낼 필요가 있는 부분이 좁을 때
- 원칙적으로 길이 방향으로 절단하지 않는 것을 특별히 나타낼 때
- 단면의 경계가 애매하게 될 염려가 있을 때

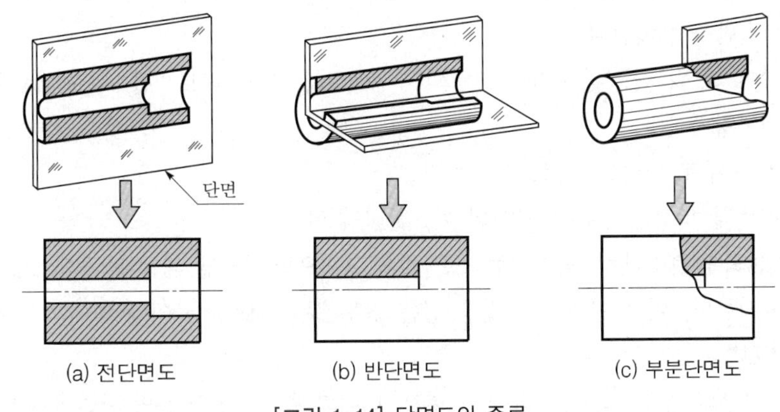

[그림 1-14] 단면도의 종류

㉤ 계단단면 : 절단한 부분이 동일 평면 내에 있지 않을 때, 2개 이상의 평면으로 절단하여 나타낸다.

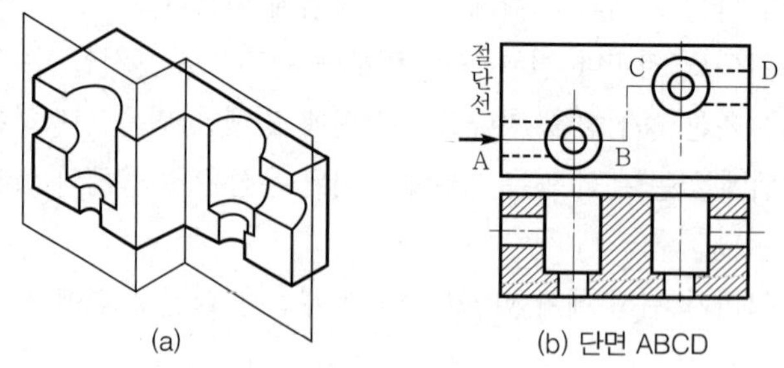

[그림 1-15] 계단단면

㉥ 회전단면 : 절단한 부분의 단면을 90° 우회전하여 단면 형상을 나타낸다.

- 물체의 절단한 곳에 단면을 나타낸다[그림 1-16(a)].
- 절단선의 연장선 위에 단면을 나타낸다[그림 1-16(b)].
- 도형 내에 직접 단면을 나타낸다[그림 1-16(c)].

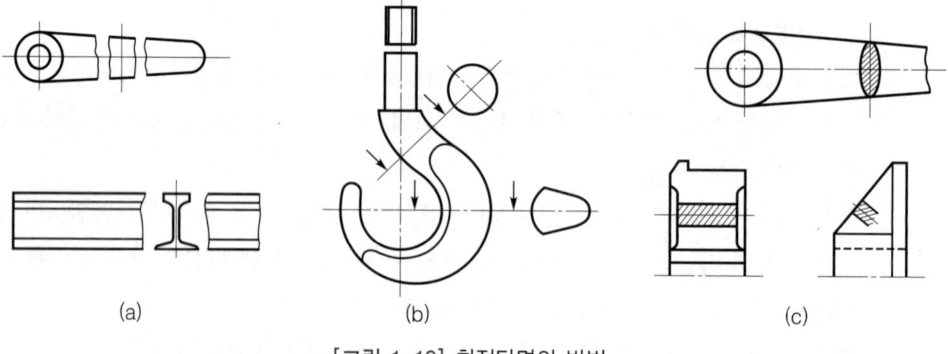

[그림 1-16] 회전단면의 방법

④ **단면을 도시하지 않는 부품** : 조립도를 단면으로 나타낼 때 원칙적으로 다음 부품은 길이방향으로 절단하지 않는다.

㉠ 속이 찬 원기둥 및 모기둥 모양의 부품 : 축, 볼트, 너트, 핀, 와셔, 리벳, 키, 나사, 볼베어링의 볼

㉡ 얇은 부분 : 리브, 웨브

㉢ 부품의 특수한 부분 : 기어의 이, 풀리의 암

⑤ **얇은 판의 단면** : 패킹, 박판처럼 얇은 것을 단면으로 나타낼 때는 한 줄의 굵은 실선으로 단면을 표시한다. 이들 단면이 인접해 있는 경우에는 단면선 사이에 약간의 간격을 둔다.

⑥ **생략도법**

㉠ 중간부의 생략 : 축, 봉, 파이프, 형강, 테이퍼 축, 그 밖의 동일 단면의 부분 또는 테이퍼가 긴 경우 그 중간 부분을 생략하여 도시할 수 있다. 이 경우 자른 부분은 파단선으로 도시한다.

㉡ 은선의 생략 : [그림 1-17]과 같이 숨은선을 생략해도 좋은 경우에는 생략한다.

㉢ 연속된 같은 모양의 생략 : 같은 종류의 리벳 모양, 볼트 구멍 등과 같이 연속된 같은 모양이 있는 것은 그 양단부 또는 필요부 만을 도시하고, 다른 것은 중심선 또는 중심선의 교차점으로 표시한다([그림 1-18]).

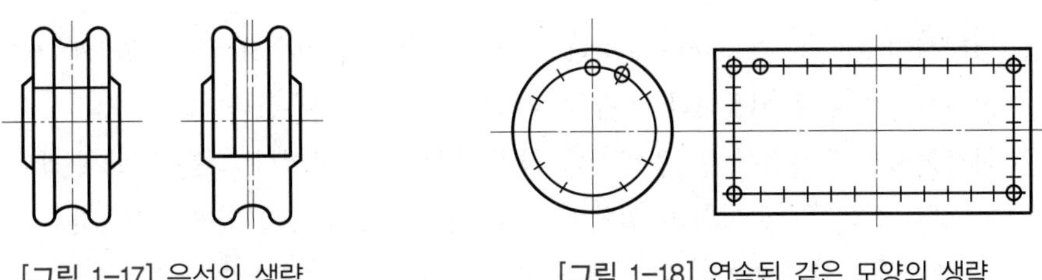

[그림 1-17] 은선의 생략　　[그림 1-18] 연속된 같은 모양의 생략

⑦ **해칭법** : 단면이 있는 것을 나타내는 방법으로 해칭이 있으나, 규정으로는 **단면이 있는 것을 명시할 때에만 단면 전부 또는 주변에 해칭을 하거나 또는 스머징**(smudging ; **단면부의 내측 주변을 청색 또는 적색 연필로 엷게 칠하는 것**)을 하도록 되어 있다.

이 해칭의 원칙으로는 다음과 같은 것이 있다.

㉠ 가는 실선으로 하는 것을 원칙으로 하나, 혼동될 우려가 없을 때에는 생략하여도 무방하다.

㉡ 기본 중심선 또는 기선에 대하여 45° 기울기로 분간하기 어려울 때는 해칭의 기울기를 30°, 60°로 한다.

㉢ 해칭선 대신 단면 둘레에 청색 또는 적색 연필로 엷게 칠할 수 있다(스머징).

㉣ 해칭한 부분에는 되도록 은선의 기입을 피하며, 부득이 치수를 기입할 때에는 그 부분만 해칭하지 않는다.

㉤ 비금속 재료의 단면으로 재질을 표시할 때는 기호로 나타낸다([그림 1-19]).

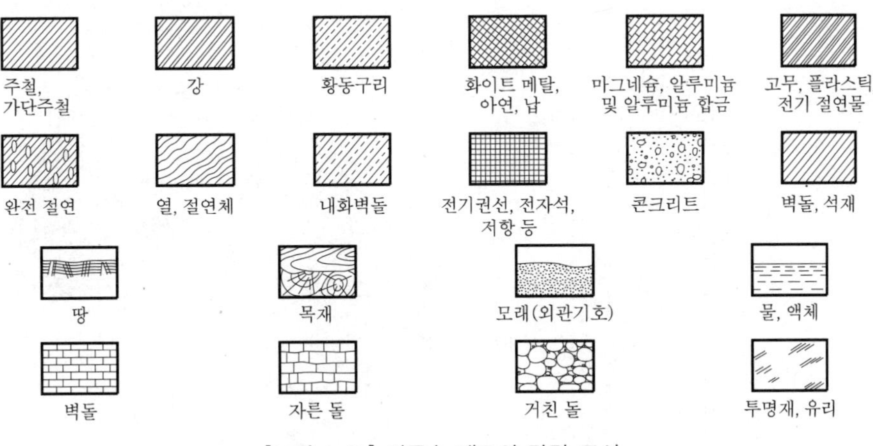

[그림 1-19] 비금속 재료의 단면 표시

2 전개도

전개도는 입체의 표면을 평면 위에 펼친 그림이다. 전개도는 실제 치수를 정확하게 표시하여야 하며, 판금 전개도의 경우 겹치는 부분과 접는 부분의 여유치수를 고려하여야 한다.

(1) 전개도의 종류

① **평행선법** : 여러 가지 원기둥이나 각기둥의 전개에 이용하며, 평행하게 전개하여 그린다.

② **방사선법** : 주로 원뿔이나 여러 가지 각뿔 전개에 이용한다.

③ **삼각형법** : 꼭지점이 먼 원뿔이나 각뿔, 편심된 원뿔이나 각뿔 등의 전개에 이용된다.

㉠ 상관체 : 두 개 이상의 입체가 서로 관통하여 하나의 입체로 된 것

㉡ 상관선 : 상관체에서 각 입체가 서로 만나는 곳의 경계선을 의미

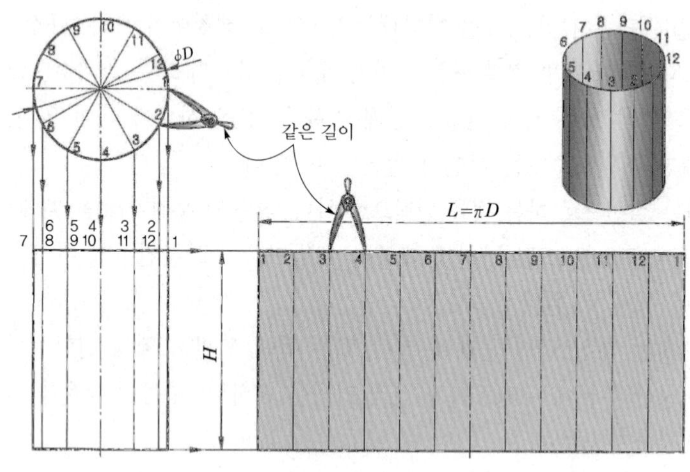

[그림 1-20] 평행선법

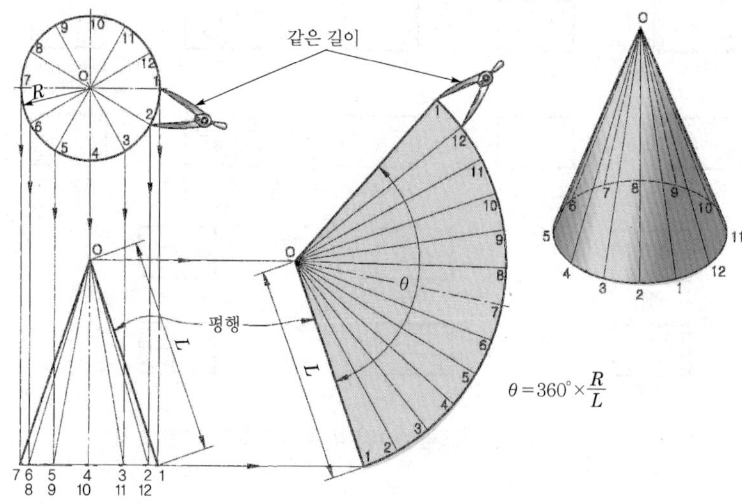

[그림 1-21] 방사선법

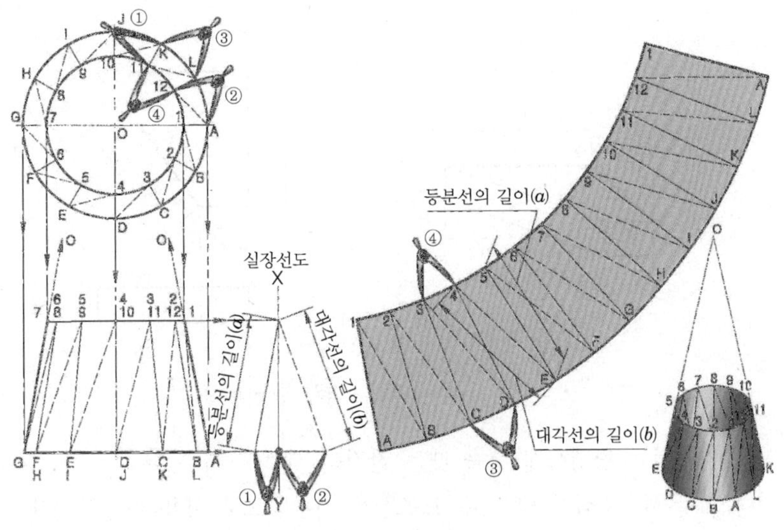

[그림 1-22] 삼각형법

1-6 치수의 표시방법

1 부품의 치수

부품의 치수에는 재료 치수, 소재 치수, 마무리(완성) 치수의 3가지가 있는데, **도면에 기입되는 치수는 이들 중 마무리 치수이다.**

2 치수의 단위

(1) 길이의 단위

① 단위는 밀리미터(mm)를 사용하는데, 그 단위기호는 붙이지 않고 생략한다.

② 인치법 치수를 나타내는 도면에는 치수 숫자의 어깨에 인치(″), 피트(′)의 단위 기호를 사용한다.

③ 치수 숫자는 자리수가 많아도 3자리마다 (,)를 쓰지 않는다. 예 13260, 3′, 1.38″ 등

(2) 각도의 단위

각도의 단위는 도, 분, 초를 쓰며, 도면에는 도(°), 분(′), 초(″)의 기호로 나타낸다.

3 치수 기입의 구성요소

치수를 기입하기 위해 치수선, 치수 보조선, 화살표, 치수 숫자, 지시선이 필요하다([그림 1-23]).

(1) 치수선

치수선에 치수를 기입하며 치수선은 0.2mm 이하의 가는 실선을 치수 보조선에 직각으로 긋는다. 또 치수선은 외형선에서 10~15mm쯤 떨어져서 긋는다.

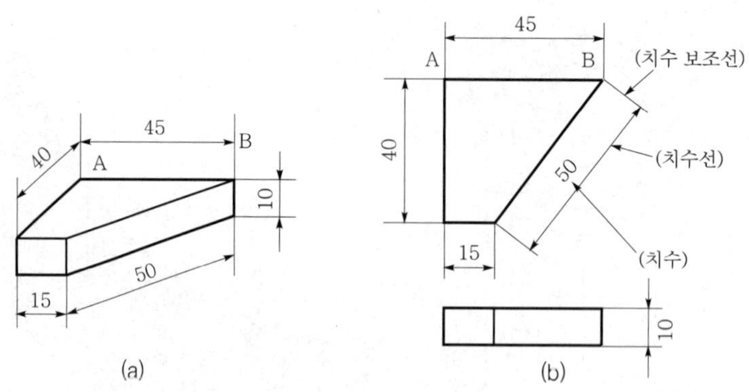

[그림 1-23] 치수 표시

① 많은 치수선을 평행하게 그을 때는 간격을 서로 같게 한다.

② 외형선, 은선, 중심선 및 치수 보조선은 치수선으로 사용하지 않는다.

(2) 치수 보조선

① 치수 보조선은 치수를 표시하는 부분의 양끝에 치수선에 직각이 되도록 긋고, 그 길이는 치수선보다 2~3mm 정도 넘게 그린다.

② 투상면의 외형선에서 약 1mm 정도 간격을 두면 알아보기 쉽다.

③ 치수선과 교차되지 않도록 긋는다.

④ 치수 보조선은 치수선에 대해 60° 정도 경사시킬 수 있다.

⑤ 치수 보조선은 중심선까지 거리를 표시할 때는 중심선으로, 치수를 도면 내에 기입할 때는 외형선으로 대치할 수 있다.

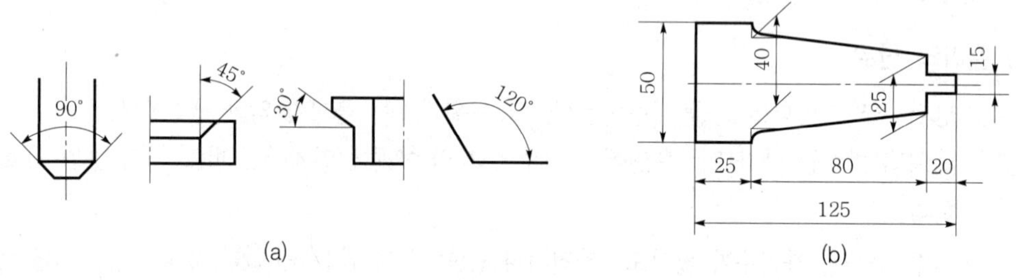

[그림 1-24] 치수 보조선

(3) 화살표

화살표는 치수나 각도를 기입하는 치수선 끝에 붙여 그 한계를 표시한다. 화살표 각도는 검게 칠할 경우 15°, 검게 칠하지 않을 경우 30°로 한다.

① 화살표의 크기는 외형선의 크기에 따라 다르며 프리핸드로 그린다.

② 한 도면에서의 화살표 크기는 가능한 같게 한다.

③ 화살표의 길이와 폭의 비율은 3 : 1로 한다([그림 1-25]).

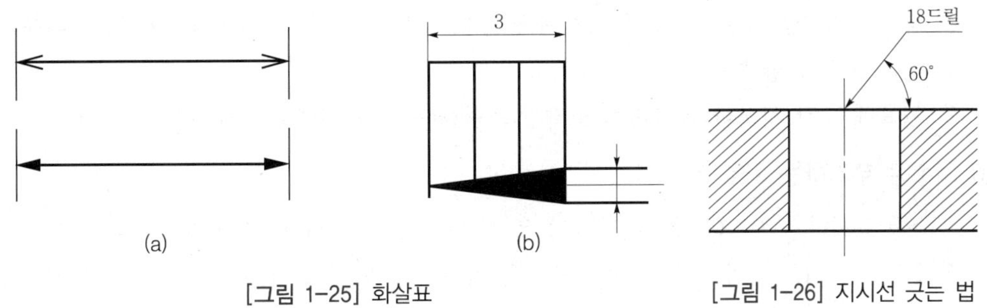

[그림 1-25] 화살표

[그림 1-26] 지시선 긋는 법

(4) 지시선(인출선)

① 지시선은 치수, 가공법, 부품 번호 등 필요한 사항을 기입할 때 사용한다.

② 수평선에 대하여 60°, 45° 로 경사시켜 가는 실선으로 하고 지시되는 곳에 화살표를 달고 반대쪽으로 수평선으로 그려 그 위에 필요한 사항을 기입한다.

③ 도형의 내부에서 인출할 때는 흑점을 찍는다.

4 치수기입법

(1) 치수 숫자의 기입

① 치수 숫자의 기입은 치수선의 중앙 상부에 평행하게 표시한다.

② 수평 방향의 치수선에 대하여는 치수 숫자의 머리가 위쪽으로 향하도록 하고, 수직 방향의 치수선에 대하여는 치수 숫자의 머리가 왼쪽으로 향하도록 한다.

③ 치수선이 수직선에 대하여 왼쪽 아래로 향하여 약 30° 이하의 각도를 가지는 방향(해칭부)에는 되도록 치수를 기입하지 않는다.

④ 치수 숫자의 크기는 도형의 크기에 따라 다르지만, 보통 4mm 또는 3.2, 5mm로 하고, 같은 도면에서는 같은 크기로 한다.

[그림 1-27] 치수 숫자의 방향

[그림 1-28] 경사진 치수의 숫자 방향

[그림 1-29] 비례척이 아닌 숫자의 표시

(2) 각도의 기입

① 각도를 기입하는 치수선은 각도를 구성하는 두 변 또는 그 연장선의 교점을 중심으로 하여 사이에 그린 원호로 나타낸다.

② 각도를 기입할 때는 문자의 위치가 수평선 위쪽에 있을 때는 바깥쪽을 향하고, 아래쪽에 있을 때는 중심을 향해 쓴다.

③ 필요에 따라 각도를 나타내는 숫자를 위쪽을 향해 기입해도 무방하다.

(3) 치수에 부기하는 기호

치수를 표시하는 숫자와 [표 1-7]과 같은 기호를 함께 사용하여 도형의 이해를 표시하는 숫자 앞에 같은 크기로 기입한다. [그림 1-30]은 치수 숫자와 함께 사용하는 기호의 기입 방법이다.

[표 1-7] 치수 숫자와 함께 쓰이는 기호

기호	설명	기호	설명
ϕ	지름 기호	구면 R, SR	구면의 반지름 기호
□	정사각형 기호	C	45° 모따기 기호
R	반지름 기호	P	피치(pitch) 기호
구면 ϕ, Sϕ	구면의 반지름 기호	t	판의 두께 기호

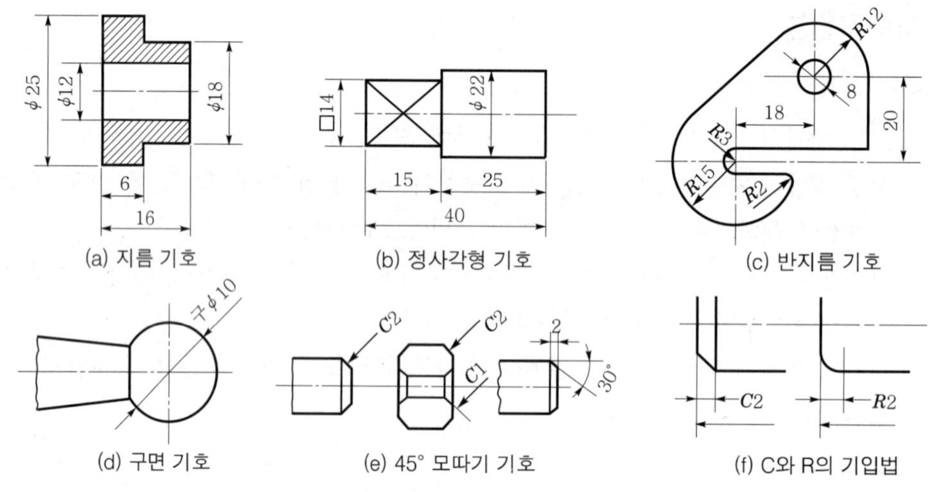

[그림 1-30] 치수 숫자에 붙이는 기호의 사용 예

(4) 각종 도형의 치수 기입

① **원호의 치수 기입** : 원호가 180°까지는 반지름으로 표시하고, 180°가 넘는 것은 지름으로 표시한다.

㉠ 치수선은 원호의 중심을 향해 긋고 원호 쪽에만 화살표를 기입한다.

㉡ 특히 중심을 나타낼 때는 점(·)이나 (×)자로 그 위치를 표시한다.

㉢ 원호의 중심이 멀리 있을 때는 중심을 옮겨 그린다.

㉣ 원호가 아주 작을 때는 치수선 밖으로 끌어내어 안쪽으로 화살표를 붙이고 그 옆에 치수를 기입한다.

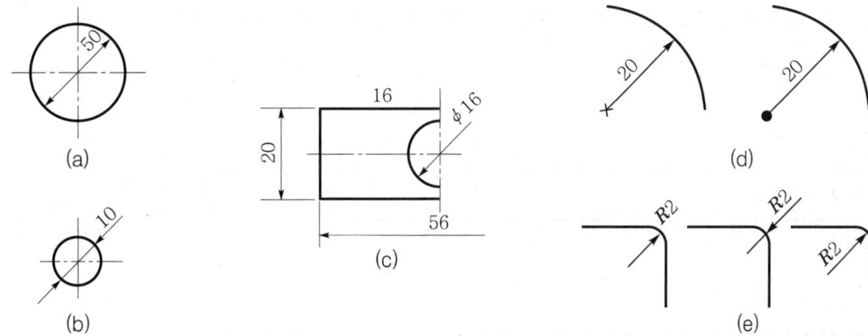

[그림 1-31] 지름 및 반지름의 치수 기입

② 호, 현, 각도 표시법

㉠ 호의 길이는 그 호와 동심인 원호를 치수선으로 사용한다.

㉡ 현의 길이는 그 현에 평행한 수평선을 치수선으로 사용한다.

㉢ 각도 표시는 각도를 구성하는 두 변의 연장선 사이에 그린 원호로 표시한다.

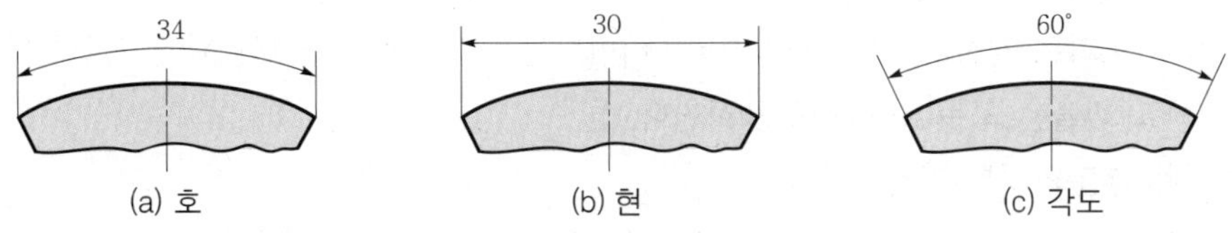

[그림 1-32] **호, 현, 각도의 표시**

③ 구멍의 치수 기입

㉠ 드릴 구멍의 치수는 지시선을 그어서 지름을 나타내는 숫자 뒤에 '드릴'이라 쓴다[그림 1-33(a)].

㉡ 원으로 표시되는 구멍은 지시선의 화살을 원의 둘레에 붙인다[그림 1-33(b)].

㉢ 원으로 표시되지 않는 구멍은 중심선과 외형선의 교점에 화살을 붙인다.

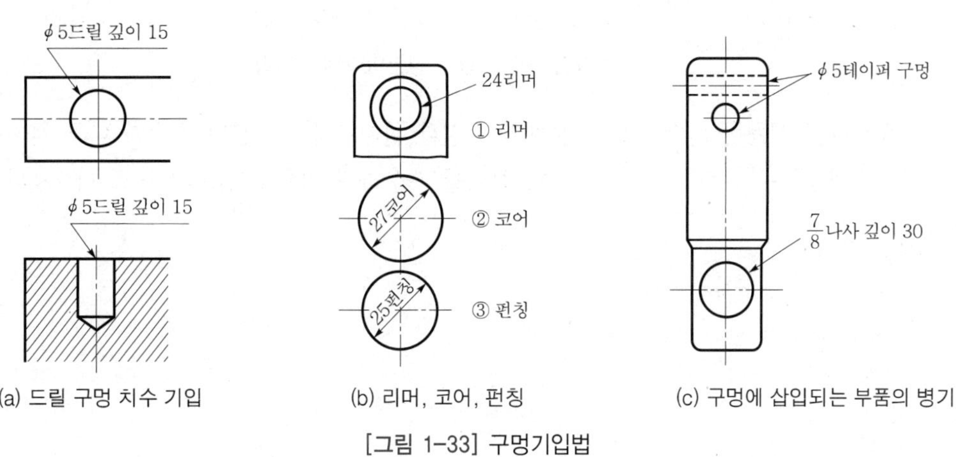

[그림 1-33] 구멍기입법

④ **같은 치수인 다수의 구멍치수 기입** : 같은 종류의 리벳 구멍, 볼트 구멍, 핀 구멍 등이 연속되어 있을 때는 대표적인 구멍만 그리며 다른 곳은 생략하고 중심선으로 그 위치만 표시한다.

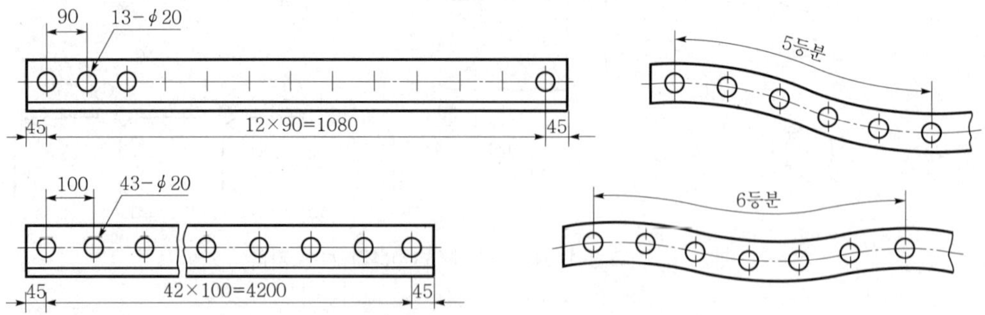

[그림 1-34] 연속되는 구멍의 치수

⑤ **기울기 및 테이퍼의 치수 기입**

㉠ 한쪽만 기울어진 경우를 기울기 또는 구배라 한다. 또 중심에 대하여 대칭으로 경사를 이루는 경우를 테이퍼라 한다.

㉡ 기울기는 경사면 위에 기입하고, 테이퍼는 대칭 도면 중심선 위에 기입한다.

㉢ 그 비율은 모두 a-b/ℓ로 표시한다.

⑥ **좁은 부분의 치수기입법**

㉠ [그림 1-35(a)]와 같이 화살표를 안쪽으로 향하게 할 수 있다.

㉡ 치수를 기입하는 공간이 부족할 경우에는 아래 위로 쓸 수 있다.

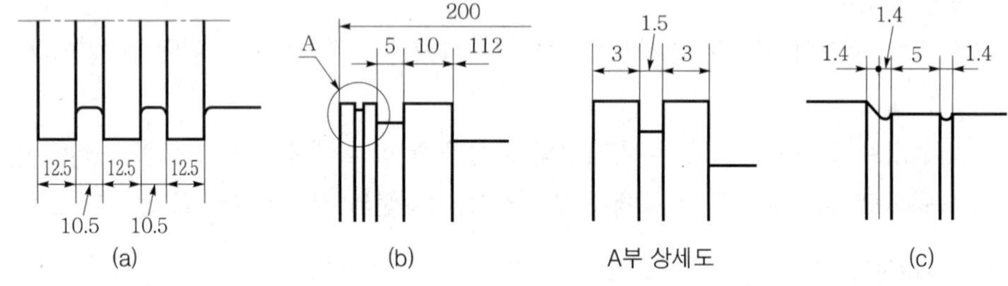

[그림 1-35] 좁은 부분의 치수기입법

⑦ **치수표를 사용한 치수 기입** : 물체가 동일한 형태로서 일부분만 치수가 다른 물체를 많이 제작할 때는 치수 숫자 대신 기호, 문자를 사용하여 치수를 별도의 표로 나타낸다.

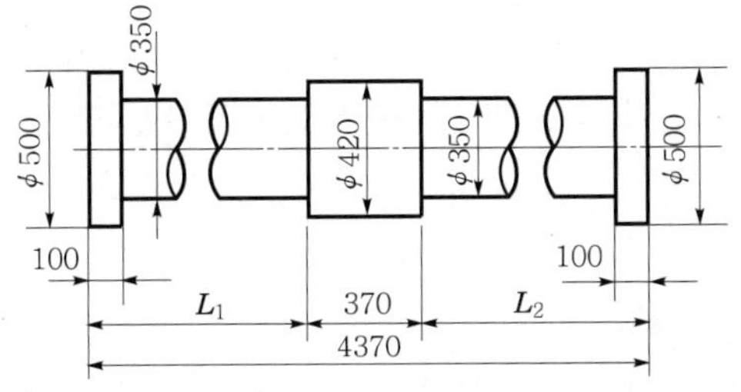

기호 \ 번호	1	2	3
L_1	1915	2500	885
L_2	2085	1500	3115

[그림 1-36] 치수표를 사용한 치수 기입

⑧ **도면과 일치하지 않는 치수 기입** : 일부의 치수 숫자가 도면의 치수 숫자와 일치하지 않는 경우는 [그림 1-37]과 같이 숫자 밑에 실선을 긋는다.

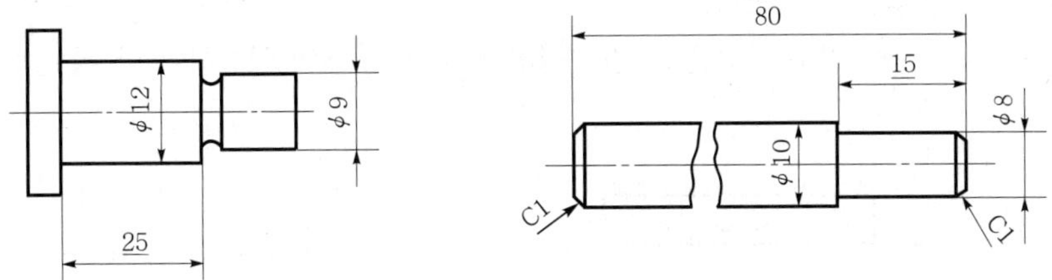

[그림 1-37] 도면과 일치하지 않는 치수 기입

⑨ **도면 변경에 따른 치수 기입** : 도면 작성 후 도면을 변경할 필요가 있을 경우에는 [그림 1-38]과 같이 변경 개소에 적당한 기호를 명기하고 변경 전의 형상, 치수는 적당히 보존하며, 변경된 날짜, 이유 등을 명시한다.

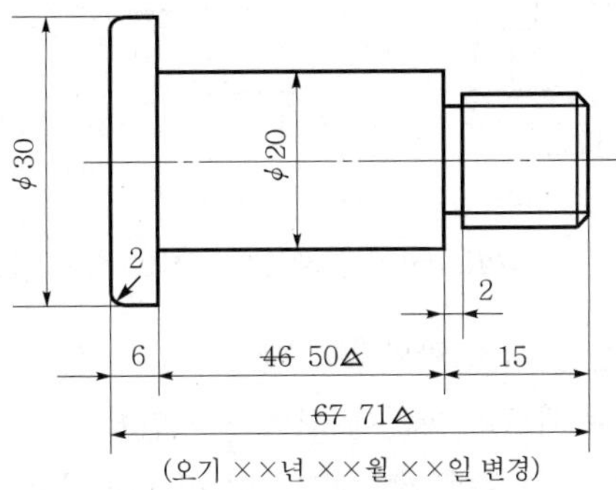

[그림 1-38] 도면 변경에 따른 치수 기입

⑩ **평강 및 형강의 치수 기입** : 평강의 치수는 단면의 나비×두께로 표시하며, 그 뒤에 '-'를 그어 전체 길이를 기입한다. 형강에서는 종별 기호를 먼저 표시하고, 그 뒤에 단면 치수와 전체 길이를 기입한다.

예 T75×75×9.5-2200은 높이가 75mm, 나비가 75mm, 두께가 9.5mm, 전체 길이가 2200mm인 T형강을 나타낸다.

(5) 치수 기입의 원칙

① 치수는 가능한 한 정면도에 집중하여 기입한다. 단, 기입할 수 없는 것만 비교하기 쉽게 측면도와 평면도에 기입한다.

② 치수는 중복하여 기입하지 않는다.

③ 치수는 계산할 필요가 없도록 기입해야 한다.

④ 치수는 기준부를 설정하여 기입해야 한다. 이때 경우에 따라서 도면에 〈기준〉이라고 표시할 수 있다. 또 특정한 곳을 기준으로 연속된 치수를 기입할 때는 기준의 위치를 검은 점(·)으로 표시한다.

⑤ 불필요한 치수는 기입하지 않는다.

⑥ 치수는 공정별로 기입한다.

⑦ 작용선을 이용한 치수 기입은 [그림 1-40]과 같이 두 개의 연장선이 만나는 점의 치수를 기입한다.

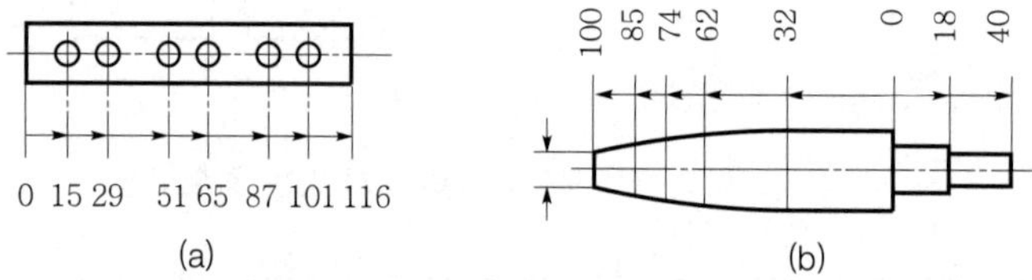

[그림 1-39] 연속된 층 치수를 기입할 경우

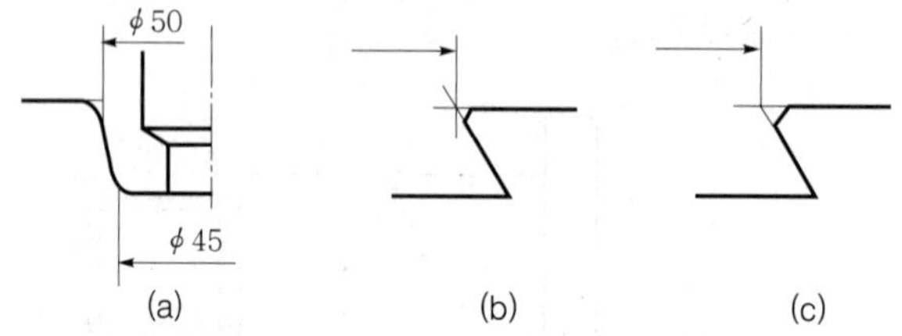

[그림 1-40] 작용선을 이용한 치수 기입법

⑧ 치수선과 치수 보조선은 서로 만나도록 한다.

⑨ 서로 관련되는 치수는 되도록 한곳에 모아서 기입한다.

⑩ 치수는 가능한 외형선에 대하여 기입하고 은선에 대하여는 기입하지 않는다.

⑪ 치수는 원칙적으로 완성 치수를 기입한다.

⑫ 치수 기입에는 치수선, 치수 보조선, 화살표, 지시선, 치수 숫자가 명확히 구분되게 한다.

⑬ 치수 숫자는 치수선 중앙에 바르게 쓴다.

⑭ 치수선이 수직인 경우의 치수 숫자는 머리가 왼쪽을 향하게 한다.

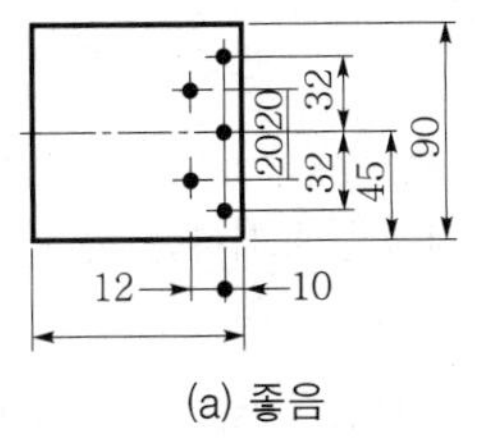

(a) 좋음

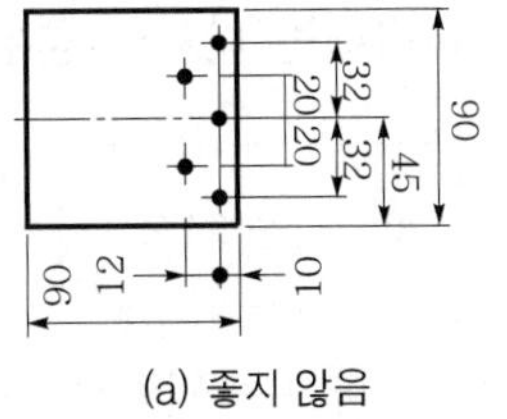

(a) 좋지 않음

[그림 1-41] 치수 숫자의 방향

⑮ 치수는 도형 밖에 기입한다. 단, 특별한 경우는 도형 내부에 기입해도 좋다.

⑯ 외형선, 치수 보조선, 중심선을 치수선으로 대용하지 않는다.

⑰ 치수의 단위는 mm로 하고 단위를 기입하지 않는다. 단, 그 단위가 피트나 인치일 경우는 (′), (″)의 표시를 기입한다.

⑱ 치수선은 외형선에서 10~15mm 띄어서 긋는다.

⑲ 원호의 지름을 나타내는 치수선은 수평에 대하여 45°로 긋는다.

⑳ 지시선(인출선)의 각도는 60°, 30°, 45°로 한다(수평, 수직 방향은 금한다).

㉑ 화살표의 길이와 폭의 비율은 약 3~4 : 1 정도로 하며, 길이는 2.5~3mm가 되게 한다. 일반적으로 3 : 1로 하는 것이 좋다.

㉒ 치수 숫자의 소수점은 밑에 찍으며 자리수가 3자리 이상이어도 세자리 마다 콤마(,)를 표시하지 않는다.

㉓ 비례척에 따르지 않을 때는 치수 밑에 밑줄을 긋거나, 전체를 표시하는 경우에는 표제란의 척도란에 NS(Non-Scale) 또는 비례척이 아님을 도면에 명시한다.

㉔ 한 치수선의 양단에 위치하는 치수 보조선은 서로 나란하게 긋는다.

㉕ 치수선 양단에서 직각이 되는 치수 보조선은 2~3mm 정도 지나게 긋는다.

1-7 체결용 기계요소 표시방법

1 나사

(1) 나사의 표시방법

나사의 표시방법은 나사의 호칭, 나사의 등급, 나사산의 감김 방향 및 나사산의 줄의 수에 대하여 다음에 규정하는 방법을 사용하여 표시한다.

나사산의 감김 방향	나사산의 줄의 수	나사의 호칭	–	나사의 등급

예 좌 2줄 M50×3-2 : 좌 두줄 미터 가는 나사 2급

No.4-40UNC-2A : 우 1줄 유니파이 보통나사 2A급

PF $\frac{1}{2}$-A : 관용 평행 나사 A급

(2) 피치를 mm로 나타내는 나사의 경우

나사의 종류를 표시하는 기호	나사의 호칭지름을 표시하는 숫자	×	피치

예 M16×2 : 미터 나사는 원칙적으로 피치를 생략한다. 다만, M3, M4, M5에는 피치를 붙여 표시한다.

(3) 피치를 산의 수로 표시하는 나사(유니파이 나사는 제외)의 경우

나사의 종류를 표시하는 기호	나사의 지름을 표시하는 숫자	산	산의 수

예 TW20산6 : 관용 나사는 산의 수를 생략한다. 또 혼동될 우려가 없을 때에는 '산' 대신 하이픈 '−'을 사용할 수 있다.

(4) 유니파이 나사의 경우

나사의 지름을 표시하는 숫자 또는 번호	−	산의 수	나사의 종류를 표시하는 기호

예 $\frac{1}{2}$ − 13UNC

(5) 나사의 종류

<table>
<tr><th colspan="2">구분</th><th colspan="2">나사의 종류</th><th>나사의 종류를 표시하는 기호</th><th>나사의 호칭에 표시 방법의 보기</th><th>관련 규격</th></tr>
<tr><td rowspan="13">일반용</td><td rowspan="9">ISO 표준에 있는 것</td><td colspan="2">미터 보통 나사[(1)]</td><td rowspan="2">M</td><td>M8</td><td>KS B 0201</td></tr>
<tr><td colspan="2">미터 가는 나사[(2)]</td><td>M8×1</td><td>KS B 0204</td></tr>
<tr><td colspan="2">유니파이 보통 나사</td><td>UNC</td><td>3/8−16UNC</td><td>KS B 0203</td></tr>
<tr><td colspan="2">유니파이 가는 나사</td><td>UNF</td><td>No.8−36UNF</td><td>KS B 0206</td></tr>
<tr><td colspan="2">미터 사다리꼴 나사</td><td>Tr</td><td>Tr.8−36UNF</td><td>KS B 0229</td></tr>
<tr><td rowspan="3">관용 테이퍼 나사</td><td>테이퍼 수나사</td><td>R</td><td>R3/4</td><td rowspan="3">KS B 0222의 본문</td></tr>
<tr><td>테이퍼 암나사</td><td>Rc</td><td>Rc3/4</td></tr>
<tr><td>평행 암나사[(3)]</td><td>Rp</td><td>Rp3/4</td></tr>
<tr><td colspan="2">관용 평행 나사</td><td>G</td><td>G1/2</td><td>KS B 0221의 본문</td></tr>
<tr><td rowspan="4">ISO 표준에 없는 것</td><td colspan="2">29° 사다리꼴 나사</td><td>TW</td><td>TW18</td><td>KS B 0226</td></tr>
<tr><td rowspan="2">관용 테이퍼 나사</td><td>테이퍼 나사</td><td>PT</td><td>PT7</td><td rowspan="2">KS B 0222의 부속서</td></tr>
<tr><td>평행암 나사[(4)]</td><td>PS</td><td>PS7</td></tr>
<tr><td colspan="2">관용 평행 나사</td><td>PF</td><td>PF7</td><td>KS B 0221</td></tr>
<tr><td colspan="2" rowspan="2">특수용</td><td colspan="2">전구 나사</td><td>E</td><td>E10</td><td>KS C 7702</td></tr>
<tr><td colspan="2">자동차용 타이어 밸브 나사</td><td>TR</td><td>8V1</td><td>KS R 4006의 부속서</td></tr>
</table>

※ 주 : (1) 미터 보통 나사 중 M1.7, M2.3 및 M2.6은 ISO 규격에 규정되어 있지 않다.
(2) 가는 나사임을 특별히 명확하게 나타낼 필요가 있을 때에는 피치 다음에 '가는 나사'의 글자를 ( )에 넣어서 기입할 수 있다. 보기 : M8×1(가는 나사)
(3) 이 평행 암나사 Rp는 테이퍼 수나사 R에 대해서만 사용한다.
(4) 이 평행 암나사 PS는 테이퍼 수나사 PT에 대해서만 사용한다.

2 볼트 · 너트

일반적인 볼트와 너트의 각부 명칭은 다음과 같다.

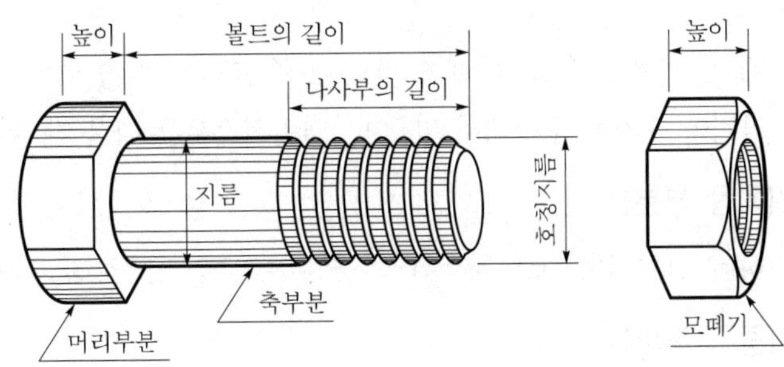

[그림 1-42] 볼트와 너트의 각부 명칭

(1) 볼트의 호칭

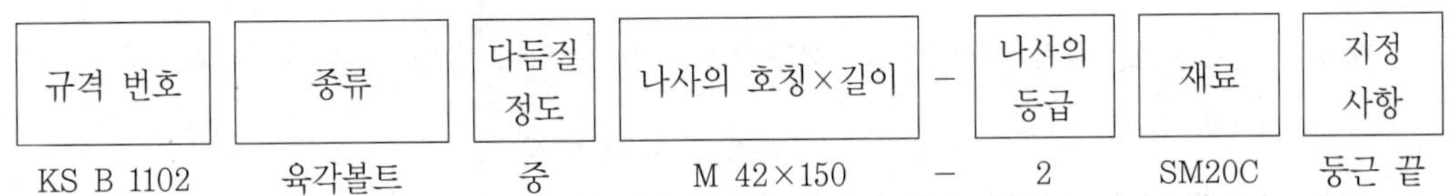

규격 번호	종류	다듬질 정도	나사의 호칭×길이	–	나사의 등급	재료	지정 사항
KS B 1102	육각볼트	중	M 42×150	–	2	SM20C	둥근 끝

(2) 너트의 호칭

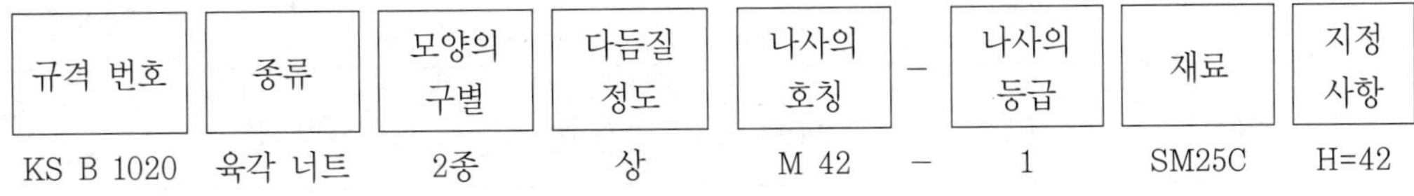

규격 번호	종류	모양의 구별	다듬질 정도	나사의 호칭	–	나사의 등급	재료	지정 사항
KS B 1020	육각 너트	2종	상	M 42	–	1	SM25C	H=42

3 리벳

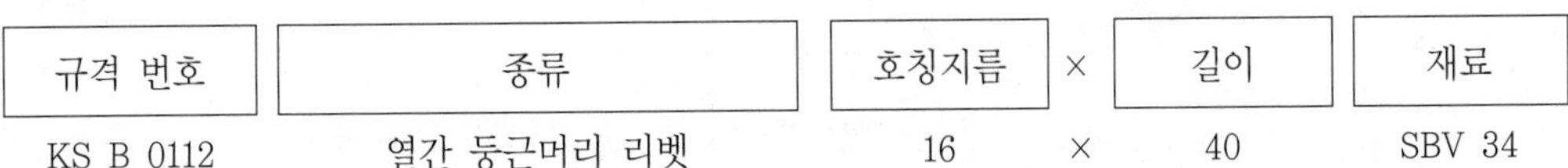

규격 번호	종류	호칭지름	×	길이	재료
KS B 0112	열간 둥근머리 리벳	16	×	40	SBV 34

Chapter 02

도면해독

2-1 재료기호

재료기호는 재질, 기계적 성질 및 제조 방법 등을 표시할 수 있도록 되어 있다. 이 재료기호는 로마자와 아라비아 숫자로 구성되어 있으며, 일반적으로는 다음 세 부분으로 나누어 표시한다.

(1) 제1위 기호(처음 부분)

재질을 표시하는 기호이며, 로마자의 머리글자 또는 원소기호로 표시한다.

(2) 제2위 기호(중간 부분)

규격명, 제품명 등을 나타내며, 로마자, 영어의 머리글자로 표시하고, 판(plate), 봉(bar), 선(wire)재와 주조품, 단조품 등의 형상별 종류를 나타내는 기호나 용도를 표시한다.

(3) 제3위 기호(끝 부분)

재료의 종류번호, 최저 인장강도와 제조방법 또는 열처리 방법 등을 나타낸다.

[표 2-1] 제1위 기호

기호	재질	비고	기호	재질	비고
Al	알루미늄	aluminium	F	철	ferrum
AlBr	알루미늄 청동	aluminium bronze	MSr	연강	mild steel
Br	청동	bronze	NiCu	니켈 구리 합금	nickel-copper alloy
Bs	황동	brass	PB	인청동	phosphor bronze
Cu	구리 또는 구리 합금	copper	S	강	steel
HBs	고강도 황동	high strength brass	SM	기계 구조용강	machine structual steel
HMn	고망간	high manganese	Wm	화이트 메탈	white metal

[표 2-2] 제2위 기호

기호	제품명 또는 규격명	기호	제품명 또는 규격명
B	봉(bar)	MC	가단 주철품(malleable iron casting)
BC	청동 주물	NC	니켈 크로뮴강(nickel chromium)
BsC	황동 주물	NCM	니켈 크로뮴 몰리브데넘강 (nickel chromium molybdenum)
C	주조품(casting)	P	판(plate)
CD	구상 흑연 주철	FS	일반 구조용관
CP	냉간 압역 연강판	PW	피아노선(piano wire)
Cr	크로뮴강(chromium)	S	일반 구조용 압연재
CS	냉간 압연 강대	SW	강선(steel wire)
DC	다이캐스팅(die casting)	T	관(tube)
F	단조품(forging)	TB	고탄소 크롬 베어링 강
G	고압 가스 용기	TC	탄소 공구강
HP	열간 압연 연강판	TKM	기계 구조용 탄소 강관
HR	열간 압연	THG	고압 가스 용기용 이음매 없는 강관
HS	열간 압연 강대	W	선(wire)
K	공구강	WR	선재(wire rod)
KH	고속도 공구강	WS	용접 구조용 압연강

[표 2-3] 제3위 기호

기호	기호의 의미	적용	기호	기호의 의미	적용
5A	5종 A	SPS 5A	A	A종	SM400 A
330	최저 인장강도 또는 항복점	WMC 330	B	B종	SM400 B
			C	탄소함량 (0.10~0.15%)	SM 12C

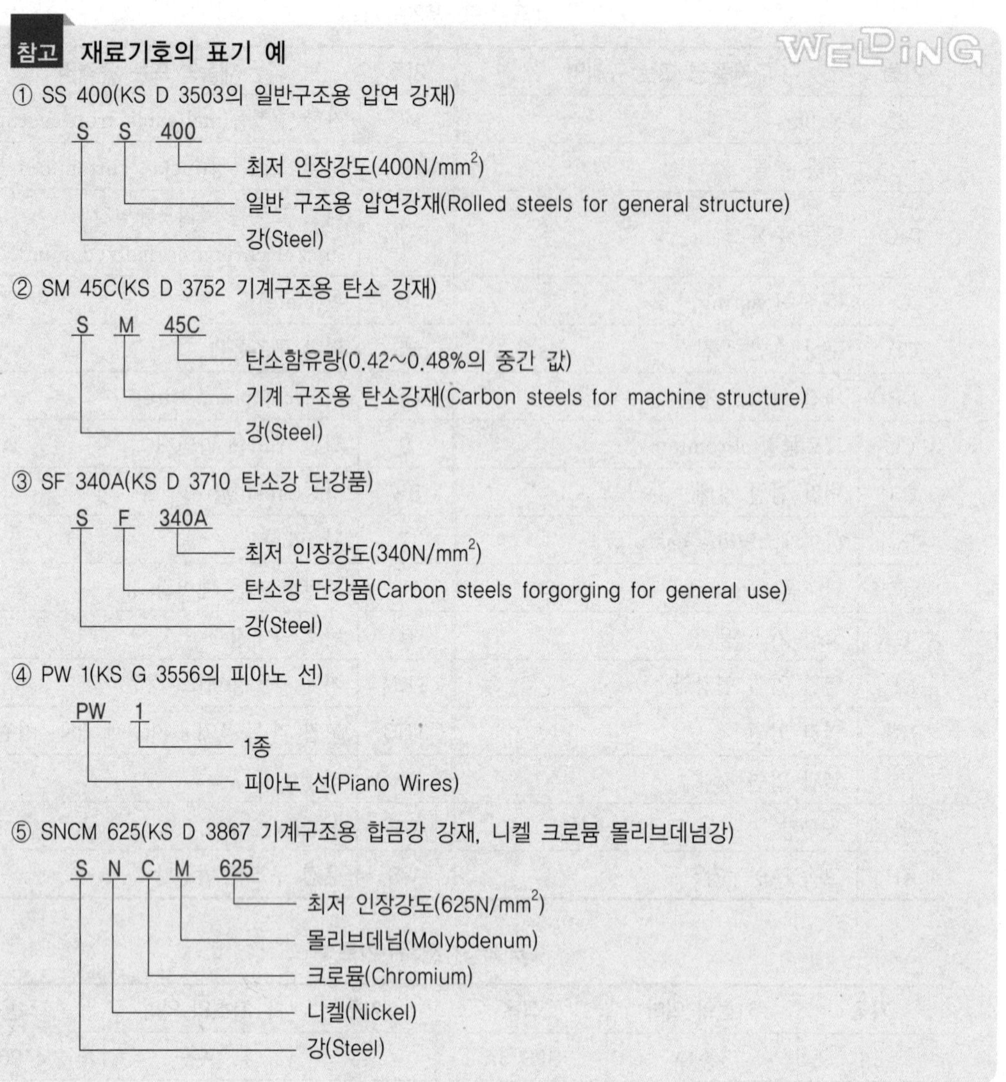
참고 재료기호의 표기 예

① SS 400(KS D 3503의 일반구조용 압연 강재)

S S 400
- 최저 인장강도(400N/mm²)
- 일반 구조용 압연강재(Rolled steels for general structure)
- 강(Steel)

② SM 45C(KS D 3752 기계구조용 탄소 강재)

S M 45C
- 탄소함유량(0.42~0.48%의 중간 값)
- 기계 구조용 탄소강재(Carbon steels for machine structure)
- 강(Steel)

③ SF 340A(KS D 3710 탄소강 단강품)

S F 340A
- 최저 인장강도(340N/mm²)
- 탄소강 단강품(Carbon steels forgorging for general use)
- 강(Steel)

④ PW 1(KS G 3556의 피아노 선)

PW 1
- 1종
- 피아노 선(Piano Wires)

⑤ SNCM 625(KS D 3867 기계구조용 합금강 강재, 니켈 크로뮴 몰리브데넘강)

S N C M 625
- 최저 인장강도(625N/mm²)
- 몰리브데넘(Molybdenum)
- 크로뮴(Chromium)
- 니켈(Nickel)
- 강(Steel)

2-2 용접기호 및 도면해독

1 기본기호

각종 이음은 일반적으로 제작에서 사용되는 용접부의 형상과 비슷한 기호로 표시한다. [표 2-4]는 용접이음의 기본 기호를 나타낸다. 기본 기호를 이용한 사용 보기를 [표 2-5]에 나타낸다.

[표 2-4] 용접 기본기호

번호	명칭	그림	기호
1	돌출된 모서리를 가진 평판 사이의 맞대기 용접 에지 플랜지형 용접(미국)/돌출된 모서리는 완전 용해	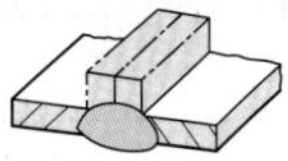	
2	평행(I형) 맞대기 용접	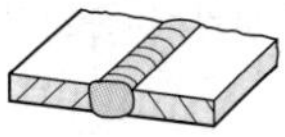	
3	V형 맞대기 용접	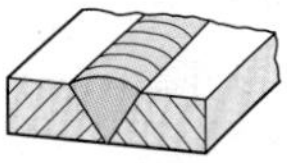	
4	일면 개선형 맞대기 용접	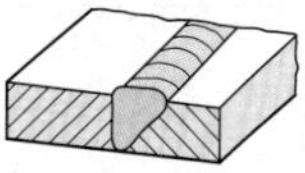	
5	넓은 루트면이 있는 V형 맞대기 용접	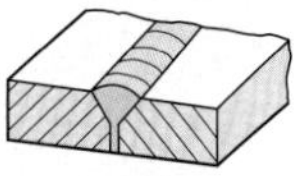	
6	넓은 루트면이 있는 한 면 개선형 맞대기 용접	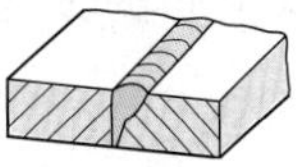	
7	U형 맞대기 용접(평행면 또는 경사면)	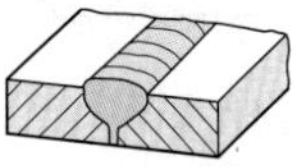	
8	J형 맞대기 용접	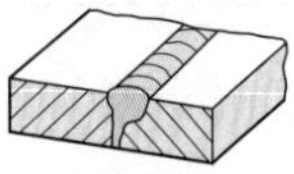	
9	이면용접	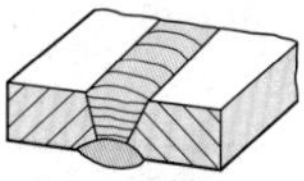	
10	필릿 용접	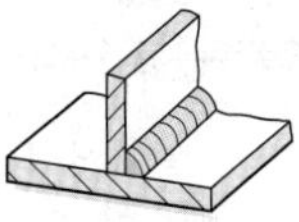	
11	플러그 용접 : 플러그 또는 슬롯 용접(미국)	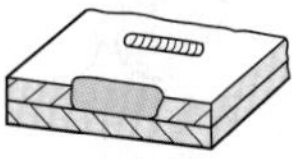	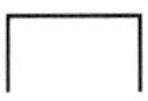
12	점용접	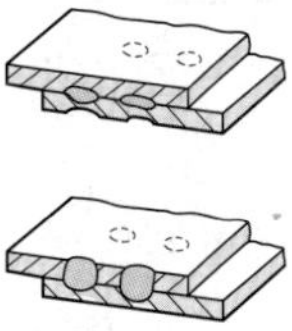	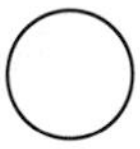
13	심(seam)용접	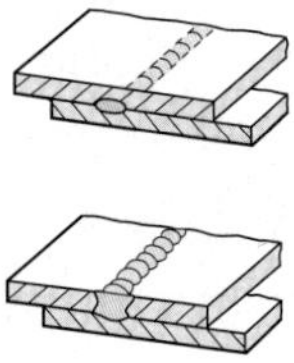	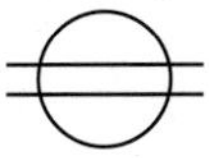

번호	명칭	그림	기호
14	개선각이 급격한 V형 맞대기 용접	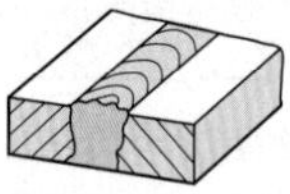	
15	개선각이 급격한 일면 개선형 맞대기 용접	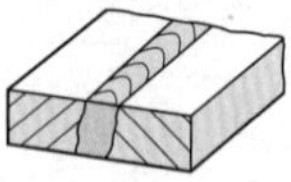	
16	가장자리(edge) 용접		
17	표면 육성	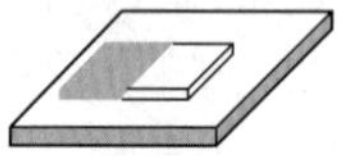	
18	표면(surface) 접합부	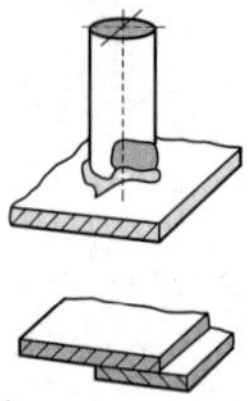	
19	경사 접합부	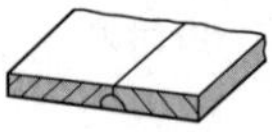	
20	겹침 접합부		

[표 2-5] 기본기호 사용 보기

번호	명칭, 기호 (숫자는 [표 2-4]의 번호)	그림	표시	기호
1	플랜지형 맞대기 용접  1	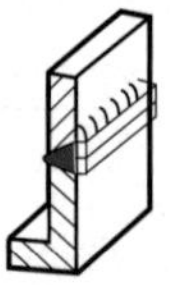	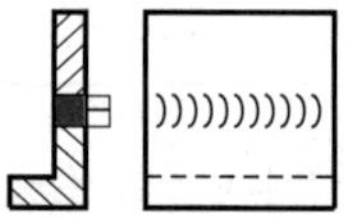	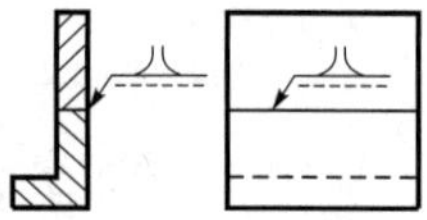
2	I형 맞대기 용접 ‖ 2	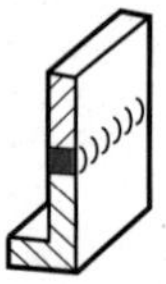	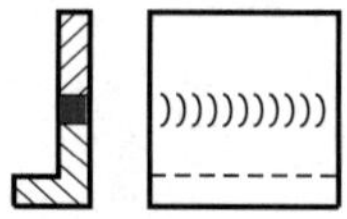	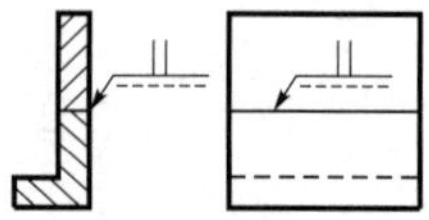
3		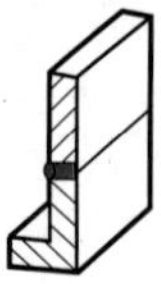	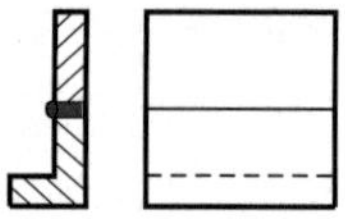	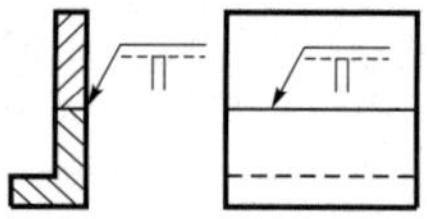

번호	명칭, 기호 (숫자는 [표 2-4]의 번호)	그림	표시	기호
4	I형 맞대기 용접 ‖ 2			
5	V형 이음 맞대기 용접 V 3			
6				
7	일면 개선형 맞대기 용접 V 4			
8				
9				
10				
11	넓은 루트면이 있는 V형 맞대기 용접 Y 5			

번호	명칭, 기호 (숫자는 [표 2-4]의 번호)	그림	표시	기호
12	넓은 루트면이 있는 일면 개선형 맞대기 용접 Y 6	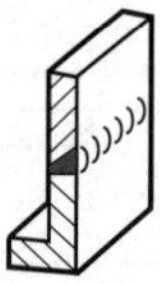	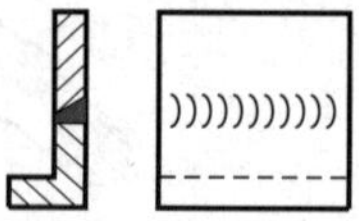	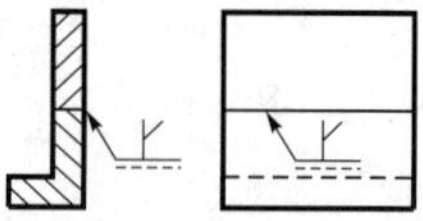
13		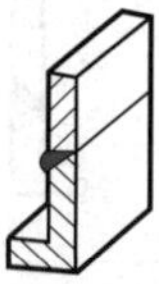	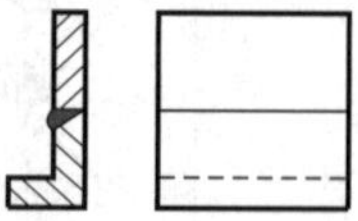	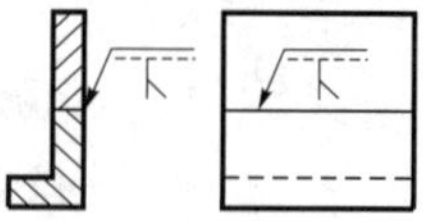
14	U형 맞대기 용접 Y 7	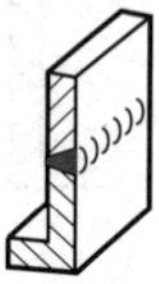	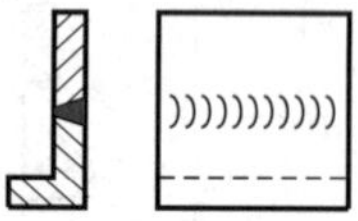	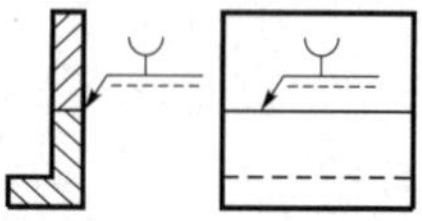
15	J형 맞대기 용접 Y 8	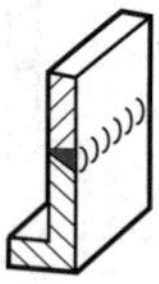	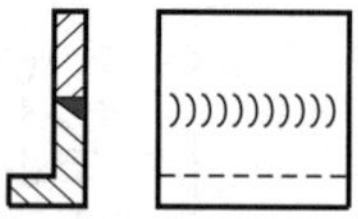	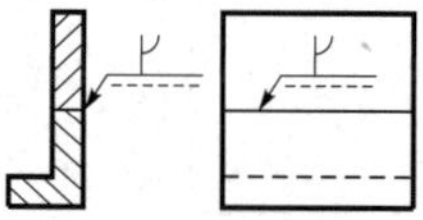
16		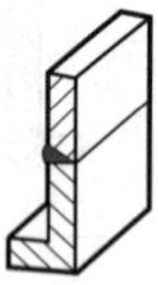	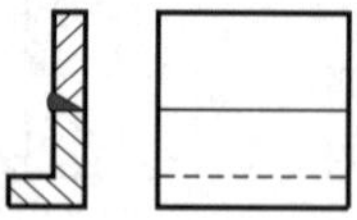	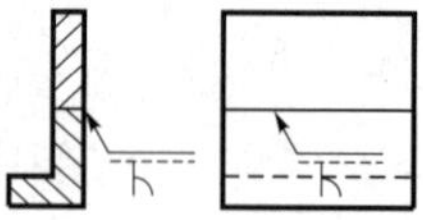
17	필릿 용접 ◺ 10		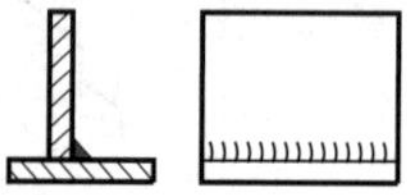	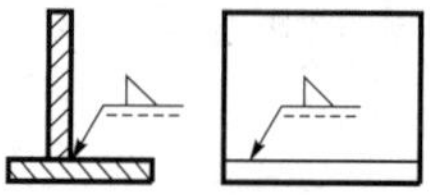
18		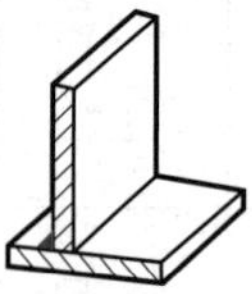	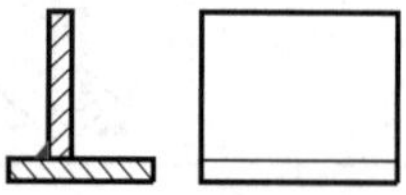	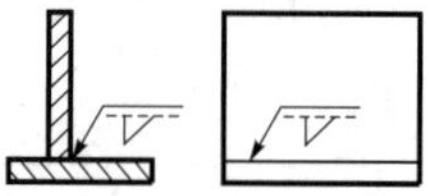
19		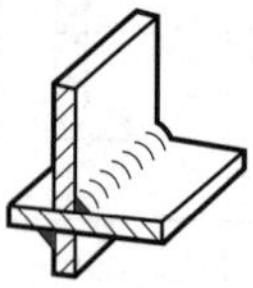	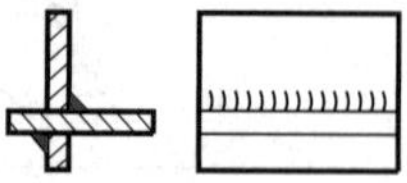	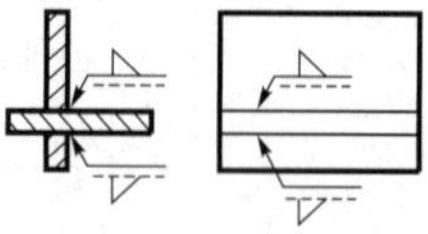
20		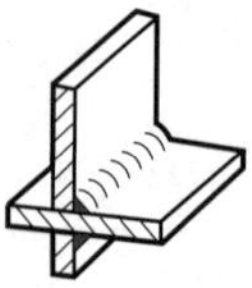	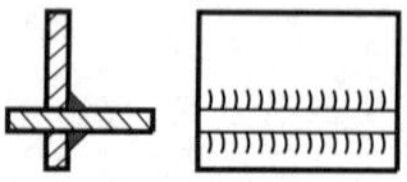	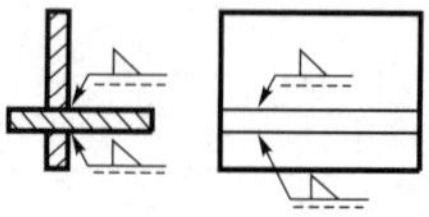

번호	명칭, 기호 (숫자는 [표 2-4]의 번호)	그림	표시	기호
21	필릿 용접 ◺ 10			
22	플러그 용접 ⊓ 11			
23				
24	점용접 ○ 12			
25				
26	심용접 ⊖ 13			
27				

2 양면 용접부 조합기호

명칭	그림	기호
양면 V형 맞대기 용접(X 용접)	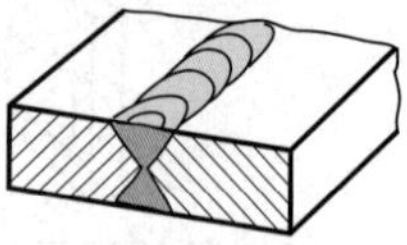	
K형 맞대기 용접	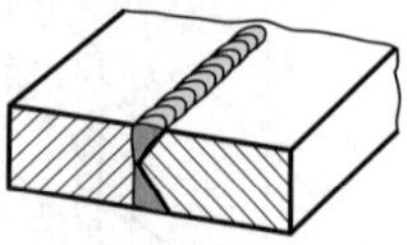	
넓은 루트면이 있는 양면 V형 용접	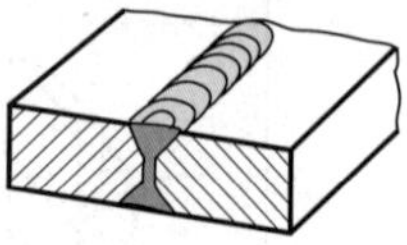	
넓은 루트면이 있는 K형 맞대기 용접	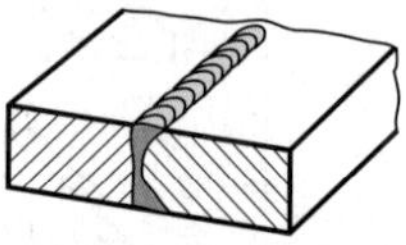	
양면 U형 맞대기 용접	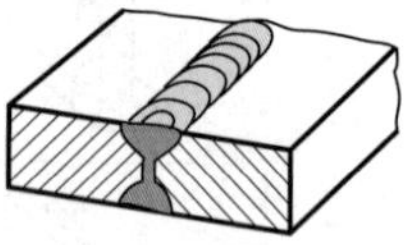	

3 보조기호

용접부 표면 또는 용접부 형상	기호
평면(동일 면으로 마감처리)	
볼록형	
오목형	
토우를 매끄럽게 함	
영구적인 이면 판재(backing strip) 사용	M
제거 가능한 이면 판재 사용	MR

4 보조기호의 적용 보기

명칭	그림	기호
평면 마감 처리한 V형 맞대기 용접		
블록 양면 V형 용접		
오목 필릿 용접		
이면 용접이 있으며 표면 모두 평면 마감 처리한 V형 맞대기 용접		
넓은 루트면이 있고 이면 용접된 V형 맞대기 용접		
평면 마감 처리한 V형 맞대기 용접		1)
매끄럽게 처리한 필릿 용접		

※ 주 : 1) 기호는 ISO 1302에 따른 기호 : 이 기호 대신 주 기호 √를 사용할 수 있음

5 용접부의 기호표시법

(1) 설명선 표시방법

용접부를 [그림 2-1]과 같은 표시방법으로 도면에 기입한다.

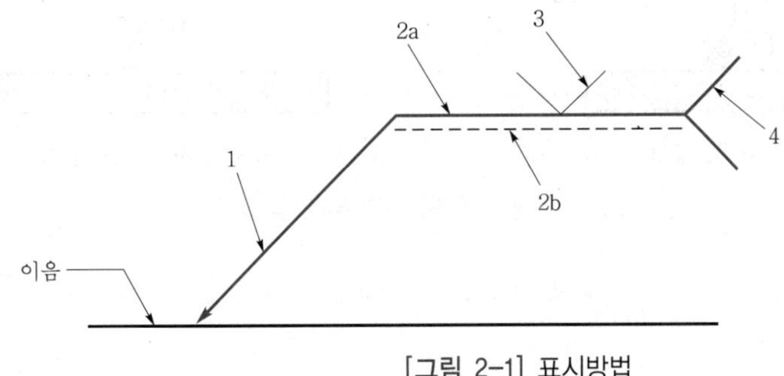

1. 화살표(지시선)
2a. 기준선(실선)
2b. 동일선(파선)
3. 용접기호(이음 용접)
4. 꼬리

[그림 2-1] 표시방법

[그림 2-1]에서 보듯이 설명선은 2a, 2b와 같이 기준선(실선)과 동일선(파선) 및 1과 같이 화살표(지시선) 그리고 꼬리로 구성되어 있으며, 특이사항이 없는 경우 꼬리는 생략하여도 좋다.

① 기준선은 실선으로 동일선은 파선으로 표시하며, 동일선인 파선은 기준선 위 또는 아래 중 어느 쪽에나 표시할 수 있다(⚋⚋⚋ , ⚋⚋⚋ 어느 것이나 사용 가능). 좌우 또는 상하 대칭인 경우 파선은 생략하는 편이 좋다.

② 화살표(지시선)는 기준선에 대하여 되도록 60° 의 직선으로 표시하는 것이 일반적이나 부득이 한 경우 [그림 2-2]와 같이 여러 각도 및 형태로 나타낼 수 있다.

③ 화살표 및 기준선과 동일선에는 모든 관련 기호를 붙인다. 또한 꼬리 부분에는 용접방법, 허용수준, 용접자세, 용가재 등 상세항목을 표시하는 경우가 있다.

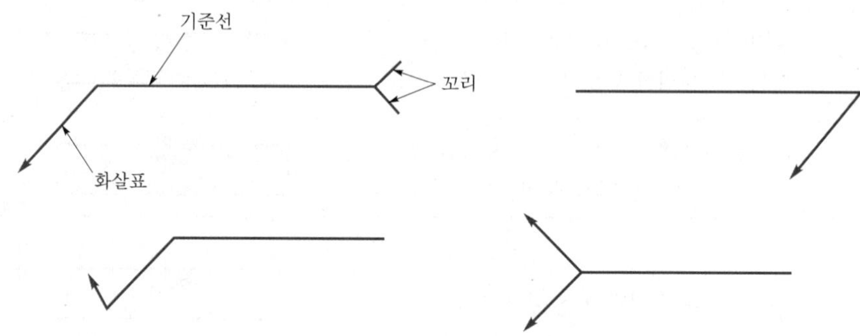

[그림 2-2] 화살표, 기준선, 꼬리의 다양한 표기 형태

(2) 화살표와 접합부의 관계

T형의 필릿 용접과 +자 이음의 양면 필릿 용접의 경우 화살표 쪽과 반대쪽을 [그림 2-3]과 [그림 2-4]에 나타내었다.

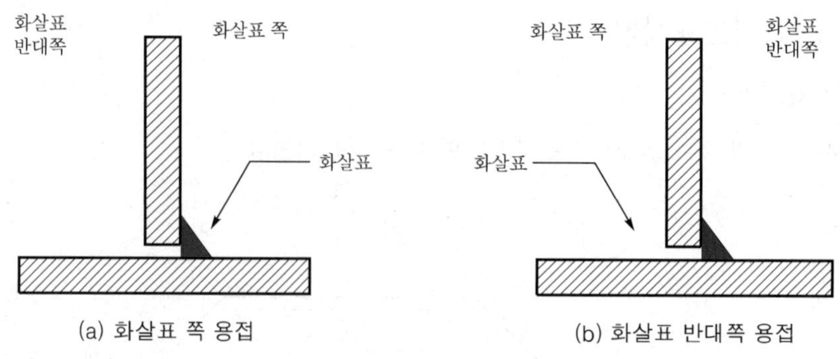

(a) 화살표 쪽 용접

(b) 화살표 반대쪽 용접

[그림 2-3] T형 이음의 한면 필릿 용접

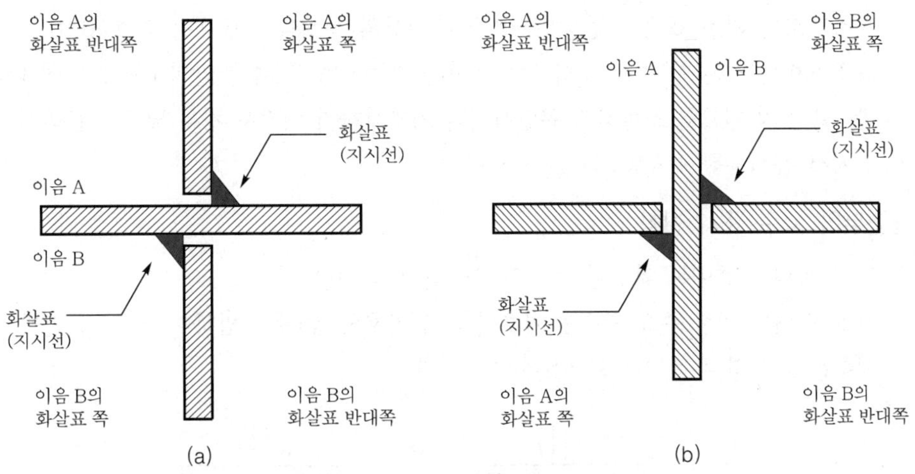

[그림 2-4] +자 이음의 양면 필릿 용접

(3) 기준선에 대한 기호의 위치

용접의 기본기호는 기준선의 위 또는 아래에 표시할 수 있다.

① 용접부가 이음의 화살표 쪽에 있는 경우 용접 기호는 실선 쪽의 기준선에 기입한다([그림 2-5](a)).

② 용접부가 이음의 화살표 반대쪽에 있는 경우 용접 기호는 파선쪽의 기준선에 기입한다([그림 2-5](b)).

③ 부재의 양쪽을 용접하는 경우에는 해당하는 용접 기호를 기준선의 좌우(상하)대칭으로 조합시켜 배치할 수 있다([표 2-6] 참조).

④ 겹치기 이음(lap joint)의 저항용접의 경우 용접기호는 기준선에 대해 대칭으로 기입한다.

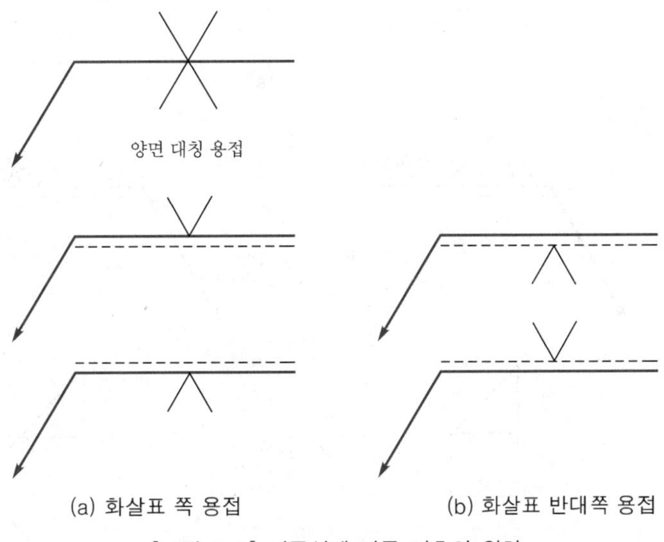

[그림 2-5] 기준선에 따른 기호의 위치

⑤ 보조기호는 외부 표면의 형상 및 용접부 형상의 특징을 나타내는 기호이다([표 2-7]). 보조기호는 기본기호와의 조합으로 표시가 가능하며 그 예를 앞의 [표 2-8]에 나타내었다. 단, 몇 가지 기호를 조합하기 곤란하거나 기호화하기 어려운 경우 별도로 분리한 스케치 그림에서 용접부를 표시할 수 있다.

(4) 용접부의 치수 표시 원칙

① 각 이음의 기호에는 확정된 치수의 숫자를 덧붙인다.
가로 단면에 관한 주요 치수는 기호의 좌측(기호의 앞)에 기입하며, 세로 단면에 관한 주요 치수는 기호의 우측(기호의 뒤)에 기입한다.

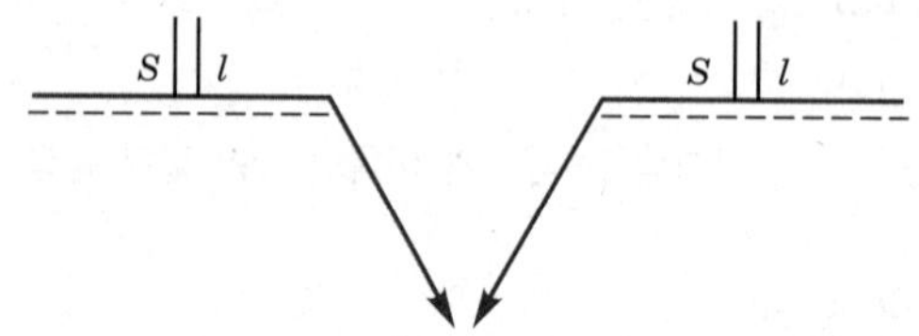

[그림 2-6] 원칙적인 치수 표시의 예

② 기호에 연달아 어떠한 표시도 없는 경우에는 공작물의 전 길이에 대하여 연속 용접을 한다고 생각해도 무방하다.

③ 치수 표시가 없는 한 맞대기 용접에서는 완전 용입 용접을 한다.

④ 필릿 용접의 경우 [그림 2-7](a)과 같이 2개의 표시방법으로 표기할 수 있으며, [그림 2-7](b)는 그 표기 방법의 일례이다.

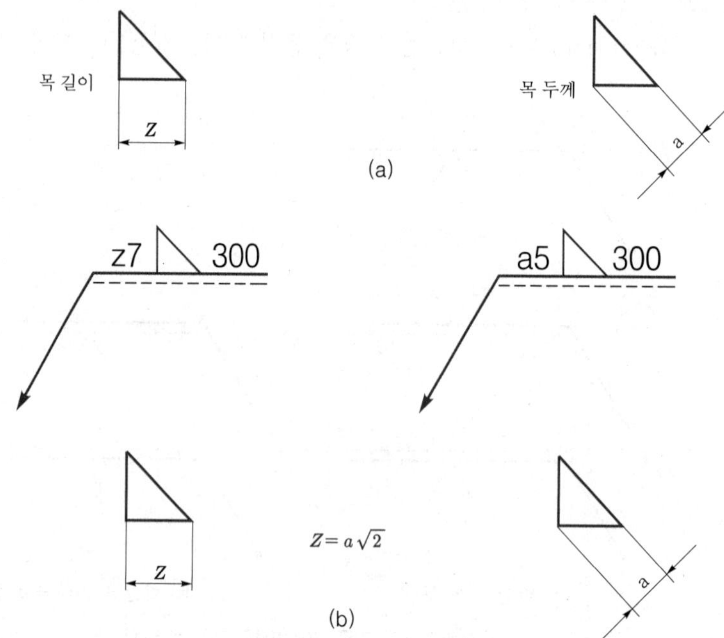

[그림 2-7] 필릿 용접의 치수 표시 방법

⑤ 필릿 용접의 경우 용입 깊이의 치수를 s8a6⊾와 같이 표시하는 경우도 있다([그림 2-8] 참조).

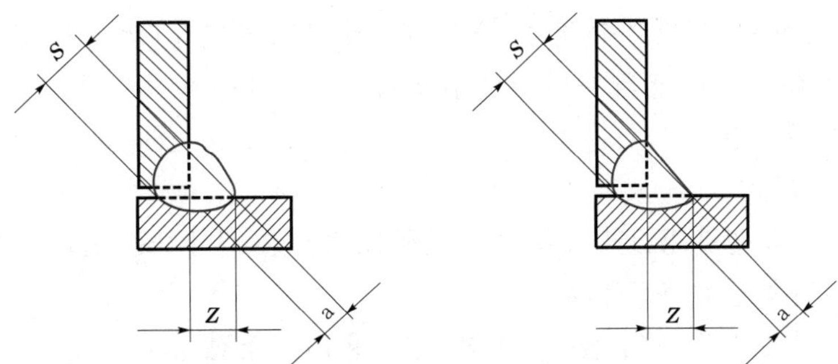

[그림 2-8] 필릿 용접의 용입 깊이 치수 표시 방법

(5) 보조기호의 기재방법

보조기호, 치수강도 등의 용접시공의 내용 기재방법은 기준선에 대하여 [그림 2-9]와 같이 표시한다.

① 표면 모양 및 다듬질 방법 등의 보조기호는 용접부의 모양기호 표면에 근접하여 기재한다.
② 현장 용접, 원주 용접(일주 용접, 전체둘레용접)등의 보조기호는 기준선과 화살표(기준표)의 교점에 표시한다.
③ 꼬리부분(T)에는 비파괴시험 방법, 용접방법, 용접자세 등을 기입한다.

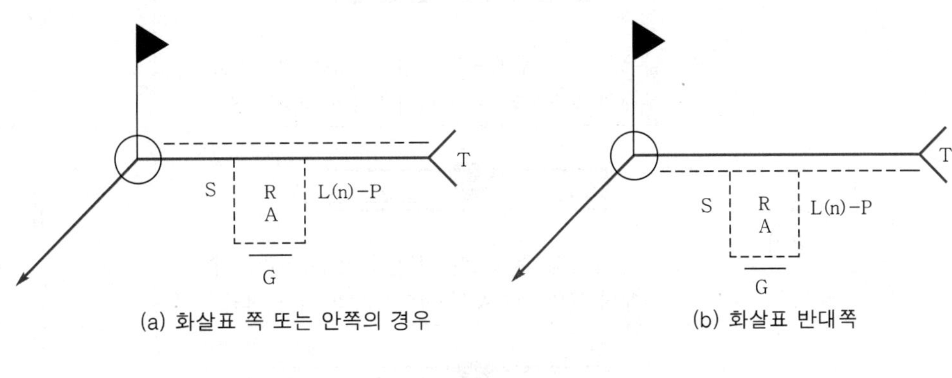

(a) 화살표 쪽 또는 안쪽의 경우

(b) 화살표 반대쪽

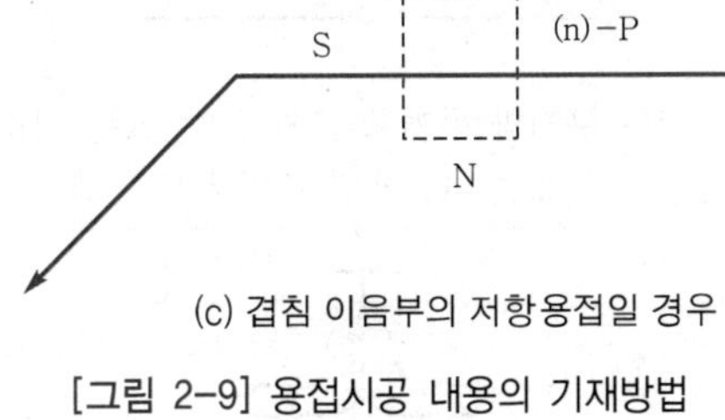

(c) 겹침 이음부의 저항용접일 경우

[그림 2-9] 용접시공 내용의 기재방법

④ 용접시공 내용의 기호 예시

- ⬚ : 기본기호
- S : 용접부의 단면 치수 또는 강도(그루브의 깊이, 필릿의 다리길이, 플러그 구멍의 지름, 슬롯 홈의 나비, 심의 나비, 점용접의 너깃 지름 또는 한점의 강도 등)
- R : 루트 간격
- A : 그루브 각도
- L : 단속 필릿 용접의 용접 길이, 슬롯 용접의 홈 길이 또는 필요한 경우 용접 길이
- n : 단속 필릿 용접의 수
- P : 단속 필릿 용접, 플러그 용접, 슬롯 용접, 점용접 등의 피치
  (피치 : 용접부의 중앙선과 인접 용접부의 중앙선과의 거리)
- T : 특별 지시사항(J형, U형 등의 루트 반지름, 용접방법, 비파괴시험의 보조기호 기타)
- – : 표면 모양의 보조기호
- G : 다듬질 방법의 보조기호
- N : 점용접, 심용접, 스터드, 플러그, 슬롯, 프로젝션 용접 등의 수

(6) 용접부의 치수 표시의 예

번호	명칭	그림 및 정의	표시
1	맞대기 용접	S : 얇은 부재의 두께보다 커질 수 없는 거리로서, 부재의 표면부터 용입 바닥까지의 최소 거리	∨
		S : 얇은 부재의 두께보다 커질 수 없는 거리로서, 부재의 표면부터 용입 바닥까지의 최소 거리	S‖
		S : 얇은 부재의 두께보다 커질 수 없는 거리로서, 부재의 표면부터 용입 바닥까지의 최소 거리	SY
2	플랜지형 맞대기 용접	S : 용접부 외부 표면부터 용입 바닥까지의 최소 거리	S‖

번호	명칭	그림 및 정의	표시
3	연속 필릿 용접	a : 단면에 표시될 수 있는 최대 이등변삼각형의 높이 b : 단면에 표시될 수 있는 최대 이등변삼각형의 변	a ◺ z ◺
4	단속 필릿 용접	ℓ : 용접 길이(크레이터 제외) (e) : 인접한 용접부 간격 n : 용접부 수, a : 번호 3 참조, z : 번호 3 참조	a ◺ n×l(e) z ◺ n×l(e)
5	지그재그 단속 필릿 용접	ℓ : 번호 4 참조, (e) : 번호 4 참조, n : 번호 4 참조, a : 번호 3 참조, z : 번호 3 참조	a n×l (e) a n×l (e) z n×l (e) z n×l (e)
6	플러그 또는 슬롯 용접	ℓ : 번호 4 참조, (e) : 번호 4 참조, n : 번호 4 참조, c : 슬롯의 너비	c ⊓ n×l(e)
7	심용접	ℓ : 번호 4 참조, (e) : 번호 4 참조, n : 번호 4 참조, c : 용접부 너비	c ⊖ n×l(e)
8	플러그 용접	ℓ : 번호 4 참조, (e) : 간격, d : 구멍의 지름	d ⊓ n(e)
9	점용접	ℓ : 번호 4 참조, (e) : 간격, d : 점(용접부)의 지름	d ○ n(e)

(7) 용접부의 다듬질 방법 기호

다듬질 종류	문자기호	다듬질 종류	문자기호
치핑	C	절삭(기계 다듬질)	M
연삭	G	지정하지 않음	F

2-3 배관 및 철골구조물 기호 및 도면해독

1 관의 접속상태의 표시방법

관의 접속상태		도시방법
접속하고 있지 않을 때		또는
접속하고 있을 때	교차	
	분기	

2 관의 결합방식의 표시방법

결합방식의 종류	그림기호
일　반	
용 접 식	
플랜지식	
턱걸이식	
유니온식	

3 관의 이음 표시방법

연결방법	기호	연결방법	기호
나사 이음		용접 이음	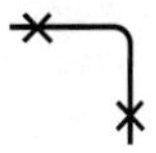
플랜지 이음	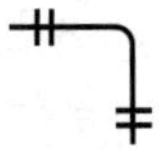	동관(납땜형) 이음	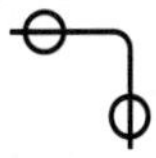
턱걸이 이음		유니언 이음	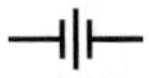

참고 신축이음(확장 조인트) 표시방법

연결방법	기호	연결방법	기호
루프형	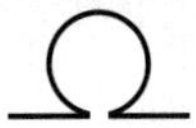	벨로스형	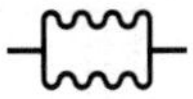
슬리브형	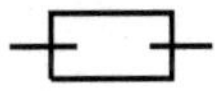	스위블형	

4 배관 접합기호

종류	기호	종류	기호
일반적인 접합기호	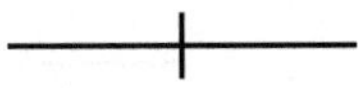	칼라(collar)	
마개와 소켓 연결	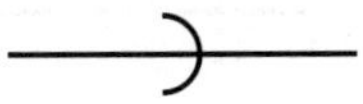	유니언 연결	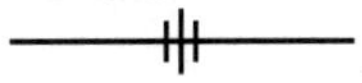
플랜지 연결	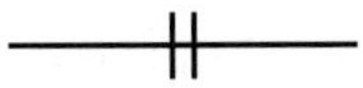	블랭크 연결	

5 고정식 관 이음새의 표시방법

관 이음새의 종류		그림기호	비고
엘보 및 벤드		또는	p318의 관의 결합방식의 표시방법과 결합하여 사용한다. 지름이 다르다는 것을 표시할 필요가 있을 때는 그 호칭을 인출선을 사용하여 기입한다.
티			
크로스			
리듀서	동 심		특히 필요한 경우에는 p318의 관의 결합방식의 표시방법과 결합하여 사용한다.
	편 심		
하프커플링			

6 관 끝부분의 표시방법

끝부분의 종류	그림기호
막힌 플랜지	
나사박음식 캡 및 나사박음식 플러그	
용접식 캡	

7 밸브 및 콕 몸체의 표시방법

밸브 · 콕의 종류	그림기호	밸브 · 콕의 종류	그림기호
밸브 일반		앵글밸브	
게이트 밸브		3방향밸브	

밸브 · 콕의 종류	그림기호	밸브 · 콕의 종류	그림기호
글로브 밸브		안전 밸브	
체크 밸브	또는		
볼 밸브		콕 일반	
버터플라이 밸브	또는		

참고 밸브 및 콕이 닫혀 있는 상태 표시

8 밸브 및 콕 조작부의 표시방법

개폐 조작	그림기호	비고
동력조작		조작부 · 부속기기 등의 상세에 대하여 표시할 때에는 KS A 3016(계장용 기호)에 따른다.
수동조작		특히 개폐를 수동으로 할 것을 지시할 필요가 없을 때는 조작부의 표시를 생략한다.

9 관의 입체적 표시방법

(1) 화면에 직각방향으로 배관되어 있는 경우

정투영도		각도
관 A가 화면에 직각으로 바로 앞쪽으로 올라가 있는 경우	A 또는 A	A
관 A가 화면에 직각으로 반대쪽으로 내려가 있는 경우	A 또는 A	A

정투영도		각도
관 A가 화면에 직각으로 바로 앞쪽으로 올라가 있고 관 B와 접속하고 있는 경우	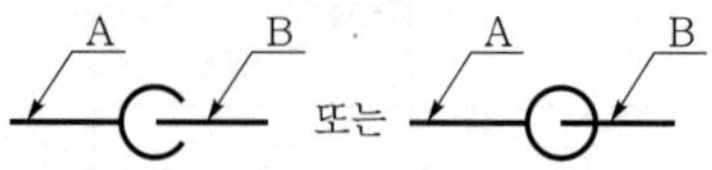 A B 또는 A B	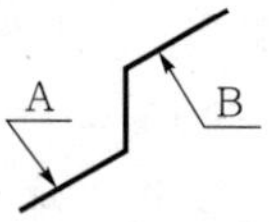 A B
관 A로부터 분기된 관 B가 화면에 직각으로 바로 앞쪽으로 올라가 있으며 구부러져 있는 경우	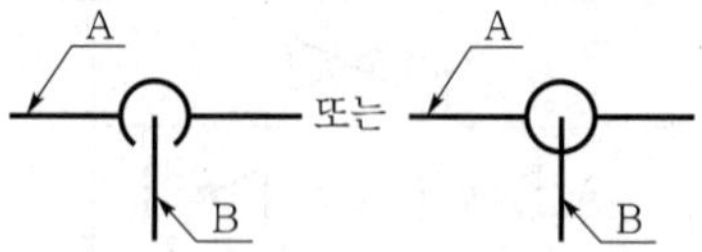 A B 또는 A B	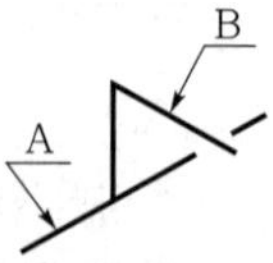 B A
관 A로부터 분기된 관 B가 화면에 직각으로 반대쪽으로 내려가 있고 구부러져 있는 경우	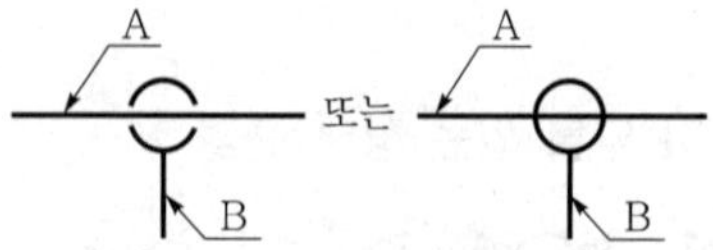 A B 또는 A B	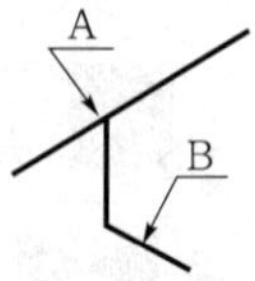 A B

(2) 화면에 직각 이외의 각도로 배관되어 있는 경우

정투영도		등각도
관 A가 윗쪽으로 비스듬히 일어서 있는 경우	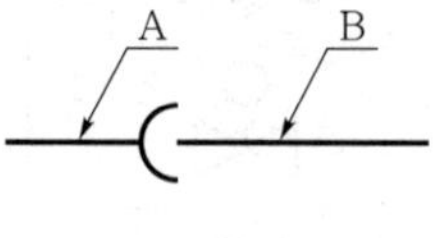 A B	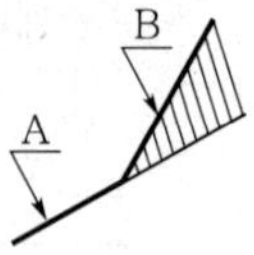 B A
관 A가 아래쪽으로 비스듬히 내려가 있는 경우	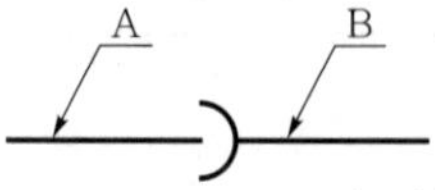 A B	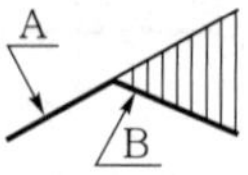 A B
관 A가 수평방향으로 바로 앞쪽으로 비스듬히 구부러져 있는 경우	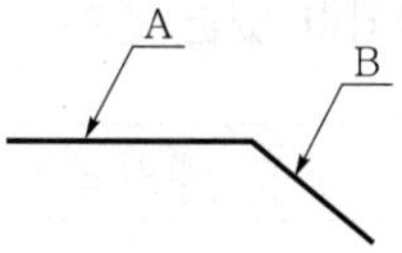 A B	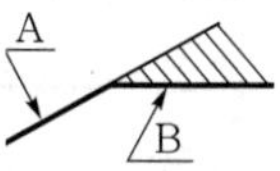 A B
관 A가 수평방향으로 화면에 비스듬히 윗방향으로 일어서 있는 경우	 A B	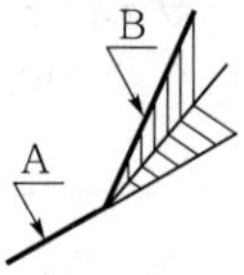 B A
관 A가 수평방향으로 화면에 비스듬히 바로 앞쪽 윗방향으로 일어서 있는 경우	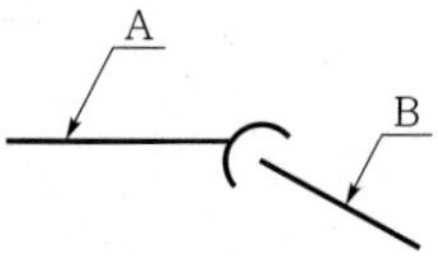 A B	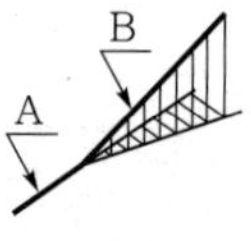 B A

10 배관의 간략도시방법 중 환기계 및 배수계의 끝 장치 도시방법

평면도 도시방법	명칭	평면도 도시방법	명칭
	고정식 환기 삿갓		회전식 환기 삿갓
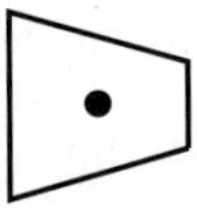	벽붙이 환기 삿갓		콕이 붙은 배수구
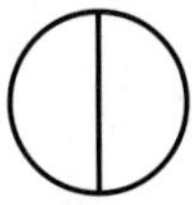	배수구		

11 구멍에 끼워 맞추기 위한 구멍, 볼트, 리벳의 기호

구멍, 볼트, 리벳		공장에서 드릴가공 및 끼워맞춤	공장에서 드릴가공, 현장에서 끼워맞춤	현장에서 드릴가공 및 끼워맞춤
구멍	카운터 싱크 없음	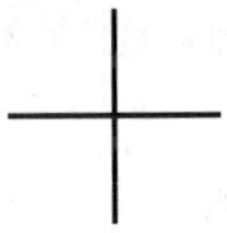		
	가까운 면에 카운터 싱크 있음	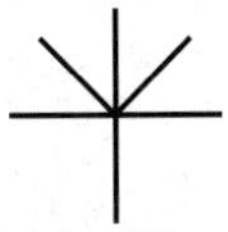		
	먼 면에 카운터 싱크 있음			
	양쪽 면에 카운터 싱크 있음	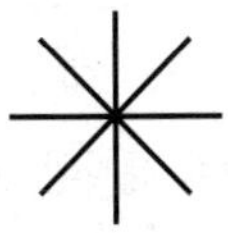		

PART 05

적중 예상문제

[자주 출제되는 중요한 문제는 별표(★)로 강조함]

01 제도통칙 등

01 제도의 역할을 설명한 것으로 가장 적합한 것은?

① 기계의 제작 및 조립에 필요하며, 설계의 밑바탕이 된다.
② 그리는 사람만 알고 있고 작업자에게는 의문이 생겼을 때에만 가르쳐주면 된다.
③ 알기 쉽고 간단하게 그림으로써 대량 생산의 밑바탕이 된다.
④ 계획자의 뜻을 작업자에게 틀림없이 이해시켜 작업을 정확, 신속, 능률적으로 하게 한다.

해설 설계된 기계가 설계대로 공장에서 조립되려면 설계자가 의도한 사항이 도면에 의하여 제작자에게 빠짐없이 전달되어야 한다.

02 KS 규격 중 기계 부분에 해당되는 것은?

① KS D　② KS C
③ KS B　④ KS A

해설 KS의 분류

A	B	C	D	E	F	G
기본	기계	전기	금속	광산	토건	일용품
H	K	L	M	P	V	W
식료품	섬유	요업	화학	의료	조선	항공

03 A3 용지의 테두리선은 외곽에서 얼마나 떨어져 있는가?

① 20mm　② 15mm
③ 10mm　④ 5mm

해설 도면의 크기에 따른 테두리 치수를 참고하면 A3 용지의 경우 10mm이다.

04 제도 용지 A0의 단면적은 약 얼마인가?

① $0.8m^2$　② $1m^2$
③ $1.2m^2$　④ $1.4m^2$

해설 A0 용지의 면적은 $1m^2$이며, B0의 면적은 $1.5m^2$이다.

★
05 도면을 접을 때는 얼마의 크기로 하며 도면의 어느 것이 겉으로 나오게 정리해야 하는가?

① A1 : 조립도 부분
② A2 : 부품도가 있는 부분
③ A3 : 어떻게 해도 무관
④ A4 : 표제란이 있는 부분

해설 보기 ④와 같이 접어서 보관한다.

06 한국 공업 규격의 제도 통칙에 의거한 문자의 설명 중 맞지 않는 것은?

① 한자의 크기는 높이 3.15, 4.5, 6.3, 9, 12.5, 18mm의 6종이 있다.
② 문자의 크기는 높이로 표시하며 10, 8, 6.3, 5, 4, 3.2, 2.5mm의 7종이 있다.
③ 한글, 숫자, 영자의 크기는 높이 2.24, 3.15, 4.5, 6.3, 9mm의 5종이 일반적으로 사용된다.
④ 한글, 숫자, 영자의 크기에는 12.5, 18mm 등도 필요한 경우에 사용된다.

해설 문자의 크기는 높이로 표시하며 한자의 크기는 높이 3.15, 4.5, 6.3, 9, 12.5, 18mm의 6종이 있고, 한글, 숫자, 영자의 크기는 높이 2.24, 3.15, 4.5, 6.3, 9mm의 5종이 일반적으로 사용되며, 12.5, 18mm 등도 필요한 경우에 사용된다. 숫자나 영자는 수직 또는 수직선에 대하여 15° 경사체로 쓴다.

정답 01. ④ 02. ③ 03. ③ 04. ② 05. ④ 06. ②

07 다음 중 도면 기입 방법이 잘못된 것은?

① 도면은 부품표에서 부품 번호, 품명, 재료, 개수, 공정, 무게 등을 기입한다.
② 기계 부품의 제작을 위해 각 부품에 번호를 붙인다. 이때 부품 번호 숫자의 크기는 5~8mm이다.
③ 도면 오른쪽 아래의 표제란에는 도면 번호, 제도소명, 척도, 도면, 작성 년월일, 책임자 서명이 기입된다.
④ 표준 부품은 호칭과 문자를 부품도의 표시하지 않고 부품표에 모양과 치수를 기입한다.

해설 표준 부품은 그 호칭법이나 규격 번호 등을 부품표의 비고란에 기입한다.

08 표제란(title panel)의 크기는 도면의 크기에 따라 달라질 수 있다. 표제란과 관계가 먼 것은?

① 도면 ② 도명
③ 투상법 ④ 상세도의 수

해설 보기 ④는 표제란과 거리가 멀다.

09 치수 숫자에 대한 설명으로 틀린 것은?

① 숫자는 치수선 중앙에 쓴다.
② 수직 방향의 치수선에서 숫자는 왼쪽을 향하게 쓴다.
③ 치수 숫자는 어느 경우나 항상 일정한 크기로 쓴다.
④ 도형 내의 치수가 비례적이 아닌 경우의 치수 숫자 밑에는 선을 긋는다.

해설 치수 숫자의 경우 도형의 크기에 따라 다르지만 보통 4mm, 또는 3.2, 5mm로 하고 동일 도면에서는 동일 치수의 숫자 크기로 한다.

10 도면에서 일반적인 경우 부품표 위치로 가장 적당한 것은?

① 오른쪽 중앙 ② 오른쪽 위
③ 오른쪽 아래 ④ 왼쪽 아래

해설 표제란은 오른쪽 아래에, 부품표는 오른쪽 위 또는 아래일 경우는 표제란 위쪽으로 둔다.

11 일반적으로 표제란에 기입하지 않은 것은?

① 척도 ② 도면 번호
③ 도명 ④ 개수

해설 개수의 경우 부품란에 표시한다.

12 제도에서 축척을 1/2로 하면 도면의 면적은 실물 면적의 얼마인가?

① 2배 ② 1/2
③ 1/4 ④ 1/8

해설 길이를 1/2로 하면 면적은 1/4이 된다.

13 도면의 표제란에 척도로 표시된 'NS'는 무엇을 의미하는가?

① 축척
② 비례척이 아님
③ 배척
④ 모든 척도가 1:1 임

해설 NS(None Scale) : 비례척이 아님을 의미한다.

14 아라비아 숫자를 쓰는 방법 중 틀린 것은?

① 너비는 높이의 1/2로 한다.
② 15° 로 경사진 안내선을 긋는다.
③ 나비와 높이는 같다.
④ 분수에 쓸 때는 정수 높이의 2/3배로 한다.

해설 아라비아 숫자를 쓰는 경우 나비는 높이의 1/2로 쓴다.

15 일반적으로 도면에서 표제란 위치로 가장 적당한 것은?

① 오른쪽 중앙 ② 오른쪽 위
③ 오른쪽 아래 ④ 왼쪽 아래

해설 일반적으로 표제란은 우측 하단에 위치한다.

정답 07. ④ 08. ④ 09. ③ 10. ② 11. ④ 12. ③ 13. ② 14. ③ 15. ③

16 한쌍의 삼각자를 이용하여 얻을 수 없는 각도는?

① 20˚ ② 15˚
③ 75˚ ④ 105˚

해설 30˚, 45˚, 60˚, 90˚ 삼각자의 각도를 조합하면 20˚를 그리는 것이 곤란함을 알 수 있다.

17 디바이더(divider)의 사용 용도가 아닌 것은?

① 선을 그림 ② 선의 등분
③ 치수를 옮김 ④ 원의 등분

해설 디바이더의 용도는 보기 ②, ③, ④ 등이다.

18 다음 중 선의 굵기가 다른 것은?

① 외형선 ② 가상선
③ 파단선 ④ 절단선

해설 가상선, 파단선, 절단선 등은 가는 선을 사용하며, 외형선(굵은 선)의 약 1/2의 굵기를 갖는다.

19 가는 실선을 사용하지 않는 것은?

① 치수선 ② 해칭선
③ 지시선 ④ 은선

해설 은선의 경우 파선(점선)을 사용한다.

20 가상선의 용도를 나타낸 것이다. 틀린 것은?

① 도시된 물체의 앞면을 표시하는 선
② 가공 전후의 모양을 표시하는 선
③ 특수가공 지시를 표시하는 선
④ 이동하는 부분의 이동위치를 표시하는 선

해설 가상선은 가는 2점쇄선으로 표시하며 용도로는 ①, ②, ④ 외에도 인접부분을 참고로 표시하거나 공구, 지그 등의 위치를 참고로 표시할 때 쓰인다.

★
21 선의 종류에는 3가지가 있다. 이에 속하지 않는 것은?

① 실선 ② 치수선
③ 파선 ④ 쇄선

해설 선의 종류는 실선, 파선, 쇄선 등 3가지로 구분한다.

★
22 도면에서 2종류 이상의 선이 같은 장소에서 중복될 경우 우선순위를 옳게 나열한 것은?

① 외형선 > 숨은선 > 절단선 > 중심선 > 치수 보조선
② 외형선 > 중심선 > 절단선 > 치수 보조선 > 숨은선
③ 외형선 > 절단선 > 치수 보조선 > 중심선 > 숨은선
④ 외형선 > 치수 보조선 > 절단선 > 숨은선 > 중심선

해설 도면에서 2종류 이상의 선이 중복되는 경우 우선순위로 보기 ①과 같이 그린다.

23 빗금을 긋는 방법 중 맞는 것은?

① 왼쪽 위로 향한 경사선은 위에서 아래로 긋는다.
② 오른쪽 위로 향한 경사선은 위에서 아래로 긋는다.
③ 왼쪽을 향하든 오른쪽을 향하든 편리한 대로 긋는다.
④ 각도에 따라 편리한 대로 긋는다.

해설 보기 ①의 방법으로 빗금을 긋는다.

★
24 다음 투상도 중 표현하는 각법이 다른 하나는?

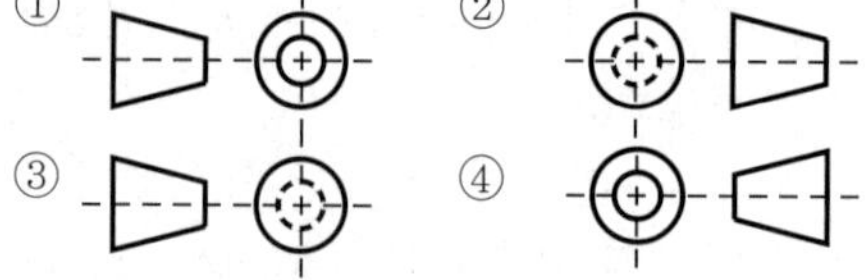

해설 보기 ③항은 투상도에서 제1각법이고 나머지는 제3각법으로 투상한 것이다.

25 제3각법에 대한 설명 중 틀린 것은?

① 눈→투상→물체의 순으로 나타낸다.
② 우측면도는 정면도의 좌측에 그려진다.
③ 평면도는 정면도의 위에 그려진다.
④ 좌측면도는 정면도의 좌측에 그려진다.

해설 제3각법에서 우측면도는 정면도 우측에 배치된다.

정답 16. ① 17. ① 18. ① 19. ④ 20. ③ 21. ② 22. ① 23. ① 24. ③ 25. ②

26 제1각법과 제3각법의 비교 설명 중 틀린 것은?

① 제3각법에서는 정면도를 다른 도형이 보는 위치와 같은 쪽에 그린다.
② 제3각법에서는 투상도끼리 비교 대조하는 데 편리하다.
③ 제1각법에서는 투상도끼리 비교 대조하는 데 편리하다.
④ 조선 · 건축에서는 3각법보다 1각법이 유리하다.

해설 보기 ③이 틀린 답이 된다.

27 다음 중 제1각법에 대한 설명 중 틀린 것은?

① 물체를 좌측에서 본 모양을 나타내는 좌측면도는 정면도의 우측에 그려진다.
② 평면도는 정면도 아래에 그린다.
③ 1각법은 눈에서 물체를 보고 물체의 아래에 투상된 것을 그린다.
④ 눈→투상→물체의 순으로 그린다.

해설 제1각법의 경우 눈→물체→투상 순으로 그린다.

28 다음 중 틀린 것은?

① 정면도의 가로 길이는 평면도의 가로 길이와 같다.
② 평면도는 정면도의 수직선 위에 있다.
③ 정면도의 높이와 평면도의 높이는 같다.
④ 평면도의 세로의 길이는 우측 면도의 가로 길이와 같다.

해설

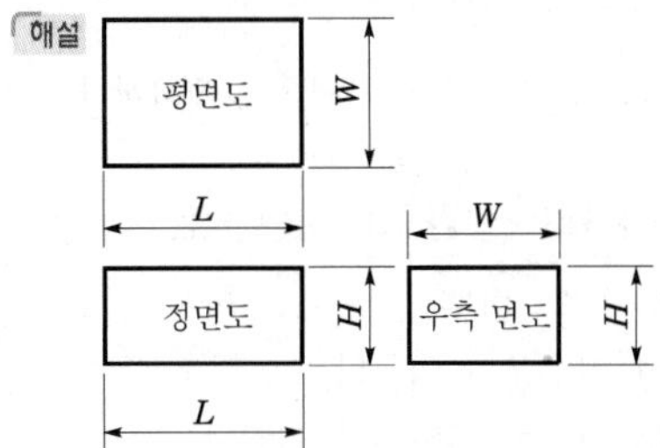

29 다음 그림은 몇 각법으로 제도한 것인가?

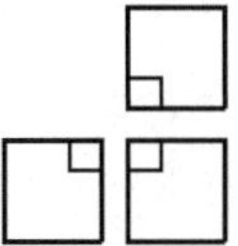

① 제1각법 ② 제2각법
③ 제3각법 ④ 제4각법

해설 정면도, 평면도 그리고 좌측면도의 제도를 제3각법으로 제도한 것이다.

30 다음 보기 그림과 같은 투상도(3각법)는 어느 겨냥도에 해당하는가?

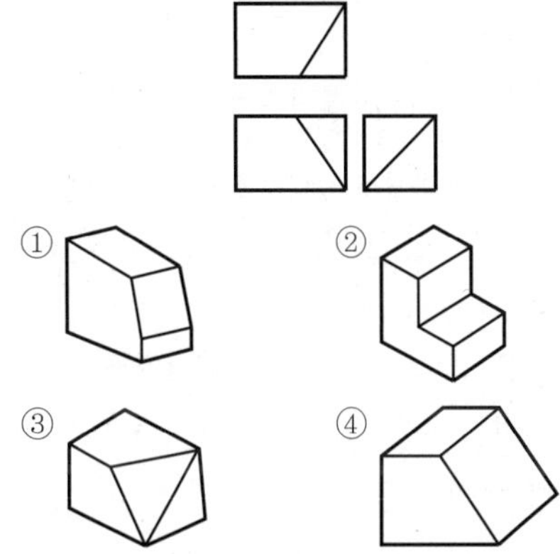

해설 보기 ③이 도면을 입체화한 것이다.

31 다음은 보조 투상도의 선택 시 유의할 사항이다. 잘못된 것은?

① 가능한 한 은선이 나타나지 않도록 한다.
② 반드시 측면도는 우측면도를 그린다.
③ 비교하기 쉽게 하기 위하여 은선과 관계없이 표시할 수도 있다.
④ 정면도를 중심으로 위쪽에는 평면도를 배치한다.

해설 보기 ②의 경우 반드시 그렇지만은 않다.

정답 26. ③ 27. ④ 28. ③ 29. ③ 30. ③ 31. ②

★
32 다음 얇은 물체의 단면을 표시하는 법 중 틀린 것은?

① 굵은 실선과 실선 사이에 약간 틈을 준다.
② 굵은 실선 1개로 표시한다.
③ 패킹, 박판, 얇은 물체 등에 널리 쓰인다.
④ 얇은 물체는 단면을 표시할 수 없다.

해설 패킹, 박판처럼 얇은 물체의 단면은 한줄의 굵은 실선으로 단면을 표시한다.

33 반단면도에서 좌우 대칭인 물체는 중심선을 기준으로 어느 부분에 단면을 표시하는가?

① 우측 ② 좌측
③ 위 ④ 아래

해설 일반적으로 우측부분의 단면을 표시한다.

34 대칭인 물체에서 1/4을 잘라내고 절반은 외형으로 절반은 단면도로 나타낸 것을 무엇이라 하는가?

① 반단면도 ② 전단면도
③ 1/4단면도 ④ 계단 단면도

해설 반단면도에 대한 내용이다.

35 상관선이란 무엇인가?

① 두 직선이 교차하는 선
② 두 면이 만나는 선
③ 두 입체가 만나는 선
④ 두 곡선이 만나는 선

해설 보기 ③이 상관선에 대한 내용이다.

36 해칭을 할 때 지켜야 할 사항 중 바른 것은?

① 해칭은 반드시 가는 실선을 사용하며 45° 로만 그린다.
② 비금속 재료의 단면에서 특히 그 재료를 나타낼 때에는 비금속 재료 단면 표시 방법으로 나타낸다.
③ 해칭을 한 부분의 은선은 이중으로 표시한다.
④ 제작도에서나 부품도에서는 원칙적으로 해칭을 생략한다.

해설 기본 중심선 또는 기선에 대해 45°, 경우에 따라서는 30°, 60° 로 해칭하는 경우도 있다. 해칭한 부분에는 되도록 은선의 기입을 피한다. 제작도나 부품도에는 원칙적으로 해칭을 한다.

37 전개도법의 종류 중 주로 각기둥이나 원기둥의 전개에 가장 많이 이용되는 방법은?

① 삼각형을 이용한 전개도법
② 방사선을 이용한 전개도법
③ 평행선을 이용한 전개도법
④ 사각형을 이용한 전개도법

해설 전개도법은 크게 평행선, 방사선, 삼각형을 이용한 전개도법으로 구분된다. 그 중 평행선법은 주로 각기둥, 원기둥 전개에 활용되며, 방사선법은 주로 각뿔이나 원뿔 등의 전개에, 삼각형법은 꼭지점이 먼 원뿔이나 각뿔, 편심진 원뿔이나 각뿔 등의 전개에 활용된다.

38 다음 중 입체의 표면을 한 평면 위에 펼쳐서 그린 것은?

① 전개도 ② 평면도
③ 입체도 ④ 투시도

해설 전개도에 대한 내용이다.

39 스케치의 필요성에 대한 설명 중 관계가 먼 것은?

① 기성품과 같은 기계를 제작할 경우
② 기계를 개조할 필요가 있을 경우
③ 기계의 부품이 파손되어 바꿀 경우
④ 제작도를 오래 보존할 경우

해설 보기 ①, ②, ③의 이유로 스케치가 필요하다.

40 스케치도에 대한 설명으로 틀린 것은?

① 프리핸드로 그린다.
② 측정한 치수를 기입한다.
③ 조립에 필요한 사항을 기입한다.
④ 재질, 가공법은 기입하지 않는다.

해설 보기 ①, ②, ③은 스케치를 바르게 설명한 것이다.

정답 32. ④ 33. ① 34. ① 35. ③ 36. ② 37. ③ 38. ① 39. ④ 40. ④

41 지시선은 수평선에 대해서 몇 도로 긋는 것이 좋은가?

① 30도 ② 45도
③ 60도 ④ 75도

해설 지시선의 경사각은 60° 를 사용하고 부득이한 경우 30°, 45° 를 적용한다.

42 치수 보조선은 치수선보다 얼마를 더 연장하는가?

① 2~3mm ② 4~5mm
③ 1~2mm ④ 5~6mm

해설 치수 보조선은 치수선을 긋기 위한 보조선으로 보통 도형의 외형선에서 약 1mm 정도 바깥에서부터 시작하며 외형선에 닿지 않도록 끌어내어 치수선을 약 2~3mm 넘을 때까지 연장해서 그린다.

43 다음의 보기를 참고하여 트레이싱(tracing) 순서로 맞는 것은?

1. 수평선을 긋는다.
2. 수직선을 긋는다.
3. 원호를 그린다.
4. 곡선을 그린다.
5. 경사선을 그린다.

① 3→4→1→2→5
② 1→2→3→4→5
③ 1→2→4→3→5
④ 1→2→5→3→4

해설 보기 ①에 대한 내용이다.

44 지시선이 사용되지 않은 곳은?

① 구멍 ② 부품 번호
③ 좁은 치수 ④ 각도

해설 지시선은 구멍의 치수나 가공법, 지시사항, 부품 번호, 좁은 치수 등을 기입하기 위하여 쓰이는 선이다.

45 치수선에 관한 설명으로 틀린 것은?

① 이웃한 치수선은 가급적 계단식으로 긋는다.
② 외형선에서 10~15mm 정도 떨어져서 긋는다.
③ 치수를 기입하기 위하여 외형선에 평행하게 그은 선이다.
④ 0.2mm 이하의 가는 실선으로 긋고 양단에 화살표를 붙인다.

해설 치수선은 외형선과 평행하게 긋는다.

46 치수 기입 시에 맞는 것은?

① 치수는 별도의 지시가 없는 한 마무리 치수로 기입한다.
② 치수는 중복하여 기입해도 무방하다.
③ 치수는 치수선을 중단하고 기입한다.
④ 치수는 정면도, 평면도, 측면도에 골고루 분산 기입한다.

해설 보기 ①이 옳은 답이다.

★
47 다음 치수 기입법 중 잘못 설명한 것은?

① 치수는 특별한 명기가 없는 한, 제품의 완성 치수이다.
② NS로 표시한 것은 축척에 따르지 않은 치수이다.
③ 현의 길이를 표시하는 치수선은 동심인 원호로 표시한다.
④ 치수선은 가급적 물체를 표시하는 도면의 외부에 표시한다.

해설 호의 길이를 표시하는 치수선은 동심인 원호로 표시하고, 현의 길이를 표시하는 치수선은 현과 평행하는 직선으로 표시한다.

48 도면 내의 (300)의 치수 중 ( )는 무엇을 뜻하는가?

① 가공 치수 ② 완성 치수
③ 참고 치수 ④ 비례척이 아닌 치수

해설 ( ) 치수는 참고 치수를 표시한다.

정답 41. ③ 42. ① 43. ① 44. ④ 45. ① 46. ① 47. ③ 48. ③

★

49 기호 중 숫자와 병용해서 사용하지 않는 것은?

① C　　② R

③ □　　④ ⊠

해설 보기 ④는 단면이 사각형임을 의미하는 기호로 치수 숫자와 병기하지 않는다.

50 보기 도면의 "□40"에서 치수 보조 기호인 "□"가 뜻하는 것은?

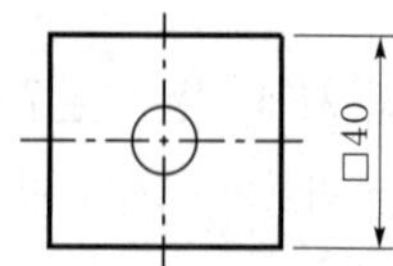

① 정사각형의 변　　② 이론적 정확한 치수

③ 판의 두께　　④ 참고 치수

해설 치수 보조 기호

구분	기호
지름	ϕ
반지름	R
구의 지름	Sϕ
구의 반지름	SR
정사각형의 변	□
판의 두께	t
원호의 길이	⌒
45°의 모떼기	C
이론적으로 정확한 치수	▭
참고 치수	(　)

★

51 다음 그림 중 호의 길이를 표시하는 치수 기입법으로 옳은 것은?

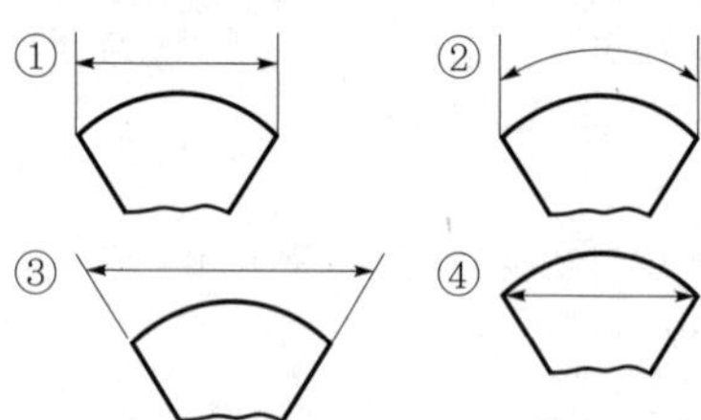

해설 보기 ①은 현의 치수, 보기 ②는 호의 치수를 나타낸다.

52 도면에서 치수 숫자와 함께 사용되는 기호를 올바르게 연결한 것은?

① 지름 : D　　② 정사각형 : □

③ 반지름 : R　　④ 45° 모따기 : 45° C

해설 ① 지름 : ∅
② 정사각형 : □
④ 45° 모따기 : C45

53 t의 기호는 무엇을 의미하는가?

① 반지름　　② 지름

③ 두께　　④ 모따기

해설 t는 thickness 의 첫 자로서 이는 판 두께를 의미하며, 치수 숫자 앞에 표시한다.

54 다음의 각각의 설명 중 틀린 것은?

① 한쪽만 기울어진 경우를 구배라 한다.

② 양쪽 면이 대칭으로 기울어진 것을 테이퍼라 한다.

③ 테이퍼는 축과 구멍이 테이퍼 면에서 정확하게 끼워 맞춤이 필요한 곳에만 치수를 기입한다.

④ 테이퍼와 구배는 같은 말로 한 면이든 양면이든 기울어진 것을 구배라 한다.

해설 보기 ①, ②, ③이 바르게 설명한 것이다.

55 구멍의 치수 기입에서 (ϕ24 구멍, 23 리벳 P=94)로 표시되었을 때 다음 중 잘못 설명한 것은?

① 리벳 지름은 23mm

② 드릴 구멍은 24mm

③ 리벳의 피치는 94mm

④ 리벳 부분의 전체 길이는 23×94mm

해설 전체 길이의 경우 구멍과 구멍 사이의 거리를 피치라 하고, 전체길이는 [(구멍갯수−1)×피치]로 구할 수 있다.

정답 49. ④　50. ①　51. ②　52. ③　53. ③　54. ④　55. ④

56 L$A\times B\times t_1\times t_2-L$로 표시된 형강의 해독으로 올바른 것은?

① 등변 ㄱ 형강
② 부등형 H 형강
③ A 길이의 두께는 t_1
④ B는 형강의 길이

해설 부등변 L 형강이다.

★
57 보기 도면의 드릴 가공에 대한 설명으로 올바른 것은?

[보기]

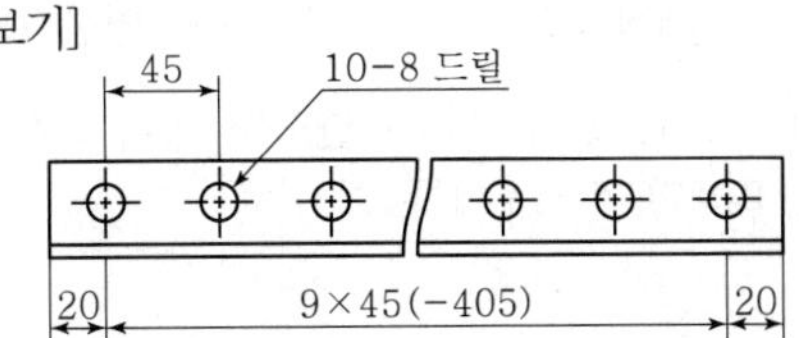

① 형강 양단에서 20mm 띄운 후 405mm의 사이에 45mm 피치로 지름 8mm의 구멍을 10개 가공
② 형강 양단에서 20mm 띄워서 45mm 피치로 지름 8mm, 깊이 10mm의 구멍을 9개 가공
③ 형강 양단에서 20mm 띄워서 9mm 피치로 지름 8mm, 깊이 10mm의 구멍을 45개 가공
④ 형강 양단에서 20mm 띄워서 좌단은 다시 45mm 띄어서 9mm 피치로 405mm의 사이에 지름 8mm, 깊이 10mm의 구멍을 45개 가공

해설 보기 ①에 대한 내용이다.

58 KS 기계 제도에서 치수 기입 방법의 원칙 설명으로 올바른 것은?

① 길이의 치수는 원칙적으로 밀리미터(mm)로 하고 단위 기호로 밀리미터(mm)를 기재하여야 한다.
② 각도의 치수는 일반적으로 라디안(rad)으로 하고 필요한 경우에는 분 및 초를 병용한다.
③ 치수에 사용하는 문자는 KS A0107에 따르고 자릿수가 많은 경우 세 자리마다 숫자 사이에 콤마를 붙인다.
④ 치수는 해당되는 형체를 가장 명확하게 보여 줄 수 있는 투상도나 단면도에 기입한다.

해설 ① 단위 기호(mm)는 붙이지 않고 생략한다.
② 각도의 단위는 도, 분, 초를 쓰며, 도면에는 도(°), 분(′), 초(″)의 기호로 나타낸다.
③ 치수 숫자는 자리수가 많아도 3자리마다(,)를 쓰지 않는다.

★
59 치수 기입상의 주의사항으로 옳지 않은 것은?

① 치수는 계산을 하지 않아도 되게끔 기입한다.
② 도형의 외형선이나 중심선을 치수선으로 대용해서는 안 된다.
③ 원형의 그림에서는 치수를 방사상으로 기입해도 좋다.
④ 서로 관련 있는 치수는 될 수 있는 대로 한 곳에 모아서 기입한다.

해설 치수 기입의 주의사항으로 보기 ①, ②, ④ 등이다.

60 2줄 나사의 피치가 3mm이다. 나사가 1회전했을 때, 축 방향으로 이동한 양은?

① 3mm ② 6mm
③ 9mm ④ 10mm

해설 인접한 두 산의 직선거리를 피치라고 하고 나사가 1회전하여 축 방향으로 진행한 거리를 리드(lead)라 한다.
$L=np=2\times3=6\text{mm}$
(L : 리드, n : 줄 수, P : 피치)

61 나사의 호칭 방법 중 M50×3에서 3은 무엇을 나타내는가?

① 나사의 피치 ② 나사의 등급
③ 나사의 지름 ④ 나사의 길이

해설 피치에 대한 내용이다.

62 도면에 표시된 3/8-16 UNC-2A를 해석한 것으로 옳은 것은?

① 피치는 3/8인치이다.
② 산의 수는 1인치당 16개이다.
③ 유니파이 가는 나사이다.
④ 나사부의 길이는 2인치이다.

정답 56. ③ 57. ① 58. ④ 59. ③ 60. ② 61. ① 62. ②

해설 나사의 호칭(피치를 산의 수로 나타낼 경우)
유니파이 나사의 경우

나사의 지름	산의 수	나사의 종류 기호
3/8″	16	UNC

63 나사의 피치와 호칭 지름을 mm로 나타내고 나사산의 각도가 60° 인 나사는?

① 미터 나사 ② 관용 나사
③ 유니파이 나사 ④ 위트워드 나사

해설 미터나사에 대한 내용이다.

64 KS B 1002 육각 볼트 중 M42×150-2급 SM20C의 볼트 표시에서 150은 무엇을 나타내는가?

① 볼트의 등급
② 지정 사항
③ 재료의 기계적 성질
④ 볼트의 길이

해설 볼트의 길이에 대한 내용이다.

65 리벳 호칭법을 옳게 나타낸 것은?

① (종류)×(길이)(호칭 지름)(재료)
② (종류)(호칭 지름)×(길이)(재료)
③ (종류)(재료)×(호칭 지름)×(길이)
④ (종류)(재료)(호칭 지름)×(길이)

해설 보기 ②에 대한 내용이다.

66 일반 구조용 평리벳 16×340이 뜻하는 것은?

① 리벳 반지름이 16mm이고, 길이가 34mm이다.
② 리벳 반지름이 16mm이고, 길이가 34mm이다.
③ 리벳 구멍 지름이 16mm이고, 길이가 34mm 이다.
④ 리벳 구멍이 16개이고, 길이가 34mm이다.

해설 리벳의 경우 지름×길이로 표기한다.

67 리벳 표시 중 ○, ●를 비교, 표시한 것이다. 옳은 것은?

① ●은 현장 리벳
② ○은 현장 리벳
③ ○은 접시 머리 리벳
④ ●은 둥근 납작 머리 리벳

해설 ●은 현장 리벳, ○은 공장 리벳을 나타내는 표시이다.

68 SM 10C에서 10C는 무엇을 뜻하는가?

① 탄소함유량 ② 종별 기호
③ 제작방법 ④ 최저 인장강도

해설 SM 10C에서 10C는 탄소함유량이 0.05%C에서 0.15%C의 경우에 표기된다.

02 도면해독

01 SC41에서 41은 무엇을 의미하는가?

① 재질 ② 최저 인장강도
③ 제조법 ④ 제품명

해설 마지막에 'C'가 없는 경우는 최저 인장강도를 의미하는 수치이다.

02 S10C로 표시된 기계 재료의 S는 무엇을 나타낸 것인가?

① 재질 ② 제품명
③ 규격명 ④ 열처리

해설 S 10C에서 'S'는 steel의 첫 자로 재질에 해당된다.

03 GC15에서 C는 무엇을 표시하는가?

① 회 주철 ② 주조품
③ 용도 ④ 종류

해설 GC15에서 G는 회 주철, C는 주조품, 15는 최저 인장강도가 15kg/mm^{2}를 의미한다.

정답 63. ① 64. ④ 65. ② 66. ③ 67. ① 68. ① / 01. ② 02. ① 03. ②

★
04 설계 도면에 SM40C로 표시된 부품이 있다면 어떤 재료를 사용해야 하겠는가?

① 탄소 0.35~0.45% 함유한 탄소강 주강
② 최저 인장강도 40kg/mm^2 이상인 탄소강 주강
③ 탄소 0.35~0.45% 함유한 기계 구조용 탄소강
④ 최저 인장강도 40kg/mm^2 이상인 기계용 구조 탄소강

해설 'SM'은 기계 구조용 탄소강재이며, '40C'는 탄소함유량, 즉 0.35~0.45%C이다.

05 다음 설명 중 틀린 것은?

① 용접 기호 설명선에서 기선은 보통 수평선으로 긋는다.
② 지시선은 기선에 대하여 60° 로 긋고 끝에 화살표를 붙인다.
③ 현장 용접, 온둘레 용접 기호는 기선 끝과 꼬리 교점에 기입한다.
④ 특별할 지시 사항이 있을 경우 꼬리를 붙여 사용한다.

해설 현장 용접 기호 등은 지시선과 기선의 교점에 기입한다.

06 용접 기호의 설명에서 틀린 것은?

① |/ : J형 맞대기 용접
② | | : 플레어 V형
③ —▷— : 필릿 연속 용접
④ ⌓ : 비드 및 덧붙이기 용접

해설 보기 ②의 플레어 V형 용접기호는 "⌒⌒"이다.

07 다음의 용접 기호 표시 중 잘못된 것은?

① 점 용접 : ⊗
② 심 용접 : ⊖
③ 플러그 용접 : ⊓
④ 연속 필릿 용접 : ◺

해설 점 용접 기호는 "○"이다.

★
08 다음 용접 기호를 가장 옳게 표현한 것은?

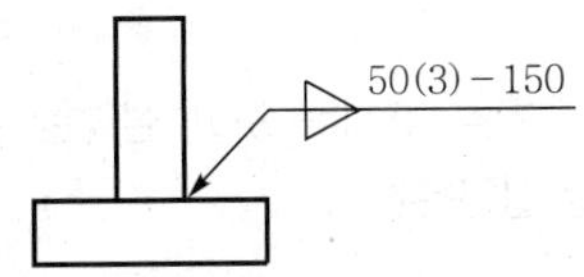

① 용접 길이 150mm, 피치 50mm, 다리 길이 3mm인 양면 필릿 용접
② 용접 길이 50mm, 피치 3mm, 전체 길이 150mm인 양면 필릿 용접
③ 용접 길이 50mm, 용접수 3, 피치 150mm인 양면 필릿 용접
④ 화살표 쪽 용접 길이 50mm, 반대쪽 3mm, 피치 150mm의 양면 필릿 용접

해설 보기 ③의 내용이 올바른 해석이다.

09 다음 그림은 용접 기호 및 치수 기입법이다. 잘못 설명된 것은?

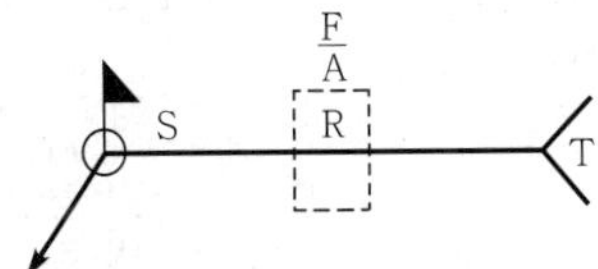

① F : 홈의 각도
② S : 용접부의 치수 또는 강도
③ T : 특별히 지시할 사항
④ ⚑○ : 온둘레 현장 용접

해설 F는 다듬질 방법의 보조기호가 표시된다.

10 다음 KS 용접 기호 중 S가 의미하는 것은?

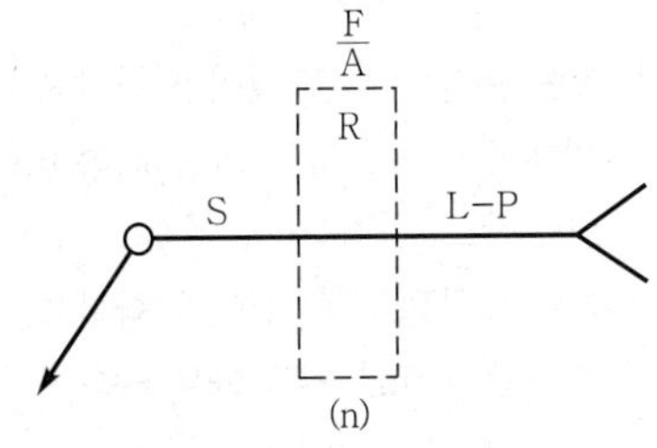

① 용접부의 단면 치수 또는 강도
② 표면 모양 기호
③ 용접 종류의 기호
④ 루트 간격

정답 04. ③ 05. ③ 06. ② 07. ① 08. ③ 09. ① 10. ①

해설 "S" 부분에는 보기 ①의 내용이 기재된다.

11 용접 기호 표시를 보고 설명한 것이다. 옳지 못한 설명은?

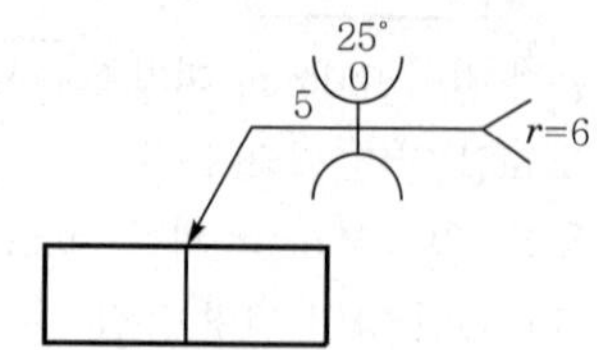

① 홈 깊이 5mm
② 양면 플렌지형
③ 루트 반지름 6mm
④ 루트 간격 0

해설 양면 U형(H형) : 홈 용접 기호 표시법

★
12 다음 그림과 같이 도면상에 용접부 기호를 표시하였다. 가장 바르게 설명한 것은 어느 것인가?

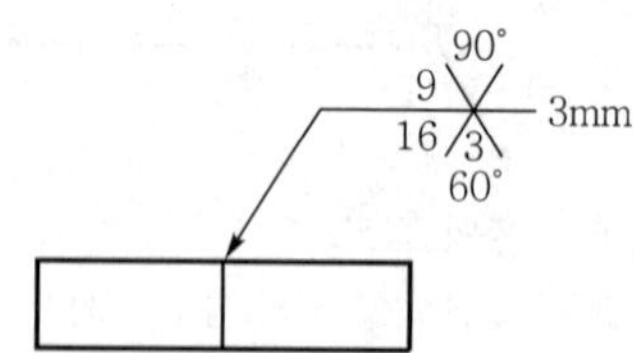

① X형 용접으로 홈 깊이가 화살표 쪽 9mm, 반대쪽 16mm, 홈각 화살표 쪽 60°, 반대쪽 90°, 루트 간격 3mm
② X형 용접으로 홈 깊이가 화살표 쪽 9mm, 반대쪽 16mm, 홈각 화살표 쪽 90°, 반대쪽 60°, 루트 간격 3mm
③ X형 용접으로 홈 깊이가 화살표 쪽 16mm, 반대쪽 9mm, 홈각 화살표 쪽 60°, 반대쪽 90° 루트 간격 3mm
④ X형 용접으로 홈 깊이가 화살표 쪽 16mm, 반대쪽 9mm, 홈각 화살표 쪽 90°, 반대쪽 60°, 루트 간격 3mm

해설 보기 ③의 내용이 올바른 해석이다.

13 다음 용접 기호의 연결이 잘못된 것은?

① 심 용접 :
② 점 용접 :
③ 필릿 용접 :
④ 슬롯 용접 :

해설 슬로용접의 기호는 "⊓"이다.

14 도면의 KS 용접 기호를 옳게 설명한 것은?

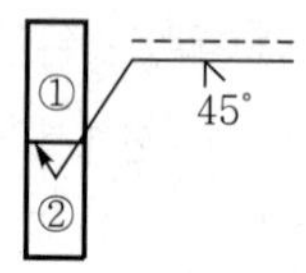

① 화살표 반대쪽 또는 건너쪽 ①번 부품을 홈의 각도 45° 로 개선하여 용접한다.
② 화살표 또는 앞쪽에서 ①번 판을 홈의 각도 45° 로 개선하여 용접한다.
③ 화살표 쪽 또는 양쪽 용접으로 ②번 판을 홈의 각도 45° 로 하여 용접한다.
④ 화살표 쪽 또는 양쪽 용접으로 홈의 각도는 90° 이다.

해설 V형, K형, J형의 홈이 파여진 부재의 면, 또는 플래어(flare)가 있는 부재의 면을 지시할 때는 화살을 절선으로 한다.

15 용접부의 다듬질 방법 중 잘못 표시된 것은 어느 것인가?

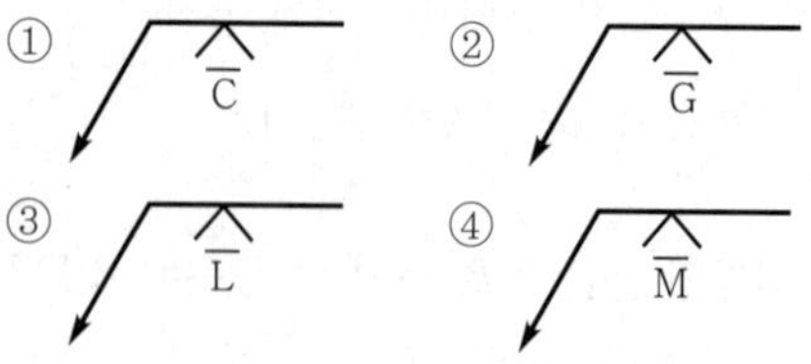

해설 용접부 다듬질 방법의 표기(보조기호)는 다음과 같다.
- C : 치핑
- G : 연삭
- M : 절삭
- F : 특별히 지정하지 않음

정답 11. ② 12. ③ 13. ④ 14. ② 15. ③

16 온둘레 현장 용접 기호 표시로 맞는 것은?

① ◉ ② ●

③ (깃발 기호) ④ (깃발 기호와 원)

해설 보기 ④가 온둘레 현장 용접기호이다.

17 용접부의 비파괴 시험은 여러 가지가 있다. 방사선 탐상 시험을 지시하는 기호는?

① PT ② UT

③ MT ④ RT

해설 비파괴검사의 약자
- PT : 침투탐상시험
- UT : 초음파 탐상시험
- MT : 자분탐상시험

18 다음 중 용접부 비파괴 시험 보조 기호의 연결이 잘못된 것은?

① N : 수직 탐상

② A : 수평 탐상

③ S : 한 방향으로부터의 탐상

④ B : 양 방향으로부터의 탐상

해설 비파괴 시험의 기호 및 보조기호

기호	시험 종류	보조 기호	내용
RT	방사선 투과 시험	N	수직 탐상
UT	초음파 탐상 시험	A	경사각 탐상
MT	자분 탐상 시험	S	한 방향으로 부터의 탐상
PT	침투 탐상 시험	B	양 방향으로 부터의 탐상
ET	와류 탐상 시험	W	이중벽 촬영
LT	누설 시험	D	염색, 비형광 탐상시험
ST	변형도 측정 시험	F	형광 탐상 시험
VT	육안 시험	O	전체 둘레 시험
PRT	내압 시험	Cm	요구 품질 등급
AET	어쿠스틱 에미션 시험		

19 비파괴 시험의 기본 기호의 설명이다. 틀린 것은?

① LT : 누설 시험

② ST : 변형도 측정 시험

③ VT : 내압 시험

④ PT : 침투 탐상 시험

해설 보기 ③의 VT는 Visual Test 육안시험, 외관시험 등을 의미한다.

20 파이프의 재질이나 안지름, 두께는 다음 조건을 고려하여 정한다. 관계없는 것은?

① 유체의 종류 ② 유속

③ 수송 거리 ④ 유체의 순도

해설 파이프를 선정할 때 보기 ④는 고려대상에서 거리가 멀다.

21 배관도의 치수 기입법이다. 잘못된 것은?

① 관은 일반적으로 한 개의 선으로 그린다.

② 치수는 mm를 단위로 하여 표시한다.

③ 배관 높이를 관의 중심을 기준으로 하여 표시할 때는 GL로 나타낸다.

④ 높이 표시를 1층의 밑바닥면을 기준으로 할 경우 FL로 표시한다.

해설 배관 높이를 관의 중심을 기준으로 표시할 때는 EL(Elevation Line : 기준면)로 나타낸다.

22 파이프 호칭법 중에서 B3 SGP로 표시된 것 중에서 B가 뜻하는 것은?

① 호칭 지름을 뜻하며 단위가 mm이다.

② 호칭 압력을 뜻한다.

③ 강관의 종류, 명칭을 뜻한다.

④ 호칭 지름의 단위를 뜻하며 단위가 인치(inch)이다.

해설 보기 ④에 대한 내용이다.

23 파이프의 크기는 일반적으로 무엇으로 나타내는가?

① 무게 ② 길이

③ 안지름 ④ 바깥지름

정답 16. ④ 17. ④ 18. ② 19. ③ 20. ④ 21. ③ 22. ④ 23. ④

해설 파이프의 크기는 주로 안지름으로 나타낸다.

24 다음 중 파이프의 도시법 중 틀린 것은?

① 파이프는 굵은 실선으로 표시한다.
② 파이프 내부에 흐르는 유체의 방향은 화살표로 표시한다.
③ 파이프의 굵기나 종류를 나타낼 때는 실선 아래쪽에 표시한다.
④ 파이프에 흐르는 유체는 영문자로 표시한다.

해설 파이프의 굵기나 종류를 나타낼 때 실선 위 또는 좌측에 표기된다.

25 다음은 배관도의 일부이다. 무엇을 의미하고 있는지 맞는 것을 설명 중에서 고르시오.

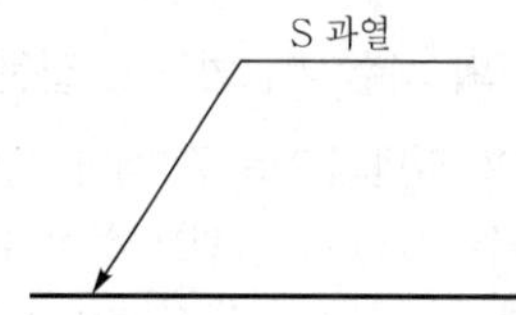

① 과열된 기름 배관
② 과열된 가스 배관
③ 과열된 수증기 배관
④ 과열된 물배관

해설 기름은 O, 가스는 G, 물은 W로 표기한다.

26 배관용 강관의 호칭법으로 맞는 것은?

① 명칭, 호칭, 재질
② 호칭, 재질, 길이, 명칭
③ 호칭, 명칭, 길이, 재질
④ 재질, 호칭, 길이, 명칭

해설 배관용 강관은 명칭, 호칭, 재질 등의 호칭한다.

27 배관 도시 기호 중 체크 밸브는?

②
③
④ 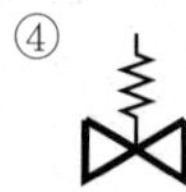

해설 밸브 및 콕 몸체의 표시 방법

밸브 · 콕의 종류	그림기호	밸브 · 콕의 종류	그림기호
밸브 일반		앵글 밸브	
게이트 밸브		3방향 밸브	
글로브 밸브		안전 밸브	또는
체크 밸브	또는		
볼 밸브		콕 일반	
버터플라이 밸브	또는		

28 배관 제도 밸브 도시 기호에서 밸브가 닫힌 상태를 표시한 것은?

① ②
③ ④

해설 밸브 및 콕이 닫혀 있는 상태는 다음과 같이 표기한다.

폐 C

29 파이프의 접속 표시를 나타낸 것이다. 관이 접속하지 않을 때의 상태는?

① ②
③ ④

해설 관이 접속하지 않을 경우의 표시방법은 다음과 같다.

또는

30 구멍에 끼워 맞추기 위한 구멍, 볼트, 리벳의 기호 표시에서 양쪽 면에 카운터 싱크가 있고 현장에서 드릴 가공 및 끼워맞춤을 하는 것은?

① ②
③ ④

정답 24. ③ 25. ③ 26. ① 27. ② 28. ④ 29. ① 30. ④

해설 구멍에 끼워 맞추기 위한 구멍, 볼트, 리벳의 기호 표시

구멍, 볼트, 리벳		공장에서 드릴가공 및 끼워맞춤	공장에서 드릴가공, 현장에서 끼워맞춤	현장에서 드릴가공 및 끼워맞춤
구멍	카운터 싱크 없음			
	가까운 면에 카운터 싱크 있음			
	먼 면에 카운터 싱크 있음			
	양쪽 면에 카운터 싱크 있음			

31 관 끝의 표시 방법 중 용접식 캡을 나타낸 것은?

① ② ③ ④

해설 관 끝부분의 표시방법

끝부분의 종류	그림기호
막힌 플랜지	
나사박음식 캡 및 나사박음식 플러그	
용접식 캡	

32 배관의 간략 도시 방법 중 환기계 및 배수계의 끝장치 도시 방법의 평면도에서 그림과 같이 도시된 것의 명칭은?

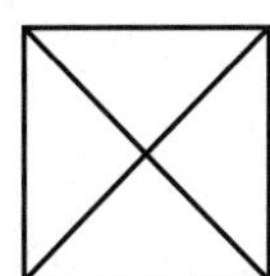

① 배수구 ② 환기관
③ 벽붙이 환기 삿갓 ④ 고정식 환기 삿갓

해설 배관의 간략도시방법 중 환기계 및 배수계의 끝 장치 도시방법

평면도 도시방법	명 칭	평면도 도시방법	명 칭
	고정식 환기 삿갓		회전식 환기 삿갓
	벽붙이 환기 삿갓		콕이 붙은 배수구
	배수구		

33 다음 그림에서 축 끝에 도시된 센터 구멍 기호가 뜻하는 것은?

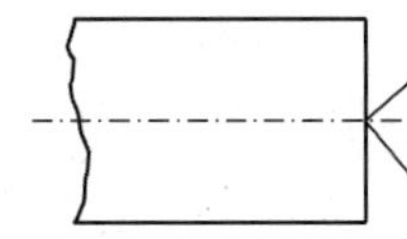

① 센터 구멍이 남아 있어도 된다.
② 센터 구멍이 남아 있어서는 안 된다.
③ 센터 구멍을 반드시 남겨둔다.
④ 센터 구멍의 크기에 관계없이 가공한다.

해설 축 끝에 도시된 센터 구멍 기호 표시
(센터 구멍의 도시 기호화 지시 방법 - 단, 규격은 KS A ISO 6411-1에 따른다.)

센터 구멍 필요 여부 (도시된 상태로 다듬질 되었을때	도시 기호	센터 구멍 규격 번호 및 호칭 방법을 지정하지 않는 경우	센터 구멍의 규격 번호 및 호칭 방법을 지정하는 경우 도시 방법
반드시 남겨둔다	<		규격번호, 호칭방법 규격번호, 호칭방법
남아 있어도 좋다			규격번호, 호칭방법
남아있어서는 안된다	K		규격번호, 호칭방법 규격번호, 호칭방법

정답 31. ④ 32. ④ 33. ③

34 배관도의 계기 표시 방법 중에서 압력계를 나타내는 기호는?

① T ② P

③ F ④ V

해설 배관도에서 계기를 표시하는 경우 보기 ①은 온도계, 보기 ③은 유량계를 표시한 것이다.

35 그림에서 나타난 배관 접합 기호는 어떤 접합을 나타내는가?

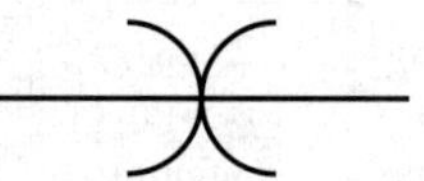

① 블랭크(blank) 연결
② 유니언(union) 연결
③ 플랜지(flange) 연결
④ 칼라(collar) 연결

해설 배관 접합기호 표시

종류	기호	종류	기호
일반적인 접합기호		칼라(collar)	
마개와 소켓 연결		유니언 연결	
플랜지 연결		블랭크 연결	

정답 34. ② 35. ④

Craftsman Welding

부록 1

용접기능사 과년도 출제문제

자주 출제되는 중요한 문제는 별표(★)로 강조했습니다.
마무리 학습할 때 한 번 더 풀어 보기를 권합니다.

제 1 회 용접기능사

2013. 1. 27. 시행

01 가스용접 시 안전사항으로 적당하지 않은 것은?

① 산소병은 60℃ 이하 온도에서 보관하고, 직사광선을 피하여 보관한다.
② 호스는 길지 않게 하며, 용접이 끝났을 때는 용기 밸브를 잠근다.
③ 작업자 눈을 보호하기 위해 적당한 차광유리를 사용한다.
④ 호스 접속구는 호스 밴드로 조이고 비눗물 등으로 누설 여부를 검사한다.

해설 산소병의 경우 온도에 따라 압력이 변하기 때문에 용기는 항상 40℃ 이하를 유지하고, 직사광선이나 화기가 있는 고온 장소에 두고 작업하거나 방치하지 않도록 한다.

02 서브머지드 아크용접의 용융형 용제에서 입도에 대한 설명으로 틀린 것은?

① 용제의 입도는 발생 가스의 방출상태에는 영향을 미치나, 용제의 용융성과 비드 형상에는 영향을 미치지 않는다.
② 가는 입자일수록 높은 전류를 사용해야 한다.
③ 거친 입자의 용제에 높은 전류를 사용하면 비드가 거칠어 기공, 언더컷 등이 발생한다.
④ 가는 입자의 용제를 사용하면 비드 폭이 넓어지고, 용입이 얕아진다.

해설 일반적으로 서브머지드 아크용접에서 용제의 입도는 용융성, 발생 가스의 방출상태, 비드 형상 등에 영향을 미치게 된다. 가는 입자의 것일수록 비드 폭이 넓고 용입이 낮으며, 비드 외형이 아름다워진다. 거친 입자의 용제에 강한 전류를 사용하면 실드 성능이 나빠지고 비드가 거칠며 기공과 언더컷 등의 용접 결함이 생기기 쉽다. 따라서 용제가 거친 입자인 경우 낮은 전류를, 가는 입자는 다소 높은 전류에 사용해야 한다.

★
03 맞대기 용접이음에서 모재의 인장강도는 450MPa 이며, 용접 시험편의 인장강도가 470MPa일 때 이음효율은 약 몇 %인가?

① 104　　② 96
③ 60　　④ 69

해설 이음효율(η)은 다음 식으로 구한다.

$$\text{이음효율} = \frac{\text{용접 시험편의 인장강도}}{\text{모재의 인장강도}} \times 100$$

$$= \frac{470\text{MPa}}{450\text{MPa}} \times 100 = 104.4\%$$

04 플라스마 아크용접에 관한 설명 중 틀린 것은?

① 전류밀도가 크고 용접속도가 빠르다.
② 기계적 성질이 좋으며 변형이 적다.
③ 설비비가 적게 든다.
④ 1층으로 용접할 수 있으므로 능률적이다.

해설 플라스마 아크용접의 단점
㉠ 설비비가 많이 든다.
㉡ 무부하 전압이 높다.
㉢ 용접속도가 빠르므로 가스 보호가 불충분하다.
㉣ 모재 표면에 기름·먼지·녹 등이 오염되었을 때에는 용접부 품질 저하의 원인이 될 수 있다.

★
05 서브머지드 아크용접의 용제 중 흡습성이 높아 보통 사용 전에 150~300℃에서 1시간 정도 재건조해서 사용하는 것은?

① 용제형　　② 혼성형
③ 용융형　　④ 소결형

해설 서브머지드 아크용접의 용제는 용융형, 소결형, 혼성형 등이 있으며, 용융형의 경우는 흡습성이 거의 없으므로 재건조가 불필요하다. 문제에서 흡습성이 높다고 하였으므로 정답은 소결형이 된다.

정답 01. ① 02. ① 03. ① 04. ③ 05. ④

06 CO_2 가스 아크용접에서 용제가 들어 있는 와이어 CO_2법의 종류에 속하지 않은 것은?

① 솔리드 아크법 ② 유니언 아크법
③ 퓨즈 아크법 ④ 아코스 아크법

해설 CO_2 가스 아크용접에서 용제가 들어 있는 와이어 CO_2법에는 보기 ②, ③, ④ 이외에 NCG법 등이 있다.

07 가스 절단에 따른 변형을 최소화할 수 있는 방법이 아닌 것은?

① 적당한 지그를 사용하여 절단재의 이동을 구속한다.
② 절단에 의하여 변형되기 쉬운 부분을 최후까지 남겨 놓고 냉각하면서 절단한다.
③ 여러 개의 토치를 이용하여 평행 절단한다.
④ 가스 절단 직후 절단물 전체를 650℃로 가열한 후 즉시 수냉한다.

해설 변형을 최소화 또는 교정하기 위해 가열하는 경우 그 온도가 너무 높으면 재질의 연화를 초래할 염려가 있어, 최고 가열온도를 약 600℃ 이하로 하는 것이 좋으며, 약 500~600℃ 정도가 일반적이다.

08 MIG 용접에 사용되는 보호가스로 적합하지 않은 것은?

① 순수 아르곤 가스
② 아르곤 – 산소 가스
③ 아르곤 – 헬륨 가스
④ 아르곤 – 수소 가스

해설 MIG 용접의 불활성 가스 대신 $Ar+O_2$, $Ar+CO_2$, $Ar+CO_2+O_2$, $Ar+He+CO_2+O_2$, $Ar+He+CO_2$ 등의 가스를 혼합하여 사용한 소모식 용접법을 일반적으로 MAG(Metal Active Gas) 용접이라 한다.

09 아크 용접작업에 의한 재해에 해당되지 않는 것은?

① 감전 ② 화상
③ 전광성 안염 ④ 전도

해설 전도는 엎어져 넘어지거나 넘어뜨리는 것으로서 아크용접에 의한 재해의 일종으로 보기는 어렵다.

10 다음 중 응력제거방법에 있어 노내풀림법에 대한 설명으로 틀린 것은?

① 일반구조물 압연강재의 노내 및 국부풀림의 유지온도는 725±50℃이며, 유지시간은 판 두께 25mm에 대하여 5시간 정도이다.
② 잔류응력의 제거는 어떤 한계 내에서 유지온도가 높을수록 또 유지시간이 길수록 효과가 크다.
③ 보통 연강에 대하여 제품을 노내에서 출입시키는 온도는 300℃를 넘어서는 안 된다.
④ 응력제거 열처리법 중에서 가장 잘 이용되고 또 효과가 큰 것은 제품 전체를 가열로 안에 넣고 적당한 온도에서 얼마 동안 유지한 다음 노내에서 서냉하는 것이다.

해설 노내풀림법은 응력제거 열처리 중 가장 널리 이용되며, 대부분의 강재의 경우 가열온도는 625±25℃, 유지시간은 판 두께 25mm에 대하여 1시간 정도이다.

11 금속아크용접 시 지켜야 할 유의사항 중 적당하지 않은 것은?

① 작업 시 전류는 적절하게 조절하고 정리정돈을 잘하도록 한다.
② 작업을 시작하기 전에는 메인 스위치를 작동시킨 후에 용접기 스위치를 작동시킨다.
③ 작업이 끝나면 항상 메인 스위치를 먼저 끈 후에 용접기 스위치를 꺼야 한다.
④ 아크 발생 시에는 항상 안전에 신경을 쓰도록 한다.

해설 일반적으로 작업이 끝나면 우선 용접기의 전원을 차단한 이후 메인 전원을 차단한다.

12 가연물 중에서 착화온도가 가장 높은 것은?

① 수소(H_2) ② 일산화탄소(CO)
③ 아세틸렌(C_2H_2) ④ 휘발유(gasoline)

정답 06. ① 07. ④ 08. ④ 09. ④ 10. ① 11. ③ 12. ②

해설 착화온도는 발화온도 또는 점화온도라고도 하며, 외부의 직접적인 점화원이 없이 가열된 열의 축적에 의하여 발화되고 연소되는 최저의 온도, 즉 점화원이 없는 상태에서 가연성 물질을 공기 또는 산소 중에서 가열함으로써 발화되는 최저온도를 말한다. 수소는 약 580~590℃, 일산화탄소는 641~658℃, 아세틸렌은 406~440℃, 휘발유는 300~320℃ 정도이다.

★
13 일반적으로 MIG 용접의 전류밀도는 아크용접의 몇 배 정도 되는가?

① 2~4배　② 4~6배
③ 6~8배　④ 8~11배

해설 MIG 용접의 전류밀도는 아크용접의 4~6배, TIG 용접의 2배 정도이다.

14 미세한 알루미늄 분말과 산화철 분말을 혼합하여 과산화바륨과 알루미늄 등 혼합분말로 된 점화제를 넣고 연소시켜 그 반응열로 용접하는 것은?

① 테르밋 용접
② 전자빔 용접
③ 불활성 가스 아크용접
④ 원자 수소 용접

해설 테르밋 용접에 대한 내용이다.

15 용접부의 방사선 검사에서 γ 선원으로 사용되지 않는 원소는?

① 이리듐 192　② 코발트 60
③ 세슘 134　④ 몰리브덴 30

해설 인공 방사선 동위원소로는 코발트 60, 세슘 134, 이리듐 192 등이 있다.

16 피복아크용접에서 용접봉을 선택할 때 고려할 사항이 아닌 것은?

① 모재와 용접부의 기계적 성질
② 모재와 용접부의 물리적·화학적 성질
③ 경제성 고려
④ 용접기의 종류와 예열방법

해설 용접봉은 용접결과를 좌우하는 중요한 인자이므로 사용목적에 알맞은 적당한 용접봉을 선택해야 하며, 이를 위해서는 보기 ①, ②, ③ 등이 고려대상이다.

★
17 다음 그림은 탄산가스 아크용접(CO_2 gas arc welding)에서 용접토치의 팁과 모재 부분을 나타낸 것이다. d부분의 명칭을 올바르게 설명한 것은?

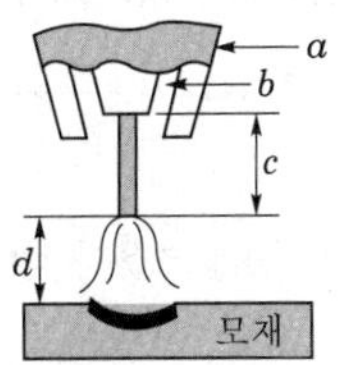

① 팁과 모재 간 거리
② 가스 노즐과 팁 간 거리
③ 와이어 돌출길이
④ 아크길이

해설 a: 노즐, b: 콘택트 팁, c: 와이어 돌출길이, d: 아크길이, $c+d$: 팁과 모재 간의 거리(CTWD; Contact Tip to Work piece Distance)

18 모재의 홈 가공을 U형으로 했을 경우 엔드 탭(end-tap)은 어떤 조건으로 하는 것이 가장 좋은가?

① I형 홈 가공으로 한다.
② X형 홈 가공으로 한다.
③ U형 홈 가공으로 한다.
④ 홈 가공이 필요 없다.

해설 엔드 탭은 모재의 개선모양과 동일한 홈으로 가공한다.

★
19 겹치기 저항용접에 있어서 접합부에 나타나는 용융 응고된 금속 부분은?

① 마크(mark)　② 스포트(spot)
③ 포인트(point)　④ 너깃(nugget)

해설 너깃에 대한 내용이다.

정답 13. ② 14. ① 15. ④ 16. ④ 17. ④ 18. ③ 19. ④

20 납땜법에 관한 설명으로 틀린 것은?

① 비철금속의 접합도 가능하다.
② 재료에 수축 현상이 없다.
③ 땜납에는 연납과 경납이 있다.
④ 모재를 녹여서 용접한다.

해설 납땜의 경우 모재를 녹이지 않고 삽입금속을 녹여 두 금속이 서로 접착시킨다.

★
21 초음파 탐상법에 속하지 않는 것은?

① 펄스 반사법 ② 투과법
③ 공진법 ④ 관통법

해설 보기 ①, ②, ③이 초음파 탐상법에 해당된다.

22 용접균열을 방지하기 위한 일반적인 사항으로 맞지 않는 것은?

① 좋은 강재를 사용한다.
② 응력집중을 피한다.
③ 용접부에 노치를 만든다.
④ 용접시공을 잘한다.

해설 노치(notch)는 구조물의 불연속부, 용접금속과 모재와의 재질적 불연속 및 용접결함 등과 같이 응력이 집중되어 균열의 원인이 된다.

23 용접입열과 관련된 설명으로 옳은 것은?

① 아크전류가 커지면 용접입열은 감소한다.
② 용접입열이 커지면 모재가 녹지 않아 용접이 되지 않는다.
③ 용접모재에 흡수되는 열량은 입열의 10% 정도이다.
④ 용접속도가 빠르면 용접입열은 감소한다.

해설 용접입열을 구하는 식은 다음과 같다.

$H=\frac{60EI}{V}$[Joule/Cm]

여기서, V가 용접속도에 해당되며, 용접입열과는 반비례 관계에 있음을 알 수 있다. 따라서 용접속도가 빠르면 용접입열은 감소한다.

24 용접에 사용되는 가연성 가스인 수소의 폭발 범위는?

① 4~5% ② 4~15%
③ 4~35% ④ 4~75%

해설 수소의 폭발범위는 4~74.5% 정도이다.

★
25 산소병의 내용적이 40.7L인 용기에 압력이 100kg/cm^{2}로 충전되어 있다면 프랑스식 팁 100번을 사용하여 표준불꽃으로 약 몇 시간까지 용접이 가능한가?

① 16시간 ② 22시간
③ 31시간 ④ 41시간

해설 산소량(L)=충전압력(P)×내용적(V)이므로
$L=100\times40.7=4{,}070$L이다.
프랑스식 100번 팁을 사용하여 표준불꽃을 사용한다면 1시간에 100L의 아세틸렌량 및 같은 양의 산소가 소모된다.

따라서 $\frac{4{,}070}{100}=40.7\text{hr}\approx41\text{hr}$이다.

26 가스 절단에서 전후, 좌우 및 직선 절단을 자유롭게 할 수 있는 팁은?

① 이심형 ② 동심형
③ 곡선형 ④ 회전형

해설 프랑스식 절단팁에 대한 내용으로, 혼합가스를 이중으로 된 동심원의 구멍에서 분출시키는 동심형이다.

27 피복아크 용접봉의 피복제에 들어가는 탈산제에 모두 해당되는 것은?

① 페로실리콘, 산화니켈, 소맥분
② 페로티탄, 크롬, 규사
③ 페로실리콘, 소맥분, 목재 톱밥
④ 알루미늄, 구리, 물유리

해설 탈산제의 경우 보기 ③ 이외에 크롬 등이 사용된다.

정답 20. ④ 21. ④ 22. ③ 23. ④ 24. ④ 25. ④ 26. ② 27. ③

28 가스 용접작업에서 보통 작업을 할 때 압력 조정기의 산소 압력은 몇 kg/cm^2 이하이어야 하는가?

① 6~7 ② 3~4
③ 1~2 ④ 0.1~0.3

해설 가스용접에서 일반적인 산소의 사용압력은 3~4기압이며, 아세틸렌 압력은 0.3~0.4기압 정도이다. 따라서 산소와 아세틸렌이 10 : 1 정도의 압력 차이가 있기 때문에 역류, 역화, 인화 등의 발생 원인이 된다.

29 주철용접이 곤란하고 어려운 이유가 아닌 것은?

① 예열과 후열을 필요로 한다.
② 용접 후 급랭에 의한 수축, 균열이 생기기 쉽다.
③ 단시간 가열로 흑연이 조대화되어 용착이 양호하다.
④ 일산화탄소 가스 발생으로 용착금속에 기공이 생기기 쉽다.

해설 주철을 장시간 가열하는 경우 주철 속에 있는 기름, 모래, 흙 등으로 인해 용착이 불량하거나 모재와 친화력이 나빠지므로 주철용접이 곤란하거나 어렵다.

30 가동 철심형 교류아크 용접기에 관한 설명으로 틀린 것은?

① 교류아크 용접기의 종류에서 현재 가장 많이 사용하고 있다.
② 용접작업 중 가동 철심의 진동으로 소음이 발생할 수 있다.
③ 가동 철심을 움직여 누설 자속을 변동시켜 전류를 조절한다.
④ 광범위한 전류 조절이 쉬우나 미세한 전류 조정은 불가능하다.

해설 가동 철심형 교류아크 용접기는 광범위한 전류 조정이 어렵고 미세한 전류 조정은 가능하다.

31 다음 중 고압가스 용기의 색상이 틀린 것은?

① 산소 – 청색
② 수소 – 주황색
③ 아르곤 – 회색
④ 아세틸렌 – 황색

해설 산소 용기의 색상은 녹색이고, CO_2 가스 용기가 청색이다.

★
32 연강판의 두께가 4.4mm인 모재를 가스용접할 때 가장 적합한 가스 용접봉의 지름은 몇 mm인가?

① 1.0 ② 1.5
③ 2.0 ④ 3.2

해설 가스용접 시 용접봉과 모재 두께는 다음과 같은 관계가 있다.

$$D=\frac{T}{2}+1=\frac{4.4}{2}+1=3.2\text{mm}$$

(단, D: 용접봉 지름, T: 모재의 판 두께)

33 용접 중 전류를 측정할 때 후크메타(클램프메타)의 측정 위치로 적합한 것은?

① 1차측 접지선
② 피복아크 용접봉
③ 1차측 케이블
④ 2차측 케이블

해설 교류아크용접의 경우 사용전류(2차측)의 측정은 2차측 케이블(홀더선, 어스선) 어느 것에도 가능하다.

★
34 가스용접에서 전진법과 후진법을 비교하여 설명한 것으로 맞는 것은?

① 용착금속의 냉각속도는 후진법이 서냉된다.
② 용접변형은 후진법이 크다.
③ 산화의 정도가 심한 것은 후진법이다.
④ 용접속도는 후진법보다 전진법이 더 빠르다.

정답 28. ② 29. ③ 30. ④ 31. ① 32. ④ 33. ④ 34. ①

해설 전진법과 후진법의 비교

항목	전진법(좌진법)	후진법(우진법)
열이용률	나쁘다	좋다
용접속도	느리다	빠르다
비드 모양	보기 좋다	매끈하지 못하다
홈 각도	크다(80°)	작다(60°)
용접변형	크다	작다
용접모재 두께	얇다(5mm까지)	두껍다
산화 정도	심하다	약하다
용착금속의 냉각 속도	급랭된다	서냉된다
용착금속 조직	거칠다	미세하다

35 피복아크 용접봉의 피복제가 연소 후 생성된 물질이 용접부를 어떻게 보호하는가에 따라 분류한 것이 아닌 것은?

① 가스 발생식 ② 슬래그 생성식
③ 구조물 발생식 ④ 반가스 발생식

해설 피복아크 용접에서 피복제가 연소하면서 아크를 보호하는 방식은 보기 ①, ②, ④ 등이다.

36 다음 자기불림(magnetic blow)은 어느 용접에서 생기는가?

① 가스용접
② 교류아크용접
③ 일렉트로 슬래그 용접
④ 직류아크용접

해설 자기불림, 아크쏠림, 아크불림이라고도 하며, 용접 전류에 의해 아크 주위에 발생하는 자장이 용접봉에 대해 비대칭으로 되어 아크가 한 방향으로 쏠리는 현상을 말한다. 이 현상의 특징으로는 아크가 불안하고, 용착금속의 재질 변화가 우려되며, 슬래그 섞임·기공 등 결함 발생이 우려된다는 점이다. 이에 대한 방지책으로 직류 대신 교류 전원을 선택하고, 엔드 탭을 부착하거나 접지점을 용접부보다 멀리하거나, 용접선이 긴 경우 후퇴법을 적용한다든지 짧은 아크길이를 유지하면 예방할 수 있다.

37 아크 에어 가우징에 사용되는 압축공기에 대한 설명으로 올바른 것은?

① 압축공기의 압력은 2~3kgf/cm^2 정도가 좋다.
② 압축공기의 분사는 항상 봉의 바로 앞에서 이루어져야 효과적이다.
③ 약간의 압력 변동에도 작업에 영향을 미치므로 주의한다.
④ 압축공기가 없을 경우 긴급 시에는 용기에 압축된 질소나 아르곤 가스를 사용한다.

해설 ① 압축공기의 압력은 5~7기압이 적당하다.
② 압축공기의 분사는 항상 봉의 바로 뒤에서 이루어져야 한다.
③ 약간의 압력 변동은 작업에 거의 영향을 미치지 않는다.

38 다음 용접자세에 사용되는 기호 중 틀리게 나타낸 것은?

① F: 아래보기자세
② V: 수직자세
③ H: 수평자세
④ O: 전자세

해설 보기 ④의 'O'의 경우 Over-head Position의 약어로서 위보기자세를 의미한다.

39 텅스텐 전극과 모재 사이에 아크를 발생시켜 알루미늄, 마그네슘, 구리 및 구리 합금, 스테인리스강 등의 절단에 사용되는 것은?

① TIG 절단 ② MIG 절단
③ 탄소 절단 ④ 산소 아크 절단

해설 텅스텐(tungsten) 전극과 모재 사이에 아크를 발생시키는 절단을 TIG 절단이라 한다.

40 철강의 종류는 Fe-C 상태도의 무엇을 기준으로 하는가?

① 질소함유량 ② 탄소함유량
③ 규소함유량 ④ 크롬함유량

정답 35. ③ 36. ④ 37. ④ 38. ④ 39. ① 40. ②

해설 Fe-C 상태도의 경우 X축은 탄소함유량, Y축은 온도로 표시된다.

41 다음 중 알루미늄 합금이 아닌 것은?

① 라우탈(lautal)
② 실루민(silumin)
③ 두랄루민(duralumin)
④ 켈밋(kelmet)

해설 보기 ④의 켈밋의 경우 Cu+Pb 30~40%로 베어링용 합금이다.

42 질화처리의 특성에 관한 설명으로 틀린 것은?

① 침탄에 비해 높은 표면 경도를 얻을 수 있다.
② 고온에서 처리되어 변형이 크고 처리시간이 짧다.
③ 내마모성이 커진다.
④ 내식성이 우수하고 피로한도가 향상된다.

해설 침탄법과 질화법의 비교

침탄법	질화법
경도가 질화법보다 낮다.	경도가 침탄법보다 높다.
침탄 후의 열처리가 필요하다.	질화 후의 열처리가 필요 없다.
경화에 의한 변형이 생긴다.	경화에 의한 변형이 적다.
침탄층은 질화층보다 여리지 않다.	질화층은 여리다.
침탄 후 수정이 가능하다.	질화 후 수정이 불가능하다.
고온으로 가열 시 뜨임되고, 경도는 낮아진다.	고온으로 가열해도 경도는 낮아지지 않는다.

43 주철의 성장 원인이 아닌 것은?

① Fe_3C 흑연화에 의한 팽창
② 불균일한 가열로 생기는 균열에 의한 팽창
③ 흡수되는 가스의 팽창으로 인해 항복되어 생기는 팽창
④ 고용된 원소인 Mn의 산화에 의한 팽창

해설 고용된 원소인 Si의 산화에 의한 팽창이 주철의 성장 원인이 되고, 이에 대한 방지책은 다음과 같다. ㉠ 흑연의 미세화로 조직을 치밀하게 한다. ㉡ C · Si양을 적게 한다. ㉢ 흑연화 방지제 · 탄화물 안정제 등을 첨가하여 Fe_3C 분해를 억제한다. ㉣ 편상의 흑연을 구상화로 하면 된다.

44 Cr-Ni계 스테인리스강의 결함인 입계 부식의 방지책 중 틀린 것은?

① 탄소량이 적은 강을 사용한다.
② 300℃ 이하에서 가공한다.
③ Ti을 소량 첨가한다.
④ Nb을 소량 첨가한다.

해설 특히 오스테나이트 스테인리스강을 용접 등으로 425~870℃로 장시간 유지하거나 이 온도 범위에서 서냉을 시키면 Cr 탄화물이 결정립계에 석출되며 내식성이 저하되어 입계 부식이 일어난다. 이에 대한 대응책으로 용접입열을 적게 하고, 탄소함유량을 적게 하며, Ti · Nb을 첨가하거나, 고용화 열처리(용접 후 1,010~1,120℃로 적당히 가열하면 석출 탄화물이 재고용하며 이를 급랭시킨다)를 한다.

45 구리의 물리적 성질에서 용융점은 약 몇 ℃ 정도인가?

① 660℃ ② 1,083℃
③ 1,538℃ ④ 3,410℃

해설 구리(Cu)의 용융점은 1,083℃, 알루미늄(Al)은 660℃, 철(Fe)은 1,538℃, 텅스텐(W)의 경우 3,410℃ 등이다.

46 강을 동일한 조건에서 담금질할 경우 '질량효과(mass effect)가 작다'의 가장 적합한 의미는?

① 냉간 처리가 잘된다.
② 담금질 효과가 작다.
③ 열처리 효과가 잘된다.
④ 경화능이 작다.

정답 41. ④ 42. ② 43. ④ 44. ② 45. ② 46. ③

해설 질량 효과는 '질량의 크기에 따라 열처리 효과가 달라진다'라는 의미이다. 두꺼운 후판의 경우 표면보다 내부의 냉각속도가 늦어 열처리 효과가 작다. 즉, 내부의 경우 원하는 경도값보다 작게 나온다. 일반적으로 질량 효과가 작다는 것은 열처리나 담금질이 잘된다는 의미이다.

47 알루미늄 합금, 구리 합금 용접에서 예열온도로 가장 적합한 것은?

① 200~400℃
② 100~200℃
③ 60~100℃
④ 20~50℃

해설 알루미늄 합금의 용접에서의 예열온도는 200~400℃, 구리 합금은 250~350℃ 정도이다.

48 탄소강의 적열취성의 원인이 되는 원소는?

① S ② CO_2
③ Si ④ Mn

해설 적열취성의 원인: 황(S), 청열취성의 원인: 인(P)

49 주석(Sn)에 대한 설명 중 틀린 것은?

① 은백색의 연한 금속으로 용융점은 232℃ 정도이다.
② 독성이 없으므로 의약품, 식품 등의 튜브로 사용된다.
③ 고온에서 강도, 경도, 연신율이 증가된다.
④ 상온에서 연성이 충분하다.

해설 주석(Sn)의 경우 고온에서 강도, 경도, 연신율 등이 저하되는 성질이 있다.

50 구조물 탄소강 주물의 기호 중 연신율(%)이 가장 큰 것은?

① SC 360 ② SC 410
③ SCW 450 ④ SC 480

해설 탄소강 주강품(SC)의 기계적 성질

종류의 기호	항복점 또는 내구력 (N/mm²)	인장 강도 (N/mm²)	연신율 (%)	단면 수축률 (%)	용도
SC 360	175 이상	360 이상	23 이상	35 이상	일반 구조용, 전동기 부품용
SC 410	205 이상	410 이상	21 이상	35 이상	일반 구조용
SC 450	225 이상	450 이상	19 이상	30 이상	일반 구조용
SC 480	245 이상	480 이상	17 이상	25 이상	일반 구조용

여기에서, 탄소함유량과 인장강도, 연신율은 일정 부분 반비례하는 것을 알 수 있다.

★
51 다음 재료기호 중 용접구조용 압연강재에 속하는 것은?

① SPPS 380 ② SPCC
③ SCW 450 ④ SM 400C

해설
- SPPS: 압력배관용 탄소강관
- SPCC: 냉간 압연강판 및 강대
- SCW: 용접구조용 주강품
- SM 400C: 용접구조용 압연강재

52 그림은 제3각법으로 정투상한 정면도와 우측면도이다. 평면도로 가장 적합한 투상도는?

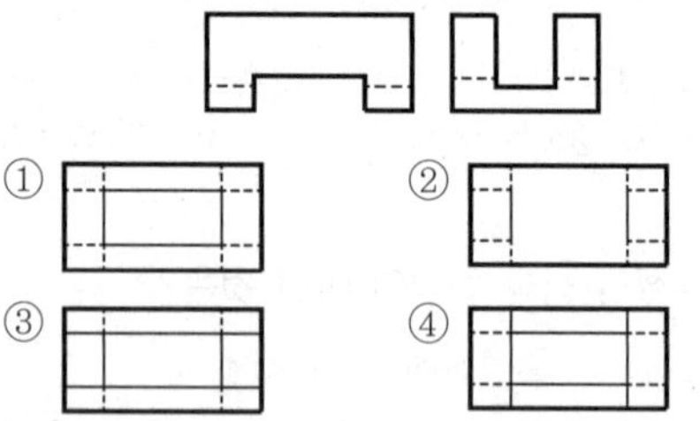

해설 문제의 정면도와 우측면도를 고려하면 평면도 중앙에 실선 4각형이 있어야 하며, 평면도 상하방향으로 은선이 보이는 보기 ③이 정답이다.

정답 47. ① 48. ① 49. ③ 50. ① 51. ④ 52. ③

53 나사의 표시가 'M42×3-6H'로 되어 있을 때 이 나사에 대한 설명으로 틀린 것은?

① 암나사 등급이 6H이다.
② 호칭지름(바깥지름)은 42mm이다.
③ 피치는 3mm이다.
④ 왼나사이다.

해설 나사산의 감긴 방향이 왼나사인 경우 '좌' 또는 'L'로 표시한다. 일반적으로 오른나사의 경우는 표기하지 않는다.

54 그림과 같이 구조물의 부재 등에서 절단할 곳의 전후를 끊어서 90° 회전하여 그 사이에 단면 형상을 표시하는 단면도는?

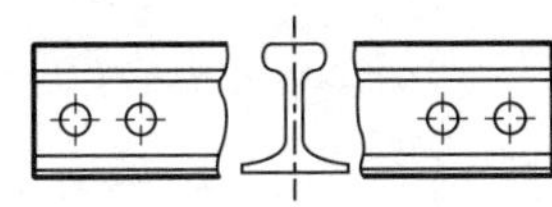

① 부분 단면도
② 한쪽 단면도
③ 회전 도시 단면도
④ 조합 단면도

해설 회전 단면도 또는 회전 도시 단면도에 대한 내용이다.

55 관 끝의 표시방법 중 용접식 캡을 나타낸 것은?

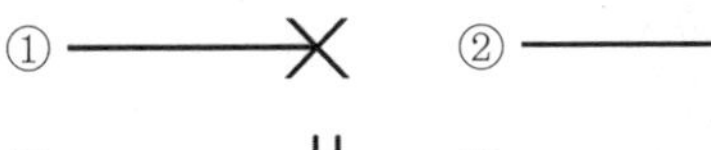
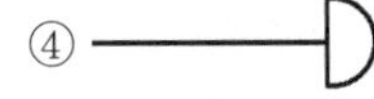

해설 ② 나사 박음식 캡 및 나사 박음식 플러그
③ 막힌 플랜지
④ 용접식 캡

★
56 호의 길이치수를 가장 적합하게 나타낸 것은?

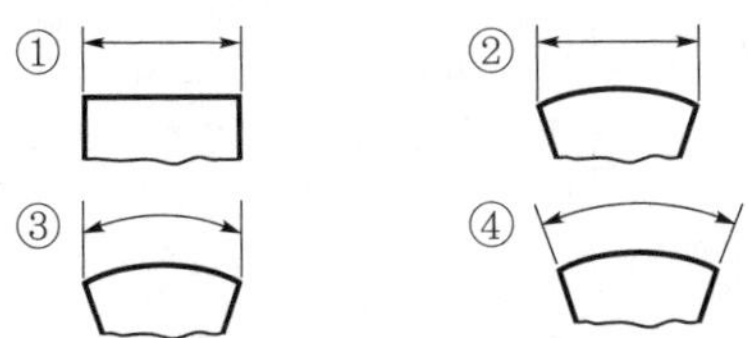

해설 길이와 각도의 치수 기입

현의 치수 기입	호의 치수 기입
40	42
반지름의 치수 기입	**각도의 치수 기입**
R8	105° 36′, 30°

57 도면에서 2종류 이상의 선이 같은 장소에서 중복될 경우 선의 우선순위를 옳게 나열한 것은?

① 외형선 > 숨은선 > 절단선 > 중심선 > 치수보조선
② 외형선 > 중심선 > 절단선 > 치수보조선 > 숨은선
③ 외형선 > 절단선 > 치수보조선 > 중심선 > 숨은선
④ 외형선 > 치수보조선 > 절단선 > 숨은선 > 중심선

해설 도면에서 2종류 이상의 선이 같은 장소에서 중복될 경우에는 다음 순위에 따라 그린다. 그 우선순위는 외형선 > 숨은선 > 절단선 > 중심선 > 무게중심선 > 치수보조선 순이다.

58 그림과 같은 제3각법 정투상도에서 누락된 우측면도를 가장 적합하게 투상한 것은?

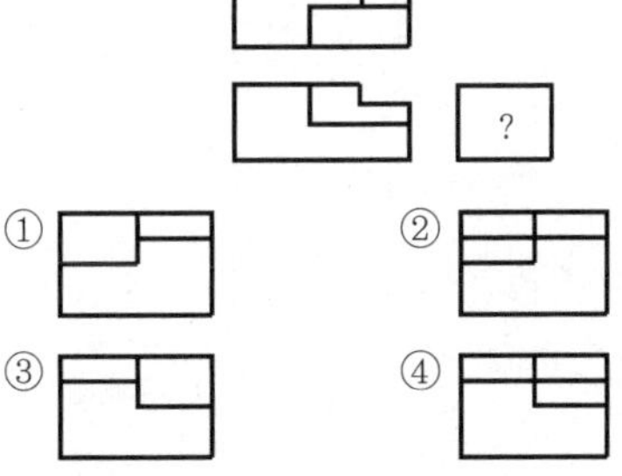

해설 우측면도의 경우 평면도가 그대로 우회전하는 형상이므로 좌측 상단에 사각형의 입체가 보이는 보기 ①이 정답이다.

정답 53. ④ 54. ③ 55. ④ 56. ③ 57. ① 58. ①

59 기계제도에서 도형의 생략에 관한 설명으로 틀린 것은?

① 도형이 대칭 형식인 경우에는 대칭중심선의 한쪽 도형만을 그리고 그 대칭중심선의 양 끝부분에 대칭 그림기호를 그려서 대칭임을 나타낸다.

② 대칭중심선의 한쪽 도형을 대칭중심선을 조금 넘는 부분까지 그려서 나타낼 수도 있으며, 이때 중심선 양 끝에 대칭 그림기호를 반드시 나타내야 한다.

③ 같은 종류, 같은 모양의 것이 다수 줄지어 있는 경우에는 실형 대신 그림기호를 피치선과 중심선과의 교점에 기입하여 나타낼 수 있다.

④ 축, 막대, 관과 같은 동일 단면형의 부분은 지면을 생략하기 위하여 중간 부분을 파단선으로 잘라내서 그 긴요한 부분만을 가까이 하여 도시할 수 있다.

해설 도형이 대칭인 경우 대칭임을 명확히 하고 작도의 시간과 지면을 줄이기 위하여 대칭중심선의 한쪽을 생략할 수 있다. 중심선 양 끝에 대칭 그림기호를 생략할 수 있다.

60 다음 중 필릿 용접의 기호로 옳은 것은?

① ②

③  ④

해설 ① 플러그 용접
② 비드 용접
④ 점 용접

정답 59. ② 60. ③

제 2 회 2013. 4. 14. 시행

용접기능사

01 구조물의 본 용접작업에 대하여 설명한 것 중 맞지 않는 것은?

① 위빙 폭은 심선지름의 2~3배 정도가 적당하다.

② 용접 시단부의 기공 발생 방지대책으로 핫 스타트(hot start) 장치를 설치한다.

③ 용접작업 종단에 수축공을 방지하기 위하여 아크를 빨리 끊어 크레이터를 남게 한다.

④ 구조물의 끝부분이나 모서리, 구석부분과 같이 응력이 집중되는 곳에서 용접봉을 갈아 끼우는 것을 피하여야 한다.

해설 아크용접 중 아크를 중단시키면 비드 끝에 약간 움푹 들어간 크레이터(crater)가 생긴다. 따라서 용접봉을 아크가 끝나는 부분에서 아크를 짧게 하여 용접봉을 2~3회 돌려 주고 아크를 끊는 등의 처리를 2~4회 정도 한다. 이때 모재가 녹지 않게 하여야 하며, 이를 크레이터 처리라 한다.

02 대전류, 고속도 용접을 실시하므로 이음부의 청정(수분, 녹, 스케일 제거 등)에 특히 유의하여야 하는 용접은?

① 수동 피복아크용접

② 반자동 이산화탄소 아크용접

③ 서브머지드 아크용접

④ 가스용접

해설 서브머지드 아크용접에 대한 내용이다.

03 CO_2 가스 아크용접 시 작업장의 CO_2 가스가 몇 % 이상이면 인체에 위험한 상태가 되는가?

① 1%

② 4%

③ 10%

④ 15%

해설 CO_2 가스가 인체에 미치는 영향

CO_2 가스(체적[%])	작용
3~4	두통, 뇌빈혈
15	위험 상태
30 이상	극히 위험

04 안전을 위하여 가죽장갑을 사용할 수 있는 작업은?

① 드릴링작업 ② 선반작업

③ 용접작업 ④ 밀링작업

해설 용접작업은 고열을 수반하며, 스패터 발생 등으로 화상 등의 재해 발생 우려가 있어 가죽장갑, 내열용 장갑이 필요하다. 회전하는 물체를 가공하는 연삭작업 등에는 장갑 착용을 금한다.

05 CO_2 가스 아크용접을 보호가스와 용극가스에 의해 분류했을 때 용극식의 솔리드 와이어 혼합 가스법에 속하는 것은?

① CO_2+C법

② CO_2+CO+Ar법

③ CO_2+CO+O_2법

④ CO_2+Ar법

해설 CO_2 가스 아크용접을 솔리드 와이어 혼합 가스법으로 분류하면 CO_2+O_2법, CO_2+Ar법, CO_2+Ar+O_2법 등이 있다.

06 다음 중 연소를 가장 바르게 설명한 것은?

① 물질이 열을 내며 탄화한다.

② 물질이 탄산가스와 반응한다.

③ 물질이 산소와 반응하여 환원한다.

④ 물질이 산소와 반응하여 열과 빛이 발생한다.

해설 연소란 물질이 산소와 반응하여 열과 빛이 발생하는 현상이다.

정답 01. ③ 02. ③ 03. ④ 04. ③ 05. ④ 06. ④

07 그림과 같이 길이가 긴 T형 필릿 용접을 할 경우에 일어나는 용접변형의 영향은?

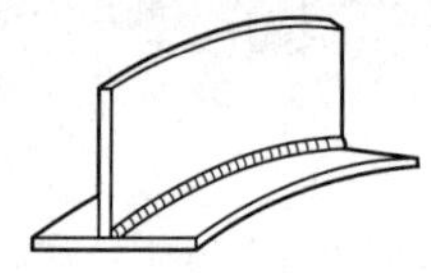

① 회전 변형 ② 세로굽힘 변형
③ 좌굴 변형 ④ 가로굽힘 변형

해설 용접변형의 형태

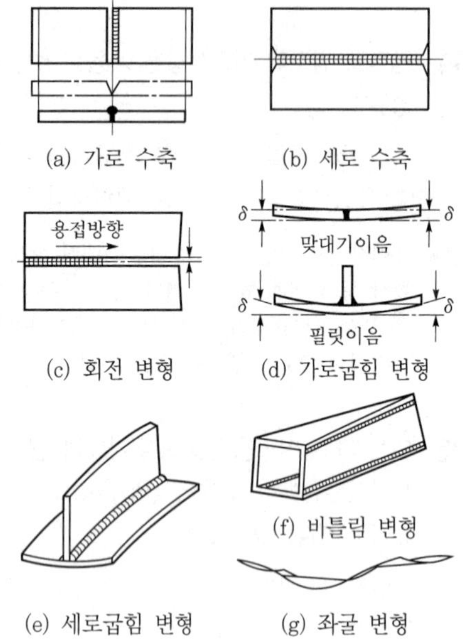

08 용접부의 외관검사 시 관찰사항이 아닌 것은?

① 용입 ② 오버랩
③ 언더컷 ④ 경도

해설 경도 시험은 기계적 실험 결과에 의해 확인된다.

09 용접균열의 분류에서 발생하는 위치에 따라서 분류한 것은?

① 용착금속 균열과 용접 열영향부 균열
② 고온 균열과 저온 균열
③ 매크로 균열과 마이크로 균열
④ 입계 균열과 입안 균열

해설 균열의 발생 위치에 따라 용착금속의 비드 균열, 크레이터 균열, 열영향부 균열 등으로 분류한다.

★
10 플라스마 아크 용접장치에서 아크 플라스마의 냉각가스로 쓰이는 것은?

① 아르곤과 수소의 혼합가스
② 아르곤과 산소의 혼합가스
③ 아르곤과 메탄의 혼합가스
④ 아르곤과 프로판의 혼합가스

해설 아르곤에 소량의 수소를 혼합하면 수소는 아르곤에 비하여 열전도율이 크므로 열적핀치 효과를 촉진하고 가스의 유출속도를 증대시킴과 동시에 아크열을 흡수하여 해리되어 원자상태의 수소로 되며, 모재 표면에서 냉각되어 본래의 분자상태의 수소로 재결합할 때 열을 방출하므로 용접입열을 증가시키기도 한다. 다만 모재의 종류에 따라 수소가 용접금속에 나쁜 영향을 주기 때문에 고려대상이다.

11 불활성 가스 텅스텐 아크용접에서 고주파 전류를 사용할 때의 이점이 아닌 것은?

① 전극을 모재에 접촉시키지 않아도 아크 발생이 용이하다.
② 전극을 모재에 접촉시키지 않으므로 아크가 불안정하여 아크가 끊어지기 쉽다.
③ 전극을 모재에 접촉시키지 않으므로 전극의 수명이 길다.
④ 일정한 지름의 전극에 대하여 광범위한 전류의 사용이 가능하다.

해설 TIG 용접에서 고주파 전류 사용 시 보기 ①, ③, ④ 등의 이점이 있다.

12 용접부 시험 중 비파괴 시험방법이 아닌 것은?

① 초음파시험 ② 크리프시험
③ 침투시험 ④ 맴돌이 전류시험

해설 용접부 시험에서 크리프 시험은 파괴시험에 속하는 시험방법이다.

정답 07. ② 08. ④ 09. ① 10. ① 11. ② 12. ②

13 MIG 용접에서 와이어 송급방식이 아닌 것은?

① 푸시 방식 ② 풀 방식
③ 푸시 풀 방식 ④ 포터블 방식

해설 송급방식에는 푸시식, 풀식, 푸시 풀식, 더블 푸시식 등의 4가지가 있다.

14 다음 중 오스테나이트계 스테인리스강을 용접하면 냉각하면서 고온 균열이 발생할 수 있는 경우는?

① 아크길이가 너무 짧을 때
② 크레이터 처리를 하지 않았을 때
③ 모재 표면이 청정했을 때
④ 구속력이 없는 상태에서 용접할 때

해설 오스테나이트계 스테인리스강 용접 시 보기 ①, ③, ④를 주의하고, 반드시 크레이터를 채우고, 두꺼운 판을 제외하고 예열을 하지 않는 것이 고온 균열 발생을 방지하는 것이다.

★
15 다음 용착법 중에서 비석법을 나타낸 것은?

① 5 → 4 → 3 → 2 → 1 →
② 2 → 3 → 4 → 1 → 5 →
③ 1 → 4 → 2 → 5 → 3 →
④ 3 → 4 → 5 → 1 → 2 →

해설 보기 ①은 후퇴법을 나타내는 용착법이며, ③이 비석법 또는 스킵법에 대한 내용이다.

16 알루미늄을 TIG 용접법으로 접합하고자 할 경우 필요한 전원과 극성으로 가장 적합한 것은?

① 직류정극성
② 직류역극성
③ 교류 저주파
④ 교류 고주파

해설 TIG 용접에서 고주파 교류전류는 알루미늄이나 마그네슘 용접에 이용된다.

17 연납땜에 가장 많이 사용되는 용가재는?

① 주석 납 ② 인동 납
③ 양은 납 ④ 황동 납

해설 주석 40%, 납 60%는 연납땜의 대표적인 합금이다.

18 충전가스 용기 중 암모니아 가스 용기의 도색은?

① 회색 ② 청색
③ 녹색 ④ 백색

해설 산소는 녹색, 이산화탄소는 청색, 아르곤은 회색으로 가스 용기를 도색한다.

★
19 다음 그림에서 루트 간격을 표시하는 것은?

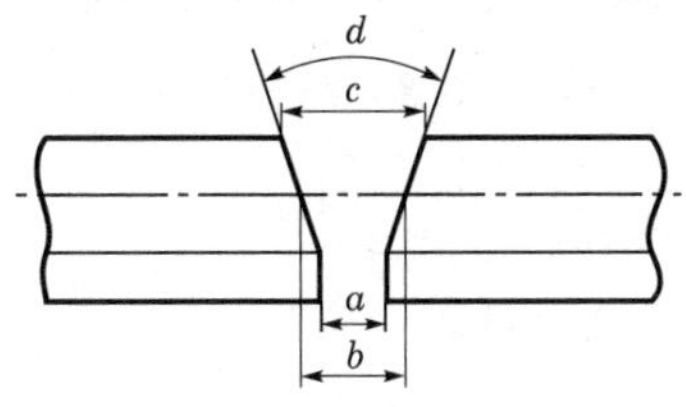

① a ② b
③ c ④ d

해설 a: 루트 간격, d: 개선각

20 일렉트로 가스 아크용접에 주로 사용하는 실드 가스는?

① 아르곤 가스 ② CO_2 가스
③ 프로판 가스 ④ 헬륨 가스

해설 일렉트로 가스 아크용접은 일렉트로 슬래그 용접의 특징이 있는 조작과 CO_2 아크 용접을 조합한 아크 용접의 일종으로 CO_2 가스를 보호가스로 사용한다.

21 이음형상에 따라 저항용접을 분류할 때 맞대기 용접에 속하는 것은?

① 업셋 용접 ② 스폿 용접
③ 심 용접 ④ 프로젝션 용접

해설 스폿 용접, 심 용접, 프로젝션 용접은 겹치기 용접에 속한다.

정답 13. ④ 14. ② 15. ③ 16. ④ 17. ① 18. ④ 19. ① 20. ② 21. ①

22 용접기의 보수 및 점검사항 중 잘못 설명한 것은?

① 습기나 먼지가 많은 장소는 용접기 설치를 피한다.
② 용접기 케이스와 2차측 단자의 두 쪽 모두 접지를 피한다.
③ 가동부분 및 냉각팬(fan)을 점검하고 주유를 한다.
④ 용접 케이블의 파손된 부분은 절연 테이프로 감아준다.

해설 용접기의 2차측 단자의 한쪽과 용접기 케이스는 반드시 접지를 확인해야 한다.

23 교류아크 용접기의 종류에 속하지 않는 것은?

① 가동 코일형
② 가동 철심형
③ 전동기 구동형
④ 탭 전환형

해설 전동기 구동형 용접기는 직류아크 용접기 종류에 속한다.

24 용접봉에서 모재로 용융금속이 옮겨가는 용적 이행 상태가 아닌 것은?

① 단락형
② 스프레이형
③ 탭 전환형
④ 글로뷸러형

해설 탭 전환형은 교류아크 용접기의 종류이다.

25 가스용접에서 탄화불꽃의 설명과 관련이 가장 적은 것은?

① 속불꽃과 겉불꽃 사이에 밝은 백색의 제3불꽃이 있다.
② 산화작용이 일어나지 않는다.
③ 아세틸렌 과잉불꽃이다.
④ 표준불꽃이다.

해설 탄화불꽃은 아세틸렌 과잉불꽃으로 표준불꽃이 아니다.

26 교류와 직류아크 용접기를 비교해서 직류 아크 용접기의 특징이 아닌 것은?

① 구조가 복잡하다.
② 아크의 안정성이 우수하다.
③ 비피복 용접봉 사용이 가능하다.
④ 역률이 불량하다.

해설 직류 용접기는 역률이 매우 양호하다.

27 전기용접봉 E4301은 어느 계인가?

① 저수소계 ② 고산화티탄계
③ 일미나이트계 ④ 라임티타니아계

해설
- E4301: 일미나이트계
- E4303: 라임티타니아계
- E4313: 고산화티탄계
- E4316: 저수소계

★
28 가스 절단작업 시의 표준 드래그 길이는 일반적으로 모재 두께의 몇 % 정도인가?

① 5 ② 10
③ 20 ④ 30

해설 드래그 길이는 주로 절단속도, 산소소비량 등에 의하여 변화한다. 절단면 말단부(드로스)가 남지 않을 정도의 드래그를 표준 드래그 길이라고 하는데 보통 판 두께의 1/5, 약 20% 정도이다. 일반적인 절단 시의 표준 드래그 길이는 다음과 같다.

판 두께(mm)	12.7	25.4	51	51~152
드래그 길이(mm)	2.4	5.2	5.6	6.4

29 산소용기의 표시로 용기 윗부분에 각인이 찍혀 있다. 잘못 표시된 것은?

① 용기제작사 명칭 및 기호
② 충전가스 명칭
③ 용기 중량
④ 최저 충전압력

해설 용기 윗부분에 최고 충전압력이 각인되어 있다.

정답 22. ② 23. ③ 24. ③ 25. ④ 26. ④ 27. ③ 28. ③ 29. ④

30 피복아크 용접기의 아크 발생시간과 휴식시간 전체가 10분이고 아크 발생시간이 3분일 때 이 용접기의 사용률(%)은?

① 10%　② 20%
③ 30%　④ 40%

해설 $사용률(\%) = \frac{아크\ 발생시간}{(아크\ 발생시간 + 휴식시간)} \times 100$

$= \frac{3}{10} = 30\%$

31 다음 절단법 중에서 두꺼운 판, 주강의 슬래그 덩어리, 암석의 천공 등의 절단에 이용되는 절단법은?

① 산소창 절단　② 수중 절단
③ 분말 절단　④ 포갬 절단

해설 산소창 절단은 두꺼운 강판 절단이나 주철, 강괴 등의 절단에 사용된다.

32 다음 중 직류정극성을 나타내는 기호는?

① DCSP　② DCCP
③ DCRP　④ DCOP

해설 보기 ②, ④는 극성 기호가 없는 것이고, ③은 직류역극성을 나타낸다.

33 용접에서 직류역극성의 설명 중 틀린 것은?

① 모재의 용입이 깊다.
② 봉의 녹음이 빠르다.
③ 비드 폭이 넓다.
④ 박판, 합금강, 비철금속의 용접에 사용한다.

해설 직류역극성은 용입이 낮고, 비드 폭이 넓으며, 박판·합금강·주철·비철금속 등의 용접에 쓰인다.

34 피복아크 용접봉의 피복제에 합금제로 첨가되는 것은?

① 규산칼륨　② 페로망간
③ 이산화망간　④ 붕사

해설
- 규산칼륨: 아크안정제
- 이산화망간: 슬래그 생성제
- 합금 첨가제: 페로망간, 페로실리콘, 페로크롬 등

35 100A 이상 300A 미만의 피복금속아크용접 시 차광유리의 차광도 번호가 가장 적합한 것은?

① 4~5번　② 8~9번
③ 10~12번　④ 15~16번

해설 100A 이상 300A 미만은 10~12번, 300A 이상은 13~14번의 차광유리를 선택하여 사용한다.

36 가스 절단에서 절단속도에 영향을 미치는 요소가 아닌 것은?

① 예열불꽃의 세기
② 팁과 모재의 간격
③ 역화방지기의 설치 유무
④ 모재의 재질과 두께

해설 역화방지기 설치 유무와 가스 절단속도는 관련이 없다.

★
37 두께가 6.0mm인 연강판을 가스 용접하려고 할 때 가장 적합한 용접봉의 지름은 몇 mm인가?

① 1.6　② 2.6
③ 4.0　④ 5.0

해설 가스용접 시 용접봉과 모재 두께의 관계는 다음과 같다.

$D = \frac{T}{2} + 1 = \frac{6}{2} + 1 = 4.0\text{mm}$

(단, D: 용접봉 지름, T: 모재의 판 두께)

38 가스의 혼합비(가연성 가스 : 산소)가 최적의 상태일 때 가연성 가스의 소모량이 1이면 산소의 소모량이 가장 적은 가스는?

① 메탄
② 프로판
③ 수소
④ 아세틸렌

정답 30. ③ 31. ① 32. ① 33. ① 34. ② 35. ③ 36. ③ 37. ③ 38. ③

해설 가연성 가스 : 산소의 혼합비가 최적이라는 가정하에

가스의 종류	가스 혼합비 (가연성 가스 : 산소)	최고 불꽃 온도(℃)
아세틸렌	1 : 1.7	3,430
수소	1 : 0.54	2,900
프로판	1 : 4.5	2,820
메탄	1 : 2.1	2,700

39 가변압식 토치의 팁 번호 400번을 사용하여 표준불꽃으로 2시간 동안 용접할 때 아세틸렌 가스의 소비량은 몇 L인가?

① 400 ② 800
③ 1,600 ④ 2,400

해설 가스용접 팁은 크게 불변압식과 가변압식 2가지로 구분된다. 불변압식(독일식) 팁의 번호가 용접 가능한 연강 모재 판 두께를 나타낸다. 예를 들어, 팁 번호가 2번인 경우 연강판 2mm 가스 용접에 적합하다는 것이다. 이에 반해 가변압식(프랑스식) 팁의 능력은 중성불꽃(표준불꽃)으로 용접할 때 시간당 소모되는 아세틸렌량을 L(liter)로 표시한다. 예를 들어, 200번 팁의 경우 1시간당 200L의 아세틸렌 가스가 소모된다는 의미이다. 문제에서 400번 팁을 사용하여 2시간 용접하므로 800L의 아세틸렌 가스가 소모됨을 알 수 있고, 표준불꽃이므로 비슷한 양의 산소 가스도 소모됨을 알 수 있다.

40 탄소강에 관한 설명으로 옳은 것은?

① 탄소가 많을수록 가공 변형은 어렵다.
② 탄소강의 내식성은 탄소가 증가할수록 증가한다.
③ 아공석강에서 탄소가 많을수록 인장강도가 감소한다.
④ 아공석강에서 탄소가 많을수록 경도가 감소한다.

해설 탄소강에서 탄소함유량이 높을수록 강도, 경도가 증가하며, 연신율, 단면수축률 등이 감소하여 연성·전성이 감소한다. 따라서 가공성(가공 변형)이 어렵게 된다.

41 두랄루민(duralumin)의 합금 성분은?

① Al+Cu+Sn+Zn
② Al+Cu+Si+Mo
③ Al+Cu+Ni+Fe
④ Al+Cu+Mg+Mn

해설 두랄루민은 알루미늄, 구리, 마그네슘, 망간의 합금이다.

42 액체 침탄법에 사용되는 침탄제는?

① 탄산바륨
② 가성소다
③ 시안화나트륨
④ 탄산나트륨

해설
- 고체 침탄제: 목탄, 코크스 분말
- 액체 침탄제: 시안화나트륨(NaCN), 시안화칼륨(KCN)
- 가스 침탄제: 탄화수소계 가스(메탄, 프로판 가스 등)

43 다음 금속의 기계적 성질에 대한 설명 중 틀린 것은?

① 탄성: 금속에 외력을 가해 변형되었다가 외력을 제거했을 때 원래 상태로 돌아오는 성질
② 경도: 금속 표면이 외력에 저항하는 성질, 즉 물체의 기계적인 단단함의 정도를 나타내는 것
③ 취성: 강도가 크면서 연성이 없는 것, 즉 물체가 약간의 변형에도 견디지 못하고 파괴되는 성질
④ 피로: 재료에 인장과 압축하중을 오랜 시간 동안 연속적으로 되풀이하여도 파괴되지 않는 현상

해설 피로(fatigue): 하중, 변위 또는 열응력 등을 반복적으로 주면 정하중 경우보다도 낮은 응력에서 재료가 손상(주로 균열 발생이나 파단 등)되는 현상을 말한다.

정답 39. ② 40. ① 41. ④ 42. ③ 43. ④

44 다이캐스팅 합금강 재료의 요구조건에 해당되지 않는 것은?

① 유동성이 좋아야 한다.
② 열간 메짐성(취성)이 적어야 한다.
③ 금형에 대한 점착성이 좋아야 한다.
④ 응고수축에 대한 용탕 보급성이 좋아야 한다.

해설 다이캐스팅은 소성한도 이상의 외력을 주어 형틀의 모양으로 찍어내는 공정이므로 금형에 점착성이 좋지 않아야 금형에서 원소재가 잘 분리된다.

★
45 강을 담금질할 때 다음 냉각액 중에서 냉각효과가 가장 빠른 것은?

① 기름 ② 공기
③ 물 ④ 소금물

해설 담금질의 경우 담금질액은 보통 물, 기름, 소금물, 비눗물 등이 사용된다. 이 중 물보다 냉각능력이 큰 것은 소금물, NaOH 용액, 황산 등이며, 물보다 냉각능력이 작은 것은 기름 등이다.

46 주석청동 중에 납(Pb)을 3~26% 첨가한 것으로 베어링 패킹재료 등에 널리 사용되는 것은?

① 인청동 ② 연청동
③ 규소 청동 ④ 베릴륨 청동

해설 베어링 패킹재료 등에 널리 사용되는 것은 연청동(lead bronze)이다.

47 페라이트계 스테인리스강의 특징이 아닌 것은?

① 표면 연마된 것은 공기나 물에 부식되지 않는다.
② 질산에는 침식되나 염산에는 침식되지 않는다.
③ 오스테나이트계에 비하여 내산성이 낮다.
④ 풀림상태 또는 표면이 거친 것은 부식되기 쉽다.

해설 페라이트계 스테인리스강의 경우 유기산, 질산에는 침식되지 않으나 염산, 황산 등에는 침식된다.

48 Mg(마그네슘)의 특성을 나타낸 것이다. 틀린 것은?

① Fe, Ni 및 Cu 등의 함유에 의하여 내식성이 대단히 좋다.
② 비중이 1.74로 실용금속 중에서 매우 가볍다.
③ 알칼리에는 견디나 산이나 열에는 약하다.
④ 바닷물에 대단히 약하다.

해설 Mg의 화학적 성질 중 하나는 부식되기 쉽다는 것이다. 특히 불순물 중 Fe, Cu, Ni 등은 내식성을 해치므로 한계량을 두고, Fe(0.006%), Ni(0.005%), Cu(0.3%) 이하로 제한한다.

49 다음은 주강에 대한 설명이다. 잘못된 것은?

① 용접에 의한 보수가 용이하다.
② 주철에 비해 기계적 성질이 우수하다.
③ 주철로서는 강도가 부족할 경우에 사용한다.
④ 주철에 비해 용융점이 낮고 수축률이 크다.

해설 주강은 주철에 비해 용융점이 높고 수축률이 크다.

50 가볍고 강하며 내식성이 우수하나 600℃ 이상에서는 급격히 산화되어 TIG 용접 시 용접토치에 특수(shield gas)장치가 반드시 필요한 금속은?

① Al ② Ti
③ Mg ④ Cu

해설 티타늄에 대한 내용으로 600℃ 이상의 고온에서 재질이 약화되므로 주의를 요한다.

★
51 그림의 형강을 올바르게 나타낸 치수표시법은? (단, 형강 길이는 K이다.)

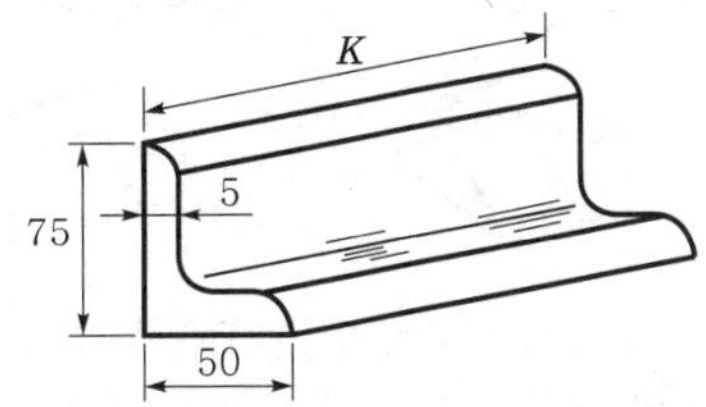

① L 75×50×5×K ② L 75×50×5−K
③ L 50×75−5−K ④ L 50×75×5×K

정답 44. ③ 45. ④ 46. ② 47. ② 48. ① 49. ④ 50. ② 51. ②

해설 L형강의 경우 "L 너비×폭×두께 - 길이" 형식으로 표시한다.

52 기계제도에 관한 일반사항의 설명으로 틀린 것은?

① 도형의 크기와 대상물의 크기와의 사이에는 올바른 비례관계를 보유하도록 그린다. 다만 잘못 볼 염려가 없다고 생각되는 도면은 도면의 일부 또는 전부에 대하여 이 비례관계는 지키지 않아도 좋다.
② 선의 굵기 방향의 중심은 선의 이론상 그려야 할 위치 위에 있어야 한다.
③ 서로 근접하여 그리는 선의 선 간격(중심거리)은 원칙적으로 평행선의 경우 선의 굵기의 3배 이상으로 하고 선과 선의 간격은 0.7mm 이상으로 하는 것이 좋다.
④ 투명한 재료로 만들어지는 대상물 또는 부분은 투상도에서 전부 투명한 것(없는 것)으로 하여 나타낸다.

해설 투명한 재료로 만들어진 대상물일지라도 없는 것으로 하면 안 된다.

53 그림과 같은 제3각 투상도에 가장 적합한 입체도는?

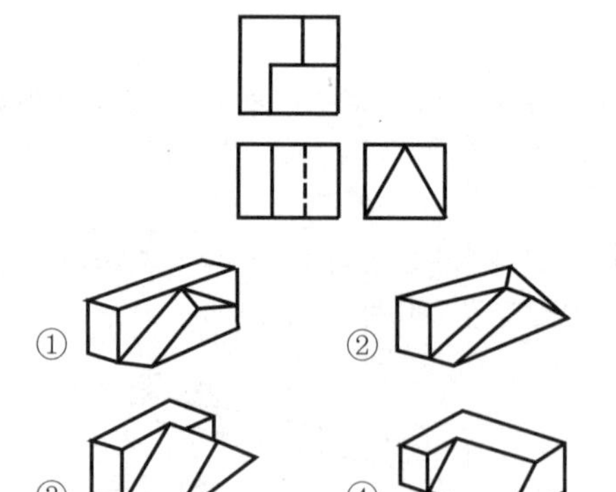

해설 우측면도를 보면 보기 ①, ④가 제외되고, 평면도를 보면 보기 ②가 제외되어 보기 ③이 정답이다.

54 배관제도 밸브 도시기호에서 일반 밸브가 닫힌 상태를 도시한 것은?

① ②
③ ④

해설 밸브 및 콕이 닫혀 있는 상태를 표시할 때는 처럼 그림기호를 칠하여 표시하든지 폐 C 처럼 닫혀 있음을 표시하는 글자를 첨가하여 표시한다.

★
55 다음 용접기호의 설명으로 옳은 것은?

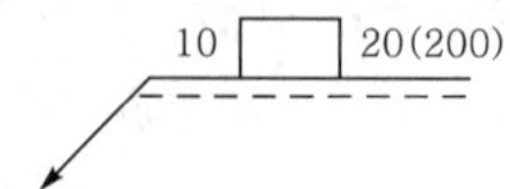

① 플러그 용접을 의미한다.
② 용접부 지름은 20mm이다.
③ 용접부 간격은 10mm이다.
④ 용접부 수는 200개이다.

해설 문제의 기호를 해독하면 우선 플러그 용접(⎍)이고, 플러그 구멍의 지름이 10mm, 플러그 용접의 개수는 20개, 인근 용접부와의 간격이 200mm라는 의미이다.

★
56 정투상법의 제1각법과 제3각법에서 배열위치가 정면도를 기준으로 동일한 위치에 놓이는 투상도는?

① 좌측면도 ② 평면도
③ 저면도 ④ 배면도

해설 정면도 기준으로 배면도의 위치는 제1각법이든 제3각법이든 동일하다.

57 다음 중 원기둥의 전개에 가장 적합한 전개도법은?

① 평행선 전개도법 ② 방사선 전개도법
③ 삼각형 전개도법 ④ 역삼각형 전개도법

해설 역삼각형 전개도법은 전개방법에 없는 방법이며, 원기둥에 적합한 방법은 평행선 전개도법이다.

정답 52. ④ 53. ③ 54. ④ 55. ① 56. ④ 57. ①

58 판의 두께를 나타내는 치수 보조기호는?

① C　　② R
③ □　　④ t

해설 C : 모따기, R : 반지름, t : 두께

★
59 KS 재료기호 SM10C에서 10C는 무엇을 뜻하는가?

① 제작방법　　② 종별 번호
③ 탄소함유량　　④ 최저 인장강도

해설 KS 재료기호 SM10C에서 10C는 탄소함유량을 뜻한다.

60 다음 투상도 중 표현하는 각법이 다른 하나는?

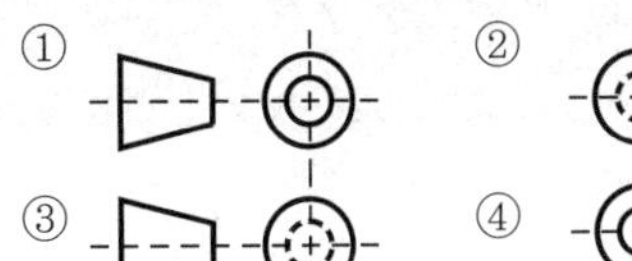

해설 보기 ③은 투상도에서 제1각법이고, 나머지 투상도는 제3각법을 나타낸다.

정답 58. ④ 59. ③ 60. ③

2013. 7. 21. 시행

제 4 회 용접기능사

01 다음 중 용접법의 분류에 속하지 않는 것은?

① 납땜 ② 리벳팅
③ 융접 ④ 압접

해설 리벳팅 작업은 용접법에 속하지 않고 기계적 접합에 속한다.

★
02 용접부의 연성결함을 조사하기 위하여 사용되는 시험법은?

① 충격시험 ② 비커스시험
③ 굽힘시험 ④ 브리넬시험

해설 연성결함을 조사하기 위해서는 파괴시험법 중 굽힘시험으로 검사한다.

03 KS 규격에서 화재안전, 금지 표시의 의미를 나타내는 안전색은?

① 노랑 ② 초록
③ 빨강 ④ 파랑

해설 KS에서 지정한 안전 색채 사용 통칙(KS A3501)에서 적색은 방화, 정지, 금지 표시, 녹색은 안전, 피난, 위생, 구호 구급 표시 등을 나타낸다.

04 2개의 모재에 압력을 가해 접촉시킨 다음 접촉면에 압력을 주면서 상대운동을 시켜 접촉면에서 발생하는 열을 이용하는 용접법은?

① 가스압접 ② 냉간압접
③ 마찰용접 ④ 열간압접

해설 마찰용접(friction welding)에 대한 내용이다.

05 용접 후 처리에서 잔류응력을 제거시켜 주는 방법이 아닌 것은?

① 저온응력 완화법 ② 노내풀림법
③ 피닝법 ④ 역변형법

해설 역변형법은 잔류응력을 제거하는 방법이 아니고, 용접변형을 예방하는 방법이다.

06 기계적 시험법 중 동적 시험방법에 해당하는 것은?

① 굽힘시험 ② 인장시험
③ 크리프시험 ④ 피로시험

해설 기계적 시험법 중 동적 시험법으로는 충격시험, 피로시험이 있고, 정적 시험법으로는 인장시험, 굽힘시험, 경도시험 등이 있다.

07 용접 후열처리를 하는 목적 중 맞지 않는 것은?

① 담금질에 의한 경화
② 응력제거 풀림 처리
③ 완전 풀림 처리
④ 용접 후의 급랭 회피

해설 넓은 의미에서 후열처리는 용접 후 급랭을 피하는 후열과 응력제거 열처리, 완전 풀림 등의 목적으로 실시한다.

08 용접결함의 종류 중 치수상의 결함에 속하는 것은?

① 선상조직 ② 변형
③ 기공 ④ 슬래그 잠입

해설 치수상 결함에는 변형, 용접금속부 크기의 부적당, 용접금속부 형상의 부적당 등이 있다.

09 여러 사람이 공동으로 용접작업을 할 때 다른 사람에게 유해광선의 해(害)를 끼치지 않게 하기 위해서 설치해야 하는 것은?

① 차광막 ② 경계통로
③ 환기장치 ④ 집진장치

정답 01. ② 02. ③ 03. ③ 04. ③ 05. ④ 06. ④ 07. ① 08. ② 09. ①

해설 아크용접 시 자외선, 적외선 등 유해광선이 발생하므로 공동작업 시 차광막을 설치한 후 작업한다.

10 용접작업 시의 전격방지대책으로 잘못된 것은?

① TIG 용접 시 텅스텐 전극봉을 교체할 때는 항상 전원 스위치를 차단하고 작업한다.

② TIG 용접 시 수냉식 토치는 과열을 방지하기 위해 냉각수 탱크에 넣어 식힌 후 작업한다.

③ 용접하지 않을 때에는 TIG 용접의 텅스텐 전극봉을 제거하거나 노즐 뒤쪽으로 밀어 넣는다.

④ 홀더나 용접봉은 절대로 맨손으로 취급하지 않는다.

해설 사용 전류가 200A 이상일 경우 사용되는 수냉식 토치는 냉각수 유입관을 거쳐 먼저 토치의 선단부를 냉각시킨 후 배수 호스 안에 삽입된 용접 케이블을 냉각시킨다.

11 용접을 로봇(robot)화할 때 그 특징의 설명으로 틀린 것은?

① 생산성이 저하된다.

② 용접봉의 손실을 줄일 수 있다.

③ 비드의 높이, 비드 폭, 용입 등을 정확히 제어할 수 있다.

④ 아크길이를 일정하게 유지할 수 있다.

해설 용접 로봇화, 즉 용접 자동화할 경우 가장 큰 장점은 생산성 증대이다.

12 레이저 용접이 적용되는 분야 및 응용범위에 속하지 않는 것은?

① 다이아몬드의 구멍 뚫기, 절단 등에 응용

② 용접 비드 표면의 기공 및 각종 불순물의 제거

③ 가는 선이나 작은 물체의 용접 및 박판의 용접에 적용

④ 우주 통신, 로켓의 추적, 광학, 계측기 등에 응용

해설 레이저의 일반적인 응용범위는 보기 ①, ③, ④이다.

13 이산화탄소 아크용접 시 이산화탄소의 농도가 몇 %가 되면 두통이나 뇌빈혈을 일으키는가?

① 3~4 ② 15~16

③ 33~34 ④ 55~56

해설 CO_2 가스가 인체에 미치는 영향

CO_2 가스(체적[%])	작용
3~4	두통, 뇌빈혈
15 이상	위험 상태
30 이상	극히 위험

★
14 용착법에 대해 잘못 표현된 것은?

① 전진법: 홈을 한 부분씩 여러 층으로 쌓아 올린 다음 다른 부분으로 진행하는 방법이다.

② 후진법: 용접 진행방향과 용착방향이 서로 반대가 되는 방법이다.

③ 대칭법: 이음의 수축에 따른 변형이 서로 대칭이 되게 할 경우에 사용된다.

④ 스킵법: 이음 전 길이에 대해서 뛰어 넘어서 용접하는 방법이다.

해설 전진법은 한 끝에서 다른 쪽 끝을 향해 연속적으로 진행하는 간단한 용착법이다.

15 경납땜 시 경납이 갖추어야 할 조건으로 잘못 설명된 것은?

① 접합이 튼튼하고 모재와 친화력이 있어야 한다.

② 금, 은, 공예품들의 땜납에는 색조가 같아야 한다.

③ 용융온도가 모재보다 높고 유동성이 좋아야 한다.

④ 기계적, 물리적, 화학적 성질이 좋아야 한다.

해설 용융용접에서 용접봉의 역할을 하는 땜납 중 경납의 용융온도는 모재보다 낮고 유동성이 좋아야 한다.

정답 10. ② 11. ① 12. ② 13. ① 14. ① 15. ③

16 솔리드 와이어 CO_2 가스 아크용접에서 CO_2 가스에 Ar 가스를 혼합 시 특징에 대한 설명으로 틀린 것은?

① 아크가 안정된다.
② 후판 용접에 주로 사용된다.
③ 스패터가 감소한다.
④ 작업성과 용접 품질이 향상된다.

해설 보호가스는 CO_2 가스에 Ar(아르곤) 가스를 혼합하면 아크가 안정되고, 스패터가 감소하며, 작업성 등 용접 품질이 향상된다. 그러나 후판 용접에서는 그다지 사용되지 않고, 박판 용접의 이면 비드, 전자세 용접 등의 단락이행 용접에 사용된다.

17 용접제품을 조립하다가 V홈 맞대기 이음 홈의 간격이 5mm 정도 벌어졌을 때 홈의 보수 및 용접방법으로 가장 적합한 것은?

① 그대로 용접한다.
② 뒤판을 대고 용접한다.
③ 치수에 맞는 재료로 교환하여 루트 간격을 맞춘다.
④ 덧살올림 용접 후 가공하여 규정 간격을 맞춘다.

해설 루트 간격이 크게 되는 경우 적당한 보수를 하여 용접시공을 하여야 한다.

- 6mm 이하: 한쪽 또는 양쪽 개선면에 덧붙이 한 후 개선면 가공한 후 맞춘다.
- 6~16mm: t6 정도의 받침쇠 또는 뒤판을 대고 용접한다.
- 16mm 이상: 판의 일부(길이 약 300mm) 또는 전부를 교환한다.

18 가스용접에서 사용되는 아세틸렌 가스의 성질을 설명한 것 중 맞는 것은?

① 비중은 1.105이다.
② 순수한 아세틸렌 가스는 악취가 난다.
③ 15℃, $1kgf/cm^2$의 아세틸렌 1L의 무게는 1.176g이다.
④ 각종 액체에 잘 용해되며, 물에는 6배 용해된다.

해설 아세틸렌 가스의 비중은 0.906, 순수한 가스는 무색·무취이다. 아세틸렌 가스는 여러 가지 물질에 잘 용해된다.

물질	물	석유	벤젠	알코올	아세톤
용해도	1배 (같은 양)	2배	4배	6배	25배

19 플라스마 절단에 대한 설명으로 틀린 것은?

① 플라스마(plasma)는 고체, 액체, 기체 이외의 제4의 물리상태라고도 한다.
② 비이행형 아크 절단은 텅스텐 전극과 수냉 노즐과의 사이에서 아크 플라스마를 발생시키는 것이다.
③ 이행형 아크 절단은 텅스텐 전극과 모재 사이에서 아크 플라스마를 발생시키는 것이다.
④ 아크 플라스마의 온도는 약 5,000℃의 열원을 가진다.

해설 아크 플라스마의 온도는 10,000~30,000℃의 열원을 가진다.

20 스테인리스강, 알루미늄 등과 같은 비철합금을 절단할 수 없는 것은?

① 플라스마 절단 ② 가스 가우징
③ TIG 절단 ④ MIG 절단

해설 가스 가우징은 토치를 이용하여 용접부분의 뒷면을 따내거나 용접 홈을 가공하기 위한 가공법이다.

21 아세틸렌의 성질에 대한 설명으로 틀린 것은?

① 탄화수소에서 가장 완전한 가스이다.
② 산소와 적당히 혼합하여 연소하면 고온을 얻는다.
③ 아세톤에 25배로 용해된다.
④ 공기보다 가볍다.

해설 아세틸렌 가스는 카바이드와 물을 혼합하여 제조하는데 수소와 탄소가 화합하여 생긴 매우 불완전한 탄화수소계열의 가스이다.

정답 16. ② 17. ④ 18. ③ 19. ④ 20. ② 21. ①

★
22 용해 아세틸렌을 충전했을 때 용기의 전체 무게가 27kgf이고 사용 후 빈 용기의 무게가 24kgf이었다면 순수 아세틸렌 가스의 양은?

① 2,715L ② 2,025L
③ 1,125L ④ 648L

해설 용해 아세틸렌 가스의 양을 구하는 식은 다음과 같다.
$C=905(B-A)$
$=905(27-24)=2,715\text{L}$
(단, A: 빈병 무게, B: 충전 전 용기 무게, C: 용해 아세틸렌 가스의 양)

23 용접전류 150A, 전압이 30V일 때 아크출력은 몇 kW인가?

① 4.2kW ② 4.5kW
③ 4.8kW ④ 5.8kW

해설 아크출력[kW]=아크전압×아크전류
=30V×150A=4.5kW

24 다음 중 아크 에어 가우징 장치가 아닌 것은?

① 수냉장치 ② 전원(용접기)
③ 가우징 토치 ④ 압축공기(컴프레서)

해설 아크 에어 가우징 장치에는 가우징 토치, 전원, 압축공기가 있다.

25 교류아크 용접기와 비교했을 때 직류 아크 용접기의 특징을 옳게 설명한 것은?

① 구조가 간단하다.
② 아크의 안정성이 우수하다.
③ 극성 변화가 불가능하다.
④ 전격의 위험이 많다.

해설 ① 회전, 구동부가 있어 구조가 교류 용접기에 비해 다소 복잡하다.
③ 적당하게 직류정극성과 직류역극성을 활용할 수 있다.
④ 교류 용접기에 비해 무부하 전압이 다소 낮아 전격의 위험은 직류 용접기가 더 적다.

26 피복아크 용접봉에서 피복제의 역할로 옳은 것은?

① 아크를 안정시킨다.
② 재료의 급랭을 도와준다.
③ 산화성 분위기로 용착금속을 보호한다.
④ 슬래그 제거를 어렵게 한다.

해설 피복제의 역할
- 아크를 안정시킨다.
- 재료의 급랭을 방지하여 준다.
- 환원성 분위기로 용착금속을 보호한다.
- 슬래그 제거를 용이하게 한다.

27 아크 용접작업 중 인체에 감전된 전류가 20~50mA일 때 인체에 미치는 영향으로 옳은 것은?

① 고통을 수반한 쇼크를 느낀다.
② 순간적으로 사망할 위험이 있다.
③ 고통을 느끼고 가까운 근육이 저려서 움직이지 않는다.
④ 고통을 느끼고 강한 근육 수축이 일어나며 호흡이 곤란하다.

해설 인체에 흐르는 전류에 따른 영향으로는 보기 ① 8~15mA, 보기 ② 50~100mA, 보기 ③ 15~20mA 정도이다.

28 불활성 가스 금속아크용접에 관한 설명으로 틀린 것은?

① 피복아크용접에 비해 용착효율이 높아 고능률적이다.
② 바람의 영향을 받지 않으므로 방풍대책이 필요 없다.
③ TIG 용접에 비해 전류밀도가 높아 용융속도가 빠르다.
④ CO_2 용접에 비해 스패터 발생이 적어 비교적 아름답고 깨끗한 비드를 얻을 수 있다.

해설 MIG 용접은 연속적으로 공급되는 와이어와 모재 사이에 아크가 발생하며, 그 주위를 불활성 가스가 보호하는 형식이므로 바람의 영향을 받기 쉬워 방풍대책이 필요하다.

정답 22. ① 23. ② 24. ① 25. ② 26. ① 27. ④ 28. ②

29 서브머지드 아크 용접에서 용융형 용제의 특징에 대한 설명으로 옳은 것은?

① 용제의 화학적 균일성이 양호하다.
② 용접전류에 따라 입도의 크기는 같은 용제를 사용해야 한다.
③ 비드 외관이 거칠다.
④ 흡습성이 크다.

해설 서브머지드 아크 용접(SAW)의 용제는 크게 3가지로 나누어진다.

(a) 용융형 용제: 각종 광물질의 원재료를 약 1,200℃ 이상의 고온으로 용융, 급랭 후 분말상태로 분쇄하여 적당한 입도로 만든 유기질의 물체이다. 용융형 용제는 용접 중 용제에 의하여 합금성분 첨가가 불가하므로 적당한 합금성분의 와이어 선택이 중요하다. 용융형 용제의 특징은 다음과 같다.
- 비드 외관이 아름답다.
- 흡습성이 거의 없어 재건조가 불필요하다.
- 미용융 용제는 다시 사용이 가능하다.
- 용제의 화학적 균일성이 양호하다.
- 용접전류에 따라 입자의 크기가 다른 용제를 사용해야 한다.
- 용융 시 분해되거나 산화되는 원소를 첨가할 수 없다.

(b) 소결형 용제: 광물질 원료 및 합금원소, 탈산제 등의 분말을 규산나트륨(물유리)과 같은 결합제를 혼합하여 입도를 조성시킨 후 원료가 용해되지 않을 정도의 비교적 낮은 온도로 소정의 입도로 소결시켜 사용한다. 소결온도에 따라 저온소결 용제는 비교적 낮은 500~600℃에서 소결하고, 고온소결 용제는 다소 높은 800~1,000℃에서 소결한다. 그 특징은 다음과 같다.
- 고전류에서의 용접 작업성이 좋고, 후판의 고능률 용접에 적합하다.
- 용접금속의 성질이 우수하며 특히 절연성이 우수하다.
- 합금원소 첨가가 용이하고, 저망간강 와이어 1종류로서 연강 및 저합금강까지 용제만 변경하면 용접이 가능하다.
- 용융형 용제에 비하여 용제의 소모량이 적다.
- 낮은 전류에서 높은 전류까지 동일 입도의 용제로 용접이 가능하다.
- 흡습성이 높으므로 사용 전에 150~300℃에서 1시간 정도 재건조하여야 한다.

(c) 혼성형 용제

★
30 아크열이 아닌 와이어와 용융슬래그 사이에 통전된 전류의 저항열을 이용하여 용접하는 방법은?

① 서브머지드 아크용접
② 일렉트로 슬래그 용접
③ 전자빔 용접
④ 테르밋 용접

해설 일렉트로 슬래그 용접의 열원에 대한 내용이다.

31 가스용접에서 알루미늄을 용접하고자 할 때 일반적으로 어떤 용접봉을 사용하는가?

① Al에 소량의 C를 첨가한 용접봉
② Al에 소량의 Fe을 첨가한 용접봉
③ Al에 소량의 P을 첨가한 용접봉
④ Al에 소량의 S을 첨가한 용접봉

해설 가스용접에서 알루미늄을 용접하고자 할 때 일반적으로 알루미늄에 소량의 인(P) 또는 Al+5~10% Si봉 등이 사용된다.

32 피복 배합제 원료에 대한 역할이 올바르게 연결된 것은?

① 페로망간: 탈산제
② 페로티탄: 고착제
③ 페로실리콘: 아크안정제
④ 알루미늄: 가스발생제

해설 보기 ①과 더불어 ②, ③, ④는 탈산제로 활용된다.

33 텅스텐 전극봉의 종류에 해당되지 않는 것은?

① 1% 토륨 텅스텐
② 3% 토륨 텅스텐
③ 지르코늄 텅스텐
④ 순 텅스텐

해설 3% 토륨 텅스텐 전극봉이라는 종류는 없다.

정답 29. ① 30. ② 31. ③ 32. ① 33. ②

34 중탄소강의 용접에 대하여 설명한 것 중 맞지 않는 것은?

① 중탄소강을 용접할 경우에 탄소량이 증가함에 따라 800~900℃ 정도 예열을 할 필요가 있다.
② 탄소량이 0.4% 이상인 중탄소강은 후열처리를 고려하여야 한다.
③ 피복아크 용접할 경우는 저수소계 용접봉을 선정하여 건조시켜 사용한다.
④ 서브머지드 아크 용접할 경우는 와이어와 플럭스 선정 시 용접부 강도 수준을 충분히 고려하여야 한다.

해설 중탄소강의 피복아크 용접에서 적당한 예열온도는 150~250℃ 정도가 좋다.

35 다음 그림에 해당하는 용접이음의 종류는?

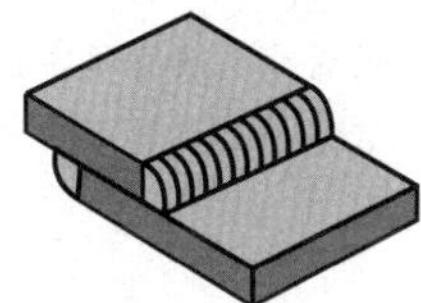

① 모서리 이음 ② 맞대기 이음
③ 전면 필릿 이음 ④ 겹치기 이음

해설 그림은 겹치기 이음(lap joint)에 해당한다.

36 일반적으로 구리가 강에 비해 우수한 점이 아닌 것은?

① 전기 및 열의 전도성이 양호
② 전연성이 풍부하고 가공이 용이
③ 아름다운 광택과 귀금속 성질이 우수
④ 화학적 저항력이 작어 부식이 용이

해설 구리는 강에 비해 화학적 저항력이 커서 부식이 적다.

37 6 : 4 황동의 내식성을 개량하기 위하여 1% 전후의 주석을 첨가한 것은?

① 콜슨 합금 ② 네이벌 황동
③ 청동 ④ 인청동

해설 주석을 1% 내외로 첨가한 것으로 7 : 3 황동에 첨가한 것을 에드미럴티, 6 : 4 황동에 첨가한 것을 네이벌 황동이라 한다.

38 알루미늄과 그 합금에 대한 설명 중 틀린 것은?

① 비중 2.7, 용융점 약 660℃이다.
② 염산이나 황산 등의 무기산에도 잘 부식되지 않는다.
③ 알루미늄 주물은 무게가 가벼워 자동차 산업에 많이 사용된다.
④ 대기 중에서 내식성이 강하고 전기와 열의 좋은 전도체이다.

해설 공기 중에서 산화막 형성으로 더 이상 산화가 되지 않으며, 맑은 물에는 안전하나 황산, 염산, 알칼리성 수용액, 염수에는 부식된다.

39 주철조직 중 γ − 고용체와 Fe_3C의 기계적 혼합으로 생긴 공정주철로 A_1 변태점 이상에서 안정적으로 존재하는 것은?

① 레데뷰라이트(ledeburite)
② 시멘타이트(cementite)
③ 페라이트(ferrite)
④ 펄라이트(pearlite)

해설 γ − 고용체(austenite) + Fe_3C(cementite)의 공정조직을 레데뷰라이트(ledeburite)라고 한다.

40 주강에서 탄소량이 많아질수록 일어나는 성질이 아닌 것은?

① 용접성이 떨어진다.
② 충격값이 증가한다.
③ 강도가 증가한다.
④ 연성이 감소한다.

해설 탄소량이 증가할수록 충격값은 감소한다.

41 순철의 자기변태점은?

① A_1 ② A_2
③ A_3 ④ A_4

정답 34. ① 35. ④ 36. ④ 37. ② 38. ② 39. ① 40. ② 41. ②

해설 • 순철의 자기변태점: A_2 변태
• 동소변태점: A_3, A_4 변태

42 소재의 표면에 강이나 주철로 된 작은 입자를 고속으로 분사시켜 표면 경도를 높이는 것은?

① 화염 경화법　② 하드 페이싱
③ 고주파 경화법　④ 숏 피닝

해설 숏 피닝(shot peening)에 대한 내용이다.

★
43 오스테나이트계 스테인리스강의 표준성분에서 크롬과 니켈의 함유량은?

① 8% 크롬, 18% 니켈
② 10% 크롬, 8% 니켈
③ 18% 크롬, 8% 니켈
④ 10% 크롬, 10% 니켈

해설 일명 18-8 스테인리스강이라고도 하며, 그 조성은 보기 ③과 같다.

44 WC, TiC, TaC 등의 금속탄화물을 Co로 소결한 것으로서 탄화물 소결공구라고 하며, 일반적으로 칠드 주철, 경질 유리 등도 쉽게 절삭할 수 있는 공구강은?

① 주조경질합금　② 고속도강
③ 세라믹　④ 초경합금

해설 초경합금은 금속 탄화물을 소결한 합금이며, 상품명으로 미디아, 위디아, 카볼로이, 텅갈로이 등으로 불린다.

45 크로만실(chromansil)이라고도 하며 고온단조, 용접, 열처리가 용이하여 철도용, 단조용 크랭크축, 차축 및 각종 자동차 부품 등에 널리 사용되는 구조용 강은?

① Ni-Cr-Mo강　② Cr-Mn-Si강
③ Mn-Cr강　④ Ni-Cr강

해설 크로만실은 보기 ②의 조성이다.

46 가스용접의 아래보기자세에서 왼손에는 용접봉, 오른손에는 토치를 잡고 작업할 때 전진법을 설명한 것은?

① 위에서 아래로 용접한다.
② 아래에서 위로 용접한다.
③ 왼쪽에서 오른쪽으로 용접한다.
④ 오른쪽에서 왼쪽으로 용접한다.

해설 • 전진법: 오른쪽에서 왼쪽으로 용접한다.
• 후진법: 왼쪽에서 오른쪽으로 용접한다.

47 교류아크 용접기에서 가변저항을 이용하여 전류의 원격 조정이 가능한 용접기는?

① 가포화 리액터형
② 가동 코일형
③ 탭 전환형
④ 가동 철심형

해설 교류아크 용접기의 종류에서 원격 제어하여 전류 조정이 가능한 용접기는 가포화 리액터형 용접기이다.

★
48 강재의 절단부분을 나타낸 그림이다. ㉠, ㉡, ㉢, ㉣의 명칭이 틀린 것은?

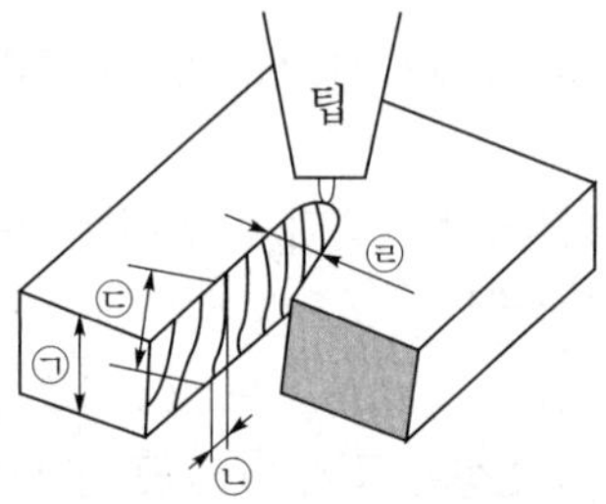

① ㉠: 판 두께
② ㉡: 드래그(drag)
③ ㉢: 드래그 라인(drag line)
④ ㉣: 피치(pitch)

해설 ㉣: 절단용 고압산소에 의해 불려나간 절단 폭을 커프(kerf)라 한다.

정답 42. ④　43. ③　44. ④　45. ②　46. ④　47. ①　48. ④

49 가스용접에 사용되는 연료가스의 일반적 성질 중 틀린 것은?

① 발열량이 커야 한다.
② 불꽃의 온도가 높아야 한다.
③ 용융금속과 화학반응을 일으키지 말아야 한다.
④ 연소속도가 늦어야 한다.

해설 가스용접에 사용되는 연료가스는 연소속도가 빨라야 한다.

50 강의 재질을 연하고 균일하게 하기 위한 목적으로 아래 그림의 열처리 곡선과 같이 행하는 열처리는?

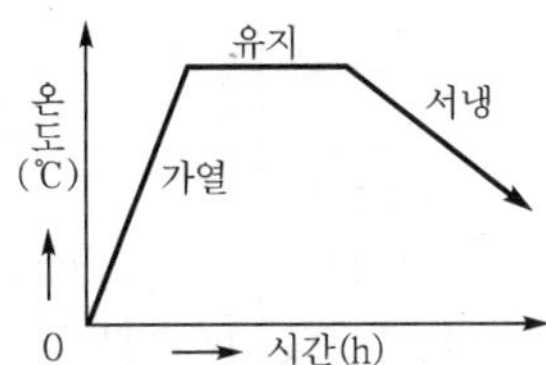

① 풀림(annealing) ② 뜨임(tempering)
③ 불림(normalizing) ④ 담금질(quenching)

해설 그림은 강의 재질을 연하게 하고 균일하게 하기 위한 목적으로 풀림 열처리 관계를 표시한 그래프이다.

51 기계구조용 탄소강관의 KS 재료기호는?

① SPC ② SPS
③ SWP ④ STKM

해설 • SPC: 냉간탄소강관
• SPS: 일반 구조용 탄소강관
• SWP: 피아노 선

52 도면의 척도값 중 실제 형상을 확대하여 그리는 것은?

① 2 : 1 ② 1 : $\sqrt{2}$
③ 1 : 1 ④ 1 : 2

해설 도면에서 척도값은 현척, 축척, 배척으로 나눈다.

53 판금작업 시 강판재료를 절단하기 위하여 가장 필요한 도면은?

① 조립도 ② 전개도
③ 배관도 ④ 공정도

해설 재료 절단을 위해 펼친 그림을 전개도라 하며, 전개방법에는 평행 전개도, 방사 전개도, 삼각 전개도 등이 있다.

★
54 그림과 같은 용접기호에서 'z3'의 설명으로 옳은 것은?

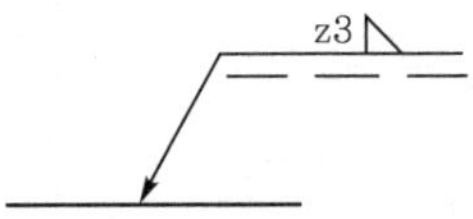

① 필릿 용접부의 목 길이가 3mm이다.
② 필릿 용접부의 목 두께가 3mm이다.
③ 용접을 위쪽으로 3군데 하라는 표시이다.
④ 용접을 위쪽으로 3mm 하라는 표시이다.

해설 필릿 이음에서 z는 목 길이, a는 목 두께를 의미한다.

55 그림과 같이 가공 전 또는 가공 후의 모양을 표시하는 데 사용하는 선의 명칭은?

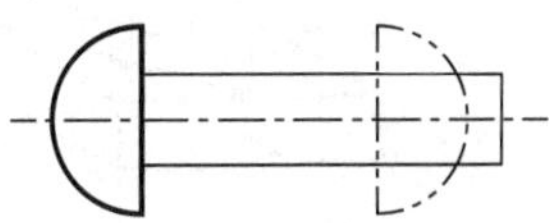

① 숨은선 ② 파단선
③ 가상선 ④ 절단선

해설 가상선은 가는 2점쇄선으로 표시한다.

56 지지장치를 의미하는 배관 도시기호가 그림과 같이 나타날 때 이 지지장치의 형식은?

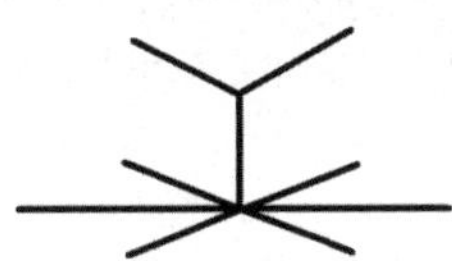

① 고정식 ② 가이드식
③ 슬라이드식 ④ 일반식

정답 49. ④ 50. ① 51. ④ 52. ① 53. ② 54. ① 55. ③ 56. ①

해설 고정식 지지장치에 대한 내용이다.

57 그림과 같은 물체를 한쪽 단면도로 나타낼 때 가장 옳은 것은?

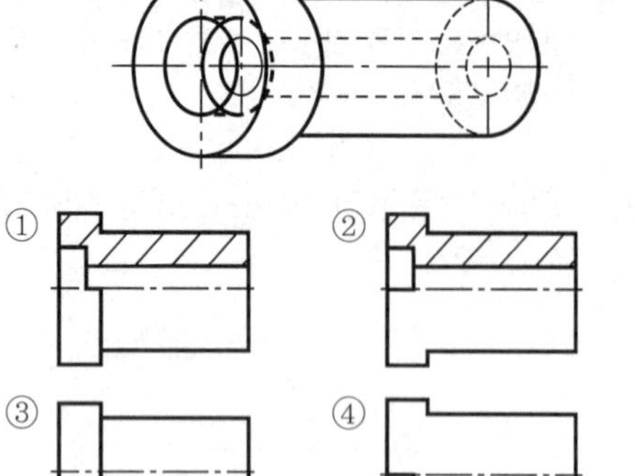

해설 상하 대칭이므로 반단면의 경우 한쪽은 단면을, 나머지 면은 보이는 그대로를 그린 보기 ①이 정답이다.

58 그림과 같은 입체를 화살표 방향을 정면으로 하여 제3각법으로 배면도를 투상하고자 할 때 가장 적합한 것은?

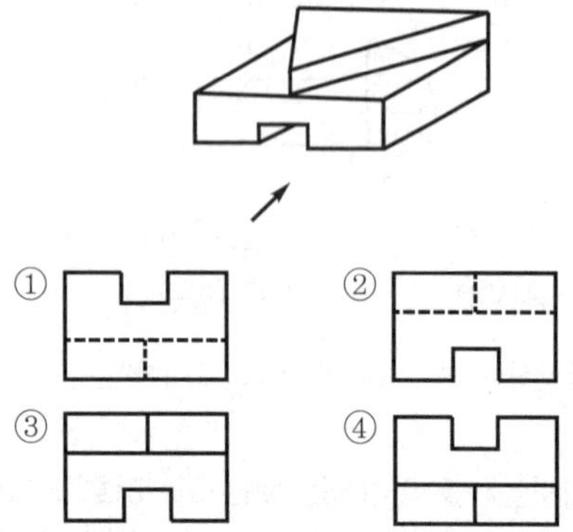

해설 배면도는 정면도의 반대면에서 바라본 투상도이므로 정면도 상부의 수직선이 은선으로 표시된 보기 ②가 정답이다.

★
59 그림에서 '□15'에 대한 설명으로 맞는 것은?

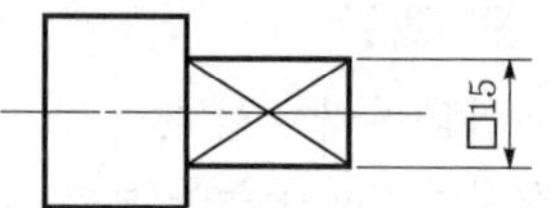

① 단면적이 15인 직사각형
② ϕ15인 원통에 평면이 있음
③ 이론적으로 정확한 치수가 15인 평면
④ 한 변의 길이가 15인 정사각형

해설 그림에서 치수 '□15'는 한 변의 길이가 15mm인 정사각형을 표시한 것이다.

60 그림과 같은 제3각법에 의한 정투상도의 입체도로 가장 적합한 것은?

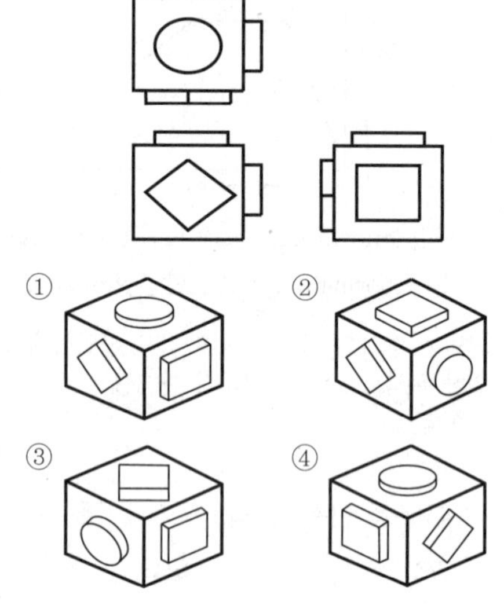

해설 문제에서 정면도의 중심에 다이아몬드형 사각형이 보이므로 보기 ③, ④는 제외되며, 평면도를 보면 원형이 보이게 되므로 보기 ①이 정답이다.

정답 57. ① 58. ② 59. ④ 60. ①

제 5 회 2013. 10. 20. 시행

용접기능사

★
01 다음 중 가스용접에 있어 납땜의 용제가 갖추어야 할 조건으로 옳은 것은?

① 청정한 금속면의 산화가 잘 이루어질 것
② 전기저항 납땜에 사용되는 것은 부도체일 것
③ 용제의 유효온도 범위와 납땜의 온도가 일치할 것
④ 땜납이 표면장력과 차이를 만들고 모재와의 친화력이 낮을 것

해설 납땜 용재의 구비조건
- 청정한 금속면의 산화를 방지할 수 있을 것
- 전기저항 납땜에 대한 부식작용이 적을 것
- 모재와의 친화력을 높일 수 있을 것
- 유동성이 좋을 것
- 모재나 납땜에 대한 부식작용이 적을 것

★
02 다음 중 연소의 3요소를 올바르게 나열한 것은?

① 가연물, 산소, 공기
② 가연물, 빛, 탄산가스
③ 가연물, 산소, 정촉매
④ 가연물, 산소, 점화원

해설 불(연소)은 물질이 산소와 급격한 화학반응을 일으켜 열과 빛을 내는 강력한 산화반응현상이며 연료(가연물), 공기(산소), 열(점화원, 발화원) 등 세 가지 요소가 동시에 있어야만 연소가 이루어질 수 있어 이를 연소의 3요소라고 한다. 여기에 외부로부터 에너지를 가하지 않아도 자체적으로 반복하여 열과 가연물을 공급하여 지속적인 점화와 연소를 연결시켜 주는 연쇄반응을 추가하여 연소의 4요소 또는 연소 사면체라 한다.

03 다음 중 CO_2 가스 아크용접에서 일반적으로 다공성의 원인이 되는 가스가 아닌 것은?

① 산소 ② 수소
③ 질소 ④ 일산화탄소

해설 CO_2 가스 아크용접에서 일반적으로 다공성의 원인이 되는 가스는 질소, 수소 및 일산화탄소이다.

04 다음 중 MIG 용접의 용적 이행 형태에 대한 설명으로 옳은 것은?

① 용적 이행에는 단락 이행, 스프레이 이행, 입상 이행이 있으며 가장 많이 사용되는 것은 입상 이행이다.
② 스프레이 이행은 저전압·저전류에서 아르곤 가스를 사용하는 경합금 용접에서 주로 나타난다.
③ 입상 이행은 와이어보다 큰 용적으로 용융되어 이행하며 주로 CO_2 가스를 사용할 때 나타난다.
④ 직류정극성일 때 스패터가 적고 용입이 깊게 되며, 용적 이행이 안정한 스프레이 이행이 된다.

해설 ① MIG 용접의 용적 이행에는 단락 이행, 스프레이 이행, 입상(globular) 이행 등이 있으며, 가장 많이 사용되는 이행의 형식은 스프레이 이행이다.
② 스프레이 이행은 고전압·고전류에서 아르곤 가스나 헬륨 가스를 사용하는 경합금 용접에서 주로 나타난다.
④ 직류역극성일 때 스패터가 적고 용입이 깊게 되며 용적 이행이 안정한 스프레이 이행이 된다. 직류정극성에서는 아크가 불안정하며 큰 용적이 되어 떨어지므로 좋은 비드를 얻을 수 없다.

05 다음 중 CO_2 가스 아크 용접결함에 있어 기공 발생의 원인으로 볼 수 없는 것은?

① 팁이 마모되어 있다.
② 용접 부위가 지저분하다.
③ CO_2 가스 유량이 부족하다.
④ 노즐과 모재 간의 거리가 너무 길다.

해설 CO_2 용접에서 콘택트 팁이 마모되는 경우 아크가 불안정하게 되는 원인이 된다.

정답 01. ③ 02. ④ 03. ① 04. ③ 05. ①

06 다음 중 용접비용을 계산하는 데 있어 비용절감 요소로 틀린 것은?

① 대기시간 최대화
② 효과적인 재료 사용 계획
③ 합리적이고 경제적인 설계
④ 가공 불량에 의한 용접의 손실 최소화

해설 용접비용을 절감하기 위해 대기시간은 최소화해야 한다.

07 다음 중 용접용 보안면의 일반 구조에 관한 설명으로 틀린 것은?

① 복사열에 노출될 수 있는 금속부분은 단열처리해야 한다.
② 착용자와 접촉하는 보안면의 모든 부분에는 피부자극을 유발하지 않는 재질을 사용해야 한다.
③ 용접용 보안면의 내부 표면은 유광처리하고 보안면 내부로는 일정량 이상의 빛이 들어오도록 해야 한다.
④ 보안면에는 돌출부분, 날카로운 모서리 혹은 사용 도중 불편하거나 상해를 줄 수 있는 결함이 없어야 한다.

해설 보기 ①, ②, ④ 이외에 용접용 보안면의 일반 구조는 다음과 같다.

- 머리띠를 착용하는 경우 착용자의 머리와 접촉하는 모든 부분의 폭이 최소한 10mm 이상 되어야 하며, 머리띠는 조절이 가능해야 한다.
- 필터 및 커버 등은 특수 공구를 사용하지 않고 사용자가 용이하게 교체할 수 있어야 한다.
- 지지대는 보안면을 정확한 위치에 고정하고 머리 방향에 무관하게 압력이나 미끄러짐 없이 편안한 착용상태를 유지할 수 있어야 한다.
- 용접용 보안면의 내부 표면은 무광처리하고 보안면 내부로 빛이 침투하지 않도록 해야 한다.

08 TIG 용접토치는 공랭식과 수냉식으로 분류되는데 가볍고 취급이 용이한 공랭식 토치의 경우 일반적으로 몇 A 정도까지 사용하는가?

① 200 ② 380
③ 450 ④ 650

해설 토치 및 케이블은 일반적으로 200A 정도까지의 전류 용량에서는 자연 냉각을 사용하고, 200A 이상의 전류를 사용할 때는 수냉식을 많이 사용한다.

★
09 다음 중 용접작업에 있어 가용접 시 주의해야 할 사항으로 옳은 것은?

① 본용접보다 높은 온도로 예열을 한다.
② 개선 홈 내의 가접부는 백치핑으로 완전히 제거한다.
③ 가접의 위치는 주로 부품의 끝 모서리에 한다.
④ 용접봉은 본용접작업 시에 사용하는 것 보다 두꺼운 것을 사용한다.

해설 가용접 시 주의해야 할 사항

- 본용접과 같은 온도에서 예열한다.
- 본용접사와 동등한 기량의 용접사가 가용접을 시행한다.
- 용접 홈 내를 가접했을 경우 백 가우징으로 완전히 제거한 후 본용접을 한다.
- 가용접에 사용되는 용접봉은 본용접작업 시 사용하는 것보다 지름이 약간 가는 것을 사용한다.
- 가용접의 위치는 부재의 단면이 급변하여 응력이 집중될 염려가 있는 곳은 피한다.

10 다음 중 일렉트로 슬래그 용접이음의 종류로 볼 수 없는 것은?

① 모서리 이음 ② 필릿 이음
③ T 이음 ④ X 이음

해설 일렉트로 슬래그 용접의 홈의 형상은 I형 그대로 사용된다.

11 다음 중 가스 용접작업에 관한 안전사항으로 틀린 것은?

① 아세틸렌 병 주변에서 흡연하지 않는다.
② 호스의 누설시험 시에는 비눗물을 사용한다.
③ 산소 및 아세틸렌 병 등 빈병은 섞어서 보관한다.
④ 용접 시 토치의 끝을 긁어서 오물을 털지 않는다.

해설 산소병과 가연성 가스의 병을 같이 보관하지 않는다.

정답 06. ① 07. ③ 08. ① 09. ② 10. ④ 11. ③

★
12 다음 중 서브머지드 아크용접에 사용되는 용제에 관한 설명으로 틀린 것은?

① 소결형 용제는 용융형 용제에 비하여 용제의 소모량이 적다.
② 용융형 용제는 거친 입자의 것일수록 높은 전류에 사용해야 한다.
③ 소결형 용제는 페로실리콘, 페로망간 등에 의해 강력한 탈산작용이 된다.
④ 용제는 용접부를 대기로부터 보호하면서 아크를 안정시키고, 야금반응에 의하여 용착금속의 재질을 개선하기 위해 사용한다.

해설 ㉠ 용융형 용제: 각종 광물질의 원재료를 약 1,200℃ 이상의 고온으로 용융, 급랭 후 분말 상태로 분쇄하여 적당한 입도로 만든 유기질의 물체이다. 용융형 용제는 용접 중 용제에 의하여 합금성분 첨가가 불가하므로 적당한 합금성분의 와이어 선택이 중요하다. 용융형 용제의 특징은 다음과 같다.

- 비드 외관이 아름답다.
- 흡습성이 거의 없어 재건조가 불필요하다.
- 미용융 용제는 다시 사용이 가능하다.
- 용제의 화학적 균일성이 양호하다.
- 용접전류에 따라 입자의 크기가 다른 용제를 사용해야 한다.
- 용융 시 분해되거나 산화되는 원소를 첨가할 수 없다.

대체로 용제의 입도는 용제의 용융성, 발생가스의 방출상태, 비드의 형상 등에 영향을 미치게 된다. 즉 가는 입자의 것일수록 높은 전류에서 사용해야 하고, 이 경우 비드 폭이 넓으면서 용입이 얕으나 비드의 외형은 아름답게 된다. 거친 입자의 용제에 높은 전류를 사용하면 보호성이 나빠지고 비드가 거칠며 기공, 언더컷 등의 결함이 생기기 쉬우므로 낮은 전류에서 사용해야 한다.

㉡ 소결형 용제: 광물질 원료 및 합금원소, 탈산제 등의 분말을 규산나트륨(물유리)과 같은 결합제를 혼합하여 입도를 조성시킨 후 원료가 용해되지 않을 정도의 비교적 낮은 온도로 소정의 입도로 소결시켜 사용한다. 소결온도에 따라 저온소결 용제는 비교적 낮은 500~600℃에서 소결하고, 고온소결 용제는 다소 높은 800~1,000℃에서 소결한다. 그 특징은 다음과 같다.

- 고전류에서의 용접작업성이 좋고, 후판의 고능률 용접에 적합하다.
- 용접금속의 성질이 우수하며 특히 절연성이 우수하다.
- 합금원소 첨가가 용이하고, 저망간강 와이어 1종류로서 연강 및 저합금강까지 용제만 변경하면 용접이 가능하다.
- 용융형 용제에 비하여 용제의 소모량이 적다.
- 낮은 전류에서 높은 전류까지 동일 입도의 용제로 용접이 가능하다.
- 흡습성이 높으므로 사용 전에 150~300℃에서 1시간 정도 재건조하여야 한다.

㉢ 혼성형 용제

13 다음 중 전기저항 용접에 있어 맥동 점 용접에 관한 설명으로 옳은 것은?

① 1개의 전류 회로에 2개 이상의 용접점을 만드는 용접법이다.
② 전극을 2개 이상으로 하여 2점 이상의 용접을 하는 용접법이다.
③ 점용접의 기본적인 방법으로 1쌍의 전극으로 1점의 용접부를 만드는 용접법이다.
④ 모재 두께가 다른 경우 전극의 과열을 피하기 위하여 사이클 단위를 몇 번이고 전류를 단속하여 용접하는 것이다.

해설 맥동(pulsation) 점용접: 1회의 통전으로는 열평형을 취하기 곤란한 정도의 심한 판 두께의 차이가 있을 경우, 판이 몹시 두꺼울 경우, 겹치기 매수가 많을 경우에 쓰이며, 전극의 과열을 피하기 위하여 사이클 단위로 몇 번이고 전류를 단속하여 용접하는 방법이다.
① 직렬식 점(series spot)용접에 대한 설명이다.
② 다전극 점(multi spot)용접에 대한 설명이다.
③ 단극식 점(single spot)용접에 대한 설명이다.

정답 12. ② 13. ④

14 다음 중 제품별 노내 및 국부풀림의 유지온도와 시간이 올바르게 연결된 것은?

① 탄소강 주강품: 625±25℃, 판 두께 25mm에 대하여 1시간

② 기계 구조용 연강재: 725±25℃, 판 두께 25mm에 대하여 1시간

③ 보일러용 압연강재: 625±25℃, 판 두께 25mm에 대하여 2시간

④ 용접 구조용 연강재: 725±25℃, 판 두께 25mm에 대하여 2시간

해설 보기의 재질 모두 노내 및 국부풀림의 유지온도와 시간은 625±25℃, 판 두께 25mm에 대하여 1시간 정도가 적당하다.

★

15 TIG 용접에서 교류전원을 사용 시 모재가 (-)극이 될 때 모재 표면의 수분, 산화물 등의 불순물로 인하여 전자방출 및 전류의 흐름이 어렵고, 텅스텐 전극이 (-)극이 되는 경우에 전자가 다량으로 방출되는 등 2차 전류가 불평형하게 되는데 이러한 현상을 무엇이라 하는가?

① 전극의 소손작용

② 전극의 전압상승작용

③ 전극의 청정작용

④ 전극의 정류작용

해설 문제의 현상을 전극의 정류작용이라 한다. 이때 불평형 부분을 직류 성분이라 부르며, 이 크기는 교류 성분의 1/3에 달할 때가 있다. 반파가 완전히 혹은 부분적으로 없어져서 아크를 불안정하게 되는 원인이 되기도 한다. 정류작용에 의한 불평형 전류가 흐르면 그 직류 성분에 의하여 용접기의 철심이 한 방향으로 자화되어 1차 전류가 많아져 과부화가 되기 때문에 정격의 70% 이하로 용접기를 사용하지 않으면 변압기를 소실할 염려가 있다. 이와 같이 불평형 전류를 해소하기 위해 2차 회로에 축전지 정류기와 리액터 또는 직류 콘덴서를 삽입하는 등의 여러 가지 방법으로 직류 성분을 제거하고 있으며 이것을 평형 교류 용접기라 부른다. 이 용접기는 용입과 용접속도가 크고 보호가스가 절약되며 비드가 아름답다는 장점이 있다.

★

16 다음 ( ) 안에 가장 적합한 내용은?

일렉트로 슬래그 용접은 용융용접의 일종으로서 와이어와 용융 슬래그 사이에 ( )을 이용하여 용접하는 특수한 용접방법이다.

① 전자빔열

② 통전된 전류의 저항열

③ 가스열

④ 통전된 전류의 아크열

해설 일렉트로 슬래그 용접은 용융 슬래그 속에서 전극 와이어를 연속적으로 공급하여 주로 용융 슬래그의 저항열에 의하여 와이어와 모재를 용융시키면서 단층 수직 상진 용접을 하는 방법이다.

17 다음 중 가스 절단작업 시 주의사항으로 틀린 것은?

① 가스 절단에 알맞은 보호구를 착용한다.

② 절단 진행 중에 시선은 절단면을 떠나서는 안 된다.

③ 호스는 흐트러지지 않도록 정해진 꼬임상태로 작업한다.

④ 가스 호스가 용융금속이나 산화물의 비산으로 인해 손상되지 않도록 한다.

해설 가스 절단작업 시 고려해야 할 사항으로는 보기 ①, ②, ④ 이외에 다음과 같은 것이 있다.

㉠ 호스가 꼬여 있는지 혹은 막혀 있는지를 확인한다.

㉡ 가스 절단 토치의 불꽃방향은 안전한 쪽을 향하도록 해야 하며 조심스럽게 다루어야 한다.

㉢ 절단부가 예리하고 날카로우므로 상처를 입기 쉬우므로 주의한다.

㉣ 호스가 용융금속이나 불똥으로 인해 손상되지 않아야 한다.

18 다음 중 용접결함에 있어 치수상 결함에 해당하는 것은?

① 오버랩 ② 기공

③ 언더컷 ④ 변형

정답 14. ① 15. ④ 16. ② 17. ③ 18. ④

해설 오버랩, 기공, 언더컷 등은 구조상 결함으로 분류된다.

★
19 다음 중 방사선 투과검사에 대한 설명으로 틀린 것은?

① 내부결함 검출에 용이하다.
② 검사 결과를 필름에 영구적으로 기록할 수 있다.
③ 라미네이션 및 미세한 표면 균열도 검출된다.
④ 방사선 투과검사에 필요한 기구로는 투과도계, 계조계, 증감지 등이 있다.

해설 라미네이션의 경우 방사선 투과검사로는 검출이 되지 않으며, 초음파 탐상법으로 검출이 가능하다.

20 다음 중 CO_2 아크용접 시 박판의 아크전압(V_0) 산출공식으로 가장 적당한 것은? (단, I는 용접전류값을 의미한다.)

① $V_0=0.07\times I+20\pm5.0$
② $V_0=0.05\times I+11.5\pm3.0$
③ $V_0=0.06\times I+40\pm6.0$
④ $V_0=0.04\times I+15.5\pm1.5$

해설 박판의 아크전압은 보기 ④와 같이 산출하며, 후판의 경우 $V_0=0.04\times I+20\pm2.0$의 식으로 구할 수 있다.

21 볼트나 환봉 등을 강판이나 형강에 직접 용접하는 방법으로 볼트나 환봉을 홀더에 끼우고 모재와 볼트 사이에 순간적으로 아크를 발생시켜 용접하는 것은?

① 피복아크용접 ② 스터드 용접
③ 테르밋 용접 ④ 전자빔 용접

해설 스터드 용접에 대한 내용이다.

22 200V용 아크 용접기의 1차 입력이 15kVA일 때 퓨즈의 용량(A)은 얼마가 적합한가?

① 65 ② 75
③ 90 ④ 100

해설 퓨즈의 용량은 1차 입력(kVA)을 전원 전압으로 나누어 구할 수 있다.
따라서, $\frac{15{,}000\text{VA}}{200\text{V}}=75\text{A}$ 이다.

23 압축공기를 이용하여 가우징, 결함부위 제거, 절단 및 구멍 뚫기 등에 널리 사용되는 아크 절단 방법은?

① 탄소 아크 절단 ② 금속 아크 절단
③ 산소 아크 절단 ④ 아크 에어 가우징

해설 아크 에어 가우징에 대한 내용이다.

24 가스용접에서 산소용기 취급에 대한 설명이 잘못된 것은?

① 산소용기 밸브, 조정기 등을 기름천으로 잘 닦는다.
② 산소용기 운반 시에는 충격을 주어서는 안 된다.
③ 산소 밸브의 개폐는 천천히 해야 한다.
④ 가스 누설의 점검은 비눗물로 한다.

해설 산소병 밸브, 조정기, 도관, 취구부는 기름 묻은 천으로 닦아서는 안 된다.

25 다음 중 용접부의 검사방법에 있어 비파괴 시험으로 비드 외관, 언더컷, 오버랩, 용입불량, 표면 균열 등의 검사에 가장 적합한 것은?

① 부식 검사 ② 외관 검사
③ 초음파 탐상검사 ④ 방사선 투과검사

해설 외관 검사에 대한 내용이다.

26 용접법과 기계적 접합법을 비교할 때, 용접법의 장점이 아닌 것은?

① 작업공정이 단축되며 경제적이다.
② 기밀성, 수밀성, 유밀성이 우수하다.
③ 재료가 절약되고 중량이 가벼워진다.
④ 이음효율이 낮다.

해설 용접법과 기계적 접합법과 비교하면 이음효율이 높다.

정답 19. ③ 20. ④ 21. ② 22. ② 23. ④ 24. ① 25. ② 26. ④

27 산소-아세틸렌 가스용접의 장점이 아닌 것은?

① 가열 시 열량 조절이 쉽다.
② 전원설비가 없는 곳에서도 쉽게 설치할 수 있다.
③ 피복아크용접보다 유해광선의 발생이 적다.
④ 피복아크용접보다 일반적으로 신뢰성이 높다.

해설 가스용접의 경우 피복아크용접에 비해 신뢰성이 적다.

28 가변압식 가스 용접토치에서 팁의 능력에 대한 설명으로 옳은 것은?

① 매 시간당 소비되는 아세틸렌 가스의 양
② 매 시간당 소비되는 산소의 양
③ 매 분당 소비되는 아세틸렌 가스의 양
④ 매 분당 소비되는 산소의 양

해설 프랑스식, 가변압식 팁의 능력으로 보기 ①이 정답이다.

29 피복아크 용접봉에 탄소량을 적게 하는 가장 큰 이유는?

① 스패터 방지를 위하여
② 균열 방지를 위하여
③ 산화 방지를 위하여
④ 기밀 유지를 위하여

해설 균열에 대한 민감도를 적게 하기 위하여 탄소량을 적게 한다.

30 아세틸렌은 액체에 잘 용해되며 석유에는 2배, 알코올에는 6배가 용해된다. 아세톤에는 몇 배가 용해되는가?

① 12 ② 20
③ 25 ④ 50

해설 아세틸렌 가스는 각종 액체에 잘 용해된다.

물질	물	석유	벤젠	알코올	아세톤
용해도	1배	2배	4배	6배	25배

31 직류아크 용접기에 대한 설명으로 맞는 것은?

① 발전형과 정류기형이 있다.
② 구조가 간단하고 보수도 용이하다.
③ 누설자속에 의하여 전류를 조정한다.
④ 용접 변압기의 리액턴스에 의해서 수하 특성을 얻는다.

해설 직류아크 용접기는 발전형(전동 발전형, 엔진 구동형)과 정류기형(셀렌 정류기, 실리콘 정류기) 등이 있다.

★
32 가스용접에서 모재의 두께가 8mm일 경우 적합한 가스 용접봉의 지름(mm)은? (단, 이론적인 계산식으로 구한다.)

① 2.0 ② 3.0
③ 4.0 ④ 5.0

해설 일반적으로 모재의 두께가 1mm 이상일 때 용접봉의 지름은 다음 식으로 계산한다.

$$D=\frac{T}{2}+1=\frac{8.0}{2}+1=5.0\text{mm}$$

(단, D: 가스 용접봉의 지름, T: 판 두께)

33 전류 조정이 용이하고 전류 조정을 전기적으로 하기 때문에 이동부분이 없으며 가변저항을 사용함으로써 용접전류의 원격 조정이 가능한 용접기는?

① 탭 전환형
② 가동 코일형
③ 가동 철심형
④ 기포화 리액터형

해설 교류아크 용접기의 전류 조정방식으로 살펴보면 다음과 같다.

- 가동 철심형: 가동 철심으로 누설자속을 가감하여 전류를 조정
- 가동 코일형: 1차, 2차 코일 중의 하나를 이동, 누설자속을 변화하여 전류 조정
- 탭 전환형: 코일의 감긴 수에 따라 전류 조정
- 가포화 리액터형: 가변저항의 변화로 용접전류 조정 등

정답 27. ④ 28. ① 29. ② 30. ③ 31. ① 32. ④ 33. ④

34 용접봉의 피복 배합제 중 탈산제로 쓰이는 가장 적합한 것은?

① 탄산칼륨 ② 페로망간
③ 형석 ④ 이산화망간

해설 탈산제: 용착금속에 침입한 산소를 제거하는 것으로 Fe-Mn, Fe-Si, Al 등이 있다.

35 절단부위에 철분이나 용제의 미세한 입자를 압축공기나 압축질소로 연속적으로 팁을 통하여 분출시켜 그 산화열 또는 용제의 화학작용을 이용하여 절단하는 것은?

① 분말 절단 ② 수중 절단
③ 산소창 절단 ④ 포갬 절단

해설 철, 비철금속뿐 아니라 콘크리트 절단에도 사용되는 방법이다.

36 다음 중 아크용접에서 아크쏠림 방지법이 아닌 것은?

① 교류용접기를 사용한다.
② 접지점을 2개로 한다.
③ 짧은 아크를 사용한다.
④ 직류용접기를 사용한다.

해설 아크쏠림은 직류 전원을 사용할 때 발생한다.

37 다음 중 압접에 속하지 않는 용접법은?

① 스폿 용접
② 심 용접
③ 프로젝션 용접
④ 서브머지드 아크용접

해설 서브머지드 아크용접은 융접(fusion welding)의 범주에 속한다.

38 두께가 12.7mm인 연강판을 가스 절단할 때 가장 적합한 표준 드래그 길이는?

① 약 2.4mm ② 약 5.2mm
③ 약 5.6mm ④ 약 6.4mm

해설 드래그 길이는 주로 절단속도, 산소소비량 등에 의하여 변화한다. 절단면 말단부(드로스)가 남지 않을 정도의 드래그를 표준 드래그 길이라고 하는데 보통 판 두께의 1/5, 약 20% 정도이다. 일반적인 절단 시의 표준 드래그 길이는 다음과 같다.

판 두께(mm)	12.7	25.4	51	51~152
드래그 길이(mm)	2.4	5.2	5.6	6.4

39 가스 용접작업에서 양호한 용접부를 얻기 위해 갖추어야 할 조건으로 잘못된 것은?

① 기름, 녹 등을 용접 전에 제거하여 결함을 방지한다.
② 모재의 표면이 균일하면 과열의 흔적은 있어도 된다.
③ 용착금속의 용입상태가 균일해야 한다.
④ 용접부에 첨가된 금속의 성질이 양호해야 한다.

해설 모재에 과열의 흔적은 없어야 하며, 과열되어도 안 된다.

40 탄소강에 니켈이나 크롬 등을 첨가하여 대기 중이나 수중 또는 산에 잘 견디는 내식성을 부여한 합금강으로 불수강이라고도 하는 것은?

① 고속도강
② 주강
③ 스테인리스강
④ 탄소공구강

해설 철에 크롬(Cr)이 11.5% 이상 함유되면 금속 표면에 산화크롬의 막이 형성되어 녹이 스는 것을 방지해주며, 스테인리스강(stainless steel)이란 부식이 되지 않는 강(내식강=불수강)이란 뜻이다.

41 다음 중 Cu의 용융점은 몇 ℃인가?

① 1,083℃ ② 960℃
③ 1,530℃ ④ 1,455℃

해설 구리의 용융점은 1,083℃이다.

정답 34. ② 35. ① 36. ④ 37. ④ 38. ① 39. ② 40. ③ 41. ①

42 다음 중 철강의 탄소함유량에 따라 대분류한 것은?

① 순철, 강, 주철 ② 순철, 주강, 주철
③ 선철, 강, 주철 ④ 선철, 합금강, 주물

해설 철강의 탄소함유량에 따라 0.03%C 이하를 순철, 0.03~1.7%C를 강, 1.7~6.67%C를 주철로 구분한다.

43 경도가 큰 재료를 A_1 변태점 이하의 일정 온도로 가열하여 인성을 증가시킬 목적으로 하는 열처리법은?

① 뜨임 ② 풀림
③ 불림 ④ 담금질

해설 열처리의 목적
- 담금질: 재료의 경화시켜 경도와 강도 개선
- 풀림: 강의 입도 미세화, 잔류응력 제거, 가공경화 현상 해소
- 뜨임: 내부응력 제거, 인성 부여(담금질 직후 뜨임 함)
- 불림: 결정조직의 미세화(표준 조직으로)

44 공구용 강재로 고탄소강을 사용하는 목적으로 가장 적합한 것은?

① 경도와 내마모성을 필요로 하기 때문에
② 인성과 연성이 필요하기 때문에
③ 피로와 충격에 견디어야 하기 때문에
④ 표면경화를 할 목적으로

해설 탄소함유량이 높을 경우 경도와 내마모성 효과를 얻을 수 있다.

45 마그네슘의 성질에 대한 설명 중 잘못된 것은?

① 비중은 1.74이다.
② 비강도가 알루미늄 합금보다 우수하다.
③ 면심입방격자이며 냉간가공이 우수하다.
④ 구상 흑연 주철의 첨가제로 사용한다.

해설 마그네슘은 조밀육방격자이며 저온에서 소성가공이 곤란하다.

46 탄소강의 열처리 방법 중 표면경화 열처리에 속하는 것은?

① 풀림 ② 담금질
③ 뜨임 ④ 질화법

해설 표면경화 열처리에는 침탄법과 질화법, 금속침투법, 화염경화법, 고주파경화법 등이 있다.

47 내열강의 원소로 많이 사용되는 것은?

① 코발트(Co) ② 크롬(Cr)
③ 망간(Mn) ④ 인(P)

해설 크롬 원소는 경도, 인장강도 증가 그리고 내식성, 내열성, 내마멸성 등이 증가되는 효과가 있다.

48 알루미늄에 약 10%까지의 마그네슘을 첨가한 합금으로 다른 주물용 알루미늄 합금에 비하여 내식성, 강도, 연신율이 우수한 것은?

① 실루민
② 두랄루민
③ 하이드로날륨
④ Y합금

해설 하이드로날륨 또는 마그날륨에 대한 내용이다.

49 다음 중 탄소강에서 적열취성을 방지하기 위하여 첨가하는 원소는?

① S ② Mn
③ P ④ Ni

해설 적열취성은 주로 황(S)의 영향으로 FeS(황화철)은 용융점(1,193℃)이 낮아 열간가공(단조 또는 압연) 시에 균열을 발생시키고 적열취성(고온취성)의 원인이 된다. 이때 Mn이 황화망간(MnS)가 되어 S의 해(적열취성)를 감소시킨다.

50 다음 중 용접입열이 일정할 때 냉각속도가 가장 느린 재료는?

① 연강 ② 스테인리스강
③ 알루미늄 ④ 구리

정답 42. ① 43. ① 44. ① 45. ③ 46. ④ 47. ② 48. ③ 49. ② 50. ②

해설

물질	열전도도 (W/m · k)	물질	열전도도 (W/m · k)
그래핀(Graphene)	4,800~5,300	콘크리트	1.7
다이아몬드	900~2,300	유리	1.1
은	429	얼음	2.2
구리	400	석면	0.16
금	318	나무	0.04~0.4
알루미늄	237	물	0.6
철	80	알코올, 오일	0.1~0.2
납	35	공기	0.025
스테인리스 스틸	12~45	에어로젤	0.004~0.04

51 일반 구조용 압연강재 SS400에서 400이 나타내는 것은?

① 최저 인장강도
② 최저 압축강도
③ 평균 인장강도
④ 최대 인장강도

해설 최저 인장강도를 N/mm^2 단위로 표시할 경우 사용된다.

★
52 그림의 용접 도시기호는 어떤 용접을 나타내는가?

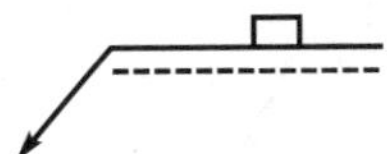

① 점 용접　② 플러그 용접
③ 심 용접　④ 가장자리 용접

해설 플러그 용접기호이다.

53 다음 선들이 겹칠 경우 선의 우선순위가 가장 높은 것은?

① 중심선　② 치수보조선
③ 절단선　④ 숨은선

해설 도면에서 2종류 이상의 선이 같은 장소에 겹치게 될 경우에는 외형선 > 숨은선 > 절단선 > 중심선 > 무게중심선 > 치수보조선 순에 따라 우선되는 선부터 그린다.

★
54 그림과 같은 도면의 설명으로 가장 올바른 것은?

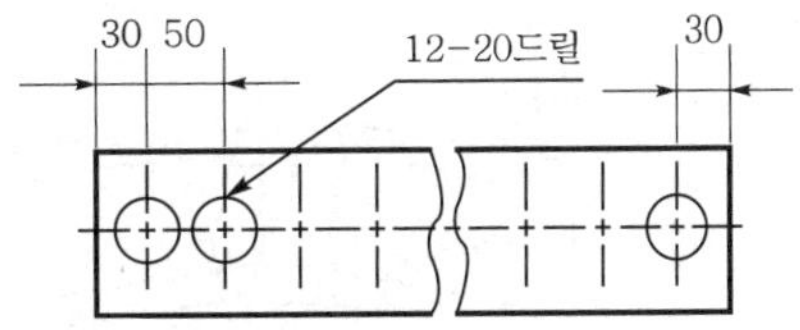

① 전체 길이가 660mm이다.
② 드릴 가공 구멍의 지름은 12mm이다.
③ 드릴 가공 구멍의 수는 12개이다.
④ 드릴 가공 구멍의 피치는 30mm이다.

해설 그림을 보면 구멍 중심간의 거리, 즉 피치(P)는 50mm이고 "12-20드릴"은 구멍 12개를 구멍지름 20mm 드릴로 가공하라는 의미이다. 따라서 전체길이(X)는 $X = 30 + \{P \times (n-1)\} + 30 = 30 + (50 \times 11) + 30 = 610$mm이다.

55 KS에서 기계제도에 관한 일반사항 설명으로 틀린 것은?

① 치수는 참고치수, 이론적으로 정확한 치수를 기입할 수도 있다.
② 도형의 크기와 대상물의 크기와의 사이에는 올바른 비례관계를 보유하도록 그린다. 다만 잘못 볼 염려가 없다고 생각되는 도면은 도면의 일부 또는 전부에 대하여 이 비례관계는 지키지 않아도 좋다.
③ 기능상의 요구, 호환성, 제작기술 수준 등을 기본으로 불가결의 경우만 기하공차를 지시한다.
④ 길이치수는 특별히 지시가 없는 한 그 대상물의 측정을 2점 측정에 따라 행한 것으로 하여 지시한다.

해설 치수에는 특별한 것(참고치수, 이론적으로 정확한 치수 등)을 제외하고 직업 또는 일괄하여 치수의 허용한계를 지시한다. 또한 도면에 표시하는 치수는 특별히 명시하지 않는 한 그 도면에 도시한 대상물의 마무리 치수(완성치수)를 표시한다.

정답 51. ① 52. ② 53. ④ 54. ③ 55. ④

56 그림과 같은 구조물의 도면에서 (A), (B)의 단면도의 명칭은?

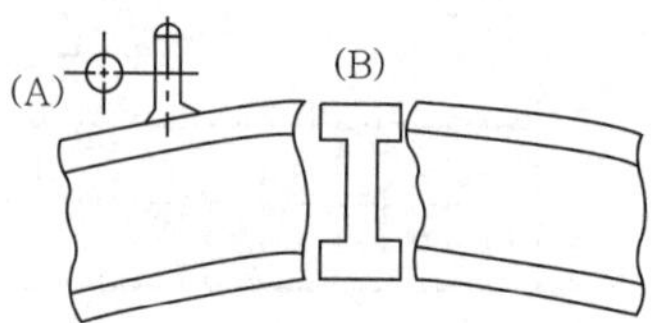

① 온 단면도 ② 변환 단면도
③ 회전 도시 단면도 ④ 부분 단면도

해설 회전 도시 단면도에 대한 내용이다.

57 다음 입체도의 화살표 방향을 정면도로 한다면 좌측면도로 적합한 투상도는?

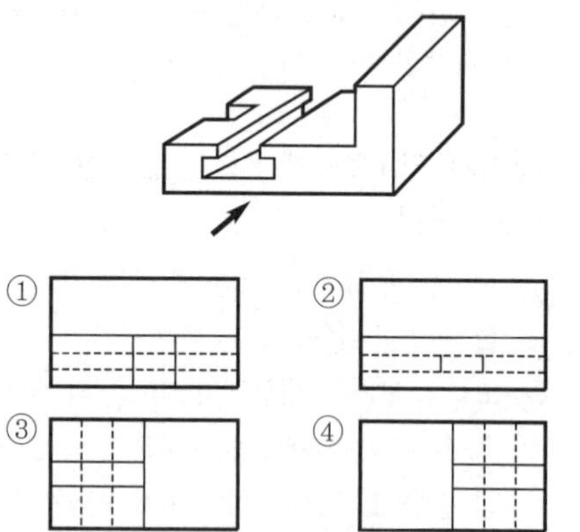

해설 화살표 좌측에서 바라본 투상도가 좌측면도이고, 입체 좌측 중심부 하단에 홈이 하단으로 파인 것으로 보아 좌측면도 중심 하단부에 두 개의 실선이 보이는 보기 ①이 정답이 된다.

★
58 KS 배관제도 밸브 도시기호에서 기호의 뜻은?

① 안전 밸브
② 체크 밸브
③ 일반 밸브
④ 앵글 밸브

해설 밸브 및 콕의 몸체 표시

밸브·콕의 종류	그림기호	밸브·콕의 종류	그림기호
밸브 일반		앵글 밸브	
슬루스 밸브		3방향 밸브	
글로브 밸브		안전 밸브	또는
체크 밸브	또는		
볼 밸브		콕 일반	
나비 밸브	또는		

59 다음 그림과 같은 제3각법 정투상도에 가장 적합한 입체도는?

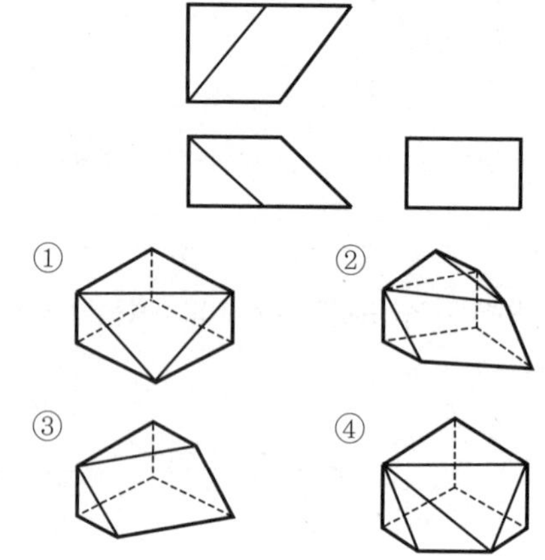

해설 정면도를 보면 보기 ①, ④는 제외되고 평면도를 보면 보기 ②가 제외된다.

60 치수 기입이 "□20"으로 치수 앞에 정사각형이 표시되었을 경우의 올바른 해석은?

① 이론적으로 정확한 치수가 20mm이다.
② 체적이 20mm^{3}인 정육면체이다.
③ 면적이 20mm^{2}인 정육면체이다.
④ 한 변의 길이가 20mm인 정사각형이다.

해설 보기 ④가 올바른 해석이다.

정답 56. ③ 57. ① 58. ② 59. ③ 60. ④

제 1 회

2014. 1. 26. 시행

용접기능사

01 용접결함 중 구조상 결함이 아닌 것은?

① 슬래그 섞임
② 용입불량과 융합불량
③ 언더컷
④ 피로강도 부족

해설 용접결함은 치수상 결함, 구조상 결함, 성질상 결함 등으로 구분할 수 있으며, 구조상 결함은 슬래그 섞임, 용입불량과 융합불량, 언더컷, 오버랩, 균열, 기공, 표면 결함 등이 있다.

02 화재발생 시 사용하는 소화기에 대한 설명으로 틀린 것은?

① 전기로 인한 화재에는 포말소화기를 사용한다.
② 분말소화기에는 기름 화재에 적합하다.
③ CO_2 가스소화기는 소규모의 인화성 액체 화재나 전기설비 화재의 초기 진화에 좋다.
④ 보통 화재에는 포말, 분말, CO_2 소화기를 사용한다.

해설
- 포말 소화기: 목재, 섬유 등 일반화재(A급 화재)에 사용한다.
- 분말 소화기: 어떤 종류의 화재에도 사용이 가능하며, 특히 유류화재(B급 화재) 혹은 전기화재(C급 화재)에도 소화력이 강하다.

★
03 서브머지드 아크 용접에서 다전극 방식에 의한 분류가 아닌 것은?

① 텐덤식
② 횡병렬식
③ 횡직렬식
④ 이행형식

해설 다전극 방식에 의한 분류에는 텐덤식, 횡병렬식, 횡직렬식 등이 있다.

04 용접기 설치 및 보수할 때 지켜야 할 사항으로 옳은 것은?

① 셀렌 정류기형 직류 아크 용접기에서는 습기나 먼지 등이 많은 곳에 설치해도 괜찮다.
② 조정핸들, 미끄럼 부분 등에는 주유해서는 안 된다.
③ 용접 케이블 등의 파손된 부분은 즉시 절연 테이프로 감아야 한다.
④ 냉각용 선풍기, 바퀴 등에도 주유해서는 안 된다.

해설 용접기 설치 시 습기나 먼지 등이 많은 곳은 피하고, 조정 핸들, 미끄럼 부분 등에는 주유해도 무방하다.

05 TIG 용접에서 직류정극성으로 용접할 때 전극 선단의 각도로 가장 적합한 것은?

① 5~10°　② 10~20°
③ 30~50°　④ 60~70°

해설 TIG 용접에서의 전극봉 가공방법은 다음과 같다.

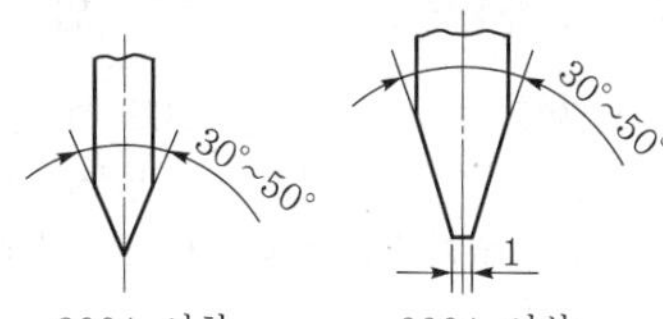

(a) 토륨 텅스텐 전극봉 가공방법
(직류정극성에 사용)

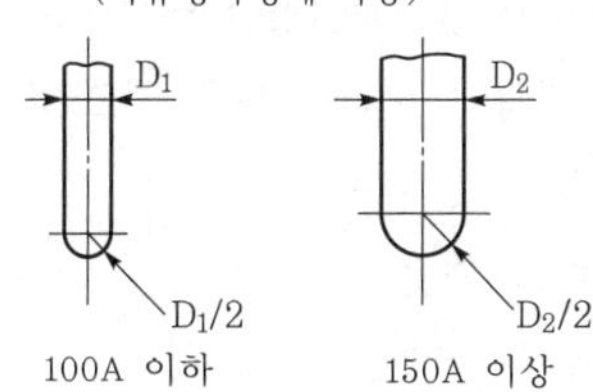

(b) 순텅스텐 전극봉 가공방법
(교류 또는 직류역극성에 사용)

정답 01. ④ 02. ① 03. ④ 04. ③ 05. ③

06 필릿 용접부의 보수방법에 대한 설명으로 옳지 않는 것은?

① 간격이 1.5mm 이하일 때에는 그대로 용접하여도 좋다.

② 간격이 1.5~4.5mm일 때에는 넓혀진 만큼 각장을 감소시킬 필요가 있다.

③ 간격이 4.5 mm일 때에는 라이너를 넣는다.

④ 간격이 4.5 mm 이상일 때에는 300mm 정도의 치수로 판을 잘라낸 후 새로운 판으로 용접한다.

해설 간격이 1.5mm 이하일 때에는 규정대로 각장으로 용접하며, 1.5~4.5mm일 때에는 그대로 용접하여도 좋으나 넓혀진 만큼 각장을 증가시킬 필요가 있다. 또한 간격이 4.5mm 이상일 때에는 라이너를 넣든지 또는 부족한 판을 300mm 이상 잘라내서 대체하도록 한다.

07 다음 그림과 같은 다층 용접법은?

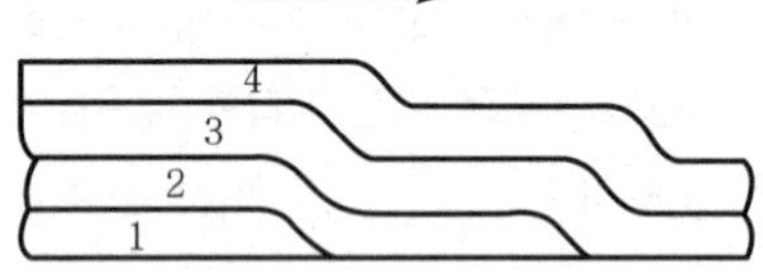

① 빌드업법 ② 캐스케이드법

③ 전진블록법 ④ 스킵법

해설 캐스케이드법은 단계법이라고도 하며, 한 부분의 층을 용접하다가 이것을 다른 부분의 층으로 연속시켜 전체가 계단을 이루듯이 용착시켜 나가는 방법을 말한다.

08 용접작업 시 작업자의 부주의로 발생하는 안염, 각막염, 백내장 등을 일으키는 원인은?

① 용접 흄 가스

② 아크 불빛

③ 전격 재해

④ 용접 보호가스

해설 아크 불빛의 자외선, 적외선, 가시광선은 안염, 각막염, 백내장 등을 일으키는 원인이 되므로 작업자는 항상 차광유리를 이용하여야 한다.

09 플라스마 아크용접에 대한 설명으로 잘못된 것은?

① 아크 플라스마의 온도는 10,000~30,000℃ 온도에 달한다.

② 핀치 효과에 의해 전류밀도가 크므로 용입이 깊고 비드 폭이 좁다.

③ 무부하 전압이 일반 아크 용접기에 비하여 2~5배 정도 낮다.

④ 용접장치 중에 고주파 발생장치가 필요하다.

해설 플라스마 아크 용접기의 무부하 전압은 일반 아크 용접기의 2~5배 정도 높다.

10 전기저항 점 용접법에 대한 설명으로 틀린 것은?

① 인터랙 점 용접이란 용접점의 부분에 직접 2개의 전극을 물리지 않고 용접전류가 피용접물의 일부를 통하여 다른 곳으로 전달하는 방식이다.

② 단극식 점 용접이란 전극이 1쌍으로 1개의 점 용접부를 만드는 것이다.

③ 맥동 점 용접은 사이클 단위를 몇 번이고 전류를 연속하여 통전하는 것으로 용접속도 향상 및 용접변형 방지에 좋다.

④ 직렬식 점 용접이란 1개의 전류회로에 2개 이상의 용접점을 만드는 방법으로 전류 손실이 많아 전류를 증가시켜야 한다.

해설 맥동 점 용접은 모재 두께가 다른 경우 전극의 과열을 피하기 위하여 사이클 단위를 몇 번이고 전류를 단속하여 용접하는 것으로, 보기 ③의 내용 중 "연속하여"라는 부분이 잘못된 표현이다. 맥동(pulsation)은 전류의 흐름 방향은 같으나 그 크기가 주기적으로 변하는 전류를 의미한다.

11 가스 용접에서 가변압식(프랑스식) 팁(TIP)의 능력을 나타내는 기준은?

① 1분에 소비하는 산소 가스의 양

② 1분에 소비하는 아세틸렌 가스의 양

③ 1시간에 소비하는 산소 가스의 양

④ 1시간에 소비하는 아세틸렌 가스의 양

정답 06. ② 07. ② 08. ② 09. ③ 10. ③ 11. ④

해설 • 불변압식 토치(독일식 A형): 팁의 능력은 용접하는 판의 두께로 나타낸다.
• 가변압식 토치 (프랑스식 B형): 팁의 능력은 1시간 동안 표준불꽃으로 용접할 경우 아세틸렌 가스의 소비량(L)으로 나타낸다.

★
12 아크쏠림은 직류아크용접 중에 아크가 한쪽으로 쏠리는 현상을 말하는데 아크쏠림 방지법이 아닌 것은?

① 접지점을 용접부에서 멀리한다.
② 아크길이를 짧게 유지한다.
③ 가용접을 한 후 후퇴 용접법으로 용접한다.
④ 가용접을 한 후 전진법으로 용접한다.

해설 아크쏠림의 방지대책
• 직류용접으로 하지 말고 교류용접으로 할 것
• 접지점을 용접부에서 멀리할 것
• 가용접을 한 후 후퇴 용접법(back step welding)으로 할 것
• 짧은 아크를 사용할 것
• 접지점 2개를 연결할 것

13 용접기의 가동 핸들로 1차 코일을 상하로 움직여 2차 코일의 간격을 변화시켜 전류를 조정하는 용접기로 맞는 것은?

① 가포화 리액터형
② 가동코어 리액터형
③ 가동 코일형
④ 가동 철심형

해설 가동 코일형 용접기는 1차 코일과 2차 코일이 같은 철심에 감겨져 있는데 대개 2차 코일은 고정하고 1차 코일을 이동하여 두 코일 간의 거리를 조절하여 누설자속의 양을 변화시켜 전류를 조정한다.

14 프로판 가스가 완전 연소하였을 때의 설명으로 맞는 것은?

① 완전 연소하면 이산화탄소가 된다.
② 완전 연소하면 이산화탄소와 물이 된다.
③ 완전 연소하면 일산화탄소와 물이 된다.
④ 완전 연소하면 수소가 된다.

해설 프로판 가스(C_3H_8)가 완전 연소할 때의 방정식은 다음과 같다.
$C_3H_8 + 5O_2 \rightarrow 3CO_2 + 4H_2O$
따라서 프로판 가스가 완전 연소하면 이산화탄소와 물이 된다.

15 아세틸렌 가스가 산소와 반응하여 완전 연소할 때 생성되는 물질은?

① CO, H_2O ② $2CO_2$, H_2O
③ CO, H_2 ④ CO_2, H_2

해설 아세틸렌(C_2H_2)과 산소와의 완전 연소 방정식은 다음과 같다.
$C_2H_2 + 2\frac{1}{2}O_2 \rightarrow 2CO_2 + H_2O$

16 용접부에 X선을 투과하였을 경우 검출할 수 있는 결함이 아닌 것은?

① 선상조직 ② 비금속 개재물
③ 언더컷 ④ 용입불량

해설 X선 투과검사에 나타나는 결함으로는 언더컷, 기공, 비금속 개재물, 슬래그 섞임, 용입불량, 균열 등이 있다.

17 다층 용접방법 중 각 층마다 전체의 길이를 용접하면서 쌓아 올리는 용착법은?

① 전진블록법 ② 덧살올림법
③ 캐스케이드법 ④ 스킵법

해설 덧붙이법, 덧살올림법, 빌드업(bulid-up)법에 대한 내용이다.

18 용접부의 시험검사에서 야금학적 시험방법에 해당되지 않는 것은?

① 파면 시험
② 육안 조직 시험
③ 노치 취성 시험
④ 설퍼 프린트 시험

해설 야금학적 시험방법에는 육안 조직 시험, 현미경 조직 시험, 파면 시험, 설퍼 프린트 시험이 있다.

정답 12. ④ 13. ③ 14. ② 15. ② 16. ① 17. ② 18. ③

19 구리와 아연을 주성분으로 한 합금으로 철강이나 비철금속의 납땜에 사용되는 것은?

① 황동납 ② 인동납
③ 은납 ④ 주석납

해설 황동납은 구리와 아연이 주성분이며, 공업적으로 많이 이용되고, 특히 철강, 비철금속의 납땜에 적합하다.

20 탄산가스 아크용접에 대한 설명으로 맞지 않는 것은?

① 가시아크이므로 시공이 편리하다.
② 철 및 비철류의 용접에 적합하다.
③ 전류밀도가 높고 용입이 깊다.
④ 바람의 영향을 받으므로 풍속 2m/s 이상일 때에는 방풍장치가 필요하다.

해설 탄산가스 아크용접은 철의 용접에만 적합하다.

★ **21** 이산화탄소 아크용접의 솔리드와이어 용접봉에 대한 설명으로 YGA-50W-1.2-20에서 "50"이 뜻하는 것은?

① 용접봉의 무게
② 용착금속의 최소 인장강도
③ 용접와이어
④ 가스실드 아크 용접

해설 YGA-50W-1.2-20
여기서, Y: 용접 와이어
G: 가스 실드 아크용접
A: 내후성 강의 종류
50: 전 용착금속의 최저 인장강도(kgf/㎠)
W: 와이어의 화학성분
1.2: 와이어의 지름(ϕ)
20: 무게(kg)

22 다음 중 스터드 용접법의 종류가 아닌 것은?

① 아크 스터드 용접법
② 텅스텐 스터드 용접법
③ 충격 스터드 용접법
④ 저항 스터드 용접법

해설 스터드 용접법은 보기 ①, ③, ④로 구분할 수 있다.

23 아크 용접부에 기공이 발생하는 원인과 가장 관련이 없는 것은?

① 이음강도 설계가 부적당할 때
② 용착부가 급랭될 때
③ 용접봉에 습기가 많을 때
④ 아크 길이, 전류값 등이 부적당할 때

해설 기공이 발생하는 원인
㉠ 용접부 가운데 수소 또는 일산화탄소의 과잉
㉡ 용접부의 급속한 응고
㉢ 모재 가운데 유황 함유량 과다
㉣ 아크길이 전류 조작의 부적당
㉤ 과대 전류 사용
㉥ 용접속도가 빠를 때 등

24 전자빔 용접의 종류 중 고전압 소전류형의 가속전압은?

① 20~40KV ② 50~70KV
③ 70~150KV ④ 150~300KV

해설 전자빔 용접법은 크게 진공도에 의한 분류방법과 전류, 전압 등의 전기적 분류방법으로 나뉜다. 용접장치를 전기적으로 구분하면 가속전압 70~150KV의 고전압 소전류형과 가속전압 20~40KV의 저전압 대전류형으로 나뉜다.

25 다음 중 TIG 용접기의 주요장치 및 기구가 아닌 것은?

① 보호가스 공급장치 ② 와이어 공급장치
③ 냉각수 순환장치 ④ 제어장치

해설 와이어 공급장치는 자동화 용접 시 필요한 장치이다.

26 MIG 용접 제어장치의 기능으로 크레이터 처리 기능에 의해 낮아진 전류가 서서히 줄어들면서 아크가 끊어지며 이면 용접부가 녹아내리는 것을 방지하는 것을 의미하는 것은?

① 예비가스 유출시간
② 스타트 시간
③ 크레이터 충전시간
④ 버언 백 시간

정답 19. ① 20. ② 21. ② 22. ② 23. ① 24. ③ 25. ② 26. ④

해설 ① 예비가스 유출시간: 아크가 처음 발생되기 전 보호가스를 흘려 아크를 안정되게 함으로써 결함발생을 방지하기 위한 기능이다.
② 스타트 시간: 아크가 발생되는 순간 용접전류와 전압을 크게 하여 아크 발생과 모재의 융합을 돕는 핫 스타트 기능과 와이어 송급속도를 아크 발생 전 천천히 송급시켜 아크 발생 초기에 와이어가 튀는 것을 방지하는 슬로우 다운 기능이 있다.
③ 크레이터 충전시간: 크레이터 처리를 위해 용접이 끝나는 지점에서 토치 스위치를 다시 누르면 용접전류와 전압이 낮아져 크레이터 처리를 용이하게 하는 기능이다.

버언 백 시간 이외에 가스지연 유출시간의 경우 용접이 끝난 후에도 5~25초간 가스를 흘려 크레이터 부위의 산화를 방지하는 역할을 한다.

27 일반적으로 안전을 표시하는 색채 중 특정 행위의 지시 및 사실의 고지 등을 나타내는 색은?

① 노란색 ② 녹색
③ 파란색 ④ 흰색

해설 안전을 표시하는 색채
- 빨강: 방화, 금지, 정지
- 황적: 위험, 항해
- 노랑: 주의
- 녹색: 안전, 피난, 위생
- 청색: 지시, 주의
- 자주: 방사능
- 흰색: 통로, 정돈
- 검정: 위험 표지의 문자, 유도 표시의 화살표

★
28 산소-프로판 가스 절단에서 프로판 가스 1에 대하여 얼마 비율의 산소를 필요로 하는가?

① 8 ② 6
③ 4.5 ④ 2.5

해설 아세틸렌과 산소의 최적의 혼합비는 대략 1 : 1.1 정도이며 프로판의 경우 대략 1 : 4.5 정도이다. 따라서 프로판 사용 시 아세틸렌 사용의 경우보다 약 4.5배의 산소가 더 필요하다.

29 용접설계에 있어서 일반적인 주의사항 중 틀린 것은?

① 용접에 적합한 구조 설계를 할 것
② 용접길이는 될 수 있는 대로 길게 할 것
③ 결함이 생기기 쉬운 용접방법은 피할 것
④ 구조상의 노치부를 피할 것

해설 용접설계 시 용접길이는 될 수 있는 대로 짧게 하고, 또한 용착 금속량도 강도상 필요한 최소한으로 한다.

30 가스용접에서 양호한 용접부를 얻기 위한 조건으로 틀린 것은?

① 모재 표면에 기름, 녹 등을 용접 전에 제거하여 결함을 방지하여야 한다.
② 용착금속의 용입상태가 불균일해야 한다.
③ 과열의 흔적이 없어야 하며, 용접부에 첨가된 금속의 성질이 양호해야 한다.
④ 슬래그, 기공 등의 결함이 없어야 한다.

해설 용착금속의 용입상태가 균일해야 한다.

31 직류아크용접에서 역극성의 특징으로 맞는 것은?

① 용입이 깊어 후판용접에 사용된다.
② 박판, 주철, 고탄소강, 합금강 등에 사용된다.
③ 봉의 녹음이 느리다.
④ 비드 폭이 좁다.

해설 ㉠ 정극성의 특징
- 모재의 용입이 깊다.
- 용접봉의 녹음이 느리다.
- 비드 폭이 좁다.
- 일반적으로 많이 쓰인다.

㉡ 역극성의 특징
- 용입이 얕다.
- 용접봉의 녹음이 빠르다.
- 비드 폭이 넓다.
- 박판, 주철, 고탄소강, 합금강, 비철금속의 용접에 쓰인다.

정답 27. ③ 28. ③ 29. ② 30. ② 31. ②

★

32 직류아크용접기와 비교한 교류아크용접기의 설명에 해당되는 것은?

① 아크의 안정성이 우수하다.
② 자기쏠림 현상이 있다.
③ 역률이 매우 양호하다.
④ 무부하 전압이 높다.

해설 교류아크용접기와 직류아크용접기의 비교

비교	직류용접기	교류용접기
아크의 안정성	우수	약간 떨어짐
비피복봉 사용	가능	불가능
극성 변화	가능	불가능
자기쏠림 방지	불가능	가능(거의 없다)
무부하 전압	약간 낮다 (40~60V)	높다(70~80V)
전격의 위험	적다	많다
구조	복잡	간단
유지	약간 어렵다	쉽다
고장	회전기에 많다	적다
역률	매우 양호	불량
소음	회전기는 크고, 정류형은 조용함	조용함
가격	비싸다	싸다

33 피복금속아크 용접봉은 습기의 영향으로 기공(blow hole)과 균열(crack)의 원인이 된다. 보통 용접봉(1)과 저수소계 용접봉(2)의 온도와 건조시간은? (단, 보통 용접봉은 (1)로, 저수소계 용접봉은 (2)로 나타냈다.)

① (1) 70~100℃ 30~60분, (2) 100~150℃ 1~2시간
② (1) 70~100℃ 2~3시간, (2) 100~150℃ 20~30분
③ (1) 70~100℃ 30~60분, (2) 300~350℃ 1~2시간
④ (1) 70~100℃ 2~3시간, (2) 300~350℃ 20~30분

해설 용접 건조로를 이용하여 보통 용접봉은 70~100℃에서 1시간 정도, 저수소계 용접봉은 300~350℃에서 1~2시간 정도 건조시켜 사용해야 한다.

34 피복아크 용접봉에서 피복 배합제인 아교는 무슨 역할을 하는가?

① 아크안정제　② 합금제
③ 탈산제　④ 환원가스 발생제

해설 피복 배합제인 아교는 환원가스 발생제 및 고착제 역할을 한다.

35 가스가공에서 강재 표면의 흠, 탈탄층 등의 결함을 제거하기 위해 얇게 그리고 타원형 모양으로 표면을 깎아내는 가공법은?

① 가스 가우징　② 분말 절단
③ 산소창 절단　④ 스카핑

해설 스카핑은 강재 표면의 흠이나 개재물, 탈탄층 등을 제거하기 위해서 될 수 있는 대로 얇게, 그리고 타원형 모양으로 표면을 깎아 내는 가공방법으로, 주로 제강공장에 많이 이용되고 있다.

36 용접법을 융접, 압접, 납땜으로 분류할 때 압접에 해당하는 것은?

① 피복아크용접　② 전자빔 용접
③ 테르밋 용접　④ 심 용접

해설
- 융접: 아크용접, 가스용접, 특수 용접
- 압접: 저항용접(스폿 용접, 심 용접, 프로젝션 용접), 초음파 용접, 마찰 용접 등
- 납땜: 연납땜, 경납땜

37 가스용접 시 사용하는 용제에 대한 설명으로 틀린 것은?

① 용제의 융점은 모재의 융점보다 낮은 것이 좋다.
② 용제는 용융금속의 표면에 떠올라 용착금속의 성질을 양호하게 한다.
③ 용제는 용접 중에 생기는 금속의 산화물 또는 비금속 개재물을 용해하여 용융온도가 높은 슬래그를 만든다.
④ 연강에는 용제를 일반적으로 사용하지 않는다.

해설 용융온도가 낮은 슬래그를 만든다.

정답 32. ④ 33. ③ 34. ④ 35. ④ 36. ④ 37. ③

★
38 A는 병 전체 무게(빈병+아세틸렌 가스)이고, B는 빈병의 무게이며, 또한 15℃ 1기압에서의 아세틸렌 가스용적을 905L라고 할 때, 용해 아세틸렌 가스의 양 C[L]를 계산하는 식은?

① $C=905(B-A)$ ② $C=905+(B-A)$
③ $C=905(A-B)$ ④ $C=905+(A-B)$

해설 용해 아세틸렌 가스의 양을 구하는 공식은 보기 ③이다.

39 저용융점 합금이 아닌 것은?

① 아연과 그 합금 ② 금과 그 합금
③ 주석과 그 합금 ④ 납과 그 합금

해설 일반적으로 저용융점 합금은 약 250℃ 이하의 용융점을 가지는 합금으로 납(Pb)은 325.6℃, 주석(Sn)은 419.4℃, 카드뮴(Cd)은 320.9℃, 인듐(In)은 156.6℃, 아연(Zn)은 420℃ 등이다. 한편 금(Au)은 1,063℃이다.

40 내용적 40.7L의 산소병에 150kgf/cm^{2}의 압력이 게이지에 표시되었다면 산소병에 들어있는 산소량은 몇 L인가?

① 3,400 ② 4,055
③ 5,055 ④ 6,105

해설 산소량 = 내용적×압력 게이지에 표시된 눈금
= 40.7×150=6,105L

41 주철의 편상 흑연 결함을 개선하기 위하여 마그네슘, 세륨, 칼슘 등을 첨가한 것으로 기계적 성질이 우수하여 자동차 주물 및 특수 기계의 부품용 재료에 사용되는 것은?

① 미하나이트 주철 ② 구상 흑연 주철
③ 칠드 주철 ④ 가단 주철

해설 구상 흑연 주철에 대한 내용이다.

42 18-8 스테인리스강의 조직으로 맞는 것은?

① 페라이트 ② 오스테나이트
③ 펄라이트 ④ 마텐자이트

해설 18-8 스테인리스강은 오스테나이트 조직으로 자성이 없다.

43 특수 주강 중 주로 롤러 등으로 사용되는 것은?

① Ni 주강 ② Ni-Cr 주강
③ Mn 주강 ④ Mo 주강

해설 ① 강에 강인성을 높이기 위해 1.0~5.0% Ni 첨가한 것으로 기계 부품용으로 톱니바퀴, 차축, 철도용 및 선박용 설비 등에 사용
② 1.0~4.0% Ni, 0.5~1.5% Cr 함유한 저합금 주강으로, 강도가 크고 인성이 우수하며 피로한도와 충격값이 커서 자동차, 항공기 부품용에 사용
③ 0.9~1.2% Mn 함유한 저망간 주강은 열처리하여 제지용 롤 등에 이용

44 탄소가 0.25%인 탄소강이 0~500℃의 온도 범위에서 일어나는 기계적 성질의 변화 중 온도가 상승함에 따라 증가되는 성질은?

① 항복점 ② 탄성한계
③ 탄성계수 ④ 연신율

해설 기계적 성질 변화 중 온도가 상승함에 따라 증가되는 성질은 연신율, 감소되는 성질은 단면 수축률이다.

45 용접할 때 예열과 후열이 필요한 재료는?

① 15mm 이하 연강판
② 중탄소강
③ 순철판
④ 18℃일 때 18mm 연강판

해설 순철이나 연강판의 경우 주위 온도가 0℃ 이하 또는 후판의 경우가 아니면 예열을 생략해도 된다. 중탄소강의 경우 탄소 성분이 높을수록 냉각속도가 빨라져서 예열이 필요하다.

46 다음 중 알루미늄 합금(alloy)의 종류가 아닌 것은?

① 실루민(silumin) ② Y 합금
③ 로엑스(Lo-Ex) ④ 인코넬(inconel)

해설 인코넬은 니켈-크롬계 합금으로 부식에 잘 견디며, 전열기 부품·진공관의 필라멘트 등의 재료로 사용된다.

정답 38. ③ 39. ② 40. ④ 41. ② 42. ② 43. ③ 44. ④ 45. ② 46. ④

47 철강에서 펄라이트 조직으로 구성되어 있는 강은?

① 경질강 ② 공석강
③ 강인강 ④ 고용체강

해설
- 공석강: 0.85%C(펄라이트 조직)
- 아공석강: 0.85%C 이하(펄라이트+페라이트 조직)
- 과공석강: 0.85%C 이상(펄라이트+시멘타이트 조직)

48 Ni-Cu계 합금에서 60~70% Ni 합금은?

① 모넬메탈(monel-metal)
② 어드밴스(advance)
③ 콘스탄탄(constantan)
④ 알민(almin)

해설
- 어드밴스: 44% Ni+54% Cu+1% Mn, 전기기계 저항선 이용
- 콘스탄탄: 40~45% Ni+50~60 Cu, 기전력이 큼
- 알민: Al+1~1.5% Mn 함유, 가공성·용접성 우수, 저장탱크·기름탱크에 사용

49 가스 침탄법의 특징에 대한 설명으로 틀린 것은?

① 침탄온도, 기체혼합비 등의 조절로 균일한 침탄층을 얻을 수 있다.
② 열효율이 좋고 온도를 임의로 조절할 수 있다.
③ 대량 생산에 적합하다.
④ 침탄 후 직접 담금질이 불가능하다.

해설 침탄 후 직접 담금질을 할 수 있어 대량 생산에 적합하다.

50 다음 중 풀림의 목적이 아닌 것은?

① 결정립을 조대화시켜 내부응력을 상승시킨다.
② 가공경화 현상을 해소시킨다.
③ 경도를 줄이고 조직을 연화시킨다.
④ 내부응력을 제거한다.

해설 풀림의 목적은 결정 입자 조정 및 재질 연화에 있다.

51 기계제도에서 도면에 치수를 기입하는 방법에 대한 설명으로 틀린 것은?

① 길이는 원칙으로 mm의 단위로 기입하고, 단위기호는 붙이지 않는다.
② 치수의 자릿수가 많을 경우 세 자리마다 콤마를 붙인다.
③ 관련 치수는 되도록 한 곳에 모아서 기입한다.
④ 치수는 되도록 주투상도에 집중하여 기입한다.

해설 도면의 치수에 자릿수가 많을 경우에도 콤마를 붙이지 않는다.

52 단면도의 표시방법에 관한 설명 중 틀린 것은?

① 단면을 표시할 때에는 해칭 또는 스머징을 한다.
② 인접한 단면의 해칭은 선의 방향 또는 각도를 변경하든지 그 간격을 변경하여 구별한다.
③ 절단했기 때문에 이해를 방해하는 것이나 절단하여도 의미가 없는 것은 원칙적으로 긴 쪽 방향으로는 절단하여 단면도를 표시하지 않는다.
④ 개스킷같이 얇은 제품의 단면은 투상선을 한 개의 가는 실선으로 표시한다.

해설 단면도 표시방법에서 얇은 제품의 단면은 투상선을 한 개의 굵은 실선으로 표시한다.

53 2종류 이상의 선이 같은 장소에서 중복될 경우 다음 중 가장 우선적으로 그려야 할 선은?

① 중심선
② 숨은선
③ 무게중심선
④ 치수보조선

해설 도면에서 2종류 이상의 선이 같은 장소에서 중복될 경우에는 외형선 > 숨은선 > 절단선 > 중심선 > 무게중심선 > 치수보조선 순에 따라 우선되는 선부터 그린다.

정답 47. ② 48. ① 49. ④ 50. ① 51. ② 52. ④ 53. ②

★
54 도면에 리벳의 호칭이 "KS B 1102 보일러용 둥근머리 리벳 13×30 SV 400"로 표시된 경우 올바른 설명은?

① 리벳의 수량 13개
② 리벳의 길이 30mm
③ 최대 인장강도 400kPa
④ 리벳의 호칭지름 30mm

해설
- KS B 1102: 규격 번호(생략할 수 있음)
- 보일러용 둥근머리 리벳: 종류
- 13×30: 지름×길이
- SV 400: 재료

55 전개도는 대상물을 구성하는 면을 평면 위에 전개한 그림을 의미하는데, 원기둥이나 각기둥의 전개에 가장 적합한 전개도법은?

① 평행선 전개도법　② 방사선 전개도법
③ 삼각형 전개도법　④ 사각형 전개도법

해설 ① 평행선 전개도법: 직각 방향으로 전개하는 방법
② 방사선 전개도법: 꼭지점을 중심으로 방사 전개하는 방법
③ 삼각형 전개도법: 삼각형으로 나누어 전개하는 방법

56 다음 중 일반 구조용 탄소강관의 KS 재료기호는?

① SPP　② SPS
③ SKH　④ STK

해설 ① SPP: 배관용 탄소강관
② SPS: 스프링 강재
③ SKH: 고속도강 강재

57 배관도에 사용된 밸브표시가 올바른 것은?

① 밸브 일반:
② 게이트 밸브:
③ 나비 밸브:
④ 체크 밸브:

해설
- 밸브 일반, 게이트 밸브:
- 글로브 밸브:
- 나비(버터플라이) 밸브: 또는

58 용접 보조기호 중 현장용접을 나타내는 기호는?

① 　②
③ 　④

해설 보기 ①이 현장 용접기호이다.

★
59 그림은 투상법의 기호이다. 몇 각법을 나타내는 기호인가?

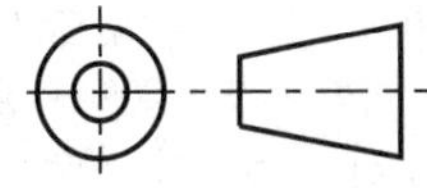

① 제1각법　② 제2각법
③ 제3각법　④ 제4각법

해설
- 제1각법으로 투상도를 얻는 원리: 눈－물체－투상면
- 제3각법으로 투상도를 얻는 원리: 눈－투상면－물체

60 그림과 같은 정면도와 우측면도에 가장 적합한 평면도는?

(정면도)　(우측면도)

① 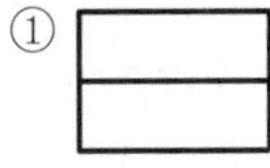　② 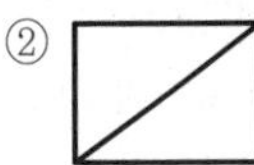
③ 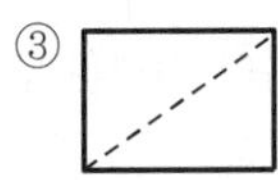　④ 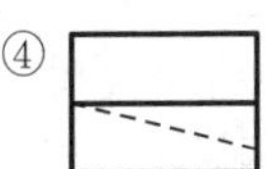

해설 정면도와 우측면도를 고려하면 그림과 같은 입체의 도면일 것으로 예상된다. 입체 내부에 삼각형 뿔이 있는 것으로 예상되며, 입체의 위에서 볼 때 우측 상단에서 좌측 하단으로 내려오는 대각선이 보이지 않으므로 은선으로 그려지는 보기 ③이 답이 된다.

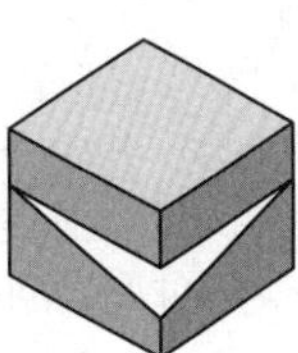

정답 54. ② 55. ① 56. ④ 57. ④ 58. ① 59. ③ 60. ③

제 2 회 2014. 4. 6. 시행

용접기능사

01 가연성 가스로 스파크 등에 의한 화재에 대하여 가장 주의해야 할 가스는?

① C_3H_8 ② CO_2

③ He ④ O_2

해설 가연성 가스: 폭발 한계 농도의 하한이 10% 이하 또는 상·하한의 차가 20% 이상인 가스로, 수소, 아세틸렌, 메탄, 프로판, 부탄 등을 말한다.

02 서브머지드 아크 용접기에서 다전극 방식에 의한 분류에 속하지 않는 것은?

① 푸시 풀식 ② 텐덤식

③ 횡 병렬식 ④ 횡 직렬식

해설 다전극 방식에 의한 분류: 텐덤식, 횡 병렬식, 횡 직렬식

03 용접기의 구비조건에 해당되는 사항으로 옳은 것은?

① 사용 중 용접기 온도 상승이 커야 한다.

② 용접 중 단락되었을 경우 대전류가 흘러야 된다.

③ 소비전력이 큰 역률이 좋은 용접기를 구비한다.

④ 무부하 전압을 최소로 하여 전격의 위험을 줄인다.

해설 ① 용접기는 사용 중 온도 상승이 작아야 한다.
② 용접기는 사용 중 단락이 되었을 때 흐르는 전류가 너무 크지 않아야 한다.
③ 사용 환경에 알맞은 용접기를 구비한다.
④ 아크를 쉽게 발생시키고, 발생한 아크를 어떠한 변동조건에서도 그대로 유지시킬 만한 충분한 개로 전압(무부하 전압)을 가져야 한다(전류 변동이 작아야 한다).

04 CO_2 가스 아크 용접장치 중 용접전원에서 박판 아크전압을 구하는 식은? (단, I는 용접전류의 값이다.)

① $V=0.04\times I+15.5\pm1.5$

② $V=0.004\times I+155.5\pm11.5$

③ $V=0.05\times I+111.5\pm2$

④ $V=0.005\times I+1111.5\pm2$

해설 박판의 경우 보기 ①의 식으로 구할 수 있고, 후판의 경우 $V_0=0.04\times I+20\pm2.0$으로 구할 수 있다.

★
05 다음과 같은 용착법은?

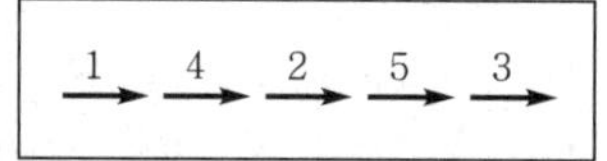

① 대칭법 ② 전진법

③ 후진법 ④ 스킵법

해설

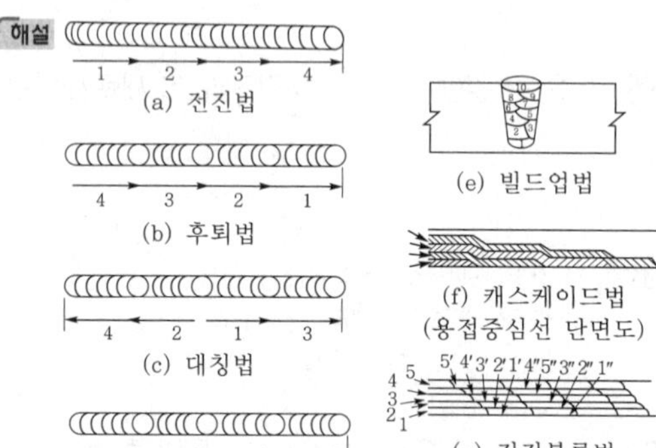

06 가스 중에서 최소의 밀도로 가장 가볍고 확산 속도가 빠르며, 열전도가 가장 큰 가스는?

① 수소 ② 메탄

③ 프로판 ④ 부탄

해설 보기 가스 중 가장 가벼운 가스는 수소 가스이다.

정답 01. ① 02. ① 03. ④ 04. ① 05. ④ 06. ①

★
07 용접이음을 설계할 때 주의사항으로 틀린 것은?

① 구조상의 노치부를 피한다.
② 용접 구조물의 특성 문제를 고려한다.
③ 맞대기 용접보다 필릿 용접을 많이 하도록 한다.
④ 용접성을 고려한 사용재료의 선정 및 열 영향 문제를 고려한다.

해설 용접설계 시 강도가 약한 필릿 용접은 가급적 피한다.

08 불활성 아크용접에 관한 설명으로 틀린 것은?

① 아크가 안정되어 스패터가 적다.
② 피복제나 용제가 필요하다.
③ 열 집중성이 좋아 능률적이다.
④ 철 및 비철금속의 용접이 가능하다.

해설 불활성 아크용접은 피복제나 용제가 불필요하고, 철금속이나 비철금속까지 모든 금속의 용접이 가능하다.

09 용접 후 인장 또는 굴곡시험으로 파단시켰을 때 은점을 발견할 수 있는데 이 은점을 없애는 방법은?

① 수소 함유량이 많은 용접봉을 사용한다.
② 용접 후 실온으로 수개월간 방치한다.
③ 용접부를 염산으로 세척한다.
④ 용접부를 망치로 두드린다.

해설 용접 후 파단시험 시 은점이 발견되면 용접 후 실온으로 수개월간 방치하여 은점을 없애는 방법도 있다.

10 초음파 탐상법에서 널리 사용되며 초음파의 펄스를 시험체의 한쪽 면으로부터 송신하여 결함 에코의 형태로 결함을 판정하는 방법은?

① 투과법 ② 공진법
③ 침투법 ④ 펄스 반사법

해설 펄스 반사법은 초음파의 펄스를 시험체의 한쪽 면으로부터 송신하여 그 결함에서 반사되는 반사파의 형태로 결함을 판정하는 것으로 가장 많이 이용하는 방법이다.

11 이산화탄소의 특징이 아닌 것은?

① 색, 냄새가 없다.
② 공기보다 가볍다.
③ 상온에서도 쉽게 액화한다.
④ 대기 중에서 기체로 존재한다.

해설 이산화탄소(CO_2) 가스는 대기 중 기체로 존재하고 비중은 1.53으로 공기보다 무겁다. 무색, 무취, 무미이지만 공기 중 농도가 높아지면 피부가 자극을 느끼게 된다. 상온에서 쉽게 기화하며 저장, 운반 등이 용이하다.

12 용접전류가 낮거나, 운봉 및 유지 각도가 불량할 때 발생하는 용접결함은?

① 용락 ② 언더컷
③ 오버랩 ④ 선상조직

해설 용접결함의 종류 중 오버랩은 용접전류가 너무 낮을 때, 운봉 및 유지 각도가 불량일 때, 용접봉의 선택 불량일 때 주로 발생한다.

★
13 알루미늄 분말과 산화철 분말을 1 : 3의 비율로 혼합하고 점화제로 점화하면 일어나는 화학반응은?

① 테르밋반응 ② 용융반응
③ 포정반응 ④ 공석반응

해설 테르밋반응에 대한 내용이다.

14 주성분이 은, 구리, 아연의 합금인 경납으로 인장강도, 전연성 등의 성질이 우수하여 구리, 구리 합금, 철강, 스테인리스강 등에 사용되는 납재는?

① 양은납 ② 알루미늄납
③ 은납 ④ 내열납

해설 은납에 대한 내용이다.

정답 07. ③ 08. ② 09. ② 10. ④ 11. ② 12. ③ 13. ① 14. ③

15 용접부의 검사법 중 기계적 시험이 아닌 것은?

① 인장시험　② 부식시험
③ 굽힘시험　④ 피로시험

해설 화학적 시험에는 화학분석, 부식시험, 수소시험 등이 있다.

16 전기저항 점 용접작업 시 용접기에서 조정할 수 있는 3대 요소에 해당하지 않는 것은?

① 용접전류　② 전극 가압력
③ 용접전압　④ 통전시간

해설 전기저항 점 용접법의 3요소: 전류의 세기, 통전시간, 가압력

17 다음 중 비용극식 불활성 가스 아크용접은?

① GMAW　② GTAW
③ MMAW　④ SMAW

해설 비용극식이란 전극이 용해되지 않음을 의미하며, 비소모식이라고도 한다. 비용극식 불활성 가스 아크용접을 TIG(Tungsten Inert Gas arc welding)라 하고 GTAW[(Inert) Gas Tungsten Arc Welding]라고도 한다.
① GMAW[(Inert) Gas Metal Arc Welding] 또는 MIG(Metal Inert Gas arc welding)
③ MMAW(Manual Metal Arc Welding)
④ SMAW(Shielded Metal Arc Welding)
보기 ③은 수동 아크용접, ④는 피복아크용접으로 모두 전기용접을 의미한다.

18 CO_2 가스 아크용접에서 일반적으로 용접전류를 높게 할 때의 사항을 열거한 것 중 옳은 것은?

① 용접입열이 작아진다.
② 와이어의 녹아내림이 빨라진다.
③ 용착률과 용입이 감소한다.
④ 우수한 비드 형상을 얻을 수 있다.

해설 용접전류가 높을 때 와이어의 녹아내림이 빨라진다.

19 불활성 가스 금속아크용접에서 가스 공급계통의 확인순서로 가장 적합한 것은?

① 용기 → 감압밸브 → 유량계 → 제어장치 → 용접토치
② 용기 → 유량계 → 감압밸브 → 제어장치 → 용접토치
③ 감압밸브 → 용기 → 유량계 → 제어장치 → 용접토치
④ 용기 → 제어장치 → 감압밸브 → 유량계 → 용접토치

해설 가스 용기에서 용접토치로 전달되는 가스 공급계통의 확인으로 올바른 순서는 보기 ①이다.

20 용접 현장에서 지켜야 할 안전사항 중 잘못 설명한 것은?

① 탱크 내에서는 혼자 작업한다.
② 인화성 물체 부근에서는 작업을 하지 않는다.
③ 좁은 장소에서의 작업 시는 통풍을 실시한다.
④ 부득이 가연성 물체 가까이서 작업 시는 화재발생 예방조치를 한다.

해설 현장용접 중 탱크 내에서의 작업은 안전과 소통 등을 이유로 최소 두 명 이상이 작업해야 한다.

21 다음 중 주철 용접 시 주의사항으로 틀린 것은?

① 용접봉은 가능한 한 지름이 굵은 용접봉을 사용한다.
② 보수용접을 행하는 경우는 결함부분을 완전히 제거한 후 용접한다.
③ 균열의 보수는 균열의 성장을 방지하기 위해 균열의 양 끝에 정지 구멍을 뚫는다.
④ 용접전류는 필요 이상 높이지 말고 직선비드를 배치하며, 지나치게 용입을 깊게 하지 않는다.

해설 주철은 탄소함유량이 높아 균열에 대한 감수성이 크므로 용접 시 용접봉은 될 수 있는 대로 가는 것을 사용하여 사용전류를 크지 않게 해야 한다.

정답 15. ② 16. ③ 17. ② 18. ② 19. ① 20. ① 21. ①

22 용접을 크게 분류할 때 압접에 해당되지 않는 것은?

① 저항 용접 ② 초음파 용접
③ 마찰 용접 ④ 전자빔 용접

해설 전자빔 용접은 융접에 속하는 용접법이다.

23 용접 시 냉각속도에 관한 설명 중 틀린 것은?

① 예열을 하면 냉각속도가 완만하게 된다.
② 얇은 판보다는 두꺼운 판이 냉각속도가 크다.
③ 알루미늄이나 구리는 연강보다 냉각속도가 느리다.
④ 맞대기 이음보다는 T형 이음이 냉각속도가 크다.

해설 알루미늄이나 구리는 용접 시 연강보다 열전도율이 좋아 냉각속도가 빠르다.

★
24 수소함유량이 타 용접봉에 비해서 1/10 정도 현저하게 적고 특히 균열의 감수성이나 탄소, 황의 함유량이 많은 강의 용접에 적합한 용접봉은?

① E4301 ② E4313
③ E4316 ④ E4324

해설 저수소계 용접봉은 피복제로 석회석이나 형석을 주성분으로 사용한 것으로, 용착금속 중의 수소함유량이 다른 용접봉에 비해 약 1/10 정도로 현저하게 적다. 또한 강인성이 풍부하고 기계적 성질과 내균열성이 우수하다.

25 교류아크 용접기의 종류 중 조작이 간단하고 원격 조정이 가능한 용접기는?

① 가동 코일형 용접기
② 가포화 리액터형 용접기
③ 가동 철심형 용접기
④ 탭 전환형 용접기

해설 교류 용접기 종류 4가지 중에서 원격 조정이 가능한 것은 가포화 리액터형 용접기이다.

26 다음 중 아크에어 가우징에 사용되지 않는 것은?

① 가우징 토치 ② 가우징봉
③ 압축공기 ④ 열교환기

해설 아크에어 가우징과 열교환기는 무관하다.

27 가연성 가스에 대한 설명 중 가장 옳은 것은?

① 가연성 가스는 CO_2와 혼합하면 더욱 잘 탄다.
② 가연성 가스는 혼합 공기가 적은 만큼 완전 연소한다.
③ 산소, 공기 등과 같이 스스로 연소하는 가스를 말한다.
④ 가연성 가스는 혼합한 공기와의 비율이 적절한 범위 안에서 잘 연소한다.

해설 가연성 가스는 스스로 연소가 가능한 가스(수소, 아세틸렌, 메탄, 프로판, 부탄 등)이며, 지연성 또는 조연성 가스(산소, 공기 등)와 혼합한 가스의 경우 잘 연소되어 용접, 절단 등에 이용한다.

28 수중 절단작업을 할 때에는 예열가스의 양을 공기 중의 몇 배로 하는가?

① 0.5~1배 ② 1.5~2배
③ 4~8배 ④ 9~16배

해설 수중 절단 시 연료가스로는 수소, 아세틸렌, 프로판, 벤젠 등을 사용하나 수소가 가장 많이 사용되며, 아세틸렌의 경우 가스 압력이 높으면 폭발의 위험이 있다. 물속에서는 절단부가 계속 냉각되므로 육상의 경우보다 예열불꽃을 크게 하여야 하며, 예열가스의 양은 공기 중에서의 4~8배로 하고, 절단 산소의 분출구는 1.5~2배로 한다.

29 아크 용접기의 구비조건으로 틀린 것은?

① 구조 및 취급이 간단해야 한다.
② 사용 중에 온도 상승이 커야 한다.
③ 전류 조정이 용이하고, 일정한 전류가 흘러야 한다.
④ 아크 발생 및 유지가 용이하고 아크가 안정되어야 한다.

정답 22. ④ 23. ③ 24. ③ 25. ② 26. ④ 27. ④ 28. ③ 29. ②

해설 용접기는 사용 중 온도 상승이 작아야 한다.

30 철강을 가스 절단하려고 할 때 절단조건으로 틀린 것은?

① 슬래그의 이탈이 양호하여야 한다.
② 모재에 연소되지 않은 물질이 적어야 한다.
③ 생성된 산화물의 유동성이 좋아야 한다.
④ 생성된 금속 산화물의 용융온도는 모재의 용융점보다 높아야 한다.

해설 가스 절단 시 금속 산화물의 용융온도는 모재의 용융온도보다 낮아야 한다.

31 가스 용접용 토치의 팁 중 표준불꽃으로 1시간 용접 시 아세틸렌 소모량이 100L인 것은?

① 고압식 200번 팁 ② 중압식 200번 팁
③ 가변압식 100번 팁 ④ 불변압식 100번 팁

해설
- 불변압식 토치(독일식, A형): 팁의 능력은 용접하는 판의 두께로 나타낸다.
- 가변압식 토치(프랑스식, B형): 팁의 능력은 1시간 동안 표준불꽃으로 용접할 경우 아세틸렌 가스의 소비량(L)으로 나타낸다.

32 고체상태에 있는 두 개의 금속재료를 융접, 압접, 납땜으로 분류하여 접합하는 방법은?

① 기계적인 접합법 ② 화학적 접합법
③ 전기적 접합법 ④ 야금적 접합법

해설 야금적 접합 종류에는 가열하는 열원과 접합하는 방법에 따라 융접, 압접, 납땜의 3가지로 분류할 수 있다.

33 헬멧이나 핸드실드의 차광유리 앞에 보호유리를 끼우는 가장 타당한 이유는?

① 시력 보호 ② 가시광선 차단
③ 적외선 차단 ④ 차광유리 보호

해설 용접 시 헬멧이나 핸드실드의 차광유리 앞에 보호유리를 끼우는 이유 중 하나는 차광유리를 보호하기 위해서이다.

34 직류아크 용접기의 음(−)극에 용접봉을, 양(+)극에 모재를 연결한 상태의 극성을 무엇이라 하는가?

① 직류정극성 ② 직류역극성
③ 직류음극성 ④ 직류용극성

해설 직류정극성(DCSP)은 용접봉에 음(−)극, 모재에 양(+)극을, 역극성(DCRP)은 모재에 음(−)극, 용접봉에 양(+)극을 연결한 상태이다.

★
35 수동 가스 절단작업 중 절단면의 윗모서리가 녹아 둥글게 되는 현상이 생기는 원인과 거리가 먼 것은?

① 팁과 강판 사이의 거리가 가까울 때
② 절단가스의 순도가 높을 때
③ 예열불꽃이 너무 강할 때
④ 절단속도가 너무 느릴 때

해설 수동 가스 절단 시 절단면 상부 모서리가 녹아 둥글게 되는 요인으로는 보기 ①, ③, ④ 등이 있다.

36 두 개의 모재를 강하게 맞대어 놓고 서로 상대 운동을 주어 발생되는 열을 이용하는 접합 방식은?

① 마찰 용접 ② 냉간압접
③ 가스압접 ④ 초음파 용접

해설 접합물을 맞대어 상대운동을 시키고 그 접촉면에 발생되는 마찰열을 이용해 접합하는 방법을 마찰 용접이라 한다.

37 18−8형 스테인리스강의 특징을 설명한 것 중 틀린 것은?

① 비자성체이다.
② 18−8에서 18은 Cr%, 8은 Ni%이다.
③ 결정구조는 면심입방격자를 갖는다.
④ 500~800℃로 가열하면 탄화물이 입계에 석출하지 않는다.

해설 상온에서 오스테나이트계 스테인리스강은 비자성이고 18% Cr−8% Ni인 대표적인 스테인리스강이며, 금속의 결정구조는 면심입방격자(FCC)를 갖는다.

정답 30. ④ 31. ③ 32. ④ 33. ④ 34. ① 35. ② 36. ① 37. ④

38 아크용접에서 피복제의 역할이 아닌 것은?

① 전기 절연작용을 한다.
② 용착금속의 응고와 냉각속도를 빠르게 한다.
③ 용착금속에 적당한 합금원소를 첨가한다.
④ 용적(globule)을 미세화하고, 용착효율을 높인다.

해설 피복아크용접에서 피복제의 역할은 아크를 안정시키고 용착금속의 냉각속도를 느리게 하여 급랭을 방지하는 것이다.

39 직류용접에서 발생되는 아크쏠림의 방지대책 중 틀린 것은?

① 큰 가접부 또는 이미 용접이 끝난 용착부를 향하여 용접할 것
② 용접부가 긴 경우 후퇴 용접법(back step welding)으로 할 것
③ 용접봉 끝을 아크가 쏠리는 방향으로 기울일 것
④ 되도록 아크를 짧게 하여 사용할 것

해설 아크쏠림의 방지대책
- 직류용접으로 하지 말고 교류 용접으로 할 것
- 접지점을 용접부에서 멀리할 것
- 가용접을 한 후 후퇴 용접법(back step welding)으로 할 것
- 짧은 아크를 사용할 것
- 접지점 2개를 연결할 것
- 용접봉 끝을 아크가 쏠리는 반대 방향으로 기울일 것

40 산소-아세틸렌 가스 불꽃 중 일반적인 가스용접에는 사용하지 않고 구리, 황동 등의 용접에 주로 이용되는 불꽃은?

① 탄화불꽃 ② 중성불꽃
③ 산화불꽃 ④ 아세틸렌불꽃

해설 ① 탄화불꽃: 스테인리스, 스텔라이트, 모넬메탈 등의 용접에 사용
② 중성불꽃: 연강, 반연강, 주철 등의 용접에 사용
③ 산화불꽃: 구리, 황동 등의 용접에 사용

41 용접금속의 용융부에서 응고과정의 순서로 옳은 것은?

① 결정핵 생성 → 결정경계 → 수지상정
② 결정핵 생성 → 수지상정 → 결정경계
③ 수지상정 → 결정핵 생성 → 결정경계
④ 수지상정 → 결정경계 → 결정핵 생성

해설 금속의 응고과정(결정의 형성 과정): 결정핵 발생 → 결정의 성장 → 결정경계의 형성

42 질량의 대소에 따라 담금질 효과가 다른 현상을 질량 효과라고 한다. 탄소강에 니켈, 크롬, 망간 등을 첨가하면 질량 효과는 어떻게 변하는가?

① 질량 효과가 커진다.
② 질량 효과는 변하지 않는다.
③ 질량 효과가 작아지다가 커진다.
④ 질량 효과가 작아진다.

해설 탄소강에 Ni, Cr, Mn 등을 첨가하면 담금질성이 좋아져서 담금질 깊이도 커지게 된다. 즉 재료의 표면과 내부의 경도 차이가 작아지게 되며, 이는 질량 효과가 작아진 것이다.

43 강재부품에 내마모성이 좋은 금속을 용착시켜 경질의 표면층을 얻는 방법은?

① 브레이징(brazing)
② 숏 피닝(shot peening)
③ 하드 페이싱(hard facing)
④ 질화법(nitriding)

해설 하드 페이싱(hard facing)은 금속 표면에 스텔라이트나 경합금 등의 특수 금속을 용착시켜 표면 경화층을 만드는 것이다.

44 주철에 관한 설명으로 틀린 것은?

① 주철은 백주철, 반주철, 회주철 등으로 나눈다.
② 인장강도가 압축강도보다 크다.
③ 주철은 메짐(취성)이 연강보다 크다.
④ 흑연은 인장강도를 약하게 한다.

해설 주철은 일반적으로 압축강도가 인장강도의 3~5배 정도이다.

정답 38. ② 39. ③ 40. ③ 41. ② 42. ④ 43. ③ 44. ②

45 Mg(마그네슘)의 융점은 약 몇 ℃인가?

① 650℃　② 1,538℃
③ 1,670℃　④ 3,600℃

해설 마그네슘(Mg)의 용융점은 650℃이고, 보기 ②의 경우는 철(Fe)의 용융점이다.

46 합금강이 탄소강에 비하여 좋은 성질이 아닌 것은?

① 기계적 성질 향상
② 결정입자의 조대화
③ 내식성, 내마멸성 향상
④ 고온에서 기계적 성질 저하 방지

해설 합금강은 탄소강에 비해 기계적 성질, 내식성과 내마멸성이 좋고, 고온에서 기계적 성질 저하를 방지한다.

47 산소나 탈산제를 품지 않으며, 유리에 대한 봉착성이 좋고 수소취성이 없는 시판동은?

① 무산소동　② 전기동
③ 전련동　④ 탈산동

해설 무산소동에 대한 내용이다.

48 용해 시 흡수한 산소를 인(P)으로 탈산하여 산소를 0.01% 이하로 한 것이며, 고온에서 수소취성이 없고 용접성이 좋아 가스관, 열교환관 등으로 사용되는 구리는?

① 탈산구리　② 정련구리
③ 전기구리　④ 무산소구리

해설 탈산구리에 대한 내용이다.

★
49 저합금강 중에서 연강에 비하여 고장력강의 사용 목적으로 틀린 것은?

① 재료가 절약된다.
② 구조물이 무거워진다.
③ 용접공수가 절감된다.
④ 내식성이 향상된다.

해설 만약 연강과 고장력강을 동일면적으로 구조물을 제작하면, 인장강도 등에서 고장력강이 우수하므로 요구되는 강도 측면을 고려하면 연강에 비해 고장력강 사용 시 판의 두께를 얇게 할 수 있다. 따라서 고장력강 사용 시 무게도 경감시킬 수 있으며, 재료가 절약되는 장점을 가지게 된다.

50 다음 중 주조상태의 주강품 조직이 거칠고 취약하기 때문에 반드시 실시해야 하는 열처리는?

① 침탄　② 풀림
③ 질화　④ 금속침투

해설 주조상태의 주강품은 조직이 거칠고 취약하기 때문에 반드시 풀림 열처리를 하여야 한다.

51 기계제도 도면에서 "t120"이라는 치수가 있을 경우 "t"가 의미하는 것은?

① 모떼기　② 재료의 두께
③ 구의 지름　④ 정사각형의 변

해설
- 모따기(모떼기): C
- 재료의 두께: t
- 구의 반지름: R
- 정사각형의 변: □

52 기계제도에서 사용하는 선의 굵기 기준이 아닌 것은?

① 0.9mm　② 0.25mm
③ 0.18mm　④ 0.7mm

해설 일반적으로 사용되는 선의 굵기는 0.18, 0.25, 0.35, 0.5, 0.7 및 1mm로 하며, 0.18mm은 가능한 한 사용하지 않는다.

53 배관용 아크 용접 탄소강 강관의 KS 기호는?

① PW　② WM
③ SCW　④ SPW

해설 PW는 피아노 선, WM은 화이트 메탈, SCW는 용접 구조용 주강품, SPW는 배관용 아크용접 탄소강관을 나타내는 KS 기호이다.

정답 45. ① 46. ② 47. ① 48. ① 49. ② 50. ② 51. ② 52. ① 53. ④

54 기계제작 부품 도면에서 도면의 윤곽선 오른쪽 아래 구석에 위치하는 표제란을 가장 올바르게 설명한 것은?

① 품번, 품명, 재질, 주서 등을 기재한다.
② 제작에 필요한 기술적인 사항을 기재한다.
③ 제조 공정별 처리방법, 사용공구 등을 기재한다.
④ 도번, 도명, 제도 및 검도 등 관련자 서명, 척도 등을 기재한다.

해설 도면에서 우측 하단 표제란에는 도번, 도명, 관련자 서명, 척도 등을 기재한다.

55 그림은 배관용 밸브의 도시기호이다. 어떤 밸브의 도시기호인가?

① 앵글 밸브 ② 체크 밸브
③ 게이트 밸브 ④ 안전 밸브

해설 밸브 및 콕의 몸체 표시

밸브·콕의 종류	그림기호	밸브·콕의 종류	그림기호
밸브 일반		앵글 밸브	
슬루스 밸브		3방향 밸브	
글로브 밸브		안전 밸브	또는
체크 밸브	또는		
볼 밸브		콕 일반	
나비 밸브	또는		

★
56 도면에 아래와 같이 리벳이 표시되었을 경우 올바른 설명은?

KS B 1101 둥근 머리 리벳 25×36 SWRM 10

① 호칭 지름은 25mm이다.
② 리벳이음의 피치는 400mm이다.
③ 리벳의 재질은 황동이다.
④ 둥근 머리부의 바깥지름은 36mm이다.

해설
- KS B 1101: 규격 번호
- 둥근 머리 리벳: 종류
- 25×36: 호칭 지름 × 길이
- SWRM 10: 리벳의 재질(연강선재)

따라서 보기 ①이 정답이다.

57 그림과 같은 원추를 전개하였을 경우 전개면의 꼭지각이 180°가 되려면 ϕD의 치수는 얼마가 되어야 하는가?

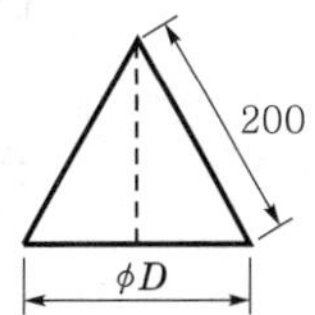

① $\phi 100$ ② $\phi 120$
③ $\phi 180$ ④ $\phi 200$

해설 문제에서의 원추를 전개하면 오른쪽 그림처럼 되고, 부채꼴의 원호길이$\left(2\pi l \times \frac{\theta°}{360°}\right)$는 밑원의 둘레$(2\pi r)$와 같다.

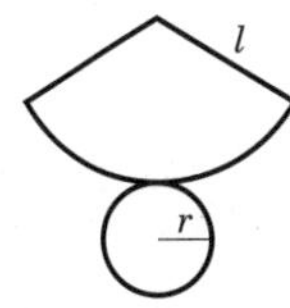

즉, $2\pi l \times \frac{\theta°}{360°} = 2\pi r$ 이다.

여기서, $\theta° = 180°$이므로 $2\pi l \times \frac{180°}{360°} = 2\pi r$,

$2\pi \times 200 \times \frac{1}{2} = 2\pi r$이 되며,

$r = 100$, $D = 200$이다.

58 도면에서의 지시한 용접법으로 바르게 짝지어진 것은?

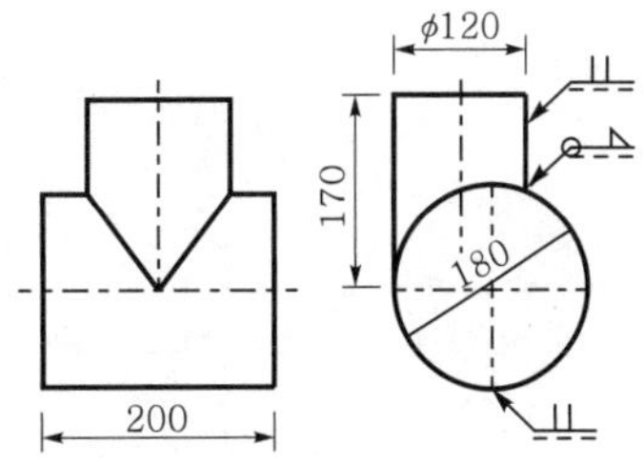

① 이면 용접, 필릿 용접
② 겹치기 용접, 플러그 용접
③ 평형 맞대기 용접, 필릿 용접
④ 심 용접, 겹치기 용접

정답 54. ④ 55. ② 56. ① 57. ④ 58. ③

해설 문제의 도면에서는 용접기호가 3개이다. 용접기호 ||의 경우 I형 맞대기 용접 또는 평형 맞대기 용접을 의미하고, 용접기호 ◺는 필릿(fillet) 용접기호이다.

59 단면을 나타내는 해칭선의 방향이 가장 적합하지 않은 것은?

① 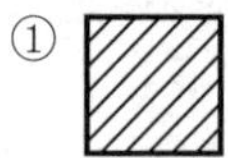
② 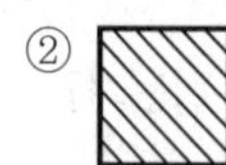

③ 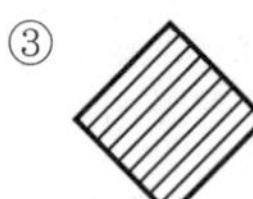
④ 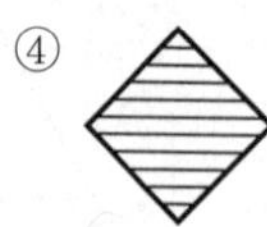

해설 해칭선은 가는 실선으로 한다. 그 각도가 외형선에 45°가 기본이지만 외형선 등과 구분이 어려운 경우 30°, 60° 또는 생략하는 경우도 있다.

60 그림과 같이 제3각법으로 정면도와 우측면도를 작도할 때 누락된 평면도로 적합한 것은?

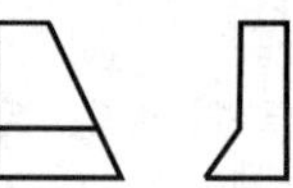

①
② 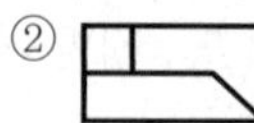

③
④

해설 보기 ②가 올바른 정답이 된다.

정답 59. ③ 60. ②

2014. 7. 20. 시행

제4회 용접기능사

01 MIG 용접의 용적이행 중 단락 아크 용접에 관한 설명으로 맞는 것은?

① 용적이 안정된 스프레이 형태로 용접된다.
② 고주파 및 저전류 펄스를 활용한 용접이다.
③ 임계전류 이상의 용접전류에서 많이 적용된다.
④ 저전류, 저전압에서 나타나며 박판용접에 사용된다.

해설 알루미늄 합금을 MIG 용접할 때 용적 이행형태에 따라 스프레이 아크 용접, 펄스 아크 용접, 단락 아크 용접으로 분류하는데, 단락 아크 용접은 저전류·저전압에서 나타나며 주로 박판이나 가용접을 하기 위해 가는 와이어를 사용한다.

02 용접용 용제는 성분에 의해 용접작업성, 용착금속의 성질이 크게 변화하는데 다음 중 원료와 제조방법에 따른 서브머지드 아크 용접의 용접용 용제에 속하지 않는 것은?

① 고온 소결형 용제 ② 저온 소결형 용제
③ 용융형 용제 ④ 스프레이형 용제

해설 서브머지드 아크 용접용 용제는 용도에 따라 보기 ①, ②, ③ 그리고 혼성형 용제 등으로 구분한다.

03 다음 중 불활성 가스 텅스텐 아크용접에서 중간 형태의 용입과 비드폭을 얻을 수 있으며, 청정효과가 있어 알루미늄이나 마그네슘 등의 용접에 사용되는 전원은?

① 직류정극성 ② 직류역극성
③ 고주파 교류 ④ 교류 전원

해설 고주파 교류(ACHF): 직류정극성과 역극성의 중간 형태의 용입과 비드폭을 얻을 수 있으며, 청정 효과가 있어 알루미늄이나 마그네슘 등의 용접에 이용된다.

04 용접결함 중 내부에 생기는 결함은?

① 언더컷 ② 오버랩
③ 크레이터 균열 ④ 기공

해설 용접결함의 종류에는 용입불량, 언더컷, 오버랩, 크레이터 균열, 기공 등이 있으며, 이들 결함 중 기공은 내부에 생기는 결함이다.

05 용접 시 발생하는 변형을 적게 하기 위하여 구속하고 용접하였다면 잔류응력은 어떻게 되는가?

① 잔류응력이 작게 발생한다.
② 잔류응력이 크게 발생한다.
③ 잔류응력은 변함없다.
④ 잔류응력과 구속용접과는 관계없다.

해설 용접 전 구속력이 크다면 모재가 열원에 의한 변형과 구속력(외력)에도 저항을 해야 하므로 잔류응력이 커지게 된다.

★ **06** 용접결함 중 균열의 보수방법으로 가장 옳은 방법은?

① 작은 지름의 용접봉으로 재용접한다.
② 굵은 지름의 용접봉으로 재용접한다.
③ 전류를 높게 하여 재용접한다.
④ 정지구멍을 뚫어 균열부분은 홈을 판 후 재용접한다.

해설 균열이 생기면 구멍을 뚫어 균열부분은 홈을 판 후 용접을 하여 보수하도록 한다.

07 안전·보건 표지의 색채, 색도기준 및 용도에서 문자 및 빨간색 또는 노란색에 대한 보조색으로 사용되는 색채는?

① 파란색 ② 녹색
③ 흰색 ④ 검은색

정답 01. ④ 02. ④ 03. ③ 04. ④ 05. ② 06. ④ 07. ④

해설 안전 표지 색채에서 검정색은 위험 표지의 문자, 유도 표지의 화살표 등을 표시하는 데 사용된다.

08 감전의 위험으로부터 용접작업자를 보호하기 위해 교류 용접기에 설치하는 것은?

① 고주파 발생장치 ② 전격 방지장치
③ 원격 제어장치 ④ 시간 제어장치

해설 용접작업자를 보호하기 위해 교류 용접기에는 전격 방지장치를 설치하여야 한다.

09 산화하기 쉬운 알루미늄을 용접할 경우에 가장 적합한 용접법은?

① 서브머지드 아크용접
② 불활성 가스 아크용접
③ 아크용접
④ 피복아크용접

해설 산화한다는 것은 공기 중의 산소와 접촉하여 화학 반응을 일으킨다는 것을 의미한다. 용접 중 가장 확실하게 공기와 차폐(용접부 보호)가 가능한 용접법은 불활성 가스 아크용접이다.

10 용접 홈의 형식 중 두꺼운 판의 양면 용접을 할 수 없는 경우에 가공하는 방법으로 한쪽 용접에 의해 충분한 용입을 얻으려고 할 때 사용되는 홈은?

① I형 홈 ② V형 홈
③ U형 홈 ④ H형 홈

해설 이음 홈의 형상에서 U형 홈은 두꺼운 판의 양면 용접을 할 수 없는 경우에 가공하는 방법으로, 한쪽 용접에 의해 충분한 용입을 얻으려고 할 때 사용된다.

11 다음 용접법 중 저항용접이 아닌 것은?

① 스폿 용접 ② 심 용접
③ 프로젝션 용접 ④ 스터드 용접

해설 ①, ②, ③: 겹치기 저항용접
④: 아크용접

12 아크용접의 재해라 볼 수 없는 것은?

① 아크 광선에 의한 전안염
② 스패터의 비산으로 인한 화상
③ 역화로 인한 화재
④ 전격에 의한 감전

해설 역화는 가스 압력의 불균형 등으로 인해 발생되는 현상으로 아크용접의 재해라 볼 수 없다.

13 다음 중 전자빔 용접의 장점과 거리가 먼 것은?

① 고진공 속에서 용접을 하므로 대기와 반응되기 쉬운 활성재료도 용이하게 용접된다.
② 두꺼운 판의 용접이 불가능하다.
③ 용접을 정밀하고 정확하게 할 수 있다.
④ 에너지 집중이 가능하기 때문에 고속으로 용접이 된다.

해설 전자빔 용접은 용융부가 좁고 용입이 깊으며, 얇은 판에서 두꺼운 판까지 광범위한 용접이 가능하다(정밀 제품의 자동화에 좋다).

14 대상물에 감마선(γ-선), 엑스선(X-선)을 투과시켜 필름에 나타나는 상으로 결함을 판별하는 비파괴 검사법은?

① 초음파 탐상검사 ② 침투 탐상검사
③ 와전류 탐상검사 ④ 방사선 투과검사

해설 방사선 투과검사(R.T)에 대한 내용이다.

★
15 다음 그림 중에서 용접열량의 냉각속도가 가장 큰 것은?

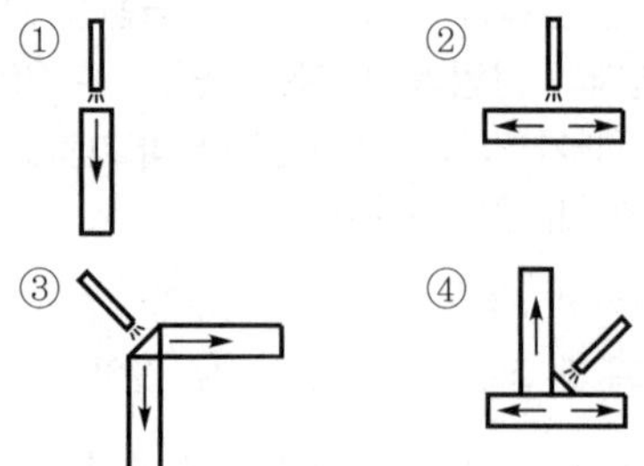

해설 보기 그림에서 열은 화살표 방향으로 전파되기 때문에 화살표가 많은 이음의 경우 냉각속도가 빠르다.

정답 08. ② 09. ② 10. ③ 11. ④ 12. ③ 13. ② 14. ④ 15. ④

16 납땜 시 강한 접합을 위한 틈새는 어느 정도가 가장 적당한가?

① 0.02~0.10mm ② 0.20~0.30mm
③ 0.30~0.40mm ④ 0.40~0.50mm

해설 모세관 현상과 표면장력을 이용한 납땜의 경우 일반적인 틈새는 0.02~0.10mm가 적당하다.

17 다음 중 맞대기 저항용접의 종류가 아닌 것은?

① 업셋 용접
② 프로젝션 용접
③ 퍼커션 용접
④ 플래시 버트 용접

해설 ①, ③, ④: 맞대기 저항 용접
②: 겹치기 저항 용접

18 그림과 같이 각 층마다 전체의 길이를 용접하면서 쌓아 올리는 가장 일반적인 방법을 주로 사용하는 용착법은?

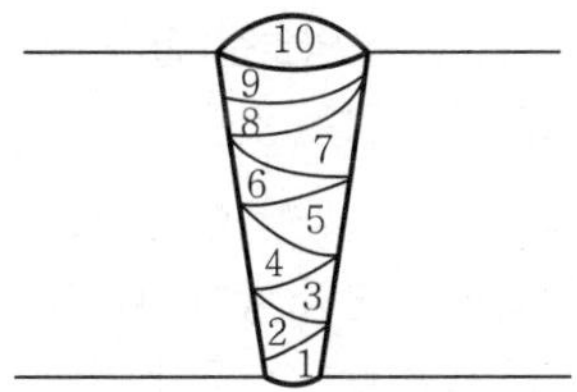

① 교호법 ② 덧살올림법
③ 캐스케이드법 ④ 전진블록법

해설 다음 그림 (e)에 대한 내용으로 덧살올림법이라고도 한다.

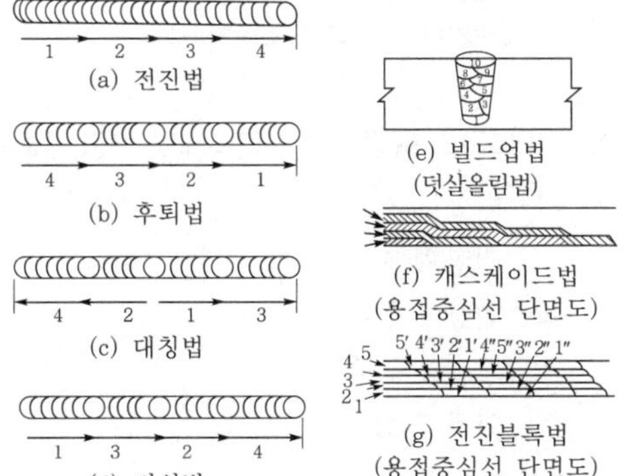

19 MIG 용접에서 가장 많이 사용되는 용적 이행 형태는?

① 단락 이행 ② 스프레이 이행
③ 입상 이행 ④ 글로뷸러 이행

해설 MIG 용접의 용적 이행은 스프레이형이며, TIG 용접에 비해 능률이 커서 3mm 이상의 모재 용접에 사용한다.

20 CO_2 가스 아크용접에서 솔리드 와이어에 비교한 복합 와이어의 특징을 설명한 것으로 틀린 것은?

① 양호한 용착금속을 얻을 수 있다.
② 스패터가 많다.
③ 아크가 안정된다.
④ 비드 외관이 깨끗하여 아름답다.

해설 복합 와이어는 용제의 탈산제, 아크안정제 등 합금원소가 포함되어 있어 양호한 용착금속을 얻을 수 있고, 아크도 안정되어 스패터도 적으며, 비드의 외관이 아름다워 많이 이용되고 있다.

21 다음 중 용접부의 검사방법에 있어 비파괴검사법이 아닌 것은?

① X선 투과시험
② 형광침투시험
③ 피로시험
④ 초음파시험

해설 검사법의 분류에서 ①, ②, ④는 비파괴시험법이고, ③은 파괴시험법이다.

★
22 금속산화물이 알루미늄에 의하여 산소를 빼앗기는 반응에 의해 생성되는 열을 이용하여 금속을 접합시키는 용접법은?

① 스터드 용접
② 테르밋 용접
③ 원자수소 용접
④ 일렉트로 슬래그 용접

해설 테르밋 용접은 금속 산화물과 알루미늄 간의 탈산반응 시 발생하는 열을 이용한 용접법이다.

정답 16. ① 17. ② 18. ② 19. ② 20. ② 21. ③ 22. ②

23 용접에 의한 이음을 리벳이음과 비교했을 때, 용접이음의 장점이 아닌 것은?

① 이음구조가 간단하다.
② 판 두께에 제한을 거의 받지 않는다.
③ 용접 모재의 재질에 대한 영향이 작다.
④ 기밀성과 수밀성을 얻을 수 있다.

해설 용접이음의 단점
• 재질의 변형 및 잔류응력이 발생한다.
• 저온 취성이 생길 우려가 있다
• 품질 검사가 곤란하고 변형과 수축이 생긴다.
• 용접사의 기량에 따라 용접의 품질이 좌우된다.

24 다음 중 연강용 피복금속아크 용접봉에서 피복제의 염기성이 가장 높은 것은?

① 저수소계 ② 고산화철계
③ 고셀룰로스계 ④ 티탄계

해설 피복제의 염기도가 높을 경우 내균열성이 좋아 일반적으로 기계적 성질이 우수하다. 보기 중 내균열성이 가장 좋은 것은 저수소계이다.

25 연강용 가스 용접봉의 용착금속의 기계적 성질 중 시험편의 처리에서 '용접한 그대로 응력을 제거하지 않은 것'을 나타내는 기호는?

① NSR ② SR
③ GA ④ GB

해설 가스용접 규격에서 GA와 GB는 가스 용접봉 재질에 대한 종류이며, NSR은 용접한 그대로 응력을 제거하지 않은 것을 나타낸다.

26 용접 중에 아크가 전류의 자기작용에 의해서 한쪽으로 쏠리는 현상을 아크쏠림(arc blow)이라 한다. 다음 중 아크쏠림의 방지법이 아닌 것은?

① 직류 용접기를 사용한다.
② 아크의 길이를 짧게 한다.
③ 보조판(엔드탭)을 사용한다.
④ 후퇴법을 사용한다.

해설 아크쏠림은 용접전류에 의해 아크 주위에 발생하는 자장이 용접에 대해서 비대칭으로 나타나는 현상을 말하며, 특히 이 현상은 직류 용접에서 비피복 용접봉을 사용했을 때 심하다.

27 피복아크 용접회로의 순서가 올바르게 연결된 것은?

① 용접기 - 전극케이블 - 용접봉 홀더 - 피복아크 용접봉 - 아크 - 모재 - 접지케이블
② 용접기 - 용접봉 홀더 - 전극케이블 - 모재 - 아크 - 피복아크 용접봉 - 접지케이블
③ 용접기 - 피복아크 용접봉 - 아크 - 모재 - 접지케이블 - 전극케이블 - 용접봉 홀더
④ 용접기 - 전극케이블 - 접지케이블 - 용접봉 홀더 - 피복아크 용접봉 - 아크 - 모재

해설 용접기에서 공급된 전류가 보기 ①의 순서로 다시 용접기로 되돌아 오는 것을 용접회로(welding circuit)라 한다.

★
28 가스 절단에서 양호한 절단면을 얻기 위한 조건으로 맞지 않는 것은?

① 드래그가 가능한 한 클 것
② 절단면 표면의 각이 예리할 것
③ 슬래그 이탈이 양호할 것
④ 경제적인 절단이 이루어질 것

해설 가스 절단의 조건
• 드래그가 가능한 작을 것
• 절단면 표면의 각이 예리할 것
• 슬래그 이탈이 양호할 것
• 경제적인 절단이 이루어질 것

29 피복아크 용접봉에서 피복제의 가장 중요한 역할은?

① 변형 방지
② 인장력 증대
③ 모재강도 증가
④ 아크 안정

해설 피복제의 주된 역할은 아크를 안정시키는 것이다.

정답 23. ③ 24. ① 25. ① 26. ① 27. ① 28. ① 29. ④

30 용접봉의 용융금속이 표면장력의 작용으로 모재에 옮겨가는 용적 이행으로 맞는 것은?

① 스프레이형 ② 핀치효과형
③ 단락형 ④ 용적형

해설 용적 이행 방식
- 단락형: 용융지에 접촉하여 단락이 되고 표면장력의 작용으로 모재에 옮겨가서 용착되는 방식
- 스프레이형: 스프레이와 같이 날려 모재에 옮겨가서 용착되는 방식
- 글로뷸러형: 비교적 큰 용적이 단락되지 않고 옮겨가는 방식

31 저수소계 용접봉의 특징이 아닌 것은?

① 용착금속 중의 수소량이 다른 용접봉에 비해서 현저하게 적다.
② 용착금속의 취성이 크며 화학적 성질도 좋다.
③ 균열에 대한 감수성이 특히 좋아서 두꺼운 판 용접에 사용된다.
④ 고탄소강 및 황의 함유량이 많은 쾌삭강 등의 용접에 사용되고 있다.

해설 저수소계 용접봉은 용착금속의 인성이 크며 기계적 성질이 우수한 특징을 갖는다.

32 폭발 위험성이 가장 큰 산소와 아세틸렌의 혼합비(%)는?

① 40 : 60 ② 15 : 85
③ 60 : 40 ④ 85 : 15

해설 아세틸렌 가스는 산소와 혼합되면 폭발성이 증가되고 인화점이 매우 낮아져 약간의 화기에도 인화되어 폭발될 위험이 있다. 아세틸렌 15%와 산소 85% 정도에서 가장 폭발 위험이 크다.

★
33 35℃에서 150kgf/cm^{2}로 압축하여 내부용적 45.7L의 산소용기에 충전하였을 때, 용기 속의 산소량은 몇 L인가?

① 6,855 ② 5,250
③ 6,105 ④ 7,005

해설 산소량(L)=충전압력(P)×내용적(V)으로 구할 수 있다. 문제에서 주어진 정보에 의해 산소량을 구하면 $L=P\times V=150\times 45.7=6{,}855$L이다.

34 발전(모터, 엔진형)형 직류 아크 용접기와 비교하여 정류기형 직류아크 용접기를 설명한 것 중 틀린 것은?

① 고장이 적고 유지보수가 용이하다.
② 취급이 간단하고 가격이 싸다.
③ 초소형 경량화 및 안정된 아크를 얻을 수 있다.
④ 완전한 직류를 얻을 수 있다.

해설 정류기형 직류아크 용접기는 교류를 정류하여 직류를 얻는 용접기이다.

35 산소 프로판 가스 절단 시 산소 : 프로판 가스의 혼합비로 가장 적당한 것은?

① 1 : 1 ② 2 : 1
③ 2.5 : 1 ④ 4.5 : 1

해설 프로판이 연소할 때 필요한 프로판 : 산소의 혼합비는 1 : 4.5이다.

36 교류 피복아크 용접기에서 아크발생 초기에 용접전류를 강하게 흘려보내는 장치를 무엇이라고 하는가?

① 원격 제어장치 ② 핫 스타트 장치
③ 전격 방지기 ④ 고주파 발생장치

해설 핫 스타트(hot start) 장치: 아크가 발생하는 초기에 용접봉과 모재가 냉각되어 있고, 용접 입열이 부족하여 아크가 불안정하기 때문에 아크 초기에만 용접전류를 특별히 높게 하는 장치이다.

37 아크 절단법의 종류가 아닌 것은?

① 플라스마 제트 절단
② 탄소 아크 절단
③ 스카핑
④ 티그 절단

정답 30. ③ 31. ② 32. ④ 33. ① 34. ④ 35. ④ 36. ② 37. ③

해설 스카핑은 강재 표면의 흠이나 개재물, 탈탄층 등을 제거하기 위해 될 수 있는 대로 얇게 그리고 타원형으로 표면을 깎아내는 가스 가공법이다.

38 부탄 가스의 화학기호로 맞는 것은?

① C_4H_{10} ② C_3H_8
③ C_5H_{12} ④ C_2H_6

해설 보기 ① C_4H_{10}은 부탄, ② C_3H_8은 프로판, 그 밖에 C_2H_2는 아세틸렌을 의미한다.

★
39 아크 에어 가우징에 가장 적합한 홀더 전원은?

① DCRP
② DCSP
③ DCRP, DCSP 모두 좋다.
④ 대전류의 DCSP가 가장 좋다.

해설 충분한 용량과 과부하 방지 장치가 부착된 직류역극성(DCRP)의 전원에 정전류 특성의 용접기가 가장 활용도가 높다고 말할 수 있다.

40 고장력강(HT)의 용접성을 가급적 좋게 하기 위해 줄여야 할 합금원소는?

① C ② Mn
③ Si ④ Cr

해설 고장력강(HT)은 연강보다 탄소 함유량이 많으므로 연강의 용접보다 다소 까다로운 용접조건이 필요하다. 즉, 탄소 함유량이 적은 연강이 용접성 측면에서는 고장력강보다 우수하다.

41 열간가공이 쉽고 다듬질 표면이 아름다우며 용접성이 우수한 강으로 몰리브덴 첨가로 담금질성이 높아 각종 축, 강력볼트, 아암, 레버 등에 많이 사용되는 강은?

① 크롬 - 몰리브덴강
② 크롬 - 바나듐강
③ 규소 - 망간강
④ 니켈 - 구리 - 코발트강

해설 Cr-Mo강에 대한 내용이다.

42 내식강 중에서 가장 대표적인 특수 용도용 합금강은?

① 주강 ② 탄소강
③ 스테인리스강 ④ 알루미늄강

해설 내식강에서 특수 용도 합금강의 대표적인 강은 스테인리스(Cr-Ni)강이다.

43 아공석강의 기계적 성질 중 탄소 함유량이 증가함에 따라 감소하는 성질은?

① 연신율 ② 경도
③ 인장강도 ④ 항복강도

해설 탄소량이 증가하면 연신율과 단면수축률은 감소한다.

★
44 금속침투법에서 칼로라이징이란 어떤 원소로 사용하는 것인가?

① 니켈 ② 크롬
③ 붕소 ④ 알루미늄

해설 금속침투법
- Cr: 크로마이징
- Si: 실리코나이징
- B: 보로나이징
- Al: 칼로라이징
- Zn: 세라다이징

45 주조 시 주형에 냉금을 삽입하여 주물표면을 급랭시키는 방법으로 제조되어 금속 압연용 롤 등으로 사용되는 주철은?

① 가단 주철 ② 칠드 주철
③ 고급 주철 ④ 페라이트 주철

해설 칠드(냉경) 주철: 용융상태에서 금형에 주입하여 접촉면을 백주철로 만든 것이다.

46 알루마이트법이라 하여, Al 제품을 2% 수산 용액에서 전류를 흘려 표면에 단단하고 치밀한 산화막을 만드는 방법은?

① 통산법 ② 황산법
③ 수산법 ④ 크롬산법

정답 38. ① 39. ① 40. ① 41. ① 42. ③ 43. ① 44. ④ 45. ② 46. ③

해설 알루미늄(Al) 방식법: 알루미늄 표면을 적당한 전해액 중에서 양극 산화처리하여 표면방식법이 우수하고 치밀한 산화피막이 만들어지도록 하는 방법이 가장 많이 사용되며, 그 종류로는 수산법, 황산법, 크롬산법 등이 있다. 문제는 수산법에 대한 내용이며, 황산법은 알루미나이트법이라고도 한다.

47 주위의 온도에 의하여 선팽창 계수나 탄성률 등의 특정한 성질이 변하지 않는 불변강이 아닌 것은?

① 인바 ② 엘린바
③ 슈퍼인바 ④ 베빗 메탈

해설 베빗 메탈은 베어링에 사용되는 대표적인 구리 합금 중 하나이다.

48 다음 가공법 중 소성가공법이 아닌 것은?

① 주조 ② 압연
③ 단조 ④ 인발

해설 금속의 소성가공에는 단조, 압연, 프레스 가공, 압출, 인발 등이 있다.

49 다음 중 담금질에서 나타나는 조직으로 경도와 강도가 가장 높은 조직은?

① 시멘타이트
② 오스테나이트
③ 소르바이트
④ 마텐자이트

해설 일반 열처리에서 담금질 중 나타나는 조직에서 강도와 경도가 가장 높은 조직은 마텐자이트 조직이다. 시멘타이트 조직은 담금질 조직이 아니다.

50 일반적으로 강에 S, Pb, P 등을 첨가하여 절삭성을 향상시킨 강은?

① 구조용강 ② 쾌삭강
③ 스프링강 ④ 탄소공구강

해설 제품의 정밀도 및 절삭 공구의 수명 등을 향상하기 위하여 탄소강에 S, Pb, P, Mn을 첨가·개선한 구조용강을 쾌삭강이라 한다.

51 KS 재료기호에서 고압 배관용 탄소강관을 의미하는 것은?

① SPP ② SPS
③ SPPA ④ SPPH

해설 고압 배관용 탄소강관: SPPH(carbon Steel Pipes for High Pressure Service)

52 용도에 의한 명칭에서 선의 종류가 모두 가는 실선인 것은?

① 치수선, 치수보조선, 지시선
② 중심선, 지시선, 숨은선
③ 외형선, 치수보조선, 해칭선
④ 기준선, 피치선, 수준면선

해설 용도에 의한 선의 명칭에서 선의 종류가 가는 실선에는 치수선, 치수보조선, 지시선, 회전단면선, 중심선 등이 있다.

53 리벳의 호칭방법으로 옳은 것은?

① 규격번호, 종류, 호칭지름×길이, 재료
② 명칭, 등급, 호칭지름×길이, 재료
③ 규격번호, 종류, 부품 등급, 호칭, 재료
④ 명칭, 다듬질 정도, 호칭, 등급, 강도

해설 보기 ①이 일반적인 리벳의 호칭방법이다.

54 도면에서 표제란과 부품란으로 구분할 때 다음 중 일반적으로 표제란에만 기입하는 것은?

① 부품번호 ② 부품기호
③ 수량 ④ 척도

해설 일반적으로 도면의 표제란에는 도면번호, 도명, 척도, 투상법 등을 기입하도록 한다.

55 그림과 같은 치수 기입방법은?

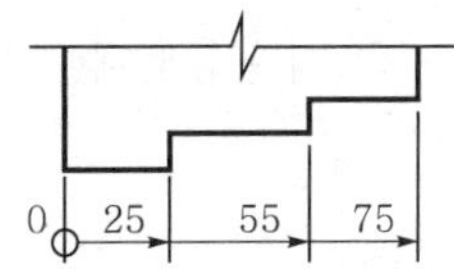

① 직렬 치수 기입법 ② 병렬 치수 기입법
③ 조합 치수 기입법 ④ 누진 치수 기입법

정답 47. ④ 48. ① 49. ④ 50. ② 51. ④ 52. ① 53. ① 54. ④ 55. ④

해설 누진 치수 기입법에 대한 내용이다. 치수의 기점 위치는 0으로 나타내고, 치수선의 다른 끝은 화살표로 나타낸다.

56 그림과 같이 파단선을 경계로 필요로 하는 요소의 일부만을 단면으로 표시하는 단면도는?

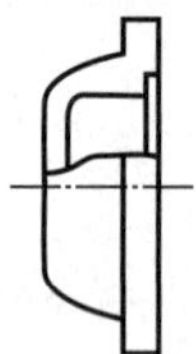

① 온 단면도 ② 부분 단면도
③ 한쪽 단면도 ④ 회전 도시 단면도

해설 부분 단면도에 대한 내용이다.

57 관의 구배를 표시하는 방법 중 틀린 것은?

① 

② 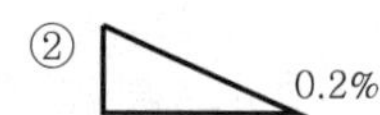

③ 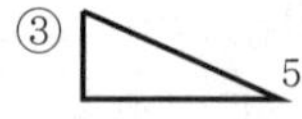

④ 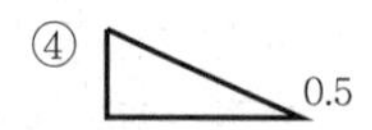

해설 관의 구배를 표시하는 방법은 보기 ①, ②, ③의 방법으로 표시한다.

58 그림과 같은 용접이음 방법의 명칭으로 가장 적합한 것은?

① 연속 필릿 용접
② 플랜지형 겹치기 용접
③ 연속 모서리 용접
④ 플랜지형 맞대기 용접

해설 플랜지형 맞대기 용접에 대한 내용이다.

59 그림과 같은 원추를 전개하였을 경우 나타난 부채꼴의 전개각(전개된 물체의 꼭지각)이 150°가 되려면 l의 치수는?

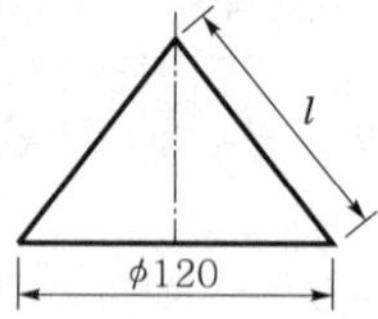

① 100 ② 122
③ 144 ④ 150

해설 문제에서의 원추를 전개하면 오른쪽 그림처럼 되고 부채꼴의 원호길이$(2\pi l \times \frac{\theta°}{360°})$는 밑원의 둘레$(2\pi r)$와 같다.

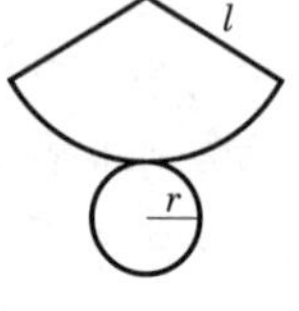

즉, $2\pi l \times \frac{\theta°}{360°} = 2\pi r$ 이다.

여기서, $\theta° = 150°$이므로 $2\pi l \times \frac{150°}{360°} = 2\pi \times 60$,

$l = 2\pi \times 60 \times \frac{360°}{150°} \times \frac{1}{2\pi} = 144$이다.

★
60 그림과 같은 제3각 정투상도의 3면도를 기초로 한 입체도로 가장 적합한 것은?

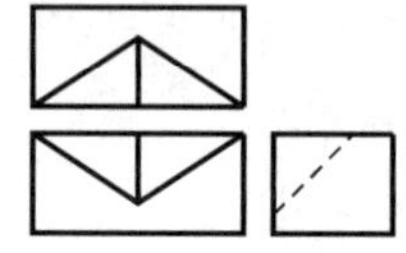

① ② ③ ④

해설 보기 ②에 해당하는 내용이며, ①은 정면도에 중심부 수직선이 아래까지 내려와야 한다. ③은 정면도와 평면도, 우측면도 등이 적합하지 않고, ④는 평면도의 중심부 수직선이 위까지 올라가야 한다.

정답 56. ② 57. ④ 58. ④ 59. ③ 60. ②

제 5 회 2014. 10. 11. 시행

용접기능사

01 화재의 폭발 및 방지조치 중 틀린 것은?

① 필요한 곳에 화재를 진화하기 위한 발화 설비를 설치할 것
② 배관 또는 기기에서 가연성 증기가 누출되지 않도록 할 것
③ 대기 중에 가연성 가스를 누설 또는 방출시키지 말 것
④ 용접작업 부근에 점화원을 두지 않도록 할 것

해설 화재 방지조치로 필요한 곳에 소화 설비를 설치하여야 한다.

02 용접변형에 대한 교정방법이 아닌 것은?

① 가열법
② 가압법
③ 절단에 의한 정형과 재용접
④ 역변형법

해설 용접 전에 변형 방지를 위한 방법으로는 억제법, 역변형법이 있다.

★
03 서브머지드 아크 용접에서 다전극 방식에 의한 분류가 아닌 것은?

① 유니언식 ② 횡병렬식
③ 횡직렬식 ④ 탠덤식

해설 서브머지드 아크용접은 다전극 방식에 의해 텐덤식(tandem process), 횡 병렬식(parallel transverse process), 횡 직렬식(series transverse process) 등으로 분류된다.

04 토륨 텅스텐 전극봉에 대한 설명으로 맞는 것은?

① 전자 방사 능력이 떨어진다.
② 아크발생이 어렵고 불순물 부착이 많다.
③ 직류정극성에는 좋으나 교류에는 좋지 않다.
④ 전극의 소모가 많다.

해설 토륨 텅스텐 전극봉은 직류정극성(DCSP)에는 좋으나 교류(AC)에는 좋지 않으며, 강이나 스테인리스강 용접 시 사용된다.

05 현미경 조직 시험순서 중 가장 알맞은 것은?

① 시험편 채취－마운팅－샌드 페이퍼 연마－폴리싱－부식－현미경 검사
② 시험편 채취－폴리싱－마운팅－샌드 페이퍼 연마－부식－현미경 검사
③ 시험편 채취－마운팅－폴리싱－샌드 페이퍼 연마－부식－현미경 검사
④ 시험편 채취－마운팅－부식－샌드 페이퍼 연마－폴리싱－현미경 검사

해설 현미경 조직 시험의 올바른 순서는 보기 ①의 순서이다.

06 다음 전기 저항용접 중 맞대기 용접이 아닌 것은?

① 업셋 용접 ② 버트 심 용접
③ 프로젝션 용접 ④ 퍼커션 용접

해설 저항용접 중 맞대기 용접에는 업셋 용접, 플래시 용접, 버트 심 용접, 포일 심 용접, 퍼커션 용접 등이 있다.

07 일렉트로 슬래그 용접의 단점에 해당되는 것은?

① 용접 능률과 용접 품질이 우수하므로 후판 용접 등에 적당하다.
② 용접진행 중에 용접부를 직접 관찰할 수 없다.
③ 최소한의 변형과 최단시간의 용접법이다.
④ 다전극을 이용하면 더욱 능률을 높일 수 있다.

해설 보기 ①, ③, ④의 경우 일렉트로 슬래그 용접의 장점이다.

정답 01. ① 02. ④ 03. ① 04. ③ 05. ① 06. ③ 07. ②

08 다음 중 용접 결함의 보수용접에 관한 사항으로 가장 적절하지 않은 것은?

① 재료의 표면에 있는 얇은 결함은 덧붙임 용접으로 보수한다.

② 언더컷이나 오버랩 등은 그대로 보수용접을 하거나 정으로 따내기 작업을 한다.

③ 결함이 제거된 모재 두께가 필요한 치수보다 얇게 되었을 때에는 덧붙임 용접으로 보수한다.

④ 덧붙임 용접으로 보수할 수 있는 한도를 초과할 때에는 결함 부분을 잘라내어 맞대기 용접으로 보수한다.

해설 기공 또는 슬래그 섞임이 있을 때에는 그 부분을 깎아내고 다시 용접한다.

★
09 용착금속의 극한 강도가 30kg/mm²에 안전율이 6이면 허용응력은?

① $3kg/mm^2$ ② $4kg/mm^2$
③ $5kg/mm^2$ ④ $6kg/mm^2$

해설 일반적으로

$$안전율 = \frac{허용응력}{사용응력} = \frac{극한강도(인장강도)}{허용응력}$$ 으로

구한다.
문제에서 주어진 정보를 대입하면

$$안전율 = \frac{극한강도(인장강도)}{허용응력}$$

$$\Rightarrow 허용응력 = \frac{극한강도}{안전율}$$

$$= \frac{30kg/mm^2}{6} = 5kg/mm^2$$

으로 구해진다.

10 상온에서 강하게 압축함으로써 경계면을 국부적으로 소성 변형시켜 접합하는 것은?

① 냉간압접 ② 플래시 버트 용접
③ 업셋 용접 ④ 가스 압접

해설 냉간압접은 상온에서 단순히 가압만으로 금속 상호 간의 확산을 일으켜 접합하는 방식이다.

11 불활성 가스 금속아크용접의 용적 이행방식 중 용융 이행상태는 아크 기류 중에서 용가재가 고속으로 용융, 미입자의 용적으로 분사되어 모재에 용착되는 용적 이행은?

① 용락 이행 ② 단락 이행
③ 스프레이 이행 ④ 글로뷸러 이행

해설 용적 이행방식

- 단락형: 용융지에 접촉하여 단락되고 표면 장력의 작용으로 모재에 옮겨가서 용착(비피복 용접봉 용접 시 흔히 나타남)되는 방식이다.
- 스프레이형: 용적이 스프레이와 같이 날려 모재에 옮겨가서 용착되는 방식이다.
- 글로뷸러형: 비교적 큰 용적이 단락되지 않고 옮겨가는 형식이며, 일명 핀치 효과형이라고 한다.

12 TIG 용접 및 MIG 용접에 사용되는 불활성 가스로 가장 적합한 것은?

① 수소 가스 ② 아르곤 가스
③ 산소 가스 ④ 질소 가스

해설 TIG 용접 및 MIG 용접에는 불활성 가스로 아르곤, 헬륨 가스가 사용된다.

13 차축, 레일의 접합, 선박의 프레임 등 비교적 큰 단면을 가진 주조나 단조품의 맞대기 용접과 보수 용접에 주로 사용되는 용접법은?

① 서브머지드 아크용접
② 테르밋 용접
③ 원자 수소 아크용접
④ 오토콘 용접

해설 테르밋 용접에 대한 내용이다.

14 CO_2 가스 아크용접 시 저전류 영역에서 가스 유량은 약 몇 L/min 정도가 가장 적당한가?

① 1~5 ② 6~10
③ 10~15 ④ 16~20

해설 CO_2 용접에서 가스 유량은 저전류 영역에서는 10~15L/min, 고전류 영역에서는 20~25L/min가 필요하다.

정답 08. ① 09. ③ 10. ① 11. ③ 12. ② 13. ② 14. ③

15 용접 시 두통이나 뇌빈혈을 일으키는 이산화탄소 가스의 농도는?

① 1~2% ② 3~4%
③ 10~15% ④ 20~30%

해설 CO_2 가스가 인체에 미치는 영향

CO_2(체적[%])	작용
3~4	두통, 뇌빈혈
15 이상	위험 상태
30 이상	극히 위험

★

16 모재두께 9mm, 용접길이 150mm인 맞대기 용접의 최대 인장하중(kg)은 얼마인가? (단, 용착금속의 인장강도는 43kg/mm^{2}이다.)

① 716kg ② 4,450kg
③ 40,635kg ④ 58,050kg

해설 $\text{인장강도}(\sigma) = \dfrac{\text{하중(kg)}}{\text{단면적(mm}^2)}$ 으로 구해진다.

여기에서, $\text{하중(kg)} = \text{인장강도}(\sigma) \times \text{단면적(mm}^2)$
$= 43 \times (9 \times 150) = 58{,}050\text{kg}$
으로 계산된다.

17 용접에서 예열에 관한 설명 중 틀린 것은?

① 용접작업에 의한 수축 변형을 감소시킨다.
② 용접부의 냉각속도를 느리게 하여 결함을 방지한다.
③ 고급 내열 합금도 용접균열을 방지하기 위하여 예열을 한다.
④ 알루미늄 합금, 구리 합금은 50~70℃의 예열이 필요하다.

해설 열전도도가 좋은 알루미늄 합금, 구리 합금은 200~400℃의 예열이 필요하다.

18 용접부의 연성 결함의 유무를 조사하기 위하여 실시하는 시험법은?

① 경도시험 ② 인장시험
③ 초음파시험 ④ 굽힘시험

해설 굽힘시험의 목적에 대한 내용이다.

19 용접부 시험 중 비파괴 시험방법이 아닌 것은?

① 피로시험 ② 누설시험
③ 자기적 시험 ④ 초음파시험

해설 파괴시험의 종류: 인장시험, 굽힘시험, 경도시험, 충격시험, 피로시험

★

20 불활성 가스 금속아크용접의 제어장치로서 크레이터 처리 기능에 의해 낮아진 전류가 서서히 줄어들면서 아크가 끊어지는 기능으로, 이면 용접 부위가 녹아내리는 것을 방지하는 것은?

① 예비 가스 유출시간
② 스타트 시간
③ 크레이터 충전시간
④ 버언 백 시간

해설 MIG 용접에서 제어장치의 기능

- 예비 가스 유출시간: 아크가 처음 발생되기 전 보호가스를 흐르게 함으로써 아크를 안정되게 하여 결함 발생을 방지하기 위한 기능이다.
- 스타트 시간: 아크가 발생되는 순간 용접전류와 전압을 크게 하여 아크 발생과 모재의 융합을 돕는 핫 스타트 기능과 와이어 송급속도를 아크가 발생되기 전 천천히 고급시켜 아크 발생 시 와이어가 튀는 것을 방지하는 슬로우 다운 기능이 있다.
- 크레이터 충전시간: 크레이터 처리를 위해 용접이 끝나는 지점에서 토치 스위치를 다시 누르면 용접전류와 전압이 낮아져 쉽게 크레이터가 채워져 결함을 방지하는 기능이다.
- 가스 지연시간: 용접이 끝난 후에도 5~25초 동안 가스가 계속 흘러나와 크레이터 주위에 산화를 방지하는 기능이다.

21 하중의 방향에 따른 필릿 용접의 종류가 아닌 것은?

① 전면 필릿 ② 측면 필릿
③ 연속 필릿 ④ 경사 필릿

해설 필릿 용접은 용접선의 방향과 하중의 방향에 따라 전면 필릿 이음, 측면 필릿 이음, 경사 필릿 이음 등으로 구분된다.

정답 15. ② 16. ④ 17. ④ 18. ④ 19. ① 20. ④ 21. ③

22 경납용 용가재에 대한 각각의 설명이 틀린 것은?

① 은납: 구리, 은, 아연이 주성분으로 구성된 합금으로 인장 강도, 전연성 등의 성질이 우수하다.
② 황동납: 구리와 니켈의 합금으로 값이 저렴하여 공업용으로 많이 쓰인다.
③ 인동납: 구리가 주성분이며 소량의 은, 인을 포함한 합금으로 되어 있다. 일반적으로 구리 및 구리 합금의 땜납으로 쓰인다.
④ 알루미늄납: 일반적으로 알루미늄에 규소, 구리를 첨가하여 사용하며 융점은 600℃ 정도이다.

해설 경납용 용가제인 황동납은 구리와 아연의 합금으로, 은납과 비교하여 가격이 저렴하므로 공업용으로 많이 이용되며, 특히 철, 비철금속의 납땜에 적합하다.

23 용접법을 크게 융접, 압접, 납땜으로 분류할 때 압접에 해당되는 것은?

① 전자빔 용접
② 초음파 용접
③ 원자 수소 용접
④ 일렉트로 슬래그 용접

해설 용접법은 융접, 압접, 납땜으로 분류하는데 ①, ③, ④는 융접, ②는 압접에 속하는 용접법이다.

24 산소 아크 절단을 설명한 것 중 틀린 것은?

① 가스 절단에 비해 절단면이 거칠다.
② 직류정극성이나 교류를 사용한다.
③ 중실(속이 찬) 원형봉의 단면을 가진 강(steel)전극을 사용한다.
④ 절단속도가 빨라 철강 구조물 해체, 수중 해체 작업에 이용된다.

해설 산소 아크 절단은 중공(中空)의 피복아크 용접봉과 모재 사이에 아크를 발생시켜 이 아크열을 이용하여 예열된 모재 절단부에 중공으로 된 전극 구멍에서 고압 산소를 분출하여 그 산화열로 절단하는 가스 절단법이다.

★
25 피복아크 용접봉은 피복제가 연소한 후 생성된 물질이 용접부를 보호한다. 용접부의 보호 방식에 따른 분류가 아닌 것은?

① 가스 발생식 ② 스프레이형
③ 반가스 발생식 ④ 슬래그 생성식

해설 피복아크 용접봉은 피복제가 연소 후 생성된 물질이 용접부를 어떻게 보호하느냐에 따라 가스 발생식, 슬래그 생성식, 반가스 발생식 등 세 가지로 구분된다.

26 가스 용접작업에서 후진법의 특징이 아닌 것은?

① 열 이용률이 좋다.
② 용접속도가 빠르다.
③ 용접변형이 작다.
④ 얇은 판의 용접에 적당하다.

해설 후진법은 전진법에 비해 기계적 성질이 우수하고 두꺼운 판의 용접에 적합하나, 비드 표면이 매끈하게 되기 어렵고 비드 높이가 높아지기 쉽다.

27 다음 ( ) 안에 알맞은 용어는?

> 용접의 원리는 금속과 금속을 서로 충분히 접근시키면 금속 원자 간에 ( )이 작용하여 스스로 결합하게 된다.

① 인력 ② 기력
③ 자력 ④ 응력

해설 용접 원리 중 광의(廣義)의 원리에 해당하며, 원자 간의 인력(引力)이 작용하여 접합이 된다.

28 가스 가우징용 토치의 본체는 프랑스식 토치와 비슷하나 팁은 비교적 저압으로 대용량의 산소를 방출할 수 있도록 설계되어 있는데, 이는 어떤 설계 구조인가?

① 초코 ② 인젝트
③ 오리피스 ④ 슬로우 다이버전트

해설 슬로우 다이버전트 노즐에 대한 내용이다. 끝이 작업하기 쉽도록 약간 구부러져 있다.

정답 22. ② 23. ② 24. ③ 25. ② 26. ④ 27. ① 28. ④

29 다음 가스 중 가연성 가스로만 되어 있는 것은?

① 아세틸렌, 헬륨 ② 수소, 프로판
③ 아세틸렌, 아르곤 ④ 산소, 이산화탄소

해설 가연성 가스에는 아세틸렌, 수소, 프로판 등이 있다.

30 가스 용접 시 양호한 용접부를 얻기 위한 조건에 대한 설명 중 틀린 것은?

① 용착금속의 용입상태가 균일해야 한다.
② 슬래그, 기공 등의 결함이 없어야 한다.
③ 용접부에 첨가된 금속의 성질이 양호하지 않아도 된다.
④ 용접부에는 기름, 먼지, 녹 등을 완전히 제거하여야 한다.

해설 양호한 용접부를 얻기 위해 양호한 합금 성분이 요구된다.

31 가스용접에 대한 설명 중 옳은 것은?

① 아크용접에 비해 불꽃의 온도가 높다.
② 열 집중성이 좋아 효율적인 용접이 가능하다.
③ 전원 설비가 있는 곳에서만 설치가 가능하다.
④ 가열할 때 열량 조절이 비교적 자유롭기 때문에 박판 용접에 적합하다.

해설 ① 아크용접의 최고 온도는 약 6,000℃이고, 실제 용접에 이용되는 온도는 약 3,500~500℃ 정도인 데 반해 가스 용접 불꽃의 최고 온도는 산소-아세틸렌 조합으로 약 3,430℃ 정도이다.
② 열의 집중성이 아크 용접에 비해 나빠서 효율적인 용접이 어렵다.
③ 혼합 가스의 연소열을 이용하므로 전원이 없는 곳에서도 적용이 가능하다.

32 연강용 피복아크 용접봉의 피복 배합제 중 아크 안정제 역할을 하는 종류로 묶어 놓은 것 중 옳은 것은?

① 적철강, 알루미나, 붕산
② 붕산, 구리, 마그네슘
③ 알루미나, 마그네슘, 탄산나트륨
④ 산화티탄, 규산나트륨, 석회석, 탄산나트륨

해설
- 아크안정제: 산화티탄, 규산나트륨, 석회석, 규산칼슘
- 가스 발생제: 녹말, 톱밥, 석회석, 탄산바륨, 셀룰로오스
- 슬래그 생성제: 산화철, 일미나이트, 산화티탄, 이산화망간, 석회석, 규사 등

33 연강 피복아크 용접봉인 E4316의 계열은 어느 계열인가?

① 저수소계 ② 고산화티탄계
③ 철분 저수소계 ④ 일미나이트계

해설 E4301: 일미나이트계
E4313: 고산화티탄계
E4326: 철분 저수소계

34 가스 절단 시 양호한 절단면을 얻기 위한 품질 기준이 아닌 것은?

① 슬래그 이탈이 양호할 것
② 절단면의 표면각이 예리할 것
③ 절단면이 평활하여 노치 등이 없을 것
④ 드래그의 홈이 높고 가능한 클 것

해설 가스 절단면이 평활하여 드래그의 홈이 낮고 노치(notch) 등이 없어야 한다.

★
35 정격 2차 전류 200A, 정격사용률 40%, 아크 용접기로 150A의 용접 전류 사용 시 허용사용률은 약 얼마인가?

① 51% ② 61%
③ 71% ④ 81%

해설
$$\text{허용사용률}(\%) = \frac{(\text{정격 2차 전류})^2}{(\text{실제 용접 전류})^2} \times \text{정격사용률}(\%)$$
$$= \frac{200^2}{150^2} \times 40 ≒ 71\%$$

36 직류아크용접에서 정극성의 특징으로 맞는 것은?

① 비드 폭이 넓다.
② 주로 박판 용접에 쓰인다.
③ 모재의 용입이 깊다.
④ 용접봉의 녹음이 빠르다.

정답 29. ② 30. ③ 31. ④ 32. ④ 33. ① 34. ④ 35. ③ 36. ③

해설 정극성의 특징
- 모재의 용입이 깊다.
- 용접봉의 녹음이 느리다.
- 비드 폭이 좁다.
- 일반적으로 많이 쓰인다.

37 용해 아세틸렌 가스는 각각 몇 ℃, 몇 kgf/cm^2로 충전하는 것이 가장 적합한가?

① 40℃, $160kgf/cm^2$
② 35℃, $150kgf/cm^2$
③ 20℃, $30kgf/cm^2$
④ 15℃, $15kgf/cm^2$

해설 용해 아세틸렌은 보기 ④ 정도로 충전된다.

38 교류아크 용접기 종류 중 AW-500의 정격 부하전압은 몇 V인가?

① 28V ② 32V
③ 36V ④ 40V

해설 교류 용접기 규격(KSC 9602)에서 AW-500, AW-400의 정격 부하전압은 40V이다.

39 피복아크 용접봉의 피복 배합제의 성분 중에서 탈산제에 해당하는 것은?

① 산화티탄(TiO_2)
② 규소철(Fe-Si)
③ 셀룰로오스(Cellulose)
④ 일미나이트(TiO_2·FeO)

해설 탈산제에는 규소철, 망간철, 티탄철 등이 있다.

40 다음 중 탄소량이 가장 적은 강은?

① 연강
② 반경강
③ 최경강
④ 탄소 공구강

해설 ① 연강: 0.13~0.20%
② 반경강: 0.20~0.30%
③ 최경강: 0.50~0.70%
④ 탄소 공구강: 0.7~1.5%.

41 보통 주강에 3% 이하의 Cr을 첨가하여 강도와 내마멸성을 증가시켜 분쇄 기계, 석유화학 공업용 기계부품 등에 사용되는 합금 주강은?

① Ni 주강 ② Cr 주강
③ Mn 주강 ④ Ni-Cr 주강

해설 Cr 주강에 대한 내용이다.

42 열간 가공과 냉간 가공을 구분하는 온도로 옳은 것은?

① 재결정 온도
② 재료가 녹는 온도
③ 물의 어는 온도
④ 고온 취성 발생 온도

해설
- 열간 가공: 재결정 온도보다 높은 온도에서 가공
- 냉간 가공: 재결정 온도보다 낮은 온도에서 가공

43 조성이 2.0~3.0% C, 0.6~1% Si 범위인 것으로 백주철을 열처리로 넣어 가열해서 탈탄 또는 흑연화 방법으로 제조한 주철은?

① 가단 주철 ② 칠드 주철
③ 구상 흑연 주철 ④ 고력 합금 주철

해설 가단 주철은 백주철을 풀림(annealing) 열처리하여 Fe_3C의 흑연화에 의해 연성을 가지게 한 주철이다.

44 구리(Cu)에 대한 설명으로 옳은 것은?

① 구리는 체심입방격자이며, 변태점이 있다.
② 전기 구리는 O_2나 탈산제를 품지 않는 구리이다.
③ 구리의 전기전도율은 금속 중에서 은(Ag)보다 높다.
④ 구리는 CO_2가 들어 있는 공기 중에서 염기성 탄산구리가 생겨 녹청색이 된다.

해설 ① 구리는 면심입방격자이고, 변태점은 없다.
② 산소나 P, Zn, Si 등의 탈산제를 가지지 않는 구리는 무산소동이다.
③ 구리의 전기전도율은 은(Ag) 다음으로 크다.

정답 37. ④ 38. ④ 39. ② 40. ① 41. ② 42. ① 43. ① 44. ④

45 담금질에 대한 설명으로 옳은 것은?

① 위험 구역에서는 급랭한다.
② 임계 구역에서는 서냉한다.
③ 강을 경화시킬 목적으로 실시한다.
④ 정지된 물속에서 냉각 시 대류단계에서 냉각 속도가 최대가 된다.

해설 일반 열처리
- 담금질(quenching): 강도 경도 증가
- 뜨임(tempering): 담금질한 강의 강인성 부여
- 불림(normalizing): 조직의 균일화 및 표준화
- 풀림(annealing): 가공 경화된 재료의 연화

46 스테인리스강의 종류에 해당되지 않는 것은?

① 페라이트계 스테인리스강
② 레데뷰라이트계 스테인리스강
③ 석출 경화형 스테인리스강
④ 마텐자이트계 스테인리스강

해설 스테인리스강의 종류
- 마텐자이트계 스테인리스강
- 페라이트계 스테인리스강
- 오스테나이트계 스테인리스강
- 석출 경화형 스테인리스강

★
47 강의 표준 조직이 아닌 것은?

① 페라이트(ferrite)
② 펄라이트(pearlite)
③ 시멘타이트(cementite)
④ 소르바이트(sorbite)

해설 ①, ②, ③은 강의 표준 조직이며, ④는 열처리 조직이다.

48 마그네슘(Mg)의 특성을 설명한 것 중 틀린 것은?

① 비강도가 Al 합금보다 떨어진다.
② 구상 흑연 주철의 첨가제로 사용된다.
③ 비중이 약 1.74 정도로 실용금속 중 가볍다.
④ 항공기, 자동차 부품, 전기 기기, 선박, 광학 기계, 인쇄 제판 등에 사용된다.

해설 ① 마그네슘의 비강도는 알루미늄보다 우수하다.

49 금속 침투법 중 칼로라이징은 어떤 금속을 침투시킨 것인가?

① B ② Cr
③ Al ④ Zn

해설 금속 침투법
- B: 보로나이징
- Cr: 크로마이징
- Al: 칼로라이징
- Zn: 세라다이징
- Si: 실리코나이징

50 Al-Si계 합금의 조대한 공정 조직을 미세화하기 위하여 나트륨(Na), 수산화나트륨(NaOH), 알칼리염류 등을 합금 용량에 첨가하여 10~15분간 유지하는 처리는?

① 시효처리 ② 폴링처리
③ 개량처리 ④ 응력제거 풀림처리

해설 알루미늄 합금의 개량처리에 대한 내용이다.

51 그림과 같이 지름이 같은 원기둥과 원기둥이 직각으로 만날 때의 상관선은 어떻게 나타내는가?

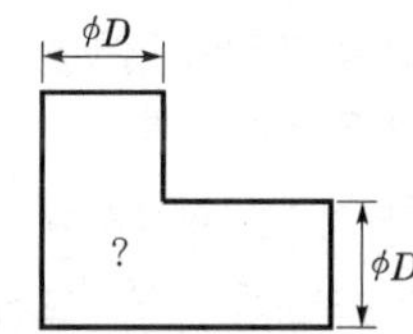

① 점선 형태의 직선
② 실선 형태의 직선
③ 실선 형태의 포물선
④ 실선 형태의 하이포이드 곡선

해설 상관선은 두 개 이상의 입체가 서로 만나는 곳의 경계선으로, 문제의 경우 실선 형태의 직선으로 두 원기둥이 만나는 경계에 표시된다.

52 KS 재료기호 중 기계 구조용 탄소강재의 기호는?

① SM 35C ② SS 490B
③ SF 340A ④ STKM 20A

해설 ②: 일반 구조용 압연강재
③: 탄소강 단강
④: 기계 구조용 탄소강관

정답 45. ③ 46. ② 47. ④ 48. ① 49. ③ 50. ③ 51. ② 52. ①

53 다음 중 지시선 및 인출선을 잘못 나타낸 것은?

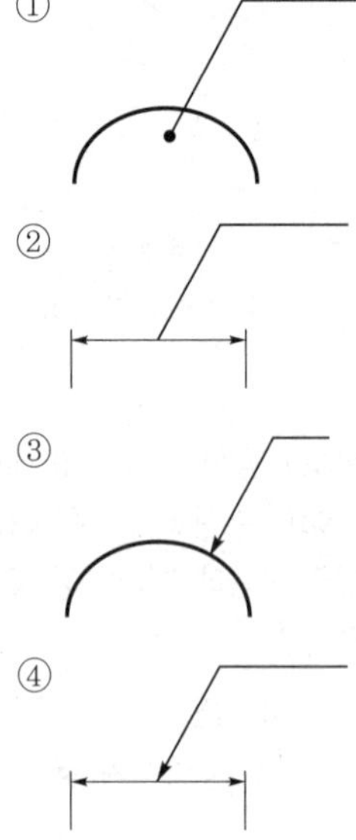

해설 치수선과 치수보조선에서 선을 인출하는 경우 일반적으로 화살표를 사용하지 않는다.

54 다음 중 치수 기입의 원칙에 대한 설명으로 가장 적절한 것은?

① 주요한 치수는 중복하여 기입한다.
② 치수는 되도록 주투상도에 집중하여 기입한다.
③ 계산하여 구한 치수는 되도록 식을 같이 기입한다.
④ 치수 중 참고치수에 대하여는 네모 상자 안에 치수 수치를 기입한다.

해설 치수는 가능하면 주투상도에 기입한다.

55 리벳 이음(rivet joint) 단면의 표시법으로 가장 올바르게 투상된 것은?

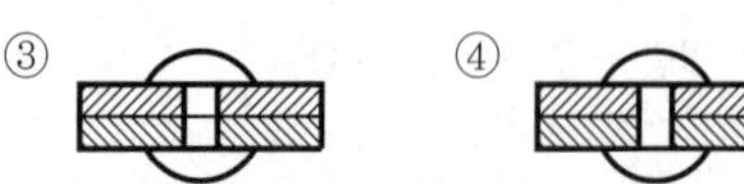

해설 리벳, 축, 핀 등의 작은 부품은 절단하여 표시하면 오히려 혼돈을 줄 수 있으므로 구멍 뚫린 철판에만 해칭을 하는 것이 일반적이고 보기 ④처럼 표시한다.

56 제3각 점투상법으로 투상한 그림과 같은 투상도의 우측면도로 가장 적합한 것은?

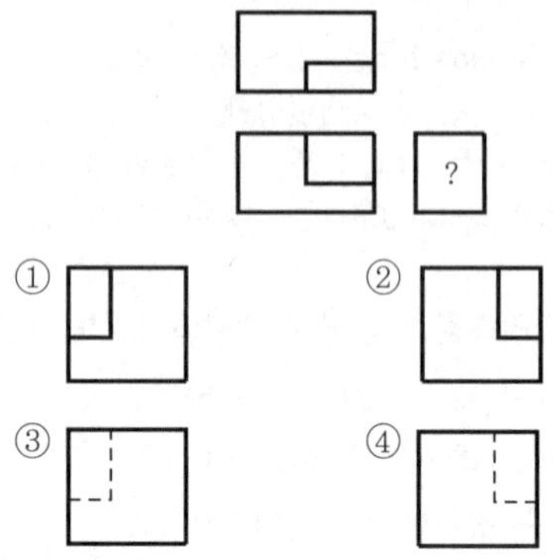

해설 일반적으로 제3각법에서는 평면도를 중심을 기준으로 시계 방향으로 돌리거나 또는 우측면도를 중심을 기준으로 시계 반대 방향으로 돌리면 그 폭과 너비가 동일하며 입체를 이해하는 데 도움이 된다. 정면도의 우측 상단과 평면도의 좌측 하단에 모양이 실선으로 표시됨에 따라 보기 ①과 같이 우측면도의 좌측 상단이 실선으로 표기되어야 한다.

★
57 기계제도에서의 척도에 대한 설명으로 잘못된 것은?

① 척도는 표제란에 기입하는 것이 원칙이다.
② 축척의 표시는 2 : 1, 5 : 1, 10 : 1 등과 같이 나타낸다.
③ 척도란 도면에서의 길이와 대상물의 실제 길이의 비이다.
④ 도면을 정해진 척도값으로 그리지 못하거나 비례하지 않을 때에는 척도를 'NS'로 표시할 수 있다.

해설 척도 표시
- 축척 – 1 : 2, 1 : 5, 1 : 10
- 현척 – 1 : 1
- 배척 – 2 : 1, 5 : 1, 10 : 1

정답 53. ④ 54. ② 55. ④ 56. ① 57. ②

★
58 다음 용접 기호에서 "3"의 의미로 올바른 것은?

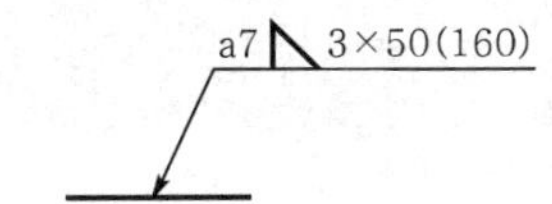

① 용접부 수 ② 용접부 간격
③ 용접의 길이 ④ 필릿 용접 목 두께

해설 필릿 기호(◺)이며 a7은 목 두께가 7mm라는 의미이다. 3×50(160)의 경우 $n \times l(e)$의 표기방법으로 n은 필릿 용접의 수, l은 필릿 용접부의 길이, (e)는 인접 용접부 간의 거리(왼쪽 용접부의 우측 끝부분에서 오른쪽 용접부 좌측 시작부 까지의 거리)를 의미한다.
따라서 문제에서 "3"은 필릿 용접의 수가 3개소라는 의미이다.

59 리벳 구멍에 카운터 싱크가 없고 공장에서 드릴 가공 및 끼워 맞추기 할 때의 간략 표시기호는?

①  ② 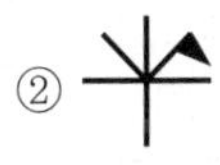
③ 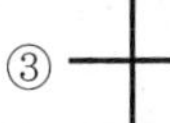 ④ 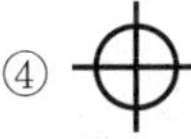

해설 보기 ③에 해당하는 내용이다.

기호	의미
	• 공장에서 드릴 가공 및 끼워 맞춤 • 카운터 싱크 없음
	• 공장에서 드릴 가공, 현장에서 끼워 맞춤 • 먼 면에 카운터 싱크 있음
	• 현장에서 드릴 가공 및 끼워 맞춤 • 먼 면에 카운터 싱크 있음
	• 현장에서 드릴 가공 및 끼워 맞춤 • 양쪽 면에 카운터 싱크 있음
	• 공장에서 드릴 가공 및 끼워 맞춤 • 가까운 면에 카운터 싱크 있음
	• 현장에서 드릴 가공 및 끼워 맞춤 • 카운터 싱크 없음

60 다음 배관 도면에 포함되어 있는 요소로 볼 수 없는 것은?

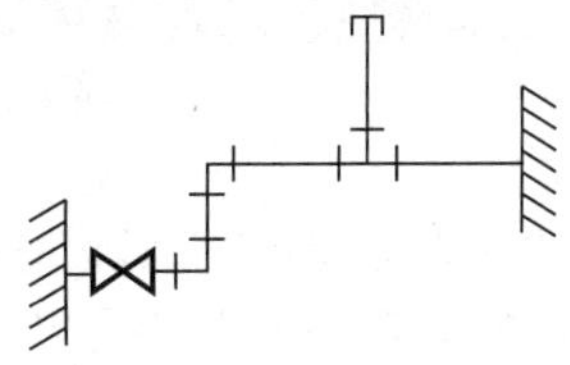

① 엘보 ② 티
③ 캡 ④ 체크 밸브

해설 배관도면 중심부 상단에 나사 박음식 캡이 있으나, 도면에서의 밸브는 체크 밸브가 아님을 알 수 있다.

끝부분의 종류	그림기호
막힌 플랜지	
나사박음식 캡 및 나사박음식 플러그	
용접식 캡	

밸브 · 콕의 종류	그림기호	밸브 · 콕의 종류	그림기호
밸브 일반		앵글 밸브	
슬루스 밸브		3방향 밸브	
글로브 밸브		안전 밸브	또는
체크 밸브	또는		
볼 밸브		콕 일반	
나비 밸브	또는		

정답 58. ① 59. ③ 60. ④

제 1 회 2015. 1. 25. 시행

용접기능사

01 불활성 가스 텅스텐 아크용접(TIG)의 KS 규격이나 미국용접협회(AWS)에서 정하는 텅스텐 전극봉의 식별 색상이 황색이면 어떤 전극봉인가?

① 순 텅스텐 ② 지르코늄 텅스텐
③ 1% 토륨 텅스텐 ④ 2% 토륨 텅스텐

해설 텅스텐 전극봉은 순텅스텐 봉과 토륨 1~2% 함유한 텅스텐 봉, 지르코늄 함유 텅스텐 봉 등이 있다.
- 순 텅스텐 봉: 녹색
- 1% 토륨 텅스텐 봉: 황색
- 2% 토륨 텅스텐 봉: 적색
- 지르코늄 텅스텐 봉: 갈색 또는 백색

★
02 서브머지드 아크용접의 다전극 방식에 의한 분류가 아닌 것은?

① 푸시식 ② 텐덤식
③ 횡 병렬식 ④ 횡 직렬식

해설 서브머지드 아크 용접은 전극의 수에 의해 단전극(single electrode), 다전극(multi electrode) 방식으로 구분되며, 다전극의 경우 텐덤식, 횡 병렬식, 횡 직렬식 등으로 구분된다.

03 다음 중 정지구멍(stop hole)을 뚫어 결함부분을 깎아내고 재용접해야 하는 결함은?

① 균열 ② 언더컷
③ 오버랩 ④ 용입부족

해설 균열(crack)결함에 대한 보수방법이다.

04 산업용 로봇 중 직각좌표계 로봇의 장점에 속하는 것은?

① 오프라인 프로그래밍이 용이하다.
② 로봇 주위에 접근이 가능하다.
③ 1개의 선형축과 2개의 회전축으로 이루어졌다.
④ 작은 설치공간에 큰 작업영역이다.

해설 산업용 로봇 각 좌표계의 장단점

형상	장점	단점
직각 좌표계	• 3개 선형축(직선운동) • 시각화가 용이 • 강성구조 • 오프라인 프로그래밍 용이 • 직선축에 기계정지 용이	• 로봇 자체 앞에만 접근 가능 • 큰 설치공간이 필요 • 밀봉(seal)이 어려움
원통 좌표계	• 2개의 선형축과 1개 회전축 • 로봇 주위에 접근 가능 • 강성구조의 2개의 선형축 • 밀봉이 용이한 회전축	• 로봇 자체보다 위에 접근 불가 • 장애물 주위에 접근 불가 • 밀봉이 어려운 2개 선형축
극 좌표계	• 1개의 선형축과 2개의 회전축 • 긴 수평 접근	• 장애물 주위에 접근 불가 • 짧은 수직 접근
관절 좌표계	• 3개의 회전축 • 장애물의 상하에 접근 가능 • 작은 설치공간에 큰 작업영역	• 복잡한 머니퓰레이터 구조

05 용접 후 변형 교정 시 가열온도 500~600℃, 가열시간 약 30초, 가열지름 20~30mm로 하여, 가열한 후 즉시 수냉하는 변형교정법을 무엇이라 하는가?

① 박판에 대한 수냉 동판법
② 박판에 대한 살수법
③ 박판에 대한 수냉 석면포법
④ 박판에 대한 점 수축법

해설 박판에 대한 점 수축법에 대한 내용이다.

정답 01. ③ 02. ① 03. ① 04. ① 05. ④

06 다음 중 비파괴시험에 해당하는 시험법은?

① 굽힘시험 ② 현미경조직시험
③ 파면시험 ④ 초음파시험

해설 비파괴시험에는 외관시험, 누설시험, 침투시험, 초음파시험, 방사선투과시험, 자분탐상시험, 와전류 탐상시험 등이 있다.

★
07 용접 전의 일반적인 준비사항이 아닌 것은?

① 사용재료를 확인하고 작업내용을 검토한다.
② 용접전류, 용접순서를 미리 정해둔다.
③ 이음부에 대한 불순물을 제거한다.
④ 예열 및 후열처리를 실시한다.

해설 용접 후열처리(PWHT: Post Welding Heat Treatment)는 용접 전의 준비가 아니다.

08 불활성 가스 금속아크용접(MIG)에서 크레이터 처리에 의해 전류가 서서히 줄어들면서 아크가 끊어지는 기능으로 용접부가 녹아내리는 것을 방지하는 제어기능은?

① 스타트 시간
② 예비가스 유출시간
③ 버언 백 시간
④ 크레이터 충전시간

해설 ① 스타트 시간: 아크가 발생되는 순간 용접전류와 전압을 크게 하여 아크 발생과 모재의 융합을 돕는 핫 스타트 기능과 아크가 발생되기 전에 와이어 송급속도를 천천히 고급시켜 아크 발생 시 와이어가 튀는 것을 방지하는 슬로우 다운 기능이 있다.
② 예비 가스 유출시간: 아크가 처음 발생되기 전에 보호가스를 흐르게 하여 아크를 안정되게 함으로써 결함 발생을 방지하기 위한 기능이다.
④ 크레이터 충전시간: 크레이터 처리를 위해 용접이 끝나는 지점에서 토치 스위치를 다시 누르면 용접 전류와 전압이 낮아져 쉽게 크레이터가 채워져 결함을 방지하는 기능이다.
• 그 외 가스 지연시간: 용접이 끝난 후에도 5~25초 동안 가스가 계속 흘러나와 크레이터 주위에 산화를 방지하는 기능이다.

09 금속 간의 원자가 접합되는 인력 범위는?

① 10^{-4}cm ② 10^{-6}cm
③ 10^{-8}cm ④ 10^{-10}cm

해설 뉴턴의 만유인력의 법칙에 따르면 원자 간의 인력에 의해 접합이 된다. 이때 원자 간의 인력이 작용하는 거리는 약 1Å(10^{-8}cm, 1옹스트롬)이다.

10 다음 중 용접용 지그 선택의 기준으로 적절하지 않은 것은?

① 물체를 튼튼하게 고정시켜 줄 크기와 힘이 있을 것
② 변형을 막아줄 만큼 견고하게 잡아줄 수 있을 것
③ 물품의 고정과 분해가 어렵고 청소가 편리할 것
④ 용접 위치를 유리한 용접자세로 쉽게 움직일 수 있을 것

해설 용접용 지그 등과 같은 치공구는 작업을 보다 편하게, 빠르게, 정확하게 하기 위해 임시 고정하는 장치로 탈부착이 자유로워야 한다.

11 다음 중 테르밋 용접의 특징에 관한 설명으로 틀린 것은?

① 전기가 필요 없다.
② 용접작업이 단순하다.
③ 용접시간이 길고 용접 후 변형이 크다.
④ 용접기구가 간단하고 작업장소의 이동이 쉽다.

해설 테르밋 용접은 보기 ①, ②, ④ 이외에 ㉠ 용접시간이 짧고 용접 후 변형이 적다, ㉡ 용접 이음부의 홈은 가스 절단한 그대로도 좋고 특별한 모양의 홈을 필요로 하지 않는다, ㉢ 용접비용이 싸다 등의 특징이 있다.

12 다음 중 용접 설계상 주의해야 할 사항으로 틀린 것은?

① 국부적으로 열이 집중되도록 할 것
② 용접에 적합한 구조의 설계를 할 것
③ 결함이 생기기 쉬운 용접방법은 피할 것
④ 강도가 약한 필릿 용접은 가급적 피할 것

정답 06. ④ 07. ④ 08. ③ 09. ③ 10. ③ 11. ③ 12. ①

해설 용접 설계의 경우 보기 ①처럼 설계하면 열에 의한 변형, 열응력 발생 등 좋지 못한 결과가 나타난다.

13 서브머지드 아크용접에 대한 설명으로 틀린 것은?

① 가시용접으로 용접 시 용착부를 육안으로 식별이 가능하다.
② 용융속도와 용착속도가 빠르며 용입이 깊다.
③ 용착금속의 기계적 성질이 우수하다.
④ 개선각을 작게 하여 용접 패스 수를 줄일 수 있다.

해설 서브머지드 아크용접의 경우 미리 살포된 플럭스(flux) 안에서 아크가 발생되므로 불가시 용접, 잠호 용접이라고도 한다.

★
14 용접시공 시 발생하는 용접변형이나 잔류응력의 발생을 줄이기 위해 용접시공 순서를 정한다. 다음 중 용접시공 순서에 대한 사항으로 틀린 것은?

① 제품의 중심에 대하여 대칭으로 용접을 진행시킨다.
② 같은 평면 안에 이음이 있을 때에는 수축은 가능한 자유단으로 보낸다.
③ 수축이 작은 이음을 가능한 먼저 용접하고 수축이 큰 이음을 나중에 용접한다.
④ 리벳작업과 용접을 같이 할 때는 용접을 먼저 실시하여 용접열에 의해서 리벳의 구멍이 늘어남을 방지한다.

해설 올바른 용접시공 순서를 정할 때 수축이 큰 이음을 먼저 용접하고, 수축이 작은 이음을 나중에 한다.

15 이산화탄소 아크 용접법에서 이산화탄소(CO_2)의 역할을 설명한 것 중 틀린 것은?

① 아크를 안정시킨다.
② 용융금속 주위를 산성 분위기로 만든다.
③ 용융속도를 빠르게 한다.
④ 양호한 용착금속을 얻을 수 있다.

해설 보호가스로 CO_2 가스를 사용하면 불활성 가스를 사용하는 경우보다 용융금속 주위를 약간의 산성 분위기로 만든다. 그리고 와이어의 용융속도는 보호가스보다는 전류밀도의 영향을 받는다.

16 이산화탄소 아크용접에 관한 설명으로 틀린 것은?

① 팁과 모재 간의 거리는 와이어의 돌출길이에 아크길이를 더한 것이다.
② 와이어 돌출길이가 짧아지면 용접 와이어의 예열이 많아진다.
③ 와이어의 돌출길이가 짧아지면 스패터가 부착되기 쉽다.
④ 약 200A 미만의 저전류를 사용할 경우 팁과 모재 간의 거리는 10~15mm 정도 유지한다.

해설 CO_2 용접에서 와이어 돌출길이가 길어지면 용접 와이어의 예열이 많아져서 용착속도와 용착효율은 커지나, 가스 보호 효과가 나빠지며 용접전류가 낮아진다. 반면 와이어 돌출길이가 짧아지면 가스 보호 효과는 좋으나, 노즐에 스패터가 부착되기 쉽고 용접부 외관도 나쁘며 작업성이 떨어진다. 따라서 저전류(역 200A 미만) 영역에서는 10~15mm, 고전류(200A 이상) 영역에서는 15~25mm 정도가 적당하다.

17 강구조물 용접에서 맞대기 이음의 루트 간격의 차이에 따라 보수용접을 하는데 보수방법으로 틀린 것은?

① 맞대기 루트 간격 6mm 이하일 때에는 이음부의 한쪽 또는 양쪽을 덧붙임 용접한 후 절삭하여 규정 간격으로 개선 홈을 만들어 용접한다.
② 맞대기 루트 간격 15mm 이상일 때에는 판을 전부 또는 일부(대략 300mm 이상의 폭)를 바꾼다.
③ 맞대기 루트 간격 6~15mm일 때에는 이음부에 두께 6mm 정도의 뒷댐판을 대고 용접한다.
④ 맞대기 루트 간격 15mm 이상일 때에는 스크랩을 넣어서 용접한다.

정답 13. ① 14. ③ 15. ③ 16. ② 17. ④

해설 강구조물 맞대기 이음에서 루트 간격이 보기 ④의 경우에는 보기 ②의 방법으로 보수하여 용접시공한다.

18 용접작업 시의 전격에 대한 방지대책으로 올바르지 않은 것은?

① TIG 용접 시 텅스텐 전극봉을 교체할 때는 전원 스위치를 차단하지 않고 해야 한다.
② 습한 장갑이나 작업복을 입고 용접하면 감전의 위험이 있으므로 주의한다.
③ 절연홀더의 절연부분이 균열이나 파손되었으면 곧바로 보수하거나 교체한다.
④ 용접작업이 끝났을 때나 장시간 중지할 때에는 반드시 스위치를 차단시킨다.

해설 전격 예방을 위해 TIG 용접 시 텅스텐 전극봉을 교체할 때는 전원 스위치를 차단하고 교체해야 한다.

★
19 단면적이 10cm^{2}의 평판을 완전 용입 맞대기 용접한 경우의 하중은 얼마인가? (단, 재료의 허용응력을 1,600kgf/cm^{2}로 한다.)

① 160kgf ② 1,600kgf
③ 16,000kgf ④ 16kgf

해설 허용응력$(\sigma)=\dfrac{\text{하중}(P)}{\text{단면적}(A)}$으로 구할 수 있다.
하중(P)=허용응력$(\sigma)\times$단면적(A)으로 변환하여 문제에서 주어진 정보를 대입하면 하중$(P)=1{,}600\times10=16{,}000$kgf이다.

20 다음 중 아세틸렌(C_2H_2) 가스의 폭발성에 해당되지 않는 것은?

① 406~408℃가 되면 자연발화한다.
② 마찰, 진동, 충격 등의 외력이 작용하면 폭발위험이 있다.
③ 아세틸렌 90%, 산소 10%의 혼합 시 가장 폭발위험이 크다.
④ 은, 수은 등과 접촉하면 이들과 화합하여 120℃ 부근에서 폭발성이 있는 화합물을 생성한다.

해설 아세틸렌 가스는 아세틸렌과 산소의 비율이 15 : 85인 경우 폭발의 위험이 크다.

21 용접길이가 짧거나 변형 및 잔류응력의 우려가 적은 재료를 용접할 경우 가장 능률적인 용착법은?

① 전진법 ② 후진법
③ 비석법 ④ 대칭법

해설 전진법은 이음의 한쪽 끝에서 다른 쪽 끝으로 용접을 진행하는 방법으로 가장 간단한 방법이다.

22 스터드 용접의 특징 중 틀린 것은?

① 긴 용접시간으로 용접변형이 크다.
② 용접 후의 냉각속도가 비교적 빠르다.
③ 알루미늄, 스테인리스강 용접이 가능하다.
④ 탄소 0.2%, 망간 0.7% 이하 시 균열 발생이 없다.

해설 아크열을 이용하여 자동적으로 단시간에 용접부를 가열, 용융하여 용접하는 방식이므로 용접변형이 극히 작다.

23 연강용 피복아크 용접봉 중 저수소계 용접봉을 나타내는 것은?

① E4301 ② E4311
③ E4316 ④ E4327

해설
- E4301: 일미나이트계
- E4311: 고셀룰로오스계
- E4313: 고산화티탄계
- E4316: 저수소계
- E4327: 철분산화철계

24 산소-아세틸렌 가스용접의 장점이 아닌 것은?

① 용접기의 운반이 비교적 자유롭다.
② 아크 용접에 비해서 유해광선의 발생이 적다.
③ 열의 집중성이 높아서 용접이 효율적이다.
④ 가열할 때 열량 조절이 비교적 자유롭다.

정답 18. ① 19. ③ 20. ③ 21. ① 22. ① 23. ③ 24. ③

해설 가스용접의 단점으로 아크용접에 비해 열의 집중성이 나빠 효율적인 용접이 어렵다.

★
25 직류 피복아크 용접기와 비교한 교류 피복아크 용접기의 설명으로 옳은 것은?

① 무부하 전압이 낮다.
② 아크의 안정성이 우수하다.
③ 아크쏠림이 거의 없다.
④ 전격의 위험이 적다.

해설 직류 피복아크 용접기와 교류 피복아크 용접기의 비교

비교 항목	직류 용접기	교류 용접기
아크 안정	우수	약간 떨어짐
비피복봉 사용	가능	불가능
극성 변화	가능	불가능
자기 쏠림 방지	불가능	가능(거의 없다)
무부하 전압	약간 낮다 (40~60V)	높다(70~80V)
전격 위험	적다	많다

26 다음 중 산소용기의 각인사항에 포함되지 않은 것은?

① 내용적 ② 내압시험압력
③ 가스충전일시 ④ 용기 중량

해설 산소 등 가스용기에는 메이커 측에서 일련의 정보를 low stress punch로 각인하여 제공하고 있다. 그 중 가스충전일시 등은 수시로 변경되는 정보이므로 일반적으로 스프레이 페인팅하여 표시한다.

27 정류기형 직류 아크 용접기에서 사용되는 셀렌 정류기는 80℃ 이상이면 파손되므로 주의하여야 하는데 실리콘 정류기는 몇 ℃ 이상에서 파손되는가?

① 120℃ ② 150℃
③ 80℃ ④ 100℃

해설 실리콘 정류기는 약 150℃ 이상이 되면 파손될 우려가 있다.

★
28 가스용접 작업 시 후진법의 설명으로 옳은 것은?

① 용접속도가 빠르다.
② 열 이용률이 나쁘다.
③ 얇은 판의 용접에 적합하다.
④ 용접변형이 크다.

해설 가스용접에서 전진법과 후진법 비교

항목	전진법(좌진법)	후진법(우진법)
열 이용률	나쁘다	좋다
용접속도	느리다	빠르다
비드 모양	보기 좋다	매끈하지 못하다
홈 각도	크다(80°)	작다(60°)
용접변형	크다	작다
용접모재 두께	얇다(5mm까지)	두껍다
산화 정도	심하다	약하다
용착금속의 냉각속도	급랭된다	서냉된다
용착금속 조직	거칠다	미세하다

29 절단의 종류 중 아크 절단에 속하지 않는 것은?

① 탄소 아크 절단
② 금속 아크 절단
③ 플라스마 제트 절단
④ 수중 절단

해설 수중 절단은 아크 열원을 사용하는 절단법이 아니다.

30 강재의 표면에 개재물이나 탈탄층 등을 제거하기 위하여 비교적 얇고 넓게 깎아내는 가공법은?

① 스카핑 ② 가스 가우징
③ 아크 에어 가우징 ④ 워트 제트 절단

해설 스카핑의 핵심 키워드는 강재 표면의 흠이나 개재물 또는 탈탄층 제거이며, 가우징의 핵심 키워드는 결함 파내기, 홈가공 등이다.

정답 25. ③ 26. ③ 27. ② 28. ① 29. ④ 30. ①

31 다음 중 용접기에서 모재를 (+)극에, 용접봉을 (−)극에 연결하는 아크 극성을 옳은 것은?

① 직류정극성 ② 직류역극성
③ 용극성 ④ 비용극성

해설 직류정극성(DCSP)에 대한 내용이다.

32 야금적 접합법의 종류에 속하는 것은?

① 납땜 이음 ② 볼트 이음
③ 코터 이음 ④ 리벳 이음

해설 금속 재료의 접합에는 기계적 접합법과 야금적 접합법이 있다. 야금적 접합법은 융접, 압접, 납땜 등으로 분류한다.

33 수중 절단작업에 주로 사용되는 연료가스는?

① 아세틸렌 ② 프로판
③ 벤젠 ④ 수소

해설 수중 절단작업에 주로 사용되는 연료가스는 수소가스이다. 아세틸렌 가스는 수중에서는 육상에서보다 예열불꽃이 더 커야 하므로 아세틸렌 압력을 높일 경우 폭발의 우려가 있어 사용이 제한적이다.

34 탄소 아크 절단에 압축공기를 병용하여 전극 홀더의 구멍에서 탄소 전극봉에 나란히 분출하는 고속의 공기를 분출시켜 용융금속을 불어 내어 홈을 파는 방법은?

① 아크 에어 가우징 ② 금속 아크 절단
③ 가스 가우징 ④ 가스 스카핑

해설 아크 에어 가우징(arc air gouging)은 탄소 아크 절단 장치에 6~7kg/cm^2 정도 되는 압축 공기를 병용하여서 아크 열로 용융시킨 부분을 압축 공기로 불어 날려서 홈을 파는 작업을 말한다.

35 가스용접 시 팁 끝이 순간적으로 막혀 가스분출이 나빠지고 혼합실까지 불꽃이 들어가는 현상을 무엇이라고 하는가?

① 인화 ② 역류
③ 점화 ④ 역화

해설 인화에 대한 내용이다.

36 피복배합제의 종류에서 규산나트륨, 규산칼륨 등의 수용액이 주로 사용되며 심선에 피복제를 부착하는 역할을 하는 것은 무엇인가?

① 탈산제 ② 고착제
③ 슬래그 생성제 ④ 아크안정제

해설 고착제에 대한 내용이다.

★
37 판의 두께(T)가 3.2mm인 연강판을 가스 용접으로 보수하고자 할 때 사용할 용접봉의 지름(mm)은?

① 1.6mm ② 2.0mm
③ 2.6mm ④ 3.0mm

해설 가스용접 시 용접봉과 모재 두께는 다음과 같은 관계가 있다.

$D=\frac{T}{2}+1$(단, D: 용접봉 지름, T: 모재의 판 두께)

문제에서 주어진 정보를 대입하면

$D=\frac{3.2}{2}+1=2.6$mm이다.

38 가스절단 시 예열불꽃의 세기가 강할 때의 설명으로 틀린 것은?

① 절단면이 거칠어진다.
② 드래그가 증가한다.
③ 슬래그 중의 철 성분의 박리가 어려워진다.
④ 모서리가 용융되어 둥글게 된다.

해설 일반적으로 드래그는 절단속도에 영향을 받게 되는데, 예열불꽃의 세기가 강할 때는 절단속도가 다소 빨라져 드래그가 감소된다.

39 황(S)이 적은 선철을 용해하여 구상 흑연 주철을 제조 시 주로 첨가하는 원소가 아닌 것은?

① Al ② Ca
③ Ce ④ Mg

해설 주로 침상 또는 편상인 흑연을 구상화시켜 내균열성, 연성 등을 향상시킨 것이 구상 흑연 주철이며, 이에 도움을 주는 합금원소는 Mg, Ca, Ce 등이다.

정답 31. ① 32. ① 33. ④ 34. ① 35. ① 36. ② 37. ③ 38. ② 39. ①

40 해드필드(hadfield)강은 상온에서 오스테나이트 조직을 가지고 있다. Fe 및 C 이외의 주요 성분은?

① Ni ② Mn
③ Cr ④ Mo

해설 Mn이 함유된 망간강 중 1~2% Mn강을 저망간강 또는 듀콜강이라고 하고, 10~14% Mn강을 고망간강 또는 하드필드(hadfield)강이라 하며, 일반 탄소강보다 강도·경도가 크고 인성 또한 증가시킨 강이다.

41 조밀육방격자의 결정구조로 옳게 나타낸 것은?

① FCC ② BCC
③ FOB ④ HCP

해설
- 체심입방격자(BCC; Body Centered Cubic lattice)
- 면심입방격자(FCC; Face Centered Cubic lattice)
- 조밀육방격자(HCP; Hexagonal Close Packed lattice)

42 전극재료의 선택 조건을 설명한 것 중 틀린 것은?

① 비저항이 작아야 한다.
② Al과의 밀착성이 우수해야 한다.
③ 산화 분위기에서 내식성이 커야 한다.
④ 금속 규화물의 용융점이 웨이퍼 처리온도보다 낮아야 한다.

해설 전극재료의 올바른 선택조건은 보기 ①, ②, ③ 등이다.

★
43 7-3황동에 주석을 1% 첨가한 것으로 전연성이 좋아 관 또는 판을 만들어 증발기, 열교환기 등에 사용되는 것은?

① 문쯔 메탈 ② 네이벌 황동
③ 카트리지 브라스 ④ 애드미럴티 황동

해설
- 애드미럴티: 7-3황동 + 1%Sn
- 네이벌 황동: 6-4황동 + 1%Sn
- 듀라나 메탈: 7-3황동 + 1%Fe
- 철황동(델타 메탈): 6-4황동 + 1%Fe

44 탄소강의 표준조직을 검사하기 위해 A_3, Acm 선보다 30~50℃ 높은 온도로 가열한 후 공기 중에 냉각하는 열처리는?

① 노멀라이징 ② 어니얼링
③ 템퍼링 ④ 퀜칭

해설 강의 열처리 방법과 냉각속도 그리고 목적 등은 다음과 같다.

열처리 방법	가열온도	냉각 방법	목적
담금질 (퀜칭)	A_1, A_3 또는 Acm 선보다 30~50℃ 이상 가열	물, 기름 등에 수냉	경도, 강도 증대
뜨임 (템퍼링)	A_1 변태점 이하	서냉	담금질된 강에 내부응력 제거 및 인성 부여
불림 (노멀라이징)	A_1, A_3 또는 Acm 선보다 30~50℃ 이상 가열	공랭	표준화조직, 결정조직 미세화, 가공재료의 내부응력 제거
풀림 (어니얼링)	A_1 변태점 부근	극히 서냉 (주로 노냉)	가공경화된 재료 연화, 강의 입도 미세화, 내부응력 제거

45 소성변형이 일어나면 금속이 경화하는 현상을 무엇이라 하는가?

① 탄성경화
② 가공경화
③ 취성경화
④ 자연경화

해설 가공경화에 대한 내용이다.

46 납황동은 황동에 납을 첨가하여 어떤 성질을 개선한 것인가?

① 강도 ② 절삭성
③ 내식성 ④ 전기전도도

해설 황동에 납을 첨가하여 절삭성을 좋게 한 황동은 납황동 또는 연황동, 쾌삭황동이다.

정답 40. ② 41. ④ 42. ④ 43. ④ 44. ① 45. ② 46. ②

47 마우러 조직도에 대한 설명으로 옳은 것은?

① 주철에서 C와 P양에 따른 주철의 조직관계를 표시한 것이다.
② 주철에서 C와 Mn양에 따른 주철의 조직관계를 표시한 것이다.
③ 주철에서 C와 Si양에 따른 주철의 조직관계를 표시한 것이다.
④ 주철에서 C와 S양에 따른 주철의 조직관계를 표시한 것이다.

해설 탄소와 규소의 양에 따른 주철의 조직을 나타난 것이 마우러 조직도이다.

48 순 구리(Cu)와 철(Fe)의 용융점은 약 몇 ℃인가?

① Cu: 660℃, Fe: 890℃
② Cu: 1,063℃, Fe: 1,050℃
③ Cu: 1,083℃, Fe: 1,539℃
④ Cu: 1,455℃, Fe: 2,200℃

해설 구리와 철의 용융점으로 옳은 것은 보기 ③이다.

49 게이지용 강이 갖추어야 할 성질로 틀린 것은?

① 담금질에 의한 변형이 없어야 한다.
② HRC 55 이상의 경도를 가져야 한다.
③ 열팽창계수가 보통 강보다 커야 한다.
④ 시간에 따른 치수 변화가 없어야 한다.

해설 게이지용 강은 측정용으로 활용되는 것으로, 열팽창계수가 클 경우 측정용 용도와는 맞지 않으므로 열팽창계수가 작아야 한다.

50 그림에서 마텐자이트 변태가 가장 빠른 것은?

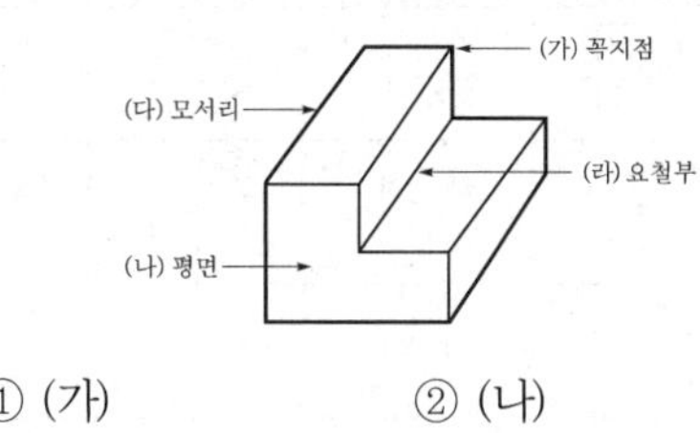

① (가) ② (나)
③ (다) ④ (라)

해설 질량 효과: 재료 내외부에 두께 차이로 인해 급랭부와 서냉부가 생겨서 부분적으로 재질이 변하는데 이런 변화의 정도, 즉 강재의 크기에 의하여 담금질 효과가 변하는 것을 말한다. 문제에서 일반적으로 (가) 부분이 가장 빨리 냉각되는 부분이다.

51 그림과 같은 입체도의 제3각 정투상도로 적합한 것은?

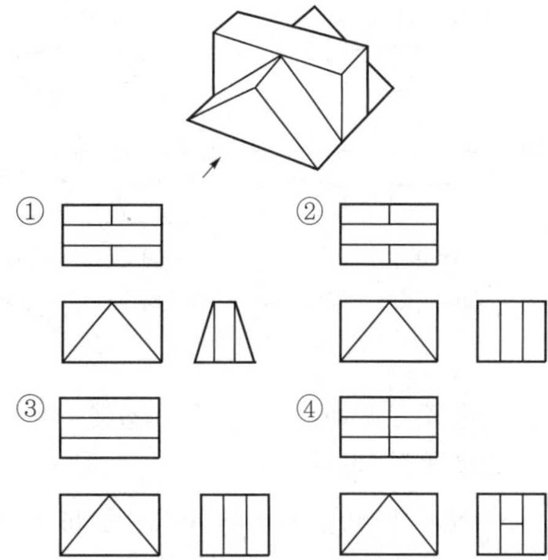

해설 입체를 우측으로 본 우측면도를 보면 보기 ①, ④는 제외되고, 평면도를 보면 상부와 하부에 중앙에 직선 처리를 한 보기 ②가 옳은 답이 된다.

52 다음 중 저온 배관용 탄소강관 기호는?

① SPPS ② SPLT
③ SPHT ④ SPA

해설
- SPPS: 압력 배관용 강관(Steel Pipes Pressure Service)
- SPLT: 저온 배관용 강관(Steel Pipes for Low Temperature Service)
- SPHT: 고온 배관용 강관(Steel Pipes for High Temperature Service)
- SPA: 배관용 합금 강관(Steel Pipes Alloy)

53 다음 중 이면 용접기호는?

① ○ ② ⌵
③ ◡ ④ ⌵

정답 47. ③ 48. ③ 49. ③ 50. ① 51. ② 52. ② 53. ③

해설 ① 점(스폿, spot) 용접
② 베벨형

★
54 다음 중 현의 치수기입을 올바르게 나타낸 것은?

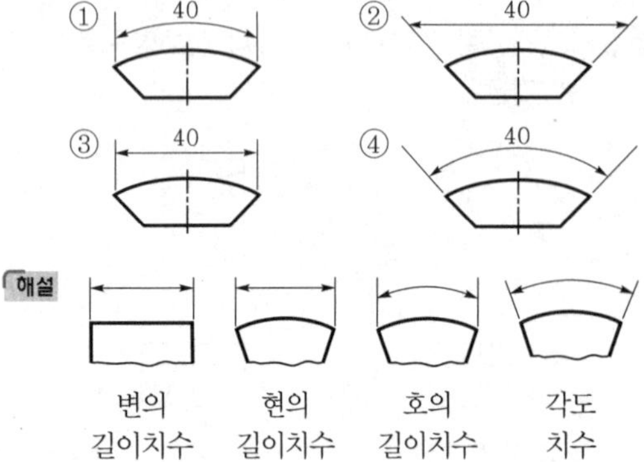

해설

변의 길이치수 / 현의 길이치수 / 호의 길이치수 / 각도 치수

55 다음 중 도면에서 단면도의 해칭에 대한 설명으로 틀린 것은?

① 해칭선은 반드시 주된 중심선에 45°로만 경사지게 긋는다.
② 해칭선은 가는 실선으로 규칙적으로 줄을 늘어놓는 것을 말한다.
③ 단면도에 재료 등을 표시하기 위해 특수한 해칭(또는 스머징)을 할 수 있다.
④ 단면 면적이 넓을 경우에는 그 외형선에 따라 적절한 범위에 해칭(또는 스머징)을 할 수 있다.

해설 해칭의 원칙
- 중심선 또는 기선에 대하여 45° 기울기로 등간격(2~3mm)의 사선으로 표시한다.
- 근접한 단면의 해칭은 방향이나 간격을 다르게 한다.
- 부품도에는 해칭을 생략하지만 조립도에는 부품 관계를 확실하게 하기 위하여 해칭을 한다.

※ 45° 기울기로 판단하기 어려울 때는 30°, 60°로 한다.

56 다음 중 대상물을 한쪽 단면도로 올바르게 나타낸 것은?

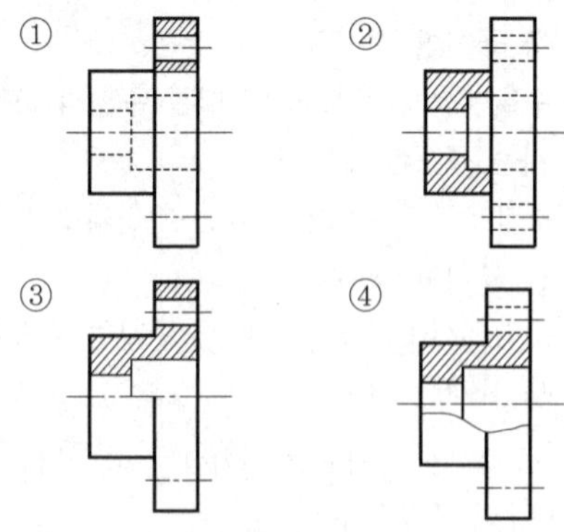

해설 한쪽 단면도 또는 반쪽 단면도는 중심선을 기준으로 내부 모양과 외부 모양 절반을 동시에 조합하여 표시한다.

57 배관의 간략도시방법 중 환기계 및 배수계의 끝장치 도시방법의 평면도에서 그림과 같이 도시된 것의 명칭은?

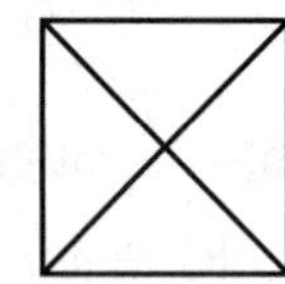

① 배수구
② 환기관
③ 벽붙이 환기 삿갓
④ 고정식 환기 삿갓

해설 배관의 간략도시방법 중 환기계 및 배수계의 끝 장치 도시방법

평면도 도시방법	명칭	평면도 도시방법	명칭
	고정식 환기 삿갓		회전식 환기 삿갓
	벽붙이 환기 삿갓		콕이 붙은 배수구
	배수구		

정답 54. ③ 55. ① 56. ③ 57. ④

58 그림과 같은 입체도에서 화살표 방향에서 본 투상을 정면으로 할 때 평면도로 가장 적합한 것은?

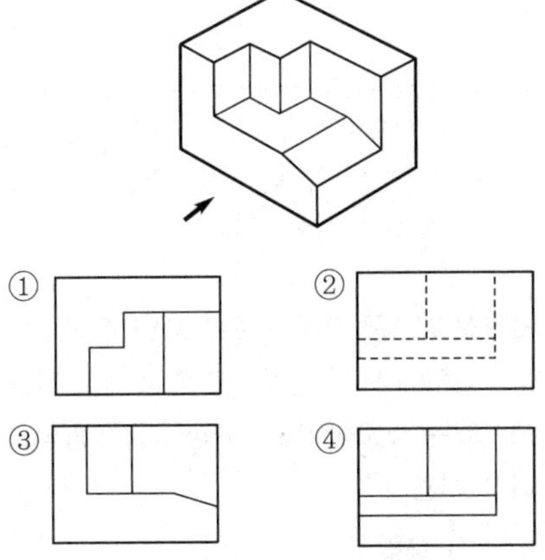

해설 화살표 방향이 정면도라면 평면도의 경우 보기 ①의 모양으로 나타나게 된다.

59 무게중심선과 같은 선의 모양을 가진 것은?

① 가상선 ② 기준선
③ 중심선 ④ 피치선

해설 가는 2점 쇄선의 용도
- 가상선: 인접하는 부분 또는 공구, 지그 등을 참고로 표시하거나 가동부분을 이동 중의 특정한 위치를 표시하는 선
- 무게중심선: 단면의 무게중심을 연결하는 선

60 나사 표시가 "L 2N M50×2-4h"로 나타날 때 이에 대한 설명으로 틀린 것은?

① 왼 나사이다.
② 2줄 나사이다.
③ 미터 가는 나사이다.
④ 암나사 등급이 4h이다.

해설 "L 2N M50×2-4h"에서
- L: 왼 나사
- 2N: 2줄 나사
- M50×2: 미터나사 호칭지름은 50mm, 피치 2
- 4h: 수나사의 등급
- 4H: 암나사의 등급

정답 58. ① 59. ① 60. ④

제 2 회

2015. 4. 4. 시행

용접기능사

01 용접작업 시 안전에 관한 사항으로 틀린 것은?

① 높은 곳에서 용접작업할 경우 추락, 낙하 등의 위험이 있으므로 항상 안전벨트와 안전모를 착용한다.

② 용접작업 중에 여러 가지 유해가스가 발생하기 때문에 통풍 또는 환기장치가 필요하다.

③ 가연성의 분진, 화약류 등 위험물이 있는 곳에서는 용접을 해서는 안 된다.

④ 가스 용접은 강한 빛이 나오지 않기 때문에 보안경을 착용하지 않아도 괜찮다.

해설 가스용접의 경우 피복아크용접보다는 약하지만 유해한 적외선과 자외선 그리고 비산되는 불티 등이 눈에 들어가는 것을 방지하기 위해 보안경을 착용해야 한다.

02 다음 전기저항 용접법 중 주로 기밀, 수밀, 유밀성을 필요로 하는 탱크의 용접 등에 가장 적합한 것은?

① 점(spot) 용접법

② 심(seam) 용접법

③ 프로젝션(projection) 용접법

④ 플래시(flash) 용접법

해설 심 용접법은 원판형 전극 사이에 용접물을 전극에 압력을 주면서 전극을 회전시켜 모재를 이동하면서 용접을 반복하는 방법이다.

03 용접부의 중앙으로부터 양끝을 향해 용접해 나가는 방법으로, 이음의 수축에 의한 변형이 서로 대칭이 되게 할 경우에 사용되는 용착법을 무엇이라 하는가?

① 전진법 ② 비석법

③ 캐스케이드법 ④ 대칭법

해설 대칭법(symmetric method)은 이음의 전 길이를 분할하여 이음 중앙에 대하여 대칭으로 용접을 실시하는 방법이다. 변형, 잔류응력은 대칭으로 유지할 경우에 많이 사용된다.

04 불활성 가스를 이용한 용가재인 전극 와이어를 송급장치에 의해 연속적으로 보내어 아크를 발생시키는 소모식 또는 용극식 용접방식을 무엇이라 하는가?

① TIG 용접

② MIG 용접

③ 피복아크용접

④ 서브머지드 아크용접

해설 MIG(Metal Inert Gas) 용접에 대한 내용이다.

05 용접할 때 용접 전 적당한 온도로 예열을 하면 냉각속도를 느리게 하여 결함을 방지할 수 있다. 예열온도 설명 중 옳은 것은?

① 고장력강의 경우는 용접 홈을 50~350℃로 예열

② 저합금강의 경우는 용접 홈을 200~500℃로 예열

③ 연강을 0℃ 이하에서 용접할 경우는 이음의 양쪽 폭 100mm 정도를 40~250℃로 예열

④ 주철의 경우는 용접 홈을 40~75℃로 예열

해설 예열에 대한 설명 중 보기 ①이 옳은 방법이다.

06 서브머지드 아크용접에 관한 설명으로 틀린 것은?

① 장비의 가격이 고가이다.

② 홈 가공의 정밀을 요하지 않는다.

③ 불가시 용접이다.

④ 주로 아래보기자세로 용접한다.

정답 01. ④ 02. ② 03. ④ 04. ② 05. ① 06. ②

해설 서브머지드 아크 용접은 대표적인 자동 용접법 중 하나이므로 용접 전의 가공조건을 기계가공하여 정밀도를 유지시켜야 한다.

07 용접부에 결함 발생 시 보수하는 방법 중 틀린 것은?

① 기공이나 슬래그 섞임 등이 있는 경우는 깎아내고 재용접한다.
② 균열이 발견되었을 경우 균열 위에 덧살올림 용접을 한다.
③ 언더컷일 경우 가는 용접봉을 사용하여 보수한다.
④ 오버랩일 경우 일부분을 깎아내고 재용접한다.

해설 균열이 발생된 경우 균열의 성장을 막기 위해 정지 구멍을 뚫고 균열부를 깎아내고 재용접한다.

08 안전표지 색채 중 방사능 표지의 색상은 어느 색인가?

① 빨강 ② 노랑
③ 자주 ④ 녹색

해설 종전에는 자주색이었으나 현재는 노랑색이다.

방사성물질 경고

★
09 용접시공 시 발생하는 용접변형이나 잔류응력 발생을 최소화하기 위하여 용접순서를 정할 때 유의사항으로 틀린 것은?

① 동일평면 내에 많은 이음이 있을 때 수축은 가능한 자유단으로 보낸다.
② 중심선에 대하여 대칭으로 용접한다.
③ 수축이 적은 이음은 가능한 먼저 용접하고, 수축이 큰 이음은 나중에 한다.
④ 리벳작업과 용접을 같이 할 때에는 용접을 먼저 한다.

해설 수축이 큰 이음을 먼저 하는 것이 올바른 용접순서이다.

10 용접부의 시험에서 비파괴 검사로만 짝지어진 것은?

① 인장시험 – 외관시험
② 피로시험 – 누설시험
③ 형광시험 – 충격시험
④ 초음파시험 – 방사선투과시험

해설 보기 중 비파괴검사가 아닌 시험은 인장시험, 피로시험, 충격시험 등이다.

11 다음 중 용접부 검사방법에 있어 비파괴 시험에 해당하는 것은?

① 피로시험
② 화학분석시험
③ 용접균열시험
④ 침투탐상시험

해설 침투탐상시험(PT; Penetration Test)은 대표적인 비파괴 시험방법 중 하나이다.

12 다음 중 불활성 가스(inert gas)가 아닌 것은?

① Ar ② He
③ Ne ④ CO_2

해설 보기에서 불활성 가스는 보기 ①, ②, ③이다.

13 납땜에서 경납용 용제에 해당하는 것은?

① 염화아연 ② 인산
③ 염산 ④ 붕산

해설 송진, 염화아연, 염화암모늄, 인산, 염산 등은 연납용 용제에 속하고, 붕사, 붕산, 붕산염, 불화물, 염화물 등은 경납용 용제에 속한다.

14 논 가스 아크용접의 장점으로 틀린 것은?

① 보호가스나 용제를 필요로 하지 않는다.
② 피복아크 용접봉의 저수소계와 같이 수소의 발생이 적다.
③ 용접비드가 좋지만 슬래그 박리성은 나쁘다.
④ 용접장치가 간단하며 운반이 편리하다.

정답 07. ② 08. ② 09. ③ 10. ④ 11. ④ 12. ④ 13. ④ 14. ③

해설 논 실드 아크용접은 보호가스를 사용하지 않는 대신 플럭스가 첨가된 솔리드 와이어나 복합 와이어를 사용하여 용접을 진행하는 것이다. 특징으로는 ㉠ 용접비드가 아름답고 슬래그 박리성이 좋다, ㉡ 다량의 스패터가 발생한다, ㉢ 흄이 많아 용접선이 잘 보이지 않는다는 점이다.

★
15 용접선과 하중의 방향이 평행하게 작용하는 필릿 용접은?

① 전면　　② 측면
③ 경사　　④ 변두리

해설
- 전면 필릿: 용접선의 방향과 하중의 방향이 직교한 것
- 측면 필릿: 용접선의 방향과 하중의 방향이 평행하게 작용하는 것
- 경사 필릿: 용접선의 방향과 하중의 방향이 경사져 있는 것

16 납땜 시 용제가 갖추어야 할 조건이 아닌 것은?

① 모재의 불순물 등을 제거하고 유동성이 좋을 것
② 청정한 금속면의 산화를 쉽게 할 것
③ 땜납의 표면장력에 맞추어 모재와의 친화도를 높일 것
④ 납땜 후 슬래그 제거가 용이할 것

해설 ② 청정한 금속면의 산화를 방지해야 한다.

★
17 맞대기 이음에서 판 두께 100mm, 용접길이 300cm, 인장하중이 9,000kgf일 때 인장응력은 몇 kgf/cm^2인가?

① 0.3　　② 3
③ 30　　④ 300

해설 인장응력$(\sigma) = \dfrac{하중(P)}{단면적(A)}$으로 구해진다.

문제의 정보를 대입하면

$\sigma = \dfrac{9{,}000\,kgf}{10\,cm \times 300\,cm} = 3kgf/cm^2$이다.

이때 인장응력의 단위를 고려하여 판 두께 100mm를 10cm로 환산한 후 계산식에 대입한다.

18 피복아크용접 시 전격을 방지하는 방법으로 틀린 것은?

① 전격방지기를 부착한다.
② 용접홀더에 맨손으로 용접봉을 갈아 끼운다.
③ 용접기 내부에 함부로 손을 대지 않는다.
④ 절연성이 좋은 장갑을 사용한다.

해설 용접봉에도 전압이 걸려 있으므로 맨손으로 교체하지 않는다.

19 다음은 용접 이음부의 홈의 종류이다. 박판 용접에 가장 적합한 것은?

① K형　　② H형
③ I형　　④ V형

해설 6mm 이하의 박판의 경우 I형(홈 가공을 하지 않은 상태)으로 용접 시공한다.

20 주철의 보수용접방법에 해당되지 않는 것은?

① 스터드링　　② 비녀장법
③ 버터링법　　④ 백킹법

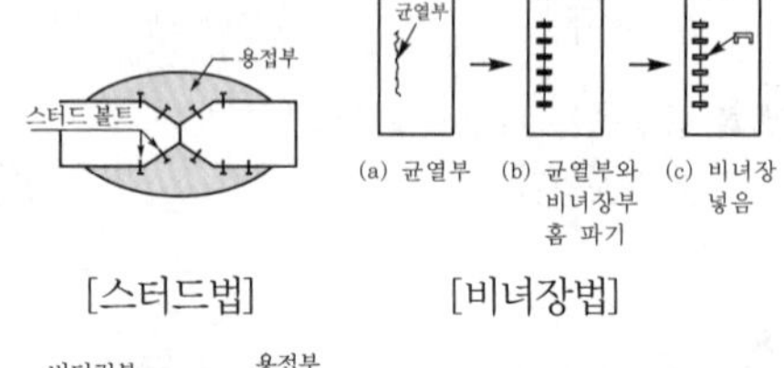

[스터드법]　　[비녀장법]

버터링부　용접부

[버터링법]　　[로킹법]

★
21 MIG 용접이나 탄산가스 아크용접과 같이 전류 밀도가 높은 자동이나 반자동 용접기가 갖는 특성은?

① 수하 특성과 정전압 특성
② 정전압 특성과 상승 특성
③ 수하 특성과 상승 특성
④ 맥동 전류 특성

정답 15. ② 16. ② 17. ② 18. ② 19. ③ 20. ④ 21. ②

해설 정전압 특성은 수하 특성과는 달리 부하전류가 다소 변하더라도 단자전압은 거의 변동이 일어나지 않는 특성이다. 따라서 자동, 반자동 용접기, 즉 MIG, CO_2 용접, FCAW, 서브머지드 아크 용접기 등이 가져야 할 특성이다.

22 CO_2 가스 아크용접에서 아크전압에 대한 설명으로 옳은 것은?

① 아크전압이 높으면 비드 폭이 넓어진다.
② 아크전압이 높으면 비드가 볼록해진다.
③ 아크전압이 높으면 용입이 깊어진다.
④ 아크전압이 높으면 아크길이가 짧다.

해설 아크길이와 아크전압은 비례하므로 아크전압이 커지면 아크길이가 커져 비드 폭이 넓어진다.

23 다음 중 가스용접에서 산화불꽃으로 용접할 경우 가장 적합한 용접재료는?

① 황동 ② 모넬메탈
③ 알루미늄 ④ 스테인리스

해설 가스용접 중 산화불꽃을 사용하는 용접재료는 황동 등 구리 합금이다.

24 용접기의 사용률이 40%인 경우 아크시간과 휴식시간을 합한 전체시간이 10분을 기준으로 했을 때 발생시간은 몇 분인가?

① 4 ② 6
③ 8 ④ 10

해설 사용률(duty cycle)=$\frac{\text{아크시간}}{\text{아크시간}+\text{휴식시간}}\times 100$으로 구할 수 있다.
아크시간 = 사용률×(아크시간 + 휴식시간)으로 구해지며, 문제에서 주어진 정보를 대입하면,
아크시간 = 0.4×10분 = 4분으로 계산된다.

25 얇은 철판을 쌓아 포개어 놓고 한꺼번에 절단하는 방법으로 가장 적합한 것은?

① 분말 절단 ② 산소창 절단
③ 포갬 절단 ④ 금속 아크 절단

해설 포갬 절단에 대한 내용이다.

★
26 용접봉의 용융속도는 무엇으로 표시하는가?

① 단위시간당 소비되는 용접봉의 길이
② 단위시간당 형성되는 비드의 길이
③ 단위시간당 용접입열의 양
④ 단위시간당 소모되는 용접전류

해설 용접봉의 용융속도는 단위시간당 소비되는 용접봉의 길이나 무게로 나타내며, 용접속도=아크전류×용접봉쪽 전압강하로 계산된다. 아크전압과는 관계가 없다.

27 전류조정을 전기적으로 하기 때문에 원격조정이 가능한 교류 용접기는?

① 가포화 리액터형 ② 가동 코일형
③ 가동 철심형 ④ 탭 전환형

해설 가포화 리액터형 교류 아크 용접기에 대한 내용이다.

28 다음 중 산소-아세틸렌 용접법에서 전진법과 비교한 후진법의 설명으로 틀린 것은?

① 용접속도가 느리다.
② 열 이용률이 좋다.
③ 용접변형이 작다.
④ 홈 각도가 작다.

해설 가스용접에서 전진법과 후진법의 비교

항목	전진법(좌진법)	후진법(우진법)
열 이용률	나쁘다	좋다
용접속도	느리다	빠르다
비드 모양	보기 좋다	매끈하지 못하다
홈 각도	크다(80°)	작다(60°)
용접변형	크다	작다
용접모재 두께	얇다(5mm까지)	두껍다
산화 정도	심하다	약하다
용착금속의 냉각속도	급랭된다	서냉된다
용착금속 조직	거칠다	미세하다

정답 22. ① 23. ① 24. ① 25. ③ 26. ① 27. ① 28. ①

29 아크전류가 일정할 때 아크전압이 높아지면 용융속도가 늦어지고, 아크전압이 낮아지면 용융속도는 빨라진다. 이와 같은 아크 특성은?

① 부저항 특성
② 절연회복 특성
③ 전압회복 특성
④ 아크길이 자기제어 특성

해설 아크길이 자기제어 특성에 대한 내용이다.

30 35℃에서 150kgf/cm²로 압축하여 내부용적 40.7L의 산소용기에 충전하였을 때, 용기 속의 산소량은 몇 L인가?

① 4,470　② 5,291
③ 6,105　④ 7,000

해설 산소용기의 크기는 일반적으로 채워져 있는 대기압 환산 용적[대기압, 즉 1기압(kg/cm²)의 상태로 환산하는 양]으로 나타낸다.
$L = P \times V = 150 \times 40.7 = 6,105\text{L}$
(단, L: 산소량[L], P: 용기 속의 압력[kg/cm²], V: 용기의 내부 용적[L])

★
31 다음 중 가스 절단에 있어 양호한 절단면을 얻기 위한 조건으로 옳은 것은?

① 드래그가 가능한 클 것
② 절단면 표면의 각이 예리할 것
③ 슬래그 이탈이 이루어지지 않을 것
④ 절단면이 평활하며 드래그의 홈이 깊을 것

해설 양호한 절단면을 얻기 위한 조건으로는 ㉠ 드래그가 가능한 작을 것, ㉡ 슬래그 이탈이 양호할 것, ㉢ 절단면이 평활하며 드래그 홈이 낮고 노치 등이 없을 것, ㉣ 경제적인 절단이 가능할 것 등이 있다.

32 피복아크 용접봉의 피복배합제 성분 중 가스발생제는?

① 산화티탄　② 규산나트륨
③ 규산칼륨　④ 탄산바륨

해설 산화티탄, 규산나트륨, 규산칼륨 등은 아크안정제의 배합제이다.

33 가스 절단에 대한 설명으로 옳은 것은?

① 강의 절단원리는 예열 후 고압산소를 불어내면 강보다 용융점이 낮은 산화철이 생성되고 이때 산화철은 용융과 동시 절단된다.
② 양호한 절단면을 얻으려면 절단면이 평활하며 드래그의 홈이 높고 노치 등이 있을수록 좋다.
③ 절단산소의 순도는 절단속도와 절단면에 영향이 없다.
④ 가스 절단 중에 모래를 뿌리면서 절단하는 방법을 가스분말절단이라 한다.

해설 ② 드래그의 홈이 낮고 노치 등이 없어야 한다.
③ 절단산소의 순도는 절단속도와 절단면에 많은 영향을 준다.
④ 분말절단은 절단 부위에 철분이나 용제의 미세한 분말을 압축공기 또는 압축질소와 같이 연속적으로 팁을 통해서 분출시키고 예열불꽃으로 이들과의 연소반응을 시켜 절단 부위를 고온으로 만들어 그 산화열 또는 용제의 화학작용을 이용하여 절단하는 방법을 의미한다.

34 가스용접에 사용되는 가스의 화학식을 잘못 나타낸 것은?

① 아세틸렌: C_2H_2
② 프로판: C_3H_8
③ 에탄: C_4H_7
④ 부탄: C_4H_{10}

해설 에탄의 화학식은 C_2H_6이다.

35 다음 중 아크 발생 초기에 모재가 냉각되어 있어 용접입열이 부족한 관계로 아크가 불안정하기 때문에 아크 초기에만 용접전류를 특별히 크게 하는 장치를 무엇이라 하는가?

① 원격 제어장치　② 핫스타트 장치
③ 고주파 발생장치　④ 전격방지 장치

정답 29. ④ 30. ③ 31. ② 32. ④ 33. ① 34. ③ 35. ②

해설 핫스타트 장치란 아크가 발생되는 초기에 용접봉과 모재가 냉각되어 입열이 부족하므로 아크가 불안정하기 때문에 아크 발생 초기에만 용접전류를 크게 하는 장치이다.
- 아크 발생을 용이하게 한다.
- 시작 전의 기공 발생 등 결함 발생을 적게 한다.
- 비드 모양이 개선된다.
- 아크 발생 초기의 비드 용입을 개선한다.

★
36 납땜 용제가 갖추어야 할 조건으로 틀린 것은?

① 모재의 산화 피막과 같은 불순물을 제거하고 유동성이 좋을 것
② 청정한 금속면의 산화를 방지할 것
③ 납땜 후 슬래그의 제거가 용이할 것
④ 침지 땜에 사용되는 것은 젖은 수분을 함유할 것

해설 침지 땜에 사용되는 용제는 수분을 함유하지 않아야 한다.

37 직류아크용접 시 정극성으로 용접할 때의 특징이 아닌 것은?

① 박판, 주철, 합금강, 비철금속의 용접에 이용된다.
② 용접봉의 녹음이 느리다.
③ 비드 폭이 좁다.
④ 모재의 용입이 깊다.

해설 직류아크용접 시 정극성(DCSP)으로 용접할 때의 특징
- 모재의 용입이 깊다.
- 용접봉의 녹음이 느리다.
- 비드 폭이 좁다.
- 일반적으로 널리 쓰인다.

38 금속재료의 경량화와 강인화를 위하여 섬유 강화금속 복합재료가 많이 연구되고 있다. 강화섬유 중에서 비금속계로 짝지어진 것은?

① K, W　　② W, Ti
③ W, Be　　④ SiC, Al_2O_3

해설 섬유 강화금속 복합재료 중 금속계는 Be, W, Mo, Fe, Ti 및 그 합금 등이며, 비금속계에는 C, B, SiC, Al_2O_3, AlN, ZrO_2 등이 있다.

39 피복아크용접 결함 중 기공이 생기는 원인으로 틀린 것은?

① 용접 분위기 가운데 수소 또는 일산화탄소 과잉
② 용접부의 급속한 응고
③ 슬래그의 유동성이 좋고 냉각하기 쉬울 때
④ 과대 전류와 용접속도가 빠를 때

해설 기공 발생의 원인
- 아크 분위기 속에 수소, 산소, 일산화탄소가 너무 많을 때
- 용접봉 또는 용접부에 습기가 많을 때
- 용접부가 급랭할 때
- 이음부에 기름, 페인트, 녹 등이 부착되어 있을 때
- 아크길이 및 운봉법이 부적당할 때
- 과대 전류 사용 시

40 상자성체 금속에 해당되는 것은?

① Al　　② Fe
③ Ni　　④ Co

해설 상자성체: 자기장 안에 넣으면 자기장 방향으로 약하게 자화되고, 자기장이 제거되면 자화되지 않는 물질이다. 보기 Fe, Ni, Co는 대표적인 강자성체 물질이다.

41 구리(Cu) 합금 중에서 가장 큰 강도와 경도를 나타내며 내식성, 도전성, 내피로성 등이 우수하여 베어링, 스프링 및 전극재료 등으로 사용되는 재료는?

① 인(P) 청동
② 규소(Si) 청동
③ 니켈(Ni) 청동
④ 베릴륨(Be) 청동

해설 베릴륨(Be) 청동에 대한 내용이다.

정답 36. ④　37. ①　38. ④　39. ③　40. ①　41. ④

42 고Mn강으로 내마멸성과 내충격성이 우수하고, 특히 인성이 우수하기 때문에 파쇄장치, 기차 레일, 굴착기 등의 재료로 사용되는 것은?

① 엘린바(elinvar)
② 디디뮴(didymium)
③ 스텔라이트(stellite)
④ 하드필드(hadfield)강

해설 저망간강은 듀콜강, 고망간강은 하드필드강으로 불리운다.

★
43 시험편의 지름이 15mm, 최대하중이 5,200kgf일 때 인장강도는?

① 16.8kgf/mm^2 ② 29.4kgf/mm^2
③ 33.8kgf/mm^2 ④ 55.8kgf/mm^2

해설 인장응력$(\sigma)=\dfrac{하중(P)}{단면적(A)}$으로 계산된다. 문제에서의 정보를 대입하면,

$\sigma=\dfrac{5,200}{\dfrac{\pi\times15^2}{4}}=29.44\text{kgf/mm}^2$이다.

44 다음의 금속 중 경금속에 해당하는 것은?

① Cu ② Be
③ Ni ④ Sn

해설 비중 4.5 정도를 기준으로 4.5 이하를 경금속, 4.5 이상을 중금속으로 분류한다. 보기 금속의 비중은 Cu(8.96), Be(1.85), Ni(8.9), Sn(7.3) 등이다.

45 순철의 자기변태(A_2)점 온도는 약 몇 ℃인가?

① 210℃ ② 768℃
③ 910℃ ④ 1,400℃

해설 ① 210℃(A_0 변태): 시멘타이트(Fe_3C)의 자기변태점
② 768(A_2 변태): 순철의 자기변태점
③ 910℃(A_3 변태): 순철의 동소변태점(체심입방격자 → 면심입방격자, 가열 시)
④ 1,400(A_4 변태): 순철의 동소변태점(면심입방격자 → 체심입방격자, 가열 시)

46 주철의 일반적인 성질을 설명한 것 중 틀린 것은?

① 용탕이 된 주철은 유동성이 좋다.
② 공정 주철의 탄소량은 4.3% 정도이다.
③ 강보다 용융온도가 높아 복잡한 형상이라도 주조하기 어렵다.
④ 주철에 함유하는 전 탄소(total carbon)는 흑연+화합탄소로 나타낸다.

해설 일반적으로 주철의 용융점은 강보다 낮아 복잡한 형상이라도 주조하기 쉽다.

47 포금(gun metal)에 대한 설명으로 틀린 것은?

① 내해수성이 우수하다.
② 성분은 8~12% Sn 청동에 1~2% Zn을 첨가한 합금이다.
③ 용해주조 시 탈산제로 사용되는 P의 첨가량을 많이 하여 합금 중에 P를 0.05~0.5% 정도 남게 한 것이다.
④ 수압, 수증기에 잘 견디므로 선박용 재료로 널리 사용된다.

해설 보기 ③은 인청동에 대한 내용이다.

48 다음과 같은 배관의 등각투상도(isometric drawing)를 평면도로 나타낸 것으로 맞는 것은?

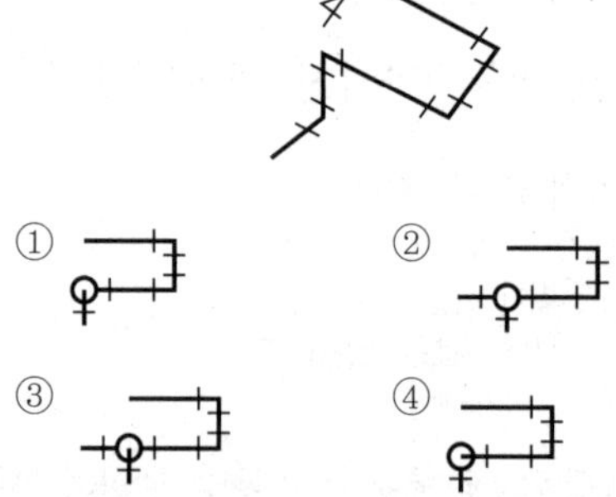

해설 문제의 등각투상도 하단부를 해석하면 관이 화면에서 직각으로 바로 앞쪽으로 올라가 있는 경우를 의미한다. 따라서 보기 ④가 옳은 평면도이다. 관의 입체적 표시방법은 본문 321~322p.를 참고한다.

정답 42. ④ 43. ② 44. ② 45. ② 46. ③ 47. ③ 48. ④

49 건축용 철골, 볼트, 리벳 등에 사용되는 것으로 연신율이 약 22%이고, 탄소함량이 약 0.15%인 강재는?

① 연강 ② 경강
③ 최경강 ④ 탄소공구강

해설 일반적으로 탄소함유량에 따라 탄소강을 분류하면 다음과 같다.
- 0.12% C 이하 – 극연강
- 0.13~0.2% C – 연강
- 0.2~0.3% C – 반연강
- 0.3~0.4% C – 반경강
- 0.4~0.5% C – 경강
- 0.5~0.7% C – 최경강

50 저용융점(fusible) 합금에 대한 설명으로 틀린 것은?

① Bi를 55% 이상 함유한 합금은 응고 수축을 한다.
② 용도로는 화재통보기, 압축공기용 탱크 안전밸브 등에 사용된다.
③ 33~66% Pb를 함유한 Bi합금은 응고 후 시효 진행에 따라 팽창현상을 나타낸다.
④ 저용융점 합금은 약 250℃ 이하의 용융점을 갖는 것이며 Pb, Bi, Sn, In 등의 합금이다.

해설 저용융점 합금은 비교적 용융점이 낮은 Bi(비스무트, 68℃)를 많이 품으며, 약 50% Bi까지의 합금은 응고 시 수축이 되나, 약 55% Bi 이상이 되면 응고 시 팽창하게 된다.

51 치수 기입방법이 틀린 것은?

①
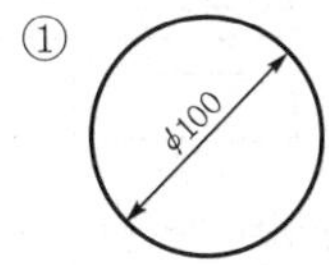

②
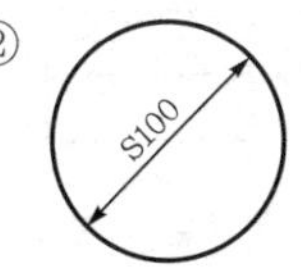

③
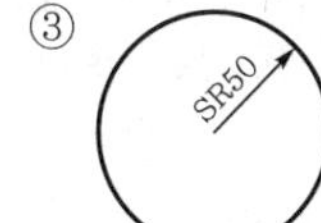

④
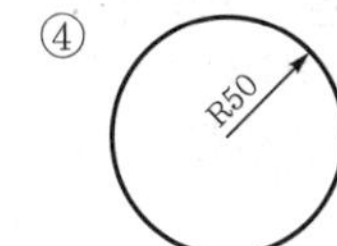

해설 ① 지름 100mm, ③ 구의 반지름 50mm, ④ 원의 반지름 50mm를 표시한 것이다.

52 황동은 도가니로, 전기로 또는 반사로 중에서 용해하는데, Zn의 증발로 손실이 있기 때문에 이를 억제하기 위해서는 용탕 표면에 어떤 것을 덮어 주는가?

① 소금 ② 석회석
③ 숯가루 ④ Al 분말가루

해설 용탕 표면에 숯가루를 덮으면 아연의 증발 손실을 억제할 수 있다.

53 표제란에 표시하는 내용이 아닌 것은?

① 재질 ② 척도
③ 각법 ④ 제품명

해설 재질은 부품란에 표시한다.

★
54 그림과 같은 용접기호의 설명으로 옳은 것은?

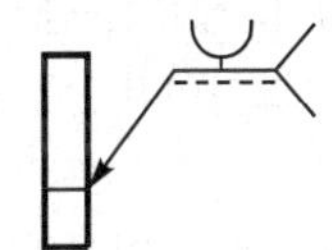

① U형 맞대기 용접, 화살표쪽 용접
② V형 맞대기 용접, 화살표쪽 용접
③ U형 맞대기 용접, 화살표 반대쪽 용접
④ V형 맞대기 용접, 화살표 반대쪽 용접

해설 용접기호가 기선(실선)에 표기되어 있으므로 화살표 쪽의 U형 맞대기 용접이다.

55 전기아연도금 강판 및 강대의 KS기호 중 일반용 기호는?

① SECD ② SECE
③ SEFC ④ SECC

해설 전기아연도금 강판 및 강대(냉연 원판의 경우)의 KS기호 중 일반용은 SECC, 드로잉용은 SECD, 딥드로잉용은 SECE, 가공용은 SEFC이다.

정답 49. ① 50. ① 51. ② 52. ③ 53. ① 54. ① 55. ④

56 보기 도면은 정면도와 우측면도만이 올바르게 도시되어 있다. 평면도로 가장 적합한 것은?

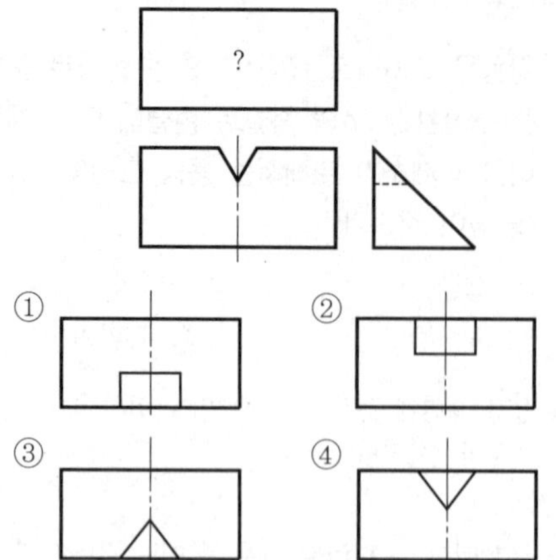

해설 정면도의 상단 형태로 보아 평면도의 아랫부분이 삼각형 형태임을 알 수 있다.

57 선의 종류와 용도에 대한 설명의 연결이 틀린 것은?

① 가는 실선: 짧은 중심을 나타내는 선
② 가는 파선: 보이지 않는 물체의 모양을 나타내는 선
③ 가는 1점 쇄선: 기어의 피치원을 나타내는 선
④ 가는 2점 쇄선: 중심이 이동한 중심궤적을 표시하는 선

해설 중심이 이동한 중심궤적을 표시하는 선은 중심선과 같이 가는 1점 쇄선을 사용한다.

58 KS에서 규정하는 체결부품의 조립 간략표시방법에서 구멍에 끼워 맞추기 위한 구멍, 볼트, 리벳의 기호 표시 중 공장에서 드릴 가공 및 끼워 맞춤을 하는 것은?

① 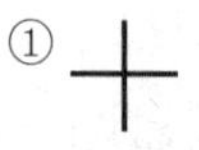 ② 

③ ④ 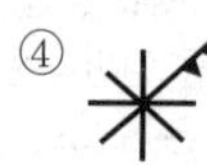

해설 공장에서 드릴 가공 및 끼워 맞춤을 표시한 것은 보기 ①이다. KS에서 규정하는 체결부품의 조립 간략 표시방법은 다음과 같다.

기호	의미
	• 공장에서 드릴 가공 및 끼워 맞춤 • 카운터 싱크 없음
	• 공장에서 드릴 가공, 현장에서 끼워 맞춤 • 먼 면에 카운터 싱크 있음
	• 현장에서 드릴 가공 및 끼워 맞춤 • 먼 면에 카운터 싱크 있음
	• 현장에서 드릴 가공 및 끼워 맞춤 • 양쪽 면에 카운터 싱크 있음
	• 공장에서 드릴 가공 및 끼워 맞춤 • 가까운 면에 카운터 싱크 있음
	• 현장에서 드릴 가공 및 끼워 맞춤 • 카운터 싱크 없음

59 그림의 입체도를 제3각법으로 올바르게 투상한 투상도는?

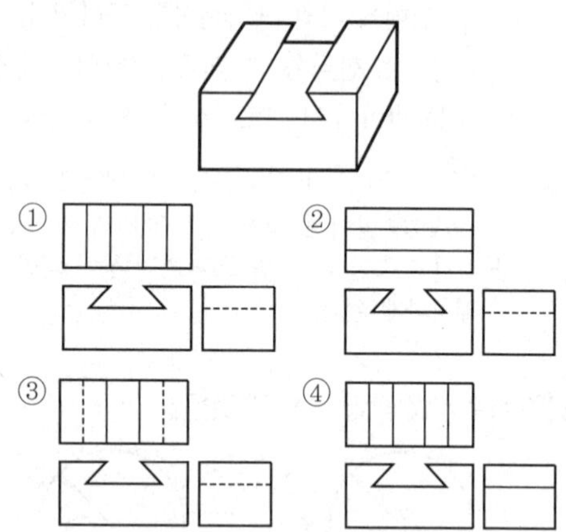

해설 우측면도는 정면도의 상부 중심의 빈공간이 우측에서는 보이지 않아 은선으로 하여야 하므로 보기 ④는 제외되고, 평면도를 고려하면 보기 ③이 옳은 답이 된다.

정답 56. ③ 57. ④ 58. ① 59. ③

60 그림과 같은 단면도에서 "A"가 나타내는 것은?

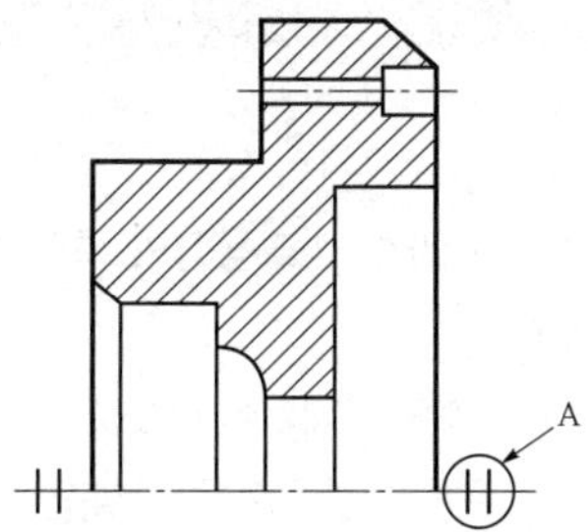

① 바닥 표시기호
② 대칭 도시기호
③ 반복 도형 생략기호
④ 한쪽 단면도 표시기호

해설 대칭 도시기호이며, 가는 실선으로 중심선 위에 표시한다.

정답 60. ②

2015. 7. 19. 시행

제 4 회 용접기능사

01 다음 중 텅스텐과 몰리브덴 재료 등을 용접하기에 가장 적합한 용접은?

① 전자빔 용접
② 일렉트로 슬래그 용접
③ 탄산가스 아크 용접
④ 서브머지드 아크 용접

해설 전자빔 용접은 전자렌즈(집속렌즈)에 의해 전자 빔 에너지를 집중시킬 수 있어 텅스텐(3,410℃), 몰리브덴(2,610℃) 등의 고 융점재료의 용접에 적합하다.

★
02 서브머지드 아크 용접 시, 받침쇠를 사용하지 않을 경우 루트 간격을 몇 mm 이하로 하여야 하는가?

① 0.2　　② 0.4
③ 0.6　　④ 0.8

해설 서브머지드 아크용접은 대전류를 사용하므로 루트 간격이 0.8mm 이상이 되면 용락(burn through)이 생기고 용접 불능이 된다.

03 연납땜 중 내열성 땜납으로 주로 구리, 황동용에 사용되는 것은?

① 인동납　　② 황동납
③ 납-은납　　④ 은납

해설 인동납, 황동납, 은납 등은 경납땜에 해당된다.

04 용접부 검사법 중 기계적 시험법이 아닌 것은?

① 굽힘시험　　② 경도시험
③ 인장시험　　④ 부식시험

해설 기계적 시험
- 정적: 인장시험, 굽힘시험, 경도시험, 크리프시험
- 동적: 충격시험, 피로시험

05 일렉트로 가스 아크용접의 특징 설명 중 틀린 것은?

① 판 두께에 관계없이 단층으로 상진 용접한다.
② 판 두께가 얇을수록 경제적이다.
③ 용접속도는 자동으로 조절된다.
④ 정확한 조립이 요구되며, 이동용 냉각 동판에 급수장치가 필요하다.

해설 일렉트로 슬래그 용접의 슬래그 용제 대신 CO_2 또는 Ar 가스를 보호가스로 용접하는 것으로, 수직 자동 용접의 일종으로 중·후판에서 경제적이다.

06 텅스텐 전극봉 중에서 전자 방사능력이 현저하게 뛰어난 장점이 있으며 불순물이 부착되어도 전자 방사가 잘 되는 전극은?

① 순텅스텐 전극
② 토륨 텅스텐 전극
③ 지르코늄 텅스텐 전극
④ 마그네슘 텅스텐 전극

해설 토륨 텅스텐 전극에 대한 내용이다.

07 다음 중 표면 피복 용접을 올바르게 설명한 것은?

① 연강과 고장력강의 맞대기 용접을 말한다.
② 연강과 스테인리스강의 맞대기 용접을 말한다.
③ 금속 표면에 다른 종류의 금속을 용착시키는 것을 말한다.
④ 스테인리스 강판과 연강판재를 접합 시 스테인리스 강판에 구멍을 뚫어 용접하는 것을 말한다.

해설 표면피복용접은 표면경화를 위한 피복아크용접으로 금속 표면에 다른 종류의 금속을 용착시키는 것을 말한다.

정답 01. ① 02. ④ 03. ③ 04. ④ 05. ② 06. ② 07. ③

08 산업용 용접 로봇의 기능이 아닌 것은?

① 작업기능 ② 제어기능
③ 계측인식기능 ④ 감정기능

해설 산업용 로봇의 기능

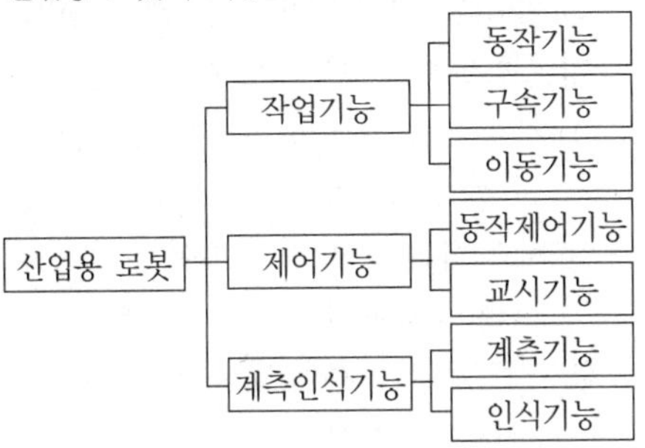

09 용접에 있어 모든 열적 요인 중 가장 영향을 많이 주는 요소는?

① 용접입열 ② 용접재료
③ 주위 온도 ④ 용접 복사열

해설 용접입열(weld heat input): 용접부에 외부에서 주어지는 열량을 용접입열이라 한다. 피복아크용접에서 아크가 용접 단위길이 1cm당 발생하는 전기에너지 H는 아크전압 E(V), 아크전류 I(A), 용접속도 v(cm/min)라 할 때 $H=\frac{60EI}{v}$(J/cm)이다.

10 다음 중 일렉트로 슬래그 용접의 특징으로 틀린 것은?

① 박판용접에는 적용할 수 없다.
② 장비 설치가 복잡하며 냉각장치가 요구된다.
③ 용접시간이 길고 장비가 저렴하다.
④ 용접 진행 중 용접부를 직접 관찰할 수 없다.

해설 일렉트로 슬래그 용접은 다른 용접법에 비해 두꺼운 판에 경제적이며, 홈의 형상은 I형 홈을 그대로 사용하므로 용접 홈 가공 준비가 간단하고 각 변형이 적다. 또 용접시간을 단축할 수 있으며 능률적이고 경제적이다. 다만 장비가 비싸며, 장비 설치가 복잡하고 용접 준비시간이 길다.

11 불활성 가스 금속아크용접(MIG)의 용착효율은 얼마 정도인가?

① 58% ② 78%
③ 88% ④ 98%

해설 MIG 용접은 모재 표면의 산화막에 대한 청정 작용, 전류 밀도가 매우 높고 고능률적(아크 용접의 4~6배, TIG 용접의 2배)이며, 아크 자기 제어 특성이 있다. 용착효율은 98% 이상 유지한다.

12 사고의 원인 중 인적 사고 원인에서 선천적 원인은?

① 신체의 결함 ② 무지
③ 과실 ④ 미숙련

해설 사고의 원인 중 후천적 원인은 무지, 과실, 미숙련, 난폭, 흥분, 고의 등이며, 선천적 원인은 체력의 부적응, 신체의 결함, 질병, 음주, 수면 부족 등이다.

13 TIG 용접에서 직류정극성을 사용하였을 때 용접효율을 올릴 수 있는 재료는?

① 알루미늄
② 마그네슘
③ 마그네슘 주물
④ 스테인리스강

해설 보기 ①, ②, ③ 등은 비철금속 재료이므로 직류역극성을 사용하여야 한다.

14 재료의 인장 시험방법으로 알 수 없는 것은?

① 인장강도 ② 단면수축률
③ 피로강도 ④ 연신율

해설 피로강도는 피로시험을 통하여 알 수 있다.

15 용접변형 방지법의 종류에 속하지 않는 것은?

① 억제법 ② 역변형법
③ 도열법 ④ 취성파괴법

해설 용접변형의 방지법: 억제법, 역변형법, 도열법

정답 08. ④ 09. ① 10. ③ 11. ④ 12. ① 13. ④ 14. ③ 15. ④

16 솔리드 와이어와 같이 단단한 와이어를 사용할 경우 적합한 용접토치 형태로 옳은 것은?

① Y형 ② 커브형
③ 직선형 ④ 피스톨형

해설 토치는 형태에 따라 커브형(구스넥)과 직선형의 송급 튜브를 가진 피스톨형(건형)으로 분류된다. 연한 비철금속 와이어를 사용하는 MIG 와이어에는 피스톨형이 적합하다.

17 안전 · 보건표지의 색채, 색도기준 및 용도에서 색채에 따른 용도를 올바르게 나타낸 것은?

① 빨간색 – 안내
② 파란색 – 지시
③ 녹색 – 경고
④ 노란색 – 금지

해설 안전 · 보건표지의 색채, 색도기준 및 용도

색채	색도기준	용도	사용례
빨간색	7.5R 4/14	금지	정지신호, 소화설비 및 그 장소, 유해행위의 금지
		경고	화학물질 취급장소에서의 유해 · 위험 경고
노란색	5Y 8.5/12	경고	화학물질 취급장소에서의 유해 · 위험 경고 이외의 위험 경고, 주의 표지 또는 기계방호물
파란색	2.5PB 4/10	지시	특정 행위의 지시 및 사실의 고지
녹색	2.5G 4/10	안내	비상구 및 피난소, 사람 또는 차량의 통행표지
흰색	N9.5		파란색 또는 녹색에 대한 보조색
검은색	N0.5		문자 및 빨간색 또는 노란색에 대한 보조색

★
18 용접금속의 구조상의 결함이 아닌 것은?

① 변형 ② 기공
③ 언더컷 ④ 균열

해설 구조상 결함: 기공 및 피트, 은점, 슬래그 섞임, 용입 불량, 언더컷, 오버랩, 균열, 선상 조직

19 금속재료의 미세조직을 금속현미경을 사용하여 광학적으로 관찰하고 분석하는 현미경 시험의 진행순서로 맞는 것은?

① 시료 채취 → 연마 → 세척 및 건조 → 부식 → 현미경 관찰
② 시료 채취 → 연마 → 부식 → 세척 및 건조 → 현미경 관찰
③ 시료 채취 → 세척 및 건조 → 연마 → 부식 → 현미경 관찰
④ 시료 채취 → 세척 및 건조 → 부식 → 연마 → 현미경 관찰

해설 현미경 시험은 시험편 채취(절단) → 마운팅(mounting) → 연마(grinding) → 폴리싱(polishing) → 세척 및 건조 → 부식 → 현미경 관찰 순으로 시험한다.

★
20 강판의 두께가 12mm, 폭 100mm인 평판을 V형 홈으로 맞대기 용접 이음할 때, 이음효율 $\eta=0.8$로 하면 인장력 P는? (단, 재료의 최저인장강도는 40N/mm^{3}이고, 안전율은 4로 한다.)

① 960N ② 9,600N
③ 860N ④ 8,600N

해설 문제에서 안전율(S)을 제시한 것으로 보아 허용응력을 구하여야 한다.

$$\text{안전률}(S)=\frac{\text{인장강도}(\sigma_t)}{\text{허용응력}(\sigma_a)}$$

$$\sigma_a=\frac{1}{S}\times\sigma_t=\frac{1}{4}\times 40=10\text{N/mm}^2$$

$$\text{허용응력}(\sigma_a)=\frac{\text{인장력}(P_a)}{\text{단면적}(A)}$$

$P=\sigma_a\times A=10\times 12\times 100=12{,}000\text{N}$

이음효율(η)이 0.8이므로

$12{,}000\times 0.8=9{,}600\text{N}$

정답 16. ② 17. ② 18. ① 19. ① 20. ②

21 다음 중 목재, 섬유류, 종이 등에 의한 화재의 급수에 해당하는 것은?

① A급 ② B급
③ C급 ④ D급

해설 • 일반가연물 화재(A급 화재): 연소 후 재를 남기는 종류의 화재로서 목재, 종이, 섬유, 플라스틱 등으로 만들어진 가재도구, 각종 생활용품 등이 타는 화재를 말한다.
• 유류 및 가스화재(B급 화재): 연소 후 아무 것도 남기지 않는 종류의 화재로서 휘발유, 경유, 알코올, LPG 등 인화성 액체, 기체 등의 화재를 말한다.
• 전기화재(C급 화재): 전기기계, 기구 등에 전기가 공급되는 상태에서 발생된 화재로서 전기적 절연성을 가진 소화약제로 소화해야 하는 화재를 말한다.
• 금속화재(D급 화재): 특별히 금속화재를 분류할 경우에는 리튬, 나트륨, 마그네슘 같은 금속화재를 말한다.

22 용접부의 시험 중 용접성 시험에 해당하지 않는 시험법은?

① 노치취성 시험 ② 열특성 시험
③ 용접연성 시험 ④ 용접균열 시험

해설 용접성(weldability)은 용접공작의 난이에 관한 성능만을 의미하지 않고 재료에 최적의 용접봉과 용접법에 의하여 양호한 성질을 갖는 용접을 할 수 있는 재료의 능력을 나타낸 것이다. 용접성 시험에는 노치취성 시험, 연성시험, 용접균열 시험, 인장시험, 경도시험 등이 있다.

23 다음 중 가스용접의 특징으로 옳은 것은?

① 아크용접에 비해서 불꽃의 온도가 높다.
② 아크용접에 비해 유해광선의 발생이 많다.
③ 전원 설비가 없는 곳에서는 쉽게 설치할 수 없다.
④ 폭발의 위험이 크고 금속이 탄화 및 산화될 가능성이 많다.

해설 아크용접의 열온도(약 3,500~5,000℃)에 비해 가스용접의 온도(3,430℃)는 비교적 약하고, 아크용접에 비해 유해광선 발생은 가스용접이 더 적다. 가스용접은 혼합가스의 연소열을 이용하므로 전원설비가 없는 곳에서 적용이 가능하다.

24 산소-아세틸렌 용접에서 표준불꽃으로 연강판 두께 2mm를 60분간 용접하였더니 200L의 아세틸렌 가스가 소비되었다면, 다음 중 가장 적당한 가변압식 팁의 번호는?

① 100번 ② 200번
③ 300번 ④ 400번

해설 가스용접 팁의 능력의 경우 불변압식(A형, 독일식)은 용접 가능한 판 두께를 번호로 표시하고(판 두께 2mm의 연강판을 용접하는 경우 불변압식 팁의 번호 2번을 사용하면 된다), 가변압식(B형, 프랑스식)은 가변압식 팁을 사용할 때 1시간당 소모되는 아세틸렌의 양(L)을 번호로 표시한다. 문제에서처럼 가변압식 팁, 즉 프랑스식 팁을 사용하여 60분(1시간)에 200L의 아세틸렌 가스가 소모된다면 이때 가변압식 팁의 번호(능력)는 200번이 된다.

25 연강용 가스 용접봉의 시험편 처리 표시기호 중 NSR의 의미는?

① 625±25℃로써 용착금속의 응력을 제거한 것
② 용착금속의 인장강도를 나타낸 것
③ 용착금속의 응력을 제거하지 않은 것
④ 연신율을 나타낸 것

해설 NSR은 용접한 그대로의 응력을 제거하지 않은 것을, SR은 625±25℃로써 응력을 제거하는 것, 즉 풀림(annealing)한 것을 뜻한다.

26 피복아크용접에서 사용하는 아크 용접용 기구가 아닌 것은?

① 용접 케이블 ② 접지 클램프
③ 용접 홀더 ④ 팁 클리너

해설 팁 클리너는 가스용접에서 팁을 소제(청소)하는 기구이다.

정답 21. ① 22. ② 23. ④ 24. ② 25. ③ 26. ④

27 피복아크 용접봉의 피복제의 주된 역할로 옳은 것은?

① 스패터의 발생을 많게 한다.

② 용착금속에 필요한 합금원소를 제거한다.

③ 모재 표면에 산화물이 생기게 한다.

④ 용착금속의 냉각속도를 느리게 하여 급랭을 방지한다.

해설 ① 용적을 미세화하여 스패터 발생을 최소화하여 용착효율을 높인다.
② 용착금속에 합금원소를 첨가한다.
③ 용착금속에 탈산정련작용을 한다.

28 용접의 특징에 대한 설명으로 옳은 것은?

① 복잡한 구조물 제작이 어렵다.

② 기밀, 수밀, 유밀성이 나쁘다.

③ 변형의 우려가 없어 시공이 용이하다.

④ 용접사의 기량에 따라 용접부의 품질이 좌우된다.

해설 보기 ④는 용접의 특징이면서 단점이다.

★
29 AW-300, 무부하 전압 80V, 아크 전압 20V인 교류 용접기를 사용할 때, 다음 중 역률과 효율을 올바르게 계산한 것은? (단, 내부손실을 4kW라 한다.)

① 역률: 80.0%, 효율: 20.6%

② 역률: 20.6%, 효율: 80.8%

③ 역률: 60.0%, 효율: 41.7%

④ 역률: 41.7%, 효율: 60.6%

해설 $역률 = \frac{소비전력}{전원입력} \times 100$, $효율 = \frac{아크출력}{소비전력} \times 100$으로 구할 수 있다. 여기에서,

- 전원입력 = 무부하전압×아크전류(정격 2차전류)
  = 80×300 = 24,000VA = 24kVA
- 소비전력 = (아크전압×정격 2차전류)+내부손실
  = (20×300)[W]+4kW = 10kW
- 아크출력 = 아크전압×정격 2차전류
  = 20×300 = 6,000VA = 6kVA

$$역률 = \frac{소비전력}{전원입력} \times 100 = \frac{10}{24} \times 100 = 41.6\%$$

$$효율 = \frac{아크출력}{소비전력} \times 100 = \frac{6}{10} \times 100 = 60\%$$

30 스카핑 작업에서 냉간재의 스카핑 속도로 가장 적합한 것은?

① 1~3m/min ② 5~7m/min

③ 10~15m/min ④ 20~25m/min

해설 스카핑은 강괴, 강편, 슬래그, 기타 표면의 균열이나 주름 등의 표면결함을 불꽃 가공에 의해서 제거하는 방법이다. 냉간재의 스카핑 속도는 5~7m/min이고, 열간재의 스카핑 속도는 20m/min로 대단히 빠른 편이다.

31 가스 절단에서 팁(tip)의 백심 끝과 강판 사이의 간격으로 가장 적당한 것은?

① 0.1~0.3mm ② 0.4~1mm

③ 1.5~2mm ④ 4~5mm

해설 절단 팁의 백심 끝과 강판 사이가 가까우면 역화·인화 등이 발생하며, 먼 경우는 절단속도가 매우 느려진다. 따라서 약 1.5~2mm 정도의 적당한 간격을 유지하는 것이 좋다.

★
32 가스용접에서 후진법에 대한 설명으로 틀린 것은?

① 전진법에 비해 용접변형이 작고 용접속도가 빠르다.

② 전진법에 비해 두꺼운 판의 용접에 적합하다.

③ 전진법에 비해 열 이용률이 좋다.

④ 전진법에 비해 산화의 정도가 심하고 용착금속 조직이 거칠다.

해설 가스용접의 전진법과 후진법의 비교

내용	전진법	후진법
열사용률	떨어진다	좋다
용접속도	느림	빠름
모재 홈 각도	크다	작다
변형의 유무	많다	적다
비드 모양	예쁘다	거칠다
용접 조직	조대해진다	미세하다
열 영향	많다	적다
용접부 냉각속도	빠르다	느리다
용접모재 이용 두께	박판(5mm 이하)	후판

정답 27. ④ 28. ④ 29. ④ 30. ② 31. ③ 32. ④

33 피복아크용접에 관한 사항으로 다음 그림의 (   )에 들어가야 할 용어는?

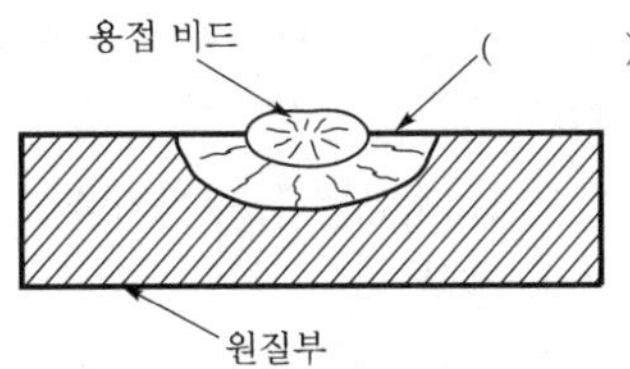

① 용락부 ② 용융지
③ 용입부 ④ 열영향부

해설 열영향부(HAZ ; Heat Affected Zone)에 대한 내용이다.

34 용접봉에서 모재로 용융금속이 옮겨가는 이행 형식이 아닌 것은?

① 단락형 ② 글로뷸러형
③ 스프레이형 ④ 철심형

해설 용적이행 형식의 분류

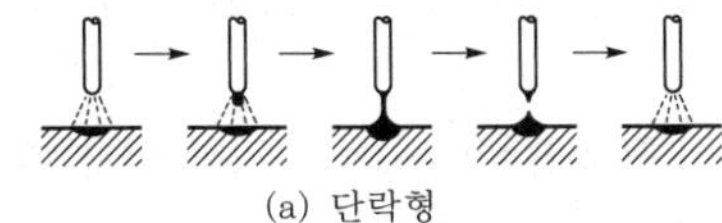
(a) 단락형

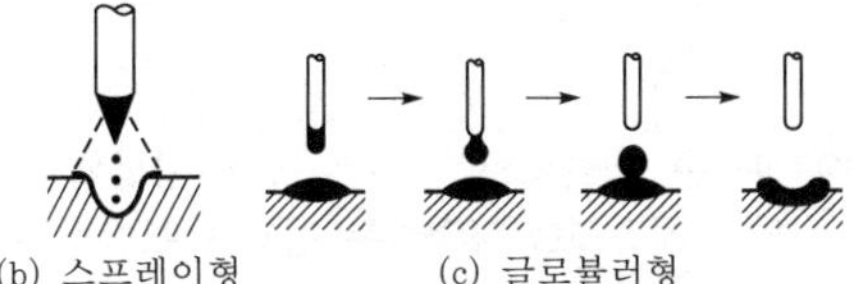
(b) 스프레이형 (c) 글로뷸러형

35 아세틸렌 가스의 성질로 틀린 것은?

① 순수한 아세틸렌 가스는 무색무취이다.
② 금, 백금, 수은 등을 포함한 모든 원소와 화합 시 산화물을 만든다.
③ 각종 액체에 잘 용해되며, 물에는 1배, 알코올에는 6배 용해된다.
④ 산소와 적당히 혼합하여 연소시키면 높은 열을 발생한다.

해설 ㉠ 아세틸렌(C_2H_2): 카바이드(CaC_2, Calcium Carbide)는 아세틸렌의 원료로 석회(CaO)와 석탄 또는 코크스를 56 : 36의 중량비로 혼합하고 이것을 전기로에 넣어 약 3,000℃의 고온으로 가열반응시켜 만든다. $CaO+3C=CaC_2+CO-108kcal$

㉡ 아세틸렌 가스의 성질
- 아세틸렌의 구조식은 HC≡CH로 표시하며, 분자 내에 삼중결합을 갖고 있는 불포화 탄화수소이다.
- 순수한 것은 무색, 무취의 기체이다.
- 인화수소(PH_2), 황화수소(H_2S), 암모니아(NH_3)와 같은 불순물을 포함하고 있어 악취가 난다.
- 비중은 0.906으로 공기보다 가벼우며, 15℃ 1기압에서의 아세틸렌 1L의 무게는 1.176g이다.
- 공기가 충분히 공급되면 밝은 빛을 내면서 탄다.
- 각종 액체에 잘 용해된다. 보통 물에 대해서는 같은 양, 석유에는 2배, 벤젠(benzene)에는 4배, 알코올(alcohol)에는 6배, 아세톤(acetone)에는 25배가 용해된다. 이와 같이 아세톤에 잘 녹는 성질을 이용하여 용해 아세틸렌을 만들어서 용접에 이용되고 있다.
- 아세틸렌을 500℃ 정도로 가열된 철관을 통과시키면 3분자가 중합 반응을 일으켜 벤젠이 된다.
- 아세틸렌을 800℃에서 분해시키면 탄소와 수소로 나누어지고 아세틸렌 카본 블랙(잉크 원료)이 된다.

36 직류아크용접에서 용접봉의 용융이 늦고, 모재의 용입이 깊어지는 극성은?

① 직류정극성
② 직류역극성
③ 용극성
④ 비용극성

해설 직류정극성에서 모재에 (+)극이, 용접봉에 (−)극이 접속된다. 이때 (+)극에 열분배가 70%, (−)극에 30% 나누어지므로 용입이 깊고 용접봉의 용융이 늦어지게 된다.

37 아크 용접기에서 부하전류가 증가하여도 단자전압이 거의 일정하게 되는 특성은?

① 절연 특성 ② 수하 특성
③ 정전압 특성 ④ 보존 특성

해설 부하전류의 변동이 있더라도 단자전압이 거의 일정한 특성을 정전압 특성이라 한다.

정답 33. ④ 34. ④ 35. ② 36. ① 37. ③

38 피복제 중에 산화티탄을 약 35% 정도 포함하였고 슬래그의 박리성이 좋아 비드의 표면이 고우며 작업성이 우수한 특징을 지닌 연강용 피복아크 용접봉은?

① E4301 ② E4311
③ E4313 ④ E4316

해설 고산화티탄계(high titanium oxide type, E4313)
- 피복제 중에 산화티탄(TiO_2)을 약 35% 포함한 용접봉으로서, 일반 경구조물의 용접에 많이 사용된다. 아크는 안정되고 스패터도 적으며, 슬래그의 박리성도 대단히 좋고 비드의 겉모양이 곱다. 또 작업성도 좋아 전자세 용접에 사용되며, 수직 하진 용접에도 가능하다.
- 용입이 얕으므로 얇은 판의 용접에 적합하나 용착금속의 기계적 성질이 다른 용접봉에 비하여 약하고 고온 균열(hot crack)을 일으키기 쉬운 결점이 있다.

39 공석조성을 0.80% C라고 하면, 0.2% C 강의 상온에서의 초석페라이트와 펄라이트의 비는 약 몇 %인가?

① 초석페라이드 75% : 펄라이트 25%
② 초석페라이드 25% : 펄라이트 75%
③ 초석페라이드 80% : 펄라이트 20%
④ 초석페라이드 20% : 펄라이트 80%

해설 초석페라이트$(\alpha-\mathrm{Fe})=\dfrac{0.80-0.20}{0.80-0.02}\times 100 \fallingdotseq 75\%$이다. 여기에서 0.02는 Fe-C 평형 상태도에서 $(\alpha-\mathrm{Fe})$를 최대로 고용하는 탄소함유량을 의미한다. 초석페라이트+펄라이트=100%이므로 펄라이트는 약 25%로 계산된다.

40 주요 성분이 Ni-Fe 합금인 불변강의 종류가 아닌 것은?

① 인바 ② 모넬메탈
③ 엘린바 ④ 플래티나이트

해설 모넬메탈의 경우 Ni-Cu계 합금으로 내식성이 크고 열팽창계수는 철과 같아 내연기관 등의 밸브에 활용된다.

41 금속의 물리적 성질에서 자성에 관한 설명 중 틀린 것은?

① 연철(鍊鐵)은 잔류자기는 작으나 보자력이 크다.
② 영구자석재료는 쉽게 자기를 소실하지 않는 것이 좋다.
③ 금속을 자석에 접근시킬 때 금속에 자석의 극과 반대의 극이 생기는 금속을 상자성체라 한다.
④ 자기장의 강도가 증가하면 자화되는 강도도 증가하나 어느 정도 진행되면 포화점에 이르는 점을 퀴리점이라 한다.

해설 연철은 0.01%C 이하로 자성을 갖기도 잃기도 쉬운 금속이다. 일반적으로 강자성체에 자계를 작용시켜 자화한 후 자계를 제거해도 이 자화된 물체에 자력이 남는데 이와 같이 남아있는 자력을 잔류자기라 하며, Fe, Ni, Co 등이 잔류자기가 높다. 연철의 경우 잔류자기가 크고 보자력이 작다.

42 상률(phase rule)과 무관한 인자는?

① 자유도 ② 원소 종류
③ 상의 수 ④ 성분 수

해설 상률은 계(system) 중에서 상이 평형을 유지하기 위한 자유도를 규정하는 법칙으로 다성분계에서 평형을 이루고 있는 상의 수와 자유도의 관계는 Gibb's의 상률로 나타낸다. Gibb's의 상률은 $F=n+2-P$(단, F: 자유도, n: 구성 물질의 성분 수, P: 어떤 상태에서 존재하는 상의 수)이다. 여기에서 금속의 경우 대개 대기압하에서 취급하고 또 금속에 있어서는 압력의 변화가 약간 있더라도 고체 및 액체 상태의 평형관계에는 거의 영향을 미치지 않으므로 금속의 경우 압력을 변수에서 포함하지 않는다. 따라서 자유도(응고계 상률) $F=n+1-P$로 한다.

43 다음 중 탄소강의 표준 조직이 아닌 것은?

① 페라이트 ② 펄라이트
③ 시멘타이트 ④ 마텐자이트

정답 38. ③ 39. ① 40. ② 41. ① 42. ② 43. ④

해설 마텐자이트(Martensite)는 강의 열처리 조직으로 분류된다.

44 탄소강 중에 함유된 규소의 일반적인 영향 중 틀린 것은?

① 경도의 상승 ② 연신율의 감소
③ 용접성의 저하 ④ 충격값의 증가

해설 규소의 일반적인 영향은 충격값의 감소이다.

45 다음 중 이온화 경향이 가장 큰 것은?

① Cr ② K
③ Sn ④ H

해설 이온화 경향이란 금속원자가 전자를 잃고 양이온이 되려는 성질로, 이온화 경향이 큰 금속은 산화하기 쉽고 화합물이 되기 쉽다. 주요 금속의 이온화 경향은 K > Ca >Na > Mg > Al > Zn > Cr > Fe > Co > Ni > Mo > Sn > Pb > H 순이다.

46 실온까지 온도를 내려 다른 형상으로 변형시켰다가 다시 온도를 상승시키면 어느 일정한 온도 이상에서 원래의 형상으로 변화하는 합금은?

① 제진합금 ② 방진합금
③ 비정질합금 ④ 형상기억합금

해설 형상기억합금(shape memory alloy)에 대한 내용이다.

47 금속에 대한 설명으로 틀린 것은?

① 리튬(Li)은 물보다 가볍다.
② 고체상태에서 결정구조를 가진다.
③ 텅스텐(W)은 이리듐(Ir)보다 비중이 크다.
④ 일반적으로 용융점이 높은 금속은 비중도 큰 편이다.

해설 ③ 리튬(Li)의 비중은 0.534로 실용금속 중 가장 가볍고, 이리듐(Ir)의 비중은 22.5로 가장 무겁다. 텅스텐(W)의 비중은 19.3이다.

★
48 7 : 3 황동에 1% 내외의 Sn을 첨가하여 열교환기, 증발기 등에 사용되는 합금은?

① 코슨 황동 ② 네이벌 황동
③ 애드미럴티 황동 ④ 에버듀어메탈

해설
- 7:3 황동 + 1%Sn: 애드미럴티
- 6:4 황동 + 1%Sn: 네이벌 황동
- 7:3 황동 + 1%Fe: 듀라나메탈
- 6:4 황동 + 1%Fe: 델타메탈

49 열간 성형 리벳의 종류별 호칭길이(L)를 표시한 것 중 잘못 표시된 것은?

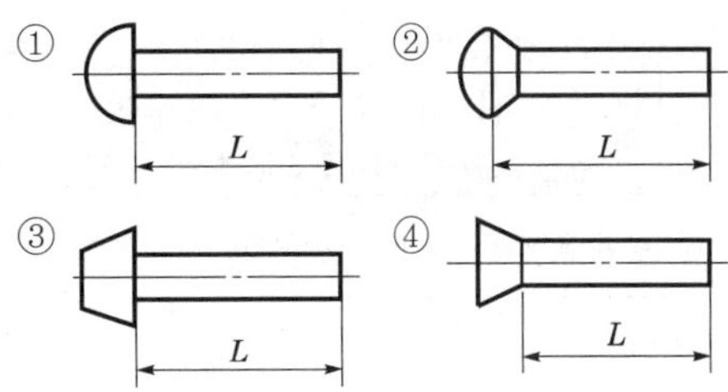

해설 보기 ④와 같은 접시머리 리벳(b)은 전체 길이가 호칭길이가 된다.

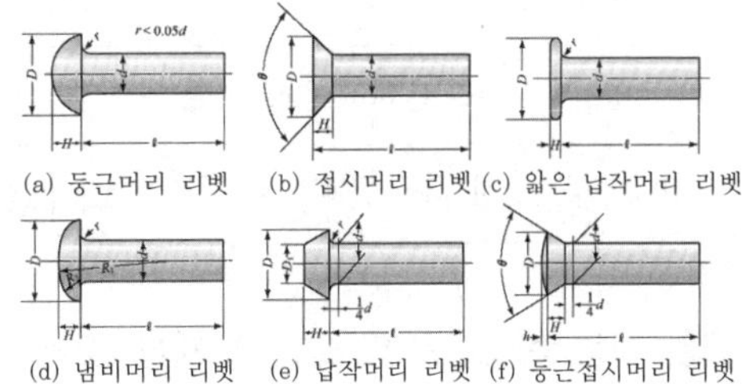
(a) 둥근머리 리벳 (b) 접시머리 리벳 (c) 얇은 납작머리 리벳
(d) 냄비머리 리벳 (e) 납작머리 리벳 (f) 둥근접시머리 리벳

50 구리에 5~20% Zn을 첨가한 황동으로, 강도는 낮으나 전연성이 좋고 색깔이 금색에 가까워, 모조금이나 판 및 선 등에 사용되는 것은?

① 톰백 ② 켈밋
③ 포금 ④ 문쯔메탈

해설 톰백(tombac)에 대한 내용으로 켈밋과 포금은 청동의 종류이며, 문쯔메탈은 6 · 4 황동의 다른 이름이다.

정답 44. ④ 45. ② 46. ④ 47. ③ 48. ③ 49. ④ 50. ①

★
51 그림과 같은 KS 용접 보조기호의 설명으로 옳은 것은?

① 필릿 용접부 토우를 매끄럽게 함
② 필릿 용접 끝단부를 볼록하게 다듬질
③ 필릿 용접 끝단부에 영구적인 덮개 판을 사용
④ 필릿 용접 중앙부에 제거 가능한 덮개 판을 사용

해설 ◺는 필릿 용접기호이며, 보조기호 ⩗는 토우를 매끄럽게 하는 용접부 형상을 의미하는 기호이다.

용접부 표면 또는 용접부 형상	기호
평면(동일한 면으로 마감처리)	──
볼록형	⌒
오목형	◡
토우를 매끄럽게 함	⩗
영구적인 이면 판재(backing strip) 사용	M
제거 가능한 이면 판재 사용	MR

52 다음 중 배관용 탄소강관의 재질기호는?

① SPA ② STK
③ SPP ④ STS

해설 SPP: 배관용 탄소강관(carbon steel pipes for crdinary piping)

53 고강도 Al 합금으로 조성이 Al-Cu-Mg-Mn인 합금은?

① 라우탈 ② Y-합금
③ 두랄루민 ④ 하이드로날륨

해설 Al-Cu-Mg-Mn은 두랄루민의 화학조성이다.

54 그림과 같은 ㄷ 형강의 치수 기입방법으로 옳은 것은? (단, L은 형강의 길이를 나타낸다.)

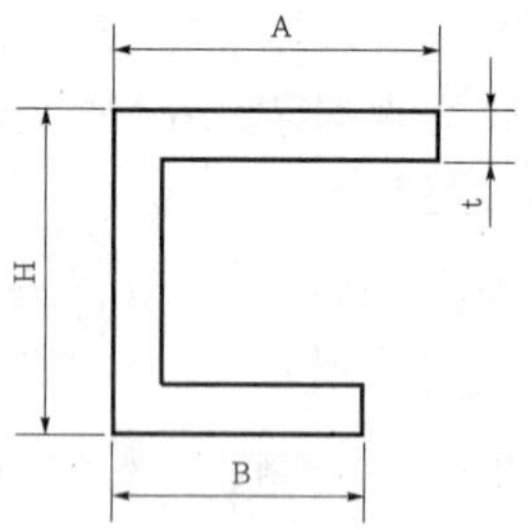

① ㄷ A×B×H×t-L ② ㄷ H×A×B×t-L
③ ㄷ B×A×H×t-L ④ ㄷ H×B×A×L-t

55 도면에서 반드시 표제란에 기입해야 하는 항목으로 틀린 것은?

① 재질 ② 척도
③ 투상법 ④ 도명

해설 표제란(title panal): 도면이 완성된 후 제도자의 성명, 도명, 각법 등을 나타내어 도면을 이름짓는 것이다. 표제란은 그 형식이 일정하지 않으며 회사의 특성에 맞추어 크기, 형상, 위치 등이 달라진다. 그러나 표제란의 위치는 도면의 우측 하단에 위치하는 것이 원칙이며, 다음 사항을 기입한다.
- 도면 번호(도번)
- 도명
- 제도소명
- 제도자 성명
- 각법
- 척도
- 작성 연월일
- 책임자 서명

56 선의 종류와 명칭이 잘못된 것은?

① 가는 실선 - 해칭선
② 굵은 실선 - 숨은선
③ 가는 2점 쇄선 - 가상선
④ 가는 1점 쇄선 - 피치선

해설 굵은 실선은 외형선의 용도로 사용되고, 숨은선은 가는선의 은선이 사용된다.

정답 51. ① 52. ③ 53. ③ 54. ② 55. ① 56. ②

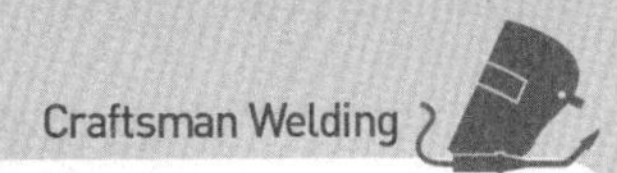

57 그림과 같은 입체도에서 화살표 방향을 정면으로 할 때 평면도로 가장 적합한 것은?

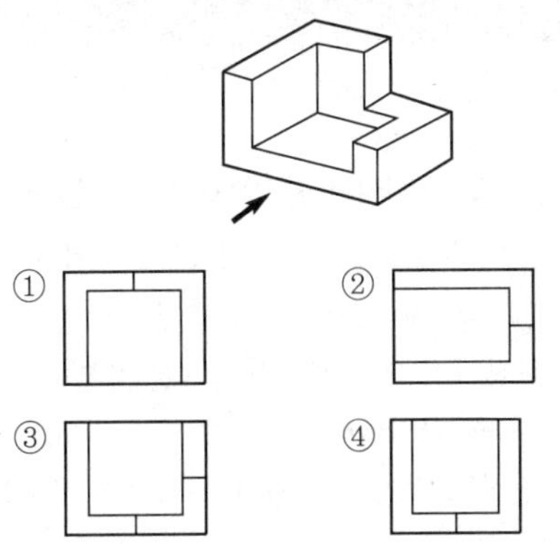

해설 화살표 방향을 정면도로 할 때 위에서 내려 본 방향이 평면도이고 위 도형에 해당되는 평면도는 보기 ①이다.

58 일반적으로 치수선을 표시할 때, 치수선 양 끝에 치수가 끝나는 부분임을 나타내는 형상으로 사용하는 것이 아닌 것은?

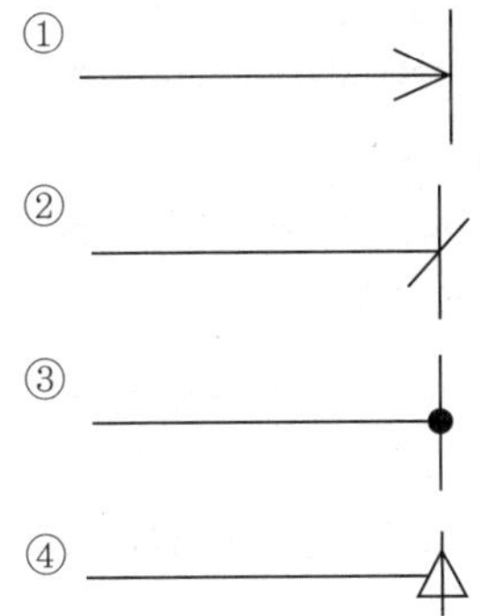

해설 치수선 양 끝에 치수가 끝나는 부분의 표시는 일반적으로 보기 ①, ②, ③ 등을 사용한다.

59 도면의 밸브 표시방법에서 안전밸브에 해당하는 것은?

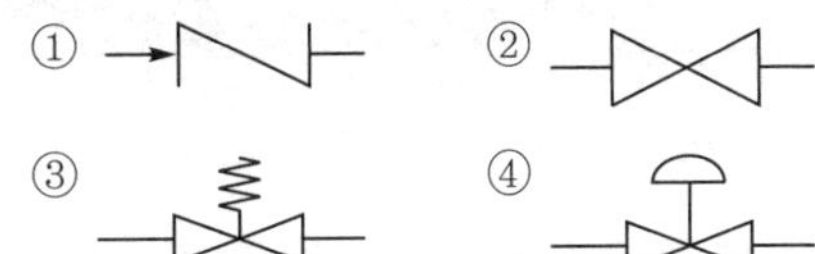

해설 ① 체크 밸브
② 밸브 일반
④ 밸브 개폐부의 동력 조작

★
60 제1각법과 제3각법에 대한 설명 중 틀린 것은?

① 제3각법은 평면도를 정면도의 위에 그린다.
② 제1각법은 저면도를 정면도의 아래에 그린다.
③ 제3각법의 원리는 눈 → 투상면 → 물체의 순서가 된다.
④ 제1각법에서 우측면도는 정면도를 기준으로 본 위치와는 반대쪽인 좌측에 그려진다.

해설

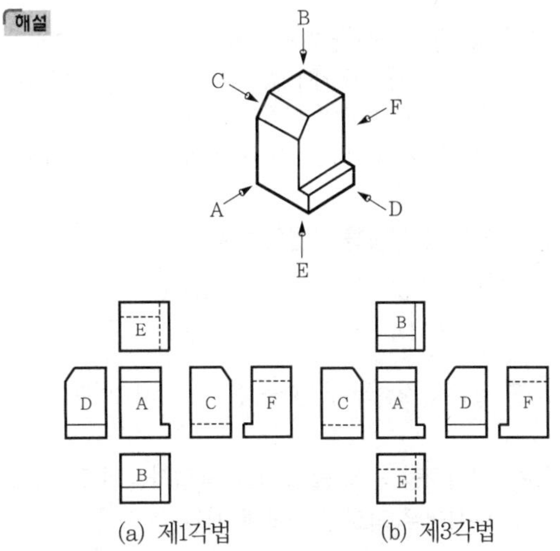

(a) 제1각법　(b) 제3각법

A: 정면도, B: 평면도, C: 좌측면도
D: 우측면도, E: 저면도, F: 배면도

정답 57. ① 58. ④ 59. ③ 60. ②

2015. 10. 10. 시행

제 5 회 용접기능사

01 초음파 탐상법의 종류에 속하지 않는 것은?

① 투과법 ② 펄스반사법
③ 공진법 ④ 극간법

해설 초음파 탐상법의 종류에는 투과법, 펄스(pulse)반사법, 공진법 등이 있다.

02 CO_2 가스 아크용접에서 기공의 발생원인으로 틀린 것은?

① 노즐에 스패터가 부착되어 있다.
② 노즐과 모재 사이의 거리가 짧다.
③ 모재가 오염(기름, 녹, 페인트)되어 있다.
④ CO_2 가스의 유량이 부족하다.

해설 CO_2 가스 아크용접에서 기공 발생의 원인으로는 보기 ①, ③, ④ 외에 CO_2 가스에 공기가 혼입되어 있는 경우, 바람에 의해 CO_2 가스가 날리는 경우, 노즐과 모재 사이가 지나치게 먼 경우 등이 있다.

03 연납과 경납을 구분하는 온도는?

① 550℃ ② 450℃
③ 350℃ ④ 250℃

해설 연납과 경납을 구분하는 온도는 450℃이다.

★
04 전기저항 용접 중 플래시 용접과정의 3단계를 순서대로 바르게 나타낸 것은?

① 업셋→플래시→예열
② 예열→업셋→플래시
③ 예열→플래시→업셋
④ 플래시→업셋→예열

해설 플래시 용접과정은 예열→플래시→업셋의 3단계로 구분된다.

05 용접작업 중 지켜야 할 안전사항으로 틀린 것은?

① 보호장구를 반드시 착용하고 작업한다.
② 훼손된 케이블은 사용 후에 보수한다.
③ 도장된 탱크 안에서의 용접은 충분히 환기시킨 후 작업한다.
④ 전격 방지기가 설치된 용접기를 사용한다.

해설 용접 중 안전사항으로 훼손된 케이블은 전격의 위험이 있어 사용 전에 보수 후 작업을 실시한다.

06 전격의 방지대책으로 적합하지 않는 것은?

① 용접기의 내부는 수시로 열어서 점검하거나 청소한다.
② 홀더나 용접봉은 절대로 맨손으로 취급하지 않는다.
③ 절연 홀더의 절연부분이 파손되면 즉시 보수하거나 교체한다.
④ 땀, 물 등에 의해 습기찬 작업복, 장갑, 구두 등은 착용하지 않는다.

해설 용접기의 내부에 함부로 손을 대지 않는다.

07 다음 중 CO_2 가스 아크용접의 장점으로 틀린 것은?

① 용착금속의 기계적 성질이 우수하다.
② 슬래그 혼입이 없고, 용접 후 처리가 간단하다.
③ 전류밀도가 높아 용입이 깊고, 용접속도가 빠르다.
④ 풍속 2m/s 이상의 바람에도 영향을 받지 않는다.

해설 CO_2 가스 아크용접은 바람의 영향을 받으므로 풍속 2m/sec 이상에서는 방풍장치가 필요하다.

정답 01. ④ 02. ② 03. ② 04. ③ 05. ② 06. ① 07. ④

08 다음 중 용접 후 잔류응력 완화법에 해당하지 않는 것은?

① 기계적 응력 완화법
② 저온응력 완화법
③ 피닝법
④ 화염경화법

해설 잔류응력 완화법에는 저온응력 완화법, 기계적 응력 완화법, 피닝법 등이 있다.

09 용접 지그나 고정구의 선택 기준에 대한 설명 중 틀린 것은?

① 용접하고자 하는 물체의 크기를 튼튼하게 고정시킬 수 있는 크기와 강성이 있어야 한다.
② 용접응력을 최소화할 수 있도록 변형이 자유롭게 일어날 수 있는 구조이어야 한다.
③ 피용접물의 고정과 분해가 쉬워야 한다.
④ 용접간극을 적당히 받쳐주는 구조이어야 한다.

해설 지그나 고정구의 선택기준
㉠ 용접작업을 보다 쉽게 하고 신뢰성 및 작업능률을 향상시켜야 한다.
㉡ 제품의 치수를 정확하게 하야 한다.
㉢ 대량생산을 위하여 사용한다.
보기 ②와 같이 변형이 자유롭게 일어날 수 있는 구조는 지그나 고정구의 사용목적과는 거리가 있다.

10 용접 홈 이음 형태 중 U형은 루트 반지름을 가능한 크게 만드는데 그 이유로 가장 알맞은 것은?

① 큰 개선각도 ② 많은 용착량
③ 충분한 용입 ④ 큰 변형량

해설 U형 홈은 두꺼운 판의 양면 용접을 할 수 없는 경우 가공하는 방법으로, 한쪽 용접에 의해 충분한 용입을 얻으려고 할 때 사용된다.

11 다음 중 다층용접 시 적용하는 용착법이 아닌 것은?

① 빌드업법 ② 캐스케이드법
③ 스킵법 ④ 전진블록법

해설 다층 쌓기 방법에는 덧살올림법, 캐스케이드법, 전진블록법 등이 있다.

★
12 다음 중 용접작업 전에 예열을 하는 목적으로 틀린 것은?

① 용접작업성의 향상을 위하여
② 용접부의 수축 변형 및 잔류응력을 경감시키기 위하여
③ 용접금속 및 열 영향부의 연성 또는 인성을 향상시키기 위하여
④ 고탄소강이나 합금강의 열 영향부 경도를 높게 하기 위하여

해설 예열의 목적
㉠ 용접작업성의 향상을 위하여
㉡ 용접부의 수축 변형 및 잔류응력을 경감시키기 위하여
㉢ 용접금속 및 열 영향부의 연성 또는 인성을 향상시키기 위하여
㉣ 용접부가 임계온도(연강의 경우 871~719℃)를 통과할 때 냉각속도를 느리게 하여 열영향부와 용착금속의 경화를 방지하기 위하여
㉤ 약 200℃ 범위를 통과하는 시간을 지연시켜 수소성분이 달아날 시간을 주기 위하여

13 다음 중 용접자세 기호로 틀린 것은?

① F ② V
③ H ④ OS

해설
- F(Flat Position): 아래보기자세
- V(Vertical Position): 수직자세
- H(Horizontal Position): 수평자세
- O(H)(Over Head Position): 위보기자세
- AP(All Position): 전자세

14 자동화 용접장치의 구성요소가 아닌 것은?

① 고주파 발생장치 ② 칼럼
③ 트랙 ④ 겐트리

해설 자동화 용접장치 중 로봇의 작업공간보다 클 경우 이러한 용접물을 위한 기구로서 트랙, 겐트리, 칼럼 등이 있다.

정답 08. ④ 09. ② 10. ③ 11. ③ 12. ④ 13. ④ 14. ①

15 피복아크용접 시 지켜야 할 유의사항으로 적합하지 않은 것은?

① 작업 시 전류는 적정하게 조절하고 정리정돈을 잘하도록 한다.
② 작업을 시작하기 전에는 메인 스위치를 작동시킨 후에 용접기 스위치를 작동시킨다.
③ 작업이 끝나면 항상 메인 스위치를 먼저 끈 후에 용접기 스위치를 꺼야 한다.
④ 아크 발생 시 항상 안전에 신경을 쓰도록 한다.

해설 작업이 끝나면 용접기 스위치를 먼저 끈 후에 메인 스위치를 꺼야 한다.

16 용접 진행방향과 용착방향이 서로 반대가 되는 방법으로 잔류응력은 다소 적게 발생하나 작업의 능률이 떨어지는 용착법은?

① 전진법　② 후진법
③ 대칭법　④ 스킵법

해설 후진법은 진행방향과 용착방향이 서로 반대가 되는 방법으로, 잔류응력은 다소 적게 발생되나 작업 능률이 떨어진다.

★
17 다음 중 테르밋 용접의 특징에 관한 설명으로 틀린 것은?

① 용접작업이 단순하다.
② 용접기구가 간단하고, 작업장소의 이동이 쉽다.
③ 용접시간이 길고, 용접 후 변형이 크다.
④ 전기가 필요 없다.

해설 테르밋 용접의 특징
㉠ 용접작업이 단순하다.
㉡ 용접기구가 간단하고, 작업장소의 이동이 쉽다.
㉢ 전기가 필요 없다.
㉣ 홈 가공이 불필요하다.
㉤ 용접작업 후 변형이 적다.
㉥ 용접시간이 비교적 짧다.

18 주철용접 시 주의사항으로 옳은 것은?

① 용접전류는 약간 높게 하고 운봉하여 곡선비드 배치하며 용입을 깊게 한다.
② 가스 용접 시 중성불꽃 또는 산화불꽃을 사용하고 용제는 사용하지 않는다.
③ 냉각되어 있을 때 피닝작업을 하여 변형을 줄이는 것이 좋다.
④ 용접봉의 지름은 가는 것을 사용하고, 비드의 배치는 짧게 하는 것이 좋다.

해설 주철용접 시 용접봉은 비교적 가는 것을 사용하고, 비드는 짧게 하는 것이 좋다.

19 전기저항 용접의 발열량을 구하는 공식으로 옳은 것은? (단, H: 발열량(cal), I: 전류(A), R: 저항(Ω), t: 시간(sec)이다.)

① $H=0.24IRt$　② $H=0.24IR^2t$
③ $H=0.24I^2Rt$　④ $H=0.24IRt^2$

해설 저항용접의 발열량, 즉 줄(Joule)열을 구하는 공식은 $H=0.24I^2Rt$이다.

20 비용극식, 비소모식 아크 용접에 속하는 것은?

① 피복아크용접
② TIG 용접
③ 서브머지드 아크용접
④ CO_2 용접

해설 TIG 용접은 전극이 소모되지 않는 비소모식 또는 비용극식 용접법이다. 이 방법은 전극재료로 텅스텐 전극을 활용한다.

21 TIG 용접에서 직류역극성에 대한 설명이 아닌 것은?

① 용접기의 음극에 모재를 연결한다.
② 용접기의 양극에 토치를 연결한다.
③ 비드 폭이 좁고 용입이 깊다.
④ 산화 피막을 제거하는 청정작용이 있다.

해설 직류역극성(DCRP)은 비드 폭이 넓고 용입이 얕으며 산화 피막을 제거하는 청정작용이 있다.

정답 15. ③　16. ②　17. ③　18. ④　19. ③　20. ②　21. ③

22 재료의 접합방법은 기계적 접합과 야금적 접합으로 분류하는데 야금적 접합에 속하지 않는 것은?

① 리벳 ② 용접
③ 압접 ④ 납땜

해설 볼트, 리벳, 접어 잇기, 코터이음 등은 기계적 접합으로 분류된다.

23 서브머지드 아크용접의 특징으로 틀린 것은?

① 콘택트 팁에서 통전되므로 와이어 중에 저항열이 적게 발생되어 고전류 사용이 가능하다.
② 아크가 보이지 않으므로 용접부의 적부를 확인하기가 곤란하다.
③ 용접길이가 짧을 때 능률적이며 수평 및 위보기 자세 용접에 주로 이용된다.
④ 일반적으로 비드 외관이 아름답다.

해설 서브머지드 아크용접에서 용접길이가 짧고 용접선이 구부러졌을 때는 비효율적이며, 특별한 장치가 없을 경우 아래보기, 수평 필릿 자세에 주로 이용된다.

24 다음 중 알루미늄을 가스 용접할 때 가장 적절한 용제는?

① 붕사 ② 탄산나트륨
③ 염화나트륨 ④ 중탄산나트륨

해설 모재가 알루미늄 또는 그 합금인 경우 적절한 용제는 염화나트륨, 염화칼슘, 염화리튬 등이 있다.

25 다음 중 연강용 가스 용접봉의 종류인 "GA43"에서 "43"이 의미하는 것은?

① 가스 용접봉
② 용착금속의 연신율 구분
③ 용착금속의 최소 인장강도 수준
④ 용착금속의 최대 인장강도 수준

해설 가스용접의 규격 중 GA43에서 GA는 재질에 대한 종류이며, 43은 용착금속의 최저 인장강도를 의미한다.

26 일반적인 용접의 장점으로 옳은 것은?

① 재질 변형이 생긴다.
② 작업공정이 단축된다.
③ 잔류응력이 발생한다.
④ 품질검사가 곤란하다.

해설 용접의 단점
- 재질의 변형 및 잔류응력 발생
- 품질 검사가 곤란하고 변형과 수축이 생김
- 용접사의 기량에 따라 용접부의 품질이 좌우됨

27 아크용접에서 아크쏠림 방지대책으로 옳은 것은?

① 용접봉 끝을 아크쏠림 방향으로 기울인다.
② 접지점을 용접부에 가까이 한다.
③ 아크길이를 길게 한다.
④ 직류용접 대신 교류용접을 사용한다.

해설 아크쏠림의 방지책
㉠ 용접봉 끝을 아크쏠림 반대방향으로 기울인다.
㉡ 접지점을 용접부에서 멀리 한다.
㉢ 아크길이를 짧게 한다.

28 토치를 사용하여 용접부분의 뒷면을 따내거나 U형, H형으로 용접 홈을 가공하는 것으로 일명 가스 파내기라고 부르는 가공법은?

① 산소창 절단 ② 선삭
③ 가스 가우징 ④ 천공

해설 가우징의 핵심 키워드는 결함부 뒷면 따내기, 홈가공 등이며, 스카핑의 핵심 키워드는 강재 표면의 홈, 개재물, 탈탄층 제거 등이다.

29 가스절단 시 예열불꽃이 약할 때 일어나는 현상으로 틀린 것은?

① 드래그가 증가한다.
② 절단면이 거칠어진다.
③ 역화를 일으키기 쉽다.
④ 절단속도가 느려지고, 절단이 중단되기 쉽다.

정답 22. ① 23. ③ 24. ③ 25. ③ 26. ② 27. ④ 28. ③ 29. ②

해설 예열불꽃이 약할 때 절단속도가 늦어지고, 절단이 중단되기 쉽고, 드래그가 증가하고, 역화를 일으키기 쉽다.

30 환원가스발생 작용을 하는 피복아크 용접봉의 피복제 성분은?

① 산화티탄 ② 규산나트륨
③ 탄산칼륨 ④ 당밀

해설 피복 배합제의 성질에서 환원가스 발생제로 작용하는 피복제 성분에는 해초, 아교, 고무, 당밀 등이 있다.

31 용접작업을 하지 않을 때는 무부하 전압을 20~30V 이하로 유지하고 용접봉을 작업물에 접촉시키면 릴레이(relay) 작동에 의해 전압이 높아져 용접작업이 가능하게 하는 장치는?

① 아크부스터 ② 원격제어장치
③ 전격방지기 ④ 용접봉 홀더

해설 전격방지기는 2차 무부하 전압이 20~30V 이하로 되기 때문에 전격을 방지할 수 있다.

32 직류아크 용접기와 비교하여 교류 아크 용접기에 대한 설명으로 가장 올바른 것은?

① 무부하 전압이 높고 감전의 위험이 많다.
② 구조가 복잡하고 극성 변화가 가능하다.
③ 자기쏠림 방지가 불가능하다.
④ 아크 안정성이 우수하다.

해설 보기 ②, ③, ④ 등이 직류아크 용접기의 특징이며, 무부하 전압의 경우 직류 용접기보다 교류 용접기가 다소 높아 감전의 측면에서는 직류 용접기가 다소 위험이 적다.

33 가스용접에 사용되는 가연성 가스의 종류가 아닌 것은?

① 프로판 가스 ② 수소 가스
③ 아세틸렌 가스 ④ 산소

해설 가스용접 또는 절단에 사용되는 가연성 가스의 종류로는 아세틸렌, 프로판 등이며, 그 밖에 수소, 메탄 등이 사용된다. 지연성(조연성) 가스는 산소와 공기 등이 사용된다.

34 다음 중 아세틸렌 가스의 관으로 사용할 경우 폭발성 화합물을 생성하게 되는 것은?

① 순구리관
② 스테인리스강관
③ 알루미늄합금관
④ 탄소강관

해설 아세틸렌 가스는 구리 또는 구리 합금(62% 이상 구리), 은, 수은 등과 접촉하면 이들과 화합하여 120℃ 부근에서 폭발성 있는 화합물을 생성한다.

★
35 가스용접 모재의 두께가 3.2mm일 때 가장 적당한 용접봉의 지름을 계산식으로 구하면 몇 mm인가?

① 1.6 ② 2.0
③ 2.6 ④ 3.2

해설 가스 용접봉과 판 두께 사이에는 다음과 같은 관계가 있다.

$$D=\frac{T}{2}+1=\frac{3.2}{2}+1=2.6\text{mm}$$

(단, D: 가스 용접봉 지름[mm], T: 판 두께[mm])

36 피복아크용접에서 직류역극성(DCRP) 용접의 특징으로 옳은 것은?

① 모재의 용입이 깊다.
② 비드 폭이 좁다.
③ 봉의 용융이 느리다.
④ 박판, 주철, 고탄소강의 용접 등에 쓰인다.

해설 직류역극성의 특징
- 용입이 얕다.
- 용접봉 녹음이 빠르다.
- 비드 폭이 넓다.
- 박판, 주철, 고탄소강, 합금강, 비철금속의 용접에 쓰인다.

정답 30. ④ 31. ③ 32. ① 33. ④ 34. ① 35. ③ 36. ④

37 피복아크 용접기를 사용하여 아크 발생을 8분간 하고 2분간 쉬었다면, 용접기 사용률은 몇 %인가?

① 25 ② 40
③ 65 ④ 80

해설 용접기의 (정격)사용률

$$= \frac{\text{아크 발생시간}}{\text{아크 발생시간} + \text{휴식시간}} \times 100$$

$$= \frac{8\text{분}}{8\text{분} + 2\text{분}} \times 100 = 80\%$$

38 피복제 중에 산화티탄(TiO_2)을 약 35% 정도 포함한 용접봉으로서 아크는 안정되고 스패터는 적으나, 고온 균열(hot crack)을 일으키기 쉬운 결점이 있는 용접봉은?

① E4301 ② E4313
③ E4311 ④ E4316

해설 고산화티탄계(E4313) 용접봉은 일반 경구조물 용접에 적합하며, 고온 균열을 일으키기 쉬운 결점이 있다.

39 알루미늄과 마그네슘의 합금으로 바닷물과 알칼리에 대한 내식성이 강하고 용접성이 매우 우수하여 주로 선박용 부품, 화학 장치용 부품 등에 쓰이는 것은?

① 실루민
② 하이드로날륨
③ 알루미늄 청동
④ 애드미럴티 황동

해설 알루미늄과 마그네슘의 합금인 하이드로날륨은 내식성이 우수하여 선박용 부품, 화학용 부품에 사용된다.

40 열과 전기의 전도율이 가장 좋은 금속은?

① Cu ② Al
③ Ag ④ Au

해설 열과 전기전도율이 큰 순서는 은 > 구리 > 금 > 알루미늄 > 마그네슘 순이다.

41 섬유강화금속 복합재료의 기지금속으로 가장 많이 사용되는 것으로 비중이 약 2.7인 것은?

① Na ② Fe
③ Al ④ Co

해설 가장 많이 사용되는 금속으로 비중 2.7인 금속은 알루미늄이다.

42 비파괴검사가 아닌 것은?

① 자기탐상시험 ② 침투탐상시험
③ 샤르피충격시험 ④ 초음파탐상시험

해설 샤르피충격시험은 파괴시험에 속한다.

43 주철의 유동성을 나쁘게 하는 원소는?

① Mn ② C
③ P ④ S

해설 황은 쾌삭성을 향상시키지만 유동성을 해치며, 주조를 곤란하게 하고, 정밀 주물 제작을 어렵게 한다. 또한 흑연화 생성을 방해한다.

44 다음 금속 중 용융상태에서 응고할 때 팽창하는 것은?

① Sn ② Zn
③ Mo ④ Bi

해설 비스무트(Bi)는 금속원소로 비중 9.75, 녹는점 265℃, 브리넬 경도 73 정도이며, 열전도는 금속 중 Hg 다음으로 낮고, 팽창계수는 0.0000131이다. 또 금속 중에서 반자성이 가장 크다. 안티몬(Sb)과 같이 용융상태에서 응고할 때 팽창하는 성질이 있어 활자합금에 첨가되기도 한다. 약 50% Bi까지의 합금은 응고 시 수축이 되나, 약 55% Bi 이상이 되면 응고 시 팽창하게 된다.

45 강자성체 금속에 해당되는 것은?

① Bi, Sn, Au ② Fe, Pt, Mn
③ Ni, Fe, Co ④ Co, Sn, Cu

해설 Ni, Fe, Co 등은 강자성체 금속이며, 상자성체의 금속으로는 Sn, Al, Pt 등이다.

정답 37. ④ 38. ② 39. ② 40. ③ 41. ③ 42. ③ 43. ④ 44. ④ 45. ③

46 강에서 상온 메짐(취성)의 원인이 되는 원소는?

① P　　② S
③ Al　　④ Co

해설 상온 메짐(취성)은 상(上)온이 아닌 상(常)온으로, 청열취성과 같은 개념으로 생각하면 되며, 인(P)이 원인이 된다.

47 60% Cu - 40% Zn 황동으로 복수기용 판, 볼트, 너트 등에 사용되는 합금은?

① 톰백(tombac)
② 길딩메탈(gilding metal)
③ 문쯔메탈(muntz metal)
④ 애드미럴티메탈(admiralty metal)

해설 6·4 황동을 문쯔메탈이라고도 한다.
① 톰백: Cu + 5~20%Zn
② 길딩메탈: 톰백의 종류로 Cu + 5%Zn으로 동전, 메달용
④ 애드미럴티 메탈: 7·3 황동 + 1%Sn

★
48 구상 흑연 주철에서 그 바탕조직이 펄라이트이면서 구상 흑연의 주위를 유리된 페라이트가 감싸고 있는 조직의 명칭은?

① 오스테나이트(austenite) 조직
② 시멘타이트(cementite) 조직
③ 레데뷰라이트(ledeburite) 조직
④ 불스 아이(bull's eye) 조직

해설 불스 아이 조직에 대한 내용으로, 구상 흑연 주위에 밝은 색의 페라이트로 둘러쌓여 있어 소의 눈과 같다고 하여 이름 붙여졌다.

★
49 시편의 표점거리가 125mm, 늘어난 길이가 145mm이었다면 연신율은?

① 16%　　② 20%
③ 26%　　④ 30%

해설
$$연신율(\varepsilon)=\frac{늘어난\ 길이-표점거리}{표점거리}\times 100$$
$$=\frac{145-125}{125}\times 100=16\%$$

50 도면에 물체를 표시하기 위한 투상에 관한 설명 중 잘못된 것은?

① 주투상도는 대상물의 모양 및 기능을 가장 명확하게 표시하는 면을 그린다.
② 보다 명확한 설명을 위해 주투상도를 보충하는 다른 투상도를 많이 나타낸다.
③ 특별한 이유가 없을 경우 대상물을 가로길이로 놓은 상태로 그린다.
④ 서로 관련되는 그림의 배치는 되도록 숨은선을 쓰지 않도록 한다.

해설 보다 명확한 설명을 위해 다른 투상도를 그리되, 이해 가능한 한 도면은 간단·명료하게 그리는 것이 원칙이다.

51 그림과 같은 도시기호가 나타내는 것은?

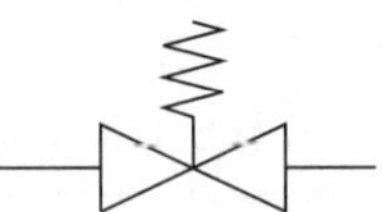

① 안전 밸브　　② 전동 밸브
③ 스톱 밸브　　④ 슬루스 밸브

해설 밸브 및 콕 물체의 표시방법

밸브·콕의 종류	그림기호	밸브·콕의 종류	그림기호
밸브 일반		버터플라이 밸브	또는
슬루스 밸브		앵글 밸브	
글로브 밸브		3방향 밸브	
체크 밸브	또는	안전 밸브	또는
볼 밸브		콕 일반	

52 주변 온도가 변화하더라도 재료가 가지고 있는 열팽창계수나 탄성계수 등의 특정한 성질이 변하지 않는 강은?

① 쾌삭강　　② 불변강
③ 강인강　　④ 스테인리스강

정답 46. ①　47. ③　48. ④　49. ①　50. ②　51. ①　52. ②

해설 불변강이란 주위 온도가 변하여도 재료의 열팽창 계수나 탄성률 등의 특성이 변하지 않는 Ni-Fe계 합금이다.

53 그림과 같은 입체도의 화살표 방향 투시도로 가장 적합한 것은?

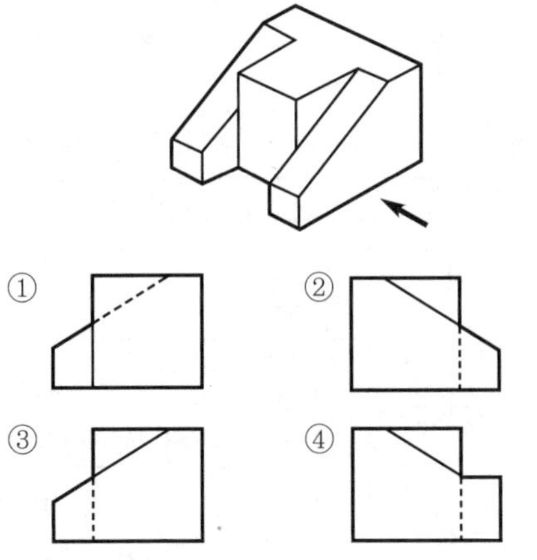

해설 화살표가 지시하는 방향의 도면으로 방향을 고려하면 보기 ②, ④가 제외되고, 우측 상단에서 좌측 하단까지의 선은 눈에 보이므로 실선 처리가 된 보기 ③이 정답이 된다.

★
54 그림과 같은 KS 용접기호의 해석으로 올바른 것은?

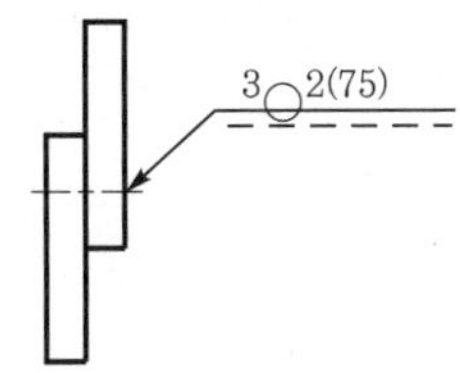

① 지름이 2mm이고, 피치가 75mm인 플러그 용접이다.
② 지름이 2mm이고, 피치가 75mm인 심 용접이다.
③ 용접 수는 2개이고, 피치가 75mm인 슬롯 용접이다.
④ 용접 수는 2개이고, 피치가 75mm인 스폿(점) 용접이다.

해설 용접기호로는 플러그 용접(⊓), 점 용접(○), 심 용접(⊖) 등이다.
"3○2(75)"는 점 용접으로 너깃의 지름은 3mm, 점 용접의 개수는 2개, 점 용접 간의 피치는 75mm라는 의미이다.

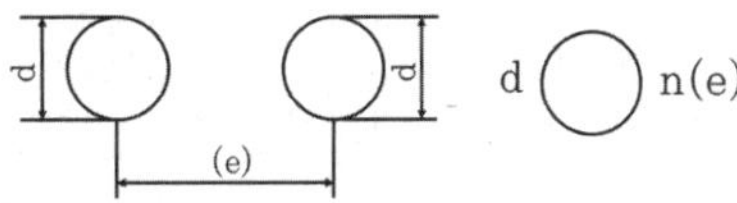

(d: 스폿부[너깃; nugget]의 지름, n: 용접부의 개수, (e): 간격[피치; pitch])

55 KS 기계재료 표시기호 "SS 400"의 400은 무엇을 나타내는가?

① 경도 ② 연신율
③ 탄소함유량 ④ 최저 인장강도

해설 KS 기계재료 규격의 SS 400에서 400은 최저 인장강도를 나타낸다.

56 그림과 같은 입체도를 3각법으로 올바르게 도시한 것은?

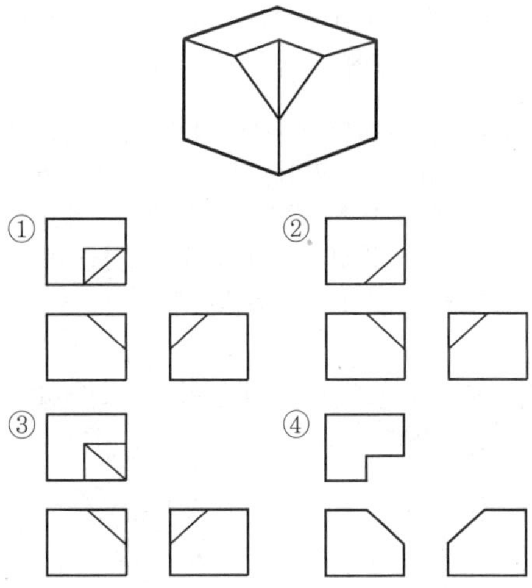

해설 정면도를 보면 보기 ④는 제외되고, 평면도를 보면 경사된 선을 고려할 때 보기 ③이 정답이 된다.

정답 53. ③ 54. ④ 55. ④ 56. ③

★
57 치수기입의 원칙에 관한 설명 중 틀린 것은?

① 치수는 필요에 따라 기준으로 하는 점, 선 또는 면을 기준으로 하여 기입한다.
② 대상물의 기능, 제작, 조립 등을 고려하여 필요하다고 생각되는 치수를 명료하게 도면에 지시한다.
③ 치수 입력에 대해서는 중복 기입을 피한다.
④ 모든 치수에는 단위를 기입해야 한다.

해설 기계제도는 원칙적으로 치수를 mm로 나타내며 단위를 붙이지 않는다. 그러나 인치 등으로 나타낼 필요가 있을 때는 붙여야 된다.

58 그림과 같이 기계도면 작성 시 가공에 사용하는 공구 등의 모양을 나타낼 필요가 있을 때 사용하는 선으로 올바른 것은?

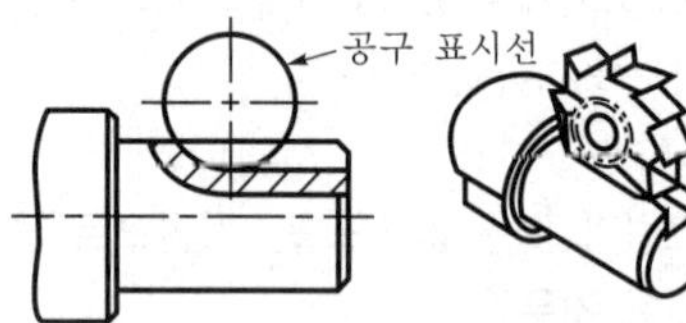

① 가는 실선 ② 가는 1점 쇄선
③ 가는 2점 쇄선 ④ 가는 파선

해설 문제의 내용은 가상선을 의미하며, 가상선은 가는 2점 쇄선을 사용한다. 도시 물체의 앞면을 표시할 때, 인접 부분을 참고로 나타낼 때, 가공 전 또는 후의 모양을 표시할 때, 반복을 나타낼 때, 도면 내에 90° 회전단면을 나타낼 때 가상선을 사용한다.

59 도면의 척도값 중 실제 형상을 확대하여 그리는 것은?

① 2 : 1 ② 1 : $\sqrt{2}$
③ 1 : 1 ④ 1 : 2

해설 척도의 종류
- 현척(실척): 도형을 실물과 같은 크기로 그리는 경우(1 : 1)
- 축척: 도면에 도형을 실물보다 작게 제도하는 경우(1 : 2)
- 배척: 도면에 도형을 실물보다 크게 제도하는 경우(2 : 1)

60 기호를 기입한 위치에서 먼 면에 카운터 싱크가 있으며, 공장에서 드릴 가공 및 현장에서 끼워 맞춤을 나타내는 리벳의 기호 표시는?

해설 KS에서 규정하는 체결부품의 조립 간략 표시방법

기호	의미
	• 공장에서 드릴 가공 및 끼워 맞춤 • 카운터 싱크 없음
	• 공장에서 드릴 가공, 현장에서 끼워 맞춤 • 먼 면에 카운터 싱크 있음
	• 현장에서 드릴 가공 및 끼워 맞춤 • 먼 면에 카운터 싱크 있음
	• 현장에서 드릴 가공 및 끼워 맞춤 • 양쪽 면에 카운터 싱크 있음
	• 공장에서 드릴 가공 및 끼워 맞춤 • 가까운 면에 카운터 싱크 있음
	• 현장에서 드릴 가공 및 끼워 맞춤 • 카운터 싱크 없음

정답 57. ④ 58. ③ 59. ① 60. ②

제 1 회 2016. 1. 24. 시행

용접기능사

★
01 지름이 10cm인 단면에 8,000kgf의 힘이 작용할 때 발생하는 응력은 약 몇 kgf/cm^{2}인가?

① 89 ② 102
③ 121 ④ 158

해설 응력$(\sigma)=\frac{힘(P)}{단면적(A)}$으로 구해진다.

원의 단면적 $=\frac{\pi d^2}{4}$이므로,

응력$(\sigma)=\frac{4P}{\pi d^2}=\frac{4\times 8,000}{\pi \times 10^2}=101.8485 \doteqdot 102$이다.

02 화재의 분류 중 C급 화재에 속하는 것은?

① 전기화재 ② 금속화재
③ 가스화재 ④ 일반화재

해설 A급 화재(일반가연물화재), B급 화재(유류 및 가스화재), C급 화재(전기화재), D급 화재(금속화재)

03 다음 중 귀마개를 착용하고 작업하면 안 되는 작업자는?

① 조선소의 용접 및 취부작업자
② 자동차 조립공장의 조립작업자
③ 강재 하역장의 크레인 신호자
④ 판금작업장의 타출 판금작업자

해설 크레인 신호자의 경우 양호한 시력과 청력을 요구한다.

04 기계적 접합으로 볼 수 없는 것은?

① 볼트 이음 ② 리벳 이음
③ 접어 잇기 ④ 압접

해설 접합(join)은 크게 야금적 접합법(용접)과 기계적 접합법(볼트 이음, 리벳 이음, 접어 잇기, 확관법 등)으로 구분한다.

★
05 용접 열원을 외부로부터 공급받는 것이 아니라, 금속산화물과 알루미늄 간의 분말에 점화제를 넣어 점화제의 화학반응에 의하여 생성되는 열을 이용한 금속 용접법은?

① 일렉트로 슬래그 용접
② 전자빔용접
③ 테르밋 용접
④ 저항용접

해설 문제에서 설명하는 화학반응을 테르밋 반응이라 하고 이 반응열을 이용한 용접방법을 테르밋 용접이라 한다.

06 용접작업 시 전격 방지대책으로 틀린 것은?

① 절연 홀더의 절연부분이 노출, 파손되면 보수하거나 교체한다.
② 홀더나 용접봉은 맨손으로 취급한다.
③ 용접기의 내부에 함부로 손을 대지 않는다.
④ 땀, 물 등에 의한 습기찬 작업복, 장갑, 구두 등을 착용하지 않는다.

해설 용접작업 시 홀더나 용접봉을 맨손으로 취급하면 전격의 위험이 있다.

★
07 서브머지드 아크 용접용 와이어 표면에 구리를 도금한 이유는?

① 접촉 팁과의 전기 접촉을 원활히 한다.
② 용접시간이 짧고 변형을 적게 한다.
③ 슬래그 이탈성을 좋게 한다.
④ 용융금속의 이행을 촉진시킨다.

해설 서브머지드 와이어의 경우 표면에 구리로 도금하면 콘택트 팁과 전기적 접촉을 좋게 할 수 있고, 녹이 생기는 것을 방지할 수 있다.

정답 01. ② 02. ① 03. ③ 04. ④ 05. ③ 06. ② 07. ①

08 플래시 용접(flash welding)법의 특징으로 틀린 것은?

① 가열 범위가 좁고 열 영향부가 적으며 용접 속도가 빠르다.
② 용접면에 산화물의 개입이 적다.
③ 종류가 다른 재료의 용접이 가능하다.
④ 용접면의 끝맺음 가공이 정확하여야 한다.

해설 • 플래시 용접은 맞대기 저항 용접의 일종으로 업셋 용접과 비교하면 접합면의 끝맺음 가공이 비교적 정확하지 않아도 무방하다.
• 업셋 용접의 경우 용접하기 전 이음면의 청결, 특히 끝맺음 가공이 중요하다.

09 서브머지드 아크 용접부의 결함으로 가장 거리가 먼 것은?

① 기공 ② 균열
③ 언더컷 ④ 용착

해설 용착은 결함의 종류로 보기 어렵다.

★
10 다음에서 설명하고 있는 현상은?

알루미늄 용접에서 사용 전류에 한계가 있어 용접전류가 어느 정도 이상이 되면 청정작용이 일어나지 않아 산화가 심하게 생기며 아크길이가 불안정하게 변동되어 비드 표면이 거칠게 주름이 생기는 현상

① 번 백(burn back)
② 퍼커링(puckering)
③ 버터링(buttering)
④ 멜트 백킹(melt backing)

해설 퍼커링(puckering): 고전류 MIG에서 나타나는 현상으로 아크가 극도로 불안하여 비드 표면이 주름이 생기거나 거칠고 검은색의 표면이 나타나는 현상

11 현미경 시험을 하기 위해 사용되는 부식제 중 철강용에 해당되는 것은?

① 왕수 ② 염화제2철용액
③ 피크린산 ④ 플루오르화수소액

해설 현미경 부식시험 부식액
• 철강 및 주철용: 5% 초산 또는 피크린산 알코올 용액
• 탄화철용: 피크린산 가성소다 용액
• 동 및 동합금용: 염화제2철용액
• 알루미늄 및 그 합금용: 불화수소 용액

12 CO_2 가스 아크용접 결함에 있어서 다공성이란 무엇을 의미하는가?

① 질소, 수소, 일산화탄소 등에 의한 기공을 말한다.
② 와이어 선단부에 용적이 붙어 있는 것을 말한다.
③ 스패터가 발생하여 비드의 외관에 붙어 있는 것을 말한다.
④ 노즐과 모재 간 거리가 지나치게 적어서 와이어 송급 불량을 의미한다.

해설 다공성(多孔性)의 사전적 의미는 고체의 내부 또는 표면에 다수의 작은 공극(空隙)을 갖는 형태를 말하며, 가스에 의한 기공을 의미한다.

13 용접자동화의 장점을 설명한 것으로 틀린 것은?

① 생산성 증가 및 품질을 향상시킨다.
② 용접조건에 따른 공정을 늘일 수 있다.
③ 일정한 전류값을 유지할 수 있다.
④ 용접와이어의 손실을 줄일 수 있다.

해설 자동화의 경우 일반적으로는 공정을 줄일 수 있는 것이 장점이다.

14 용접부의 연성결함을 조사하기 위하여 사용되는 시험법은?

① 브리넬시험 ② 비커스시험
③ 굽힘시험 ④ 충격시험

해설 연성(ductility)이란 재료가 인장에 의하여 파단될 때까지의 늘어나는 정도를 말하며, 재료의 연성의 유무는 굽힘시험으로 검사가 가능하다.

정답 08. ④ 09. ④ 10. ② 11. ③ 12. ① 13. ② 14. ③

15 아크쏠림의 방지대책에 관한 설명으로 틀린 것은?

① 교류 용접으로 하지 말고 직류 용접으로 한다.
② 용접부가 긴 경우는 후퇴법으로 용접한다.
③ 아크길이는 짧게 한다.
④ 접지부를 될 수 있는 대로 용접부에서 멀리 한다.

해설 아크쏠림의 방지대책
㉠ 용접부가 긴 경우는 후퇴법으로 용접한다.
㉡ 아크길이는 짧게 한다.
㉢ 접지부를 될 수 있는 대로 용접부에서 멀리한다.
㉣ 직류 대신 교류 용접을 한다.
㉤ 모재와 같은 재료조각을 용접선에 연장하도록 가용접을 한다.

16 박판의 스테인리스강의 좁은 홈의 용접에서 아크 교란 상태가 발생할 때 적합한 용접방법은?

① 고주파 펄스 티그 용접
② 고주파 펄스 미그 용접
③ 고주파 펄스 일렉트로 슬래그 용접
④ 고주파 펄스 이산화탄소 아크 용접

해설 고주파 펄스 TIG 용접기의 장점은 20A 이하의 저전류에서도 아크가 안정되고, 0.5mm 이하의 박판에서도 안정된 용접이 가능하며, 좁은 홈의 용접에서도 아크의 교란이 발생되지 않아 안정된 용융지를 형성하고, 전극봉의 소모가 다른 용접방법에 비해 적다는 것이다.

17 서브머지드 아크용접에 관한 설명으로 틀린 것은?

① 아크발생을 쉽게 하기 위하여 스틸 울(steel wool)을 사용한다.
② 용융속도와 용착속도가 빠르다.
③ 홈의 개선각을 크게 하여 용접효율을 높인다.
④ 유해광선이나 흄(fume) 등이 적게 발생한다.

해설 일반적으로 대입열 용접법으로 구별되는 서브머지드 용접의 경우 홈의 개선각이나 루트 간격을 크게 하면 용락이 발생한다.

★
18 가용접에 대한 설명으로 틀린 것은?

① 가용접 시에는 본용접보다 지름이 큰 용접봉을 사용하는 것이 좋다.
② 가용접은 본용접과 비슷한 기량을 가진 용접사에 의해 실시되어야 한다.
③ 강도상 중요한 것과 용접의 시점 및 종점이 되는 끝 부분은 가용접을 피한다.
④ 가용접은 본용접을 실시하기 전에 좌우의 홈 또는 이음부분을 고정하기 위한 짧은 용접이다.

해설 가용접 시 본용접보다 가는 지름으로 사용하는 것이 일반적이다. 이는 상대적으로 전류를 크게 하는 효과가 있다.

19 용접이음의 종류가 아닌 것은?

① 겹치기 이음 ② 모서리 이음
③ 라운드 이음 ④ T형 필릿 이음

해설 보기 ①, ②, ④ 이외에 맞대기 이음, 변두리 이음 등이 용접이음에 해당된다.

20 플라스마 아크용접의 특징으로 틀린 것은?

① 용접부의 기계적 성질이 좋으며 변형도 적다.
② 용입이 깊고 비드 폭이 좁으며 용접속도가 빠르다.
③ 단층으로 용접할 수 있으므로 능률적이다.
④ 설비비가 적게 들고 무부하 전압이 낮다.

해설 플라스마 아크용접은 일반 아크용접에 비해 무부하 전압이 2~5배 높다는 단점이 있다.

21 용접자세를 나타내는 기호가 틀리게 짝지어진 것은?

① 위보기자세: O ② 수직자세: V
③ 아래보기자세: U ④ 수평자세: H

해설 아래보기자세: F(Flat position)

정답 15. ① 16. ① 17. ③ 18. ① 19. ③ 20. ④ 21. ③

22 이산화탄소 아크용접의 보호가스 설비에서 저전류 영역의 가스유량은 약 몇 L/min 정도가 가장 적당한가?

① 1~5　② 6~9
③ 10~15　④ 20~25

해설 가스유량은 저전류 영역에서는 10~15L/min가 좋고, 고전류 영역에서는 20~25L/min가 필요하다.

23 가스용접의 특징으로 틀린 것은?

① 응용범위가 넓으며 운반이 편리하다.
② 전원 설비가 없는 곳에서도 쉽게 설치할 수 있다.
③ 아크 용접에 비해서 유해광선의 발생이 적다.
④ 열 집중성이 좋아 효율적인 용접이 가능하여 신뢰성이 높다.

해설 가스용접은 열 집중성이 나빠서 효율적인 용접이 어렵다는 단점이 있다.

★
24 규격이 AW 300인 교류 아크 용접기의 정격 2차 전류 조정범위는?

① 0~300A　② 20~220A
③ 60~330A　④ 120~430A

해설 교류아크 용접기의 규격(KS C 9602)에서 정격 2차 전류의 20~110%로 전류 조정범위를 정하고 있다. 따라서 정격 2차 전류가 300A이면 60~330A가 전류 조정범위가 된다.

★
25 가스용접에서 모재의 두께가 6mm일 때 사용되는 용접봉의 직경은 얼마인가?

① 1mm　② 4mm
③ 7mm　④ 9mm

해설 일반적으로 모재의 두께가 1mm 이상일 때 용접봉의 지름은 다음 식으로 계산한다.

$$D=\frac{T}{2}+1=\frac{6}{2}+1=4\text{mm}$$

(단, D: 가스 용접봉의 지름, T: 판 두께)

26 아세틸렌 가스의 성질 중 15℃ 1기압에서의 아세틸렌 1L의 무게는 약 몇 g인가?

① 0.151　② 1.176
③ 3.143　④ 5.117

해설 15℃ 1기압하에서는 아세틸렌 가스 1L의 무게는 1.176g이다.

27 피복아크용접 시 아크열에 의하여 용접봉과 모재가 녹아서 용착금속이 만들어지는데 이때 모재가 녹은 깊이를 무엇이라 하는가?

① 용융지　② 용입
③ 슬래그　④ 용적

해설 ① 용융지: 용융풀이라고도 하며, 아크 열에 의하여 용접봉과 모재가 녹은 쇳물 부분을 의미한다.
③ 슬래그: 피복제가 아크 열에 의하여 녹았다가 다시 굳어진 것을 의미한다.
④ 용적: 용접봉의 심선이 녹은 쇳물 방울을 의미한다.

28 직류아크 용접기로 두께가 15mm이고, 길이가 5m인 고장력 강판을 용접하는 도중에 아크가 용접봉 방향에서 한쪽으로 쏠렸다. 다음 중 이러한 현상을 방지하는 방법이 아닌 것은?

① 이음의 처음과 끝에 엔드탭을 이용한다.
② 용량이 더 큰 직류 용접기로 교체한다.
③ 용접부가 긴 경우에는 후퇴 용접법으로 한다.
④ 용접봉 끝을 아크쏠림 반대방향으로 기울인다.

해설 아크쏠림 방지책은 ①, ③, ④이며, 이외에는 직류보다 교류 용접기를 선택하거나, 아크길이를 짧게 하는 등의 방법이 있다.

★
29 강재 표면의 흠이나 개재물, 탈탄층 등을 제거하기 위해 얇고, 타원형 모양으로 표면으로 깎아내는 가공법은?

① 가스 가우징　② 너깃
③ 스카핑　④ 아크 에어 가우징

정답 22. ③ 23. ④ 24. ③ 25. ② 26. ② 27. ② 28. ② 29. ③

해설 스카핑의 키워드는 강재 표면의 홈이나 개재물, 탈탄층 등의 제거이고, 가우징의 키워드는 용접부 뒷면 따내기, U형, H형 용접 홈가공 등이다. 너깃은 저항 용접에서 형성된 용접부를 의미한다.

30 가스용기를 취급할 때 주의사항으로 틀린 것은?

① 가스용기의 이동 시는 밸브를 잠근다.
② 가스용기에 진동이나 충격을 가하지 않는다.
③ 가스용기의 저장은 환기가 잘되는 장소에 한다.
④ 가연성 가스용기는 눕혀서 보관한다.

해설 용해 아세틸렌 용기 내에서 아세톤을 흡수시킨 다공성 물질이 들어 있다. 따라서 뉘어서 사용하거나 보관하면 액체가 흘러나올 수 있으므로 넘어지지 않도록 하여 세워서 사용 또는 보관하여야 한다.

31 피복아크 용접봉은 금속심선의 겉에 피복제를 발라서 말린 것으로 한쪽 끝은 홀더에 물려 전류를 통할 수 있도록 심선길이의 얼마만큼을 피복하지 않고 남겨두는가?

① 3mm ② 10mm
③ 15mm ④ 25mm

해설 피복아크 용접봉은 금속심선의 겉에 피복제를 발라서 말린 것으로 한쪽 끝은 홀더에 물려 전류를 통할 수 있도록 약 25mm 정도는 피복하지 않는다.

32 다음 중 두꺼운 강판, 주철, 강괴 등의 절단에 이용되는 절단법은?

① 산소창 절단 ② 수중 절단
③ 분말 절단 ④ 포갬 절단

해설 산소창 절단에 대한 내용이다.

33 피복 배합제의 성분 중 탈산제로 사용되지 않는 것은?

① 규소철 ② 망간철
③ 알루미늄 ④ 유황

해설 탈산제로 유황(S)은 사용하지 않는다.

34 고셀룰로오스계 용접봉은 셀룰로오스를 몇 % 정도 포함하고 있는가?

① 0~5 ② 6~15
③ 20~30 ④ 30~40

해설 E4311에 대한 내용으로 셀룰로오스가 20~30% 함유된 가스실드계 용접봉이다.

35 용접법의 분류 중 압접에 해당하는 것은?

① 테르밋 용접
② 전자 빔 용접
③ 유도가열 용접
④ 탄산가스 아크 용접

해설 보기 ①, ②, ④는 용접에 포함된다.

36 피복아크용접에서 일반적으로 가장 많이 사용되는 차광유리의 차광도 번호는?

① 4~5 ② 7~8
③ 10~11 ④ 14~15

해설 피복아크용접에서 일반적으로 사용되는 차광유리는 10~11번이다.

37 가스 절단에 이용되는 프로판 가스와 아세틸렌 가스를 비교하였을 때 프로판 가스의 특징으로 틀린 것은?

① 절단면이 미세하며 깨끗하다.
② 포갬 절단속도가 아세틸렌보다 느리다.
③ 절단 상부 기슭이 녹은 것이 적다.
④ 슬래그의 제거가 쉽다.

해설 아세틸렌 가스와 프로판 가스의 절단 비교

아세틸렌	프로판
• 점화하기 쉽다. • 중성불꽃을 만들기가 쉽다. • 절단 개시까지 시간이 빠르다. • 표면 영향이 적다. • 박판 절단 시 빠르다.	• 절단 상부 기슭이 녹은 것이 적다. • 절단면이 미세하며 깨끗하다. • 슬래그 제거가 쉽다. • 포갬 절단속도가 아세틸렌보다 빠르다. • 후판 절단 시 아세틸렌보다 빠르다.

정답 30. ④ 31. ④ 32. ① 33. ④ 34. ③ 35. ③ 36. ③ 37. ②

38 교류아크 용접기의 종류에 속하지 않는 것은?

① 가동코일형 ② 탭전환형
③ 정류기형 ④ 가포화 리액터형

해설 교류를 직류로 변환하는 정류기형은 직류아크 용접기의 종류로서 셀렌 정류기, 실리콘 정류기, 게르마늄 정류기 등이 있다.

39 Mg 및 Mg 합금의 성질에 대한 설명으로 옳은 것은?

① Mg의 열전도율은 Cu와 Al보다 높다.
② Mg의 전기전도율은 Cu와 Al보다 높다.
③ Mg합금보다 Al합금의 비강도가 우수하다.
④ Mg는 알칼리에 잘 견디나, 산이나 염수에는 침식된다.

해설
- 열전도율과 전기전도율의 순서는 은>구리>금>알루미늄>마그네슘 순이다.
- 마그네슘은 알칼리에 강하고 건조한 공기 중에서는 산화되지 않으나 해수에서는 수소를 방출하면서 용해된다.

40 금속 간 화합물의 특징을 설명한 것 중 옳은 것은?

① 어느 성분 금속보다 용융점이 낮다.
② 어느 성분 금속보다 경도가 낮다.
③ 일반 화합물에 비하여 결합력이 약하다.
④ Fe_3C는 금속 간 화합물에 해당되지 않는다.

해설 Fe_3C은 Fe과 C의 대표적인 금속 간 화합물이다. 금속 간 화합물은 합금이 아니라 성분이 다른 두 종류 이상의 원소가 간단한 원자비로 결합한 것이므로 일반 화합물에 비해서 결합력이 약하고, 경도와 융점이 높은 것이 특징이다.

41 철에 Al, Ni, Co를 첨가한 합금으로 잔류자속 밀도가 크고 보자력이 우수한 자성재료는?

① 퍼멀로이 ② 센더스트
③ 알니코 자석 ④ 페라이트 자석

해설 자석강의 종류 중 문제에서 설명하는 성분은 알니코(alunico)이다.

42 니켈-크롬 합금 중 사용한도가 1,000℃까지 측정할 수 있는 합금은?

① 망가닌 ② 우드메탈
③ 배빗메탈 ④ 크로멜-알루멜

해설 ① 망가닌: 현미경 사진기 등의 아크등, 저항선 등의 용도로 사용
② 우드메탈: Bi-Cd-Pb-Sn계 융점이 68℃인 저융점 합금
③ 배빗메탈: Pb-Sn계 베어링용 합금
※ Ni-Cr계 합금 중 열전대로 사용되는 합금의 종류
- 크로멜-알루멜: 최고 측정온도 1,200℃
- Fe-콘스탄탄: 최고 측정온도 900℃
- Cu-콘스탄탄: 최고 측정온도 600℃
- Pt-Pt. Ph: 최고 측정온도 1,600℃

43 주철에 대한 설명으로 틀린 것은?

① 인장강도에 비해 압축강도가 높다.
② 회주철은 편상 흑연이 있어 감쇠능이 좋다.
③ 주철 절삭 시에는 절삭유를 사용하지 않는다.
④ 액상일 때 유동성이 나쁘며, 충격저항이 크다.

해설 주철은 주조성(유동성)이 우수하며, 충격저항이 작고 깨지기 쉽다.

44 물과 얼음, 수증기가 평형을 이루는 3중점상태에서의 자유도는?

① 0 ② 1
③ 2 ④ 3

해설 자유도란 어떤 상태를 그대로 유지하면서 자유롭게 변화시킬 수 있는 변수, 즉 계에 존재하는 상의 수를 변화함이 없이 환경을 바꿀 수 있는 변수를 말한다.

$F=n+2-P$

(단, F: 자유도, n : 성분의 수, P: 상의 수)

문제에서 n은 1(물, 얼음, 수증기의 성분은 동일), P는 3(얼음-고상, 물-액상, 수증기-기상)이므로 $F=n+2-P=1+2-3=0$이다.

정답 38. ③ 39. ④ 40. ③ 41. ③ 42. ④ 43. ④ 44. ①

45 황동의 종류 중 순 Cu와 같이 연하고 코이닝하기 쉬워 동전이나 메달 등에 사용되는 합금은?

① 95% Cu－5% Zn 합금
② 70% Cu－30% Zn 합금
③ 60% Cu－40% Zn 합금
④ 50% Cu－50% Zn 합금

해설 길딩 메탈(gilding metal)을 말하는 것으로 95% Cu－5% Zn 합금이다.

46 금속재료의 표면에 강이나 주철의 작은 입자(ϕ0.5mm~1.0mm)를 고속으로 분사시켜, 표면의 경도를 높이는 방법은?

① 침탄법 ② 질화법
③ 폴리싱 ④ 숏피닝

해설 숏피닝(shot peening)에 대한 내용이다.

47 탄소강은 200~300℃에서 연신율과 단면수축률이 상온보다 저하되어 단단하고 깨지기 쉬우며, 강의 표면이 산화되는 현상은?

① 적열메짐 ② 상온메짐
③ 청열메짐 ④ 저온메짐

해설 연강은 200~300℃에서는 상온에서보다 연신율은 낮아지고 강도와 경도는 높아져 부스러지기 쉬운 성질을 갖게 되는데 이러한 현상을 청열취성 또는 청열메짐이라 한다.

- 적열취성(고온메짐): 900~950℃에서 FeS가 파괴되어 균열을 발생시킨다[원인: 황(S)].
- 청열취성: 200~300℃에서 강도·경도는 최대, 연신율·단면수축률은 최소가 된다[원인: 인(P)].
- 상온취성(냉간메짐): 충격, 피로 등에 대한 저항을 감소시킨다[원인: 인(P)].
- 고온취성: 강에 구리의 함유량이 0.2% 이상이 되면 고온에서 취성을 일으킨다[원인: 구리(Cu)].
- 저온취성: 강이 상온보다 낮아지면 연신율, 충격치가 급격히 감소하여 취성을 갖는다. Mo(몰리브덴)은 저온취성을 감소시킨다.

48 강에 S, Pb 등의 특수 원소를 첨가하여 절삭할 때 칩을 잘게 하고 피삭성을 좋게 만든 강은 무엇인가?

① 불변강 ② 쾌삭강
③ 베어링강 ④ 스프링강

해설 쾌삭강에 대한 내용이다.

49 주위의 온도 변화에 따라 선팽창 계수나 탄성률 등의 특정한 성질이 변하지 않는 불변강이 아닌 것은?

① 인바
② 엘린바
③ 코엘린바
④ 스텔라이트

해설 불변강은 Ni 26% 이상인 고Ni강으로 ①, ②, ③ 이외에 플래티나이트, 이소에라스틱, 퍼멀로이 등이 있으며, 스텔라이트는 주조경질합금은 Co-Cr-W-C계로 대표적인 공구재료이다.

50 Al의 비중과 용융점(℃)은 약 얼마인가?

① 2.7, 660℃
② 4.5, 390℃
③ 8.9, 220℃
④ 10.5, 450℃

해설 Al의 비중은 2.7, 용융점은 660℃이다.

51 기계제도에서 물체의 보이지 않는 부분의 형상을 나타내는 선은?

① 외형선 ② 가상선
③ 절단선 ④ 숨은선

해설 ① 외형선: 물체의 보이는 부분의 형상을 나타내는 선
② 가상선: 도시된 물체의 앞면을 표시하는 선, 인접 부분을 참고로 표시하는 선, 가공 전후의 모양을 표시하는 선 등
③ 절단선: 단면을 그리는 경우, 절단 위치를 표시하는 선

정답 45. ① 46. ④ 47. ③ 48. ② 49. ④ 50. ① 51. ④

★
52 그림과 같은 입체도의 화살표 방향을 정면도로 표현할 때 실제와 동일한 형상으로 표시되는 면을 모두 고른 것은?

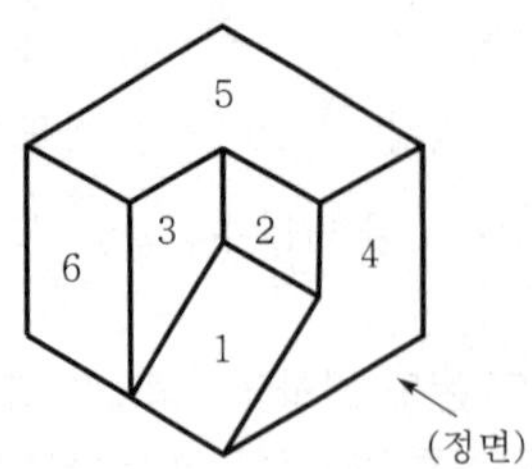

① 3과 4 ② 4와 6
③ 2와 6 ④ 1과 5

해설 화살표 방향으로 정면도를 표시하면 보이지 않는 면은 1, 2, 5, 6이다. 따라서 3, 4는 동일한 형상으로 보게 되고 정면도로 그려진다.

53 다음 중 한쪽단면도를 올바르게 도시한 것은?

① 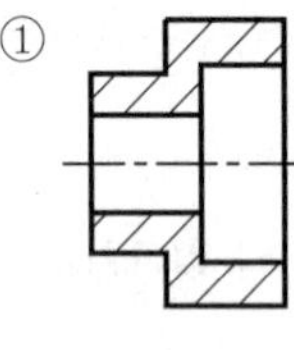
② 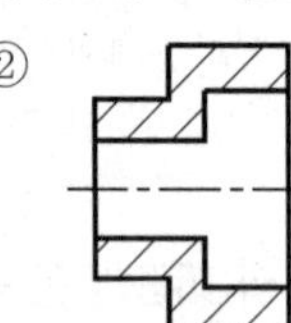
③ 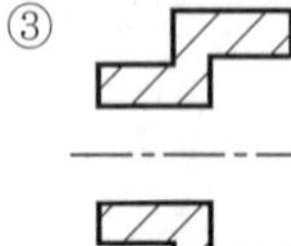
④ 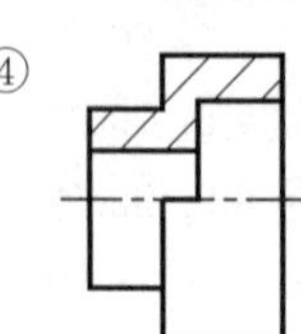

해설 한쪽단면도는 반단면도(half section)를 의미하며 물체를 1/4 절단했을 때의 형상을 나타낸다.

54 다음 재료기호 중 용접구조용 압연강재에 속하는 것은?

① SPPS 380 ② SPCC
③ SCW 450 ④ SM 400C

해설 ① SPPS: 압력배관용 강관
② SPCC: 냉간압연 강관
③ SCW: 용접구조용 주강품
④ SM 400C: 용접구조용 압연강재

★
55 그림의 도면에서 X의 거리는?

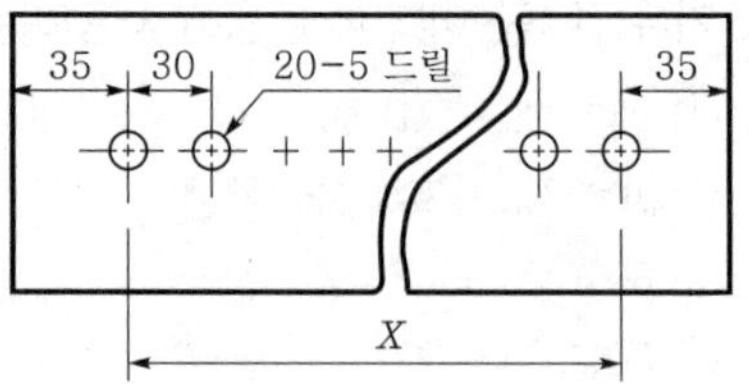

① 510mm ② 570mm
③ 600mm ④ 630mm

해설 우선 구멍(hole) 간의 거리(P, 피치)는 30이며, 20-5 드릴은 '지름 5mm, 20개의 구멍을 가공한다'라는 의미이다. 따라서 구멍이 20개이며 구멍 간의 칸은 $(n-1)$이다. 따라서 $X = P \times (n-1) = 30 \times (20-1) = 570$mm이다.

56 다음 치수 중 참고치수를 나타내는 것은?

① (50) ② □50
③ $\boxed{50}$ ④ 50

해설 ② □50: 한 변이 50mm 정사각형
③ $\boxed{50}$: 이론적으로 정확히 50mm

57 주 투상도를 나타내는 방법에 관한 설명으로 옳지 않은 것은?

① 조립도 등 주로 기능을 나타내는 도면에서는 대상물을 사용하는 상태로 표시한다.
② 주 투상도를 보충하는 다른 투상도는 되도록 적게 표시한다.
③ 특별한 이유가 없을 경우 대상물을 세로 길이로 놓은 상태로 표시한다.
④ 부품도 등 가공하기 위한 도면에서는 가공에 있어서 도면을 가장 많이 이용하는 공정에서 대상물을 놓은 상태로 표시한다.

해설 특별한 이유가 없는 경우, 대상물을 가로 길이로 놓은 상태로 표시한다.

정답 52. ① 53. ④ 54. ④ 55. ② 56. ① 57. ③

58 그림에서 나타난 용접기호의 의미는?

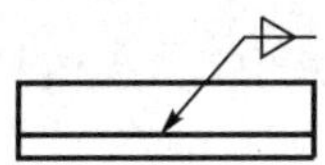

① 플레어 K형 용접　② 양쪽 필릿 용접
③ 플러그 용접　④ 프로젝션 용접

해설 ① 플레어 K형 용접

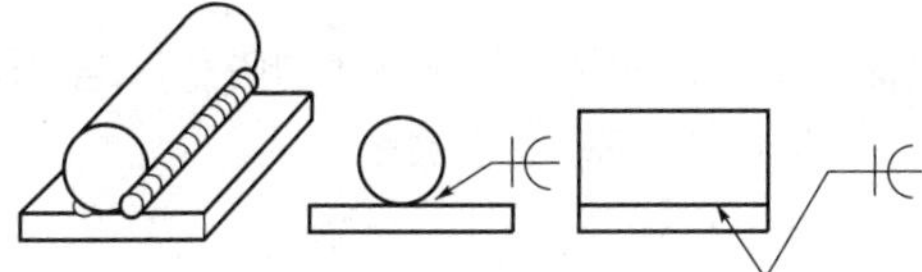

③ 플러그 용접

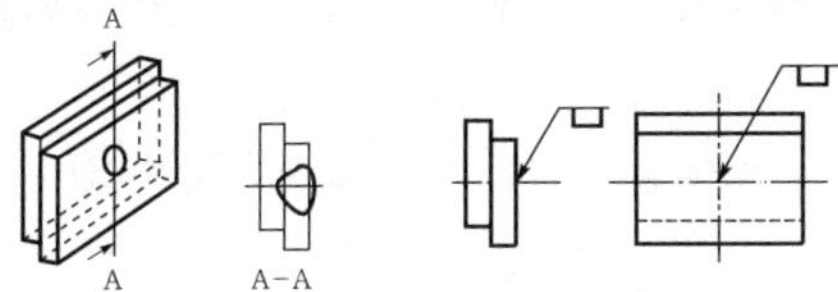

④ 프로젝션 용접

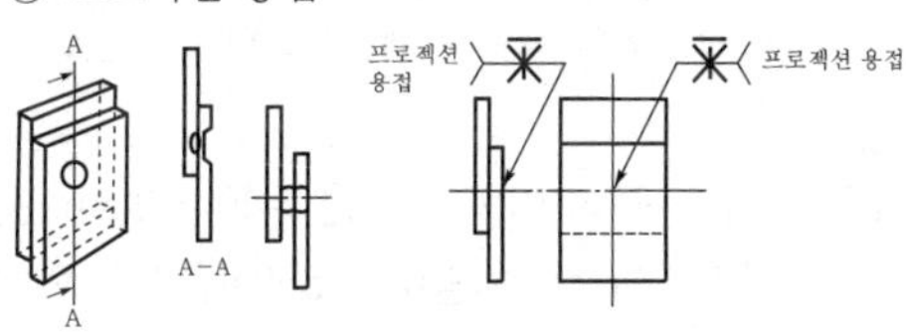

★
59 그림과 같은 배관도면에서 도시기호 S는 어떤 유체를 나타내는 것인가?

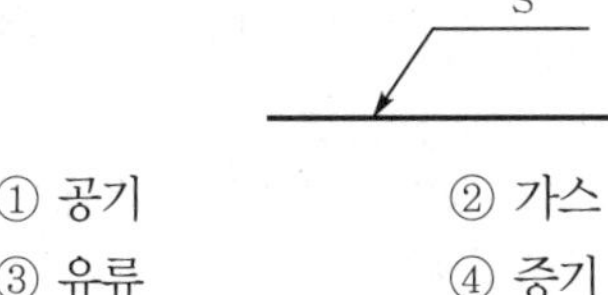

① 공기　② 가스
③ 유류　④ 증기

해설 배관 내부에 흐르는 유체의 종류를 나타내는 기호로 공기는 A(Air), 가스는 G(Gas), 유류는 O(Oil), 물은 W(water), 증기는 S(Steam)로 표시한다.

60 그림의 입체도에서 화살표 방향을 정면으로 하여 제3각법으로 그린 정투상도는?

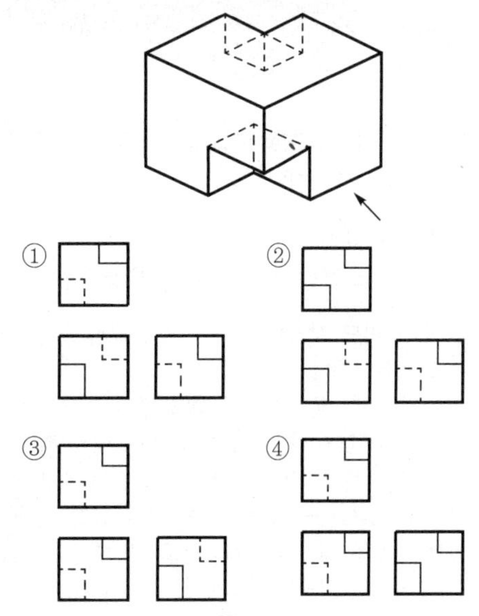

해설 화살표 방향으로 볼 때 정면도의 경우 좌측 하단은 실선, 우측 상단은 은선으로 표시되어야 한다. 그러한 ①, ② 중 평면도의 경우 우측 상단은 실선, 좌측 하단은 은선으로 그려야 하므로 ①이 정답이 된다.

정답 58. ② 59. ④ 60. ①

2016. 4. 2. 시행

제 2 회 용접기능사

01 서브머지드 아크용접에서 사용하는 용제 중 흡습성이 가장 적은 것은?

① 용융형　② 혼성형
③ 고온소결형　④ 저온소결형

해설 서브머지드 아크용접(SAW)의 용제는 크게 3가지로 나누어진다.

(a) 용융형 용제: 각종 광물질의 원재료를 약 1,200℃ 이상의 고온으로 용융, 급랭 후 분말상태로 분쇄하여 적당한 입도로 만든 유기질의 물체이다. 용융형 용제는 용접 중 용제에 의한 합금성분 첨가가 불가하므로 적당한 합금성분의 와이어 선택이 중요하다.
- 비드 외관이 아름답다.
- 흡습성이 거의 없어 재건조가 불필요하다.
- 미용융 용제는 다시 사용이 가능하다.
- 용제의 화학적 균일성이 양호하다.
- 용접전류에 따라 입자의 크기가 다른 용제를 사용해야 한다.
- 용융 시 분해되거나 산화되는 원소를 첨가할 수 없다.

(b) 소결형 용제: 광물질 원료 및 합금원소, 탈산제 등의 분말을 규산나트륨(물유리)과 같은 결합제를 혼합하여 입도를 조성시킨 후 원료가 용해되지 않을 정도의 비교적 낮은 온도로 소정의 입도로 소결시켜 사용한다. 소결온도에 따라 저온 소결용제는 비교적 낮은 500~600℃에서 소결하고, 고온 소결용제는 다소 높은 800~1,000℃에서 소결한다.
- 고전류에서의 용접 작업성이 좋고, 후판의 고능률 용접에 적합하다.
- 용접금속의 성질이 우수하며, 특히 절연성이 우수하다.
- 합금원소 첨가가 용이하고, 저망간강 와이어 1종류로서 연강 및 저합금강까지 용제만 변경하면 용접이 가능하다.
- 용융형 용제에 비하여 용제의 소모량이 적다.
- 낮은 전류에서 높은 전류까지 동일 입도의 용제로 용접이 가능하다.
- 흡습성이 높으므로 사용 전에 150~300℃에서 한시간 정도 재건조하여야 한다.

(c) 혼성형 용제

02 고주파 교류 전원을 사용하여 TIG 용접을 할 때 장점으로 틀린 것은?

① 긴 아크 유지가 용이하다.
② 전극봉의 수명이 길어진다.
③ 비접촉에 의해 융착금속과 전극의 오염을 방지한다.
④ 동일한 전극봉 크기로 사용할 수 있는 전류범위가 작다.

해설 고주파 병용 교류(ACHF) 전원을 사용하면 동일한 전극봉을 사용할 때 전류 범위가 크다.

★
03 맞대기 용접 이음에서 판 두께가 9mm, 용접선 길이 120mm, 하중이 7,560N일 때, 인장응력은 몇 N/mm^{2}인가?

① 5　② 6
③ 7　④ 8

해설 응력$(\sigma)=\dfrac{\text{힘}(P)}{\text{단면적}(A)}$으로 구해진다. 판 두께와 용접선의 길이가 주어졌으므로 단면적이 사각형임을 알 수 있고, 사각형의 단면적은 판 두께$(t)\times$용접선(l)의 길이로 구해진다.

따라서, 응력$(\sigma)=\dfrac{P}{tl}=\dfrac{7,560}{9\times120}=7\text{N/mm}^2$이다.

04 샤르피식의 시험기를 사용하는 시험방법은?

① 경도시험　② 인장시험
③ 피로시험　④ 충격시험

해설 충격시험은 샤르피식과 아이조드식 등으로 나눌 수 있다.

정답 01. ① 02. ④ 03. ③ 04. ④

05 용접 설계상 주의사항으로 틀린 것은?

① 용접에 적합한 설계를 할 것
② 구조상의 노치부가 생성되게 할 것
③ 결함이 생기기 쉬운 용접방법은 피할 것
④ 용접이음이 한곳으로 집중되지 않도록 할 것

해설 용접 설계상 주의사항으로 ①, ③, ④ 이외에 용접 치수는 강도상 필요한 치수 이상으로 크게 하지 않는다, 이음의 구조상 불연속부 · 단면 형상의 급격한 변화 및 노치부가 생기지 않도록 한다, 용접에 의한 변형 및 잔류응력이 경감할 수 있는 용접 순서로 정한다, 후판의 경우 용입이 깊은 용접법을 선정하여 가능한 층수를 줄이도록 한다 등이 있다.

★
06 납땜에 사용되는 용제가 갖추어야 할 조건으로 틀린 것은?

① 청정한 금속면의 산화를 방지할 것
② 납땜 후 슬래그의 제거가 용이할 것
③ 모재나 땜납에 대한 부식작용이 최소한일 것
④ 전기저항 납땜에 사용되는 것은 부도체일 것

해설 납땜에 사용되는 용제의 조건으로는 ①, ②, ③ 이외에도 모재의 산화 피막과 같은 불순물을 제거하고 유동성이 좋을 것, 땜납의 표면 장력을 맞추어서 모재와의 친화도를 높일 것, 전기 저항 납땜에 사용되는 것은 전도체일 것, 침지땜에 사용되는 것은 수분을 함유하지 않을 것, 인체에 해가 없을 것 등이 있다.

07 용접이음부에 예열하는 목적을 설명한 것으로 틀린 것은?

① 수소의 방출을 용이하게 하여 저온균열을 방지한다.
② 모재의 열 영향부와 용착금속의 연화를 방지하고, 경화를 증가시킨다.
③ 용접부의 기계적 성질을 향상시키고, 경화조직의 석출을 방지시킨다.
④ 온도분포가 완만하게 되어 열응력의 감소로 변형과 잔류응력의 발생을 적게 한다.

해설 예열의 목적은 모재의 열 영향부와 용착금속의 경화를 방지하고 연성을 높여주기 위함이다.

08 전자빔 용접의 특징으로 틀린 것은?

① 정밀 용접이 가능하다.
② 용접부의 열 영향부가 크고 설비비가 적게 든다.
③ 용입이 깊어 다층용접도 단층용접으로 완성할 수 있다.
④ 유해가스에 의한 오염이 적고 높은 순도의 용접이 가능하다.

해설 전자빔 용접은 용접 입열이 적으므로 열 영향부가 적고, 용접 변형이 적으므로 정밀 용접이 가능하다.

09 CO_2 가스 아크 편면용접에서 이면비드의 형성은 물론 뒷면 가우징 및 뒷면 용접을 생략할 수 있고, 모재의 중량에 따른 뒤업기(turn over) 작업을 생략할 수 있도록 홈 용접부 이면에 부착하는 것은?

① 스캘롭 ② 엔드탭
③ 뒷댐재 ④ 포지셔너

해설 이면비드 형성을 위해 용접부 이면에 부착하는 것을 백킹재(backing material) 또는 뒷댐재라고 한다.

10 용접제품을 조립하다가 V홈 맞대기 이음 홈의 간격이 5mm 정도 멀어졌을 때 홈의 보수 및 용접방법으로 가장 적합한 것은?

① 그대로 용접한다.
② 뒷댐판을 대고 용접한다.
③ 덧살올림 용접 후 가공하여 규정 간격을 맞춘다.
④ 치수에 맞는 재료로 교환하여 루트 간격을 맞춘다.

해설 피복아크용접의 경우 맞대기 이음에 있어서는
- 간격 6mm 이하의 경우 보기 ③
- 간격 6~16mm의 경우 판 두께 6mm 정도의 보기 ②
- 간격이 16mm 이상의 경우 보기 ④

정답 05. ② 06. ④ 07. ② 08. ② 09. ③ 10. ③

11 한 부분의 몇 층을 용접하다가 이것을 다음 부분의 층으로 연속시켜 전체 모양이 계단형태를 이루는 용착법은?

① 스킵법 ② 덧살올림법
③ 전진블록법 ④ 캐스케이드법

해설
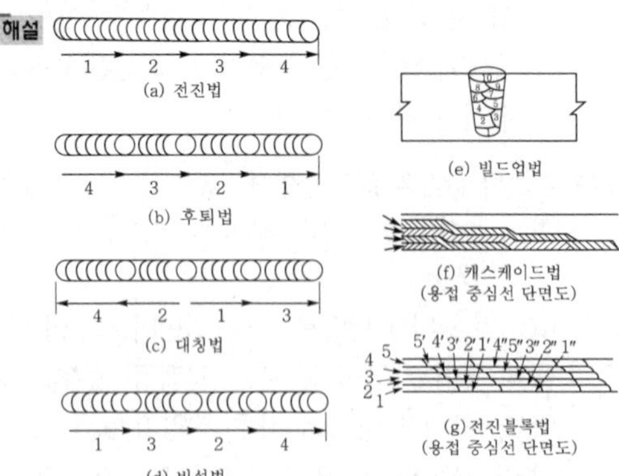

캐스케이드법은 그림 (f)에 나타낸 것처럼 계단형태로 용착을 이루는 것을 알 수 있다.

12 피복아크용접의 필릿 용접에서 루트 간격이 4.5mm 이상일 때의 보수 요령은?

① 규정대로의 각장으로 용접한다.
② 두께 6mm 정도의 뒤판을 대서 용접한다.
③ 라이너를 넣든지 부족한 판을 300mm 이상 잘라내서 대체하도록 한다.
④ 그대로 용접하여도 좋으나 넓혀진 만큼 각장을 증가시킬 필요가 있다.

해설 ① 필릿 용접의 루트 간격이 1.5mm인 경우
② 필릿 용접이 아닌 맞대기 용접에서 루트 간격이 6~16mm인 경우
④ 필릿 용접의 루트 간격이 1.5~4.5mm인 경우

★
13 다음 중 서브머지드 아크 용접의 다른 명칭이 아닌 것은?

① 잠호 용접
② 헬리 아크 용접
③ 유니언 멜트 용접
④ 불가시 아크 용접

해설 헬리 아크 용접은 TIG 용접의 상품명으로 불리운다.

14 산소와 아세틸렌 용기의 취급상의 주의사항으로 옳은 것은?

① 직사광선이 잘 드는 곳에 보관한다.
② 아세틸렌병은 안전상 눕혀서 사용한다.
③ 산소병은 40℃ 이하 온도에서 보관한다.
④ 산소병 내에 다른 가스를 혼합해도 상관없다.

해설 ③ 산소병(봄베)은 40℃ 이하의 온도에서 보관하고 직사광선을 피해야 한다.

15 용접결함에서 언더컷이 발생하는 조건이 아닌 것은?

① 전류가 너무 낮을 때
② 아크길이가 너무 길 때
③ 부적당한 용접봉을 사용할 때
④ 용접속도가 적당하지 않을 때

해설 언더컷의 발생 요인
㉠ 아크길이가 너무 길 때
㉡ 부적당한 용접봉을 사용할 때
㉢ 용접속도가 적당하지 않을 때

16 탄산가스 아크용접의 장점이 아닌 것은?

① 가시아크이므로 시공이 편리하다.
② 적용되는 재질이 철계통으로 한정되어 있다.
③ 용착금속의 기계적 성질 및 금속학적 성질이 우수하다.
④ 전류밀도가 높아 용입이 깊고 용접속도를 빠르게 할 수 있다.

해설 특징 중 적용 재질이 철계통에 한정되어 있다면 이는 장점이 아닌 단점이 된다.

17 미세한 알루미늄 분말과 산화철 분말을 혼합하여 과산화바륨과 알루미늄 등의 혼합분말로 된 점화제를 넣고 연소시켜 그 반응열로 용접하는 방법은?

① MIG 용접 ② 테르밋 용접
③ 전자 빔 용접 ④ 원자 수소 용접

정답 11. ④ 12. ③ 13. ② 14. ③ 15. ① 16. ② 17. ②

해설 테르밋 반응에 대한 내용이며, 이 테르밋 반응열을 이용한 용접법이 테르밋 용접이다.

18 현상제(MgO, $BaCO_3$)를 사용하여 용접부의 표면 결함을 검사하는 방법은?

① 침투탐상법 ② 자분탐상법
③ 초음파탐상법 ④ 방사선투과법

해설 세척 → 침투 → 세척 → 현상 → 검사의 흐름으로 이어지는 검사는 침투탐상법이다.

19 다음 중 초음파탐상법의 종류가 아닌 것은?

① 극간법 ② 공진법
③ 투과법 ④ 펄스반사법

해설 극간법은 자분탐상시험법의 종류이다.

20 피복아크 용접작업 시 감전으로 인한 재해의 원인으로 틀린 것은?

① 1차측과 2차측 케이블의 피복 손상부에 접촉되었을 경우
② 피용접물에 붙어 있는 용접봉을 떼려다 몸에 접촉되었을 경우
③ 용접기기의 보수 중에 입출력 단자가 절연된 곳에 접촉되었을 경우
④ 용접작업 중 홀더에 용접봉을 물릴 때나 홀더가 신체에 접촉되었을 경우

해설 ③ 절연된 곳에 접촉이 되었다면 전격, 즉 감전이 일어나지 않는다.

21 기체를 수천도의 높은 온도로 가열하면 그 속도의 가스원자가 원자핵과 전자로 분리되어 양(+)과 음(-) 이온상태로 된 것을 무엇이라 하는가?

① 전자빔 ② 레이저
③ 테르밋 ④ 플라스마

해설 플라스마의 특징을 나타낸 것이다.

22 플라스마 아크 용접장치에서 아크 플라스마의 냉각가스로 쓰이는 것은?

① 아르곤과 수소의 혼합가스
② 아르곤과 산소의 혼합가스
③ 아르곤과 메탄의 혼합가스
④ 아르곤과 프로판의 혼합가스

해설 텅스텐 전극과 모재 사이에 발생된 아크의 핀치효과를 일으키기 위한 냉각가스로 아르곤과 소량의 수소의 혼합가스를 사용한다.

★
23 다음에서 설명하는 서브머지드 아크용접에 사용되는 용제는?

- 화학적 균일성이 양호하다.
- 반복 사용성이 좋다.
- 비드 외관이 아름답다.
- 용접전류에 따라 입자의 크기가 다른 용제를 사용해야 한다.

① 소결형 ② 혼성형
③ 혼합형 ④ 용융형

해설 용융형 용제의 특징을 나타낸 것이다.

★
24 정격2차전류 300A, 정격사용률 40%인 아크용접기로 실제 200A 용접전류를 사용하여 용접하는 경우 전체 시간을 10분으로 하였을 때 다음 중 용접시간과 휴식시간을 올바르게 나타낸 것은?

① 10분 동안 계속 용접한다.
② 5분 용접 후 5분간 휴식한다.
③ 7분 용접 후 3분간 휴식한다.
④ 9분 용접 후 1분간 휴식한다.

해설 정격2차전류와 실제사용전류가 다르므로 허용사용률을 구해야 한다.

$$\text{허용사용률}(\%) = \frac{(\text{정격2차전류})^2}{(\text{실제사용전류})^2} \times \text{정격사용률} = \frac{(300)^2}{(200)^2} \times 40 = 90\%$$

전체 시간이 10분이므로 9분 용접 후 1분 휴식이 된다.

정답 18. ① 19. ① 20. ③ 21. ④ 22. ① 23. ④ 24. ④

25 용해 아세틸렌 취급 시 주의사항으로 틀린 것은?

① 저장장소는 통풍이 잘 되어야 된다.
② 저장장소에는 화기를 가까이 하지 말아야 한다.
③ 용기는 진동이나 충격을 가하지 말고 신중히 취급해야 한다.
④ 용기는 아세톤의 유출을 방지하기 위해 눕혀서 보관한다.

해설 아세톤의 유출을 방지하기 위해 용기는 세워서 보관한다.

26 다음 중 아크절단법이 아닌 것은?

① 스카핑
② 금속 아크 절단
③ 아크 에어 가우징
④ 플라스마 제트

해설 스카핑의 키워드는 강재 표면의 홈이나 개재물, 탈탄층 제거이며, 가스 절단이 아닌 가스를 이용한 가공이다.

27 피복아크 용접봉의 피복제 작용을 설명한 것 중 틀린 것은?

① 스패터를 많게 하고, 탈탄 정련작용을 한다.
② 용융금속의 용적을 미세화하고, 용착효율을 높인다.
③ 슬래그 제거를 쉽게 하며, 파형이 고운 비드를 만든다.
④ 공기로 인한 산화, 질화 등의 해를 방지하여 용착금속을 보호한다.

해설 ① 피복제는 스패터를 적게 하고, 탈산 정련작용을 한다.

28 용접법의 분류 중에서 융접에 속하는 것은?

① 시임 용접 ② 테르밋 용접
③ 초음파 용접 ④ 플래시 용접

해설 보기 ①, ③, ④의 경우 압접(pressure welding)에 해당한다.

29 산소용기의 윗부분에 각인되어 있는 표시 중 최고충전압력의 표시는 무엇인가?

① TP ② FP
③ WP ④ LP

해설 산소용기의 각인 중 TP는 내압시험압력, W는 순수 용기의 중량, V는 내용적을 의미한다.

30 2개의 모재에 압력을 가해 접촉시킨 다음 접촉에 압력을 주면서 상대운동을 시켜 접촉면에서 발생하는 열을 이용하는 용접법은?

① 가스 압접 ② 냉간 압접
③ 마찰 용접 ④ 열간 압접

해설 마찰 용접(friction welding)의 내용이다.

31 사용률이 60%인 교류 아크 용접기를 사용하여 정격전류로 6분 용접하였다면 휴식시간은 얼마인가?

① 2분 ② 3분
③ 4분 ④ 5분

해설 사용률은 일반적으로 10분을 기준으로 한다. (정격)사용률이 60%라면 6분 용접(용접기를 사용)하고 4분 휴식한다.

32 모재의 절단부를 불활성 가스로 보호하고 금속 전극에 대전류를 흐르게 하여 절단하는 방법으로 알루미늄과 같이 산화에 강한 금속에 이용되는 절단방법은?

① 산소 절단 ② TIG 절단
③ MIG 절단 ④ 플라스마 절단

해설 문제에서 불활성 가스(inert gas)와 금속(metal) 전극으로 보아 MIG 절단이 답이 된다.

★ **33** 용접기의 특성 중에서 부하전류가 증가하면 단자전압이 저하하는 특성은?

① 수하 특성 ② 상승 특성
③ 정전압 특성 ④ 자기제어 특성

정답 25. ④ 26. ① 27. ① 28. ② 29. ② 30. ③ 31. ③ 32. ③ 33. ①

해설 용접기의 특성 중 문제의 내용은 수하 특성의 내용이다.

34 산소-아세틸렌불꽃의 종류가 아닌 것은?

① 중성불꽃 ② 탄화불꽃
③ 산화불꽃 ④ 질화불꽃

해설 산소(O_2)-아세틸렌(C_2H_2)의 조합에서 불꽃의 종류로는 보기 ①, ②, ③이다.

35 리벳 이음과 비교하여 용접 이음의 특징을 열거한 중 틀린 것은?

① 구조가 복잡하다.
② 이음 효율이 높다.
③ 공정의 수가 절감된다.
④ 유밀, 기밀, 수밀이 우수하다.

해설 리벳 이음에 비교한 용접 이음의 특징으로는 보기 ②, ③, ④ 이외에 구조가 간단, 재료의 절약(겹치지 않아도 되므로), 제작 원가의 절감, 자동화 용이, 두께의 제한을 받지 않는다 등이 있다.

36 아크에어 가우징 작업에 사용되는 압축공기의 압력으로 적당한 것은?

① 1~3kgf/cm^2
② 5~7kgf/cm^2
③ 9~12kgf/cm^2
④ 14~156kgf/cm^2

해설 아크에어 가우징의 적정한 공기압력은 보기 ②이다.

37 탄소 전극봉 대신 절단 전용의 특수 피복을 입힌 전극봉을 사용하여 절단하는 방법은?

① 금속 아크 절단
② 탄소 아크 절단
③ 아크에어 가우징
④ 플라스마 제트 절단

해설 탄소 전극봉을 사용하지 않으므로 보기 ②, ③은 정답에서 제외되고, 텅스텐 전극을 사용하는 보기 ④도 정답에서 제외된다.

38 산소 아크 절단에 대한 설명으로 가장 적합한 것은?

① 전원은 직류역극성이 사용된다.
② 가스 절단에 비하여 절단속도가 느리다.
③ 가스 절단에 비하여 절단면이 매끄럽다.
④ 철강구조물 해체나 수중 해체작업에 이용된다.

해설 산소 아크 절단의 경우 전원은 보통 직류정극성을 사용되나 교류도 무방하다. 절단면은 가스 절단에 비해 거칠지만 절단속도가 크므로 철강구조물의 해체, 특히 수중 해체작업에 이용된다.

39 다이캐스팅 주물품, 단조품 등의 재료로 사용되며 융점이 약 660℃이고, 비중이 약 2.7인 원소는?

① Sn ② Ag
③ Al ④ Mn

해설 알루미늄(Al)의 물리적 성질을 설명한 것이다.

40 다음 중 주철에 관한 설명으로 틀린 것은?

① 비중은 C와 Si 등이 많을수록 작아진다.
② 용융점은 C와 Si 등이 많을수록 낮아진다.
③ 주철을 600℃ 이상의 온도에서 가열 및 냉각을 반복하면 부피가 감소한다.
④ 투자율을 크게 하기 위해서는 화합탄소를 적게 하고 유리탄소를 균일하게 분포시킨다.

해설 주철의 성장: 고온(약 600℃ 이상)에서 장시간 방치하여 유지 또는 가열, 냉각을 반복하면 주철의 부피가 팽창하여 변형 균열이 발생하는 현상을 말한다.

41 다음 중 Ni-Cu 합금이 아닌 것은?

① 어드밴스 ② 콘스탄탄
③ 모넬메탈 ④ 니칼로이

해설 ④ 니칼로이는 50% Ni – 50% Fe로 해저 전선용으로 이용된다.

정답 34. ④ 35. ① 36. ② 37. ① 38. ④ 39. ③ 40. ③ 41. ④

42 금속의 소성변형을 일으키는 원인 중 원자 밀도가 가장 큰 격자면에서 잘 일어나는 것은?

① 슬립 ② 쌍정
③ 전위 ④ 편석

해설 슬립(silp)에 대한 설명이다.

43 침탄법에 대한 설명으로 옳은 것은?

① 표면을 용융시켜 연화시키는 것이다.
② 망상 시멘타이트를 구상화시키는 방법이다.
③ 강재의 표면에 아연을 피복시키는 방법이다.
④ 강재의 표면에 탄소를 침투시켜 경화시키는 것이다.

44 그림과 같은 결정격자의 금속원소는?

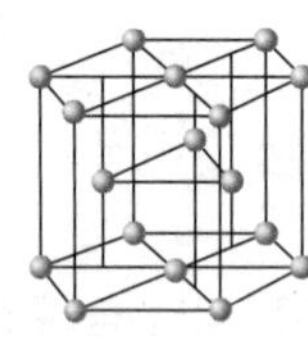

① Mi ② Mg
③ Al ④ Au

해설 문제의 그림은 조밀육방격자이다.
- 체심입방격자: Cr, Mo, Li, α−Fe, δ−Fe 등
- 면심입방격자: Al, γ−Fe, Ni, Cu, Pt, Au, Pb, Ag 등
- 조밀육방격자 : Mg, Ti, Zn, Cd, Zr, Co 등

45 전해 인성 구리는 약 400℃ 이상의 온도에서 사용하지 않는 이유로 옳은 것은?

① 풀림취성을 발생시키기 때문이다.
② 수소취성을 발생시키기 때문이다.
③ 고온취성을 발생시키기 때문이다.
④ 상온취성을 발생시키기 때문이다.

해설 약 400℃ 이상의 온도에서 전해 인성 구리는 Cu와 H_2를 함유한 가스에 의하여 수소메짐(취성)이 생길 수 있으므로 사용하지 않는다.

46 구상 흑연 주철은 주조성, 가공성 및 내마멸성이 우수하다. 이러한 구상 흑연 주철 제조 시 구상화제로 첨가되는 원소로 옳은 것은?

① P, S ② O, N
③ Pb, Zn ④ Mg, Ca

해설 구상 흑연 주철의 제조는 황(S)이 적은 선철을 용해하여 주입 전에 Mg, Ce, Ca 등을 첨가하여 제조한다.

47 형상기억효과를 나타내는 합금이 일으키는 변태는?

① 펄라이트 변태 ② 마텐자이트 변태
③ 오스테나이트 변태 ④ 레데뷰라이트 변태

해설 Fe는 온도의 상승에 따라 고체에서 액체로 외관상 변화하는 상변화와, α−Fe(체심입방격자)에서 γ−Fe(면심입방격자)와 δ−Fe(체심입방격자)로 외관상의 변화를 보이지 않는 고체 간의 상변화가 있다. 이처럼 고체 간의 상변태를 마텐자이트(martensite) 변태라고 한다. 또한 온도 변화만이 아니라 응력의 변화에 의해서도 마텐자이트 변태가 일어나는데, 온도 변화에 의해 일어나는 변태를 열탄성형 마텐자이트 변태라 하고, 이것이 형상기억효과를 일으킨다.

48 Y합금의 일종으로 Ti과 Cu를 0.2% 정도씩 첨가한 것으로 피스톤에 사용되는 것은?

① 두랄루민 ② 코비탈륨
③ 로엑스 합금 ④ 하이드로날륨

해설 ① 두랄루민: Al−Cu−Mg−Mn 합금
③ Lo−Ex 합금: Al−Si−Cu−Mg−Ni 합금
④ 하이드로날륨: Al−Mg계 합금

49 시험편을 눌러 구부리는 시험방법으로 굽힘에 대한 저항력을 조사하는 시험방법은?

① 충격시험 ② 굽힘시험
③ 전단시험 ④ 인장시험

해설 굽힘시험에 대한 내용이며, 용접부의 연성 유무를 확인하기 위한 기계적 시험방법이다.

정답 42. ① 43. ④ 44. ② 45. ② 46. ④ 47. ② 48. ② 49. ②

★
50 Fe–C 평형상태도에서 공정점의 C%는?

① 0.02% ② 0.8%
③ 4.3% ④ 6.67%

해설 ① α−Fe에서 탄소를 최대로 고용하는 점의 탄소 함유량
② 공석점 723℃, 0.8(5)% 또는 0.77%이고 γ−Fe에서 α−Fe와 시멘타이트(Fe_3C)가 동시에 석출되는 점의 탄소함유량
④ 시멘타이트(Fe_3C)에서 C를 가장 많이 함유하는 탄소함유량

51 배관의 간략 도시방법에서 파이프의 영구 결합부(용접 또는 다른 공법에 의한다) 상태를 나타내는 것은?

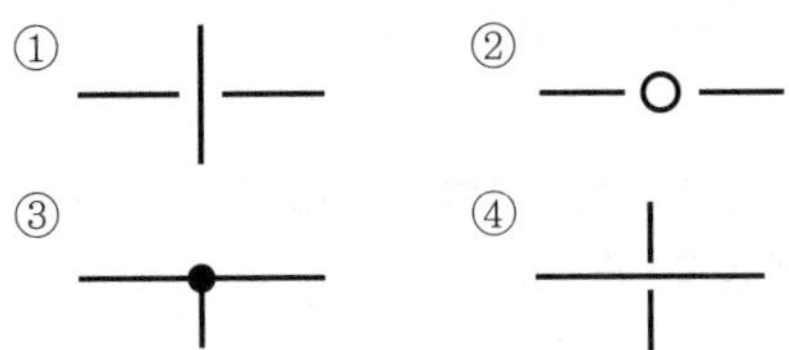

해설 보기 ①, ④는 파이프가 접속하지 않을 때를 나타낸다.
관의 결합방식의 표기

결합방식	그림기호
일반	
용접식	
플랜지식	
접수구방식	
유니온식	

52 다음 용접기호 중 표면 육성을 의미하는 것은?

해설 ② 표면(surface) 접합부
③ 경사 접합부
④ 겹침 접합부

★
53 제3각법의 투상도에서 도면의 배치 관계는?

① 평면도를 중심하여 정면도는 위에, 우측면도는 우측에 배치된다.
② 정면도를 중심하여 평면도는 밑에, 우측면도는 우측에 배치된다.
③ 정면도를 중심하여 평면도는 위에, 우측면도는 우측에 배치된다.
④ 정면도를 중심하여 평면도는 위에, 우측면도는 좌측에 배치된다.

해설 제3각법의 도면 배치 관계는 보기 ③이 정답이 된다.

54 그림과 같이 제3각법으로 정투상한 각뿔의 전개도 형상으로 적합한 것은?

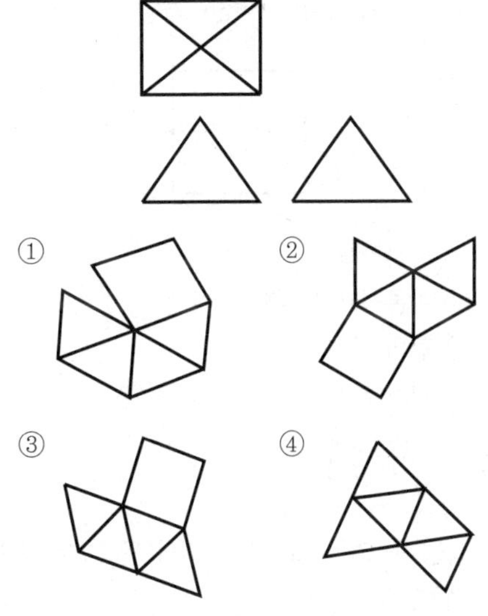

해설 사각형 바닥의 전후좌우 면이 삼각형인 각뿔임을 알 수 있다. 이에 대한 전개도는 보기 ②이다.

55 다음 중 일반구조용 탄소강관의 KS 재료기호는?

① SPP ② SPS
③ SKH ④ STK

해설 ① 배관용 탄소강관
③ 고속도 공구강재
④ 기계구조용 탄소강관

정답 50. ③ 51. ③ 52. ① 53. ③ 54. ② 55. ②

★

56 도면에 대한 호칭방법이 다음과 같이 나타날 때 이에 대한 설명으로 틀린 것은?

KS B ISO 5457-A1t-TP 112.5-R-TBL

① 도면은 KS B ISO 5457을 따른다.
② A1 용지 크기이다.
③ 재단하지 않은 용지이다.
④ 112.5g/m² 사양의 트레이싱지이다.

해설 KS B ISO 5457에 의하면, 트레이싱 종이를 재단한 것이 A1이고, 단위 면적당 질량이 112.5g/m²이며, 뒷면(R)에 인쇄한 것이 TBL(적용 가능한 형식) 형식에 따르는 표제란을 가진 도면으로 해석된다.

57 그림과 같은 도면에서 나타난 "□40" 치수에서 "□"가 뜻하는 것은?

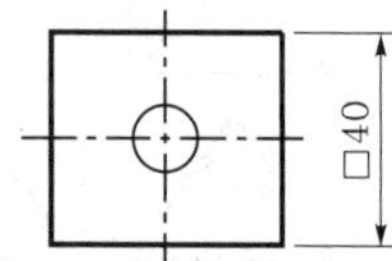

① 정사각형의 변
② 이론적으로 정확한 치수
③ 판의 두께
④ 참고치수

해설 ② [40], ③ t40, ④ (40)

58 다음 중 가는 실선으로 나타내는 경우가 아닌 것은?

① 시작점과 끝점을 나타내는 치수선
② 소재의 굽은 부분이나 가공 공정의 표시선
③ 상세도를 그리기 위한 틀의 선
④ 금속구조 공학 등의 구조를 나타내는 선

해설 보기 ④의 경우 굵은 실선으로 그린다.

59 그림과 같이 원통을 경사지게 절단한 제품을 제작할 때, 다음 중 어떤 전개법이 가장 적합한가?

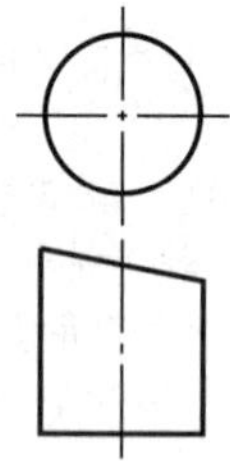

① 사각형법 ② 평행선법
③ 삼각형법 ④ 방사선법

해설 ② 평행선법: 원기둥, 3각기둥, 4각기둥 등
③ 삼각형법: 원뿔, 편심원뿔, 각뿔 등
④ 방사선법: 각뿔, 원뿔 등

60 그림과 같은 도면에서 괄호 안의 치수는 무엇을 나타내는가?

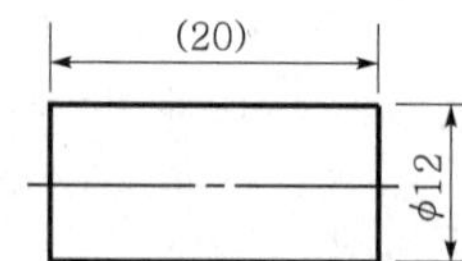

① 완성치수
② 참고치수
③ 다듬질치수
④ 비례척이 아닌 치수

해설 직접적으로 필요하지는 않으나, 알고 있으면 편리한 치수인 참고치수 기입은 치수를 괄호 안에 치수를 기입한다. 예 (20)

정답 56. ③ 57. ① 58. ④ 59. ② 60. ②

제 4 회 2016. 7. 10. 시행 용접기능사

01 다음 중 용접 시 수소의 영향으로 발생하는 결함과 가장 거리가 먼 것은?

① 기공 ② 균열
③ 은점 ④ 설퍼

해설 수소에 의한 영향의 결함은 보기 ①, ②, ③이다. 설퍼(sulfur)는 황을 말하며, 황에 의한 균열을 설퍼크랙(균열)이라 한다.

02 가스 중에서 최소의 밀도로 가장 가볍고 확산 속도가 빠르며, 열전도가 가장 큰 가스는?

① 수소 ② 메탄
③ 프로판 ④ 부탄

해설 수소의 경우 밀도가 0.08988g/L로 가장 가볍고, 확산속도가 빠르며, 열전도율이 180.5mW/m·K로 매우 크다.

★
03 용착금속의 인장강도가 $55N/m^2$, 안전율이 6이라면 이음의 허용응력은 약 몇 N/m^2인가?

① 0.92 ② 9.2
③ 92 ④ 920

해설 $안전율=\frac{인장강도}{허용응력}$

$허용응력=\frac{인장강도}{안전율}=\frac{55}{6}=9.167 \fallingdotseq 9.2N/m^2$

04 TIG 용접 토치의 분류 중 형태에 따른 종류가 아닌 것은?

① T형 토치 ② Y형 토치
③ 직선형 토치 ④ 플렉시블형 토치

해설 TIG 용접 토치의 구분
- 용접장치에 따라: 수동식, 반자동식, 자동식 토치
- 냉각방식에 따라: 공랭식, 수냉식 토치
- 형태에 따라: T형, 직선형, 플렉시블형 토치 등

05 다음 중 파괴시험 검사법에 속하는 것은?

① 부식시험 ② 침투시험
③ 음향시험 ④ 와류시험

해설 ② PT, ③ AET, ④ E(C)T 등은 비파괴검사의 종류이다.

★
06 팁 끝이 모재에 닿는 순간 순간적으로 팁 끝이 막혀 팁 속에서 폭발음이 나면서 불꽃이 꺼졌다가 다시 나타나는 현상은?

① 인화 ② 역화
③ 역류 ④ 선화

해설 역화에 대한 설명이다.

07 용접에 의한 수축 변형에 영향을 미치는 인자로 가장 거리가 먼 것은?

① 가접
② 용접입열
③ 판의 예열온도
④ 판 두께에 따른 이음 형상

해설 용접부의 수축 변형에 영향을 주는 인자는 보기 ②, ③, ④이며, 가접(tack welding)은 본용접 전에 용접할 위치로 부재를 고정시키기 위한 단속적인 용접을 말한다.

08 전자동 MIG 용접과 반자동 용접을 비교했을 때 전자동 MIG 용접의 장점으로 틀린 것은?

① 용접속도가 빠르다.
② 생산단가를 최소화할 수 있다.
③ 우수한 품질의 용접이 얻어진다.
④ 용착효율이 낮아 능률이 매우 좋다.

해설 용착효율이 낮아진다면 장점으로 볼 수 없다.

정답 01. ④ 02. ① 03. ② 04. ② 05. ① 06. ② 07. ① 08. ④

09 다음 중 탄산가스 아크용접의 자기쏠림 현상을 방지하는 대책으로 틀린 것은?

① 엔드 탭을 부착한다.
② 가스 유량을 조절한다.
③ 어스의 위치를 변경한다.
④ 용접부의 틈을 적게 한다.

해설 자기쏠림의 방지책으로는 보기 ①, ③, ④ 이외에 교류 용접, 후퇴법 용접, 아크길이를 짧게 하는 등의 방법이 있다.

10 다음 용접법 중 비소모식 아크 용접법은?

① 논 가스 아크용접
② 피복금속아크용접
③ 서브머지드 아크용접
④ 불활성 가스 텅스텐 아크용접

해설 소모 또는 비소모식으로 구분하는 것은 전극이 소모가 되느냐의 여부로 구분한다. 불활성 가스 텅스텐 아크용접의 경우 텅스텐 전극을 사용하므로 전극이 소모되지 않는다 해서 비소모식, 비용극식이라 한다.

11 용접부를 끝이 구면인 해머로 가볍게 때려 용착금속부의 표면에 소성변형을 주어 인장응력을 완화시키는 잔류응력 제거법은?

① 피닝법
② 노내풀림법
③ 저온응력 완화법
④ 기계적 응력 완화법

해설 피닝법에 대한 설명이다.

12 용접 변형의 교정법에서 점 수축법의 가열온도와 가열시간으로 가장 적당한 것은?

① 100~200℃, 20초
② 300~400℃, 20초
③ 500~600℃, 30초
④ 700~800℃, 30초

해설 점 수축법은 300~400℃에서 20초 동안 가열한 후 수냉하는 방법이다.

13 수직판 또는 수평면 내에서 선회하는 회전영역이 넓고 팔이 기울어져 상하로 움직일 수 있어 주로 스폿 용접, 중량물 취급 등에 많이 이용되는 로봇은?

① 다관절 로봇 ② 극좌표 로봇
③ 원통 좌표 로봇 ④ 직각 좌표계 로봇

해설 ③ 원통 좌표 로봇: 두 방향의 직선축과 한 개의 회전운동을 하지만 수직면에서의 선회는 되지 않는다.
④ 직각 좌표계 로봇: 세 개의 팔이 서로 직각으로 교차하여 가로, 세로, 높이의 3차원 내에서 작업을 한다.

14 서브머지드 아크용접 시 발생하는 기공의 원인이 아닌 것은?

① 직류역극성 사용
② 용제의 건조 불량
③ 용제의 산포량 부족
④ 와이어 녹, 기름, 페인트

해설 SAW에서의 기공은 보기 ②, ③, ④ 등이 원인이 되며 극성과는 다소 거리가 있다.

15 안전 보건표지의 색채, 색도기준 및 용도에서 지시의 용도 색채는?

① 검은색 ② 노란색
③ 빨간색 ④ 파란색

해설 ① 위험표지의 문자, 유도표지의 화살표
② 주의(충돌, 추락, 걸려서 넘어지는 광고)
③ 방화, 금지, 정지, 고도의 위험

16 X선이나 γ선을 재료에 투과시켜 투과된 빛의 강도에 따라 사진 필름에 감광시켜 결함을 검사하는 비파괴 시험법은?

① 자분탐상검사 ② 침투탐상검사
③ 초음파탐상검사 ④ 방사선투과검사

해설 방사선투과검사(RT)에 대한 설명이다.

정답 09. ② 10. ④ 11. ① 12. ② 13. ② 14. ① 15. ④ 16. ④

17 다음 중 전자빔 용접에 관한 설명으로 틀린 것은?

① 용입이 낮아 후판 용접에는 적용이 어렵다.
② 성분 변화에 의하여 용접부의 기계적 성질이나 내식성의 저하를 가져올 수 있다.
③ 가공재나 열처리에 대하여 소재의 성질을 저하시키지 않고 용접할 수 있다.
④ 10^{-4}~10^{-6}mmHg 정도의 높은 진공실 속에서 음극으로부터 방출된 전자를 고전압으로 가속시켜 용접을 한다.

해설 전자빔은 렌즈에 의하여 가늘게 에너지를 집속시킬 수 있으므로 깊은 용입이 대표적인 특징이다.

★
18 다음 중 용접봉의 용융속도를 나타낸 것은?

① 단위시간당 용접입열의 양
② 단위시간당 소모되는 용접전류
③ 단위시간당 형성되는 비드의 길이
④ 단위시간당 소비되는 용접봉의 길이

해설 용접봉의 용융속도는 단위시간당 소비되는 용접봉의 길이 또는 무게로 나타낸다. 실험에 의하면 아크전압과는 관계가 없고, 아크전류×용접봉쪽 전압 강하로 결정되며, 용접봉 심선 지름과도 관계가 없다.

19 물체와의 가벼운 충돌 또는 부딪침으로 인하여 생기는 손상으로 충격 부위가 부어 오르고 통증이 발생되며 일반적으로 피부 표면에 창상이 없는 상처를 뜻하는 것은?

① 출혈　② 화상
③ 찰과상　④ 타박상

해설 타박상에 대한 설명이다.

★
20 일명 비석법이라고도 하며, 용접길이를 짧게 나누어 간격을 두면서 용접하는 용착법은?

① 전진법　② 후진법
③ 대칭법　④ 스킵법

해설 비석법은 일명 스킵법(skip method)이라고도 한다.

21 금속 산화물이 알루미늄에 의하여 산소를 빼앗기는 반응에 의해 생성되는 열을 이용한 용접법은?

① 마찰 용접
② 테르밋 용접
③ 일렉트로 슬래그 용접
④ 서브머지드 아크 용접

해설 문제에서의 화학반응을 테르밋 반응이라 하고, 이 반응열을 이용한 용접을 테르밋 용접이라 한다.

22 저항용접의 장점이 아닌 것은?

① 대량 생산에 적합하다.
② 후열 처리가 필요하다.
③ 산화 및 변질부분이 적다.
④ 용접봉, 용제가 불필요하다.

해설 저항용접의 경우 후열 처리가 필요하지 않다.

★
23 정격2차전류 200A, 정격사용률 40%인 아크용접기로 실제 아크전압 30V, 아크전류 130A로 용접을 수행한다고 가정할 때 허용사용률은 약 얼마인가?

① 70%　② 75%
③ 80%　④ 95%

해설 정격2차전류와 실제사용전류가 다르므로 허용사용률을 구해야 한다.

$$\text{허용사용률}(\%) = \frac{(\text{정격2차전류})^2}{(\text{실제사용전류})^2} \times \text{정격사용률}$$

$$= \frac{200^2}{130^2} \times 40 \fallingdotseq 95\%$$

24 다음 중 야금적 접합법에 해당되지 않는 것은?

① 융접(fusion welding)
② 접어 잇기(seam)
③ 압접(pressure welding)
④ 납땜(brazing and soldering)

해설 접어 잇기는 기계적 접합법의 종류이며, 리벳, 볼트, 너트, 확관법 등이 이에 해당한다.

정답 17. ① 18. ④ 19. ④ 20. ④ 21. ② 22. ② 23. ④ 24. ②

25 아크전류가 일정할 때 아크전압이 높아지면 용접봉의 용융속도가 늦어지고 아크 전압이 낮아지면 용융속도가 빨라지는 특성을 무엇이라 하는가?

① 부저항 특성
② 절연회복 특성
③ 전압회복 특성
④ 아크길이 자기제어 특성

해설 아크길이 자기제어 특성에 대한 설명이다.

★
26 강재 표면의 흠이나 개재물, 탈탄층 등을 제거하기 위하여 될 수 있는 대로 얇게 그리고 타원형 모양으로 표면을 깎아내는 가공법은?

① 분말 절단　　② 가스 가우징
③ 스카핑　　④ 플라스마 절단

해설 스카핑의 키워드는 강재 표면의 흠이나 개재물, 탈탄층 등을 제거이고, 가우징의 키워드는 용접부 뒷면 따내기, U형, H형 용접 홈가공 등이다.

27 피복아크 용접봉에서 피복제의 주된 역할이 아닌 것은?

① 용융금속의 용적을 미세화하여 용착효율을 높인다.
② 용착금속의 응고와 냉각속도를 빠르게 한다.
③ 스패터의 발생을 적게 하고 전기 절연작용을 한다.
④ 용착금속에 적당한 합금원소를 첨가한다.

해설 피복제의 역할
㉠ 용융금속의 용적을 미세화하여 용착효율을 높인다.
㉡ 스패터의 발생을 적게 하고 전기 절연작용을 한다.
㉢ 용착금속에 적당한 합금원소를 첨가한다.
㉣ 용착금속의 응고와 냉각속도를 느리게 하여 경화를 방지한다.
㉤ 용착금속의 탈산 정련작용을 한다.
㉥ 어려운 자세의 용접작업을 쉽게 한다.
㉦ 절연작용을 한다.

28 다음 중 불꽃의 구성 요소가 아닌 것은?

① 불꽃심　　② 속불꽃
③ 겉불꽃　　④ 환원불꽃

해설 환원불꽃은 불꽃의 종류에 해당한다.

29 교류아크 용접기에서 안정한 아크를 얻기 위하여 상용주파의 아크전류에 고전압의 고주파를 중첩시키는 방법으로 아크 발생과 용접작업을 쉽게 할 수 있도록 하는 부속장치는?

① 전격 방지장치　　② 고주파 발생장치
③ 원격 제어장치　　④ 핫 스타트장치

해설 고주파병용교류(ACHF ; Alternate Current High Frequency)에 대한 설명이다. 일반적으로 TIG 용접에 적용된다.

30 피복아크 용접봉의 피복제 중에서 아크를 안정시켜 주는 성분은?

① 붕사　　② 페로망간
③ 니켈　　④ 산화티탄

해설 아크안정제에 대한 설명으로 산화티탄 이외에 규산칼륨, 규산나트륨, 석회석 등이 이에 해당한다.

31 연강을 가스용접할 때 사용하는 용제는?

① 붕사
② 염화나트륨
③ 사용하지 않는다.
④ 중탄산소다 + 탄산소다

해설 일반적으로 연강의 가스용접의 경우 용제가 필요하지 않다.

32 피복아크 용접봉의 기호 중 고산화티탄계를 표시한 것은?

① E4301　　② E4303
③ E4311　　④ E4313

해설 ① 일미나이트계
② 라임티타니아계
③ 고셀룰로스계

정답 25. ④ 26. ③ 27. ② 28. ④ 29. ② 30. ④ 31. ③ 32. ④

33 가스 절단에서 프로판 가스와 비교한 아세틸렌 가스의 장점에 해당되는 것은?

① 후판 절단의 경우 절단속도가 빠르다.
② 박판 절단의 경우 절단속도가 빠르다.
③ 중첩 절단을 할 때에는 절단속도가 빠르다.
④ 절단면이 거칠지 않다.

해설 아세틸렌 가스와 프로판 가스의 절단 특성

아세틸렌	프로판
• 점화하기 쉽다. • 중성불꽃을 만들기가 쉽다. • 절단 개시까지 시간이 빠르다. • 표면 영향이 적다. • 박판 절단 시 빠르다.	• 절단 상부 기슭 녹은 것이 적다. • 절단면이 미세하며 깨끗하다. • 슬래그 제거가 쉽다. • 포갬 절단속도가 아세틸렌보다 빠르다. • 후판 절단 시 아세틸렌보다 빠르다.

34 용접기의 구비조건이 아닌 것은?

① 구조 및 취급이 간단해야 한다.
② 사용 중에 온도 상승이 적어야 한다.
③ 전류 조정이 용이하고 일정한 전류가 흘러야 한다.
④ 용접효율과 상관없이 사용유지비가 적게 들어야 한다.

해설 ④ 용접효율이 좋고 사용유지비가 적게 들어야 한다.

35 다음 중 용융금속의 이행형태가 아닌 것은?

① 단락형　② 스프레이형
③ 연속형　④ 글로뷸러형

해설 용융금속의 이행형태는 크게 단락형, 스프레이형, 글로뷸러형으로 나뉜다.

36 강자성을 가지는 은백색의 금속으로 화학반응용 촉매, 공구 소결재로 널리 사용되고 바이탈륨의 주성분 금속은?

① Ti　② Co
③ Al　④ Pt

해설 바이탈륨(Vitallium)의 주성분은 Co와 Cr으로, 대표적인 내마모성 합금이다.

37 산소용기의 취급 시 주의사항으로 틀린 것은?

① 기름이 묻은 손이나 장갑을 착용하고는 취급하지 않아야 한다.
② 통풍이 잘되는 야외에서 직사광선에 노출시켜야 한다.
③ 용기의 밸브가 얼었을 경우에는 따뜻한 물로 녹여야 한다.
④ 사용 전에는 비눗물 등을 이용하여 누설 여부를 확인한다.

해설 가스용기는 직사광선을 피하고 40℃ 이하의 장소에 보관해야 된다.

38 프로판 가스의 특징으로 틀린 것은?

① 안전도가 높고 관리가 쉽다.
② 온도 변화에 따른 팽창률이 크다.
③ 액화하기 어렵고 폭발 한계가 넓다.
④ 상온에서는 기체상태이고 무색, 투명하다.

해설 프로판 가스의 성질

• 액화하기 쉽고 용기에 넣어 수송이 편리하다.
• 쉽게 기화하며 발열량이 높다.
• 폭발 한계(2.4~9.5%)가 좁아 안전도가 높고 관리가 쉽다.
• 연소할 때 필요한 산소의 양은 1 : 4.5 정도이다.

39 피복아크 용접봉에서 아크길이와 아크전압의 설명으로 틀린 것은?

① 아크길이가 너무 길면 불안정하다.
② 양호한 용접을 하려면 짧은 아크를 사용한다.
③ 아크전압은 아크길이에 반비례한다.
④ 아크길이가 적당할 때 정상적인 작은 입자의 스패터가 생긴다.

해설 일반적으로 아크전압은 아크길이에 비례한다.

정답 33. ② 34. ④ 35. ③ 36. ② 37. ② 38. ③ 39. ③

40 금속의 결정구조에서 조밀육방격자(HCP)의 배위수는?

① 6 ② 8
③ 10 ④ 12

해설 • 배위수: 원칙적으로 1개의 원자 주위에 있는 최근접 원자를 의미한다.

결정격자	원자 수	배위수	충진률(%)
체심입방격자(BCC)	2	8	68
면심입방격자(FCC)	4	12	74
조밀육방격자(HCP)	2	12	74

41 재료에 어떤 일정한 하중을 가하고 어떤 온도에서 긴 시간 동안 유지하면 시간이 경과함에 따라 스트레인이 증가하는 것을 측정하는 시험 방법은?

① 피로시험 ② 충격시험
③ 비틀림시험 ④ 크리프시험

해설 크리프시험에 대한 내용으로, 재료의 고온강도를 알기 위한 시험이다.

42 강의 표면경화법이 아닌 것은?

① 풀림 ② 금속용사법
③ 금속침투법 ④ 하드 페이싱

해설 풀림은 재질 연화, 용접부의 내부응력 제거 등을 목적으로 하는 열처리 방법이다.

43 Al의 표면을 적당한 전해액 중에서 양극 산화 처리하면 표면에 방식성이 우수한 산화 피막층이 만들어진다. 알루미늄의 방식방법에 많이 이용되는 것은?

① 규산법 ② 수산법
③ 탄화법 ④ 질화법

해설 Al의 방식법으로 수산법(알루마이트법), 황산법, 크롬산법 등이 있다. 수산법은 Al에 2% 수산용액을 넣고 직류, 교류 또는 직류에 교류를 동시에 보내면 표면은 단단하고 치밀한 산화막을 만든다. 이 방법은 전류 효율이 좋으며, 피막 두께는 통전량에 비례한다.

44 주석청동의 용해 및 주조에서 1.5~1.7%의 아연을 첨가할 때의 효과로 옳은 것은?

① 수축률 감소 ② 침탄 촉진
③ 취성 향상 ④ 가스 흡입

해설 주석청동에 1.5~1.7% Zn을 첨가하면 수축률이 감소한다.

45 금속의 결정구조에 대한 설명으로 틀린 것은?

① 결정입자의 경계를 결정입계라 한다.
② 결정체를 이루고 있는 각 결정을 결정입자라 한다.
③ 체심입방격자는 단위격자 속에 있는 원자 수가 3개이다.
④ 물질을 구성하고 있는 원자가 입체적으로 규칙적인 배열을 이루고 있는 것을 결정이라 한다.

해설 체심입방격자의 원자 수는 2개이다. 즉, 체심에 1개와 각 꼭지점의 8개의 원자는 각각의 1/8씩 인접 원자와 공유를 하기 때문에 $1+(8\times\frac{1}{8})=2$가 된다.

결정격자	원자 수	배위수	충진률(%)
체심입방격자(BCC)	2	8	68
면심입방격자(FCC)	4	12	74
조밀육방격자(HCP)	2	12	74

46 비금속 개재물이 강에 미치는 영향이 아닌 것은?

① 고온메짐의 원인이 된다.
② 인성은 향상시키나 경도를 떨어뜨린다.
③ 열처리 시 개재물로 인한 균열을 발생시킨다.
④ 단조나 압연작업 중에 균열의 원인이 된다.

해설 ② 비금속 개재물은 강의 인성을 감소시킨다.

47 인접부분을 참고로 표시하는 데 사용하는 것은?

① 숨은 선 ② 가상선
③ 외형선 ④ 피치선

정답 40. ④ 41. ④ 42. ① 43. ② 44. ① 45. ③ 46. ② 47. ②

해설 인접부분을 참고로 표시하는 가상선은 가는 2점 쇄선으로 그린다.

48 잠수함, 우주선 등 극한 상태에서 파이프의 이음쇠에 사용되는 기능성 합금은?

① 초전도합금 ② 수소저장합금
③ 아모퍼스합금 ④ 형상기억합금

해설 형상기억합금의 실용화로 가장 오래된 성공사례는 항공기, 우주선 등의 연료파이프의 이음매로 적용된 것이다.

★
49 탄소강에서 탄소의 함량이 높아지면 낮아지는 것은?

① 경도 ② 항복강도
③ 인장강도 ④ 단면수축률

해설 철강에 탄소가 증가하면 경도, 강도가 증가하고 연성, 전성 등이 낮아져서 연신율이나 단면수축률은 낮아지게 된다.

50 3~5% Ni, 1% Si을 첨가한 Cu합금으로 C합금이라고도 하며, 강력하고 전도율이 좋아 용접봉이나 전극재료로 사용되는 것은?

① 톰백 ② 문쯔메탈
③ 길딩메탈 ④ 코슨합금

해설 코슨합금(corson alloy)에 대한 설명이다.

★
51 보기와 같은 KS 용접기호의 해독으로 틀린 것은?

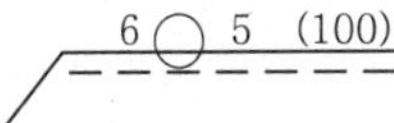

① 화살표 반대 쪽 점용접
② 점 용접부의 지름 6mm
③ 용접부의 개수(용접 수) 5개
④ 점 용접한 간격은 100mm

해설 용접기호 등이 실선에 표기되어 있으므로 화살표 방향으로 용접하고, 점선에 있으면 화살표 반대 쪽에서 용접한다.

52 해드 필드강(hadfield steel)에 대한 설명으로 옳은 것은?

① Ferrite계 고Ni강이다.
② Pearlite계 고Co강이다.
③ Cementite계 고Cr강이다.
④ Austenite계 고Mn강이다.

해설 해드 필드강은 고Mn강이며, 저Mn강은 듀콜(ducol)강이라고 부른다.

53 치수기입법에서 지름, 반지름, 구의 지름 및 반지름, 모떼기, 두께 등을 표시할 때 사용하는 보조기호 표시가 잘못된 것은?

① 두께 : D6 ② 반지름 : R3
③ 모떼기 : C3 ④ 구의 지름 : Sϕ6

해설 두께는 t6으로 표기한다.

54 좌우, 상하대칭인 그림과 같은 형상을 도면화하려고 할 때 이에 관한 설명으로 틀린 것은? (단, 물체에 뚫린 구멍의 크기는 같고 간격은 6mm로 일정하다.)

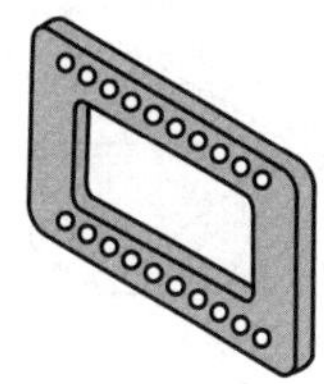
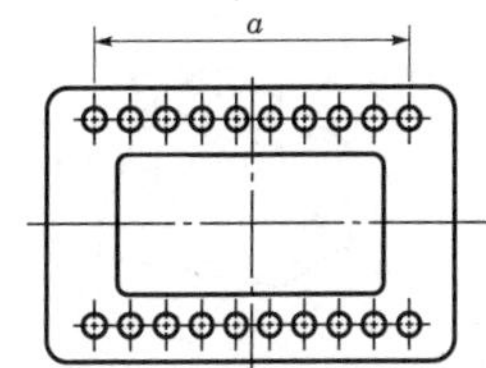

① 치수 a는 9×6(=54)으로 기입할 수 있다.
② 대칭기호를 사용하여 도형을 1/2로 나타낼 수 있다.
③ 구멍은 동일 형상일 경우 대표 형상을 제외한 나머지 구멍은 생략할 수 있다.
④ 구멍은 크기가 동일하더라도 각각의 치수를 모두 나타내야 한다.

해설 구멍의 치수 및 피치(간격) 같을 경우 중간에 일부를 생략할 수 있다.

정답 48. ④ 49. ④ 50. ④ 51. ① 52. ④ 53. ① 54. ④

55 3각기둥, 4각기둥 등과 같은 각기둥 및 원기둥을 평행하게 펼치는 전개방법의 종류는?

① 삼각형을 이용한 전개도법
② 평행선을 이용한 전개도법
③ 방사선을 이용한 전개도법
④ 사다리꼴을 이용한 전개도법

해설 전개도는 크게 삼각형, 평행선, 방사선을 이용한 전개도법으로 그린다. 삼각형법은 원뿔이나 편심원뿔, 각뿔 등에 적용하며, 방사선법은 각뿔이나 원뿔 등의 전개도에 적용한다.

56 그림과 같은 제3각법 정투상도에 가장 적합한 입체도는?

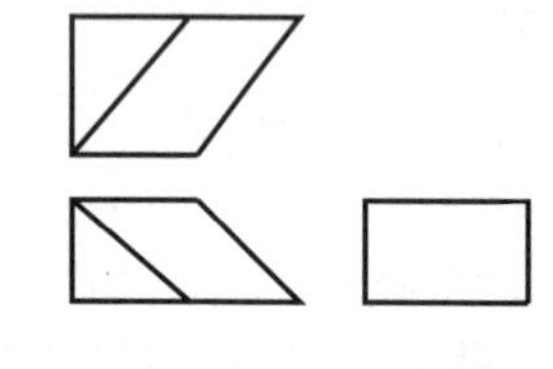

①
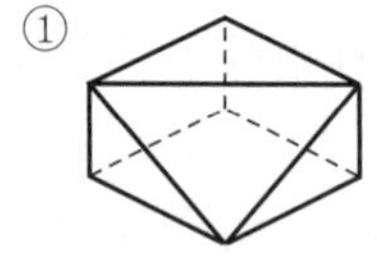

②
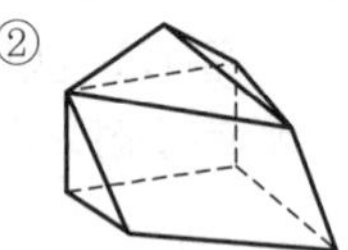

③
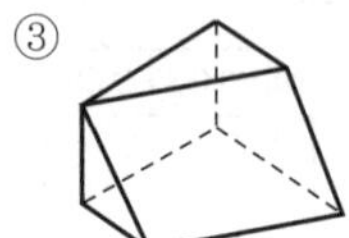

④
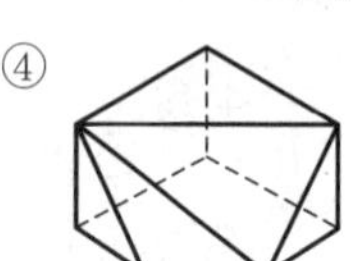

해설 보기 ③이 적합한 입체도이다.

57 SF-340A는 탄소강 단강품이며, 340은 최저 인장강도를 나타낸다. 이때 최저 인장강도의 단위로 가장 옳은 것은?

① N/m^2　　② kgf/m^2
③ N/mm^2　　④ kgf/mm^2

해설 보기 모두가 강도의 단위로는 맞으나 SF 340A는 인장강도가 $340N/mm^2$인 것을 의미한다.

58 판금작업 시 강판재료를 절단하기 위하여 가장 필요한 도면은?

① 조립도　　② 전개도
③ 배관도　　④ 공정도

해설 판금작업의 경우 재료 절단을 위한 작업이 전개도를 그리는 작업이다.

★
59 배관도면에서 그림과 같은 기호의 의미로 가장 적합한 것은?

① 체크 밸브　　② 볼 밸브
③ 콕 일반　　④ 안전 밸브

해설 체크 밸브를 나타내는 기호로, 역지 밸브라고도 한다.

명칭	그림기호	명칭	그림기호
밸브 일반		앵글 밸브	
슬루스 밸브		3방향 밸브	
글로브 밸브		안전 밸브	또는
체크 밸브	또는		
볼 밸브		콕 일반	
나비 밸브	또는		

60 한쪽단면도에 대한 설명으로 올바른 것은?

① 대칭형의 물체를 중심선을 경계로 하여 외형도의 절반과 단면도의 절반을 조합하여 표시한 것이다.
② 부품도의 중앙 부위의 전후를 절단하여 단면을 90° 회전시켜 표시한 것이다.
③ 도형 전체가 단면으로 표시된 것이다.
④ 물체의 필요한 부분만 단면으로 표시한 것이다.

해설 ① 한쪽단면도 또는 반단면도(half section)라고도 한다.
② 회전단면도
③ 전단면도
④ 부분단면도

정답 55. ② 56. ③ 57. ③ 58. ② 59. ① 60. ①

Craftsman Welding

부록 2

특수용접기능사 과년도 출제문제

자주 출제되는 중요한 문제는 별표(★)로 강조했습니다.
마무리 학습할 때 한 번 더 풀어 보기를 권합니다.

제 1 회

2013. 1. 27. 시행

특수용접기능사

★
01 내용적이 33.7L인 산소 용기에 15MPa로 충전하였을 때 사용 가능한 용기 내의 산소량은?

① 약 505.5L ② 약 5,055L
③ 약 13,575L ④ 약 12,673L

해설 용기 내의 산소량을 L, 충전기압을 $P(\text{kgf/cm}^2)$, 내용적을 V라고 할 때 $L=PV$로 구할 수 있다. 1MPa은 약 10.197162kgf/cm²로 환산되어 약 10으로 가정하면 $L=33.7\times(15\times10)=5{,}055\text{L}$의 산소량으로 구해진다.

02 산소용기 취급 시 주의사항으로 틀린 것은?

① 저장소에는 화기를 가까이 하지 말고 통풍이 잘되어야 한다.
② 저장 또는 사용 중에는 반드시 용기를 세워 두어야 한다.
③ 가스용기 사용 시 가스가 잘 발생되도록 직사광선을 받도록 한다.
④ 가스용기는 뉘어두거나 굴리는 등 충돌, 충격을 주지 말아야 한다.

해설 용기 내의 산소압력은 온도에 따라 변하기 때문에 항상 40℃ 이하를 유지하고 직사광선이나 화기가 있는 고온장소에는 보관 또는 사용을 피하도록 한다.

★
03 피복아크 용접봉의 피복제가 연소한 후 생성된 물질이 용접부를 보호하는 방식에 따라 분류했을 때, 이에 속하지 않는 것은?

① 스패터 발생식 ② 가스 발생식
③ 슬래그 생성식 ④ 반가스 발생식

해설 피복제가 연소하면서 용접부를 보호하는 방식은 슬래그 생성식, 가스 발생식, 반가스 발생식 등으로 구분한다.

04 용접전류가 100A, 전압이 30V일 때 전력은 몇 kW인가?

① 4.5kW ② 15kW
③ 10kW ④ 3kW

해설 전력(P)은 전압(V)과 전류(I)의 곱으로 구할 수 있다. 따라서 $W=30\times100=3{,}000\text{VA}=3\text{kW}$로 구해진다.

05 아크 절단법이 아닌 것은?

① 아크 에어 가우징 ② 금속 아크 절단
③ 스카핑 ④ 플라스마 제트 절단

해설 스카핑은 강재 표면의 흠이나 개재물, 탈탄층 등을 제거하기 위한 가스 가공법이다. 절단의 범주와는 다르게 구분한다.

06 피복아크용접 시 복잡한 형상의 용접물을 자유 회전시킬 수 있으며, 용접능률 향상을 위해 사용하는 회전대는?

① 가접 지그 ② 역변형 지그
③ 회전 지그 ④ 용접 포지셔너

해설 포지셔너(positioner)에 대한 내용이다.

07 모재의 두께, 이음형식 등 모든 용접조건이 같을 때, 일반적으로 가장 많은 전류를 사용하는 용접자세는?

① 아래보기자세 용접
② 수직자세 용접
③ 수평자세 용접
④ 위보기자세 용접

해설 속도가 가장 빠른 아래보기자세가 가장 많은 전류를 사용한다.

정답 01. ② 02. ③ 03. ① 04. ④ 05. ③ 06. ④ 07. ①

08 강재를 가스 절단 시 예열온도로 가장 적합한 것은?

① 300~450℃ ② 450~700℃
③ 800~900℃ ④ 1,000~1,300℃

해설 예열불꽃으로 적당히 예열하고 고압의 산소를 분출시키면 철(Fe)과 접촉되어 급격한 연소작용을 일으켜 산화철이 되고, 그 산화철이 용융과 동시에 절단이 된다. 이때 예열온도는 약 800~900℃ 정도이다.

★
09 아크용접에서 직류역극성으로 용접할 때의 특성에 대한 설명으로 틀린 것은?

① 모재의 용입이 얕다.
② 비드 폭이 좁다.
③ 용접봉의 용융이 빠르다.
④ 박판 용접에 쓰인다.

해설 직류역극성(DCRP)의 경우 용접봉에 (+)극이 접속되어 봉의 녹음이 많아져서 비드 폭이 넓고 용입이 얕은 비드가 생성된다.

10 용접봉에서 모재로 용융금속이 옮겨가는 상태를 용적 이행이라 한다. 다음 중 용적 이행이 아닌 것은?

① 단락형 ② 스프레이형
③ 글로뷸러형 ④ 불림이행형

해설 용적 이행의 일반적인 종류로는 단락형, 스프레이형, 글로뷸러형 등이 있다.

11 아세틸렌 가스가 충격, 진동 등에 의해 분해 폭발하는 압력은 15℃에서 몇 kgf/cm^2 이상인가?

① $2.0kgf/cm^2$ ② $1kgf/cm^2$
③ $0.5kgf/cm^2$ ④ $0.1kgf/cm^2$

해설 1기압 이하에서는 폭발의 위험은 없으나, 15℃ 2기압 이상으로 압축하면 폭발의 우려가 있다. 약 1.5기압으로 압축하면 충격, 진동, 가열 등의 자극을 받아서 폭발의 우려가 있다. 보기 중에는 ②를 선택하면 된다.

★
12 가스용접에서 전진법과 비교한 후진법의 특성을 설명한 것으로 틀린 것은?

① 열 이용률이 나쁘다.
② 용접속도가 빠르다.
③ 용접변형이 작다.
④ 산화 정도가 약하다.

해설 전진법과 후진법의 비교

항목	전진법(좌진법)	후진법(우진법)
열 이용률	나쁘다	좋다
용접속도	느리다	빠르다
비드 모양	보기 좋다	매끈하지 못하다
홈 각도	크다(80°)	작다(60°)
용접변형	크다	작다
용접모재 두께	얇다(5mm까지)	두껍다
산화 정도	심하다	약하다
용착금속의 냉각속도	급랭된다	서냉된다
용착금속 조직	거칠다	미세하다

★
13 모재의 두께가 4mm인 가스 용접봉의 이론상의 지름은?

① 1mm ② 2mm
③ 3mm ④ 4mm

해설 일반적으로 모재의 두께가 1mm 이상일 때 용접봉의 지름은 다음 식으로 계산한다.

$D=\frac{T}{2}+1=\frac{4}{2}+1=3.0\text{mm}$

(단, D: 가스 용접봉의 지름, T: 판 두께)

14 고압에서 사용이 가능하고 수중절단 중에 기포의 발생이 적어 예열가스로 가장 많이 사용되는 것은?

① 부탄 ② 수소
③ 천연가스 ④ 프로판

해설 수중절단 및 납 용접 등에 수소가 이용된다.

정답 08. ③ 09. ② 10. ④ 11. ② 12. ① 13. ③ 14. ②

15 용접용 가스의 불꽃온도가 가장 높은 것은?

① 산소-수소 불꽃
② 산소-아세틸렌 불꽃
③ 도시가스 불꽃
④ 천연가스 불꽃

해설 각종 가스 불꽃의 최고온도

가스 종류	최고온도(℃)
아세틸렌	3,430
수소	2,900
도시가스	2,537
천연가스	2,537

16 가변저항기로 용접전류를 원격 조정하는 교류 용접기는?

① 가포화 리액터형
② 가동 철심형
③ 가동 코일형
④ 탭 전환형

해설 가포화 리액터형의 전류조정방식이며, 원격 조정이 가능한 교류 아크 용접기이다.

17 연강용 가스 용접봉의 성분 중 강의 강도를 증가시키나 연신율, 굽힘성 등을 감소시키는 것은?

① 규소(Si) ② 인(P)
③ 탄소(C) ④ 유황(S)

해설 탄소의 함유 효과 또는 현상이다.

18 금속의 표면에 스텔라이트나 경합금 등을 용접 또는 압접으로 융착시키는 것은?

① 숏 피닝
② 하드 페이싱
③ 샌드 블라스트
④ 화염 경화법

해설 금속 표면(facing)에 경도가 높은(hard) 재질을 융착시키는 것을 하드 페이싱(hard-facing)이라 한다.

19 Ni-Cr계 합금이 아닌 것은?

① 크로멜 ② 니크롬
③ 인코넬 ④ 두랄루민

해설 두랄루민은 단련용 알루미늄 합금의 종류이다.

★
20 스테인리스강의 용접 부식의 원인은?

① 균열 ② 뜨임 취성
③ 자경성 ④ 탄화물의 석출

해설 스테인리스강에서 내식성을 담당하는 크롬(Cr)이 탄소(C)와 화합물, 즉 크롬 탄화물($Cr_{23}C_6$) 등이 입계에 생성되어 부식의 원인이 된다.

21 기계구조물 저합금강에 양호하게 요구되는 조건이 아닌 것은?

① 항복강도 ② 가공성
③ 인장강도 ④ 마모성

해설 마모성은 공구용 합금강 등에서 요구되는 성질이다.

22 주철의 여린 성질을 개선하기 위하여 합금 주철에 첨가하는 특수 원소 중 크롬(Cr)이 미치는 영향으로 잘못된 것은?

① 내마모성을 향상시킨다.
② 흑연의 구상화를 방해하지 않는다.
③ 크롬 0.2~1.5% 정도 포함시키면 기계적 성질을 향상시킨다.
④ 내열성과 내식성을 감소시킨다.

해설 주철에 크롬을 첨가하면 내열성과 내식성이 향상된다.

23 알루미늄-규소계 합금으로서, 10~14%의 규소가 함유되어 있고, 알펙스(alpeax)라고도 하는 것은?

① 실루민(silumin)
② 두랄루민(duralumin)
③ 하이드로날륨(hydronalium)
④ Y 합금

정답 15. ② 16. ① 17. ③ 18. ② 19. ④ 20. ④ 21. ④ 22. ④ 23. ①

해설 알루미늄 규소계를 실루민 또는 알펙스라고도 한다.

24 주철과 비교한 주강에 대한 설명으로 틀린 것은?

① 주철에 비하여 강도가 더 필요할 경우에 사용한다.
② 주철에 비하여 용접에 의한 보수가 용이하다.
③ 주철에 비하여 주조 시 수축량이 커서 균열 등이 발생하기 쉽다.
④ 주철에 비하여 용융점이 낮다.

해설 주강은 주철보다 용융점이 높아 주조하기 어렵다.

25 구리 합금의 용접 시 조건으로 잘못된 것은?

① 구리의 용접 시 루트 간격과 높은 예열온도가 필요하다.
② 비교적 루트 간격과 홈 각도를 크게 취한다.
③ 용가재는 모재와 같은 재료를 사용한다.
④ 용접봉으로는 토빈(torbin) 청동봉, 인 청동봉, 에버듈(everdur)봉 등이 많이 사용된다.

해설 구리 합금의 경우 구리에 비하여 전기전도도와 열전도가 낮으므로 예열온도가 낮아도 된다.

26 냉간가공의 특징을 설명한 것으로 틀린 것은?

① 제품의 표면이 미려하다.
② 제품의 치수 정도가 좋다.
③ 가공경화에 의한 강도가 낮아진다.
④ 가공공수가 적어 가공비가 적게 든다.

해설 일반적으로 금속을 냉간가공하면 결정입자가 미세화되어 재료가 단단해지고, 강도가 좋아진다. 이를 가공경화라고 한다.

27 일반적으로 냉간가공 경화된 탄소강 재료를 600~650℃에서 중간 풀림하는 방법은?

① 확산 풀림 ② 연화 풀림
③ 항온 풀림 ④ 완전 풀림

해설 연화 풀림에 대한 내용이다.

28 탄소강에서 피트(pit) 결함의 원인이 되는 원소는?

① C ② P
③ Pb ④ Cu

해설 피트는 일련의 기공의 종류로서 기공이 표면까지 성장한 것이다. 원인으로는 모재 표면의 수분, 녹 등과 산소와 화합물을 만들 수 있는 화학성분(예 CO, CO_2 등)이다.

29 납땜을 가열방법에 따라 분류한 것이 아닌 것은?

① 인두 납땜 ② 가스 납땜
③ 유도가열 납땜 ④ 수중 납땜

해설 보기 ①, ②, ③ 이외에 저항 납땜, 노내 납땜 등이 있다.

30 서브머지드 아크 용접법의 단점으로 틀린 것은?

① 와이어에 소전류를 사용할 수 있어 용입이 얕다.
② 용접선이 짧거나 복잡한 경우 비능률적이다.
③ 루트 간격이 너무 크면 용락될 위험이 있다.
④ 용접 진행상태를 육안으로 확인할 수 없다.

해설 와이어에 대전류를 흘려줄 수 있고, 용제의 단열작용으로 용입이 깊은 것은 서브머지드 아크 용접의 장점이다.

31 CO_2 가스 아크용접 시 보호가스로 CO_2+Ar+O_2를 사용할 때의 좋은 효과로 볼 수 없는 것은?

① 슬래그 생성량이 많아져 비드 표면을 균일하게 덮어 급랭을 방지하며, 비드 외관이 개선된다.
② 용융지의 온도가 상승하며, 용입량도 다소 증대된다.
③ 비금속 개재물의 응집으로 용착강이 청결해진다.
④ 스패터가 많아지며, 용착강의 환원반응을 활발하게 한다.

정답 24. ④ 25. ① 26. ③ 27. ② 28. ① 29. ④ 30. ① 31. ④

해설 문제의 보호가스 조합을 사용하면 스패터 발생량이 적고 용착효율이 양호하다.

32 판 두께가 보통 6mm 이하인 경우에 사용되는 용접 홈의 형태는?

① I형 ② V형
③ U형 ④ X형

해설 I형 홈의 경우 판 두께 6mm 이하, V형 홈은 6~19mm 정도, X형 홈은 12mm 이상, U형과 H형 홈의 경우 16~50mm 정도에 적용한다.

★
33 연강의 인장시험에서 하중 100N, 시험편의 최초 단면적이 50mm²일 때 응력은 몇 N/mm² 인가?

① 1 ② 2
③ 5 ④ 10

해설 응력은 외부 하중이 단위면적에 견디는 힘을 말한다.

$$\sigma = \frac{P}{A} = \frac{100\text{N}}{50\text{mm}^2} = 2\text{N/mm}^2$$

(단, P: 하중, A: 단면적)

34 테르밋 용접의 특징 설명으로 틀린 것은?

① 용접작업이 단순하고 용접결과의 재현성이 높다.
② 용접시간이 짧고 용접 후 변형이 적다.
③ 전기가 필요하고 설비비가 비싸다.
④ 용접기구가 간단하고 작업장소의 이동이 쉽다.

해설 테르밋 용접은 화학반응열을 열원으로 하기 때문에 원칙적으로 전력이 필요없다.

35 점 용접법의 종류가 아닌 것은?

① 맥동 점 용접 ② 인터랙 점 용접
③ 직렬식 점 용접 ④ 병렬식 점 용접

해설 보기 ①, ②, ③ 이외에 단극식, 다전극식 점 용접 등이 있다.

36 다음 중 변형과 잔류응력을 경감하는 일반적인 방법이 잘못된 것은?

① 용접 전 변형 방지책: 억제법
② 용접시공에 의한 경감법: 빌드업법
③ 모재의 열전도를 억제하여 변형을 방지하는 방법: 도열법
④ 용접 금속부의 변형과 응력을 제거하는 방법: 피닝법

해설 용접시공에 의하여 변형 및 잔류응력을 최소화하는 방법은 비석법(스킵법; skip method)으로 용착을 한다.

37 아세틸렌, 수소 등의 가연성 가스와 산소를 혼합 연소시켜 그 연소열을 이용하여 용접하는 것은?

① 탄산가스 아크 용접
② 가스용접
③ 불활성 가스 아크용접
④ 서브머지드 아크용접

해설 가스용접의 원리에 대한 내용이다.

★
38 아크용접에서 기공의 발생원인이 아닌 것은?

① 아크길이가 길 때
② 피복제 속에 수분이 있을 때
③ 용착금속 속에 가스가 남아 있을 때
④ 용접부 냉각속도가 느릴 때

해설 용접 중 아크 내부에 기체가 들어가 기공이 형성되었을 때 냉각속도가 느리게 되면 비드 상부 방향으로 기공이 빠져나갈 수 있게 되므로 기공은 냉각속도가 빠를 때 발생된다.

39 용접봉을 선택할 때 모재의 재질, 제품의 형상, 사용 용접기기, 용접자세 등 사용목적에 따른 고려사항으로 가장 먼 것은?

① 용접성 ② 작업성
③ 경제성 ④ 환경성

해설 보기 중 환경성이 가장 거리가 멀다고 할 수 있다.

정답 32. ① 33. ② 34. ③ 35. ④ 36. ② 37. ② 38. ④ 39. ④

40 보호가스의 공급이 없이 와이어 자체에서 발생하는 가스에 의해 아크 분위기를 보호하는 용접법은?

① 일렉트로 슬래그 용접
② 스터드 용접
③ 논가스 아크 용접
④ 플라스마 아크 용접

해설 보호가스(shielding gas)의 공급이 없다(none)는 것은 논가스(non-gas) 아크 용접에 대한 내용이다.

41 TIG 용접에서 고주파 교류(ACHF)의 특성을 잘못 설명한 것은?

① 고주파 전원을 사용하므로 모재에 접촉시키지 않아도 아크가 발생한다.
② 긴 아크 유지가 용이하다.
③ 전극의 수명이 짧다.
④ 동일한 전극봉에서 직류정극성(DCSP)에 비해 고주파 교류(ACHF)가 사용 전류범위가 크다.

해설 고주파 교류(ACHF)의 특성
㉠ 고주파 전원을 사용하므로 모재에 접촉시키지 않아도 아크가 발생한다.
㉡ 긴 아크 유지가 용이하다.
㉢ 동일한 전극봉에서 직류정극성(DCSP)에 비해 고주파 교류(ACHF)가 사용 전류범위가 크다.
㉣ 전극이 모재에 접촉하지 않아도 되므로 전극의 수명이 길다.
㉤ 아크가 대단히 안정되므로 아크길이가 다소 길어져도 아크가 끊어지지 않는다.

42 변형과 잔류응력을 최소로 해야 할 경우 사용되는 용착법으로 가장 적합한 것은?

① 후진법 ② 전진법
③ 스킵법 ④ 덧살올림법

해설 일명 비석법이라고도 하는 스킵법은 짧은 용접길이로 나누어 간격을 두면서 용접하는 방법으로 변형 또는 잔류응력 측면에서 다른 용착법에 비하여 가장 유리하다.

43 가스용접 토치의 취급상 주의사항으로 틀린 것은?

① 팁 및 토치를 작업장 바닥 등에 방치하지 않는다.
② 역화방지기는 반드시 제거한 후 토치를 점화한다.
③ 팁을 바꿔 끼울 때는 반드시 양쪽 밸브를 모두 닫은 다음에 행한다.
④ 토치를 망치 등 다른 용도로 사용해서는 안 된다.

해설 역화란 토치의 취급이 잘못되었을 때 순간적으로 불꽃이 팁의 맨 끝에서 "빵빵" 소리를 내면서 불꽃이 들어왔다가 곧 정상이 되거나 또는 소화되는 현상을 말한다. 이를 방지하기 위하여 아세틸렌 병 출구에 부착하는 일련의 안전장치를 역화방지기라 하며 이는 반드시 부착하여야 하는 부속장치이다.

44 가스용접 및 절단 재해의 사례를 열거한 것 중 틀린 것은?

① 내부에 밀폐된 용기를 용접 또는 절단하다가 내부 공기의 팽창으로 인하여 폭발하였다.
② 역화방지기를 부착하여 아세틸렌 용기가 폭발하였다.
③ 철판의 절단작업 중 철판 밑에 불순물(황, 인 등)이 분출하여 화상을 입었다.
④ 가스 용접 후 소화상태에서 토치의 아세틸렌과 산소 밸브를 잠그지 않아 인화되어 화재를 당했다.

해설 역화방지기: 불꽃이나 가스가 용기 속으로 들어가지 못하도록 하는 장치로, 이 장치를 설치하면 아세틸렌 용기의 폭발을 예방할 수 있다.

45 초음파 탐상법의 종류에 속하지 않는 것은?

① 투과법 ② 펄스반사법
③ 공진법 ④ 맥동법

해설 초음파 탐상법의 종류는 투과법, 펄스반사법, 공진법 등으로 대별되며, 펄스반사법이 가장 많이 사용된다.

정답 40. ③ 41. ③ 42. ③ 43. ② 44. ② 45. ④

46 피복아크용접 시 아크가 발생될 때 아크에 다량 포함되어 있어 인체에 가장 큰 피해를 줄 수 있는 광선은?

① 감마선 ② 자외선
③ 방사선 ④ X-선

해설 아크가 발생될 때 아크에는 다량의 자외선과 적외선이 있으므로 아크를 볼 때에는 반드시 차광유리가 달린 헬멧이나 핸드 실드를 사용하여야 한다.

★
47 MIG 용접에서 토치의 종류와 특성에 대한 연결이 잘못된 것은?

① 커브형 토치 - 공랭식 토치 사용
② 커브형 토치 - 단단한 와이어 사용
③ 피스톨형 토치 - 낮은 전류 사용
④ 피스톨형 토치 - 수냉식 사용

해설
- 커브형(일명 구스넥) 토치: 공랭식(낮은 전류), 주로 단단한 와이어를 사용하는 CO_2 용접에 적합
- 피스톨형 토치: 수냉식(비교적 높은 전류 사용), 연한 비철금속(특히 알루미늄) 와이어를 사용하는 MIG 용접에 적합

48 다음 금속재료 중에서 가장 용접하기 어려운 것은?

① 철 ② 알루미늄
③ 티탄 ④ 니켈경합금

해설 보기의 금속의 용접성 측면을 고려하면 철>알루미늄>티탄>니켈경합금 순으로 나열할 수 있다.

49 불활성 가스 금속아크용접(MIG)의 특성이 아닌 것은?

① 아크 자기제어 특성이 있다.
② 정전압 특성, 상승 특성이 있는 직류 용접기이다.
③ 반자동 또는 전자동 용접기로 속도가 빠르다.
④ 전류밀도가 낮아 3mm 이하 얇은 판 용접에 능률적이다.

해설 불활성 가스 금속아크용접은 피복아크용접, TIG 용접에 비해 전류밀도가 높아 용착효율이 좋으며 고능률적이다. 따라서 후판 용접에 적합하며, 박판 용접(3mm 이하)에는 적용이 곤란하다.

★
50 결함 끝 부분을 드릴로 구멍을 뚫어 정지구멍을 만들고 그 부분을 깎아내어 다시 규정의 홈으로 다듬질하여 보수를 하는 결함의 종류는?

① 슬랙섞임 ② 균열
③ 언더컷 ④ 오버랩

해설 균열(crack)에 대한 보수요령이다.

51 치수 보조기호 중 지름을 표시하는 기호는?

① D ② ϕ
③ R ④ SR

해설 치수 보조기호

구분	기호	읽기	사용법
지름	ϕ	파이	지름치수의 치수문자 앞에 붙인다.
반지름	R	알	반지름치수의 치수문자 앞에 붙인다.
구의 지름	Sϕ	에스 파이	구의 지름치수의 치수문자 앞에 붙인다.
구의 반지름	SR	에스 알	구의 반지름치수의 치수문자 앞에 붙인다.
정사각형의 변	□	사각	정사각형의 한변치수의 치수문자 앞에 붙인다.
판의 두께	t	티	판 두께의 치수문자 앞에 붙인다.
원호의 길이	⌒	원호	원호의 길이치수의 치수문자 위에 붙인다.
45°의 모따기	C	시	45° 모따기치수의 치수문자 앞에 붙인다.
이론적으로 정확한 치수	▭	테두리	이론적으로 정확한 치수의 치수문자를 둘러싼다.
참고치수	( )	괄호	참고치수의 치수문자(치수 보조기호를 포함한다)를 둘러싼다.

정답 46. ② 47. ③ 48. ④ 49. ④ 50. ② 51. ②

52 다음 도면은 정면도이다. 이 정면도에 가장 적합한 평면도는?

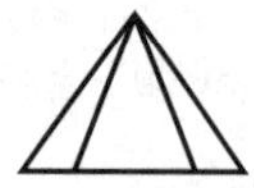

①  ②  ③ 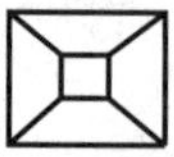 ④

해설 평면도 중심에 꼭지점이 있어야 하므로 보기 ③은 제외되고, 정면도 하단 수평선에 4개의 선이 평면도에 있어야 하므로 보기 ④가 정답이 된다.

53 3개의 좌표축의 투상이 서로 120°가 되는 축측 투상으로 평면, 측면, 정면을 하나의 투상면 위에 동시에 볼 수 있도록 그려진 투상법은?

① 등각투상법
② 국부투상법
③ 정투상법
④ 경사투상법

해설 등각투상법에 해당되는 내용이다.

54 그림에서 나타난 배관 접합기호는 어떤 접합을 나타내는가?

① 블랭크(blank) 연결
② 유니언(union) 연결
③ 플랜지(flange) 연결
④ 칼라(collar) 연결

해설 배관의 접합기호

유니언 연결		플랜지 연결	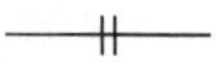
칼라 연결		마개와 소켓 연결	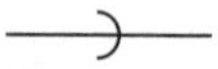

55 인접부분을 참고로 표시하는 데 사용하는 선은?

① 숨은선
② 가상선
③ 외형선
④ 피치선

해설 가상선의 용도에 대한 내용이다.

56 다음 그림에서 화살표 방향을 정면도로 선정할 경우 평면도로 가장 올바른 것은?

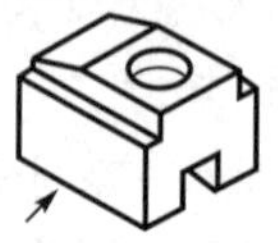

① 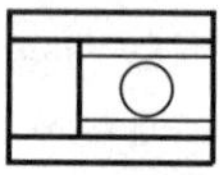 ② 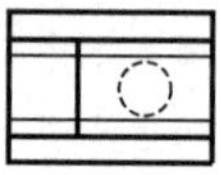 ③ 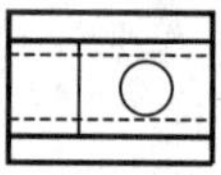 ④

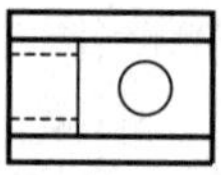

해설 입체의 하단에 좌우 방향으로 홈이 파여 있으므로 평면도에서 보면 은선으로 두 줄의 좌우 평행선이 보여야 한다.

57 그림과 같이 입체도에서 화살표 방향이 정면일 경우 평면도로 가장 적합한 것은?

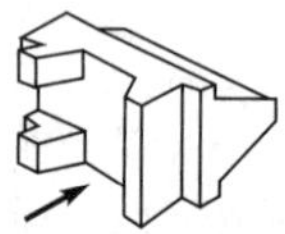

①

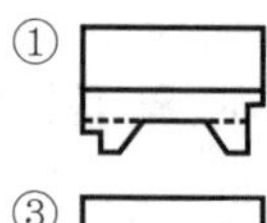

②

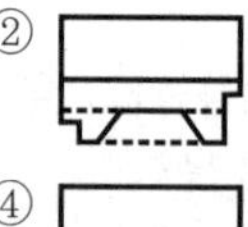

③

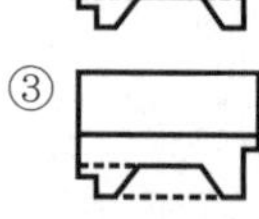

④

해설 입체 좌측은 다리가 두 개이고 우측은 다리가 하나이므로, 평면도에서 보면 좌측에는 은선이 있어야 하고 우측에는 은선이 없어야 한다. 보기 ③은 하단부에 은선이 있어 제외된다.

정답 52. ④ 53. ① 54. ④ 55. ② 56. ③ 57. ④

58 양면 용접부 조합기호에 대하여 그 명칭이 틀린 것은?

① X: 양면 V형 맞대기 용접

② Y: 넓은 루트면이 있는 K형 맞대기 용접

③ K: K형 맞대기 용접

④ X: 양면 U형 맞대기 용접

해설 보기 ②는 넓은 루트면이 있는 양면 V형 용접기호이다.

명칭	그림	기호
양면 V형 맞대기 용접 (X 용접)		X
K형 맞대기 용접		K
넓은 루트면이 있는 양면 V형 용접		Y
넓은 루트면이 있는 K형 맞대기 용접		K
양면 U형 맞대기 용접		X

★
59 그림과 같은 부등변 ㄱ형강의 치수표시로 가장 적합한 것은?

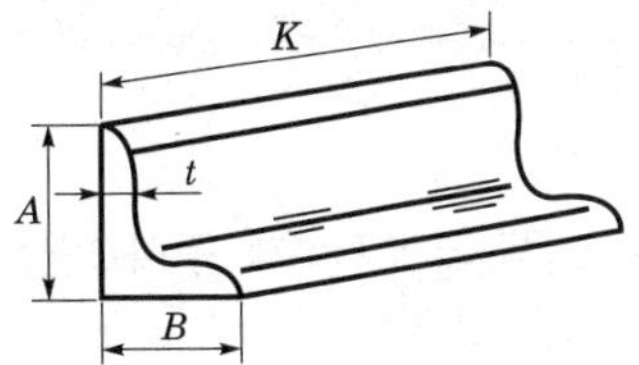

① L A×B×t-K ② H B×t×A-K
③ L K×t×A-B ④ ㄷ K-A×t-B

해설 부등변 ㄱ형강은 보기 ①과 같이 치수를 표시한다.

60 KS 재료 중에서 탄소강 주강품을 나타내는 "SC 410"의 기호 중에서 "410"이 의미하는 것은?

① 최저 인장강도 ② 규격 순서
③ 탄소함유량 ④ 제작번호

해설 410은 강재의 최저 인장강도를 N/mm^2의 단위로 표시한 것으로, SC 410은 최저 인장강도가 $410N/mm^2$인 탄소 주강품을 의미한다.

정답 58. ② 59. ① 60. ①

2013. 4. 14. 시행

제 2 회 특수용접기능사

01 아크 용접에서 피복제 중 아크안정제에 해당되지 않는 것은?

① 산화티탄(TiO_2) ② 석회석($CaCO_3$)
③ 규산칼륨(K_2SiO_2) ④ 탄산바륨($BaCO_3$)

해설 아크안정제로는 산화티탄, 규산나트륨, 석회석, 규산칼륨 등이 주로 사용되고 있다.

02 가스용접으로 연강용접 시 사용하는 용제는?

① 염화리튬 ② 붕사
③ 염화나트륨 ④ 사용하지 않는다.

해설 가스용접으로 연강용접 시에는 일반적으로 용제를 사용하지 않는다.

★
03 교류아크 용접기에서 교류 변압기의 2차 코일에 전압이 발생하는 원리는 무슨 작용인가?

① 저항유도작용 ② 전자유도작용
③ 전압유도작용 ④ 전류유도작용

해설 구리선을 감아 놓은 것을 코일이라고 하는데 코일에 전류가 흐르면 코일 안쪽을 지나는 자기력선이 발생한다. 그 코일 속에 철심을 넣으면 자기력선이 집중되어 전자석이 되고 이때의 전자석의 세기는 전류의 세기와 코일의 감긴 수의 곱에 비례한다. 코일 안에 자석을 움직이면 코일에 전류가 흐르고 이때 자석이 움직이는 방향을 바꾸면 전류의 방향도 따라서 바뀐다. 이러한 현상을 전자유도작용이라 한다.

04 철분 또는 용제를 연속적으로 절단용 산소에 공급하여 그 산화열 또는 용제의 화학작용을 이용하여 절단하는 것은?

① 산소창 절단 ② 스카핑
③ 탄소 아크 절단 ④ 분말 절단

해설 분말 절단에 대한 내용이다.

05 용접봉에 아크가 한쪽으로 쏠리는 아크쏠림 방지책이 아닌 것은?

① 짧은 아크를 사용할 것
② 접지점을 용접부로부터 멀리할 것
③ 긴 용접에는 전진법으로 용접할 것
④ 직류 용접을 하지 말고 교류 용접을 사용할 것

해설 용접부가 긴 경우는 후퇴 용접법으로 용접을 실시한다.

★
06 2차 무부하전압이 80V, 아크전류가 200A, 아크전압 30V, 내부손실 3kW일 때 역률(%)은?

① 48.00% ② 56.25%
③ 60.00% ④ 66.67%

해설 $역률 = \frac{소비전력}{전원입력} \times 100$

소비전력=2차 무부하전압×아크전류
전원입력=아크출력+내부손실=(아크전압×아크전류)+내부손실

$$역률 = \frac{(30 \times 200) + 3kW}{80 \times 200} \times 100$$
$$= \frac{9kW}{16kVA} \times 100$$
$$= 56.25\%$$

07 피복아크용접에서 직류정극성(DCSP)을 사용하는 경우 모재와 용접봉의 열 분배율은?

① 모재 70%, 용접봉 30%
② 모재 30%, 용접봉 70%
③ 모재 60%, 용접봉 40%
④ 모재 40%, 용접봉 60%

해설
- 직류정극성의 경우 열 분배율은 모재 70%, 용접봉 30%
- 직류역극성의 경우 열 분배율은 모재 30%, 용접봉 70%

정답 01. ④ 02. ④ 03. ② 04. ④ 05. ③ 06. ② 07. ①

08 용접봉의 종류에서 용융금속의 이행 형식에 따른 분류가 아닌 것은?

① 단락형 ② 글로뷸러형
③ 스프레이형 ④ 직렬식 노즐형

해설 직렬식 노즐형은 용적 이행 방식이 아니다.

09 아세틸렌 가스의 자연발화온도는 몇 ℃ 정도인가?

① 250~300℃ ② 300~397℃
③ 406~408℃ ④ 700~705℃

해설 아세틸렌 가스의 경우 406~408℃가 되면 자연발화하고, 505~515℃가 되면 폭발하며, 산소가 없어도 780℃ 이상되면 자연폭발한다.

10 수동 가스 절단 시 일반적으로 팁 끝과 강판 사이의 거리는 백심에서 몇 mm 정도 유지시키는가?

① 0.1~0.5 ② 1.5~2.0
③ 3.0~3.5 ④ 5.0~7.0

해설 예열불꽃의 백심 끝이 가장 열 효과가 우수하며, 일반적으로 모재 표면에서 약 1.5~2mm의 간격을 유지하는 것이 가장 바람직하다.

11 알루미늄 등의 경금속에 아르곤과 수소의 혼합가스를 사용하여 절단하는 방식인 것은?

① 분말 절단 ② 산소 아크 절단
③ 플라스마 절단 ④ 수중 절단

해설 아크 플라스마의 외곽을 강제 냉각시켜 발생하는 고온·고속의 플라스마 제트를 이용한 절단방법이 플라스마 절단법이다.

★
12 산소용기의 윗부분에 각인되어 있지 않은 것은?

① 용기의 중량
② 최저 충전압력
③ 내압시험 압력
④ 충전가스의 내용적

해설 최고 충전압력(F.P)은 각인되어 있으나 최저 충전압력은 표시하지 않는다.

13 용접에서 아크가 길어질 때 발생하는 현상이 아닌 것은?

① 아크가 불안정하게 된다.
② 스패터가 심해진다.
③ 산화 및 질화가 일어난다.
④ 아크전압이 감소한다.

해설 용접에서 아크길이가 길면 전압은 증가한다.

14 용접열원으로 전기가 필요없는 용접법은?

① 테르밋 용접
② 원자 수소 용접
③ 일렉트로 슬래그 용접
④ 일렉트로 가스 아크 용접

해설 테르밋 용접법은 용접 열원을 외부로부터 가하는 것이 아니라 테르밋 반응에 의해 생성되는 열을 이용하여 금속을 용접하는 방법이다.

15 중공의 피복 용접봉과 모재 사이에 아크를 발생시키고 중심에서 산소를 분출시키면서 절단하는 방법은?

① 아크에어 가우징(arc air gouging)
② 금속 아크 절단(metal arc cutting)
③ 탄소 아크 절단(carbon arc cutting)
④ 산소 아크 절단(oxygen arc cutting)

해설 산소 아크 절단에 대한 내용이다.

16 연강용 피복아크 용접봉의 E4316에 대한 설명 중 틀린 것은?

① E: 피복금속아크 용접봉
② 43: 전용착금속의 최대 인장강도
③ 16: 피복제의 계통
④ E4316: 저수소계 용접봉

해설 E4316에서 E는 전기 용접봉, 43은 최저 인장강도, 16은 피복제 계통을 의미한다.

정답 08. ④ 09. ③ 10. ② 11. ③ 12. ② 13. ④ 14. ① 15. ④ 16. ②

17 용접기 설치 시 1차 입력이 10kVA이고 전원 전압이 200V이면 퓨즈 용량은?

① 50A ② 100A
③ 150A ④ 200A

해설 퓨즈 용량(A)$=\dfrac{\text{1차 전원 입력}}{\text{1차측 전원 전압}}$

$=\dfrac{10,000}{200}=50\text{A}$

★
18 특수 황동에 대한 설명으로 가장 적합한 것은?

① 주석황동: 황동에 10% 이상의 Sn을 첨가한 것
② 알루미늄황동: 황동에 10~15%의 Al을 첨가한 것
③ 철황동: 황동에 5% 정도의 Fe을 첨가한 것
④ 니켈황동: 황동에 7~30%의 Ni을 첨가한 것

해설
- 주석황동: 7·3황동+1%Sn 애드미럴티 황동, 6·4황동+1%Sn 네이벌황동
- 알루미늄황동: 7·3황동+2%Al 알브락 등
- 철황동: 6·4황동+1~2%Fe 델타황동 등
- 니켈황동: 양은, 니켈 실버라고도 함

19 탄소강의 기계적 성질 변화에서 탄소량이 증가하면 어떠한 현상이 생기는가?

① 강도와 경도는 감소하나 인성 및 충격값 연신율, 단면수축률은 증가한다.
② 강도와 경도가 감소하고 인성 및 충격값 연신율, 단면수축률도 감소한다.
③ 강도와 경도가 증가하고 인성 및 충격값 연신율, 단면수축률도 증가한다.
④ 강도와 경도는 증가하나 인성 및 충격값 연신율, 단면수축률은 감소한다.

해설 탄소강에서 탄소함유량이 증가하면 보기 ④의 현상이 나타낸다.

20 스테인리스강을 불활성 가스 금속아크 용접법으로 용접 시 장점이 아닌 것은?

① 아크열 집중성보다 확장성이 좋다.
② 어떤 방향으로도 용접이 가능하다.
③ 용접이 고속도로 아크 방향으로 방사된다.
④ 합금원소가 98% 이상으로 거의 전부가 용착금속에 옮겨진다.

해설 MIG 용접은 와이어 지름 0.8~1.6mm 전극으로 하여 직류역극성으로 용접하는데 아크의 열 집중성이 좋다.

21 일반적으로 중금속과 경금속을 구분하는 비중은?

① 1.0 ② 3.0
③ 5.0 ④ 7.0

해설 비중이 5.0 이상을 중금속, 5.0 이하를 경금속으로 구분한다. 일반적으로 비중 4.5를 기준으로 한다.

22 연강에 비해 고장력강의 장점이 아닌 것은?

① 소요강재의 중량을 상당히 경감시킨다.
② 재료의 취급이 간단하고 가공이 용이하다.
③ 구조물의 하중을 경감시킬 수 있어 그 기초공사가 단단해진다.
④ 동일한 강도에서 판의 두께를 두껍게 할 수 있다.

해설 만약 연강과 고장력강을 동일면적으로 구조물을 제작하고자 할 때 인장강도 등에서 고장력강이 우수하므로 요구되어지는 강도 측면을 고려하면 연강에 비해 고장력강 사용 시 판의 두께를 얇게 할 수 있어 무게도 경감시킬 수 있는 장점을 가지게 된다.

23 가단 주철의 종류가 아닌 것은?

① 산화 가단 주철
② 백심 가단 주철
③ 흑심 가단 주철
④ 펄라이트 가단 주철

해설 가단 주철의 종류는 백심, 흑심, 펄라이트 등이 있다.

정답 17. ① 18. ④ 19. ④ 20. ① 21. ③ 22. ④ 23. ①

24 침탄법의 종류에 속하지 않는 것은?

① 고체침탄법 ② 증기침탄법
③ 가스침탄법 ④ 액체침탄법

해설 침탄법의 종류로는 고체침탄법, 가스침탄법, 액체침탄법 등이 있다.

25 재료의 잔류응력을 제거하기 위해 적당한 온도와 시간을 유지한 후 냉각하는 방식으로 일명 저온 풀림이라고 하는 것은?

① 재결정 풀림 ② 확산 풀림
③ 응력제거 풀림 ④ 중간 풀림

해설 강재 또는 용접금속의 잔류응력 제거를 위한 풀림을 응력제거 풀림이라 한다.

★
26 용접순서의 결정 시 가능한 변형이나 잔류응력의 누적을 피할 수 있도록 하기 위한 유의사항으로 잘못된 것은?

① 용접물의 중심에 대하여 항상 대칭으로 용접을 해 나간다.
② 수축이 적은 이음을 먼저 용접하고 수축이 큰 이음은 나중에 용접한다.
③ 용접물이 조립되어 감에 따라 용접작업이 불가능한 곳이나 곤란한 경우가 생기지 않도록 한다.
④ 용접물의 중립축을 참작하여 그 중립축에 대한 용접 수축력의 모멘트의 합이 "0"이 되게 하면 용접선 방향에 대한 굽힘이 없어진다.

해설 용접순서는 수축이 큰 이음을 먼저 용접하고 수축이 적은 이음을 나중에 용접한다.

27 알루미늄 합금으로 강도를 높이기 위해 구리, 마그네슘 등을 첨가하여 열처리 후 사용하는 것으로 교량, 항공기 등에 사용하는 것은?

① 주조용 알루미늄 합금
② 내열 알루미늄 합금
③ 내식 알루미늄 합금
④ 고강도 알루미늄 합금

해설 강도를 높이기 위한 목적이므로 고강도 알루미늄 합금이 정답이 되며, 대표적인 합금이 두랄루민(Al-Cu-Mg-Mn계)이다.

28 Mg-Al계 합금에 소량의 Zn, Mn을 첨가한 마그네슘 합금은?

① 다우메탈
② 일렉트론 합금
③ 하이드로날륨
④ 라우탈 합금

해설 일렉트론은 Mg-Al-Zn계 합금이다.

29 높은 곳에서 용접작업 시 지켜야 할 사항으로 틀린 것은?

① 족장이나 발판이 견고하게 조립되어 있는지 확인한다.
② 고소작업 시 착용하는 안전모의 내부 수직거리는 10mm 이내로 한다.
③ 주변에 낙하물건 및 작업위치 아래에 인화성 물질이 없는지 확인한다.
④ 고소작업장에서 용접작업 시 안전벨트 착용 후 안전로프를 핸드레일에 고정시킨다.

해설 안전모의 내부 수직거리는 25mm 이상 유지하도록 조절한다.

30 용접부의 시험 및 검사의 분류에서 크리프 시험은 무슨 시험에 속하는가?

① 물리적 시험 ② 기계적 시험
③ 금속학적 시험 ④ 화학적 시험

해설
- 물리적 시험: 물성 시험(비중, 점성 등), 열특성 시험(비열, 열전도도 시험 등), 전자기적 시험(저항, 기전력, 투자율 등)
- 기계적 시험: 인장시험, 굽힘시험, 경도시험, 크리프시험, 충격시험, 피로시험 등
- 금속학적 시험: 육안조직시험, 파면시험, 설퍼프린트 시험 등
- 화학적 시험: 화학분석시험, 부식시험, 함유수소 시험 등

정답 24. ② 25. ③ 26. ② 27. ④ 28. ② 29. ② 30. ②

31 금속 표면이 녹슬거나 산화물질로 변화되어가는 금속의 부식현상을 개선하기 위해 이용되는 강은?

① 내식강 ② 내열강
③ 쾌삭강 ④ 불변강

해설 내식강은 강이 부식, 산화 등에 견디는 성질이 우수한 강이다. 대표적인 내식강은 스테인리스강이다.

32 자분탐상검사에서 검사물체를 자화하는 방법으로 사용되는 자화전류로서 내부결함의 검출에 적합한 것은?

① 교류
② 자력선
③ 직류
④ 교류나 직류 상관없다.

해설 자화전류는 표면 결함 검출에는 교류가 사용되고, 내부결함의 검출에는 직류가 사용되고 있다.

★
33 납땜 용제의 구비조건으로 맞지 않는 것은?

① 침지땜에 사용되는 것은 수분을 함유할 것
② 청정한 금속면의 산화를 방지할 것
③ 전기저항 납땜에 사용되는 것은 전도체일 것
④ 모재나 땜납에 대한 부식작용이 최소한일 것

해설 납땜에 사용되는 용제의 경우 침지땜에 사용되는 용제는 수분을 함유하지 않아야 한다.

34 TIG 용접에서 사용되는 텅스텐 전극에 관한 설명으로 옳은 것은?

① 토륨을 1~2% 함유한 텅스텐 전극은 순 텅스텐 전극에 비해 전자방사 능력이 떨어진다.
② 토륨을 1~2% 함유한 텅스텐 전극은 저전류에서도 아크 발생이 용이하다.
③ 직류역극성은 직류정극성에 비해 전극의 소모가 적다.
④ 순 텅스텐 전극은 온도가 높으므로 용접 중 모재나 용접봉과 접촉되었을 경우에도 오염되지 않는다.

해설 토륨이 1~2% 함유된 텅스텐 전극은 낮은 전류에도 아크 발생이 용이하다.

35 자동 아크 용접법 중의 하나로서 그림과 같은 원리로 이루어지는 용접법은?

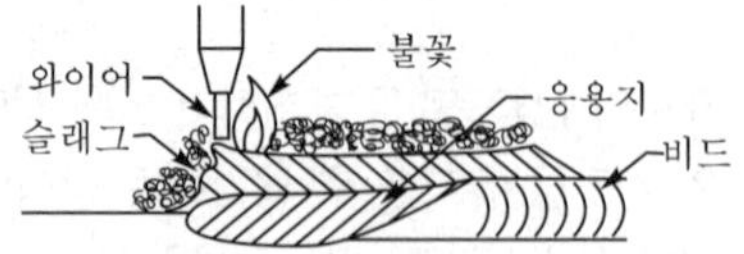

① 전자빔 용접
② 서브머지드 아크용접
③ 테르밋 용접
④ 불활성 가스 아크용접

해설 서브머지드 아크용접은 아크가 보이지 않는 상태에서 용접이 진행된다고 하여 일명 잠호 용접이라고도 부른다.

36 다음은 잔류응력의 영향에 대한 설명이다. 가장 옳지 않은 것은?

① 재료의 연성이 어느 정도 존재하면 부재의 정적 강도에는 잔류응력이 크게 영향을 미치지 않는다.
② 일반적으로 하중방향의 인장 잔류응력은 피로강도에 무관하며 압축 잔류응력은 피로강도에 취약한 것으로 생각된다.
③ 용접부 부근에는 항상 항복점에 가까운 잔류응력이 존재하므로 외부 하중에 의한 근소한 응력이 가산되어도 취성파괴가 일어날 가능성이 있다.
④ 잔류응력이 존재하는 상태에서 고온으로 수개월 이상 방치하면 거의 소성변형이 일어나지 않고 균열이 발생하여 파괴하는데 이것을 시즌 크랙(season crack)이라 한다.

해설 일반적으로 하중방향의 인장 잔류응력은 피로강도를 어느 정도 저하시키며, 반대로 압축 잔류응력은 유리한 영향을 미치는 것으로 알려져 있다.

정답 31. ① 32. ③ 33. ① 34. ② 35. ② 36. ②

37 아크를 발생시키지 않고 와이어와 용융 슬래그 모재 내에 흐르는 전기저항 열에 의하여 용접하는 방법은?

① TIG 용접
② MIG 용접
③ 일렉트로 슬래그 용접
④ 이산화탄소 아크 용접

해설 용융된 슬래그 속에서 전극 와이어를 연속적으로 송급하여 용융 슬래그 내를 흐르는 저항열에 의해 전극 와이어 및 용융 용접하는 방법이 일렉트로 슬래그 용접이다.

38 필릿 용접에서 루트 간격이 1.5mm 이하일 때 보수용접 요령으로 가장 적합한 것은?

① 다리길이를 3배수로 증가시켜 용접한다.
② 그대로 용접하여도 좋으나 넓혀진 만큼 다리길이를 증가시킬 필요가 있다.
③ 그대로 규정된 다리길이로 용접한다.
④ 라이너를 넣든지 부족한 판을 300mm 이상 잘라내서 대체한다.

해설 ② 필릿 루트 간격이 1.5~4.5mm인 경우
④ 루트 간격이 4.5mm 이상인 경우

39 탄산가스 아크용접의 종류에 해당되지 않는 것은?

① NCG법 ② 테르밋 아크법
③ 유니언 아크법 ④ 퓨즈 아크법

해설 아코스 아크법, NCG법, 유니언 아크법, 퓨즈 아크법은 탄산가스 아크 용접의 분류에서 용제가 들어 있는 와이어 이산화탄소법이다.

40 맞대기 용접에서 용접기호는 기준선에 대하여 90° 의 수직선을 그리어 나타내며 주로 얇은 판에 많이 사용되는 홈 용접은?

① V형 용접 ② H형 용접
③ X형 용접 ④ I형 용접

해설 맞대기 용접에서 I형 홈은 판 두께가 6mm 이하의 경우 사용되고 있다.

41 전기 용접작업의 안전사항 중 전격방지 대책이 아닌 것은?

① 용접기 내부는 수시로 분해 수리하고 청소를 하여야 한다.
② 절연 홀더의 절연부분이 노출되거나 파손되면 교체한다.
③ 장시간 작업을 하지 않을 시는 반드시 전기 스위치를 차단한다.
④ 젖은 작업복이나 장갑, 신발 등을 착용하지 않는다.

해설 용접기 내부는 특별한 경우를 제외하고 분해 수리를 수시로 하지는 않는다. 만약 분해 청소를 한다면 붓이나 압축공기로 먼지 등을 제거한다.

42 원자수소 용접에 사용되는 전극은?

① 구리 전극 ② 알루미늄 전극
③ 텅스텐 전극 ④ 니켈 전극

해설 다음 그림은 원자수소 아크 용접법의 원리를 나타낸다. 2개의 텅스텐 전극봉 사이에서 아크를 발생시키면 아크의 고열을 흡수하여 수소는 열해리되어 분자상태의 수소(H_2)가 원자상태의 수소(2H)로 되며 모재 표면에서 냉각되어 원자상태의 수소가 다시 결합해서 분자상태로 될 때 방출되는 열(3,000~4,000℃)을 이용하여 용접하는 방법이다.

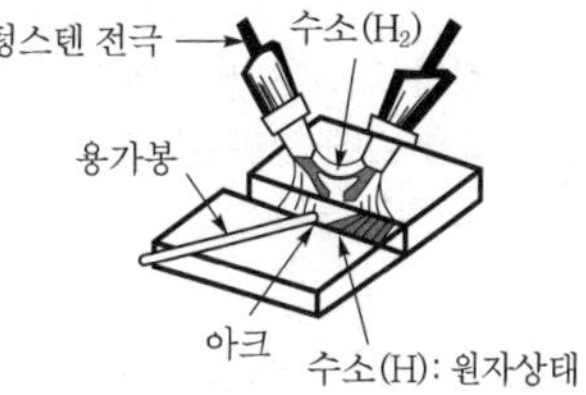

43 TIG 용접용 텅스텐 전극봉의 전류 전달능력에 영향을 미치는 요인이 아닌 것은?

① 사용전원 극성
② 전극봉의 돌출길이
③ 용접기 종류
④ 전극봉 홀더 냉각효과

해설 TIG 용접에서 텅스텐 전극봉의 전류 전달능력에 영향을 주는 요소는 보기 ①, ②, ④ 등이다.

정답 37. ③ 38. ③ 39. ② 40. ④ 41. ① 42. ③ 43. ③

44 CO_2 가스 아크 편면 용접에서 이면 비드의 형성은 물론 뒷면 가우징 및 뒷면 용접을 생략할 수 있고 모재의 중량에 따른 뒤엎기(turn over) 작업을 생략할 수 있도록 홈 용접부 이면에 부착하는 것은?

① 포지셔너 ② 스캘럽
③ 엔드탭 ④ 뒷댐재

해설 뒷댐재(backing)에 대한 내용이다.

45 다음 중 불활성 가스 텅스텐 아크용접에 사용되는 전극봉이 아닌 것은?

① 티타늄 전극봉
② 순 텅스텐 전극봉
③ 토륨 텅스텐 전극봉
④ 산화란탄 텅스텐 전극봉

해설 TIG 용접에서 전극봉으로 사용되는 재료로는 순 텅스텐 전극봉, 토륨 텅스텐 전극봉, 산화란탄 텅스텐 전극봉, 지르코늄 텅스텐 등이 있다.

46 MIG 용접의 전류밀도는 TIG 용접의 약 몇 배 정도인가?

① 2 ② 4
③ 6 ④ 8

해설 MIG 용접의 특징은 거의 모든 금속에 적용되며, TIG 용접에 비해 전류밀도가 2~3배 높아 용착효율이 좋고 고능률적이다.

47 아크를 보호하고 집중시키기 위하여 내열성의 도기로 만든 페룰(ferrule)이라는 기구를 사용하는 용접은?

① 스터드 용접
② 테르밋 용접
③ 전자빔 용접
④ 플라스마 용접

해설 스터드 선단에 페룰이라고 불리는 보조링을 끼우고, 용융지에 압력를 가하여 접합하는 용접은 스터드 용접이다.

48 잔류응력의 경감 방법 중 노내 풀림법에서 응력 제거 풀림에 대한 설명으로 가장 적합한 것은?

① 유지온도가 높을수록 또 유지시간이 길수록 효과가 크다.
② 유지온도가 낮을수록 또 유지시간이 짧을수록 효과가 크다.
③ 유지온도가 높을수록 또 유지시간이 짧을수록 효과가 크다.
④ 유지온도가 낮을수록 또 유지시간이 길수록 효과가 크다.

해설 유지온도가 높을수록, 유지시간이 길수록 응력완화가 잘된다.

49 용접 전류가 용접하기에 적합한 전류보다 높을 때 가장 발생되기 쉬운 용접결함은?

① 용입불량
② 언더컷
③ 오버랩
④ 슬래그 섞임

해설 전류가 높거나 운봉법이 부적당한 경우 언더컷 발생이 우려된다.

50 재해와 숙련도 관계에서 사고가 가장 많이 발생하는 근로자는?

① 경험이 1년 미만인 근로자
② 경험이 3년인 근로자
③ 경험이 5년인 근로자
④ 경험이 10년이 근로자

해설 숙련도가 적은 근로자에게 사고가 많이 발생한다.

51 기계제도 치수기입법에서 참고치수를 의미하는 것은?

① 50 ② <u>50</u>
③ (50) ④ ≪50≫

해설 ( ) 안의 치수는 치수기입법에서 참고치수를 의미한다.

정답 44. ④ 45. ① 46. ① 47. ① 48. ① 49. ② 50. ① 51. ③

52 다음은 제3각법의 정투상도로 나타낸 정면도와 우측면도이다. 평면도로 가장 적합한 것은?

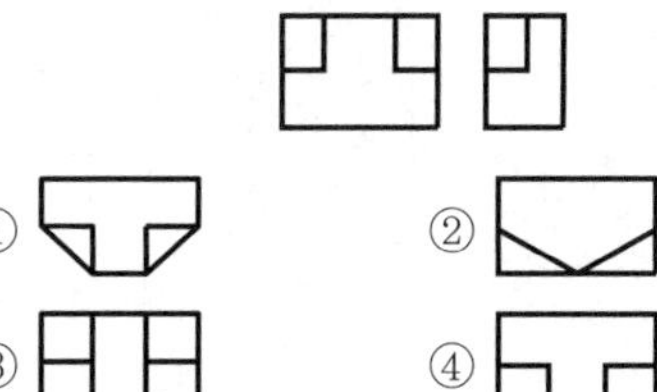

해설 정면도와 우측면도를 고려한 평면도는 보기 ④이다.

★
53 구의 지름을 나타낼 때 사용되는 치수 보조기호는?

① ϕ　　② S
③ Sϕ　　④ SR

해설 치수 보조기호

구분	기호	읽기	사용법
지름	ϕ	파이	지름치수의 치수문자 앞에 붙인다.
반지름	R	알	반지름치수의 치수문자 앞에 붙인다.
구의 지름	Sϕ	에스 파이	구의 지름치수의 치수문자 앞에 붙인다.
구의 반지름	SR	에스 알	구의 반지름치수의 치수문자 앞에 붙인다.
정사각형의 변	□	사각	정사각형의 한변치수의 치수문자 앞에 붙인다.
판의 두께	t	티	판 두께의 치수문자 앞에 붙인다.
원호의 길이	⌒	원호	원호의 길이치수의 치수문자 위에 붙인다.
45°의 모따기	C	시	45° 모따기치수의 치수문자 앞에 붙인다.
이론적으로 정확한 치수	▭	테두리	이론적으로 정확한 치수의 치수문자를 둘러싼다.
참고치수	(　)	괄호	참고치수의 치수문자(치수 보조기호를 포함한다)를 둘러싼다.

54 그림과 같은 배관 접합(연결)기호의 설명으로 옳은 것은?

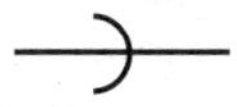

① 마개와 소켓 연결
② 플랜지 연결
③ 칼라 연결
④ 유니언 연결

해설 배관의 접합기호

유니언 연결		플랜지 연결	
칼라 연결		마개와 소켓 연결	

55 물체의 일부분을 파단한 경계 또는 일부를 떼어낸 경계를 나타내는 선으로 불규칙한 파형의 가는 실선인 것은?

① 파단선　　② 지시선
③ 가상선　　④ 절단선

해설 파단선은 가는 실선으로 불규칙하게 사용한다.

★
56 기계재료의 종류기호 "SM 400A"가 뜻하는 것은?

① 일반구조용 압연강재
② 기계구조용 압연강재
③ 용접구조용 압연강재
④ 자동차구조용 열간압연강판

해설 SM 400A는 재료 종류 기호 중 용접구조용 압연강재를 뜻한다.

57 구멍에 끼워 맞추기 위한 구멍, 볼트, 리벳의 기호 표시에서 양쪽 면에 카운터 싱크가 있고 현장에서 드릴가공 및 끼워 맞춤을 하는 것은?

① 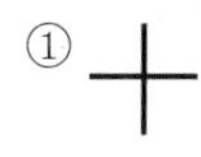
② 
③ 
④ 

정답 52. ④ 53. ③ 54. ① 55. ① 56. ③ 57. ④

해설 KS에서 규정하는 체결부품의 조립 간략 표시방법

기호	의미
	• 공장에서 드릴 가공 및 끼워 맞춤 • 카운터 싱크 없음
	• 공장에서 드릴 가공, 현장에서 끼워 맞춤 • 먼 면에 카운터 싱크 있음
	• 현장에서 드릴 가공 및 끼워 맞춤 • 먼 면에 카운터 싱크 있음
	• 현장에서 드릴 가공 및 끼워 맞춤 • 양쪽 면에 카운터 싱크 있음
	• 공장에서 드릴 가공 및 끼워 맞춤 • 가까운 면에 카운터 싱크 있음
	• 현장에서 드릴 가공 및 끼워 맞춤 • 카운터 싱크 없음

58 그림과 같은 용접 도시기호를 올바르게 설명한 것은?

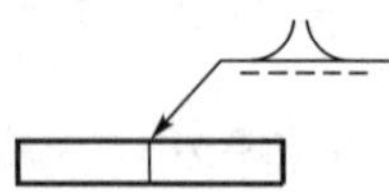

① 돌출된 모서리를 가진 평판 사이의 맞대기 용접이다.
② 평행(I형) 맞대기 용접이다.
③ U형 이음으로 맞대기 용접이다.
④ J형 이음으로 맞대기 용접이다.

해설 플랜지 맞대기 이음에 관한 도시기호이다.

★
59 다음 투상도 중 1각법이나 3각법으로 투상하여도 정면도를 기준으로 그 위치가 동일한 곳에 있는 것은?

① 우측면도 ② 평면도
③ 배면도 ④ 저면도

해설 제1각법과 제3각법의 도면 배치

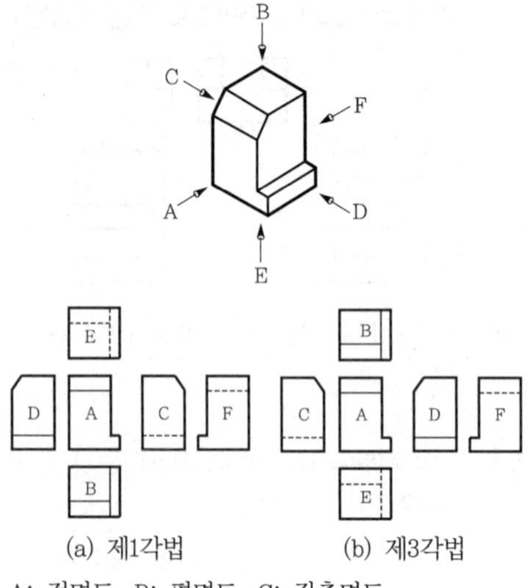

(a) 제1각법 (b) 제3각법

A: 정면도, B: 평면도, C: 좌측면도
D: 우측면도, E: 저면도, F: 배면도

★
60 다음 도면에 관한 설명으로 틀린 것은? (단, 도면의 등변 ㄱ형강 길이는 160mm이다.)

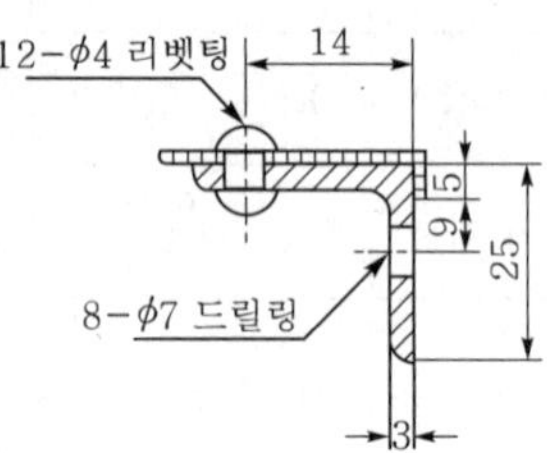

① 등변 ㄱ형강의 호칭은 L 25×25×3-160이다.
② ϕ4 리벳의 개수는 알 수 없다.
③ ϕ7 구멍의 개수는 8개이다.
④ 리벳팅의 위치는 치수가 14mm인 위치에 있다.

해설 리벳의 개수는 12개이다.

정답 58. ① 59. ③ 60. ②

제 4 회 2013. 7. 21. 시행

특수용접기능사

01 다음 중 용접법의 분류에서 초음파 용접은 어디에 속하는가?

① 융접 ② 아크 용접
③ 납땜 ④ 압접

해설 용접법의 분류에서 초음파 용접은 압접으로 분류된다.

02 용접에서 오버랩이 생기는 원인이 아닌 것은?

① 모재의 재질이 불량할 때
② 용접전류가 너무 적을 때
③ 용접봉의 유지각도가 불량할 때
④ 용접봉의 선택이 불량할 때

해설 보기 ②, ③, ④ 이외에 용접속도가 적당하지 않을 때 등이다.

03 연강용 아크 용접봉의 특성에 대한 설명 중 틀린 것은?

① 고산화티탄계는 아크 안정성이 좋다.
② 일미나이트계는 슬래그 생성계이다.
③ 저수소계는 기계적 성질이 우수하다.
④ 고셀룰로오스계는 슬래그 생성식이다.

해설 고셀룰로오스계(E4311)는 유기물(셀룰로오스)을 30% 이상 함유한 가스 발생식이다.

04 용접 변형이 발생하는 중요 요인과 가장 거리가 먼 것은?

① 판 두께 ② 피용접 재질
③ 용접봉의 건조상태 ④ 이음부 형상

해설 변형의 경우 치수상의 결함으로 보기 ①, ②, ④의 요인에 의한 용접 입열량의 차이 등의 온도 구배로 인하여 변형을 유발할 수 있으며, 용접봉의 건조상태로 인하여 발생하는 결함은 구조상의 결함으로 분류되므로 변형과는 다소 거리가 있다.

05 발전기형 용접기와 정류기형 용접기의 특징을 비교한 아래의 [표]에서 내용이 틀린 것은?

	구분	발전기형	정류기형
㉠	전원	없는 곳에서 가능	없는 곳에서 불가능
㉡	직류 전원	완전한 직류	불완전한 직류
㉢	구조	간단	복잡
㉣	고장	많다	적다

① ㉠ ② ㉡
③ ㉢ ④ ㉣

해설 발전형(모터형, 엔진 발전형)의 경우 구동부와 발전부가 있어 구조가 복잡할 뿐 아니라 고가이고, 회전부가 있어 고장나기 쉽고 소음이 있다.

06 경도와 강도를 높이기 위한 열처리방법은?

① 뜨임
② 담금질
③ 풀림
④ 불림

해설 열처리의 목적
- 담금질: 재료를 경화시켜 경도와 강도 개선
- 풀림: 강의 입도 미세화, 잔류응력 제거, 가공경화 현상 해소
- 뜨임: 내부응력 제거, 인성 부여(담금질 직후 뜨임함)
- 불림: 결정조직의 미세화(표준조직으로)

07 볼트나 환봉을 강판에 용접할 때 가장 적합한 용접법은?

① 스터드 용접
② 테르밋 용접
③ 서브머지드 아크용접
④ 불활성 가스 용접

정답 01. ④ 02. ① 03. ④ 04. ③ 05. ③ 06. ② 07. ①

해설 아크 스터드 용접은 볼트나 환봉, 핀 등을 직접 강판이나 형강에 용접하는 방법이다.

08 정전압 특성에 관한 내용이 맞는 것은?

① 전류가 증가할 때 전압이 높아지는 것
② 전압이 증가할 때 전류가 높아지는 것
③ 전류가 증가하여도 전압이 일정하게 되는 것
④ 전압이 증가하여도 전류가 일정하게 되는 것

해설 수하 특성과는 달리 부하 전류가 다소 변하더라도 단자 전압은 거의 변동이 없는 용접기의 특성으로, 와이어가 자동으로 공급되는 자동 또는 반자동 용접기에 적용되는 특성을 정전압 특성[CP 특성 ; Constant Voltage(potential) Characteristic]이라 한다.

★
09 용기에 충전된 아세틸렌 가스의 양을 측정하는 방법은?

① 무게에 의하여 측정한다.
② 아세톤이 녹는 양에 의해서 측정한다.
③ 사용시간에 의하여 측정한다.
④ 기압에 의해 측정한다.

해설 용해 아세틸렌 용기는 15℃에서 15.5기압으로 충전하여 사용한다. 용해 아세틸렌 1kg이 기화하면 대략 905~910L의 아세틸렌 가스가 된다(단, 15℃ 1기압하에서). 따라서 용해 아세틸렌 가스의 양을 계산할 때 $C=905(B-A)[L]$로 계산된다(단, A: 빈병 무게, B: 병 전체(실병) 무게, C: 용해 아세틸렌의 용적). 다시 말하면 용해 아세틸렌의 양은 무게로 측정할 수 있다.

10 가스 에너지 중 스스로 연소할 수 없으나 다른 가연성 물질을 연소시킬 수 있는 지연성 가스는?

① 수소 ② 프로판
③ 산소 ④ 메탄

해설 지연성 또는 조연성 가스라고도 하며, 공기 또는 산소를 의미한다.

11 가스 가우징에 대한 설명 중 옳은 것은?

① 드릴작업의 일종이다.
② 용접부의 결함, 가접의 제거 등에 사용된다.
③ 저압식 토치의 압력 조절방법의 일종이다.
④ 가스의 순도를 조절하기 위한 방법이다.

해설 스카핑의 키워드는 강재 표면의 흠이나 개재물, 탈탄층 등을 제거이고, 가우징의 키워드는 용접 결함 제거, 용접부 뒷면 따내기, U형, H형 용접 홈 가공 등이다.

12 가스 절단에서 표준 드래그는 보통 판 두께의 얼마 정도인가?

① 1/4 ② 1/5
③ 1/10 ④ 1/100

해설 드래그 길이는 주로 절단속도, 산소소비량 등에 의하여 변화하며, 절단면 말단부가 남지 않을 정도의 드래그를 표준 드래그 길이라고 하는데 보통 판 두께의 1/5 정도이다.

13 가스용접 시 모재가 주철인 경우 사용되는 용제에 속하지 않는 것은?

① 염화칼륨 45%
② 붕사 15%
③ 탄산나트륨 15%
④ 중탄산나트륨 15%

해설 염화칼륨, 염화나트륨, 염화리튬, 플로오르화칼륨 등의 용제는 주로 알루미늄과 그 합금에 적용된다.

★
14 가스용접 불꽃에서 아세틸렌 과잉불꽃이라 하며 속불꽃과 겉불꽃 사이에 아세틸렌 페더가 있는 것은?

① 바깥불꽃 ② 중성불꽃
③ 산화불꽃 ④ 탄화불꽃

해설 아세틸렌의 화학식은 C_2H_2이다. 아세틸렌 과잉불꽃이라면 탄소(C)의 성분이 많다는 것이며, 이런 불꽃을 탄화불꽃이라 한다. 반대로 산소가 많을 경우 산화불꽃이 된다.

정답 08. ③ 09. ① 10. ③ 11. ② 12. ② 13. ① 14. ④

15 가스용접에서 압력조정기의 압력 전달순서가 올바르게 된 것은?

① 부르동관 → 피니언 → 섹터기어 → 링크
② 부르동관 → 피니언 → 링크 → 섹터기어
③ 부르동관 → 링크 → 섹터기어 → 피니언
④ 부르동관 → 링크 → 피니언 → 섹터기어

해설 압력조정기의 압력 전달순서는 부르동관 → 링크 → 섹터기어 → 피니언이다.

16 불활성 가스 아크용접의 특징을 올바르게 설명한 것은?

① 산화막이 강한 금속이나 산화되기 쉬운 금속은 용접이 불가능하다.
② 교류 전원을 사용할 때에는 직류정극성을 사용할 때보다 용입이 깊다.
③ 용융금속이 대기와 접촉하지 않아 산화, 질화를 방지한다.
④ 수평 필릿 용접 전용이며, 작업능률이 높다.

해설 불활성 가스를 사용하는 이유가 보기 ③이다.

★
17 탄소강의 상태도에서 나타나는 반응은?

① 인장반응, 공정반응, 압축반응
② 전단반응, 굽힘반응, 공석반응
③ 포정반응, 공정반응, 공석반응
④ 흑연반응, 공정반응, 전단반응

해설 탄소의 함유량과 온도에 따른 상태의 변화를 나타낸 그림을 Fe-C 평형상태도라 한다. 인장반응, 압축반응, 전단반응, 굽힘반응, 흑연반응 등은 Fe-C 상태도에서 보기 어렵다.

18 탄소 아크 절단에 대해 설명한 것 중 틀린 것은?

① 중후판의 절단은 전자세로 작업한다.
② 전원은 주로 직류역극성이 사용된다.
③ 주철 및 고탄소강의 절단에서는 절단면은 가스 절단에 비하여 대단히 거칠다.
④ 주철 및 고탄소강의 절단에서는 절단면에 약간의 탈탄이 생긴다.

해설 탄소 아크 절단에 적용되는 전원 연결은 보통 직류 정극성을 이용한다.

19 직류아크용접에서 맨(bare) 용접봉을 사용했을 때 심하게 일어나는 현상으로 용접 중에 아크가 한쪽으로 쏠리는 현상은?

① 오버랩(over lap)
② 언더컷(undercut)
③ 기공(blow hole)
④ 자기불림(magnetic blow)

해설 아크쏠림, 아크불림, 자기쏠림, 자기불림 등에 대한 내용이다.

20 피복아크용접에서 용접봉의 용융속도로 맞는 것은?

① 무부하 전압×아크저항
② 아크전류×용접봉 쪽 전압강하
③ 아크전류×아크저항
④ 아크전류×무부하 전압

해설 피복아크용접에서 용접봉의 용융속도는 단위시간당 소비되는 용접봉의 길이 또는 무게로써 나타나는데, 아크전압과는 관계가 없으며, 아크전류와 용접봉 쪽 전압강하로 결정된다.

★
21 오스테나이트 스테인리스강 용접 시 유의사항으로 틀린 것은?

① 아크를 중단하기 전에 크레이터 처리를 한다.
② 용접하기 전에 예열을 하여야 한다.
③ 낮은 전류값으로 용접하여 용접 입열을 억제한다.
④ 짧은 아크길이를 유지한다.

해설 오스테나이트계 스테인리스강을 530~800℃ 정도로 가열하게 되면 크롬이 탄소와 만나 크롬탄화물을 만들게 되는데 내부식을 담당하는 크롬이 크롬탄화물을 만들게 되어 내부식성이 저하되므로 두꺼운 판을 제외하고는 예열을 실시하지 않는다.

정답 15. ③ 16. ③ 17. ③ 18. ② 19. ④ 20. ② 21. ②

22 피복아크 용접봉에서 피복제의 역할로 맞는 것은?

① 아크를 안정시킨다.
② 냉각속도를 빠르게 한다.
③ 스패터의 발생을 증가시킨다.
④ 산화 정련작용을 한다.

해설 피복아크 용접봉에서 피복제의 역할은 아크를 안정시키고, 슬래그를 만들어 냉각속도를 느리게 하며, 용적을 미세화시켜 스패터를 줄이고 용착효율을 높이고, 탈산 정련작용을 한다는 것이다.

★
23 일반적으로 모재의 두께가 6mm인 경우 사용할 가스 용접봉의 지름은 몇 mm인가?

① 1.0　② 1.6
③ 2.6　④ 4.0

해설 일반적으로 모재의 두께가 1mm 이상일 때 용접봉의 지름은 다음 식으로 계산한다.

$D=\frac{T}{2}+1=\frac{6}{2}+1=4.0\text{mm}$

(단, D: 가스 용접봉의 지름, T: 판 두께)

24 교류아크 용접기의 부속장치에 해당되지 않는 것은?

① 전격 방지장치　② 원격 제어장치
③ 고주파 발생장치　④ 자기 제어장치

해설 자기 제어를 하게 되는 것에 대한 장치라고 보기는 어렵고 아크가 가지는 특성이라고 보면 된다. 아크 전류가 일정할 때 아크전압이 높아지면 용접봉의 용융속도가 늦어지고 아크전압이 낮아지면 용융속도가 빨라져 아크길이를 제어하는 특성을 아크 길이 자기제어 특성이라고 한다.

25 강이나 주철제의 작은 볼을 고속 분사하는 방식으로 표면층을 가공경화시키는 것은?

① 금속 침투법　② 숏 피닝
③ 하드 페이싱　④ 질화법

해설 숏 피닝(shot peening)에 대한 내용이다.

26 CO_2 가스 아크용접 시 이산화탄소의 농도가 3~4%일 때 인체에 미치는 영향으로 가장 적합한 것은?

① 위험상태가 된다.
② 두통, 뇌빈혈을 일으킨다.
③ 치사(致死)량이 된다.
④ 아무렇지도 않다.

해설 CO_2 가스가 인체에 미치는 영향

CO_2 가스(체적[%])	작용
3~4	두통, 뇌빈혈
15 이상	위험상태
30 이상	극히 위험

★
27 금속산화물이 알루미늄에 의하여 산소를 빼앗기는 반응에 의해 생성되는 열을 이용하여 금속을 용접하는 것은?

① 일렉트로 슬래그 용접
② 서브머지드 아크 용접
③ 테르밋 용접
④ 마찰 용접

해설 금속산화물이 알루미늄에 의하여 산소를 빼앗기는 반응을 테르밋 반응이라고 하며, 이 반응열을 이용하는 용접법을 테르밋 용접이라고 한다.

28 용접 홀더 중 손잡이 부분 외를 작업 중에 전격의 위험이 적도록 절연체로 제조되어 있어 주로 많이 사용되는 것은?

① A형　② B형
③ C형　④ D형

해설 A형 용접 홀더에 대한 내용이다.

29 주조 시 주형에 냉금을 삽입하여 주물의 표면을 급랭시켜 백선화하고 경도를 증가시킨 내마모성 주철은?

① 칠드 주철　② 구상 흑연 주철
③ 고규소 주철　④ 가단 주철

해설 칠드 주철에 대한 내용이다.

정답 22. ① 23. ④ 24. ④ 25. ② 26. ② 27. ③ 28. ① 29. ①

30 Sn-Sb-Cu의 합금으로 주석계 화이트메탈이라고도 부르는 것은?

① 연납 ② 경납
③ 배빗메탈 ④ 바안메탈

해설 배빗메탈에 대한 내용이다.

31 주조용 알루미늄 합금 중 라우탈 합금은?

① Sn-Sb-Cu계 합금
② Cu-Zn-Ni계 합금
③ Al-Cu-Si계 합금
④ Mg-Al-Zn계 합금

해설 ① 배빗메탈, ② 니켈 실버 또는 양은, ④ 엘렉트론으로 불린다.

32 Ni 합금 중에서 구리에 40~50% Ni 정도를 첨가한 합금으로 저항선, 전열선 등으로 사용되며 열전쌍의 재료로도 사용되는 것은?

① 퍼멀로이
② 큐프로니켈
③ 모넬메탈
④ 콘스탄탄

해설 콘스탄탄에 대한 내용이다.

33 일반적인 주강의 특성에 대한 설명으로 틀린 것은?

① 주철에 비하여 기계적 성질이 월등하게 좋다.
② 용접에 의한 보수가 용이하다.
③ 주철에 비하여 용융점이 1,600℃ 전후의 고온이며, 수축률도 적기 때문에 주조하는 데 어려움이 없다.
④ 주강품은 압연재나 단조품과 같은 수준의 기계적 성질을 가지고 있다.

해설 주조할 수 있는 강을 주강이라고 한다. 주강의 용융점은 약 1,450℃(주철은 약 1,200℃) 정도로 높아 주조하기 힘든 단점이 있다.

34 황동 표면에 불순물 또는 부식성 물질이 녹아 있는 수용액의 작용에 의해서 발생되는 현상은?

① 고온 탈아연 ② 경년변화
③ 탈 아연부식 ④ 자연균열

해설 탈 아연부식에 대한 내용이다.

35 순철에 대한 설명 중 맞는 것은?

① 순철은 동소체가 없다.
② 순철에는 전해철, 탄화철, 쾌삭강 등이 있다.
③ 강도가 높아 기계구조용으로 적합하다.
④ 전기재료 변압기 철심에 많이 사용된다.

해설 ① 순철에는 3개의 동소체가 있다.
② 쾌삭강은 순철의 범주가 아니다.
③ 순철은 강도가 높지 않아 기계재료로는 사용하지 않는다.

36 서브머지드 아크 용접장치에서 용접기의 전류용량에 따른 분류 중 최대 전류가 2,000A일 경우에 해당하는 용접기는?

① 대형(M형)
② 경량형(DS형)
③ 표준 만능형(UZ형)
④ 반자동형(SMW형)

해설 ① 대형: 최대 전류 4,000A
② 경량형: 최대 전류 1,500A
④ 반자동형: 최대 전류 900A

37 용접작업에서 소재의 예열온도에 관한 설명 중 옳은 것은?

① 주철, 고급 내열합금은 용접균열을 방지하기 위하여 예열하지 않는다.
② 연강을 0℃ 이하에서 용접할 경우, 이음의 양쪽 폭 100mm 정도를 80~140℃로 예열한다.
③ 고장력강, 저합금강, 스테인리스강의 경우 용접부를 50~350℃로 예열한다.
④ 열전도가 좋은 알루미늄 합금, 구리 합금은 500~600℃로 예열한다.

정답 30. ③ 31. ③ 32. ④ 33. ③ 34. ③ 35. ④ 36. ③ 37. ②

해설 ① 회주철의 저온 예열의 경우 100~300℃, 열간용접의 경우 500~600℃, 가단 주철과 구상 흑연 주철의 경우 약 150~200℃ 정도로 예열을 한다.
③ 고장력강, 저합금강의 경우 연강의 경우와 거의 같이 적용하면 되며, 스테인리스강의 경우 예열을 하게 되면 크롬탄화물 석출로 내부식성을 잃게 된다.
④ 황동의 TIG 용접의 경우 예열온도는 약 250~350℃, 알루미늄의 경우 약 200~400℃ 정도이다.

38 산소와 아세틸렌 용기 및 가스 용접장치 등의 사용방법으로 잘못된 것은?

① 아세틸렌 병은 세워서 사용하며 병에 충격을 주어서는 안 된다.
② 산소병과 아세틸렌 가스병 등을 혼합하여 보관해서는 안 된다.
③ 가스 용접장치는 화기로부터 5m 이상 떨어진 곳에 설치해야 한다.
④ 산소병 밸브, 조정기, 도관 등은 기름 묻은 천으로 깨끗이 닦는다.

해설 산소병 밸브 주위에 그리스나 기름기 등이 묻으면 산소 분출 시 발화의 위험성이 있으므로 이런 것들이 묻으면 안 된다.

39 논 가스 아크용접(non-gas arc welding)의 장점이 아닌 것은?

① 용접장치가 간단하며 운반이 편리하다.
② 길이가 긴 용접물에 아크를 중단하지 않고 연속용접을 할 수 있다.
③ 용접전원으로 교류, 직류를 모두 사용할 수 있고 전자세 용접이 가능하다.
④ 피복아크 용접봉 중 고산화티탄계와 같이 수소의 발생이 많다.

해설 ④ 논 가스 아크용접은 피복아크 용접봉 중 저수소계와 같이 수소의 발생이 적다.

40 불활성 가스 금속아크 용접법에서 장치별 기능 설명으로 틀린 것은?

① 와이어 송급장치는 직류 전동기, 감속장치, 송급롤러와 와이어 송급속도 제어장치로 구성되어 있다.
② 용접 전원은 정전류 특성 또는 상승 특성의 직류 용접기가 사용되고 있다.
③ 제어장치의 기능으로 보호가스 제어와 용접 전류제어, 냉각수 순환기능을 갖는다.
④ 토치는 형태, 냉각방식, 와이어 송급방식 또는 용접기의 종류에 따라 다양하다.

해설 불활성 가스 금속 아크용접의 경우 일반적으로 반자동 또는 자동 용접기를 사용하며, 이런 용접기에는 정전압 특성(CP 특성)을 가진 용접기를 채택한다.

★
41 다음 중 가장 두꺼운 판을 용접할 수 있는 용접법은?

① 일렉트로 슬래그 용접
② 불활성 가스 아크용접
③ 산소-아세틸렌 용접
④ 이산화탄소 아크용접

해설 일렉트로 슬래그 용접의 가장 큰 특징은 다른 용접에 비해 두꺼운 판의 용접에 대단히 경제적이라는 것이다. 최대 1층의 시공으로 1,000mm 판 두께도 용접이 가능하다.

42 모재 열 영향부의 연성과 노치취성 악화의 원인으로 가장 거리가 먼 것은?

① 용접봉의 선택이 부적합한 때
② 냉각속도가 너무 빠를 때
③ 이음 설계의 강도 계산이 부적합할 때
④ 모재에 탄소함유량이 과다했을 때

해설 연성과 노치취성의 악화는 시공상, 특히 열적구배의 차이 등의 요인으로 많이 발생된다. 보기 ③의 원인의 경우 기계적 성질 부족 등의 결과를 초래하므로 다소 거리가 있다.

정답 38. ④ 39. ④ 40. ② 41. ① 42. ③

43 납땜의 용제 중 부식성이 없는 용제는?

① 송진 ② 염화암모늄
③ 염화아연 ④ 염산

해설 송진을 제외한 다른 용제의 경우 납땜을 한 후 잔류 용제나 슬래그를 깨끗이 제거하지 않으면 이음의 부식을 촉진하는 경우가 있다.

44 전기용접기의 취급관리에 대한 안전사항으로서 잘못된 것은?

① 용접기는 통풍이 잘되고 그늘진 곳에 설치를 한다.
② 용접전류 조정은 용접을 진행하면서 조정한다.
③ 용접기는 항상 건조한 곳에 설치 후 작업한다.
④ 용접전류는 용접봉 심선의 굵기에 따라 적정 전류를 정한다.

해설 안전상의 이유로 전류 조정은 아크를 중단한 채 조정한다.

45 용접 후처리에서 변형을 교정하는 일반적인 방법으로 틀린 것은?

① 얇은 판에 대한 점 수축법
② 형재에 대하여 직선 수축법
③ 두꺼운 판을 수냉한 후 압력을 걸고 가열하는 법
④ 가열한 후 해머로 두드리는 법

해설 두꺼운 판에 대한 변형을 교정하는 일반적인 방법으로는 가열한 후 압력을 주어 수냉하는 방법, 롤러에 거는 방법, 절단에 의해 성형하고 재용접하는 방법 등이 있다.

46 용접작업 전의 준비사항이 아닌 것은?

① 모재 재질 확인
② 용접봉의 선택
③ 지그의 선정
④ 용접 비드 검사

해설 용접 비드 검사는 용접작업 후의 검사항목이다.

47 용접 포지셔너(welding positioner)를 사용하여 구조물을 용접하려 한다. 용접능률이 가장 좋은 자세는?

① 수평자세 ② 위보기자세
③ 아래보기자세 ④ 직립자세

해설 용접자세 중 아래보기자세가 가장 시공하기 용이하다. 또한 용접전류, 용접속도를 높게 하면 효율을 높일 수 있다.

48 방사선투과검사 결함 중 원형 지시 형태는?

① 기공 ② 언더컷
③ 용입불량 ④ 균열

해설 기공을 제외한 나머지 결함은 대부분 선형 지시 형태로 검출된다.

49 일반적으로 용접이음에 생기는 결함 중 이음 강도에 가장 큰 영향을 주는 것은?

① 기공 ② 오버랩
③ 언더컷 ④ 균열

해설 용접균열은 용접부에 생기는 결함 중에 가장 치명적인 것이다. 작은 균열도 부하가 걸리면 응력이 집중되어 미세한 균열이 점점 성장하여 종래에는 파괴를 가져온다.

50 다음 그림과 같이 필릿 용접을 하였을 때 어느 방향으로 변형이 가장 크게 나타나는가?

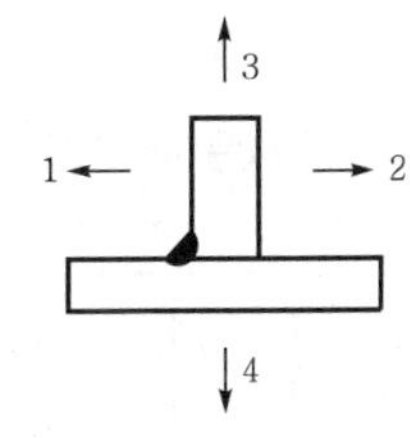

① 1 ② 2
③ 3 ④ 4

해설 1번 방향의 각변형이 가장 크다고 할 수 있다.

정답 43. ① 44. ② 45. ③ 46. ④ 47. ③ 48. ① 49. ④ 50. ①

★
51 한 변이 100mm인 정사각형을 2 : 1로 도시하려고 한다. 실제 정사각형 면적을 L이라고 하면 도면 도형의 정사각형 면적은 얼마인가?

① $4L$　② $2L$
③ $\frac{1}{2}L$　④ $\frac{1}{4}L$

해설 척도가 2 : 1이면 한 변이 200mm인 정사각형이 되며 면적은 40,000mm²이 되므로 원 단면적 10,000mm²보다는 4배의 면적이 된다.

52 인쇄된 제도용지에서 다음 중 반드시 표시해야 하는 사항을 모두 고른 것은?

㉠ 표제란	㉡ 윤곽선
㉢ 방향마크	㉣ 비교눈금
㉤ 도면구역표시	㉥ 중심마크
㉦ 재단마크	

① ㉠, ㉡, ㉢, ㉤
② ㉠, ㉡, ㉢, ㉣, ㉤, ㉥, ㉦
③ ㉠, ㉡, ㉤
④ ㉠, ㉡, ㉥

해설 도면에서 반드시 그려야 할 사항은 윤곽선, 중심마크, 표제란 등이다.

53 기계제도에서 선의 굵기가 가는 실선이 아닌 것은?

① 지시선　② 치수선
③ 특수지정선　④ 수준면선

해설 특수지정선의 경우 일반적으로 굵은 1점 쇄선을 사용한다.

54 다음 도면에 표시된 치수에서 최소 허용치수는?

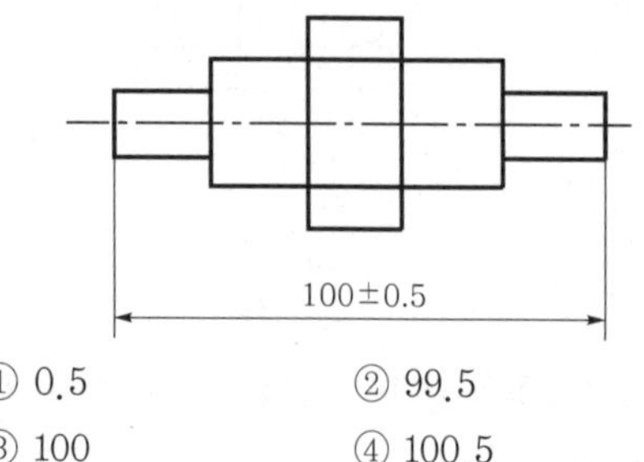

① 0.5　② 99.5
③ 100　④ 100.5

해설 기준치수인 100을 기준으로 −0.5를 허용할 수 있으므로 100−0.5=99.5가 최소 허용치수가 된다.

55 다음 재료기호 중에서 용접구조용 압연강재는?

① WMC 330　② SWRS 62 A
③ SM 570　④ SS 330

해설 ① 백심 가단 주철, ② 피아노선재, ④ 일반구조용 압연강재

56 그림과 같은 배관 도시기호는 무엇을 나타내는 것인가?

① 게이트 밸브　② 안전 밸브
③ 앵글 밸브　④ 체크 밸브

해설 밸브 및 콕의 몸체 표시

밸브 · 콕의 종류	그림기호	밸브 · 콕의 종류	그림기호
밸브 일반		앵글 밸브	
슬루스 밸브		3방향 밸브	
글로브 밸브		안전 밸브	또는
체크 밸브	또는		
볼 밸브		콕 일반	
나비 밸브	또는		

★
57 다음 도면의 (*) 안의 치수로 가장 적합한 것은?

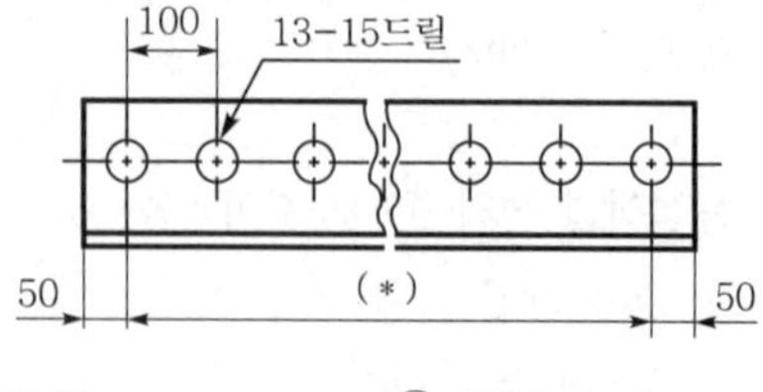

① 1400　② 1300
③ 1200　④ 1100

정답 51. ① 52. ④ 53. ③ 54. ② 55. ③ 56. ③ 57. ③

해설 그림에서 구멍 간의 거리, 즉 피치가 100mm이고 구멍의 수는 13개, 15mm 드릴을 이용하여 가공을 하게 된다. 따라서 (*)의 거리는 $L=P\times(n-1)$로 구할 수 있으며, P는 구멍간의 피치를, n은 구멍의 개수를 나타낸다. 즉, $100\times12=1200$으로 계산된다.

★
58 그림과 같이 용접을 하고자 할 때 용접 도시기호를 올바르게 나타낸 것은?

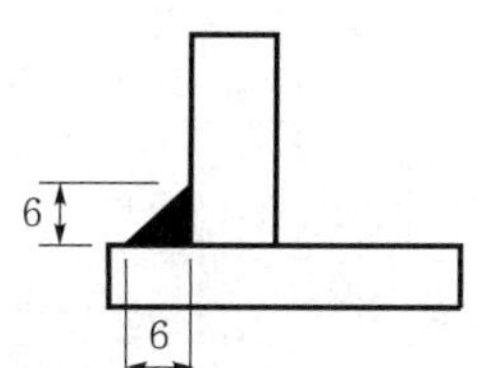

①
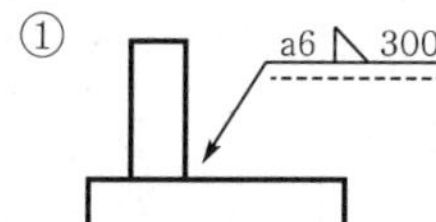

②
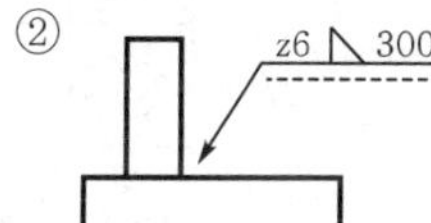

③
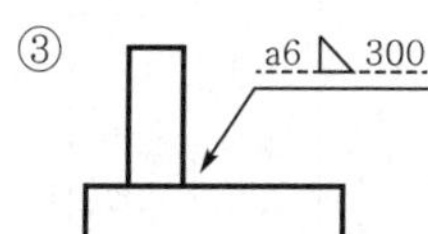

④
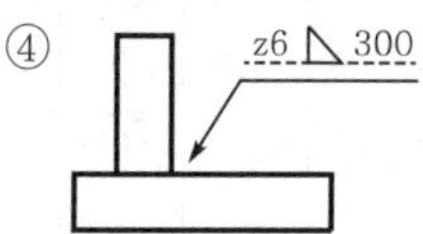

해설 목 길이(각장)의 표기가 z이다. 보기를 표면 화살표 반대방향에 용접하여야 하므로 필릿 기호가 은선(점선)에 표기가 되어야 한다. 즉 보기 ④가 정답이 된다.

59 화살표 방향이 정면일 때 좌우 대칭이 보기와 같은 입체도의 좌측면도로 가장 적합한 것은?

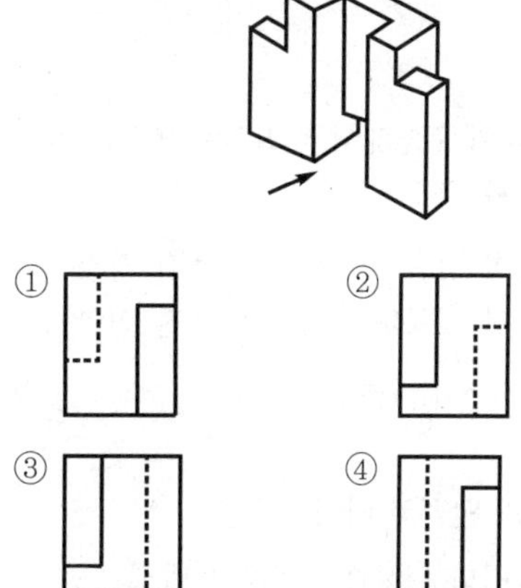

해설 화살표 방향의 좌측에서 바라보는 좌측면도는 우측상단(위까지 가지 않는)의 실선이 보이는 보기 ①, ④ 중 화살표 방향의 정면도를 보면 하부까지 내려오지 않는 사각형이 있으므로 보기 ①이 정답이 된다.

60 그림과 같은 입체도의 화살표 방향인 정면도를 가장 올바르게 투상한 것은?

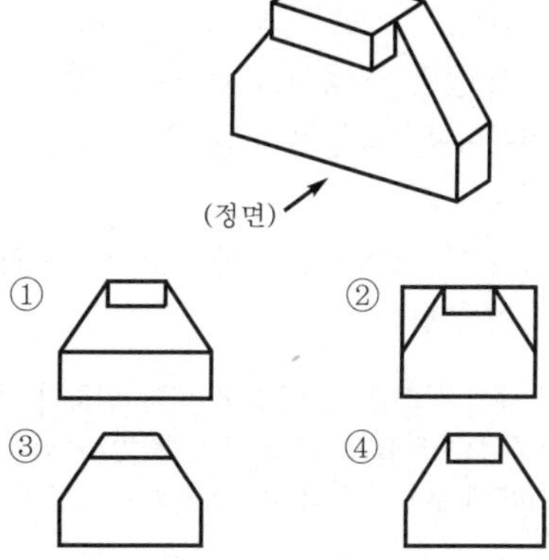

해설 입체를 정면에서 볼 때 상부 좌우의 모서리가 보이지 않으므로 보기 ②는 제외, 중심부 수평 실선은 없어야 하므로 보기 ①이 제외, 정면도 상부가 사각형 입체이므로 보기 ③이 제외된다.

정답 58. ④ 59. ① 60. ④

제 5 회 2013. 10. 20. 시행

특수용접기능사

01 용접부의 외부에서 주어지는 열량을 무엇이라 하는가?

① 용접 입열 ② 용접 가열
③ 용접 열효율 ④ 용접 외열

해설 용접 입열에 대한 내용이다.

02 용접의 단점이 아닌 것은?

① 재질의 변형과 잔류응력 발생
② 용접에 의한 변형과 수축
③ 저온취성 발생
④ 제품의 성능과 수명 향상

해설 보기 ④의 내용은 단점이 아니다.

03 용접용 산소용기 취급상의 주의사항 중 틀린 것은?

① 통풍이 잘되고 직사광선이 잘 드는 곳에 보관한다.
② 용기 운반 시 충격을 주어서는 안 된다.
③ 기름이 묻은 손이나 장갑을 끼고 취급하지 않는다.
④ 가연성 물질이 있는 곳에는 용기를 보관하지 말아야 한다.

해설 용기 내의 산소압력은 온도에 따라 변하기 때문에 항상 40℃ 이하를 유지하고 직사광선이나 화기가 있는 고온에 두고 작업하거나 방치하지 않도록 한다.

04 용접기에 AW-300이란 표시가 있다. 여기서 "300"이 의미하는 것은?

① 2차 최대전류
② 최고 2차 무부하 전압
③ 정격사용률
④ 정격 2차 전류

해설 교류 아크 용접기의 종류는 KS C 9602에서 찾을 수 있다. 아래 표에서 보면 AW(L)-300에서 300은 정격 출력(2차) 전류로 300A이며, 2차 최대전류는 330A이며, 최고 2차 무부하 전압은 85V, 정격사용률은 40%임을 알 수 있다.

[종류, 정격 및 특성]

종류	정격 출력 전류 (A)	정격 사용률 (%)	정격 부하 전압 (V)	최고 무부하 전압 (V)	출력 전류 (A) 최대값	출력 전류 (A) 최소값	(참고) 사용 가능한 피복 아크 용접봉의 지름(mm)
AWL-130	130	30	25.2	80 이하	정격 출력 전류의 100% 이상 110% 이하	40 이하	2.0~3.2
AWL-150	150		26.0			45 이하	2.0~4.0
AWL-180	180		27.2			55 이하	2.6~4.0
AWL-250	250		30.0			75 이하	3.2~5.0
AWL-200	200	40	28	85 이하		정격 출력 전류의 20% 이하	2.0~4.0
AWL-300	300		32				2.6~6.0
AWL-400	400		36				3.2~8.0
AWL-500	500	60	40	95 이하			4.0~8.0

※ 비고: 종류에 사용된 기호 및 수치는 다음과 같은 뜻을 나타낸다.
- AW, AWL: 교류 아크 용접기
- AW, AWL 다음의 숫자: 정격 출력 전류

★
05 정격사용률 40%, 정격 2차 전류 300A인 용접기로 180A 전류를 사용하여 용접하는 경우 이 용접기의 허용사용률은? (단, 소수점 미만은 버린다.)

① 109% ② 111%
③ 113% ④ 115%

정답 01. ① 02. ④ 03. ① 04. ④ 05. ②

해설 허용사용률 = $\frac{(\text{정격 2차 전류})^2}{(\text{실제의 용접전류})^2}$ × 정격사용률(%)로 계산된다. 문제에서 주어진 데이터를 대입하면 허용사용률 = $\frac{300^2}{180^2} \times 40 = 111\%$로 풀이된다.
이는 '용접기의 휴식 없이 계속 사용하여도 된다'라는 의미이다.

06 다음 중 열처리 방법에 있어 불림의 목적으로 가장 적합한 것은?

① 급랭시켜 재질을 경화시킨다.
② 담금질된 것에 인성을 부여한다.
③ 재질을 강하게 하고 균일하게 한다.
④ 소재를 일정 온도에 가열 후 공랭시켜 표준화한다.

해설 열처리의 목적
- 담금질: 재료를 경화시켜 경도와 강도 개선
- 풀림: 강의 입도 미세화, 잔류응력 제거, 가공경화 현상 해소
- 뜨임: 내부응력 제거, 인성 부여(담금질 직후 뜨임함)
- 불림: 결정조직의 미세화(표준조직으로)

07 다음 중 용접성이 가장 좋은 스테인리스강은?

① 펄라이트계 스테인리스강
② 페라이트계 스테인리스강
③ 마르텐사이트계 스테인리스강
④ 오스테나이트계 스테인리스강

해설 용접성으로 본다면 오스테나이트계(18Cr-8Ni) 스테인리스강이 가장 우수하다 할 수 있다. 다만 용접 균열, 용접에 의해 생기는 취성 및 부식에 주의하여야 한다.

08 다음 중 일반적으로 경금속과 중금속을 구분할 때 중금속은 비중이 얼마 이상인 것을 말하는가?

① 1.0　　② 2.0
③ 4.5　　④ 7.0

해설 일반적으로 비중을 기준으로 4.5 이하를 경금속, 그 이상을 중금속으로 구분한다.

★
09 스테인리스강용 용접봉의 피복제는 루틸을 주성분으로 한 (　)와 형석, 석회석 등을 주성분으로 한 (　)가 있는데, 전자는 아크가 안정되고 스패터도 적으며, 후자는 아크가 불안정하며 스패터도 큰 입자인 것이 비산된다. 본문에서 (　)에 알맞은 말은?

① 티탄계, 라임계
② 일미나이트계, 저수소계
③ 라임계, 티탄계
④ 저수소계, 일미나이트계

해설 티탄계와 라임계이며 그 특징에 대한 내용이다.

10 다음 중 금속재료의 가공방법에 있어 냉간가공의 특징으로 볼 수 없는 것은?

① 제품의 표면이 미려하다.
② 제품의 치수 정도가 좋다.
③ 연신율과 단면수축률이 저하된다.
④ 가공경화에 의한 강도가 저하된다.

해설 가공경화가 일어나면 경도와 강도가 증가한다.

11 다음 중 Al, Cu, Mn, Mg을 주성분으로 하는 알루미늄 합금은?

① 실루민　　② 두랄루민
③ Y합금　　④ 로우엑스

해설 두랄루민에 대한 화학 조성이다.

12 다음 중 구리 및 구리 합금의 용접성에 대한 설명으로 옳은 것은?

① 순구리의 열전도도는 연강의 8배 이상이므로 예열이 필요 없다.
② 구리의 열팽창계수는 연강보다 50% 이상 크므로 용접 후 응고 수축 시 변형이 생기지 않는다.
③ 순수구리의 경우 구리에 산소 이외에 납이 불순물로 존재하면 균열 등의 용접결함이 발생된다.
④ 구리 합금의 경우 과열에 의한 주석의 증발로 작업자가 중독을 일으키기 쉽다.

정답 06. ④ 07. ④ 08. ③ 09. ① 10. ④ 11. ② 12. ③

해설 구리 및 동합금은 열전도율이 높아 순동의 경우 연강의 약 8배, 알루미늄의 약 2배 정도이어서 용접부에서 열이 급속히 달아나므로 용입이 충분하고 양호한 용접부를 얻기 위해 고온의 예열이 필요하다. 또한 열팽창계수가 연강보다 50%, 알루미늄보다 약 30% 정도 크므로 냉각 시의 수축으로 인한 용접균열이 발생하기 쉽다. 특히 후판에서 구속이 큰 경우나 동합금에서 이와 같은 경향이 크게 나타난다. 구리 합금의 경우 용착부나 그 부근의 열 영향에 산화물이 생성하여 강도 및 연성을 손상시키는 경우 또는 기공 등이 발생하기도 한다. 특히 황동의 경우 아연(Zn)의 증발로 인해 조성의 변화를 일으키기 쉽다.

13 니켈(Ni)에 관한 설명으로 옳은 것은?

① 증류수 등에 대한 내식성이 나쁘다.
② 니켈은 열간 및 냉간가공이 용이하다.
③ 360℃ 부근에서는 자기변태로 강자성체이다.
④ 아황산가스(SO_2)를 품는 공기에서는 부식되지 않는다.

해설 니켈은 증류수, 수돗물, 바닷물 등에는 내식성이 강하며, 상온에서 강자성체이고 360℃ 정도에서 자기변태로 강자성을 상실한다. 또한 니켈은 질산, 아황산가스를 품는 공기 중에서 심하게 부식된다.

14 주철의 결점을 개선하기 위하여 백주철의 주물을 만들고 이것을 장시간 열처리하여 탄소의 상태를 분해 또는 소실시켜 인성 또는 연성을 증가시킨 주철은?

① 회주철 ② 반주철
③ 가단 주철 ④ 칠드 주철

해설 가단 주철(malleable cast iron)에 대한 내용이다.

15 다음 중 탄소강의 인장강도, 탄성한도를 증가시키며 내식성을 향상시키는 성분은?

① 황(S) ② 구리(Cu)
③ 인(P) ④ 망간(Mn)

해설 탄소강 내에 구리를 첨가하면 일어나는 특징이다.

16 다음 중 칼로라이징(calorizing) 금속침투법은 철강 표면에 어떠한 금속을 침투시키는가?

① 규소
② 알루미늄
③ 크롬
④ 아연

해설 금속침투법(cementation)

침투제	종류	침투제	종류
Al	칼로라이징	Si	실리코나이징
Zn	세라다이징	B	보로나이징
Cr	크로마이징		

17 다음 중 기계구조용 탄소강재에 해당하는 것은?

① SM30C ② STD11
③ SP37 ④ STC6

해설 ② STD11: 냉간합금 공구강 또는 냉간 금형 공구강
③ SP37: 스프링 강재
④ STC6: 탄소 공구강

★
18 강재 표면의 흠이나 개재물, 탈탄층 등을 제거하기 위하여 될 수 있는 대로 얇게 그리고 타원형 모양으로 표면을 깎아내는 가공법은?

① 가우징 ② 드래그
③ 프로젝션 ④ 스카핑

해설 스카핑의 키워드는 강재 표면의 흠이나 개재물, 탈탄층 등의 제거이고, 가우징의 키워드는 용접 결함 제거, 용접부 뒷면 따내기, U형, H형 용접 홈 가공 등이다.

19 가스 절단에서 재료 두께가 25mm일 때 표준 드래그의 길이는 다음 중 몇 mm 정도인가?

① 10 ② 8
③ 5 ④ 2

해설 드래그 길이는 주로 절단속도, 산소소비량 등에 의하여 변화하며, 절단면 말단부가 남지 않을 정도의 드래그를 표준 드래그 길이라고 하는데 보통 판 두께의 1/5 정도이다. 따라서 판 두께가 25mm라면 1/5인 5mm 정도가 표준 드래그 길이가 될 수 있다.

정답 13. ② 14. ③ 15. ② 16. ② 17. ① 18. ④ 19. ③

20 심 용접에서 사용하는 통전방법이 아닌 것은?

① 포일 통전법 ② 단속 통전법
③ 연속 통전법 ④ 맥동 통전법

해설 심 용접의 통전방법에는 단속 통전법, 연속 통전법, 맥동 통전법 등이 있다.

★
21 가스 용접법에서 후진법과 비교한 전진법의 설명에 해당하는 것은?

① 용접속도가 빠르다.
② 열 이용률이 나쁘다.
③ 용접변형이 작다.
④ 용접가능한 판 두께가 두껍다.

해설 가스용접에서 전진법과 후진법의 비교

항목	전진법(좌진법)	후진법(우진법)
열 이용률	나쁘다	좋다
용접속도	느리다	빠르다
비드 모양	보기 좋다	매끈하지 못하다
홈 각도	크다(80°)	작다(60°)
용접변형	크다	작다
용접모재 두께	얇다(5mm까지)	두껍다
산화 정도	심하다	약하다
용착금속의 냉각속도	급랭된다	서냉된다
용착금속 조직	거칠다	미세하다

22 이산화탄소 아크용접의 특징이 아닌 것은?

① 전원은 교류 정전압 또는 수하특성을 사용한다.
② 가시아크이므로 시공이 편리하다.
③ MIG 용접에 비해 용착금속에 기공 생김이 적다.
④ 산화 및 질화가 되지 않는 양호한 용착금속을 얻을 수 있다.

해설 이산화탄소 아크용접의 전원은 정전압 특성의 직류 용접기를 사용한다.

23 불활성 가스 텅스텐 아크 용접법의 극성에 대한 설명으로 틀린 것은?

① 직류정극성에서는 모재의 용입이 깊고 비드 폭이 좁다.
② 직류역극성에서는 전극 소모가 많으므로 지름이 큰 전극을 사용한다.
③ 직류정극성에서는 청정작용이 있어 알루미늄이나 마그네슘 용접에 가스를 사용한다.
④ 직류역극성에서는 모재의 용입이 얕고 비드 폭이 좁다.

해설 TIG 용접에서 청정작용은 직류역극성 또는 교류 전원 채택 시 나타나는 효과이다.

24 아크 에어 가우징의 특징에 대한 설명 중 틀린 것은?

① 가스 가우징보다 작업의 능률이 높다.
② 모재에 미치는 영향이 별로 없다.
③ 비철금속의 절단도 가능하다
④ 장비가 복잡하여 조작하기가 어렵다.

해설 아크 에어 가우징의 장점

- 가스 가우징보다 작업능률이 2~3배 높다.
- 용융금속이 순간적으로 불어내므로 모재에 나쁜 영향을 주지 않는다.
- 용접 결함부를 그대로 밀어 붙이지 않으므로 특히 균열의 발견이 쉽다.
- 소음이 없다.
- 경비가 저렴하고 응용범위가 넓다.
- 조작이 간단하다.
- 강판, 주강, 주물, 스테인리스강, 경합금, 황동 주물 등에 사용된다.

25 아크용접 로봇 자동화 시스템의 구성으로 틀린 것은?

① 포지셔너(positioner)
② 아크 발생장치
③ 모재가공부
④ 안전장치

해설 모재가공은 용접작업 전 준비이므로 아크용접 로봇 자동화 시스템 범주에는 속하지 않는다.

정답 20. ① 21. ② 22. ① 23. ③ 24. ④ 25. ③

★

26 아크용접에서 정극성과 비교한 역극성의 특징은?

① 모재의 용입이 깊다.
② 용접봉의 녹음이 빠르다.
③ 비드 폭이 좁다.
④ 후판 용접에 주로 사용된다.

해설 정극성과 역극성의 용접 특징

극성	용입상태	열분배	후진법(우진법)
정극성 (DCSP)		용접봉(−) : 30% 모재(+) : 70%	• 모재의 용입이 깊다. • 용접봉의 녹음이 느리다. • 비드 폭이 좁다. • 일반적으로 많이 쓰인다.
역극성 (DCRP)		모재(−) : 30% 용접봉(+) : 70%	• 용입이 얕다. • 용접봉의 녹음이 빠르다. • 비드 폭이 넓다. • 박판, 주철, 고탄소강, 합금강, 비철금속의 용접에 쓰인다.
교류 (AC)		−	직류정극성과 직류역극성의 중간 상태

★

27 산소-아세틸렌 가스 용접기로 두께가 3.2mm인 연강판을 V형 맞대기 이음을 하려면 이에 적합한 연강용 가스 용접봉의 지름(mm)을 계산식에 의해 구하면 얼마인가?

① 4.6　　② 3.2
③ 3.6　　④ 2.6

해설 일반적으로 모재의 두께가 1mm 이상일 때 용접봉의 지름은 다음 식으로 계산한다.

$$D=\frac{T}{2}+1=\frac{3.2}{2}+1=2.6\text{mm}$$

(단, D: 가스 용접봉의 지름, T: 판 두께)

28 피복아크 용접법의 운봉법 중 수직 용접에 주로 사용되는 것은?

① 8자형　　② 진원형
③ 6각형　　④ 3각형

해설 피복아크 용접의 운봉법의 예는 다음과 같다.

구분	운봉법	구분	운봉법
아래보기 용접	직선	수평 용접	대파형
	소파형		원형
	대파형		타원형 (30~40°)
	원형		삼각형 (60°)
	삼각형	위보기 용접	반월형
	각형		8자형
	대파형		지그재그형
	선전형		대파형
	삼각형		각형
	부채형	수직 용접	파형
	지그재그형 (30~40°)		삼각형
경사관 용접	대파형		지그재그형
	삼각형		

29 피복아크용접에서 피복제의 역할이 아닌 것은?

① 아크를 안정되게 한다.
② 스패터를 적게 한다.
③ 용착금속에 적당한 합금원소를 공급한다.
④ 용착금속에 산소를 공급한다.

해설 피복제의 역할 중에는 용착금속 내에 산소의 성분을 제거하여 깨끗하게 해주는 탈산 정련작용이 있다.

★

30 피복아크 용접기에 관한 설명으로 맞는 것은?

① 용접기는 역률과 효율이 낮아야 한다.
② 용접기는 무부하 전압이 낮아야 한다.
③ 용접기의 역률이 낮으면 입력에너지가 증가한다.
④ 용접기의 사용률은 아크시간/(아크시간−휴식시간)에 대한 백분율이다.

정답 26. ② 27. ④ 28. ④ 29. ④ 30. ③

해설 피복아크용접에서의 역률$=\frac{\text{소비전력}}{\text{전원입력}}\times 100$, 효율$=\frac{\text{아크출력}}{\text{소비전력}}\times 100$로 구해지며, 전원입력=(2차 무부하 전압×정격 2차 전류), 소비전력=(아크전압×아크전류)+내부손실, 아크출력=(아크전압×아크전류)으로 구할 수 있다.
일반적으로 역률이 높으면 효율이 좋은 것으로 생각하나 역률이 높을수록 효율이 안 좋으며, 역률이 낮을수록 효율이 좋은 용접기이다. 역률이 낮으려면 전원입력이 커야 한다.
용접기 사용률$=\frac{\text{아크시간}}{\text{아크시간}+\text{휴식시간}}\times 100$로 구해진다.

31 산소-아세틸렌 가스를 이용하여 용접할 때 사용하는 산소압력 조정기의 취급에 관한 설명 중 틀린 것은?

① 산소용기에 산소압력 조정기를 설치할 때 압력조정기 설치구에 있는 먼지를 털어내고 연결한다.
② 산소압력 조정기 설치구 나사부나 조정기의 각 부에 그리스를 발라 잘 조립되도록 한다.
③ 산소압력 조정기를 견고하게 설치한 후 가스 누설 여부를 비눗물로 점검한다.
④ 산소압력 조정기의 압력 지시계가 잘 보이도록 설치하며 유리가 파손되지 않도록 한다.

해설 산소병 밸브 주위나 압력조정기 부위에 그리스나 기름기 등이 묻으면 산소 분출 시 발화의 위험성이 있으므로 이런 것들이 묻으면 안된다.

32 산소-아세틸렌의 불꽃에서 속불꽃과 겉불꽃 사이에 백색의 제3의 불꽃, 즉 아세틸렌 페더라고도 하는 것은?

① 탄화불꽃　② 중성불꽃
③ 산화불꽃　④ 백색불꽃

해설 아세틸렌의 화학식은 C_2H_2이다. 아세틸렌 페더, 즉 아세틸렌 과잉불꽃이라면 탄소(C)의 성분이 많다는 것이고 이런 불꽃을 탄화불꽃이라 한다. 반대로 산소가 많을 경우 산화불꽃이 된다.

33 CO_2 가스 아크용접에서 플럭스 코어드 와이어의 단면형상이 아닌 것은?

① NCG형　② Y관상형
③ 풀(pull)형　④ 아코스(arcos)형

해설 플럭스 코어드 와이어의 구조

[아코스 와이어]

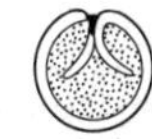
[Y관상 와이어]

[S관상 와이어]

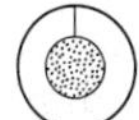
[NCG 와이어]

34 CO_2 가스 아크용접 결함에 있어서 다공성이란 무엇을 의미하는가?

① 질소, 수소, 일산화탄소 등에 의한 기공을 말한다.
② 와이어 선단부에 용적이 붙어 있는 것을 말한다.
③ 스패터가 발생하여 비드의 외관에 붙어 있는 것을 말한다.
④ 노즐과 모재 간 거리가 지나치게 작아서 와이어 송급불량을 의미한다.

해설 고체의 내부 또는 표면에 다수의 작은 공극(空隙)을 갖는 형태를 다공성(多孔性)이라 한다. 빈틈은 외부에 통하는 공상(孔狀)인 것을 의미하나, 기포상(氣泡狀)의 빈틈도 다공성이라 한다. 그 발생 요인은 공기 중의 질소 또는 수소, 일산화탄소 등이다.

35 다음 용접법 중 용접봉을 용제 속에 넣고 아크를 일으켜 용접하는 것은?

① 원자수소 용접
② 서브머지드 아크용접
③ 불활성 가스 아크용접
④ 이산화탄소 아크용접

해설 용제 속에 와이어(용접봉)를 넣어 아크가 보이지 않아 불가시 용접, 잠호 용접이라고 하는 용접법은 서브머지드 아크용접이다.

정답 31. ② 32. ① 33. ③ 34. ① 35. ②

36 다음 중 응급처치 구명 4대 요소에 속하지 않는 것은?

① 상처보호
② 지혈
③ 기도유지
④ 전문구조기관의 연락

해설 응급조치의 구명 3대 요소(지혈, 기도유지, 쇼크방지 및 치료)에 상처보호까지 4대 요소라고 한다.

37 MIG 알루미늄 용접을 그 용적 이행 형태에 따라 분류할 때 해당되지 않는 용접법은?

① 단락 아크용접 ② 스프레이 아크용접
③ 펄스 아크용접 ④ 저전압 아크용접

해설 MIG 알루미늄 용접은 그 용적 이행 형태에 따라 단락 아크 용접, 스프레이 용접, 펄스 아크 용접, 고전류 아크 용접법으로 분류된다.

38 용접지그 선택의 기준이 아닌 것은?

① 물체를 튼튼하게 고정시킬 크기와 힘이 있어야 할 것
② 용접위치를 유리한 용접자세로 쉽게 움직일 수 있을 것
③ 물체의 고정과 분해가 용이해야 하며 청소에 편리할 것
④ 변형이 쉽게 되는 구조로 제작될 것

해설 지그(jig)는 예상되는 변형을 억제할 수 있어야 하는 장치이다.

39 선박, 보일러 두꺼운 판의 용접 시 용융 슬래그와 와이어의 저항열을 이용 연속적으로 상진하면서 용접하는 것은?

① 테르밋 용접
② 일렉트로 슬래그 용접
③ 넌시일드 아크용접
④ 서브머지드 아크용접

해설 일렉트로 슬래그 용접(ESW ; Electro Slag Welding)의 원리에 해당하는 내용이다.

40 다음 중 화학적 시험에 해당되는 것은?

① 물성 시험
② 열특성 시험
③ 설퍼프린트 시험
④ 함유수소 시험

해설 물성 시험과 열특성 시험은 물리적 시험 범주에 속하며, 설퍼프린트 시험은 야금학적 시험의 범주에 속한다. 화학적 시험에는 화학분석 시험, 부식 시험, 그리고 함유수소 시험 등이 있다.

41 전자빔 용접의 특징 중 잘못 설명한 것은?

① 용접변형이 적고 정밀용접이 가능하다.
② 열전도율이 다른 이종 금속의 용접이 가능하다.
③ 진공 중에서 용접하므로 불순가스에 의한 오염이 적다.
④ 용접물의 크기에 제한이 없다.

해설 전자빔 용접의 경우 진공에서 용접해야 하므로 피용접물의 크기에 제한을 받는다.

42 납땜의 용제가 갖추어야 할 조건 중 맞는 것은?

① 모재나 땜납에 대한 부식작용이 최대한 일 것
② 납땜 후 슬래그 제거가 용이할 것
③ 전기저항 납땜에 사용되는 것은 부도체일 것
④ 침지땜에 사용되는 것은 수분을 함유하여야 할 것

해설 용제를 사용하는 납땜의 경우 납땜을 한 후 잔류용제나 슬래그를 깨끗이 제거하지 않으면 이음의 부식을 촉진하는 경우가 있다.

43 용접부의 잔류응력을 제거하기 위한 방법으로 끝이 둥근 해머로 용접부를 연속적으로 때려 용접 표면상에 소성변형을 주어 용접 금속부의 인장응력을 완화하는 방법은?

① 코킹법 ② 피닝법
③ 저온응력 완화법 ④ 국부풀림법

해설 피닝법에 대한 내용이다.

정답 36. ④ 37. ④ 38. ④ 39. ② 40. ④ 41. ④ 42. ② 43. ②

44 모재 두께가 9~10mm인 연강판의 V형 맞대기 피복아크용접 시 홈의 각도로 적당한 것은?

① 20~40°　　② 40~50°
③ 60~70°　　④ 90~100°

해설 완전한 용입을 위한 홈 용접에서 두께와 홈의 형상 등을 고려하여야 한다. 9~10mm의 판 두께와 V형 홈을 감안하면 홈의 각도는 대략 60~70°가 적당하다.

45 용접 홈 종류 중 두꺼운 판을 한쪽 방향에서 충분한 용입을 얻으려고 할 때 사용되는 것은?

① U형 홈　　② X형 홈
③ H형 홈　　④ I형 홈

해설 문제에서 한쪽 방향에서라고 언급하였고, X형 홈은 양면 V형 홈이며, H형 홈은 양면 U형이므로 정답에서 제외된다. I형 홈의 경우 일반적으로 판 두께 6mm에 적용되므로 정답으로는 U형이 적합하다.

46 용접 분위기 가운데 수소 또는 일산화탄소가 과잉될 때 발생하는 결함은?

① 언더컷　　② 기공
③ 오버랩　　④ 스패터

해설 용접 중 발생된 또는 침투된 가스의 일부가 기공의 발생 원인이 된다.

47 용접작업 시 전격방지를 위한 주의사항 중 틀린 것은?

① 캡타이어 케이블의 피복상태, 용접기의 접지상태를 확실하게 점검할 것
② 기름기가 묻었거나 젖은 보호구와 복장은 입지 말 것
③ 좁은 장소의 작업에서는 신체를 노출시키지 말 것
④ 개로 전압이 높은 교류 용접기를 사용할 것

해설 개로 전압은 무부하 전압이라고도 하며, 용접사의 안전을 고려하여, 무부하 전압이 낮은 용접기를 선택하여야 한다.

★
48 다음 소화기의 설명으로 옳지 않은 것은?

① A급 화재에는 포말소화기가 적합하다.
② A급 화재란 보통화재를 뜻한다.
③ C급 화재에는 CO_2 소화기가 적합하다.
④ C급 화재란 유류화재를 뜻한다.

해설 소화기의 종류와 용도

소화기 종류 \ 화재	A급 화재 (보통 화재)	B급 화재 (기름 화재)	C급 화재 (전기 화재)
포말소화기	적합	적합	부적합
분말소화기	양호	적합	양호
CO_2 소화기	양호	양호	적합

49 가스 용접장치에 대한 설명으로 틀린 것은?

① 화기로부터 5m 이상 떨어진 곳에 설치한다.
② 전격방지기를 설치한다.
③ 아세틸렌 가스 집중장치 시설에는 소화기를 준비한다.
④ 작업 종료 시 메인 밸브 및 콕 등을 완전히 잠근다.

해설 전격방지기는 아크 발생 전후, 즉 무부하 전압을 25V 정도로 낮추어 주는 장치로 가스 용접의 경우 전원을 사용하지 않으므로 전격방지기를 사용하지 않는다.

50 가스용접에 의한 역화가 일어날 경우 대처방법으로 잘못된 것은?

① 아세틸렌을 차단한다.
② 산소 밸브를 열어 산소량을 증가시킨다.
③ 팁을 물로 식힌다.
④ 토치의 기능을 점검한다.

해설 역화는 역류와 인화와 더불어 아세틸렌과 산소의 사용압력 차이에 의하여 발생한다. 즉, 사용압력이 약 1/10인 아세틸렌 방향으로 상대적으로 압력이 높은 산소로 인해 불이 거꾸로 빨려들어가는 것을 역화라 하므로 산소 밸브를 잠가야 한다.

정답 44. ③ 45. ① 46. ② 47. ④ 48. ④ 49. ② 50. ②

51 기계제도의 일반사항에 관한 설명으로 틀린 것은?

① 잘못 볼 염려가 없다고 생각되는 도면은 도면의 일부 또는 전부에 대하여 비례관계를 지키지 않아도 좋다.
② 선의 굵기 방향의 중심은 이론상 그려야 할 위치 위에 그린다.
③ 선이 근접하여 그리는 선의 간격은 원칙적으로 평행선의 경우 선의 굵기의 3배 이상으로 하고, 선과 선의 간격은 0.7mm 이상으로 하는 것이 좋다.
④ 다수의 선이 1점에 집중할 경우 그 점 주위를 스머징하여 검게 나타낸다.

해설 스머징(smudging)은 단면부의 외형선 안쪽의 일부 또는 전부를 색칠하는 것을 의미한다.

52 제도에 사용되는 문자 크기의 기준으로 맞는 것은?

① 문자의 폭
② 문자의 대각선의 길이
③ 문자의 높이
④ 문자의 높이와 폭의 비율

해설 문자의 크기는 일반적으로 문자의 높이를 기준으로 9, 6.3, 4.5, 3.15, 2.24mm 등 5종으로 구분하여 사용한다.

53 배관용 탄소강관의 KS 기호는?

① SPP　　② SPCD
③ STKM　　④ SAPH

해설 ② SPCD: 냉간 압연강판 및 강대
③ STKM: 기계구조용 탄소강관
④ SAPH: 자동차구조용 열간압연 강판 및 강대

54 배관에서 유체의 종류 중 공기를 나타내는 기호는?

① A　　② O
③ S　　④ W

해설 배관에서 유체의 종류를 나타내는 기호 중 "O"는 기름, "S"는 증기, "W"는 물 그리고 "G"는 가스를 의미한다.

55 나사 표시기호 "M50 × 2"에서 "2"는 무엇을 나타내는가?

① 나사 산의 수　　② 나사 피치
③ 나사의 줄 수　　④ 나사의 등급

해설 일반적인 미터나사의 호칭으로 "2"는 피치를 나타낸다.

56 치수를 나타내기 위한 치수선의 표시가 잘못된 것은?

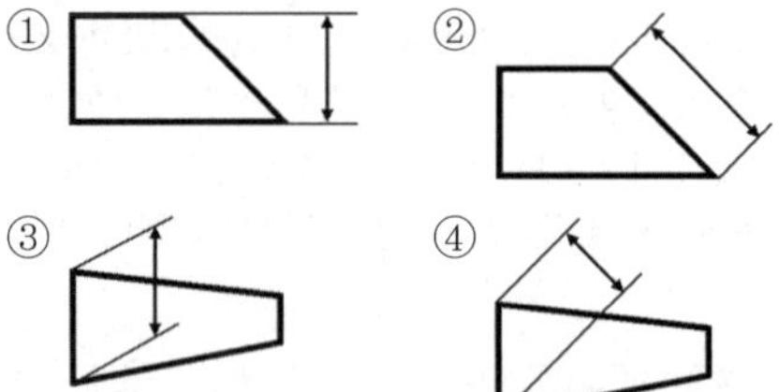

해설 치수를 나타내기 위하여 부득이한 경우를 제외하고는 도면을 가로질러 치수선과 치수보조선을 표시하는 것은 옳지 않다. 지시선의 경사각은 60°를 사용하고(보기 ③) 부득이한 경우 30°, 45°(보기 ④)를 사용한다.

57 그림과 같은 도면에서 가는 실선으로 대각선을 그려 도시한 면의 설명으로 올바른 것은?

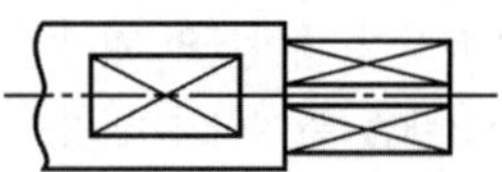

① 대상의 면이 평면임을 도시
② 특수 열처리한 부분을 도시
③ 다이아몬드의 볼록 현상을 도시
④ 사각형으로 관통한 면

해설 면에 대각선을 가는 실선으로 그린 것은 대상의 면이 평면임을 나타낸다.

정답 51. ④ 52. ③ 53. ① 54. ① 55. ② 56. ④ 57. ①

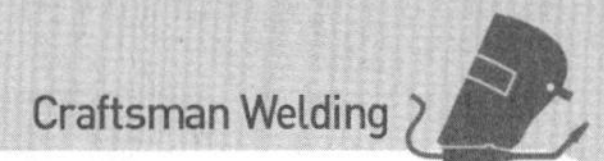

★
58 그림과 같은 양면 필릿 용접기호를 가장 올바르게 해석한 것은?

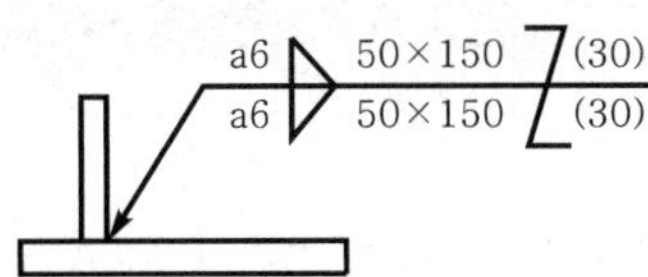

① 목 길이 6mm, 용접길이 150mm, 인접한 용접부 간격 50mm
② 목 길이 6mm, 용접길이 50mm, 인접한 용접부 간격 30mm
③ 목 두께 6mm, 용접길이 150mm, 인접한 용접부 간격 30mm
④ 목 두께 6mm, 용접길이 50mm, 인접한 용접부 간격 50mm

해설 양면 필릿 기호의 표시를 할 때 기준선(실선)의 위쪽에 표시한 내용이 화살표 반대쪽, 기준선의 아래쪽에 표시한 내용이 화살표 쪽의 내용이다. 따라서 화살표 쪽의 "a"는 목 두께를 의미하고 목 두께 6mm, 용접개수 50개, 용접길이 150mm, 인접한 길이 30mm라는 의미이다.

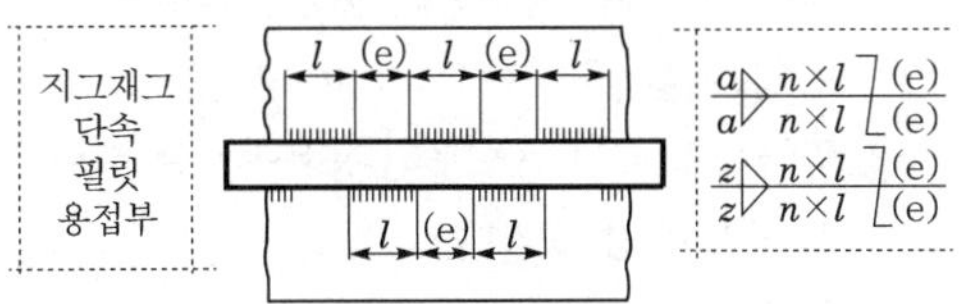

l : 용접부 길이(크레이터부 제외)
(e) : 인접한 용접부 간의 거리(피치)
n : 용접부의 개수(용접 수)
a : 목 두께
z : 목 길이(각장)

59 제3각법으로 정투상한 그림과 같은 정면도와 우측면도에 가장 적합한 평면도는?

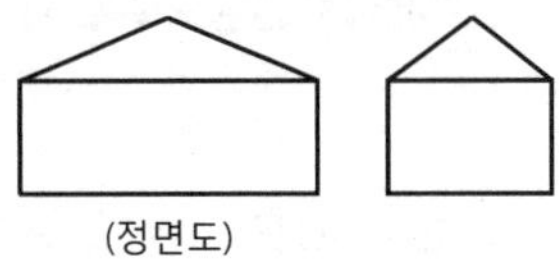

①
②
③
④

해설 정면도와 우측면도의 상부에 뿔 모양임을 알 수 있어, 평면도에서 대각선 형태의 표기가 되어야 한다.

60 그림의 A 부분과 같이 경사면부가 있는 대상물에서 그 경사면의 실형을 표시할 필요가 있는 경우 사용하는 투상도는?

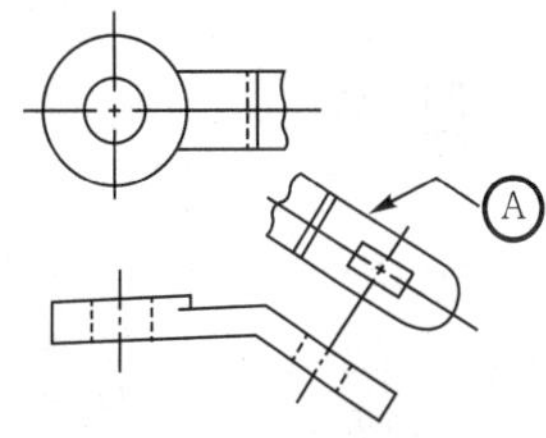

① 국부 투상도　　② 전개 투상도
③ 회전 투상도　　④ 보조 투상도

해설 물체의 경사진 면을 정투상법에 의해 투상하면 경사진 면의 실제 모양이나 크기가 나타나지 않으며 이해하기 어려우므로 경사진 면과 나란한 각도에서 투상한 것을 보조 투상도라고 한다.

정답 58. ③　59. ③　60. ④

제 1 회 2014. 1. 26. 시행

특수용접기능사

01 다음 중 고속분출을 얻는 데 적합하고, 보통의 팁에 비하여 산소의 소비량이 같을 때 절단속도를 20~25% 증가시킬 수 있는 절단 팁은?

① 직선형 팁
② 산소-LP형 팁
③ 보통형 팁
④ 다이버전트형 팁

해설 다이버전트 노즐 타입의 팁에 대한 내용으로 그 형상은 다음과 같다.

(보통 절단용)

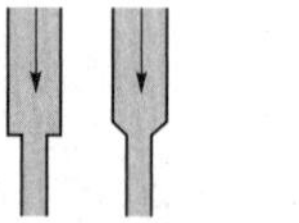

[스트레이트 노즐]

(최소 에너지 손실 속도로 변화)

[다이버전트 노즐]

(가우징 스카핑 등에서 사용)

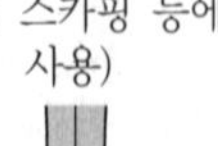

[저속 다이버전트 노즐]

(후판 절단에 이용)

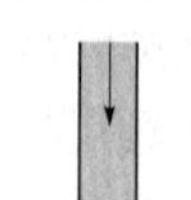

[직선형 노즐]

02 다음 중 연강 용접봉에 비해 고장력강 용접봉의 장점이 아닌 것은?

① 재료의 취급이 간단하고 가공이 용이하다.
② 동일한 강도에서 판의 두께를 얇게 할 수 있다.
③ 소요강재의 중량을 상당히 무겁게 할 수 있다.
④ 구조물의 하중을 경감시킬 수 있어 그 기초공사가 단단해진다.

해설 고장력강 용접봉은 소요 중량의 무게를 가볍게 할 수 있다.

★
03 다음 중 정격 2차 전류가 200A, 정격사용률이 40%의 아크 용접기로 150A의 용접전류를 사용하여 용접하는 경우 허용사용률은 약 몇 %인가?

① 33% ② 40%
③ 50% ④ 71%

해설

$$허용사용률(\%) = \frac{(정격2차전류)^2}{(실제사용전류)^2} \times 정격사용률$$

$$= \frac{(200)^2}{(150)^2} \times 40 = 71\%$$

04 다음 중 직류아크용접의 극성에 관한 설명으로 틀린 것은?

① 전자의 충격을 받는 양극이 음극보다 발열량이 작다.
② 정극성일 때는 용접봉의 용융이 늦고 모재의 용입은 깊다.
③ 역극성일 때는 용접봉의 용융속도는 빠르고 모재의 용입이 얕다.
④ 얇은 판의 용접에는 용락(burn through)을 피하기 위해 역극성을 사용하는 것이 좋다.

해설 직류아크용접 극성에서 전자의 충격을 받는 양극에 70%, 음극에 30%의 열이 분배된다.

05 다음 중 가연성 가스가 가져야 할 성질과 가장 거리가 먼 것은?

① 발열량이 클 것
② 연소속도가 느릴 것
③ 불꽃의 온도가 높을 것
④ 용융금속과 화학반응을 일으키지 않을 것

해설 가연성 가스가 가져야 할 조건은 보기 ①, ③, ④ 외에 연소속도가 빨라야 한다 등이다.

정답 01. ④ 02. ③ 03. ④ 04. ① 05. ②

06 다음 중 가스불꽃의 온도가 가장 높은 것은?

① 산소-메탄불꽃 ② 산소-프로판불꽃
③ 산소-수소불꽃 ④ 산소-아세틸렌불꽃

해설
• 산소-아세틸렌불꽃 온도: 3,430℃
• 산소-수소불꽃 온도: 2,900℃
• 산소-프로판불꽃 온도: 2,820℃
• 산소-메탄불꽃 온도: 2,700℃

07 다음 중 아크 에어 가우징 시 압축공기의 압력으로 가장 적합한 것은?

① 1~3kgf/cm^2 ② 5~7kgf/cm^2
③ 9~15kgf/cm^2 ④ 11~20kgf/cm^2

해설 아크 에어 가우징 시 압축공기의 압력은 대략 5~7kgf/cm^2 정도가 좋다.

08 다음 수중 절단(underwater cutting)에 관한 설명으로 틀린 것은?

① 일반적으로 수중 절단은 수심 45m 정도까지 작업이 가능하다.
② 수중작업 시 절단 산소의 압력은 공기 중에서의 1.5~2배로 한다.
③ 수중작업 시 예열가스의 양은 공기 중에서의 4~8배 정도로 한다.
④ 연료가스로는 수소, 아세틸렌, 프로판, 벤젠 등이 사용되나 그 중 아세틸렌이 가장 많이 사용된다.

해설 연료 가스로는 주로 수소가 사용되고, 아세틸렌 가스는 수압이 높으면 폭발할 위험성이 있으며 깊은 곳에서는 가스가 기화되지 않아 점화할 수 없다.

09 강재의 가스 절단 시 팁 끝과 연강판 사이의 거리는 백심에서 1.5~2.0mm 정도 떨어지게 하며, 절단부를 예열하여 약 몇 ℃ 정도가 되었을 때 고압산소를 이용하여 절단을 시작하는 것이 좋은가?

① 300~450℃ ② 500~600℃
③ 650~750℃ ④ 800~900℃

해설 일반 강재를 절단하고자 하는 경우 800~900℃까지 예열한 후 고압산소를 공급한다.

10 다음 중 원판상의 롤러 전극 사이에 용접할 2장의 판을 두고 가압, 통전하여 전극을 회전시키며 연속적으로 점 용접을 반복하는 용접법은?

① 심 용접 ② 프로젝션 용접
③ 전자빔 용접 ④ 테르밋 용접

해설 심(seam) 용접에 대한 내용이다.

11 다음 중 산소-아세틸렌 가스 용접에서 주철에 사용하는 용제에 해당하지 않는 것은?

① 붕사 ② 탄산나트륨
③ 염화나트륨 ④ 중탄산나트륨

해설 산소-아세틸렌 가스 용접 시 주철에 사용되는 용제는 탄산나트륨 15%, 붕사 15%, 중탄산나트륨 70%가 사용된다.

12 다음 중 저용점 합금에 대하여 설명한 것 중 틀린 것은?

① 납(Pb, 용융점 327℃)보다 낮은 용점을 가진 합금을 말한다.
② 가융합금이라 한다.
③ 2원 또는 다원계의 공정합금이다.
④ 전기 퓨즈, 화재경보기, 저온 땜납 등에 이용된다.

해설 저용점 합금의 용융점 기준이 되는 금속은 주석(Sn)이고 용융점은 약 232℃ 미만이다.

13 내용적이 40L, 충전압력이 150kgf/cm^{2}인 산소 용기의 압력이 50kgf/cm^{2}까지 내려갔다면 소비한 산소의 양은 몇 L인가?

① 2,000L ② 3,000L
③ 4,000L ④ 5,000L

해설 산소량(L)=충전압력(P)×내용적(V)으로 구한다. 문제에 주어진 정보를 대입하면, L=(150−50)×40=4,000L이다.

정답 06. ④ 07. ② 08. ④ 09. ④ 10. ① 11. ③ 12. ① 13. ③

14 금속의 공통적 특성이 아닌 것은?

① 상온에서 고체이며 결정체이다(단, Hg은 제외).
② 열과 전기의 양도체이다.
③ 비중이 크고 금속적 광택을 갖는다.
④ 소성 변형이 없어 가공하기 쉽다.

해설 금속의 특성
- 상온에서 고체이며 결정체이다(단, Hg은 제외).
- 열과 전기의 양도체이다.
- 금속의 광택을 갖는다.
- 전성·연성이 커서 가공이 용이하고 변형하기 쉽다.

15 다음 중 연강용 피복아크 용접봉 피복제의 역할과 가장 거리가 먼 것은?

① 아크를 안정하게 한다.
② 전기를 잘 통하게 한다.
③ 용착금속의 급랭을 방지한다.
④ 용착금속의 탈산 및 정련작용을 한다.

해설 ①, ③, ④는 피복제의 주된 역할이다. 또한 피복제는 전기 절연 작용을 한다.

16 정전압 특성에 관한 설명으로 옳은 것은?

① 부하전압이 변화하면 단자전압이 변하는 특성
② 부하전류가 증가하면 단자전압이 저하하는 특성
③ 부하전류가 변화하여도 단자전압이 변하지 않는 특성
④ 부하전류가 변화하지 않아도 단자전압이 변하는 특성

해설 정전압 특성은 수하 특성과 반대의 성질을 갖는 것으로 부하 전류가 변하여도 단자 전압은 거의 변하지 않는 특성을 말하며, CP 특성이라고도 한다.

17 다음 중 대표적인 주조 경질 합금은?

① HSS ② 스텔라이트
③ 콘스탄탄 ④ 켈멧

해설 스텔라이트는 Co-Cr-W-C가 주성분으로 주조 경질 합금의 대표적인 금속이다.

18 피복아크용접에서 용접속도(welding speed)에 영향을 미치지 않는 것은?

① 모재의 재질 ② 이음 모양
③ 전류값 ④ 전압값

해설 용접봉의 용융속도는 단위시간당 소비되는 용접봉의 길이 또는 무게로 나타내는데, 실험 결과에 의하면 아크전압과는 관계가 없다.
용융속도=아크전류×용접봉 쪽 전압 강하

19 다음 중 피복아크용접에 있어 위빙 운봉 폭은 용접봉 심선 지름의 얼마로 하는 것이 가장 적절한가?

① 1배 이하 ② 약 2~3배
③ 약 4~5배 ④ 약 6~7배

해설 위빙 비드
- 용접봉은 진행 방향으로 70~80° 경사지게 하고 좌우에 대하여 90° 되게 한다.
- 위빙 운봉 폭은 심선 지름의 2~3배로 한다.

20 다음 중 전기용접에 있어 전격방지기가 기능하지 않을 경우 2차 무부하 전압은 어느 정도가 가장 적합한가?

① 20~30V ② 40~50V
③ 60~70V ④ 90~100V

해설 문제에서 "전격방지기가 기능을 하는 경우"가 적합한 문제이다. 70~90V이던 무부하 전압이 전격방지기가 기능을 하게 되면 20~30V 이하가 되어 전격을 방지할 수 있게 된다.

21 구리는 비철재료 중에 비중을 크게 차지한 재료이다. 다른 금속재료와의 비교 설명 중 틀린 것은?

① 철에 비해 용융점이 높아 전기제품에 많이 사용된다.
② 아름다운 광택과 귀금속적 성질이 우수하다.
③ 전기 및 열의 전도도가 우수하다.
④ 전연성이 좋아 가공이 용이하다.

정답 14. ④ 15. ② 16. ③ 17. ② 18. ④ 19. ② 20. ① 21. ①

해설 철의 용융점은 1,538℃, 구리의 용융점은 1,083℃ 이다.

22 크롬강의 특징을 잘못 설명한 것은?

① 크롬강은 담금질이 용이하고 경화층이 깊다.
② 탄화물이 형성되어 내마모성이 크다.
③ 내식 및 내열강으로 사용한다.
④ 구조용은 W, V Co를 첨가하고 공구용은 Ni, Mn, Mo을 첨가한다.

해설 구조용은 Ni, Mn, Mo을 첨가하고 공구용은 W, V. Co를 첨가한다.

23 고Ni의 초고장력강이며 1,370~2,060Mpa의 인장강도와 높은 인성을 가진 석출경화형 스테인리스강의 일종은?

① 마르에이징(maraging)강
② 18% Cr−8% Ni의 스테인리스강
③ 13% Cr강의 마텐자이트계 스테인리스강
④ 12~17% Cr−0.2% C의 페라이트계 스테인리스강

해설 일반적으로 스테인리스강은 조성에 따라 보기 ④의 페라이트계(고Cr)와 보기 ②의 오스테나이트계(고Cr, 고Ni계), 보기 ③의 마텐자이트계(고Cr, 고C)와 석출경화형(고Cr, 고Ni) 스테인리스강으로 구분되며, 탄소량이 매우 낮으므로 시효화(aging)하여 초고장력 구조용강의 특징을 가진다. 마르에이징이란 마텐자이트(martensite)와 에이징(aging)의 합성어이다.

24 비자성이고 상온에서 오스테나이트 조직인 스테인리스강은? (단, 숫자는 %를 의미한다.)

① 18 Cr−8 Ni 스테인리스강
② 13 Cr 스테인리스강
③ Cr계 스테인리스강
④ 13 Cr−Al 스테인리스강

해설 상온에서 오스테나이트계 스테인리스강은 비자성이고 18 Cr−8 Ni인 대표적인 스테인리스강이다.

★
25 열처리방법에 따른 효과로 옳지 않은 것은?

① 불림 – 미세하고 균일한 표준조직
② 풀림 – 탄소강의 경화
③ 담금질 – 내마멸성 향상
④ 뜨임 – 인성 개선

해설 풀림의 목적은 결정입자 조정 및 재질 연화이다.

26 담금질 가능한 스테인리스강으로 용접 후 경도가 증가하는 것은?

① STS 316　② STS 304
③ STS 202　④ STS 410

해설 우선 스테인리스강을 3가지 계열로 구분하면 오스테나이트계, 마텐자이트계, 그리고 페라이트계 등이다. 이 중 문제에서 요구하는 담금질 처리로 인하여 경화가 가능한 스테인리스강은 마텐자이트계이다. 스테인리스강의 종류에서 200번계(STS 210 등)와 300번계(STS 304, STS 316 등)는 오스테나이트계이며, 마텐자이트계가 400번(STS 410 등) 계열이다. 그리고 특수한 석출경화형의 경우 600번(STS 630 등) 계열이다.

27 용접결함 방지를 위한 관리기법에 속하지 않는 것은?

① 설계도면에 따른 용접시공 조건의 검토와 작업순서를 정하여 시공한다.
② 용접구조물의 재질과 형상에 맞는 용접장비를 사용한다.
③ 작업 중인 시공상황을 수시로 확인하고 올바르게 시공할 수 있게 관리한다.
④ 작업 후에 시공상황을 확인하고 올바르게 시공할 수 있게 관리한다.

해설 용접결함을 방지하기 위해서는 용접작업 전 또는 용접작업 중에 그 어떤 관리기법을 도입하여야만 그 목적을 달성할 수 있다. 다시 말해 보기 ④처럼 작업 후에 시공상황을 확인하는 것은 결함 예방이 아니라 결함 수정을 위한 관리기법이다.

정답 22. ④ 23. ① 24. ① 25. ② 26. ④ 27. ④

28 침탄법을 침탄제의 종류에 따라 분류할 때 해당되지 않는 것은?

① 고체 침탄법　② 액체 침탄법
③ 가스 침탄법　④ 화염 침탄법

해설 강의 표면 경화법에서 침탄법 중 침탄제의 종류에 따른 분류로는 고체 침탄법, 가스 침탄법, 액체 침탄법 등이 있다.

29 청동은 다음 중 어느 합금을 의미하는가?

① Cu-Zn　② Fe-Al
③ Cu-Sn　④ Zn-Sn

해설 Cu-Zn은 황동이고, Cu-Sn은 청동이다.

30 티그 용접의 전원 특성 및 사용법에 대한 설명이 틀린 것은?

① 역극성을 사용하면 전극의 소모가 많아진다.
② 알루미늄 용접 시 교류를 사용하면 용접이 잘된다.
③ 정극성은 연강, 스테인리스강 용접에 적당하다.
④ 정극성을 사용할 때 전극은 둥글게 가공하여 사용하는 것이 아크가 안정된다.

해설 정극성을 사용할 때는 전극을 뾰족하게 가공하여 사용하며, 교류 용접 시 전극은 둥글게 가공하여 사용한다.

31 서브머지드 아크용접에 사용되는 용융형 용제에 대한 특징 설명 중 틀린 것은?

① 흡습성이 거의 없으므로 재건조가 불필요하다.
② 미용융 용제는 다시 사용이 가능하다.
③ 고속 용접성이 양호하다.
④ 합금원소의 첨가가 용이하다.

해설 용융형 용제는 고속 용접이 양호하고, 흡습성이 없으며, 반복 사용성이 좋으며, 용융 시 분해되거나 산화되는 원소를 첨가할 수 없다.

★
32 이산화탄소 가스 아크용접에서 아크전압이 높을 때 비드 형상으로 맞는 것은?

① 비드가 넓어지고 납작해진다.
② 비드가 좁아지고 납작해진다.
③ 비드가 넓어지고 볼록해진다.
④ 비드가 좁아지고 볼록해진다.

해설 아크전압이 높을 때 비드의 형상은 비드폭이 넓어지고 납작해지며, 전압이 낮을 때는 반대의 형상이 나타난다.

33 다음 중 테르밋 용접의 점화제가 아닌 것은?

① 과산화바륨　② 망간
③ 알루미늄　④ 마그네슘

해설 테르밋제에 과산화바륨과 알루미늄(또는 마그네슘) 등의 혼합 분말로 된 점화제를 넣고 점화하면 점화제 화학 반응에 의해 테르밋 반응을 시작하는데 약 1,200℃ 이상의 고온이 얻어진다.

34 파장이 같은 빛을 렌즈로 집광하면 매우 작은 점으로 집중이 가능하고 높은 에너지로 집속하면 높은 열을 얻을 수 있다. 이것을 열원으로 하여 용접하는 방법은?

① 레이저 용접
② 일렉트로 슬래그 용접
③ 테르밋 용접
④ 플라스마 아크용접

해설 레이저라는 말은 유도방사에 의한 광의 증폭기의 첫 글자에서 나온 말이며, 레이저 열원에 대한 내용이다.

35 다음 중 용접성 시험이 아닌 것은?

① 노치취성 시험　② 용접연성 시험
③ 파면 시험　④ 용접균열 시험

해설 용접성 시험에는 노취취성 시험, 용접경화성 시험, 용접연성 시험, 용접균열 시험 등이 있으며, 파면 시험은 야금학적 시험에 해당된다.

정답 28. ④ 29. ③ 30. ④ 31. ④ 32. ① 33. ② 34. ① 35. ③

★
36 보통화재와 기름화재의 소화기로는 적합하나 전기 화재의 소화기로는 부적합한 것은?

① 포말소화기 ② 분말소화기
③ CO_2 소화기 ④ 물소화기

해설 소화기의 종류와 용도

화재 / 소화기 종류	A급 화재 (보통 화재)	B급 화재 (기름 화재)	C급 화재 (전기 화재)
포말소화기	적합	적합	부적합
분말소화기	양호	적합	양호
CO_2 소화기	양호	양호	적합

37 용접부의 표면이 좋고 나쁨을 검사하는 것으로 가장 많이 사용하며 간편하고 경제적인 검사방법은?

① 자분 검사 ② 외관 검사
③ 초음파 검사 ④ 침투 검사

해설 외관 검사에서는 비드 모양, 언더컷, 오버랩, 용입 불량, 표면 균열, 기공 등을 검사한다.

38 불활성 가스 금속아크용접의 용접토치 구성부품 중 와이어가 송출되면서 전류를 통전시키는 역할을 하는 것은?

① 가스 분출기(gas diffuser)
② 팁(tip)
③ 인슐레이터(insulator)
④ 플렉시블 콘딧(flexible conduit)

해설 MIG 용접토치의 구성은 다음과 같으며, 문제의 역할을 하는 부품은 팁(tip)이다.

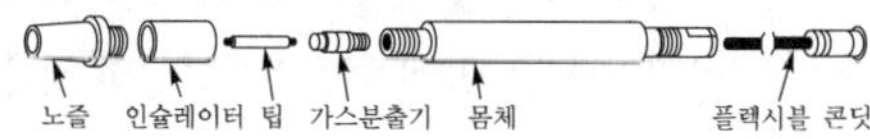

39 경납용 용제의 특징으로 틀린 것은?

① 모재와 친화력이 있어야 한다.
② 용융점이 모재보다 낮아야 한다.
③ 모재와의 전위차가 가능한 한 커야 한다.
④ 모재와 야금적 반응이 좋아야 한다.

해설 경납용 용제의 특징으로는 보기 ①, ②, ④ 이외에 ㉠ 유동성이 좋아 이음 간에 흡인이 쉬워야 한다, ㉡ 용융점에서 땜납의 조성이 일정하게 유지되어야 하며 휘발 성분이 함유하지 않아야 한다, ㉢ 모재와 야금적 반응이 만족스러워야 한다, ㉣ 모재와 전위차가 가능한 적어야 한다, ㉤ 금·은·공예품 등의 납땜에는 색조가 같아야 한다 등이다.

40 화재 및 폭발의 방지 조치사항으로 틀린 것은?

① 용접작업 부근에 점화원을 두지 않는다.
② 인화성 액체의 반응 또는 취급은 폭발 한계 범위 이내의 농도로 한다.
③ 아세틸렌이나 LP 가스 용접 시에는 가연성 가스가 누설되지 않도록 한다.
④ 대기 중에 가연성 가스를 누설 또는 방출시키지 않는다.

해설 폭발 한계의 하한계와 상한계 사이의 농도에 두면 여기에서 폭발이 이루어진다. 따라서 화재 및 폭발의 방지를 위한 조치로는 이 폭발 한계치 밖의 농도로 하여야 함을 알 수 있다.

41 아크 용접작업에 관한 사항으로서 올바르지 않은 것은?

① 용접기는 항상 환기가 잘되는 곳에 설치할 것
② 전류는 아크를 발생하면서 조절할 것
③ 용접기는 항상 건조되어 있을 것
④ 항상 정격에 맞는 전류로 조절할 것

해설 전류 조정은 반드시 아크를 중단하고 조정하도록 한다.

42 다음 중 용접부에 언더컷이 발생했을 경우 결함 보수방법으로 가장 적당한 것은?

① 드릴로 정지 구멍을 뚫고 다듬질한다.
② 절단작업을 한 다음 재용접한다.
③ 가는 용접봉을 사용하여 보수용접한다.
④ 일부분을 깎아내고 재용접한다.

해설 보기 ①은 균열이 발생한 경우의 보수방법이며, ④는 오버랩의 보수방법이다.

정답 36. ① 37. ② 38. ② 39. ③ 40. ② 41. ② 42. ③

★
43 점 용접 조건의 3대 요소가 아닌 것은?

① 고유저항 ② 가압력
③ 전류의 세기 ④ 통전시간

해설 점 용접법의 3요소
• 전류의 세기
• 통전시간
• 가압력

★
44 액체 이산화탄소 25kg 용기는 대기 중에서 가스량이 대략 12,700L이다. 20L/min의 유량으로 연속 사용할 경우 사용 가능한 시간(hour)은 약 얼마인가?

① 60시간 ② 6시간
③ 10시간 ④ 1시간

해설 분당 사용량이 20L이라면 시간당으로 환산하면 20L×60min= 1,200L/h이다. 총가스량을 시간당 사용량으로 나누면 가능시간이 계산된다.
따라서, $\frac{12,700\text{L}}{1,200\text{L/hour}} = 10.5\text{hour} \simeq 10\text{hour}$ 이다.

45 용접부의 인장응력을 완화하기 위하여 특수 해머로 연속적으로 용접부 표면층을 소성 변형 주는 방법은?

① 피닝법 ② 저온응력 완화법
③ 응력제거 어닐링법 ④ 국부가열 어닐링법

해설 용접부 인장응력 완화를 위해 해머로 연속으로 용접부 표면층을 소성 변형해 주는 방법을 피닝법이라 한다.

46 용접에서 변형 교정방법이 아닌 것은?

① 얇은 판에 대한 점 수축법
② 롤러에 거는 방법
③ 형재에 대한 직선 수축법
④ 노내풀림법

해설 ①, ②, ③은 용접 변형의 교정방법에 해당되며, 노내풀림법은 잔류응력 제거법에 속한다.

47 이산화탄소 아크용접에서 일반적인 용접작업(약 200A 미만)에서의 팁과 모재 간 거리는 몇 mm 정도가 가장 적합한가?

① 0~5mm ② 10~15mm
③ 40~50mm ④ 30~40mm

해설 팁과 모재 간의 거리를 CTWD(Contact Tip to Work piece Distance)라 하며, 이는 아크길이와 와이어 돌출길이를 합한 거리이다. 이것은 보호효과 및 용접 작업성을 결정하는 것으로 와이어 돌출길이가 길어짐에 따라 용접 와이어의 예열이 많아지고 따라서 용착효율이 커지며 보호효과가 나빠지고 용접 전류는 낮아진다. 문제에서 요구하는 팁과 모재 간의 적당한 거리는 저전류(약 200A 미만) 영역의 경우 10~15mm, 고전류(약 200A 이상) 영역의 경우 15~25mm 정도가 적당하다.

48 일반적으로 표면의 결 도시기호에서 표시하지 않는 것은?

① 표면재료 종류
② 줄무늬 방향의 기호
③ 표면의 파상도
④ 컷오프값, 평가길이

해설 표면의 결 도시기호에서 표시하는 사항은 보기 ②, ③, ④ 등이다.

49 가스 용접작업 시 주의사항으로 틀린 것은?

① 반드시 보호안경을 착용한다.
② 산소 호스와 아세틸렌 호스는 색깔 구분 없이 사용한다.
③ 불필요한 긴 호스를 사용하지 말아야 한다.
④ 용기 가까운 곳에서는 인화물질의 사용을 금한다.

해설 가스용접 시 산소 및 아세틸렌 호스의 혼용을 막기 위해 아세틸렌은 적색, 산소는 녹색 또는 검정색을 고무호스 또는 도관에 칠한 후 구별하여 사용한다. 호스 및 도관의 내압시험 압력은 산소 90kgf/cm^2, 아세틸렌은 10kgf/cm^{2}에서 실시한다.

정답 43. ① 44. ③ 45. ① 46. ④ 47. ② 48. ① 49. ②

50 플러그 용접에서 전단강도는 일반적으로 구멍의 면적당 전용착금속 인장강도의 몇 % 정도로 하는가?

① 20~30% ② 40~50%
③ 60~70% ④ 80~90%

해설 플러그 용접에서 전단강도는 일반적으로 구멍의 면적당 전용착금속 인장강도의 60~70% 정도로 한다.

★
51 용접재 예열의 목적으로 옳지 않은 것은?

① 변형 방지
② 잔류응력 감소
③ 균열발생 방지
④ 수소이탈 방지

해설 용접 중 발생 또는 침투한 수소의 영향으로 인한 결함(기공, 헤어크랙 등)을 예방하기 위한 것도 예열의 목적이다.

52 다음 중 도면의 일반적인 구비조건으로 거리가 먼 것은?

① 대상물의 크기, 모양, 자세, 위치의 정보가 있어야 한다.
② 대상물을 명확하고 이해하기 쉬운 방법으로 표현해야 한다.
③ 도면의 보존, 검색 이용이 확실히 되도록 내용과 양식을 구비해야 한다.
④ 무역과 기술의 국제 교류가 활발하므로 대상물의 특징을 알 수 없도록 보안성을 유지해야 한다.

해설 도면은 세계 각국이 서로 통할 수 있는 공통된 표현을 사용하여 설계자의 의사를 명확히 전달되어야 한다. 보안 유지와는 거리가 멀다.

53 다음 중 일반구조용 압연강재의 KS 재료기호는?

① SS 490 ② SSW 41
③ SBC 1 ④ SM 400A

해설 일반구조용 압연강재는 SS 490, 용접구조용 압연강재는 SM 490A이다.

54 그림과 같은 용접기호에서 a7이 의미하는 뜻으로 알맞은 것은?

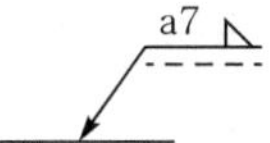

① 용접부 목 길이가 7mm이다.
② 용접 간격이 7mm이다.
③ 용접모재의 두께가 7mm이다.
④ 용접부 목 두께가 7mm이다.

해설 용접 기호에서 숫자 앞의 기호(a)는 용접부 목 두께를 표시한다.

55 치수 숫자와 함께 사용되는 기호가 바르게 연결된 것은?

① 지름: P ② 정사각형: □
③ 구면의 지름: ϕ ④ 구의 반지름: C

해설 치수 보조기호의 종류

구분	기호	읽기	사용법
지름	ϕ	파이	지름치수의 치수문자 앞에 붙인다.
반지름	R	알	반지름치수의 치수문자 앞에 붙인다.
구의 지름	Sϕ	에스 파이	구의 지름치수의 치수문자 앞에 붙인다.
구의 반지름	SR	에스 알	구의 반지름치수의 치수문자 앞에 붙인다.
정사각형의 변	□	사각	정사각형의 한변 치수의 치수문자 앞에 붙인다.
판의 두께	t	티	판 두께의 치수문자 앞에 붙인다.
원호의 길이	⌒	원호	원호의 길이 치수의 치수문자 위에 붙인다.
45°의 모따기	C	시	45° 모따기 치수의 치수문자 앞에 붙인다.
이론적으로 정확한 치수	▭	테두리	이론적으로 정확한 치수의 치수문자를 둘러싼다.
참고치수	( )	괄호	참고 치수의 치수문자(치수 보조기호를 포함한다)를 둘러싼다.

정답 50. ③ 51. ④ 52. ④ 53. ① 54. ④ 55. ②

56 배관의 접합기호 중 플랜지 연결을 나타내는 것은?

① ―┼―　② ―╫―
③ ―╫╫―　④ ―)―

해설 배관의 접합기호

유니언 연결	―╫╫―	플랜지 연결	―╫―
칼라 연결	―)(―	마개와 소켓 연결	―)―

★
57 그림과 같은 도면에서 지름 3mm 구멍의 수는 모두 몇 개인가?

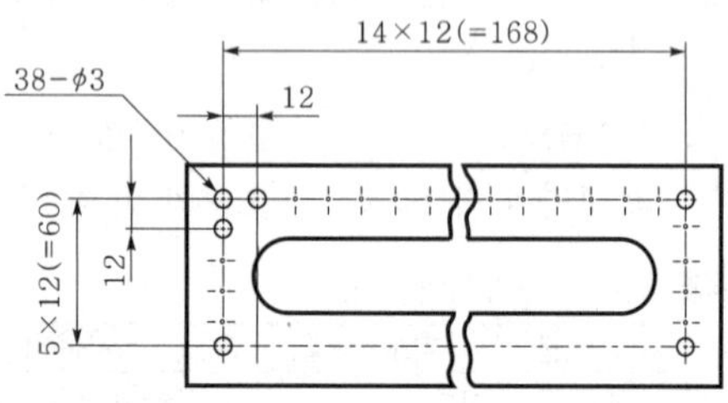

① 24　② 38
③ 48　④ 60

해설 문제의 그림 왼쪽 상단의 "38-ϕ3" 표시는 "지름 3mm 구멍 38개를 가공하라"는 의미이다.

58 다음 중 직원뿔 전개도의 형태로 가장 적합한 형상은?

①　②
③　④

해설
- 평행 전개도법: 직각 방향으로 전개하는 방법
- 방사 전개도법: 꼭지점을 중심으로 방사 전개하는 방법
- 삼각형 전개도법: 삼각형으로 나누어 전개하는 방법

59 그림에서 6.3선이 나타내는 선의 명칭으로 옳은 것은?

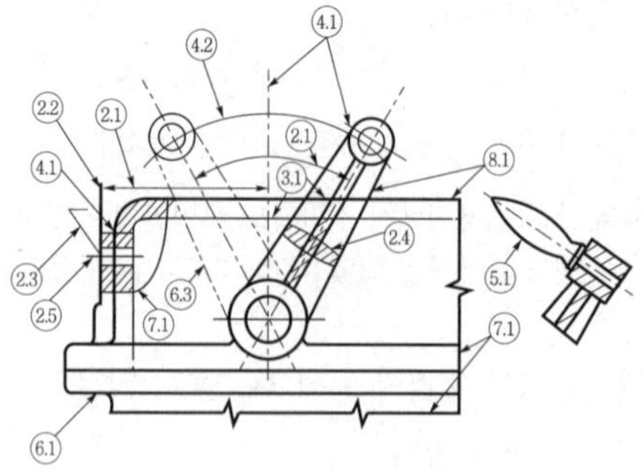

① 가상선　② 절단선
③ 중심선　④ 무게중심선

해설 벨트가 연결된다고 가정하여 표시한 가상선으로 2점 쇄선으로 그린다.

60 그림과 같은 입체도에서 화살표 방향을 정면으로 할 때 제3각법으로 올바르게 정투상한 것은?

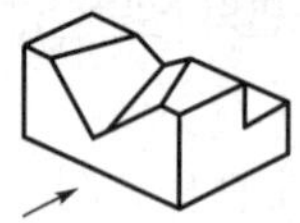

①　②

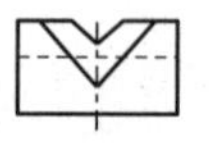

③　④

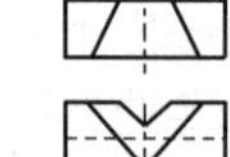
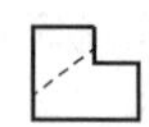
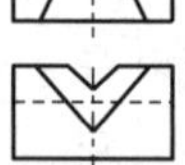

해설 평면도를 보면 중심부에서 수직선이 하단까지 내려와야 하므로 우측면도가 계단식이다. 따라서 평면도의 주평선이 실선으로 표기가 되는 보기 ②가 정답이다.

정답 56. ② 57. ② 58. ② 59. ① 60. ②

제 2 회 2014. 4. 6. 시행

특수용접기능사

01 절단용 산소 중의 불순물이 증가되면 나타나는 결과가 아닌 것은?

① 절단속도가 늦어진다.
② 산소의 소비량이 적어진다.
③ 절단 개시시간이 길어진다.
④ 절단 홈의 폭이 넓어진다.

해설 산소 중의 불순물이 증가되면 절단속도가 늦어지고, 산소의 소비량이 많아지며, 절단시간이 길어지고, 절단 홈의 폭이 넓어진다.

★
02 가스용접 시 전진법과 후진법을 비교 설명한 것 중 틀린 것은?

① 전진법은 용접속도가 느리다.
② 후진법은 열 이용률이 좋다.
③ 후진법은 용접변형이 크다.
④ 전진법은 개선 홈의 각도가 크다.

해설 가스용접 시 전진법과 후진법의 비교

항 목	전진법(좌진법)	후진법(우진법)
열 이용률	나쁘다	좋다
용접속도	느리다	빠르다
비드 모양	매끈하다	매끈하지 못하다
홈 각도	크다(80°)	작다(60°)
용접변형	크다	작다
용접모재 두께	얇다(5mm까지)	두껍다
산화 정도	심하다	약하다
용착금속의 냉각속도	급냉된다	서냉된다
용착금속 조직	거칠다	미세하다

03 피복아크 용접봉에서 피복 배합제인 아교의 역할은?

① 고착제 ② 합금제
③ 탈산제 ④ 아크 안정제

해설 피복 배합제인 아교는 환원 가스 발생제 및 고착제 역할을 한다.

04 탄소 아크 절단에 압축공기를 병용하여 전극 홀더의 구멍에서 탄소 전극봉에 나란히 분출하는 고속의 공기를 분출시켜 용융금속을 불어내어 홈을 파는 방법은?

① 금속 아크 절단
② 아크 에어 가우징
③ 플라스마 아크 절단
④ 불활성 가스 아크 절단

해설 고속의 공기를 분출시켜 용융금속을 불어 내어 홈을 파는 방법을 아크 에어 가우징(arc air gouging)이라 하며, 이 방법은 용접 현장에서 결함부 제거, 용접 홈의 준비 및 가공 등 여러 가지 용도로 이용되고 있다.

05 균열에 대한 감수성이 좋아 구속도가 큰 구조물의 용접이나 탄소가 많은 고탄소강 및 황의 함유량이 많은 쾌삭강 등의 용접에 사용되는 용접봉의 계통은?

① 고산화티탄계 ② 일미나이트계
③ 라임티탄계 ④ 저수소계

해설 저수소계 용접봉은 피복제로 석회석이나 형석을 주성분으로 사용한 것으로, 용착금속 중의 수소 함유량이 다른 용접봉에 비해 약 1/10 정도로 현저하게 적고, 강인성이 풍부하며, 기계적 성질과 내균열성이 우수하다.

06 교류아크 용접기 부속장치 중 용접봉 홀더의 종류(KS)가 아닌 것은?

① 400호 ② 300호
③ 200호 ④ 100호

정답 01. ② 02. ③ 03. ① 04. ② 05. ④ 06. ④

해설 용접봉 홀더의 종류(KS)에는 125호, 160호, 200호, 250호, 300호, 400호, 500호 등이 있다.

★
07 서브머지드 아크 용접법에서 다전극 방식의 종류에 해당되지 않는 것은?

① 텐덤식 방식 ② 횡병렬식 방식
③ 횡직렬식 방식 ④ 종직렬식 방식

해설 다전극 방식에 의한 분류 방식에는 텐덤식, 횡 병렬식, 횡 직렬식 등이 있다.

★
08 스테인리스강을 용접하면 용접부가 입계부식을 일으켜 내식성을 저하시키는 원인으로 가장 적합한 것은?

① 자경성 때문이다.
② 적열취성 때문이다.
③ 탄화물의 석출 때문이다.
④ 산화에 의한 취성 때문이다.

해설 스테인리스강에서 부식에 견디는 성질인 내식성을 담당하는 원소가 크롬(Cr)인데, 용접 중 고온에서 탄소와 만나 크롬탄화물($Cr_{23}C_6$) 등을 생성하면 내식성을 잃게 된다.

09 라우탈(Lautal) 합금의 주성분은?

① Al－Cu－Si ② Al－Si－Ni
③ Al－Cu－Mn ④ Al－Si－Mn

해설 라우탈은 Al－Cu－Si계 합금의 대표 금속으로 Si 첨가로 주조성을 향상시키고, Cu 첨가로 절삭성을 향상시킨다.

10 아세틸렌 가스의 성질에 대한 설명으로 옳은 것은?

① 수소와 산소가 화합된 매우 안정된 기체이다.
② 1리터의 무게는 1기압 15℃에서 117g이다.
③ 가스 용접용 가스이며, 카바이드로부터 제조된다.
④ 공기를 1로 했을 때의 비중은 1.91이다.

해설 ① 수소와 탄소가 화합된 가스로 다소 불안정한 기체이다.
② 1리터의 무게는 1기압하에서 1.176g이다.
④ 공기를 1로 했을 때 아세틸렌 가스의 비중은 0.906으로 공기보다 가볍다.

11 금속의 접합법 중 야금학적 접합법이 아닌 것은?

① 융접 ② 압접
③ 납땜 ④ 볼트 이음

해설 융접, 압접, 납땜은 야금적 접합에 속하고, 볼트 이음은 기계적 접합에 속한다.

12 다음의 열처리 중 항온열처리 방법에 해당되지 않는 것은?

① 마퀜칭 ② 마템퍼링
③ 오스템퍼링 ④ 인상 담금질

해설 항온열처리 응용에는 마퀜칭, 마템퍼링, 오스템퍼링 등이 있다.

13 오스테나이트계 스테인리스강은 용접 시 냉각되면서 고온 균열이 발생되는데 주원인이 아닌 것은?

① 아크길이가 짧을 때
② 모재가 오염되어 있을 때
③ 크레이터 처리를 하지 않을 때
④ 구속력이 가해진 상태에서 용접할 때

해설 오스테나이트계 스테인리스강에서 고온 균열이 발생되는 주원인은 보기 ②, ③, ④이다.

14 다음 중 가스압접의 특징으로 틀린 것은?

① 이음부의 탈탄층이 전혀 없다.
② 작업이 거의 기계적이어서 숙련이 필요하다.
③ 용가재 및 용제가 불필요하고 용접시간이 빠르다.
④ 장치가 간단하여 설비비, 보수비가 싸고 전력이 불필요하다.

정답 07. ④ 08. ③ 09. ① 10. ③ 11. ④ 12. ④ 13. ① 14. ②

해설 가스압접의 특징
- 이음부의 탈탄층이 전혀 없다.
- 장치가 간단하여 설비비, 보수비가 싸고 전력이 불필요하다.
- 작업이 거의 기계적이어서 숙련이 불필요하다.
- 용가재 및 용제가 불필요하고, 용접시간이 빠르다.

★
15 직류아크용접의 극성에 관한 설명으로 옳은 것은?

① 직류정극성에서는 용접봉의 녹음 속도가 빠르다.
② 직류역극성에서는 용접봉에 30%의 열 분배가 되기 때문에 용입이 깊다.
③ 직류정극성에서는 용접봉에 70%의 열 분배가 되기 때문에 모재의 용입이 얕다.
④ 직류역극성은 박판, 주철, 고탄소강, 비철금속의 용접에 주로 사용된다.

해설 직류역극성(DCRP)은 용접봉에 70%의 열분배가 이루어지고, 모재에 30%의 열분배가 일어나 박판, 주철, 고탄소강, 합금강, 비철금속의 용접에 쓰인다.

16 가스 절단 시 예열불꽃이 약할 때 나타나는 현상으로 틀린 것은?

① 절단속도가 늦어진다.
② 역화 발생이 감소된다.
③ 드래그가 증가한다.
④ 절단이 중단되기 쉽다.

해설 예열불꽃의 약함 또는 강함은 역류, 역화 등과는 거리가 있다. 역류, 역화 등은 혼합가스의 비율 또는 팁의 청소 문제, 팁과 모재와의 거리 등의 원인으로 발생한다.

17 직류 용접기와 비교하여 교류 용접기의 특징을 틀리게 설명한 것은?

① 유지가 쉽다.
② 아크가 불안정하다.
③ 감전의 위험이 적다.
④ 고장이 적고 값이 싸다.

해설 교류 용접기는 무부하 전압(70~80V)이 직류 용접기(40~60V)보다 높기 때문에 감전의 위험이 크다.

18 피복아크 용접작업에서 아크길이에 대한 설명 중 틀린 것은?

① 아크길이는 일반적으로 3mm 정도가 적당하다.
② 아크전압은 아크길이에 반비례한다.
③ 아크길이가 너무 길면 아크가 불안정하게 된다.
④ 양호한 용접은 짧은 아크(short arc)를 사용한다.

해설 피복아크 용접에서 아크전압은 아크길이에 비례한다.

19 가스 절단에 영향을 미치는 인자가 아닌 것은?

① 후열불꽃 ② 예열불꽃
③ 절단속도 ④ 절단조건

해설 가스 절단에 미치는 인자
- 절단의 조건
- 절단용 산소
- 예열불꽃
- 절단속도
- 절단 팁(tip)

20 피복아크용접에서 아크열에 의해 모재가 녹아 들어간 깊이는?

① 용적 ② 용입
③ 용락 ④ 용착금속

해설 아크의 열에 의하여 모재와 용접봉이 녹아서 금속의 증기와 용적이 되어 아크 속을 지나 용융지로 옮겨가서 용착금속을 만든다. 이때 모재가 녹아 들어간 깊이를 용입(penetration)이라 한다.

21 Mg-Al에 소량의 Zn과 Mn을 첨가한 합금은?

① 엘린바(elinvar)
② 엘렉트론(elektron)
③ 퍼멀로이(permalloy)
④ 모넬메탈(monel metal)

정답 15. ④ 16. ② 17. ③ 18. ② 19. ① 20. ② 21. ②

해설 엘린바는 Ni-Cr, 엘렉트론은 Mg-Al-Zn, 퍼멀로이는 Ni-Co-C, 모넬메탈은 Ni-Cu계의 합금이다.

★
22 탄소강의 담금질 중 고온의 오스테나이트 영역에서 소재를 냉각하면 냉각속도의 차이에 따라 마텐자이트, 페라이트, 펄라이트, 소르바이트 등의 조직으로 변태되는데 이들 조직 중에서 강도와 경도가 가장 높은 것은?

① 소르바이트 ② 페라이트
③ 펄라이트 ④ 마텐자이트

해설 탄소강의 담금질 중 냉각속도의 차이에 따라 마텐자이트, 투르스타이트, 소르바이트 등으로 변태되는데, 이들 조직 중에서 강도와 경도가 가장 높은 것은 마텐자이트 조직이다.

23 산소-아세틸렌 가스를 사용하여 담금질성이 있는 강재의 표면만을 경화시키는 방법은?

① 질화법 ② 가스 침탄법
③ 화염 경화법 ④ 고주파 경화법

해설 화염 경화법은 산소-아세틸렌 가스를 이용하여 강재의 표면만 경화시키는 표면 경화 열처리 방법이다.

24 시험재료의 전성, 연성 및 균열의 유무 등 용접부위를 시험하는 시험법은?

① 굴곡시험 ② 경도시험
③ 압축시험 ④ 조직시험

해설 굽힘 시험(KSB 0832): 용접부의 연성 결함을 조사하기 위하여 사용되는 시험법으로 표면굽힘시험, 이면굽힘시험, 측면굽힘시험 등이 있다.

25 납땜 시 사용하는 용제가 갖추어야 할 조건이 아닌 것은?

① 사용재료의 산화를 방지할 것
② 전기저항 납땜에는 부도체를 사용할 것
③ 모재와의 친화력을 좋게 할 것
④ 산화피막 등의 불순물을 제거하고 유동성이 좋을 것

해설 전기저항 납땜에는 전도체를 사용한다.

26 불활성 가스 텅스텐 아크 용접의 장점으로 틀린 것은?

① 용제가 불필요하다.
② 용접 품질이 우수하다.
③ 전자세 용접이 가능하다.
④ 후판 용접에 능률적이다.

해설 TIG의 경우 얇은 판인 3mm 이하의 용접에 주로 이용한다.

27 제품을 제작하기 위한 조립순서에 대한 설명으로 틀린 것은?

① 대칭으로 용접하여 변형을 예방한다.
② 리벳작업과 용접을 같이 할 때는 리벳작업을 먼저 한다.
③ 동일 평면 내에 많은 이음이 있을 때는 수축은 가능한 자유단으로 보낸다.
④ 용접선의 직각 단면 중심축에 대하여 용접의 수축력의 합이 0(zero)이 되도록 용접순서를 취한다.

해설 리벳과 용접작업이 혼용되는 경우에는 열에 의한 변형을 고려하여 용접작업 후 리벳작업을 하여야 한다.

28 언더컷의 원인이 아닌 것은?

① 전류가 높을 때 ② 전류가 낮을 때
③ 빠른 용접속도 ④ 운봉각도의 부적합

해설 언더컷의 원인
- 전류가 너무 높을 때
- 아크길이가 너무 길 때
- 용접속도가 적당하지 않을 때
- 용접봉 선택 불량

29 반자동 CO_2 가스 아크 편면(one side) 용접 시 뒷댐재료로 가장 많이 사용되는 것은?

① 세라믹 제품 ② CO_2 가스
③ 테프론 테이프 ④ 알루미늄 판재

정답 22. ④ 23. ③ 24. ① 25. ② 26. ④ 27. ② 28. ② 29. ①

해설 뒷댐재에는 구리 뒷댐재, 그라스 테이프, 세라믹 제품 등이 있으나 일반적으로 세라믹 제품이 주로 사용된다.

30 서브머지드 아크 용접에서 맞대기 용접 이음 시 받침쇠가 없을 경우 루트 간격은 몇 mm 이하가 가장 적합한가?

① 0.8mm ② 1.5mm
③ 2.0mm ④ 2.5mm

해설 서브머지드 아크 용접의 경우 대전류를 사용하므로 루트 간격 등 용접조건이 매우 중요하다. 루트 간격이 0.8mm 이상인 경우 용락(burn through)이 발생하기 때문에 이면 받침쇠가 필요하다.

31 금속의 공통적 특성에 대한 설명으로 틀린 것은?

① 열과 전기의 부도체이다.
② 금속 특유의 광택을 갖는다.
③ 소성 변형이 있어 가공이 가능하다.
④ 수은을 제외하고 상온에서 고체이며, 결정체이다.

해설 ②, ③, ④는 금속의 공통적 성질에 해당되며, 금속은 열과 전기의 양도체이다.

32 베어링에 사용되는 대표적인 구리 합금으로 70% Cu-30% Pb 합금은?

① 톰백(tombac)
② 다우메탈(dow metal)
③ 켈밋(kelmet)
④ 배빗메탈(babbit metal)

해설 베어링용 구리 함금의 대표적인 합금인 켈밋에 대한 내용이다.

33 구리(Cu)와 그 합금에 대한 설명 중 틀린 것은?

① 가공하기 쉽다.
② 전연성이 우수하다.
③ 아름다운 색을 가지고 있다.
④ 비중이 약 2.7인 경금속이다.

해설 구리는 비중이 8.96으로 중금속에 속하며, 비중이 2.7로 경금속에 속하는 것은 알루미늄(Al)이다.

34 주강에 대한 설명으로 틀린 것은?

① 주조조직 개선과 재질 균일화를 위해 풀림처리를 한다.
② 주철에 비해 기계적 성질이 우수하고, 용접에 의한 보수가 용이하다.
③ 주철에 비해 강도는 작으나 용융점이 낮고 유동성이 커서 주조성이 좋다.
④ 탄소함유량에 따라 저탄소 주강, 중탄소 주강, 고탄소 주강으로 분류한다.

해설 주강은 일반적으로 탄소함유량이 0.15~1.0%로서 주철보다 적으며, 연신율과 인장강도는 높다. 주철로는 강도와 인성의 확보가 곤란한 경우에 사용된다.

35 주철에서 탄소와 규소의 함유량에 의해 분류한 조직의 분포를 나타낸 것은?

① T.T.T 곡선
② Fe-C 상태도
③ 공정반응 조직도
④ 마우러(maurer) 조직도

해설 주철에서 탄소와 규소의 함유량에 의한 조직 분포를 나타낸 것은 마우러(maurer) 조직도이다.

36 논 가스 아크 용접(non gas arc welding)의 장점에 대한 설명으로 틀린 것은?

① 바람이 있는 옥외에서도 작업이 가능하다.
② 용접장치가 간단하며 운반이 편리하다.
③ 용착금속의 기계적 성질은 다른 용접법에 비해 우수하다.
④ 피복아크 용접봉의 저수소계와 같이 수소의 발생이 적다.

해설 논 가스 아크용접의 경우 보호가스 없이 복합 와이어에서 발생한 가스에 의해 용착금속이 보호되므로 용착금속의 기계적 성질은 다른 용접법에 비해 다소 떨어지는 경향이 있다.

정답 30. ① 31. ① 32. ③ 33. ④ 34. ③ 35. ④ 36. ③

37 전기저항 점 용접작업 시 용접기 조작에 대한 3대 요소가 아닌 것은?

① 가압력　　② 통전시간
③ 전극봉　　④ 전류세기

해설 전기저항 점 용접법의 3요소는 전류의 세기, 통전시간, 가압력이다.

38 전격에 의한 사고를 입을 위험이 있는 경우와 거리가 가장 먼 것은?

① 옷이 습기에 젖어 있을 때
② 케이블의 일부가 노출되어 있을 때
③ 홀더의 통전부분이 절연되어 있을 때
④ 용접 중 용접봉 끝에 몸이 닿았을 때

해설 홀더의 통전부분이 절연되어 있는 A형 홀더(안전홀더)를 사용하여 전격 재해를 예방한다.

★
39 용접부의 내부 결함으로써 슬래그 섞임을 방지하는 것은?

① 용접전류를 최대한 낮게 한다.
② 루트 간격을 최대한 좁게 한다.
③ 전층의 슬래그는 제거하지 않고 용접한다.
④ 슬래그가 앞지르지 않도록 운봉속도를 유지한다.

해설 슬래그 섞임의 방지대책
- 루트 간격이 넓게 설계한다.
- 용접부를 예열한다.
- 슬래그가 앞지르지 않도록 운봉속도를 유지한다.
- 슬래그를 깨끗이 제거한다.

40 수냉 동판을 용접부의 양면에 부착하고 용융된 슬래그 속에서 전극 와이어를 연속적으로 송급하여 용융슬래그 내를 흐르는 저항열에 의하여 전극 와이어 및 모재를 용융접합시키는 용접법은?

① 초음파 용접
② 플라스마 제트 용접
③ 일렉트로 가스 용접
④ 일렉트로 슬래그 용접

해설 열원은 저항열을 이용하지만 용접(fusiom welding)인 일렉트로 슬래그 용접에 대한 내용이다.

41 용접 후 잔류응력이 있는 제품에 하중을 주어 용접부에 약간의 소성 변형을 일으키게 한 다음 하중을 제거하는 잔류응력 경감방법은?

① 노내풀림법
② 국부풀림법
③ 기계적 응력 완화법
④ 저온응력 완화법

해설 용접 후 잔류응력이 있는 제품에 하중을 주고 용접부에 약간의 소성 변형을 일으킨 다음 하중을 제거하는 방법이 기계적 응력 완화법이다.

42 연강용 피복 용접봉에서 피복제의 역할이 아닌 것은?

① 아크를 안정시킨다.
② 스패터(spatter)를 많게 한다.
③ 파형이 고운 비드를 만든다.
④ 용착금속의 탈산정련 작용을 한다.

해설 피복제의 역할
- 아크을 안정시킨다.
- 용착금속의 냉각속도를 느리게 하여 급냉을 방지한다.
- 스패터의 발생을 적게 한다.
- 용착금속의 탈산 정련 작용을 한다.

43 전기누전에 의한 화재의 예방대책으로 틀린 것은?

① 금속관 내에 접속점이 없도록 해야 한다.
② 금속관의 끝에는 캡이나 절연 부싱을 하여야 한다.
③ 전선공사 시 전선피복의 손상이 없는지를 점검한다.
④ 전기기구의 분해조립을 쉽게 하기 위하여 나사의 조임을 헐겁게 해 놓는다.

해설 전기기구의 나사 조임이 헐거운 경우 저항에 의한 열이 발생되어 화재로 연결된다.

정답 37. ③ 38. ③ 39. ④ 40. ④ 41. ③ 42. ② 43. ④

44 솔리드 이산화탄소 아크용접의 특징에 대한 설명으로 틀린 것은?

① 바람의 영향을 전혀 받지 않는다.
② 용제를 사용하지 않아 슬래그의 혼입이 없다.
③ 용접금속의 기계적·야금적 성질이 우수하다.
④ 전류밀도가 높아 용입이 깊고 용융속도가 빠르다.

해설 ① 솔리드 이산화탄소 아크용접은 바람의 영향을 많이 받는다.
보기 ②, ③, ④는 이산화탄소 아크용접의 특징이다.

45 화상에 의한 응급조치로서 적절하지 않은 것은?

① 냉찜질을 한다.
② 붕산수에 찜질한다.
③ 전문의의 치료를 받는다.
④ 물집을 터트리고 수건으로 감싼다.

해설 보기 ④의 경우는 적절치 않은 조치이다.

46 서브머지드 아크용접에 사용되는 용접용 용제 중 용융형 용제에 대한 설명으로 옳은 것은?

① 화학적 균일성이 양호하다.
② 미용융 용제는 다시 사용이 불가능하다.
③ 흡습성이 있어 재건조가 필요하다.
④ 용융 시 분해되거나 산화되는 원소를 첨가할 수 있다.

해설 용융형 용제의 특징
• 고속 용접이 양호하다.
• 반복 사용성이 좋다.
• 화학적 균일성이 양호하다.

47 아크 발생시간이 3분, 아크 발생 정지시간이 7분일 경우 사용률(%)은?

① 100% ② 70%
③ 50% ④ 30%

해설
$$사용률(\%) = \frac{아크시간}{(아크시간+휴식시간)} \times 100 = \frac{3}{(3+7)} \times 100 = 30\%$$

48 용접부의 결함 검사법에서 초음파 탐상법의 종류에 해당되지 않는 것은?

① 공진법 ② 투과법
③ 스테레오법 ④ 펄스반사법

해설 초음파 탐상법의 종류에는 투과법, 펄스반사법, 공진법 등이 있다.

49 서브머지드 아크 용접용 재료 중 와이어의 표면에 구리를 도금한 이유에 해당되지 않는 것은?

① 콘텐트 팁과의 전기적 접촉을 좋게 한다.
② 와이어에 녹이 발생하는 것을 방지한다.
③ 전류의 통전효과를 높게 한다.
④ 용착금속의 강도를 높게 한다.

해설 서브머지드 아크용접에서 와이어를 구리 도금하는 이유는 보기 ①, ②, ③이다.

50 공랭식 MIG 용접토치의 구성요소가 아닌 것은?

① 와이어 ② 공기 호스
③ 보호가스 호스 ④ 스위치 케이블

해설 용접토치는 형태, 냉각 방식, 와이어 송급 방식 등에 따라 매우 다양하다. 토치의 구성은 전원 케이블, 보호가스 호스, 스위치 케이블로 구성되어 있다.

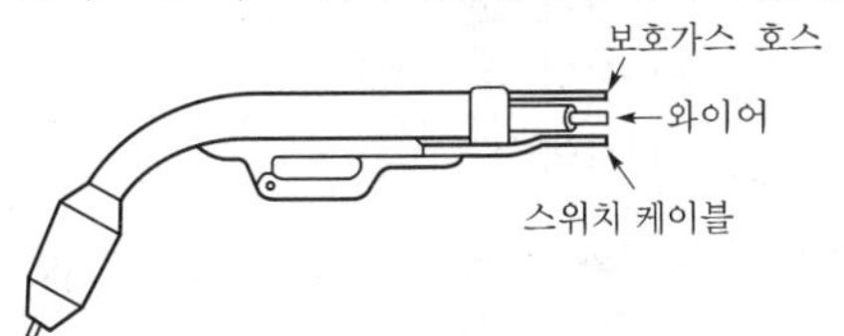

51 냉간압연 강판 및 강대에서 일반용으로 사용되는 종류의 KS 재료기호는?

① SPSC ② SPHC
③ SSPC ④ SPCC

정답 44. ① 45. ④ 46. ① 47. ④ 48. ③ 49. ④ 50. ② 51. ④

해설 SPCC(Steel Plate Cold Commercial): 냉간압연 강판 및 강대

52 용기 모양의 대상물 도면에서 아주 굵은 실선을 외형선으로 표시하고 치수 표시가 ϕint34로 표시된 경우 가장 올바르게 해독한 것은?

① 도면에서 int로 표시된 부분의 두께 치수
② 화살표로 지시된 부분의 폭방향 치수가 ϕ34mm
③ 화살표로 지시된 부분의 안쪽 치수가 ϕ 34mm
④ 도면에서 int로 표시된 부분만 인치단위 치수

해설 다음 그림과 같이 용기 모양의 대상물에서 아주 굵은 선에 직접 끝부분 기호를 대었을 경우에는 그 바깥쪽까지의 치수를 말한다. 안쪽을 나타내는 치수에는 치수수치 앞에 "int"를 부기한다.

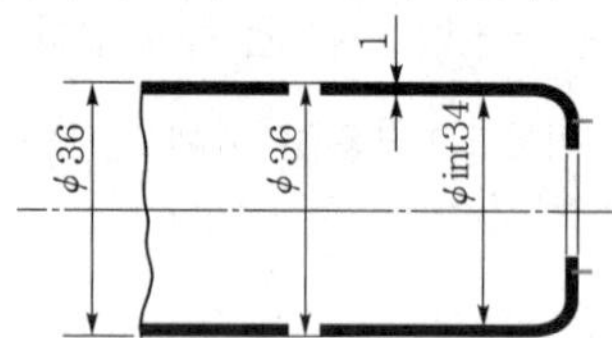

53 미터나사의 호칭지름은 수나사의 바깥지름을 기준으로 정한다. 이에 결합되는 암나사의 호칭지름은 무엇이 되는가?

① 암나사의 골지름
② 암나사의 안지름
③ 암나사의 유효지름
④ 암나사의 바깥지름

해설 미터나사와 결합되는 암나사의 호칭지름은 암나사의 골지름으로 정한다.

54 바퀴의 암(arm), 림(rim), 축(shaft), 훅(hook) 등을 나타낼 때 주로 사용하는 단면도로서, 단면의 일부를 90° 회전하여 나타낸 단면도는?

① 부분 단면도 ② 회전 도시 단면도
③ 계단 단면도 ④ 곡면 단면도

해설 단면도의 종류

- 부분 단면도: 외형도에 요소 일부분을 단면도로 표시
- 회전 도시 단면도: 핸들이나 바퀴 등의 암 및 림, 리브, 훅, 축 구조물의 부재 등의 절단면은 90° 회전하여 표시
- 계단 단면도: 2개 이상의 평면을 계단 모양으로 절단한 단면

55 도면의 마이크로필름 촬영, 복사할 때 등의 편의를 위해 만든 것은?

① 중심마크 ② 비교눈금
③ 도면구역 ④ 재단마크

해설 중심마크는 도면의 필름 촬영이나 복사 시 편의를 위해 만든 것이다.

★
56 용접부의 도시기호가 "a4◺ 3×25(7)"일 때의 설명으로 틀린 것은?

① ◺ - 필릿 용접
② 3 - 용접부의 폭
③ 25 - 용접부의 길이
④ 7 - 인접한 용접부의 간격

해설 ① ◺: 필릿 용접기호, a4는 목 두께가 4mm임을 나타낸다.
② 3: 필릿 용접의 개수
③ 25: 필릿 용접길이가 25mm
④ (7): 인접 필릿 용접부 간 거리(피치)

57 배관의 간략도시방법 중 환기계 및 배수계의 끝부분 장치 도시방법의 평면도에서 그림과 같이 도시된 것의 명칭은?

① 회전식 환기삿갓
② 고정식 환기삿갓
③ 벽붙이 환기삿갓
④ 콕이 붙은 배수구

해설 콕이 붙은 배수구의 표시기호이다.

정답 52. ③ 53. ① 54. ② 55. ① 56. ② 57. ④

58 원호의 길이치수 기입에서 원호를 명확히 하기 위해서 치수에 사용되는 치수 보조기호는?

① (20) ② C20

③ 20 (사각형 테두리) ④ $\overset{\frown}{20}$

해설 ① 참고치수 표시
② 20mm 모따기
③ 이론적으로 정확한 치수에 대한 표기

59 그림과 같은 입체도에서 화살표 방향이 정면일 경우 좌측면도로 가장 적합한 것은?

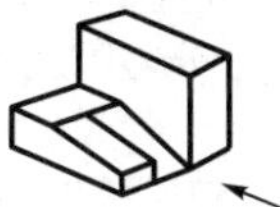

① ②

③ ④

해설 입체를 좌측에서 본 좌측면도에는 우측 하단으로 내려오는 실선이 보여야 하므로 보기 ①, ③은 제외하여야 하며, 좌측면 중심부에 직선이 끝까지 가지 않아야 하므로 보기 ②가 옳다.

60 그림과 같은 입체를 제3각법으로 나타낼 때 가장 적합한 투상도는? (단, 화살표 방향을 정면으로 한다.)

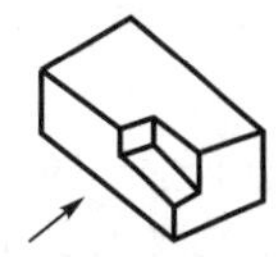

① ②

③ ④

해설 입체를 우측에서 보면 좌측 상단이 보이므로 실선 처리를 한 보기 ④가 옳다.

정답 58. ④ 59. ② 60. ④

2014. 7. 20. 시행

제 4 회 특수용접기능사

01 금속 산화물이 알루미늄에 의하여 산소를 빼앗기는 반응에 의해 생성되는 열을 이용하여 금속을 접합하는 용접방법은?

① 일렉트로 슬래그 용접
② 테르밋 용접
③ 불활성 가스 금속아크용접
④ 스폿 용접

해설 테르밋 반응은 금속 산화물과 알루미늄 간의 탈산 반응을 총칭하는 것이며, 이때 발생하는 열을 이용한 용접을 테르밋 용접이라 한다.

★
02 맞대기 용접에서 판 두께가 대략 6mm 이하의 경우에 사용되는 홈의 형상은?

① I형 ② X형
③ U형 ④ H형

해설
- I형: 판 두께 6mm 이하의 경우 사용
- V형: 판 두께 6~20mm, 한쪽 용섭으로 완전 용입을 얻고자 할 때 사용
- X형: 판 두께 20mm 이상의 경우, 양면 V형으로 양쪽에서의 용접으로 완전 용입을 얻고자 할 때 사용
- U형: 비교적 두꺼운 판에 한쪽 용접으로 완전 용입이 가능, 홈 가공은 복잡하지만 개선 너비가 좁고 용착량이 비교적 적음
- H형: 양면 U형으로 양쪽에서의 용접으로 완전 용입을 얻고자 할 때 사용

03 다음 중 서브머지드 아크용접에서 기공의 발생 원인과 거리가 가장 먼 것은?

① 용제의 건조불량
② 용접속도의 과대
③ 용접부의 구속이 심할 때
④ 용제 중에 불순물의 혼입

해설 일반적인 용접시공 시 용접부의 구속이 심하면 변형 또는 균열 등의 결함이 발생한다.

04 TIG 용접에서 청정작용이 가장 잘 발생하는 용접전원은?

① 직류역극성일 때 ② 직류정극성일 때
③ 교류정극성일 때 ④ 극성에 관계없음

해설
- 직류정극성: 비드의 폭이 좁고 용입이 깊다.
- 직류역극성: 비드의 폭이 넓고 용입이 얕으며 산화 피막을 제거하는 청정작용이 있다.

05 다음 중 안전모의 일반구조에 대한 설명으로 틀린 것은?

① 안전모는 모체, 착장체 및 턱끈을 가질 것
② 착장체의 구조는 착용자의 머리 부위에 균등한 힘이 분배되도록 할 것
③ 안전모의 내부 수직거리는 25mm 이상 50mm 미만일 것
④ 착장체의 머리 고정대는 착용자의 머리 부위에 고정히도록 조절할 수 없을 것

해설 안전모의 구조에서 고정대는 착용자의 머리 부위에 고정하도록 조절할 수 있어야 한다.

★
06 아크전류가 일정할 때 아크전압이 높아지면 용접봉의 용융속도가 늦어지고, 아크전압이 낮아지면 용융속도가 빨라지는 특성은?

① 부저항 특성
② 전압회복 특성
③ 절연회복 특성
④ 아크길이 자기제어 특성

해설 아크길이 자기제어에 대한 내용이다.

07 저온메짐을 일으키는 원소는?

① 인(P) ② 황(S)
③ 망간(Mn) ④ 니켈(Ni)

해설 저온취성: P(인), 적열취성: S(황)

정답 01. ② 02. ① 03. ③ 04. ① 05. ④ 06. ④ 07. ①

08 시중에서 시판되는 구리제품의 종류가 아닌 것은?

① 전기동 ② 산화동
③ 정련동 ④ 무산소동

해설 강인동(tough pitch copper)으로 만들어지는 구리로는 전기동, 정련동, 탈산동, 무산소동 등이 있다.

09 암모니아(NH_3) 가스 중에서 500℃ 정도로 장시간 가열하여 강제품의 표면을 경화시키는 열처리는?

① 침탄 처리 ② 질화 처리
③ 화염 경화 처리 ④ 고주파 경화 처리

해설 질화법: 암모니아 가스를 이용하여 520℃에서 50~100시간 가열하면, Al, Cr, Mo 등이 질화되며, 질화가 불필요한 부분은 Ni, Sn 도금을 하여 질화를 방지한다.

10 냉간가공을 받은 금속의 재결정에 대한 일반적인 설명으로 틀린 것은?

① 가공도가 낮을수록 재결정 온도는 낮아진다.
② 가공시간이 길수록 재결정 온도는 낮아진다.
③ 철의 재결정 온도는 330~450℃ 정도이다.
④ 재결정 입자의 크기는 가공도가 낮을수록 커진다.

해설 가공도가 큰 것은 새로운 결정핵이 생기기 쉬우므로 재결정이 낮은 온도에서 생기며, 가공도가 작은 것은 결정핵의 발생이 어려워 높은 온도까지 가열하여야 재결정이 생긴다.

11 황동의 화학적 성질에 해당되지 않는 것은?

① 질량 효과 ② 자연 균열
③ 탈아연 부식 ④ 고온 탈아연

해설 황동의 화학적 성질로는 탈아연 부식, 자연 균열, 고온 탈아연 등이 있다. 질량 효과는 주로 강종에 발생하는 것으로, 예를 들어 주물 등의 두께에 차이가 있으면 급랭부와 서냉부가 생겨서 부분적으로 재질이 변하는데 이런 변화의 정도, 즉 강재의 크기에 의하여 담금질 효과가 변하는 것을 말한다.

12 18%Cr－8%Ni계 스테인리스강의 조직은?

① 페라이트계 ② 마텐자이트계
③ 오스테나이트계 ④ 시멘타이트계

해설 18%Cr－8%Ni계 스테인리스강은 오스트나이트 조직으로 대표적인 스테인리스강이다.

13 주강제품에는 기포, 기공 등이 생기기 쉬우므로 제강작업 시에 쓰이는 탈산제는?

① P.S ② Fe－Mn
③ SO_2 ④ Fe_2O_3

해설 일반적인 탈산제는 Fe－Mn, Fe－Si, Al 등이 있다.

★
14 Fe－C 상태도에서 아공석강의 탄소함량으로 옳은 것은?

① 0.025~0.8%C ② 0.80~2.0%C
③ 2.0~4.3%C ④ 4.3~6.67%C

해설
- 아공석강: 0.025~0.8%C
- 공석강: 0.8%C
- 과공석강: 0.8~2.0%C

15 일반적으로 피복아크용접 시 운봉 폭은 심선 지름의 몇 배인가?

① 1~2배 ② 2~3배
③ 5~6배 ④ 7~8배

해설 피복아크용접 시 운봉 폭은 용접봉 심선의 2~3배가 적당하다.

16 피복아크용접 시 용접회로의 구성순서가 바르게 연결된 것은?

① 용접기 → 접지케이블 → 용접봉 홀더 → 용접봉 → 아크 → 모재 → 헬멧
② 용접기 → 전극케이블 → 용접봉 홀더 → 용접봉 → 아크 → 접지케이블 → 모재
③ 용접기 → 접지케이블 → 용접봉 홀더 → 용접봉 → 아크 → 전극케이블 → 모재
④ 용접기 → 전극케이블 → 용접봉 홀더 → 용접봉 → 아크 → 모재 → 접지케이블

정답 08. ② 09. ② 10. ① 11. ① 12. ③ 13. ② 14. ① 15. ② 16. ④

해설 용접기에서 공급된 전류가 보기 ④의 순서로 다시 용접기로 되돌아오는 것을 용접회로(welding circuit)라 한다.

17 정류기형 직류아크 용접기의 특성에 관한 설명으로 틀린 것은?

① 보수와 점검이 어렵다.
② 취급이 간단하고, 가격이 싸다.
③ 고장이 적고, 소음이 나지 않는다.
④ 교류를 정류하므로 완전한 직류를 얻지 못한다.

해설 정류기형은 발전형에 비하여 구동 부분이 없기 때문에 고장이 적고, 소음이 없다. 또한 취급이 간단하고 유지 보수가 용이하며, 가격이 저렴하다.

18 가스 용접봉의 성분 중에서 인(P)이 모재에 미치는 영향을 올바르게 설명한 것은?

① 기공을 막을 수도 있으나 강도가 떨어지게 된다.
② 강의 강도를 증가시키나 연신율, 굽힘성 등이 감소된다.
③ 용접부의 저항력을 감소시키고, 기공 발생의 원인이 된다.
④ 강에 취성을 주며 가연성을 잃게 하는데 특히 암적색으로 가열한 경우는 대단히 심하다.

해설 가스 용접봉에 포함되는 각종 성분이 미치는 영향으로 ①은 규소(Si), ②는 탄소(C), ③은 황(S)의 영향이다.

19 탄소강의 종류 중 탄소함유량이 0.3~0.5%이고, 탄소량이 증가함에 따라서 용접부에서 저온 균열이 발생될 위험성이 커지기 때문에 150~250℃로 예열을 실시할 필요가 있는 탄소강은?

① 저탄소강 ② 중탄소강
③ 고탄소강 ④ 대탄소강

해설 탄소강을 탄소함유량에 따라 구분하면, 저탄소강은 0.20%C 이하, 중탄소강 0.20~0.45%C, 고탄소강은 0.45%C 이상이다.

20 동일한 용접조건에서 피복아크 용접할 경우 용입이 가장 깊게 나타나는 것은?

① 교류(AC)
② 직류역극성(DCRP)
③ 직류정극성(DCSP)
④ 고주파 교류(ACHF)

해설 용입깊이 순서는 직류정극성 > 교류 > 직류역극성 순이다.

21 오스테나이트계 스테인리스강을 용접 시 냉각과정에서 고온 균열이 발생하게 되는 원인으로 틀린 것은?

① 아크의 길이가 너무 길 때
② 모재가 오염되어 있을 때
③ 크레이터 처리를 하였을 때
④ 구속력이 가해진 상태에서 용접할 때

해설 오스테나이트계 스테인리스강 용접 시 크레이터 처리를 하지 않게 되면 용융부가 급랭되면서 고온 균열이 발생될 우려가 있다.

22 텅스텐(W)의 용융점은 약 몇 ℃인가?

① 1,538℃ ② 2,610℃
③ 3,410℃ ④ 4,310℃

해설 용융온도
- W: 3,410℃
- Fe: 1,538℃

23 저온 뜨임의 목적이 아닌 것은?

① 치수의 경년변화 방지
② 담금질 응력 제거
③ 내마모성의 향상
④ 기공의 방지

해설 저온 뜨임의 목적으로는 보기 ①, ②, ③ 이외에 연마 균열의 방지 등이 있다.

정답 17. ① 18. ④ 19. ② 20. ③ 21. ③ 22. ③ 23. ④

24 현미경 시험용 부식제 중 알루미늄 및 그 합금용에 사용되는 것은?

① 초산 알코올 용액 ② 피크린산 용액
③ 왕수 ④ 수산화나트륨 용액

해설 현미경 시험용 부식제
- 철강용: 피크린산, 알코올액
- 스테인리강용: 왕수, 알코올액
- 알루미늄 및 그 합금용: 수산화나트륨 용액

25 전기에 감전되었을 때 체내에 흐르는 전류가 몇 mA일 때 근육 수축이 일어나는가?

① 5mA ② 20mA
③ 50mA ④ 100mA

해설 전류(mA)가 인체에 미치는 영향
- 8~15: 통증을 수반하는 고통을 느낀다.
- 15~20: 고통을 느끼고 가까운 근육이 저려 움직이지 않는다.
- 20~50: 고통을 느끼고 강한 근육 수축이 일어나며 호흡이 곤란하다.

26 아크용접에서 피복제의 작용을 설명한 것 중 틀린 것은?

① 전기절연 작용을 한다.
② 아크(arc)를 안정하게 한다.
③ 스패터링(spattering)을 많게 한다.
④ 용착금속의 탈산정련 작용을 한다.

해설 스패터(spatter)의 발생을 적게 한다.

27 플라스마 아크 절단법에 관한 설명이 틀린 것은?

① 알루미늄 등의 경금속에는 작동가스로 아르곤과 수소의 혼합가스가 사용된다.
② 가스 절단과 같은 화학반응은 이용하지 않고, 고속의 플라스마를 사용한다.
③ 텅스텐 전극과 수냉 노즐 사이에 아크를 발생시키는 것을 비이행형 절단법이라 한다.
④ 기체의 원자가 저온에서 음(−)이온으로 분리된 것을 플라스마라 한다.

해설 기체를 가열하여 온도가 상승하면 기체 원자의 운동은 대단히 활발하게 되어 마침내는 기체 원자가 원자핵과 전자로 분리되어 (+), (−)의 이온상태로 된 것을 플라스마(plasma)라고 한다.

28 강의 인성을 증가시키며, 특히 노치인성을 증가시켜 강의 고온 가공을 쉽게 할 수 있도록 하는 원소는?

① P ② Si
③ Pb ④ Mn

해설 망간을 첨가하였을 경우 나타나는 영향이다.

★
29 AW 220, 무부하 전압 80V, 아크전압이 30V인 용접기의 효율은? (단, 내부손실은 2.5kW이다.)

① 71.5% ② 72.5%
③ 73.5% ④ 74.5%

해설 역률$=\frac{\text{소비전력}}{\text{전원입력}}$, 효율$=\frac{\text{아크출력}}{\text{소비전력}}$으로 구할 수 있다. 여기에서,
전원입력=무부하 전압×아크전류,
소비전력=(아크전압×아크전류)+내부 손실,
아크출력=아크전압×아크전류이다.
주어진 정보를 대입하면,
전원입력=80V×220A=17,600VA=17.6kVA,
소비전력=(30V×220A)+2.5kW=9.1kVA,
아크전력=30V×220A=6,600VA=6.6kVA이다.

$$\therefore \text{역률} = \frac{9.1}{17.6}\times 100 = 51.7\%$$

$$\text{효율} = \frac{6.6}{9.1}\times 100 = 72.5\%$$

30 예열용 연소가스로는 주로 수소가스를 이용하며, 침몰선의 해체, 교량의 교각 개조 등에 사용되는 절단법은?

① 스카핑 ② 산소창 절단
③ 분말 절단 ④ 수중 절단

해설 수중 절단은 침몰선의 해체나 교량의 개조, 항만의 방파제 공사 등에 사용된다.

정답 24. ④ 25. ② 26. ③ 27. ④ 28. ④ 29. ② 30. ④

31 피복아크 용접봉의 보관과 건조방법으로 틀린 것은?

① 건조하고 진동이 없는 곳에 보관한다.
② 저수소계는 100~150℃에서 30분 건조한다.
③ 피복제의 계통에 따라 건조조건이 다르다.
④ 일미나이트계는 70~100℃에서 30~60분 건조한다.

해설 용접 건조로를 이용하여 보통 용접봉은 70~100℃에서 1시간 정도, 저수소계 용접봉은 300~350℃ 정도로 1~2시간 건조시켜 사용해야 한다.

32 가스 절단 작업을 할 때 양호한 절단면을 얻기 위하여 예열 후 절단을 실시하는데 예열불꽃이 강할 경우 미치는 영향 중 잘못 표현된 것은?

① 절단면이 거칠어진다.
② 절단면이 매우 양호하다.
③ 모서리가 용융되어 둥글게 된다.
④ 슬래그 중의 철 성분의 박리가 어려워진다.

해설 예열불꽃이 강할 경우 보기 ①, ③, ④ 등의 영향이 있다.

33 아크 용접기에 사용하는 변압기는 어느 것이 가장 적합한가?

① 누설 변압기
② 단권 변압기
③ 계기용 변압기
④ 전압 조정용 변압기

해설 용접 변압기의 리액턴스에 의하여 수하 특성을 얻고 있으며 누설 자속에 의하여 전류를 조정한다.

34 산소에 대한 설명으로 틀린 것은?

① 가연성 가스이다.
② 무색, 무취, 무미이다.
③ 물의 전기분해로도 제조한다.
④ 액체 산소는 보통 연한 청색을 띤다.

해설 산소는 지연성 가스이며, 가연성 가스에는 아세틸렌, 프로판, 메탄 등이 있다.

★
35 가스용접에서 전진법과 비교한 후진법의 설명으로 맞는 것은?

① 열 이용률이 나쁘다.
② 용접속도가 느리다.
③ 용접변형이 크다.
④ 두꺼운 판의 용접에 적합하다.

해설 전진법과 후진법의 비교

항 목	전진법(좌진법)	후진법(우진법)
열 이용률	나쁘다	좋다
용접속도	느리다	빠르다
비드 모양	매끈하다	매끈하지 못하다
홈 각도	크다(80°)	작다(60°)
용접변형	크다	작다
용접모재 두께	얇다(5mm까지)	두껍다
산화 정도	심하다	약하다
용착금속의 냉각속도	급랭된다	서냉된다
용착금속 조직	거칠다	미세하다

36 모재의 열 변형이 거의 없으며, 이종 금속의 용접이 가능하고 정밀한 용접을 할 수 있으며, 비접촉식 방식으로 모재에 손상을 주지 않는 용접은?

① 레이저 용접
② 테르밋 용접
③ 스터드 용접
④ 플라스마 제트 아크 용접

해설 레이저 용접의 특징에 대한 내용이다.

37 납땜에 관한 설명 중 맞는 것은?

① 경납땜은 주로 납과 주석의 합금용제를 많이 사용한다.
② 연납땜은 450℃ 이상에서 하는 작업이다.
③ 납땜은 금속 사이에 융점이 낮은 별개의 금속을 용융 첨가하여 접합한다.
④ 은납의 주성분은 은, 납, 탄소 등의 합금이다.

정답 31. ② 32. ② 33. ① 34. ① 35. ④ 36. ① 37. ③

해설 ① 경납땜의 경우 은납, 구리납, 황동납 등이 많이 사용된다.
② 연납땜은 450℃ 이하에서 하는 작업이다.
④ 은납의 주성분은 은, 구리, 아연 등의 합금이다.

38 용접부의 비파괴시험에 속하는 것은?

① 인장시험 ② 화학분석시험
③ 침투시험 ④ 용접균열시험

해설
- 파괴시험: 인장시험, 화학분석시험, 용접균열시험, 현미경조직시험 등
- 비파괴시험: 외관시험, 누설시험, 침투시험, 초음파시험 등

39 용접 시 발생되는 아크광선에 대한 재해원인이 아닌 것은?

① 차광도가 낮은 차광유리를 사용했을 때
② 사이드에 아크 빛이 들어 왔을 때
③ 아크 빛을 직접 눈으로 보았을 때
④ 차광도가 높은 차광유리를 사용했을 때

해설 필터렌즈를 사용하는 경우 차광도가 높을수록 아크광선 중 유해광선을 잘 차단하여 주기 때문에 아크광선에 대한 재해를 예방할 수 있다.

40 용접 전의 일반적인 준비사항이 아닌 것은?

① 용접재료 확인 ② 용접사 선정
③ 용접봉의 선택 ④ 후열과 풀림

해설
- 용접 후 검사: 후열 처리 방법 및 상태, 변형 교정 등
- 용접 전 검사: 용접재료 확인, 용접사 및 용접봉 선정 등

41 TIG 용접에서 보호가스로 주로 사용하는 가스는?

① Ar, He ② CO, Ar
③ He, CO_2 ④ CO, He

해설 보기 중 불활성 가스(inert gas)로 이루어진 것을 찾으면 된다.

42 이산화탄소 아크용접의 시공법에 대한 설명으로 맞는 것은?

① 와이어의 돌출길이가 길수록 비드가 아름답다.
② 와이어의 용융속도는 아크전류에 정비례하여 증가한다.
③ 와이어의 돌출길이가 길수록 늦게 용융된다.
④ 와이어의 돌출길이가 길수록 아크가 안정된다.

해설 이산화탄소 아크용접의 와이어 용융속도는 아크 전류에 정비례하여 증가한다.

43 서브머지드 아크 용접에서 루트 간격이 0.8mm 보다 넓을 때 누설방지 비드를 배치하는 가장 큰 이유로 맞는 것은?

① 기공을 방지하기 위하여
② 크랙을 방지하기 위하여
③ 용접변형을 방지하기 위하여
④ 용락을 방지하기 위하여

해설 서브머지드 아크 용접의 경우 대전류를 사용하는 자동 용접이므로 용접 전의 조건, 특히 루트 간격의 정밀도를 요한다. 일반적으로 루트 간격이 0.8mm 이상인 경우 용락이 생길 우려가 있다.

44 MIG 용접 시 와이어 송급 방식의 종류가 아닌 것은?

① 풀 방식 ② 푸시 방식
③ 푸시 풀 방식 ④ 푸시 언더 방식

해설 와이어 송급 방식에는 푸시식, 풀식, 푸시 풀식, 더블 푸시식 등이 있다.

45 다음 중 심 용접의 종류가 아닌 것은?

① 맞대기 심 용접 ② 슬롯 심 용접
③ 매시 심 용접 ④ 포일 심 용접

해설 심 용접 종류에는 맞대기 심 용접, 매시 심 용접, 포일 심 용접 등이 있다.

정답 38. ③ 39. ④ 40. ④ 41. ① 42. ② 43. ④ 44. ④ 45. ②

46 매크로 조직시험에서 철강재의 부식에 사용되지 않는 것은?

① 염산 1 : 물 1의 액
② 염산 3.8 : 황산 1.2 : 물 5.0의 액
③ 소금 1 : 물 1.5의 액
④ 초산 1 : 물 3의 액

해설 철강에 사용되는 매크로 에칭액
- 염산 1 : 물 1의 액
- 염산 3.8 : 황산 1.2 : 물 5.0의 액
- 초산 1 : 물 3의 액

47 서브머지드 아크 용접의 용제에서 광물성 원료를 고온(1,300℃ 이상)으로 용융한 후 분쇄하여 적합한 입도로 만드는 용제는?

① 용융형 용제 ② 소결형 용제
③ 첨가형 용제 ④ 혼성형 용제

해설 용융형 용제에 대한 내용이며, 소결형의 경우 비교적 저온인 400~1,000℃에서 소결한 것이다.

48 다음 중 CO_2 가스 아크용접에 적용되는 금속으로 맞는 것은?

① 알루미늄 ② 황동
③ 연강 ④ 마그네슘

해설 탄산가스 아크 용접에는 연강 재료에 용접이 주로 적용되고 있다.

49 용접작업을 할 때 발생한 변형을 가열하여 소성 변형을 시켜서 교정하는 방법으로 틀린 것은?

① 박판에 대한 점수축법
② 형재에 대한 직선수축법
③ 가열 후 해머질하는 법
④ 피닝법

해설 피닝(peening): 피닝은 특수한 구면상의 선단을 갖는 해머로서 용접부를 연속적으로 타격하여 표면의 소성 변형을 생기게 하는 것으로 가열하여 교정하는 방법과는 거리가 멀다.

50 용접결함과 그 원인을 조합한 것으로 틀린 것은?

① 선상조직 – 용착금속의 냉각속도가 빠를 때
② 오버랩 – 전류가 너무 낮을 때
③ 용입 불량 – 전류가 너무 높을 때
④ 슬래그 섞임 – 전층의 슬래그 제거가 불완전할 때

해설 용입 불량은 용접속도가 너무 빠를 때, 용접전류가 낮을 때, 용접봉 선택 불량 등의 원인으로 발생한다.

51 다음 중 기계제도 분야에서 가장 많이 사용되며, 제3각법에 의하여 그리므로 모양을 엄밀, 정확하게 표시할 수 있는 도면은?

① 캐비닛도 ② 등각투상도
③ 투시도 ④ 정투상도

해설 투사선이 평행하게 물체를 지나 투상면에 수직으로 닿고 투상된 물체가 투상면에 나란하기 때문에 어떤 물체의 형상도 정확하게 표현할 수 있다. 이러한 투상법을 정투상법이라 하며, 이때 그려진 도면을 정투상도라 한다.

52 다음 중 치수 보조기호를 적용할 수 없는 것은?

① 구의 지름치수
② 단면이 정사각형인 면
③ 판재의 두께치수
④ 단면이 정삼각형인 면

해설 치수 보조기호로 이용되는 기호

구분	기호
지름	ϕ
반지름	R
구의 지름	Sϕ
구의 반지름	SR
정사각형의 변	□
판의 두께	t
원호의 길이	⌒
45°의 모따기	C
이론적으로 정확한 치수	▭
참고치수	( )

정답 46. ③ 47. ① 48. ③ 49. ④ 50. ③ 51. ④ 52. ④

53 다음 중 단독 형체로 적용되는 기하공차로만 짝지어진 것은?

① 평면도, 진원도　② 진직도, 직각도
③ 평행도, 경사도　④ 위치도, 대칭도

해설 기하공차 및 기호의 종류

적용하는 형체	기하편차(공차)의 종류		기호
단독 형체	모양 공차	진직도(공차)	—
		평면도(공차)	▱
		진원도(공차)	○
		원통도(공차)	⌭
단독 형체 또는 관련 형체		선의 윤곽도(공차)	⌒
		면의 윤곽도(공차)	⌓
관련 형체	자세 공차	평행도(공차)	//
		직각도(공차)	⊥
		경사도(공차)	∠
	위치 공차	위치도(공차)	⌖
		동축도(공차) 또는 동심도(공차)	◎
		대칭도(공차)	⌯
	흔들림 공차	원주흔들림(공차)	↗
		온흔들림(공차)	⌰

54 다음 그림에서 축 끝에 도시된 센터 구멍기호가 뜻하는 것은?

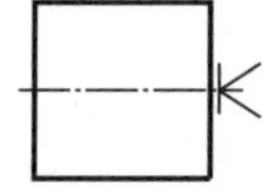

① 센터 구멍이 남아 있어도 좋다.
② 센터 구멍이 필요하지 않다.
③ 센터 구멍을 반드시 남겨둔다.
④ 센터 구멍이 필요하다.

해설 축 끝에 도시된 센터 구멍 기호 표시
(센터 구멍의 도시 기호화 지시 방법 - 단 규격은 KS A ISO 6411-1에 따른다.)

센터 구멍 필요 여부 (도시된 상태로 다듬질 되었을때)	도시 기호	센터 구멍 규격 번호 및 호칭 방법을 지정하지 않는 경우	센터 구멍의 규격 번호 및 호칭 방법을 지정하는 경우
			도시 방법
반드시 남겨둔다	<		규격번호, 호칭방법 규격번호, 호칭방법
남아 있어도 좋다			규격번호, 호칭방법
남아있어서는 안된다	K		규격번호, 호칭방법 규격번호, 호칭방법

55 기계제도에서 도면의 크기 및 양식에 대한 설명 중 틀린 것은?

① 도면 용지는 A형 사이즈를 사용할 수 있으며, 연장하는 경우에는 연장 사이즈를 사용한다.
② A4~A0 도면 용지는 반드시 긴 쪽을 좌우 방향으로 놓고서 사용해야 한다.
③ 도면에는 반드시 윤곽선 및 중심마크를 그린다.
④ 복사한 도면을 접을 때 그 크기는 원칙적으로 A4 크기로 한다.

해설 도면의 크기는 폭과 길이로 나타내는데, 그 비는 1 : 2가 되며 A0~A4를 사용한다. 도면의 길이 방향을 좌우로 놓고 그리는 것이 바른 위치이나, A4 이하의 도면에서는 세로 방향을 좌우로 놓고서 사용하여도 좋다.

정답 53. ① 54. ② 55. ②

56 다음 중 용접구조용 압연강재의 KS 기호는?

① SS 400　　② SCW 450
③ SM 400C　　④ SCM 415M

해설 • SS 400: 일반 구조용 압연강재
• SM 400C: 용접 구조용 압연강재

57 물체의 정면도를 기준으로 하여 뒤쪽에서 본 투상도는?

① 정면도　　② 평면도
③ 저면도　　④ 배면도

해설 정면도를 기준으로 뒤쪽에서 본 투상도는 배면도, 위에서 본 투상도는 평면도, 아래쪽에서 본 투상도는 저면도라 한다.

58 그림과 같은 용접 이음을 용접기호로 옳게 표시한 것은?

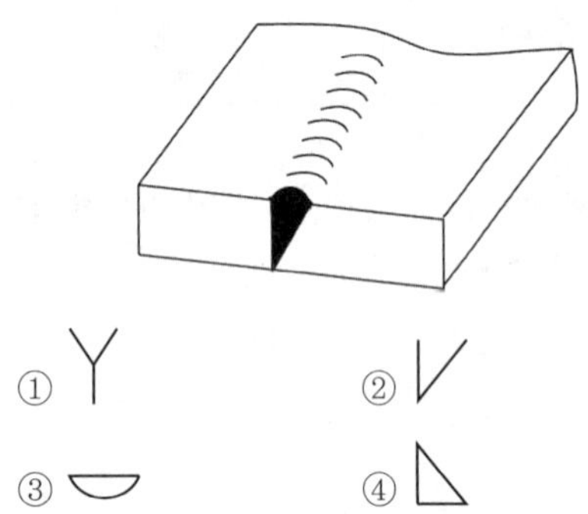

①　　②
③　　④

해설 ② 베벨형 맞대기 용접기호로 표시된다.

59 배관 도시기호 중 체크 밸브를 나타내는 것은?

①　　②
③　　④

해설 밸브 및 콕 몸체의 표시방법

밸브·콕의 종류	그림기호	밸브·콕의 종류	그림기호
밸브 일반		앵글 밸브	
슬루스 밸브		3방향 밸브	
글로브 밸브		안전 밸브	또는
체크 밸브	또는		
볼 밸브		콕 일반	
나비 밸브	또는		

★
60 그림과 같은 도면에서 ⓐ판의 두께는 얼마인가?

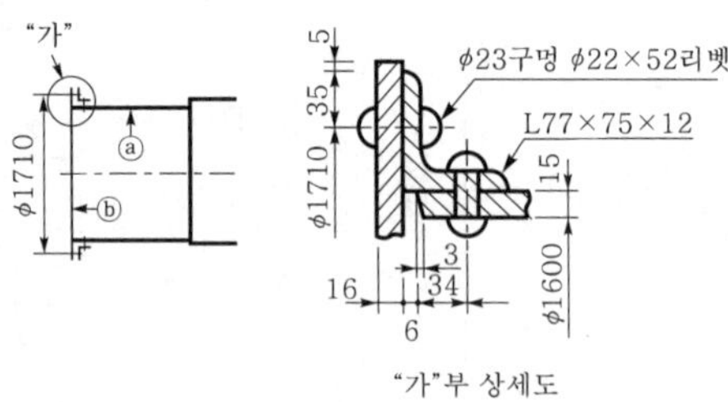

"가"부 상세도

① 6mm　　② 12mm
③ 15mm　　④ 16mm

해설 왼쪽 부분의 "가" 부분을 보면 앵글("ㄱ" 형강) 안쪽부분이 ⓐ 이며, "가"부 상세도에서 관의 안쪽부이고 관의 두께는 15mm임을 알 수 있다.

정답 56. ③　57. ④　58. ②　59. ④　60. ③

제 5 회

2014. 10. 11. 시행

특수용접기능사

★

01 직류아크용접의 정극성과 역극성의 특징에 대한 설명으로 옳은 것은?

① 정극성은 용접봉의 용융이 느리고 모재의 용입이 깊다.

② 역극성은 용접봉의 용융이 빠르고 모재의 용입이 깊다.

③ 모재에 음극(−), 용접봉에 양극(+)을 연결하는 것을 정극성이라 한다.

④ 역극성은 일반적으로 비드 폭이 좁고 두꺼운 모재의 용접에 적당하다

해설 • 직류정극성: 비드의 폭이 좁고 용입이 깊다.
• 직류역극성: 비드의 폭이 넓고 용입이 얕으며 산화 피막을 제거하는 청정작용이 있다.

02 아크용접에서 부하전류가 증가하면 단자전압이 저하하는 특성을 무슨 특성이라 하는가?

① 상승 특성 ② 수하 특성
③ 정전류 특성 ④ 정전압 특성

해설 • 수하 특성: 부하전류가 증가하면 단자전압이 낮아지는 특성
• 정전압 특성: 수하 특성의 반대 성질을 갖는 것으로서 부하전류가 변해도 단자전압은 거의 변하지 않는 특성(일명 CP 특성이라고 함)

03 피복아크용접에서 아크 안정제에 속하는 피복 배합제는?

① 산화티탄 ② 탄산마그네슘
③ 페로망간 ④ 알루미늄

해설 • 아크 안정제: 산화티탄, 규산나트륨, 석회석, 규산칼슘
• 가스 발생제: 녹말, 톱밥, 석회석, 탄산바륨, 셀룰로오스
• 슬래그 생성제: 산화철, 일미나이트, 산화티탄, 이산화망간, 석회석, 규사 등

04 연강용 피복아크 용접봉 심선의 4가지 화학성분 원소는?

① C, Si, P, S
② C, Si, Fe, S
③ C, Si, Ca, P
④ Al, Fe, Ca, P

해설 연강용 피복아크 용접봉 심선의 주요 화학성분으로는 일반적으로 Fe를 제외하고 C, Si, P, S 그리고 Cu 등이 포함되어 있다.

05 산소용기의 내용적이 33.7리터(L)인 용기에 120kgf/cm^{2}가 충전되어 있을 때, 대기압 환산 용적은 몇 리터인가?

① 2,803 ② 4,044
③ 28,030 ④ 40,440

해설 산소용기의 총가스량 = 내용적×충전기압
= 33.7×120 = 4,044L

06 용접전류에 의한 아크 주위에 발생하는 자장이 용접봉에 대해서 비대칭으로 나타나는 현상을 방지하기 위한 방법 중 옳은 것은?

① 직류용접에서 극성을 바꿔 연결한다.

② 접지점을 될 수 있는 대로 용접부에서 가까이 한다.

③ 용접봉 끝을 아크가 쏠리는 방향으로 기울인다.

④ 피복제가 모재에 접촉할 정도로 짧은 아크를 사용한다.

해설 문제의 현상을 아크쏠림이라 하며, 특히 직류 전원을 채택할 경우 발생한다. 그 방지책으로는 교류 전원을 채택하고, 접지점을 되도록 멀리 하며, 용접봉의 끝을 아크가 쏠리는 반대 방향으로 기울여야 하고, 짧은 아크를 채택한다.

정답 01. ① 02. ② 03. ① 04. ① 05. ② 06. ④

07 아크 에어 가우징법으로 절단할 때 사용되는 장치가 아닌 것은?

① 가우징 토치　② 가우징 봉
③ 컴프레셔　④ 냉각장치

해설 아크 에어 가우징 장치에는 가우징 토치, 가우징 봉, 압축공기 등이 있다.

★
08 일반적으로 가스 용접봉의 지름이 2.6mm일 때 강판의 두께는 몇 mm 정도가 적당한가?

① 1.6mm　② 3.2mm
③ 4.5mm　④ 6.0mm

해설 가스용접 시 강판의 두께와 가스 용접봉의 지름은 $D=\frac{T}{2}+1$으로 구할 수 있으며, 여기에서 $2(D-1)=T$이다.
문제에서 주어진 정보를 대입하면,
$T=2(D-1)=2(2.6-1)=3.2$mm이다.

09 피복아크 용접봉의 용융금속 이행 형태에 따른 분류가 아닌 것은?

① 스프레이형　② 글로뷸러형
③ 슬래그형　④ 단락형

해설 용적 이행방식은 단락형, 스프레이형, 글로뷸러형 등으로 분류된다.

10 가스 실드계의 대표적인 용접봉으로 유기물을 20~30% 정도 포함하고 있는 용접봉은?

① E4303　② E4311
③ E4313　④ E4324

해설 피복 용접봉 종류에서 고셀룰로오스계(E4311)는 가스 실드계의 대표적인 용접봉으로 셀룰로오스(유기물)를 20~30% 정도 함유하고 있다.

11 다음 중 용접작업에 영향을 주는 요소가 아닌 것은?

① 용접봉 각도　② 아크길이
③ 용접속도　④ 용접비드

해설 보기 ①, ②, ③ 등의 영향으로 용접비드의 양부가 나타난다.

★
12 산소용기에 각인되어 있는 TP와 FP는 무엇을 의미하는가?

① TP: 내압 시험압력, FP: 최고 충전압력
② TP: 최고 충전압력, FP: 내압 시험압력
③ TP: 내용적(실측), FP: 용기 중량
④ TP: 용기 중량, FP: 내용적(실측)

해설 산소용기에 각인되어 있는 V는 내용적, W는 용기 중량, TP는 내압 시험압력, FP는 최고 충전압력을 나타낸다.

13 아세틸렌은 각종 액체에 잘 용해된다. 그러면 1기압 아세톤 2L에는 몇 L의 아세틸렌이 용해되는가?

① 2　② 10
③ 25　④ 50

해설 아세틸렌 가스는 각종 액체에 용해되는데, 물에는 1배, 석유에는 2배, 벤젠에는 4배, 알코올에는 6배, 아세톤에는 25배가 용해된다.

14 아크가 발생하는 초기에 용접봉과 모재가 냉각되어 있어 용접입열이 부족하여 아크가 불안정하기 때문에 아크 초기에만 용접전류를 특별히 크게 해주는 장치는?

① 전격 방지장치
② 원격 제어장치
③ 핫 스타트 장치
④ 고주파 발생장치

해설 핫 스타트(hot start) 장치는 아크가 발생하는 초기에 용접봉과 모재가 냉각되어 있어 용접입열이 부족하여 아크가 불안정하기 때문에 아크 초기에만 전류를 특별히 높게 하는 장치이다.

15 수중 절단에 주로 사용되는 가스는?

① 부탄 가스　② 아세틸렌 가스
③ LPG　④ 수소 가스

정답 07. ④ 08. ② 09. ③ 10. ② 11. ④ 12. ① 13. ④ 14. ③ 15. ④

해설 수중 절단은 침몰선의 해체나 교량의 개조, 항만의 방파제 공사 등에 사용되며, 연료 가스로는 주로 수소가 사용된다.

16 가스 절단에서 절단하고자 하는 판의 두께가 25.4mm일 때, 표준 드래그의 길이는?

① 2.4mm ② 5.2mm
③ 6.4mm ④ 7.2mm

해설 표준 드래그의 길이

판 두께(mm)	12.7	25.4	51	51~152
드래그 길이(mm)	2.4	5.2	5.6	6.4

17 교류아크 용접기의 규격 AW-300에서 300이 의미하는 것은?

① 정격 사용률 ② 정격 2차 전류
③ 무부하 전압 ④ 정격 부하전압

해설 교류아크 용접기 규격 AW-300에서 300의 수치는 정격 2차 전류를 의미한다.

★
18 열처리된 탄소강의 현미경 조직에서 경도가 가장 높은 것은?

① 소르바이트 ② 오스테나이트
③ 마텐자이트 ④ 트루스타이트

해설 열처리된 탄소강 조직에서 강도가 가장 높은 조직은 마텐자이트 조직이다.

19 알루미늄 합금재료가 가공된 후 시간의 경과에 따라 합금이 경화하는 현상은?

① 재결정 ② 시효 경화
③ 가공 경화 ④ 인공 시효

해설 시효 경화(age hardening, 時效硬化)에 대한 내용이다.

20 합금강의 분류에서 특수 용도용으로 게이지, 시계추 등에 사용되는 것은?

① 불변강 ② 쾌삭강
③ 규소강 ④ 스프링강

해설 각종 측정용으로 활용되는 게이지 등은 길이나 탄성계수 등이 변하지 않는 불변강으로 제작하여야 한다.

21 인장강도가 98~196MPa 정도이며, 기계 가공성이 좋아 공작기계의 베드, 일반 기계부품, 수도관 등에 사용되는 주철은?

① 백주철 ② 회주철
③ 반주철 ④ 흑주철

해설 회주철(GC)에 대한 내용이다.

22 구리에 40~50% Ni을 첨가한 합금으로서 전기 저항이 크고 온도계수가 일정하므로 통신 기자재, 저항선, 전열선 등에 사용하는 니켈 합금은?

① 인바 ② 엘린바
③ 모넬메탈 ④ 콘스탄탄

해설 콘스탄탄은 Ni-Cu계 합금으로 Ni 45%이며, 열전대, 전기 저항선에 사용한다.

23 용접 부품에서 일어나기 쉬운 잔류응력을 감소시키기 위한 열처리 방법은?

① 완전 풀림(full annealing)
② 연화 풀림(softening annealing)
③ 확산 풀림(diffusion annealing)
④ 응력제거 풀림(stress relief annealing)

해설 응력제거 풀림 열처리에 대한 내용이다.

24 강의 표면에 질소를 침투시켜 경화시키는 표면 경화법은?

① 침탄법
② 질화법
③ 세라다이징
④ 고주파 담금질

해설 강의 표면에 질소 가스를 침투시켜 경화시키는 표면 경화법은 질화법이다.

정답 16. ② 17. ② 18. ③ 19. ② 20. ① 21. ② 22. ④ 23. ④ 24. ②

25 경금속(light metal) 중에서 가장 가벼운 금속은?

① 리튬(Li) ② 베릴륨(Be)
③ 마그네슘(Mg) ④ 티타늄(Ti)

해설 비중 4.5 이상을 중금속, 4.5 이하를 경금속으로 구분한다. 보기 중 비중이 가장 작은 금속은 리튬(Li)으로 비중이 0.534이다.

26 스테인리스강의 금속 조직학상 분류에 해당하지 않는 것은?

① 마텐자이트계
② 페라이트계
③ 시멘타이트계
④ 오스테나이트계

해설 스테인리스강의 종류
- 마텐자이트계 스테인리스강
- 페라이트계 스테인리스강
- 오스테나이트계 스테인리스강
- 석출 경화형 스테인리스강

27 합금 공구강을 나타내는 한국산업표준(KS)의 기호는?

① SKII 2 ② SCr 2
③ STS 11 ④ SNCM

해설
- SKH 2: 고속도 합금강(Steel K-공구 High Speed),
- SCr 2: 구조용 크롬강(Steel Chromium),
- STS 11: 합금 공구강(Steel Tool Special)
- SNCM: 니켈 크롬 몰리브덴강(Steel Nickel Chromium Molybdenum)

28 정련된 용강을 노 내에서 Fe-Mn, Fe-Si, Al 등으로 완전히 탈산시킨 강은?

① 킬드강 ② 캡드강
③ 림드강 ④ 세미킬드강

해설 Fe-Mn, Fe-Si, Al 등으로 완전히 탈산시킨 강은 킬드강, Fe-Mn으로 불완전 탈산시킨 강은 림드강, 킬드강과 림드강의 중간 정도로 탈산시킨 강은 세미킬드강이라 한다.

29 다음 중 화재 및 폭발의 방지조치가 아닌 것은?

① 가연성 가스는 대기 중에 방출시킨다.
② 용접작업 부근에 점화원을 두지 않도록 한다.
③ 가스 용접 시에는 가연성 가스가 누설되지 않도록 한다.
④ 배관 또는 기기에서 가연성 가스의 누출 여부를 철저히 점검한다.

해설 가연성 가스는 자기 스스로 연소가 가능한 가스이기 때문에 대기 중으로 무단 방출하여서는 안 된다.

★
30 CO_2 가스 아크용접에서 복합 와이어의 구조에 해당하지 않는 것은?

① C관상 와이어 ② 아코스 와이어
③ S관상 와이어 ④ NCG 와이어

해설 CO_2 용접의 복합 와이어의 종류

[아코스 와이어]

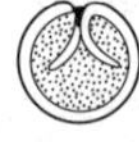
[Y관상 와이어]

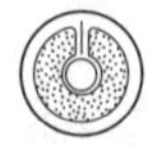
[S관상 와이어]

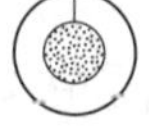
[NCG 와이어]

31 초음파 탐상법의 특징으로 틀린 것은?

① 초음파의 투과 능력이 작아 얇은 판의 검사에 적합하다.
② 결함의 위치와 크기를 비교적 정확히 알 수 있다.
③ 검사 시험체의 한 면에서도 검사가 가능하다.
④ 감도가 높으므로 미세한 결함을 검출할 수 있다.

해설 초음파의 투과 능력이 크므로 수 미터 정도의 두꺼운 부분도 검사가 가능하다.

32 연납과 경납을 구분하는 용융점은 몇 ℃인가?

① 200℃ ② 300℃
③ 450℃ ④ 500℃

정답 25. ① 26. ③ 27. ③ 28. ① 29. ① 30. ① 31. ① 32. ③

해설 연납은 450℃ 이하, 경납은 450℃ 이상으로 구분된다.

33 교류아크 용접기의 종류가 아닌 것은?

① 가동 철심형 ② 가동 코일형
③ 가포화 리액터형 ④ 정류기형

해설 직류아크 용접기는 정류기형, 발전형으로 분류된다.

34 용접부에 은점을 일으키는 주요 원소는?

① 수소 ② 인
③ 산소 ④ 탄소

해설 용접부에 미치는 수소의 영향은 언더비드 균열, 은점(fish eye), 선상조직 등이다.

35 일렉트로 슬래그 아크 용접에 대한 설명 중 맞지 않는 것은?

① 일렉트로 슬래그 용접은 단층 수직 상진 용접을 하는 방법이다.
② 일렉트로 슬래그 용접은 아크를 발생시키지 않고 와이어와 용융 슬래그, 그리고 모재 내에 흐르는 전기 저항열에 의하여 용접한다.
③ 일렉트로 슬래그 용접의 홈 형상은 I형 그대로 사용한다.
④ 일렉트로 슬래그 용접전원으로는 정전류형의 직류가 적합하고, 용융금속의 용착량은 90% 정도이다.

해설 일렉트로 슬래그 용접의 용접전원으로는 정전압형 교류가 적합하고, 용융 슬래그가 형성되어 이크발생이 멎은 준안정상태에서는 스패터가 발생하지 않고 조용하며, 용융금속의 용착량은 100%가 된다.

36 TIG 용접 시 텅스텐 전극의 수명을 연장시키기 위하여 아크를 끊은 후 전극의 온도가 얼마일 때까지 불활성 가스를 흐르게 하는가?

① 100℃ ② 300℃
③ 500℃ ④ 700℃

해설 용접 후 10A당 1초간 보호가스를 공급해야 하며 보호가스가 부족하게 되면 전극이 산화된다. 일반적으로 아크가 중단된 후 전극의 온도가 300℃가 될 때까지 보호가스를 흘린다.

★
37 그림과 같이 용접선의 방향과 하중의 방향이 직교한 필릿 용접은?

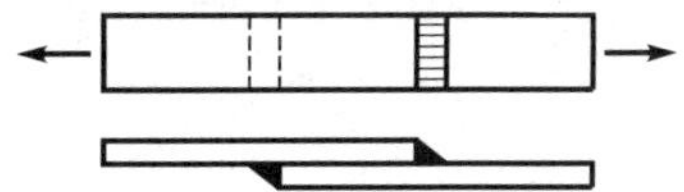

① 측면 필릿 용접 ② 경사 필릿 용접
③ 전면 필릿 용접 ④ T형 필릿 용접

해설 용접선의 방향과 하중의 방향이 직교한 것을 전면 필릿 용접, 용접선과 하중의 방향이 평행하게 작용하는 것을 측면 필릿 용접, 용접선의 방향과 하중의 방향이 경사져 있는 것을 경사 필릿 용접이라 한다.

38 본용접의 용착법 중 각 층마다 전체 길이를 용접하면서 쌓아 올리는 방법으로 용접하는 것은?

① 전진 블록법 ② 캐스케이드법
③ 빌드업법 ④ 스킵법

해설 그림(e)에 대한 내용이다.

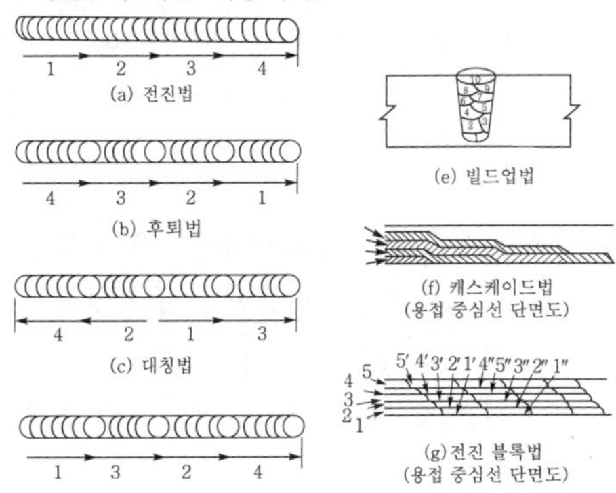

39 피복아크 용접기를 설치해도 되는 장소는?

① 먼지가 매우 많고 옥외의 비바람이 치는 곳
② 수증기 또는 습도가 높은 곳
③ 폭발성 가스가 존재하지 않는 곳
④ 진동이나 충격을 받는 곳

정답 33. ④ 34. ① 35. ④ 36. ② 37. ③ 38. ③ 39. ③

해설 보기 ①, ②, ④의 장소에는 용접기를 설치하면 안 된다.

40 다음 중 비파괴시험이 아닌 것은?

① 초음파시험 ② 피로시험
③ 침투시험 ④ 누설시험

해설 용접부의 시험법 중에서 피로시험은 파괴시험으로 분류된다.

★
41 불활성 가스 금속아크(MIG)용접의 특징으로 옳은 것은?

① 바람의 영향을 받지 않아 방풍대책이 필요 없다.
② TIG 용접에 비해 전류밀도가 높아 용융속도가 빠르고 후판 용접에 적합하다.
③ 각종 금속용접이 불가능하다.
④ TIG 용접에 비해 전류밀도가 낮아 용접속도가 느리다.

해설 ① 바람이 부는 옥외에서는 보호가스가 제대로 역할을 하지 못하므로 방풍대책이 필요하다.
③ 3mm 이상의 알루미늄 등에 주로 사용하고 스테인리스강, 구리 합금, 연강 등에 사용된다.
④ MIG 용접은 전류밀도가 대단히 높아 용접속도가 피복아크 용접의 약 6배, TIG 용접의 약 2배 정도이다.

42 가스 절단작업 시 주의사항이 아닌 것은?

① 가스 누설 점검은 수시로 해야 하며, 간단히 라이터로 할 수 있다.
② 가스 호스가 꼬여 있거나 막혀 있는지를 확인한다.
③ 가스 호스가 용융금속이나 산화물의 비산으로 인해 손상되지 않도록 한다.
④ 절단 진행 중에 시선은 절단면을 떠나서는 안된다.

해설 가스 누설 점검은 수시로 해야 하며 비눗물 등으로 점검한다.

43 용제와 와이어가 분리되어 공급되고 아크가 용제 속에서 일어나며 잠호 용접이라 불리는 용접은?

① MIG 용접
② 심 용접
③ 서브머지드 아크용접
④ 일렉트로 슬래그 용접

해설 서브머지드 아크용접은 전극 와이어를 연속적으로 공급하여 용제 속에서 모재와 와이어 사이에 아크를 발생하면서 이동 대차에 의해 주행하는 용접방식으로, 일명 잠호 용접이라고도 부른다.

44 안전 보호구의 구비요건 중 틀린 것은?

① 착용이 간편할 것
② 재료의 품질이 양호할 것
③ 구조와 끝마무리가 양호할 것
④ 위험, 위해 요소에 대한 방호 성능이 나쁠 것

해설 안전 보호구이므로 방호 성능이 좋아야 한다.

★
45 아크 플라스마는 고전류가 되면 방전전류에 의하여 생기는 자장과 전류의 작용으로 아크의 단면이 수축된다. 그 결과 아크 단면이 수축하여 가늘게 되고 전류밀도가 증가한다. 이와 같은 성질을 무엇이라고 하는가?

① 열적 핀치 효과
② 자기적 핀치 효과
③ 플라스마 핀치 효과
④ 동적 핀치 효과

해설 자기적 핀치 효과에 대한 내용이다.

46 TIG 용접에서 전극봉의 마모가 심하지 않으면서 청정작용이 있고 알루미늄이나 마그네슘 용접에 가장 적합한 전원 형태는?

① 직류정극성(DCSP)
② 직류역극성(DCRP)
③ 고주파 교류(ACHF)
④ 일반 교류(AC)

정답 40. ② 41. ② 42. ① 43. ③ 44. ④ 45. ② 46. ③

해설 청정작용이 있으므로 교류 전원 또는 직류역극성을 채택하여야 하나, 역극성은 전극봉이 과열되어 녹게 되는 현상이 발생하게 되므로 경합금의 경우 고주파 병용 교류를 사용한다.

47 용접 이음 준비 중 홈 가공에 대한 설명으로 틀린 것은?

① 홈 가공의 정밀 또는 용접능률과 이음의 성능에 큰 영향을 준다.
② 홈 모양은 용접방법과 조건에 따라 다르다.
③ 용접균열은 루트 간격이 넓을수록 적게 발생한다.
④ 피복아크용접에서는 54~70° 정도의 홈 각도가 적합하다.

해설 용접균열은 루트 간격이 좁을수록 적게 발생한다.

★
48 용접전압이 25V, 용접전류가 350A, 용접속도가 40cm/min인 경우 용접 입열량은 몇 J/cm인가?

① 10,500J/cm ② 11,500J/cm
③ 12,125J/cm ④ 13,125J/cm

해설 용접입열을 Q라고 할 때

$Q=\frac{60EI}{V}$[J/cm]이다.

(여기서, E: 용접전압[V], I: 용접전류[A],
V: 용접속도[cpm: cm/min])

문제에서 주어진 정보를 대입하면,

$Q=\frac{60\times25\times350}{40}=13,125$J/cm이다.

49 용접 후 변형을 교정하는 방법이 아닌 것은?

① 박판에 대한 점 수축법
② 형재(形材)에 대한 직선 수축법
③ 가스 가우징법
④ 롤러에 거는 방법

해설 가스 가우징법은 용접 부분의 뒷면을 따내든지 용접 홈을 가공하기 위한 가공법이다.

50 용접결함 종류가 아닌 것은?

① 기공 ② 언더컷
③ 균열 ④ 용착금속

해설 용접결함의 종류에는 용입불량, 언더컷, 오버랩, 균열, 기공, 슬래그 섞임, 피트, 스패터 등이 있다.

51 다음 그림과 같은 양면 용접부 조합기호의 명칭으로 옳은 것은?

① 양면 V형 맞대기 용접
② 넓은 루트면이 있는 양면 V형 용접
③ 넓은 루트면이 있는 K형 맞대기 용접
④ 양면 U형 맞대기 용접

해설 그림의 형태를 보면 양면 U형 또는 H형 홈 용접이다.

52 다음 그림은 원뿔을 경사지게 자른 경우이다. 잘린 원뿔의 전개 형태로 가장 올바른 것은?

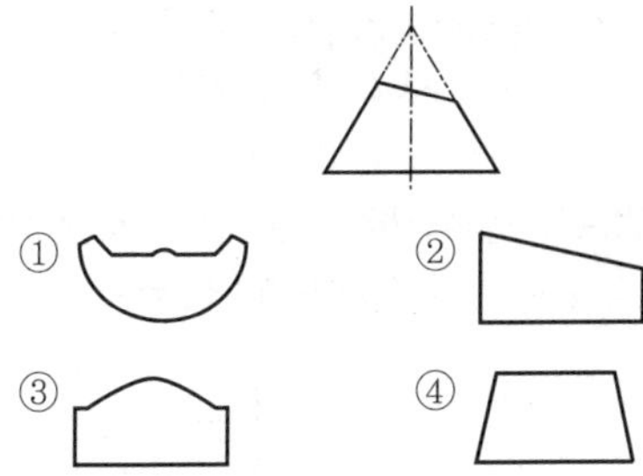

해설 원뿔을 경사지게 자른 경우의 잘린 원뿔의 전개형태로 올바른 것은 보기 ①이다.

53 회전 도시 단면도에 대한 설명으로 틀린 것은?

① 절단할 곳의 전후를 끊어서 그 사이에 그린다.
② 절단선의 연장선 위에 그린다.
③ 도형 내의 절단한 곳에 겹쳐서 도시할 경우 굵은 실선을 사용하여 그린다.
④ 절단면은 90° 회전하여 표시한다.

정답 47. ③ 48. ④ 49. ③ 50. ④ 51. ④ 52. ① 53. ③

해설 도형 내의 절단한 곳에 겹쳐서 가는 실선을 사용하여 그린다.

54 기계제도의 치수 보조기호 중에서 Sϕ는 무엇을 나타내는 기호인가?

① 구의 지름 ② 원통의 지름
③ 판의 두께 ④ 원호의 길이

해설 기계제도의 치수 보조기호
- Sϕ: 구의 지름
- R: 반지름
- SR: 구면의 반지름
- t: 두께

55 재료 기호가 "SM 400C"로 표시되어 있을 때 이는 무슨 재료인가?

① 일반구조용 압연강재
② 용접구조용 압연강재
③ 스프링 강재
④ 탄소 공구강 강재

해설
- SS 400: 일반구조용 압연강재
- SM 400C: 용접구조용 압연강재

56 3각법으로 정투상한 아래 도면에서 정면도와 우측면도에 가장 적합한 평면도는?

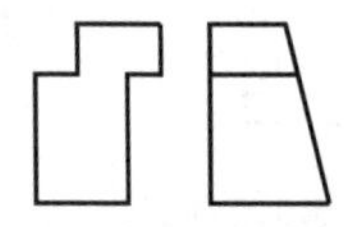

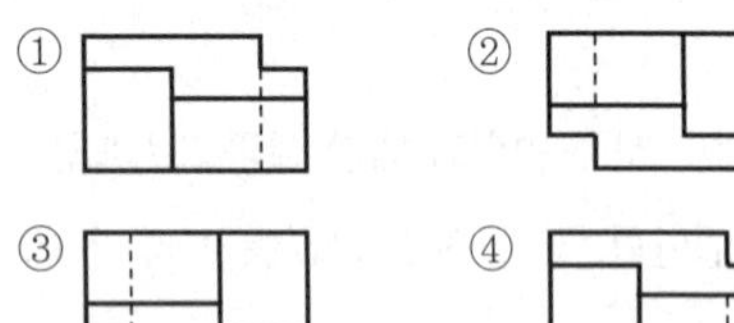

해설 정면도와 우측면도 하단이 직선이므로 평면도의 하단부의 형태로 보아 보기 ②, ③은 제외되고, 정면도의 우측 상단의 하단부 선이 뒷면까지 연결되어 있으므로 보기 ①이 정답이다.

57 그림과 같은 관 표시기호의 종류는?

① 크로스 ② 리듀서
③ 디스트리뷰터 ④ 휨 관 조인트

해설 ① 크로스: ┼, ② 리듀서: ─▷─

58 대상물의 보이는 부분의 모양을 표시하는 데 사용하는 선은?

① 치수선 ② 외형선
③ 숨은선 ④ 기준선

해설 외형선에 대한 내용이다.

★
59 도면에 그려진 길이가 실제 대상물의 길이보다 큰 경우 사용한 척도의 종류인 것은?

① 현척 ② 실척
③ 배척 ④ 축척

해설 도면의 척도에는 도면에 그려진 길이와 대상물의 길이가 같은 현척이 보편적으로 사용되는데, 실물보다 축소하여 그린 척도는 축척, 실물보다 확대하여 그린 척도는 배척이라 한다.

60 다음 그림은 경유 서비스 탱크 지지 철물의 정면도와 측면도이다. 모두 동일한 ㄱ 형강일 경우 중량은 약 몇 kg인가? (단, ㄱ 형강(L-50×50×6)의 단위 m당 중량은 4.43kg/m이고, 정면도와 측면도에서 좌우대칭이다.)

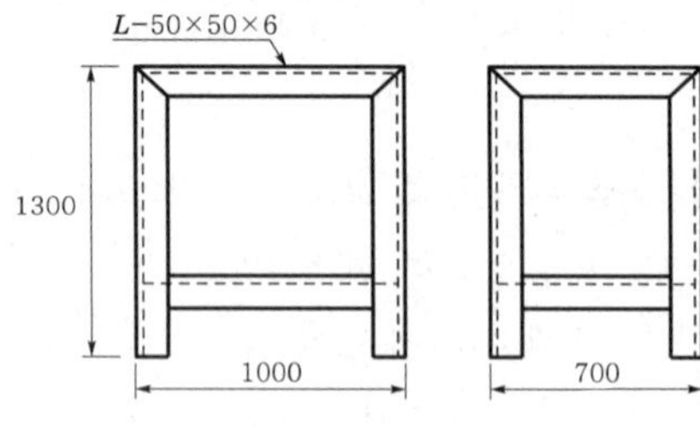

① 44.3 ② 53.1
③ 55.4 ④ 76.1

해설 ㄱ 형강의 상판(3,400mm) + 중간 보강부(3,400mm) +다리(1,300×4) =12,000mm이다.
따라서, 중량은 12m × 4.43kgf/m = 53.16kgf이다.

정답 54. ① 55. ② 56. ① 57. ④ 58. ② 59. ③ 60. ②

제 1 회

2015. 1. 25. 시행

특수용접기능사

01 용접봉에서 모재로 용융금속이 옮겨가는 용적 이행 상태가 아닌 것은?

① 글로뷸러형
② 스프레이형
③ 단락형
④ 핀치효과형

해설 용융금속의 이행 형식
- 단락형(short circuiting transfer): 그림 (a)와 같이 용접봉과 모재의 용융금속이 용융지에 접촉하여 단락되고 표면 장력의 작용으로서 모재에 이행하는 방법으로 연강 나체 용접봉, 박피복봉을 사용할 때 많이 볼 수 있다. 단락의 발생은 용융금속의 일산화탄소(CO) 가스가 중요한 역할을 하고 있다.
- 글로뷸러형(globular transfer): 그림 (b)와 같이 비교적 큰 용적이 단락되지 않고 이행하는 형식
- 스프레이형(spray transfer): 그림 (c)와 같이 피복제 일부가 가스화하여 맹렬하게 분출하여 용융금속을 소립자로 불어내는 이행 형식

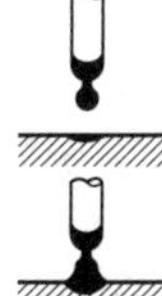
(a) 단락형

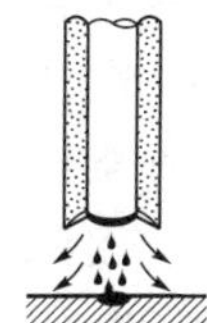
(b) 글로뷸러형

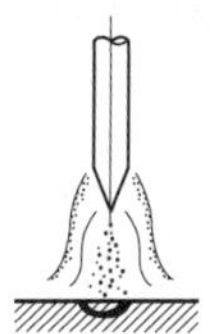
(c) 스프레이형

02 피복아크용접 시 일반적으로 언더컷을 발생시키는 원인으로 가장 거리가 먼 것은?

① 용접전류가 너무 높을 때
② 아크길이가 너무 길 때
③ 부적당한 용접봉을 사용했을 때
④ 홈 각도 및 루트 간격이 좁을 때

해설 홈 각도 및 루트 간격이 좁으면 용입불량 등의 원인이 된다.

03 일반적으로 사람의 몸에 얼마 이상의 전류가 흐르면 순간적으로 사망할 위험이 있는가?

① 5mA
② 15mA
③ 25mA
④ 50mA

해설 전류가 인체에 미치는 영향

허용 전류(mA)	작용
1	반응을 느낀다.
8	위험을 수반하지 않는다.
8~15	고통을 수반한 쇼크(shock)를 느끼며, 근육운동은 자유롭다.
15~20	고통을 느끼고 가까운 근육이 저려서 움직이지 않는다.
20~50	고통을 느끼고 강한 근육 수축이 일어나며 호흡이 곤란하다.
50~100	순간적으로 사망할 위험이 있다.
100~200	순간적으로 확실히 사망한다.

★
04 다음에서 용극식 용접방법을 모두 고른 것은?

> ㉠ 서브머지드 아크 용접
> ㉡ 불활성 가스 금속 아크 용접
> ㉢ 불활성 가스 텅스텐 아크 용접
> ㉣ 솔리드 와이어 이산화탄소 아크 용접

① ㉠, ㉡
② ㉢, ㉣
③ ㉠, ㉡, ㉢
④ ㉠, ㉡, ㉣

해설 문제의 보기에서 비용극식 용접법은 불활성 가스 텅스텐 아크용접뿐이다.

정답 01. ④ 02. ④ 03. ④ 04. ④

05 납땜을 연납땜과 경납땜으로 구분할 때 구분 온도는?

① 350℃ ② 450℃
③ 550℃ ④ 650℃

해설 연납과 경납을 구분하는 온도는 450℃이다.

06 전기저항 용접의 특징에 대한 설명으로 틀린 것은?

① 산화 및 변질 부분이 적다.
② 다른 금속 간의 접합이 쉽다.
③ 용제나 용접봉이 필요 없다.
④ 접합 강도가 비교적 크다.

해설 이종 금속의 경우 열전도도, 전기전도도가 각각 상이하므로 저항 용접 적용이 곤란할 수 있다.

★
07 직류정극성(DCSP)에 대한 설명으로 옳은 것은?

① 모재의 용입이 얕다.
② 비드 폭이 넓다.
③ 용접봉의 녹음이 느리다.
④ 용접봉에 (+)극을 연결한다.

해설 모재에 (+)가 접속되고, 용접봉에 (-)가 접속이 되는 직류정극성의 경우 모재의 용입이 깊고, 비드 폭이 좁으며, 용접봉의 녹음이 느리다.

08 다음 용접법 중 압접에 해당되는 것은?

① MIG 용접
② 서브머지드 아크용접
③ 점 용접
④ TIG 용접

해설 모재를 용융 또는 반용융 상태에서 압력을 주는 방식인 압접(pressure welding)에 해당하는 용접방법은 점 용접이다.

09 로크웰 경도시험에서 C스케일의 다이아몬드의 압입자 꼭지각 각도는?

① 100° ② 115°
③ 120° ④ 150°

해설 로크웰 경도시험 중 B스케일은 지름 1/16인치 강철볼 압입자를, C스케일은 120° 다이아몬드 압입자를 사용한다.

10 아크타임을 설명한 것 중 옳은 것은?

① 단위기간 내의 작업여유 시간이다.
② 단위시간 내의 용도여유 시간이다.
③ 단위시간 내의 아크발생 시간을 백분율로 나타낸 것이다.
④ 단위시간 내의 시공한 용접길이를 백분율로 나타낸 것이다.

해설 보기 ③에 대한 내용이다.

11 용접부에 오버랩의 결함이 발생했을 때, 가장 올바른 보수방법은?

① 작은 지름의 용접봉을 사용하여 용접한다.
② 결함 부분을 깎아내고 재용접한다.
③ 드릴로 구멍을 뚫고 재용접한다.
④ 결함부분을 절단한 후 덧붙임 용접을 한다.

해설 보기 ①은 언더컷, 보기 ③은 균열에 대한 보수방법이다.

★
12 용접 설계상 주의점으로 틀린 것은?

① 용접하기 쉽도록 설계할 것
② 결함이 생기기 쉬운 용접방법을 피할 것
③ 용접이음이 한 곳으로 집중되도록 할 것
④ 강도가 약한 필릿 용접은 가급적 피할 것

해설 용접이음이 한 곳에 집중되면 열의 집중으로 인해 응력과 변형 등이 발생하므로 이음이 분산되도록 설계한다.

13 저온균열에 일어나기 쉬운 재료에 용접 전에 균열을 방지할 목적으로 피용접물의 전체 또는 이음부 부근의 온도를 올리는 것을 무엇이라고 하는가?

① 잠열 ② 예열
③ 후열 ④ 발열

해설 예열에 대한 내용이다.

정답 05. ② 06. ② 07. ③ 08. ③ 09. ③ 10. ③ 11. ② 12. ③ 13. ②

14 TIG 용접에 사용되는 전극의 재질은?

① 탄소 ② 망간
③ 몰리브덴 ④ 텅스텐

해설 TIG(Tungsten Inert Gas arc welding) 용접에 사용되는 전극의 재질은 텅스텐이다.

15 용접의 장점으로 틀린 것은?

① 작업공정이 단축되며 경제적이다.
② 기밀, 수밀, 유밀성이 우수하며 이음 효율이 높다.
③ 용접사의 기량에 따라 용접부의 품질이 좌우된다.
④ 재료의 두께에 제한이 없다.

해설 보기 ③은 용접의 단점이다.

★
16 이산화탄소 아크 용접의 솔리드와이어 용접봉의 종류 표시는 YGA-50W-1.2-20형식이다. 이때 Y가 뜻하는 것은?

① 가스 실드 아크용접
② 와이어 화학성분
③ 용접 와이어
④ 내후성 강용

해설
- Y: 용접 와이어
- G: 가스실드 아크용접
- A: 내후성 강용
- 50: 용착금속의 최저 인장강도
- W: 와이어의 화학성분
- 1.2: 와이어의 지름
- 20: 무게(kg)

17 용접선 양측을 일정 속도로 이동하는 가스불꽃에 의하여 너비 약 150mm를 150~200℃로 가열한 다음 곧 수냉하는 방법으로서 주로 용접선 방향의 응력을 완화시키는 잔류응력 제거법은?

① 저온응력 완화법 ② 기계적 응력 완화법
③ 노내풀림법 ④ 국부풀림법

해설 저온응력 완화법에 대한 내용이다.

18 용접 자동화 방법에서 정성적 자동제어의 종류가 아닌 것은?

① 피드백 제어
② 유접점 시퀀스 제어
③ 무접점 시퀀스 제어
④ PLC 제어

해설 자동제어의 종류

정성적 제어	시퀀스 제어	유접점 시퀀스 제어
		무접점 시퀀스 제어
	프로그램 제어	PLC 제어
정량적 제어	개루프 제어	
	폐루프 제어	피드백 제어

★
19 지름 13mm, 표점거리 150mm인 연강재 시험편을 인장시험한 후의 거리가 154mm가 되었다면 연신율은?

① 3.89% ② 4.56%
③ 2.67% ④ 8.45%

해설 $$연신률(\varepsilon)=\frac{\ell-\ell_0}{\ell_0}\times 100=\frac{154-150}{150}\times 100$$
$$=2.67\%$$

20 용접균열에서 저온균열은 일반적으로 몇 ℃ 이하에서 발생하는 균열을 말하는가?

① 200~300℃ 이하
② 301~400℃ 이하
③ 401~500℃ 이하
④ 501~600℃ 이하

해설 저온균열은 일반적으로 200~300℃ 이하에서 발생한다.

21 스테인리스강을 TIG 용접할 시 적합한 극성은?

① DCSP ② DCRP
③ AC ④ ACRP

해설 직류정극성을 채택한다.

정답 14. ④ 15. ③ 16. ③ 17. ① 18. ① 19. ③ 20. ① 21. ①

22 피복아크 용접작업 시 전격에 대한 주의사항으로 틀린 것은?

① 무부하 전압이 필요 이상으로 높은 용접기는 사용하지 않는다.
② 전격을 받은 사람을 발견했을 때는 즉시 스위치를 꺼야 한다.
③ 작업종료 시 또는 장시간 작업을 중지할 때는 반드시 용접기의 스위치를 끄도록 한다.
④ 낮은 전압에서는 주의하지 않아도 되며, 습기찬 구두는 착용해도 된다.

해설 낮은 전압일지라도 주의하여야 하며, 습기찬 구두 착용 시 용접작업을 금한다.

23 직류아크용접의 설명 중 옳은 것은?

① 용접봉을 양극, 모재를 음극에 연결하는 경우를 정극성이라고 한다.
② 역극성은 용입이 깊다.
③ 역극성은 두꺼운 판의 용접에 적합하다.
④ 정극성은 용접 비드의 폭이 좁다.

해설 용접봉을 음극, 모재를 양극에 접속하는 것이 직류 정극성이다. 역극성은 용입이 얕으며, 얇은 판 또는 비철금속 등에 사용한다.

24 다음 중 수중 절단에 가장 적합한 가스로 짝지어진 것은?

① 산소-수소가스
② 산소-이산화탄소가스
③ 산소-암모니아가스
④ 산소-헬륨가스

해설 수중 절단의 연료가스는 일반적으로 수소가스를 사용한다.

25 피복아크 용접봉의 심선의 재질로서 적당한 것은?

① 고탄소 림드강 ② 고속도강
③ 저탄소 림드강 ④ 반 연강

해설 용접성이 좋은 저탄소강의 경우 탈산 정도에 따라 킬드강, 세미킬드강, 림드강 등으로 구별된다. 피복제에는 탈산제가 포함되어 있으므로 피복아크 용접봉 심선재질로는 저탄소 림드강을 사용한다.

★
26 피복아크 용접봉의 간접 작업성에 해당되는 것은?

① 부착 슬래그의 박리성
② 용접봉 용융상태
③ 아크상태
④ 스패터

해설 피복아크 용접봉의 작업성

직접 작업성	간접 작업성
• 아크상태 • 아크 발생 • 용접봉 용융상태 • 슬래그상태 • 스패터	• 부착 슬래그의 박리성 • 스패터 제거의 난이도 • 기타 용접의 난이도

27 가스용접의 특징에 대한 설명으로 틀린 것은?

① 가열 시 열량조절이 비교적 자유롭다.
② 피복금속 아크용접에 비해 후판 용접에 적당하다.
③ 전원 설비가 없는 곳에서도 쉽게 설치할 수 있다.
④ 피복금속 아크용접에 비해 유해광선의 발생이 적다.

해설 가스용접의 경우 열의 집중성이 아크용접에 비해 떨어지므로 박판 용접에 적합하다.

28 피복아크 용접봉 중에서 피복제 중에 석회석이나 형석을 주성분으로 하고, 피복제에서 발생하는 수소량이 적어 인성이 좋은 용착금속을 얻을 수 있는 용접봉은?

① 일미나이트계(E4301)
② 고셀룰로이스계(E4311)
③ 고산화탄소계(E4313)
④ 저수소계(E4316)

정답 22. ④ 23. ④ 24. ① 25. ③ 26. ① 27. ② 28. ④

해설 저수소계에 대한 내용이다.

29 가스 절단에서 양호한 절단면을 얻기 위한 조건으로 틀린 것은?

① 드래그(drag)가 가능한 클 것
② 드래그(drag)의 홈이 낮고 노치가 없을 것
③ 슬래그 이탈이 양호할 것
④ 절단면 표면의 각이 예리할 것

해설 드래그가 가능한 적은 것이 양호한 절단이 된다.

30 용접기의 2차 무부하 전압을 20~30V로 유지하고, 용접 중 전격 재해를 방지하기 위해 설치하는 용접기의 부속장치는?

① 과부하방지 장치
② 전격방지 장치
③ 원격제어 장치
④ 고주파발생 장치

해설 전격방지 장치에 대한 내용이다.

31 가스 가우징이나 치핑에 비교한 아크 에어 가우징의 장점이 아닌 것은?

① 작업 능률이 2~3배 높다.
② 장비 조작이 용이하다.
③ 소음이 심하다.
④ 활용 범위가 넓다.

해설 ㉮ 가스 가우징(gas gouging): 가스 가우징은 용접 부분의 뒷면을 따내든지, U형·H형의 용접 홈을 가공하기 위하여 깊은 홈을 파내는 가공법이다.

가우징 작업에서 파여지는 홈의 깊이와 폭의 비율은 1:1~3:3 정도가 가장 널리 쓰이며, 사용 가스의 압력은 팁의 크기에 따라서 다르지만 보통 산소의 경우는 3~7kg/cm², 아세틸렌의 경우는 0.2~0.3kg/cm²가 널리 쓰인다. 가우징 팁의 작업 각도는 굽힘 형의 경우에서 예열을 위한 작업은 30~45° 정도가 쓰이고 가우징 작업을 할 때에는 그보다 눕혀진 10~20° 정도가 사용되는 것이 보통이다.

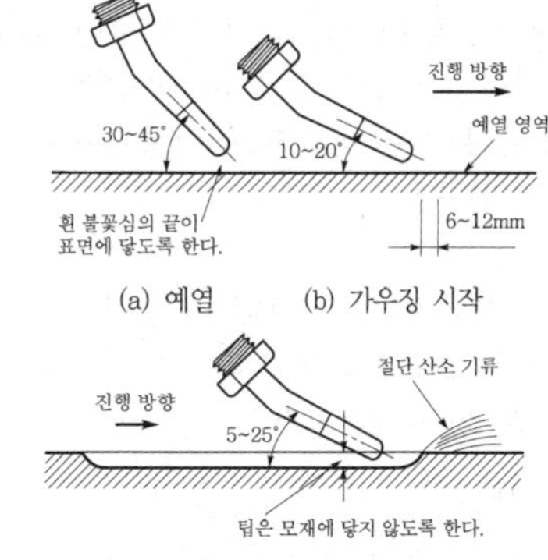

(c) 가우징 진행 중

㉯ 아크 에어 가우징(arc air gouging)

용접봉 홀더
탄소 전극
공기 분출
진행 방향
접지 케이블
모재

㉠ 원리: 아크 에어 가우징은 탄소 아크 절단 장치에다 6~7kg/cm² 정도 되는 압축공기를 병용하여서 아크 열로 용융시킨 부분을 압축 공기로 불어 날려서 홈을 파내는 작업을 말하며, 홈파기 이외에 절단도 가능한 작업법이다. 아크에서 가우징에 사용되는 전극봉은 일부 흑연화한 탄소봉에 구리 도금을 한 것이며, 사용되는 전류는 직류이고, 이때의 직류 기기는 아크전압 35~45V, 아크전류는 200~500A 정도의 것이 널리 쓰인다.

㉡ 장점
- 작업 능률이 2~3배 높다.
- 용융금속을 순간적으로 불어내므로 모재에 악영향을 주지 않는다.
- 용접 결함부를 그대로 밀어 붙이지 않으므로 발견이 쉽다.
- 소음이 없다.
- 조작법이 간단하다.
- 경비가 저렴하며, 응용범위가 넓다.

32 피복아크용접에서 용접봉의 용융속도와 관련이 큰 것은?

① 아크전압　② 용접봉 지름
③ 용접기의 종류　④ 용접봉 쪽 전압강하

정답 29. ①　30. ②　31. ③　32. ④

해설 용접봉의 용융속도는 단위시간당 소비되는 용접봉의 길이 또는 무게로 나타나며, 아크전압과는 관계가 없다. 용융속도 = 아크전류×용접봉 쪽 전압강하로 결정된다.

★
33 피복아크용접에서 아크전압이 30V, 아크전류가 150A, 용접속도가 20cm/min일 때, 용접입열은 몇 Joule/cm인가?

① 27,000　② 22,500
③ 15,000　④ 13,500

해설 용접입열(weld heat input): 용접부에 외부에서 주어지는 열량을 용접 입열이라 하며, 용접 이음을 위하여 충분해야 한다.
피복아크용접에서 아크가 용접의 단위길이 1cm 당 발생하는 전기적 에너지(energy) H는 아크전압 E[V], 아크전류 I[A], 용접속도 V[cm/min]라 할 때 다음과 같이 주어진다.

$$H=\frac{60EI}{V}=\frac{60\times30\times150}{20}=13,500[\text{Joule/cm}]$$

34 다음 가연성 가스 중 산소와 혼합하여 연소할 때 불꽃온도가 가장 높은 가스는?

① 수소　② 메탄
③ 프로판　④ 아세틸렌

해설 연료가스의 연소상수

가스 종류	완전 연소 화학 방정식	발열량 [kcal/m³]	불꽃 온도 [℃]
아세틸렌	$C_2H_2=2\frac{1}{2}O_2=2CO_2=H_2O$	12,753.7	3,430.3
수소	$H_2=\frac{1}{2}O_2=H_2O$	2,448.4	2,982.2
도시가스	혼합 가스	2,670~7,120	2,537.8
천연가스	혼합 가스	7,120~10,680	2,537.8
코크스가스	혼합 가스	4,450~4,895	2,537.8
메탄	$CH_4+2O_2=CO_2=2H_2O$	8,132.8	2,760.0
에탄	$C_2H_6+3\frac{1}{2}O_2=2CO_2+3H_2O$	14,515.9	2,815.6
프로판	$C_3H_8+5O_2=3CO_2+4H_2O$	20,550.1	2,926.7
부탄	$C_4H_{10}+6\frac{1}{2}O_2=4CO_2+5H_2O$	26,691.1	2,926.7
에틸렌	$C_2H_4+3O_2=2CO_2+2H_2O$	13,617.0	2,815.6

35 피복아크 용접기로서 구비해야 할 조건 중 잘못된 것은?

① 구조 및 취급이 간편해야 한다.
② 전류 조정이 용이하고 일정하게 전류가 흘러야 한다.
③ 아크 발생과 유지가 용이하고 아크가 안정되어야 한다.
④ 용접기가 빨리 가열되어 아크 안정을 유지해야 한다.

해설 피복아크 용접기로서 구비해야 할 조건
- 구조 및 취급이 간단해야 한다.
- 위험성이 작어야 한다(특히, 무부하 전압이 높지 않을 것).
- 용접전류 조정이 용이해야 하며, 일정한 전류가 흐르고 용접 중에 전류값이 너무 크게 변화해서는 안된다.
- 단락(short)되었을 때 흐르는 전류가 너무 크지 않아야 한다.
- 아크 발생 유지가 용이해야 한다.
- 능률이 좋아야 한다.
- 구조가 견고해야 하며, 특히 절연이 완전해서 습기가 많거나 고온이 되어도 충분히 견딜 수 있어야 한다.
- 사용하고 있을 때 온도 상승이 작아야 한다.
- 가격이 저렴하고 사용 경비가 적게 들어야 한다.

36 피복아크 용접봉의 피복제의 작용에 대한 설명으로 틀린 것은?

① 산화 및 질화를 방지한다.
② 스패터가 많이 발생한다.
③ 탈산 정련작용을 한다.
④ 합금원소를 첨가한다.

해설 피복제의 작용으로 스패터 발생을 적게 한다.

★
37 부하 전류가 변화하여도 단자전압은 거의 변하지 않는 특성은?

① 수하 특성　② 정전류 특성
③ 정전압 특성　④ 전기저항 특성

정답 33. ④　34. ④　35. ④　36. ②　37. ③

해설 정전압 특성(CP 특성)에 대한 내용이며, 자동 또는 반자동 용접기에 채택된다.

38 용접기의 명판에 사용률이 40%로 표시되어 있을 때, 다음 설명으로 옳은 것은?

① 아크발생시간이 40%이다.
② 휴식시간이 40%이다.
③ 아크발생시간이 60%이다.
④ 휴식시간이 4분이다.

해설 $\text{사용률}(\%) = \frac{\text{아크발생시간}}{\text{아크발생시간} + \text{휴식시간}} \times 100$으로 계산된다. 사용률은 일반적으로 10분이 기준이며, 아크발생시간이 40% 4분이고, 휴식시간이 60% 6분이 됨을 알 수 있다.

39 포금의 주성분에 대한 설명으로 옳은 것은?

① 구리에 8~12% Zn을 함유한 합금이다.
② 구리에 8~12% Sn을 함유한 합금이다.
③ 6-4황동에 1% Pb을 함유한 합금이다.
④ 7-3황동에 1% Mg을 함유한 합금이다.

해설

종류	명칭	성분	용도
포금	Gun metal	Sn 8%~12%, Zn 1~2%, 나머지 Cu	• 청동의 예전 명칭 • 청동 주물(BC)이 대표적 • 유연성, 내식성, 내수압성이 좋음 • 일반 기계 부품, 밸브, 기어 등에 사용
	Admiralty gun metal	Cu 88%, Sn 10%, Zn 2%	

40 다음 중 완전 탈산시켜 제조한 강은?

① 킬드강 ② 림드강
③ 고망간강 ④ 세미킬드강

해설 킬드강에 대한 내용이다.

41 Al-Cu-Si 합금으로 실리콘(Si)을 넣어 주조성을 개선하고 Cu를 첨가하여 절삭성을 좋게 한 알루미늄 합금으로 시효 경화성이 있는 합금은?

① Y합금 ② 라우탈
③ 코비탈륨 ④ 로-엑스 합금

해설 라우탈에 대한 내용이다.

42 주철 중 구상 흑연과 편상 흑연의 중간 형태의 흑연으로 형성된 조직을 갖는 주철은?

① CV 주철
② 에시큘라 주철
③ 니크로 실랄 주철
④ 미해나이트 주철

해설 CV 주철(Compacted Vermicular graphite)에 대한 내용이다.

43 연질 자성재료에 해당하는 것은?

① 페라이트 자석 ② 알니코 자석
③ 네오디뮴 자석 ④ 퍼멀로이

해설 연질 자성재료(soft magnetic material): 일반적으로 투자율이 크고 보자력이 적은 자성재료의 통칭으로, 고투자율 재료, 자심재료 등이 여기에 포함된다. 규소강판, 퍼멀로이, 전자 순철 등이 대표적인 것이며, 기계적으로 연하고 변형이 적은 것이 요구되나 기계적 강도와는 큰 관계가 없다.

44 다음 중 황동과 청동의 주성분으로 옳은 것은?

① 황동: Cu+Pb, 청동: Cu+Sb
② 황동: Cu+Sn, 청동: Cu+Zn
③ 황동: Cu+Sb, 청동: Cu+Pb
④ 황동: Cu+Zn, 청동: Cu+Sn

해설 보기 ④가 올바른 구리 합금 성분이다.

★
45 다음 중 담금질에 의해 나타난 조직 중에서 경도와 강도가 가장 높은 것은?

① 오스테나이트 ② 소르바이트
③ 마텐자이트 ④ 트루스타이트

해설 담금질 조직을 포함하여 강을 경도 순으로 나열하면 시멘타이트 > 마텐자이트 > 트루스타이트 > 솔바이트 > 퍼얼라이트 > 오스테나이트 > 페라이트 순이다. C > M > T > S > P > A > F로 외워두자.

정답 38. ① 39. ② 40. ① 41. ② 42. ① 43. ④ 44. ④ 45. ③

46 다음 중 재결정 온도가 가장 낮은 금속은?

① Al ② Cu
③ Ni ④ Zn

해설 해당 금속의 재결정 온도
- Al: 150~240℃
- Cu: 200~230℃
- Ni: 530~660℃
- Zn: 7~75℃

47 다음 중 상온에서 구리(Cu)의 결정격자 형태는?

① HCT ② BCC
③ FCC ④ CPH

해설 구리는 상온에서 면심입방격자이다.

48 Ni-Fe 합금으로서 불변강이라 불리우는 합금이 아닌 것은?

① 인바 ② 모넬메탈
③ 엘린바 ④ 슈퍼인바

해설 모넬메탈은 Ni+Cu 합금으로 내식성이 우수하고 전기저항이 좋아 정밀 계측기에 사용된다.

49 고주파 담금질의 특징을 설명한 것 중 옳은 것은?

① 직접 가열하므로 열효율이 높다.
② 열처리 불량은 적으나 변형 보정이 필요하다.
③ 열처리 후의 연삭과정을 생략 또는 단축시킬 수 없다.
④ 간접 부분 담금질법으로 원하는 깊이만큼 경화하기 힘들다.

해설 ② 화염 경화법 등에 비해 가열시간이 매우 짧고 과열현상이 일어나지 않으므로 변형 측면에서는 효과적이다.
③ 고주파 담금질은 단시간의 가열이 이루어지므로 경화 표면의 산화가 대단히 적다. 따라서 경화 담금질 후 연삭 또는 연마작업을 생략할 수 있다.
④ 국부 가열이 가능하고 경화층 깊이 선정이 자유롭다.

★
50 다음 중 Fe-C 평형상태도에 대한 설명으로 옳은 것은?

① 공정점의 온도는 약 723℃이다.
② 포정점은 약 4.30%C를 함유한 점이다.
③ 공석점은 약 0.80%C를 함유한 점이다.
④ 순철의 자기변태 온도는 210℃이다.

해설 Fe-C 평형상태도에서 공정점은 1,140℃이며, 포정점은 0.18%C이고, 순철의 자기변태점은 768℃이다.

51 다음 입체도의 화살표 방향 투상도로 가장 적합한 것은?

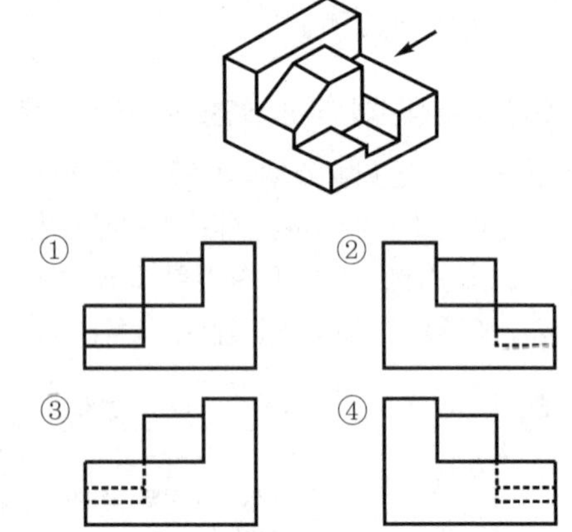

해설 입체를 화살표 방향으로 본 정면도를 찾는 문제이다. 입체를 보면 우측에서 가장 높은 부분이 보이므로 보기 ②, ④는 제외하고, 화살표 방향의 좌측 하단부가 가장 높이가 높아 보이므로 뒷 부분이 은선(파선)으로 보이는 보기 ③을 선택한다.

52 다음 그림과 같은 용접방법 표시로 맞는 것은?

① 삼각 용접
② 현장 용접
③ 공장 용접
④ 수직 용접

해설 현장 용접기호에 대한 내용이다.

정답 46. ④ 47. ③ 48. ② 49. ① 50. ③ 51. ③ 52. ②

53 다음 밸브 기호는 어떤 밸브를 나타내는가?

① 풋 밸브　　② 볼 밸브
③ 체크 밸브　　④ 버터플라이 밸브

해설 풋 밸브에 대한 기호이다.

★
54 제3각법에 대하여 설명한 것으로 틀린 것은?

① 저면도는 정면도 밑에 도시한다.
② 평면도는 정면도의 상부에 도시한다.
③ 좌측면도는 정면도의 좌측에 도시한다.
④ 우측면도는 평면도의 우측에 도시한다.

해설 3각법의 경우 우측면도는 정면도 우측에 도시한다.

55 대상물의 일부를 떼어낸 경계를 표시하는 데 사용하는 선의 굵기는?

① 굵은 실선　　② 가는 실선
③ 아주 굵은 실선　　④ 아주 가는 실선

해설 파단선에 대한 설명으로, 사용되는 선의 종류는 가는 실선이다.

56 그림과 같은 배관 도시기호가 있는 관에는 어떤 종류의 유체가 흐르는가?

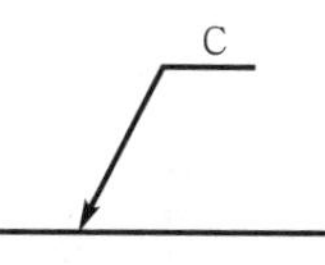

① 온수　　② 냉수
③ 냉온수　　④ 증기

해설 관에 흐르는 유체는 공기(A), 가스(G), 기름(O), 증기(S), 물(W), 브라인 또는 2차 냉매(B), 냉수(C), 냉매(R)로 표시한다.

57 다음 중 리벳용 원형강의 KS 기호는?

① SV　　② SC
③ SB　　④ PW

해설 ① SV: 리벳용 압연강재(Steel Rivet)
② SC: 탄소강 주강(Steel Casting)
③ SB: 보일러용 압연가재(Steel Boiler)
④ PW: 피아노 선(Piano Wire)

58 다음 치수 표현 중에서 참고치수를 의미하는 것은?

① Sϕ24　　② t=24
③ (24)　　④ □24

해설 ① 구의 반지름이 24mm
② 판 두께 24mm
④ 정사각형의 한 변이 24mm

59 구멍에 끼워 맞추기 위한 구멍, 볼트, 리벳의 기호 표시에서 현장에서 드릴가공 및 끼워맞춤을 하고 양쪽면에 카운터 싱크가 있는 기호는?

①
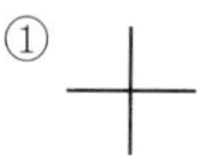
②

③
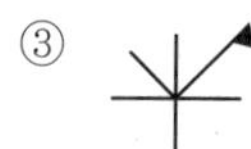
④
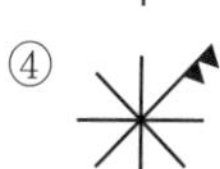

해설 KS에서 규정하는 체결부품의 조립 간략 표시방법

기호	의미
	• 공장에서 드릴 가공 및 끼워 맞춤 • 카운터 싱크 없음
	• 공장에서 드릴 가공, 현장에서 끼워 맞춤 • 먼 면에 카운터 싱크 있음
	• 현장에서 드릴 가공 및 끼워 맞춤 • 먼 면에 카운터 싱크 있음
	• 현장에서 드릴 가공 및 끼워 맞춤 • 양쪽 면에 카운터 싱크 있음
	• 공장에서 드릴 가공 및 끼워 맞춤 • 가까운 면에 카운터 싱크 있음
	• 현장에서 드릴 가공 및 끼워 맞춤 • 카운터 싱크 없음

정답 53. ① 54. ④ 55. ② 56. ② 57. ① 58. ③ 59. ④

60 도면을 용도에 따른 분류와 내용에 따른 분류로 구분할 때, 다음 중 내용에 따라 분류한 도면인 것은?

① 제작도　　② 주문도
③ 견적도　　④ 부품도

해설 제작도, 주문도, 견적도 등은 도면을 사용 목적에 따라 분류한 것이다.

정답 60. ④

제 2 회

2015. 4. 4. 시행

특수용접기능사

01 피복아크용접 후 실시하는 비파괴 검사방법이 아닌 것은?

① 자분탐상법
② 피로시험법
③ 침투탐상법
④ 방사선투과 검사법

해설 용접부 검사법의 종류에서 피로시험법은 파괴시험으로, 기계적 시험에 속한다.

02 다음 중 용접 이음에 대한 설명으로 틀린 것은?

① 필릿 용접에서는 형상이 일정하고, 미용착부가 없어 응력분포상태가 단순하다.
② 맞대기 용접 이음에서 시점과 크레이터 부분에서는 비드가 급랭하여 결함을 일으키기 쉽다.
③ 전면 필릿 용접이란 용접선의 방향이 하중의 방향과 거의 직각인 필릿 용접을 말한다.
④ 겹치기 필릿 용접에서는 루트부에 응력이 집중되기 때문에 보통 맞대기 이음에 비하여 피로강도가 낮다.

해설 필릿 용접의 경우 이음 특성상 별도의 홈 가공이 없는 경우 미용착부가 생기게 되는 구조이다.

03 변형과 잔류응력을 최소로 해야 할 경우 사용되는 용착법으로 가장 적합한 것은?

① 후진법 ② 전진법
③ 스킵법 ④ 덧살올림법

해설 스킵법(skip method)은 일명 비석법이라고도 하며, 용접길이를 짧게 나누어 간격을 두고 용접하는 방법으로, 피용접물 전체에 변형이나 잔류응력이 작게 발생하도록 하는 용착법이다.

★
04 이산화탄소 용접에 사용되는 복합 와이어(flux cored wire)의 구조에 따른 종류가 아닌 것은?

① 아코스 와이어 ② T관상 와이어
③ Y관상 와이어 ④ S관상 와이어

해설 플럭스 코어드 와이어의 구조에 따른 종류

[아코스 와이어]

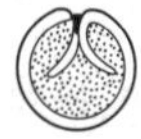
[Y관상 와이어]

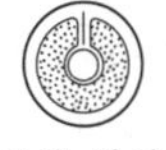
[S관상 와이어]

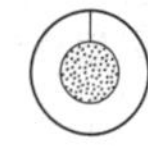
[NCG 와이어]

05 불활성 가스 아크용접에 주로 사용되는 가스는?

① CO_2 ② CH_4
③ Ar ④ C_2H_2

해설 용접에 주로 이용되는 불활성 가스 중 대표적인 것은 아르곤(Ar), 헬륨(He) 등이다.

06 다음 중 용접 결함에서 구조상 결함에 속하는 것은?

① 기공 ② 인장강도의 부족
③ 변형 ④ 화학적 성질 부족

해설 변형은 치수상 결함의 범주에 속하고, 인장강도 및 화학적 성질 부족의 경우는 특성상 결함의 범주에 속한다.

07 다음 TIG 용접에 대한 설명 중 틀린 것은?

① 박판 용접에 적합한 용접법이다.
② 교류나 직류가 사용된다.
③ 비소모식 불활성 가스아크 용접법이다.
④ 전극봉은 연강봉이다.

정답 01. ② 02. ① 03. ③ 04. ② 05. ③ 06. ① 07. ④

해설 TIG 용접에 사용되는 전극봉으로는 순수한 텅스텐 전극봉과 1~2% 토륨(Th) 또는 지르코늄(Zr)을 첨가한 텅스텐 전극봉 등이 있다.

08 아르곤(Ar) 가스는 1기압하에서 6,500L 용기에 몇 기압으로 충전하는가?

① 100기압 ② 120기압
③ 140기압 ④ 160기압

해설 일반적으로 아르곤 가스는 1기압하에서 약 6,500L의 양이 140기압으로 용기에 충전되어 공급된다.

09 불활성 가스 텅스텐(TIG) 아크 용접에서 용착금속의 용락을 방지하고 용착부 뒷면의 용착금속을 보호하는 것은?

① 포지셔너(psitioner)
② 지그(zig)
③ 뒷받침(backing)
④ 앤드탭(end tap)

해설 불활성 가스 텅스텐 아크용접에서는 용접부의 뒷면이 대기 중의 공기에 의해 산화될 우려가 있으므로 금속 또는 비금속(예 세라믹 등) 뒷받침을 사용하여 산화를 방지하고 용락되는 것을 방지한다.

10 구리 합금 용접 시험편을 현미경 시험할 경우 시험용 부식재로 주로 사용되는 것은?

① 왕수 ② 피크린산
③ 수산화나트륨 ④ 염화철액

해설 염화철액을 답으로 구하는 문제였으나, 보기 모두가 구리 합금에 사용이 가능하다.

11 용접 결함 중 치수상의 결함에 대한 방지대책과 가장 거리가 먼 것은?

① 역변형법 적용이나 지그를 사용한다.
② 습기, 이물질 제거 등 용접부를 깨끗이 한다.
③ 용접 전이나 시공 중에 올바른 시공법을 적용한다.
④ 용접조건과 자세, 운봉법을 적정하게 한다.

해설 보기 ②의 내용은 구조상의 결함 중 기공 등의 결함 방지대책에 가깝다.

★
12 TIG 용접에 사용되는 전극봉의 조건으로 틀린 것은?

① 고용용점의 금속
② 전자방출이 잘되는 금속
③ 전기저항률이 큰 금속
④ 열전도성이 좋은 금속

해설 TIG 용접에 사용되는 전극의 조건
- 고용융점 금속
- 전자방출이 잘되는 금속
- 전기저항율이 작은 금속
- 열전도성이 좋은 금속

13 철도 레일 이음 용접에 적합한 용접법은?

① 테르밋 용접
② 서브머지드 용접
③ 스터드 용접
④ 그래비티 및 오토콘 용접

해설 테르밋 용접의 용도에 대한 내용이다.

14 통행과 운반관련 안전조치로 가장 거리가 먼 것은?

① 뛰지 말아야 하며 한눈을 팔거나 주머니에 손을 넣고 걷지 말 것
② 기계와 다른 시설물과의 사이의 통행로 폭은 30cm 이상으로 할 것
③ 운반차는 규정속도를 지키고 운반 시 시야를 가리지 않게 할 것
④ 통행로와 운반차, 기타 시설물에는 안전 표지색을 이용한 안전표지를 할 것

해설 기계와 다른 시설물과의 사이의 통행로 폭은 80cm 이상으로 확보한다.

정답 08. ③ 09. ③ 10. 전항 정답 11. ② 12. ③ 13. ① 14. ②

15 플라스마 아크의 종류 중 모재가 전도성 물질이어야 하며, 열효율이 높은 아크는?

① 이행형 아크 ② 비이행형 아크
③ 중간형 아크 ④ 피복 아크

해설 이행형 아크에서는 아르곤과 수소의 혼합가스를 사용하며, 이 형식은 모재가 전도성 물질이어야 한다. 절단 시 공기나 질소를 혼합하는 때가 많다.

16 TIG 용접에서 전극봉은 세라믹 노즐의 끝에서부터 몇 mm 정도 돌출시키는 것이 가장 적당한가?

① 1~2mm ② 3~6mm
③ 7~9mm ④ 10~12mm

해설 일반적으로 노즐에서의 텅스텐 전극의 돌출길이는 용접 이음별로 다르게 적용하여야 한다. 맞대기 용접의 경우 최대 3.2~4.7mm, 필릿 이음의 경우 최대 6.4~9.5mm, 모서리 이음의 경우 최대 3.2mm 정도이다. 대략 3~6mm가 일반적이다.

17 다음 파괴시험 방법 중 충격 시험방법은?

① 전단시험 ② 샤르피시험
③ 크리프시험 ④ 응력부식 균열시험

해설 용접부의 충격 시험의 종류로는 아이조드식과 샤르피식 등이 있다.

18 초음파 탐상 검사방법이 아닌 것은?

① 공진법 ② 투과법
③ 극간법 ④ 펄스 반사법

해설 초음파 탐상법의 종류에는 투과법, 펄스 반사법, 공진법 등이 있다.

19 레이저 빔 용접에 사용되는 레이저의 종류가 아닌 것은?

① 고체 레이저 ② 액체 레이저
③ 기체 레이저 ④ 도체 레이저

해설 레이저의 종류로는 보기 ①, ②, ③ 이외에 반도체 레이저 등이 있다.

20 다음 중 저탄소강의 용접에 관한 설명으로 틀린 것은?

① 용접균열의 발생 위험이 크기 때문에 용접이 비교적 어렵고, 용접법의 적용에 제한이 있다.
② 피복아크 용접의 경우 피복아크 용접봉은 모재와 강도 수준이 비슷한 것을 선정하는 것이 바람직하다.
③ 판의 두께가 두껍고 구속이 큰 경우에는 저수소계 계통의 용접봉이 사용된다.
④ 두께가 두꺼운 강재일 경우 적절한 예열을 할 필요가 있다.

해설 탄소함유량이 적은 저탄소강의 경우 용접성이 좋은 것으로 알려져 있다.

★
21 15℃, 1kgf/cm^{2}하에서 사용 전 용해 아세틸렌 병의 무게가 50kgf이고, 사용 후 무게가 47kgf일 때 사용한 아세틸렌의 양은 몇 리터(L)인가?

① 2,915 ② 2,815
③ 3,815 ④ 2,715

해설 $C = 905(A-B)$
$= 905 \times (50-47) = 2,715\text{L}$

22 다음 용착법 중 다층쌓기 방법인 것은?

① 전진법 ② 대칭법
③ 스킵법 ④ 캐스케이드법

해설 보기 중 전진법, 대칭법, 스킵법 등은 단층(layer)쌓기 방법이고 다층(multi-layers)쌓기 방법으로는 빌드업법, 캐스케이드법, 전진블록법 등이 있다.

23 다음 중 두께 20mm인 강판을 가스 절단하였을 때 드래그(drag)의 길이가 5mm이었다면 드래그 양은 몇 %인가?

① 5 ② 20
③ 25 ④ 100

해설
$$\text{드래그}(\%) = \frac{\text{드래그 길이(mm)}}{\text{판 두께(mm)}} \times 100$$
$$= \frac{5\text{mm}}{20\text{mm}} \times 100 = 25\%$$

정답 15. ① 16. ② 17. ② 18. ③ 19. ④ 20. ① 21. ④ 22. ④ 23. ③

24 가스 용접에 사용되는 용접용 가스 중 불꽃온도가 가장 높은 가연성 가스는?

① 아세틸렌　② 메탄
③ 부탄　④ 천연가스

해설 용접용 가스의 불꽃온도
- 아세틸렌: 3,430℃
- 부탄: 2,926℃
- 메탄: 2,760℃
- 천연가스: 2,537℃

★
25 가스 용접에서 전진법과 후진법을 비교하여 설명한 것으로 옳은 것은?

① 용착금속의 냉각속도는 후진법이 서냉된다.
② 용접변형은 후진법이 크다.
③ 산화의 정도가 심한 것은 후진법이다.
④ 용접속도는 후진법보다 전진법이 더 빠르다.

해설 가스용접에서 전진법과 후진법의 비교

항목	전진법(좌진법)	후진법(우진법)
열 이용률	나쁘다	좋다
용접속도	느리다	빠르다
비드 모양	보기 좋다	매끈하지 못하다
홈 각도	크다(80°)	작다(60°)
용접변형	크다	작다
용접모재 두께	얇다(5mm까지)	두껍다
산화 정도	심하다	약하다
용착금속의 냉각속도	급랭된다	서냉된다
용착금속 조직	거칠다	미세하다

26 가스 절단 시 절단면에 일정한 간격의 곡선이 진행방향으로 나타나는데 이것을 무엇이라 하는가?

① 슬래그(slag)　② 태핑(tapping)
③ 드래그(drag)　④ 가우징(gouging)

해설 드래그 길이는 절단면에 일정한 간격의 곡선이 진행방향으로 나타나 있는데, 이것을 드래그 라인이라고 하고, 하나의 드래그 라인과 상부와 하부 간의 직선길이의 수평거리를 드래그(drag)라 한다.

27 피복금속아크 용접봉의 피복제가 연소한 후 생성된 물질이 용접부를 보호하는 방식이 아닌 것은?

① 가스 발생식
② 슬래그 생성식
③ 스프레이 발생식
④ 반가스 발생식

해설 피복아크 용접봉은 피복제가 연소한 후 생성된 물질이 용접부를 어떻게 보호하느냐에 따라 가스 발생식, 슬래그 생성식, 반가스 발생식 등으로 구분된다.

28 용해 아세틸렌 용기 취급 시 주의사항으로 틀린 것은?

① 아세틸렌 충전구가 동결 시는 50℃ 이상의 온수로 녹여야 한다.
② 저장장소는 통풍이 잘되어야 한다.
③ 용기는 반드시 캡을 씌워 보관한다.
④ 용기는 진동이나 충격을 가하지 말고 신중히 취급해야 한다.

해설 아세틸렌 충전구가 동결 시는 35℃ 이하의 온수로 녹여야 한다.

★
29 AW300, 정격사용률이 40%인 교류 아크 용접기를 사용하여 실제 150A의 전류 용접을 한다면 허용사용률은?

① 80%　② 120%
③ 140%　④ 160%

해설
$$허용사용률 = \frac{(정격2차전류)^2}{(실제의\ 용접전류)^2} \times 정격사용률$$
$$= \frac{300^2}{150^2} \times 40 = 160\%$$

30 직류아크용접에서 용접봉을 용접기의 음극(−)에, 모재를 양극(+)에 연결한 경우의 극성은?

① 직류정극성　② 직류역극성
③ 용극성　④ 비용극성

정답 24. ① 25. ① 26. ③ 27. ③ 28. ① 29. ④ 30. ①

해설 • 용접봉을 용접기의 음극(−)에, 모재를 양극(+)에 연결한 경우 직류정극성(DCSP)이라 한다.
• 용접봉을 용접기의 양극(+)에, 모재를 음극(−)에 연결한 경우 직류역극성(DCRP)이라 한다.

★
31 용접 용어와 그 설명이 잘못 연결된 것은?

① 모재: 용접 또는 절단되는 금속
② 용융풀: 아크열에 의해 용융된 쇳물 부분
③ 슬래그: 용접봉이 용융지에 녹아 들어가는 것
④ 용입: 모재가 녹은 깊이

해설 용접봉이 용융지에 녹아 들어가서 모재 위에 옷을 입은 것처럼 되는 현상을 용착이라 한다.

32 강제 표면의 흠이나 개재물, 탈탄층 등을 제거하기 위하여 얇고 타원형 모양으로 표면을 깎아내는 가공법은?

① 산소창 절단 ② 스카핑
③ 탄소 아크 절단 ④ 가우징

해설 스카핑은 강재 표면의 흠이나 개재물, 탈탄층 등을 제거하기 위하여 될 수 있는 한 얇게 그리고 타원형 모양으로 표면을 깎아내는 열 가공법이다.

33 가동 철심형 용접기를 설명한 것으로 틀린 것은?

① 교류아크 용접기의 종류에 해당한다.
② 미세한 전류 조정이 가능하다.
③ 용접작업 중 가동 철심의 진동으로 소음이 발생할 수 있다.
④ 코일의 감긴 수에 따라 전류를 조정한다.

해설 보기 ④는 탭 전환용 용접기의 특징이다.

34 용접 중 전류를 측정할 때 전류계(클램프 미터)의 측정위치로 적합한 것은?

① 1차 측 접지선
② 피복아크 용접봉
③ 1차 측 케이블
④ 2차 측 케이블

해설 교류아크 용접 중 용접전류를 측정 시 2차 측 케이블, 즉 홀더 선 또는 어스 선에 전류계를 걸어 측정하면 된다.

35 저수소계 용접봉은 용접시점에서 기공이 생기기 쉬운데 해결방법으로 가장 적당한 것은?

① 후진법 사용
② 용접봉 끝에 페인트 도색
③ 아크길이를 길게 사용
④ 접지점을 용접부에 가깝게 물림

해설 저수소계 용접봉 사용 시 시점 부근에서 후진법을 사용할 경우 기공 발생을 예방할 수 있다.

36 다음 중 가스용접의 특징으로 틀린 것은?

① 전기가 필요 없다.
② 응용범위가 넓다.
③ 박판 용접에 적당하다.
④ 폭발의 위험이 없다.

해설 가스용접의 올바른 특징은 보기 ①, ②, ③ 등이다.

37 다음 중 피복아크용접에 있어 용접봉에서 모재로 용융금속이 옮겨가는 상태를 분류한 것이 아닌 것은?

① 폭발형 ② 스프레이형
③ 글로뷸러형 ④ 단락형

해설 피복아크용접에서 용융금속의 이행 형식에 따라 스프레이형, 글로뷸러형, 단락형 등으로 분류한다.

38 융점이 높은 코발트(Co) 분말과 1~5μm 정도의 세라믹, 탄화 텅스텐 등의 입자들을 배합하여 확산과 소결공정을 거쳐서 분말야금법으로 입자강화 금속 복합재료를 제조한 것은?

① FRP
② FRS
③ 서멧(cermet)
④ 진공청정구리(OFHC)

정답 31. ③ 32. ② 33. ④ 34. ④ 35. ① 36. ④ 37. ① 38. ③

해설 서멧 재료에 대한 내용으로 세라믹의 특성인 경도, 내열성, 내산화성, 내약품성, 내마멸성 등과 금속의 강인성을 겸비한 복합 재료이다.

39 주철의 용접 시 예열 및 후열온도는 얼마 정도가 가장 적당한가?

① 100~200℃ ② 300~400℃
③ 500~600℃ ④ 700~800℃

해설 주철의 용접법으로는 모재 전체를 500~600℃의 고온에서 예열 및 후열을 할 수 있는 설비가 필요하다.

40 황동에 납(Pb)을 첨가하여 절삭성을 좋게 한 황동으로 스크류, 시계용 기어 등의 정밀가공에 사용되는 합금은?

① 리드 브라스(lead brass)
② 문츠메탈(munts metal)
③ 틴 브라스(tin brass)
④ 실루민(silumin)

해설 납 황동 또는 연 황동에 대한 내용으로 리드 브라스라고도 한다.

41 탄소강에 함유된 원소 중에서 고온 메짐(hot shortness)의 원인이 되는 것은?

① Si ② Mn
③ P ④ S

해설 탄소강 함유 원소 중에서 고온 메짐의 원인은 황(S)이며, 방지 원소는 망간(Mn)이다.

42 재료 표면상에 일정한 높이로부터 낙하시킨 추가 반발하여 튀어 오르는 높이로부터 경도값을 구하는 경도기는?

① 쇼어 경도기 ② 로크웰 경도기
③ 비커즈 경도기 ④ 브리넬 경도기

해설 재료 표면에 일정 높이로부터 낙하시킨 후에 반발하여 튀어오른 높이로 경도값을 구하는 경도기는 쇼어 경도기(Hs)이다. 이외에 브리넬 경도기, 로크웰 경도기, 비커즈 경도기 등은 압입흔적의 면적 또는 깊이 등을 측정하여 경도값을 구한다.

43 알루미늄의 표면 방식법이 아닌 것은?

① 수산법 ② 염산법
③ 황산법 ④ 크롬산법

해설 알루미늄(Al) 방식법: 알루미늄 표면을 적당한 전해액으로 양극 산화처리하는 표면 방식법이 우수하고 치밀한 산화피막이 만들어지도록 하는 방법으로 가장 많이 사용되며, 그 종류로는 수산법, 황산법, 크롬산법 등이 있다.

★
44 Fe–C 평형상태도에서 나타날 수 없는 반응은?

① 포정반응 ② 편정반응
③ 공석반응 ④ 공정반응

해설 ① 포정반응: 융체+고체 1 $\xrightarrow{(냉각)}$ 고체 2로 되는 반응으로, Fe–C 평형상태도의 경우 융체+$\delta-$Fe $\xrightarrow{(냉각)}$ $\gamma-$Fe로 되며, 0.17%C, 1,495℃에서 일어난다.

③ 공석반응: 고체 1 $\xrightarrow{(냉각)}$ 고체 2+고체 3으로 되는 반응으로, Fe–C 평형상태도의 경우 $\gamma-$Fe $\xrightarrow{(냉각)}$ $\alpha-$Fe+Fe_3C로 되며, 0.85%C, 723℃에서 일어난다.

④ 공정반응: 융체 $\xrightarrow{(냉각)}$ 고체 1+고체 2로 되는 반응으로, Fe–C 평형 상태도의 경우 융체 $\xrightarrow{(냉각)}$ $\gamma-$Fe+Fe_3C로 되며, 4.3%C, 1,140℃에서 일어난다.

참고로 편정반응은 융체 $\xrightarrow{(냉각)}$ 융체 +고체 1로 되는 반응으로, Fe–C 평형상태도에서 보기 어렵다.

★
45 인장시험에서 표점거리가 50mm의 시험편을 시험 후 절단된 표점거리를 측정하였더니 65mm가 되었다. 이 시험편의 연신율은 얼마인가?

① 20% ② 23%
③ 30% ④ 33%

해설

$$연신률(\varepsilon)=\frac{늘어난\ 길이(l)-원래의\ 길이(l_0)}{원래의\ 길이(l_0)}\times 100$$

$$=\frac{65-50}{50}\times 100=30\%$$

정답 39. ③ 40. ① 41. ④ 42. ① 43. ② 44. ② 45. ③

46 2~10%Sn, 0.6%P 이하의 합금이 사용되며 탄성률이 높아 스프링 재로로 가장 적합한 청동은?

① 알루미늄 청동　② 망간 청동
③ 니켈 청동　④ 인 청동

해설 청동에 인(P)이 함유된 인 청동에 대한 내용이다.

47 알루미늄 합금 중 대표적인 단련용 Al 합금으로 주요 성분이 Al-Cu-Mg-Mn인 것은?

① 알민　② 알드레리
③ 두랄루민　④ 하이드로날륨

해설 알루미늄 합금 중에서 단련용 알루미늄 합금의 주요 성분이 Al-Cu-Mg-Mn인 것은 두랄루민의 합금 조성이다.

48 강의 담금질 깊이를 깊게 하고 크리프 저항과 내식성을 증가시키며 뜨임 메짐을 방지하는 데 효과가 있는 합금원소는?

① Mo　② Ni
③ Cr　④ Si

해설 Mo는 담금질 깊이를 크게 하고, 크리프 저항과 내식성을 커지게 하며, 뜨임 메짐을 방지한다.

49 면심입방격자 구조를 갖는 금속은?

① Cr　② Cu
③ Fe　④ Mo

해설
- 면심입방격자: Au, Al, Ag, Cu, Pb
- 체심입방격자: Cr, W, Mo

50 노멀라이징(normalizing) 열처리의 목적으로 옳은 것은?

① 연화를 목적으로 한다.
② 경도 향상을 목적으로 한다.
③ 인성 부여를 목적으로 한다.
④ 재료의 표준화를 목적으로 한다.

해설 불림(normalizing)은 편석을 없애고 재료의 표준화를 목적으로 한다.

51 물체를 수직단면으로 절단하여 그림과 같이 조합하여 그릴 수 있는데, 이러한 단면도를 무슨 단면도라고 하는가?

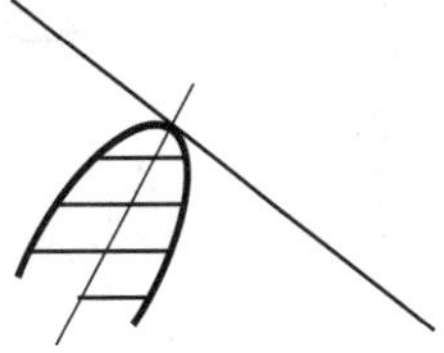

① 온 단면도
② 한쪽 단면도
③ 부분 단면도
④ 회전 도시 단면도

해설 물체를 수직단면으로 절단하여 회전을 시켜 단면을 해칭한 것으로 회전 도시 단면도에 대한 내용이다.

52 일면 개선형 맞대기 용접의 기호로 맞는 것은?

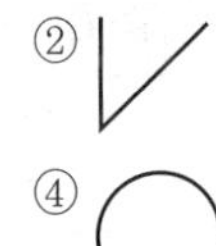

해설 ① V형 맞대기로 양측 베벨형이라고도 한다.
② 베벨형이라고도 하며, 한면 개선형(일면 개선형)이라고도 한다.
③ 플레어형 용접이라 한다.
④ 점 용접 기호이다.

53 치수선상에서 인출선을 표시하는 방법으로 옳은 것은?

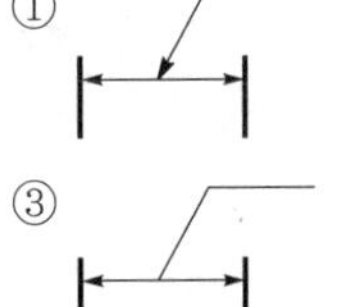

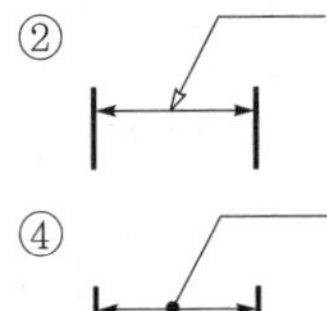

해설 치수 보조선 위에서 인출하는 인출선의 경우 화살표를 제외한다. 또한 투상도의 외형선 안쪽에서 인출하는 경우 인출선 시작부에 검정 원으로, 투상도의 외형선에 직접 지시하는 경우 외형선에서 인출선 시작부에 화살표로 표시하여 인출한다.

정답 46. ④ 47. ③ 48. ① 49. ② 50. ④ 51. ④ 52. ② 53. ③

54 다음 배관도면에 없는 배관요소는?

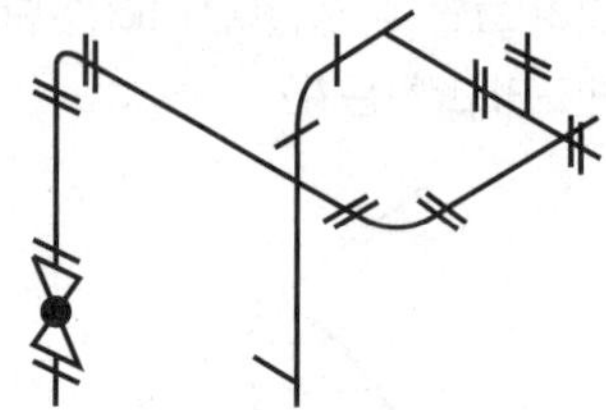

① 티　② 엘보
③ 플랜지 이음　④ 나비 밸브

해설 도면에 보이는 밸브는 글로브 밸브이다.
밸브 및 콕의 몸체의 종류

밸브·콕의 종류	그림기호	밸브·콕의 종류	그림기호
밸브 일반		앵글 밸브	
슬루스 밸브		3방향 밸브	
글로브 밸브		안전 밸브	또는
체크 밸브	또는		
볼 밸브		콕 일반	
나비 밸브	또는		

55 KS 재료기호 "SM10C"에서 10C는 무엇을 뜻하는가?

① 일련번호　② 항복점
③ 탄소함유량　④ 최저 인장강도

해설 SM10C에서 10C는 탄소함유량을 뜻한다.

56 그림과 같이 정투상도의 제3각법으로 나타낸 정면도와 우측면도를 보고 평면도를 올바르게 도시한 것은?

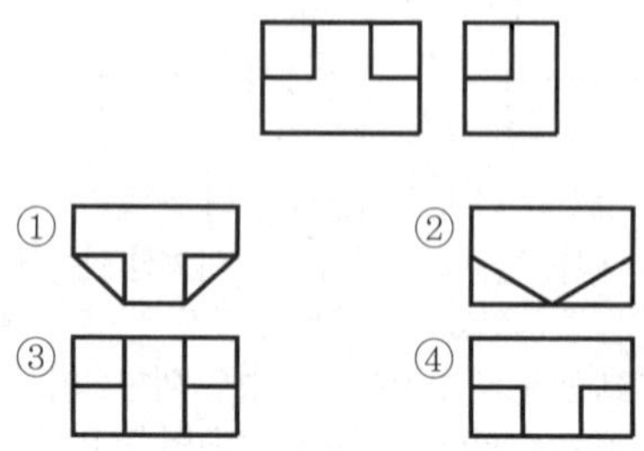

해설 올바른 평면도는 보기 ④이다.

57 도면을 축소 또는 확대했을 경우, 그 정도를 알기 위해서 설정하는 것은?

① 중심마크　② 비교눈금
③ 도면의 구역　④ 재단마크

해설 모든 도면상에는 최소 100mm 길이에 10mm 간격의 눈금을 긋는다. 비교눈금은 도면 용지의 가장자리에서 가능한 한 윤곽선에 겹쳐서 중심마크에 대칭으로 너비는 최대 5mm로 배치한다. 비교눈금선은 두께가 최소 0.5mm인 직선으로 한다.

58 다음 중 선의 종류와 용도에 의한 명칭 연결이 틀린 것은?

① 가는 1점 쇄선: 무게중심선
② 굵은 1점 쇄선: 특수지정선
③ 가는 실선: 중심선
④ 아주 굵은 실선: 특수한 용도의 선

해설 가는 일점 쇄선은 도형의 중심을 표시하는 선이다.

★
59 다음 중 원기둥의 전개에 가장 적합한 전개도법은?

① 평행선 전개도법　② 방사선 전개도법
③ 삼각형 전개도법　④ 타출 전개도법

해설 전개도법에는 평행 전개도, 방사 전개도, 삼각형 전개도 등이 있으며, 원기둥 전개에 가장 적합한 전개도법은 평행 전개도법이다.

60 나사의 단면도에서 수나사와 암나사의 골밑(골지름)을 도시하는 데 적합한 선은?

① 가는 실선　② 굵은 실선
③ 가는 파선　④ 가는 1점 쇄선

해설 보이지 않는 수나사 바깥지름과 암나사 안지름은 가는 실선으로 나타낸다.

정답 54. ④ 55. ③ 56. ④ 57. ② 58. ① 59. ① 60. ①

제 4 회 2015. 7. 19. 시행

특수용접기능사

01 CO_2 용접에서 발생되는 일산화탄소와 산소 등의 가스를 제거하기 위해 사용되는 탈산제는?

① Mn ② Ni
③ W ④ Cu

해설 이산화탄소는 불활성 가스가 아니므로 고온 상태의 아크 중에서는 산화성이 크고, 용착금속의 산화가 심하며, 기공 및 그 밖의 결함이 생기기 쉽다. 그러므로 망간, 실리콘 등의 탈산제를 많이 함유한 망간-규소(Mn-Si)계와 값싼 이산화탄소, 산소 등의 혼합 가스를 쓰는 이산화탄소-산소(CO_2-O_2) 아크 용접법 등이 개발되었다.

02 다음 중 플라스마 아크용접의 장점이 아닌 것은?

① 용접속도가 빠르다.
② 1층으로 용접할 수 있으므로 능률적이다.
③ 무부하 전압이 높다.
④ 각종 재료의 용접이 가능하다.

해설 ③ 무부하 전압이 높으면 감전의 우려가 있어 장점이 될 수 없다.

플라스마 아크용접의 장점
- 핀치 효과에 의해 전류 밀도가 크므로 용입이 깊고 비드 나비가 좁으며, 또 용접속도가 빠르다.
- 1층으로 용접할 수 있으므로 능률적이다.
- 용접부의 금속학적, 기계적 성질이 좋으며 변형도 적다.
- 수동 용접도 쉽게 할 수 있으며, 토치 조작에 그다지 숙련을 요하지 않는다.

03 용접부의 균열 발생의 원인 중 틀린 것은?

① 이음의 강성이 큰 경우
② 부적당한 용접봉 사용 시
③ 용접부의 서냉
④ 용접전류 및 속도 과대

해설 용접부 균열의 경우 용접부의 급랭으로 인한 열적 구배가 주원인이 된다.

★
04 MIG 용접 시 와이어 송급 방식의 종류가 아닌 것은?

① 풀(pull) 방식
② 푸시(push) 방식
③ 푸시언더(push-under) 방식
④ 푸시풀(push-pull) 방식

해설 MIG 용접의 와이어 송급 방식의 종류

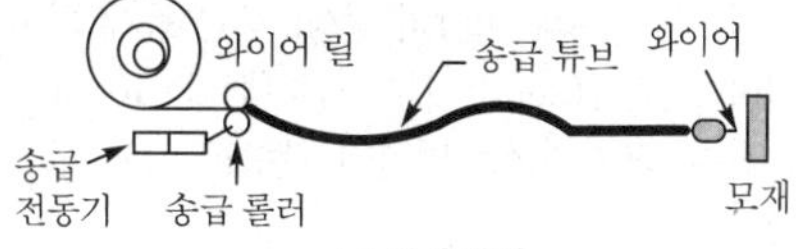

(a) 푸시 방식

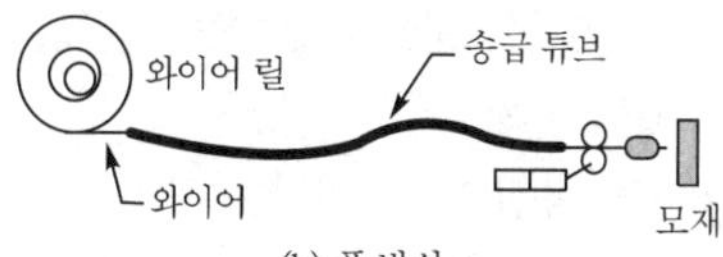

(b) 풀 방식

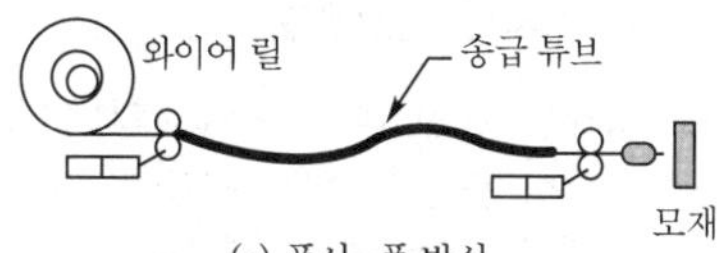

(c) 푸시-풀 방식

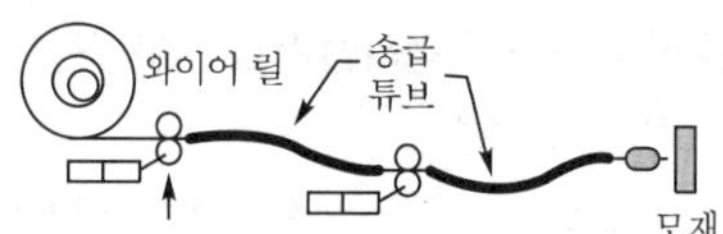

(d) 더블 푸시 방식

05 다음 용접 이음부 중에서 냉각속도가 가장 빠른 이음은?

① 맞대기 이음
② 변두리 이음
③ 모서리 이음
④ 필릿 이음

정답 01. ① 02. ③ 03. ③ 04. ③ 05. ④

해설

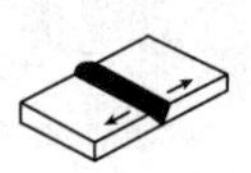

① 맞대기 이음

② 변두리 이음

③ 모서리 이음

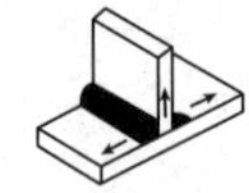

④ 필릿 이음

열이 빠져나가는 화살표를 그리면 화살표가 많은 이음의 경우 냉각속도가 빠르다.

06 CO_2 용접 시 저전류 영역에서의 가스유량으로 가장 적당한 것은?

① 5~10L/min ② 10~15L/min
③ 15~20L/min ④ 20~25L/min

해설 이산화탄소의 송급량은 이음 형상 노출과 모재 간의 거리, 작업 시의 바람의 방향, 풍속 등에 의해 결정되며, 저전류(250A 이하) 영역에서는 10~15L/min, 고전류(250A 이상) 영역에서는 20~25L/min가 적당하다.

07 비소모성 전극봉을 사용하는 용접법은?

① MIG 용접
② TIG 용접
③ 피복 아크용접
④ 서브머지드 아크용접

해설 보기 용접법 중 전극이 소모되지 않는 비소모식 또는 비용극식 용접법은 TIG 용접법이다. 이 방법은 텅스텐 전극을 전극재료로 활용한다.

★
08 용접부 비파괴 검사법인 초음파 탐상법의 종류가 아닌 것은?

① 투과법 ② 펄스 반사법
③ 형광 탐상법 ④ 공진법

해설 초음파 탐상법으로는 투과법, 펄스 반사법, 공진법 등이 있으나, 일반적으로 널리 사용되는 것은 펄스(pulse) 반사법이다.

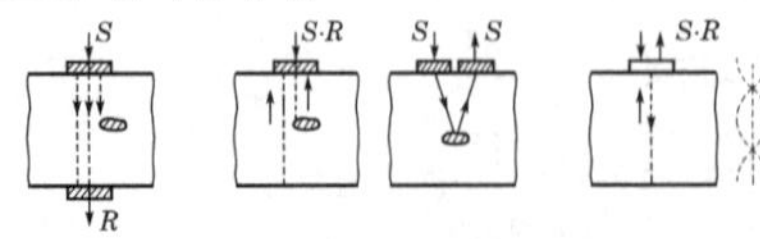

(a) 투과법 (b) 펄스 반사법 (c) 공진법
S: 송신용 진동자 R: 수신용 진동자

09 공기보다 약간 무거우며 무색, 무미, 무취의 독성이 없는 불활성 가스로 용접부의 보호 능력이 우수한 가스는?

① 아르곤 ② 질소
③ 산소 ④ 수소

해설 아르곤(Ar) 가스에 대한 내용이다.

10 예열방법 중 국부 예열의 가열범위는 용접선 양쪽에 몇 mm 정도로 하는 것이 가장 적합한가?

① 0~50mm
② 50~100mm
③ 100~150mm
④ 150~200mm

해설 작은 물건이나 변형이 많은 경우를 제외하고는 국부 예열하는 것이 보통이다. 국부 예열의 가열범위는 용접선 양쪽에 50~100mm 정도로 가열하는데, 온도 측정은 용접선에서 30~50mm 떨어진 곳을 온도 측정용 열전대(thermocouple), 측온 쵸크(chalk), 표면온도계 등으로 측정한다.

11 인장강도가 750MPa인 용접 구조물의 안전율은? (단, 허용응력은 250MPa이다.)

① 3 ② 5
③ 8 ④ 12

해설
$$\text{안전률}(S) = \frac{\text{인장강도}(\sigma_t)}{\text{허용응력}(\sigma_a)} = \frac{750}{250} = 3$$

★
12 용접부의 결함은 치수상 결함, 구조상 결함, 성질상 결함으로 구분된다. 구조상 결함들로만 구성된 것은?

① 기공, 변형, 치수불량
② 기공, 용입불량, 용접균열
③ 언더컷, 연성부족, 표면결함
④ 표면결함, 내식성 불량, 융합불량

정답 06. ② 07. ② 08. ③ 09. ① 10. ② 11. ① 12. ②

해설 구조상 결함의 종류

기공	방사선 검사, 자기 검사, 맴돌이 전류 검사, 초음파 검사, 파단 검사, 현미경 검사, 마이크로 조직 검사
슬래그 섞임	방사선 검사, 자기 검사, 맴돌이 전류 검사, 초음파 검사, 파단 검사, 현미경 검사, 마이크로 조직 검사
융합 불량	방사선 검사, 자기 검사, 맴돌이 전류 검사, 초음파 검사, 파단 검사, 현미경 검사, 마이크로 조직 검사
용입 불량	외관 육안 검사, 방사선 검사, 굽힘 시험
언더컷	외관 육안 검사, 방사선 검사, 초음파 검사, 현미경 검사
용접 균열	마이크로 조직 검사, 자기 검사, 침투 검사, 형광 검사, 굽힘 시험
표면 결함	외관 검사

13 다음 중 연납땜(Sn+Pb)의 최저 용융온도는 몇 ℃인가?

① 327℃ ② 250℃
③ 232℃ ④ 183℃

해설 연납땜(Sn+Pb)의 최저 용융온도는 183℃이다.

14 용접부의 연성결함을 조사하기 위하여 사용되는 시험은?

① 인장 시험 ② 경도 시험
③ 피로 시험 ④ 굽힘 시험

해설 용접부의 연성결함 유무를 조사하기 위한 시험방법은 굽힘 시험이다.

15 맴돌이 전류를 이용하여 용접부를 비파괴 검사하는 방법으로 옳은 것은?

① 자분탐상 검사
② 와류탐상 검사
③ 침투탐상 검사
④ 초음파탐상 검사

해설 와류 검사(ET; Eddy current Test)란 금속에 유기되는 와류(맴돌이 전류)의 작용을 이용하는 것이다. 시험편의 표면 또는 표면 직하 내부에 불연속인 결함이나 불균질부가 있는 경우 와류의 크기와 방향이 변화된다. 이때 코일에 생기는 유기전압을 검지하여 결함이나 이질의 존재를 알 수 있다.

16 레이저 용접의 특징으로 틀린 것은?

① 루비 레이저와 가스 레이저의 두 종류가 있다.
② 광선이 용접의 열원이다.
③ 열 영향 범위가 넓다.
④ 가스 레이저로는 주로 CO_2 가스 레이저가 사용된다.

해설 레이저(Laser): Light Amplification by Stimulated Emission of Radiation 영문의 머리 글자를 따서 만든 이름으로, 유도 방사를 이용한 빛의 증폭기(light amplifier) 혹은 발진기를 말한다. 이곳에서 만들어진 빛은 강렬한 에너지를 가지고 있으며 집속성이 강한 단색 광선이다. 이 광선을 열원으로 하는 용접이 레이저 용접이고 특징은 다음과 같다.
- 진공이 필요하지 않다.
- 접촉하기 어려운 부재 용접이 가능하다.
- 미세 정밀 용접 및 전기가 통하지 않는 부도체 용접이 가능하다.
- 열의 영향범위가 좁다.

17 용융 슬래그와 용융금속이 용접부로부터 유출되지 않게 모재의 양측에 수냉식 동판을 대어 용융 슬래그 속에서 전극 와이어를 연속적으로 공급하여 주로 용융 슬래그의 저항열로 와이어와 모재 용접부를 용융시키는 것으로 연속 주조형식의 단층 용접법은?

① 일렉트로 슬래그 용접
② 논 가스 아크용접
③ 그래비트 용접
④ 테르밋 용접

해설 일렉트로 슬래그 용접에 대한 내용이다.

정답 13. ④ 14. ④ 15. ② 16. ③ 17. ①

18 화재 및 폭발의 방지조치로 틀린 것은?

① 대기 중에 가연성 가스를 방출시키지 말 것
② 필요한 곳에 화재 진화를 위한 방화설비를 설치할 것
③ 배관에서 가연성 증기의 누출 여부를 철저히 점검할 것
④ 용접작업 부근에 점화원을 둘 것

해설 용접작업 부근에 점화원을 두지 않아야 한다.

19 연납땜의 용제가 아닌 것은?

① 붕산 ② 염화아연
③ 인산 ④ 염화암모늄

해설 연납땜의 용제로는 보기 ②, ③, ④ 이외에 송진, 염산 등이 사용된다.

20 점 용접에서 용접점이 앵글재와 같이 용접위치가 나쁠 때, 보통 팁으로는 용접이 어려운 경우에 사용하는 전극의 종류는?

① P형 팁 ② E형 팁
③ R형 팁 ④ F형 팁

해설 점 용접 전극의 종류

- R형 팁(radius type): 전극 선단이 50~200mm 반경 구면으로 용접부 품질이 우수하고, 전극 수명이 길다.
- P형 팁(pointed type): 많이 사용하기는 하나, R형 팁보다는 그렇지 아니하다.
- C형 팁(truncated cone type): 원추형의 모따기한 것으로 많이 사용하며 성능도 좋다.
- E형 팁(eccentric type): 앵글 등 용접 위치가 나쁠 때 사용한다.
- F형 팁(flat type): 표면이 평평하여 압입 흔적이 거의 없다.

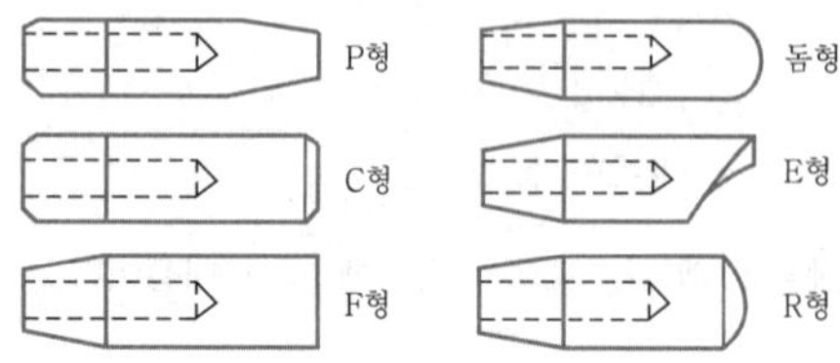

21 용접작업의 경비를 절감시키기 위한 유의사항으로 틀린 것은?

① 용접봉의 적절한 선정
② 용접사의 작업능률의 향상
③ 용접 지그를 사용하여 위보기 자세의 시공
④ 고정구를 사용하여 능률 향상

해설 경비를 절감하기 위해 용접 지그를 활용하는 데 가능한 한 아래보기 자세로 시공하는 것이 작업성이 좋아진다.

22 다음 중 표준 홈 용접에 있어 한쪽에서 용접으로 완전 용입을 얻고자 할 때 V형 홈 이음의 판 두께로 가장 적합한 것은?

① 1~10mm ② 5~15mm
③ 20~30mm ④ 35~50mm

해설 보기 ②에 대한 내용이다.

23 프로판(C_3H_8)의 성질을 설명한 것으로 틀린 것은?

① 상온에서 기체상태이다.
② 쉽게 기화하며 발열량이 높다.
③ 액화하기 쉽고 용기에 넣어 수송이 편리하다.
④ 온도변화에 따른 팽창률이 작다.

해설 프로판 가스의 성질

- 액화하기 쉽고, 용기에 넣어 수송이 편리(가스 부피의 1/250 정도 압축할 수 있음)하다.
- 쉽게 폭발하며 발열량이 높다.
- 폭발 한계가 좁아 안전도가 높고 관리가 쉽다.
- 열효율이 높은 연소 기구의 제작이 쉽다.

24 용접기의 사용률이 40%일 때, 아크 발생시간과 휴식시간의 합이 10분이면 아크 발생시간은?

① 2분 ② 4분
③ 6분 ④ 8분

해설

$$\text{사용률} = \frac{\text{아크 발생시간}}{\text{아크 발생시간} + \text{휴식시간}} \times 100$$

$$\begin{aligned}\text{아크 발생시간} &= \text{사용률} \times (\text{아크 발생시간} + \text{휴식시간}) \\ &= 40\% \times 10\text{분} \\ &= 0.4 \times 10\text{분} = 4\text{분}\end{aligned}$$

정답 18. ④ 19. ① 20. ② 21. ③ 22. ② 23. ④ 24. ②

25 다음 중 용접기의 특성에 있어 수하특성의 역할로 가장 적합한 것은?

① 열량의 증가
② 아크의 안정
③ 아크전압의 상승
④ 개로전압의 증가

해설 수하특성(drooping characteristic): 부하 전류가 증가하면 단자 전압이 낮아지는 특성을 수하특성이라 한다. 처음 아크를 발생시키려고 할 때의 전압, 즉 무부하 전압(개로 전압)은 어느 정도 높은 것을 필요로 한다. 그리고 일단 아크가 발생되어서 부하 전류가 증가하게 된다 해도 단자 전압은 낮아져야만 되는데, 이러한 조건을 갖추기 위하여 교류 용접기는 다음 그림과 같은 전류과 전압 간의 곡선을 형성해야 한다.

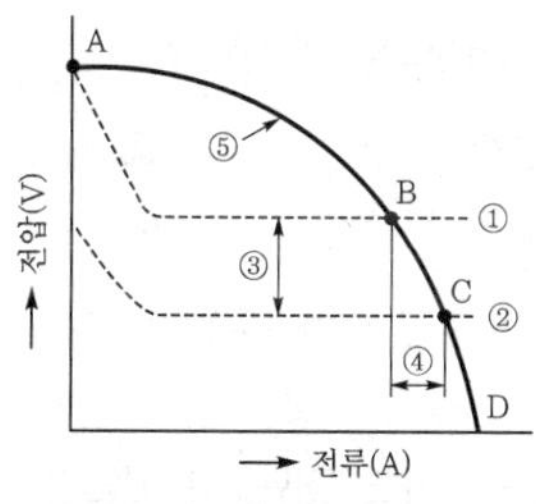

〈수하 특성〉

A: 무부하 전압(70~90V)
B: 안정된 아크 발생점
C: 안정된 아크 발생점(변화된 것)
D: 아크가 단락된 때의 전압
①: 아크길이가 일정한 선
②: ①의 곡선이 변하여 생긴 선
③: 전압의 변화 폭(아크길이가 ①에서 ②로 변함)
④: 전류의 변화 폭(아크길이가 ①에서 ②로 변함)
⑤: 수하 특성(정적 특성) 곡선

26 다음 중 가스용접에서 용제를 사용하는 주된 이유로 적합하지 않은 것은?

① 재료 표면의 산화물을 제거한다.
② 용융금속의 산화·질화를 감소하게 한다.
③ 청정작용으로 용착을 돕는다.
④ 용접봉 심선의 유해성분을 제거한다.

해설 가스용접에서 용제의 역할로 적합하지 않은 것은 보기 ④이다.

27 피복아크용접에서 아크쏠림 방지대책이 아닌 것은?

① 접지점을 될 수 있는 대로 용접부에서 멀리 할 것
② 용접봉 끝을 아크쏠림 방향으로 기울일 것
③ 접지점 2개를 연결할 것
④ 직류 용접으로 하지 말고 교류 용접으로 할 것

해설 아크쏠림(아크 블로우): 도체에 전류가 흐르면 그 주위에 자장이 생기게 된다. 아크쏠림(arc blow)이라는 현상은 모재, 아크, 용접봉과 흐르는 전류에 따라 그 주위에 자계가 생기며, 이 자계가 용접물의 형상과 아크 위치에 따라 아크에 대해 비대칭이 되어 아크가 한 방향으로 강하게 불리어 아크의 방향이 흔들려서 불안정하게 된다. 이 현상은 주로 직류에서 발생되며 교류에서는 파장(cycle)이 있으므로 거의 생기지 않는다.

㉠ 아크쏠림 발생 시 특징
- 아크가 불안정하다.
- 용착금속 재질 변화
- 슬래그 섞임 및 기공이 발생된다.

㉡ 아크쏠림 방지책
- 직류용접을 하지 말고, 교류 용접을 사용한다.
- 모재와 같은 재료 조각을 용접선에 연장하도록 가용접한다.
- 용접봉의 끝을 아크가 쏠리는 반대방향으로 기울인다.
- 접지점을 용접부보다 멀리 한다.
- 긴 용접에는 후퇴법으로 용접한다.
- 짧은 아크를 사용한다.

28 교류아크 용접기 종류 중 코일의 감긴 수에 따라 전류를 조정하는 것은?

① 탭 전환형
② 가동 철심형
③ 가동 코일형
④ 가포화 리액터형

해설 탭 전환형에 대한 내용이다.

정답 25. ② 26. ④ 27. ② 28. ①

29 다음 중 피복제의 역할이 아닌 것은?

① 스패터의 발생을 많게 한다.
② 중성 또는 환원성 분위기를 만들어 질화, 산화 등의 해를 방지한다.
③ 용착금속의 탈산 정련작용을 한다.
④ 아크를 안정하게 한다.

해설 스패터 발생을 적게 하여야 한다.

30 용접봉을 여러 가지 방법으로 움직여 비드를 형성하는 것을 운봉법이라 하는데, 위빙비드 운봉 폭은 심선지름의 몇 배가 적당한가?

① 0.5~1.5배　② 2~3배
③ 4~5배　④ 6~7배

해설 위빙비드 운봉 폭은 심선지름이 2~3배 정도가 적당하다.

31 수중 절단작업 시 절단 산소의 압력은 공기 중에서의 몇 배 정도로 하는가?

① 1.5~2배　② 3~4배
③ 5~6배　④ 8~10배

해설 수중 절단 시 예열불꽃의 양은 4~6배, 절단 산소의 분출 구조 압력은 1.5~2배로 한다.

★
32 산소병의 내용적이 40.7리터인 용기에 압력이 100kgf/cm^{2}로 충전되어 있다면 프랑스식 팁 100번을 사용하여 표준불꽃으로 약 몇 시간까지 용접이 가능한가?

① 16시간　② 22시간
③ 31시간　④ 41시간

해설 산소의 양(L)=$P\times V$로 구해진다. 여기서 P는 용기 내의 압력, V는 내용적을 의미한다. 따라서 $L=P\times V=100\times 40.7=4{,}070$L의 산소가 있으며, 표준불꽃으로 사용한다면 아세틸렌과 동일한 양의 산소가 소모되고, 프랑스식 100번 팁의 경우 1시간당 100리터의 아세틸렌 및 산소가 소모되므로 4,070/100= 40.7시간, 약 41시간 사용이 가능하다.

33 가스용접 토치 취급상 주의사항이 아닌 것은?

① 토치를 망치나 갈고리 대용으로 사용하여서는 안 된다.
② 점화되어 있는 토치를 아무 곳에나 함부로 방치하지 않는다.
③ 팁 및 토치를 작업장 바닥이나 흙 속에 함부로 방치하지 않는다.
④ 작업 중 역류나 역화 발생 시 산소의 압력을 높여서 예방한다.

해설 역류나 역화의 경우 산소와 아세틸렌의 압력 불균형(산소 10 : 아세틸렌 1)으로 인하여 발생되므로 산소의 압력을 높여서는 안 된다.

34 용접기의 특성 중 부하전류가 증가하면 단자전압이 저하되는 특성은?

① 수하 특성　② 동전류 특성
③ 정전압 특성　④ 상승 특성

해설 수하 특성에 대한 내용이다.

35 다음 중 가스 절단 시 예열불꽃이 강할 때 생기는 현상이 아닌 것은?

① 드래그가 증가한다.
② 절단면이 거칠어진다.
③ 모서리가 용융되어 둥글게 된다.
④ 슬래그 중의 철 성분의 박리가 어려워진다.

해설 예열불꽃이 강할 경우 보기 ②, ③, ④의 현상이 발생하며, 보기 ①의 경우는 예열불꽃이 약한 경우 나타나는 현상이다.

★
36 다음은 연강용 피복아크 용접봉을 표시하였다. 설명으로 틀린 것은?

E4316

① E: 전기 용접봉
② 43: 용착금속의 최저 인장강도
③ 16: 피복제의 계통 표시
④ E4316: 일미나이트계

정답 29. ① 30. ② 31. ① 32. ④ 33. ④ 34. ① 35. ① 36. ④

해설 용접봉 표시기호(electrode indication symbol)

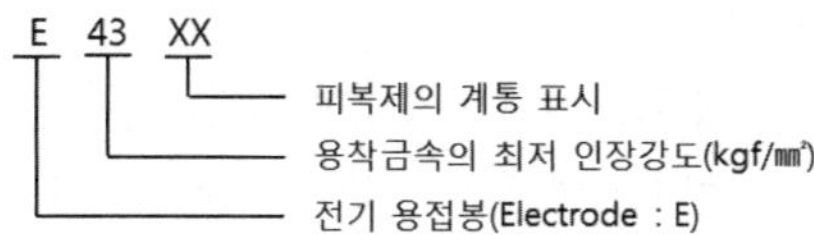

• E4316: 연강용 전자세용 저수소계 전기용접봉

37 가스 절단에서 고속 분출을 얻는 데 가장 적합한 다이버전트 노즐은 보통의 팁에 비하여 산소소비량이 같을 때 절단속도를 몇 % 정도 증가시킬 수 있는가?

① 5~10% ② 10~15%
③ 20~25% ④ 30~35%

해설 다이버전트 노즐은 20~25% 정도 절단속도를 증가시킬 수 있다.

38 직류아크용접에서 정극성(DCSP)에 대한 설명으로 옳은 것은?

① 용접봉의 녹음이 느리다.
② 용입이 얕다.
③ 비드 폭이 넓다.
④ 모재를 음극(-)에 용접봉을 양극(+)에 연결한다.

해설

극성의 종류	전극의 결선 상태	극성	특성
정극성 (DCSP)		모재가 (+)극	• 모재의 용입이 깊다. • 봉의 녹음이 느리다. • 비드 폭이 좁다. • 일반적으로 널리 쓰인다.
역극성 (DCRP)		모재가 (−)극	• 모재의 용입이 얕다. • 봉의 녹음이 빠르다. • 비드 폭이 넓다. • 박판, 주철, 합금강, 비철 금속에 쓰인다.

39 게이지용 강이 갖추어야 할 성질에 대한 설명 중 틀린 것은?

① HRC 55 이하의 경도를 가져야 한다.
② 팽창계수가 보통 강보다 작아야 한다.
③ 시간이 지남에 따라 치수변화가 없어야 한다.
④ 담금질에 의하여 변형이나 담금질 균열이 없어야 한다.

해설 게이지용 강의 경우 HRC 55 이상의 경도를 가져야 한다.

40 알루미늄에 대한 설명으로 옳지 않은 것은?

① 비중이 2.7로 낮다.
② 용융점은 1,067℃이다.
③ 전기 및 열전도율이 우수하다.
④ 고강도 합금으로 두랄루민이 있다.

해설 알루미늄의 용융점은 660℃이다.

41 강의 표면경화 방법 중 화학적 방법이 아닌 것은?

① 침탄법
② 질화법
③ 침탄 질화법
④ 화염 경화법

해설 화학적인 방법에는 침탄법, 질화법, 침탄 질화법, 금속 침투법 등이 있다.

★
42 황동합금 중에서 강도는 낮으나 전연성이 좋고 금색에 가까워 모조금이나 판 및 선에 사용되는 합금은?

① 톰백(tombac)
② 7–3 황동(cartridge brass)
③ 6–4 황동(muntz metal)
④ 주석 황동(tin brass)

해설 톰백은 5~20% 아연의 황동을 말하며, 강도는 낮으나 전연성이 좋고 색깔이 금에 가까우므로 모조금이나 판 및 선 등에 사용된다.

정답 37. ③ 38. ① 39. ① 40. ② 41. ④ 42. ①

43 다음 중 비중이 가장 작은 것은?

① 청동 ② 주철
③ 탄소강 ④ 알루미늄

해설 보기 금속의 비중은 다음과 같다.
- 청동: 8.7
- 주철: 7.1
- 탄소강: 7.8
- 알루미늄: 2.7

44 냉간가공 후 재료의 기계적 성질을 설명한 것 중 옳은 것은?

① 항복강도가 감소한다.
② 인장강도가 감소한다.
③ 경도가 감소한다.
④ 연신율이 감소한다.

해설 냉간가공 후 재료의 연신율이 줄어든다.

45 금속 간 화합물에 대한 설명으로 옳은 것은?

① 자유도가 5인 상태의 물질이다.
② 금속과 비금속 사이의 혼합물질이다.
③ 금속이 공기 중의 산소와 화합하여 부식이 일어난 물질이다.
④ 두 가지 이상의 금속원소가 간단한 원자비로 결합되어 있으며, 원래 원소와는 전혀 다른 성질을 갖는 물질이다.

해설 보기 ④에 대한 내용이다.

46 물과 얼음의 상태도에서 자유도가 "0(zero)"일 경우 몇 개의 상이 공존하는가?

① 0 ② 1
③ 2 ④ 3

해설 상률은 계(system) 중에서 상이 평형을 유지하기 위한 자유도를 규정하는 법칙으로, 다성분계에서 평형을 이루고 있는 상의 수와 자유도의 관계는 Gibb's의 상률로 나타낸다. Gibb's의 상률은 $F=n+2-P$(단, F: 자유도, n: 구성 물질의 성분수, P: 어떤 상태에서 존재하는 상의 수)이다. 여기에서 $P=n+2-F$로 다시 나타낼 수 있으며, n의 경우 물과 얼음은 동일한 성분으로 1이며, $F=0$이 문제에서 주어진 정보이므로 $P=1+2-0=3$이다.

47 변태 초소성의 조건과 원칙에 대한 설명 중 틀린 것은?

① 재료에 변태가 있어야 한다.
② 변태 진행 중에 작은 하중에도 변태 초소성이 된다.
③ 감도지수(m)의 값은 거의 0(zero)의 값을 갖는다.
④ 한 번의 열사이클로 상당한 초소성 변형이 발생한다.

해설 초소성 변형식을 나타내는 식은 $\sigma=K\cdot\varepsilon m$으로 구할 수 있으며, 여기서 σ는 작용 응력, K는 상수, ε는 변형속도, m은 변형속도 감도지수를 의미한다. 일반적으로 초소성 변태의 조건으로 변형속도 감도지수(m)는 0.3 이상이다.

48 Mg-희토류계 합금에서 희토류원소를 첨가할 때 미시메탈(misch-metal)의 형태로 첨가한다. 미시메탈에서 세륨(Ce)을 제외한 합금원소를 첨가한 합금의 명칭은?

① 탈타뮴 ② 디디뮴
③ 오스뮴 ④ 갈바늄

해설 Mg-희토류계 합금은 250℃까지 내열성을 가지며, Zr을 첨가해서 결정입자를 미세화한 것이다. 희토류 원소는 보통 미시메탈(misch metal, 조성의 예: 52%Ce, 18%Nd, 5%Pr, 1%Sm, 24%La, 기타)로써 첨가되며 주조성, 내식성이 개선된다. 미시메탈에서 세륨(Ce)을 제외한 합금원소를 첨가하여 기계적 성질을 개선한 것을 디디뮴(didymium)이라 한다.

★
49 화살표가 가리키는 용접부의 반대쪽 이음의 위치로 옳은 것은?

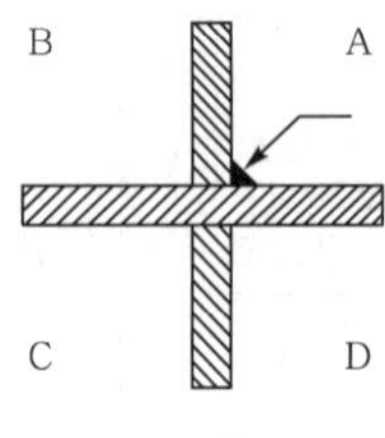

① A ② B
③ C ④ D

정답 43. ④ 44. ④ 45. ④ 46. ④ 47. ③ 48. ② 49. ②

해설 +자 이음의 양면 필릿 용접

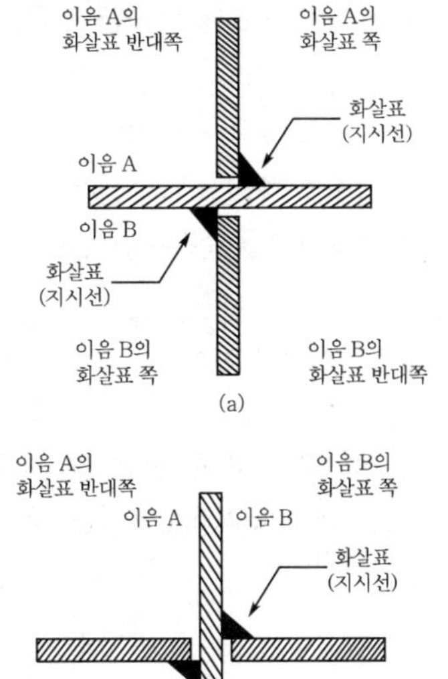

50 인장시험에서 변형량을 원표점 거리에 대한 백분율로 표시한 것은?

① 연신율　　② 항복점
③ 인장강도　　④ 단면수축률

해설 시험편이 절단된 후에 다시 접촉시키고, 이때의 표점 거리를 측정한 값과 시험 전의 표점 거리와 차이를 나눈 값을 %로 표시한 것을 연신율이라 한다.

51 강에 인(P)이 많이 함유되면 나타나는 결함은?

① 적열 메짐　　② 연화 메짐
③ 저온 메짐　　④ 고온 메짐

해설 강에 인(P)은 저온 메짐의 원인이 되고, 황(S)은 적열 메짐의 원인이 된다.

52 재료기호에 대한 설명 중 틀린 것은?

① SS 400은 일반구조용 압연강재이다.
② SS 400의 400은 최고 인장강도를 의미한다.
③ SM 45C는 기계구조용 탄소강재이다.
④ SM 45C의 45C는 탄소함유량을 의미한다.

해설 재료 기호에서 SS 400의 400은 최저 인장강도를 의미한다.

53 보기 입체도의 화살표 방향이 정면일 때 평면도로 적합한 것은?

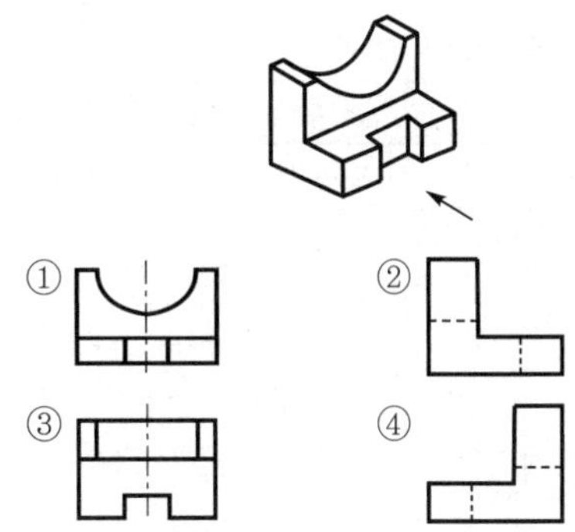

해설 화살표 방향이 정면도이고 위에서 보면 평면도 앞쪽으로 홈이 파인 것을 알 수 있다. 보기 ③이 옳은 평면도이다.

54 보조투상도의 설명으로 가장 적합한 것은?

① 물체의 경사면을 실제 모양으로 나타낸 것
② 특수한 부분을 부분적으로 나타낸 것
③ 물체를 가상해서 나타낸 것
④ 물체를 90° 회전시켜서 나타낸 것

해설 보조 투상도는 정투상도로 표현하기 어려운 경사진 부분을 경사면과 평행한 위치에 수직으로 투상하면 경사진 부분의 실제 모양을 나타내기가 쉽다.

55 기계나 장치 등의 실체를 보고 프리핸드(freehand)로 그린 도면은?

① 배치도
② 기초도
③ 조립도
④ 스케치도

해설 기계 부품을 교체하고자 할 때 또는 현품을 기준으로 개선된 부품을 고안하려 할 때에 제도 용구를 사용하지 않고 제도 용지에 프리핸드로 그리는 것을 스케치(sketch)라 하며, 스케치에 의해 작성된 그림을 스케치도라 한다.

정답 50. ① 51. ③ 52. ② 53. ③ 54. ① 55. ④

★
56 용접부의 보조기호에서 제거 가능한 이면 판재를 사용하는 경우의 표시기호는?

① M　　② P
③ MR　　④ PR

해설 용접부의 보조기호

기호	용접부 및 용접부 표면의 형상
—	평면(동일 평면으로 마름질)
⌒	凸형
◡	凹형
⅃	끝단부를 매끄럽게 함
M	영구적인 덮개판을 사용
MR	제거 가능한 덮개판을 사용

57 다음 그림과 같이 상하면의 절단된 경사각이 서로 다른 원통의 전개도 형상으로 가장 적합한 것은?

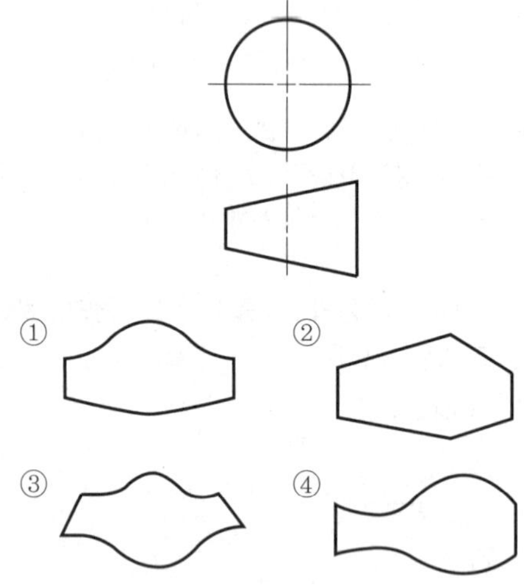

해설 보기 ④에 대한 내용이다.

58 도면에서 2종류 이상의 선이 겹쳤을 때, 우선하는 순위를 바르게 나타낸 것은?

① 숨은선 > 절단선 > 중심선
② 중심선 > 숨은선 > 절단선
③ 절단선 > 중심선 > 숨은선
④ 무게중심선 > 숨은선 > 절단선

해설 우선하는 순위는 외형선, 숨은선, 절단선, 중심선, 무게중심선, 치수보조선 순으로 그린다.

59 관용 테이퍼 나사 중 평행 암나사를 표시하는 기호는? (단, ISO 표준에 있는 기호로 한다.)

① G　　② R
③ Rc　　④ Rp

해설 ① G: 관용 평행 나사
② R: 관용 테이퍼 나사 중 수나사
③ Rc: 관용 테이퍼 나사 중 암나사

★
60 현의 치수기입 방법으로 옳은 것은?

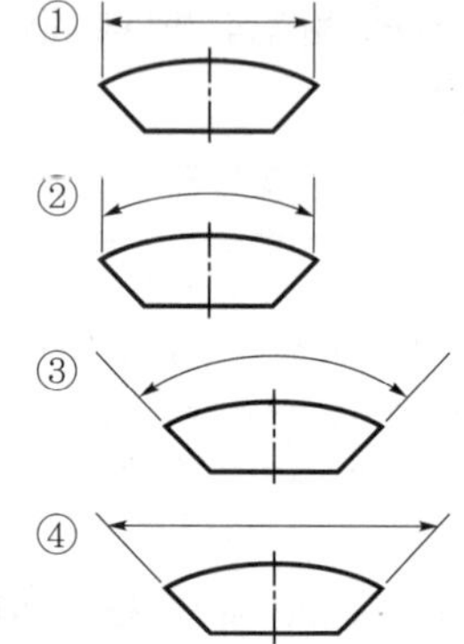

해설

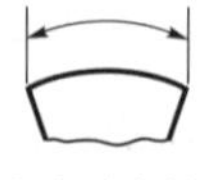

각도치수

정답 56. ③ 57. ④ 58. ① 59. ④ 60. ①

제5회 2015. 10. 10. 시행

특수용접기능사

01 CO_2 용접작업 중 가스의 유량은 낮은 전류에서 얼마가 적당한가?

① 10~15L/min
② 20~25L/min
③ 30~35L/min
④ 40~45L/min

해설 CO_2 가스 용접 중 가스 유량은 저전류 영역에서는 10~15L/min, 고전류 영역에서는 20~25L/min가 필요하다.

★
02 피복아크용접 결함 중 용착금속의 냉각속도가 빠르거나, 모재의 재질이 불량할 때 일어나기 쉬운 결함으로 가장 적당한 것은?

① 용입 불량
② 언더컷
③ 오버랩
④ 선상조직

해설 용착금속의 냉각속도가 빠른 것과 모재 재질이 불량한 것은 선상조직 결함의 원인이다.

03 다음 각종 용접에서 전격 방지대책으로 틀린 것은?

① 홀더나 용접봉은 맨손으로 취급하지 않는다.
② 어두운 곳이나 밀폐된 구조물에서 작업 시 보조자와 함께 작업한다.
③ CO_2 용접이나 MIG 용접작업 도중에 와이어를 2명이 교대로 교체할 때는 전원은 차단하지 않아도 된다.
④ 용접작업을 하지 않을 때에는 TIG 전극봉은 제거하거나 노즐 뒤쪽에 밀어 넣는다.

해설 용접작업 중 와이어를 교체할 때는 전원을 차단하여 전격을 방지해야 한다.

04 각종 금속의 용접부 예열온도에 대한 설명으로 틀린 것은?

① 고장력강, 저합금강, 주철의 경우 용접 홈을 50~350℃로 예열한다.
② 연강을 0℃ 이하에서 용접할 경우 이음의 양쪽 폭 100mm 정도를 40~75℃로 예열한다.
③ 열전도가 좋은 구리 합금은 200~400℃의 예열이 필요하다.
④ 알루미늄 합금은 500~600℃ 정도의 예열온도가 적당하다.

해설 열전도도가 좋은 알루미늄 합금, 구리 합금은 200~400℃의 예열이 필요하다.

05 다음 중 초음파 탐상법의 종류에 해당하지 않는 것은?

① 투과법 ② 펄스 반사법
③ 관통법 ④ 공진법

해설 초음파 탐상법의 종류에는 투과법, 펄스 반사법, 공진법 등이 있다.

06 납땜에서 경납용 용제가 아닌 것은?

① 붕사 ② 붕산
③ 염산 ④ 알칼리

해설 연납용 용제는 염화아연, 염산, 염화암모늄, 송진, 인산 등이 주로 이용된다.

★
07 플라스마 아크의 종류가 아닌 것은?

① 이행형 아크 ② 비이행형 아크
③ 중간형 아크 ④ 텐덤형 아크

해설 텐덤식은 서브머지드 아크용접에서 다전극 방식에 의한 분류에 속한다.

정답 01. ① 02. ④ 03. ③ 04. ④ 05. ③ 06. ③ 07. ④

08 피복아크 용접작업의 안전사항 중 전격방지 대책이 아닌 것은?

① 용접기 내부는 수시로 분해·수리하고 청소를 하여야 한다.
② 절연 홀더의 절연부분이 노출되거나 파손되면 교체한다.
③ 장시간 작업을 하지 않을 시는 반드시 전기 스위치를 차단한다.
④ 젖은 작업복이나 장갑, 신발 등을 착용하지 않는다.

해설 용접기 내부는 함부로 손을 대지 않는다.

09 서브머지드 아크용접에서 동일한 전류, 전압의 조건에서 사용되는 와이어 지름의 영향에 대한 설명 중 옳은 것은?

① 와이어의 지름이 크면 용입이 깊다.
② 와이어의 지름이 작으면 용입이 깊다.
③ 와이어의 지름과 상관이 없이 같다.
④ 와이어의 지름이 커지면 비드 폭이 좁아진다.

해설 동일 전류, 전압의 조건에서 와이어 지름이 작아지면 전류밀도가 커지게 된다. 따라서 용입이 깊어지게 된다.

★
10 맞대기 용접 이음에서 모재의 인장강도는 40kgf/mm^{2}이며, 용접 시험편의 인장강도가 45kgf/mm^{2}일 때 이음효율은 몇 %인가?

① 88.9 ② 104.4
③ 112.5 ④ 125.0

해설

$$\text{이음효율}(\%) = \frac{\text{용접 시험편의 인장강도}}{\text{모재의 인장강도}} \times 100 = \frac{45}{40} \times 100 = 112.5\%$$

11 용접입열이 일정한 경우에는 열전도율이 큰 것일수록 냉각속도가 빠른데 다음 금속 중 열전도율이 가장 높은 것은?

① 구리 ② 납
③ 연강 ④ 스테인리스강

해설 열전도율이 큰 순서는 은, 구리, 금, 알루미늄, 마그네슘 순서이다.

12 전자렌즈에 의해 에너지를 집중시킬 수 있고, 고용융 재료의 용접이 가능한 용접법은?

① 레이저 용접 ② 피복아크용접
③ 전자빔 용접 ④ 초음파 용접

해설 전자빔 용접에 대한 내용이다.

13 다음 중 연납의 특성에 관한 설명으로 틀린 것은?

① 연납땜에 사용하는 용가제를 말한다.
② 주석-납계 합금이 가장 많이 사용된다.
③ 기계적 강도가 낮으므로 강도를 필요로 하는 부분에는 적당하지 않다.
④ 은납, 황동납 등이 이에 속하고 물리적 강도가 크게 요구될 때 사용된다.

해설 연납에는 주석-납을 가장 많이 사용하며 용융점이 낮고 전기적인 접합이나 기밀, 수밀을 요하는 장소에 사용된다.

14 일렉트로 슬래그 용접에서 사용되는 수냉식 판의 재료는?

① 연강 ② 동
③ 알루미늄 ④ 주철

해설 용접법은 수냉 동판을 용접부의 양편에 부착하고 용융된 슬래그 속에서 전극 와이어를 연속적으로 송급한다.

★
15 용접부의 균열 중 모재의 재질 결함으로서 강괴일 때 기포가 압연되어 생기는 것으로 설퍼 밴드와 같은 층상으로 편재해 있어 강재 내부에 노치를 형성하는 균열은?

① 라미네이션(lamination) 균열
② 루트(root) 균열
③ 응력제거 풀림(stress relief) 균열
④ 크레이터(crater) 균열

정답 08. ① 09. ② 10. ③ 11. ① 12. ③ 13. ④ 14. ② 15. ①

해설 라미네이션 균열은 용접부의 결함이 아닌 모재의 결함으로 분류된다. 방사선 투과시험(RT)으로는 검출이 안 되어, 초음파 탐상시험(UT)으로 검출할 수 있다.

16 심(Seam) 용접법에서 용접전류의 통전방법이 아닌 것은?

① 직·병렬 통전법
② 단속 통전법
③ 연속 통전법
④ 맥동 통전법

해설 심 용접 통전방법에는 단속, 연속, 맥동 통전방법이 있으며 가장 많이 사용되는 단속 용접법은 통전과 중지를 규칙적으로 반복하여 용접한다.

17 용접부의 결함이 오버랩일 경우 보수방법은?

① 가는 용접봉을 사용하여 보수한다.
② 일부분을 깎아내고 재용접한다.
③ 양단에 드릴로 정지 구멍을 뚫고 깎아내고 재용접한다.
④ 그 위에 다시 재용접한다.

해설 오버랩의 보수방법은 일부분을 깎아내고 재용접한다.

18 다음 중 용접열원을 외부로부터 가하는 것이 아니라 금속분말의 화학반응에 의한 열을 사용하여 용접하는 방식은?

① 테르밋 용접　② 전기저항 용접
③ 잠호 용접　④ 플라스마 용접

해설 테르밋 용접법은 테르밋 반응에 의해 생성되는 열을 이용하여 금속을 용접하는 방법이다.

19 논 가스 아크용접의 설명으로 틀린 것은?

① 보호가스나 용제를 필요로 한다.
② 바람이 있는 옥외에서 작업이 가능하다.
③ 용접장치가 간단하며 운반이 편리하다.
④ 용접 비드가 아름답고 슬래그 박리성이 좋다.

해설 논 가스 아크용접은 보호가스나 용제를 필요로 하지 않는다.

20 로봇 용접의 분류 중 동작 기구로부터의 분류 방식이 아닌 것은?

① PTB 좌표 로봇
② 직각좌표 로봇
③ 극좌표 로봇
④ 관절 로봇

해설 로봇 용접의 분류 중 동작 기구로부터의 분류방식으로 직각좌표 로봇, 극좌표 로봇, 원통좌표 로봇, 다 관절 로봇 등이 있다.

★
21 용접기의 점검 및 보수 시 지켜야 할 사항으로 옳은 것은?

① 정격사용률 이상으로 사용한다.
② 탭전환은 반드시 아크 발생을 하면서 시행한다.
③ 2차측 단자의 한쪽과 용접기 케이스는 반드시 어스(earth)하지 않는다.
④ 2차측 케이블이 길어지면 전압강하가 일어나므로 가능한 한 지름이 큰 케이블을 사용한다.

해설 일반적으로 옴의 법칙에 의하면 전류는 전압과 비례하며, 저항에는 반비례한다. 또한 저항은 케이블 선의 길에는 비례하며, 케이블의 단면적에는 반비례한다.

$I \propto \frac{V}{R}$, $R \propto \frac{L}{A}$

(여기서, I: 전류, V: 전압, R: 저항, L: 케이블 선의 길이, A: 케이블 선의 단면적)

용접기는 1차측(입력측) 전원(고전압, 저전류)에서 전압을 변화시켜 저전압, 고전류의 2차측(출력측) 전원 특성으로 변화시켜 케이블로 하여금 전달하게 된다. 이때 고전류를 흘려보내려면 저항을 최소화해야 하므로 케이블 선의 길이를 짧게 하던지 단면적, 즉 케이블 선의 굵기가 굵어야 함을 알 수 있다.

정답 16. ① 17. ② 18. ① 19. ① 20. ① 21. ④

22 아크용접에서 피닝을 하는 목적으로 가장 알맞은 것은?

① 용접부의 잔류응력을 완화시킨다.
② 모재의 재질을 검사하는 수단이다.
③ 응력을 강하게 하고 변형을 유발시킨다.
④ 모재 표면의 이물질을 제거한다.

해설 피닝법은 끝이 구면인 특수한 피닝 해머로서, 용접부를 연속적으로 때려 용접 표면에 소성 변형을 주는 방법으로 용접 금속부의 인장응력을 완화하는데 큰 효과가 있다.

23 가스용접에서 프로판 가스의 성질 중 틀린 것은?

① 증발 잠열이 작고, 연소할 때 필요한 산소의 양은 1 : 1 정도이다.
② 폭발한계가 좁아 다른 가스에 비해 안전도가 높고 관리가 쉽다.
③ 액화가 용이하여 용기에 충전이 쉽고 수송이 편리하다.
④ 상온에서 기체상태이고 무색·투명하며 약간의 냄새가 난다.

해설 프로판 가스는 증발 잠열이 크며, 연소할 때 필요한 산소의 양은 1 : 4.5이다.

24 가변압식의 팁 번호가 200일 때 10시간 동안 표준불꽃으로 용접할 경우 아세틸렌 가스의 소비량은 몇 리터인가?

① 20 ② 200
③ 2,000 ④ 20,000

해설 표준불꽃의 경우 팁 번호가 200번(프랑스식)이라면 1시간에 200L의 아세틸렌 가스가 소모된다. 문제의 내용대로 10시간 사용한다면 200L×10시간 = 2,000L의 아세틸렌이 소모된다.

25 가스용접에서 토치를 오른손에 용접봉을 왼손에 잡고 오른쪽에서 왼쪽으로 용접을 해나가는 용접법은?

① 전진법 ② 후진법
③ 상진법 ④ 병진법

해설 가스 용접법에서 전진법은 토치를 오른손에, 용접봉을 왼손에 잡고 오른쪽에서 왼쪽으로 용접하는 방법을 말한다.

26 다음 중 용접봉의 내균열성이 가장 좋은 것은?

① 셀룰로오스계 ② 티탄계
③ 일미나이트계 ④ 저수소계

해설 저수소계(E4316) 용접봉은 강인성이 풍부하고 기계적 성질, 내균열성이 우수하다.

27 수중 절단작업을 할 때 가장 많이 사용하는 가스로 기포 발생이 적은 연료가스는?

① 아르곤 ② 수소
③ 프로판 ④ 아세틸렌

해설 수중 절단에는 수소가스가 연료가스로 활용된다.

★
28 정격2차전류가 200A, 아크출력 60kW인 교류용접기를 사용할 때 소비전력은 얼마인가? (단, 내부 손실이 4kW이다.)

① 64kW ② 104kW
③ 264kW ④ 804kW

해설 소비전력(kW)=아크출력+내부 손실
단, 여기서 아크출력=(아크전압×아크전류)로 구한다. 문제의 정보를 대입하면,
소비전력(kW)=60kW+4kW=64kW이다.

29 다음 중 경질 자성재료가 아닌 것은?

① 센더스트 ② 알니코 자석
③ 페라이트 자석 ④ 네오디뮴 자석

해설 자성재료는 보자력과 잔류자속밀도가 큰 경질 자성재료와 투자율이 높으면서 보자력이 작아 외부 자기장 변화에도 자화변화가 큰 연질 자성재료로 구분한다. 경질 자성재료에는 알니코 자석, 페라이트 자석, 희토류계 자석, 네오디뮴 자석 등이 있으며, 연질 자성재료에는 센더스트, 퍼말로이, 규소 강판 등이 있다.

정답 22. ① 23. ① 24. ③ 25. ① 26. ④ 27. ② 28. ① 29. ①

30 피복아크용접에서 홀더로 잡을 수 있는 용접봉 지름(mm)이 5.0~8.0일 경우 사용하는 용접봉 홀더의 종류로 옳은 것은?

① 125호 ② 160호
③ 300호 ④ 400호

해설 용접봉 지름이 1.6~3.2는 125호, 3.2~4.0은 160호, 4.0~6.0은 300호, 5.0~8.0은 400호이다.

31 아크에어 가우징법의 작업능률은 가스 가우징법보다 몇 배 정도 높은가?

① 2~3배 ② 4~5배
③ 6~7배 ④ 8~9배

해설 아크 에어 가우징법의 장점은 그라인딩이나 치핑 또는 가스 가우징보다 작업능률이 2~3배 높고, 장비가 간단하고 작업방법도 비교적 용이하다.

32 아크가 보이지 않는 상태에서 용접이 진행된다고 하여 일명 잠호 용접이라 부르기도 하는 용접법은?

① 스터드 용접
② 레이저 용접
③ 서브머지드 아크용접
④ 플라스마 용접

해설 서브머지드 아크용접의 경우 아크가 보이지 않는 상태에서 용접이 진행된다고 하여 잠호 용접 또는 불가시 용접이라고도 부른다.

33 피복아크 용접봉에서 피복제의 주된 역할로 틀린 것은?

① 전기 절연작용을 하고 아크를 안정시킨다.
② 스패터의 발생을 적게 하고 용착금속에 필요한 합금원소를 첨가시킨다.
③ 용착금속의 탈산정련 작용을 하며 용융점이 높고, 높은 점성의 무거운 슬래그를 만든다.
④ 모재 표면의 산화물을 제거하고, 양호한 용접부를 만든다.

해설 용융점이 낮은 가벼운 점성의 슬래그를 만든다.

34 용접기의 규격 AW 500의 설명 중 옳은 것은?

① AW은 직류아크 용접기라는 뜻이다.
② 500은 정격2차전류의 값이다.
③ AW은 용접기의 사용률을 말한다.
④ 500은 용접기의 무부하 전압값이다.

해설 교류아크 용접기 규격에서 AW 500은 교류아크 용접기, 정격2차전류가 500A인 용접기 종류를 의미한다.

35 다음 중 부하전류가 변하여도 단자 전압은 거의 변화하지 않는 용접기의 특성은?

① 수하 특성 ② 하향 특성
③ 정전압 특성 ④ 정전류 특성

해설
- 수하 특성: 부하 전류가 증가하면 단자 전압이 저하하는 특성
- 정전압 특성: 부하 전압이 변화하여도 단자 전압은 거의 변하지 않는 특성

36 용접기와 멀리 떨어진 곳에서 용접전류 또는 전압을 조절할 수 있는 장치는?

① 원격제어 장치 ② 핫스타트 장치
③ 고주파발생 장치 ④ 수동전류 조정장치

해설 교류아크 용접기 종류에서 가포화 리액터형 용접기는 멀리 떨어진 곳에서 전류의 조정을 원격 제어가 가능하다.

37 직류 용접기 사용 시 역극성(DCRP)과 비교한 정극성(DCSP)의 일반적인 특징으로 옳은 것은?

① 용접봉의 용융속도가 빠르다.
② 비드 폭이 넓다.
③ 모재의 용입이 깊다.
④ 박판, 주철, 합금강 비철금속의 접합에 쓰인다.

해설 직류역극성(DCRP)은 비드 폭이 넓고 용입이 얕으며, 산화 피막을 제거하는 청정작용이 있다.

정답 30. ④ 31. ① 32. ③ 33. ③ 34. ② 35. ③ 36. ① 37. ③

38 가스 절단면의 표준 드래그(drag) 길이는 판 두께의 몇 % 정도가 가장 적당한가?

① 10% ② 20%
③ 30% ④ 40%

해설 드래그[%] = $\frac{\text{드래그 길이[mm]}}{\text{판 두께[mm]}}$×100로 구할 수 있고, 표준 드래그는 판 두께의 1/5 또는 20%가 적당하다.

★
39 다음의 조직 중 경도값이 가장 낮은 것은?

① 마텐자이트 ② 베이나이트
③ 소르바이트 ④ 오스테나이트

해설 조직에서 경도 값이 큰 것부터 순서는 마텐자이트, 트루스타이트, 솔바이트, 오스테나이트 조직이다.

40 알루미늄과 알루미늄 가루를 압축 성형하고 약 500~600℃로 소결하여 압출 가공한 분산 강화형 합금의 기호에 해당하는 것은?

① DAP ② ACD
③ SAP ④ AMP

해설 SAP(Sintered Aluminum Powder)는 특수한 알루미늄 분말을 소결하여 성형한 내열용 알루미늄 합금의 일종이다.

41 컬러 텔레비전의 전자총에서 나온 광선의 영향을 받아 섀도 마스크가 열팽창하면 엉뚱한 색이 나오게 된다. 이를 방지하기 위해 섀도 마스크의 제작에 사용되는 불변강은?

① 인바 ② Ni-Cr강
③ 스테인리스강 ④ 플래티나이트

해설 문제 내용은 섀도 마스크 재료의 길이, 열팽창 계수가 변하지 않는 재료를 찾는 것이다. 길이, 열팽창 계수 불변에 관한 것은 인바에 해당한다.

42 열처리의 종류 중 항온열처리 방법이 아닌 것은?

① 마퀜칭 ② 어닐링
③ 마템퍼링 ④ 오스템퍼링

해설 항온열처리에는 마퀜칭, 오스템퍼, 마템퍼 등이 있다.

43 스테인리스강 중 내식성이 제일 우수하고 비자성이나 염산, 황산, 염소가스 등에 약하고 결정입계 부식이 발생하기 쉬운 것은?

① 석출경화계 스테인리스강
② 페라이트계 스테인리스강
③ 마텐자이트계 스테인리스강
④ 오스테나이트계 스테인리스강

해설 오스테나이트계 스테인리스강에 대한 내용이다.

44 아크길이가 길 때 일어나는 현상이 아닌 것은?

① 아크가 불안정해진다.
② 용융금속의 산화 및 질화가 쉽다.
③ 열 집중력이 양호하다.
④ 전압이 높고 스패터가 많다.

해설 아크길이가 길 때 열의 집중력은 불량하다.

45 자기 변태가 일어나는 점을 자기 변태점이라 하며, 이 온도를 무엇이라고 하는가?

① 상점 ② 이슬점
③ 퀴리점 ④ 동소점

해설 강의 자기 변태 온도(768℃)를 자기 변태점 또는 퀴리점이라 한다.

★
46 문쯔메탈(muntz metal)에 대한 설명으로 옳은 것은?

① 90%Cu-10%Zn 합금으로 톰백의 대표적인 것이다.
② 70%Cu-30%Zn 합금으로 가공용 황동의 대표적인 것이다.
③ 70%Cu-30%Zn 황동에 주석(Sn)을 1% 함유한 것이다.
④ 60%Cu-40%Zn 합금으로 황동 중 아연 함유량이 가장 높은 것이다.

해설 문쯔메탈은 60%Cu-40%Zn 합금으로 아연의 함유량이 가장 높다.

정답 38. ② 39. ④ 40. ③ 41. ① 42. ② 43. ④ 44. ③ 45. ③ 46. ④

47 탄소함량 3.4%, 규소함량 2.4% 및 인함량 0.6%인 주철의 탄소당량(CE)은?

① 4.0　② 4.2
③ 4.4　④ 4.6

해설 주철의 탄소당량은 다음 식으로 구할 수 있다.

$$C.E = C\% + \frac{SI\% + P\%}{3}$$
$$= 3.4 + \frac{2.4 + 0.6}{3} = 4.4$$

48 라우탈은 Al-Cu-Si 합금이다. 이중 3~8%Si를 첨가하여 향상되는 성질은?

① 주조성　② 내열성
③ 피삭성　④ 내식성

해설 Si를 첨가하여 주조성을 개선하고, Cu를 첨가하여 피삭성을 좋게 한 합금이다.

49 면심입방격자의 어떤 성질이 가공성을 좋게 하는가?

① 취성　② 내식성
③ 전연성　④ 전기전도성

해설 전연성이 풍부하여 가공성을 좋게 한다.

50 다음 냉동장치의 배관 도면에서 팽창 밸브는?

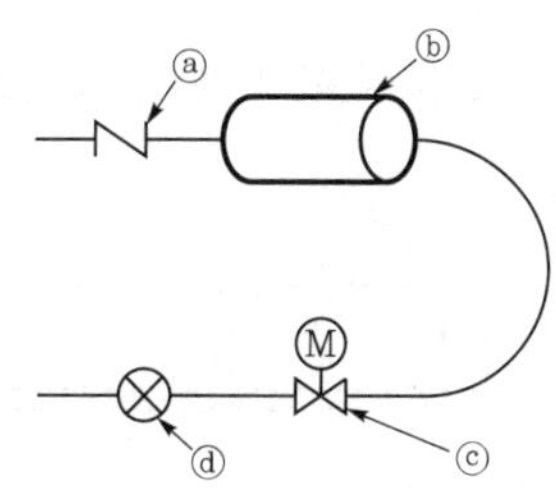

① ⓐ　② ⓑ
③ ⓒ　④ ⓓ

해설 팽창 밸브는 보기 ⓓ의 기호로 표시된다.

51 금속의 조직검사로서 측정이 불가능한 것은?

① 결함　② 결정입도
③ 내부응력　④ 비금속개재물

해설 조직검사로는 내부응력을 측정하기 곤란하다.

52 나사의 감김방향의 지시방법 중 틀린 것은?

① 오른나사는 일반적으로 감김 방향을 지시하지 않는다.
② 왼나사는 나사의 호칭방법에 약호 "LH"를 추가하여 표시한다.
③ 동일 부품에 오른나사와 왼나사가 있을 때는 왼나사에만 약호 "LH"를 추가한다.
④ 오른나사는 필요하면 나사의 호칭 방법에 약호 "RH"를 추가하여 표시할 수 있다.

해설 동일 부품에 오른나사와 왼나사가 있을 때는 각각 쌍방에 표시를 한다.

53 그림과 같이 제3각법으로 정투상한 도면에 적합한 입체도는?

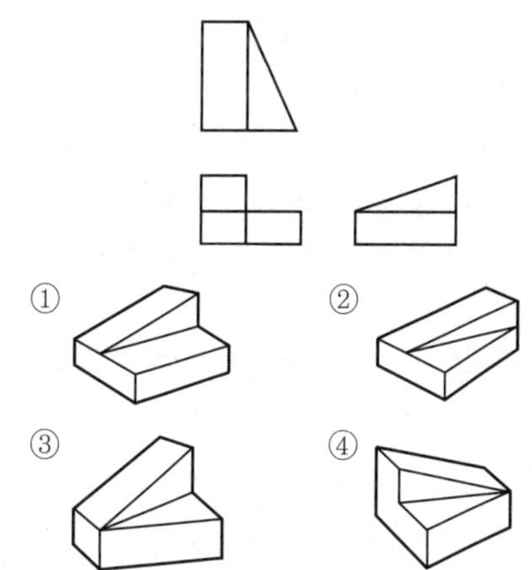

해설 정투상도면을 보면 입체가 보기 ③이 된다.

54 다음 중 열간 압연 강판 및 강대에 해당하는 재료 기호는?

① SPCC　② SPHC
③ STS　④ SPB

해설
- SPCC: 냉간 압연 강판(Steel Plate Cold Commercial)
- SPHC: 열간 압연 강판 및 강대(Steel Plate Hot Commercial)
- STS: 합금 공구강(Steel Tool Special)

정답 47. ③　48. ①　49. ③　50. ④　51. ③　52. ③　53. ③　54. ②

55 제3각법으로 그린 투상도 중 잘못된 투상이 있는 것은?

① ② ③ ④

해설 보기 ④의 우측면도의 경우 우측면도 상부에서 수직선으로 내려와야 한다.

★
56 동일 장소에서 선이 겹칠 경우 나타내야 할 선의 우선순위를 옳게 나타낸 것은?

① 외형선 > 중심선 > 숨은선 > 치수보조선
② 외형선 > 치수보조선 > 중심선 > 숨은선
③ 외형선 > 숨은선 > 중심선 > 치수보조선
④ 외형선 > 중심선 > 치수보조선 > 숨은선

해설 동일 장소에 선이 겹칠 경우 우선순위는 외형선 > 숨은선 > 중심선 > 치수보조선 순으로 나타낸다.

57 다음 중 치수 보조기호로 사용되지 않는 것은?

① π　　② $S\phi$
③ R　　④ □

해설 치수 보조기호로 사용되는 기호

구분	기호
지름	ϕ
반지름	R
구의 지름	$S\phi$
구의 반지름	SR
정사각형의 변	□
판의 두께	t
원호의 길이	⌒
45°의 모따기	C
이론적으로 정확한 치수	▭
참고치수	(　)

58 일반적인 판금 전개도의 전개법이 아닌 것은?

① 다각전개법　　② 평행선법
③ 방사선법　　④ 삼각형법

해설 판금 전개도법에는 평행선법, 방사선법, 삼각형 전개법 등이 있다.

59 다음 단면도에 대한 설명으로 틀린 것은?

① 부분 단면도는 일부분을 잘라내고 필요한 내부 모양을 그리기 위한 방법이다.
② 조합에 의한 단면도는 축, 핀, 볼트, 너트류의 절단면의 이해를 위해 표시한 것이다.
③ 한쪽 단면도는 대칭형 대상물의 외형 절반과 온단면의 절반을 조합하여 표시한 것이다.
④ 회전 도시 단면도는 핸들이나 바퀴 등의 암, 림, 훅, 구조물 등의 절단면을 90도 회전시켜서 표시한 것이다.

해설 조합에 의한 단면도는 절단면을 2개 이상 조합하여 그린 단면도로서, 절단면을 설치하고 보는 방향을 명확하게 하기 위하여 절단선과 화살표 및 문자기호를 기입하는 것이 좋다. 그리고 핸들, 벨트 풀리, 기어 등의 암, 림, 리브, 훅, 축 등과 주로 구조물에 사용하는 형강, 각강 등의 절단한 단면의 모양은 90°로 회전시켜서 투상도의 안이나 밖에 도시하게 되며, 이를 회전 도시 단면도라 한다.

★
60 그림과 같은 도면의 해독으로 잘못된 것은?

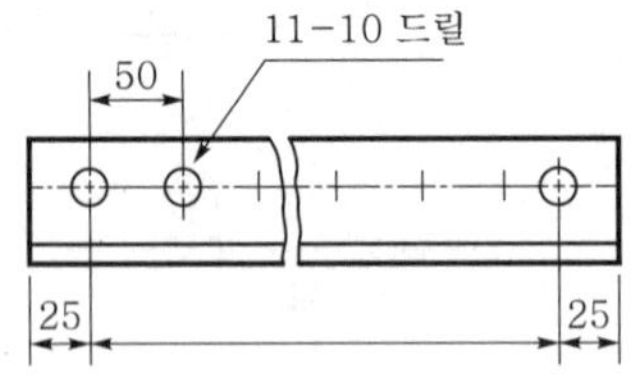

① 구멍 사이의 피치는 50mm
② 구멍의 지름은 10mm
③ 전체 길이는 600mm
④ 구멍의 수는 11개

해설 $전체길이 = 25 + (50 \times (n-1)) + 25$
$= 25 + \{50 \times (11-1)\} + 25 = 550\text{mm}$

정답 55. ④ 56. ③ 57. ① 58. ① 59. ② 60. ③

제 1 회

2016. 1. 24. 시행

특수용접기능사

01 용접이음 설계 시 충격하중을 받는 연강의 안전율은?

① 12 ② 8
③ 5 ④ 3

해설 재질과 하중의 종류에 따라 최대 응력을 기초로 한 안전율은 다음과 같다.

재료	정하중	동하중		충격하중
		반복하중	교번하중	
주철, 취약한 금속	4	6	10	15
연강, 단강	3	5	8	12
주강	3	5	8	15
구리 및 유연한 금속	5	6	9	15
목재	7	10	15	20
연와 석재	20	30	-	-

02 다음 중 기본 용접 이음 형식에 속하지 않는 것은?

① 맞대기 이음 ② 모서리 이음
③ 마찰 이음 ④ T자 이음

해설 용접 이음의 종류 중 기본 이음의 형태로는 맞대기 이음, 모서리 이음, T자 이음, 겹치기 이음, 변두리 이음 등이 있다.

★
03 화재의 분류는 소화 시 매우 중요한 역할을 한다. 서로 바르게 연결된 것은?

① A급 화재 - 유류화재
② B급 화재 - 일반화재
③ C급 화재 - 가스화재
④ D급 화재 - 금속화재

해설
- A급 화재: 일반 가연물 화재
- B급 화재: 유류 및 가스화재
- C급 화재: 전기화재
- D급 화재: 금속화재

04 불활성 가스가 아닌 것은?

① C_2H_2 ② Ar
③ Ne ④ He

해설 불활성 가스(inert gas)는 물리적·화학적으로 안정한 기체로서, 종류로는 헬륨(He), 네온(Ne), 아르곤(Ar), 크립톤(Kr), 크세논(Xe), 라돈(Rn) 등이 있으며, 용접용으로는 헬륨과 아르곤이 주로 사용된다.

05 서브머지드 아크 용접장치 중 전극형상에 의한 분류에 속하지 않는 것은?

① 와이어(wire) 전극
② 테이프(tape) 전극
③ 대상(hoop) 전극
④ 대차(carriage) 전극

해설

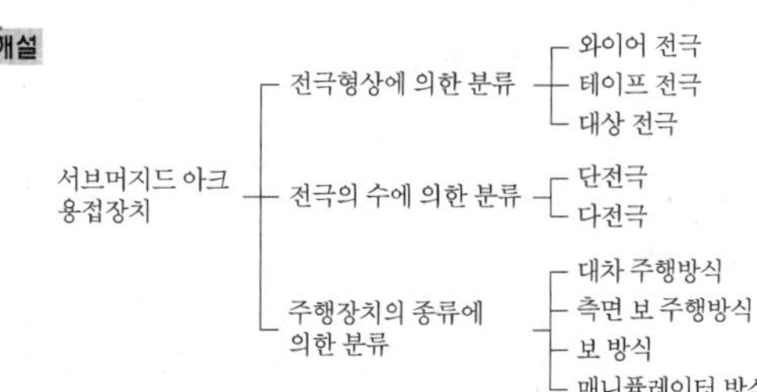

★
06 용접시공 계획에서 용접 이음 준비에 해당되지 않는 것은?

① 용접 홈의 가공
② 부재의 조립
③ 변형 교정
④ 모재의 가용접

해설 용접시공 계획에서 용접 이음 준비는 용접 전에 체크하여야 할 사항으로 홈 가공, 조립 및 가접, 홈의 확인과 보수, 이음부 청정 등이며, 변형 교정은 용접 후에 처리되어야 할 사항이다.

정답 01. ① 02. ③ 03. ④ 04. ① 05. ④ 06. ③

07 다음 중 서브머지드 아크용접(submerged arc welding)에서 용제의 역할과 가장 거리가 먼 것은?

① 아크 안정
② 용락 방지
③ 용접부의 보호
④ 용착금속의 재질 개선

해설 아크의 발생으로 인해 형성된 용융금속이 개선의 반대 측으로 녹아 떨어지는 것을 용락(burn through)이라 한다. 용락은 루트 간격이 너무 크거나 입열량이 과대한 경우 주로 발생하며, 용락을 방지하고자 하는 시공방법으로 받침(backing)을 사용한다. 서브머지드 아크용접에서의 백킹의 종류로는 동종금속 백킹법, 백킹 용접법, 구리 백킹법, 용제 백킹법(RF법: Resin Flux법), 구리 용제 병용 백킹법(FCB법: Flux Copper Backing 법), 현장조립용 간이 백킹법 등이 있다.

08 다음 중 전기저항 용접의 종류가 아닌 것은?

① 점 용접
② MIG 용접
③ 프로젝션 용접
④ 플래시 용접

해설 MIG(Metal Inert Gas) 용접은 불활성 가스를 이용하여 아크나 용융금속을 공기로부터 차단시켜 보호하고, 용접 와이어를 일정 속도로 토치의 노즐로부터 공급하면서 아크열로 와이어를 용착시키는 융접(fusion welding)의 일종이다.

09 다음 중 용접금속에 가공을 형성하는 가스에 대한 설명으로 틀린 것은?

① 응고 온도에서의 액체와 고체의 용해도 차에 의한 가스 방출
② 용접금속 중에서의 화학반응에 의한 가스 방출
③ 아크 분위기에서의 기체의 물리적 혼입
④ 용접 중 가스 압력의 부적당

해설 기공(porosity)이 생성되는 메커니즘에 대한 설명으로 보기 ①, ②, ③의 원인으로 기공이 생성된다.

10 가스용접 시 안전조치로 적절하지 않는 것은?

① 가스의 누설검사는 필요할 때만 체크하고 점검은 수돗물로 한다.
② 가스용접 장치는 화기로부터 5m 이상 떨어진 곳에 설치해야 한다.
③ 작업 종료 시 메인 밸브 및 콕 등을 완전히 잠가준다.
④ 인화성 액체 용기의 용접을 할 때는 증기 열탕물로 완전히 세척 후 통풍구멍을 개방하고 작업한다.

해설 가스의 누설검사는 사용 전, 중, 후 등 수시로 실시하며, 일반적으로 점검은 비눗물로 한다.

11 TIG 용접에서 가스이온이 모재에 충돌하여 모재 표면에 산화물을 제거하는 현상은?

① 제거효과 ② 청정효과
③ 용융효과 ④ 고주파효과

해설 청정효과(cleaning effect)에 대한 내용이다.

★
12 연강의 인장시험에서 인장시험편의 지름이 10mm이고, 최대하중이 5,500kgf일 때 인장강도는 약 몇 kgf/mm²인가?

① 60 ② 70
③ 80 ④ 90

해설

$$\text{인장강도}(\sigma) = \frac{\text{최대하중}(P)}{\text{단면적}(A)} = \frac{5,500}{\frac{\pi \times 10^2}{4}} = 70.06\,\text{kgf/mm}^2$$

13 용접부의 표면에 사용되는 검사법으로 비교적 간단하고 비용이 싸며, 특히 자기탐상 검사가 되지 않는 금속재료에 주로 사용되는 검사법은?

① 방사선 비파괴 검사
② 누수 검사
③ 침투 비파괴 검사
④ 초음파 비파괴 검사

정답 07. ② 08. ② 09. ④ 10. ① 11. ② 12. ② 13. ③

해설 이 문제의 핵심 단어(key word)는 표면, 간단, 자기탐상 검사가 되지 않는 금속 등이다. 표면, 간단이라는 단어에 의해 보기 ①, ④는 제외되며, 보기 ②의 경우 비파괴 검사가 아니므로 정답에서 제외된다.

★
14 이산화탄소 아크용접 방법에서 전진법의 특징으로 옳은 것은?

① 스패터의 발생이 적다.
② 깊은 용입을 얻을 수 있다.
③ 비드 높이가 낮고 평탄한 비드가 형성된다.
④ 용접선이 잘 보이지 않아 운봉을 정확하게 하기 어렵다.

해설 이산화탄소 아크용접의 전진법과 후진법의 비교

전진법	후진법
15~20° 용접 진행 방향	15~20° 용접 진행 방향
• 용접선이 잘 보이므로 운봉을 정확하게 할 수 있다. • 비드 높이가 낮고 평탄한 비드가 형성된다. • 스패터가 비교적 많으며 진행 방향 쪽으로 흩어진다. • 용착금속이 아크보다 앞서기 쉬워 용입이 얕아진다.	• 용접선이 노즐에 가려서 운봉을 정확하게 하기가 어렵다. • 비드 높이가 약간 높고 폭이 좁은 비드를 얻을 수 있다. • 스패터의 발생이 전진법보다 적다. • 용융금속이 앞으로 나아가지 않으므로 깊은 용입을 얻을 수가 없다. • 비드 형상이 잘 보이기 때문에 비드폭 높이 등을 억제하기 쉽다.

15 용접에 의한 변형을 미리 예측하여 용접하기 전에 용접 반대 방향으로 변형을 주고 용접하는 방법은?

① 억제법 ② 역변형법
③ 후퇴법 ④ 비석법

해설 역변형법에 해당되는 내용이다.

16 다음 중 플라스마 아크용접에 적합한 모재가 아닌 것은?

① 텅스텐, 백금
② 티탄, 니켈 합금
③ 티탄, 구리
④ 스테인리스강, 탄소강

해설 플라스마 아크용접에 적합한 모재는 스테인리스강, 탄소강, 티탄, 니켈 합금, 구리, 티타늄 합금 등이다.

17 용접 지그를 사용했을 때의 장점이 아닌 것은?

① 구속력을 크게 하여 잔류응력 발생을 방지한다.
② 동일 제품을 다량 생산할 수 있다.
③ 제품의 정밀도를 높인다.
④ 작업을 용이하게 하고 용접능률을 높인다.

해설 용접 지그의 사용 목적은 보기 ②, ③, ④이다.

★
18 일종의 피복아크 용접법으로 피더(feeder)에 철분계 용접봉을 장착하여 수평 필릿 용접을 전용으로 하는 일종의 반자동 용접장치로서 모재와 일정한 경사를 갖는 금속지주를 용접 홀더가 하강하면서 용접되는 용접법은?

① 그래비티 용접
② 용사
③ 스터드 용접
④ 테르밋 용접

해설 그래비티(gravity) 용접에 관한 내용이다.

19 피복아크용접에 의한 맞대기 용접에서 개선 홈과 판 두께에 관한 설명으로 틀린 것은?

① I형: 판 두께 6mm 이하 양쪽 용접에 적용
② V형: 판 두께 20mm 이하 한쪽 용접에 적용
③ U형: 판 두께 40~60mm 양쪽 용접에 적용
④ X형: 판 두께 15~40mm 양쪽 용접에 적용

해설 U형은 양쪽 용접이 아닌 한쪽 홈 용접이다.

정답 14. ③ 15. ② 16. ① 17. ① 18. ① 19. ③

20 일렉트로 슬래그 용접에서 주로 사용되는 전극 와이어의 지름은 보통 몇 mm인가?

① 1.2~1.5　② 1.7~2.3
③ 2.6~3.2　④ 3.5~4.0

해설 일렉트로 슬래그 용접(ESW)에서 전극 와이어의 지름은 보통 2.6~3.2mm를 주로 사용하며, 2~3가닥의 다전극을 사용하거나 판 두께의 방향으로 전극 와이어를 왕복 이동시키면서 용접하는 경우도 있다. 대형 주단강 제품의 경우 평판 모양의 띠 전극을 사용하기도 한다.

21 볼트나 환봉을 피스톤형의 홀더에 끼우고 모재와 볼트 사이에 순간적으로 아크를 발생시켜 용접하는 방법은?

① 서브머지드 아크용접
② 스터드 용접
③ 테르밋 용접
④ 불활성 가스 아크용접

해설 스터드(stud) 용접에 대한 내용이다.

★
22 용접 결함과 그 원인에 대한 설명 중 잘못 짝지어진 것은?

① 언더컷 – 전류가 너무 높은 때
② 기공 – 용접봉이 흡습되었을 때
③ 오버랩 – 전류가 너무 낮을 때
④ 슬래그 섞임 – 전류가 과대되었을 때

해설 슬래그 섞임의 원인으로는 슬래그 제거 불완전, 전류 과소, 운봉 조작 불완전, 용접봉 각도 부적당, 운봉속도가 느린 경우 등이 있다.

23 피복아크 용접봉의 용융속도를 결정하는 식은?

① 용융속도=아크전류×용접봉 쪽 전압강하
② 용융속도=아크전류×모재 쪽 전압강하
③ 용융속도=아크전압×용접봉 쪽 전압강하
④ 용융속도=아크전압×모재 쪽 전압강하

해설 용접봉의 용융속도는 단위시간당 소비되는 용접봉의 길이 또는 무게 등으로 나타나고, 아크전압과는 관계가 없으며, 보기 ①과 같이 결정된다.

24 피복아크용접에서 피복제의 성분에 포함되지 않는 것은?

① 피복 안정제　② 가스 발생제
③ 피복 이탈제　④ 슬래그 생성제

해설 피복 배합제의 종류로는 보기 ①, ②, ④ 이외에 합금 첨가제, 고착제, 탈산제 등이 있다.

25 용접법의 분류에서 아크용접에 해당되지 않는 것은?

① 유도가열 용접　② TIG 용접
③ 스터드 용접　④ MIG 용접

해설 작업물 주위에 코일 등을 감아서 고주파 전류를 흘려주면 작업물 표면으로 유도전류가 흘러 히스테리시스 손실을 일으키거나 저항 발열되도록 가열하는 것을 유도가열이라고 한다. 이러한 열을 이용한 용접법을 유도가열 용접이라 하며, 저항 발열을 이용하므로 압접으로 분류된다.

26 피복아크용접 시 용접선 상에서 용접봉을 이동시키는 조작을 말하며 아크의 발생, 중단, 재아크, 위빙 등이 포함된 작업을 무엇이라 하는가?

① 용입　② 운봉
③ 키홀　④ 용융지

해설 운봉(weaving)에 대한 내용이다.

27 다음 중 산소 및 아세틸렌 용기의 취급방법으로 틀린 것은?

① 산소용기의 밸브, 조정기, 도관, 취부구는 반드시 기름이 묻은 천으로 깨끗이 닦아야 한다.
② 산소용기의 운반 시에는 충돌, 충격을 주어서는 안 된다.
③ 사용이 끝난 용기는 실병과 구분하여 보관한다.
④ 아세틸렌 용기는 세워서 사용하며 용기에 충격을 주어서는 안 된다.

정답 20. ③　21. ②　22. ④　23. ①　24. ③　25. ①　26. ②　27. ①

해설 산소병 밸브, 조정기, 도관, 취부구 등은 기름 묻은 천으로 닦아서는 안된다. 불순물의 영향으로 순도가 저하되거나 폭발의 위험이 있다.

28 다음 중 가변저항의 변화를 이용하여 용접전류를 조정하는 교류 아크 용접기는?

① 탭 전환형 ② 가동 코일형
③ 가동 철심형 ④ 가포화 리액터형

해설 교류아크 용접기의 특성

용접기의 종류	특성
가동 철심형	• 가동 철심으로 누설 자속을 가감하여 전류를 조정한다. • 광범위한 전류 조정이 어렵다. • 미세한 전류 조정이 가능하다. • 현재 가장 많이 사용된다. • 중간 이상 가동 철심을 빼내면 누설 자속의 영향으로 아크가 불안정하게 되기 쉽다(가동 부분의 마멸로 철심에 진동이 생김).
가동 코일형	• 1차, 2차 코일 중의 하나를 이동, 누설 자속을 변화하여 전류를 조정한다. • 아크 안정도가 높고 소음이 없다. • 가격이 비싸며 현재 사용이 거의 없다.
탭 전환형	• 코일의 감긴 수에 따라 전류를 조정한다. • 적은 전류 조정 시 무부하 전압이 높아 전격의 위험이 있다. • 탭 전환부의 소손이 심하다. • 넓은 범위는 전류 조정이 어렵다. • 주로 소형에 많다.
가포화 리액터형	• 가변저항의 변화로 용접전류를 조정한다. • 전기적 전류 조정으로 소음이 없고 기계 수명이 길다. • 원격 조작이 간단하고 원격 제어가 된다.

29 가스용접이나 절단에 사용되는 가연성 가스의 구비조건으로 틀린 것은?

① 발열량이 클 것
② 연소속도가 느릴 것
③ 불꽃의 온도가 높을 것
④ 용융금속과 화학반응이 일어나지 않을 것

해설 가연성 가스의 경우 연소속도가 빨라야 하며, 산소를 첨가할 경우 더욱 빨라진다.

★
30 AW-250, 무부하전압 80V, 아크전압 20V인 교류 용접기를 사용할 때 역률과 효율은 각각 얼마인가? (단, 내부 손실은 4kW이다.)

① 역률: 45%, 효율: 56%
② 역률: 48%, 효율: 69%
③ 역률: 54%, 효율: 80%
④ 역률: 69%, 효율: 72%

해설 $역률=\frac{소비전력}{전원입력}$, $효율=\frac{아크출력}{소비전력}$ 으로 구해진다.

여기서, ㉮ 아크출력=아크전압×정격2차전류
=20×250=5,000VA
=5kVA

㉯ 소비전력=㉮ 아크출력+내부손실
=5kVA+4kW=9kW

㉰ 전원입력=무부하 전압×정격2차전류
=80V×250V
=20,000VA=20kVA

따라서, $역률=\frac{9kW}{20kVA}=45\%$

$효율=\frac{5kVA}{9kW}=56\%$

31 혼합가스 연소에서 불꽃온도가 가장 높은 것은?

① 산소-수소불꽃 ② 산소-프로판불꽃
③ 산소-아세틸렌불꽃 ④ 산소-부탄불꽃

해설 가스불꽃의 최고온도를 보면, 산소-수소 2,900℃, 산소-프로판 2,820℃, 산소-아세틸렌 3,430℃, 그리고 산소-메탄가스 조합의 경우 2,700℃ 정도이다.

32 연강용 피복아크 용접봉의 종류와 피복제 계통으로 틀린 것은?

① E4303: 라임티타니아계
② E4311: 고산화티탄계
③ E4316: 저수소계
④ E4327: 철분산화철계

정답 28. ④ 29. ② 30. ① 31. ③ 32. ②

해설 E4311은 고셀룰로오스계이며, 고산화티탄계는 E4313이다.

★
33 산소-아세틸렌 가스 절단과 비교한 산소-프로판 가스 절단의 특징으로 옳은 것은?

① 절단면이 미세하며 깨끗하다.
② 절단 개시시간이 빠르다.
③ 슬래그 제거가 어렵다.
④ 중성불꽃을 만들기가 쉽다.

해설 아세틸렌과 프로판의 비교

아세틸렌	프로판
• 점화하기 쉽다. • 중성불꽃을 만들기 쉽다. • 절단 개시까지 시간이 빠르다. • 표면 영향이 적다. • 박판 절단 시는 빠르다.	• 절단 상부 기슭이 녹는 것이 적다. • 절단면이 미세하며 깨끗하다. • 슬래그 제거가 쉽다. • 포갬 절단속도가 아세틸렌보다 빠르다. • 후판 절단 시는 아세틸렌보다 빠르다.

혼합비는 산소 프로판 가스 사용 시 산소 4.5배가 필요하다. 즉, 아세틸렌 사용 시보다 약간 더 필요하다.

34 피복아크용접에서 "모재의 일부가 녹은 쇳물 부분"을 의미하는 것은?

① 슬래그 ② 용융지
③ 피복부 ④ 용착부

해설 용융지(molten pool)에 대한 내용이다.

35 가스 압력 조정기 취급사항으로 틀린 것은?

① 압력 용기의 설치구 방향에는 장애물이 없어야 한다.
② 압력 지시계가 잘 보이도록 설치하며 유리가 파손되지 않도록 주의한다.
③ 조정기를 견고하게 설치한 다음 조정나사를 잠그고 밸브를 빠르게 열어야 한다.
④ 압력 조정기 설치구에 있는 먼지를 털어내고 연결부에 정확하게 연결한다.

해설 압력 조정기를 설치한 다음 밸브 조작은 가볍게 또는 천천히 한다.

36 연강용 가스 용접봉에서 "625±25℃에서 1시간 동안 응력을 제거한 것"을 뜻하는 영문자 표시에 해당되는 것은?

① NSR ② GB
③ SR ④ GA

해설 SR(Stress Relief)에 관한 내용이다.

37 피복아크용접에서 위빙(weaving) 폭은 심선 지름의 몇 배로 하는 것이 가장 적당한가?

① 1배 ② 2~3배
③ 5~6배 ④ 7~8배

해설 위빙 폭은 용접봉 심선 지름의 약 2~3배 정도로 하는 것이 적당하나 실제로는 약 10~15mm 정도가 일반적이다.

38 전격방지기는 아크를 끊음과 동시에 자동적으로 릴레이가 차단되어 용접기의 2차 무부하 전압을 몇 V 이하로 유지시키는가?

① 20~30
② 35~45
③ 50~60
④ 65~75

해설 85~95V이던 2차 무부하 전압이 전격방지장치를 사용하면 아크가 끊어질 때 보조 변압기에 의해 2차 무부하 전압이 20~30V 이하로 유지시켜 전격의 위험으로부터 용접사를 보호하게 된다.

39 30% Zn을 포함한 황동으로 연신율이 비교적 크고, 인장강도가 매우 높아 판, 막대, 관, 선 등으로 널리 사용되는 것은?

① 톰백(tombac)
② 네이벌 황동(naval brass)
③ 6 : 4 황동(muntz metal)
④ 7 : 3 황동(cartidge brass)

정답 33. ① 34. ② 35. ③ 36. ③ 37. ② 38. ① 39. ④

해설 • 톰백(tombac): 5~20% Zn
• 네이벌 황동(naval brass): 6·4 황동+(1% Sn)
• 6 : 4 황동(muntz metal): 40% Zn
• 7 : 3 황동(cartidge brass): 30% Zn

40 Au의 순도를 나타내는 단위는?

① K(carat) ② P(pound)
③ %(percent) ④ μm(micron)

해설 Au(금)의 순도를 나타내는 단위는 캐럿(carat)이다.

41 다음 상태도에서 액상선을 나타내는 것은?

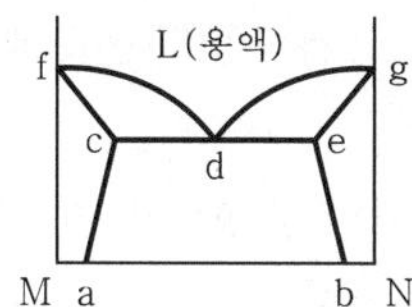

① acf ② cde
③ fdg ④ beg

해설 액상선은 온도를 가열함에 따라 고상에서 액상으로 바뀌는 온도를 연결한 선으로, 문제에서는 fdg가 정답이 된다.

42 금속 표면에 스텔라이트, 초경합금 등의 금속을 용착시켜 표면경화층을 만드는 것은?

① 금속 용사법 ② 하드 페이싱
③ 숏 피이닝 ④ 금속 침투법

해설 하드 페이싱에 대한 설명이다. 금속 용사법의 경우 열원이 제시되어야 하며, 쇼트 피닝의 경우 강구(steel ball) 등을 소재 표면에 투사하여 가공경화층을 형성한다. 금속 침투법은 금속 표면에 내식성, 내산성의 향상을 위하여 강재 표면에 다른 금속을 침투 확산시키는 방법이다.

43 다음 중 용접법의 분류에서 초음파 용접은 어디에 속하는가?

① 납땜 ② 압접
③ 융접 ④ 아크용접

해설 초음파 용접은 압접(pressure welding)의 일종으로 분류된다.

44 주철의 조직은 C와 Si의 양과 냉각속도에 의해 좌우된다. 이들의 요소와 조직의 관계를 나타낸 것은?

① C.C.T 곡선 ② 탄소 당량도
③ 주철의 상태도 ④ 마우러 조직도

해설 마우러 조직도(Maurer's diagram)에 대한 내용이다.

45 Al-Cu-Si계 합금의 명칭으로 옳은 것은?

① 알민 ② 라우탈
③ 알드리 ④ 코오슨 합금

해설 라우탈이라고 불리며 Al-Si계(실루민)의 가공 표면에 거친 결정을 보완한 것이다.
① 알민: Al-Mn계
③ 알드리: 알드레이라고도 함. Al-Mg-Si계
④ 코오슨 합금: Cu-Ni-Si계 합금

46 Al 표면에 방식성이 우수하고 치밀한 산화 피막이 만들어지도록 하는 방식방법이 아닌 것은?

① 산화법 ② 수산법
③ 황산법 ④ 크롬산법

해설 Al 방식법 중 가장 많이 사용되는 방법으로 수산법, 황산법, 크롬산법 등이 있다.

47 다음 중 하드필드(hadfield)강에 대한 설명으로 틀린 것은?

① 오스테나이트조직의 Mn강이다.
② 성분은 10~14% Mn, 0.9~1% 3C 정도이다.
③ 이 강은 고온에서 취성이 생기므로 600~800℃에서 공랭한다.
④ 내마멸성과 내충격성이 우수하고 인성이 우수하기 때문에 파쇄장치, 임펠러 플레이트 등에 사용한다.

해설 하드필드강은 고망간강(10~14% Mn)으로 오스테나이트계 망간강이며, 고온에서 서냉 또는 공랭하면 취성이 생긴다. 방지책으로는 수인법으로 고망간의 열처리로 1,000~1,100℃ 부근에서 수중 담금질하여 완전 오스테나이트 조직으로 만드는 방법이 있다.

정답 40. ① 41. ③ 42. ② 43. ② 44. ④ 45. ② 46. ① 47. ③

48 다음 중 재결정온도가 가장 낮은 것은?

① Sn　　② Mg
③ Cu　　④ Ni

해설 재결정 온도
• Sn: 0℃ 이하　　• Mg: 150℃
• Cu: 200℃　　• Ni: 600℃

★
49 Fe-C 상태도에서 A_3와 A_4 변태점 사이에서의 결정구조는?

① 체심정방격자　　② 체심입방격자
③ 조밀육방격자　　④ 면심입방격자

해설 A_3(910℃)와 A_4(1400℃) 부근으로 γ-Fe, 오스테나이트 조직이며, 면심입방격자(FCC) 결정구조를 가진다.

50 열팽창계수가 다른 두 종류의 판을 붙여서 하나의 판으로 만든 것으로 온도 변화에 따라 휘거나 그 변형을 구속하는 힘을 발생하며 온도 감응소자 등에 이용되는 것은?

① 서멧 재료　　② 바이메탈 재료
③ 형상기억 합금　　④ 수소저장 합금

해설 바이메탈 재료에 대한 설명이며, 예전 형광등의 부품, 각종 항온기의 온도 조절용 부품에 사용된다.

51 기계제도에서 가는 2점 쇄선을 사용하는 것은?

① 중심선　　② 지시선
③ 피치선　　④ 가상선

해설 • 중심선, 피치선: 가는 1점 쇄선
• 지시선: 가는 실선

52 나사의 종류에 따른 표시기호가 옳은 것은?

① M - 미터 사다리꼴 나사
② UNC - 미니추어 나사
③ Rc - 관용 테이퍼 암나사
④ G - 전구나사

해설 ① M: 미터 보통나사, 미터 가는 나사
② UNC: 유니파이 보통나사
④ G: 관용 평행나사

53 배관용 탄소강관의 종류를 나타내는 기호가 아닌 것은?

① SPPS 380　　② SPPH 380
③ SPCD 390　　④ SPLT 390

해설 ① 압력 배관용 강관, ② 고압 배관용 탄소강관, ③ 냉간압연강관, ④ 저온 배관용 탄소강관

54 기계제도에서 도형의 생략에 관한 설명으로 틀린 것은?

① 도형이 대칭 형식인 경우에는 대칭 중심선의 한쪽 도형만을 그리고, 그 대칭 중심선의 양 끝 부분에 대칭 그림기호를 그려서 대칭임을 나타낸다.
② 대칭 중심선의 한쪽 도형을 대칭 중심선을 조금 넘는 부분까지 그려서 나타낼 수도 있으며, 이때 중심선 양끝에 대칭 그림기호를 반드시 나타내야 한다.
③ 같은 종류, 같은 모양의 것이 다수 줄지어 있는 경우에는 실형 대신 그림기호를 피치선과 중심선과의 교점에 기입하여 나타낼 수 있다.
④ 축, 막대, 관과 같은 동일 단면형의 부분은 지면을 생략하기 위하여 중간부분을 파단선으로 잘라내서 그 긴요한 부분만을 가까이 하여 도시할 수 있다.

해설 대칭 중심선의 한쪽 도형을 대칭 중심선을 조금 넘은 부분까지 그리는 경우 대칭 도시기호를 생략할 수 있다.

55 모떼기의 치수가 2mm이고 각도가 45°일 때 올바른 치수기입 방법은?

① C2　　② 2C
③ 2-45°　　④ 45°×2

정답 48. ①　49. ④　50. ②　51. ④　52. ③　53. ③　54. ②　55. ①

해설 45° 모따기의 기호는 'C'이며, 치수숫자 앞에 병기하는 것이 일반적이다.

56 도형의 도시방법에 관한 설명으로 틀린 것은?

① 소성가공 때문에 부품의 초기 윤곽선을 도시해야 할 필요가 있을 때는 가는 2점 쇄선으로 도시한다.
② 필릿이나 둥근 모퉁이와 같은 가상의 교차선은 윤곽선과 서로 만나지 않은 가는 실선으로 투상도에 도시할 수 있다.
③ 널링부는 굵은 실선으로 전체 또는 부분적으로 도시한다.
④ 투명한 재료로 된 모든 물체는 기본적으로 투명한 것처럼 도시한다.

해설 보기 ④가 틀린 답이다.

57 그림과 같은 제3각 정투상도에 가장 적합한 입체도는?

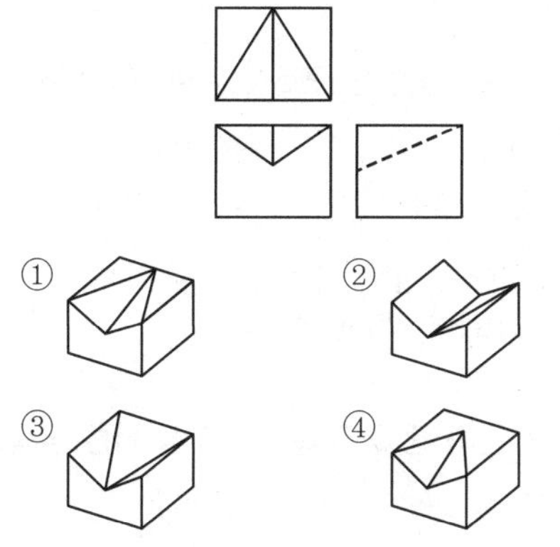

해설 보기 ②의 입체의 경우 문제에 제시된 정면도와 다르다. 보기 ③, ④의 입체는 문제에 제시된 평면도와 다르다.

58 제3각법으로 정투상한 그림에서 누락된 정면도로 가장 적합한 것은?

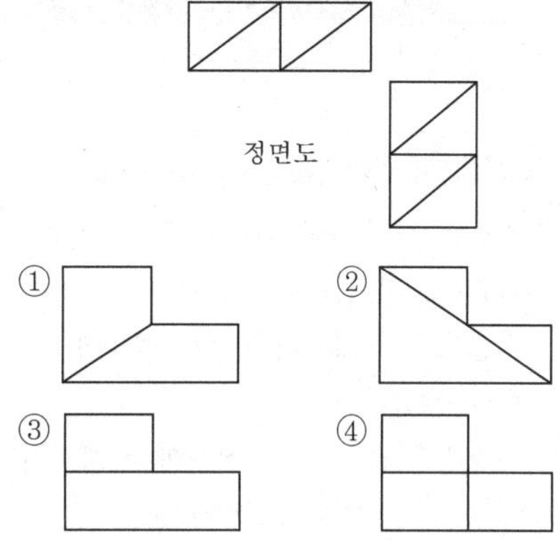

해설 누락된 정면도는 ②번이다.

★
59 다음 중 게이트 밸브를 나타내는 기호는?

① ②
③ ④

해설 ② 체크 밸브, ③ 일반 콕 밸브, ④ 일반 밸브

60 그림과 같은 용접기호는 무슨 용접을 나타내는가?

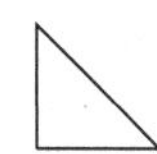

① 심용접 ② 비드용접
③ 필릿용접 ④ 점용접

해설 필릿용접기호이다.

정답 56. ④ 57. ① 58. ② 59. ① 60. ③

제 2 회 2016. 4. 2. 시행 특수용접기능사

01 가스용접 시 안전사항으로 적당하지 않는 것은?

① 호스는 길지 않게 하며 용접이 끝났을 때는 용기밸브를 잠근다.
② 작업자 눈을 보호하기 위해 적당한 차광유리를 사용한다.
③ 산소병은 60℃ 이상 온도에서 보관하고 직사광선을 피하여 보관한다.
④ 호스 접속부는 호스밴드로 조이고 비눗물 등으로 누설 여부를 검사한다.

해설 산소병은 통풍이 잘되고 직사광선이 없는 곳에 보관하며, 항상 40℃ 이하의 온도를 유지한다.

02 다음 중 일반적으로 모재의 용융선 근처의 열영향부에서 발생되는 균열이며 고탄소강이나 저합금강을 용접할 때 용접열에 의한 열영향부의 경화와 변태응력 및 용착금속 속의 확산성 수소에 의해 발생되는 균열은?

① 루트 균열　② 설퍼 균열
③ 비드 밑 균열　④ 크레이터 균열

해설 비드 밑 균열(under bead crack)에 해당하는 내용이다.

03 다음 중 지그나 고정구의 설계 시 유의사항으로 틀린 것은?

① 구조가 간단하고 효과적인 결과를 가져와야 한다.
② 부품의 고정과 이완은 신속히 이루어져야 한다.
③ 모든 부품의 조립은 어렵고 눈으로 볼 수 없어야 한다.
④ 한번 부품을 고정시키면 차후 수정 없이 정확하게 고정되어 있어야 한다.

해설 용접용 지그는 용접제품의 정밀도를 향상시키고 안전하고 빠른 용접작업을 위해 사용된다. 보기 ③의 내용은 지그와 고정구 설계의 유의사항으로 틀린 것이다.

★
04 플라스마 아크용접의 특징으로 틀린 것은?

① 비드 폭이 좁고 용접속도가 빠르다.
② 1층으로 용접할 수 있으므로 능률적이다.
③ 용접부의 기계적 성질이 좋으며 용접변형이 적다.
④ 핀치 효과에 의해 전류밀도가 작고 용입이 얕다.

해설 핀치 효과에 의하여 전류밀도가 크므로 용입이 깊다.

05 다음 용접결함 중 구조상의 결함이 아닌 것은?

① 기공　② 변형
③ 용입 불량　④ 슬래그 섞임

해설 용접결함 중 변형, 치수 불량, 형상 불량 등은 치수상의 결함의 범주에 속한다.

06 다음 금속 중 냉각속도가 가장 빠른 금속은?

① 구리　② 연강
③ 알루미늄　④ 스테인리스강

해설 구리 및 구리 합금은 열전도율이 높아 냉각속도가 순동의 경우 연강의 8배, 알루미늄의 2배가 된다.

07 다음 중 인장시험에서 알 수 없는 것은?

① 항복점　② 연신율
③ 비틀림 강도　④ 단면수축률

해설 인장시험을 통하여 얻을 수 있는 정보에는 항복점, 연신율, 단면수축률 이외에 인장강도, 항복강도 등이 있다.

정답 01. ③　02. ③　03. ③　04. ④　05. ②　06. ①　07. ③

08 서브머지드 아크용접에서 와이어 돌출길이는 보통 와이어 지름을 기준으로 정한다. 적당한 와이어 돌출길이는 와이어 지름의 몇 배가 가장 적합한가?

① 2배 ② 4배
③ 6배 ④ 8배

해설 서브머지드 용접에서 와이어 돌출길이를 길게 하면 와이어의 저항열이 많이 발생되어 와이어의 용융량이 증가하게 되지만 용입은 불균일하게 되고 다소 감소하는 경향을 보인다. 그러므로 적당한 와이어 돌출길이는 와이어 지름의 8배 전후로 한다.

09 용접봉의 습기가 원인이 되어 발생하는 결함으로 가장 적절한 것은?

① 기공 ② 변형
③ 용입 불량 ④ 슬래그 섞임

해설 용접봉 플럭스 등의 흡습이 원인이 되어 나타나는 결함 중 대표적인 것이 기공(porosity)이다.

10 저항용접의 특징으로 틀린 것은?

① 산화 및 변질부분이 적다.
② 용접봉, 용제 등이 불필요하다.
③ 작업속도가 빠르고 대량생산에 적합하다.
④ 열손실이 많고, 용접부에 집중열을 가할 수 없다.

해설 저항용접은 발열 손실을 오히려 적극적으로 활용하는 기술로서, 보기 ④는 전기저항 용접의 특징과 거리가 멀다.

11 다음 중 불활성 가스인 것은?

① 산소 ② 헬륨
③ 탄소 ④ 이산화탄소

해설 불활성 가스(inert gas)는 물리적·화학적으로 안정적인 기체로서, 종류로는 헬륨(He), 네온(Ne), 아르곤(Ar), 크립톤(Kr), 크세논(Xe), 라돈(Rn) 등이 있으며, 용접용으로는 헬륨과 아르곤이 주로 사용된다.

12 은 납땜이나 황동 납땜에 사용되는 용제(Flux)는?

① 붕사 ② 송진
③ 염산 ④ 염화암모늄

해설 은 납땜이나 황동 납땜은 경납땜에 해당되며, 붕사가 용제로 사용된다.

13 아크 용접기의 사용에 대한 설명으로 틀린 것은?

① 사용률을 초과하여 사용하지 않는다.
② 무부하 전압이 높은 용접기를 사용한다.
③ 전격방지기가 부착된 용접기를 사용한다.
④ 용접기 케이스는 접지(earth)를 확실히 해 둔다.

해설 전격의 위험으로부터 용접사를 보호한다면 무부하 전압이 낮은 용접기를 사용하도록 해야 한다.

★
14 용접순서에 관한 설명으로 틀린 것은?

① 중심선에 대하여 대칭으로 용접한다.
② 수축이 작은 이음을 먼저하고 수축이 큰 이음은 후에 용접한다.
③ 용접선의 직각 단면 중심축에 대하여 용접의 수축력의 합이 0이 되도록 한다.
④ 동일 평면 내에 많은 이음이 있을 때는 수축은 가능한 자유단으로 보낸다.

해설 용접시공 시 수축이 큰 이음을 먼저 용접하고, 수축이 작은 이음을 나중에 용접하도록 한다.

15 다음 중 TIG 용접 시 주로 사용되는 가스는?

① CO_2 ② O_2
③ O_2 ④ Ar

해설 TIG 용접에는 불활성 가스를 주로 사용한다.
※ 문제 11번 해설 참고

★
16 서브머지드 아크 용접법에서 두 전극 사이의 복사열에 의한 용접은?

① 텐덤식 ② 횡 직렬식
③ 횡 병렬식 ④ 종 병렬식

정답 08. ④ 09. ① 10. ④ 11. ② 12. ① 13. ② 14. ② 15. ④ 16. ②

해설

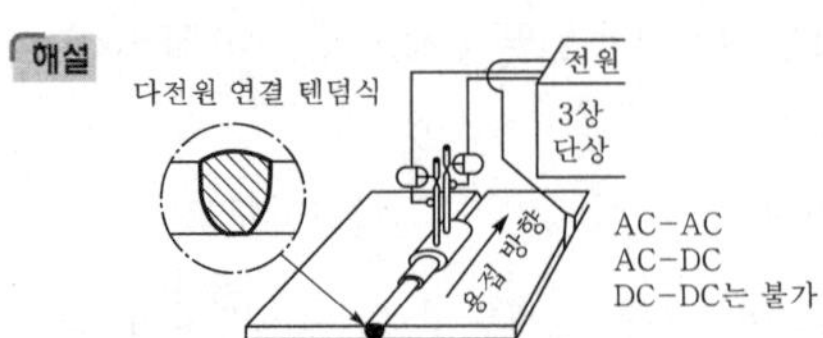

(a) 텐덤식

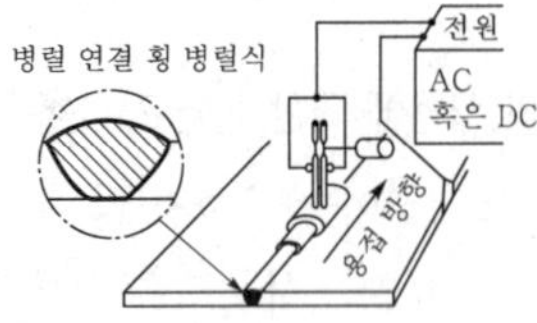

(b) 횡 병렬식

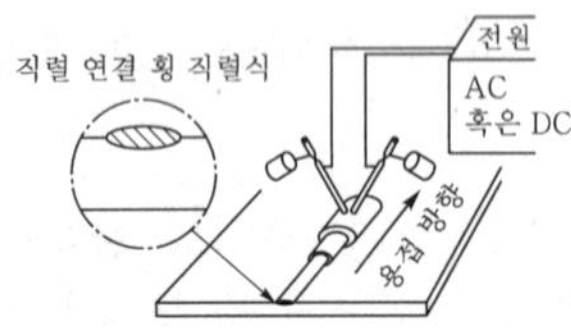

(c) 횡 직렬식

횡 직렬식의 경우 두 개의 와이어 전극에 전류를 직렬로 연결하여 한쪽 전극 와이어에서 다른 와이어로 전류가 흐르면 두 전극에서 아크가 발생되고 그 복사열에 의해 용접이 이루어지므로 비교적 용입이 얕아 스테인리스강 등 덧붙이 용접에 흔히 적용한다.

17 다음 중 유도방사에 의한 광의 증폭을 이용하여 용융하는 용접법은?

① 맥동 용접 ② 스터드 용접
③ 레이저 용접 ④ 피복아크 용접

해설 레이저(LASER) 용접의 경우 Light Amplification Stimulated Emission of Radiation(유도방사에 의한 광의 증폭)의 첫 글자를 의미한다.

18 심 용접의 종류가 아닌 것은?

① 횡심 용접(circular seam welding)
② 매시 심 용접(mash seam welding)
③ 포일 심 용접(foil seam welding)
④ 맞대기 심 용접(butt seam welding)

해설 심 용접의 종류로는 매시 심 용접, 포일 심 용접, 맞대기 심 용접 등이 있다.

★
19 맞대기 용접 이음에서 판 두께가 6mm, 용접선 길이가 120mm, 인장응력이 9.5N/mm^{2}일 때 모재가 받는 하중은 몇 N인가?

① 5,680 ② 5,860
③ 6,480 ④ 6,840

해설 인장강도$(\sigma)=\dfrac{\text{최대하중}(P)}{\text{단면적}(A)}$이므로,
최대하중(P)=인장강도(σ)×단면적(A)이다.
문제에서 주어진 정보를 대입하면,
최대하중$(P)=9.5\times(60\times120)=6{,}840$N이다.

20 제품을 용접한 후 일부분에 언더컷이 발생하였을 때 보수방법으로 가장 적당한 것은?

① 홈을 만들어 용접한다.
② 결함부분을 절단하고 재용접한다.
③ 가는 용접봉을 사용하여 재용접한다.
④ 용접부 전체 부분을 가우징으로 따낸 후 재용접한다.

해설 언더컷 결함의 보수방법으로는 보기 ③의 방법이 적합하다.

21 다음 중 일렉트로 가스 아크용접의 특징으로 옳은 것은?

① 용접속도는 자동으로 조절된다.
② 판 두께가 얇을수록 경제적이다.
③ 용접장치가 복잡하여 취급이 어렵고 고도의 숙련을 요한다.
④ 스패터 및 가스의 발생이 적고, 용접작업 시 바람의 영향을 받지 않는다.

해설 ② 판 두께가 두꺼울수록 경제적이다.
③ 용접장치가 간단하고 취급이 쉬우며, 고도의 숙련을 요하지 않는다.
④ 스패터 및 가스의 발생이 많고 용접작업 시 바람의 영향을 많이 받는다.

정답 17. ③ 18. ① 19. ④ 20. ③ 21. ①

★
22 다음 중 연소의 3요소에 해당하지 않는 것은?

① 가연물　② 부촉매
③ 산소공급원　④ 점화원

해설 연소의 3요소: 가연물, 산소공급원, 점화원

23 일미나이트계 용접봉을 비롯하여 대부분의 피복아크 용접봉을 사용할 때 많이 볼 수 있으며, 미세한 용적이 날려서 옮겨 가는 용접이행 방식은?

① 단락형　② 누적형
③ 스프레이형　④ 글로뷸러형

해설 스프레이형에 대한 내용이다.

24 가스 절단작업에서 절단속도에 영향을 주는 요인과 가장 관계가 먼 것은?

① 모재의 온도　② 산소의 압력
③ 산소의 순도　④ 아세틸렌 압력

해설 가스 절단속도에 영향을 주는 요인으로는 보기 ①, ②, ③이다. 그 밖에 모재의 두께, 재질, 팁의 형상 등이 있다.

25 산소-프로판 가스 절단에서 프로판 가스 1에 대하여 얼마의 비율로 산소를 필요로 하는가?

① 1.5　② 2.5
③ 4.5　④ 6

해설 산소-프로판 가스 조합이 산소-아세틸렌의 경우보다 약 4.5배의 산소가 더 필요하다.

26 산소용기를 취급할 때 주의사항으로 가장 적합한 것은?

① 산소밸브의 개폐는 빨리 해야 한다.
② 운반 중에 충격을 주지 말아야 한다.
③ 직사광선이 쬐이는 곳에 두어야 한다.
④ 산소용기의 누설시험에는 순수한 물을 사용해야 한다.

해설 산소용기 취급 시 주의사항
- 산소 밸브의 개폐는 천천히 한다.
- 통풍이 잘되고 직사광선이 없는 곳에 보관한다.
- 누설시험은 일반적으로 비눗물로 한다.

★
27 산소-아세틸렌 가스 용접기로 두께가 3.2mm인 연강판을 V형 맞대기 이음을 하려면 이에 적합한 연강용 가스 용접봉의 지름(mm)을 계산식에 의해 구하면 얼마인가?

① 2.6　② 3.2
③ 3.6　④ 4.6

해설 가스용접 시 용접봉과 모재 두께는 다음과 같은 관계가 있다.

$$D = \frac{T}{2} + 1 = \frac{3.2}{2} + 1 = 2.6\text{mm}$$

(여기서, D: 용접봉의 지름, T: 모재의 판 두께)

28 용접용 2차측 케이블의 유연성을 확보하기 위하여 주로 사용하는 캡 타이어 전선에 대한 설명으로 옳은 것은?

① 가는 구리선을 여러 개로 꼬아 얇은 종이로 싸고 그 위에 니켈 피복을 한 것
② 가는 구리선을 여러 개로 꼬아 튼튼한 종이로 싸고 그 위에 고무 피복을 한 것
③ 가는 알루미늄선을 여러 개로 꼬아 튼튼한 종이로 싸고 그 위에 니켈 피복을 한 것
④ 가는 알루미늄선을 여러 개로 꼬아 얇은 종이로 싸고 그 위에 고무 피복을 한 것

해설 보기 ②에 대한 내용이다.

29 아크 용접기의 구비조건으로 틀린 것은?

① 효율이 좋아야 한다.
② 아크가 안정되어야 한다.
③ 용접 중 온도상승이 커야 한다.
④ 구조 및 취급이 간단해야 한다.

해설 용접 중 온도상승이 작아야 한다.

정답 22. ② 23. ③ 24. ④ 25. ③ 26. ② 27. ① 28. ② 29. ③

30 아크가 발생될 때 모재에서 심선까지의 거리를 아크길이라 한다. 아크길이가 짧을 때 일어나는 현상은?

① 발열량이 작다.
② 스패터가 많아진다.
③ 기공 균열이 생긴다.
④ 아크가 불안정해 진다.

해설 아크길이와 아크전압은 비례하는 관계에 있다. 따라서 짧은 아크길이의 경우 발열량이 작다. 보기 ②, ③, ④의 경우 아크길이가 긴 경우에서 나타나는 현상이다.

31 아크용접에 속하지 않는 것은?

① 스터드 용접
② 프로젝션 용접
③ 불활성 가스 아크용접
④ 서브머지드 아크용접

해설 프로젝션 용접은 압접(pressure welding)의 일종인 저항 용접의 한 종류이다.

32 아세틸렌(C_2H_2) 가스의 성질로 틀린 것은?

① 비중이 1.906으로 공기보다 무겁다.
② 순수한 것은 무색, 무취의 기체이다.
③ 구리, 은, 수은과 접촉하면 폭발성 화합물을 만든다.
④ 매우 불안전한 기체이므로 공기 중에서 폭발 위험성이 크다.

해설 아세틸렌 가스의 비중은 0.906으로 공기보다 가볍다.

33 피복아크용접에서 아크의 특성 중 정극성에 비교하여 역극성의 특징으로 틀린 것은?

① 용입이 얕다.
② 비드 폭이 좁다.
③ 용접봉의 용융이 빠르다.
④ 박판, 주철 등 비철금속의 용접에 쓰인다.

해설 직류역극성의 경우 용접봉에 (+)극이 연결되어 봉의 녹음이 많아져서 비드 폭이 넓다.

34 피복아크용접 중 용접봉의 용융속도에 관한 설명으로 옳은 것은?

① 아크전압×용접봉 쪽 전압강하로 결정된다.
② 단위시간당 소비되는 전류값으로 결정된다.
③ 동일 종류 용접봉인 경우 전압에만 비례하여 결정된다.
④ 용접봉 지름이 달라도 동일 종류 용접봉인 경우 용접봉 지름에는 관계가 없다.

해설 피복아크용접 중 용접봉의 용융속도
- 아크전류×용접봉 쪽 전압강하로 결정된다.
- 단위시간당 소비되는 용접봉의 길이 또는 무게로 결정된다.
- 지름이 다르더라도 종류가 같은 용접봉인 경우 심선의 용융속도는 전류에만 비례한다.

35 프로판 가스의 성질에 대한 설명으로 틀린 것은?

① 기화가 어렵고 발열량이 낮다.
② 액화하기 쉽고 용기에 넣어 수송이 편리하다.
③ 온도 변화에 따른 팽창률이 크고 물에 잘 녹지 않는다.
④ 상온에서는 기체상태이고 무색, 투명하며 약간의 냄새가 난다.

해설 프로판 가스는 액화하기 쉽고, 발열량이 높다 (20,780kcal/m^3).

36 가스 용접에서 용제(flux)를 사용하는 가장 큰 이유는?

① 모재의 용융온도를 낮게 하여 가스 소비량을 적게 하기 위해
② 산화작용 및 질화작용을 도와 용착금속의 조직을 미세화하기 위해
③ 용접봉의 용융속도를 느리게 하여 용접봉 소모를 적게 하기 위해
④ 용접 중에 생기는 금속의 산화물 또는 비금속 개재물을 용해하여 용착금속의 성질을 양호하게 하기 위해

정답 30. ① 31. ② 32. ① 33. ② 34. ④ 35. ① 36. ④

해설 보기 ④에 대한 내용으로 용제를 사용한다.

37 피복아크 용접봉에서 피복제의 역할로 틀린 것은?

① 용착금속의 급랭을 방지한다.
② 모재 표면의 산화물을 제거한다.
③ 용착금속의 탈산정련 작용을 방지한다.
④ 중성 또는 환원성 분위기로 용착금속을 보호한다.

해설 피복제는 용착금속의 탈산정련 작용을 하는 역할을 한다.

38 가스 용접봉 선택조건으로 틀린 것은?

① 모재와 같은 재질일 것
② 용융온도가 모재보다 낮을 것
③ 불순물이 포함되어 있지 않을 것
④ 기계적 성질에 나쁜 영향을 주지 않을 것

해설 가스 용접봉의 용융온도는 모재와 동일해야 한다.

39 금속의 공통적 특성으로 틀린 것은?

① 열과 전기의 양도체이다.
② 금속 고유의 광택을 갖는다.
③ 이온화하면 음(-) 이온이 된다.
④ 소성 변형성이 있어 가공하기 쉽다.

해설 금속의 공통적인 특성으로는 보기 ①, ②, ④이다. 이외에 고체상태에서 결정구조를 가지며, 전성 및 연성이 좋다는 특성이 있다.

40 담금질한 강을 뜨임 열처리하는 이유는?

① 강도를 증가시키기 위하여
② 경도를 증가시키기 위하여
③ 취성을 증가시키기 위하여
④ 인성을 증가시키기 위하여

해설 뜨임(tempering) 열처리하는 이유는 담금질 후 경도가 커지게 되면 취성이 있으므로 내부응력을 제거하고, 인성을 부여하는 등의 기계적 성질을 개선시키기 위함이다.

★
41 다음 중 Fe-C 평형상태도에서 가장 낮은 온도에서 일어나는 반응은?

① 공석반응 ② 공정반응
③ 포석반응 ④ 포정반응

해설 공석반응(723℃), 공정반응(1,140℃), 포정반응(1,493℃)

42 그림과 같은 결정격자는?

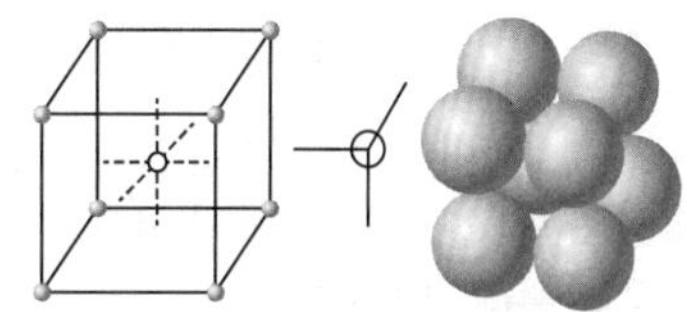

① 면심입방격자 ② 조밀육방격자
③ 저심면방격자 ④ 체심입방격자

해설 문제에서 제시된 그림을 보면 정육면체(cubic lattice)의 몸(body) 중앙(centered)에 원자가 1개 있음을 알 수 있다. 이러한 결정격자를 체심입방격자(B.C.C)라고 한다.

43 미세한 결정립을 가지고 있으며, 응력 하에서 파단에 이르기까지 수백 % 이상의 연신율을 나타내는 합금은?

① 제진합금 ② 초소성합금
③ 비정질합금 ④ 형상기억합금

해설 ① 제진합금(damping alloy): 진동발생원 및 고체 진동 자체를 감소시키는 것이 제진이고, 높은 강도와 탄성을 지니면서도 금속성의 소리나 진동이 없는 합금을 제진합금이라 한다.
③ 비정질합금(amorphous alloy): 금속에 열을 가하여 액체상태로 한 후에 고속으로 급랭하면 원자가 규칙적으로 배열되지 못하고, 액체상태로 응고되어 고체금속이 되는데, 이와 같이 원자들의 배열이 불규칙한 상태를 비정질상태라 하고, 비정질합금은 높은 경도와 강도를 나타내고 인성이 높다고 알려져 있다.
④ 형상기억합금(shape memory alloy): 합금에 외부 응력을 가하여 영구 변형을 시킨 후 재료를 특정 온도 이상으로 가열하면 변형되기 이전의 형상으로 회복되는 현상을 형상기억효과라 한다. 이 효과를 나타내는 합금을 형상기억합금이라 한다.

정답 37. ③ 38. ② 39. ③ 40. ④ 41. ① 42. ④ 43. ②

44 인장시험편의 단면적이 50mm²이고, 하중이 500kgf일 때 인장강도는 얼마인가?

① $10kgf/mm^2$
② $50kgf/mm^2$
③ $100kgf/mm^2$
④ $250kgf/mm^2$

해설 $$인장강도(\sigma) = \frac{최대하중(P)}{단면적(A)} = \frac{500}{50} = 10kgf/mm^2$$

45 합금공구강 중 게이지용 강이 갖추어야 할 조건으로 틀린 것은?

① 경도는 HRC 45 이하를 가져야 한다.
② 팽창계수가 보통강보다 작아야 한다.
③ 담금질에 의한 변형 및 균열이 없어야 한다.
④ 시간이 지남에 따라 치수의 변화가 없어야 한다.

해설 게이지용 강은 HRC 55 이상의 경도를 가져야 한다.

46 상온에서 방치된 황동 가공재나, 저온 풀림 경화로 얻은 스프링재가 시간이 지남에 따라 경도 등 여러 가지 성질이 악화되는 현상은?

① 자연 균열 ② 경년 변화
③ 탈아연 부식 ④ 고온 탈아연

해설 ① 자연 균열: 황동을 부식분위기(암모니아, O_2, CO_2, 습기, 수은 등)에서 사용 또는 보관하였을 때 입계에 응력부식균열의 모양으로 균열이 생기는 현상이다.
③ 탈아연 부식: 불순한 물질 또는 부식성 물질이 녹아 있는 수용액(예 해수 등)의 작용에 의해 황동의 표면 또는 깊은 곳까지 탈아연이 되는 현상으로, 방지책으로는 아연판을 도선에 연결하든지 전류에 의한 방식법을 이용한다.
④ 고온 탈아연 현상: 높은 온도에서 증발에 의해 황동 표면으로부터 아연이 탈출되는 현상으로, 방지책으로는 표면에 산화물 피막을 형성시키면 효과가 있다.

47 Mg의 비중과 용융점(℃)은 약 얼마인가?

① 0.8, 350℃ ② 1.2, 550℃
③ 1.74, 650℃ ④ 2.7, 780℃

해설 마그네슘(Mg)의 비중은 1.74, 용융점은 650℃이다.

48 Al-Si계 합금을 개량처리하기 위해 사용되는 접종처리제가 아닌 것은?

① 금속나트륨 ② 염화나트륨
③ 불화알칼리 ④ 수산화나트륨

해설 Al-Si 합금의 개량처리는 실루민(silumin)이 대표적이고, Al-Si계 합금을 공정점 이상으로 가열한 후 보기 ①, ③, ④ 등을 용탕에 넣으면 조직이 미세화되고 기계적 성질이 개선된다.

49 다음 중 소결 탄화물 공구강이 아닌 것은?

① 듀콜(Ducole)강
② 미디아(Midia)
③ 카볼로이(Carboloy)
④ 텅갈로이(Tungalloy)

해설 소결 탄화물 공구강은 소결 초경합금을 의미하며, WC, TiC, TaC 등의 금속탄화물을 Co로 소결한 비철합금이다. 상품명으로 보기 ②, ③, ④로 불리며, 듀콜강은 저망간강을 의미하는 별칭이다.

50 4%Cu, 2%Ni, 1.5%Mg 등을 알루미늄에 첨가한 Al 합금으로 고온에서 기계적 성질이 매우 우수하고, 금형 주물 및 단조용으로 이용될 뿐만 아니라 자동차 피스톤용에 많이 사용되는 합금은?

① Y 합금 ② 슈퍼인바
③ 코슨 합금 ④ 두랄루민

해설 Y 합금의 화학조성 및 성질, 용도에 대한 내용이다.

51 판을 접어서 만든 물체를 펼친 모양으로 표시할 필요가 있는 경우 그리는 도면을 무엇이라 하는가?

① 투상도 ② 개략도
③ 입체도 ④ 전개도

정답 44. ① 45. ① 46. ② 47. ③ 48. ② 49. ① 50. ① 51. ④

해설 펼친 모양의 도면을 전개도(展開圖, development drawing)라 한다.

52 재료기호 중 SPHC의 명칭은?

① 배관용 탄소강
② 열간압연 연강판 및 강대
③ 용접구조용 압연강재
④ 냉간압연 강판 및 강대

해설 ① SPP
③ SWS, SM400 또는 SM490A 등
④ SPCD

53 그림과 같이 기점기호를 기준으로 하여 연속된 치수선으로 치수를 기입하는 방법은?

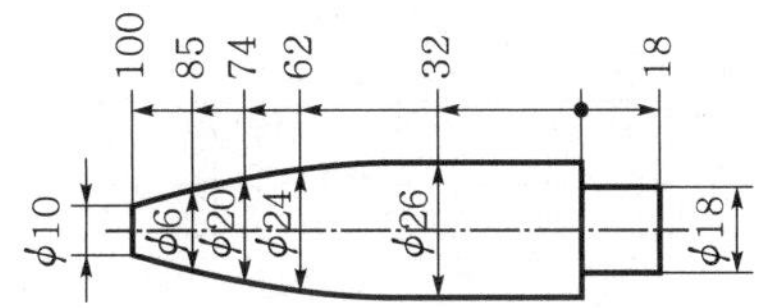

① 직렬치수 기입법 ② 병렬치수 기입법
③ 좌표치수 기입법 ④ 누진치수 기입법

해설 보기 ④에 해당하는 내용이다.

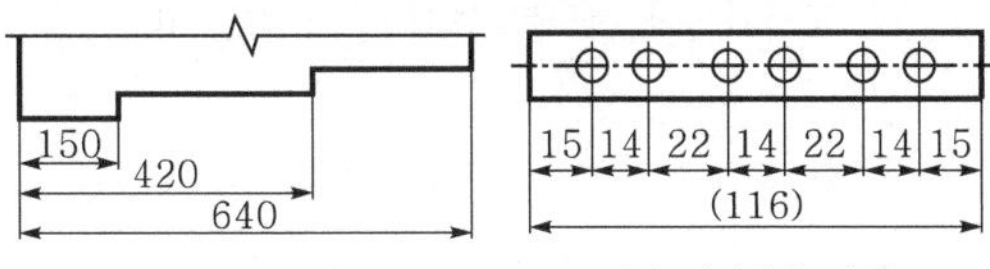

(a) 병렬치수 기입 (b) 직렬치수 기입

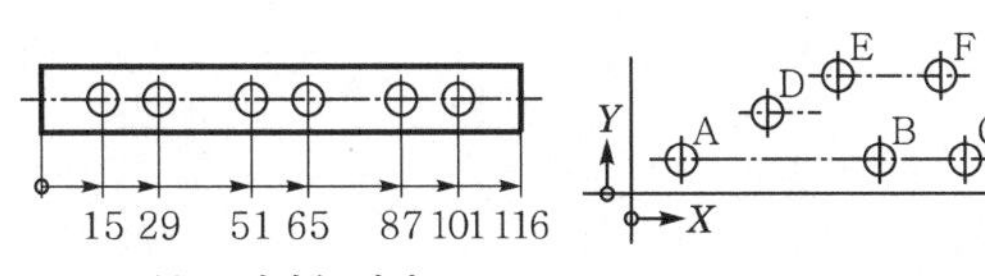

(c) 누진치수 기입 (d) 좌표치수 기입

	X	Y	ϕ
A	20	20	13.5
B	140	20	13.5
C	200	20	13.5
D	60	60	13.5
E	100	90	26
F	180	90	26
G			
H			

54 나사의 표시방법에 관한 설명으로 옳은 것은?

① 수나사의 골지름은 가는 실선으로 표시한다.
② 수나사의 바깥지름은 가는 실선으로 표시한다.
③ 암나사의 골지름은 아주 굵은 실선으로 표시한다.
④ 완전 나사부와 불완전 나사부의 경계선은 가는 실선으로 표시한다.

해설 ②, ③ 수나사의 바깥지름과 암나사의 골지름은 굵은 실선으로 표시한다.
④ 완전 나사부와 불완전나사부의 경계선은 굵은 실선(보이지 않는 경우 굵은 파선)으로 표시한다.

55 아주 굵은 실선의 용도로 가장 적합한 것은?

① 특수 가공하는 부분의 범위를 나타내는 데 사용
② 얇은 부분의 단면도시를 명시하는 데 사용
③ 도시된 단면의 앞쪽을 표현하는 데 사용
④ 이동한계의 위치를 표시하는 데 사용

해설 보기 ②에 해당하는 내용으로 개스킷, 박판, 형강 등과 같이 절단면이 얇은 경우에는 절단면을 검게 칠하거나, 실제 치수와 관계없이 1개의 아주 굵은 실선으로 표시한다.

56 기계제도에서 사용하는 척도에 대한 설명으로 틀린 것은?

① 척도의 표시방법에는 현척, 배척, 축척이 있다.
② 도면에 사용한 척도는 일반적으로 표제란에 기입한다.
③ 한 장의 도면에 서로 다른 척도를 사용할 필요가 있는 경우에는 해당되는 척도를 모두 표제란에 기입한다.
④ 척도는 대상물과 도면의 크기로 정해진다.

해설 ③ 한 도면에 2종류 이상의 다른 척도를 사용할 때는 주된 척도를 표제란에 기입하고 필요에 따라 각 도형의 위나 아래에 해당 척도를 기입한다.

정답 52. ② 53. ④ 54. ① 55. ② 56. ③

57 그림과 같은 입체도의 정면도로 적합한 것은?

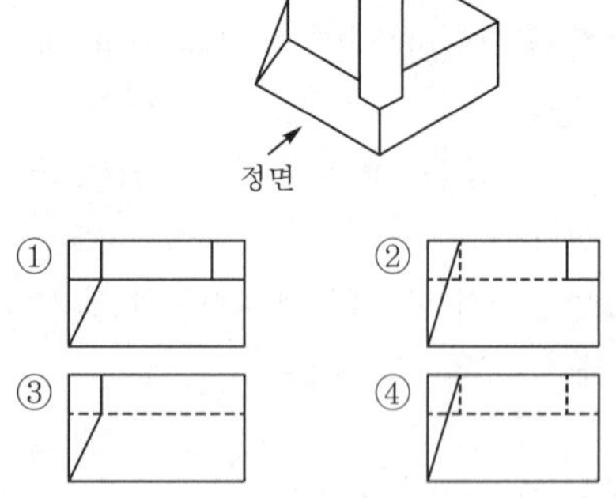

해설 화살표 방향에서의 정면도 우측 상단을 보면 실선이 보여야 하므로 보기 ①, ② 중에 답을 택하여야 한다. 그 홈이 정면도 방향에서는 보이지 않게 되므로 은선으로 표기되어야 하며, 따라서 보기 ②가 답이 된다.

★
58 용접 보조기호 중 "제거 가능한 이면 판재 사용" 기호는?

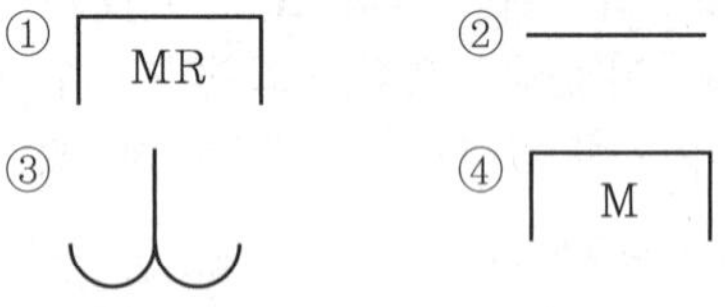

해설 ② 용접부 형상이 평면 또는 동일 평면으로 마름질함
③ 용접 끝단부를 매끄럽게 처리함
④ 영구적인 덮개판을 사용함

59 배관 도시기호에서 유량계를 나타내는 기호는?

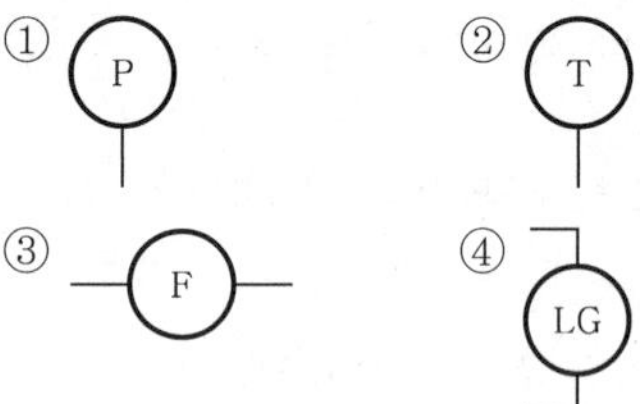

해설 ① 압력계, ② 온도계, ④ 액면계

60 다음 입체도의 화살표 방향을 정면으로 한다면 좌측면도로 적합한 투상도는?

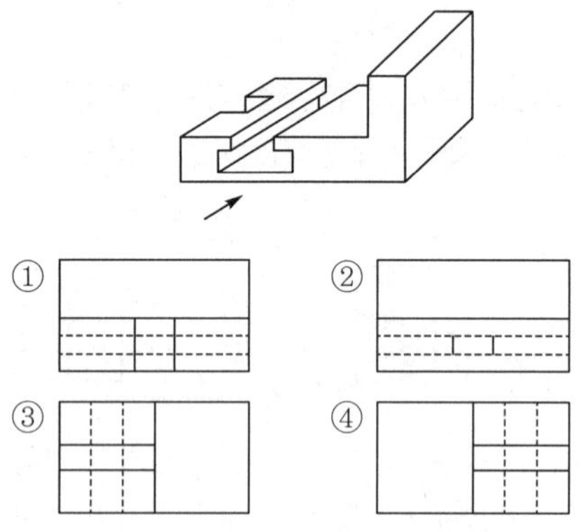

해설 입체도 정면 좌측 중심부에 수직으로 홈이 직선으로 표시되어야 하므로 보기 ①이 정답이다.

정답 57. ② 58. ① 59. ③ 60. ①

제 4 회

2016. 7. 10. 시행

특수용접기능사

★
01 다음 중 MIG 용접에서 사용하는 와이어 송급 방식이 아닌 것은?

① 풀(pull) 방식
② 푸시(push) 방식
③ 푸시 풀(push-pull) 방식
④ 푸시 언더(push-under) 방식

해설 MIG 용접의 와이어 송급방식에는 풀 방식, 푸시 방식, 푸시 풀 방식, 더블 푸시 방식 등이 있다.

02 용접결함과 그 원인의 연결이 틀린 것은?

① 언더컷 - 용접전류가 너무 낮을 경우
② 슬래그 섞임 - 운봉속도가 느릴 경우
③ 기공 - 용접부가 급속하게 응고될 경우
④ 오버랩 - 부적절한 운봉법을 사용했을 경우

해설 언더컷의 주원인으로는 전류가 너무 높을 때, 아크 길이가 길 때, 운봉법이 부적당할 때 등이 있다.

★
03 일반적으로 용접순서를 결정할 때 유의해야 할 사항으로 틀린 것은?

① 용접물의 중심에 대하여 항상 대칭으로 용접한다.
② 수축이 작은 이음을 먼저 용접하고 수축이 큰 이음은 나중에 용접한다.
③ 용접 구조물이 조립되어감에 따라 용접작업이 불가능한 곳이나 곤란한 경우가 생기지 않도록 한다.
④ 용접 구조물의 중립축에 대하여 용접 수축력의 모멘트 합이 0이 되게 하면 용접선 방향에 대한 굽힘을 줄일 수 있다.

해설 일반적인 용접순서로는 수축이 큰 이음을 먼저 용접하고 수축이 작은 이음을 나중에 용접한다.

04 용접부에 생기는 결함 중 구조상의 결함이 아닌 것은?

① 기공 ② 균열
③ 변형 ④ 용입 불량

해설 용접부 결함 중 변형, 치수불량, 형상불량 등은 치수상 결함으로 구분한다.

05 스터드 용접에서 내열성의 도기로 용융금속의 산화 및 유출을 막아 주고 아크열을 집중시키는 역할을 하는 것은?

① 페룰 ② 스터드
③ 용접토치 ④ 제어장치

해설 페룰(ferrule)에 대한 내용이다.

06 다음 중 저항용접의 3요소가 아닌 것은?

① 가압력 ② 통전시간
③ 용접토치 ④ 전류의 세기

해설 저항용접의 3요소: 가압력, 통전시간, 전류의 세기

07 다음 중 용접 이음의 종류가 아닌 것은?

① 십자 이음 ② 맞대기 이음
③ 변두리 이음 ④ 모따기 이음

해설 일반적인 용접 이음의 종류로는 십자 이음, 맞대기 이음, 변두리 이음이 있고, 이외에 모서리 이음, T 이음, 겹치기 이음 등이 있다.

08 일렉트로 슬래그 용접의 장점으로 틀린 것은?

① 용접능률과 용접품질이 우수하다.
② 최소한의 변형과 최단시간의 용접법이다.
③ 후판을 단일층으로 한번에 용접할 수 있다.
④ 스패터가 많으며 80%에 가까운 용착 효율을 나타낸다.

정답 01. ④ 02. ① 03. ② 04. ③ 05. ① 06. ③ 07. ④ 08. ④

해설 일렉트로 슬래그 용접의 경우 용융 슬래그 속에서 전극와이어가 연속적으로 공급되므로 스패터가 발생하지 않고 조용하며 용착효율은 100%가 된다.

09 선박, 보일러 등 두꺼운 판의 용접 시 용융 슬래그와 와이어의 저항열을 이용하여 연속적으로 상진하는 용접법은?

① 테르밋 용접
② 넌실드 아크용접
③ 일렉트로 슬래그 용접
④ 서브머지드 아크 용접

해설 일렉트로 슬래그 용접의 원리에 대한 내용이다.

10 다음 중 스터드 용접법의 종류가 아닌 것은?

① 아크 스터드 용접법
② 저항 스터드 용접법
③ 충격 스터드 용접법
④ 텅스텐 스터드 용접법

해설 스터드 용접법은 아크 스터드 용접법, 저항 스터드 용접법, 충격 스터드 용접법으로 구분할 수 있다.

11 탄산가스 아크용접에서 용착속도에 관한 내용으로 틀린 것은?

① 용접속도가 빠르면 모재의 입열이 감소한다.
② 용착률은 일반적으로 아크전압이 높은 쪽이 좋다.
③ 와이어 용융속도는 와이어의 지름과는 거의 관계가 없다.
④ 와이어 용융속도는 아크전류에 거의 정비례하며 증가한다.

해설 용착(와이어가 녹아 모재로 옮겨 가는 것)률은 스패터의 유무와도 관계가 있다. 아크전압이 높으면 스패터가 많으므로 용착률은 낮아지게 된다.

12 용접결함 중 은점의 원인이 되는 주된 원소는?

① 헬륨 ② 수소
③ 아르곤 ④ 이산화탄소

해설 은점(fish eye)은 용접부의 파단면에 나타나는 것으로, 둥글거나 타원형의 취약한 파면이며 마치 물고기 눈과 같이 반짝거리므로 잘 식별이 된다. 생성 주요 원인으로는 수소의 석출취화라고 볼 수 있다.

★
13 플래시 버트 용접과정의 3단계는?

① 업셋, 예열, 후열
② 예열, 검사, 플래시
③ 예열, 플래시, 업셋
④ 업셋, 플래시, 후열

해설 플래시 버트 용접과정의 3단계는 예열, 플래시, 업셋이다.

14 다음 중 제품별 노내 및 국부 풀림의 유지온도와 시간이 올바르게 연결된 것은?

① 탄소강 주강품: 625±25℃, 판 두께 25mm에 대하여 1시간
② 기계구조용 연강재: 725±25℃, 판 두께 25mm에 대하여 1시간
③ 보일러용 압연강재: 625±25℃, 판 두께 25mm에 대하여 4시간
④ 용접구조용 연강재: 725±25℃, 판 두께 25mm에 대하여 2시간

해설 제품별 노내 및 국부 풀림의 유지온도와 시간으로는 모든 보기가 625±25℃, 판 두께 25mm에 대하여 1시간이다.

15 용접 시공에서 다층 쌓기로 작업하는 용착법이 아닌 것은?

① 스킵법
② 빌드업법
③ 전진블록법
④ 캐스케이드법

해설 용착법은 한(단)층 용착법과 다층 용착법으로 구분한다. 단층(1st layer)용착법으로는 전진법, 후진법, 대칭법, 비석법(skip method) 등이 있다.

정답 09. ③ 10. ④ 11. ② 12. ② 13. ③ 14. ① 15. ①

★
16 예열의 목적에 대한 설명으로 틀린 것은?

① 수소의 방출을 용이하게 하여 저온 균열을 방지한다.
② 열영향부와 용착금속의 경화를 방지하고 연성을 증가시킨다.
③ 용접부의 기계적 성질을 향상시키고 경화조직의 석출을 촉진시킨다.
④ 온도 분포가 완만하게 되어 열응력의 감소로 변형과 잔류응력의 발생을 적게 한다.

해설 보기 ③에서 경화조직의 석출이 틀린 답이 된다.

17 용접작업에서 전격의 방지대책으로 틀린 것은?

① 땀, 물 등에 의해 젖은 작업복, 장갑 등은 착용하지 않는다.
② 텅스텐봉을 교체할 때 항상 전원 스위치를 차단하고 작업한다.
③ 절연홀더의 절연부분이 노출, 파손되면 즉시 보수하거나 교체한다.
④ 가죽 장갑, 앞치마, 발 덮개 등 보호구를 반드시 착용하지 않아도 된다.

해설 용접작업 시 가죽장갑, 앞치마, 발 덮개 등 보호구는 반드시 착용하여야 한다.

18 MIG 용접의 전류밀도는 TIG 용접의 약 몇 배 정도인가?

① 2 ② 4
③ 6 ④ 8

해설 MIG 용접의 전류밀도는 아크 용접의 4~6배, TIG 용접의 약 2배 정도이다.

19 다음 중 파괴시험에서 기계적 시험에 속하지 않는 것은?

① 경도시험 ② 굽힘시험
③ 부식시험 ④ 충격시험

해설 부식시험은 화학적 시험법으로 분류된다.

20 서브머지드 아크용접에서 용제의 구비조건에 대한 설명으로 틀린 것은?

① 용접 후 슬래그(slag)의 박리가 어려울 것
② 적당한 입도를 갖고 아크 보호성이 우수할 것
③ 아크 발생을 안정시켜 안정된 용접을 할 수 있을 것
④ 적당한 합금성분을 첨가하여 탈황, 탈산 등의 정련작용을 할 것

해설 용접 후 슬래그(slag)의 박리가 용이하여야 한다.

21 다음 중 초음파 탐상법에 속하지 않는 것은?

① 공진법 ② 투과법
③ 프로드법 ④ 펄스 반사법

해설 초음파 탐상시험(UT)의 종류로는 공진법, 투과법, 펄스 반사법 등이 있다.

★
22 화재 및 소화기에 관한 내용으로 틀린 것은?

① A급 화재란 일반화재를 뜻한다.
② C급 화재란 유류화재를 뜻한다.
③ A급 화재에는 포말소화기가 적합하다.
④ C급 화재에는 CO_2 소화기가 적합하다.

해설
- A급 화재 – 일반 가연물 화재
- B급 화재 – 유류 및 가스화재
- C급 화재 – 전기화재
- D급 화재 – 금속화재

23 TIG 절단에 관한 설명으로 틀린 것은?

① 전원은 직류역극성을 사용한다.
② 절단면이 매끈하고 열효율이 좋으며 능률이 대단히 높다.
③ 아크 냉각용 가스에는 아르곤과 수소의 혼합가스를 사용한다.
④ 알루미늄, 마그네슘, 구리와 구리 합금, 스테인리스강 등 비철금속의 절단에 이용한다.

해설 TIG 절단의 경우 비용극식, 비소모식 전극을 사용하며, 사용 전원은 직류정극성이 사용된다.

정답 16. ③ 17. ④ 18. ① 19. ③ 20. ① 21. ③ 22. ② 23. ①

24 다음 중 기계적 접합법에 속하지 않는 것은?

① 리벳 ② 용접
③ 접어 잇기 ④ 볼트 이음

해설 용접은 야금적인 접합법으로 분류된다.

25 다음 중 아크 절단에 속하지 않는 것은?

① MIG 절단 ② 분말 절단
③ TIG 절단 ④ 플라스마 제트 절단

해설 분말 절단은 절단부에 철분이나 용제(flux)의 미세한 분말을 압축공기나 압축질소로 팁을 통해 분출시키고 예열불꽃으로 이들을 연소 반응시켜 절단부를 고온으로 만들어 산화물을 용해함과 동시에 제거하여 연속적으로 절단을 행하는 작업으로, 아크열을 이용하지 않는다.

26 가스 절단 작업 시 표준 드래그 길이는 일반적으로 모재 두께의 몇 % 정도인가?

① 5 ② 10
③ 20 ④ 30

해설 드래그 길이는 주로 절단속도, 산소소비량 등에 의하여 변화하며 절단면 말단부(드로스, dross)가 남지 않을 정도의 드래그를 표준 드래그 길이라고 하는데 보통 판 두께의 1/5, 즉 약 20% 정도이다.

27 용접 중에 아크를 중단시키면 중단된 부분이 오목하거나 납작하게 파진 모습으로 남게 되는 것은?

① 피트 ② 언더컷
③ 오버랩 ④ 크레이터

해설 크레이터에 대한 내용이다.

28 10,000~30,000℃의 높은 열에너지를 가진 열원을 이용하여 금속을 절단하는 절단법은?

① TIG 절단법
② 탄소 아크 절단법
③ 금속 아크 절단법
④ 플라스마 제트 절단법

해설 플라스마 제트 절단법에 관한 내용이다.

29 일반적인 용접의 특징으로 틀린 것은?

① 재료의 두께에 제한이 없다.
② 작업공정이 단축되며 경제적이다.
③ 보수와 수리가 어렵고 제작비가 많이 든다.
④ 제품의 성능과 수명이 향상되며 이종 재료도 용접이 가능하다.

해설 일반적인 용접의 특징은 보수와 수리가 용이하며, 제작원가가 절감된다.

30 연강용 피복아크 용접봉의 종류에 따른 피복제 계통이 틀린 것은?

① E4340: 특수계
② E4316: 저수소계
③ E4327: 철분산화철계
④ E4313: 철분산화티탄계

해설 E4313은 고산화티탄계이고, 철분산화티탄계는 E4324이다.

31 다음 중 아크쏠림 방지대책으로 틀린 것은?

① 접지점 2개를 연결할 것
② 용접봉 끝은 아크쏠림 반대방향으로 기울일 것
③ 접지점을 될 수 있는 대로 용접부에서 가까이 할 것
④ 큰 가접부 또는 이미 용접이 끝난 용착부를 향하여 용접할 것

해설 아크쏠림을 방지하기 위해서는 접지점을 용접부에서 멀리 해야 한다.

★
32 일반적으로 두께가 3.2mm인 연강판을 가스 용접하기에 가장 적합한 용접봉의 직경은?

① 약 2.6mm
② 약 4.0mm
③ 약 5.0mm
④ 약 6.0mm

정답 24. ② 25. ② 26. ③ 27. ④ 28. ④ 29. ③ 30. ④ 31. ③ 32. ①

해설 가스용접 시 용접봉과 모재 두께는 다음과 같은 관계가 있다.

$D=\frac{T}{2}+1=\frac{3.2}{2}+1=2.6\text{mm}$

(단, D는 용접봉의 지름, T는 모재의 판 두께)

33 가스 용접작업에서 양호한 용접부를 얻기 위해 갖추어야 할 조건으로 틀린 것은?

① 용착금속의 용접상태가 균일해야 한다.
② 용접부에 첨가된 금속의 성질이 양호해야 한다.
③ 기름, 녹 등을 용접 전에 제거하여 결함을 방지한다.
④ 과열의 흔적이 있어야 하고 슬래그나 기공 등도 있어야 한다.

해설 양호한 용접부를 얻기 위한 조건으로 보기 ④는 거리가 있다.

34 산소-아세틸렌 가스 절단과 비교하여 산소-프로판 가스 절단의 특징으로 틀린 것은?

① 슬래그 제거가 쉽다.
② 절단면 윗 모서리가 잘 녹지 않는다.
③ 후판 절단 시에는 아세틸렌보다 절단속도가 느리다.
④ 포갬 절단 시에는 아세틸렌보다 절단속도가 빠르다.

해설 아세틸렌과 프로판의 비교

아세틸렌	프로판
• 점화하기 쉽다. • 중성 불꽃을 만들기 쉽다. • 절단 개시까지 시간이 빠르다. • 표면 영향이 적다. • 박판 절단 시 빠르다.	• 절단 상부 기슭이 녹는 것이 적다. • 절단면이 미세하며 깨끗하다. • 슬래그 제거가 쉽다. • 포갬 절단 속도가 아세틸렌보다 빠르다. • 후판 절단 시는 아세틸렌보다 빠르다.

혼합비는 산소 프로판 가스 사용 시 산소 4.5배가 필요하다. 즉, 아세틸렌 사용 시보다 약간 더 필요하다.

35 용접기의 사용률(duty cycle)을 구하는 공식으로 옳은 것은?

① 사용률(%) $=\frac{\text{휴식시간}}{(\text{휴식시간}+\text{아크 발생시간})}\times 100$
② 사용률(%) $=\frac{\text{아크 발생시간}}{(\text{아크 발생시간}+\text{휴식시간})}\times 100$
③ 사용률(%) $=\frac{\text{아크 발생시간}}{(\text{아크 발생시간}-\text{휴식시간})}\times 100$
④ 사용률(%) $=\frac{\text{휴식시간}}{(\text{아크 발생시간}-\text{휴식시간})}\times 100$

해설 (정격)사용률의 공식으로 옳은 것은 보기 ②이다.

36 가스 절단에서 예열불꽃의 역할에 대한 설명으로 틀린 것은?

① 절단산소 운동량 유지
② 절단산소 순도 저하 방지
③ 절단개시 발화점 온도 가열
④ 절단재의 표면 스케일 등의 박리성 저하

해설 가스절단에서 양호한 예열불꽃은 절단재의 표면 스케일 등의 이탈이 양호해야 한다.

★
37 양호한 절단면을 얻기 위한 조건으로 틀린 것은?

① 드래그가 가능한 클 것
② 슬래그 이탈이 양호할 것
③ 절단면 표면의 각이 예리할 것
④ 절단면이 평활하고 드래그의 홈이 낮을 것

해설 양호한 절단면을 얻기 위해서는 드래그가 가능한 작아야 한다.

38 용접기 설치 시 1차 입력이 10kVA이고 전원전압이 200V이면 퓨즈 용량은?

① 50A ② 100A
③ 150A ④ 200A

정답 33. ④ 34. ③ 35. ② 36. ④ 37. ① 38. ①

해설 퓨즈 용량 $= \frac{1차입력}{전원전압} = \frac{10,000}{200} = 50A$

39 다음의 희토류 금속원소 중 비중이 약 16.6, 용융점은 약 2,996℃이고, 150℃ 이하에서 불활성 물질로서 내식성이 우수한 것은?

① Se ② Te
③ In ④ Ta

해설 ① Se(셀렌): 비중 4.79, 용융점 217℃
② Te(텔레늄): 비중 6.2, 용융점 450℃
③ In(인듐): 비중 7.36, 용융점 155℃

40 압입체의 대면각이 136°인 다이아몬드 피라미드에 하중 1~120kg을 사용하여 특히 얇은 물건이나 표면 경화된 재료의 경도를 측정하는 시험법은 무엇인가?

① 로크웰 경도 시험법
② 비커스 경도 시험법
③ 쇼어 경도 시험법
④ 브리넬 경도 시험법

해설 ① 로크웰 경도 시험법: B스케일은 지름 1/16인치 강철볼 압입자를, C스케일은 120° 다이아몬드 압입자를 사용하며, 경질합금 등 연한 재질에 사용한다.
③ 쇼어 경도 시험법: 경도 측정방법이 압입에 의한 것이 아닌 일정 높이에서 낙하된 물체의 반발력을 이용한 경도 측정법이다.
④ 브리넬 경도 시험법: 강 또는 초경합금 구(ball) 등을 압입자로 사용하며 강 또는 주철 등에 사용한다.

41 T.T.T 곡선에서 하부 임계 냉각속도란?

① 50% 마텐자이트를 생성하는 데 요하는 최대의 냉각속도
② 100% 오스테나이트를 생성하는 데 요하는 최소의 냉각속도
③ 최초의 소르바이트가 나타나는 냉각속도
④ 최초의 마텐자이트가 나타나는 냉각속도

해설 최초의 마텐자이트가 나타나는 냉각속도를 말한다.

42 1,000~1,100℃에서 수중 냉각함으로써 오스테나이트 조직으로 되고, 인성 및 내마멸성 등이 우수하여 광석 파쇄기, 기차 레일, 굴삭기 등의 재료로 사용되는 것은?

① 고Mn강
② Ni-Cr강
③ Cr-Mo강
④ Mo계 고속도강

해설 고Mn강에 대한 내용이다.

43 게이지용 강이 갖추어야 할 성질로 틀린 것은?

① 담금질에 의해 변형이나 균열이 없을 것
② 시간이 지남에 따라 치수변화가 없을 것
③ HRC55 이상의 경도를 가질 것
④ 팽창계수가 보통 강보다 클 것

해설 팽창계수가 보통 강보다 작아야 한다.

44 두 종류 이상의 금속 특성을 복합적으로 얻을 수 있고 바이메탈 재료 등에 사용되는 합금은?

① 제진합금 ② 비정질합금
③ 클래드합금 ④ 형상기억합금

해설 ① 제진합금(damping alloy): 진동발생원 및 고체진동 자체를 감소시키는 것이 제진이고, 높은 강도와 탄성을 지니면서도 금속성의 소리나 진동이 없는 합금을 제진합금이라 한다.
② 비정질합금(amorphous alloy): 금속에 열을 가하여 액체상태로 한 후에 고속으로 급랭하면 원자가 규칙적으로 배열되지 못하고, 액체상태로 응고되어 고체금속이 되는데, 이와 같이 원자들의 배열이 불규칙한 상태를 비정질 상태라 하고 비정질합금은 높은 경도와 강도를 나타내고 인성이 높다고 알려져 있다.
④ 형상기억합금(shape memory alloy): 합금에 외부 응력을 가하여 영구 변형을 시킨 후 재료를 특정 온도 이상으로 가열하면 변형되기 이전의 형상으로 회복되는 현상을 형상기억효과라 한다. 이 효과를 나타내는 합금을 형상기억합금이라 한다.

정답 39. ④ 40. ② 41. ④ 42. ① 43. ④ 44. ③

45 알루미늄을 주성분으로 하는 합금이 아닌 것은?

① Y 합금
② 라우탈
③ 인코넬
④ 두랄루민

해설 인코넬 합금은 Ni-Cr계 합금 중 하나이다.

★
46 황동 중 60%Cu+40%Zn 합금으로 조직이 $\alpha+\beta$이므로 상온에서 전연성이 낮으나 강도가 큰 합금은?

① 길딩메탈(gilding metal)
② 문쯔메탈(muntz metal)
③ 듀라나메탈(durana metal)
④ 애드미럴티메탈(admiralty metal)

해설
- 길딩메탈: 95%Cu + 5%Zn 합금
- 듀라나메탈: 7·3황동+Fe(1~2%) 합금
- 델타메탈: 6·4황동+Fe(1~2%) 합금
- 애드미럴티: 7·3황동+Sn(1~2%) 합금
- 네이벌 황동: 6·4황동+Sn(1~2%) 합금

47 가단 주철의 일반적인 특징이 아닌 것은?

① 담금질 경화성이 있다.
② 주조성이 우수하다.
③ 내식성, 내충격성이 우수하다.
④ 경도는 Si량이 적을수록 좋다.

해설 주철에서 Si의 경우 흑연화 촉진제로서 경도는 Si량과 비례하게 된다.

48 금속에 대한 성질을 설명한 것으로 틀린 것은?

① 모든 금속은 상온에서 고체상태로 존재한다.
② 텅스텐(W)의 용융점은 약 3,410℃이다.
③ 이리듐(Ir)의 비중은 약 22.5이다.
④ 열 및 전기의 양도체이다.

해설 금속은 상온에서 고체이며, 결정체이다. 단, 수은(Hg)은 예외이다.

49 순철이 910℃에서 Ac_3 변태를 할 때 결정격자의 변화로 옳은 것은?

① BCT → FCC
② BCC → FCC
③ FCC → BCC
④ FCC → BCT

해설 Ac_3 변태는 A3변태, c는 가열(chauffage)을 의미한다. 즉, A3변태점에서 가열 시 나타나는 반응을 의미한다. 따라서 $\alpha-Fe \rightarrow \gamma-Fe$, 즉 체심입방격자에서 면심입방격자로의 변화를 고르면 된다.

50 압력이 일정한 Fe-C 평형상태도에서 공정점의 자유도는?

① 0
② 1
③ 2
④ 3

해설 일반적인 자유도는 $F=C-P+2$로 구한다(단, F: 자유도, C: 성분계, P: 상의 수). 그러나 탄소강(Fe-C)처럼 2성분계 합금에서 3상이 공존하는 경우 $F=C-P+1$로 구하며, 공식에 대입하면 $F=2-3+1=0$이 된다. 탄소강(2성분계)의 포정반응, 공정반응, 공석반응 선상에서는 3상이 공존하므로 자유도는 0이 된다.

51 다음 중 도면의 일반적인 구비조건으로 관계가 가장 먼 것은?

① 대상물의 크기, 모양, 자세, 위치의 정보가 있어야 한다.
② 대상물을 명확하고 이해하기 쉬운 방법으로 표현해야 한다.
③ 도면의 보존, 검색 이용이 확실히 되도록 내용과 양식을 구비해야 한다.
④ 무역과 기술의 국제 교류가 활발하므로 대상물의 특징을 알 수 없도록 보안성을 유지해야 한다.

해설 도면은 기계, 기구, 구조물 등의 모양과 크기, 공정도 등을 언제, 누가 그리더라도 동일한 모양과 형태가 되도록 해야 한다. 그러므로 도면을 그리거나 해독하는 사람은 제도상 정해진 약속과 규칙에 따라야 한다.

정답 45. ③ 46. ② 47. ④ 48. ① 49. ② 50. ① 51. ④

52 보기 입체도를 제3각법으로 올바르게 투상한 것은?

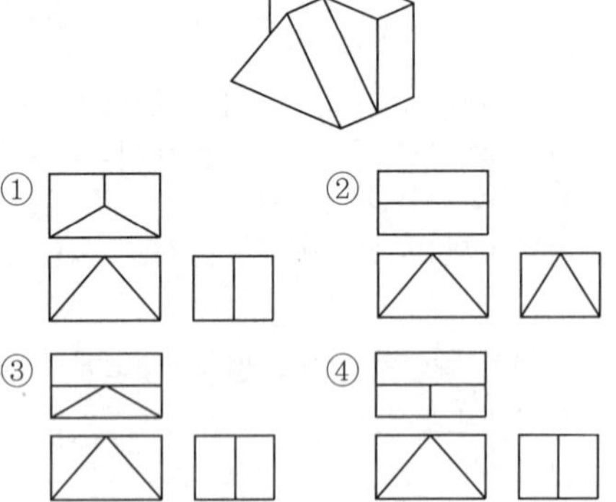

해설 우선 입체를 우측에서 본 우측면도를 보면, 도형 가운데 수직선상이 있어야 하므로 보기 ②는 제외된다. 그리고 입체를 위에서 본 평면도를 보면 위 사각형에 직선으로 아래로 내려오는 직선이 있어야 하므로 보기 ④가 정답이 된다.

53 배관도에서 유체의 종류와 문자기호를 나타내는 것 중 틀린 것은?

① 공기: A
② 연료 가스: G
③ 증기: W
④ 연료유 또는 냉동기유: O

해설 증기는 V(vapour)로 표기하며, W(water)는 물의 기호이다.

54 리벳의 호칭 표기법을 순서대로 나열한 것은?

① 규격번호, 종류, 호칭지름×길이, 재료
② 종류, 호칭지름×길이, 규격번호, 재료
③ 규격번호, 종류, 재료, 호칭지름×길이
④ 규격번호, 호칭지름×길이, 종류, 재료

해설 리벳의 경우 보기 ①처럼 표기한다. 리벳의 호칭 표기법을 예로 들면 다음과 같다.

KS B 0112 열간둥근머리 리벳 16×40, SBV 34

55 다음 중 일반적으로 긴 쪽 방향으로 절단하여 도시할 수 있는 것은?

① 리브 ② 기어의 이
③ 바퀴의 암 ④ 하우징

해설 아래 그림처럼 절단하여도 의미가 없는 축, 핀, 볼트, 너트 와셔 등을 절단했기 때문에 이해를 방해하는 리브, 기어의 이, 바퀴의 암 등은 원칙적으로 긴쪽 방향으로 절단하지 않는다.

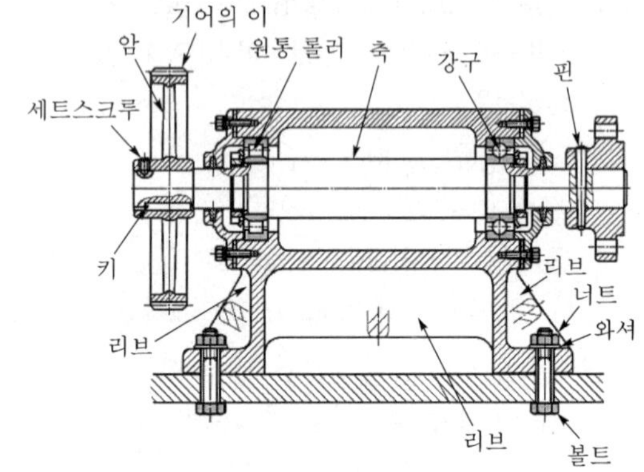

56 단면의 무게 중심을 연결한 선을 표시하는 데 사용하는 선의 종류는?

① 가는 1점 쇄선 ② 가는 2점 쇄선
③ 가는 실선 ④ 굵은 파선

해설 가는 2점 쇄선은 인접하는 부분 또는 공구, 지그 등을 참고로 표시할 때, 가공 부분을 이동 중의 특정 위치 또는 이동한계의 위치를 나타낼 때, 그리고 단면의 무게중심을 연결하는 선 등에 사용된다.

57 다음 용접 보조기호에 현장 용접기호는?

①  ② 

③  ④ ——

해설 ① : 비드 및 덧붙이기 용접기호
③ : 점 용접기호
④ ——: 용접 보조기호로 용접 표면부를 평면으로 다름질하라는 기호

정답 52. ④ 53. ③ 54. ① 55. ④ 56. ② 57. ②

58 보기 입체도의 화살표 방향 투상 도면으로 가장 적합한 것은?

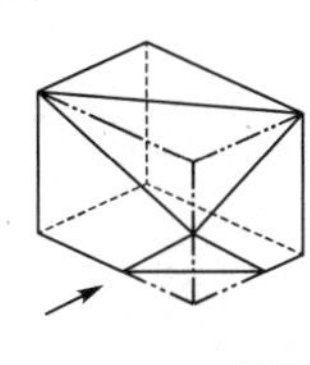

①

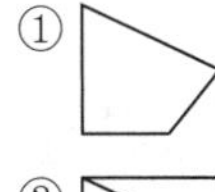

② ③ ④

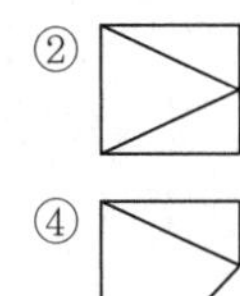

해설 화살표 방향의 정면도를 고르는 문제로 보기 ③이 올바른 정면도이다.

59 탄소강 단강품의 재료 표시기호 "SF 490A"에서 "490"이 나타내는 것은?

① 최저 인장강도　　② 강재 종류번호
③ 최대 항복강도　　④ 강재 분류번호

해설 최저 인장강도에 대한 내용이다.

★
60 다음 중 호의 길이치수를 나타내는 것은?

①

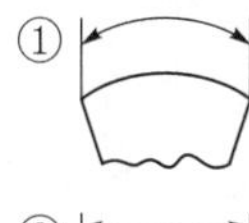

②

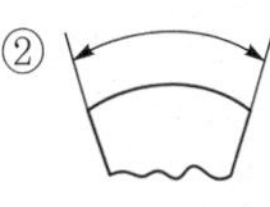

③

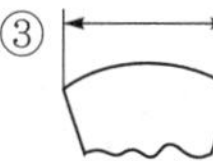

④

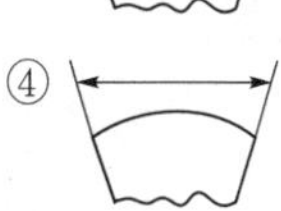

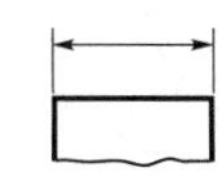

변의 길이치수

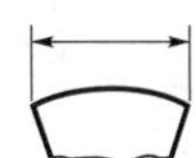

현의 길이치수

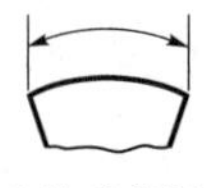

호의 길이치수

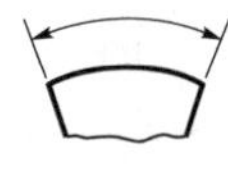

각도치수

정답 58. ③　59. ①　60. ①

MEMO

Craftsman Welding

부록 3

모의고사

- 제1회 용접기능사 대비 모의고사
- 제2회 용접기능사 대비 모의고사
- 제1회 특수용접기능사 대비 모의고사
- 제2회 특수용접기능사 대비 모의고사
- 제1회 용접기능사 대비 모의고사 정답 및 해설
- 제2회 용접기능사 대비 모의고사 정답 및 해설
- 제1회 특수용접기능사 대비 모의고사 정답 및 해설
- 제2회 특수용접기능사 대비 모의고사 정답 및 해설

제 1 회 용접기능사 대비 모의고사

▶ 정답 및 해설 : p.308

01 금속재료를 접합하는 방법 중 용접은 무슨 접합법인가?

① 기계적 접합법 ② 야금적 접합법
③ 전자적 접합법 ④ 자기적 접합법

02 용접법을 분류할 때 압접(pressure welding)에 해당되지 않는 것은?

① 전자빔 용접 ② 유도가열용접
③ 초음파용접 ④ 마찰용접

03 용접작업과 비교한 리벳작업에서 기밀을 필요로 하는 경우 리벳팅이 끝난 뒤에 리벳머리의 주위와 강판의 가장자리를 정과 같은 공구로 타격을 하는 작업을 무엇이라 하는가?

① 드릴링 ② 리밍
③ 리벳팅 ④ 코오킹

04 직류용접에서 정극성과 비교한 역극성의 특징은?

① 비드의 폭이 넓다.
② 모재의 용입이 깊다.
③ 용접봉의 녹음이 느리다.
④ 용접 열이 용접봉 쪽보다 모재 쪽에 많이 발생된다.

05 저수소계 용접봉에 대한 설명으로 틀린 것은?

① 피복제는 석회석이나 형석을 주성분으로 한다.
② 타 용접봉에 비해 용착금속 중의 수소함유량이 1/10 정도로 적다.
③ 용접봉은 사용하기 전에 300~350℃ 정도로 1~2시간 정도 건조시켜 사용한다.
④ 용착금속은 강인성이 풍부하나 내균열성이 나쁘다.

06 피복아크용접에서 아크전압이 20V, 아크전류가 150A, 용접속도가 15cm/min인 경우 용접 단위길이[cm]당 발생되는 용접입열은?

① 10,000[J/cm] ② 12,000[J/cm]
③ 14,000[J/cm] ④ 16,000[J/cm]

07 정격2차전류가 200A인 용접기로 용접전류 160A로 용접할 경우 이 용접기의 허용사용률은?

① 62.5% ② 6.25%
③ 0.625% ④ 50%

08 교류아크 용접기의 부속장치인 핫 스타트 장치에 대한 설명으로 틀린 것은?

① 아크 발생을 쉽게 한다.
② 기공 발생을 방지한다.
③ 비드 모양을 개선한다.
④ 아크 발생 초기에만 용접전류를 낮게 한다.

09 아크 용접봉의 피복제 작용에 관한 설명 중 틀린 것은?

① 아크를 안정하게 한다.
② 용적을 크게 하고 용착효율을 낮춘다.
③ 용착금속에 적당한 합금원소를 첨가한다.
④ 용착금속의 응고와 냉각속도를 느리게 한다.

10 비교적 큰 용적이 단락되지 않고 옮겨가는 형식이며, 서브머지드 아크용접과 같이 대전류 사용 시에 나타나는 용적이행 형식은?

① 단락형 ② 스프레이형
③ 글로뷸러형 ④ 반발형

11 아세틸렌가스 소비량이 1시간당 200리터인 저압토치를 사용해서 용접할 때, 게이지 압력이 60kgf/cm^{2}인 산소병을 몇 시간 정도 사용할 수 있는가? (단, 병의 내용적은 40리터, 산소는 아세틸렌 가스의 1.2배 정도 소비하는 것으로 한다.)

① 2　　② 10
③ 8　　④ 12

12 가스용접에서 전진법에 비교한 후진법에 대한 설명으로 틀린 것은?

① 판 두께가 두꺼운 후판에 적합하다.
② 용접속도가 빠르다.
③ 용접변형이 작다.
④ 열 이용률이 나쁘다.

13 가스용접으로 동합금을 용접하는 데 적당한 용제(flux)는?

① 붕사　　② 황철염
③ 염화나트륨　　④ 탄산소다

14 잠호용접(SAW)의 특징에 대한 설명으로 틀린 것은?

① 용융속도 및 용착속도가 빠르다.
② 개선각을 작게 하여 용접 패스 수를 줄일 수 있다.
③ 용접진행 상태의 양·부를 육안으로 확인할 수 없다.
④ 적용 자세에 제약을 받지 않는다.

15 수동 가스 절단기의 설명 중 틀린 것은?

① 가스를 동심원의 구멍에서 분출시키는 절단 토치는 전후, 좌우 및 직선 절단을 자유롭게 할 수 있다.
② 이심형의 절단토치는 작은 곡선 등의 절단에 능률적이다.
③ 독일식 절단토치는 이심형이다.
④ 프랑스식 절단토치는 동심형이다.

16 다음 중 양호한 가스 절단면을 얻기 위한 조건으로 틀린 것은?

① 드래그가 가능한 작을 것
② 절단면이 평활하며 드래그의 홈이 높을 것
③ 슬래그의 이탈성이 양호할 것
④ 절단면 표면의 각이 예리할 것

17 가스 절단면을 보면 거의 일정 간격의 평행곡선이 진행방향으로 나타나 있는데 이 곡선을 무엇이라 하는가?

① 비드길이　　② 트랙
③ 드래그 라인　　④ 다리길이

18 TIG 용접에 사용되는 전극의 조건으로 틀린 것은?

① 전자 방출이 잘 되는 금속
② 저 용융점의 금속
③ 전기저항률이 적은 금속
④ 열전도성이 좋은 금속

19 서브머지드 아크용접용 용제의 구비조건이 아닌 것은?

① 용접 후 슬래그의 이탈성이 좋을 것
② 적당한 입도를 가져 아크의 보호성이 좋을 것
③ 아크발생을 안정시켜 안정된 용접을 할 수 있을 것
④ 적당한 수분을 흡수하고 유지하여 양호한 비드 얻을 것

20 각 아크 용접법과 관계있는 내용을 연결한 것 중 틀린 것은?

① 탄산가스 아크용접 – 용극식
② TIG 용접 – 소모 전극식 가스 실드 아크용접법
③ 서브머지드 아크용접 – 입상 플럭스
④ MAG 용접 – Ar + CO_2 혼합가스

21 TIG 용접 시 청정효과(cleaning action)에 대한 설명으로 틀린 것은?

① 이 현상은 가속된 가스이온이 모재 표면에 충돌하여 산화막이 제거되는 현상이다.
② 직류정극성에서 잘 나타난다.
③ Ar 가스 사용 시 잘 나타난다.
④ 강한 산화막이 있는 금속도 용제 없이 용접이 가능하다.

22 서브머지드 아크용접 시 와이어 표면에 구리도금을 하는 목적이 아닌 것은?

① 콘택트 팁과 전기적 접촉을 원활히 해준다.
② 와이어의 녹 방지를 함으로써 기공발생을 적게 한다.
③ 송급 롤러와 접촉을 원활히 해줌으로써 용접속도에 도움이 된다.
④ 용착금속의 강도를 저하시키고 기계적 성질도 저하시킨다.

23 불활성 가스 금속아크용접의 특징이 아닌 것은?

① 전자동 또는 반자동식 용접기로 용접속도가 빠르다.
② 전류밀도가 높아 3mm 이상의 두꺼운 판의 용접에 능률적이다.
③ 부저항 특성 또는 상승 특성이 있는 교류 용접기가 사용된다.
④ 아크 자기제어 특성이 있다.

24 티그(TIG) 용접과 비교한 플라스마(plasma) 아크용접의 단점이 아닌 것은?

① 플라스마 아크 토치가 커서 필릿 용접 등에 불리하다.
② 키홀 용접 시 언더컷이 발생하기 쉽다.
③ 용입이 얕고, 비드 폭이 넓으며, 용접속도가 느리다.
④ 키홀 용접과 용융용접을 모두 사용해야 하는 다층용접 시 용접변수의 변화가 크다.

25 CO_2 용접에서 용접부에 가스를 잘 분출시켜 양호한 시일드(shield)작용을 하도록 하는 부품은?

① 토치바디(Torch body)
② 노즐(Nozzle)
③ 가스 분출기(Gas diffuse)
④ 인슐레이터(Insulator)

26 CO_2 또는 MIG 용접에서 아크길이가 길어지면 어떠한 현상이 일어나는가?

① 전류의 세기가 커진다.
② 전류의 세기가 작아진다.
③ 전압은 변화가 없다.
④ 전압이 낮아진다.

27 미그(MIG) 용접의 와이어(wire) 송급장치가 아닌 것은?

① 푸시(push) 방식
② 푸시-아웃(push-out) 방식
③ 풀(pull) 방식
④ 푸시-풀(push-pull) 방식

28 다음 용접 중 저항열(줄의 열)을 이용하여 용접하는 것은?

① 탄산가스 아크용접
② 일렉트로 슬래그 용접
③ 전자빔 용접
④ 테르밋 용접

29 땜납의 구비조건에 해당되지 않는 것은?

① 모재보다 용융점이 낮고, 접합강도가 우수해야 한다.
② 유동성이 좋고 금속과의 친화력이 없어야 한다.
③ 표면장력이 적어 모재의 표면에 잘 퍼져야 한다.
④ 강인성, 내식성, 내마멸성, 화학적 성질 등이 사용 목적에 적합해야 한다.

30 겹치기 저항용접에 있어서 접합부에 나타나는 용융 응고된 금속 부분을 무엇이라고 하는가?

① 오목 자국 ② 너깃
③ 틈 ④ 오손

31 테르밋 용접에서 테르밋제의 주성분은?

① 과산화바륨과 마그네슘
② 알루미늄 분말과 산화철 분말
③ 아연과 철의 분말
④ 과산화바륨과 산화철 분말

32 주철의 보수용접 종류 중 스터드 볼트 대신 용접부 바닥면에 둥근 홈을 파고 이 부분에 걸쳐 힘을 받도록 하여 용접하는 것은?

① 스터드법 ② 비녀장법
③ 버터링법 ④ 로킹법

33 스테인리스강 용접 시 열영향부(H.A.Z) 부근의 부식저항이 감소되어 입계부식 현상이 일어나기 쉬운데 이러한 현상의 주된 원인으로 맞는 것은?

① 탄화물의 석출로 크롬함유량 감소
② 산화물의 석출로 니켈함유량 감소
③ 유황의 편석으로 크롬함유량 감소
④ 수소의 침투로 니켈함유량 감소

34 가스용접 및 절단작업의 안전 중 산소와 아세틸렌 용기의 취급사항으로 맞지 않는 것은?

① 산소병은 40℃ 이하 온도에서 보관하고 직사광선을 피해야 한다.
② 산소병을 운반할 때에는 공기가 잘 환기되도록 캡(cap)을 벗겨서 이동한다.
③ 아세틸렌병은 세워서 사용하며 병에 충격을 주어서는 안된다.
④ 용기는 진동이나 충격을 가하지 말고 신중히 취급해야 한다.

35 연강에서 탄소가 증가할수록 기계적 성질은 일반적으로 어떻게 변하는가?

① 인장강도, 경도 및 연신율이 모두 감소한다.
② 인장강도, 경도 및 연신율이 모두 증가한다.
③ 인장강도와 연신율은 증가하나 경도는 감소한다.
④ 인장강도와 경도는 증가하고 연신율은 감소한다.

36 유황은 철과 화합하여 황화철(FeS)을 만들어 열간가공성을 해치며 적열취성을 일으킨다. 이와 같은 단점을 제거하기 위해서 일반적으로 많이 사용되는 원소는?

① Mn(망간) ② Cu(구리)
③ Ni(니켈) ④ Si(규소)

37 탄소강에서 펄라이트 조직은 구체적으로 어떤 조직인가?

① α 고용체 ② γ 고용체 + Fe_3C
③ α 고용체 + Fe_3C ④ Fe_3C

38 Fe-C 상태도에서 γ 고용체 + Fe_3C의 조직으로 옳은 것은?

① 페라이트(ferrite)
② 펄라이트(pearlite)
③ 레데뷰라이트(ledeburite)
④ 오스테나이트(austenite)

39 강을 표준상태로 하기 위하여 가공조직의 균일화, 결정립의 미세화, 기계적 성질의 향상을 목적으로 실시하며, 가열온도 A_3 또는 Acm점 이상까지 가열하는 열처리 방법은?

① 담금질(quenching)
② 어닐링(annealing)
③ 템퍼링(tempering)
④ 노멀라이징(normalizing)

40 침탄, 질화, 고주파 담금질 등으로 내마모성과 인성이 요구되는 기계적 성질을 개선하는 열처리는?

① 뜨임 ② 표면경화
③ 항온 열처리 ④ 담금질

41 코발트를 주성분으로 하는 주조경질합금의 대표적 강으로 주로 절삭공구에 사용되는 것은?

① 고속도강 ② 스텔라이트
③ 화이트 메탈 ④ 합금 공구강

42 35~36%Ni, 0.4%Mn, 0.1~0.3%C의 Fe의 합금으로 길이 표준용 기구나 시계의 추 등에 쓰이는 불변강은?

① 플래티나이트(Platinite)
② 코엘린바(Coelinvar)
③ 인바(Invar)
④ 스텔라이트(Stellite)

43 주철의 마우러(Maurer)의 조직도란 무엇인가?

① C와 Si 양에 따른 주철 조직도
② Fe와 Si 양에 따른 주철 조직도
③ Fe와 C 양에 따른 주철 조직도
④ Fe 및 C와 Si 양에 따른 주철 조직도

44 황동의 종류 중 톰백(tombac)이란 무엇을 말하는가?

① 0.3~0.8%Zn의 황동
② 1.2~3.7%Zn의 황동
③ 5~20%Zn의 황동
④ 30~40%Zn의 황동

45 두랄루민(duralumin)의 조성으로 옳은 것은?

① Al-Cu-Mg-Mn
② Al-Cu-Ni-Si
③ Al-Ni-Cu-Zn
④ Al-Ni-Si-Mg

46 용접 이음을 설계할 때의 주의사항 중 틀린 것은?

① 맞대기 용접에서는 뒷면 용접을 할 수 있도록 해서 용입부족이 없도록 한다.
② 용접 이음부가 한 곳에 집중하지 않도록 설계 한다.
③ 맞대기 용접은 가급적 피하고 필릿 용접을 하도록 한다.
④ 아래보기 용접을 많이 하도록 한다.

47 다음 그림과 같은 맞대기 용접 시 P=6,000kgf의 하중으로 잡아당겼을 때 모재에 발생되는 인장응력은 몇 kgf/mm^{2}인가?

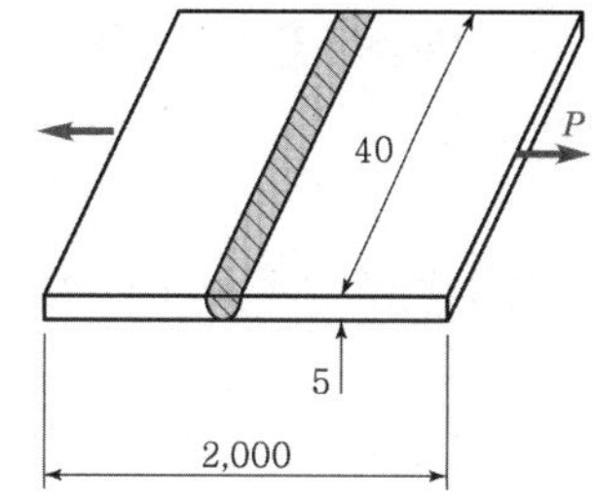

(단위 : mm)

① 20 ② 30
③ 40 ④ 50

48 다음 용접기호를 바르게 설명한 것은?

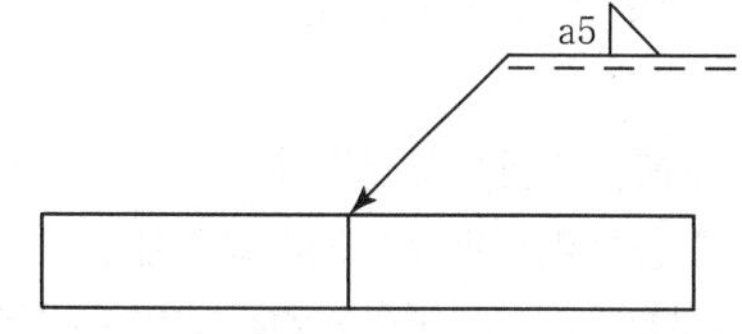

① 필릿 용접이다.
② 플러그 용접이다.
③ 목길이가 5mm이다.
④ 루트 간격은 5mm이다.

49 용접 보조기호 중 용접부의 다듬질 방법을 표시하는 기호 설명으로 잘못된 것은?

① P-치핑 ② G-연삭
③ M-절삭 ④ F-지정없음

50 용접 모재의 제조서(mill sheet)에 기재되어 있지 않은 것은?

① 강재의 제조 공정 ② 해당 규격
③ 재료 치수 ④ 화학 성분

51 용접작업에서 가접의 일반적인 주의사항이 아닌 것은?

① 본 용접사와 동등한 기량을 갖는 용접사가 가접을 시행한다.
② 용접봉은 본용접작업 시에 사용하는 것보다 약간 가는 것을 사용한다.
③ 본용접과 같은 온도에서 예열을 한다.
④ 가접 위치는 부품의 끝 모서리나 각 등과 같은 곳에 한다.

52 변형이나 잔류응력을 적게 하기 위한 용접순서 중 잘못된 것은?

① 동일 평면 내에 이음이 많은 경우 수축은 가능한 자유단으로 보낸다.
② 가능한 중앙에 대하여 대칭이 되도록 한다.
③ 용접선의 직각 단면 중심축에 대해 수축력 모멘트의 합이 0이 되게 한다.
④ 리벳이음과 용접이음을 동시에 할 경우는 리벳작업을 우선한다.

53 특수한 구면상의 선단을 갖는 해머(hammer)로 용접부를 연속적으로 타격해 잔류응력을 완화시키고 용접변형을 경감시키는 것은?

① 기계 응력 완화법 ② 저온 응력 완화법
③ 피닝법 ④ 응력 제거 풀림법

54 용접 비드의 토(toe)에 생기는 작은 홈을 말하는 것으로 용접전류가 과대할 때, 아크길이가 길 때, 운봉속도가 너무 빠를 때 생기기 쉬운 용접결함은?

① 언더컷 ② 오버랩
③ 기공 ④ 용입불량

55 연강재료의 인장시험편이 시험전의 표점거리가 60mm이고 시험후의 표점거리가 78mm일 때 연신율은 몇 %인가?

① 77% ② 130%
③ 30% ④ 18%

56 다음 그림의 형강을 올바르게 나타낸 치수표시법은? (단, 형강길이는 K이다.)

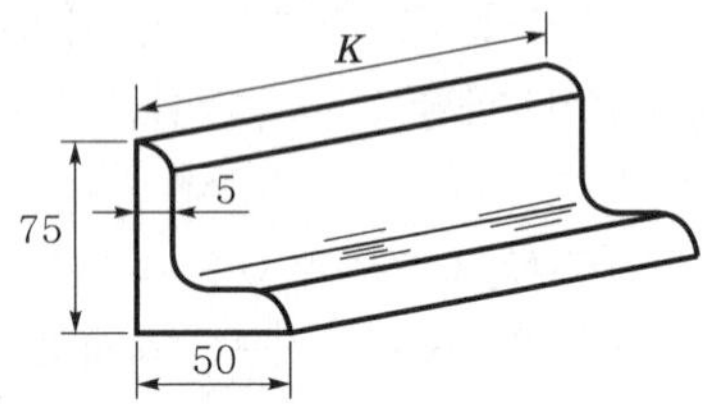

① L $75\times50\times5\times K$
② L $75\times50\times5-K$
③ L $50\times75-5-K$
④ L $50\times75\times5\times K$

57 다음 그림과 같은 도면의 설명으로 가장 올바른 것은?

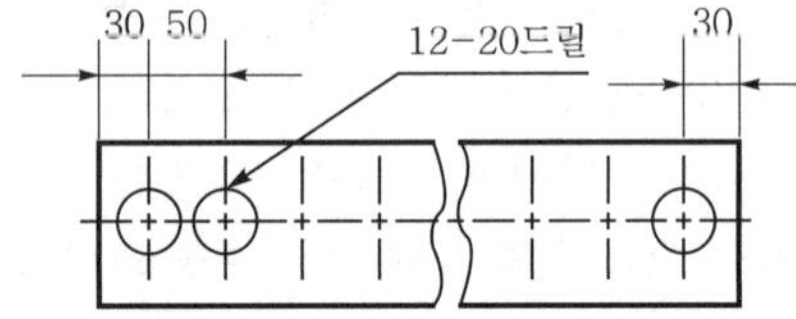

① 전체 길이가 660mm이다.
② 드릴 가공 구멍의 지름은 12mm이다.
③ 드릴 가공 구멍의 수는 12개이다.
④ 드릴 가공 구멍의 피치는 30mm이다.

58 도면에 리벳의 호칭이 "KS B 1102 보일러용 둥근 머리 리벳 13×30 SV 400"로 표시된 경우 올바른 설명은?

① 리벳의 수량 13개
② 리벳의 길이 30mm
③ 최대 인장강도 400kPa
④ 리벳의 호칭지름 30mm

59 정투상법의 제1각법과 제3각법에서 배열위치가 정면도를 기준으로 동일한 위치에 놓이는 투상도는?

① 좌측면도 ② 평면도
③ 저면도 ④ 배면도

60 다음 그림과 같은 용접이음 방법의 명칭으로 가장 적합한 것은?

① 연속 필릿 용접
② 플랜지형 겹치기 용접
③ 연속 모서리 용접
④ 플랜지형 맞대기 용접

제 2 회 용접기능사 대비 모의고사

▶ 정답 및 해설 : p.311

01 다음 (　　) 안에 알맞은 용어는?

> 용접의 원리는 금속과 금속을 서로 충분히 접근시키면 금속 원자 간의 (　)이 작용하여 스스로 결합하게 된다.

① 인력　　② 기력
③ 자력　　④ 응력

02 다음 중 열원으로 금속분말의 반응열을 사용하여 용접하는 것은?

① 가스용접법
② 불활성 가스 아크용접법
③ 테르밋 용접법
④ 전기저항 용접법

03 파이프를 수평으로 고정하는 경우 나타나지 않는 지세는?

① 아래보기　　② 수평
③ 수직　　④ 위보기

04 다음 글의 (　　) 속에 들어갈 것으로 옳게 짝지어진 것은?

> 금속아크용접이란 전극(모재)과 전극(용접봉) 사이에 (1)를 발생시켜 그 (2)로써 모재와 용접봉을 용융시켜 용접금속을 형성하는 것이다.

① 1－아크, 2－용접열
② 1－전압차, 2－전류
③ 1－저항차, 2－전류
④ 1－전류차, 2－용접열

05 다음 그림은 피복아크용접 원리이다. ( ) 속의 명칭은 무엇인가?

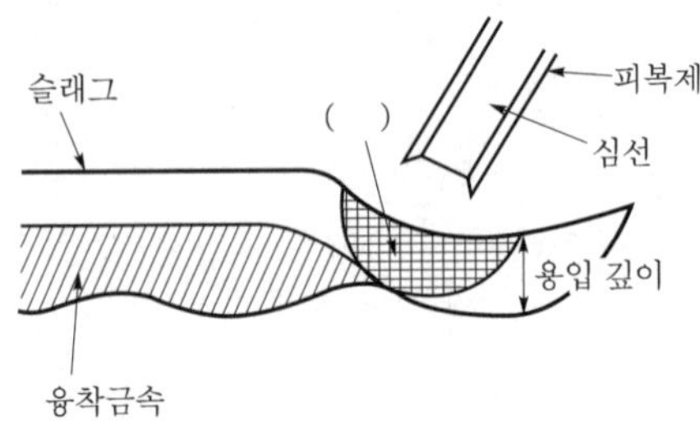

① 용접봉　　② 아크 분위기
③ 용융 풀　　④ 용착금속

06 다음은 교류용접과 직류의 정극성, 역극성의 용입의 깊이를 비교한 것이다. 옳은 것은?

① AC＞DCSP＞DCRP
② AC＞DCRP＞DCSP
③ DCSP＞AC＞DCRP
④ DCRP＞AC＞DCSP

07 용접부에 주어지는 열량이 20,000J/cm, 아크전압이 40V, 용접속도가 20cm/min으로 용접했을 때 아크전류는?

① 약 167A　　② 약 180A
③ 약 192A　　④ 약 200A

08 가동 철심형 용접기는 철심의 움직임에 의하여 전류가 크고 작음이 결정되며, 가동 철심이 1차 코일과 2차 코일 사이에서 완전히 빠져 있을때 2차 전류는?

① 전류는 최소가 된다.
② 전류는 최대가 된다.
③ 전류와는 관계없다.
④ 전류는 중간치가 된다.

09 맨(bare) 용접봉이나 박피복 용접봉을 사용할 때 많이 볼 수 있으며, 표면장력의 작용으로 용접봉에서 모재로 용융금속이 옮겨가는 방식은?

① 단락형 ② 글로뷸러형
③ 스프레이형 ④ 리액턴스형

10 아크전압 30V, 아크전류 300A, 1차전압 200V, 개로전압 80V일 때 교류용접기의 역률은? (단, 내부 손실은 4kW이다.)

① 316.4% ② 184.16%
③ 74.3% ④ 54.17%

11 아세틸렌은 공기 중에서 몇 도 정도면 폭발하는가?

① 305~315℃ ② 406~408℃
③ 505~515℃ ④ 605~615℃

12 용적 50L의 산소 용기의 고압력계로 100기압이 나타나 있다. 프랑스식 100번 팁으로 혼합비 1 : 1로 용접하면 몇 시간이나 작업할 수 있는가?

① 20시간 ② 30시간
③ 40시간 ④ 50시간

13 처음 용접시작 시 아크 발생이 잘 되지 않아 스틸 울(steel wool)을 끼워 전류를 통하게 하거나 고주파를 사용하여 아크를 쉽게 발생시키는 용접법은?

① 서브머지드 아크 용접
② MIG 용접
③ 그래비티 용접
④ 전자빔 용접

14 서브머지드 아크용접의 다전극 용접기에서 비드 폭이 넓고 용입이 깊은 용접부를 얻을 수 있는 방식은?

① 텐덤식 ② 횡 직렬식
③ 횡 병렬식 ④ 유니언식

15 산소용기 취급 시 주의사항으로 틀린 것은?

① 저장소에는 화기를 가까이 하지 말고 통풍이 잘 되어야 한다.
② 저장 또는 사용 중에는 반드시 용기를 세워 두어야 한다.
③ 가스용기 사용 시 가스가 잘 발생되도록 직사광선을 받도록 한다.
④ 가스용기는 뉘어두거나 굴리는 등 충돌, 충격을 주지 말아야 한다.

16 TIG 용접에서 사용되는 전극의 조건으로 틀린 것은?

① 저용융점의 금속
② 전자 방출이 잘 되는 금속
③ 전기저항률이 적은 금속
④ 열 전도성이 좋은 금속

17 TIG 용접 시 직류정극성과 직류역극성의 전극 굵기의 비는 얼마인가?

① 1 : 1 ② 1 : 2
③ 1 : 3 ④ 1 : 4

18 불활성 가스 아크용접에서 교류용접기를 사용할 경우 모재 표면의 불순물 등에 의해 전류가 불평형하게 흘러 아크가 불안정하게 되는 것을 무엇이라고 하는가?

① 청정 작용 ② 정류 작용
③ 방전 작용 ④ 펄스 작용

19 다음 중 초음파 용접의 장점이 아닌 것은?

① 대형 구조물의 용접에 적용하기 쉽다.
② 냉간압접에 비해 정지 가압력이 작기 때문에 용접물의 변형이 작다.
③ 경도 차이가 크지 않는 한 이종금속의 용접이 가능하다.
④ 박판과 foil의 용접이 가능하다.

20 탄산가스 아크용접에서 전진법의 특징이 아닌 것은?

① 용접선이 잘 보이므로 운봉을 정확하게 할 수 있다.
② 용융금속이 앞으로 나가지 않으므로 깊은 용입을 얻을 수 있다.
③ 스패터가 비교적 많으며 진행방향 쪽으로 흩어진다.
④ 비드 높이가 낮고 평탄한 비드가 형성된다.

21 일렉트로 슬래그 용접의 장점이 아닌 것은?

① 박판 강재의 용접에 적합하다.
② 특별한 홈 가공을 필요로 하지 않는다.
③ 용접시간이 단축되기 때문에 능률적이다.
④ 냉각속도가 느리므로 기공, 슬래그 섞임이 없다.

22 MIG 용접의 특징 설명으로 틀린 것은?

① 수동 피복아크 용접에 비하여 능률적이다.
② 각종 금속의 용접에 다양하게 적용할 수 있다.
③ 박판(3mm 이하)용접에서는 적용이 곤란하다.
④ CO_2 용접에 비해 스패터의 양이 많다.

23 기체를 가열하여 양이온과 음이온이 혼합된 도전(導電)성을 띤 가스체를 적당한 방법으로 한 방향에 분출시켜, 각종 금속의 접합에 이용하는 용접은?

① 서브머지드 아크용접
② MIG 용접
③ 피복아크용접
④ 플라스마(plasma) 아크용접

24 탄소강의 조직 중 현미경 조직으로는 흰 결정으로 나타나며, 대단히 연하고 전성과 연성이 크며 A_2점 이하에서는 강자성을 나타내는 조직은?

① 페라이트 ② 펄라이트
③ 레데뷰라이트 ④ 시멘타이트

25 각각의 단독 용접 공정(each welding process)보다 훨씬 우수한 기능과 특성을 얻을 수 있도록 두 종류 이상의 용접 공정을 복합적으로 활용하여 서로의 장점을 살리고 단점을 보완하여 시너지 효과를 얻기 위한 용접법을 무엇이라 하는가?

① 하이브리드 용접
② 마찰교반 용접
③ 천이액상 확산 용접
④ 저온용 무연 솔더링 용접

26 CO_2 용접용 와이어 중 탈산제, 아크 안정제 등 합금 원소가 포함되어 있어 양호한 용착금속을 얻을 수 있으며, 아크도 안정되어 스패터가 적고 비드 외관도 아름다운 것은?

① 혼합 솔리드 와이어
② 복합 와이어
③ 솔리드 와이어
④ 특수 와이어

27 탄소강에 함유된 원소 중 망간(Mn)의 영향으로 옳은 것은?

① 적열 취성을 방지한다.
② 뜨임 취성을 방지한다.
③ 전자기적 성질을 개선시킨다.
④ Cr과 함께 사용되어 고온강도와 경도를 증가시킨다.

28 접종(inoculation)에 대한 설명 중 가장 올바른 설명은?

① 주철에 내산성을 주기 위하여 Si를 첨가하는 조작
② 주철을 금형에 주입하여 주철의 표면을 경화시키는 조작
③ 용융선에 Ce이나 Mg을 첨가하여 흑연의 모양을 구상화시키는 조작
④ 흑연을 미세화시키기 위하여 규소 등을 첨가하여 흑연의 씨를 얻는 조작

29 일반 고장력강을 용접할 때 주의사항으로 틀린 것은?

① 용접봉은 용접 작업성이 좋은 고산화티탄계 용접봉을 사용한다.
② 용접 개시 전에 이음부 내부 또는 용접할 부분에 청소를 한다.
③ 아크길이는 가능한 짧게 한다.
④ 위빙 폭은 크게 하지 않는다.

30 서브머지드 아크용접 작업에서 용접전류와 아크전압이 동일하고 와이어 지름만 작을 경우 용입과 비드 폭은 어떤 현상으로 나타나는가?

① 용입은 얕고, 비드 폭은 좁아진다.
② 용입은 깊고, 비드 폭은 좁아진다.
③ 용입은 깊고, 비드 폭은 넓어진다.
④ 용입은 얕고, 비드 폭은 넓어진다.

31 다음 중 철-탄소 상태도에서 얻을 수 없는 정보는?

① 용융점 ② 경도 값
③ 공석점 ④ 공정점

32 강의 담금질 조직에서 경도순서를 바르게 표시한 것은?

① 마텐자이트 > 트루스타이트 > 소르바이트 > 오스테나이트
② 마텐자이트 > 소르바이트 > 오스테나이트 > 트루스타이트
③ 마텐자이트 > 트루스타이트 > 오스테나이트 > 소르바이트
④ 마텐자이트 > 소르바이트 > 트루스타이트 > 오스테나이트

33 탄소강을 담금질할 때 내부와 외부에 담금질 효과가 다르게 나타나는 것을 무엇이라 하는가?

① 노치 효과 ② 담금질 효과
③ 질량 효과 ④ 비중 효과

34 강을 담금질할 때 냉각속도가 가장 빠른 것은?

① 식염수 ② 기름
③ 비눗물 ④ 물

35 잔류 오스테나이트를 마르텐사이트화 하기 위한 처리를 무엇이라고 하는가?

① 심랭 처리 ② 용체화 처리
③ 균질화 처리 ④ 블루잉 처리

36 다음 표면경화법 중 금속침투법이 아닌 것은?

① 크로마이징 ② 갈바나이징
③ 칼로라이징 ④ 세라다이징

37 다음 중 불변강의 종류에 해당되지 않는 것은?

① 인바(invar)
② 엘린바(elinvar)
③ 서멧(cermet)
④ 플래티나이트(platinite)

38 판 두께가 12mm, 용접길이가 30cm인 판을 맞대기 용접했을 때 4,500kg의 인장하중이 작용한다면 인장응력은 몇 kg/cm^2이겠는가?

① 125 ② 135
③ 145 ④ 155

39 맞대기 용접 이음에서 모재의 인장강도는 $45kgf/mm^2$이며, 용접 시험편의 인장강도가 $47kgf/mm^2$일 때 이음 효율은 약 몇 %인가?

① 104 ② 96
③ 60 ④ 69

40 필릿 용접의 이음 강도는 목 두께로 결정되는데 만약 다리길이 20mm로 필릿 용접할 경우 이론 목 두께는 약 몇 mm로 정해야 하는가? (단, 간편법으로 계산하였을 경우)

① 7.81 ② 9.81
③ 12.14 ④ 14.14

41 용접 시 예열에 대한 설명 중 틀린 것은?

① 용접성이 좋은 연강이라도 두께가 약 25mm 이상이 되면 예열은 하는 것이 좋다.
② 예열은 용접부의 냉각속도를 느리게 한다.
③ 예열온도는 모재의 재질에 따라 각각 다르다.
④ 연강은 0°C 이하의 저온에서는 예열이 불필요하다.

42 보조기호 중 영구적인 이면 판재 사용을 표시하는 기호는?

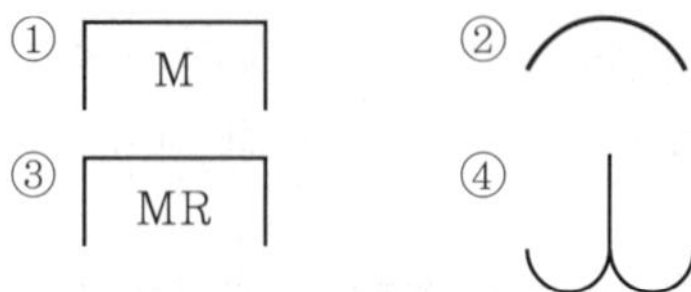

43 용접작업 및 관리를 함에 있어 일종의 절차서로서, 용접 관련 모든 조건 등의 데이터를 포함하는 것을 무엇이라 하나?

① drawing
② WPS
③ code
④ fabrication specification

44 가용접 시 주의하여야 할 사항으로 틀린 것은?

① 본용접과 같은 온도에서 예열을 한다.
② 본용접사와 동등한 기량을 갖는 용접사가 가접을 시행한다.
③ 위치는 부재의 단면이 급변하여 응력이 집중될 우려가 있는 곳은 피한다.
④ 가접 용접봉은 본용접 작업 시 사용하는 것보다 지름이 굵은 것을 사용한다.

45 다음 중 용접 조건의 결정 시 점검사항이 아닌 것은?

① 용접전류 ② 아크길이
③ 용접자세 ④ 예열 유무

46 용접순서를 결정하는 기준으로 틀린 것은?

① 용접물의 중심에 대하여 항상 대칭으로 용접을 해 나간다.
② 수축이 작은 이음을 먼저 용접하고 수축이 큰 이음을 나중에 용접한다.
③ 용접 구조물리 조립되어 감에 따라 용접작업이 불가능한 곳이나 곤란한 경우가 생기지 않도록 한다.
④ 용접구조물의 중립축에 대하여 용접 수축력의 모멘트 합이 0(제로)이 되게 용접한다.

47 다음 중 용착법에 대해 잘못 표현된 것은?

① 덧살올림법 : 각 층마다 전체의 길이를 용접하면서 쌓아 올리는 방법
② 대칭법 : 용접부의 중앙으로부터 양끝을 향해 대칭적으로 용접해 나가는 방법
③ 비석법 : 용접길이를 짧게 나누어 간격을 두면서 용접하는 방법
④ 전진블록법 : 한 끝에서 다른 쪽 끝을 향해 연속적으로 진행하면서 용접하는 방법

48 형광 침투검사법의 단계를 올바르게 표현한 것은?

① 전처리 → 침투 → 수세 → 현상제 살포와 건조 → 검사
② 수세 → 침투 → 현상제 살포와 건조 → 전처리 → 검사
③ 전처리 → 수세 → 현상제 살포와 건조 → 침투 → 검사
④ 수세 → 현상제 살포와 건조 → 전처리 → 침투 → 검사

49 용접 구조물의 연성과 결함의 유무를 조사하는 방법으로 가장 적합한 시험법은?

① 인장시험 ② 굽힘시험
③ 경도시험 ④ 충격시험

50 경도측정 방법 중 압입 경도시험기가 아닌 것은?

① 쇼어 경도계　② 브리넬 경도계
③ 로크웰 경도계　④ 비커어즈 경도계

51 용접부의 비파괴검사 중 비자성체 재료에 이용할 수 없는 것은?

① 방사선투과검사　② 초음파탐상검사
③ 침투탐상검사　④ 자분탐상검사

52 모재에 라미네이션이 발생하였다. 이 결함을 찾는데 가장 좋은 비파괴검사 방법은?

① 육안시험　② 자분탐상시험
③ 음향검사시험　④ 초음파탐상시험

53 용접 자동화의 장점이 아닌 것은?

① 생산성 증대　② 품질 향상
③ 노동력 증가　④ 원가 절감

54 용접부 시험방법에서 야금학적 방법에 해당하는 것은?

① 피로시험　② 부식시험
③ 파면시험　④ 충격시험

55 다음 그림과 같은 제3각 투상도에 가장 적합한 입체도는?

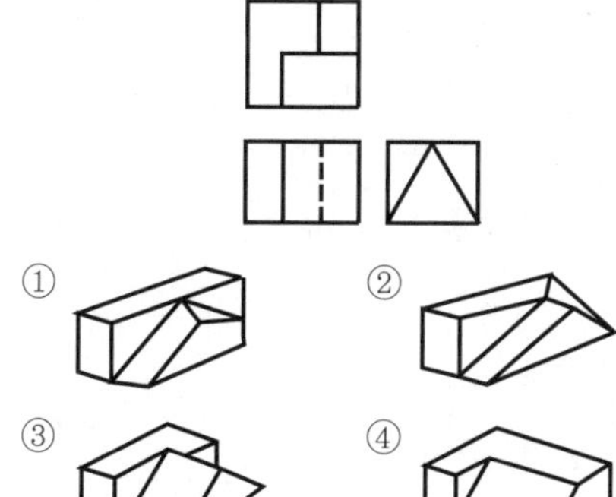

56 도면에서 2종류 이상의 선이 같은 장소에서 중복될 경우 선의 우선순위를 옳게 나열한 것은?

① 외형선>숨은선>절단선>중심선>치수보조선
② 외형선>중심선>절단선>치수보조선>숨은선
③ 외형선>절단선>치수보조선>중심선>숨은선
④ 외형선>치수보조선>절단선>숨은선>중심선

57 다음 그림의 형강을 올바르게 나타낸 치수표시법은? (단, 형강길이는 K이다.)

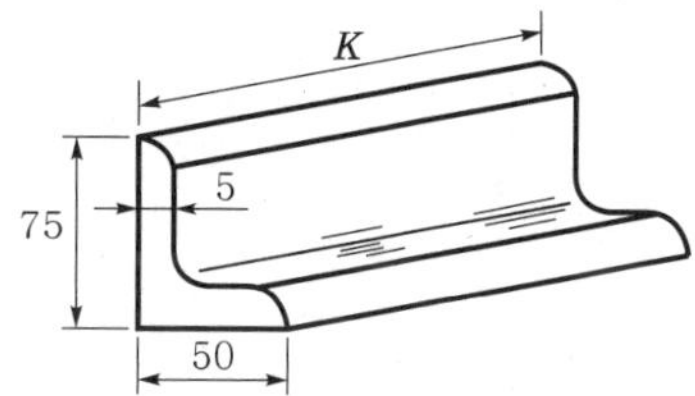

① L $75 \times 50 \times 5 \times K$　② L $75 \times 50 \times 5 - K$
③ L $50 \times 75 - 5 - K$　④ L $50 \times 75 \times 5 \times K$

58 다음 재료기호 중 용접구조용 압연강재에 속하는 것은?

① SPPS 380　② SPCC
③ SCW 450　④ SM 400C

59 보기 도면의 "□40"에서 치수 보조기호인 "□"가 뜻하는 것은?

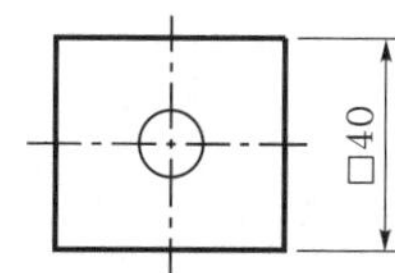

① 정사각형의 변
② 이론적 정확한 치수
③ 판의 두께
④ 참고 치수

60 구멍의 치수 기입에서 "ϕ24 구멍, 23 리벳 P=94"로 표시되었을 때 다음 중 이 말을 잘못 설명한 것은?

① 리벳 지름은 23mm
② 드릴 구멍은 24mm
③ 리벳의 피치는 94mm
④ 리벳 부분의 전체길이는 23×94mm

제 1 회 특수용접기능사 대비 모의고사

▶ 정답 및 해설 : p.314

01 용접기의 아크 발생시간을 6분, 휴식시간을 4분이라 할 때 용접기의 사용률은 몇 %인가?

① 20 ② 40
③ 60 ④ 80

02 다음 재료 중 용제 없이 가스용접을 할 수 있는 것은?

① 주철 ② 황동
③ 연강 ④ 알루미늄

03 리벳이음과 비교하여 용접의 장점을 설명한 것으로 틀린 것은?

① 작업 공정이 단축된다.
② 기밀, 수밀이 우수하다.
③ 복잡한 구조물 제작에 용이하다.
④ 열 영향으로 이음부의 재질이 변하지 않는다.

04 용접에서 직류역극성에 대한 설명 중 틀린 것은?

① 모재의 용입이 깊다
② 봉의 녹음이 빠르다
③ 비드 폭이 넓다
④ 박판, 합금강, 비철금속의 용접에 사용한다.

05 두께가 6mm인 연강판을 가스용접하려고 할 때 가장 적합한 용접봉의 지름은 몇 mm인가?

① 1.6 ② 2.6
③ 4.0 ④ 5.0

06 교류아크 용접기의 종류에 속하지 않은 것은?

① 가동 코일형 ② 가동 철심형
③ 전동기 구동형 ④ 탭 전환형

07 대전류, 고속도 용접을 실시하므로 이음부의 청정(수분, 녹, 스케일 제거 등)에 특히 유의하여야 하는 용접은?

① 수동 피복아크용접
② 반자동 이산화탄소 아크용접
③ 서브머지드 아크용접
④ 가스용접

08 용접봉에서 모재로 용융금속이 옮겨가는 용적이행 형식이 아닌 것은?

① 단락형 ② 스프레이형
③ 탭 전환형 ④ 글로뷸러형

09 전기용접봉 E4301은 어느 계인가?

① 저수소계
② 고산화티탄계
③ 일미나이트계
④ 라임티타니아계

10 가스 절단작업 시의 표준 드래그 길이는 일반적으로 모재 두께의 몇 % 정도인가?

① 5 ② 10
③ 20 ④ 30

11 가스용접에서 역화가 생기는 주요 원인이 아닌 것은?

① 팁의 막힘
② 팁의 과열
③ 가스용기의 형태와 크기
④ 가스압력의 부적절

12 철분 또는 용제를 연속적으로 절단용 산소에 공급하여 그 산화열 또는 용제의 화학작용을 이용하여 절단하는 것은?

① 산소창 절단 ② 스카핑
③ 탄소 아크 절단 ④ 분말 절단

13 용접봉에 아크가 한쪽으로 쏠리는 아크쏠림 방지책이 아닌 것은?

① 짧은 아크를 사용할 것
② 접지점을 용접부로부터 멀리할 것
③ 긴 용접에는 전진법으로 용접할 것
④ 직류용접을 하지 말고 교류용접을 사용할 것

14 2차 무부하전압이 80V, 아크전류가 200A, 아크전압 30V, 내부손실 3KW일 때 역률(%)은?

① 48.00% ② 56.25%
③ 60.00% ④ 66.67%

15 용접의 변 끝을 따라 모재가 파여지고 용착금속이 채워지지 않고 홈으로 남아있는 부분을 무엇이라고 하는가?

① 언더컷 ② 피트
③ 슬래그 ④ 오버랩

16 CO_2 가스 아크용접의 특징을 설명한 것으로 틀린 것은?

① 전류밀도가 높아 용입이 깊고 용접속도를 빠르게 할 수 있다.
② 박판(0.8mm)용접은 단락이행 용접법에 의해 가능하며, 전자세 용접도 가능하다.
③ 적용 재질은 거의 모든 재질이 가능하며, 이종(異種) 재질의 용접이 가능하다.
④ 가시아크이므로 용융지의 상태를 보면서 용접할 수 있어 용접진행의 양(良) · 부(不) 판단이 가능하다.

17 변형 교정방법 중 외력만으로 소성 변형을 일으키게 하여 변형을 교정하는 방법은?

① 박판에 대한 점 수축법
② 형재에 대한 직선 수축법
③ 가열 후 해머링하는 방법
④ 롤러에 거는 방법

18 불활성 가스 금속아크용접에서 가스 공급 계통의 확인 순서로 가장 적합한 것은?

① 용기 → 감압 밸브 → 유량계 → 제어장치 → 용접 토치
② 용기 → 유량계 → 감압 밸브 → 제어장치 → 용접 토치
③ 감압 밸브 → 용기 → 유량계 → 제어장치 → 용접 토치
④ 용기 → 제어장치 → 감압 밸브 → 유량계 → 용접 토치

19 마찰용접의 장점이 아닌 것은?

① 용접작업의 시간이 짧아 작업 능률이 높다.
② 이종금속의 접합이 가능하다.
③ 피 용접물과 형상치수, 길이, 무게의 제한이 없다.
④ 작업자의 숙련이 필요하지 않다.

20 용접 지그를 사용하여 용접했을 때 얻을 수 있는 장점이 아닌 것은?

① 구속력을 크게 하면 잔류응력이나 균열을 막을 수 있다.
② 동일 제품을 대량 생산할 수 있다.
③ 제품의 정밀도와 신뢰성을 높일 수 있다.
④ 작업을 용이하게 하고 용접 능률을 높인다.

21 용접부의 형상에 따른 필릿 용접의 종류가 아닌 것은?

① 연속 필릿 ② 단속 필릿
③ 경사 필릿 ④ 단속지그재그 필릿

22 용접 자동화의 장점을 설명한 것으로 틀린 것은?

① 생산성 증가 및 품질을 향상시킨다.
② 용접조건에 따른 공정을 늘릴 수 있다.
③ 일정한 전류 값을 유지할 수 있다.
④ 용접와이어의 손실을 줄일 수 있다.

23 초음파 탐상법에서 일반적으로 널리 사용되며 초음파의 펄스를 시험체의 한쪽 면으로부터 송신하여 그 결함에서 반사되는 반사파의 형태로 결함을 판정하는 방법은?

① 투과법 ② 공진법
③ 침투법 ④ 펄스반사법

24 용접법 중 가스 압접의 특징을 설명한 것으로 맞는 것은?

① 대단위 전력이 필요하다.
② 용접장치가 복잡하고 설비 보수가 비싸다.
③ 이음부에 첨가 금속 또는 용제가 불필요하다.
④ 용접 이음부의 탈탄층이 많아 용접 이음 효율이 나쁘다.

25 안전모의 일반 구조에 대한 설명으로 틀린 것은?

① 안전모는 모체, 착장체 및 턱끈을 가질 것
② 착장체의 구조는 착용자의 머리 부위에 균등한 힘이 분배되도록 할 것
③ 안전모의 내부 수직 거리는 25mm 이상 50mm 미만일 것
④ 착장체의 머리 고정대는 착용자의 머리 부위에 고정하도록 조절할 수 없을 것

26 가스메탈 아크용접(GMAW)에서 보호가스를 아르곤(Ar) 가스와 CO_2 가스 또는 산소(O_2)를 소량 혼합하여 용접하는 방식을 무엇이라 하는가?

① MIG 용접 ② FCA 용접
③ TIG 용접 ④ MAG 용접

27 MIG 용접에서 사용되는 와이어 송급장치의 종류가 아닌 것은?

① 푸시 방식(push type)
② 풀 방식(pull type)
③ 펄스 방식(pulse type)
④ 푸시풀 방식(push-pull type)

28 스터드 용접에서 페룰의 역할이 아닌 것은?

① 용융금속의 탈산 방지
② 용융금속의 유출 방지
③ 용착부의 오염 방지
④ 용접사의 눈을 아크로부터 보호

29 철강계통의 레일, 차축 용접과 보수에 이용되는 테르밋 용접법의 특징으로 틀린 것은?

① 용접작업이 단순하다.
② 용접용 기구가 간단하고 설비비가 싸다.
③ 용접시간이 길고 용접 후 변형이 크다.
④ 전력이 필요 없다.

30 두께가 다른 판을 맞대기 용접할 때 응력집중이 가장 적게 발생하는 것은?

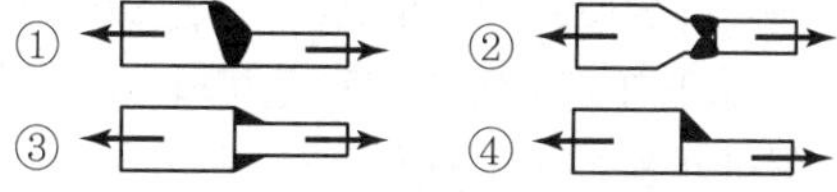

31 다음 그림과 같은 KS 용접기호 설명으로 올바른 것은?

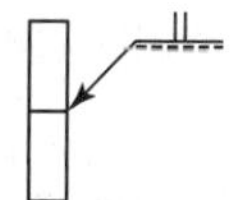

① I형 맞대기 용접으로 화살표 쪽 용접
② I형 맞대기 용접으로 화살표 반대 쪽 용접
③ H형 맞대기 용접으로 화살표 쪽 용접
④ H형 맞대기 용접으로 화살표 반대 쪽 용접

32 용착법 중 한 부분의 몇 층을 용접하다가 이것을 다른 부분의 층으로 연속시켜 전체가 계단 형태의 단계를 이루도록 용착시켜 나가는 방법은?

① 전진법 ② 스킵법
③ 캐스케이드법 ④ 덧살 올림법

33 용접법 중 저항용접의 종류에 해당되지 않는 것은?

① 심용접 ② 프로젝션 용접
③ 플래시 버트 용접 ④ 스터드 용접

34 가스 가우징에 대한 설명으로 가장 올바른 것은?

① 강재 표면에 흠이나 개재물, 탈탄층 등을 제거하기 위해 표면을 얇게 깎아내는 것
② 용접 부분의 뒷면을 따내든지, H형 등의 용접 홈을 가공하기 위한 가공법
③ 침몰선의 해체나 교량의 개조, 항만의 방파제 공사 등에 사용하는 가공법
④ 비교적 얇은 판을 작업 능률을 높이기 위해 여러 장을 겹쳐 놓고 한 번에 절단하는 가공법

35 용접의 일종으로서 아크열이 아닌 와이어와 용융 슬래그 사이에 통전된 전류의 저항열을 이용하여 용접하는 것은?

① 테르밋 용접
② 전자빔 용접
③ 초음파 용접
④ 일렉트로 슬래그 용접

36 필릿 용접에서 이론 목 두께 a와 용접 다리길이 z의 관계를 옳게 나타낸 것은?

① $a \fallingdotseq 0.3z$ ② $a \fallingdotseq 0.5z$
③ $a \fallingdotseq 0.7z$ ④ $a \fallingdotseq 0.9z$

37 아크 플라스마는 고전류가 되면 방전전류에 의하여 자장과 전류의 작용으로 아크의 단면이 수축하여 가늘게 되고 전류밀도가 증가한다. 이와 같은 성질을 무엇이라고 하는가?

① 열적 핀치 효과
② 자기적 핀치 효과
③ 플라스마 핀치 효과
④ 동적 핀치 효과

38 용접결함 중 구조상 결함이 아닌 것은?

① 슬래그 섞임
② 용입불량과 융합불량
③ 언더 컷
④ 피로강도 부족

39 전류를 통하여 자화가 될 수 있는 금속재료, 즉 철, 니켈과 같이 자기변태를 나타내는 금속 또는 그 합금으로 제조된 구조물이나 기계부품의 표면부에 존재하는 결함을 검출하는 비파괴 시험법은?

① 맴돌이전류시험 ② 자분탐상시험
③ γ선 투과시험 ④ 초음파탐상시험

40 주철균열의 보수용접 중 가늘고 긴 용접을 할 때 용접선에 직각이 되게 꺾쇠 모양으로 직경 6mm 정도의 강봉을 박고 용접하는 방법은?

① 스터드법 ② 비녀장법
③ 버터링법 ④ 로킹법

41 황동 가공재를 상온에서 방치하거나 또는 저온 풀림 경화된 스프링재는 사용 중 시간의 경과에 따라 경도 등 여러 성질이 나빠진다. 이러한 현상을 무엇이라고 하는가?

① 경년변화 ② 탈아연부식
③ 저온균열 ④ 저온풀림경화

42 금속침투법의 종류에 속하지 않는 것은?

① 설퍼라이징　② 세라다이징
③ 크로마이징　④ 칼로라이징

43 오스테나이트계 스테인리스강의 설명 중 틀린 것은?

① 내식성이 높고 비자성이다.
② 18%Cr-8%Ni 스테인리스강이 대표적이다.
③ 용접이 비교적 잘되며, 가공성도 좋다.
④ 염산, 황산에 강하다.

44 용접이나 단조 후 편석 및 잔류응력을 제거하여 균일화시키거나 연화를 목적으로 하는 열처리 방법은?

① 담금질　② 뜨임
③ 풀림　④ 불림

45 절삭 공구강의 일종으로 500~600℃까지 가열해도 뜨임 효과에 의해 연화되지 않고 고온에서도 경도의 감소가 적은 특징이 있는 것은?

① 다이스강　② 게이지용강
③ 고속도강　④ 스프링강

46 표준 고속도강(high speed steel)의 성분 조성은?

① 18%W-4%Ni-1%Co
② 18%W-6%Ni-2%Co
③ 18%W-4%Cr-1%V
④ 18%W-6%Ni-2%Co

47 다음 중 림드강의 특징으로 옳지 않은 것은?

① 강괴 내부에 기포와 편석이 생긴다.
② 강의 재질이 균일하지 못하다.
③ 중앙부의 응고가 지연되며 먼저 응고한 바깥부터 주상정이 테두리에 생긴다.
④ 탈산제로 완전 탈산시킨 강이다.

48 시험편을 인장 파단하여 항복점(또는 내력), 인장강도, 연신율, 단면수축률 등을 조사하는 시험법은?

① 경도시험　② 굽힘시험
③ 충격시험　④ 인장시험

49 용접결함의 종류 중 치수상의 결함에 속하는 것은?

① 변형　② 융합불량
③ 슬래그 섞임　④ 기공

50 용접작업 중 지켜야 할 안전사항으로 틀린 것은?

① 보호장구를 반드시 착용하고 작업한다.
② 훼손된 케이블은 사용 후에 보수한다.
③ 도장된 탱크 안에서의 용접은 충분히 환기시킨 후 작업한다.
④ 전격방지기가 설치된 용접기를 사용한다.

51 좁은 탱크 안에서 작업할 때 주의사항으로 옳지 않은 것은?

① 질소를 공급하여 환기시킨다.
② 환기 및 배기장치를 한다.
③ 가스 마스크를 착용한다.
④ 공기를 불어넣어 환기시킨다.

52 다음 그림은 필릿 용접이음 홈의 각부 명칭을 나타낸 것이다. 필릿 용접의 목 두께에 해당하는 부분은?

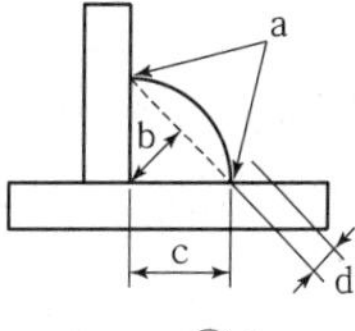

① a　② b
③ c　④ d

53 다음 그림과 같은 입체도에서 화살표 방향을 정면으로 한 제3각 정투상도로 가장 적합한 투상은?

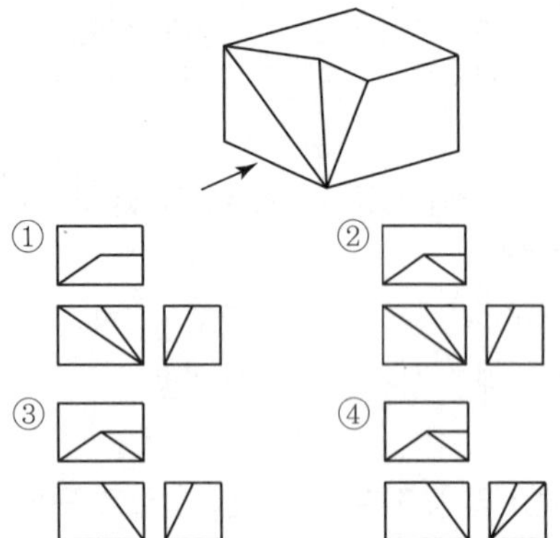

54 기계 제도에서의 척도에 대한 설명으로 잘못된 것은?

① 척도란 도면에서의 길이와 대상물의 실제길이의 비이다.
② 척도는 표제란에 기입하는 것이 원칙이다.
③ 축척은 2 : 1, 5 : 1, 10 : 1 등과 같이 나타낸다.
④ 노면을 정해진 척도값으로 그리지 못하거나 비례하지 않을 때에는 척도를 "NS"로 표시할 수 있다.

55 다음 그림과 같은 용접기호의 뜻은?

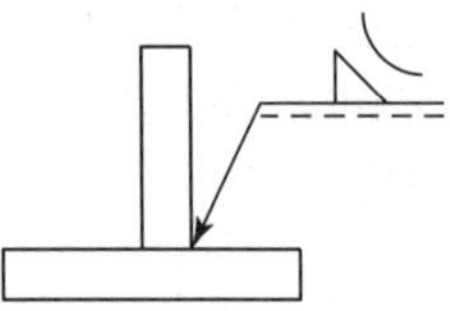

① 볼록형 필릿 용접　② 오목형 필릿 용접
③ 볼록형 심 용접　④ 오목형 심 용접

56 도면에 2가지 이상의 선이 같은 장소에 겹치어 나타내게 될 경우 우선순위가 가장 높은 것은?

① 숨은선　② 외형선
③ 절단선　④ 중심선

57 다음 그림과 같은 기계 제도의 단면도에서 A가 나타내는 것은?

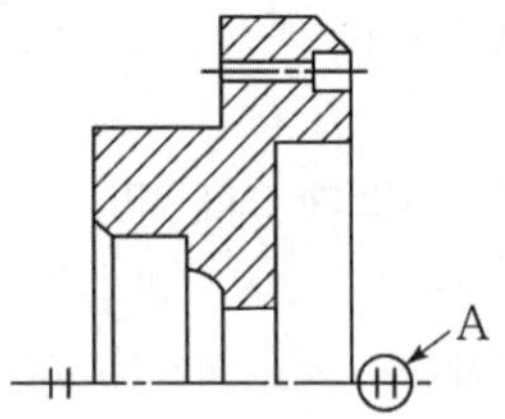

① 단면도 표시 기호　② 바닥 표시 기호
③ 대칭 도시 기호　④ 평면 기호

58 다음 도면에서 지름이 6mm의 구멍의 수는 모두 몇 개인가?

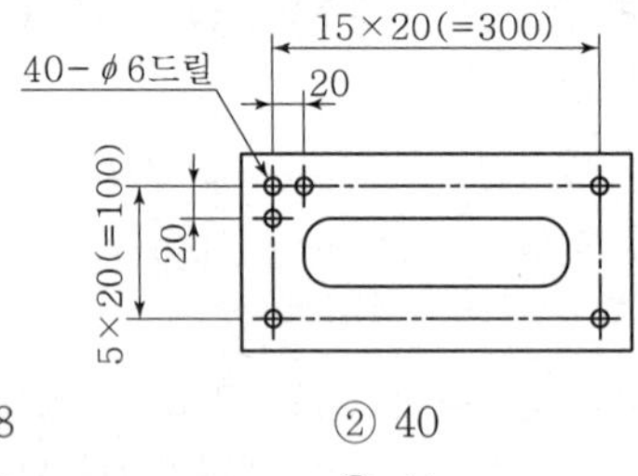

① 38　② 40
③ 42　④ 44

59 용접부 표면 또는 용접부 형상에 대한 보조기호 설명으로 틀린 것은?

① —— : 평면
② ⌒ : 볼록형
③ MR : 영구적인 이면 판재 사용
④ ⌣ : 토우를 매끄럽게 함

60 다음 그림의 용접 기호 중 가 나타내는 것은?

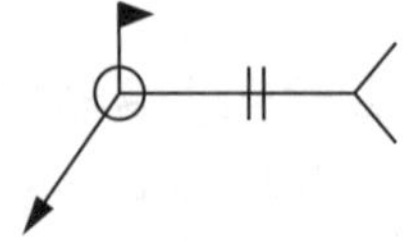

① 전둘레 공장 용접　② 현장 필릿 용접
③ 전둘레 현장 용접　④ 현장 점 용접

제 2 회 특수용접기능사 대비 모의고사

▶ 정답 및 해설 : p.317

01 피복금속 아크용접에서 "모재가 일부가 녹은 쇳물부분"을 의미하는 것은?

① 슬래그 ② 용융지
③ 용입부 ④ 용착부

02 가스용접에서 역류, 역화가 일어나는 원인이 아닌 것은?

① 팁과 모재가 접촉하였을 때
② 아세틸렌의 압력이 과대할 때
③ 팁 구멍이 막혔을 때
④ 팁이 과열되었을 때

03 스카핑 작업에 대한 설명으로 틀린 것은?

① 용접부 결함, 뒤 따내기, 용접홈의 가공 등에 적합
② 강재표면의 개재물, 탈탄층 등을 제거하기 위하여 사용한다.
③ 스카핑 토치는 가우징 토치에 비하여 능력이 크다.
④ 팁은 슬로우 다이버전트형이다.

04 직류아크용접에 대한 설명 중 올바른 것은?

① 용접봉을 양극, 모재를 음극에 연결하는 경우를 정극성이라고 한다.
② 역극성은 용입이 깊다.
③ 역극성은 두꺼운 판의 용접에 적합하다.
④ 정극성은 용접 비드의 폭이 좁다.

05 용접부의 분류에서 아크용접에 해당하지 않은 것은?

① 유도가열용접 ② 피복금속용접
③ 서브머지드용접 ④ 이산화탄소용접

06 탄소 아크절단에 압축공기를 병용하여 전극 홀더의 구멍에서 탄소 전극봉에 나란히 분출하는 고속의 공기를 분출시켜 용융금속을 불어내어 홈을 파는 방법은?

① 금속아크절단
② 아크 에어 가우징
③ 플라스마 아크절단
④ 불활성 가스 아크절단

07 연강용 가스 용접봉에서 "625 ± 25℃에서 1시간 동안 응력을 제거했다."는 영문자 표시에 해당되는 것은?

① NSR ② GB
③ SR ④ GA

08 일반적인 전기회로는 옴의 법칙에 의해 동일한 저항에 흐르는 전류는 그 전압에 비례하지만 낮은 전류에서 아크의 경우는 반대로 전류가 커지면 저항이 작아져서 전압도 낮아지는데 이러한 현상을 아크의 무슨 특성이라 하는가?

① 전압회복 특성 ② 절연회복 특성
③ 부저항 특성 ④ 자기제어 특성

09 가스용접을 피복금속 아크용접과 비교할 때 단점으로 옳은 것은?

① 가열할 때 열량조절이 비교적 어렵다.
② 아크용접에 비해 유해광선의 발생이 많다.
③ 전원 설비가 없는 곳에서는 쉽게 설치할 수 없다.
④ 폭발의 위험이 크고 금속이 탄화 및 산화될 가능성이 많다.

10 A는 병 전체 무게(빈병의 무게 + 아세틸렌 가스의 무게)이고, B는 빈병의 무게이며, 또한 15℃ 1기압에서의 아세틸렌가스 용적을 905L 라고 할 때, 용해 아세틸렌 가스의 양인 C(L)를 계산하는 식은?

① $C = 905(B-A)$
② $C = 905+(B-A)$
③ $C = 905(A-B)$
④ $C = 905+(A-B)$

11 피복금속아크 용접봉의 내균열성이 좋은 정도는?

① 피복제의 염기성이 높을수록 양호하다.
② 피복제의 산성이 높을수록 양호하다.
③ 피복제의 산성이 낮을수록 양호하다.
④ 피복제의 염기성이 낮을수록 양호하다.

12 가스용접으로 연강용접 시 사용하는 용제는?

① 염화리튬 ② 붕사
③ 염화나트륨 ④ 사용하지 않는다.

13 가스절단 시 양호한 절단면을 얻기 위한 조건이 아닌 것은?

① 드래그(drag)가 가능한 클 것
② 절단면 표면의 각이 예리할 것
③ 슬래그 이탈이 양호할 것
④ 절단면이 평활하여 노치 등이 없을 것

14 AW200 무부하 전압 80V, 아크전압 30V인 교류용접기를 사용할 때 역률과 효율은? (단, 내부 손실은 4kW이다.)

① 역률 62.5%, 효율 60%
② 역률 30%, 효율 25%
③ 역률 80%, 효율 90%
④ 역률 84.55%, 효율 75%

15 아세틸렌 가스의 폭발성과 관계 없는 것은?

① 수은 ② 압력
③ 온도 ④ 암모니아

16 피복금속 아크용접에서 아크를 중단시켰을 때 비드의 끝에 약간 움푹 들어간 부분이 생기는데 이것을 무엇이라 하는가?

① 스패터 ② 크레이터
③ 오버랩 ④ 슬랙 섞임

17 TIG 용접 시 청정효과(cleaning action)에 대한 설명으로 틀린 것은?

① 이 현상은 가속된 가스이온이 모재 표면에 충돌하여 산화막이 제거되는 현상이다.
② 직류정극성에서 잘 나타난다.
③ Ar 가스 사용 시 잘 나타난다.
④ 강한 산화막이 있는 금속도 용제 없이 용접이 가능하다.

18 CO_2 용접의 복합 와이어 구조에 해당하지 않는 것은?

① 아스코 와이어 ② S관상 와이어
③ T관상 와이어 ④ NCG 와이어

19 서브머지드 아크용접에서 용융형 용제의 특징이 아닌 것은?

① 비드 외관이 아름답다.
② 흡습성이 거의 없으므로 재건조가 불필요하다.
③ 미용융 용제는 다시 사용이 가능하다.
④ 용융 시 분해되거나 산화되는 원소를 첨가할 수 있다.

20 레이저 용접의 특징에 대한 설명으로 틀린 것은?

① 모재의 열변형이 거의 없다.
② 진공 중에서의 용접이 가능하다.
③ 미세하고 정밀한 용접을 할 수 있다.
④ 접촉식 용접방식이다.

21 FCAW(Flux Cored Arc Welding)에서 용접봉 속 플럭스의 작용으로 거리가 먼 것은?

① 탈산제 역할과 용접금속을 깨끗이 한다.
② 용접금속이 응고할 동안 용접금속 위에 슬래그를 형성하여 보호한다.
③ 아크를 안정시키고 스패터를 감소시킨다.
④ 합금원소 첨가로 강도를 증가시키나 연성과 저온 충격강도를 증가시킨다.

22 플럭스 코어드 아크용접에 대한 설명으로 거리가 먼 것은?

① 용착속도가 빠르다.
② 용입이 깊기 때문에 맞대기 용접에서 면취 개선 각도를 최소한도로 줄일 수 있다.
③ 스패터 발생이 적으며, 슬래그 제거가 빠르고 용이하다.
④ 모든 금속의 용접이 가능하다.

23 아크용접 작업의 안전 중 전격에 의한 재해 예방법으로 틀린 것은?

① 좁은 장소의 용접 작업자는 열기에 의하여 땀을 많이 흘리게 되므로 몸이 노출되지 않게 항상 주의하여야 한다.
② 전격을 받은 사람을 발견했을 때에는 즉시 스위치를 꺼야 한다.
③ 무부하 전압이 90V 이상 높은 용접기를 사용한다.
④ 자동 전격방지기를 사용한다.

24 용접구조물 설계 시의 주의사항 중 틀린 것은?

① 용접이음은 집중, 접근 및 교차를 피한다.
② 용접성, 노치인성이 우수한 재료를 선택하여 시공하기 쉽게 설계한다.
③ 용접금속은 가능한 다듬질 부분에 포함되지 않게 주의한다.
④ 후판을 용접할 경우는 용입을 깊게 하기 위하여 용접층수를 가능한 많게 설계한다.

25 알루미늄과 알루미늄 합금의 용접에 대하여 설명한 것 중 틀린 것은?

① 가스용접할 때는 약한 산화 불꽃을 사용한다.
② 가스용접 시 얇은 판의 용접에서는 변형을 막기 위하여 스킵법과 같은 용접방법을 채택한다.
③ TIG 용접으로 할 경우 용제 사용 및 슬래그의 제거가 필요없다.
④ 저항 점용접으로 접합할 경우는 표면의 산화막을 제거해야 한다.

26 주철용접 시의 주의사항 중 틀린 것은?

① 보수 용접을 행하는 경우는 본 바닥이 나타날 때까지 잘 깎아낸 후 용접한다.
② 가열되어 있을 때 피닝 작업을 하여 변형을 줄이는 것이 좋다.
③ 용접봉은 될 수 있는 대로 지름이 큰 것을 사용한다.
④ 비드의 배치는 짧게 해서 여러 번의 조작으로 완료한다.

27 필릿 용접의 이음 강도는 목 두께로 결정되는데 만약 다리길이 20mm로 필릿 용접할 경우 이론 목 두께는 약 몇 mm로 정해야 하는가? (단, 간편법으로 계산하였을 경우)

① 7.81 ② 9.81
③ 12.14 ④ 14.14

28 용접비드의 토(toe)에 생기는 작은 홈을 말하는 것으로 용접전류가 과대할 때, 아크길이가 길 때, 운봉속도가 너무 빠를 때 생기기 쉬운 용접 결함은?

① 언더컷 ② 오버랩
③ 기공 ④ 용입불량

29 다음 그림의 용접 도면을 설명한 것 중 맞지 않는 것은?

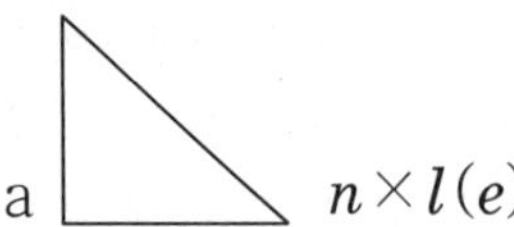

① a : 목 두께
② ι : 용접길이
③ n : 목 길이의 개수
④ (e) : 인접한 용접부 간격

30 다음 중 파괴시험의 용접성 시험에 해당 되는 것은?

① 용접연성시험 ② 초음파시험
③ 맴돌이전류시험 ④ 음향시험

31 용접변형에 영향을 미치는 인자 중 용접열에 관계되는 인자와 거리가 가장 먼 것은?

① 용접속도 ② 용접층수
③ 용접전류 ④ 부재치수

32 이산화탄소 아크용접 20L/min의 유량으로 연속 사용할 경우 액체 이산화탄소 25kgf 들이 용기는 대기 중에 가스량이 약 12,700L라 할 때 약 몇 시간 정도 사용할 수 있는가?

① 6 ② 10
③ 15 ④ 20

33 용접을 하면 주로 열 영향에 의해 모재가 변형되기 쉽다. 이러한 변형을 방지하기 위한 용착법 중 다음 그림과 같은 작업방법은?

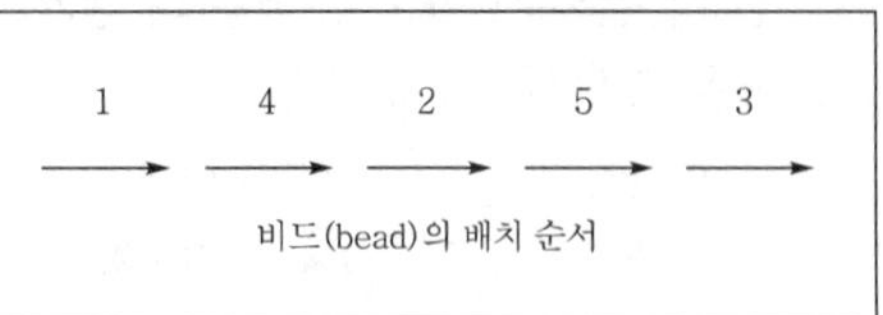

① 전진법 ② 후진법
③ 대칭법 ④ 스킵법

34 가접방법에 대한 설명 중 옳지 못한 것은?

① 본용접부에는 가능한 피한다.
② 가접에는 직경이 가는 용접봉이 좋다.
③ 불가피하게 본용접부에 가접한 경우 본용접 전 가공하여 본 용접한다.
④ 가접은 반드시 필요한 것이 아니므로 생략해도 된다.

35 다음 그림과 같은 맞대기 용접에서 P=3,000kg의 하중으로 당겼을 때 용접부의 인장응력은 얼마인가?

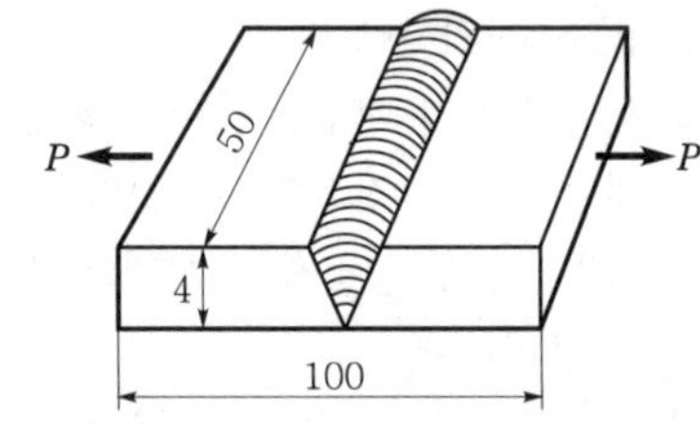

① 5kg/mm² ② 8kg/mm²
③ 10kg/mm² ④ 15kg/mm²

36 다음 그림에서 필릿 이음이 아닌 것은?

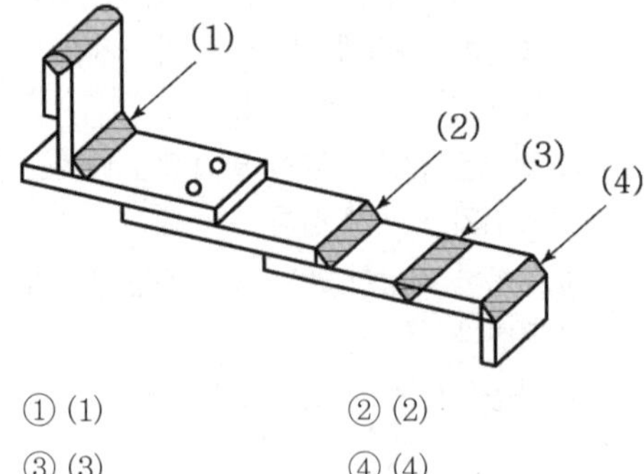

① (1) ② (2)
③ (3) ④ (4)

37 방사선 투과검사의 특징에 대한 설명으로 틀린 것은?

① 모든 용접 재질에 적용할 수 있다.
② 모재가 두꺼워지면 검사가 곤란하다.
③ 내부 결함 검출에 용이하다.
④ 검사의 신뢰성이 높다.

38 납땜법의 종류가 아닌 것은?

① 인두 납땜　② 가스 납땜
③ 초경 납땜　④ 노내 납땜

39 강재 표면의 흠이나 개재물, 탈탄층 등을 제거하기 위해 얇고 타원형 모양으로 표면으로 깎아내는 가공법은?

① 가스 가우징　② 너깃
③ 스카핑　④ 아크 에어 가우징

40 다음 그림과 같이 용접부의 비드 끝과 모재 표면 경계부에서 균열이 발생하였다. A는 무슨 균열이라고 하는가?

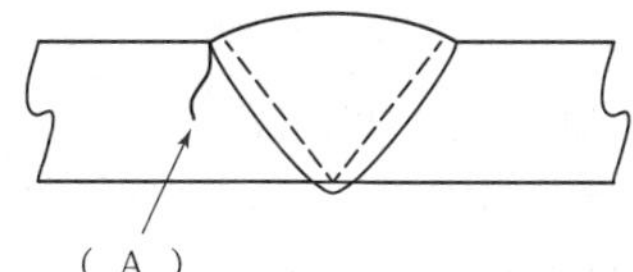

① 토우 균열　② 라멜라테어
③ 비드 밑 균열　④ 비드 종 균열

41 두꺼운 판의 양쪽에 수냉 동판을 대고 용융 슬래그 속에서 아크를 발생시킨 후 용융 슬래그의 전기저항열을 이용하여 용접하는 방법은?

① 서브머지드 아크용접
② 불활성 가스 아크용접
③ 일렉트로 슬래그 용접
④ 전자빔 용접

42 다음 중 주강에 대한 일반적인 설명으로 틀린 것은?

① 주철에 비하면 용융점이 800℃ 전후의 저온이다.
② 주철에 비하여 기계적 성질이 월등히 우수하다.
③ 주조상태로는 조직이 거칠고 취성이 있다.
④ 주강 제품에는 기포 등이 생기기 쉬우므로 제강작업에는 다량의 탈산제를 사용함에 따라 Mn이나 Si의 함유량이 많아진다.

43 용탕의 유동성을 좋게 하고 합금의 경도 및 강도를 증가시키며 내마모성과 탄성을 개선시키기 위해 청동의 용해 주조 시 탈산제로 사용하는 P를 합금 중에 0.05~0.5% 정도 남게 하여 만든 특수청동은?

① 켈밋　② 배빗메탈
③ 암즈청동　④ 인청동

44 비중이 7.14이고 비철금속 중에서 알루미늄, 구리 다음으로 많이 생산되며, 황동과 다이캐스팅용 합금에 많이 이용되는 원소는?

① 은　② 티탄
③ 아연　④ 규소

45 강이나 주철제의 작은 볼을 고속 분사하는 방식으로 표면층을 가공 경화시키는 것은?

① 금속침투법　② 쇼트 피닝법
③ 하드 페이싱　④ 질화법

46 다음 중 청동 합금인 것은?

① 문쯔메탈　② 델타메탈
③ 모넬메탈　④ 건메탈

47 7 : 3 황동에 1% 주석을 넣은 것은?

① 에드미럴티 황동　② 네이벌 황동
③ 알브락　④ 델타메탈

48 용접구조용 압연강재의 재료의 표시기호 "SM 490B"에서 490이 나타내는 것은?

① 최저 인장강도　② 강재 종류 번호
③ 최대 항복강도　④ 압연강 분류 번호

49 구상 흑연 주철에서 구상화를 촉진하는 원소가 아닌 것은?

① 마그네슘　② 세륨
③ 칼슘　④ 아연

50 철강재료에 포함된 인(P)의 영향에 대한 설명이다. 이 중 잘못된 것은?

① 결정립을 조대화시킨다.
② 연신율을 감소시킨다.
③ 강도, 경도를 증가시킨다.
④ 고온 취성의 원인이 된다.

51 다음 입체도의 화살표 방향 투상도로 가장 적합한 것은?

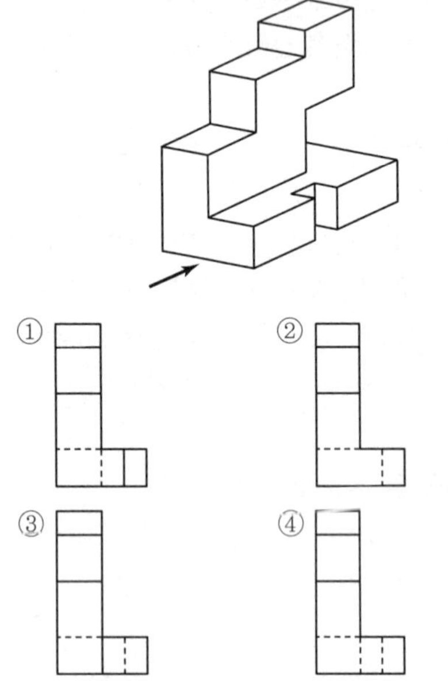

52 판의 두께를 나타내는 치수 보조기호는?

① C ② R
③ p ④ t

53 리벳 머리부터 리벳 끝까지 전체 치수로 호칭 길이를 표시하는 리벳은?

① 둥근 머리 리벳
② 둥근 접시 머리 리벳
③ 접시 머리 리벳
④ 납작 머리 리벳

54 용접 보조기호 중 용접부의 다듬질 방법을 특별히 지정하지 않는 경우의 기호는?

① C ② F
③ G ④ M

55 도형이 비례척이 아닌 경우 치수를 표시하는 방법으로 옳은 것은?

① (125) ② 125
③ SR125 ④ 125

56 비파괴시험의 기본 기호의 설명이다. 틀린 것은?

① LT : 누설시험
② ST : 변형도측정시험
③ VT : 내압시험
④ PT : 침투탐상시험

57 다음 투상도 중 표현하는 각법이 다른 하나는?

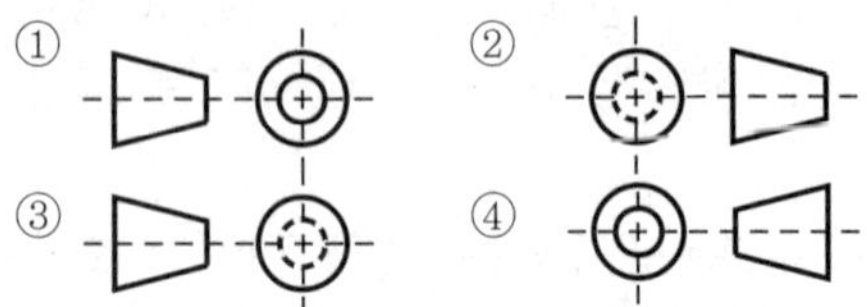

58 관 끝의 표시 방법 중 용접식 캡을 나타낸 것은?

59 다음 그림의 도면에서 X의 거리는?

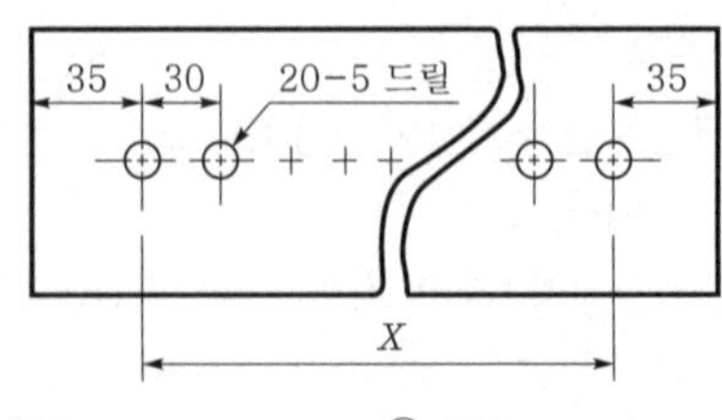

① 510mm ② 570mm
③ 600mm ④ 630mm

60 다음 그림과 같은 입체도의 화살표 방향을 정면도로 표현할 때 실제와 동일한 형상으로 표시되는 면을 모두 고른 것은?

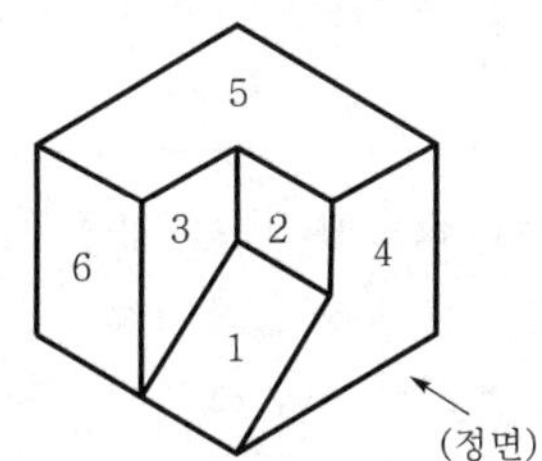

① 3과 4 ② 4와 6
③ 2와 6 ④ 1과 5

제 1 회 용접기능사 대비 모의고사 정답 및 해설

01	02	03	04	05	06	07	08	09	10	11	12	13	14	15	16	17	18	19	20
②	①	④	①	④	②	①	④	②	③	②	④	①	④	②	②	③	②	④	②
21	22	23	24	25	26	27	28	29	30	31	32	33	34	35	36	37	38	39	40
②	④	③	③	③	②	②	②	②	②	②	②	①	②	④	①	③	③	④	②
41	42	43	44	45	46	47	48	49	50	51	52	53	54	55	56	57	58	59	60
②	③	①	③	①	③	②	①	①	①	④	④	③	①	③	②	③	②	④	④

01 용접은 보기 ②의 범주에 속한다.

02 보기 ②, ③, ④는 압접에 속한다.

03 코오킹에 대한 내용이다.

04 직류역극성(DCRP, DCEP)의 경우 모재에 (-)극을 용접봉에 (+)극이 연결된다. (+)극에 연결된 용접봉에 열량이 70%가 가해지므로 비드의 폭이 넓어진다.

05 ④ 용착금속은 강인성이 풍부하고, 내균열성이 우수하다.

06 용접입열을 구하는 공식

$$H=\frac{60EI}{V}[\text{J/cm}]$$
$$=\frac{60\times20\times150}{15}=12{,}000[\text{J/cm}]$$

07
$$\text{허용사용률}=\frac{(\text{정격 2차 전류})^2}{(\text{실제 사용 전류})^2}\times(\text{정격 사용률})$$
$$=\frac{(200)^2}{(160)^2}\times40=62.5\%$$

08 핫 스타트 장치는 아크 발생 초기에만 특별히 용접 전류를 크게 하는 장치이다.

09 ② 용적을 미세화하고 용착 효율을 높인다.

10 글로뷸러형에 대한 내용이다.

11 ㉠ 산소량(L) = P(충전압력) × 내용적(V)
= 60×40 = 2,400[L]

㉡ 산소 소모량은 아세틸렌 200L/h의 1.2배이므로 240L/h이다.

㉢ 산소량/산소 소모량 = 2,400L/240L이므로 10시간 사용이 가능하다.

12 가스 용접에서 전진법과 후진법을 비교

항목	전진법	후진법
열 이용률	나쁘다	좋다
용접속도	느리다	빠르다
비드 모양	보기 좋다	매끈하지 못하다
홈 각도	크다(80°)	작다(60°)
용접변형	크다	작다
용접모재 두께	얇다 (5mm까지)	두껍다
산화 정도	심하다	약하다
용착금속의 냉각속도	급랭된다	서냉된다
용착금속 조직	거칠다	미세하다

13 동합금을 가스용접하는 경우 용제로 붕사를 사용한다.

14 서브머지드 용접의 경우 특별한 장치가 없는 한 아래보기, 수평 필릿 등의 자세에 국한된다.

15 독일식(이심형)은 작은 곡선 절단은 어려우나 직선 절단에는 능률적이다.

16 ② 절단면이 평활하며 드래그의 홈이 낮을 것

17 드래그 라인에 대한 내용이다.

18 TIG 용접은 비용극식, 비소모성 전극인 텅스텐(용점 3,410℃)을 사용한다.

19 SAW 용제는 수분을 함유하지 않아야 한다. 사용 전 충분한 온도에서 건조된 것을 사용한다.

20 ② TIG 용접 - 비소모식(비용극식) 가스 실드 아크 용접법

21 TIG 용접에서 청정 작용은 직류역극성에서 효과가 크다. 직류역극성보다는 효과가 작지만 교류 전원에서도 청정 작용이 일어난다.

22 SAW의 와이어에 도금하는 이유는 보기 ①, ②, ③ 등이다.

23 MIG 등 반자동, 자동 용접기는 정전압 특성과 상승 특성이 있는 직류 용접기가 사용된다.

24 플라스마 아크용접은 아크의 형태가 원통형이고 직진도가 좋으며 전류밀도가 커서 용입이 깊고 용접 속도가 빠르며 비드 폭이 좁다.

25 가스 분출기에 대한 내용이다.

26 CO_2 또는 MIG 용접의 경우 정전압 특성의 용접기를 사용한다. 용접 중 아크길이는 아크전압과 비례한다. 사용 중 아크길이가 길어지면 전압이 커지고 전류가 작아져서 아크길이를 자기제어한다.

27 MIG 와이어 송급장치는 보기 ①, ③, ④ 외에 더블-푸시 방식 등이 있다.

28 일렉트로 슬래그 용접에 대한 내용이다.

29 ② 유동성이 좋고 금속과의 친화력이 좋을 것

30 너깃에 대한 내용이다.

31 테르밋제는 보기 ②이며, 보기 ①은 테르밋 반응을 잘 일으키게 해주는 점화제 또는 첨가제이다.

32 비녀장법에 대한 내용이다.

33 용접 중 $Cr_{23}C_6$ 등의 크롬탄화물이 석출되면서 내식성을 담당하는 Cr이 부족하여 입계부식이 생기게 된다.

34 ② 산소병을 운반할 때는 반드시 캡(cap)을 씌워 운반한다.

35 연강에서 탄소함유량이 증가되면 인장강도와 경도는 증가하고 연신율은 감소한다.

36 강재의 S(유황)를 FeS(황화철)로 만들기 전에 Mn을 함유하여 MnS(황화망간)의 화합물을 만들어 상대적으로 FeS가 적게 생성되도록 한다.

37 펄라이트 조직은 공석반응에 의해 나타난다. γ 고용체(오스테나이트)가 냉각되면서 α 고용체(페라이트) + Fe_3C(시멘타이트) 조직으로 나타나게 되며 이를 펄라이트 조직이라 한다. ① 페라이트, ② 레데뷰라이트, ④ 시멘타이트 조직이다.

38 공정 주철 조직이며, 레데뷰라이트 조직이라 한다.

39 불림에 대한 내용이다.

40 표면경화에 대한 내용이다.

41 스텔라이트(Co-Cr-W-C 계)에 대한 내용이다.

42 인바에 대한 내용이다.

43 보기 ①에 대한 내용이다.

44 보기 ③에 대한 내용이다.

45 보기 ①에 대한 내용이다.

46 완전 용입이 가능한 맞대기 용접을 많이 하도록 설계하는 것이 바람직하다.

47 $\sigma = \dfrac{P}{A} = \dfrac{6,000}{5 \times 40} = 30\text{kgf/mm}^2$

(여기서, σ : 인장응력, P : 하중, A : 단면적)

48 용접기호를 해석하며 "화살표 방향으로 목 두께 5mm 필릿 용접을 하시오"가 된다.

49 ① C - 치핑

50 강재 제조서 내용에는 제조공정은 포함되지 않는다.

51 ④ 가접 위치는 부품의 끝, 모서리나 각 등과 같은 장소는 피하여 실시한다.

52 리벳이음과 용접이음을 동시에 하는 경우 수축이 큰 용접이음을 먼저한다.

53 피닝법에 대한 내용이다.

54 언더컷에 대한 내용이다.

55 연신률은 다음과 같이 구한다.

$\varepsilon = \frac{\ell' - \ell}{\ell} \times 100$(여기에서 ℓ'는 늘어난 길이, ℓ은 원래길이)

$\varepsilon = \frac{78-60}{60} \times 100 = 30\%$

56 보기 ②의 경우로 치수를 표시한다.

57 ① 전체길이 : 30+(50×11)+30=610mm
② 드릴 가공 구멍의 지름 : 20mm
④ 드릴 가공 구멍의 피치 : 50mm

58 ① 리벳 수량은 명시되지 않는다.
③ 최저 인장강도는 400kPa이다.
④ 리벳의 호칭지름은 13mm이다.

59 배면도가 1각법, 3각법에서도 같은 위치에 배열된다.

60 보기 ④에 대한 내용이다.

제2회 용접기능사 대비 모의고사 정답 및 해설

01	02	03	04	05	06	07	08	09	10	11	12	13	14	15	16	17	18	19	20
①	③	②	①	③	③	①	②	①	④	③	④	①	③	③	①	④	②	①	②
21	22	23	24	25	26	27	28	29	30	31	32	33	34	35	36	37	38	39	40
①	④	④	①	①	②	①	④	①	②	②	①	③	①	①	②	③	①	①	④
41	42	43	44	45	46	47	48	49	50	51	52	53	54	55	56	57	58	59	60
④	①	②	④	④	②	④	①	②	①	④	④	③	③	③	①	②	④	①	④

01 금속과 금속을 1Å(10^{-8}cm) 거리만큼 충분히 접근시키면 원자 간의 인력이 작용하여 접합이 가능하다.

02 테르밋 용접에 대한 내용이다.

03 파이프를 수평으로 고정하면 수평자세가 나타나지 않는다.

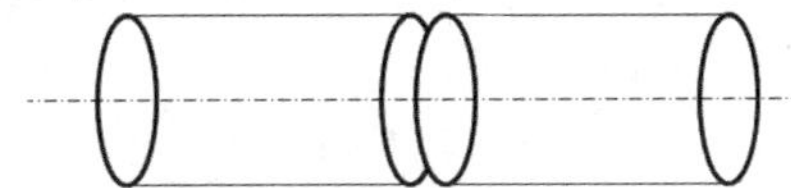

04 보기 ①에 대한 내용이다.

05 용융지(molten pool) 또는 용융풀은 아크열에 의해 용접봉과 모재가 녹은 쇳물 부분이다.

06 각 극성별 용입 깊이는 다음과 같다.

직류정극성(DCSP) — 비드 폭이 좁고 용입이 깊다.
교류(AC) — 정극성과 역극성의 중간이다.
직류역극성(DCRP) — 비드 폭이 넓고 용입이 얕다.

07 $H=\dfrac{60EI}{V}$에서, $I=\dfrac{HV}{60E}=\dfrac{20000\times 20}{60\times 40}\fallingdotseq 167\text{A}$

08 보기 ②에 대한 내용이다.

09 단락형에 대한 내용이다.

10 $\text{역률}=\dfrac{\text{소비 전력}}{\text{전원 입력}}\times 100$

$=\dfrac{(\text{아크전압}\times\text{아크전류})+\text{내부 손실}}{\text{2차 무부하 전압}\times\text{아크전류}}\times 100$

$=\dfrac{(30\times 300)+4\text{kW}}{80\times 300}\times 100=54.17\%$

11 아세틸렌의 폭발을 온도로 본다면 406~408℃는 자연발화되고, 505~515℃에 달하면 공기 중에 폭발한다. 780℃ 이상이 되면 산소가 없어도 자연 폭발을 한다.

12 산소량(L)=충전 압력(P)×내용적(V)으로 구한다. 따라서 $L=P\times V=100\times 50=5,000[L]$이며, 프랑스식 100번팁은 1시간에 100리터의 아세틸렌이 소모된다. 문제에서 혼합비가 1 : 1이므로 같은 양의 산소가 소모되며 50시간 작업이 가능하다.

13 보기 ①에 대한 내용이다.

14 보기 ③에 대한 내용이다.

15 가스용기의 보관 · 사용장소는 직사광선을 피할 수 있는 곳이라야 한다.

16 TIG 용접의 경우 비소모성 전극, 즉 고용점의 금속인 텅스텐(용점 3,410℃)을 사용한다.

17 TIG 용접에서 아크의 열은 전극이 음극인 경우(직류정극성)보다 전극이 양극(직류역극성)인 경우에 많이 받는다. 따라서 전극의 굵기는 직류정극성을 1에 비해 직류역극성에서는 약 4배 더 굵은 지름의 전극이 필요하다.

18 정류작용에 대한 내용이다.

19 초음파용접의 경우 용접물을 겹쳐서 상하 앤빌 사이에 끼워놓고 압력을 가하면서 초음파 주파수로 횡진동시켜 용접을 하므로 대형 구조물 적용하기 곤란하다.

20 CO_2 용접의 전진법과 후진법의 특징 비교

전진법	후진법
• 용접 시 용접 선이 잘 보여 운봉을 정확하게 할 수 있다. • 비드 높이가 낮아 평탄한 비드가 형성된다. • 스패터가 많고 진행 방향으로 흩어진다. • 용착금속이 진행방향으로 앞서기 쉬워 용입이 얕다.	• 용접 시 용접 선이 노즐에 가려 잘 보이지 않아 운봉을 정확하게 하기 어렵다. • 스태터 발생이 전진법보다 적게 발생한다. • 용융금속이 진행방향에 직접적인 영향이 적어 깊은 용입을 얻을 수 있다. • 용접을 하면서 비드 모양을 볼 수 있어 비드의 폭과 높이를 제어하면서 용접을 할 수 있다.

21 대입열 용접의 범주에 속하는 ESW은 후판 강재에 적합하다.

22 MIG 용접의 경우 CO_2 용접보다 스패터의 양이 적다.

23 플라스마 용접에 대한 내용이다.

24 $\alpha-$Fe 페라이트에 대한 내용이다.

25 하이브리드 용접에 대한 내용이다.

26 솔리드 와이어(wire) 중심(cored)에 용제(flux)가 들어 있는 와이어를 복합 와이어 또는 플럭스 코어드 와이어(flux cored wire)라 한다.

27 적열취성을 유발하는 황(S)을 망간(Mn)의 영향으로 황화망간(MnS) 화합물을 우선 생성케 하여 황화철(FeS)로 인한 적열취성을 방지할 수 있다.

28 보기 ④에 대한 내용이다.

29 ① 용접봉은 내균열성이 좋은 저수소계 용접봉을 사용한다.

30 동일한 전류에서 지름이 작아지면 전류밀도가 커지며, 용입은 깊어진다. 작은 지름으로 인해 비드 폭은 좁아진다.

31 철-탄소 상태도에서는 경도 값을 알기 어렵다.

32 담금질 조직의 경도 순은 보기 ①이 올바르며, 담금질 조직을 포함한 전체 조직의 경도 순은 C > M > T > S > P > A > F 순이다.

33 질량효과에 대한 내용이다.

34 강을 담금질 하는 경우 냉각액을 냉각 순서로 나열하면 소금물 > 비눗물 > 물 > 기름 순이다.

35 심냉(sub-zero) 처리에 대한 내용이다.

36 갈바나이징은 금속침투법의 종류가 아니다.

37 불변강은 보기 ①, ②, ④ 등이다.

38 $\sigma=\dfrac{P}{tl}=\dfrac{4,500}{1.2\times30}=125\text{kg/cm}^2$

39 용접에서 이음 효율을 구하는 공식은 다음과 같다.

$$\frac{\text{용접 시험편의 인장 강도}}{\text{모재의 인장 강도}}\times 100\%$$

$$=\frac{47}{15}\times100=104.44\%$$

40 이론 목 두께를 h_t라 하고 다리길이를 h라 할 때

$h_t=\cos 45^\circ \times h$

$=0.707\times20\simeq14.14[\text{mm}]$

41 얇은 판의 연강이라도 기온이 0℃ 이하인 경우 저온균열 발생 예방을 위해 이음의 양쪽을 약 100mm 폭이 되게 하여 약 40~70℃ 정도 예열을 해준다.

42 보기 ①에 대한 내용이다.

43 WPS(Welding Procedure Specification) : 용접작업 절차서 또는 용접작업 시방서를 말한다. WPS를 완성하기 위한 시험을 PQT(Procedure Qualification Test)라 하고, 그때의 용접 조건을 기록한 기록서를 PQR(PQ Record)이라 한다.

44 가접 시 용접봉의 지름은 본 용접의 용접봉보다 다소 지름이 적은 것을 사용한다.

45 보기 중 용접 조건을 결정할 때 점검사항으로는 보기 ①, ②, ③ 등이다.

46 ② 수축이 큰 맞대기 이음을 먼저 용접하고 이후 수축이 작은 필릿이음을 용접한다.

47 ④ 짧은 용접 길이로 표면까지 용착하는 방법으로 첫 층에 균열이 발생하기 쉬울 때 사용한다.

48 P.T의 검사 단계로 보기 ①이 맞다.

49 굽힘시험에 대한 내용이다.

50 보기 ②, ③, ④의 경우는 압입한 후 압입면적 또는 압입 대각선의 길이를 측정하는 압입 경도 시험이다. 보기 ①은 강구(steel ball)를 낙하시킨 뒤 반발하여 튀어 오르는 높이를 측정하므로 나머지 셋과 측정방법에 차이가 있다.

51 자분탐상시험의 경우 모재를 자화시킨 후 표면과 이면에 가까운 면에 있는 결함에 의하여 생긴 누설 자속을 자분 또는 검사 코일을 사용하여 결함위치를 검출한다. 따라서 비자성체인 오스테나이트계 스테인리스강의 경우 적용하기 곤란하다.

52 라미네이션 균열은 모재의 결함으로 강괴일 때 생성된 기포가 압연과정에서 공극이 되지만 모재의 체적은 변화가 없으므로 방사선 투과시험에서는 검출이 되지 않는다. 초음파탐상시험에서 검출이 가능하다.

53 용접 자동화하여 노동력의 감소 효과를 얻어야 장점이 될 수 있다.

54 야금학적 시험은 크게 육안조직시험과 현미경조직시험으로 구분되며, 파면의 조직을 보는 시험으로 파괴시험 범주에 속한다.

55 도면을 올바르게 입체로 표시된 것은 보기 ③이다.

56 두선이 같은 장소에서 겹치는 경우 보기 ①의 순서로 우선순위를 나타낸다.

57 "ㄱ" 형강의 치수표시는 보기 ②와 같다.

58 보기 ④에 대한 내용이다.

59 치수보조기호

구분	기호
지름	ϕ
반지름	R
구의 지름	Sϕ
구의 반지름	SR
정사각형의 변	□
판의 두께	t
원호의 길이	⌒
45°의 모떼기	C
이론적으로 정확한 치수	▭
참고 치수	( )

60 전체 길이의 경우 구멍과 구멍 사이의 거리를 피치라 한다.
전체 길이 = [(구멍 갯수−1) × 피치]
= (23−1) × 94 = 2,068mm

제 1 회 특수용접기능사 대비 모의고사 정답 및 해설

01	02	03	04	05	06	07	08	09	10	11	12	13	14	15	16	17	18	19	20
③	③	④	①	③	③	③	③	③	③	③	④	③	④	①	③	④	①	③	①
21	22	23	24	25	26	27	28	29	30	31	32	33	34	35	36	37	38	39	40
③	②	④	③	④	④	③	①	③	②	①	③	④	②	④	③	②	④	②	②
41	42	43	44	45	46	47	48	49	50	51	52	53	54	55	56	57	58	59	60
①	①	④	③	③	③	④	④	①	②	①	②	②	③	②	②	③	②	③	③

01 $\text{사용률} = \frac{\text{아크발생시간}}{\text{아크발생시간} + \text{휴식시간}} \times 100$

$= \frac{6\text{분}}{6\text{분} + 4\text{분}} \times 100 = 60\%$

02 가스용접에서 연강의 경우 용제 없이 용접이 가능하다.

03 ④ 열 영향으로 이음부의 재질 변화가 우려된다.

04 직류역극성(DCRP 또는 DCEP)의 경우 모재에 (+)극, 용접봉에 (-)극이 연결된다. 따라서 모재의 용입은 얕다.

05 가스용접 시

$D = \frac{T}{2} + 1$ (D : 가스용접봉 지름, T : 판 두께)

$D = \frac{6}{2} + 1 = 4.0\text{mm}$

06 교류 아크 용접기의 종류로는 보기 ①, ②, ④ 외에 가포화리액터형 등이 있다.

07 서브머지드 아크용접에 대한 내용이다.

08 용적 이행 형식은 크게 보기 ①, ②, ④ 등이 있다.

09 ① E4316
② E4313
④ E4303

10 표준 드래그 길이는 판 두께의 약 1/5, 즉 약 20% 정도이다.

11 역화의 주원인으로 보기 ①, ②, ④ 외에 아세틸렌 공급압이 부족할 때 등이다.

12 분말 절단에 대한 내용이다.

13 ③ 긴 용접에는 후퇴법으로 용접할 것

14 효율 = (아크출력/소비전력)×100
소비전력 = (아크전압×아크전류)+내부손실
= (30×200)+3KW = 9KVA
아크출력 = (아크전압×아크전류)
= 30×200 = 6KVA
∴ 효율 = (6/9)×100 = 66.67%

15 언더컷에 대한 내용이다.

16 ③ CO_2 가스용접의 적용 재질은 철계통에 한한다.

17 보기 ①, ②, ③은 열을 가하는 반면 보기 ④는 외력만으로 소성 변형을 일으켜서 변형을 교정한다.

18 MIG 용접의 가스 공급계통 확인 순서는 보기 ①이 옳다.

19 마찰용접의 피용접재료는 주로 원형 단면에 적용되며, 형상치수 등에 제한을 받는다. 특히 긴 물건, 무게가 무거운 것, 큰 지름의 것 등은 용접이 곤란하다.

20 지그 사용으로 인하여 구속력이 크게 되면 잔류응력과 균열 발생의 우려는 커진다.

21 용접부의 형상에 따른 필릿 용접의 종류로는 보기 ①, ②, ④ 등이다.

22 용접 조건에 따라 공정수가 늘어난다면 장점이 될 수 없다.

23 초음파 탐상법 중 펄스반사법에 대한 내용이다.

24 ① 원리적으로 전력이 필요없다.
② 용접 장치가 간단하고 시설비와 수리비가 적게 든다.
④ 이음부에 탈탄층이 없다.

25 ④ 착장체의 머리 고정대는 착용자의 머리 부위에 고정하도록 조절할 수 있어야 한다.

26 MAG(Metal Active Gas) 용접으로 불활성 가스(Inert Gas) 대신 CO_2 또는 $CO_2 + O_2$ 등을 보호가스로 활용하는 용접법이다.

27 MIG 용접에서 와이어 송급장치의 종류로는 보기 ①, ②, ④ 외에 더블 푸시방식 등이 있다.

28 ① 용융금속의 산화방지

29 ③ 용접시간이 짧고 용접 후 변형이 적다.

30 용접부 단면 변화가 가장 적은 보기 ②가 응력 집중이 가장 적게 발생한다.

31 I형 용접기호(Ⅱ)가 실선에 표기되어 있으므로 화살표 쪽 용접으로 해독한다.

32 캐스케이드 용착법에 대한 내용이다.

33 스터드 용접은 융접에 속하는 용접법이다.

34 보기 ①은 스카핑, 보기 ②는 가우징에 대한 내용이다.

35 일렉트로 슬래그 용접에 대한 내용이다.

36 $a = \cos 45° Z \fallingdotseq 0.7Z$으로 구해진다.

37 자기적 핀치 효과에 대한 내용이다.

38 보기 ④는 성질상의 결함 범주에 포함된다.

39 자성체에 대한 표면 결함 검출방식은 자분탐상시험이다.

40 비녀장법에 대한 내용이다.

41 경년변화에 대한 내용이다.

42 금속침투법의 종류로는 보기 ②, ③, ④ 이외에 실리코나이징, 보로나이징 등이 있다.

43 오스테나이트계 스테인리스강의 단점
- 염산, 염소가스, 황산 등에 약하다.
- 입계부식이 발생하기 쉽다.

44 풀림에 대한 내용이다.

45 고속도강에 대한 내용이다.

46 표준 고속도강의 화학성분으로 보기 ③이 옳다.

47 ④ 림드강은 탈산 및 기타 가스처리가 불충분한 강이고 탈산제로 완전 탈산시킨 강은 킬드강이다.

48 인장시험에 대한 내용이다.

49 보기 ②, ③, ④는 구조상 결함의 범주에 속한다.

50 ② 훼손된 케이블은 즉시 보수 후 작업하도록 한다.

51 보기 ① 대신 보기 ④처럼 하면 바람직하다.

52 ② 목 두께
③ 다리 길이

53 화살표 방향의 정면도에는 우측 하단으로 두선이 보이므로 보기 ③, ④는 제외되고, 평면도를 고려하면 중심부에 우측하단으로 실선이 보이는 보기 ②가 정답이 된다.

54 ③ 축척은 1 : 2, 1 : 5, 1 : 10 등과 같이 나타낸다.

55 보기 ②로 해석된다.

56 도면에서 2종류의 선이 같은 장소에서 중복될 경우 외형선 > 숨은선 > 절단선 > 중심선 > 치수보조선 순으로 그린다.

57 보기 ③에 대한 내용이다.

58 문제에서 "40-∅6 드릴"을 해석하면 "지름 6mm의 드릴로 40개의 구멍을 가공한다"라는 뜻이다.

59

용접부 표면 또는 용접부 형상	기호
평면(동일한 면으로 마감처리)	—
볼록형	⌒
오목형	◡
토우를 매끄럽게 함	⋃
영구적인 이면 판재(backing strip) 사용	M
제거 가능한 이면 판재 사용	MR

60 전둘레(온둘레) 현장 용접에 대한 내용이다.

제 2 회 특수용접기능사 대비 모의고사 정답 및 해설

01	02	03	04	05	06	07	08	09	10	11	12	13	14	15	16	17	18	19	20
②	②	①	④	①	②	③	③	④	③	①	④	①	①	④	②	②	③	④	④
21	22	23	24	25	26	27	28	29	30	31	32	33	34	35	36	37	38	39	40
④	④	③	④	①	③	④	①	③	①	④	②	④	④	④	③	②	③	③	①
41	42	43	44	45	46	47	48	49	50	51	52	53	54	55	56	57	58	59	60
③	①	④	③	②	④	①	①	④	④	②	④	③	②	④	③	③	④	②	①

01 용융지에 대한 내용이다.

02 ② 아세틸렌 공급압이 부족할 때

03 보기 ①의 경우 가우징에 대한 내용이다.

04 ① 용접봉을 (+)극, 모재 (-)에 연결하는 경우를 직류역극성이라고 한다.
② 직류정극성은 모재에 (+)극 연결되어 용입이 깊다.
③ 직류역극성은 박판이나 비철금속 용접에 적용한다.

05 유도가열 용접은 압접의 범주에 속한다.

06 아크 에어 가우징에 대한 내용이다.

07 SR(Stress Relief) : 응력 제거 열처리(풀림)을 했다 라는 의미

08 부저항 특성에 대한 내용이다.

09 ① 가열할 때 열량 조절이 비교적 자유롭다.
② 아크용접에 비해 유해광선 발생이 적다.
③ 전원 설비가 없는 곳에 설치가 쉽다.

10 용해 아세틸렌 가스의 양은 보기 ③으로 계산된다.

11 보기 ①에 대한 내용이다.

12 가스용접에서 연강의 경우 용제 없이 용접이 가능하다.

13 ① 드래그가 가능한 작을 것

14 $역률 = \frac{소비전력}{전원입력} \times 100$, $효율 = \frac{아크출력}{소비전력} \times 100$

- 전원입력 = 2차 무부하 전압×정격2차전류
  $= 80 \times 200 = 16,000\text{VA} = 16\text{kVA}$
- 소비전력 = (아크전압×정격2차전류)+내부손실 $= (30 \times 200)[\text{W}] + 4\text{kW} = 10\text{kVA}$
- 아크출력 = 아크전압×정격2차전류
  $= 30 \times 200 = 6,000\text{VA} = 6\text{kVA}$

$역률 = \frac{10}{16} \times 100 = 62.5\%$, $효율 = \frac{6}{10} \times 100 = 60\%$

15 아세틸렌 가스의 폭발은 보기 ①, ②, ③ 외에 화합물 생성, 외력 등에 영향을 받는다.

16 크레이터에 대한 내용이다.

17 ② 직류역극성에서 잘 나타난다.

18 복합 와이어 구조에 희한 종류로는 보기 ①, ②, ④ 외에 Y관상 와이어 등이 있다.

19 ④ 용융 시 분해되거나 산화되는 원소를 첨가할 수 없다.

20 ④ 비접촉식으로 용접이 가능하다.

21 ④ 합금 원소의 첨가로 강도를 증가시키거나 연성과 저온 충격강도를 감소시킨다.

22 ④ 일부 금속(연강, 고장력강, 저온강, 내열강, 내후성강, 스테인리스강 등)에 제한적으로 적용되고 있다.

23 ③ 무부하 전압이 높으면 전격의 위험이 크다.

24 ④ 후판을 사용하게 될 경우는 용입이 깊은 용접법을 선정하여 가능한 층(layer)수를 줄이도록 한다.

25 ① 가스용접할 때는 약한 탄화 불꽃을 사용한다.

26 용접봉 지름이 크다면 전류가 높다 라는 의미이므로 용접입열을 적게 해야 하는 주철의 경우 전류를 낮추던지, 가는 용접봉을 사용한다.

27 목 두께(h_t) = 다리길이(h) × cos 45°

$$= h \times 0.707 = 20 \times 0.707 = 14.14\text{mm}$$

28 언더컷에 대한 내용이다.

29 ③ 용접부 개수

30 보기 ②, ③, ④는 비파괴 시험법의 종류이다.

31 보기 ④가 거리가 멀다.

32 CO_2 가스량이 12,700L이고, 가스 사용량은 20L/min이다.

가스 사용량은 시간당으로 환산하면 1,200L/hr이 된다.

$$\frac{\text{가스량}}{\text{시간당 소모량}} = \frac{12,700}{1,200} ≒ 10.58$$

33 비석법, 스킵법에 대한 그림이다.

34 가접은 본용접 실시 전 이음부 좌우의 홈 부분 또는 시점과 종점부를 잠정적으로 고정하기 위한 짧은 용접이다. 따라서 생략할 수 없다.

35 $$\sigma = \frac{P}{A} = \frac{P}{t \cdot l} = \frac{3,000}{4 \times 50} = 15\text{kg/mm}^2$$

36 문제 그림에서 보기 ③은 맞대기 이음을 나타낸다.

37 방사선 투과검사의 특징

- 모든 용접 재질에 적용할 수 있다.
- 내부 결함 검출에 용이하다.
- 검사의 신뢰성이 높다.
- 자성의 유무, 두께의 대소, 형상, 표면 상태의 양부에 관계없이 적용이 가능하다. 등이 있다.

38 납땜법의 종류로는 보기 ①, ②, ④ 외에 담금납땜, 저항납땜, 유도가열 납땜 등이 있다.

39 스카핑에 대한 내용이다.

40 토우(toe) 균열에 대한 내용이다.

41 일렉트로 슬래그 용접(ESW)에 대한 내용이다.

42 주강은 주철에 비해 용융온도가 1,600℃ 정도로 고온이며 수축률이 커서 주조하기 어렵다.

43 인청동에 대한 내용이다.

44 아연에 대한 내용이다.

45 쇼트 피닝법에 대한 내용이다.

46 ①, ② 황동

③ Ni–Cu계 합금

47 황동 중

- 7 · 3 황동 + 1%Sn : 애드미럴티
- 6 · 4 황동 + 1%Sn : 네이벌 황동
- 7 · 3 황동 + 1%Fe : 듀라나 메탈
- 6 · 4 황동 + 1%Fe : 델타 메탈

48 보기 ①에 대한 내용이다.

49 침상 또는 편상의 흑연을 구상화시키기 위해 첨가되는 합금원소는 보기 ①, ②, ③ 등이다.

50 인(P)에 대한 영향은 보기 ①, ②, ③ 외에 상온취성, 청열취성, 저온취성 등의 원인이 된다.

51 보기 ②가 적합하다.

52 판의 두께(thickness)를 의미하는 보기 ④에 대한 내용이다.

53 접시머리 리벳의 길이에 대한 내용이다.

54

다듬질 종류	문자 기호
치핑	C
연삭	G
절삭(기계 다듬질)	M
지정하지 않음	F

55 도형의 형태가 치수와 비례하지 않을 때는 숫자 아래의 "–"를 긋거나 척도란에 "비례척이 아님" 또는 "NS"를 표시한다.

56 VT : 육안 시험, PRT : 내압시험

57 보기 ①, ②, ④는 제3각법의 표기 방법이며, 보기 ③은 제1각법의 표기 방법이다.

58 관 끝부분의 표시방법

끝부분의 종류	그림기호
막힌 플랜지	——‖
나사박음식 캡 및 나사박음식 플러그	——]
용접식 캡	——D

59 문제를 해석하면 "구멍 간 피치는 30mm이며, 지름 5mm 드릴을 이용하여 20개의 구멍을 가공하라"라는 의미이다.

X = (구멍 개수−1) × 피치 = (20−1) × 30 = 570mm

60 화살표 방향의 정면으로 입체를 바라보면 3, 4가 실제 크기로 보인다.

저 자 소 개

저자 **지정민**

- 현, 법무부 공공직업훈련소 직업능력개발훈련교사
- 교육학 석사, 공학박사 과정 중
- 기능경기대회 심사위원
- 소지 자격증: 용접기능장, 용접기사, 용접산업기사, 특수용접기능사 등

용접기능사 필기 | 특수용접기능사 포함

2021. 3. 5. 초 판 1쇄 인쇄
2021. 3. 12. 초 판 1쇄 발행

지은이 | 지정민
펴낸이 | 이종춘
펴낸곳 | BM (주)도서출판 성안당
주소 | 04032 서울시 마포구 양화로 127 첨단빌딩 3층(출판기획 R&D [illegible]
10881 경기도 파주시 문발로 112 파주 출판 문화도시(제작 및 물류)
전화 | 02) 3142-0036
031) 950-6300
팩스 | 031) 955-0510
등록 | 1973. 2. 1. 제406-2005-000046호
출판사 홈페이지 | **www.cyber.co.kr**
ISBN | 978-89-315-3291-3 (13550)
정가 | 27,000원

이 책을 만든 사람들
기획 | 최옥현
진행 | 이희영
교정·교열 | 류지은, 송소정
전산편집 | 더기획
표지 디자인 | 임진영
홍보 | 김계향, 유미나
국제부 | 이선민, 조혜란, 김혜숙
마케팅 | 구본철, 차정욱, 나진호, 이동후, 강호묵
마케팅 지원 | 장상범, 박지연
제작 | 김유석

용접기능사 | 특수용접기능사 포함

이 책의 구성

- 제1편 용접 일반
- 제2편 용접 시공
- 제3편 작업안전
- 제4편 용접 재료
- 제5편 기계제도(비절삭 부분)
- 부록 Ⅰ 용접기능사 과년도 출제문제
  Ⅱ 특수용접기능사 과년도 출제문제
  Ⅲ 모의고사

"수험생 여러분을 성안당이 응원합니다."

절취선

BM Book Media Group

성안당은 선진화된 출판 및 영상교육 시스템을 구축하고
항상 연구하는 자세로 독자 앞에 다가갑니다.

"

지적인 욕구가 있는 자만이 배울 것이요,
의지가 확고한 자만이
배움의 길목에 있는 장애물을 극복할 것이다.
나는 항상 지능지수보다는
모험지수에 열광했다.

_유진 윌슨

"

Part 01 용접 일반

WELDiNG

Chapter 01 | 용접 개요

1) **용접의 원리** : 만유인력의 법칙에 따라서 주로 금속 원자 간의 인력에 의해 접합되는 것으로, 이때 원자 간의 인력이 작용하는 거리는 약 1Å[옹스트롬](10^{-8}cm, 1억분의 1cm)이다.

2) **용접의 장점** : 재료 절약, 공정수 감소, 제품의 성능과 수명 향상, 이음효율 우수

3) **용접의 단점** : 용접부 재질 변화, 품질검사 곤란, 응력집중, 용접사 기술에 따라 이음부 강도 좌우, 취성과 균열에 주의

4) **용접의 종류**

① 융접 ② 압접 ③ 납땜

5) **용접자세(Groove; G, 맞대기 홈용접)**

① 1G : 아래보기 자세(F)

② 2G : 수평자세(H)

③ 3G : 수직자세(V)

④ 4G : 위보기 자세(O)

Chapter 02 | 피복아크용접

1) **피복아크용접의 원리** : 피복제를 바른 용접봉과 피용접물 사이에 발생하는 전기아크열을 이용하여 용접한다.

2) **용어 해설**

① **용적** : 용접봉이 녹아 모재로 이행되는 쇳물 방울

② **용융지** : 용융풀이라고도 하며 아크열에 의하여 용접봉과 모재가 녹은 쇳물 부분

③ **용입** : 아크열에 의하여 모재가 녹은 깊이

④ **용착** : 용접봉이 용융지에 녹아 들어가는 것을 용착이라 하고, 이것이 이루어진 것을 용착금속이라 함

⑤ **피복제** : 맨 금속심선의 주위에 유기물 또는 두 가지 이상의 혼합물로 만들어진 비금속물질로서, 아크 발생을 쉽게 하고 용접부를 보호하며 녹아서 슬래그(slag)가 되고 일부는 타서 아크 분위기를 만듦

3) **용접회로** : 용접기 → 전극 케이블 → 홀더 → 용접봉 → 아크 → 모재 → 접지 케이블 → 용접기

4) **아크** : 용접봉과 모재 사이의 전기적 방전으로 인한 불꽃방전(최고온도 : 6,000℃, 실 온도 : 3,500~5,000℃)

5) **극성**

① **직류정극성(DCSP)** : 모재(+), 용접봉(−), 깊은 용입, 느린 봉의 녹음, 좁은 비드폭, 일반적인 사용

② **직류역극성(DCRP)** : 모재(−), 용접봉(+), 얕은 용입, 넓은 비드폭, 박판, 비철금속에 적용

6) **용접입열**

$$H = \frac{60EI}{V} \text{[Joule/cm]}$$

여기서, E : 아크전압[V], I : 아크전류 [A], V : 용접속도[cpm(cm/min)]

7) **용적 이행** : 아크열에 의해 용접봉 또는 용접 와이어의 선단으로부터 모재 측으로 용융금속이 옮겨 이행하는 것을 말한다. 이행형식은 **단락형**, **스프레이형**, **글로뷸러형** 등 세 가지 형식으로 나눌 수 있다.

8) **아크의 특성**
   ① **부저항 특성** : 전류가 커지면 전압이 낮아지는 특성
   ② **절연회복 특성**
   ③ **전압회복 특성**
   ④ **아크길이 자기제어 특성**

9) **아크쏠림** : 아크가 용접봉 방향에서 한쪽으로 쏠리는 현상을 말하며, 직류 용접에서 특히 심하다.
   ① **현상** : 아크 불안정, 용착금속의 재질 변화, 결함 발생
   ② **방지책** : 직류대신 교류 사용, 모재 양 끝에 엔드탭 부착, 접지점을 용접부보다 멀리 함, 후퇴법 사용, 짧은 아크 사용

10) **피복아크 용접기기의 개요** : 용접아크에 전력을 공급해 주는 변압기의 일종으로 2차측 전원 특성에 따라 직류아크 용접기와 교류아크 용접기로 구분된다.

11) **용접기의 특성**
   ① **수하 특성** : 부하전류가 증가하면 단자전압이 저하됨
   ② **정전압 특성** : 부하전류가 다소 변하더라도 일정한 전압
   ③ **정전류 특성** : 아크길이가 다소 변하더라도 일정한 전류
   ④ **상승 특성** : 아크전압이 증가하면 전류 증가

12) **직류아크 용접기**
   ① **전동발전형** : 직접 직류전기 생산
   ② **엔진구동형** : 직접 직류전기 생산
   ③ **정류기형(셀렌, 실리콘 등)** : 교류를 직류로 변환

13) **교류아크 용접기**
   ① **가동철심형** : 가동철심으로 누설자속 가감, 전류 조정, 광범위한 전류 조정 곤란, 미세한 전류 조정 가능
   ② **가동코일형** : 1차, 2차 코일 중의 하나 이동, 누설자속을 변화하여 전류를 조정
   ③ **탭 전환형** : 코일의 감긴 수에 따라 전류 조정
   ④ **가포화리액터형** : 가변 저항의 변화로 전류 조정, 전류의 원격제어 가능

14) **용접기의 사용률**

(정격)사용률(%)

$$= \frac{\text{아크시간}}{\text{아크시간} + \text{휴식시간}} \times 100$$

15) **허용사용률(%)**

허용사용률

$$= \frac{(\text{정격2차전류})^2}{(\text{실제사용전류})^2} \times \text{정격사용률}$$

16) **역률과 효율**

$$\text{역률}(\%) = \frac{\text{소비전력[kW]}}{\text{전원입력[kVA]}} \times 100$$

$$\text{효율}(\%) = \frac{\text{아크출력[kW]}}{\text{소비전력[kW]}} \times 100$$

여기에서, 소비전력 = 아크출력 + 내부손실
전원입력 = 2차 무부하전압 × 아크전류
아크출력 = 아크전압 × 아크전류

17) **고주파 발생장치의 장점**
   ① 아크 손실이 적어 용접작업이 쉽다.
   ② 아크 발생 시에 용접봉이 모재에 접촉하지 않아도 아크가 발생된다.
   ③ 무부하전압을 낮게 할 수 있다.
   ④ 전격 위험이 적으며, 전원입력을 적게 할 수 있으므로 용접기의 역률이 개선된다.

18) **전격방지장치** : 용접사 보호를 위해 용접을 하지 않을 때 70~80A이던 **무부하전압을 20~30V로** 유지해 주는 장치

19) 용접용 케이블의 규격

출력 전류(A)	200	300	400
1차 측 케이블 지름(mm)	5.5	8	14
2차 측 케이블 단면적(mm^2)	38	50	60

20) 피복아크 용접봉

① 용접부를 보호하는 방식에 따라 가스 생성식, 슬래그 생성식, 반가스 생성식

② 연강용 피복아크 심선재료(SWR(W)) : 저탄소림드강

③ 피복제의 역할

㉠ 아크 안정

㉡ 중성 또는 환원성 분위기로 대기 차폐

㉢ 용적 미세화, 용착효율을 높임

㉣ 용착금속의 탈산 정련작용, 가벼운 슬래그 생성

㉤ 모재 표면 산화물 제거, 스패터 발생을 적게 함

㉥ 합금원소 첨가, 전기 절연 작용

④ 연강용 피복아크 용접봉의 규격

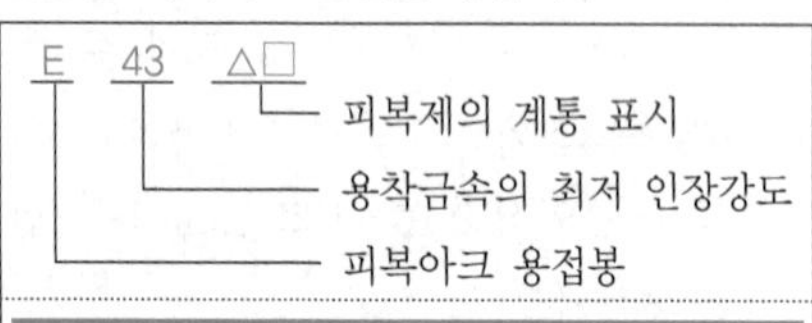

한국	일본	미국
E4301	D4301	E6001
E4316	D4316	E7016

- E4301 : 일미나이트계
- E4303 : 라임 티타니아계
- E4311 : 고셀룰로오스계
- E4313 : 고산화티탄계
- E4316 : 저수소계
- E4324 : 철분 산화티탄계
- E4326 : 철분 저수소계
- E4327 : 철분 산화철계

⑤ 피복제의 염기도가 높을수록 내균열성이 좋다(E4316).

⑥ 저수소계는 300~350℃에서 1~2시간 건조, 이외의 용접봉은 70~100℃에서 1/2~1시간 건조 후 사용

⑦ 편심률(%) $= \frac{D' - D}{D}$

21) 진행각 : 용접봉과 용접선이 이루는 각도로서 용접봉과 수직선 사이의 각도

22) 작업각 : 용접봉과 용접선과 직교되는 선이 이루는 각도

23) 아크 발생법 : 긁기법, 찍는법(초보자에게 적합)

Chapter 03 | 가스 용접

1) 가연성 가스 : 자기 스스로 연소가 가능한 가스(아세틸렌가스, 수소가스, 도시가스, LP 가스 등)

2) 지(조)연성 가스 : 가연성 가스가 연소하는 것을 도와주는 가스(공기, 산소 등)

3) 가스 용접의 장점

① 넓은 응용범위, 편리한 운반, 가열 · 조절이 가능

② 아크용접에 비해 유해광선 발생 적음

③ 설비비가 저렴, 어느 곳에서나 쉽게 설치 가능

④ 전기 불필요

4) 가스 용접의 단점

① 아크용접에 비해 불꽃이 낮음, 낮은 열효율

② 나쁜 열 집중으로 효율적인 용접 곤란

③ 폭발 우려, 넓은 가열범위로 응력 발생, 많은 시간 소요

④ 아크용접에 비해 낮은 신뢰도, 탄화 및 산화 가능성 존재

5) 가스 조합에 의한 가스용접의 종류

① 산소-아세틸렌(3,430℃)

② 산소-수소(2,900℃)

③ 산소-프로판(2,820℃)

④ 산소-메탄(2,700℃)

6) 아세틸렌가스

① 순수한 것은 무색 · 무취, 비중은 0.906(15℃ 1기압에서 1L의 무게는 1.176g)이다.

② 물 : 1배, 석유 : 2배, 벤젠 : 4배, 알콜 : 6배, 아세톤 : 25배에 용해된다(용해 아세틸렌 내부에는 아세톤이 들어 있다).

③ **카바이드에 의한 방법** : 아세틸렌가스는 카바이드와 물이 반응하여 발생한다.

7) 아세틸렌가스의 폭발성

① **온도**

㉠ 406~408℃에 달하면 자연 발화

㉡ 505~515℃에 달하면 폭발

㉢ 산소가 없어도 780℃ 이상 되면 자연 폭발

② **압력** : 150℃에서 2기압 이상 압력을 가하면 폭발의 위험이 있고, 1.5기압 이상이면 위험

③ **아세틸렌** : 산소와의 비가 15 : 85, 가장 폭발의 위험이 큼

④ 아세틸렌가스는 구리 또는 구리합금(62% 이상 구리 함유), 은(Ag), 수은(Hg) 등과 접촉하면 폭발성 화합물을 생성

8) 산소 : 비중 1.105, 무색 · 무취, 액체산소는 연한 청색

9) LPG : 프로판, 액화가 쉽고 운반 편리, 발열량 높음, 폭발한계 좁음, 안전도 높음, 절단 시 산소-아세틸렌보다 산소 4.5배 더 많이 소요

10) 수소 : 산소-수소 불꽃은 산소-아세틸렌 불꽃과는 달리 납(Pb)의 용접, 수중용접에만 사용

11) 불꽃 : 불꽃은 불꽃심 또는 백심, 속불꽃, 겉불꽃으로 구분되며, 불꽃의 온도는 백심 끝에서 2~3mm 부분이 가장 높아 약 3,200~3,500℃이다.

12) 연강은 중성불꽃, 황동은 약 산화불꽃

13) 산소용기

① 35℃, 150기압 충전

② 병은 이음매가 없는 강관제조법으로 제작(만네스만 법)

③ 40℃ 이하의 직사광선 피해 보관

④ 용기 상단 각인 중 TP-내압시험 압력, FP-최고 충전압력

⑤ 산소량(L) = 충전압력(P) × 내용적(V)

14) 용해아세틸렌 용기

① 내부는 아세톤을 흡수시킨 다공성 물질

② 사용 중 세워서 보관

③ 15℃, 15.5기압 충전

④ 아세틸렌양(L) = 905($B-A$)
여기서, B는 실병 무게, A는 빈병 무게

15) 아세틸렌 발생기의 종류

① **주수식** : 카바이드에 물 주수

② **투입식** : 물에 카바이드 투입

③ **침지식** : 물속에 카바이드를 담그는 방식

16) 압력조정기의 압력 전달순서 : 부르동관 → 링크 → 섹터기어 → 피니언 → 눈금판 순

17) 용접 토치 : 저압식(아세틸렌 압력 0.07kg/cm^2 이하), 중압식(0.07~1.3kg/cm^2), 고압식(1.3 kg/cm^{2}이상)

18) 독일식 토치(A형, 불변압식) : 니들밸브가 없어 압력 변화가 적으며, 팁의 능력은 팁 번호가 용접 가능한 모재 두께를 나타낸다. 즉 두께가 1mm인 연강판 용접에 적당한 팁의 크기를 1번이라고 한다.

19) 프랑스식 토치(B형, 가변압식) : 니들 밸브가 있어 압력 · 유량 조절이 용이하며, **팁 번호는 표준 불꽃으로 1시간 용접할 경우 소비되는 아세틸렌양을 [L]로 표시한다.** 즉 100번 팁은 1시간 동안 100L의 아세틸렌이 소비된다.

20) 역류, 역화 및 인화

① **역류** : 토치 내부의 청소가 불량할 때보다 높

은 압력의 산소가 아세틸렌 호스 쪽으로 흘러 들어가는 경우

② **역화** : 불꽃이 순간적으로 팁 끝에 흡인되고 '빵빵'하면서 꺼졌다가 다시 나타났다가 하는 현상

③ **인화** : 팁 끝이 순간적으로 가스의 분출이 나빠지고 혼합실까지 불꽃이 들어가는 경우

④ **역류, 역화의 원인**

㉠ 토치 팁이 과열되었을 때(토치 취급 불량 시)

㉡ 가스 압력과 유량이 부적당할 때(아세틸렌 가스의 공급압 부족)

㉢ 팁, 토치 연결부의 조임이 불확실할 때

㉣ 토치 성능이 불비할 때(팁에 석회가루나 기타 잡물질이 막혔을 때)

⑤ **역류, 역화의 대책** : 물에 냉각하거나, 팁의 청소, 유량 조절, 체결을 단단히 하면 됨

21) **역화방지기** : 가스용접 중 역화, 인화 등으로 인해 불이 용해 아세틸렌 용기 쪽으로 역화되는 것을 방지해 주는 장치로 아세틸렌 압력조정기 출구에 설치한다.

22) **호스 및 도관** : 아세틸렌용 호스는 적색, 산소용 호스는 녹색, 금속용 도관의 경우 아세틸렌은 적색 또는 황색, 산소용은 검정색 또는 녹색으로 구별한다. 도관의 내압시험 압력은 산소는 90, 아세틸렌은 10기압으로 한다.

23) **가스 용접봉**

① 가능한 한 모재와 같은 재질이어야 하며 모재에 충분한 강도를 줄 수 있을 것

② 기계적 성질에 나쁜 영향을 주지 않아야 하며 용융온도가 모재와 동일할 것

③ 용접봉의 재질 중에 불순물을 포함하고 있지 않을 것

24) 규격 중의 GA46, GB43 등의 숫자는 용착금속의 인장강도가 46kg/mm^2, 43kg/mm^2 이상이라는 것을 의미하고, NSR은 용접한 그대로의 응력을 제거하지 않은 것을, SR은 625±25℃로써 응력을 제거한, 즉 풀림한 것을 뜻한다.

25) **가스용접용 용제**

금속	용제	금속	용제
연강	사용하지 않음	알루미늄	염화리튬 15% 염화칼륨 45% 염화나트륨 30% 불화칼륨 7% 황산칼륨 3%
반경강	중탄산소다 +탄산소다		
주철	붕사+중탄산소다+탄산소다		
동합금	붕사		

26) **가스 용접봉의 지름과 판 두께의 관계**

$$D = \frac{T}{2} + 1[\mathrm{mm}]$$

여기에서, D : 용접봉의 지름,

T : 모재의 두께

27) **전진법과 후진법의 비교**

항목	전진법(좌진법)	후진법(우진법)
열 이용률	나쁘다	좋다
용접속도	느리다	빠르다
비드 모양	매끈하다	매끈하지 못하다
홈 각도	크다(80°)	작다(60°)
용접 변형	크다	작다
용접모재 두께	얇다(5mm까지)	두껍다
산화 정도	심하다	약하다
용착금속의 냉각속도	급랭된다	서냉된다
용착금속 조직	거칠다	미세하다

Chapter 04 | 절단 및 가공

1) **가스 절단의 원리** : 산소와 금속의 산화반응을 이용하여 절단하는 방법

2) **드래그, 드래그 라인, 커프, 드로스**

① **드래그** : 가스 절단에서 절단가스의 입구(절단재의 표면)와 출구(절단재의 이면) 사이의 수평거리를 말한다.

② **드래그 라인** : 가스 절단 시 발생하는 거의 일정한 곡선으로 1개의 드래그 라인의 상부와 하부 간의 직선거리가 드래그가 된다.

③ **커프** : 절단용 고압산소에 의해 불려나간 절단 홈을 말한다.

④ **드로스** : 가스 절단에서 절단폭을 통하여 완전히 배출되지 않은 용융금속이 절단부 밑 부분에 매달려 응고된 것을 말한다.

⑤ **표준 드래그 길이** : 절단면 말단부가 남지 않을 정도의 드래그를 표준 드래그 길이라 하며, 보통 판 두께의 1/5 정도이다.

3) 가스 절단의 조건

① 드래그(drag)가 가능한 한 작을 것

② 절단면이 평활하며 드래그의 홈이 낮고 노치(notch) 등이 없을 것

③ 절단면의 표면각이 예리할 것

④ 슬래그 이탈이 양호할 것

⑤ 경제적인 절단이 이루어질 것

4) 가스 절단의 구비조건

① 금속 산화 연소온도가 금속의 용융온도보다 낮을 것

② 재료의 성분 중 연소를 방해하는 성분이 적을 것

③ 연소되어 생긴 산화물 용융온도가 금속 용융온도보다 낮고 유동성이 있을 것

㉠ 예열 불꽃이 너무 세면 절단면의 위 모서리가 녹아 둥글게 되므로 절단 불꽃 세기는 가능한 최소로 하는 것이 좋다.

㉡ 산소 압력이 너무 낮고 절단속도가 느리면 절단 윗면 가장자리가 녹는다.

㉢ 산소 압력이 높으면 기류가 흔들려 절단면이 불규칙하며 드래그 선이 복잡하다.

㉣ 절단속도가 빠르면 드래그 선이 곡선이 되고 느리면 드로스의 부착이 많다.

㉤ 팁의 위치가 높으면 가장자리가 둥글게 된다.

5) 아세틸렌과 프로판 가스 절단의 비교

아세틸렌	프로판
점화하기 쉽다.	절단 상부 기슭이 녹는 것이 적다.
중성불꽃을 만들기 쉽다.	절단면이 미세하며 깨끗하다.
절단 개시까지 시간 빠르다.	슬래그 제거가 쉽다.
표면 영향이 적다.	포갬 절단속도가 아세틸렌보다 빠르다.
박판 절단 시 빠르다.	후판 절단 시는 아세틸렌보다 빠르다.

6) **탄소아크절단** : 탄소 또는 흑연 전극과 모재 사이에 아크를 일으켜 절단하는 방법, 직류정극성 사용

7) **금속아크절단** : 탄소 전극봉 대신 절단 전용의 특수 피복을 입힌 피복봉을 사용하여 절단하는 방법, 직류정극성 사용

8) MIG 절단 : 직류역극성 사용

9) TIG 절단 : 직류정극성 사용

10) **산소아크절단** : 중공의 피복 용접봉과 모재 사이에 아크를 발생시켜 이 아크열을 이용하는 가스 절단 방법, 직류정극성 사용

11) 플라스마절단 : 직류정극성 사용

① 이행형 아크절단 : 모재에 양극 접속

② 비이행형 아크절단 : 구속(컨스트릭팅) 노즐에 양극 접속

12) 스카핑 : 강재 표면의 홈이나 개재물, 탈탄층 등을 제거하는 목적

13) 가우징 : 용접부분의 뒷면을 따내거나 U형, H형의 용접 홈을 가공하는 목적

14) 아크에어 가우징 : 직류역극성 사용

Chapter 05 | 특수용접 및 기타 용접

1) **서브머지드 아크용접** : 모재의 이음 표면에 미세한 입상의 용제를 공급관을 통하여 공급하고, 그 용제 속에 연속적으로 전극 와이어를 송급하고, 용접봉 끝과 모재 사이에 아크를 발생시켜 용접한다. 잠호용접, 불가시용접, 유니언멜트용접, 링컨용접법, 직류역극성 또는 자기쏠림이 없는 교류를 사용한다.

2) **SAW 장점**
   ① 용접 중 대기와의 차폐 확실, 용착금속의 품질 우수
   ② 대전류 사용, 고능률적, 깊은 용입
   ③ 작업능률이 수동에 비해 t12에서 2~3배, t25에서 5~6배, t50에서 8~12배

3) **SAW 단점**
   ① 설비비 고가, 적용 자세 제한(대부분 아래보기, 수평필릿)
   ② 짧은 용접선, 곡선에는 적용 제한
   ③ 개선 홈의 정밀도 요구됨
   ④ 용접 진행상태 육안 확인 불가
   ⑤ 대입열 용접으로 모재의 변형 및 넓은 열영향부, 용접금속의 결정립 조대화, 낮은 충격값

4) **용접 헤드** : 와이어 송급장치, 접촉 팁, 용제 호퍼

5) **서브머지드 아크용접기의 종류** : SAW 용접기를 전류용량으로 대형(4,000A), 표준만능형(2,000A), 경량형(1,200A), 반자동형(900A)

6) **다전극 사용**
   ① **텐덤식** : 두 개의 전극 와이어를 독립된 전원(교류 또는 직류)에 접속하여 용접, 한꺼번에 많은 용착량 생성
   ② **횡 병렬식** : 한 종류의 전원에(직류와 직류, 교류와 교류) 접속하여 용접, 비드 폭이 넓고 용입이 깊은 용접부 생성
   ③ **횡 직렬식** : 두 개의 와이어에 전류를 직렬로 연결하여 한쪽 전극 와이어에서 다른 쪽 전극 와이어로 전류가 흐르면 두 전극에서 아크가 발생되고 그 복사열에 의해 용접이 이루어지므로 비교적 용입이 얕아 스테인리스강 등의 덧붙이 용접에 흔히 사용됨

7) **용융형 용제** : 약 1,200℃ 이상 고온으로 용융시켜 급랭 후 분말상태로 분쇄, 미려한 외관, 흡습성이 거의 없어 재건조 불필요

8) **소결형 용제** : 고온소결형 800~900℃, 저온 소결 400~550℃, 합금원소 첨가 용이, 용융형에 비해 소모량 적음, 낮은 전류에서 높은 전류까지 동일 입도의 용제 사용, 흡습성이 높아 200~300℃에서 1시간 건조 후 사용

9) 루트 간격이 0.8mm 이상이면 이면에 용락, 누설방지 비드, 받침쇠 사용

10) TIG : 전극의 소모가 없는 비용극식, 비소모식
    MIG : 소모식, 용극식 불활성가스 아크용접

11) **불활성가스 아크용접의 장점**
   ① 용접 시 대기 차폐 확실, 산화, 질화 예방
   ② 용제 불필요, 깨끗하고 아름다운 비드 생성
   ③ 보호가스가 투명하여 용접상황을 보면서 용접할 수 있음
   ④ 전자세 용접 가능, 열의 집중효과 양호
   ⑤ 저전류에서도 아크 안정, 박판에서 효과적, 용가재 없이도 가능
   ⑥ 거의 모든 철 및 비철금속의 용접 가능

12) **불활성가스 아크용접의 단점**
   ① 후판의 경우 소모성 방식보다 능률 저하
   ② SMAW보다 유지 비용 상승
   ③ 옥외, 바람의 영향을 받음
   ④ 낮은 용융점 금속(Pb, Sn 등) 적용 제한
   ⑤ 용접 시 텅스텐 혼입 발생 우려

13) TIG(GTAW) : 헬륨아크용접, 아르곤아크용접 등의 상품명

14) 직류정극성의 경우 전극봉 뾰족하게, 역극성일 때는 4배 지름이 큰 것, 선단은 뭉특하게 가공한다.

15) **청정작용** : 직류역극성 또는 교류를 사용할 때 효과를 본다

16) **극성별 용입의 관계로 용입이 깊은 순서 : 직류정극성 > 교류 > 직류역극성**

17) **고주파병용교류 사용 시 장점**
   ① 텅스텐 전극봉을 모재에 접촉하지 않아도 아크가 발생되므로 용착금속에 텅스텐이 오염되지 않는다.
   ② 아크가 안정되어 아크가 약간 길어져도 끊어지지 않는다.
   ③ 텅스텐 전극의 수명이 길어진다.
   ④ 텅스텐 전극봉이 많은 열을 받지 않는다.

18) 사용전류가 200A 이상은 수냉식 토치를 200A 이하는 공랭식 토치를 사용한다.

19) **토륨 텅스텐 전극봉의 특성** : 전자방사능력이 탁월, 저전류 · 저전압에서도 아크 발생 용이, 전극의 동작온도가 낮아서 접촉에 대한 오손이 적음

20) **MIG(GMAW)** : 에어 코매틱 용접법, 시그마 용접법, 필러아크 용접법, 아르고노트 용접법 등의 상품명

21) **MIG(GMAW)의 장단점**
   ① 직류역극성 채용, 정전압 특성의 직류 아크 용접기이다.
   ② 모재 산화막(Al, Mg 등의 경합금 용접)에 대한 클리닝 작용이 있다.
   ③ 전류 밀도가 매우 높고 고능률적이다(아크용접의 4~6배, TIG 용접의 2배 정도).
   ④ 아크의 자기제어 특성이 있다.
   ⑤ 용접봉의 손실이 작다. 피복금속아크 용접봉 실제 용착효율은 약 60%인 반면 MIG 용접은 용착효율이 95% 정도이다.
   ⑥ 연강에는 보호가스가 고가이므로 적용하기 부적당하다.
   ⑦ 바람이 부는 옥외에서는 방풍대책이 필요하다.
   ⑧ 슬래그가 없기 때문에 용착금속의 냉각속도가 빨라서 용접부의 금속 조직과 기계적 성질이 변화하는 경우가 있다.

22) **와이어 돌출길이** : 돌출길이가 증가하면 와이어의 예열이 많아져서 용접에 필요한 전류가 작아진다. 즉 정전압 특성 전원의 자기제어 특성 때문에 용접전류가 감소되며, 용접전류가 감소되면 물론 용입이 얕아진다. 반대로 돌출길이가 감소되면 와이어의 예열량이 적어지므로 일정한 공급속도의 와이어를 녹이기 위해 보다 많은 전류를 공급해야 하므로 용입이 깊어진다.

23) **MIG 용접의 와이어 송급방식** : 푸시식, 풀식, 푸시-풀식, 더블 푸시식 등이 있다.

24) **CO_2 아크용접** : GMAW에 속하는 용접방법의 일부분으로 CO_2 가스를 보호가스로 사용하여 용접을 하는 방식

25) **CO_2 용접의 솔리드와이어 혼합가스법** : CO_2+O_2법, CO_2+Ar 법, CO_2+Ar+O_2법 등

26) **CO_2 용접의 용제가 들어있는 와이어 CO_2법** : 아코스 아크법, 퓨즈 아크법, NCG법, 유니언 아크법

27) **CO_2 용접의 장점**
   ① 높은 전류밀도, 깊은 용입, 빠른 용접속도
   ② 용착금속의 기계적 성질 및 금속학적 성질 우수
   ③ 박판(약 0.8mm까지)용접은 단락이행 용접법에 의해 가능, 전자세 용접 가능
   ④ 용제 미사용 슬래그 섞임이 없고, 용접 후 처리 간단
   ⑤ 가스아크 용접진행의 양 · 부 판단이 가능 시공이 편리

⑥ 저렴한 탄산가스 사용, 경제적

28) CO_2 용접의 단점

① 풍속 2m/sec 이상이면 방풍장치 필요

② 비드 외관은 피복아크용접이나 서브머지드 아크용접에 비해 약간 거침

③ 적용 재질은 철 계통으로 한정

29) **토치의 종류** : 사용전류 200A 이상 수냉식, 이하 공랭식 토치 사용

30) CO_2 가스 압력조정기 후면에는 히터가 있다.

31) CTWD는 저전류에서 10~15mm, 고전류는 15~25mm

32) **플럭스 코어드 아크 용접** : 솔리드 와이어가 아닌 플럭스가 내장되어 있는 와이어(FCW)를 사용

33) **플라스마아크의 작동원리** : 텅스텐 전극봉이 컨스트릭팅(일명 구속 노즐) 노즐 안으로 들어가 있기 때문에 아크는 원추형이 아닌 원통형이 되어 모재의 비교적 좁은 부위에 집중된다.

34) 플라스마용접의 특징

① 아크가 원통형이고 직진도가 좋으며 아크길이의 변화에 거의 영향을 받지 않는다.

② 용접봉이 토치 내의 노즐 안쪽으로 들어가 있어 용접봉과 접촉하지 않으므로 용접부에 텅스텐이 오염될 염려가 없다.

③ 빠른 플라스마 가스 흐름에 의해 거의 모든 금속의 I형 맞대기 용접에서 키홀 현상이 나타나는데 이것은 완전한 용입과 균일한 용접부를 얻을 수 있다.

④ 비드의 폭과 깊이의 비는 플라스마 용접이 1 : 1인 반면, TIG 용접은 3 : 1이다.

⑤ 용가재를 사용한 용접보다는 키홀 용접을 하므로 기공 발생의 염려가 적다.

⑥ 키홀 현상에 의해 V 또는 U형 대신 I형 맞대기 용접이 가능하기 때문에 가공비가 절약된다.

⑦ 높은 에너지 밀도를 얻을 수 있다.

⑧ 용접 변수의 조절에 따라 다양한 용입을 얻을 수 있다.

⑨ 아크의 방향성과 집중성이 좋다.

⑩ 용접부 기계적 성질이 양호하고, 용접속도가 빠르며, 품질이 우수하다.

35) 플라스마용접의 단점

① 맞대기 용접 시 두께 25mm 이하로 제한된다.

② 수동은 전자세로, 자동은 아래보기, 수평 자세 등으로 제한적이다.

③ 토치가 복잡하며, 용접봉 끝 형상 및 위치의 정확한 선정, 용도에 맞는 오리피스 크기의 선택, 오리피스 가스와 보호가스의 유량 결정 등을 해야 하므로 TIG 용접과는 달리 작업자의 보다 많은 지식이 필요하다.

④ 무부하 전압이 높다(일반 아크용접기의 2~5배).

36) 일렉트로슬래그용접법 : 용융용접의 일종으로, 와이어와 용융 슬래그 사이에 통전된 전류의 저항열을 이용하여 용접을 하는 특수한 용접방법이다.

37) ESW의 특징

① 대형 물체의 용접에 있어서 아래보기자세이고, 서브머지드 용접에 비하여 용접시간, 개선 가공비, 용접봉비, 준비시간 등을 1/3~1/5 정도로 감소시킬 수 있다.

② 정밀을 요하는 복잡한 홈 가공이 필요 없으며, 가스 절단 그대로의 I형 홈으로 가능하다.

③ 후판에 단일층으로 한번에 용접할 수 있으며, 다전극을 이용하면 더욱 능률을 높일 수 있다.

④ 최소한의 변형과 최단시간 용접이 가능하며, 아크가 눈에 보이지 않고, 스패터가 거의 없어 용착효율이 100%가 된다. 용접자세는 수직자세로 한정되고 구조가 복잡한 형상은 적용하기 어렵다.

38) 일렉트로슬래그용접은 용제를 사용하여 용융 슬래그 속에서 전기 저항열을 이용하고 있는

데 비해, **일렉트로가스아크용접은 주로 이산화탄소가스를 보호가스로 사용하여 CO_2가스 분위기 속에서 아크를 발생시키고 그 아크열로 모재를 용융시켜 접합하는 수직자동용접의 일종**이다.

39) EGW의 특징

① 판 두께와 관계없이 단층으로 상진용접이 가능하다.

② 용접홈 가공 없이 절단 후 용접이 가능하다.

③ 용접장치가 간단하고 숙련을 요하지 않는다.

④ 용접속도가 매우 빠르고 고능률적이다.

⑤ 용접변형이 거의 없고 작업성도 양호하다.

⑥ 용접강의 인성이 약간 저하되고, 용접 흄·스패터가 많으며, 바람의 영향을 받는다.

40) 테르밋용접 : 테르밋 반응에 의해 생성되는 열을 이용하여 금속을 용접하는 방법이다.

41) 테르밋제 : **알루미늄과 산화철의 분말**을 1 : 3~4의 비율로 혼합한다.

42) 테르밋용접의 점화제 : **과산화바륨과 알루미늄(또는 마그네슘)의 혼합 분말**로 된 점화제를 넣으면 테르밋제의 화학반응이 활발하게 된다.

43) 테르밋용접의 특징

① 용접작업이 단순하고 용접 결과의 재현성이 높다.

② 용접용 기구가 간단하고 설비비가 싸다. 또한 작업장소의 이동이 쉽다.

③ 용접시간이 짧고 용접작업 후의 변형이 적다.

④ 전력이 불필요하다.

44) 전자빔 용접 : 높은 진공(10^{-4}~10^{-6} torr) 속에서 적열된 필라멘트로부터 전자빔을 접합부에 조사하여 그 충격열을 이용하여 용융하는 방법

45) EBW의 특징

① 높은 진공 중 용접, 대기에 의한 오염은 고려할 필요 없다.

② 빔 압력을 정확하게 제어하면 박판에서 후판까지 가능하며, 박판에서는 정밀한 용접이 가능하다.

③ 용입이 깊어 후판에도 일층으로 용접이 가능하다.

④ 용융점이 높은 텅스텐, 몰리브덴 등의 용접, 이종 금속용접이 가능하다.

⑤ 입열이 적어 잔류응력 및 변형이 적다.

⑥ 합금성분 증발과 용접 중 발생 가스로 인한 결함의 발생이 우려되며, 배기장치가 필요하다.

⑦ 시설비가 많이 들며, 진공 챔버 안에서 작업하므로 구조물의 크기에 제한이 있을 수 있다.

⑧ X선이 많이 누출되므로 X선 방호장비를 착용해야 한다.

46) 레이저용접 : 레이저 유닛에서 렌즈를 통해 발진을 하게 되어 그 열로 모재가 용융되어 용접되는 원리이다.

47) LBW의 장점

① 깊은 용입, 좁은 비드폭, 용입량이 작고 열 변형이 적음

② 이종 금속의 용접 가능, 높은 생산성

③ 여러 작업을 하나의 레이저로 동시에 할 수 있음

④ 로봇에 연결 자동화 가능, 빠른 용접속도

⑤ 넓은 응용범위, 자성재료 등도 용접 가능

48) LBW의 단점

① 정밀 용접을 하기 위한 정밀한 피딩(feeding)이 요구되어 클램프 장치가 필요

② 정밀한 레이저 빔 조절이 요구되어 숙련의 기술이 필요

③ 용접부가 좁아 용접이 잘못될 수 있음

④ 기계가동 시 안전차단막이 필요

⑤ 장비의 가격이 고가

49) 저항용접 : 압력을 가한 상태에서 대전류를 흘려주면 양 모재 사이 접촉면에서의 접촉저항과

금속 고유저항에 의한 저항발열(줄열)을 얻고 이 줄열로 인하여 모재를 가열 또는 용융시키고 가해진 압력에 의해 접합하는 방법

50) **줄열**

$Q = 0.24I^2Rt$[cal]

여기서, I : 용접전류, R : 용접저항,
t : 통전시간

51) **저항용접의 3요소 : 용접전류, 통전시간, 가압력**

52) **용접전류** : 저항용접 조건 중 가장 중요하다고 할 수 있는데 이는 **발열량(Q)이 전류의 제곱에 비례**하기 때문이다. 전류가 너무 낮을 경우 작은 너깃, 적은 용접강도가 발생하고, 반대로 전류가 너무 높을 경우에는 모재 과열, 압흔 발생, 심한 경우 날림이 발생, 너깃 내부에 기공 또는 균열이 발생한다.

53) **통전시간** : 통전시간이 짧을 경우 용접부는 원통형 너깃, 용융금속의 날림과 기포 등이 발생하고, 통전시간이 길 경우 너깃 직경은 증가하지만, 필요 이상으로 길 경우 더 이상 너깃 직경은 커지지 않고 단순히 오목자국만 커지게 되고 코로나 본드가 커져 오히려 용접부 강도는 감소한다.

54) **가압력** : 가압력이 낮으면 너깃 내부에 기공 또는 균열 발생하고, 강도 저하가 나타나며, 가압력이 너무 높으면 접촉저항 감소, 발열량 감소, 강도 부족이 나타난다.

55) **겹치기 저항용접** : 점용접, 심용접, 프로젝션 용접

56) **맞대기 저항용접** : 업셋용접, 플래시용접, 퍼커션용접

57) **저항용접의 장점**

① 작업속도가 빠르고 대량 생산에 적합하다.
② 용접봉, 용제 등이 불필요하다.
③ 열손실이 적고, 용접부에 집중열을 가할 수 있다(용접변형, 잔류응력이 적다).
④ 산화 및 변질 부분이 적다.
⑤ 접합강도가 비교적 크다.
⑥ 작업자의 숙련을 필요로 하지 않는다.

58) **저항용접의 단점**

① 대전류를 필요로 하고 설비가 복잡하고 값이 비싸다.
② 적당한 비파괴검사가 어렵다.
③ 용접기의 용량에 비해 용접 능력이 한정되며, 재질, 판 두께 등 용접재료에 대한 영향이 크다.
④ 이종 금속의 접합은 곤란하다.

59) **점용접** : 용접하려는 재료를 2개의 전극 사이에 끼워 놓고 가압상태에서 전류를 통하면 접촉면의 전기저항이 크기 때문에 발열하게 되고, 이 저항열을 이용하여 접합부를 가열 융합한다.

60) **점용접의 특징**

① 재료의 가열시간이 극히 짧아 용접 후 변형과 잔류응력이 그다지 문제되지 않는다.
② 용융금속의 산화 · 질화가 적고 재료가 절약되며, 작업속도가 빠르다.
③ 비교적 균일한 품질을 유지할 수 있다.
④ 조작이 간단하여 숙련도에 좌우되지 않는다.
⑤ 공정 수가 적게 되어 시간이 단축된다(구멍뚫기 공정의 불필요).
⑥ 점용접은 저전압(1~15V 이내), 대전류(100~수십만A)를 사용한다(주로 3mm 이하의 박판에 주로 적용).

61) **점용접 전극의 역할 : 통전, 가압, 냉각, 모재 고정**

62) **전극으로의 구비조건**

① 전기전도도가 높을 것, 열전도율이 높을 것
② 기계적 강도가 크고, 특히 고온에서 경도가 높을 것
③ 가능한 모재와 합금화가 어려울 것
④ 연속 사용에 의한 마모와 변형이 적을 것

63) **점용접의 종류** : 단극식, 다전극식, 직렬식, 맥동, 인터렉트 점용접

64) **심용접** : 원판형 전극 사이에 용접물을 끼워 전극에 압력을 주면서 전극을 회전시켜 모재를 이동하면서 점용접을 반복하는 방법

65) **용접전류의 통전방법에 의한 심용접** : 단속통전법, 연속통전법, 맥동통전법이 있으며, 단속통전법이 가장 일반적이다.

66) **심용접의 특징**

① 기밀 · 수밀 · 유밀 유지가 쉽다.

② 용접조건은 점용접에 비해 전류는 1.5~2배, 가압력은 1.2~1.6배가 필요하다.

③ 0.2~4mm 정도 얇은 판용접에 사용된다(용접속도는 아크용접의 3~5배 빠르다).

④ 단속통전법에서 연강의 경우 통전시간과 휴지시간의 비를 1 : 1 정도, 경합금의 경우 1 : 3 정도로 한다.

⑤ 점용접이나 프로젝션 용접에 비해 겹침이 적다.

⑥ 보통의 심용접은 직선이나 일정한 곡선에 제한된다.

67) **심용접의 종류** : 매시 심용접, 포일 심용접, 맞대기 심용접

68) **프로젝션 용접법** : 스폿 용접과 유사한 방법으로 모재의 한쪽 또는 양쪽에 작은 돌기를 만들어 모재의 형상에 의해 전류밀도를 크게 한 후 압력을 가해 압접하는 방법

69) **프로젝션용접의 특징**

① 작은 지름의 점용접을 짧은 피치로써 동시에 많은 점용접이 가능하다.

② 열 용량이 다르거나 두께가 다른 모재를 조합하는 경우에는 열전도도와 용융점이 높은 쪽 혹은 두꺼운 판 쪽에 돌기를 만들면 쉽게 열평형을 얻을 수 있다.

③ 비교적 넓은 면적의 판형 전극을 사용함으로써 기계적 강도나 열 전도면에서 유리하며, 전극의 소모가 적다.

④ 전류와 압력이 균일하게 가해지므로 신뢰도가 높다.

⑤ 작업속도가 빠르며 작업능률도 높다.

⑥ 돌기의 정밀도가 높아야 정확한 용접이 된다.

70) **프로젝션용접의 요구조건**

① 프로젝션은 전류가 통하기 전의 가압력(예압)에 견딜 수 있어야 한다.

② 상대 판이 충분히 가열될 때까지 녹지 않아야 한다.

③ 성형 시 일부에 전단 부분이 없어야 한다.

④ 성형에 의한 변형이 없어야 하며, 용접 후 양면의 밀착이 양호해야 한다.

71) **업셋용접법** : 용접재를 세게 맞대고 여기에 대전류를 통하여 이음부 부근에서 발생하는 접촉저항에 의해 발열되어 용접부가 적당한 온도에 도달했을 때 축 방향으로 큰 압력을 주어 용접하는 방법으로, 와이어 연결 작업에 주로 적용된다.

72) **업셋용접법의 특징**

① 전류 조정은 1차 권선수를 변화시켜 2차 전류를 조정한다.

② 단접온도는 1,100~1,200℃이며 불꽃 비산이 없다.

③ 업셋이 매끈하며, 용접기가 간단하고 가격이 싸다.

④ 기공 발생이 우려되므로 접합면 청소를 완전히 해야 한다.

⑤ 플래시 용접에 비해 열영향부가 넓어지며 가열시간이 길다.

73) **플래시용접** : 업셋 용접과 비슷한 용접방법으로 용접할 2개의 금속 단면을 가볍게 접촉시켜 대전류를 통하여 집중적으로 접촉점을 가열, 적당한 온도에 도달하였을 때 강한 압력을 주어 압접하는 방법

74) 플래시용접과정 : 예열, 플래시, 업셋 과정의 3단계로 구분

75) 플래시용접의 특징

① 좁은 가열 범위와 열영향부, 이종재료 접합이 가능하다.

② 신뢰도가 높고 이음의 강도가 좋다.

③ 플래시 과정에서 산화물 등을 플래시로 비산시키므로 용접면에 산화물의 개입이 적다.

④ 용접면을 아주 정확하게 가공할 필요가 없다.

⑤ 동일한 전기 용량에 큰 물건의 용접이 가능하다.

⑥ 용접시간이 짧고 업셋 용접보다 전력소비가 적다.

⑦ 비산되는 플래시로부터 작업자의 안전조치가 필요하다.

76) 퍼커션 용접 : 극히 짧은 지름의 용접물을 접합하는 데 사용된다. 피용접물을 두 전극 사이에 끼운 후에 전류를 통하면 고속도로 피용접물이 충돌하게 되며, 퍼커션 용접에 사용되는 콘덴서는 변압기를 거치지 않고 직접 피용접물에 단락시키게 되어 있다. 피용접물이 상호 충돌되는 상태에서 용접되므로 일명 충돌용접이라 한다.

77) 원자수소아크용접 : 2개의 텅스텐 전극 사이에 아크를 발생시키고 홀더 노즐에서 수소가스 유출 시 열 해리를 일으켜 발생되는 발생열(3,000~4,000℃)로 용접하는 방법

78) 스터드용접 : 볼트, 환봉, 핀 등의 금속 고정구를 철판이나 기존 금속면에 모재와 스터드 끝면을 용융시켜 스터드를 모재에 눌러 융합시켜 용접을 하는 자동아크 용접법이다. 용접 토치의 스터드 척에 스터드를 끼우고 스터드 끝에 페룰을 붙인다.

79) 스터드용접의 페룰의 역할

① 용접이 진행되는 동안 아크열을 집중시켜 준다.

② 용융금속 산화, 오염 및 유출을 방지한다.

③ 아크로부터 용접사의 눈을 보호한다.

80) 그래비티, 오토콘 용접 : 일종의 피복아크 용접법으로 피더에 철분계 용접봉(E4324, E4326, E4327)을 장착하여 수평 필릿 용접을 전용으로 하는 일종의 반자동 용접장치이다.

81) 가스압접법 : 접합부를 그 재료의 재결정 온도 이상으로 가열하여 축 방향으로 압축력을 가하여 압접하는 방법으로, 재료의 가열 가스 불꽃으로는 산소-아세틸렌 불꽃이나 산소- 프로판 불꽃 등이 사용된다.

82) 냉간압접 : 깨끗한 2개의 금속면의 원자들을 Å(1Å = 10^{-8}cm) 단위의 거리로 밀착시키면 결정 격자 간의 양이온의 인력으로 인해 2개의 금속이 결합된다.

83) 폭발압접 : 2장의 금속판을 화약의 폭발에 의한 순간적인 큰 압력을 이용하여 금속을 압접하는 방법

84) 단접 : 적당히 가열한 2개의 금속을 접촉시켜 압력을 주어 접합하는 방법

85) 용사 : 금속 화합물의 재료를 가열하여 녹이거나 반 용융상태를 미립자상태로 만들어 공작물의 표면에 충돌시켜 입자를 응고 · 퇴적시킴으로써 피막을 형성하는 방법

86) 초음파용접 : 용접물을 겹쳐서 상하 앤빌(anvil) 사이에 끼워 놓고 압력을 가하면서 초음파(18KHz 이상) 주파수로 횡진동시켜 용접하는 방법

87) 고주파용접 : 고주파 전류는 도체의 표면에 집중적으로 흐르는 성질인 표피 효과와 전류의 방향이 반대인 경우 서로 접근해서 흐르는 성질인 근접 효과를 이용하여 용접부를 가열 용접하는 방법

88) 마찰용접 : 2개의 모재에 압력을 가해 접촉시킨 다음, 접촉면에 상대 운동을 발생시켜 접촉면

에서 발생하는 마찰열을 이용하여 이음면 부근이 압접 온도에 도달했을 때 강한 압력을 가하여 업셋시키고, 동시에 상대 운동을 정지해서 압접을 완료하는 용접법

89) **마찰교반용접** : 돌기가 있는 나사산 형태의 비소모성 공구를 고속으로 회전시키면서 접합하고자 하는 모재에 삽입하면 고속으로 회전하는 공구와 모재에서 열이 발생하며, 이 마찰열에 의해 공구의 주변에 있는 모재가 연화되어 접합되는 과정이 공구를 이동하면서 계속적으로 일어나 용접이 이루어지는 것

90) **논가스아크용접** : 보호가스의 공급 없이 와이어 자체에서 발생하는 가스에 의해 아크 분위기를 보호하는 용접방법

91) **플라스틱 용접법** : 사용되는 열원에 의하여 열풍용접, 열기구용접, 마찰용접, 고주파용접으로 분류

92) **납땜** : 같은 종류의 두 금속 또는 종류가 다른 두 금속을 접합할 때 이들 용접 모재보다 융점이 낮은 금속 또는 그들의 합금을 용가재로 사용하여 용가재만을 용융 · 첨가시켜 두 금속을 이음하는 방법

93) 납땜에 사용하는 땜납의 융점에 따라

① 연납땜 : **땜납의 융점이 450℃ 이하 납땜**

② 경납땜 : **땜납의 융점이 450℃ 이상 납땜**

94) 땜납의 요구조건

① 모재와의 친화력이 좋을 것(모재 표면에 잘 퍼져야 한다)

② 적당한 용융온도와 유동성을 가질 것(모재보다 용융점이 낮아야 한다)

③ 용융상태에서도 안정하고, 가능한 증발성분을 포함하지 않을 것

④ 납땜할 때에 용융상태에서도 가능한 한 용분을 일으키지 않을 것

⑤ 모재와의 전위차가 가능한 한 적을 것

⑥ 접합부에 요구되는 기계적 · 물리적 성질을 만족시킬 수 있을 것(강인성, 내식성, 내마멸성, 전기 전도도)

⑦ 금, 은, 공예품 등 납땜에는 색조가 같을 것

95) 용제의 구비조건

① 모재의 산화 피막과 같은 불순물을 제거하고 유동성이 좋을 것

② 청정한 금속면의 산화를 방지할 것

③ 땜납의 표면 장력을 맞추어서 모재와의 친화도를 높일 것

④ 용제의 유효 온도 범위와 납땜 온도가 일치할 것

⑤ 납땜의 시간이 긴 것에는 용제의 유효온도 범위가 넓고 용제의 탄화가 일어나기 어려울 것

⑥ 납땜 후 슬래그 제거가 용이할 것

⑦ 모재나 땜납에 대한 부식작용이 최소한일 것

⑧ 전기저항 납땜에 사용되는 것은 전도체일 것

⑨ 침지땜에 사용되는 것은 수분을 함유하지 않을 것

⑩ 인체에 해가 없을 것

96) 용제의 구분

① **연납용 용제** : 송진, 염화아연, 염화암모늄, 인산, 염산 등

② **경납용 용제** : 붕사, 붕산, 붕산염, 불화물, 염화물 등

③ **경금속용 용제** : 염화리튬, 염화나트륨, 염화칼륨, 플루오르화리튬, 염화아연 등

97) **납땜법의 종류** : 인두납땜, 가스납땜, 담금납땜, 저항납땜, 노내납땜, 유도가열납땜 등

Part 02 용접시공

WELDING

Chapter 01 | 용접 설계

1) **용접의 기본 이음** : 맞대기이음, 모서리이음, T이음, 겹치기이음, 변두리이음

2) **용접 홈** : 홈은 완전한 용접부를 얻기 위해 용접할 모재 사이의 맞대는 면 사이의 가공된 모양을 말하며, 모재의 판 두께, 용접법, 용접자세 등에 따라 홈의 형상이 구분되어진다.

① **한면 홈 이음** : I형, V형, |/(베벨)형, U형, J형

② **양면 홈 이음** : 양면 I형, X형, K형, H형, 양면 J형

3) **필릿용접의 종류**

① **용접선과 하중의 방향에 따라** : 전면 필릿, 측면 필릿, 경사 필릿

② **비드의 연속성에 따라** : 연속 필릿, 단속 필릿(병렬, 지그재그식)

4) **플러그 용접, 슬롯 용접** : 포개진 두 부재의 한쪽에 구멍을 뚫고 그 부분을 표면까지 용접하는 것으로 주로 얇은 판재에 적용이 된다. 구멍이 원형일 경우 플러그 용접, 구멍이 타원형일 경우 슬롯 용접이라고 한다.

5) **덧살올림용접** : 부재의 표면에 용도에 따라 용착금속을 입히는 것으로 주로 마모된 부재 보수, 내식성, 내마멸성이 요구될 때 이용한다.

6) **이음부 설계 시 고려해야 할 사항**

① 아래보기 용접을 많이 하도록 한다.

② 용접작업에 충분한 공간을 확보한다. 용접선이 보이지 않거나 용접봉이 삽입되기 곤란한 설계는 피한다.

③ 용접 이음부가 국부적으로 집중되지 않도록 하고, 가능한 용접량이 최소가 되는 홈을 선택

④ 맞대기 용접은 뒷면 용접을 가능하도록 하여 용입부족이 없도록 한다.

⑤ 필릿 용접은 되도록 피하고 맞대기 용접을 하도록 한다.

⑥ 판 두께가 다른 경우에 단면의 변화를 주어 응력집중현상을 방지한다.

⑦ **용접선이 교차하는 경우**에는 한쪽은 연속 비드를 만들고, 다른 한쪽은 **부채꼴 모양으로 모재를 가공(스캘럽)** 시공토록 설계한다.

⑧ 내식성을 요하는 구조물은 이종 금속 간 용접 설계는 피한다.

7) **용접부의 강도계산** : 이론 목 두께로 계산한다.

8) **안전율**

$$\text{안전율} = \frac{\text{극한강도}}{\text{허용응력}}$$

9) **맞대기 이음 시 완전한 용입** : $\sigma = \frac{P}{A} = \frac{P}{tl}$

10) **맞대기 이음 시 불완전 용입** : $\sigma = \frac{P}{(h_1 + h_2)l}$

11) **전면 및 측면필릿용접 시 이음의 강도** :

$$\sigma = \frac{P}{A} = \frac{P}{2h_t l} = \frac{P}{2 \times 0.707hl} = \frac{0.707P}{hl}$$

Chapter 02 | 용접 시공

1) **용접의 일반 준비** : 모재의 재질 확인, 용접기기의 선택, 용접봉의 선택, 용접공의 기량, 용접 지그의 적절한 사용법, 홈 가공과 청소, 조립과 가용접 및 용접작업시방서 검토 등이 있다.

2) **용접 지그 사용 목적**
   ① 용접작업을 쉽게 하고 신뢰성과 작업 능률을 높인다.
   ② 제품의 수치를 정확하게 한다.
   ③ 대량 생산을 위하여 사용한다.

3) **홈 가공** : 홈 모양의 선택이 좋고 나쁨은 피복아크용접의 경우에는 슬래그 섞임, 용입 불량, 루트 균열, 수축 과다 등의 원인이 되며, 자동용접이나 반자동용접의 경우에는 용락, 용입 불량 등의 원인이 되어 용접 결과에 직접적으로 관계되며 능률을 저하시킨다. 홈 가공에는 가스 가공과 기계 가공이 있다.

4) **조립순서** : **수축이 큰 맞대기 이음을 먼저** 용접하고, **다음에 필릿 용접**을 하도록 한다. 큰 구조물에서는 구조물의 **중앙에서 끝으로 향하여** 용접을 실시하며, **대칭으로 용접**을 한다.

5) **가용접** : 본용접을 실시하기 전에 좌우의 홈 부분을 잠정적으로 고정하기 위한 짧은 용접인데, 피복아크용접에서는 슬래그 섞임, 용입 불량, 루트 균열 등의 결함을 수반하기 쉬우므로 이음의 끝부분, 모서리 부분을 피해야 한다. 또한 가용접에는 **본용접보다 지름이 약간 가는 용접봉을 사용**하는 것이 일반적이다.

6) **1층 용착법** : 전진법, 후진법, 대칭법, 비석법(스킵법) 등이 있다.

7) **비석법(스킵법)** : 이음 전 길이를 뛰어 넘어서 용접하는 방법으로 변형, 잔류응력을 균일하게 하지만 능률이 좋지 않다.

8) **다층 용착법** : 빌드업법(덧살올림법), 캐스케이드법, 전진블록법 등이 있다.
   ① **빌드업법** : 덧살올림법이라고도 하며, 용접 전길이에 대하여 각 층을 연속하여 용접하는 방법
   ② **캐스케이드법** : 한 부분의 몇 층을 용접하다가 이것을 다른 부분의 층으로 연속시켜 전체가 계단 형태의 단계를 이루도록 용착시켜 나가는 방법
   ③ **전진블록법** : 짧은 용접길이로 표면까지 용착하는 방법이며, 첫 층에 균열이 발생하기 쉬울 때 사용

9) **용접순서**
   ① 수축은 가능한 한 자유단으로 보낸다.
   ② 물건의 중심에 대하여 항상 대칭으로 용접을 진행한다.
   ③ 수축이 큰 이음 맞대기 이음을 먼저 하고 수축이 작은 필릿 이음을 뒤에 용접한다.
   ④ 용접물의 중립축을 생각하고 그 중립축에 대하여 용접으로 인한 수축력 모멘트의 합이 0이 되도록 한다.

10) **본용접의 일반적인 주의사항**
   ① 비드의 시작점과 끝점이 구조물의 중요 부분이 되지 않도록 한다.
   ② 비드의 교차를 가능한 피한다.
   ③ 전류는 언제나 적정 전류를 택한다.
   ④ 아크길이는 가능한 짧게 한다.
   ⑤ 적당한 운봉법과 비드 배치 순서를 채용한다.
   ⑥ 적당한 예열을 한다(한랭 시는 30~40℃로 예열 후 용접).
   ⑦ 봉의 이음부에 결함이 생기기 쉬우므로 슬래그 청소를 잘하고 용입을 완전하게 한다.
   ⑧ 용접의 시점과 끝점에 결함의 우려가 많으며 중요한 경우 엔드 탭을 붙여 결함을 방지한다.
   ⑨ 필릿 용접은 언더컷이나 용입 불량이 생기기 쉬우므로 가능한 아래보기자세로 용접한다.

11) 강의 열영향부의 조직 및 특징

명칭(구분)	온도 분포	내용
① 용융금속	1,500℃ 이상	용융, 응고한 구역 주조 조직 또는 수지상 조직
② 조립역	1,250℃ 이상	결정립이 조대화되어 경화로 균열 발생우려
③ 혼립역	1,250~1,100℃	조립역과 세립역의 중간 특성
④ 세립역	1,100~900℃	결정립이 재결정으로 인해 미세화되어 인성 등 기계적 성질 양호
⑤ 입상역	900~750℃	Fe만 변태 또는 구상화, 서냉 시 인성양호, 급랭 시 인성 저하
⑥ 취화역	750~300℃	열응력 및 석출에 의한 취화 발생
⑦ 모재부	300℃ 이하	열영향을 받지 않은 모재부

12) 잔류응력제거법 : 노내풀림법, 국부풀림법, 저온응력완화법, 기계적응력완화법, 피닝법 등이 있다.

13) 노내풀림법의 가열온도와 유지시간 : 625±25℃, 판 두께 25mm에 대해 1시간 유지

14) 용접 전, 용접중 변형 예방법 : 역변형법, 도열법, 억제법 등

15) 용접시공에 의한 변형 예방법 : 대칭법, 후퇴법, 비석법 등

16) 용접 후 변형 교정방법 : 박판에 대한 점수축법, 형재에 대한 직선 수축법, 가열 후 해머로 두드리는 방법, 롤링법, 절단하여 재 용접하는 방법, 피닝법 등

17) 예열의 목적

① 열영향부와 용착금속의 경화 방지, 연성 증가
② 수소 방출을 용이하게 하여 저온 균열 · 기공 생성 방지
③ 용접부 기계적 성질 향상, 경화조직 석출 방지
④ 냉각온도 구배를 완만하게 하여 변형 · 잔류 응력 절감

18) 후열의 목적 : 저온균열의 원인인 수소 방출, 잔류응력제거

19) 용접결함

① **치수상 결함** : 부분적으로 큰 온도구배를 가짐으로써 열에 의한 팽창과 수축이 원인이 되어 치수가 변하게 된다.
② **구조상 결함** : 용접의 안전성을 저해하는 요소로 비정상적인 형상을 가지게 된다.
③ **성질상 결함** : 가열과 냉각에 따라 용접부가 기계적 · 화학적 · 물리적 성질이 변화된다.

Chapter 03 | 용접의 자동화

1) 용접 자동화의 장점

① 생산성 증대
② 품질 향상
③ 원가절감
④ 용접사의 위험성 절감
⑤ 용접 조건의 실시간 제어 가능

2) 자동제어의 장점

① 제품 품질이 균일, 불량률 감소
② 적정한 작업 유지 가능
③ 원자재, 원료 등의 감소
④ 연속작업 가능
⑤ 인간에게는 불가능한 고속작업 가능
⑥ 인간 능력 이상의 정밀작업 가능
⑦ 인간이 할 수 없는 부적당한 작업환경에서 작업 수행 가능
⑧ 위험한 사고 방지

3) 자동제어의 종류

자동제어	정성적 제어	시퀀스 제어	유접점 시퀀스 제어
			무접점 시퀀스 제어
		프로그램 제어	PLC 제어
	정량적 제어	개루프제어	
		폐루프제어	피드백제어

4) 자동 가스절단기 사용 시 장점

① 작업성, 경제성의 면에서 대단히 우수하다.

② 작업자의 피로가 적다.

③ 정밀도에 있어 치수면에서나 절단면에 정확한 직선을 얻을 수 있다.

5) 산업용 로봇 : 작업기능, 제어기능, 계측인식기능 등으로 분류

6) 로봇의 구성 : 구동부, 제어부, 검출부, 동력원으로 구성

Chapter 04 | 파괴, 비파괴 및 기타 검사

1) 용접 전의 작업 검사

① 용접기기, 지그, 보호기구, 부속기구 및 고정구의 사용 성능 검사

② 모재의 시험성적서의 화학적 · 물리적 · 기계적 성질 등과 라미네이션, 표면 결함 등의 유무 검사

③ 용접준비는 홈 각도, 루트 간격, 이음부 표면 가공 상황 등

④ 시공조건으로 용접조건, 예 · 후열 처리 유무, 보호가스 등 WPS 확인

⑤ 용접사 기량 검사 등

2) 용접중 작업 검사

① 각 층마다의 융합상태, 층간 온도, 예열 상황, 슬래그 섞임 등 외관 검사

② 변형상태, 용접봉 건조상태, 용접전류, 용접순서, 용접자세 등의 검사

3) 용접 후의 작업 검사 : 후열처리, 변형 교정작업 점검 등

4) 완성 검사 : 용접부가 결함 없는 결과물이 되었고, 소정의 성능을 가지는지 구조물 전체에 결함이 없는지 검사하며, 파괴검사와 비파괴검사 등으로 구분된다.

5) 인장시험에서 얻을 수 있는 정보

① 인장강도$(\sigma_{max}) = \dfrac{\text{최대하중}}{\text{원단면적}} = \dfrac{P_{max}}{A_0}[\text{kg/cm}^2]$

② 항복강도$(\sigma_y) = \dfrac{\text{상부항복하중}}{\text{원단면적}} = \dfrac{P_y}{A_0}[\text{kg/cm}^2]$

③ 연신률$(\epsilon) = \dfrac{\text{연신된 거리}}{\text{표점 거리}} \times 100 = \dfrac{L' - L_0}{L_0} \times 100$

④ 단면수축률(ψ)

$$= \frac{\text{원단면적} - \text{파단부단면적}}{\text{원단면적}} \times 100$$

$$= \frac{A_0 - A'}{A_0} \times 100[\%]$$

6) 굽힘시험 : 재료 및 용접부의 연성 유무를 확인하기 위한 시험

7) 경도시험 : 물체의 기계적 성질 중 단단함의 정도를 나타내는 시험으로 브리넬, 로크웰, 비커즈 경도시험은 시험물에 압입시켜서 생긴 압흔 면적 또는 대각선의 길이로 경도값을 측정하며, **쇼어 경도시험의 경우 일정한 높이에서 낙하한 추의 반발된 높이를 측정**하여 경도값을 나타낸다.

8) 충격시험 : 시험편에 V형 또는 U형 노치를 만들고 충격적인 하중을 주어서 파단시키는 시험법으로, 샤르피식과 아이죠드식 등이 있다.

9) 피로시험 : 재료가 인장강도나 항복점으로부터 계산한 안전하중상태라도 작은 힘이 수없이 반복하여 작용하면 파괴에 이른다. 이런 파괴를 피로파괴라 한다. 그러나 하중이 일정 값보다 무수히 작은 반복 하중이 작용하여도 재료는 파단되지 않는다. 이와 같이 영구히 파단되지 않는 응력상태에서 가장 큰 것을 피로한도라 한다. 용접

시험편의 경우 대략 2×10^6~ 2×10^7회 정도까지 견디는 최고 하중을 구하는 방법으로 한다.

10) **외관시험(VT)** : 외관이 좋고 나쁨을 판정하는 시험이다. 외관검사에는 비드의 외관, 폭과 나비, 높이, 용입상태, 언더컷, 오버랩, 표면 균열 등 표면 결함의 존재 여부를 검사하며, 특징은 간편하고 신속하며 저렴하다는 점이다.

11) **누수(설)검사(LT)** : 저장탱크, 압력용기 등의 용접부에 기밀 · 수밀을 조사하는 목적으로 활용된다. 가장 일반적인 것은 정수압, 공기압의 누설 여부를 측정하는 것이며, 이 밖에도 화학지시약, 할로겐 가스, 헬륨 가스 등을 사용하는 방법도 있다.

12) **침투검사(PT)** : 시험체 표면에 침투액을 적용시켜 침투제가 표면에 열려 있는 균열 등의 불연속부에 침투할 수 있는 충분한 시간이 경과한 후 표면에 남아 있는 과잉의 침투제를 제거하고 그 위에 현상제를 도포하여 불연속부에 들어 있는 침투제를 빨아올림으로써 불연속의 위치 크기 및 지시모양을 검출하는 비파괴검사 방법 중의 하나이다.

① **종류** : 형광침투검사, 염료침투검사
② **검사순서** : 세척 → 침투 → 세척 → 현상 → 검사
③ **장점** : 시험방법 간단, 고도의 숙련 불필요, 제품의 크기, 형상 구애 받지 않음, 국부적 시험 가능, 비교적 가격 저렴, 다공성 물질 제외 거의 모든 재료 적용
④ **단점** : 표면의 균열이 열려 있어야 함, 시험재 표면 거칠기에 영향을 받음, 주변 환경 특히 온도에 영향을 받음, 후처리가 요구됨

13) **자분검사(MT)** : 자성체인 재료를 자화시켜 자분을 살포하면 결함 부위에 자분의 형상이 교란되어 결함의 위치나 유무를 확인한다. 비교적 표면에 가까운 곳에 존재하는 균열, 개재물, 편석, 기공, 용입 불량 등을 검출할 수가 있으나, 작은 결함이 무수히 존재하는 경우는 검출이 곤란하다. 또한 오스테나이트계 스테인리스강과 같은 비자성체에는 사용할 수 없다.

① 종류
㉠ 원형자장 : 축 통전법, 관통법, 직각 통전법
㉡ 길이자화 : 코일법, 극간법

② 장점
㉠ 표면균열검사에 적합
㉡ 작업이 신속, 간단
㉢ 결함지시가 육안으로 관찰 가능
㉣ 시편크기 제한 없음
㉤ 정밀 전처리 불필요
㉥ 자동화 가능, 비용 저렴

③ 단점
㉠ 강자성체에 한함
㉡ 내부결함 검출 불가능
㉢ 불연속부 위치가 자속방행에 수직이어야 함
㉣ 후처리 불필요

14) **초음파검사(UT)** : 물체 속에 전달되는 초음파는 그 물체 속에 불연속부가 존재하면 전파상태에 이상이 생기는데 이 원리를 이용하여 파장이 짧은 음파(0.5~15MHz)를 검사물의 내부에 침투시켜 내부의 결함 또는 불균일층의 존재를 검사한다.

① **종류** : 투과법, 펄스반사법(가장 많이 사용), 공진법

② 장점
㉠ 감도 우수하고 미세한 결함 검출
㉡ 큰 두께도 검출 가능
㉢ 결함 위치, 크기 정확히 검출
㉣ 탐상결과 즉시 알 수 있으며 자동화 가능
㉤ 한면에서 검사 가능
㉥ 라미네이션 검출가능

③ 단점
㉠ 표면 거칠기, 형상의 복잡함 등의 이유로 검사가 불가능한 경우 있음

㉡ 검사체의 내부 조직 및 결정입자가 조대하거나 다공성인 경우 평가 곤란

15) **방사선투과시험(RT)** : X선 또는 γ선을 이용하여 시험체의 두께와 밀도 차이에 의한 방사선 흡수량의 차이에 의해 결함의 유무를 조사하는 비파괴시험으로 현재 검사법 중에서 가장 높은 신뢰성을 갖고 있다.

① **장점** : 모든 재질 적용 가능, 검사 결과 영구 기록 가능, 내부 결함 검출 용이

② **단점** : 미세한 균열 검출 곤란, 라미네이션은 검출 불가, 현상이나 필름을 판독해야 함, 인체에 유해

16) **와류검사(ET)** : 교류전류를 통한 코일을 검사물에 접근시키면, 그 교류 자장에 의하여 금속 내부에 환상의 맴돌이 전류(eddy current, 와류)가 유기된다. 이때 검사물의 표면 또는 표면 부근 내부에 불연속적인 결함이나 불균질부가 있으면 맴돌이 전류의 크기나 방향이 변화하게 되며, 결함이나 이질의 존재를 알 수 있게 된다. 이는 비자성체 금속결함검사가 가능하다.

17) **화학적 시험** : 화학분석시험, 부식시험, 수소시험

18) **야금학적 단면시험** : 파면 육안시험, 매크로조직시험, 현미경시험

Part 03 작업안전

Chapter 01 | 작업 및 용접안전

1) **안전의 개요** : 사고란 물적 또는 인적 위험에 의해 발생되므로 안전이란 사고의 위험이 없는 상태라 할 수 있다.

2) **사고의 선천적 원인** : 체력의 부적응, 신체의 결함, 질병, 음주, 수면부족 등

3) **사고의 후천적 원인** : 무지, 과실, 미숙련, 난폭, 흥분, 고의

4) **사고의 경향** : 1년 중 8월, 하루 중 오후 3시경, 휴일 다음날, 경험 1년 미만의 재조업과 건설업 근로자 분야가 재해 빈도수가 높다.

5) **작업복과 안전모**
   ① 작업복 : 작업특성에 알맞고 신체에 맞아야 하며, 가벼워야 한다.
   ② 안전모 : **머리 상부와 안전모 내부의 상단과의 간격은 25mm 이상 유지**하도록 조절하여 사용한다.

6) **안전표지색체**
   ① 적색 : 금지, 고도의 위험 등
   ② 녹색 : 안전, 피난 등
   ③ 청색 : 지시, 주의
   ④ 자주색 : 방사능 등

7) **하인리히의 법칙** : 1건의 대형사고가 나기 전에 그와 관련된 29건의 경미한 사고와 300건 이상의 징후들이 일어난다는 법칙으로 1 : 29 : 300 법칙이라고도 한다.

8) **전류와 인체와의 영향 관계**

전류값	인체의 영향
5mA	상당한 고통
10mA	견디기 힘들 정도의 심한 고통
20mA	근육 수축, 근육 지배력 상실
50mA	위험도 고조, 사망할 우려
100mA	치명적인 영향

9) **일반 가스 용기의 색**

가스 종류	도색 구분	가스 종류	도색 구분
산소	녹색	아세틸렌	황색
수소	주황색	액화암모니아	백색
액화탄산가스	청색	액화염소	갈색
액화석유가스	회색	기타 가스	회색

10) **연소** : 연소란 물질이 산소와 급격한 화학반응을 일으켜 열과 빛을 내는 강력한 산화반응 현상이다. **연료(가연물), 산소(공기), 열(발화원)** 등 세 가지 요소가 동시에 있어야만 연소가 이루어질 수 있어 이를 **연소의 3요소**라고 한다. 여기에 반복해서 열과 가연물을 공급하는 연쇄반응을 포함하면 연소의 4요소라고 한다.

11) **화재의 종류**
   ① 일반 가연물 화재(A급 화재) : 연소 후 재를 남기는 종류의 화재로 목재, 종이, 섬유, 플라스틱 등의 화재
   ② 유류 및 가스화재(B급 화재) : 연소 후 아무것도 남기지 않는 화재로 휘발유, 경유, 알코올 등 인화성 액체, 기체 등의 화재

③ **전기화재(C급 화재)** : 전기기계, 기구 등에 전기가 공급되는 상태에서 발생되는 화재

④ **금속화재(D급 화재)** : 리튬, 나트륨, 마그네슘 같은 금속화재

12) 소화기의 종류와 용도

화재 종류 \ 소화기	A급 보통화재	B급 유류 및 가스화재	C급 전기화재
포말 소화기	적합	적합	부적합
분말 소화기	양호	적합	양호
CO_2 소화기	양호	양호	적합

※ 금속화재(D급)의 경우 마른 모래, 팽창질석 등으로 소화한다.

13) 응급 구조의 4단계 : 기도유지 → 지혈 → 쇼크방지 → 상처보호

Part 04 용접재료

WELDING

Chapter 01 | 용접재료 및 각종 금속의 용접

1) 금속의 일반적인 성질

① 상온에서 고체이며 결정체이다(수은(Hg)은 예외).

② 빛을 반사하고 고유의 광택이 있다.

③ 강도가 크고 가공 변형이 쉽다(전성, 연성이 크다).

④ 열 및 전기의 좋은 전도체이다.

⑤ 비중, 경도가 크고 용융점이 높다.

2) 합금의 특징

① 강도와 경도 증가

② 주조성 향상

③ 내산성, 내열성 증가

④ 색이 아름다워진다.

⑤ **용융점, 전기 및 열전도율이 낮아진다.**

3) 금속의 대표적 결정구조 : 체심입방격자(BCC), 면심입방격자(FCC), 조밀육방격자(HCP)

4) 고용체 : 한 금속에 다른 금속이나 비금속이 녹아들어가 응고 후 고배율의 현미경으로도 구별할 수 없는 1개의 상으로 되는 것을 고용체라고 한다. 종류로는 침입형, 치환형, 규칙격자형 고용체가 있다.

5) 금속 간 화합물 : 두 개 이상의 금속이 화학적으로 결합해서 본래와 다른 새로운 성질을 가지게 되는 화합물을 의미하며, 일반적으로 경도가 본래의 금속보다 훨씬 증가한다.

6) 포정반응 : 하나의 고체에 다른 액체가 작용하여 다른 고체를 형성하는 반응(액체 + A고용체 ⇆ B고용체)

7) 편정반응 : 하나의 액체에서 고체와 액체를 동시에 형성하는 반응(액체 ⇆ 액체 + A고용체)

8) 공정반응 : 하나의 액체가 두 개의 금속으로 동시에 형성되는 반응(액체 ⇆ A고용체 + B고용체)

9) 공석반응 : 하나의 고체가 두 개의 고체로 형성되는 반응(A고용체 ⇆ B고용체 + C고용체)

10) 강의 탈산정도에 따라 킬드강(충분히 탈산된 강), 세미킬드강, 림드강(가볍게 탈산시킨 강)으로 구분되며, 림드강은 피복아크용접봉 심선재료로 활용된다.

11) 철강의 5원소 : 탄소(C), 규소(Si), 망간(Mn), 인(P), 황(S)

12) 강의 종류

① **순철** : 탄소함유량 0.03% 이하인 철

② **강(탄소강)** : 탄소함유량 0.03~1.7(2.1)%C 함유한 강

㉠ 아공석강 : 0.03~0.85%C 강

㉡ 공석강 : 0.85%C 강

㉢ 과공석강 : 0.85~1.7(2.1)%C 강

㉣ 합금강 : 탄소강에 하나 이상의 금속을 합금한 강

③ **주철** : 탄소함유량이 1.7(2.1)~6.67%C의 범위이며 보통 4.5%C 이하의 것이 사용된다.

㉠ 아공정 주철 : 1.7(2.1)~4.3%C 주철

㉡ 공정 주철 : 4.3%C 주철

㉢ 과공정 주철 : 4.3~6.67%C 주철

13) **순철** : 탄소함유량이 0.03% 이하인 강으로 α, β, γ 등 3개의 동소체가 있으며, A_2, A_3, A_4 변태가 있다.

14) **변태** : 동소변태와 자기변태가 있다.

변태의 종류	명칭	변태과정	영향
A_0 변태	시멘타이트 자기변태	210℃ 강자성 ⇄ 상자성	자기적 강도 변화
A_1 변태	강의 특유변태	723℃ 펄라이트 ⇄ 오스테나이트	
A_2 변태	순철의 자기변태	768℃ 강자성 ⇄ 상자성	자기적 강도 변화
A_3 변태	순철의 동소변태	910℃ α철 ⇄ γ철	원자 배열 변화, 성질 변화
A_4 변태	순철의 동소변태	1,400℃ γ철 ⇄ δ철	원자 배열 변화, 성질 변화

15) **Fe-C 평형상태도** : 본문내용 참고하여 숙지하여야 한다.

16) **강의 조직**

① 페라이트(Ferrite) : 순철에 가까운 조직으로 $\alpha-Fe$(α고용체)조직이며, 극히 연하고 상온에서 강자성체인 체심입방격자이다.

② 펄라이트(Pearlite) : 0.85%C, 723℃에서 공석반응($\gamma-Fe$(Austenite) ⇆ $\alpha-Fe$(Ferrite) +Fe_3C (Cementite)을 통해 얻어지는 공석강의 조직이다.

③ 오스테나이트(Austenite) : $\gamma-Fe$(γ고용체) 조직이고 면심입방격자를 가지며 상온에서는 볼 수 없고 비자성체의 특징을 가진다.

④ 시멘타이트(Cementite) : 탄화철(Fe_3C)의 조직으로 주철의 조직이며, 경도가 높고 취성이 크며, 상온에서는 강자성체이다.

⑤ 레데뷰라이트(Ledeburite) : 4.3%C, 1,140℃에서 공정반응(융체(L) ⇄ $\gamma-Fe$(Austenite) +Fe_3C (Cementite)을 통해 얻어지는 공정주철의 조직이다. Fe-C 평형상태도상의 C포인트 구역이다.

17) **적열취성** : 900~950℃ 부근에서 취약(S이 원인, Mn 첨가로 MnS화하여 S의 해를 줄임)

18) **청열취성** : 200~300℃ 부근에서 취약(P가 원인)

19) **공구강의 구비조건**

① 경도가 크고 고온경도가 저하되면 안된다.

② 내열성과 강인성이 커야 한다.

③ 열처리 및 제조와 취급이 쉽고 가격이 저렴해야 한다.

20) **고속도강** : 일명 하이스(HSS), 대표적 조성은 18%W, 4% Cr, 1%V

21) **주조경질합금** : Co-Cr-W-C계, 대표적인 것인 스텔라이트

22) **소결경질합금** : WC, TiC 등의 금속산화물에 Co 분말을 혼합 압축성형한 것으로, 상품명으로는 위디아, 미디아, 텅갈로이, 카볼로이, 텅갈로이 등으로 불린다.

23) **비금속 초경합금(세라믹)** : Al_2O_3를 주성분으로 한 세라믹 공구

24) **스테인리스강(STS) : 스테인리스강은 철에 Cr이 11.5% 이상 함유**되면 금속 표면에 산화크롬의 막이 형성되어 녹이 스는 것을 방지해 준다. stainless steel이란 부식되지 않는 강(내식강)이란 뜻으로 지어진 이름이다(내식강=불수강).

분류	강종	담금질 경화성	내식성	용접성	용도
마텐자이트계	13Cr계, Cr<18	있음	가능	불가	터빈 날개, 밸브 등
페라이트계	18Cr계 11<Cr<27	없음	양호	약간 양호	자동차 장식품 등
오스테나이트계	18Cr-8Ni계	없음	우수	우수	화학기계 실린더, 파이프 공업용

25) 18-8강의 입계부식 : 탄소량이 0.02% 이상에서 용접열에 의해 **탄화크롬이 형성**되어 카바이드 석출을 일으키며 **내식성을 잃게 된다**. 입계부식을 방지하는 방법은 다음과 같다.

① 탄소함유량을 극히 적게 할 것(0.02% 이하)

② 원소의 첨가(Ti, V, Zr 등)로 Cr_4C 대신에 TiC 등을 형성시켜 Cr의 감소를 막을 것(고용화 열처리)

26) 불변강 : 온도의 변화에 따라 어떤 특정한 성질(열팽창 계수, 탄성 계수 등)이 변하지 않는 강이다.

① **인바** : 길이 불변(줄자, 시계의 진자 등)

② **엘린바** : 탄성률 불변(시계부품, 다이얼 게이지 등)

③ **플랜티나이트** : 열팽창계수 불변(전구, 진공관, 백금 대용 등)

27) 저탄소강의 용접 : 어떤 용접법으로도 용접이 가능, 노치 취성과 용접 터짐에 특히 유의한다. 판 두께가 25mm 이상에서는 급랭을 일으키는 경우가 있으므로 예열을 하거나 용접봉 선택에 주의해야 한다. 연강을 피복아크용접으로 하는 경우 피복 용접봉으로서 저수소계(E4316)를 사용하면 좋으며 균열이 생기지 않는다.

28) 고탄소강의 용접 : 고탄소강은 탄소함유량이 비교적 많은 것으로 보통 탄소가 0.5~1.3%인 강을 고탄소강이라 한다. 일반적으로 탄소함유량의 증가와 더불어 급랭 경화가 심하므로 열 영향부의 경화 및 비드 밑 균열이나 모재에 균열이 생기기 쉽다. 저수소계의 모재와 같은 재질의 용접봉 또는 연강 용접봉, 오스테나이트계 스테인리스강 용접봉, 모넬 메탈 용접봉 등이 쓰이고 있다.

29) 고장력강의 개요 : 연강의 강도를 높이기 위하여 적당한 합금 원소를 소량 첨가한 것으로 HT(High Tensile)라 한다. 강도, 경량, 내식성, 내충격성, 내마모성이 요구되는 구조물에 적합하며 현재 군함, 교량, 차륜, 보일러 압력용기 탱크, 등에 쓰인다. 인장강도 50kg/mm^2 이상인 것을 고장력강이라고 하며, HT 60(인장강도 60~70kg/mm^2), HT 70, HT 80(80~90kg/mm^2) 등이 있다.

30) 고장력강의 용접

① 연강에 Mn, Si 첨가로 강도를 높인 강으로 연강과 같이 용접이 가능하나 담금질 경화능이 크고 열 영향부의 연성이 저하된다.

② 용접봉은 저수소계를 사용하며 사용 전에 300~350℃로 2시간 정도 건조시킨다.

③ 용접 개시 전에 용접부 청소를 깨끗이 한다.

④ 아크길이는 가능한 한 짧게 유지하고, 위빙 폭은 봉 지름의 3배 이하로 한다. 위빙 폭이 너무 크면 인장강도가 저하하고 기공이 생기기 쉽다.

31) 주철의 개요 : 주철은 넓은 의미에서 탄소가 1.7~6.67% 함유된 탄소-철 합금인데, 보통 사용되는 것은 탄소 2.0~3.5%, 규소 0.6~2.5%, 망간 0.2~1.2%의 범위에 있는 것이다. 주철은 강에 비해 용융점(1,150℃)이 낮고 유동성이 좋으며 가격이 싸기 때문에 각종 주물을 만드는 데 쓰이고 있다. 주물은 연성이 거의 없고 가단성이 없기 때문에 주철의 용접은 주로 결함의 보수나 파손된 주물의 수리에 옛날부터 사용되고 있으며, 또 열 영향을 받아 균열이 생기기 쉬우므로 용접이 곤란하다.

32) 주철의 종류

① **회주철** : 탄소가 흑연 상태로 존재하며, 파단면은 회색이다.

② **백주철** : 탄소가 Fe_3C의 화합 상태로 존재하므로 백색의 파면을 나타낸다.

③ **반주철** : 회주철과 백주철의 중간 상태이다.

이 외에 고급 주철, 합금 주철, 구상흑연 주철, 가단주철, 칠드 주철이 있다.

33) 주철의 장점 : 주조성이 우수, 단위무게당 값이 저렴, 마찰저항이 우수, 절삭가공이 쉬움, 압축강도 우수

34) 주철의 단점 : 인장강도가 적고, 충격값이 작고 가공이 어려움

35) 주철의 조직

① **주철의 전 탄소량** : 유리탄소(흑연)+화합탄소(Fe_3C)

② **바탕조직** : 펄라이트와 페라이트로 구성하고 흑연과 혼합조직이 된다.

③ **보통 주철** : 페라이트, 시멘타이트(Fe_3C), 흑연의 3상 조직이다.

④ 2.8~3.2%C와 1.5~2.0%Si 부근이 우수한 펄라이트 주철 조직이 된다.

⑤ **스테다이트** : $Fe-Fe_3C-Fe_3P$ 3원 공정 조직(주철 중 P에 의한 조직)으로 취성이 크다.

36) 주철 중 탄소의 형상

① **유리탄소(흑연)** : Si가 많고 냉각속도가 느릴 때 → 회주철

② **화합탄소(Fe_3C)** : Mn이 많고 냉각속도가 빠를 때 → 백주철

37) 주철의 성장 : 고온에서 장시간 유지하거나 가열 · 냉각을 반복하면 부치가 팽창하여 변형 · 균열이 발생하는데, 이러한 현상을 성장이라 한다.

38) 미하나이트 주철 : 저탄소 · 저규소의 재료를 선택하고 화합탄소의 정출을 억제하여 흑연의 형상을 미세 · 균일하게 하기 위해 Fe-Si, Ca-Si 등을 첨가해서 흑연 핵의 생성을 촉진시켜(접종) 만든 고급 주철이다.

39) 칠드(냉경)주철 : 주조할 때 주물 표면에 금속형을 대어 주물 표면을 급랭시키므로 백선화시켜 경도를 높힘으로써 내마멸성을 크게 한 것으로, 기차바퀴, 압연기의 롤러 등에 사용한다.

40) 구상흑연주철 : 용융상태에서 Mg, Ce, Mg-Ca 등을 첨가하여 편상된 흑연을 구상화시킨 것이다.

① **종류** : 시멘타이트형, 펄라이트형, 페라이트형

② **불즈아이(bull's eye)조직** : 펄라이트를 풀림처리하여 페라이트로 변할 때 구상 흑연 주위에 나타나는 조직으로 경도, 내마멸성, 압축강도가 증가한다.

41) 가단주철 : 백주철을 풀림처리하여 탈탄 또는 흑연화에 의하여 가단성을 준 것이다.

① **백심가단주철(WMC)** : 탈탄이 주목적, 산화철을 가하여 950℃에서 70~100시간 가열 풀림

② **흑심가단주철(BMC)** : Fe_3C의 흑연화 목적

42) 주강 : 주조할 수 있는 강을 주강이라고 하며, 일반적으로 탄소함유량이 0.15~1.0% 정도로서 주철보다 적고, 연신율과 인장강도는 높다. 기계 부품 등의 제조에서 단조가 어려우며 주철로는 강도와 인성의 확보가 곤란한 경우에 사용된다.

43) 주철의 용접이 어려운 이유

① 주철은 연강에 비해 여리며 주철의 급랭에 의한 백선화로 기계 가공이 곤란할 뿐 아니라 수축이 많아 균열이 생기기 쉽다.

② 일산화탄소가스가 발생하여 용착금속에 블로홀이 생기기 쉽다.

③ 장시간 가열로 흑연이 조대화된 경우나 주철 속에 기름, 흙, 모래 등이 있는 경우에는 용착이 불량하거나 모재의 친화력이 나쁘다.

④ 주철의 용접법으로는 모재 전체를 500~600℃의 고온에서 예열하며, 예열 · 후열의 설비를 필요로 한다.

44) 주철의 용접

① 회주철의 보수 용접에는 가스용접, 피복아크 용접 및 가스 납땜법 등이 주로 사용되고 있다. 가스용접은 예부터 사용되는 방법으로서 열원이 비교적 분산되는 경향이 있으므로 예열효과가 피복아크용접보다 큰 특징이 있다.

② 회주물을 아크용접으로 보수할 때에는 연강 용접봉 등이 사용되며, 예열하지 않아도 용접할 수 있다. 그러나 모넬 메탈, 니켈 용접봉을 쓰면 150~200℃ 정도의 예열이 적당하다. 이와 같은 용접을 저온 예열용접법이라 하는데, 이런 용접봉을 쓰면 용접금속의 연성이 풍부하므로 균열 같은 용접 결함이 생기지 않는다.

③ 가스 납땜의 경우에는 과열을 피하기 위하여 토치와 모재 사이의 각도를 작게 한다. 또 모재 표면의 흑연을 제거하는 것이 중요하므로 산화 불꽃으로 약 900℃ 정도로 가열하여 제거한다.

45) 주철용접의 주의사항

① 보수 용접을 행하는 경우는 본 바닥이 나타날 때까지 잘 깎아낸 후 용접한다.

② 균열의 보수는 균열의 연장을 방지하기 위해 균열의 끝에 작은 구멍을 뚫는다(stop hole 가공).

③ 용접전류는 필요 이상 높이지 말고, 직선 비드를 배치하며, 지나치게 용입을 깊게 하지 않는다.

④ 될 수 있는 대로 가는 지름의 용접봉은 사용한다.

⑤ 비드의 배치는 짧게 해서 여러 번의 조작으로 완료한다.

⑥ 가열되어 있을 때 피닝 작업을 해 변형을 줄이는 것이 좋다.

⑦ 큰 물건이나 두께가 다른 것, 모양이 복잡한 형상의 용접에는 예열과 후열 후 서냉작업을 반드시 행한다.

⑧ 가스용접에 사용되는 불꽃은 중성 불꽃 또는 약한 탄화 불꽃을 사용하며 용제(flux)를 충분히 사용하고 용접부를 필요 이상 크게 하지 않는다.

46) 스테인리스강 용접의 개요 : 스테인리스강 용접은 용입이 얕으므로 베벨각을 크게 하거나 루트면을 작게 해야 한다. 용접 시공법은 피복금속아크용접, 불활성가스 텅스텐아크용접, MIG 용접, 서브머지드용접 등이 있다. 문제는 용접부의 산화, 질화, 탄소의 혼입 등이며, 특히 산화크롬은 용융점이 높아 불활성가스용접이 유리하다. 그러나 저항용접 시에는 가열시간이 짧으므로 그럴 필요는 없다.

① SMAW : 0.8mm까지 가능, 직류역극성 채택, 전류는 탄소강의 경우보다 10~20% 낮게 함

② GTAW : 3mm 이하의 박판 적용, 직류정극성 채택, 용접부 청정이 중요, 토륨 텅스텐봉 사용

③ GMAW : 0.8~1.6mm 와이어 사용, 직류역극성 채택, 아크 열 집중성이 좋아 TIG에 비해 두꺼운 판 적용 가능, 용착률은 98%임

47) 오스테나이트계(18-8) SUS 용접시 주의사항

① 열팽창 계수가 크고(연강보다 50% 크다) 용접성 변동이 심하며 변형도 크다.

② 연강보다 낮은 전류로 작업하는 것이 좋다.

③ 용접 후 680~480℃ 범위로 서냉되면 크롬 탄화물이 결정 입계에 석출되어 내식성을 떨어뜨린다(용체화 처리가 필요).

④ 용접 중에 고온 균열이 발생하기 쉽다.

⑤ 두꺼운 판을 제외하고는 예열을 실시하지 않는다.

⑥ 용접봉은 될수록 지름이 가는 것을 사용하고, 짧은 아크로 용접한다.

⑦ 반드시 크레이터를 채우도록 한다(고온 균열 방지).

⑧ 오스테나이트계 스테인리스강은 매우 낮은 온도까지도 취성이 발생하지 않으며, 기계적 성질도 좋다. 용접열에 의해서 탄화물이 석출된 부분은 내식성이 현저히 저하된다. 이와 같은 입계 부식을 방지하기 위하여 용접 후 1,050~ 1,100℃로 용체화 처리를 하고 공랭하든지, 850℃ 이상으로 가열하여 급히 냉

수 담금질(수인법, quenching) 등을 하면 개선된다.

48) 알루미늄의 개요

① Al은 면심입방격자, 비중 2.7, 용융점 660℃, 열 및 전기의 양도체, 내식성 우수
② 전기 전도도는 구리의 약 65% 정도이며 상온에서 압연 가공을 하면 경도와 인장강도가 증가하고 연신률은 감소
③ 공기 중에서 산화막 형성으로 그 이상 산화가 되지 않으며 맑은 물에는 안전하나 황산, 염산, 알칼리성 수용액, 염수에는 부식됨
④ **용도** : 손전선, 전기 재료, 자동차, 항공기용 부품용

49) 알루미늄 합금의 종류

① Al-Si계 : 실루민
② Al-Mg계 : 하이드로날륨, 마그날륨
③ Al-Cu-Si계 : 라우탈, 실루민의 가공 표면 거친 결점 제거
④ Al-Cu-Ni-Mg계 : Y 합금
⑤ Lo-Ex : 실루민을 Na으로 개량처리한 것
⑥ Al-Cu-Mg-Mn : 두랄루민

50) **알루미늄 합금의 용접** : 알루미늄은 용접할 때 용접금속 내의 기공의 발생, 슬래그 섞임, 열영향부의 연화와 내식성의 저하 등 여러 결함이 생기기 쉬우므로 용접 시 특별한 주의 필요

51) 알루미늄 합금의 용접이 곤란한 이유

① 비열 및 열전도도가 커서 단시간에 용접온도를 높이는 데 높은 온도의 열원이 필요하다.
② 용융점이 비교적 낮고, 색채에 따라 가열온도의 판정이 곤란하여 지나치게 용해되기 쉽다.
③ 산화알루미늄의 용융점은 알루미늄의 용융점(660℃)에 비하여 매우 높아서 약 2,050℃나 되므로 용융되지 않은 채로 유동성을 해치고 알루미늄 표면을 덮어 금속 사이의 융합을 방지한다.
④ 산화알루미늄의 비중(4.0)은 보통 알루미늄의 비중(2.7)에 비해 크므로 용융금속 표면에 떠오르기가 어렵고 용착금속 속에 남는다.
⑤ 강에 비해 팽창 계수가 약 2배, 응고 수축이 1.5배 크므로 용접 변형이 클 뿐 아니라 합금에 따라서는 응고 균열이 생기기 쉽다.
⑥ 액상에 있어서의 수소 용해도가 고상 때보다 대단히 크므로 수소가스를 흡수하여 응고할 때 기공으로 남는다.

52) 알루미늄과 그 합금의 용접

① GTAW & GMAW : 용제 불필요, 슬래그 제거 불필요, 직류역극성 채택 시 청정작용 효과, GTAW에서는 고주파 병용 교류(ACHF) 채택, 가스용접보다 열 집중성이 높고 능률적
② **가스용접** : 약 탄화불꽃 사용, 200~400℃ 예열, 변형 예방을 위해 스킵법 채택, 용제로는 염화칼륨 45%, 염화나트륨 30%, 염화리튬 15%, 플루오르화칼륨 7%, 황산칼륨 3% 등을 사용, 용제는 흡습성이 크므로 주의를 요함
③ **저항용접** : 산화피막 제거 등 청소 철저, 점 용접이 효과적, 짧은 시간에 대전류 사용이 필요

※ 알루미늄 용접 시 용융 풀이 식으면서 생기는 수축 응력 때문에 열간 균열이 발생하는 것이 제일 염려가 된다. 특히 용착금속 성분으로 인한 열간 취화 때문에 용착부의 균열이 많이 생긴다.

53) 구리의 성질

① **물리적 성질** : 구리의 비중 8.96, 용융점 1,083℃, 비자성체, 전기전도율 우수, 변태점이 없다.
② **화학적 성질** : 황산 · 염산에 용해되며, 습기 · 탄산가스 · 해수 등에 녹색의 녹을 발생한다.
③ **기계적 성질** : 전연성이 크고 인장강도는 가공율 70% 부근에서 최대가 되며, 가공 경화된 것은 600~700℃에서 30분 정도 풀림 또는 수냉하여 연화한다. 열간가공은 750~850℃에서 행한다.

54) 황동 : 구리(Cu)와 아연(Zn)의 합금으로 가공성, 주조성, 내식성, 기계성 우수

① 아연의 함유

- 7 · 3 황동 : 30%Zn 연신율 최대, 상온 가공성 양호, 가공성 목적
- 6 · 4 황동 : 40%Zn 인장강도 최대, 상온 가공성 불량, 강도 목적

② 황동의 종류

종류	성분	명칭	용도
톰백	95%Cu −5%Zn	gilding metal	동전, 메달용
	90%Cu −10%Zn	commercial brass	톰백의 대표적인 것으로 디프 드로잉용, 메달, 뺏지용
	85%Cu −15%Zn	red brass	내식성이 크므로 건축, 소켓용
	80%Cu −20%Zn	low brass	전연성이 좋고 색깔이 아름답다. 악기용
7 · 3 황동	70%Cu −30%Zn	cartridge brass	가공용 구리 합금의 대표적인 것으로 판, 봉, 선용
6 · 4 황동	60%Cu −40%Zn	muntz metal	인장강도가 가장 크며 열교환기, 연간 단조용

55) 특수황동의 종류

① **연황동** : 6 · 4 황동 + 1.5~3%Pb, 절삭성 향상, 함연황동, 쾌삭황동이라고도 함

② **함석황동** : 내식성 목적(Zn의 산화, 탈아연 방지)으로 주석(Sn) 1% 첨가

㉠ 애드미럴티 황동 : 7 · 3 황동 + 1%Sn

㉡ 네이벌 황동 : 6 · 4 황동 + 1%Sn

③ **철 황동** : 강도 내식성 우수, 광산, 선박, 화학 기계에 사용

㉠ 듀라나 메탈 : 7 · 3 황동 + 1%Fe

㉡ 델타 메탈 : 6 · 4 황동 + 1%Fe

④ **양은** : 실버 니켈이라고도 하며, Cu−Zn−Ni계

56) 청동 : 구리와 주석의 합금 또는 구리와 특수원소의 합금의 총칭으로 주조성, 강도, 내마멸성이 좋다.

57) 주석의 성질

① 4%Sn : 연신율 최대

② 18%Sn : 인장강도 최대

③ 30%Sn : 경도 최대

58) 청동의 종류

① **포금** : 8~12%Sn + 1~2%Zn, 유동성이 양호하고 절삭 가공이 용이, 대포의 포신 재료, 건메탈

② **인청동** : Cu + 9%Sn + 0.35%P, 내마멸성 우수 냉간가공, 인장강도 · 탄성한계 크게 증가, 스프링, 베어링 · 밸브시트용

③ **베어링용 청동** : Cu + 13~15%Sn, 연성 감소, 경도 · 내마멸성 우수, 베어링 · 차축용

※ 켈밋 : Cu + 30~40%Pb, 내구력 · 압축강도 우수, 윤활작용, 열전도가 양호, 고속 하중 베어링용

④ 니켈 청동

㉠ 쿠프로닉 메탈(백동) : 20%Ni, 각종 식기 · 공예 포장품용

㉡ 어드밴스 : 44%Ni + 54%Cu + 1%Mn, 전기 기계의 저항선용

㉢ 콘스탄탄 : 45%Ni, 열기전력, 전기 저항이 크고 온도 계수가 작아 열전대 재료, 저항선용

㉣ 모넬메탈 : 60~70%Ni, 내식성 합금으로 주조성 및 단련성이 좋아 화학 공업용

⑤ 코슨합금(Cu−Ni−Si계) : 인장강도가 105kg/mm^{2}이며 전선용

⑥ 소결 베어링 합금(오일레스 베어링) : Cu 분말에 Sn 분말 8~12%, 흑연 4~5%를 혼합하여 압축 성형하고 900℃에서 소결한 것으로 다공질이므로 윤활유를 체적 비율로 20~40%를 흡수하여 경하중이며 급유가 곤란한 부분의 무급유 베어링으로 사용

59) 구리와 그 합금의 용접 : 구리의 융점은 1,083℃로서 알루미늄(660℃)과 강(약 1,538℃)의 중간 정도이다. 순구리의 열전도도는 연강의 8배 이상이고 알루미늄의 약 2배이다. 그러므로 열이 용접부에서 급격히 방산되기 때문에 가스용접과 아크용접에서 충분한 용입을 얻으려면 충분한 예열이 필요하다.

60) 구리의 용접이 어려운 이유

① 열전도율이 높고 냉각속도가 크다.

② 구리 중의 산화구리를 함유한 부분이 순수한 구리에 비하여 용융점이 약간 낮으므로, 먼저 용융되어 균열이 발생하기 쉽다.

③ 열팽창 계수는 연강보다 약 50% 크므로 냉각에 의한 수축과 응력 집중을 일으켜 균열이 발생하기 쉽다.

④ 가스용접, 그 밖의 용접방법으로 환원성 분위기 속에서 용접을 하면 산화구리는 환원될 가능성이 커진다. 이때 용적은 감소하여 스펀지 모양의 구리가 되므로 더욱 강도를 약화시킨다.

⑤ 수소와 같이 확산성이 큰 가스를 석출하여 그 압력 때문에 더욱 약점이 조정된다.

⑥ 구리는 용융될 때 심한 산화를 일으키며, 가스를 흡수하기 쉬우므로 용접부에 기공 등이 발생하기 쉽다. 그러므로 용접용 구리 재료는 전해구리보다 탈산구리를 사용해야 하며, 또한 용접봉을 탈산구리 용접봉 또는 합금 용접봉을 사용해야 한다.

61) 구리와 그 합금의 용접

① SMAW : 약 200~350℃의 충분한 예열 필요, 니켈청동에 사용, 스패터, 슬래그 섞임, 용입 불량 우려

② **가스용접** : 주로 황동용접에 적용, 약 산화불꽃 이용, 기공 발생 시 피닝작업, 용제로는 붕사·붕산 등 사용

③ GTAW : 직류정극성 채택, 용가재는 탈산 구리봉, t6 이하에 적용, 토륨 텅스텐봉 사용, 합금의 경우 토빈 청동봉·에버듀르 청동봉·인 청동봉 사용

④ **납땜법** : 쉽게 이음이 되며, 구리 합금은 은납땜이 쉬움, 은 납의 가격이 고가

62) 마그네슘 : 조밀육방격자이며, 비중은 1.74, 용융점 650℃, 연신율 6%, 재결정 온도 150℃, 인장강도17kg/mm^2, 알칼리에 강하고 건조한 공기 중에서 산화하지 않으나 해수에서는 수소를 방출하면서 용해하며 습한 공기에서는 표면이 산화마그네슘, 탄산마그네슘으로 되어 내부 부식을 방지한다.

63) 마그네슘 합금 : 다우메탈(Mg-Al계), 엘렉트론(Mg-Al-Zn 계)

64) 니켈 : 비중 8.9, 용융점 1,455℃, 면심입방격자, 은백색, 전기저항이 크다. 상온에서 강자성체(360℃에서 자기변태로 자성을 잃음), 연성이 크고 냉간 및 열간가공이 쉽다. 내열성·내식성이 우수하다.

65) 니켈 합금

① Ni-Cu계 : 콘스탄탄, 어드밴스, 모넬메탈 등

② Ni-Fe계 : 인바, 엘린바, 플래티나이트 등

③ **열전대 선** : 최고 측정온도의 경우 백금(Pt)-백금로듐(Pt·Rh)은 1,600℃, 크로멜-알루멜은 1,200℃, 철-콘스탄탄은 900℃, 구리-콘스탄탄 600℃ 정도

66) 티타늄과 그 합금 : 비중 4.5, 용융점 1,670℃, 인장강도 490MPa, 비강도가 크며 스테인리스강보다 내식성 우수, 가볍고 강하며, 열에 잘 견디고, 내식성이 우수, 항공기, 로켓재료, 가스 터빈 재료, 화학공업용 기기류 등에 사용

67) 아연과 그 합금 : 비중 7.13, 용융점 419℃, 조밀육방격자, 표면에 염기성 탄산염 피막을 형성하여 내부를 보호, 황동, 도금용, 인쇄판, 다이

캐스팅용도로 활용, 합금으로 자막(Zamak) : Zn+4%Al 첨가, 마작이라고도 함

68) **주석과 그 합금** : 비중 7.3, 용융점 232℃, 독성이 없어 식기용, 내식성 우수, 땜납(Pb-Sn)용, 청동, 철제 도금용, 베어링용 합금으로 사용됨

69) **저융점 합금** : 가용 합금이라고도 하며, 융점이 주석(232℃)보다 적은 합금으로 퓨즈, 활자 등의 용도

① 우드 메탈(wood metal) : Bi-Cd-Pb-Sn계, 용융점 68℃

② 비스무트 합금(bismuth alloy) : Bi-Pb-Sn계, 용융점 113℃

③ 로즈 메탈(rose's alloy) : Bi-Pb-Sn계, 용융점 100℃

70) **니켈과 그 합금의 용접** : 용접부의 청정이 가장 중요하다. 고 니켈 합금은 연강과 같이 손쉽게 용접이 가능하고, 순 니켈과 모넬 메탈을 주성분으로 하는 용접봉은 주물용 피복아크 용접봉을 사용한다.

71) **티탄과 그 합금의 용접** : 티탄은 융점이 1,670℃ 정도로 매우 높고 고온에서는 산화성이 강하여 본래의 성질이 소멸되기 때문에 열간 가공이나 용접이 어려운 금속이다. TIG 용접, 플라스마 아크용접, 전자빔 용접 등이 적용된다.

Chapter 02 | 용접 재료 열처리

1) **열처리의 목적** : 금속을 목적하는 성질 및 상태로 만들기 위해 가열 후 냉각 등의 조작을 적당한 온도와 속도로 조절하여 재료의 특성을 개량하는 것을 말한다.

2) **일반 열처리의 종류와 목적, 방법**

열처리 방법	가열온도	냉각방법	목적
담금질 (퀜칭, 소입)	A_1, A_3 또는 A_{cm}선보다 30~50℃ 이상 가열	물, 기름 등에 수냉	재료를 경화시켜 경도와 강도 개선
뜨임 (템퍼링, 소려)	A_1 변태점 이하	서냉	인성 부여(담금질 후 뜨임), 내부응력 제거
풀림 (어니얼링, 소둔)	A_1 변태점 부근	극히 서냉 (노냉)	가공경화된 재료의 연화, 잔류응력 제거, 강의 입도 미세화, 가공경화 현상 해소
불림 (노멀라이징, 소준)	A_1, A_3 또는 A_{cm}선보다 30~50℃ 이상 가열	공랭	결정 조직의 미세화(표준화 조직으로)

3) **열처리 조직의 경도 순서** : 마텐자이트 > 트루스타이트 > 소르바이트 > 오스테나이트

4) **질량효과** : 냉각속도에 따라 경도의 차이가 생기는 현상을 질량 효과라고 하며, 질량효과가 작다는 것은 열처리가 잘 된다는 뜻이다.

5) **담금질 액의 담금질 능력** : 소금물 > 물 > 기름 순

6) **서브제로 처리법** : 심랭처리 또는 영점하의 처리라고도 하며 이것은 잔류 오스테나이트를 가능한 적게 하기 위하여 0℃ 이하(드라이아이스, 액체 산소 - 183℃ 등 사용)의 액 중에서 마텐자이트 변태를 완료할 때까지 진행하는 처리를 말한다.

7) **항온 열처리** : 열처리하고자 하는 재료를 오스테나이트 상태로 가열하여 일정한 온도의 염욕, 연료 또는 200℃ 이하에서는 실린더유를 가열한 유조 중에서 담금과 뜨임하는 것

8) **항온 열처리의 종류** : 오스템퍼, 마템퍼, 마퀜칭, 타임 퀜칭, 항온뜨임, 항온 풀림 등

9) **침탄법** : 0.2%C 이하의 저탄소강을 침탄제(탄소, C)와 침탄 촉진제를 소재와 함께 침탄상자에 넣은 후 침탄로에서 가열하면 0.5~2mm의 침탄층이 생겨 표면만 단단하게 하는 것을 표면경화법이라 하며, 종류로는 고체침탄법, 액체침탄법, 가스침탄법 등이 있다.

10) **질화법** : 암모니아 가스(NH_3)를 이용한 표면 경화법으로 520℃ 정도에서 50~100시간 질화하는 방법

11) **침탄법과 질화법의 비교**

침탄법	질화법
경도가 질화법보다 낮다.	경도가 침탄법보다 높다.
침탄 후의 열처리가 필요하다.	질화 후의 열처리가 필요 없다.
경화에 의한 변형이 생긴다.	경화에 의한 변형이 적다.
침탄층은 질화층보다 여리지 않다.	질화층은 여리다.
침탄 후 수정이 가능하다.	질화 후 수정이 불가능하다.
고온으로 가열 시 뜨임되고 경도는 낮아진다.	고온으로 가열해도 경도는 낮아지지 않는다.

12) **기타 표면경화법** : 화염경화법, 고주파경화법, 도금법, 방전경화법, 금속침투법, 쇼트피닝법 등

13) **금속침투법** : 표면의 내식성과 내산성을 높이기 위해 강재의 표면에 다른 금속을 침투 확산시키는 방법

종류	침투제	종류	침투제
세라다이징 (sheradizing)	Zn	크로마이징 (chromizing)	Cr
칼로라이징 (calorizing)	Al	실리코나이징 (siliconizing)	Si
보로나이징 (boronizing)	B		

Part 05 기계제도(비절삭 부분)

WELDING

Chapter 01 | 제도통칙 등

1) **제도의 정의** : 설계자가 추구하는 의도를 제작자에게 정확하게 전달하기 위하여 일정한 표준(KS, ISO 등)에 따라서 선과 문자 및 기호 등을 사용하여 생산품의 형상, 구조, 크기, 재료, 가공법 등을 기계제도 산업표준에 맞추어 정확하고 간단명료하게 컴퓨터를 활용하여 도면(CAD)을 작성하는 과정

2) **제도의 필요성** : 기계제도는 설계자의 의사를 정확하고 간단하게 표시한 도면이다. 이 도면은 세계 각국이 서로 통할 수 있는 공통된 표현으로 널리 사용되고 있다. 제도사는 기계를 제작하는 사람의 입장에서 제품의 형상, 크기, 재질, 가공법 등을 알기 쉽고 간단하고 정확하게 또한 일정한 규칙에 따라 제도하여야 한다.

3) **한국공업표준규격(KS)의 분류**

기호	부문	기호	부문	기호	부문
A	기본	F	건설	M	화학
B	기계	G	일용품	P	의료
C	전기	H	식료품	R	수동기계
D	금속	K	섬유	V	조선
E	광산	L	요업	W	항공

4) **제도용지** : KS에서는 제도 용지의 폭과 길이의 비는 1 : $\sqrt{2}$ 이고, A열의 A0~A5를 사용한다. A0의 면적은 $1m^2$이고, B0의 면적은 $1.5m^2$이다. 큰 도면은 접을 때 A4 크기로 접는 것이 원칙이다.

5) **도면의 양식**

① **표제란** : 표제란의 위치는 도면의 우측 하단에 위치하는 것이 원칙이며 도면번호, 도명, 제도자 서명, 책임자 서명, 각법, 척도 등을 기입한다.

② **부품란** : 일반적으로 도면의 우측 상단 또는 표제란 바로 위에 위치하며, 부품번호, 재질, 규격, 수량, 공정 등이 기록된다. 부품번호는 부품란의 위치가 표제란 위에 있을 때는 아래에서 위로 기입하고, 부품란의 위치가 도면의 우측 상단에 있을 때는 위에서 아래로 기입한다.

③ **윤곽 및 윤곽선** : 재단된 용지의 가장자리와 그림을 그리는 영역을 한정하기 위하여 선이다.

④ **중심 마크** : 도면을 다시 만들거나 마이크로필름으로 만들 때 도면의 위치를 자리잡기 위하여 4개의 중심 마크를 표시한다

⑤ **재단 마크** : 복사도의 재단에 편리하도록 용지의 네 모서리에 재단 마크를 붙인다.

⑥ **비교 눈금** : 도면상에는 최소 100mm 길이에 10mm 간격의 눈금을 긋는다.

6) **척도** : 물체의 형상을 도면에 그릴 때 도형의 크기와 실물의 크기와의 비율을 척도(scale)라 한다.

7) **도형의 형태가 치수와 비례하지 않을 때** : 숫자 아래의 '–'를 긋거나 척도란에 '비례척이 아님' 또는 'NS'를 표시한다.

8) **제도에 사용되는 문자** : 한자, 한글, 숫자, 영자 등이 있다.

9) **선의 모양** : 실선, 파선, 쇄선 등 3가지로 구분하며, 쇄선의 경우 1점 쇄선과 2점 쇄선으로 구분한다.

10) **도면에서 2종류 이상의 선이 같은 장소에 겹치게 되는 경우** : 외형선 > 숨은선 > 절단선 > 중심선 > 무게중심선 > 치수보조선 등의 순위에 따라 그린다.

11) **선 긋는 법**

① **수평선** : 왼쪽에서 오른쪽으로 단 한번에 긋는다.

② **수직선** : 아래에서 위로 긋는다.

③ **사선** : 오른쪽 위를 향하는 경우 아래에서 위로, 왼쪽 위로 향하는 경우 위에서 아래로 긋는다.

12) **1각법과 3각법**

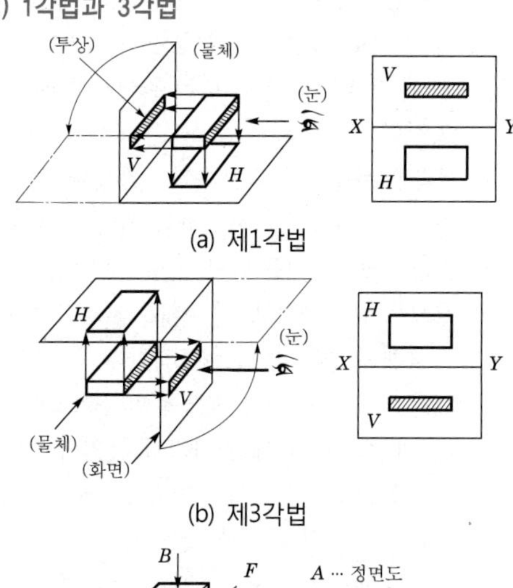

(a) 제1각법

(b) 제3각법

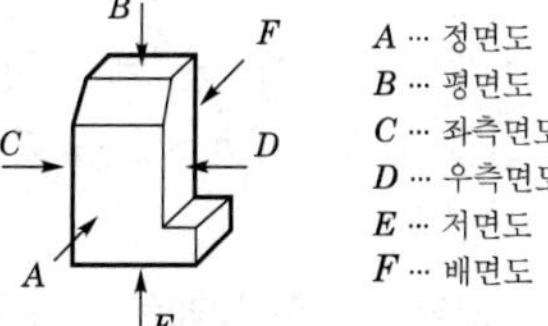

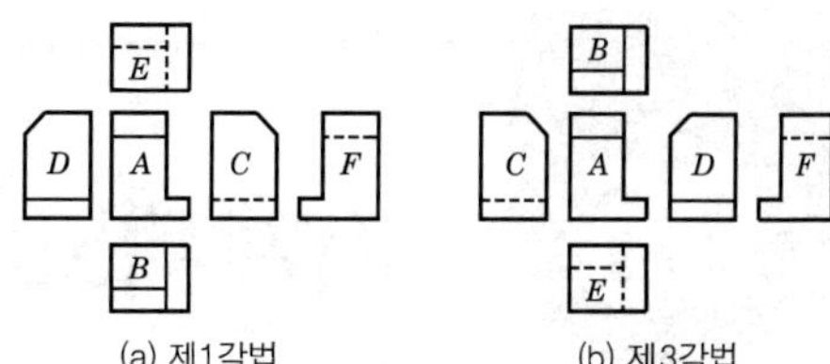

(a) 제1각법 (b) 제3각법

13) **주투상도** : 대상물의 모양, 기능을 가장 명확하게 나타내는 면을 그린다.

14) **단면도** : 물체의 내부가 복잡하여 일반 정투상법으로 표시하면 물체 내부를 완전하고 충분하게 이해하지 못할 경우 물체의 내부를 명확히 도시할 필요가 있는 부분을 절단 또는 파단한 것으로 가정하고 내부가 보이도록 도시하는 경우가 있는데 이것을 단면도라 한다.

15) **단면도의 종류**

① **전단면도** : 물체를 1/2 절단하여 단면을 표시

② **반단면도** : 물체를 1/4 절단하여 단면을 표시

③ **부분단면** : 단면은 필요한 곳 일부만 절단하여 나타낸다.

④ **회전단면** : 절단한 부분을 90° 우회전하여 단면을 표시

16) **단면 표시** : 상하 대칭인 경우는 중심선 위에, 좌우 대칭인 경우는 우측에 단면을 표시하는 것을 원칙으로 한다.

17) **조립도를 단면으로 나타낼 때** : 원칙적으로 다음 부품은 길이방향으로 절단하지 않는다.

① **속이 찬 원기둥 및 모기둥 모양의 부품** : 축, 볼트, 너트, 핀, 와셔, 리벳, 키, 나사, 볼 베어링의 볼

② **얇은 부분** : 리브, 웨브

③ **부품의 특수한 부분** : 기어의 이, 풀리의 암

18) **패킹, 박판처럼 얇은 것을 단면으로 나타낼 때** : 한 줄의 굵은 실선으로 단면을 표시한다.

19) 단면이 있는 것을 명시할 때에만 단면 전부 또는 주변에 해칭을 하거나 또는 스머징(smudging

; 단면부의 내측 주변을 청색 또는 적색 연필로 엷게 칠하는 것)을 하도록 되어 있다.

20) **전개도** : 입체의 표면을 평면 위에 펼친 그림으로 종류로는 평행선법, 방사선법 그리고 삼각형법 등이 있다.

21) **상관체** : 두 개 이상의 입체가 서로 관통하여 하나의 입체로 된 것

22) **상관선** : 상관체에서 각 입체가 서로 만나는 곳의 경계선을 의미

23) **도면에 기입되는 치수** : 이들 중 마무리(완성) 치수이다.

24) **길이의 단위**

① 단위는 밀리미터(mm)를 사용하는데, 그 단위기호는 붙이지 않는다.

② 인치법 치수를 나타내는 도면에는 치수 숫자의 어깨에 인치(″), 피트(′)의 단위 기호를 사용한다.

③ 치수 숫자는 자리수가 많아도 3자리마다 (,)를 쓰지 않는다. 예) 13260, 3′, 1.38″ 등

25) **각도의 단위** : 도, 분, 초를 쓰며, 도면에는 도(°), 분(′), 초(″)의 기호로 나타낸다.

26) **치수 숫자의 기입**

① 치수 숫자의 기입은 치수선의 중앙 상부에 평행하게 표시한다.

② 수평 방향의 치수선에 대하여는 치수 숫자의 머리가 위쪽으로 향하도록 하고, 수직 방향의 치수선에 대하여는 치수 숫자의 머리가 왼쪽으로 향하도록 한다.

③ 치수선이 수직선에 대하여 왼쪽 아래로 향하여 약 30° 이하의 각도를 가지는 방향(해칭부)에는 되도록 치수를 기입하지 않는다.

27) 치수를 표시하는 숫자와 기호를 함께 사용하여 도형의 이해를 표시하는 숫자 앞에 같은 크기로 기입한다.

기호	설명	기호	설명
∅	지름 기호	구면 R, SR	구면의 반지름 기호
□	정사각형 기호	C	45° 모따기 기호
R	반지름 기호	P	피치(pitch) 기호
구면 ∅, S∅	구면의 반지름 기호	t	판의 두께 기호

28) **호, 현, 각도의 표시**

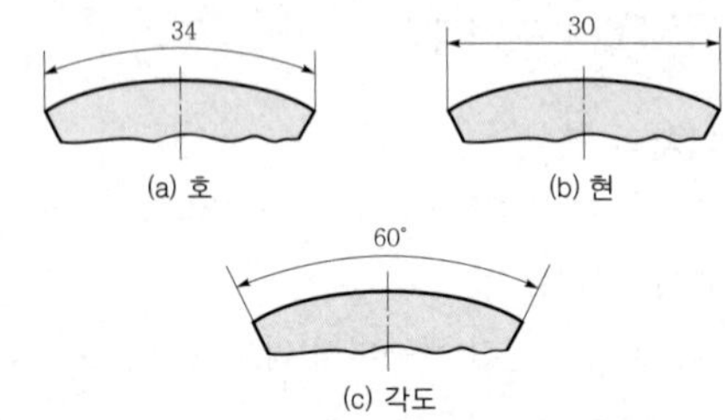

(a) 호 (b) 현
(c) 각도

29) **치수 기입의 원칙**

① 치수는 가능한 한 정면도에 집중하여 기입한다. 단, 기입할 수 없는 것만 비교하기 쉽게 측면도와 평면도에 기입한다.

② 치수는 중복하여 기입하지 않는다.

③ 치수는 계산할 필요가 없도록 기입해야 한다.

④ 서로 관련되는 치수는 되도록 한곳에 모아서 기입한다.

⑤ 치수는 가능한 외형선에 대하여 기입하고 은선에 대하여는 기입하지 않는다.

⑥ 치수는 원칙적으로 완성 치수를 기입한다.

⑦ 치수선이 수직인 경우의 치수 숫자는 머리가 왼쪽을 향하게 한다.

⑧ 외형선, 치수 보조선, 중심선을 치수선으로 대용하지 않는다.

⑨ 치수의 단위는 mm로 하고 단위를 기입하지 않는다. 단, 그 단위가 피트나 인치일 경우는 (′), (″)의 표시를 기입한다.

⑩ 지시선(인출선)의 각도는 60°, 30°, 45°로 한다(수평, 수직 방향은 금한다).

⑪ 치수 숫자의 소수점은 밑에 찍으며 자리수가 3자리 이상이어도 세자리 마다 콤마(,)를 표시하지 않는다.

⑫ 비례척에 따르지 않을 때는 치수 밑에 밑줄을 긋거나, 전체를 표시하는 경우에는 표제란의 척도란에 NS(Non-Scale) 또는 비례척이 아님을 도면에 명시한다.

Chapter 02 | 도면해독

1) 나사의 표시

좌 2줄 M50×3-2 : 좌 두줄 미터 가는 나사 2급

2) 리벳 표시의 예

KS B 0112 열간 둥근머리 리벳 16 × 40 SBV 34

3) 재료기호 표기의 예

① SS 400(KS D 3503의 일반구조용 압연 강재)

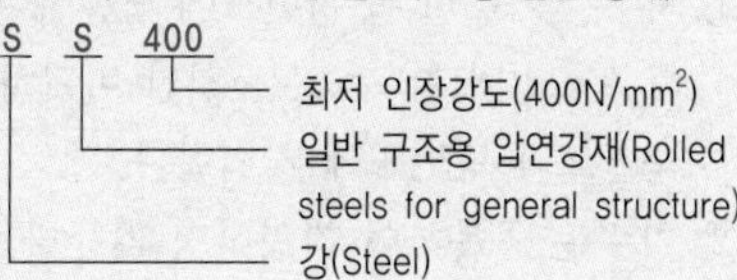

② SM 45C(KS D 3752 기계구조용 탄소 강재)

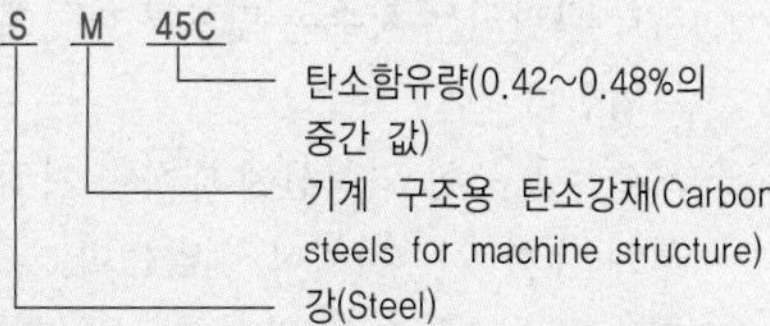

③ SF 340A(KS D 3710 탄소강 단강품)

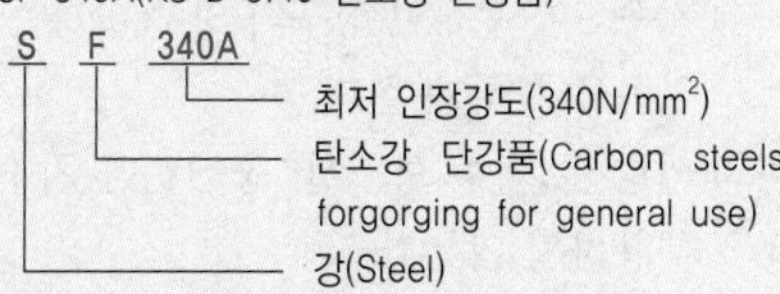

④ PW 1(KS G 3556의 피아노 선)

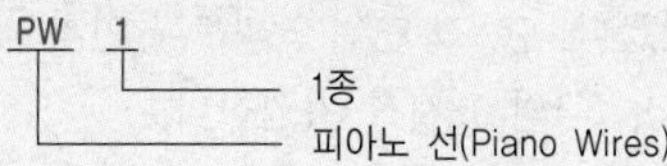

⑤ SNCM 625(KS D 3867 기계구조용 합금강 강재, 니켈 크로뮴 몰리브데넘강)

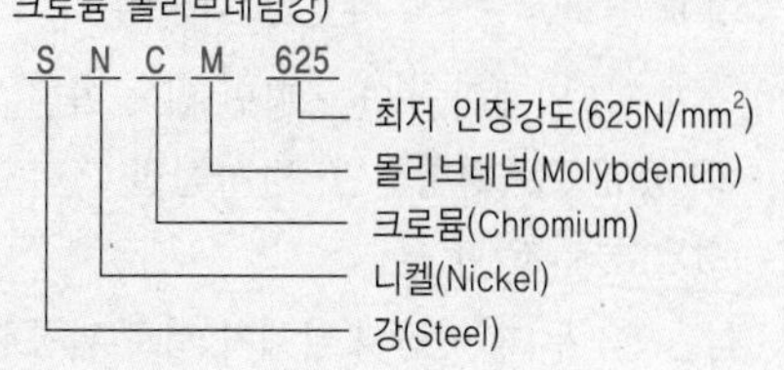

4) 용접 보조기호

용접부 표면 또는 용접부 형상	기호
평면(동일 면으로 마감처리)	—
블록형	⌒
오목형	⌣
토우를 매끄럽게 함	
영구적인 이면 판재(backing strip) 사용	M
제거 가능한 이면 판재 사용	MR

5) 용접부의 기호 표시법

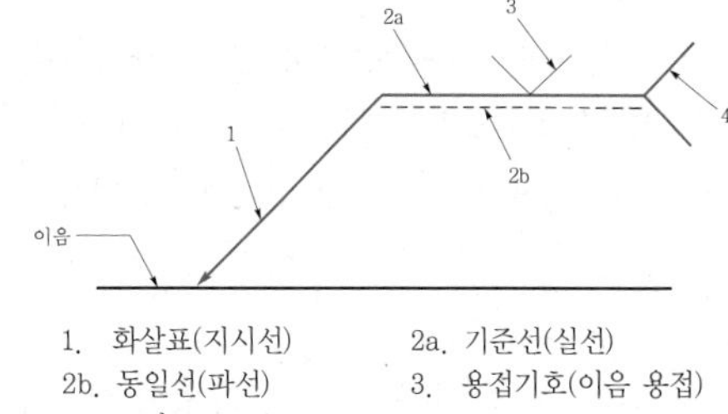

1. 화살표(지시선) 2a. 기준선(실선)
2b. 동일선(파선) 3. 용접기호(이음 용접)
4. 꼬리

6) +자 이음의 양면 필릿 용접

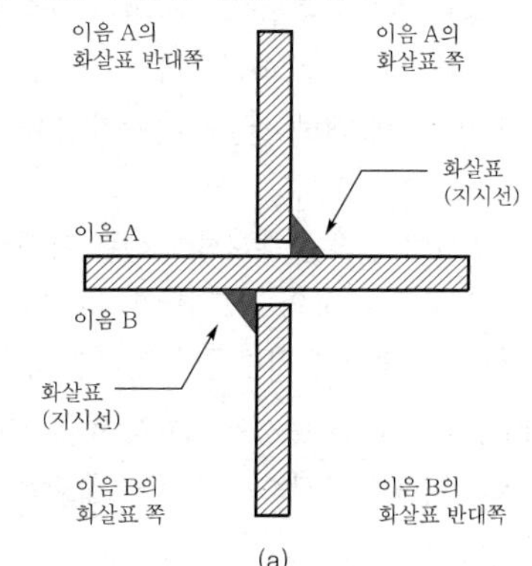

(a)

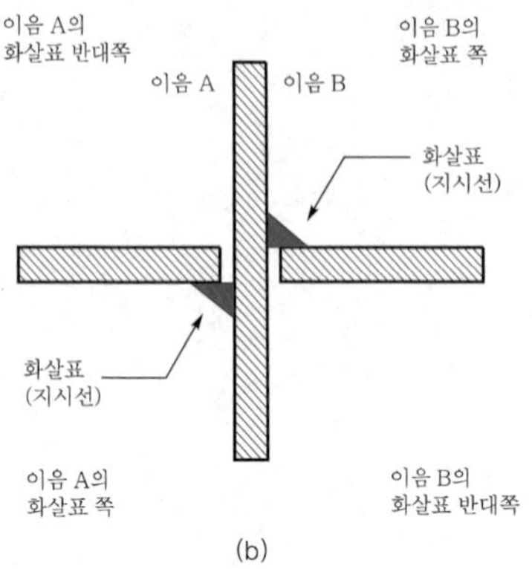

(b)

7) 용접부의 치수 표시 원칙

① 각 이음의 기호에는 확정된 치수의 숫자를 덧붙인다. 가로 단면에 관한 주요 치수는 기호의 좌측(기호의 앞)에 기입하며, 세로 단면에 관한 주요치수는 기호의 우측(기호의 뒤)에 기입한다.

② 기호에 연달아 어떠한 표시도 없는 경우에는 공작물의 전 길이에 대하여 연속 용접을 한다고 생각해도 무방하다.

③ 치수 표시가 없는 한 맞대기용접에서는 완전 용입용접을 한다.

④ 필릿용접의 경우 z7(목 길이, 각장), a5(목 두께)등으로 표시한다.

8) 보조기호의 기재방법

① 표면 모양 및 다듬질 방법 등의 보조기호는 용접부의 모양기호 표면에 근접하여 기재한다.

② 현장용접, 원주용접(일주용접, 전체둘레용접)등의 보조기호는 기준선과 화살표(기준표)의 교점에 표시한다.

③ 꼬리부분(T)에는 비파괴시험 방법, 용접방법, 용접자세 등을 기입한다.

9) 용접부의 다듬질 방법 기호

다듬질 종류	문자기호	다듬질 종류	문자기호
치핑	C	절삭 (기계 다듬질)	M
연삭	G	지정하지 않음	F

10) 배관 접합기호

종류	기호	종류	기호
일반적인 접합기호		칼라 (collar)	
마개와 소켓 연결		유니언 연결	
플랜지 연결		블랭크 연결	

11) 밸브 및 콕 몸체의 표시방법

밸브 · 콕의 종류	그림기호	밸브 · 콕의 종류	그림기호
밸브 일반		앵글밸브	
게이트 밸브		3방향밸브	
글로브 밸브		안전 밸브	
체크 밸브	또는		
볼 밸브		콕 일반	
버터플라이 밸브	또는		

SMART | 스스로 마스터하는 트렌디한 수험서

NCS(국가직무능력표준) 기반 출제기준 반영 / CBT 대비서

용접기능사 | 특수용접기능사 포함

Craftsman Welding

지정민 지음

[잠깐! 이것만은 꼭 암기하세요!

핵심 요점노트]

BM (주)도서출판 성안당